2011年11月24日，《中国气候与环境演变：2012》第六次章主笔会议在海南省海口市召开

中国科学院、中国气象局、中国科学院寒区旱区
环境与工程研究所、冰冻圈科学国家重点实验室　联合资助

中国气候与环境演变:2012

总主编:秦大河

第一卷　科学基础

主　编:秦大河　董文杰　罗　勇

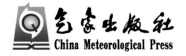

气象出版社
China Meteorological Press

内容简介

本书共包括四卷,分别为《第一卷　科学基础》、《第二卷　影响与脆弱性》、《第三卷　减缓与适应》以及《综合卷》。

第一卷主要从过去气候变化、观测的气候变化、冰冻圈变化、海平面变化、极端天气气候变化、全球与中国气候变化的联系、大气成分、全球气候系统模式评估及中国区域气候预估等方面对中国气候变化的事实、特点、趋势等进行了评估,是认识气候变化的科学基础。第二卷主要涉及气候与环境变化对气象灾害、地表环境、冰冻圈、水资源、自然生态系统、近海与海岸带环境、农业生产、重大工程、区域发展及人居环境与人体健康的影响以及适应气候变化的方法和行动等内容,是对气候与环境变化对我国影响方面已有认识的系统总结。第三卷主要从减缓气候变化的视角,从发展的模式转型、温室气体排放情景、温室气体减排的技术选择、可持续发展政策的减缓效应、低碳经济的政策选择、国际协同减缓气候变化、社会参与及综合应对气候变化等八个方面讨论了减缓气候变化的途径与潜力。《综合卷》主要对上述三卷的关键科学认识和核心结论进行了总结。

本书可供气象、地理、地质、环境、水文、生态、农林、社会科学等相关领域的科研人员、政府管理部门有关人员及高校师生参考。

图书在版编目(CIP)数据

中国气候与环境演变:2012/秦大河主编.

北京:气象出版社,2012.12

ISBN 978-7-5029-5647-9

Ⅰ.①中… Ⅱ.①秦… Ⅲ.①气候变化-关系-生态环境-中国

Ⅳ.①P467 ②X16

中国版本图书馆 CIP 数据核字(2012)第 300750 号

出版发行:气象出版社

地　　　址:北京市海淀区中关村南大街 46 号　　　邮政编码:100081

总 编 室:010-68407112　　　发 行 部:010-68409198

网　　　址:http://www.cmp.cma.gov.cn　　　E-mail: qxcbs@cma.gov.cn

责任编辑:张　斌　崔晓军　林雨晨　张锐锐　　　终　审:赵同进　汪勤模

封面设计:王　伟　　　责任技编:吴庭芳

印　　　刷:北京天成印务有限责任公司

开　　　本:889 mm×1194 mm　1/16　　　印　张:83.5

字　　　数:2668 千字

版　　　次:2012 年 12 月第 1 版　　　印　次:2012 年 12 月第 1 次印刷

定　　　价:350.00 元

中国气候与环境演变:2012

总 主 编 秦大河

副总主编 丁永建 穆 穆

顾 问 组（按姓氏笔画排列）

丁一汇	丁仲礼	王 颖	叶笃正	任振海	伍荣生
刘丛强	刘昌明	孙鸿烈	安芷生	吴国雄	张 经
张彭熹	张新时	李小文	李吉均	苏纪兰	陈宜瑜
周卫健	周秀骥	郑 度	姚檀栋	施雅风	胡敦欣
徐冠华	郭华东	陶诗言	巢纪平	傅伯杰	曾庆存
焦念志	程国栋	詹文龙			

评审专家（按姓氏笔画排列）

马继瑞	马耀明	方长明	王乃昂	王式功	王 芬
王苏民	王金南	王 浩	王澄海	邓 伟	冯 起
刘子刚	刘 庆	刘昌明	刘春蓁	刘晓东	刘秦玉
朱立平	阳 坤	齐建国	吴艳宏	宋长春	宋金明
张龙军	张军扩	张廷军	张启龙	张志强	张 强
张 镭	张耀存	李 彦	李新荣	杨 保	苏 明
苏晓辉	陈亚宁	陈宗镛	陈泮勤	周华坤	周名江
易先良	林 海	郑 度	郑景云	南忠仁	姚檀栋
洪亚雄	贺庆棠	赵文智	赵学勇	赵新全	唐森铭
夏 军	徐新华	秦伯强	钱维宏	高会旺	高尚玉
巢清尘	康世昌	阎秀峰	黄仁伟	黄季焜	黄惠康
彭斯震	曾少华	程义斌	程显煜	程根伟	蒋有绪
谢祖彬	韩 发	管清友	翟惟东	蔡运龙	戴新刚

文字统稿 孙惠南 赵宗慈 郎玉环 刘潮海

办 公 室

冯仁国	巢清尘	赵 涛	高 云	王文华	谢爱红
王亚伟	赵传成	熊健滨	傅 莎		

第一卷　科学基础

主　编　秦大河　董文杰　罗　勇

主　笔（按姓氏笔画排列）

于贵瑞	王绍武	王根绪	石广玉	任贾文	严中伟
吴立新	吴统文	张人禾	张小曳	张　华	张德二
陈　戈	陈振林	周天军	罗　勇	俞永强	唐国利
徐　影	效存德	秦大河	高学杰	董文杰	董治宝
翟盘茂	谭　明	戴晓苏			

贡献者（按姓氏笔画排列）

马丽娟	方小敏	王宁练	王亚伟	王在志	王国庆
王　林	车慧正	韦志刚	白晓永	石　英	任福民
刘光生	刘晓东	刘　煜	孙旭光	孙　颖	朱益民
江志红	许崇海	余克服	吴方华	吴　佳	张永战
张　华	张启文	张耀存	李　韧	杜金洲	杨　保
杨修群	辛晓歌	邵雪梅	邹旭恺	陆日宇	陈　戈
陈　兵	周天军	周凌晞	明　镜	武炳义	赵　平
徐晓斌	郭建平	郭　彦	钱维宏	黄建斌	戴永久
檀赛春	魏凤英				

序 一

在中国共产党第十八次全国代表大会胜利结束,强调科学发展观、倡导生态文明之际,《中国气候与环境演变:2012》即将出版,这对全面深刻认识中国气候与环境变化的科学原理和事实,这些变化对行业、部门和地区产生的影响,积极应对气候和环境变化,主动适应、减缓,建设生态文明,促进我国经济社会可持续发展,实现2020年全面建成小康社会的目标,有着重要意义。

早在2000年,中国科学院西部行动计划(一期)实施之初,中国科学院就启动了《中国西部环境演变评估》工作。该项工作立足国内、面向世界,主要依据半个多世纪以来中国科学家的研究和工作成果,参照国际同类研究,组织全国70多位专家,对我国西部气候、生态与环境变化进行了科学评估,其结论对认识我国西部生态与环境本底和近期变化,实施西部大开发战略,科学利用和配置西部资源,保护区域环境,起到了重要作用。

在上述工作开展的过程中,在中国科学院和中国气象局共同支持下,2002年12月又开始了《中国气候与环境演变》(简称《科学报告》)和《中国气候变化国家评估报告》(简称《国家报告》)的编制工作。这两个报告相辅相成,《科学报告》为《国家报告》提供科学评估依据,是为基础;《国家报告》关注其核心结论及影响、适应和减缓对策。这两个报告分别于2005年和2007年正式出版,报告的出版,标志着我国对全球气候环境变化的系统化、科学化的综合评估工作走向了国际,成为国际重要的区域气候环境科学评估报告之一,既丰富了国际上气候变化科学的内容,也为我国制定应对气候变化政策,坚持可持续发展的自主道路,以及国际气候变化政府谈判等,提供了科学支持,发挥了重要作用。

为了继续发挥科学评估工作的影响和作用,在中国科学院西部行动计划(二期)和中国气象局行业专项支持下,2008年《中国气候与环境演变:2012》(简称《第二次科学报告》)的评估工作开始启动。这次评估报告是在联合国政府间气候变化专门委员会(IPCC)第四次评估报告(AR4)2007年发布后引起广泛关注基础上开展的,之所以确定在2012年出版,目的是为将于2013年和2014年发布IPCC第五次评估报告(AR5)提供更多、更新的中国区域的科学研究成果,为国际气候变化评估提供支持。为此,我们尽可能吸收参加IPCC AR5工作的中国主笔、贡献者和评审人加入《第二次科学报告》撰写专家队伍,这有利于把中国的最新评估成果融入AR5报告,增强中国科学家在国际科学舞台上的声音。另外,还可使《第二次科学报告》接受国际最新成果和认识的影响,以国际视野、结合中国国情,探讨适应与减缓的科学途径,使我们的报告更加国际化。此外,在 AR5 正式发布之前出版此报告,可以形成从国际视野认识气候环境变化、从区域角度审视中国在全球气候变化中的地位和作用的全景式科学画卷。

　　本报告由三卷主报告和一卷综合报告组成,内容涉及中国与气候、环境变化的自然、社会、经济和人文因素的诸多方面,是一部认识中国气候与环境变化过程、影响领域、适应方式与减缓途径的最权威科学报告。对此,我为本报告的出版而感到欣慰。

　　参加本报告的 100 多位科学家来自中国科学院、中国气象局、教育部、水利部、国家海洋局、农业部、国家林业局、国家发展和改革委员会、中国社会科学院、卫生部等部门的一线,他们为本报告的完成付出了辛勤劳动和艰辛努力。我为中国科学院能够主持并推动这一工作而感到高兴,对科学家们的辛勤工作表示衷心感谢,对取得如此优秀的成果表示祝贺! 我相信,本报告的出版,必将为深入认识气候与环境变化机理、积极应对气候与环境变化影响,在适应与减缓气候与环境变化、实现生态文明国家目标中起到重要作用。我还要指出,本报告的出版只代表一个阶段的结束,预示着下一期评估工作的开始,而要将这一工作持续推动,需要全国科学家的合作、努力与奉献。

中国科学院院长

发展中国家科学院院长

二〇一二年十二月

序 二

在政府间气候变化专门委员会（IPCC）第五次评估报告（AR5）即将发布之前，《中国气候与环境演变：2012》（简称《第二次科学报告》）出版在即，这是一件值得庆贺、令人欣慰的事。我向以秦大河院士为主编的科学评估团队四年来的认真、细致、辛勤工作表示衷心的感谢！

2005 年，由中国气象局和中国科学院共同支持，国内众多相关领域专家历时三年合作完成的《中国气候与环境演变》正式出版。这是我国第一部全面阐述气候与环境变化的科学报告，不仅为系统认识中国气候与环境变化、影响及适应途径奠定了坚实的科学基础，还为之后组织完成的《第二次科学报告》提供了重要科学依据，在科学界和社会产生了广泛的影响。《中国气候与环境演变》评估工作借鉴 IPCC 工作模式，以严谨的工作模式梳理国内外已有研究成果，以求同存异的态度从争议中寻求科学答案，以综合集成的工作方式从众多文献中凝集和提升主要结论，从而使这一研究工作体现出涉猎文献的广泛性、遴选成果的代表性、争议问题的包容性、凝集成果的概括性，这也是这一评估成果受到广泛关注和好评的主要原因所在。

2008 年，中国气象局与中国科学院再次联合资助立项，启动了《第二次科学报告》评估研究，其主要目的是为了继续发挥科学评估工作的影响和作用，与 IPCC 第五次评估报告（AR5）相衔接，进一步加强对我国气候与环境变化的认识，积极推动我国科学家的相关研究成果进入到 IPCC AR5 中，扩大中国科学家研究成果的国际影响力，为我国科学家参与 AR5 工作提供支持。这次评估工作，在关注国际全球和洋盆尺度评估的同时，更加强调在区域尺度开展评估工作。因此，《第二次科学报告》对国际上正在开展的区域尺度气候环境变化评估工作是一种推动，也是一个贡献。我对此特别赞赏，并衷心祝贺！

我们特别高兴地看到，参与《第二次科学报告》的绝大多数作者以 IPCC 联合主席、主笔、主要贡献者和评审专家等身份参与了 IPCC AR5 工作中，对全球气候变化及其影响的科学评估工作发挥了积极作用。我相信，这些专家在参与国内气候与环境变化评估研究的基础上，一定会将中国科学家的更多研究成果介绍到国际上去。

在经历了第一次科学评估工作并积累丰富经验之后，《第二次科学报告》已经完全与国际接轨，从科学基础、影响与脆弱性和减缓与适应三个方面对我国气候与环境变化进行了系统评估。从本次评估中可以看出，我国相关领域的研究成果较上次评估时已经取得了显著进展，尤其是影响、脆弱性、适应和减缓方面的研究，进展更加显著，这主要体现在研究文献数量已有了很大增长，质量也大大提高，有力支持本次评估研究能够从三方面分卷开展。我相信，如果这一评估工作能够周期性地持续坚持下去，将推动我国相关领域研究向更加深入的程度、更加广泛的领域发展，也必将为我国科学家以国际视野、区域整体角度审视气候变化、影响与适应和减缓提供科学借鉴和支持，促进我国科学家在国际舞台上发挥更大作用。

郑国光

中国气象局局长

IPCC 中国国家代表

2012 年 12 月 10 日

前　言

全球气候与环境变化问题是当代世界性重大课题。从 1990 年起，联合国政府间气候变化专门委员会（IPCC）连续出版了四次评估报告，其中，以 2007 年发布的第四次评估报告（IPCCAR4）影响最大，之后又启动了第五次评估报告（IPCCAR5）工作。在我国，2005年出版了第一次《中国气候与环境演变》科学评估报告，该报告为中国第一次《气候变化国家评估报告》的编写奠定了坚实的科学基础。为了与国际气候变化评估工作协调一致，总结中国科学家的研究成果并向世界推介，也为了宣传中国科学家对全球气候和环境变化科学做出的贡献，四年前我们申请就中国气候与环境变化科学进行再评估，即开展第二次科学评估工作。2008 年，这项工作在中国科学院和中国气象局的支持和资助下正式立项、启动，称之为《中国气候与环境变化：2012》，意思是在 2012 年完成并出版，以便与2013—2014 年 IPCC 第五次评估报告的出版相衔接。

四年来，科学评估报告专家组 197 位专家（71 位主笔作者，126 位贡献者）同心协力，团结合作，兢兢业业，一丝不苟地工作，先后举行了四次全体作者会议、九次各章主笔会议和六次综合卷主要作者会议。报告全文写了四稿，在第三、第四稿完成后，先后两次分送专家评审，提出修改意见，几经修改，终于完成并定稿。现在，《中国气候与环境变化：2012》将与大家见面，我感到无比欣慰。

本书采用科学评估的程序和格式进行编写，在广泛了解国内外最新科研成果的基础上，面对大量文献，在科学认知水平和实质进展方面反复甄别，提取主流观点，形成了本报告的主要结论。在选取文献时，以近期正式刊物发表的研究成果为主要依据，引用权威数据和结论，对中国气候与环境变化的科学、气候与环境变化的影响与适应及减缓对策等诸多问题，进行了综合分析和评估。《中国气候与环境变化：2012》的出版目的是能够为国家应对全球变化的战略决策提供重要科学依据。在本评估报告的工作接近尾声时，我国还出版了《第二次气候变化国家评估报告》，本科学报告也为这次国家评估报告的编制奠定了基础。

《中国气候与环境演变：2012》共分四卷，分别为《第一卷　科学基础》、《第二卷　影响与脆弱性》、《第三卷　减缓与适应》及《综合卷》。报告在结构上与 IPCC 评估报告基本一致，这样做便于两者相互对比。第一卷主要从过去时期的气候变化、观测的中国气候和东亚大气环流变化、冰冻圈变化、海洋与海平面变化、极端天气气候变化、全球与中国气候变化的联系、大气成分及生物地球化学循环、全球气候系统模式评估与预估及中国区域气候预估等方面对中国气候变化的事实、特点、趋势等进行了评估,是认识气候变化的科学基础。第二卷主要涉及气候与环境变化对气象灾害、陆地地表环境、冰冻圈、陆地水文与水资源、陆地自然生态系统和生物多样性、近海与海岸带环境、农业生产、重大工程、区域发展及人居环境与人体健康的影响等内容,最后还从适应气候变化的方法和行动上进行了评估。第三卷主要从减缓气候变化的视角,从化减缓为发展的模式转型、温室气体排放情景分析、温室气体减排的技术选择与经济潜力、可持续发展政策的减缓效应、低碳经济的政策选择、国际协同减缓气候变化、社会参与及综合应对气候变化等八个方面讨论了减缓气候变化的途径与潜力。为了方便决策者掌握本报告的核心结论,我们召集卷主笔和部分章主笔撰写了《综合卷》。《综合卷》是对第一、第二和第三卷报告的凝练与总结,对现阶段的科学认识给出了阶段性结论。有些结论并非共识,但事关重大,我们在摆出自己倾向性观点的同时,也对其他观点给予说明与罗列。考虑到科学报告应秉持的开放性以及方便中外交流,《综合卷》还出版了英文版。

上述四卷的内容涉及气候与环境变化的自然、社会、经济和人文因素的诸多方面,是目前国内认识中国气候与环境变化过程、影响及适应方式与减缓途径领域里最权威的科学报告。为此,我为本报告的出版而感到欣慰和兴奋!

参加本报告编写的专家共有 197 人,他们来自全国许多部门,包括中国科学院、中国气象局、教育部、卫生部、水利部、国家海洋局、农业部、国家林业局、国家发展和改革委员会、外交部、财政部、中国社会科学院以及一些社会团体。另外,还有 78 位一线专家审阅了报告,提出了宝贵的意见。我衷心感谢全体作者和贡献者、审稿专家、项目办和秘书组,以及中国科学院和中国气象局,感谢他们的辛勤劳动和认真负责的态度,感谢部门领导的大力支持。本书是多部门、多学科专家学者共同劳动的结晶,素材又源于科学家的研究成果,所以本书也是中国科学家的成果。

孙惠南、赵宗慈、郎玉环、刘潮海研究员对全书进行了文字统稿。中国科学院冰冻圈科学国家重点实验室负责项目办和秘书组工作,王文华、王亚伟、谢爱红、赵传成、熊健滨、傅莎组成秘书组为本项目做了大量且卓有成效的工作。气象出版社张斌等同志任本书责任编辑,他们认真细致的工作使本书质量得到保证。在此我们一并表示衷心感谢!

由于气候与环境变化科学的复杂性以及仍然存在学科上的不确定性,加之项目组专家的水平问题等,本报告必然有不足和疏漏之处,我们期待着广大读者的批评与指正。你们的批评意见也是开展下一次科学评估工作的动力。

2012 年 12 月 11 日于北京

目　　录

第一章 气候变化科学的关键问题与研究进展

主　笔：秦大河,石广玉,陈振林

贡献者：张华,陈兵,孙颖,明镜,檀赛春

提　要

本章1.1节介绍气候系统与地球系统科学,尤其是气候系统各圈层之间的相互作用以及近年来该系统所发生的引人关注的变化。1.2节进一步探讨引起这种变化的驱动力,即辐射强迫。为了应对气候变化,政府间气候变化专门委员会(IPCC)从1990年开始,大致每5年发布一次气候变化的科学评估报告。本章1.3节简述历次评估报告的主要结论,特别是第四次评估报告(AR4)所取得的重要科学进展以及第五次评估报告(AR5)将要关注的科学重点、编写内容和编写方式的可能变化。与之相应,中国科学家于2005年完成了中国气候与环境变化的第一次综合评估。1.4节介绍其后的主要进展。由于目前对于气候变化,特别是对自然因子和人类活动的归因研究,尚存在大量不确定性,本章在最后介绍了气候变化的不确定性以及未来的研究方向。

1.1 气候系统和地球系统科学

1.1.1 气候系统

1. 气候系统五大圈层

气候系统是一个由大气圈、水圈、冰冻圈、岩石圈和生物圈组成的复杂系统,这些圈层之间发生着明显的相互作用(图1.1)。在自身动力学和外部强迫(如火山爆发、太阳变化、人类活动引起的大气组成变化和土地利用与覆盖变化)作用下,气候系统随时间不断发生变化(渐变或突变),而且具有不同的时空尺度。时间尺度可以是月、季节、年际、年代际、百年、千年、万年甚至更长的时间;空间尺度则可以是局地、区域直至全球。

(1)大气圈

大气圈是气候系统中最不稳定、变化最快的部分。大气圈不但受到其他四个圈层的直接作用与影响,而且与人类活动有最密切的关系。人类主要生活在大气圈中,大气圈的状态和变化直接影响着人类的生存条件和各种活动。气候系统中其他圈层变化产生的最终影响,都会反映在大气圈中。大气圈从地表到10 km左右高度的部分称为对流层,这是人类活动最集中,也是变化最剧烈的大气层。对流层以上到50 km左右是平流层,其中包括臭氧层。目前和未来超音速飞机将主要在平流层中下层飞行,它们的排放物和形成的飞机尾迹也会影响地球气候(Forster等,2007)。火山爆发喷射到平流层中的气体和尘埃也能影响地球的气候。平流层之上是中间层、电离层及外层空间(图1.2),它们一般并不直接而是通过辐射过程间接影响气候系统和地球气候。

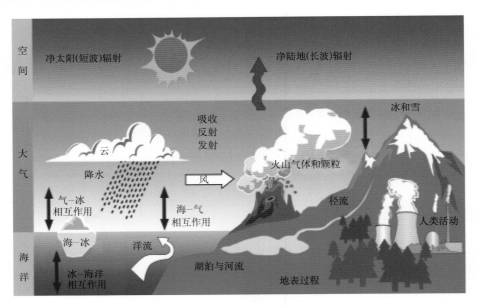

图 1.1　气候系统及其各圈层间的相互作用（改自 IPCC，2001）

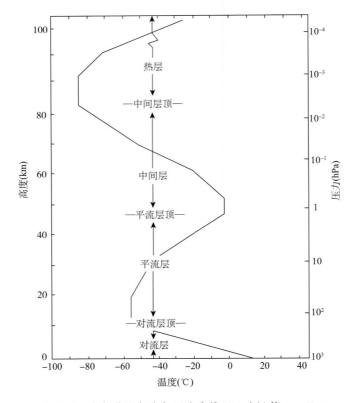

图 1.2　大气分层与大气温度廓线（Seinfeld 等，1998）

　　大气由各种气体成分及固态、液态颗粒（气溶胶与云）等组成。如表 1.1 所示，在干空气中，以体积混合比计，氮气（N_2）、氧气（O_2）和氩气（Ar）占 99.9％以上。这些气体并不直接影响地气系统的辐射收支，故对地球气候几乎没有影响。对地球气候有重大影响的是大气中的许多微量气体，如二氧化碳（CO_2）、甲烷（CH_4）、氧化亚氮（N_2O）和臭氧（O_3）等。虽然这些气体只占干空气总体积混合比的 0.1％以下，但在影响地气系统能量收支中起着重要作用；另外，这些气体一般不吸收太阳辐射，但强烈地吸收和发射红外辐射，所以又被称为温室气体。水汽（H_2O）是大气中最重要的成分之一，它不但与云、雾、雨和雪等天气现象以及虹等大气光学现象密切相关，而且是大气中最重要的温室气体。水汽的体积混合比随时间和地点的变化甚大,一般约占大气总体积混合比的 1% 左右。臭氧(O_3)在地球的能量收支中也起着重要作用;对流层 O_3 是一种温室气体,而平流层 O_3 吸收太阳紫外辐射,在平流层的辐射平衡中起着重要作用。另外,大气中悬浮的固、液态颗粒(气溶胶)及云以极其复杂的方式与入射的太阳辐射和射出的长波辐射相互作用,从而影响地球气候。

表 1.1 大气中各种气体所占的体积百分比

气体组分	N_2	O_2	Ar	$CO_2 + CH_4 + N_2O + O_3$	H_2O
体积百分比(%)	78.08	20.95	0.93	<0.1	可变,<0.7

注:表中数值系综合 Hartmann(1994)及 IPCC(2007)所得。

大气成分的变化对地球的辐射收支有不同的作用。温室气体通过吸收射出长波辐射而使气候变暖;大气气溶胶可把一部分太阳辐射散射向太空而引起地面冷却,其中黑碳气溶胶则既可散射又能吸收太阳短波辐射而同时使地表变冷、大气增暖;黑碳沉降到冰雪表面可降低地表反照率,加速冰雪消融,综合效应是产生正辐射强迫,使全球变暖。另外,气溶胶粒子也可作为一种凝结核而影响云滴的形成,以此间接影响辐射收支(间接作用)。

(2)水圈

水圈由所有的液态地表和地下水组成,既包括海洋的咸水,也包括淡水如江河、湖泊及岩层中的水。这些水通过复杂的作用相互联系在一起。海洋和陆面的水通过蒸发或蒸散以水汽的形式进入大气中,一部分在海洋上空形成降水回到海洋,另一部分被大气环流输送到陆地上空,在那里形成云、雨。陆地降水的一部分又以地表径流(主要是河川径流)的形式流入海洋,影响海洋的盐分和环流;另一部分渗入地下变成地下径流,以地下水形式储存于地下含水层,补充那里循环或不断被采取的地下水量。进一步,蓄积在陆面的地下水、土壤水通过陆地表层的植被蒸腾和湖泊、河流水体的蒸发等,返回到大气。这些循环周而复始,为地球各系统提供必需的水源。在水圈中对气候影响最大的是海洋。海洋占地球面积的 70% 左右,它一方面可储存与输送大量的能量,同时还可溶解、储存大量的 CO_2,是全球能量和碳循环中的重要部分。据估计,在 2000—2005 年间,海洋每年可以吸收 22 亿吨碳,约占化石燃料燃烧和工业生产排放总量的 30%(IPCC,2007)。海洋环流比大气环流慢得多,它是由海水温度差和盐分密度差驱动的,称为热盐环流(或温盐环流)。由于海水的热容量大,故海洋具有很大的热惯性,这一方面可以阻尼或减小巨大的温度变化,起到地球气候调节器的作用;另一方面由于海洋有较长的记忆力(尤其是热带海洋),故可在长时期内通过海气相互作用影响大气的变化,成为地球气候自然变率的重要原因。因此,目前设计的各种复杂气候系统模式与碳循环模式中必须把海洋包括在内。在赤道东太平洋中发生的厄尔尼诺和拉尼娜现象(即海表温度迅速升高或降低的现象)是由海洋产生的最显著的自然变率,因为会对全球气候异常产生重要的影响,已成为目前进行季节和年际气候预测的最重要的先兆信号。

(3)冰冻圈

冰冻圈由地球陆地和海洋表面及以下的积雪、冰(冰川、冰盖、冰架、海冰、河/湖冰等)、冻土(包括多年冻土和季节冻土)组成(IPCC,2007)。目前,冰盖和冰川覆盖了全球地表约 3% 的面积,储存了 75% 的淡水。海冰占海洋 7% 的面积,多年冻土占陆地面积的 20%~25%。冰冻圈对气候系统之所以重要是由于它对太阳辐射有较高的反射率、低的热传导率和大的热容量并且在驱动深海环流中起着关键作用。它能影响地表能量与水汽通量、云、降水、水文循环以及大气与海洋环流,但最明显的是对海平面高度的影响。由于冰川储存了大量的水,因此其体积变化可引起海平面升降。例如,若占全球冰储量近 90% 的南极冰盖全部融化,全球海平面可能升高约 60 米;如果只是西南极冰盖融化(这是很可能发生的,2002 年 3 月已有其中的拉森-B 冰架断裂与融化),也足以使海平面上升6 米左右。目前冰川和冰盖对海平面变化最直接的作用是高山冰川与冰架边缘的融化造成的。据估计,近百年来约一半的海平面上升是冰川融化的结果。在有些国家,冰川融水直接为许多河流提供水源以满足这些国家工业、农业和能源等用水需求。冰冻圈对大气环流的影响主要表现在对一些气候模态或大气活动中心的影响上。这些气候模态中的低压系统部分扩展到极地地区因而深受冰雪分布的影响。这种低压系统一旦发生变化，整个气候模态将随之变化。另外，由季节冰雪覆盖产生的能量与水循环的滞后作用、存储于冰架和冰川中的水体以及封存在冻土中的温室气体（如甲烷）变化也是冰冻圈对气候产生作用的重要因素。正是通过这些因子及相关的反馈过程，冰冻圈在全球气候变率及气候变化中起着重要作用。

（4）岩石圈

岩石圈是指固体地球的上层部分，它由所有地壳表层岩石和上地幔中的低温弹性部分组成。火山活动虽然涉及岩石圈的一部分，但不包含在气候系统之中，而是作为一种自然的外强迫因子影响地球气候。岩石圈与气候变化最密切相关的部分是地表的植被、土壤及相关联的陆面过程。它们控制着地表从太阳接收到的能量有多少返回到大气中，其中有些是以长波辐射形式回到大气中，并随着地表增暖使大气加热；有些是通过土壤或植物的叶片蒸发或蒸散水分，因为土壤水分蒸发时需要能量或吸收热量，因而土壤水分或湿度对地表温度有强烈的影响。陆面的结构或其粗糙度在风吹过时也可从动力学上影响大气。粗糙度一般决定于地形和植被条件。风把沙尘从地表吹到大气中去，从而影响区域大气辐射收支，沙尘暴的发生就是一个最明显的例子。植被可以通过许多方式影响气候。不同景观的陆面到底能吸收多少太阳辐射实际上主要取决于植被状况，例如沙漠比植被覆盖区反射更多的太阳辐射，草地比森林又可反射更多的辐射。当太阳辐射入射角较低时（如在高纬度的冬季），植被对反照率的影响会增大，积雪覆盖地面时反照率也会增大。

土壤和植被对气候的另一个作用是吸收和产生温室气体（如 CO_2，CH_4，N_2O），以此影响大气的红外辐射收支。植被可放出能进行化学反应的有机气体，而后通过大气中的反应产生对流层臭氧。大气低层发生的光化过程也可由植物放出的碳氢化合物形成小颗粒。这些颗粒可散射光线，形成微蓝色的霾，降低太阳辐射达到地面的透过率。植被覆盖可影响土壤和矿物尘埃飞入大气的数量，它们也能影响光的散射。植物也在一定程度上控制着陆面的水文循环，其叶片在光合作用时开启气孔，使其失去水汽，但吸入 CO_2。大约三分之一的陆地降水是由植物再循环水汽供应的。

（5）生物圈

生物圈包括与生物有关的所有陆地、海洋生态系统。通过生物圈生物、物理和化学过程强烈地相互作用可以产生支撑地球生命系统赖以生存的环境。生物圈对大气成分有重要影响，例如生物过程通过海洋大量吸收 CO_2 以控制大气 CO_2 浓度的长期变化。通过植物——浮游生物的光合作用减少海洋表层的 CO_2 含量，使大气中更多的 CO_2 溶解于海洋中。海洋上层植物——浮游生物吸收的碳约有 25% 沉入海洋内部，在那里它不再与大气接触，储存于深海达几百或几千年以上，这种所谓的生物泵与上述 CO_2 的溶解过程控制着海-气的 CO_2 交换分布型。因而生物圈在碳循环中起着关键作用。陆地生物群也是气候系统中的一个重要部分，其功能众多，例如，陆地植被类型影响蒸发到大气中的水分及太阳辐射的吸收或反射。植被根部的状况与活动也对碳与水储存及陆-气通量有重要作用。叶面积指数是描述植物群冠作用的一个重要指数，它与全球和区域气候变化有密切关联。陆地生态系统的生物多样性影响关键生态系统过程的量级（如生产力），对生态系统的长期稳定性有重要作用。

2. 圈层相互作用

气候系统的各圈层不是独立存在的，它们之间发生着明显的相互作用，这种相互作用不但有物理的、化学的和生物的，还具有不同的时间与空间尺度（图 1.3）。如前所述，气候系统各圈层虽然在组成、理化特征、结构和状态上有明显差别，但它们都是通过质量、热量和动量通量相互联系在一起，因而这些圈层是一个开放的相互联系的系统。在气候系统各圈层的相互作用中，最重要的是海-气相互作用、陆-气相互作用和海-陆相互作用。

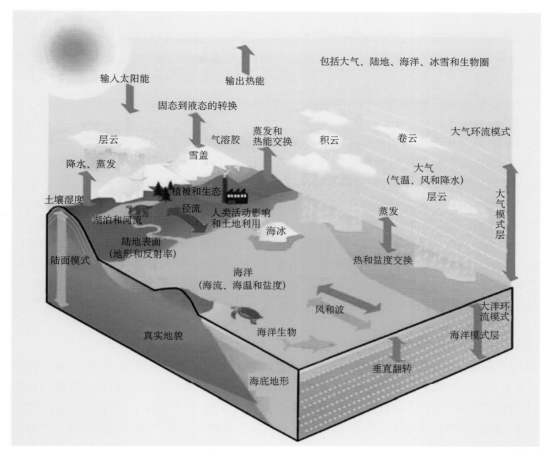

图 1.3 气候系统中的重要过程和相互作用(Karl 等,2003)

(1)海洋-大气相互作用

海洋和大气强烈耦合,通过感热输送、动量输送和蒸发过程交换热量、水汽和动量。一方面,热量和水汽是水文循环的一部分,可产生凝结,形成云、降水与径流,并为天气和气候系统提供能量;另一方面,降水对海洋的盐度及其分布和热盐环流也有影响。大气与海洋之间也有 CO_2 交换,是全球碳循环的重要部分。CO_2 在下沉到深海的极区冷水中溶解,在近赤道较暖的上升海水中释放,从而维持一种平衡。

虽然已认识到海-气相互作用的重要作用并进行了长期的观测和研究,但还有许多重要问题了解不够,定量计算也不多,特别是对海-气间的化学、物理相互作用及反馈作用研究更少。关于这些相互作用是怎样影响气候系统或被气候所影响的问题目前还不很清楚。值得研究的问题还包括:上层海洋的物理、化学与生物过程怎样影响海-气通量及气候状态?气候怎样影响海洋生态系统的结构与生产力?物质尤其是碳化合物是怎样输送和储存于深海中的?联系海洋与大陆边缘的关键物理、化学与生物过程是什么?

(2)陆面-大气相互作用

陆面和大气之间的相互作用,包括各种物质、热量、水汽输送与转换及土地利用变化等,是气候系统中最基本的相互作用之一。关键问题为:陆-气之间的水与能量交换如何改变地球上的气候与痕量气体的排放和沉降?陆面大量的中小尺度过程如何一起影响大尺度天气和气候过程?人类引起的陆面覆盖变化在陆-气界面过程及整个天气和气候系统中的作用是什么?为人类提供食物与纤维的生态系统怎样受到气候变化与人类活动的影响?

(3)冰冻圈-大气圈相互作用

冰、雪具有较高的反照率,会显著影响大气和地表的热量和物质交换,因此,冰冻圈(冰川、冰盖和海冰)对陆地、海洋表面和大气圈的物理性质具有明显影响。无海冰覆盖的海面反照率通常为 $10\%\sim15\%$,而有新雪的海冰表面的反照率可以达到 90%。北极冰体(包括海冰和格陵兰冰盖)和南极冰盖犹如地球的两顶"白帽子"，上部"白帽子"（北极冰体）冬、夏面积相差 6 倍，下部"白帽子"（南极冰盖）冬、夏面积相差 2 倍。这两顶"白帽子"对地球起着空调的作用，将低纬度地区径向输送来的热空气冷却后，又送回低纬度地区；同时将大部分太阳辐射反射回太空，避免地球被"过度加热"。中、低纬度的山岳冰川虽然不像极地冰盖面积那样大，但也是区域气候的调节器，一方面作为高海拔冷储，可以冷却对流层中、上层大气；另一方面融化后释放径流。

（4）生物圈-大气圈相互作用

生物圈和大气圈相互作用主要通过土地利用和覆盖变化进行。在全球变化研究中，通常将地表反照度、覆盖类型、温度、粗糙度、叶面积指数和光合有效辐射等作为地表的基本特征参数。土地覆盖在很大程度上取决于地表植被状况，由地表植被组成的生态系统在全球变化的生物地球化学过程中起着非常重要的作用。全球环境变化必会影响地表植被分布，从而影响到土地利用和土地覆盖，进而使反射率、下垫面粗糙度等发生变化，最终导致该地区水分和热量循环发生改变，而气候变化是水分循环与热量循环的结果。由此可见，土地利用和土地覆盖的变化会反作用于气候系统，这种反馈可能加快或减缓全球气候的变化，所以，关于土地利用和土地覆盖对气候反馈作用的研究将有助于提高预估全球变化对于植被以及陆地生态系统影响的能力。土地利用和土地覆盖变化对气候的作用主要包括两个方面：一是土地利用和土地覆盖的气候效应；二是植被通过对大气的灰尘含量与 CO_2 含量等的作用影响气候。

（5）海洋-陆面相互作用

海-陆相互作用研究中最关键的问题有：海岸带的变化及跨边界输送问题，包括跨陆-海界面的物质输送及沿岸生态系统对气候变化的影响；海岸带的加速变化对来自陆地的物质转移、过滤或储存的能力的影响；气候系统的变化对海岸带特别是最脆弱地区的影响；海-气界面对加热场及大气环流的影响等。

除上述五种圈层相互作用外，圈层间其他相互作用过程也值得注意，如海冰可阻碍大气与海洋之间的交换；生物圈通过光合与呼吸作用影响 CO_2 含量，通过蒸散影响水分向大气的输入，通过改变太阳辐射反射回太空的数量（反照率）影响大气的辐射平衡。总之，相互作用的例子还可以列举出很多，所有这些都说明气候系统包含了非常复杂的物理、化学和生物过程的相互作用及反馈作用。气候系统中任一圈层的变化，不论它是人为的或自然的、内部或外部的，都会通过相互作用造成气候系统的变化或气候变异。

1.1.2　地球系统科学

1. 地球系统、地球系统科学及其发展

（1）地球系统和地球系统科学

地球系统指由大气圈、水圈、冰冻圈、岩石圈（地壳、地幔、地核）和生物圈（包括人类）组成的有机整体。地球系统科学研究组成地球系统的这些子系统之间相互联系和相互作用过程的机制以及地球系统变化的规律和控制这些变化的机理，从而为全球环境变化预测建立科学基础，并为地球系统的科学管理提供依据。地球系统科学研究的空间范围从地心到地球外层空间，时间尺度从几十年到几百万年。

地球系统科学是从传统的地球科学脱胎而来的。人类为了生存必然会从环境中获取食物和能源，故必然关心所居住的环境，必然关注所立足的地球，于是逐渐形成了地球科学的各分支，如气象学、海洋学、地理学、地质学和生态学等。上述各学科是对地球的某一组成部分的分门别类的研究，随着研究的积累和深入，形成了各自的研究方法、手段和目的。但是，由于地球系统涵盖空间的广域性、形成时间的悠久性和组成要素的复杂性，分门别类的研究尽管对其局部或单一领域已有深入的了解，但仍不能完整地认识地球系统，传统单学科组成的地球科学面临着前所未有的挑战。用系统的，多要素相互联系、相互作用的观点去研究、认识地球系统，越来越成为地球系统科学发展的新趋势。

地球系统科学是在人类生存环境面临全球变化的严峻挑战这一时代背景下兴起的，近年诸多高新技术在地球科学上的应用研究促进了其发展，它反映了现代人类在哲学层面对人-地关系的新认识。尽管概念已提出，但行动上却存在不少困难。首先就是面对这个复杂的开放的巨系统，如何能适时地、

多周期地获取系统多参数的海量数据？同时，又如何对海量数据进行整合、集成以及选取合适的参数进行数学建模？模型又如何能适时地得到检验？如何对全世界成千上万的地学实验室、科研机构、大专院校的科学研究和获取的宝贵数据进行共享和交换？这些问题均有待解决，所以说，地球系统科学从诞生之日起就面临困境。幸运的是，地球系统科学由于得益于现代工程技术科学的参与和支持，适逢一场新的技术革命，而数字地球就是这场技术革命的集中体现，它有望给地球系统科学带来研究方法和手段的革命性变化。

地球系统科学是以全球性、统一性的整体观、系统观和时空观，来研究地球系统的整体行为，使得人类能更好地认识自身赖以生存的环境，更有效地防止和控制可能突发的灾害对人类所造成的损害。地球系统科学是在现代技术，尤其是空间技术和大型计算机发展后出现的，致力于对地球系统的整体探索和理解。它以地球科学许多分支学科的大跨度交叉渗透，与生命科学、化学、物理学、数学、信息科学以及社会科学的紧密结合为特征，其方法学的特点为时空尺度大，综合性强，实用空间大，支持有效监测和预测，研究中大量采用高新技术采集、存储和处理海量数据。

（2）地球系统科学的发展

地球系统科学的概念最早是由美国国家航空航天局（National Aeronautics and Space Administration，NASA）于1983年提出的。20世纪80年代中期以来，地球科学发展迅猛，科学家明确提出地球物理过程与生物过程相互作用的观点，进而形成了地球系统的思想。美国地球系统科学委员会（Earth System Science Committee，ESSC）在1988年出版的《地球系统科学》一书中，明确提出了"地球系统科学"的思想和概念。到了20世纪90年代，这一观点逐渐成为学术界共识，美国、英国、日本等国纷纷制定相关计划，更促使其蓬勃发展。联合国《21世纪议程》已将地球系统科学作为可持续发展战略的科学基础之一。

要解决地球系统科学的一些重大突出问题，需要有跨学科的有效和持续的合作。基于这一思想，英国自然环境研究委员会（NERC）于2002年12月提出了一项地球系统科学研究计划"量化并理解地球系统（QUEST）"，并于2004年7月发布了该计划的科学计划和实施计划。QUEST计划为期6年（2003—2009年），其主要目标是提高对地球系统中大尺度过程及其相互作用的定性和定量理解，特别关注大气、海洋、陆地中的生物、物理和化学过程之间的相互作用以及人类活动与它们之间的复杂关系。QUEST计划主要集中于三个研究主题：现今的碳循环及其与气候和大气化学之间的相互作用；大气成分在冰期—间冰期和更长时间尺度上的自然变化；全球环境变化对资源可持续利用的影响后果。德国联邦政府教育与研究部和德国科学基金会（DFG）共同策划制定了15年（2000—2015年）的超大型研究计划——地球工程学，已于2000年3月招标实施。地球工程学是把地球的整体作为研究对象，该计划将有助于从地史时期的发展过程研究中探索地球的未来状况。在这个计划中，进一步明确了地球科学的任务，即与其他科学进行学科间合作，在工业方面为解决紧迫的、与社会发展关系重大的问题和生态问题做出贡献。该计划的研究目标是认识这些过程及其相互变化关系，以及评估人类对于自然平衡和自然循环的影响。

2. 地球系统和气候系统

气候系统变化是地球系统科学的一个核心科学问题。气候系统研究主要集中于系统中的"物理过程"。作为物理过程的气候变化同地球系统中的化学过程和生物过程有密切关系。因此，为了揭示气候变化规律，改进对气候变化的预估，不仅要认识大气、海洋、陆地和植被相互联系的物理过程，而且要研究气候系统中的物理化学过程和生物过程之间的相互关系，在地球系统科学理念引导下发展物理气候同生物地球化学过程耦合的"地球系统模式"。

1.1.3 气候系统自然变率和人类活动影响的气候变化

1. 不同时间尺度的气候变化

引起气候变化的自然因素多种多样，有的是地球系统本身的某些因素，如火山喷发、海-陆-气相互作用、地壳运动、地球转动等；有的是地球以外的因素，如太阳辐射、银河系尘埃等，不同因素引起气候变化的时间尺度、空间范围和强度均有所不同。一般来说，较短时间尺度的气候变化其空间范围和强度也相对较小。迄今为止，大致认为：$10^8 \sim 5 \times 10^9$ 年的变化系由银河系尘埃和银河旋臂变化所引起；$10^7 \sim 5 \times 10^9$ 年的气候变化与太阳演化有关；$5 \times 10^6 \sim 10^9$ 年的气候变化是由大陆漂移和极点游动造成的；$10^4 \sim 10^9$ 年的气候变化与造山运动和地壳均衡有关；$10^4 \sim 5 \times 10^8$ 年的气候变化与地球轨道参数有关；$10^0 \sim 5 \times 10^8$ 年的气候变化与海洋环流变化相联系；$10^1 \sim 5 \times 10^9$ 年的气候变化与大气演化有关；$10^0 \sim 10^7$ 年的气候变化与火山活动有关；$10^0 \sim 5 \times 10^4$ 年的气候变化是大气-海洋-冰-陆地之间的反馈过程造成的；$10^{-1} \sim 5 \times 10^9$ 年的气候变化与太阳变化有关；$10^{-1} \sim 5 \times 10^3$ 的气候变化是由大气-海洋之间的反馈引起的；$10^{-1} \sim 5 \times 10^1$ 年的气候变化是大气自身变动的结果，称大气自振荡(Ruddiman,2001)。

2. 太阳活动对气候自然变率的影响

太阳活动会造成太阳总辐射通量密度(TSI,或称太阳常数)的变化，影响到达地气系统的太阳辐射能，进而影响地球气候，即所谓"太阳驱动力"。TSI 既有周期性的波动，主要是 11 年的太阳周期(或太阳黑子周期)，也有非周期变化。

目前所得到的太阳常数的最好值为 1366 W/m^2，而涵盖最近三个太阳周期的 TSI 变化只有不到 0.1% 或大约 1.3 W/m^2 的波动。研究表明，自 19 世纪 70 年代中期以来，TSI 没有净增加，并且在过去 400 年中 TSI 的变化不太可能对全球变暖产生重要作用(Foukal 等,2006)。IPCC AR4 的评估结果显示，1750 年以来人类活动造成的气候变化辐射强迫是 1.6 W/m^2，这比 TSI 变化的辐射强迫 0.12 W/m^2 大一个数量级还多，显然太阳活动不太可能是影响全球气候变暖的主要原因(详见 1.2.3 节)。

3. 人类活动影响的气候变化

B1.1 温室气体与温室效应

"温室气体"是指那些不吸收或很少吸收太阳短波辐射但却强烈吸收地-气红外长波辐射的大气微量气体，诸如水汽、二氧化碳、甲烷、氧化亚氮以及卤代烃等。这些气体的存在使地表温度远高于它们不存在时的地球"辐射平衡温度"。早在 1827 年，法国科学家傅里叶就已经认识到这种作用，指出大气和温室玻璃一样会产生相似的增温结果，一般认为"温室效应"一词即来源于此。后来英国科学家丁德尔测量了 CO_2 和水汽对红外辐射的吸收，进一步阐明了它们的特殊作用。19 世纪后期及其以后的 50 年中，进行了有关的数值计算，其中瑞典学者斯阿雷尼乌斯在 1896 年的结果表明，CO_2 浓度加倍时全球平均气温将增加 5～6 ℃，已十分接近现在由复杂气候模式计算的结果。兰利与伍德分析指出了一般的温室与大气中温室效应的差别。在这些工作的基础上，1957 年瑞威拉和瑞斯第一次明确指出由人类活动产生的温室气体的增加可能导致气候变化，1967 年真锅和威泽罗尔德则第一次利用辐射对流模式给出了具体的数值结果。

现在从科学上也已认识到，把习语"温室效应"和"温室气体"用于地球大气是不恰当的，因为它们的物理机制很不相同。在日常生活中，温室中空气的加热主要来自温室结构抑制了温室内部与外部空气的对流热交换而不是减少与空间的长波热辐射交换。玻璃温室对红外长波辐射是不透明的，可以将有关热量保存在温室中，但聚乙烯温室完全不同，它并不阻止与温室外部的辐射热交换。而产生"大气温室效应"的物理机制是上述微量气体可以让太阳短波辐射透过，加热地表，但又阻止地-气系统向外空的红外辐射，这样使得地表和对流层增温，特别是对流层底层增温明显。对于地球来说，"大气红外保温气体"、"大气红外保温效应"、"开放温室效应"等是一些更恰当的术语。

前已指出，人类活动引起的全球气候变化主要起因于它所造成的大气组成变化(温室气体与大气气溶胶的增加)以及土地利用与覆盖的变化等。人类活动排放的温室气体主要有 6 种，即二氧化碳(CO_2)、甲烷(CH_4)、氧化亚氮(N_2O)、氢氟碳化物(HFC_S)、全氟化碳(PFC_S)和六氟化硫(SF_6)(表 1.2)。

表 1.2 主要温室气体的种类和特征

温室气体种类	增温效应（%）	存留时间（年）
二氧化碳（CO_2）	63	$10^1 \sim 10^3$
甲烷（CH_4）	18	12
氧化亚氮（N_2O）	6	114
其他（HFCs＋PFCs＋SF_6）	＜1	1.4～50 000
CFCs＋HCFCs＋HalonS＋其他	12	0.7～1700

引自：IPCC，2007。

其中对气候变化影响最大的是 CO_2，它产生的增温效应占所有温室气体总增温效应的 63%。它在大气中混合充分，其寿命最长可达数百甚至上千年，因而最受关注。HFCs 和 PFCs 是 CFCs 的替代物，虽然它们对臭氧层的损耗潜能远小于 CFCs，但对气候变化的增温效应明显。除上述 6 种温室气体外，对流层 O_3 也是一种值得注意的温室气体。

人类活动中排放的 CO_2 主要来自化石燃料的燃烧。在所有的化石能源中，煤含碳量最高，石油次之，天然气较低。化石能源开采过程中的煤炭瓦斯、天然气泄漏可排放 CO_2 和 CH_4；水泥、石灰、化工等工业生产过程排放 CO_2；水稻田、牛羊等反刍动物的消化过程排放 CH_4；土地利用变化减少吸收 CO_2；废弃物排放 CH_4 和 N_2O。

上述几种气体之所以得到重视，是因其能够影响地球的辐射平衡从而影响地球的气候。但这仅是一方面，实际上它们作为大气污染物在不同环境问题中也起着一定作用，表 1.3 是一些温室气体对环境的不同影响。

表 1.3 温室气体对环境的不同影响

化合物	WS	SS	RT(D)	RT(I)	AR	Tox(D)	Tox(I)	O_3^-	OC
CO_2	−	−	[＋]	−	−	−	−	−	−
N_2O	−	−	[＋]	−	−	−	−	[＋]	−
SO_2	[＋]	−	−	[＋]	[＋]	[＋]	[＋]	−	−
CO	[＋]	[＋]	−	[＋]	−	[＋]	−	[＋]	[＋]
NMVOC	[＋]	[＋]	−	[＋]	−	[＋]	[＋]	[＋]	−
CH_4	−	[＋]	[＋]	[＋]	−	−	−	[＋]	−
NO_X	[＋]	−	−	[＋]	[＋]	[＋]	[＋]	[＋]	−
CFCs	−	−	[＋]	[＋]	−	−	−	−	−
气溶胶	[＋]	[＋]	[＋]	−	[＋]	[＋]	−	[＋]	−

注：WS=冬季雾；SS=夏季雾；RT=辐射传输，D 代表直接影响，I 代表间接影响；AR＝酸雨；Tox＝毒性，I 代表其反应产物，如乙醛，它是 NMVOC（非甲烷挥发性有机化合物）氧化反应的产品；OC＝大气的氧化能力，这是自身清除能力的一种度量；[＋]代表有影响；－代表无影响。引自：Berdowski 等，2001

由表 1.3 可见，CO_2 虽然是最重要的温室气体，但对人类与环境几乎是完全无害的，对于植物的生长甚至有益，几乎也不影响大气化学过程，虽然其含量在所有温室气体中是最多的，但其增温潜力（GWP）最低。但是，NO_X 对环境有多方面的负面影响，如减少 NO_X 含量，则对于环境有益。

对于大气中 CO_2 浓度的直接测量最早是于 1957 年在夏威夷的 Mauna Loa 站开始的（图 1.4a），其结果清楚地表明 CO_2 浓度从 1957 年以来是明显上升的，大致从 1957 年的 315 ppm[①] 上升到 2009 年的 387 ppm。中国的瓦里关山本底站近 10 年来的测量结果也显示 CO_2 不断升高（图 1.4b）。根据各种不同的观测资料和代用资料（主要是冰芯分析），人们还重建了过去 40 多万年和 76 万年大气 CO_2 浓度的变化。结果表明，从 10 世纪到 18 世纪中期大气中 CO_2 的浓度水平大致稳定地维持在 280 ppm。从

---

① ppm（百万分之一）或 ppb（十亿分之一）在这里是温室气体分子数与干燥空气总分子数目之比。如 300 ppm 的意思就是，在每 100 万个干燥空气分子中，有 300 个温室气体分子。下同。

1750 年开始（大致相当于工业革命开始的年代），CO_2 浓度开始上升，并且近 50～100 年呈现加速上升趋势。这显然与工业化以后 CO_2 排放的大量增加密切相关。200 多年来不断加剧的人类活动造成了大气中 CO_2 浓度的显著增加（表 1.4）。

表 1.4　1750 年以前和 2005 年大气中主要温室气体含量的对比单位

年份	CO_2 (ppm)	CH_4 (ppb)	N_2O (ppb)
1000—1750	280	700	270
2005	379	1774	319
增幅(%)	35	153	18

引自：IPCC，2007.

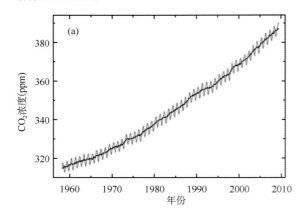
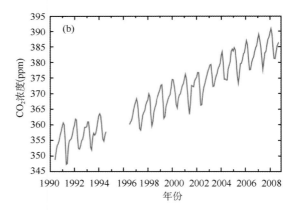

图 1.4　美国夏威夷 Mauna Loa(a)(http://www.esrl.noaa.gov/gmd/ccgg/trends)和中国瓦里关
(b)(http://gaw.kishou.go.jp/cgi-bin/wdcgg)观测站的大气 CO_2 浓度变化

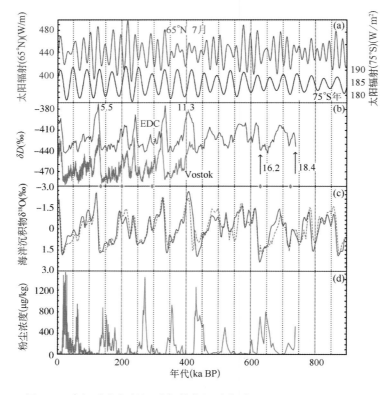

图 1.5　南极冰芯气候记录与其他记录的对比（Augustin 等，2004）
(a)65°N 和 75°S 太阳辐射变化；(b)Vostok 冰芯和 EDC 冰芯 δD(指示温度)记录；(c)海洋沉积物 δ¹⁸O 记录；(d)EDC 冰芯沙尘含量记录

南极 Vostok 冰芯的 42 万年记录表明(Petit 等,1999),与地球温度 4 次冰期—间冰期旋回相对应,大气 CO_2 浓度也有 4 次低—高循环,变化范围在 180～280 ppm 之间,且滞后于温度变化大约200～600年。但是,自 1750 年工业革命以来,其浓度迅速上升,目前已达到 2005 年的 387 ppm(IPCC,2007)。最近,欧洲南极冰芯研究小组关于 Dome C 冰芯的研究进一步获得了过去 74 万年的气候环境记录(Augustin 等,2004),揭示了 7 个大的气候旋回,其中较近的 4 个旋回的温度记录与Vostok冰芯记录非常一致(图 1.5),较早的 3 个旋回的变化幅度则相对较小一些;至于 CO_2 等温室气体的浓度,目前仅测量了冰期—间冰期转换期的样品,结果显示的 CO_2 浓度变化范围为 185～270 ppm。IPCC 第四次评估报告认为目前地球大气的 CO_2 浓度已经超过了过去 65 万年间任何时期的浓度。

1.2 气候变化驱动力

1.2.1 辐射强迫概念

B1.2 辐射强迫

辐射强迫在数值上定义为某种辐射强迫因子变化时所产生的对流层顶平均净辐射的变化(太阳或红外辐射),其单位是 W/m^2。之所以选取对流层顶是因为:至少在简单气候模式中,在全球平均的意义上,地表和对流层紧密地耦合在一起,所以应当将它们作为一个单一的热力学系统来处理。当辐射强迫因子变化时,平流层温度也将发生变化。当然,可以把平流层温度的这种调整看做是一种反馈过程。但是,这种调整的时间尺度一般只有数月,而地表-大气系统对强迫的调整由于海洋巨大的热惯性却需要年代际的时间尺度。因此,两者相比,可以把平流层温度的调整作为强迫本身的一部分来处理。按照是否允许平流层温度进行调整,可以把辐射强迫具体划分为(IPCC,1995):(1)瞬时辐射强迫(Instantaneous Radiative Forcing,IRF),不考虑平流层温度的变化;(2)调整过的辐射强迫(Adjusted Radiative Forcing,ARF),允许平流层温度对瞬时辐射强迫重新进行调整。

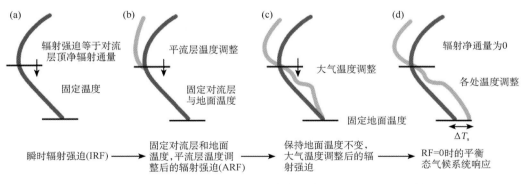

图 B1.1 各种辐射强迫的含义及地面和大气温度调整过程(Forster 等,2007)

图 B1.1 示意性地给出了上述两种辐射强迫的含义以及有关的地面和大气温度调整过程。(a)由于某种辐射强迫因子的变化(例如,大气 GHGs 或气溶胶的浓度变化、太阳变化、火山喷发等等),在大气对流层顶造成净辐射通量的不平衡,即所谓的 IRF。在计算 IRF 时,从地面到对流层再到平流层的整层大气的温度均保持不变。(b)保持地面和对流层的温度不变,但允许平流层温度对 IRF 进行调整。当平流层温度达到平衡时,对流层顶的净辐射将仍然是不平衡的,由此所得到的净辐射通量,就是 ARF。(c)保持地面温度不变,允许对流层和平流层的温度对 ARF 进行相应的调整,从而得到一条新的大气温度廓线。此时,由于不允许地面温度变化,因此对流层顶的净辐射通量依然不平衡。(d)最后,允许地面温度与大气温度同时变化,当对流层顶的净辐射通量等于零时,则达到一个新的气候平衡态,此时的地面温度变化为 ΔT_s。当然,在实际求解新的平衡温度廓线时,特别是在一维 RCM 中,并无必要将上述过程(c)和过程(d)截然分开,它们是可以同时进行的。

　　使用 ARF 可能具有以下优点:①它使得对流层顶净辐射通量的变化与大气顶处的相同,而在平流层温度不调整时,情况却并非如此;②使无反馈情形的气候灵敏度参数趋于一致。

　　造成全球气候变化的因子是多种多样的,既有自然原因(例如,太阳变化与火山喷发等),也有人为因素。人为因素主要有:①工业革命以来,人类生产和社会活动的急剧发展,向大气中释放出大量气体和颗粒物,地球大气的组成已经并正在继续发生显著的变化。大气中二氧化碳、甲烷、氧化亚氮以及含氯氟烃等温室气体(GHGs)和大气气溶胶浓度的增加,是一些最明显的例子,由此可能引起全球气候变化。②土地利用与土地覆盖的变化(LUCC)引起的地表反照率变化以及陆-气能量和物质交换变化所可能产生的气候效应(见上节)。关于如何评价自然或人为因子的气候效应,目前已经提出了若干种方法,诸如地面温度的变化、辐射强迫、全球增温潜能(GWP)与全球温变潜能(Global Temperature Potential,GTP)等。

　　本节将首先介绍气候变化中辐射强迫的基本概念,然后依次讨论大气温室气体、气溶胶(包括火山气溶胶和对流层气溶胶)、太阳变化产生的辐射强迫、云的辐射强迫、GWP 与 GTP 和人为热释放。

　　从全球及其多年平均状况而言,地气系统是处于辐射平衡状态的(见图 1.6)。对这一系统的任何扰动将导致地球气候的变化。为了表征地球辐射收支的变化对气候状态的影响,在气候变化研究中经常使用辐射强迫一词。它是指由气候系统的内部变化或外部强迫变化,如 CO_2 浓度变化或太阳辐射变化而引起的对流层顶净垂直辐射量的变化,以 W/m^2 表示。辐射强迫不仅由人类活动引起的变化产生,而且可由太阳辐射与火山爆发释放的气溶胶造成的自然变化产生。它们代表了气候系统主要的自然与人为强迫,正是这些强迫驱动了气候系统中各圈层的响应。但强迫与响应依纬度和地区不同,使气候变化问题复杂化。例如,由火山爆发喷射的气溶胶在北半球冬季的平流层可造成增暖,一般低纬度地区比高纬度地区明显,这种南北加热的差异,造成了更大的强迫——极地温差,从而使纬向风增加,极地涡旋加强。加强的极地涡旋可以影响对流层垂直传播的行星波并进而影响对流层环流和改变地表气温。因而与气溶胶有关的辐射影响不同于高纬度其他类型强迫引起的辐射影响(秦大河等,2005)。

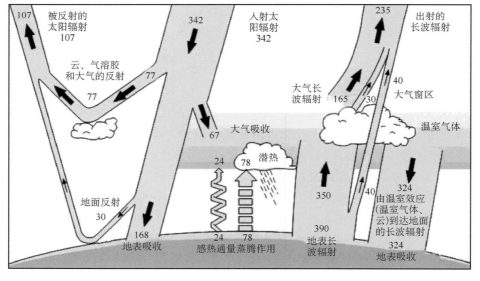

图 1.6　地气系统能量平衡图(单位:W/m^2。IPCC,2001;转引自石广玉,2007)

按照产生强迫的物理机制,辐射强迫又可分为:①直接辐射强迫:由增强温室效应的 GHGs(主要是 CO_2,CH_4,N_2O,对流层 O_3,CFCs 和其他卤代烃)以及大气气溶胶等的变化,通过辐射效应直接产生的强迫;②间接辐射强迫:GHGs 或气溶胶通过化学或物理过程影响其他辐射强迫因子所产生的间接效应,例如 NOx,CO 等的变化将影响 GHGs(特别是对流层 O_3)的浓度,大气气溶胶影响云的辐射特性等;③对于大气气溶胶而言,还有半直接效应等(见 B1.3)。

1. 辐射强迫与地表温度关系

如果记全球平均的辐射强迫为 ΔF,全球平均的地表温度响应为 ΔT_s(K),则有:

$$\Delta T_s = \lambda \Delta F。 \tag{1.1}$$

式中 λ 是气候灵敏度参数,取决于诸如水汽反馈、云反馈和雪冰反照率反馈等多种物理过程。主要由于云反馈的不确定性,不同气候模式的 λ 是很不相同的,其变化范围至少可以从 $0.3 \sim 1.4$ K·m^2/W)。

2. 气候效率因子与有效辐射强迫

近年来,由于在气候变化研究中考虑的强迫机制愈来愈多,气候灵敏度参数 λ 是否确实与强迫机制无关,成为一个值得研究的问题(Hansen 等,1997;Christiansen,1999;Forster 等,2000;Rotstayn等,2001;Stuber 等,2001a,b)。初步结论是,与不同气候模式的不同 λ 相比,当强迫扰动均匀分布时,假定 λ 不随强迫机制而变是合理的;但是当扰动的空间分布不均匀(例如,大气气溶胶)时,情况则不同(Joshi 等,2003)。

由于 λ 的这种变化性质,利用 ARF 的概念,可以定义一个新的物理量 E,称为气候效率因子,并由此得到所谓的有效辐射强迫。对于一个给定的辐射强迫因子 j,其 E_j 定义为该强迫的气候灵敏度参数 λ_j 与 CO_2 气候灵敏度参数 λ_{co_2} 之比(Joshi 等,2003;Hansen 等,2004),即 $E_j = \frac{\lambda_j}{\lambda_{co_2}}$,而有效辐射强迫则可以定义为 $RF \equiv E_j RF_j$(Joshi 等,2003;Hansen 等,2005)。对于有效辐射强迫来说,由于气候灵敏度参数 λ_{co_2} 是一个常数,因此对有效辐射强迫进行比较,就等同于对平衡态的全球平均地面温度变化进行比较,即:可取 $\Delta T_s = \lambda_{co_2}(E_j RF_j)$。

如果在所有的气候模式中,对一切类型的强迫扰动,气候效率因子 E 均等于 1 的话,那么辐射强迫就将成为气候变化的一种"完美"度量。可遗憾的是,研究已经表明,这是不可能的。但是,如果能够辨识出导致 E 偏离 1 的强迫扰动的具体特性,则用有效 RF 将比用 RF 本身更能有效地对气候变化进行比较。研究发现,与气候灵敏度参数本身相比,大量强迫因子的 E 值对模式的依赖性要小得多(Joshi 等,2003)。

尽管初始气候态以及 RF 的符号和强度对 E 的取值影响较小,但是仍然具有影响。E 的取值主要决定于两个因子,即强迫的空间分布结构及其影响各种不同反馈机制的方式。因此,RF 的不同类型以及气候系统响应强迫过程中的任何非线性作用,均可能影响气候效率因子 E,其中,强迫的地理和垂直分布是最重要的(Boer 等,2003;Joshi 等,2003;Sokolov,2006;Stuber 等,2005)。另外,高纬度地区强迫产生的 E 值要高于热带地区;对流层上层强迫产生的 E 值要小于地表强迫。然而,由于气候响应(如云、水蒸气)依赖对流层的静力稳定性以及由此带来的对流层上层的温度变化符号,因此上述 E 值的变化特性并不是一成不变的(Govindasamy 等,2001;Joshi 等,2003;Sokolov,2006)。目前所得到的不同强迫机制的气候效率因子的变化特性和范围可参见 IPCC(2007)。

3. 辐射强迫概率密度函数

如上所述,辐射强迫是一个可以用来确定某种气候变化强迫机制潜在影响的有用概念和工具。但要估算全球平均的地面温度响应 ΔT_s,首先必须求得全球平均的总辐射强迫 ΔF(或 RF,下同)。然而,由于近年来辨识出的强迫因子越来越多,如何用一种比较客观的方法将各强迫机制的 RF 进行累加以求得总的 RF,成为一个不可回避的问题。简单的算术相加是不可行的,主要原因是:①给出的各种 RF 的不确定范围并不是严格(精确)的定量统计结果,它们多半是根据已经发表的 RF 估计值的分散程度来确定的,在某些情况下(例如,人为矿物沙尘气溶胶或气溶胶第一类间接效应),它甚至是基于某种主观判断；②由于有的 RF 没有给出最佳估计值（例如飞机尾流诱发的卷云、人为矿物沙尘和气溶胶第一类间接效应），这就使得难以将它们直接进行累加；③对不同强迫机制的科学理解水平（LOSU）不同，使问题变得更为复杂，似乎与 LOSU 高的 RF 相比，应当给 LOSU 低的 RF 一个比较低的权重；④由于辐射强迫空间分布的复杂性，全球平均总 RF 并不能给气候系统的空间响应提供足够的信息，即使全球平均的总 RF 为零，也可能会发生重要的区域气候变化（Cox 等，1995；Ramaswamy 等，1997）；⑤将各种 RF 进行相加在科学上是否正确，取决于不同机制 RF 产生的气候响应的可加性。目前尚未证明所有强迫机制都具有这种可加性（Ramaswamy 等，2001；Boucher 等，2001）。解决这个问题的一种方法是，假定每种强迫机制的 RF 服从某种概率密度函数（PDF）。IPCC AR4 首次以硫酸盐气溶胶为例，说明了这一概念及其应用。

4. 全球增温潜能（GWP）与全球温变潜能（GTP）

为了把辐射强迫因子气候效应的科学评价与某种社会经济的政策考虑结合起来，应当寻求一种度量方法，它可以把对单个分子的温室强度的计算与对分子的大气寿命的估计结合起来，同时它又能将该种气体在大气中引起的化学变化（主要指生成新的温室气体分子）所带来的间接温室效应包括进去，大气温室气体的全球增温潜能（GWP）的概念就是为此而提出的，定义为：瞬态释放 1 kg 的某种温室气体所产生的时间积分的辐射强迫与对应的 1 kg 的参照气体的辐射强迫的比值，即

$$GWP(x) = \int_0^{TH} a_x[x(t)]dt \Big/ \int_0^{TH} a_r[r(t)]dt$$

式中的 TH 是计算的时间跨度，根据政策制定的需要，TH 经常取 20 年、100 年和 500 年 3 种范围；a_x 是所研究的气体的大气浓度增加一个单位时所产生的与气候有关的辐射强迫，不明确考虑其随时间的变化或寿命；$[x(t)]$ 是在大气中脉冲式注入该气体后，其随时间衰减的丰度；式中的分母是参照气体（CO_2）的对应量（IPCC，1995）。

在较早期的研究工作中，还提出过绝对全球增温潜能（AGWP）及其他一些计算全球增温潜能的公式（WMO，1990；Fisher 等，1990；石广玉，1992）。它们与 IPCC（1995）的不同主要在于取 CFC-11 作为参照气体；在计算辐射强迫时，时间积分限不取某一时段 TH，而取被计算的气体的整个寿命。

全球增温潜能可以分为直接增温潜能与间接增温潜能。一种温室气体本身产生的增温潜能称为直接增温潜能，而由于这种气体在大气中通过发生化学反应所产生的新的温室气体分子而带来的增温潜能被称为间接增温潜能。

如前所述，全球增温潜能值是一个相对辐射强迫指数，它并不像地面温度变化那样是一种纯粹的地球物理量，其计算不但涉及对若干地-气系统过程（如辐射传输及化学清除）的了解，还涉及某些政策指向的选择（如感兴趣的时间跨度），所以从本质上来说它是不能用实验方法来进行观测的，也不能像检验许多气候系统的预测结果那样去进行检验。但是，GWP 值给出了大气主要温室气体所可能产生的温室效应相对大小的一种度量。有了这些数据，决策者就有可能确定对哪一种气体进行减排，或者用另一种增温潜能较小的气体来替代它。

从原理上来说，温室气体直接 GWP 值的计算并不复杂，其计算主要包括两个部分，即辐射强迫 $a(a_x, a_r)$ 与气体浓度 $x(t)$ 和 $r(t)$ 的计算。近年来，在计算 GWP 方面的主要进展是：①新的物种的增加；②对物种光谱特性及其大气寿命了解的改进。

除了注入大气中的红外吸收气体的直接强迫外，一些化学物质还能够通过与化学输送有关的间接作用影响辐射平衡。当大气中所有的化学过程都被考虑到时，大量可能的间接效应能够被识别出来，其范围从平流层中由于 H_2 增加的间接效应产生的水汽，到由于 CH_4 注入引起的 HCl/ClO 比例的变化以及由此引起的 O_3 减少等。这些过程引起的效应很难被细致地量化，但看起来它们大部分对直接 GWP 的影响较小。

尽管 GWP 是决策者可以用来对不同温室气体释放进行分级评价的一个简单明了的指数，但是它不能明确表明：究竟依据什么才能求得不同气体种类释放之间的"等效"（Smith 等，2000；Fuglestvedt 等，2003）。另外，作为一种度量指数，GWP 在处理短寿命的气体或气溶胶（如 NO_x 或黑碳气溶胶）时

也存在问题。为了克服这些问题,曾经提出过辐射强迫指数(RFI)(IPCC,1999),但是由于它没有考虑不同强迫因子在大气中的不同滞留时间,所以不可能用来度量气体释放。

如上所述,不同强迫机制的气候效率因子是不同的,对于大多数辐射强迫机制来说,其变化范围在25%左右,比气候灵敏度的不确定性范围要小。据此,产生过在包括辐射强迫因子效率的情况下修正GWP概念的设想,但是并未取得很大进展。

最近,提出了全球温变潜能GTP概念作为一种新的相对释放度量指数(Shine 等,2005b)。GTP定义为(瞬间或持续)释放的某种物质 x 在未来某一给定时间范围 TH 内造成的全球平均地面温度变化 ΔT_x^H 与某一参考气体(如 CO_2)所造成的全球平均地面温度变化 ΔT_r^H 的比值,由 $GTP_x^{TH} = \Delta T_x^H / \Delta T_r^H$ 可以看到,GTP的计算公式简单明了,所需输入参数较少,无需使用海气耦合模式(AOGCMs)。但需注意的是,全球增温潜能(GWP)是对整个时间范围的积分量(即假定在整个时间范围内辐射强迫完全相等),而GTP则利用时间范围 H 内的温度变化(即接近时间 H 的辐射强迫的贡献相对较大)。计算GTP度量指数时所需要的某些参数,与计算GWP时相同(例如强迫因子的辐射效率及其大气寿命),但是还必须知道气候系统对辐射强迫因子的响应时间,特别是当物种 x 的寿命同参考气体的寿命差别很大时。在GTP度量指数中,很容易考虑气候效率因子的差异。由于包含了气候系统的响应时间,所以对于瞬态释放的寿命短于参考气体的温室气体,其GTP数值要小于相应的GWP数值。另外,持续释放物种的GTP数值同其瞬态释放的GWP数值接近(Shine 等,2005b)。总之,由于GTP这一度量指数可以更直接地同地面温度变化联系在一起,因而比GWP具有潜在的优点。

1.2.2 大气温室气体与气溶胶的辐射强迫

1. 温室气体

有各种各样的辐射传输方案,从逐线积分模式到所谓的宽带模式;也有各种各样的气候模式,均可用来计算辐射强迫。瞬时强迫(IRF)由于不涉及大气平流层温度的调整,因此只要辐射传输计算方案中包含了所要研究的辐射强迫因子,就可以使用。但是,如果要计算平流层温度调整过后的辐射强迫ARF,那么至少需要有一个一维辐射-对流模式。当然,带有精致辐射计算方案的三维大气环流模式,不但可以给出全球平均的辐射强迫,而且还可以给出辐射强迫的地理分布。这些模式的结果可以用比较简单的经验公式来表示,以便快速而又精度合理地计算辐射强迫,这是本节讨论的重点。

表1.5给出了用来计算大气温室气体浓度变化产生的辐射强迫的简化公式,这些公式既可用于历史上温室气体浓度的变化,也可用于未来情景。

表 1.5 温室气体辐射强迫计算公式一览表
(IPCC,1990,2001;Shi,1992;Harvey,2000)

温室气体	辐射强迫 ΔF(W/m²)的近似计算公式	文献出处及注释
CO_2	$\Delta F = \alpha \ln(C/C_0)$,其中 C 是 CO_2 浓度(ppm),$C < 1000$ ppm	公式取自 Wigley(1987);$\alpha = 6.3^a$ 由 Hansen 等(1988)导出;$\alpha = 5.35^b$, Myhre 等(1998)
	$\Delta F = \alpha \ln(C/C_0) + \beta(\sqrt{C} - \sqrt{C_0})$	公式取自 Shi(1992),$\alpha = 4.841^b$,$\beta = 0.0906^b$
	$\Delta F = \alpha[g(C) - g(C_0)]$ $g(C) = \ln(1 + 1.2C + 0.005C^2 + 1.4 \times 10^{-6}C^3)$	$\alpha = 3.35^b$, Hansen 等(1988)
	$\Delta F = 3.75 \ln(C/C_0)/\ln 2$	Harvey(2000)
CH_4	$\Delta F = \alpha(\sqrt{M} - \sqrt{M_0}) - [f(M, N_0) - f(M_0, N_0)]$, M, N:CH_4, N_2O 浓度(ppb),$M < 5$ ppm	公式取自 Wigley(1987);$\alpha = 0.036^a$ 由 Hansen 等(1988)导出,重叠项 $f(M, N)$ 取自 Hansen 等(1988)[c]
	$\Delta F = 0.0556(\sqrt{M} - \sqrt{M_0}) + 1.425 \times 10^{-4}(M - M_0) -$ $4.740 \times 10^{-4}\sqrt{N}(\sqrt{M} - \sqrt{M_0}) + 3.218 \times 10^{-8}N(M - M_0)$ M, N:CH_4, N_2O 浓度,100 ppb $\leqslant M \leqslant$ 10000 ppb	Shi(1992)

温室气体	辐射强迫 $\Delta F(\text{W/m}^2)$ 的近似计算公式	文献出处及注释
N_2O	$\Delta F = \alpha(\sqrt{N} - \sqrt{N_0}) - [f(M_0,N) - f(M_0,N_0)]$，$M,N$ 同上，$N<5$ ppm	Hansen 等（1988），$\alpha=0.14^a$，$\alpha=0.12^b$
	$\Delta F = 0.1305(\sqrt{N} - \sqrt{N_0}) + 2.504\times10^{-4}(N-N_0) -$ $4.740\times10^{-4}\sqrt{M}(\sqrt{N}-\sqrt{N_0}) + 3.218\times10^{-8}M(N-N_0)$ $M,N:CH_4,N_2O$ 浓度，20 ppb $\leqslant N \leqslant$ 1000 ppb	Shi（1992）
CFC-11	$\Delta F = \alpha(X-X_0)$，X 是 CFC-11 浓度（ppb），$X<2$ppb	Hansen 等（1988），$\alpha=0.22^a$，$\alpha=0.25^b$
	$\Delta F = 0.300C$，C 是浓度（ppb）	Harvey（2000）
CFC-12	$\Delta F = \alpha(Y-Y_0)$，Y 是 CFC-12 浓度（ppb），$Y<2$ ppb	Hansen 等（1988），$\alpha=0.28^a$，$\alpha=0.32^b$
	$\Delta F = 0.386C$，C 是浓度（ppb）	Harvey（2000）
其他 CFCs, HCFCs 和 HFCs	$\Delta F = A(Z-Z_0)$，Z 是浓度（ppb）	A 是相对于 CFC-11 的比例因子^d
	$\Delta F = \alpha C$，C 是浓度（ppb）	α 取值见 Harvey（2000）表 7.1 的第 4 列
	$\Delta F = 0.218f_1f_2C$，C 是 CFCs，HCFCs 和 HFCs 的浓度（ppb），f_1 和 f_2 分别是相对于 CFC-11 的比例因子和重叠效应订正系数	Shi（1992）^{e}
平流层水汽	$\Delta F = \alpha(\sqrt{M} - \sqrt{M_0})$，$M$ 是 CH_4 浓度（ppb）	平流层水汽强迫取作不考虑重叠的甲烷强迫的 0.3 倍，Wuebbles 等（1989），$\alpha=0.011^a$
	$\Delta F = 0.05\Delta F_{CH_4\text{-pure}}$	Harvey（2000）
对流层 O_3	$\Delta F = \alpha(O-O_0)$，O 是 O_3 浓度（ppbv）	根据 Hansen 等（1988）进行的非常初步的参数化，$\alpha=0.02^a$
	$\Delta F = 8.62\times10^{-5}\Delta C_{CH_4}$	由 CH_4 产生的 O_3 的辐射强迫，其他气体产生的 O_3 的辐射强迫可假定为 1990 年的值，Harvey（2000）
平流层 O_3 减少	1990 年以前：$\Delta F = (\Delta F_{1990}/\Delta E_{1990-1980})\Delta E_{t-1980}$ 1990 年以后：$\Delta F = \Delta F_{1990} + 0.6(\Delta F_{1990}/\Delta E_{1990-1980})\Delta E_{t-1980}$	$\Delta E_{t_2-t_1} = E_{t_2} - E_{t_1}$，$E_t = n_{cl}(t) + \alpha n_{Br}(t)$。$n_{cl}(t)$，$n_{Br}(t)$ 分别表示随时间 t 变化的平流层中 Cl，Br 含量，α 取 30～100，Harvey（2000）

上标 a,b 分别表示公式中参数取值引自 IPCC（1990）和 IPCC（2001）；c 甲烷-氧化亚氮重叠项：$f(M,N) = 0.47\ln[1 + 2.01\times10^{-5}(MN)^{0.75} + 5.31\times10^{-15}M(MN)^{1.52}]$，$M,N$ 均以 ppb 为单位，注意：Hansen 等（1988）的数据 0.014 应为 0.14；dA 值参见石广玉（2007）表 6.4 第 6 列（具体计算辐射强迫时，A 值等于第 6 列数值乘上 CFC-11 计算公式中的系数 0.300），更新结果见 IPCC（2001）表 6.7 第 3 列和石广玉（2007）表 6.18 第 4 列；e公式可用于计算所有含氯氟烃的辐射强迫，f_1 和 f_2 取值分别见石广玉（2007）表 6.4 第 3 和第 4 列；下标为 0 的 C_0,M_0,N_0,O_0,X_0,Y_0 以及 Z_0 等，表示气体的参考浓度，不同作者的取值可能不同，不带下标的符号则表示所研究的该气体的浓度。$\Delta F_{CH_4\text{-pure}}$ 为未订正与 N_2O 重叠时的 CH_4 辐射强迫。

　　表 1.5 中所给出的大气温室气体辐射强迫简化计算公式之间的差异，大致在 20% 以内。造成这种差异的原因，既有来自辐射传输模式的差异，也有来自瞬时辐射强迫和平流层温度调整过的辐射强迫的差异以及是否考虑吸收带重叠与如何考虑吸收带重叠的处理方法的差异。对于对流层 O_3 与平流层 H_2O，有一种更简单的方法估算其辐射强迫，即认为它们浓度加倍的 RF，分别相当于 1/3 和 1/2 的 CO_2 加倍产生的辐射强迫。平流层 O_3 变化产生的 RF 是相当复杂和特殊的，而对流层 H_2O 的变化，一般作为反馈机制处理，并不直接计算其辐射强迫。

　　2. 大气气溶胶的辐射强迫

　　悬浮在大气中的直径为 0.001～100 μm 的固体或液体粒子称为气溶胶粒子，可以按照它在大气中所处的位置高度，分为对流层气溶胶和平流层气溶胶。下面首先讨论对流层气溶胶对地-气系统辐射收支的影响，而且由于其短波辐射效应远大于长波热辐射效应，因此在术语中只涉及太阳辐射。

B1.3　气溶胶辐射强迫

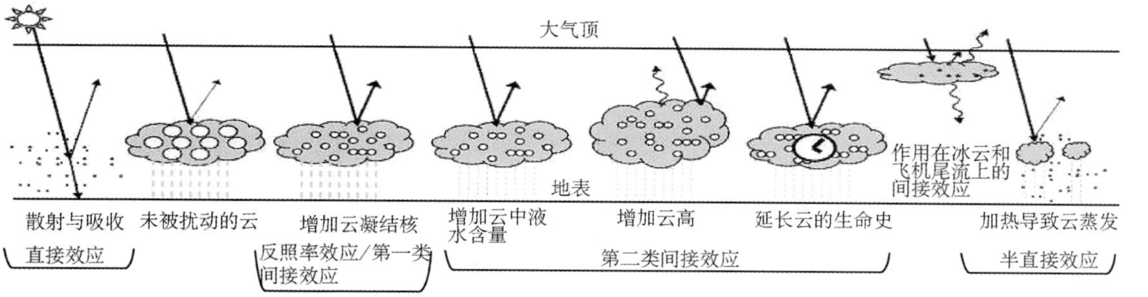

图 B1.2　气溶胶粒子的各种辐射强迫机制(Forster 等,2007)
黑点:气溶胶颗粒;空心圆:云滴;直线:太阳短波辐射;波浪线:红外辐射

大气气溶胶的辐射强迫可以分为以下几种类型,图 B1.2 给出了目前已经辨识出并认为是重要的气溶胶粒子的各种辐射强迫机制。

直接辐射强迫　气溶胶粒子可以散射和吸收太阳辐射,从而直接造成大气吸收的太阳辐射能、到达地面的太阳辐射能以及大气顶反射回外空的太阳辐射能的变化。其中不涉及与任何其他过程的相互作用,所以被称为气溶胶的直接强迫。当然,大气气溶胶粒子也可以吸收和散射长波红外辐射,但相对而言,不太重要。

间接效应　气溶胶粒子的存在,可以改变云的物理和微物理特征并进而改变云的辐射特征,影响太阳能在地-气系统中的分配。由于这种效应涉及气溶胶与大气其他辐射活性成分(例如云)的相互作用,因此叫做间接效应。实际上,气溶胶与云和降水之间具有多种相互作用方式,它既可以作为云凝结核或者冰核,也可以作为吸收性粒子将吸收的太阳能转换为热能,使其在云层内重新分配。总体上来说,气溶胶的间接效应,可以分为第一类间接效应和第二类间接效应。

云反照率效应　又称为第一类间接效应,或 Twomey 效应,是指在云内液态水含量不变的情况下,气溶胶粒子的增多会增加云滴数浓度但使云滴粒子变小,从而导致云反照率变大,这是一个很单纯的辐射强迫过程。需要注意的是,无法将反照率效应与其他效应简单地分离开来。事实上,对于一个给定的液态水含量,云滴谱有效半径的减小将同时减少降水的形成,进而可能会延长云的生命期,而云生命期的增加又会导致时间平均或区域平均的云反照率增加,这又称为第二类间接效应或云生命期效应。

大气气溶胶的间接效应还包括:

冰核化效应　它指的是由于冰面与水面上的水汽压不同,冰核的增多将导致过冷液态水云的迅速冰核化。与云滴不同的是,这些冰晶成长于一个高度过饱和环境中,可以很快地达到降水所需要的尺度,从而将非降水性云转变为可降水云。

热力学效应　它指的是由于云滴变小,凝结滞后,致使过冷云扩展到更低的温度。此外,气溶胶除了会导致大气顶辐射收支的变化外,它还影响地面的能量收支,从而影响对流、蒸发和降水。

半直接效应　大气气溶胶的气候效应,除了它所产生的直接辐射强迫与间接效应之外,还有一种所谓半直接效应。它指的是:烟尘等对太阳辐射具有较强吸收作用的气溶胶,会将其吸收的太阳辐射能作为热辐射重新向外释放,从而加热气团、增加相对于地表的静力稳定性,也可能会导致云滴的蒸发,造成云量和云反照率的减小,进而影响气候(Ackerman 等,2000;Forster 等,2007)。

进入地球大气的太阳能量,可以在大气内部被吸收、散射,然后透射到地面,或者被反射回外空。由于大气气溶胶的存在,引起的这些过程的改变叫做气溶胶(辐射)强迫。虽然从 1994 年开始,IPCC 一直建议并在其科学评估报告中使用对流层顶处的净辐射通量变化作为辐射强迫的定义，但有时仍然把大气吸收的太阳能的变化、到达地面的太阳能的变化与反射回外空的太阳能的变化分别叫做大气强迫、地面强迫和大气顶（TOA）强迫（例如，UNEP and C[4]，2002）。对于像硫酸盐这样的非吸收性气溶胶来说，作为第一级近似，其地面直接强迫与大气顶强迫几乎相同。也就是说，被气溶胶反射回外空的入射太阳辐射（TOA 强迫）就是地面上减少的入射太阳辐射（地面强迫）。但当存在吸收性气溶胶时，地面上所减少的太阳辐射将等于反射回外空的太阳辐射与大气吸收的太阳辐射之和。因此，地面强迫将大于大气顶的强迫。

表 1.6a 和 1.6b 列出了大气气溶胶对大气顶和地面净辐射通量变化的影响以及有关物理过程的描述。

表 1.6a　大气气溶胶的各种间接效应及其对大气顶净辐射通量变化符号的影响

效应	受影响的云类型	过程	大气顶辐射通量变化符号	可能幅度	科学理解水平
云反照率效应	全部	在云水或冰晶含量相同时，气溶胶使云滴增多，但尺度变小，增加云对太阳辐射的反射	负	中等	低
云生命期效应	全部	云粒子尺度变小降低降水效率，从而延长云的生命期	负	中等	很低
半直接效应	全部	吸收性气溶胶对太阳辐射的吸收，影响大气静力稳定度、地表能量收支，并可能导致云滴蒸发	正或负	小	很低
冰核化间接效应	混合云	冰核数浓度的增多将增加降水效率	正	中等	很低
热力学效应	混合云	云滴变小，凝结滞后，使过冷云扩展到更低的温度	正或负	中等	很低

引自：Denman 等，2007

表 1.6b　大气气溶胶的各种间接效应及其对全球平均地表净短波辐射通量（2—4 列）和降水（5—7 列）降水的影响

	地表净短波辐射通量			降水		
效应	地表辐射通量变化符号	可能幅度	科学理解水平	降水变化符号	可能幅度	科学理解水平
云反照率效应	负	中等	低	n/a	n/a	n/a
云生命期效应	负	中等	很低	负	小	很低
半直接效应	负	大	很低	负	大	很低
冰核化间接效应	正	中等	很低	正	中等	很低
热力学效应	正或负	中等	很低	正或负	中等	很低

引自：Denman 等，2007

不难看出，大气气溶胶直接辐射强迫的符号是可正可负的，取决于气溶胶粒子反射和吸收太阳辐射的相对能力以及地面反照率等因子。对于像硫酸盐这样的几乎不吸收太阳辐射的气溶胶来说，其直接辐射强迫是负的，会使地面和低层大气冷却。但是，对像黑碳这样的强烈吸收太阳辐射的气溶胶而言，其直接辐射强迫将是正的，它会像 CO_2 等温室气体一样，使大气增暖。另一方面，大气气溶胶的间接效应，不管是第一类还是第二类，其符号总是负的；而所谓半直接效应，其辐射强迫的符号却是正的（注意：这里所说的正或负系指气溶胶对气候系统的总体效应）。因此，虽然总体来说，由于硫酸盐等非吸收性气溶胶占了大气气溶胶的相当大的比重，而黑碳和矿物（土壤或沙尘）气溶胶的吸收也不占主导地位，因此大气气溶胶的"净"辐射强迫应当是负的，然而，实际情景十分复杂，需要具体分析。

更复杂的是大气气溶胶不但可以吸收和散射太阳辐射，而且也可以吸收和散射红外热辐射，而这两种效应所产生的辐射强迫以及对气候的影响是完全不同的。另外，以上的讨论只限于对流层气溶胶，其中也包括由平流层输送到对流层的火山气溶胶。关于火山气溶胶本身的辐射强迫将在以下章节讨论。

因此，气溶胶粒子影响气候是毫无疑问的。但是，与微量温室气体相比，要评估气溶胶的气候效应却困难得多。这不但因为气溶胶是由具有不同谱分布、形状、化学组成和光学性质的物质构成的，还由于它们浓度的时空变化可达几个数量级而且缺乏其时空变化的观测资料。

在确定气溶胶引起的行星辐射收支变化的符号上也存在困难，它取决于吸收散射比、地面反照率、气溶胶的总光学厚度以及太阳高度。

大气气溶胶除了通过上述直接、半直接与间接效应,影响地-气系统的辐射收支并进而影响地球气候外,气溶胶粒子的存在还将引起大气加热率和冷却率的变化,直接影响大气动力过程。沙尘等大气气溶胶还可能携带营养盐,当其沉降到海洋时会影响海洋初级生产力,影响辐射活性气体(例如,CO_2,CH_4 和 DMS 等)的海-气交换通量,并进而影响全球碳循环,最终造成对地球气候系统的影响。这些影响均可以归类于大气气溶胶的"间接气候效应",它们可能是非常重要的,但有关研究刚刚开始不久,难以给出任何定量描述。

1.2.3 自然强迫

1. 太阳变化的辐射强迫

大气 CO_2 和其他温室气体含量的增加所可能引起的全球变暖已成为目前最重要、影响最深远的全球环境问题之一。温室效应理论,从物理原理上来说,无疑是成立的;大气气溶胶的气候效应,也无疑是存在的。但是,基于温室效应和气溶胶气候效应理论的模式结果的不确定性太大,使得我们无法根据模拟的气温变化结果来界定(约束)造成这种变化的外部(辐射)强迫;另外,理论上所模拟的气温上升趋势虽然与观测到的变化趋势不矛盾,但无法解释年际至年代际的气温变化,特别是 20 世纪 40 年代的变暖。所以近年来一直在寻求造成近百年来全球平均气温变化的其他原因,诸如太阳活动和火山气溶胶等。太阳和火山活动所造成的强迫是目前已知的可能影响十年至几百年时间尺度气候系统变化的最重要的外部自然强迫因子。研究这些自然强迫,不但对于解释近百年来的全球气温变化具有重要意义,而且对于从近百年的气温变化中探测和辨识人为强迫起着关键作用。而能否尽早地探测到气候变化的人为信号,不但对于理解支配地球气候系统的物理、化学因子具有重要的学术价值,而且对于应对未来气候变化的政策制定起着至关重要的作用。说得更明确一些,如果能够证明,近百年的全球气温变化完全是由太阳活动和火山喷发等自然原因造成的,那就不必匆忙地去限制化石燃料燃烧等人类活动产生的 CO_2 释放了。

由于太阳几乎是驱动地球天气-气候这部热机的唯一能源,因此太阳活动与地球气候关系的研究早在 100 多年以前就已受到人们的关注。早期研究几乎完全局限于相关性(如太阳黑子-地面气温、太阳黑子-北美干旱等)的统计上,由于缺乏必要的令人信服的物理机制,而且所发现的相关性经常遭到质疑,因此,这类研究经历了一个盛衰无常的、漫长曲折的历史,似乎走进了死胡同(Herman 等,1985)。

1991 年丹麦气象研究所的两位科学家 Friis-Christensen 和 Lassen 首先研究了 1861—1989 年近 130 年间的北半球温度距平与 Zurich 太阳黑子数的关系,发现二者之间存在很好的相关性。但是,一个明显的问题是,在大部分时段内,地面气温的变化超前于太阳黑子数的变化 10~20 年。从因果关系上来说,没有任何一种物理机制能对此给予解释。难道地球表面的温度会影响 10~20 年后的太阳黑子数目吗?或者反过来说,难道 10~20 年后的太阳黑子数会影响当前的地面气温吗?Friis-Christensen 和 Lassen 进一步研究了上述期间北半球温度距平与太阳黑子周期长度的关系,发现了一种更惊人的相关:当太阳黑子数峰值之间的间隔(太阳黑子周期)在 19 世纪末开始缩短时,北半球开始变暖;到了 20 世纪 40 年代前后,太阳黑子周期停止变短,北半球温度达到峰值后开始下降;但当太阳黑子周期在 20 世纪 60 年代再次开始变短时,温度也跟着转向。两者的相关系数高达 0.95,这可能是在太阳-气候研究的历史上所得到的最高的相关。但它究竟是一种统计畸形,还是太阳-地球气候之间的确存在着某种因果关系?如果确实存在这样一种因果关系,则必须从根本上改变我们对气候的看法,它意味着:在地球气候系统中,除了太阳变化之外,几乎没有什么别的因子是重要的。

当然,全球地面年平均温度并不是全球气候状况的唯一标志。但是,如果只选一个变量来代表全球平均气候状况的话,无疑它是最恰当的。温度是一个热力学量,因此,为了寻找太阳-气候变化的因果关系,以便对上述研究做出评价,必须考查太阳总能量输出的变化。

如前所述,在大气层顶平均日地距离上,与太阳光线方向垂直的单位面积上所接收到的太阳总辐射能称为太阳总辐射通量密度（或称太阳常数）。太阳常数不仅对于气象学和气候学是一个重要的物理量，对于天文物理来说，它也是一个非常基本的物理量。因此，关于太阳常数的研究具有悠久的历史（Kondratyev，1969）。早期的观测是在地面或高山上进行的，这类观测，除了受到仪器标定的影响外，极易受大气状况的影响，所以精度不可能很高。高空气球由于排除了对流层和下部平流层大气变化的影响，所以精度有所提高，但仍然受到 30 km 以上大气透明度变化的影响。为了从根本上排除地球大气变化对太阳常数测量的影响，最好的方法是在空间飞行器上安装观测仪器，从地球大气层外直接进行测量。

太阳常数的当代卫星（或宇宙飞船）观测，始于 1980 年左右，至今才有跨越大约 3 个太阳周期的近 30 年历史。因此，为了建立一个太阳辐射通量密度变化的完整的资料库，不但必须进行更长时间的观测，还必须对各种星载辐射计进行仔细的交叉标定。尽管如此，近 30 年来的卫星观测资料所显示出的 11 年周期与更高频率上的太阳辐射输出变化的基本特征，是确定无疑的。

如果想在更长时间尺度上研究太阳变化的气候辐射强迫，必须利用某些代用资料对太阳总辐射通量密度进行重建。目前太阳活动的地面标示物及历史资料时间尺度如下：太阳黑子数（资料可以追索到 1610 年，下同）；光斑指数（1950—）；10.7 cm 射电通量（1947—）以及 CaIIK 1A 指数（1976—）。

过去 400 年太阳总辐射通量密度变化的重建结果，见图 1.7。其中，既考虑了太阳 11 年活动周期又考虑了更长期的分量，而且对后者进行了换算标定：从 17 世纪的蒙德极小期到现在，太阳总辐射通量密度增加 0.2%，UV（200～300nm）辐射通量密度增加 0.97%。如果将 11 年周期包括进来，那么，从蒙德极小期到现在，太阳总辐射通量密度的变化将被约束在 0.24% 的范围内（Lean 等，1992）。在图 1.7 的重建结果中，还包括了根据 ^{14}C 和 ^{10}Be 宇宙线同位素记录独立得出的太阳活动变化。注意，该重建结果与 Hoyt 等（1993）（HS93）的

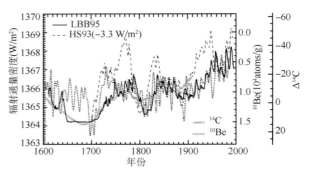

图 1.7　重建的过去 400 年来太阳总辐射通量密度变化
（实线）（Lean 等，1998）

结果有所不同，在 HS93 中，长期变化分量系基于 11 年太阳活动周期的长度而不是其平均幅度。如果不改进对产生辐射通量输出变化的太阳自身原因的理解，将无法解决这种不同。因此，只根据有限的太阳检测数据以及对有关物理过程的粗浅了解，来重建太阳总辐射通量密度的历史变化，必将具有很大的不确定性。其中包括了两个分量，一是独立确定的太阳 11 年活动周期分量；另一个是根据各个黑子周期的平均幅度求得的长期分量（LBB95）。作为比较，图 1.7 中还标出了宇宙线起源的 ^{10}Be（小长点）和 ^{14}C（宽灰线）同位素记录以及 Hoyt 等（1993）的重建结果（虚线，HS93）。

以上给出了由空基辐射仪器观测到的从太阳 21 周中期至 23 周中期差不多两个太阳周期内太阳总辐射通量密度（TSI，Total Solar Irradiance）的变化以及重建的过去 400 年来的 TSI 变化。卫星观测资料表明，在 1978—1990 年间，即在太阳 21 周的下降段和 22 周的上升段，11 年周期内太阳辐射通量的变化小于 0.1%。当然，这并不意味着在太阳周期与周期之间不会发生大得多的变化，因为目前所具有的卫星直接观测资料毕竟才只有二十几年的历史。但是，另一方面，根据历史资料的重建结果，从 17 世纪的蒙德极小期到现在，TSI 的变化大约是 0.24%。从能量学的观点来看，这是一个什么概念呢？假定太阳常数 S_0 等于 1370 W/m^2，容易得到上述 TSI 百分比变化所产生的辐射强迫 ΔF。对于 11 年周期内的变化 $\Delta F = 1370 \times 0.1\% = 1.37$（W/m^2）；而对于长期变化，$\Delta F = 1370 \times 0.24\% \approx 3.29$（W/m^2）。

值得注意的是，以上这些数值是由于太阳本身的变化所产生的。换句话说，是到达地球外大气层顶的总的太阳变化。对于地球气候来说，由于地球表面积与截面积之比为 4，地球行星反照率 α_p 大约为 0.3，因此在计算对地球气候真正具有影响的太阳辐射强迫时，必须把上述数值改写为 $(1-\alpha_p)/4 = 0.7/4 = 0.175$。这就是说，对于 11 年周期内的变化来说，地球气候的太阳强迫将等于 1.37 ×

$0.175 \approx 0.24 (W/m^2)$。由于 11 年周期并不与地球气候的长期变化具有明显的联系,故暂不作进一步的讨论。我们来看包括了 11 年周期在内的 TSI 的长期变化,易得出:$\Delta F = 3.29 \times 0.175 \approx 0.576 \approx 0.6 (W/m^2)$(注意:这是从 17 世纪的蒙德极小期算起的)。观察图 1.7 可以发现,如果从 19 世纪中叶的 1850 年算起的话,以上数值大致应当减半,即只有 $0.3\ W/m^2$ 左右。

自 IPCC(2001)以来,对太阳辐射强迫估计增加的可能的物理解释如下:太阳总辐射通量密度从蒙德极小期(1645—1715 年)到目前周期最小的最可能的长期变化是 0.04%(对应太阳总辐射通量密度 $1365\ W/m^2$ 的增加大约是 $0.5\ W/m^2$),相应的辐射强迫(RF)是 $+0.1\ W/m^2$。在 IPCC(2007)的结果中比较大的 RF 估计范围是 $+0.38 \sim +0.68\ W/m^2$,它们是在不正确的类太阳恒星亮度起伏假定下得到的太阳辐射通量密度在周期极小的变化。由于 11 年周期振幅从蒙德极小到现在已经增加,所引起的到目前周期为止总辐射通量密度的增加平均为 0.08%。按照 11 年平滑的总的太阳辐射通量密度时间序列(Wang 等,2005),从 1750 年到现在总的太阳辐射通量密度有 0.05% 的净增加,对应的 RF 为 $+0.12\ W/m^2$,比 TAR 给出的同期太阳辐射强迫值小 2 倍多。如果使用 Lean(2000)的重建资料作为上限,自 1750 年以来辐射通量密度有 0.12% 的增加,对应的辐射强迫是 $+0.3\ W/m^2$。自 1750 年到现在仅由 11 年周期的增加造成的辐射通量密度增加的下限是 $+0.026\%$,对应的 RF 的下限是 $+0.06\ W/m^2$。

器测资料已经表明,从 1850 年到 2000 年,全球平均气温上升了大约 0.6 ℃(IPCC,2001)。将这些数值代入式(1.1),可得气候灵敏度参数 λ,$\lambda = \Delta T_s / \Delta F = 0.6/0.3 = 2$。显然,这远远超出了我们目前对气候灵敏度参数的理解范围(如果接受这样一个气候灵敏度参数,就意味着:当大气 CO_2 浓度增加 1 倍产生的辐射强迫为 $4\ W/m^2$ 时,全球平均气温将上升 8 ℃!)。换句话说,从直接的能量观点来看,1850 年以来的 TSI 变化不大可能对地球平均气温记录的解释有重要贡献。

但是,地外的微小太阳辐射通量密度的变化,也有可能在到达地-气系统的过程中被某种物理的或化学的机制所放大。如果要从能量观点阐明太阳变化与地球气候的关系,可能需要一个"放大器"。可能的放大器包括:①光化学放大器;②宇宙线通量-全球云量放大器;③大气电学(或地磁)放大器;④物理-化学放大器。

2. 火山气溶胶

火山活动是除太阳活动外影响地-气系统辐射收支,进而影响全球气候的另一个重要的自然因子,它对地球大气和地-气系统辐射收支的扰动是多方面的。

火山喷发会将不同粒径的颗粒物注入大气,其主要成分是岩浆物质,统称为火山灰或火山碎屑。由于它们在地球大气中的滞留时间最多只有几个星期到几个月,故其长期气候效应不大。

在火山喷出的气体中,H_2O 和 CO_2 是重要的温室气体。但是,目前来说,因为这两种气体在地球大气中的浓度已经很高,所以一次火山爆发,即使规模再大,其影响也是可以忽略不计的,不会增强全球温室效应。因此,火山喷发的最重要的气候效应是由向平流层释放的含硫气体造成的,主要是 SO_2,但有时也有 H_2S。这些含硫气体可以在几周的时间内,与 OH^- 和 H_2O 发生反应,形成 H_2SO_4 气溶胶。卫星测量结果表明,1982 年的艾尔奇琼(El Chichon)火山爆发,将 700 万 t SO_2 注入大气,而 1991 年皮纳图博(Pinatubo)火山的 SO_2 喷发量则更高达 2000 万 t(Bluth 等,1992)。显然,由它们形成的 H_2SO_4 气溶胶将产生显著的气候辐射强迫效应。

大的火山喷发所形成的平流层气溶胶云,对大气辐射过程的影响是多方面的。其中最明显的、也是了解最多的是它对太阳辐射的影响。因为硫酸盐气溶胶粒子的有效半径大约是 $0.5\ \mu m$,与可见光的波长非常接近,而且其单次散射反照率接近于 1,所以它们将通过散射过程与太阳辐射产生强烈的相互作用,增加行星反照率,减少到达地面的太阳能,对地面产生一种净冷却。但是,另一方面,由于平流层火山气溶胶粒子的存在,其前向散射过程也同时增强,使得向下的散射辐射增加,这在某种程度上补偿了直接太阳辐射的减少。

研究表明,在反射和散射太阳可见光的同时,平流层火山气溶胶对太阳近红外辐射的吸收也是重要的,这将导致火山云上部增暖。

在研究火山喷发对气候的影响时，必须计算火山气溶胶产生的辐射强迫。因此，除了考虑它对太阳辐射的影响外，还必须考虑平流层火山气溶胶云对长波辐射的影响。研究表明，对不同波长的辐射，在不同的大气高度上，其作用是不同的。当然，到达地面的直接太阳辐射通量的大幅度减少，是造成火山喷发后全球变冷的主要原因。

除了上述直接辐射效应外，火山气溶胶还具有若干可能的间接效应。其中，比较重要的是，平流层气溶胶粒子的增多，会通过非均相反应加速 O_3 的减少，从而导致平流层太阳加热率的减小和地面 UV 辐射的增加。另外，火山气溶胶的化学效应还取决于人为源的氯的存在，所以，只有对近几十年的火山爆发，它才是重要的。火山气溶胶粒子也可以作为凝结核，影响卷云的形成。这方面虽然有一些个例研究，但是，全球尺度上的定量化，显然有待进一步的研究。

在最近 100 年间仅有 5～6 次大的火山爆发导致爆发后 1～2 年内的全球平均气温下降 0.1～0.2 ℃。像艾尔奇琼这样的大爆发可能引起的年代际的平均辐射强迫大约是 1980—1990 年间温室气体强迫的 1/3，当然，符号相反。

如前所述，只是最近十几年或几十年以来，人们才有能力对火山喷发进行比较定量的仪器观测，最有代表性的例子是对 1982 年墨西哥艾尔奇琼火山和 1991 年菲律宾吕宋岛上爆发的皮纳图博火山的观测。观测项目涉及火山碎屑与气体的喷发量及其化学组成，颗粒物的谱分布，火山气溶胶云的光学厚度及其辐射强迫效应，甚至包括火山爆发引起的天气、气候效应等；而观测仪器则包括各种辐射仪器、激光雷达以及卫星遥感等。

为了分析过去大约一个半世纪以来有器测记录的地球气候变化的原因，特别是对人为原因的辨识，必须排除太阳活动和火山活动这两个最重要的自然因子。对于更长时间尺度，例如包括中世纪温暖期以及"小冰期"在内的过去 1000～2000 年的气候变化研究来说，也需要一种比较可靠的大气火山气溶胶含量的记录。遗憾的是，年代愈久远，就愈缺乏直接的观测记录。因此，必须使用代用资料，其中包括火山喷发的地质资料，各种描述火山喷发的历史文献、报告以及冰芯资料等，甚至包括日记、绘画等。当然，如果有可能，关于太阳辐射的观测资料是特别有价值的。根据这些代用资料，目前提出了以下 5 种指数，用来描述过去火山活动的相对强弱：①Lamb 尘幕指数；③Mitchell 指数；③火山喷发指数（VEI）；④佐藤（Sato）指数；⑤冰芯火山指数（IVI）。

此外，树木年轮也可以用来证实或识别历史上的火山爆发事件。大量研究表明，在利用树木年轮重建区域气候温度时，有时会发现某些局地冷夏事件与各种火山爆发事件的日期之间，存在很好的一致性（Briffa 等，1992，1994）；业已证明，有可能从北美和欧洲的树轮年表综合数据集中，辨识出大的火山信号（Jones 等，1995）。在各个年表和总的平均记录中，确实可能存在年际和年代际时间尺度的温度变化信息，而在这些时间尺度上，大范围的温度变化必定会受到大的火山喷发的频率和规模的影响（Bradley 等，1992）。

值得注意的是，对于气候和气候变化的研究来说，最重要的物理量是每次火山爆发所产生的辐射强迫；但与辐射强迫关系最密切的是火山喷发向平流层注入的硫或硫酸盐的量，而不是喷发的猛烈度。但是，上述所有这些指数都是间接的，而且在地理或时间覆盖上不完整，它们多半是用于表征火山喷发的其他性质，而非直接用来表示注入平流层气溶胶的含量。另一个问题是，上述指数并不完整。也就是说，它们很可能并未包括所有的火山爆发，并且年代愈久远，问题可能愈严重，甚至即使是对 20 世纪的重要火山爆发也可能有遗漏。对大多数指数来说，只收录有地面报告的火山爆发，而有卫星观测的历史并不长，因此，特别是南半球的火山喷发，极有可能由于缺少地面报告而被遗漏。对更近代的火山爆发，也有类似情况。冰芯记录因为是火山喷发所产生的硫酸盐沉降的一种客观记录，所以不存在这个问题。但是，现有的冰芯记录并不是很多，而且有的记录中噪声太大，有时仅靠冰芯记录又难以确定喷发的源地（Zielinski，1995）。当然，如上所述，研究树木年轮密度年表同温度的关系可以为过去火山爆发的定年和确定火山喷发的源地提供另外的证据，但仍然无法直接用于火山气溶胶气候效应的辐射强迫计算，因为，对于辐射强迫计算来说，最重要的物理量是火山气溶胶的光学厚度及其时空分布与演化特征。

解决这个问题的途径之一是，根据现代的观测记录，将器测的火山喷发产生的大气气溶胶的光学厚度与各种火山指数联系起来。图 1.8 显示了由以上 5 种火山指数得到的北半球过去 150 年来，波长 0.55 μm 处的火山喷发的光学厚度的对比。由图 1.8 可以看到，从冰芯火山指数导出的光学厚度明显大于其他指数导出的数值，尽管已经将冰芯火山指数指数进行了归一化，从而使其与 Sato 等（1993）的北半球平均值一致。排除不同指数产生的不一致之后，较为可信的结论是，在过去 150 年间，20 世纪 80 年代中期的 Krakatau 火山喷发以及 1991 年的皮纳图博火山喷发所产生的全球平均光学厚度和辐射强迫值最大。

平流层气溶胶的气候强迫依赖于多种因子，特别是其光学性质。气候强迫亦随气溶胶谱分布而变，但是可以用单个参数来描述气候强迫对谱分布的依赖关系。如果面积加权的平均半径 $r_{\rm eff}$ 大于 2 μm，则全球平均的气溶胶温室效应将大于其反照率效应，使地面加热。气溶胶气候强迫对谱分布的其他特征、气溶胶组成以及气溶胶的高度不太敏感，因此，可以根据宽波长范围的气溶胶消光测量结果来精确地定义平流层气溶胶强迫（Lacis 等，1992）。

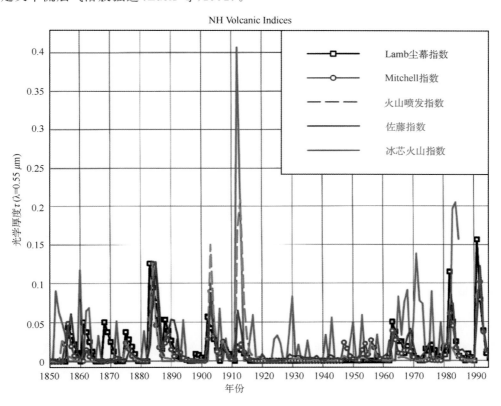

图 1.8 从 5 种火山活动指数导出的光学厚度的比较（Robock，2000）

在光学厚度较小的情况下，全球平流层硫酸盐气溶胶的气候辐射强迫 $\Delta F_{\rm net}$ 可以写作 $\Delta F_{\rm net} \approx 30\,\tau$，或者，表示成地面温度变化 ΔT_0（单位：℃）的函数（其中假定了气候灵敏度参数 $\lambda = 0.3$）：$\Delta T_0 \approx 9\tau$。式中 τ 为光学厚度。

由于过去一个世纪以来，所有火山喷发产生的气溶胶光学厚度均小于 0.2（排除图 1.8 中由冰芯火山指数所导出的过大的光学厚度），所以可以使用上述关系式求取火山气溶胶的辐射强迫；当 0.1 μm $\leqslant r_{\rm eff} \leqslant 1$ μm 时，其误差大约是 25%（Lacis 等，1992）。

以上讨论的是硫酸盐气溶胶粒子的情况。如果其中混入其他物质，将有可能显著减少气溶胶对太阳辐射的单次散射反照率 $\tilde{\omega}_c$，带来十分不同的气候效果。例如，当 $\tilde{\omega}_c$ 从 1 减小到 0.99 时，冷却效应可能减少一半，而当 $\tilde{\omega}_c$ 减小到 0.98 以下时，则有可能将气溶胶气候强迫的符号从冷却改变为增暖。但是，目前无论是空间遥感还是地基观测都无法使 $\tilde{\omega}_c$ 的测量误差小于 0.01。除了气溶胶的谱分布和化学组成可以影响其辐射强迫和气候效应之外，气溶胶层所处的高度也会对气候强迫和平流层增暖产生影响。

3. 地热

地热的释放确实对大气有一定的加热作用，通过观测全球陆地钻孔的温度可以得到其强迫的量级。全球钻孔的分布如图 1.9 所示。可以看到，钻孔主要分布于北美洲、欧洲、非洲南部和澳大利亚，中国有少量钻孔分布，而其他地区很少。

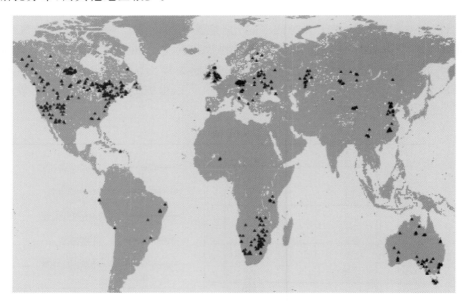

图 1.9　全球钻孔分布

（黑色三角代表钻孔位置，引自：Beltrami，2002）

地热可以归类于自然强迫因子。现有的资料显示，海洋和陆地的地热流分别是 0.101 和 0.065 W/m²，海陆面积加权的全球平均值为 0.087 W/m²，大约是人为强迫因子的 1/18。

1.2.4 气候变化的检测与归因

1. 主要的辐射强迫因子及其大小

如上所述，辐射强迫既可来自人类活动的影响（例如，大气温室气体和气溶胶浓度的增加、土地利用与土地覆盖的变化等），亦可来自火山活动与太阳变化等自然因子。不过，入射太阳辐射本身不是辐射强迫，其变化才被看做是辐射强迫。

表 1.7 给出了对 1750 年以来不同辐射强迫因子所产生的全球平均辐射强迫的估计及其不确定性范围，其中，SAR，TAR 和 AR4 分别表示政府间气候变化专门委员会（IPCC）第二、第三和第四次评估报告。由火山活动引起的辐射强迫，一般只能持续几年的时间。目前所得到的最新结果是：长寿命温室气体（包括 CO_2，CH_4，N_2O 和卤代烃）的总辐射强迫为 $+2.63[\pm 0.26]$W/m²；平流层 O_3、对流层 O_3 及由 CH_4 生成的平流层水汽的辐射强迫分别为 $-0.05[\pm 0.10]$，$+0.35[-0.1,+0.3]$ 和 $+0.07[\pm 0.05]$W/m²；大气气溶胶（包括硫酸盐、硝酸盐、生物质燃烧、有机碳、黑碳以及矿物沙尘）的总的直接辐射强迫和间接辐射强迫（仅包括云反照率效应）分别为 $-0.50[\pm 0.40]$ 和 $-0.70[-1.1,+0.4]$W/m²；由土地利用及沉积在雪面上的黑碳气溶胶引起地表反照率变化而产生的辐射强迫分别为 $-0.20[\pm 0.20]$ 和 $+0.10[\pm 0.10]$W/m²；飞机尾流诱发的卷云效应及太阳输出变化引起的辐射强迫分别为 $0.01[-0.007,+0.02]$ 和 $+0.12[-0.06,+0.18]$W/m²。

表 1.7　1750 年以来全球平均辐射强迫的估计

辐射强迫因子		全球平均辐射强迫(W/m²)		
		SAR(1750—1993)	TAR(1750—1998)[b]	AR4(1750—2005)[a]
人为辐射强迫因子[c]				1.6[−1.0,+0.8]
长寿命温室气体	CO₂	1.56	1.46	1.66[±0.17]
	CH₄	0.47	0.48	0.48[±0.05]
	N₂O	0.14	0.15	0.16[±0.02]
	卤代烃	0.28	0.34[b]	0.34[±0.03]
	总计	+2.45[15%]	+2.43[10%]	+2.63[±0.26]
平流层 O₃		−0.1[2X]	−0.15[67%]	−0.05[±0.10]
对流层 O₃		+0.40[50%]	+0.35[43%]	+0.35[−0.1,+0.3]
由 CH₄ 生成的平流层水汽			+0.01～+0.03	+0.07[±0.05]
气溶胶直接辐射强迫	硫酸盐	−0.40[2X]	−0.40[2X]	−0.40[±0.20]
	硝酸盐			−0.10[±0.10]
	生物质燃烧	−0.20[3X]	−0.20[3X]	+0.05[±0.13]
	化石燃料(黑碳)	+0.10[3X]	+0.20[2X]	+0.20[±0.15]
	化石燃料(有机碳)		−0.10[3X]	−0.05[±0.05]
	矿物沙尘		−0.60～+0.40	−0.10[±0.20]
	总计			−0.50[±0.40]
气溶胶间接辐射强迫	云反照率	0～−1.5 (硫酸盐气溶胶)	0～−2.0 (所有类型气溶胶)	−0.70[−1.1,+0.4] (所有类型气溶胶)
地表反照率	土地利用		−0.2[100%]	−0.20[±0.20]
	沉积在雪面的黑碳气溶胶			+0.10[±0.10]
飞机尾流诱发的卷云效应			0.02[3.5X]	0.01[−0.007,+0.02]
太阳辐射通量密度		+0.30[67%]	+0.30[67%]	+0.12[−0.06,+0.18]

注:a 中括号内的数值表示 90% 的不确定范围,把该值加上最佳估计值(中括号前数值)即可得到 5%～95% 置信范围的辐射强迫估计值,如果中括号内有 2 个值,则表示估计值为非正态分布;b 在 SAR 和 TAR 两栏中,不确定范围依据类似原则,但对其值的估计含有更多的主观因素,[2X]、[3X] 等表示不确定性因子,其前的辐射强迫估计值是由对数正态分布得到的;c 指总的人为辐射强迫,根据概率密度函数求得,由于概率密度函数的统计结构,所以这一行中所列出的辐射强迫数值以及不确定性范围,与同一列中各个辐射强迫之和以及它们的估计误差并不完全相同;d 在 TAR 中,卤代烃及由此得到的长寿命温室气体总辐射强迫的估计值不准确(偏高 0.01 W/m²),因此这些辐射强迫的实际变化趋势要比表中所列数值大。引自:Forster 等,2007。

　　如前所述,主要由于:①某些辐射强迫因子没有给出中值或最佳估计值;②误差估计中加入了一定程度的主观因素;③没有评价过辐射强迫因子的线性可加性假设和气候效率因子的不确定性,所以不可能给出所有人为辐射强迫因子的总辐射强迫。最近几年,将不同因子的辐射强迫进行客观累加的方法已经有所发展(例如,Boucher 等,2001),对气候效率因子有了更好的理解和定量估算,而且对辐射强迫因子的线性可加性假设也进行了更为彻底的检验,因此,从科学上来说,目前已经有可能合理地将大部分不同机制的辐射强迫累加在一起。利用辐射强迫的概率密度函数方法,将不同类别的辐射强迫进行累加,可以得到气溶胶直接辐射强迫及人为辐射强迫因子总辐射强迫的最佳估计值及其不确定范围。

　　依据表 1.7 列出的数值,可以按照类别,绘出如图 1.10 所示的工业革命以来不同强迫因子和机制(包括人为的和自然的)产生的全球平均辐射强迫及其不确定范围;图中还同时给出了各种辐射强迫的气候效率因子与其他特征,包括其时间和空间尺度以及科学理解水平。图中气候效率因子并未用来修正图中的辐射强迫数值;时间尺度表示对于某一给定的辐射强迫项,当有关的释放和变化停止后,它仍将在大气中持续的时间。由于 CO₂ 从大气中的清除涉及大量跨越不同时间尺度的过程,对这些过程目前尚未充分了解,因此很难精确地给出一个 CO₂ 强迫的时间尺度。

　　如前节所述,由于各强迫机制气候扰动的空间分布和特性不同,气候效率因子 E 会随着强迫机制而发生变化。由图 1.10 可以看到，除了气溶胶间接效应和臭氧变化外，大部分强迫机制的 E 值均介于 0.75～1.25 之间；而对于气溶胶间接效应和臭氧变化来说，由于它们的气候扰动空间分布的不均匀性，其气候效率因子很不相同，可以从 0.5 变化到 2.0。飞机尾流产生的卷云的辐射强迫，不但绝对数值很小（0.01 W/m²），而且气候效率因子也不高（约为 0.6）。

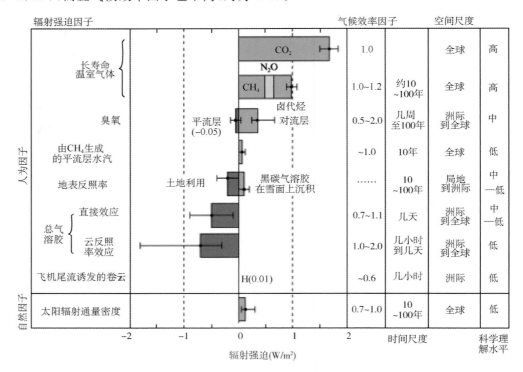

图 1.10　不同类型强迫因子产生的全球平均气候变化辐射强迫

（引自：Forster 等，2007）

由表 1.7 和图 1.10 可以看到，自 1750 年以来，所有人为辐射强迫因子产生的全球平均辐射强迫约为 1.6［－1.0，＋0.8］W/m²，这表明人类活动极有可能对全球气候变暖产生实质性影响。人为辐射强迫很可能至少是太阳变化（总辐射通量密度变化）的辐射强迫的 5 倍以上。因此，在 1950—2005 年这 50 多年间，与人为强迫相比，自然强迫（太阳辐射通量密度变化与火山气溶胶）使全球变暖的可能性几乎不存在。

2. 云辐射强迫

使气候变化归因研究变得更为复杂的还有云的辐射强迫问题。云覆盖着全球一半以上的天空，与大气本身和气溶胶的全球平均光学厚度（分别为 0.1 和 0.5 左右）相比，云的全球平均光学厚度可以达到 10 左右，即高出 1～2 个数量级。由于云对太阳辐射的强烈反射和散射以及长波辐射的吸收作用，因此，云量、云光学厚度甚至云高的不大的变化均会给地球气候造成显著影响。遗憾的是，在所有这些方面，目前我们几乎无法得到工业革命以来的有关数据。

云的辐射强迫（CRF）定义为某一给定大气的净太阳辐射通量（向下通量减去向上通量）与假定云不存在时同一大气的净太阳辐射通量之差（Imre 等，1996）。该定义既适用于地面（S），又适用于大气层顶（TOA）。如果我们用 ^aF 和 ^{clr}F 分别表示所有天空（包括有云天空及晴空）条件下和晴空条件下的太阳辐射通量，那么在地面上，云的辐射强迫 $CRF_s = {}^aF_s - {}^{clr}F_s$，而大气层顶的云辐射强迫 $CRF_{toa} = {}^aF_{toa} - {}^{clr}F_{toa}$。不难看出，大气层顶的云强迫与地面云强迫之差 $\delta_{CRF} = CRF_{toa} - CRF_s$ 就是大气由于云的存在所吸收的太阳辐射能。为了问题叙述的方便，可以再定义一个量 $\overline{CRF}_R$，它叫做云的辐射强迫比，是对某一时段的平均量：$\overline{CRF}_R = \overline{CRF}_s / \overline{CRF}_{toa}$。显然，$\overline{CRF}_R$ 是云对整个气柱的辐射效应的一种度量，具有气候学意义。

从理论上来说，如果有地面和卫星的协同辐射观测资料，那么按照以上公式计算云的辐射强迫 CRF 及辐射强迫比 $\overline{CRF}_R$，是不存在任何困难的。但是，实际计算和处理方法的不同，特别是所谓"晴空"的精确定义的不同，将给 CRF 及 $\overline{CRF}_R$ 的数值计算带来极大的影响。

目前，云辐射强迫 CRF 及辐射强迫比 $\overline{CRF}_R$ 的计算方法可以分为以下 4 种(Imre 等，1996)。①直接计算法；②大气层顶反照率斜率法；③大气层顶通量-地面通量方法；④大气层顶 CRF-地面 CRF 方法。由于云量、云高和天顶角等强烈地影响云诱导的大气吸收，以及云辐射强迫比 $\overline{CRF}_R$ 具有很大的系统的可变性，因此，Imre 等(1996)甚至怀疑 $\overline{CRF}_R$ 的概念是否有用。

事实上，可以用简单气候模式(例如一维辐射-对流气候模式(石广玉，1991，1992))来定量研究云量、云光学厚度以及云高等要素的变化对大气层顶和地面太阳短波辐射与红外长波辐射通量以及云的辐射强迫的影响，构建一种比较清晰的物理图像(刘玉芝等，2007)。

将云的变化所带来的辐射强迫与大气 CO_2 浓度变化所产生的强迫进行一下比较是有意义的。假定地球气候处于平衡态，即云高 H_C 为 4.9 km，云量 A_C 为 0.5，云的光学厚度 τ_C 为 9.0，并分别给它们 $+3\%$ 的扰动：即取 $\Delta A_C = 0.015$，$\Delta \tau_C = 0.27$，$\Delta H_C = 0.15$，那么，可以得到 $\Delta F_t^{\downarrow} = -3.10$ W/m^2 以及 $\Delta F_t^{\downarrow} = -1.77$ W/m^2，二者之和为 -4.78 W/m^2。另一方面，如果云的上述三个参数朝相反方向变化同样的比例，则辐射强迫的绝对值大致相同但将完全改变符号。值得注意的是，按照 IPCC(2001)，大气 CO_2 浓度加倍所产生的辐射强迫为 3.75 W/m^2。这就意味着，云的并非很大(比如 5% 左右)的变化所产生的辐射强迫完全可以与大气 CO_2 浓度加倍所产生的辐射强迫相比拟，或者补偿掉 CO_2 浓度增加所产生的增强温室效应，或者放大之。

目前，很难将云的辐射强迫划归气候变化的"自然因子"或"人为因子"，因为它有可能来自地球气候系统内部，例如大气环流变化等"自然因子"，但是，也有可能来自大气气溶胶的间接、半直接效应等"人为因子"，甚或是两者的相互作用。无论如何，研究云的辐射-气候效应对气候变化的归因研究来说，是必不可少的。

3. 人为热释放

工业革命以来，人类活动(主要通过化石燃料的消费和土地利用与土地覆盖的变化)造成了以大气 CO_2 和 CH_4 等温室气体以及气溶胶浓度增加为代表的地球大气组成的显著变化。近几十年来，这些变化已经引起了人们的广泛关注，其中，人为因子产生的全球平均辐射强迫约为 1.6 W/m^2 (IPCC，2007)，被认为是造成过去 100 多年来全球变暖的主要原因。然而，伴随着温室气体的排放，人类在能源消费过程中同时还向大气中释放另一种"非物质"的东西——热量，目前还未引起人们足够的重视。

根据热力学中的能量耗散定律可知，人类利用的全部能量(包括化石燃料燃烧以及太阳能、水力发电、风能等)最终都将转化为热能进入地球大气系统，可以将这种由于人类的能源消费而释放的热量称之为"人为热释放"(anthropogenic heat release，AHR)。

这就存在着另一种可能性：即使全部停止化石燃料的消费，改用太阳能、水力发电、风能等所谓清洁能源，但在人为热释放的过程中，地面和大气对流层仍然都将被加热，人类如果不改变生存方式，减少能源的消费，全球变暖的进程似将愈演愈烈。

4. 从全球变暗到全球变亮

到达地-气系统的太阳辐射是地球大气运动和气候形成的最重要因子。地面所接收到的太阳辐射量，除与太阳常数、日地距离及地理位置有直接关系外，还受到地球大气的影响，其中包括云、水汽和 O_3 等大气气体以及大气气溶胶等。到达地面的太阳辐射因这些因子的时空变化而产生变化的同时，还会对地面温度、蒸发、水循环、人类的生活环境及地球生态系统等带来多方面的影响，产生一系列的气候效应。

20 世纪 90 年代前，全球绝大部分区域包括中国大陆，地面太阳总辐射都经历了一个明显下降的过程(李晓文等，1998；Stanhill G 等，2001)，即所谓的全球"变暗"。然而，自 20 世纪 80 年代末 90 年代初以来，全球多数地区的地面太阳辐射停止了下降趋势，并开始呈现出明显的上升趋势，这即所谓的从

"变暗"到"变亮"（Wild 等，2005）。这种转变会使得"变暗"时期的太阳辐射减少对温室效应的减缓不再起作用，甚至会加速温室效应（Wild 等，2007）。Shi 等（2008）在对中国地区太阳辐射站点资料进行较为严格的质量控制的基础上，发现 1960—2000 年中国地区平均地面太阳辐射总体呈下降趋势，但在 1990 年前后变化趋势存在一个明显的转变，这与部分中国国内学者的研究结果相一致（Che 等，2005；Liang 等，2005；杨胜鹏等，2007）。此外，中国不同区域地面太阳辐射的变化情况也呈现上述变化特征（任国玉等，2005；陈志华等，2005；Zhang 等，2004；刘明昌等，2009；赵东等，2010?），但不同站点 1990 年后地面太阳辐射的变化趋势还表现出一定差异（王雅捷等，2009）。

气溶胶排放减少及引起的气溶胶-云相互作用是地面太阳辐射变化趋势转变的可能原因（Wild 等，2005）。地面观测与卫星资料分析结果表明，中国地区总云量一直在减少，其变化趋势在 1990 年前后没有明显的转变（Qian 等，2006；丁守国，2004）。同时，有研究表明，1985 年后中国地区气溶胶光学厚度的增加趋势减缓，而且以大城市区域更为明显（秦世广等，2010）。由此看来，尽管云量及气溶胶变化在不同时间阶段同地面太阳辐射的变化特征相对应，但都还无法完全解释地面太阳辐射变化趋势的转变，究竟是哪一个或哪些因素的变化引起了地面太阳辐射变化趋势的转变，尚需要更深入的研究来证明。此外，地面太阳辐射变化趋势的转变可能引起的气候效应，也还需要从定量化分析和物理机制等方面入手，进行更深入的研究。

1.3 IPCC 科学评估

1.3.1 IPCC 背景与中国参与

工业革命以来，全球气候正经历着一次以变暖为主要特征的显著变化。这一变化与人类活动（如能源生产消费活动、毁林等土地利用变化）所引起的大量温室气体增加密切相关，对人类赖以生存的自然环境和经济社会的可持续发展产生了深远影响。气候变化也由最初的气候问题转变为环境、科技、经济、政治和外交等多学科领域交叉的综合性重大战略问题。为了应对气候变化带来的挑战，从 20 世纪 70 年代开始，国际社会采取了积极的响应行动，开始了一系列从科学研究到气候变化科学评估和制订相关国际条约的行动。

1979 年，第一次世界气候大会制定了世界气候计划及其四个子计划，即世界气候研究计划、世界气候影响计划、世界气候应用计划及世界气候资料计划，揭开了全球气候变化研究的序幕。1988 年 11 月，世界气象组织（WMO）和联合国环境规划署（UNEP）联合成立政府间气候变化专门委员会（IPCC）。时任 WMO 主席和中国气象局局长的邹竞蒙同志积极推动气候变化工作，为 IPCC 工作的开展和中国的参与做出了重要贡献。IPCC 下设三个工作组，主要以科学问题为切入点，对全世界范围内现有的与气候变化有关的科学、技术、社会、经济方面的资料和研究成果做出评估。第一工作组（WG I）评估气候与气候变化科学知识的现状；第二工作组（WG II）评估气候变化对社会、经济的潜在影响及适应对策；第三工作组（WG III）提出减缓气候变化的可能对策。同年 12 月联合国大会（UNGA）第 43 届大会通过了《为人类当代和后代保护全球气候》的决议，决定在全球范围内对气候变化问题采取必要和及时的行动，并要求 IPCC 就以下问题进行综合审议并提出建议：①气候和气候变化科学知识的现状；②气候变化，包括全球变暖的社会、经济影响的研究和计划；③对推迟、限制或减缓气候变化影响可能采取的对策；④确定和加强有关气候问题的现有国际法规；⑤将来可能列入国际气候公约的内容。

就世界气象组织和联合国环境规划署赋予 IPCC 的职能来说，其作用是在全面、客观、公开和透明的基础上，对世界上有关全球气候变化的最好的现有科学、技术和社会、经济信息进行评估。绝大部分专家文献都可以从同行评审刊物中找到出处。IPCC 的评估报告汇集了世界上有关气候变化的最新研究成果，对未来的研究方向也具有重要的指导意义。自成立之日起，IPCC 已出版了一系列的评估报告、特别报告、技术报告和方法学报告，这些报告已经成为气候变化决策者、专家、研究人员和学生的标准参考文献。

虽然 IPCC 不直接评估政策问题,但所评估的科学问题均与政策相关。因此,IPCC 评估报告除了代表科学最新进展外,同时对气候变化决策和国际谈判具有重要影响。IPCC 第一次评估报告于 1990 年完成,它促进了政府间的对话,并由此推动了 1992 年《联合国气候变化框架公约》(以下简称《公约》)的制订。第二次评估报告于 1995 年发布,并在《京都议定书》的谈判中发挥了重要的作用。2001 年 IPCC 发布第三次评估报告,确认了气候变化的真实性,并指出气候变化的相关问题将不断扩大,并将从经济、社会和环境等方面对可持续发展产生重大影响。这些新的科学结论和成果促进了《公约》谈判增加新的常设议题,推动了《公约》和《京都议定书》的谈判进程。

2007 年,IPCC 发布第四次评估报告,将国际社会对气候变化问题的关注提升到了前所未有的高度。报告阐述了当前对气候变化主要原因、气候变化多圈层观测事实、气候的多种过程及归因以及一系列未来气候变化预估结果的科学认识水平。该报告首次明确指出过去 50 年的气候变化很可能由人类活动引起,气候变化将对社会的诸多方面产生影响,应尽早采取减缓气候变化的措施等。这一报告的发布促成了 2007 年年底联合国召开了迄今规模最大的气候变化大会,为"巴厘路线图"的形成提供了科学依据,为第三次世界气候大会(WCC3)的召开奠定了科学基础。报告的发布再次引起了世界公众对全球变暖这一严肃而紧迫问题的关注。

自 IPCC 第一次评估报告开始,中国就积极参与了其历次评估工作,扩大了国际影响,积累了工作经验。中国政府和各有关部门高度重视、通力合作,为中国参与 IPCC 评估及相关活动给予了大力支持。中国气象局作为 IPCC 国内牵头单位,专门成立了 IPCC 中国办公室,组织并参与 IPCC 活动,在竞选 IPCC 主席团成员、推荐中国主要作者、支持主要作者参与报告的编写、组织 IPCC 报告的政府和专家评审、组团参加 IPCC 全会、IPCC 报告的审议和谈判等方面,做了大量具体细致的工作。中国科学家作为 IPCC 主席团成员、第一工作组联合主席、各工作组的主要作者召集人以及主要作者,参与了历次评估报告的编写,在 IPCC 决策过程中发挥着越来越凸显的作用。参与 IPCC 评估报告编写的中国作者人数不断增加,中国专家文献的被引用频数也在不断增多,为 IPCC 评估报告的编写和发布做出了重要贡献。中国作者将中国科学家的研究成果介绍给全世界,充分展示了中国科学家的最新研究成果,扩大了中国在气候变化研究领域的国际影响力。

1.3.2 IPCC 第一、第二和第三次评估报告的主要科学结论

1. 第一次评估报告的主要结论

1990 年,IPCC 发布第一次评估报告,以综合、客观、开放和透明的方式评估了一系列与气候变化相关的科学问题,包括温室气体和气溶胶、辐射强迫、过程和模型、观测到的气候变率和变化以及观测数据体现的温室效应等,总结了气候变化对农业和林业、地球自然生态系统、水文和水资源、人类居住环境、海洋和海岸带、季节性积雪、冰和多年冻土等的影响,并且规划了能源和工业,农业、林业和其他人类活动,沿海地区管理等领域适应和减缓气候变化的对策。

在第一次评估报告中,第一工作组的报告阐述了各种广泛的议题,专家们得出结论,他们确信来自人类活动的排放正在大幅增加大气中温室气体的浓度,这将增强温室效应,导致额外的地表增暖。当时的模式预测,如果一切照旧,那么 21 世纪期间全球平均温度将以 $0.3\ ℃/(10a)$ 的速率增加,不确定性范围为 $0.2\sim0.5\ ℃$;全球海平面将以 $6\ cm/(10a)$ 的速率升高,不确定性范围为 $3\sim10\ cm$。他们指出了一些不确定性,包括温室气体的源和汇、云的作用、海洋和极地冰盖。

2. 第二次评估报告的主要结论

1995 年,IPCC 正式发布第二次评估报告,证实了第一次评估报告的结论。虽然定量表述人类活动对全球气候的影响能力仍有限,且在一些关键因子方面存在不确定性,但越来越多的证据表明,当前出现的全球变暖"不太可能全部是自然界造成的",人类活动已经对全球气候系统造成了"可以辨识"的影响;温室气体的浓度继续增加;人为产生的气溶胶往往造成负辐射强迫;预计气候在未来将继续发生变化以及仍然存在许多不确定性。

IPCC 第一次评估报告主要考虑气候变化的科学问题，对减缓气候变化的成本效率问题涉及不多。在第二次评估报告中，气候变化的社会经济影响成为一个新的研究主题，重点探讨了气候变化的社会和经济影响以及适应和减缓气候变化的社会经济评估。

第二次评估报告强调：大气中温室气体含量在继续增加，如果不对温室气体排放加以限制，到 2100 年全球气温将上升 1～3.5 ℃；保证大气温室气体浓度的稳定（《公约》的最终目标）要求大量减少排放。

针对《公约》的最终目标，第二次评估报告讨论了不同层次和不同时间尺度下温室气体浓度稳定的可能影响；为了评估一系列似是而非的预期影响是否构成了"气候系统危险的人为干扰"，以及评估适应和减缓方案是否可用于实现公约最终目标的过程，提供了科学、技术和社会、经济信息。第二次评估报告通过对减缓温室气体排放的技术和政策手段进行综合描述、分类和比较，为决策者实现《公约》目标提供必要的准备工作。

3. 第三次评估报告的主要结论

2001 年，IPCC 第三次评估报告完成，对于气候变暖问题给出了更多的证据。第三次评估报告强调：气候变化速度超过第二次评估报告的预测，气候变化不可避免。报告指出，过去的 100 多年，尤其是近 50 年来，人为排放到大气中的温室气体浓度超出了过去几十万年间的任何时段；有新的和更有力的证据表明，近 50 年观测到的大部分增暖可能归因于人类活动造成的温室气体浓度上升（66%～90% 的可能性）。在所有的 IPCC 的 SRES 情景下预计：全球平均气温和海平面将上升；气候变化将持续数百年；需要采取进一步的行动来弥补尚存的信息和认识上的空白。

除了肯定气候变化的真实性，IPCC 第三次评估报告还检验了一个新的重要话题，即气候变化与可持续发展之间的联系。第三次评估报告认为，气候变化将从经济、社会和环境三个方面对可持续发展产生重大影响，同时也将影响贫困和公平等重要议题。第三次评估报告试图回答一些重要问题，诸如：发展模式将对未来气候变化产生怎样的影响？适应和减缓气候变化将怎样影响未来的可持续发展前景？气候变化的响应对策如何整合到可持续发展战略中去？第三次评估报告的这些结论和成果，促进《公约》谈判中增加了"气候变化的影响、脆弱性和适应工作所涉及的科学、技术、社会、经济方面内容"以及"减缓措施所涉及的科学、技术、社会、经济方面内容"两个新的常设议题。

1.3.3 IPCC 第四次评估报告的主要科学结论

2007 年，IPCC 第一工作组发布第四次评估报告——《Climate Change 2007：The Physical Science Basis》，它由来自 40 个国家的 600 多名科学家共同撰写完成，超过 620 名的专家和政府机构参与了评审，是 IPCC 在此前开展的 3 次评估基础上，同时吸纳了过去 6 年（2001—2006 年）中的最新研究成果，主要是基于利用多种手段和方法取得的大量不同时间尺度的更新和更全面的数据、对数据更复杂的分析、对各种过程更进一步的认识、模式对这些过程模拟的改进以及对气候变化预估和不确定性范围更广泛的分析而形成的。

报告的主要科学结论如下：

1. 全球变暖是不争的事实

IPCC 第四次评估报告指出，最近 100 年（1906—2005 年）全球平均地表温度上升了（0.74 ± 0.18）℃，其中近 50 年的线性增暖趋势（0.13 ℃/(10a)）几乎是近 100 年的两倍。根据全球地表温度器测资料，最近 12 年（1995—2006 年）中有 11 年（除 1996 年）位列 1850 年以来最暖的 12 个年份之中。

对流层中下层温度的升高速率与地表温度记录类似，至少从 20 世纪 80 年代以来，无论在陆地和海洋上空，还是在对流层上层，平均大气水汽含量都有所增加，这与较暖空气能够容纳更多水汽总体一致。自 1961 年以来的观测表明，全球海洋平均温度的增加已延伸到至少 3000 m 深度，海洋已经并且正在吸收 80% 以上被增添到气候系统的热量。这一增暖引起海水膨胀，并造成海平面上升。

南北半球的山地冰川和积雪总体上都呈退缩状况。冰川和冰帽的大范围减少也造成了海平面上升。20 世纪全球海平面上升约 0.17 m，在 1961—2003 年期间，全球平均海平面上升的平均速率为

1.8 mm/a。在 1993—2003 年期间,该速率有所增加,约为 3.1 mm/a。这种较高速率所反映的是年代际变率还是长期增加趋势目前尚不清楚。最新资料显示,格陵兰和南极冰盖的损耗,很可能造成了1993—2003 年的海平面上升。总之,上述观测事实表明,气候系统(不仅是大气温度)已经发生了明显的变暖。

2. 气候系统在多种时空尺度已发生变化

在大陆、区域和洋盆尺度上已观测到气候系统的各种变化,包括北极温度和雪冰/冻土变化,降水量、海水盐度、风场以及极端天气(如干旱、强降水、热浪、台风/飓风强度,等)的变化。

近 100 年来,北极平均温度几乎以两倍于全球平均速率的速度升高。北极温度具有很高的年代际变率(在 1925—1945 年期间也观测到一个暖期)。1978 年以来的卫星资料显示,北极年平均海冰面积以 2.7%(2.1%～3.3%)每 10 年的速率退缩,较大幅度的退缩出现在夏季,为 7.4%(5.0%～9.8%)每 10 年。这些数值与第三次报告给出的结果一致。自 20 世纪 80 年代以来,北极多年冻土层顶部温度普遍上升(高达 3 ℃)。自 1900 年以来,北半球季节性冻土的最大面积减少了约 7%,春季减少高达 15%。

1900—2005 年间,在诸多地区观测到降水量存在长期趋势。观测到降水量显著增加的地区包括北美和南美东部、欧洲北部、亚洲北部和中部,降水量减少的地区包括萨赫勒、地中海、非洲南部、亚洲南部部分地区。降水的时空变化很大,且在某些地区缺少观测资料。对于所评估的其他地区,尚未观测到长期趋势。

中高纬度海水的淡化与低纬度海水盐度的升高,表明海洋上的降水与蒸发存在变化。自 20 世纪60 年代以来,南北半球的中纬度西风带西风都在加强。

自 20 世纪 70 年代以来,在更大地域,尤其是在热带和副热带,观测到了强度更强、持续时间更长的干旱。与温度升高和降水减少有关的变干增加,促成了干旱的加强。

干旱范围、强度和持续时间增大的同时,大多数陆地上的强降水事件发生频率有所上升,中国强降水事件也在增加。这与增暖和观测到的大气水汽增加趋势相一致。

近 50 年来已观测到极端温度的大范围变化。冷昼、冷夜和霜冻的发生频率已减小,而热昼、热夜和热浪的发生频率已增加。

近 50 年来热带台风和飓风每年的发生个数没有明显的变化趋势,但从 20 世纪 70 年代以来全球呈现出热带台风和飓风强度增大的趋势,强台风发生的数量在增加,尤其在北太平洋、印度洋与西南太平洋增加最为显著。强台风出现的频率,由 20 世纪 70 年代初的不到 20%,增加到 21 世纪初的 35%以上。

3. 工业化以后温室气体浓度不断增加

IPCC 第四次评估报告指出,自 1750 年以来的人类活动影响使得全球大气 CO_2,CH_4 和 N_2O 浓度显著增加,目前已经远远超出了根据冰芯记录得到的工业化前几千年中的浓度值。CO_2 是最重要的受人类活动影响的温室气体,全球大气 CO_2 浓度已从工业化前的约 280 ppm,增加到了 2005 年的379 ppm,已远超过近 650 ka 以来的自然变化(180～330 ppm),其在近 10 年(1995—2005 年)中的增长速率远高于近 35 年(1960—2005 年平均)有连续直接观测以来的年平均值。工业化时期以来大气 CO_2浓度的增加主要源于化石燃料的使用。全球大气中 CH_4 浓度值已从工业化前的约 715 ppb 增加到2005 年的 1774 ppb,CH_4 浓度远超出 650 ka 以来的自然变化范围(320～790 ppb),观测到的 CH_4 浓度的增加很可能源于人类活动,主要是农业和化石燃料的使用。全球大气中 N_2O 浓度值已从工业化前的约 270 ppb 增加到 2005 年的 319 ppb,人为 N_2O 排放主要来自于农业。

IPCC 第四次评估报告明确指出,自第三次评估报告以来,关于人类活动对气候增暖和冷却作用方面的理解有所加深,从而得出了具有很高可信度的结论,即自 1750 年以来,人类活动对气候的影响总体上是增暖的,其辐射强迫为 1.6 W/m²。其中 CO_2,CH_4 和 N_2O 浓度增加所产生的辐射强迫总和为＋2.3 W/m²,其中 CO_2 的辐射强迫从 1995 年到 2005 年增加了近 20%,这可能是近 200 年中增长最快的 10 年。人为气溶胶（主要包括硫酸盐、有机碳、黑碳、硝酸盐和沙尘）共产生 $-0.5\ \mathrm{W/m^2}$ 的总直接辐射强迫和 $-0.7\ \mathrm{W/m^2}$ 的间接云反射强迫。人为对流层 O_3 变化的贡献为 $+0.35\ \mathrm{W/m^2}$，卤代烃变化所产生的直接贡献为 $+0.34\ \mathrm{W/m^2}$。

4. 人类活动很可能是导致气候变暖的主要原因

随着观测资料的改进和更先进气候模式的应用，IPCC 关于人类活动影响全球气候变化的科学认识也在逐步深化。1990 年第一次评估报告认为近百年的气候变化可能是自然波动或人类活动或两者共同造成的；1995 年第二次评估报告指出，越来越多的各种事实表明，人类活动的影响被辨识出来；2001 年的第三次评估报告第一次明确提出，过去 50 年大部分观测到的增暖可能由人类活动引起的温室气体浓度的增加造成。2007 年第四次评估报告将人类活动影响全球气候变化因果关系的判断由原来 66% 信度的最低限提高到目前的 90% 信度，指出人类活动“很可能”是导致气候变暖的主要原因。

利用气候模式对 1900—2000 年气候进行的模拟表明，如模式只包括自然强迫，则模拟的结果与实况并不完全一致，尤其是近 50 年来有明显差异。当同时考虑自然强迫与人类活动的共同作用时，气候模式能很好地模拟 1900—2000 年的气候变化，这表明近百年的气候变化是由自然因子与人类活动共同造成的，而近 50 年的气候变化主要由人类活动引起。

第四次评估报告不但在结论的信度上提高许多，而且使检测与归因研究在空间尺度和气候变量方面有了明显的扩展。在第一次与第二次评估报告中，上述结论主要针对单一的全球平均地表温度序列，但到了第三次评估报告时期，检测和归因研究进入更复杂的统计分析阶段，不再限于单变量（地表温度）的分析。在第四次评估报告中，有关研究扩展到六大洲，并且对人类活动的影响扩展到了其他气候要素，包括海洋变暖、大陆尺度的平均温度、温度极值以及风场。这使得关于人类活动是造成过去 50 年大部分全球气候变化的结论具有更强有力的科学依据。

对气候变化认知水平的提高，主要依赖于观测资料的改进和更先进气候模式的应用。由于在 1900 年之前，仪器观测资料稀少，资料来源和内插方法不同，结果相差很大。而在 1900 年之后，由多种不同分析方法得到的时间序列表现出高度的一致性，有力地说明它们共同指示的温度变化是真实的，构成了气候变化及其归因研究的基础观测依据。气候模式及其输出产品的改进也是明显的。为了寻找气候变化原因的人为信号，必须首先检测出世纪尺度的自然气候背景信号。但根据观测资料是很难做到这一点的，因为大多数观测记录长度十分有限，并且更重要的是很难全面区分目前的各种外强迫影响因子的实际作用。因而唯一可靠的方法是根据气候模式模拟区分各种人类与自然强迫因子的贡献。在进行模拟中可以改变某种外强迫以确定这种强迫的气候效应，也可以同时改变多种强迫因子以模拟实际的所有强迫因子的共同作用。目前由观测资料分析和模式模拟的结论是，观测到的气候变化不可能只由自然的气候波动解释，必须要考虑人类活动的影响。耦合气候模式对 6 个大陆中每个大陆上观测到的温度演化的模拟能力，提供了比第三次关于人类活动影响气候的更强有力的证据。

第三次评估报告中对气候变化的归因分析仅仅局限在全球尺度，而第四次评估报告将对人类活动影响的辨识延伸到了大陆尺度。报告指出，近 50 年来，除南极外，各个大陆可能都出现了显著的人为增暖。观测到的增暖型，包括陆地比海洋更明显的增暖及其随时间的变化，都只能在包含人为强迫的模式中所模拟到。人为作用对气候系统的变暖的贡献，在地表和自由大气温度、海表以下几百米深度的海水温度及海平面上升等方面已被检测到变化。观测到的对流层增暖和平流层变冷趋势，在很大程度上有可能归因于温室气体增加和平流层 O_3 减少的共同影响。观测到的大气和海洋大范围增暖及冰量减少说明，如果不考虑外来强迫，极不可能造成近 50 年的全球气候变化，它很可能不是由已知的自然强迫单独造成的。人类活动影响可能造成了风场的改变，影响到南北半球热带外地区的风暴路径与温度分布型。多数极端热夜、冷夜和冷昼的温度可能由于人为强迫的作用已升高，人为强迫多半可能已经增加了热浪发生的风险。在 1950 年以前的至少 7 个世纪中，气候变化很可能不只由非气候系统内部强迫变率所造成，相当部分很可能归因于火山爆发和太阳活动变化，而在该记录中比较明显的 20 世纪初的增暖可能归因于人为强迫。

对在观测约束条件下的模式结果分析,IPCC 第四次评估报告第一次给出了气候敏感度(CO_2 浓度倍增后,平衡气候系统需要产生的全球平均地表增暖)的估算,它可能在 2～4.5 ℃的范围内,最佳估算值约为 3 ℃,不可能低于 1.5 ℃。不能排除该值远高于 4.5 ℃的可能性,但对此,模拟与观测的一致性较差。水汽的变化决定着影响气候敏感度的各种反馈,云的各种反馈依然是最大的不确定性来源。

5. 预计未来气候将持续变暖

第四次评估报告包括了来自全球 14 个模式中心的 23 个全球气候系统模式,进行了大约 14 组成因和预估数值试验,其范围和规模都是空前的。而且为了做极端天气气候事件的预估,有些复杂的全球气候系统模式的全球大气环流模式分辨率已经高达 20 km。

复杂模式对比预估包括了 9 种情景,既有常规的如 CO_2 加倍情景(12 个模式)和温室气体每年增加 1％情景(12 个模式),也有 SRES 的 3 类情景,即 A2(高排放,18 个模式),A1B(中等排放,21 个模式),B1(低排放,20 个模式)情景,还有考虑温室气体每年增加 1％达到 2 倍(大约 150～250 年,21 个模式)和达到 4 倍(大约 350～450 年,16 个模式)的情景,更有直接为《公约》谈判需要的气候变化"承诺"情景,包括:温室气体按照实际排放到 2000 年不再增加,继续维持 2000 年的排放值到 2100 年的未来将近百年的继续增暖量(16 个模式);以及按照 SRES A1B 和 B1 情景温室气体到 2100 年不再增加,继续维持 2100 年的排放值到 2300 年的未来 200 年的继续增暖量(16 个模式)。评估研究中不但给出各个模式的预估结果,还给出多个模式对这 9 种排放情景模拟之间的对比和集合结果,因此增加了预估的可信度。以往的可靠性与不确定性评估大多是定性给出,或是给出一个预估可能出现的范围。近些年来由于参加的模式多,情景多,又加上有些模式还做了多初始时间集合,或多种物理扰动的集合。因此,评估进一步利用计算概率密度函数,可以给出气温(或其他变量)出现在哪些范围的概率和不出现在哪些范围的概率,从而试图定量地给出可靠性和不确定性评估。

对全球变化预估除了给出多模式多情景常规的温度、降水、海平面气压场、大气环流场、海面高度、冰雪变化的预估外,云和日内变化也给出预估,还给出一些重要现象,如北极涛动、南极涛动、北大西洋涛动、经向翻转环流(meridional overturning circulation,MOC)、季风、ENSO,以及一些极端天气和气候事件,如极端最高、最低温度,酷暑期长度,霜冻期长度,洪涝与干旱强度,热带与温带气旋,飓风与台风频数和强度变化的预估等。

综合多模式多排放情景预估结果表明,到 21 世纪末,全球地表平均增温 1.1～6.4 ℃,全球平均海平面上升幅度预估范围为 18～59 cm。在未来 20 年中,气温大约以 0.2 ℃/10a 的速度升高,即使所有温室气体和气溶胶浓度稳定在 2000 年水平,每 10 年也将进一步增暖 0.1 ℃。如果排放处于 SRES 各情景范围之内,则增暖幅度预计将是其两倍(0.2 ℃/10a)。如果 21 世纪温室气体的排放速率不低于现在,将导致气候的进一步变暖,某些变化会比 20 世纪更明显。

目前对变暖的分布和其他区域尺度特征的预估结果较第三次评估报告更为可信,包括风场、降水以及极端事件和冰的某些方面的变化。预计陆地上和北半球高纬度地区的增暖最为显著,而南大洋和北大西洋的变暖最弱;积雪会缩减,大部分多年冻土区的融化深度会广泛增加,北极和南极的海冰会退缩;极热事件、热浪和强降水事件的发生频率很可能将会持续上升;年热带气旋(台风和飓风)的强度可能会更强,伴随着更高峰值的风速和更强的降水;热带以外的风暴路径会向极地方向移动,引起热带外地区风、降水和温度场的变化;高纬度地区的降水量很可能增多,而多数亚热带大陆地区的降水量可能有所减少。由于各种气候过程、反馈与时间尺度有关,即使温室气体浓度趋于稳定,人为增暖和海平面上升仍会持续数个世纪。

海洋和陆地生物圈对 CO_2 吸收的自然过程大约清除了人为 CO_2 排放总量的 50％～60％。海洋对人为 CO_2 的吸收,导致表层海水酸化程度不断增加,预计 21 世纪全球平均大洋表面的 pH 值将会降低 0.14～0.35 个单位,与工业化前相比,pH 值至今有 0.1 个单位的降幅。

1.3.4　IPCC 第五次评估报告关注的科学重点

2008 年,IPCC 决定继续推出第五次评估报告,其中第一工作组的报告将在 2013 年年初完成,第

二、第三工作组的报告和综合报告将于 2014 年完成。

IPCC 新一轮评估报告将体现新情景、新思路和区域性三个显著特点。一是使用新的温室气体浓度情景。情景是分析未来气候变化的趋势、影响以及应对政策和措施选择的基础和核心，新情景的选定将直接关系到对未来气候变化及其影响程度的估算结果，进而为国际社会采取应对气候变化行动指出更加明确的方向。二是加强气候变化经济学分析。以气候变化经济学分析为重点的《斯特恩报告》受到了非常广泛的关注，表明全球对该主题信息的迫切需求，这使 IPCC 意识到需要大力加强气候变化经济学分析与评估，并在未来的评估报告中充分反映气候变化经济学内容，为国际社会采取应对气候变化行动提供更加充实的理论和实践依据。三是更加关注区域气候变化问题。历次 IPCC 报告主要以"全球"为研究对象，在不同程度上忽视了针对区域气候变化的评估，部分政府甚至认为，现有的 IPCC 评估报告对当地采取应对气候变化措施的参考作用有限。因此，新一轮的 IPCC 评估报告将加强对区域气候变化的科学评估。

2006 年在 IPCC 第 25 次全会上，考虑到 SRES 情景已经不能满足最新的需求，情景研究的新结果和新进展不断涌现，IPCC 决定启动关于新排放情景的工作。但是，这一次 IPCC 的角色将不同于以往。IPCC 将开发各种情景的工作交由研究机构来协调，而其只是起到促进这些机构及时开发出新情景的作用。IPCC 将召开专家会议，考虑科学机构为开发新情景而制订的各种计划，并确定一套"基准排放情景"（典型浓度路径（RCPs））。RCPs 将用于启动气候模式模拟，以开发出适用于范围广泛的气候变化相关研究与评估的各种气候情景，同时，也要求 RCPs"与现有科学文献当中所提供的所有范围的稳定、减缓和基准排放情景"相兼容。

2007 年 9 月在荷兰诺威克豪特举行了新情景的专家会议，关于典型浓度路径 RCPs 的若干特征被予以确定。新的情景将采用各个研究组并行开发的方式进行；将采用辐射强迫作为区分不同路径的物理量；新情景包括近期和远期情景，以满足不同的研究对象和研究群体的需求。同时，新情景也具有包含高分辨率情景等特征。包括四种路径：一个高路径，至 2100 年其辐射强迫将达到 8.5 W/m^2 以上，并在某个时间段之内继续上升；两个中间"稳定路径"，其辐射强迫将在 2100 年之后稳定于大约 $6 \sim 4.5$ W/m^2 之间；一个辐射强迫峰值在 2100 年之前为 2.6 W/m^2 并逐渐下降的路径。这些情景包括全套温室气体和气溶胶以及化学活性气体和土地利用/土地覆盖物的排放和浓度的时间路径。

在 2009 年 4 月召开的 IPCC 第 30 届全会已正式接受 RCPs，并向国际科学界公布。在已经启动编写的第五次评估报告中，RCPs 将被用于气候模式预估、影响、适应和减缓等的评估中。

1.4 中国自第一次评估报告以来的主要研究进展

1.4.1 《中国气候与环境演变》评估报告简介

《中国气候与环境演变》2005 年出版以来，已历时 7 年。《中国气候与环境演变》是中国第一部全面评估中国气候与环境演变基本科学事实、预估未来变化趋势、综合分析其社会经济影响、探寻适应与减缓对策的专著，较全面反映了地球科学、可持续发展以及环境等领域在气候与环境变化研究方面的最新成果；同时，该书还为中国科学家参与 IPCC 第四次评估报告的编写提供了重要素材。专著主要体现了四个特点：①以近万年的演变为背景，比较系统、全面地评估了中国近百年气候与环境的演变；②特别强调了近百年人类活动对气候与环境的影响；③对未来中国气候与环境变化给出了新的、分时段、分区域的预测；④突出了气候变化的利弊分析与经济分析。

该书由上、下两卷组成。上卷以东亚气候与环境变化为背景，对中国的气候、环境演变进行了评估，阐述了中国区域气候与环境变化的基本事实及相关的重大变化事件，并对中国气候变化的原因进行了分析。在此基础上，应用气候模式对未来 20 年、50 年、100 年的中国气候与环境变化趋势进行了预估。下卷则通过气候与环境变化对中国未来可能影响的评估，从生态系统、农业、水资源、重大工程等多方面进行了评述，并从冰冻圈、生态系统、土地退化、工业和交通、服务业、城市与生活等几个方面进行了气候与环境影响的利弊分析,评估了气候变化对中国区域可持续发展的影响,进行了气候变化适应与减缓对策下的社会经济分析,提出了气候变化的适应与减缓对策,并据此提出发展观念、决策机制、健全法制、生态建设和气候变化等方面的对策建议(秦大河等,2005)。

《中国气候与环境演变》系统地评估了近百年中国气候与环境变化,对应对气候变化、保护环境和促进中国可持续发展有重大意义,也对实现人与自然和谐相处、构建和谐社会产生了重要影响。全书在充分和深刻地掌握理解国际最新的关于全球气候历史演变和全球气候变化的成果基础上,对中国几个区域的气候演变与今后全球气候变化将带来的影响(无论对全国尺度、各有关区域尺度,以及对陆海生态系统的影响及其环境响应)都有详细的阐述,其中特别对中国有特殊的意义的海陆差异、青藏高原、人类活动干扰和重大工程对气候与环境的影响等都有充分和恰当的表述。对于气候、环境变化对中国经济、社会及主要生态系统的影响评价与对策建议也具有明显的针对性。另外,对中国这个领域研究中薄弱和不足处也有客观地评估,这对今后加强气候与环境研究是有指导意义的(沈永平,2006)。

1.4.2 中国气候与环境评估主要进展

1. 中国第一套"中国地区气候变化预估数据集"的推出

从 IPCC 第四次评估报告陆续发布以来,气候变化已经成为各级政府和各部门高度关注的问题。气候变化将对水资源安全、农业生产和粮食安全、自然生态系统等都有重要影响,因此,未来气候如何变化,成为研究和应对气候变化问题的基础。

在参与 IPCC 第四次评估报告编写过程中,国家气候中心推出了中国第一套"中国地区气候变化预估数据集"。这套根据 IPCC 第四次评估报告公布的有关数据和预测模式做出的模拟结果显示,预计2100 年,中国全国年平均气温将上升 2.2~4.2 ℃,年均降水量将增长 6%~14%,其中,青藏高原、西北、华北、东北等地的气温和降水量上升较为明显,均高于全国平均水平。

为了给国内从事气候变化和气候变化影响评估方面工作的业务、科研人员及单位提供一套使用方便的中国和东亚地区未来气候变化预估数据,国家气候中心的科研人员对 IPCC 第四次评估报告中用到的 20 多个全球气候模式以及国家气候中心所运行的一个区域气候模式数据进行了加工和分析处理,形成了这套"中国地区气候变化预估数据集(第一版)"。与其他研究机构根据各自需要基于一种全球气候模式进行模拟而得出的结论相比,该数据集是目前最全面、最可靠的。

2.《气候变化国家评估报告》的发布

为了科学地制定和实施应对全球气候变化的措施,有关国际组织和各主要发达国家都编制和发布了相关的气候变化评估报告。如 IPCC 自 1988 年以来已经组织全球的科学家编制了四次气候变化科学评估报告。这些报告以科学问题为切入点,汇集和评估了世界上与气候变化有关的科学、技术、社会和经济研究成果,形成的最主要的结论是:由人类活动导致的温室气体排放是近 50 年来引起全球气候变暖的主要原因。这一结论为国际社会应对气候变化和为《联合国气候变化框架公约》的谈判提供了重要的科学基础,产生了重大影响。

中国政府先后签署和批准了《联合国气候变化框架公约》(以下简称《公约》)和《京都议定书》,并采取了一系列行动应对全球气候变化的挑战。为了充分考虑和应对全球气候变化及其可能带来的对中国的重大不利影响、支撑中国参与全球气候变化国际事务、有效地履行《公约》和《京都议定书》的义务,中国科学技术部、中国气象局、中国科学院、国家发展和改革委员会、外交部、国家环保总局、教育部、农业部、水利部、国家林业局、国家海洋局、国家自然科学基金委员会等 12 个部门组织编制并于 2007 年联合发布了中国第一部《气候变化国家评估报告》。

《气候变化国家评估报告》的编制和发布的意义在于,一是向国际社会进一步表明中国高度重视全球气候变化问题;二是为中国参与全球气候变化的国际事务提供科技支撑;三是为促进国民经济和社会的可持续发展提供科学决策依据;四是为未来中国参与全球气候变化领域的科学研究指出了方向。

《气候变化国家评估报告》共分三个部分:气候变化的历史和未来趋势、气候变化的影响与适应和减缓气候变化的社会经济评价。该报告系统总结了中国在气候变化方面的科学研究成果,全面评估了在全球气候变化背景下中国近百年来的气候变化观测事实及其影响,预测了 21 世纪的气候变化趋势,综合分析、评价了气候变化及相关国际公约对中国生态、环境、经济和社会发展可能带来的影响,提出了中国应对全球气候变化的立场和原则主张以及相关政策。

评估报告给出的主要结论包括(中华人民共和国科学技术部,2007):

(1)人类活动排放的温室气体导致越来越严重的全球气候变化问题。预测到 2020 年,中国年平均气温可能增加 1.1～2.1 ℃,年平均降水量可能增加 2%～3%,降水日数在北方显著增加,降水区域差异更为明显。由于平均气温增加、蒸发增强,总体上北方水资源短缺状况将进一步加剧,未来极端天气气候事件呈增加趋势。

(2)中国农业、水资源、森林与其他自然生态系统、海岸带与近海生态系统等极易受全球气候变化的不利影响,自然灾害将有进一步加剧的可能。为此,我们应进一步提高适应气候变化能力并采取适应气候变化的综合行动。

(3)全球气候变化问题涉及国家发展空间问题。在参与应对全球气候变化的过程中,中国要有所作为,担负起相应的责任,为保护全球环境做出积极贡献;同时,也要维护中国正当的发展权益,使中国承担的国际义务与中国的经济和社会发展水平相适应。

(4)要以应对全球气候变化作为新的驱动力,促进中国国民经济各领域尤其是能源领域的技术创新,节约能源和资源,促进循环经济发展。

(5)报告中提出的应对全球气候变化的政策和措施对中国实现可持续发展有重要意义,可为各级政府制定国民经济和社会发展规划提供重要参考依据。

(6)全球气候变化及其带来的影响还有大量的科学技术问题需要进一步开展研究;需要对各种适应气候变化措施的可行性和有效性进行研究和验证。

3.2006—2010 年期间资源环境领域的"国家重点基础研究发展(973)计划"

中国资源有限的保障程度和环境脆弱的承载能力面临着前所未有的压力,水资源短缺和时空分布不均成为制约中国经济、社会可持续发展的瓶颈;矿产和油气资源储量保证年限锐减,供需矛盾突出,资源利用率低;生态破坏与环境污染问题严重,已进入大范围生态退化和复合性环境污染阶段;全球环境变化已日益成为制约人类社会可持续发展的全球性问题,涉及中国对环境、经济、政治、外交等一系列问题的国家决策;生态系统的退化加剧了环境的脆弱性,导致成灾频率剧增、灾情扩大和多种灾害群发。

"973"计划资源环境领域以揭示人类活动对地球系统的影响机制与动力学为主线,从整体上认识人类所面临的一系列资源与环境问题产生的根源与发展规律,开展基础研究,为解决资源短缺、灾害频发、环境污染和生态退化等经济、社会发展中的关键问题提供科技支撑。

"十一五"期间,重点研究方向包括:①固体矿产资源勘查评价的重大科学问题;②矿产资源集约利用的新理论、新技术和新方法;③化石能源勘探开发利用的基础科学问题;④全球变化与区域响应和适应;⑤人类活动与生态系统变化及其可持续发展;⑥区域环境质量演变和污染控制;⑦区域水循环与水资源高效利用;⑧特殊资源高质高效利用的基础研究;⑨中国近海及海洋生态、环境演变和海洋安全;⑩重大自然灾害形成机理与预测;⑪地球各圈层相互作用及其资源环境效应。

4. 其他科研成果和国际合作计划

(1)地球系统的协同观测与预报体系(COPES)和中国的响应

世界气候研究计划(World Climate Research Programme,WCRP)实施 25 年来为气候科学的发展做出了巨大贡献,气候预测能力不断增强,使开展多种时间尺度的天气预报成为可能。WCRP 适时提出了面向未来 10 年的新战略框架——COPES,即地球系统的协同观测与预报体系,分析了 COPES 提出的背景,介绍了 COPES 由 WCRP 联合科学委员会负责牵头、各研究项目和活动协同参与的组织形式以及 WCRP 当前的研究格局。WCRP 将围绕 COPES 这一主题开展观测、模拟和研究工作,以在预测未来气候、可持续发展、减灾防灾、改善季节气候预测、确定海平面上升的速度和预测季风雨等方面取得新的进展。COPES 提出未来 10 年的机遇与挑战为:①无缝隙预测问题;②更广泛的气候/地球系统预测;③可预报性问题;④气候系统行为分析。

"中国气候系统协同观测与预测研究"项目就是在 COPES 核心思想指导下,并充分考虑中国气候的独特性,本着 COPES"中国化"思路,利用现有气候观测资源,通过资料集成分析、资料同化形成多时间尺度东亚区域高分辨率气候系统多圈层数据集,通过多圈层观测与集成研究,揭示"季节内—季—年际"尺度上气候观测与预测之间的协同关系,改进气候预测模式中的物理过程参数化方案,在利用气候模式开展关键区气候过程模拟研究的基础上,对气候协同观测提出需求,从而对中国气候观测网络的布局、观测要素、精度、时空分辨率等提出优化方案,提高气候预测水平。项目的重点是解决中国地球系统观测和预测中的资料利用问题,以及通过协同研究,为观测系统本身提出修正建议,提高中国气候预测水平(效存德等,2008)。

(2)全球气候观测系统(GCOS)及其中国委员会

1990 年,在日内瓦召开的第二次世界气候大会上,各国科学家提出了制定"全球气候观测系统(Global Climate Observing System,GCOS)计划"的建议;1992 年,世界气象组织(WMO)、联合国教科文组织(UNESCO)的政府间海洋委员会(IOC)、国际科学联盟理事会(ICSU)、联合国环境规划署(UNEP),共同发起了"全球气候观测系统(GCOS)计划"。GCOS 的作用是要通过制定发展计划、提供技术帮助和政策指导等手段,在各种国际观测计划和各国观测系统之间建立起协调机制。

为了协调中国气候观测系统各部门在参与国际气候观测系统方面的行动,经中华人民共和国国务院批准,1997 年 7 月 4 日在北京成立了由 13 个部委组成的"全球气候观测系统中国委员会"(GCOS-China),并召开了第一次全体会议。截至 2005 年,全球共有 981 个 GCOS 地面站,其中中国有 34 个。

(3)国际地圈-生物圈计划(IGBP)、国际全球环境变化人文因素计划(IHDP)、国际生物多样性计划(DIVERSITAS)的最新进展

除了 WCRP,地球系统科学联盟(ESSP)还有其他 3 个大型科学计划,分别是 IGBP,IHDP 和 DIVERSITAS。这 3 个计划和 WCRP 一起在进入 21 世纪以来促进了地球系统科学系列重大研究计划的交叉与合作,促进了地球系统的综合集成研究,增进了人们对复杂地球系统的认识和理解。以下主要根据葛全胜等(2007)的总结进行阐述。

A. IGBP 的新进展

IGBP 第一阶段从 1987 年开始规划,历经 4 年,开始实施于 1990 年,于 2003 年年底完成。2004 年以来,IGBP 进入第二阶段,现正处于第二阶段的规划和实施阶段。IGBP 第二阶段对原有研究计划重新调整,并增加一些新的计划。这些计划在研究内容上涵盖了地球系统的各组成部分,包括陆地、海洋和大气,并更加突出组成部分间的界面相互作用。IGBP 第二阶段更加注重与研究伙伴的紧密合作,以进行地球系统的综合研究。通过推动各研究计划的合作,促进地球系统科学的集成研究;通过与社会人文科学计划的合作,以更好地分析研究人类和环境的耦合关系;通过加入并全力参与 ESSP 的活动,积极支持全球可持续发展研究。

B. IHDP 的新进展

IHDP 已经着手制定其 2007—2015 年战略规划,虽然规划尚未最终定稿,但是 IHDP 的未来发展方向在讨论稿中已经初见端倪。在规划中,IHDP 明确提出了自身定位:IHDP 不是一个科学评价机构,而是一个科学产出组织,其扮演的角色是遴选与制定若干关键研究主题,并促进对此感兴趣的学术团体的研究活动,其目标在于汇集来自各个学科、各个国家的科学家,就共同关心的问题展开综合与长期合作研究。战略规划主要分为研究规划、能力建设规划、科学-政策联络规划 3 个部分。研究方面,规划草案提出了三维的研究策略:第一个维度是 IHDP 核心计划与联合计划;第二维是 IHDP 提出的 4 个交叉研究主题;第三维是改进与整合方法论,如改进的统计方法、个例研究、描述、系统分析与模拟等。为实施上述策略,IHDP 需要在能力建设和科学政策联络方面加强工作,与 IHDP 及 ESSP 的主要成员之间建立密切有效的联系。在加强科学与政策之间的联系方面,规划草案也提出了若干建议和措

施,例如建立科学家与专业人员的互动论坛、扩大媒体宣传、建立科学委员会与核心计划发言人机制、将科学成果转化为目标受众更广泛的出版物、开展联络能力建设等。上述建议虽处于讨论阶段,但是充分体现出 IHDP 重视将科学研究成果应用于决策服务。

C. DIVERSITAS 的新进展

2002 年 4 月 DIVERSITAS 确定了新的核心研究计划:①发现生物多样性并预测其变化趋势,即"bio-DISCOVERY(生物发现)";②评估生物多样性变化对生态系统功能和服务的影响,即"eco-SER-VICES(生态服务)";③发展生物多样性保护与可持续利用的科学,即"bio-SUSTAINABILITY(生物可持续性)"。DIVERSITAS 第二阶段的 3 个核心计划的发布将对保护和持续利用生物多样性起到十分重要的作用。从 2004 年开始,DIVERSITAS 陆续发布了 3 个核心计划的实施战略,它们之间具有密切联系。bio-DISCOVERY 计划将有助于评价当前的生物多样性,建立监测生物多样性变化的科学基地,以及用预测未来的观点提供决定这些变化过程的关键知识。eco-SERVICES 计划将评价生物多样性变化是如何影响生态系统的功能从而影响人类社会的生态产品和相关服务的提供。bio-SUSTAINABILITY 计划将发展生物多样性保护和持续利用的科学,并将其他核心计划的信息整合到现行政策中以鼓励生物多样性可持续利用,这将需要自然科学与政治学、社会学和经济学的综合交叉与集成。

以水循环为纽带的全球和区域水系统的物理、生物与地球化学、人文三大过程及其耦合与调控的研究,是当前国际水科学研究的前沿,是破解全球和区域复杂水问题的关键与核心。在水循环联系水系统新的需求与科学前沿研究,在 ESSP 框架下,2003 年专门实施了全球水系统计划(GWSP)及其在全球流域行动计划(IGC)。GWSP 的核心科学问题是:水系统变化的量级与机理、水系统三大过程的作用与反馈及水系统承载能力与调控机理。GWSP 的核心任务是:探知人类影响水系统动力机制的方式,并告知决策者如何缓解这些影响的环境与社会经济后果。中国在 2003 年成立了 GWSP 中国委员会,2005 年成立了 GWSP 亚洲区域科学网络办公室,中国是 GWSP 科学委员会核心成员之一,在国际上发挥着重要作用(Xia 等,2007;夏军,2011)。

(4)中国第二次"冰川编目"工作的开展

2007 年 5 月 22 日,中国科学技术部基础性工作专项"中国冰川资源及其变化调查"在北京启动,标志着中国第二次全面"冰川编目"工作的开始。自 1979 年启动第一次"冰川编目"以来,中国西部已调查冰川中大约有 82%处于退缩状态,各处面积缩小比例在 2%～18%不等。中国冰川自上次编目以来究竟发生了多少变化,这个核心问题需要回答。

"中国冰川资源及其变化调查"项目是一项以"冰川编目"为核心内容、以冰川变化监测为主要手段、以典型调查为主要途径的第二次冰川资源综合清查工作;项目为期 5 年,预期目标包括:建立数字化的第一次"冰川编目"数据库;获取西北干旱区和其他典型区现状冰川分布数据;与第一次"冰川编目"数据比较,查明工作地区冰川资源变化;以此调查数据为基础,综合定位监测结果与相关资料,评估冰川变化对水资源的影响。此次调查将使中国冰川学研究迈向世界先进水平;将更加科学有效地监测西部冰川灾害,提高防灾减灾能力;将查清在气候加速变暖情况下中国西部冰川资源的变化状况,为西部水资源可持续利用规划、防灾减灾、旅游开发规划等提供更加切实可行的决策依据。

1.5　未来的研究方向

在 IPCC 第四次评估报告中,中国科学家无论从参与的主要作者人数还是文献的引用率来看均有增加,中国作为唯一的发展中国家有两个模式被引入报告中,这些均反映了中国在气候变化研究领域不断进步的实力,但差距仍十分明显。结合全球气候变化研究中的重点问题和中国气候变化特点,中国科学家的首要任务是从科学上深入了解全球和中国气候变化特征,以及物理、化学与生物过程,准确预测未来气候变化趋势。目前迫切需要解决的关键科学问题如下所述。

1. 近百年主要极端气候事件的研究

对现有观测资料进行校正和补漏,系统分析近百年各种观测资料和代用资料,建立客观、定量的极端气候事件通用指数,识别气候突变信息,对于包括温度、降水极值、热带气旋等极端气候事件的变化规律(包括空间范围、时间尺度、变化幅度、变化频率等)进行系统研究;重点研究不同时空尺度气候突变及极端气候事件的检测技术,检测不同时间尺度气候突变及极端气候事件的显著性;采用气候模式,对过去的气候突变及极端气候事件进行检测,探索历史时间气候突变或转型以及极端气候事件的发生机制、原因与过程。

2. 古气候资料开发研究及古气候模拟

开发温度和降水代用资料(包括黄土、冰芯和沉积物、年轮与文献等),加强一些薄弱地区或空白地区的研究工作,以获得更全面的资料和信息,为全面认识古气候演变特征及原因提供科学依据;引入或建立新技术、新方法,尤其是高精度测年法和一些古气候变化信息的提取和解译方法,进一步提高分辨率,针对全球变化研究的需要,结合中国的优势,对不同时段采用不同的手段和方法进行重点研究;利用包含完善物理过程的气候模式进行古气候模拟,与现有古气候资料进行系统比较,在检验模式的基础上探讨古气候变化的物理机制。

3. 气溶胶分布的特征及其气候效应

编制中国地区黑碳气溶胶的排放清单,研究中国各类气溶胶(包括黑碳、硫酸盐和矿物气溶胶等)的排放与浓度变化特点,提出适合中国气溶胶排放情景下的气溶胶辐射强迫计算公式,能够更合理地计算各类气溶胶的辐射效应,为气候模式提供计算气溶胶作用的最佳方法;研究未来气溶胶排放和浓度变化趋势及其可能的气候影响,分析关键脆弱性和关键影响,并评估通过环境治理使气溶胶排放减少情况下,气候变暖加强的可能性;针对现代气溶胶浓度变化对中国区域气候的直接和间接影响及其对"南涝北旱"影响的国际争议等问题提出中国科学家的见解,为综合应对温室气体和气溶胶排放提供科学支持。

4. 全球变暖背景下东亚和中国能量与水循环变化的研究

研究气候变暖后大气中水汽含量增加对中国气候变暖及降水的增强作用;研究全球变暖背景下东亚地区海洋和陆地水循环变化特征,包括水汽输送、土壤湿度、降水、蒸发、地表径流等的变化特征,尤其是考察水循环在气候变暖条件下是否发生明显变化;研究全球变暖背景下东亚地区能量变化特征,包括太阳辐射、感热加热、潜热加热等的变化对中国干旱和沙漠化地区进一步的影响,阐明能量和水循环的变化与中国主要降水带的关系。

5. 气候系统各层圈相互作用

如上所述,地球气候系统是一个复杂的巨系统,在深入研究各子系统的基础上,必须考虑它们之间的相互作用。例如,地表温度的升高可能会影响碳循环,影响生物圈和冰冻圈等。如何做出综合评价是一个亟待解决的问题。

6. 海洋

海洋在地球气候变化中的作用在某种意义上超过大气,源于其巨大的热容量以及海-气间能量与物质的交换。但是,无论是观测还是理论研究目前都相对较弱。除了继续加强海平面上升的观测事实和变化特征及未来海平面上升趋势及其影响研究,开发中国近海海平面变化研究的新模型,评估海平面上升对中国关键脆弱区(如三角洲地区)的影响,如风暴潮、海滩湿地损失、海岸侵蚀、洪涝灾害、盐水入侵等之外,特别应注重加强海洋气候效应的研究。

7. 冰冻圈

冰冻圈变化对中国的水安全有突出影响,制定科学的西部水资源可持续利用对策,迫切需要定量评估冰冻圈变化的未来趋势及其对水资源的影响;冰冻圈也是维系中国西部高寒和干旱区生态系统稳定的基本保障,冰冻圈变化对中国西部生态安全的威胁日益凸显,制定科学的生态保护与治理对策,迫切需要研究和评估冰冻圈变化对生态系统的影响。深入分析"973"项目"中国冰冻圈动态过程及其对气候、水文和生态的影响机理与适应对策"所取得的资料,以"全球变化与区域响应和适应"为重点,开展后续研究工作。另外，"中国冰川资源及其变化调查"项目将于 2012 年结束，必须与第一次"冰川编目"研究工作的结果相对比，提出新的研究结果以及未来研究的计划。

8. 土地利用与覆盖变化

土地利用与覆盖变化（LUCC）除了自然原因之外，多半是人类活动引起的。森林与草原的破坏与恢复、沙漠化、石漠化、城市化等改变了地球气候系统的下垫面，通过能量、动量与物质的交换对地球气候产生重要影响。迫切需要对中国近 60 年（1950—2010 年）来 LUCC 的实况给出确切答案，并在此基础上开展相应的理论研究工作。

9. 中国气候模式的改进及全球和中国气候变化情景预估

改进中国发展的全球和区域气候模式，未来模式发展的重点是充分考虑各种生物、化学、物理过程及其反馈作用，改进模式对全球平均气候特征、东亚季风环流、降水及水循环的模拟，提高未来气候变化预估的可靠性和信度，加强对未来区域气候变化趋势及特征的分析和预测；根据中国未来人口、经济发展、技术进步和环境保护措施等因素，确定中国未来温室气体排放的主要情景；综合预测未来各主要时期全球和中国气候变化趋势和主要特征，预测未来东亚季风爆发时间、强度等变化，以及中国区域降水的变化特征，给出未来中国区域气候变化的年代际、年际和季节变化特征；重点预测未来 100 年极端气候事件发生的频率和强度变化趋势以及气候突变和转型发生的可能性；对未来极端气候事件的变化趋势及气候突变发生的可能性及其影响进行预测和评估，特别是对未来温盐环流的可能变化给予重点关注。

10. 气候危险水平的研究和确定

定量研究温室气体不同排放浓度下的气候危险水平，给出在不同排放情景下的未来全球和中国平均气温升高 $2 \sim 3\ ℃$ 的可能时间，以及采取不同适应对策后气候变化阈值出现的滞后问题；研究不同地理区域、不同气候敏感区域的气候危险水平。

11. 气候变化不确定性的研究

研究包括古气候在内的气候变化观测事实的不确定性，包括资料和研究方法的不确定性，以及对气候系统内部演化过程及反馈认识的不确定性；研究气候突变事实及极端气候事件变化特征规律及原因和机理认识方面的不确定性；研究气候变化检测和归因方面的不确定性，包括对太阳辐射、碳源和汇的估算、各类气溶胶的反馈作用、云和水汽的反馈作用、土地利用与土地覆盖等强迫因子的作用等的认识等，以及对历史时期自然变率及人类活动引起的气候变化量值认识的不确定性；研究未来气候变化预估的不确定性，包括来自模式的不确定性（如气候模式对云反馈、海洋热吸收、碳循环反馈等过程的描述差别及模式模拟性能导致的不确定性）以及来自未来温室气体排放情景的不确定性（如对化石燃料排放、固定源排放、流动源排放等温室气体排放量估算的不确定性，以及对与温室气体相关的各种政策影响、未来人口增长、经济增长、技术进步、新型能源开发及管理结构变化等影响估算的不确定性）。

上述关键科学问题的研究可为国家制定可持续发展计划提供科学依据，为国际气候环境公约谈判提供技术支撑，为中国科学家参与 IPCC 第五次评估报告工作提供科学结果，对制定气候变化领域国际斗争的战略和策略具有十分重要的意义。

参 考 文 献

陈志华，石广玉，车慧正. 2005. 近 40 年来新疆地区地面太阳辐射状况研究. 干旱区地理，**28**(6)：734-739.

丁守国. 2004. 中国地区云及其辐射特性的研究［博士论文］. 北京：中国科学院大气物理研究所.

丁一汇. 2004. 世界气候研究计划（WCRP）的重大成果与未来的科学方向和挑战. 气候变化通讯，第九期.

丁一汇. 2007. 人类活动与全球气候变化——从温室效应的提出到 IPCC 的最新结论［C］//秦大河，丁一汇，董文杰，等.
　　2006 年中国气候变化研究年度报告. 北京：中国气象局国家气候中心. 10-15.

葛全胜，王芳，陈泮勤，等. 2007. 全球变化研究进展和趋势. 地球科学进展，**22**(4)：417-427.

李晓文,李维亮,周秀骥.1998.中国近30年太阳辐射状况研究.应用气象学报,**9**(1):24-31.

刘明昌,刘小莽,郑红星,等,2009.海河流域太阳辐射变化及其原因分析.地理学报,**64**(11):1293-1291.

秦大河,陈振林,罗勇,等.2007.气候变化科学的最新认知.气候变化研究进展,**3**(2),63-73.

秦大河,丁永建,等.2007.国家重点基础研究发展计划(973计划)项目计划"中国冰冻圈动态过程及其对气候、水文和生态的影响机理与适应对策"任务书立项依据.http://www.casnw.net/973/Projects/Projects_1_1.htm.

秦大河,任贾文,等.2005.气候系统和气候变化//秦大河.中国气候与环境演变(上卷):气候与环境的演变及预测.北京:科学出版社.

秦大河,等.2007.国家重点基础研究发展计划(973计划)项目计划"中国冰冻圈动态过程及其对气候、水文和生态的影响机理与适应对策"任务书立项依据,http://www.casnw.net/973/Projects/Projects_1_1.htm.

秦世广,石广玉,陈林,等.2010.利用地面水平能见度估算并分析中国地区气溶胶光学厚度长期变化特征.大气科学,**34**(2):449-456.

任国玉,郭军,徐铭志,等.2005.近50年来中国地面气候变化基本特征.气象学报,**63**(6):942-956.

沈永平.2006.《中国气候与环境演变》评述.地理学报,**61**(4),447.

石广玉.2007.大气辐射学.北京:科学出版社.

王建.2002.现代自然地理学.北京:高等教育出版社,441.

王绍武.2001.现代气候学研究进展.北京:气象出版社.2-22.

王绍武.2000.20世纪气候学理论研究的十项成就.地球科学进展,**15**(3):277-282

王雅婕,黄耀,张稳.2009.1961—2003年中国大陆地表太阳总辐射变化趋势.气候与环境研究,**14**(4):405-413.

夏军,刘春蓁,任国玉.2011.气候变化对中国水资源影响研究面临的机遇与挑战.地球科学进展,**26**(1):1-12.

效存德,张祖强.2008."中国气候系统协同观测与预测研究"项目简介.http://cadata.cams.cma.gov.cn/qihou/Article/? 55_8.html.

杨胜鹏,王可丽,吕世华.2007.近40年来中国大陆总辐射的演变特征.太阳能学报,**28**(3):227-232.

中华人民共和国科学技术部.2007.《气候变化国家评估报告》解读.环境保护,**6A**,20-26.

Augustin,et al. 2004. Eight glacial cycles from an Antarctic ice core. *Nature*,**429**:623-628.

Beltrami,H. 2002. Climate from borehole data:Energy fluxes and temperatures since 1500. *Geophys,Res,Lett.*,**29**(23):2111.doi:10.1029/2002GL015702.

Berdowski,J,Guicherit R,Heij B. 2001. The Climate System. Lisse,Netherlanels:A. A. Balkema Pulishers. Zeitlinger Pulishers. 178.

Burroughs,W. 2007. 主编(2003年英文出版):秦大河、丁一汇等译校.21世纪的气候.北京:气象出版社.

Che H Z,Shi G Y,Zhang X Y,et al,2005. Analysis of 40 years of solar radiation data from China,1961—2000. Geophys. Res. Lett.,**32**:doi:10.1029/2004GL022322.

Denman K L,Brasseur G,Chidthaisong A,et al. 2007. Couplings Between Changes in the Climate System and Biogeochemistry. In Solomon S,等.(eds). Climate Change.

Forster,P.,Ramaswamy V.,Artaxo P,T.et al. 2007. Changes in Atmospheric Constituents and in Radiative Forcing//Solomon S,Qin D,Manning M. Climate Change 2007:The Physical Science Basis. Contribution of Working Group I to the Fourth Assessment Report of the Intergovernmental Panel on Climate Change. Cambridge University Press,Cambridge,United Kingdom and New York,NY,USA.

IPCC AR4. 2007. Climate Change 2007:The Physical Science Basis. Contribution of Working Group I to the Fourth Assessment Report of the Intergovernmental Panel on Climate Change [Solomon,S,D Qin,M Manning,等(eds.)]. Cambridge University Press,Cambridge,United Kingdom and New York,NY,USA,996 pp.

IPCC. 2004. 16 Years of Scientific Assessment in Support of the Climate Convention,available online at http://www.ipcc.ch

IPCC. 2007. Climate Change 2007:The Physical Science Basis. Contribution of Working Group I to the Fourth Assessment Report of the Intergovernmental Panel on Climate Change [Solomon,S.,D. Qin,M. Manning,Z. Chen,M. Marquis,K. B. Averyt,M. Tignor and H. L. Miller (eds.)]. Cambridge University Press,Cambridge,United Kingdom and New York,NY,USA,996 pp.

IPCC. 2007. Summary for Policymakers of Climate Change:The Physical Science Basis. Contribution of Working Group I to the Fourth Assessment Report of the Intergovernmental Panel on Climate Change [M]. Cambridge:Cambridge

University Press,2007.

John H. Seinfeld and Spyros N. Pandis: Atmospheric Chemistry and Physics,from Air Pollution to Climate Change,John Wiley,New York,1998,1326 pp.

Karl T R,Trenberth K E. 2003. Modern global climate change. *Science*,**302**:1719-1723.

Le Treut,H. ,R. Somerville, U. Cubasch,等. 2007. Historical Overview of Climate Change. In:Climate Change 2007: The Physical Science Basis. Contribution of Working Group I to the Fourth Assessment Report of the Intergovernmental Panel on Climate Change [Solomon,S. ,D. Qin,M. Manning,Z. Chen,M. Marquis,K. B. Averyt,M. Tignor and H. L. Miller (eds.)]. Cambridge University Press,Cambridge,United Kingdom and New York, NY,USA.

Liang F,Xia X A. 2005. Long-term trends in solar radiation and the associated climatic factors over China for 1961 to 2000. *Annales Geophysics*,**23**:2425-2432.

Petit J R,Jouzel J,Raynaud D,et al. 1999. Climate and atmospheric history of the past 420000 years from the Vostok ice core,*Antarctica. Nature*,**399**:429-436

Qian Y,Kaiser D P,Leung L R,et al. 2006. More frequent cloud free sky and less surface solar radiation in China from 1955 to 2000. Geophys. Res. Lett. ,33:doi:10. 1029 /2005GL024586.

Ruddiman W F. 2001. Earth's Climate:Past and Future. New York:W H Freeman. 465.

Shi G Y,Hayasaka T,Ohmura A et al. 2008. Data quality assessment and the long-term trend of ground solar radiation in China. *J Applied Meterology and Climatology*,**47**:1006-1016.

Singer,S. F. 2008. ed. ,Nature,Not Human Activity,Rules the Climate:Summary for Policymakers of the Report of the Nongovernmental International Panel on Climate Change,Chicago,IL:The Heartland Institute.

Solomon,S. ,D. Qin,M. Manning,等. 2007. Technical Summary. In:Climate Change 2007:The Physical Science Basis. Contribution of Working Group I to the Fourth Assessment Report of the Intergovernmental Panel on Climate Change [Solomon,S. ,D. Qin,M. Manning,Z. Chen,M. Marquis,K. B. Averyt,M. Tignor and H. L. Miller (eds.)]. Cambridge University Press,Cambridge,United Kingdom and New York,NY,USA.

Stanhill G,Cohen S. 2001. Global dimming:A review of the evidence for a widespread and significant reduction in global radiation with discussion of its probable causes and possible agricultural consequences. *Agricultural and Forest Meteorology*,**107**:255-278.

Wild M,Gilgen H,Roesch A. 2005. From dimming to brightening:Decadal changes in solar radiation at earth's surface. *Science*,**308**:847-850.

Wild M,Ohmura A,Makowski K. 2007. Impact of global dimming and brightening on global warming. Geophysical Research Letters,34,L04702,doi:10. 1029/2006GL028031.

Xia J,Liu C M. 2007. GWSP Chinese National Committee and Asia Network. *Global Water News*,No. 5/6,8-10.

Zhang Y L,Qin B Q,Chen W M. 2004. Analysis of 40 years records of solar radiation data in Shanghai,Nanjing and Hangzhou in Eastern China. *Theor Appl Climatol*,**78**:217-227.

第二章　过去时期的气候变化

主　笔：张德二，谭明
贡献者：杨保，刘晓东，邵雪梅，余克服，王宁练，方小敏

提　要

有关中国的气候变化特征与全球（或北半球）的对比，自 2002 年以来，已通过对黄土、湖芯、冰芯、树轮、石笋、珊瑚及历史文献等古气候代用记录的研究，获得有关中国过去 13 万年、2 万年、1 万年、2000 年和 500 年各时段的气候变化规律、特征及其归因等问题的新认识。高精度年代学和高分辨古气候记录研究表明：东亚季风变化具有明显的岁差周期；新仙女木事件在中国南、北方同时发生且突变速率与格陵兰冰芯记录相当；全新世东部季风区和西北内陆干旱区的干湿变化相位在很多时段相反，全新世早期季风区湿润而干旱区干旱，中期都湿润，但全新世晚期季风区变干而干旱区却相对湿润；全新世高温期的气温至少高于 20 世纪后期 0.5 ℃；最近 2000 年间，中国东部地区有 4 个暖时段和 3 个冷时段，中世纪暖期发生于 10 世纪 30 年代至 14 世纪最初 10 年，温度距平为 +0.18 ℃，小冰期发生于 14 世纪 20 年代至 20 世纪最初 10 年，温度距平为 -0.39 ℃；自 20 世纪 20 年代以来东部迅速增暖，比过去 2000 年的平均气温高 0.2 ℃以上；西北地区和青藏高原地区也存在相对应的冷、暖阶段，但与东部地区有位相差异，而且都显示 20 世纪的变暖没有中世纪暖期显著。古气候数值模拟主要用于气候变化的机制诊断，在不同的时间尺度上，古气候变化的主要外强迫因子也有所差异。对过去千年气候强迫因子的研究指出，太阳活动和火山喷发是引起小冰期和中世纪暖期的主要因素，而近年的全球变暖源自大气中温室气体浓度增加，土地利用的历史变化也有显著作用。

2.1　过去时期气候变化的研究方法

过去气候变化研究主要回答三个"W"："What"——发生了什么？"When"——什么时候发生？"Why"——为什么发生？因而，气候代用指标的确切意义及精确年代测定是过去气候变化研究中最重要的两个内容，要比较精确且清晰地回答上述问题，首先有赖于研究方法和手段的不断进步。

2.1.1　过去时期的气候代用记录

黄土　黄土由风力搬运的粉尘堆积形成。中国黄土高原的黄土以其深厚、宽广的覆盖和长期、连续的沉积著称于世，至今黄土/古土壤迭覆旋回已经成为人类理解自第四纪乃至中新世以来地球气候/环境变化的最重要的陆相沉积记录。黄土地层的年代确定有多种方法：10 万年以上通常用古地磁极性地层方法确定，并结合地球轨道调协时间标尺；10 万年以下采用光释光测年，千年至万年则采用[14]C 定年方法。黄土中反映气候/环境变化的代用指标很多，如磁化率能够反映不同的水热条件，粒度可反映不同的风场强度等等。

湖芯　通过钻探方式来获得的湖泊沉积物样品称为湖芯。湖泊沉积物的时间跨度通常可从现代

到距今数十万年甚至百万年前,不同时期的湖泊沉积物其定年方法也不同。百年尺度的湖泊沉积物,主要采用放射性同位素[210]Pb定年。另外,由于核爆炸试验产生放射性核素[137]Cs,因而由核试验造成的1963年[137]Cs沉降高峰就成为重要的时标参照。同时,由于[137]Cs很容易被土壤、沉积物吸附,并且具有较长的半衰期和容易测量的特点,已广泛用于标定现代海洋、河流、湖泊沉积物的沉积速率。对于千年到万年的湖泊沉积物主要应用放射性[14]C测年法,其半衰期为(5370 ± 40)年。由于放射性[14]C测年法受到德弗里斯(de Vries)效应(德弗里斯1958年指出,公元1700年和1500年左右大气[14]C活度比1900年高2%)、休斯(Suess)效应(休斯1955年指出,20世纪的大气[14]C活度比19世纪低2%)、核爆效应以及碳库效应等的影响,其测年结果必须校正,通常采用[14]C年龄的树轮校正年代。老于5万年的湖泊沉积物主要以古地磁年表来定年,此外还有U系定年、光释光(OSL)、热释光(TL)以及纹层定年等方法。

目前湖泊沉积物代用指标主要有孢粉、碳酸盐含量及其碳氧同位素比率、有机碳含量及其同位素比率、元素含量及其比值、沉积物粒度、矿物含量及其比值、分子化合物、磁性参数、色素、硅藻和微体动物化石等。湖泊介形虫可以用来定量指示水体盐度的变化,硅藻及摇蚊等微体生物浓度、种群组合的变化可定量恢复湖泊pH、水体矿化度等;自生碳酸盐氧同位素比率在一定条件下可以恢复水体温度的变化。湖泊外源有机质碳同位素比率与孢粉组合可用于流域植被演替分析;沉积物粒度及元素地球化学方法可以用来判识湖泊物质来源及流域环境演化特征;湖泊生物碳同位素比率的变化可用来诊断湖泊生态环境转换事件。

冰芯　冰芯是指在冰盖或冰川积累区钻取的圆柱状冰体。冰芯具有分辨率高、记录时间长、信息量大和保真度高等特点。中国冰芯定年主要应用了冰芯中$\delta^{18}O$、微粒含量、阴阳离子的季节变化特征以及污化层、冰川动力学模型等方法。还利用自然界突发性事件、全球性事件及人类活动的特殊产物等在冰芯中形成的记录来校准,比如核试验产生的[3]H,[36]Cl及β粒子等放射性物质。大气环流使这些物质扩散至全球,再通过干、湿沉降过程降落在冰川表面后形成记录。

冰芯不但记录着过去气候参数(如气温、降水等)的变化,而且也记录着影响气候的因子(如太阳活动、火山活动和温室气体等)的变化,同时还记录着人类活动对环境的影响。冰芯中$\delta^{18}O$是反映气温变化的主要指标,净积累量是反映降水变化的主要指标,尘埃物质含量是反映沙尘发生频率状况/沙漠演化的主要指标,不但反映大气沙尘的变化,而且反映大气的搬运能力,即大气环流的变化(如环流形式或强度的变化)。[10]Be和[36]Cl含量是太阳活动的主要指标,固体直流导电特性(ECM)、硫酸根(SO_4^{2-})浓度、氢离子(H^+)浓度和火山灰等是火山活动的主要指标,冰芯中一些痕量元素,如Bi和Hg等也可以作为火山喷发的指标;冰芯气泡中CO_2和CH_4含量反映了过去大气成分的变化,冰芯中的重金属、有机物和含碳气溶胶等记录可以研究人类排放到大气中污染物的变化历史等。但是,冰芯研究也存在一定的局限性,主要是研究地域、记录时段和冰芯记录解释等方面的局限。

树轮　树轮资料具有空间分布范围广、时间分辨率高、定年准确、连续性好、对环境变化响应敏感以及易于获取多个复本等优点,在研究历史时期气候变化中有不可取代的作用。如西部地区过去$1000\sim2000$年的温度序列重建主要是以树轮数据为基础。中国的树轮年表长度已经超过3000年。但是,树木作为生物有机体,具有与树龄相关联的生长趋势以及生长的滞后性,这些往往会对气候低频信号的获取造成一定的影响。树木定年采用交叉定年方法,反映气候变化的指标有年轮宽度、密度以及稳定同位素比率。树轮代用指标较多地用于反映温度、降水、河川径流等的变化。

石笋　目前主要是从石笋的沉积量信息(如年层厚度)、同位素地球化学信息(如$\delta^{18}O$)和元素地球化学信息(如镁钙比值)中提取和气候/环境变化有关联的指标。石笋能够精确测年并建立独立时标,是当前石笋记录备受国际古气候学界关注的主要原因。20世纪80年代末,高精度的不平衡铀系质谱定年方法被引入洞穴记录研究,与老的能谱方法相比,测试样品量减少了10倍,而测试精度提高了10倍。最近10年,质谱定年经历了TIMS(热电离质谱仪)、ICP-MS(等离子体质谱仪)和MC-ICP-MS(多接收器等离子体质谱质谱仪)几代仪器的更替,高精度定年石笋样品的时间跨度可从中、晚更新世直至现代。

珊瑚　珊瑚具有对环境变化敏感、年生长率大($1\sim2$ cm)、年际界线清楚、连续生长时间长(一般$200\sim300$年,最长可达800年)、文石质骨骼适于高精度测年等特点,被认为是研究热带海区月-年际分辨率气候变化的理想材料。由珊瑚礁包围起来的环礁潟湖沉积也以其沉积速率快而被认为是年代际尺度气候变化研究的理想载体。珊瑚礁揭示的指标包括温度、El Nino、海平面、风暴、环流、季风等多种。

目前用珊瑚研究过去的气候多集中于探讨温度变化,反映温度变化的地球化学指标主要为 Sr/Ca 和 $\delta^{18}O$;再进一步根据温度变化特征研究过去 El Nino 的强度和频率;或将珊瑚记录的温度变化与珊瑚礁生态结合起来研究气候事件及其生态影响。此外,用珊瑚硼(B)同位素探讨海水 pH 值和海洋酸化历史、用稀土元素(REE)含量研究陆地侵蚀历史、用 ^{14}C 含量研究海洋环流(上升流)历史、用珊瑚的死亡年代研究珊瑚礁白化历史、用珊瑚礁的高程和年代分布研究海平面变化历史、利用珊瑚礁的地貌与沉积特征研究过去风暴历史等取得了进展。

历史文献 历史文献记录是中国古气候信息的重要来源之一。各种史籍(历代正史、官方文书、地方志、笔记等)中有着大量关于干旱、洪涝、雨、雪、霜、冻、风、尘和大气物理现象,以及收成、饥荒等间接反映气候状况和环境异常事件的记录,其中以水旱记载的数量最多。这些记录往往载有明确的发生时间和地点。另一类是逐日的天气记录,见于私人日记和官方的逐日天气记录,如清代宫廷的"晴雨录"和"雨雪分寸"报告等。历史文献记录可用于研究过去 2000~3000 年的气候变化,其时间分辨率通常可到年,有时甚至到季、月和日。历史气候记录须按古文献学方法来系统采集并作考订,然后再进行参数化处理以用于气候变化的研究。由各类记录按时间、地点可得出各种气候统计值如冷暖年频数、干旱年频数、降尘年频数等,或按比值法、差值法等设计的各种气候指数公式得出如干湿指数、温度指数、旱涝等级序列等,还可依据物候学定律和数理统计方法换算成定量的历史气候时间序列,如雨量序列、温度序列、梅雨序列等,或定量推算气候特征值。另外,借助于古地名沿革资料还可绘制历史气候实况复原图和编制古环境事件年表。历史文献记录还用于历史极端气候事件的研究,复原其发生的实况和发展过程,定量推算气候极端值,并且与现代气候事件进行对比。

历史文献记录的确认和推算方法的合理性是获得高可信度的历史气候定量研究结论的重要前提。历史记录数量在时间、空间分布上的不均匀性和缺记会给研究结果带来一定的不确定性。未经勘校的历史记载存在的地名和时间错讹,会影响到采用统计方法重建的气候序列的可靠性,是历史气候研究中需要审视的另一个问题。

海平面与海岸线 近 100 年的海平面变动主要通过验潮站的直接水位测量、大地水准测量和历史资料整理得出。更长时期的海平面变动主要通过沉积层和地貌特征,结合同位素年代分析方法来确定。这里所说的沉积层和地貌特征等可称为海平面变化的标志物,因为它们具备指示海平面的功能。作为海平面变化的标志物,必须具备两个条件,一是能确定古海平面所在的位置,二是能确定海平面在该位置时的年代。海平面的标志物一般可分为生物标志物和沉积与地貌标志物。生物标志物包括原生珊瑚礁(特别是微环礁)、原生红树林腐木、原生贝壳、牡蛎壳、藤壶、石灰质管形虫壳等;而沉积与地貌标志物有海相沉积淤泥、泥炭、海滩岩、海蚀刻槽、海蚀平台等。大型块状珊瑚的实际生长上限一般在大潮低潮面以下 1 m 左右,是较为理想的海平面标志物,其中微环礁指示的海平面位置最高可精确至 ±3 cm,因此是热带地区最常用的海平面标志物。红树林腐木、牡蛎壳和海滩岩等一般代表小潮平均高潮位与大潮平均高潮位之间的潮间带,在热带和亚热带地区的研究中也广泛使用。

2.1.2 过去时期代用气候记录的校准研究

古气候记录只有在被现代气象或环境观测数据校准后才具有应用价值,而不同的记录材料有不同的特点,因而校准方法和可信度也会有差别。

黄土记录的校准 由于黄土的各种代用指标目前难以达到年分辨率,所以还不能采用气象观测数据对其进行校准。但利用现代不同气候带土壤中的生物组合与相对应的气候要素间的关系,可以建立"转换函数",从而定量重建古气候。如利用现代表层自然土壤中植物硅酸体组合与气候要素的回归关系,定量研究了宝鸡黄土剖面 15 万年来植被类型的演替以及 1 月、7 月及年均降水和温度的变化(吕厚远等,1994)。

湖芯记录的校准 湖泊沉积物有多种古气候变化代用指标,孢粉记录可以通过转换函数法和花粉-气候响应面法（Webb 等，1993；孙湘君等，1996）校准为降水或温度。如，神农架大九湖地区的地表和地层孢粉样本，就是采用经验正交函数（EOF）、多元回归和逐步回归方法，分析转换函数中孢粉因子对温度的敏感性（陈星等，2008），在此基础上，大九湖的孢粉被校准到了温度上（朱诚等，2008）。又如，根据岱海盆地 99 年孔 11.01 m 以上地层孢粉资料，运用花粉-气候响应面定量重建了岱海盆地全新世以来的 7 月平均气温和年均降水量（许清海等，2003）。

冰芯记录的校准　为了确立冰芯中 $\delta^{18}O$ 的气候学意义，自 20 世纪 80 年代末 90 年代初以来进行了现代降水中 $\delta^{18}O$ 的研究工作，目前已在青藏高原地区建立了降水样品采集网点。发现在高原北部地区降水中 $\delta^{18}O$ 主要受气温影响，而在南部地区存在降水量效应。在高原北部地区，降水 $\delta^{18}O$ 与气温之间存在明显的正相关关系，平均来说降水 $\delta^{18}O$ 每增大（或减小）1‰，相当于气温上升（或下降）约 1.6 ℃（姚檀栋等，1995）。

树轮记录的校准　利用树轮资料反映过去的气候变化，首先需要确定每一树轮生成的年份，这一步骤是利用交叉定年完成的。定年中主要利用窄轮的信息，通过对比同一株树的不同样芯、同一采样地点的不同树木及同一地区的不同样点之间树轮宽窄变化来确定树轮的生成年份，在样本量足够多时，树轮资料的定年没有误差；第二，在每条树轮序列中去除生长趋势和非气候要素的影响，将一个采样点的多条树轮序列合并建立最终树轮序列；第三，分析器测时段中树轮资料和观测的气候资料之间的关系，据此决定要重建的气候要素和重建的季节；第四，建立定量的树轮资料与要重建的气候要素间的关系并进行稳定性检验；最后，利用该关系，对选定的气候要素进行重建。

石笋记录的校准　石笋年层厚度的气候校准采用与树轮气候学相似的方法，但也有其特殊性（Tan 等，2006）。在去除"沉积趋势"后，沿几条平行线测量层厚，然后将数据再做平均，建立层厚年表，将层厚序列与同区域、同时段的所有气候要素进行逐月对比以确定层厚变化响应的气候要素。中国现在已经校准的层厚年表有 2650 年北京 5—8 月均温序列（Tan 等，2003）。石笋氧同位素比率的气候意义仍在争论和探讨之中，目前有人将中国中北部的石笋氧同位素序列采用降水指数半定量校准（Tan 等，2011）。

珊瑚记录的校准　用珊瑚研究温度、盐度、降雨、径流（洪水）、风暴、海平面、污染等环境历史，一方面需要进行理论机理的探讨，另一方面也需要用已知的记录进行验证。机理的探讨方面国际上已做了不少工作，国内也相继开展。后来的研究者更多的则是用已知的记录对机理进行验证，如将珊瑚的地球化学指标（Sr/Ca，$\delta^{18}O$ 等）转换为温度，通常需要先对有温度记录时的珊瑚进行地球化学分析，再通过回归分析建立珊瑚地球化学指标与同期温度之间的关系，然后再将建立的温度转换方程用于其他时段，根据珊瑚地球化学指标重建不同时段的温度。用珊瑚礁研究过去的海平面变化，主要是利用珊瑚生长高程与海平面的关系，结合高精度的年代测定，研究全新世不同时期的海平面高低。

历史文献记录与自然记录的交叉校准　任何从自然环境（湖泊、石笋、树轮等）取得的代用气候记录都需要尽可能地与由不同途径得到的气候记录（包括器测、人文记录）进行对比，以进一步确认其气候含义解释的正确性。由于历史文献记录（经过勘校的）具有若干优点，即记载的时间准确可靠（可以精确到年甚至月、日）、地理位置确定和气候要素含义（温度、降水等）明确，在这种对比中可以起到特有的校订作用。

由文献记录得到的古气候复原结果也需要与其他代用资料相互对比校正。1980 年发表的由文献记录复原的分辨率为 10 年的上海近 500 年冬季温度序列曲线与 1990 年发表的祁连山区敦德冰芯的 $\delta^{18}O$ 曲线的对比，显示二者的变化趋势一致（张德二，2010）。还有 1982 年发表的中国历史降尘曲线与西部冰芯中的微粒含量曲线的对比（姚檀栋等，1995）及与格陵兰 Site-J 钻孔的冰芯粉尘含量记录的对比（Tegen 等，2000），显示出历史记录与自然记录的一致性，使得这些代用古气候记录的可靠性得到证实。

由文献记录复原的干湿气候记录可以与由树木年轮得到的降水量代用资料进行相互校正，二者的不一致之处既可以为历史文献记录的进一步勘校提供线索，也可以为年轮序列的定年提供佐证，当然更重要的是二者的相互印证使得这些科学数据得以确信。最近发表的一项验证试验是，采用历史文献中的干旱记录对青海德令哈树轮千年降水序列的低值年份进行查验，表明该序列是一条可信度高的高分辨降水量代用序列（图 2.1；张德二，2010）。

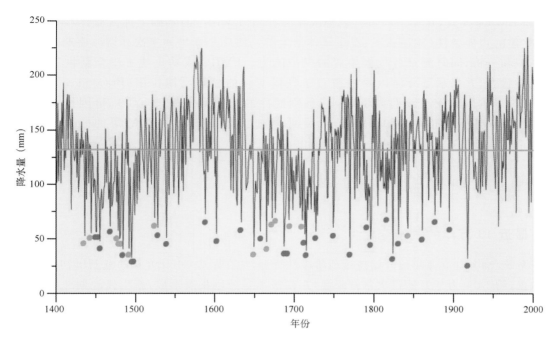

图 2.1 采用历史文献记录(张德二等,2004)对青海德令哈树轮千年降水序列(邵雪梅等,2004)的极端低值年的验证(1400—2000 年)。图中,棕色圆点标示的树轮低值年有历史文献记载,粉色圆点为无文献记载(张德二,2010)

历史文献记录还能用于对其他代用记录的气候学含义进行验证。如,采用经勘校确认的中国历史寒冬记录与广东湛江湖光岩玛尔湖沉积物 Ti 值高分辨的东亚季风强度代用曲线(Yancheva 等,2007)对比,发现该 Ti 曲线指示的冬季风强、弱正好和历史寒冬的记录相反,由此对该季风代用气候曲线的科学含义提出疑问(Zhang 等,2007)。

2.1.3 过去时期气候的数值模拟研究

气候数值模式是研究和验证过去气候变化物理机制的重要手段之一。把气候模式应用于古气候研究具有许多其他方法不可取代的优越性,如它可以定量表现气候与各种因子之间的非线性关系和反馈过程,从而可以通过数值试验探讨单个物理因子对某种现象的作用,所以气候模式是研究古气候变迁机制的有力工具。气候模式多用于对典型时段和突发气候事件的模拟,探索不同时间尺度上古气候变化的强迫-响应机制,验证各种气候变化理论的正确性。另外,地质记录有较强的区域性,而气候模拟则可反映大范围的甚至全球的气候变化。

古气候模拟的数值模式 气候模式是以气候系统为对象,由一系列描述流体动力学和热力学规律的数值方程所构成的数学模型。古气候模拟的时间尺度较长,通常在数百年至千年以上。为了在物理细节和计算效率要求之间达到一定的平衡,按照不同需求及复杂程度,数值模式分为简单的概念模式(如能量平衡模式,EBM)、中等复杂程度的地球系统模式(EMIC)和目前使用最广泛的三维大气-海洋耦合环流模式(CGCM)。EBM 不考虑大气动力过程,难以深入刻画大气内部物理过程,主要用于对某一过程或反馈的敏感性研究;而 CGCM 则充分细致地对大气-海洋-陆地-冰雪-生物所组成的气候系统内部物理机制和反馈过程进行参数化处理,较完备地描述气候系统的时空特征,但对计算机资源要求较高,目前还很难进行长时间尺度的模拟试验,多应用于时间跨度较短的平衡态和敏感性测试;EMIC 则介于二者之间,以简化动力机制描述为代价提高计算效率,达到长时间模拟的目的。

古气候模拟进展 近年来利用气候模式进行气候数值模拟,主要集中在对特定时段气候变化的模拟,尤其是对距今较近的中全新世和末次冰期冰盛期(距今 6000 年和 21 000 年)这两个古气候变化记录最丰富的时段进行模拟。模拟结果与记录分析的综合对比有利于理解末次冰期冰盛期以来气候系统的发展过程和演化机制。2002 年开始的第二次古气候模式比较计划(PMIP2)汇集了数个

CGCMs 和 EMICs 模式，在第一次古气候模式比较计划（PMIP1）的基础上加入海洋和植被的反馈作用，利用重建的边界条件（冰盖状况、温室气体浓度等），对中全新世和末次冰期冰盛期两个时段的气候进行模拟和分析，同时测试各气候模式的模拟能力。PMIP2 成功重建了中全新世和末次冰期冰盛期的气候状态，并揭示了海洋以及植被对于气候变化的显著反馈作用（Braconnot 等，2007）。同时，近年来对于古气候突变事件，例如全球急剧变冷的新仙女木事件（YD）、哈因里奇事件（Heinrich）、丹斯加德-奥斯切尔循环（D-O）和博令暖期-阿勒罗德变暖事件（B/A）等的模拟也取得了显著的进步（Cane 等，2006；Jin 等，2007；Liu 等，2009）。

2.2　过去时期的气候变化

2.2.1　最近 13 万年的气候变化

地球系统自约 5000 万年前开始持续地阶段性降温，约在距今 3400 万年的渐新世初期南极首次出现稳定冰盖，约 1450 万年开始再次急剧降温，东南极冰盖急剧扩展形成，新生代晚期北极开始明显降温，冰川作用开始，晚上新世以来冰盖稳定出现，第四纪（260 万年）以来，冰盖显著扩大，从此开始了地球历史上独有的冰盖作用下的全球冰川作用时代。第四纪除了继续长期的降温过程外，最显著的特点就是到达地面的日射量变化所驱动的冰期-间冰期旋回变化，旋回气候变化表现出显著的周期性和周期的更替变化特征。更新世早期的以地轴倾斜 4.1 万年周期为主，中更新世初快速转变为以地球轨道偏心率 10 万年周期为主，从此进入最显著的冰期-间冰期气候变化时期。距今 13 万年以来是最后一个完整的间冰期-冰期旋回，约 1 万年以来是全新世温暖时期。

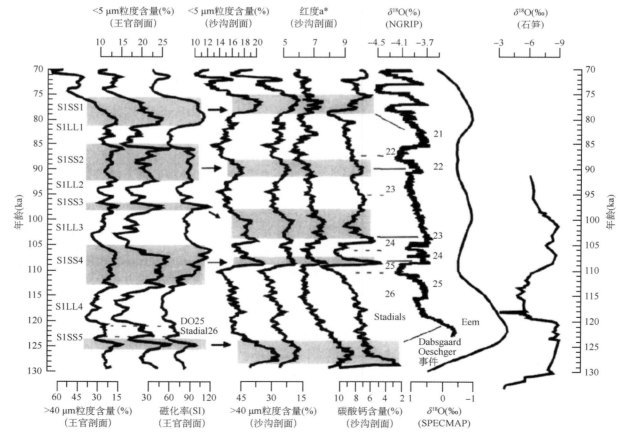

图 2.2　河南王官剖面、甘肃沙沟剖面末次间冰期气候记录及其与石笋、海洋沉积 SPECMAP 和北极冰芯 NGRIP 氧同位素比值对比（管清玉等，2007）

在新生代全球降温过程中,亚洲季风-干旱气候环境逐步形成。尽管关于季风的起源和演化还存在很大争论,但已有证据表明(Guo 等,2002)亚洲季风可能开始于渐新世末和中新世初,并在长期演化上明显受到青藏高原隆升过程的影响。其中自晚新生代以来,亚洲冬季风和干旱化逐步增强,增强事件发生在距今约 800 万~600 万,360 万,260 万,180 万,120 万~60 万年。在季风的轨道尺度演化上,一致认为冰期时冬季风异常强盛,中国北方广大地区都处在寒冷的干旱和半干旱气候环境下,沙漠显著扩展,并明显影响中国东部和南海地区,直到越过赤道影响澳大利亚北部地区。间冰期时,夏季风增强,冬季风明显减弱,季风降雨向大陆腹地显著推进。

对黄土-古土壤序列的黄土粒度、颜色和元素等多指标分析,揭示出末次冰期旋回以来与北大西洋相似的一系列千年尺度的气候变化事件,甘肃古浪祁连山北坡的黄土记录了腾格里沙漠的形成演化过程,显示该区沙漠的扩展和气候变化明显受到北半球高纬度气候的影响,而河南三门峡王官剖面与甘肃武威沙沟剖面的黄土记录清晰地揭示出一系列类似于北大西洋气候的千年尺度气候变化事件(图2.2;管清玉等,2007)。

江苏南京葫芦洞和湖北神农架三宝洞石笋记录给出了在过去两个冰期旋回中几乎一致的千年尺度气候事件信号(Wang 等,2008b)。其中在过去 12 万年,千年尺度事件共有 25 个,每个事件的发生年代与强度均与格陵兰冰芯记录相对应,反映了低纬度与高纬度气候在千年尺度上的遥相关(图2.3)。高分辨率的石笋记录还揭示了强烈的岁差旋回特征(2.3 万年周期),从而用高精度铀系年代学和气候旋回证据证实了季风受岁差周期的轨道驱动假说(Kutzbach,1981)。

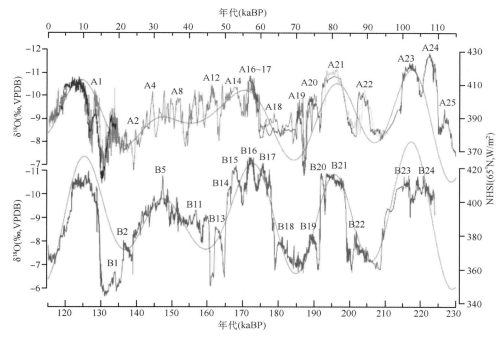

图 2.3 过去 22.4 万年以来高精度 U/Th 年代控制的石笋高分辨率氧同位素夏季风气候变化记录(Wang 等,2008b)。A1—A25:末次冰期旋回中的 D-O 事件;B1—B24:倒数第二次冰期旋回中的类似D-O事件;灰色实线代表北纬 65°N 处的太阳辐射曲线(Berger 等,1991)(kaBP 或 aBP 分别表示距今多少千年或多少年,从 1950 年往前推算,后同)

2.2.2 最近 2 万年的气候变化

最近 2 万年最显著的气候变化特征是,全球经历了末次冰期冰盛期和新仙女木事件。近 10 多年间,先后在中国古气候记录,如黄土堆积、湖泊沉积、泥炭沉积、洞穴沉积和冰芯中发现了新仙女木事件。最近几年应用高精度的质谱铀系定年方法,实现了石笋氧同位素比率与采用计数年代方法定年的格陵兰冰芯新仙女木事件以及末次冰期冰盛期记录的准确对比(Wang 等 2001;Yuan 等,2004;Yancheva 等,2007)。而最近在北京洞穴发现的跨新仙女木时期的石笋 δ18O 变化记录表明,中国北方在新仙女木事件期间及结束时的快速暖回返时段，气候突变模式与格陵兰地区基本一致（图2.4；Ma等，2012）。但在发生时间上，后者较前者提早约80年。由于格陵兰冰芯记录在这一时段的定年误差大于100年，所以尚不足以讨论二者的位相关系。

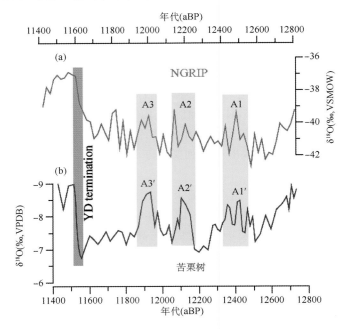

图2.4　北京苦栗树洞石笋氧同位素序列（a）与格陵兰冰芯NGRIP氧同位素序列（b）对比，后者时间坐标向前移动了80年（Ma等，2012）

在气候重建方面，利用神农架大九湖孢粉的转换函数分析，重建了15万年来的区域温度，再现了新仙女木事件（朱诚等，2008），这是一个分辨率较高的末次冰消期以来定量重建的温度记录。

2.2.3　最近1万年的气候变化

在末次冰消期新仙女木冷事件之后气温迅速回暖，进入全新世。全新世早中期气温曾明显高于现今，被称为全新世大暖期，亦称高温期或气候最适宜期。中国不同地区全新世大暖期开始和结束的时间有差别。青海古里雅冰芯的研究（姚檀栋等，2000）表明，约在距今10 500年前升温进入全新世，距今7000～6000年时段是全新世最暖期，平均温度高于现代1.5 ℃，在距今约5000年前后，开始激烈降温，至近代才又上升；青藏高原普若岗日冰芯中近7000年来$\delta^{18}O$呈线性降低，反映了全新世大暖期以来气候的逐渐变冷趋势（Thompson等，2006a）；东北哈尼泥炭记录揭示的大暖期约为距今11000～3000年（洪冰等，2009）。总体而言，中国全新世大暖期开始于距今10 000～7500年，结束于距今5000～2000年。有的研究曾将中国全新世大暖期定为距今8500～3000年，认为全新世大暖期总体上暖于现代，增温幅度北方大于南方，青藏高原地区大于东部低海拔地区（施雅风等，1992）。气候环境变化对人类古文明的发展具有重要影响，全新世大暖期鼎盛时期是中国原始农业最发达的时期，旱作区和稻作区的北界都较现今偏北2～3个纬度；同期中国北部及新疆、西藏的内陆湖普遍存在湖水淡化和高湖面现象；森林、草原分界线位置向西、向北摆动，沙地和黄土地区普遍发育古土壤（秦大河等，2005）。

温暖时期也有冷事件的发生。青海古里雅冰芯记录表明，全新世早期距今8200年前有一次显著的冷事件，并表现出迅速降温、缓慢升温的特征，最冷时降温幅度达7.8～10 ℃（王宁练等，2002）。该事件与同期北大西洋的冰筏事件发生年代一致。

青藏高原普若岗日冰芯近7000年来的气候环境记录（Thompson等，2006a）表明，各种气候环境指标参数变化均表现出在2500年之前的变化幅度明显地大于其后（图2.5，除Ca^{2+}离子外）；尘埃含量在距今6500，4700，3800和3300年时出现明显的峰值，其中距今4700年的尘埃峰值事件除NO_3^-外的其他离子浓度也出现了峰值,很可能指示了一次强干旱事件。事实上,这次干旱事件在中国东部(Morrill等,2003)、青藏高原(Gasse等,1996)、印度河谷、中东以及北非和东非都有记录,很可能是一次东亚季风-印度季风-非洲季风系统的减弱事件,而且发生和结束都很突然。

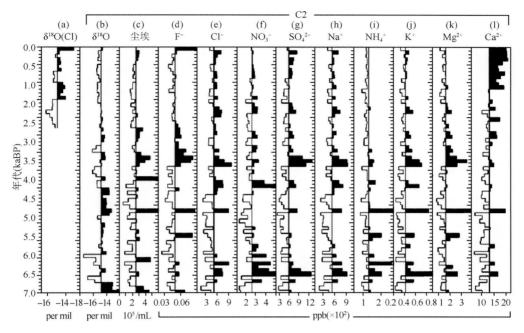

图 2.5　西藏普若岗日冰芯记录的近 7000 年来气候环境变化

(Thompson 等,2006a。(a)冰芯 1(C1)δ¹⁸O;(b)冰芯 2(C2)δ¹⁸O;(c)C2 冰芯尘埃;(d)—(l)C2 冰芯离子浓度)

　　综合不同地点的气候环境代用指标资料,分析中亚干旱区和亚洲季风区全新世以来的湿度变化,结果表明,全新世某些时段,中亚干旱区与季风区湿度变化的位相相反,即在全新世早期季风区湿润而干旱区干旱,在全新世中期都湿润,但晚期季风区变干而干旱区却相对湿润(图 2.6。Chen 等,2008)。综合不同研究结果可以看出(图 2.7),季风区各点记录显示的变化大同小异,即冰消期之后季风快速增强,早中全新世季风强盛,气候湿润;随后季风衰退,中晚全新世季风变弱,气候变干(图 2.7(a)—(i)),这种变化与到达地表的日辐射量在全新世的衰减相一致(图 2.7(j))。

　　有关南海周边地区海平面变化的研究指出,距今 6000 年来出现过多次高海平面(赵希涛等,1983);海南岛的鹿回头在距今 6000～5000 年前的海面高出现今 4～5 m(陈俊仁等,1991);对雷州半岛灯角楼珊瑚礁的调查指出(余克服等,2002,2009),稳定构造区域内现在出露的珊瑚礁可指示其发育时的海平面比现在高。进一步利用 TIMS 铀系测年,结果显示:7500 年来南海存在多次千年、百年和年代际尺度的海平面波动,千年尺度的海平面波动体现在中晚全新世以来至少存在 5 个相对高海面时期(距今 7200～6700 年、5800 年、5000～4200 年、2800～2000 年和 1500 年)。其中距今 7200～6700 年是整个全新世最高海平面时期,在这个时间段已经基本形成了现代珊瑚礁的地貌格局。每一期高海平面中还存在低海平面的波动,如距今 7100～6660 年海平面比现在高 171～219 cm,存在 4 次百年尺度的波动,波动幅度为 20～40 cm(图 2.8。Yu 等,2009);海平面在约距今 7300 年达到了现在的高程,距今 7100 年海平面比现在高 1.8 m;距今约 1200 年的海平面比现在至少高 128 cm,近 1200 年来海岸线后退约 210 m 等。海南岛的鹿回头岸礁原生珊瑚¹⁴C 年代的测定,得出全新世以来南海北部至少存在过 4 个相对高海平面时期:距今 7300～6000 年、4800～4700 年、4300～4200 年和 3100～2900 年(¹⁴C 年代)。最近对海南岛东北部琼海珊瑚礁采用高精度的 TIMS 铀系定年方法,结合对现代微环礁和全新世发育的珊瑚礁的水准测量,显示距今 5500～5200 年(2008 年前)海平面至少高于现在(100±8)cm;距今 5500～3500 年期间海平面波动变化,波动幅度达 0.6 m 左右,且这种波动与气候波动有较好的对应性(时小军等,2008)。

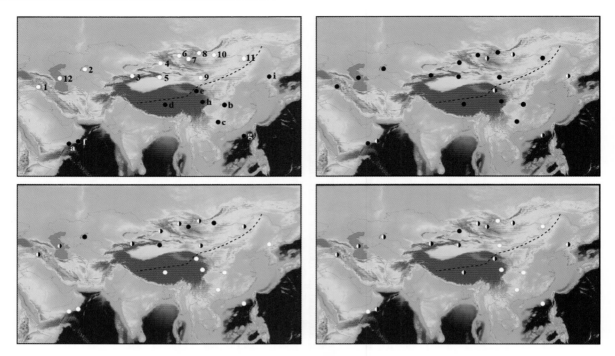

图 2.6　全新世以来中亚地区不同气候区域的湿度演变（Chen 等，2008）。

上左图为全新世早期：11000～8000 年前；上右图为全新世中期：8000～5000 年前；下左图为全新世晚期：5000～2000 年前；下右图为最近历史时期：2000 年以来。图中白圆点为干旱记录，黑圆点为湿润记录，半白半黑圆点为干湿适中记录；虚线为东部季风区和西北非季风区的大致界线

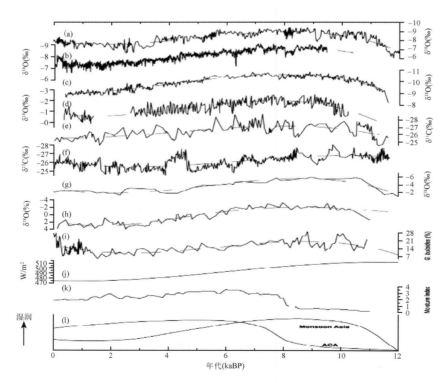

图 2.7　全新世中亚干旱区有效湿度合成曲线（k）与亚洲季风区其他气候代用指标曲线的对比（Chen 等，2008）（a）贵州董歌洞石笋 D4 记录（Yuan 等，2004）；（b）贵州董歌洞石笋 DA 记录（Wang 等，2005）；（c）神农架山宝洞石笋（Shao 等，2006）；（d）阿曼 Qunf 洞石笋（Fleitmann 等，2003）；（e）红原泥炭；（f）哈尼泥炭（Hong 等，2003；2005）；（g）西藏色林错湖泊沉积（Gu 等，1993）；（h）青海湖沉积（Liu 等，2007a）；（i）阿拉伯海钻孔（Gupta 等，2003）；（j）夏季 30°N 太阳辐射变化曲线（Berger 等，1991）

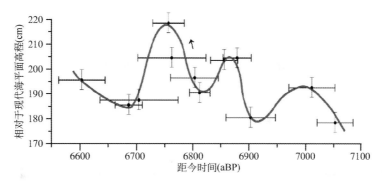

图 2.8 雷州半岛珊瑚微环礁记录的中全新世百年尺度的海平面波动(Yu 等,2009)

对辽东半岛西部的长兴岛八岔沟古潟湖平原 4 个地点的 100 余个钻孔样品测定,查明了该古潟湖平原的海相层上限的高度大约为海拔 4.0～4.2 m,代表了全新世最高海平面期间海水所达到的平均高潮线的高度,因此明确了该区于距今 5800 年达到了全新世最高海平面。全新世最高海平面期的平均海平面高度约为海拔 3.4～3.6 m。

> 新仙女木事件(Younger Dryas;YD)根据丹麦哥本哈根北部沉积剖面黏土层中发现的八瓣仙女木花粉而命名,是距今 15 000 年以来从冰期向全新世间冰期气候快速过渡中的 3 次强变冷事件中的最后一次,其寒冷程度几乎与冰期相当,相对于稍早的中、老仙女木事件而称为新仙女木事件。一般认为其发生在距今 12 900～11 500 年(^{14}C 年代 11～10 kaBP),其开始与结束均呈快速变化的特点,在全球许多地区均有显著的表现。

2.2.4　最近 2000 年的气候变化

1)温度变化

利用冰芯、树轮、石笋、历史文献和湖泊沉积等 9 条不同地区的气候变化代用记录,构建了近 2000 年来覆盖整个中国的、分辨率为 10 年的温度变化序列(Yang 等,2002)。该序列表明,中国经历了中世纪温暖期、小冰期和现代温暖期。

东部地区　自 2002 年以来,利用历史文献记录重建了中国东部过去 2000 年分辨率为 30 年的冬半年(10 月至次年 4 月)温度序列(Ge 等,2003);利用石笋年层厚度建立了分辨率为年的北京过去 2650 年暖季(5—8 月)温度序列(Tan 等,2003)。根据历史文献重建的中国东部不同地区近 2000 年温度重建序列间具有很好的一致性,尤其在 30 年平均值尺度上的变化基本一致(郑景云等,2007)。有研究认为由于中国东部冬半年温度的年际变化与年平均温度的年际变化趋势一致,因此,可以用冬半年温度序列代表过去 2000 年中国东部地区的年平均温度变化,并划分出 4 个暖期和 3 个冷期(表 2.1)。其中,中世纪暖期发生于 10 世纪 30 年代至 14 世纪最初 10 年,距平为 0.18 ℃,这期间最暖的 30 年(13 世纪 30—50 年代)距平为 0.9 ℃。小冰期发生于 14 世纪 20 年代至 20 世纪最初 10 年,距平为 −0.39℃,其中最冷的 30 年(17 世纪 50—70 年代)距平为 −1.1 ℃。近 2000 年来与 1951—1980 年温暖程度相当的 30 年时段有 9 个,较 1951—1980 年温暖的 30 年时段有 23 个。自 20 世纪 20 年代以来的变暖非常迅速,比近 2000 年来的平均气温高出 0.2 ℃(郑景云等,2002)。

表 2.1　过去 2000 年中国东部温度变化的阶段划分和平均温度距平

冷暖阶段	温度距平（℃）	最暖 30 年	温度距平（℃）	最冷 30 年	温度距平（℃）
温暖阶段					
1—20 年代	0.14	90—110 年代	0.4	30—50 年代	−0.2
570—770 年代	0.23	690—710 年代	0.5	600—620 年代，750—770 年代	0.0
930—1110 年代	0.27	1080—1110 年代	0.5	930—950 年代	0.0
1110—1190 年代	−0.33	1170—1190 年代	−0.2	1140—1160 年代	0.5
1200—1310 年代	0.43	1230—1250 年代	0.9	1290—1310 年代	0.0
1920—1990 年代	0.20	1980—1990 年代	0.5	1950—1970 年代	0.0
寒冷阶段					
210—560 年代	−0.47	240—260 年代，360—380 年代	0.0	480—500 年代	−1.0
780—920 年代	−0.50	840—860 年代	0.0	810—830 年代	−0.7
1320—1910 年代	−0.39	1380—1400 年代	−0.1	1650—1670 年代	−1.1
		1500—1520 年代，1740—1760 年代	0.1		

引自：郑景云等，2002

西部地区　近年来西北干旱区及其毗邻地区的温度序列陆续发表，如喀喇昆仑山西北部（35°～37°N，74°～76°E）和天山南部地区（40°N，72.5°E）千年树轮宽度年表的建立（Esper 等，2002，2003），前者反映年平均温度变化，后者反映暖季（6—9 月）的温度变化。通过与亚洲中部干旱区其他温度代用资料的比较（如帕米尔-阿莱地区的树轮宽度序列、地衣定年的天山冰川终碛的记录、天山地区冰川周围的泥炭测年数据、天山冻土深度变化重建序列等），证实了天山和喀喇昆仑山树轮宽度年表能够反映亚洲中部干旱区，包括中国西北干旱区 10～100 年尺度的年平均温度变化（Solomina 等，2004）。又由于天山和喀喇昆仑山树轮宽度年表有较好的一致性，而后者时间跨度更长，因此根据喀喇昆仑山树轮宽度序列曲线，可给出西北干旱区西部近 1400 年来的温度变化特征（图 2.9）。这些研究表明，近 1400 年来中国西北干旱区的西部经历了三个温度变化阶段，即公元 618—1170 年的暖期、1170—1690 年的冷期及 1690 年至现在的持续变暖期。这些冷暖阶段的划分与中国东部地区有较大差异。近 1400 多年来该

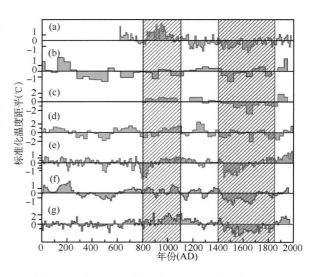

图 2.9　过去 2000 年西北干旱区西部、东部温度变化序列与中国东部、北半球温度变化序列的比较（阴影区分别表示中世纪暖期和小冰期的持续时间）：(a) 干旱区西部年平均温度（Esper 等，2002，2003）；(b) 青藏高原年平均温度（Yang 等，2003）；(c) 中国东部年平均温度（王绍武等，2000）；(d) 中国东部冬半年温度（Ge 等，2003）；(e) 北京暖季温度（Tan 等，2003）；(f) 中国年平均温度（Yang 等，2002）；(g) 北半球年平均温度（Moberg 等，2005）

区 10 年平均温度距平变化幅度在 −0.2～0.2 ℃ 之间（Esper 等，2002），而 17 世纪上半叶是近 1400 年来最寒冷的阶段，比现代温度约低 0.2 ℃，该时期也是帕米尔-阿莱地区冰川前进最剧烈的时期，且 20 世纪的变暖没有中世纪暖期显著（Yang 等，2009a）。

此外，依据青海都兰地区的祁连圆柏树轮宽度年表，建立了该地区过去 2000 年的年平均温度变化（刘禹等，2009）。利用寺大隆的树轮宽度和碳同位素比率重建了祁连山中部最近 1000 年上年 12 月至当年 4 月平均温度的变化（Liu 等，2007a）；依据祁连山乌兰地区圆柏林上限的树轮宽度年表，重建了过去 1000 年来上年 9 月至当年 4 月平均温度的变化，并发现与寺大隆树轮记录的温度变化在低频变化上具有较好的一致性（朱海峰等，2009）。由近 2000 年的青海敦德冰芯（Thompson 等，1993）和都兰树

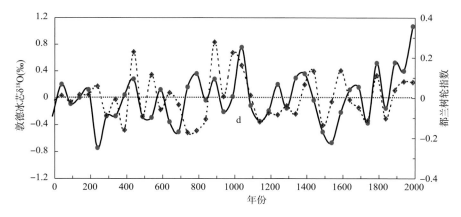

轮指数记录的比较(图 2.10)可见,二者的 50 年平均值变化表现出良好的一致性,均显示出公元 850—1100 年间的高温、公元 1400—1800 年间的低温及大约从公元 1800 年开始的新一轮升温。表明它们能够指示西北地区东部近 2000 年来的温度变化。

图 2.10　过去 2000 年都兰树轮指数(虚线。Zhang 等,2003)与敦德冰芯 δ¹⁸O 变化序列(实线。Thompson 等,1993)比较(均为 50 年平均值的距平值)

青藏高原　青藏高原平均海拔在 4000 m 以上,对区域和全球气候变化反应敏感。近年来发表的冰芯、树木年轮等代用气候序列,可用来揭示过去的温度变化特征。通过冰芯、树轮、沉积物分析和冰川波动等古气候代用资料的综合分析,重建近 2000 年青藏高原的温度变化序列(Yang 等,2003),可见中世纪暖期出现于公元 1150—1400 年,小冰期发生于公元 1400—1900 年;公元 3—5 世纪和 9—11 世纪气候亦寒冷。同时,青藏高原温度变化具有区域性差异。如公元 9—11 世纪,青藏高原东北部以温暖气候为特征,而青藏高原南部表现为寒冷。以青海都兰树轮宽度重建的青藏高原东北部年平均温度变化序列显示 9—11 世纪温度高于长期平均值(刘禹等,2009)。利用昌都树轮 δ¹³C 和转换函数,定量估计青藏高原近 1000 年来特征时期的夏季温度变化值,从 10 年平均来看,中世纪暖期的 10 年平均温度比近千年平均值高 1.2 ℃,小冰期的平均温度比近千年平均值约低 0.5 ℃(杨保等,2006)。

对比中国不同地区过去 2000 年的温度变化(图 2.9),并与北半球温度重建序列(Moberg 等,2005)进行比较,可见除青藏高原中世纪暖期出现稍晚(公元 1150—1400 年)外,其他地区如西北干旱区、中国东部、中国全境及北半球均在公元 800—1100 年期间气候较暖,所有序列均显示了小冰期的存在和 20 世纪的气候变暖。不过上述仅为中国区域的温度变化事实,并未讨论其变化的成因,也不能由此得出 20 世纪的全球增温与温室气体是否关联的结论。

2)降水变化

东部地区　通过统计每年、每一干旱等级在某一区域出现的频率,根据干旱等级的频率分布特点,重建中国华北、江淮和江南 3 个区域和整个东部地区的旱涝序列(Zheng 等,2006b),发现它与中国东部6 区域近千年干湿序列(张德二等,1997)高度一致,表明两个序列都是可靠的,都可用来分析中国东部近千年的气候变化。中国东部降水变化表现出区域性差异,有研究认为,华北、江淮地区10 年尺度的干湿变化基本一致,华北与江南地区干湿变化在某些时段趋势相反(杨保等,2009)。也有人研究了近千年来中国不同区域在百年尺度上的干湿变化趋势,指出中国东部、华北、江淮和江南地区旱涝指数的累积距平曲线表现出大致相似的变化趋势,图 2.11 中竖条指示了近千年中国东部的旱涝演变转折点,上升段表示降水持续偏多,气候湿润;下降段表示降水持续偏少,气候干旱。据此可划分为 5 个旱涝演变阶段:公元 1000—1240 年期间干旱;1240—1420 年间干湿波动频繁,但大体上表现为湿润特征;1420—1540 年气候再度变干;1540—1690 年累积距平曲线波动上升,表明气候虽有波动,但大体上为湿润阶段;1690—1900 年所有曲线显示持续的上升趋势,表明中国东部在 200 多年间气候较为湿润(杨保等,2009)。

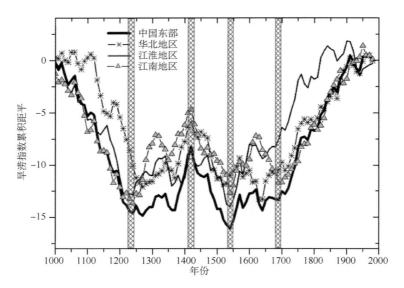

图2.11　近千年中国东部不同地区旱涝指数累积距平变化曲线（竖条表示曲线转折点，杨保等，2009）

西北地区　通过对不同区域湖泊沉积记录的研究和广泛对比可见，西北广大干旱半干旱地区的干湿变化有明显的区域差异（图2.12）：①半干旱区最近2000年呈现变干的趋势（如岱海、达里湖）；而在干旱区，则有变湿的趋势（如库赛湖）。②在半干旱区相对湿润的气候出现于中世纪温暖期前期，而在干旱区湿润气候主要出现在小冰期（如苏干湖和博斯腾湖）。总体来说，在百年尺度上，半干旱区气候变化表现为暖湿、冷干组合，而干旱区气候变化呈现冷湿、暖干配置。

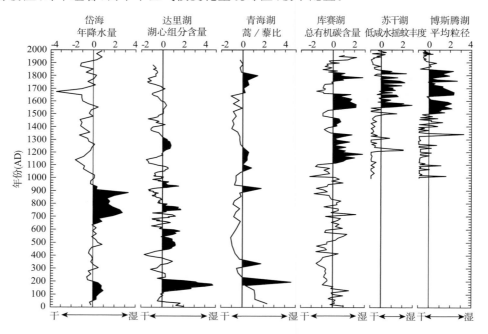

图2.12　最近2000年中国北方代表性湖泊沉积记录对比（引自：Xu等，2010；Xiao等，2009；Shen等，2005；Liu等，2009b；陈建徽等，2009；陈发虎等，2007）

在西北干旱区东部，利用大复本量的树木年轮宽度序列，重建了柴达木盆地东北缘德令哈地区近1000年来的年降水量变化序列（图2.13（b））；利用祁连山中部北坡的树木年轮宽度指数建立了帕默尔干旱指数（PDSI），恢复了公元800年以来的干旱历史（图2.13（c））。这两条序列曲线在低频变化上较为一致，且均指示20世纪的降水变化幅度仍处在气候的自然变率范围之内。青海德令哈地区多雨期发生于1520—1633和1933—2001年，而少雨期主要为1100—1200，1429—1529和1634—1741年，这也是近千年持续时间最长的3个干旱时期（邵雪梅等，2004）。此外，这5次干旱时期均与青海敦德冰芯记录的沙尘暴频发时期有很好的对应关系(图2.13(a)),在降水减少的时期,该区域的沙尘事件频繁发生,反之亦然。

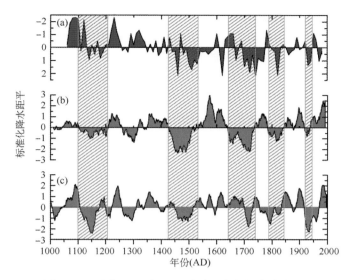

图2.13 过去1000年西北干旱区东部的降水变化。

(a)青海敦德冰芯沙尘浓度(Thompson等,1993);(b)德令哈地区树木年轮重建降水序列(邵雪梅等,2004);

(c)祁连山中部树木年轮重建干旱序列(Zhang等,2009)。阴影区表示近1000年来5次典型的区域性极端干旱和沙尘事件。

而在西北干旱区西部,青海古里雅冰芯积累量序列与现代降水观测记录有很好的相关(Yang等,2004,2009a)。而且与依据树木年轮重建的北疆,天山东、中、西部的降水序列在10年尺度上的相关也很显著(王涛等,2004),二者显示出一致的变化趋势,即:18世纪的气候湿润、19世纪的干旱以及20世纪的气候变湿。近2000年来,由古里雅冰芯积累量序列指示的西北干旱区西部湿润期是公元1—410、650—890和1500—1820年,而干旱期是420—660和900—1510年。此外,来自亚洲中部干旱区的众多湖面波动代用指标记录,如伊塞克湖、巴尔喀什湖以及新疆地区的博斯腾湖和艾比湖沉积记录等湿度代用指标,均显示中世纪暖期的干旱和小冰期相对湿润(Yang等,2009a)。

夏季风演变 寻找夏季风演变的代用指标是近年来古气候研究领域受到广泛关注的工作。中国季风区多数石笋氧同位素比率在10～100年尺度上的变化相似,但与降水量无关,即主要不反映"雨量效应"(指降水量越大δ^{18}O值越小)。研究表明,当热带印度洋和赤道中东太平洋海表温度偏高时,西太平洋副热带高压偏南西伸加强,并引导δ^{18}O偏重的太平洋近源水汽到达东亚大陆,导致中国季风区降水和石笋的δ^{18}O变重,因而中国季风区石笋的氧同位素比率变化反映了海洋环流和大气环流的变化,故称"环流效应"(谭明,2009)。为了探讨近千年来东亚夏季风的变化历史,基于"环流效应"的分析,利用中国季风区从南到北4个氧同位素序列建立了10年分辨率的东亚夏季风演变历史序列(杨保等,2009),发现近千年来不同地区石笋δ^{18}O变化记录的集成曲线显示夏季风在11—13世纪初期稍弱,随后开始增强,13世纪中后期至14世纪前半叶为较强阶段,之后至17世纪夏季风强度波动频繁,但基本上处于较弱阶段,自约1700年开始夏季风增强,持续了约200年时间,从20世纪初开始夏季风处于逐渐减弱的阶段。另外,还有人采用单个地点沉积物的高分辨率的δ^{18}O记录作为季风强度代用资料来论述1～10年尺度的季风变化(Zhang等,2008;Yancheva等,2007),不过有人指出这种季风代用记录的科学依据尚且存疑,因为它不能得到天气学、气候学的合理解释(Zhang等,2010;2007)。

中世纪暖期的干旱问题 中世纪暖期的大陆冰盖范围、地形和海平面等条件与现代相似,能够提供人类活动影响加剧之前自然动力作用下的气候情景和空间分布状况。研究表明,中国不同地区的中世纪温暖期干湿状况有很大的差异。

由历史文献记录重建的东部地区的区域千年干湿气候序列(张德二等,1997;Zheng,2006b)表明,在整个中世纪温暖期中国东部地区气候并非持续干旱,其间10年尺度的干湿波动特征明显,有多个持续数十年的多雨时段与干旱时段相间出现。而且，在中世纪暖期的温暖背景下中国东部地区的大范围持续干旱事件较少发生(Zhang,2005)。

西北地区的东部有区域差异。据青海湖沉积物分析指示，在中世纪暖期气候湿润(Shen 等,2005)，但是陕西关中地区黄土剖面的研究指出公元 800—1200 年间发生了重大的黄土沉积事件，表明是极端的干旱，而且陕西关中匠杨村黄土剖面、毛乌素沙地南缘沙漠黄土边界带撒拉乌苏河滴哨沟湾剖面和兰州九州台黄土剖面均记录了这段极端干旱(Zhao 等,2007)。还有柴达木盆地苏干湖年纹层沉积中摇蚊亚化石组合重建的盐度序列表明，公元 990—1550 年间气候干旱(陈建徽等,2009)，巴丹吉林沙漠多个沙丘包气带岩芯中氯离子浓度重建的地下水补给量记录显示，公元 870—1220 年气候干旱(Ma 等,2009)。

西北地区西部，青海古里雅冰芯积累量记录表明公元 900—1500 年气候干旱。此外，来自亚洲中部干旱区包括新疆地区的众多湖面(如博斯腾湖)波动代用指标和湿度代用指标记录，均显示中世纪温暖时期的干旱气候状况(陈发虎等,2007)。

> 中世纪暖期(Medieval Warm Period 或 Medieval Warm Epoch)指欧洲及北太平洋邻近地区大约公元 900—1300 年出现的相当于或高于 20 世纪晚期温暖程度的气候阶段。该词最早由 H. Lamb 于 1965 年提出。由于公元 100—1200 年正处于欧洲的"中世纪"，当时西欧的气温较 1900—1939 年高 0.5～1.0 ℃，故而得名。又因当时的气候对欧洲大部分地区社会发展比较有利，故又称为"中世纪最佳气候期"(Medieval Climate Optimum)或"小气候适宜期"(Little Climatetic Optimum)。然而在中世纪暖期，世界其他一些地区降水发生异常，干旱非常严重，最典型的是美国西部在 1210—1350 年发生了长期干旱。因此，又有学者认为用"中世纪气候异常期"(Medieval Climate Anomaly)可能更合适，因为这样可以消除仅仅由温度来定义这时期气候特征的不确定性。

2.2.5　近 500 年的气候变化

近些年由冰芯、树木年轮和历史文献记录重建了一些高分辨率的温度和降水序列，它们提供了对中国西部地区、青藏高原和中国东部地区的温度与降水变化的新认识。

1)温度变化

中部地区　来自秦岭地区的树木年轮研究指出，近 300 年来秦岭地区初春温度变化存在明显的冷暖时期：公元 1715—1740,1773—1804 和 1893—1958 年间的初春温度相对较高；而 1741—1772,1805—1892,1959—1992 年间温度相对较低，整体上具有升温快速、降温缓慢的特征(刘洪滨等,2000)。

西北地区　利用祁连圆柏重建了祁连山中部地区过去 300 年的 5—6 月温度变化，结果表明,20 世纪 20 年代是一个高温期，较高的温度进一步加剧了干旱的发展(Tian 等,2009)。新疆精河上游用树木年轮重建的 5—8 月平均温度序列显示过去的 500 多年中有 7 个暖期和 7 个偏冷期，精河的气温变化与新疆和青藏高原的气温变化较为一致(喻树龙等,2007)。

青藏高原　利用采自青藏高原东北部黄河源区西顷山和阿尼玛卿山的祁连圆柏树轮样芯，分别重建过去近 425 年来冬半年的最低温和近 700 年来夏半年最高温，结果表明，研究区冬半年最低温度自 1941 年以后就有急剧升高趋势，夏半年最高温在 20 世纪末才表现出明显的上升趋势，最低温的变化比最高温的变化超前大约 25 年左右(勾晓华等,2007)。西藏波密地区 1765 年以来的夏季平均温度重建表明，公元 1808—1845,1888—1933 和 1960—1995 年间是 3 个冷期,1961 年以后及最近 10 年是过去的 242 年中最暖的时期，西藏东南部正在变暖(Liang 等,2009b)。利用最大晚材密度重建的 1750 年以来的 4—9 月温度重建也获得了相同的冷暖变化结果(Fan 等,2009)。西藏南部地区过去 400 年的 7—8 月气温变化表明,20 世纪变暖情况在该区域虽然明显，但是仍然在自然的气候变率之内(Yang 等 2009b)。

小冰期（Little Ice Age）由 François-Emile Matthes 于 1939 年提出。最初是一个冰川学概念，用来描述全新世最适宜期以来，即全新世晚期近 4000 年以来的山地冰川前进的阶段。20 世纪 60 年代之后愈来愈多的研究者将这一广泛的冰川前进期称为"新冰期"，而将"小冰期"用来专指大约公元 1400—1900 年之间的一段寒冷时期，当时北半球的温度普遍比现在低得多，特别是在欧洲。

2）降水变化

东部地区　20 世纪 80 年代初完成的《中国近 500 年旱涝分布图集》（中国气象科学研究院，1981）和逐年旱涝序列已被续补至 2000 年（张德二等，2003）。在这基础上展开的中国 500 年旱涝的系统研究，指出中国降水变化具有时间变率大、区域差异大的特点，对各区域降水变化的准周期性，干湿气候期的交替特点，逐年降水的空间分布型及其演变以及中国降水变化与太阳活动、海温、火山活动等强迫因子的关联等作了讨论。公元 1470—2000 年的区域干湿气候序列（图 2.14）清楚显示出 1～10 年尺度变化的区域间的明显差异（Zhang 等，2010）。

20 世纪 80 年代以来中国北方地区缺水问题给社会带来极大的困扰，由此而引出关于中国北方的降水分布格局的长期演变，及其与大范围冷暖气候背景是否有关联等问题。为此，综合历史文献记录、树木年轮代用记录和降水量资料来确定近 500 年间的北方多雨年份和北方东部多雨年份，并建立历史年表（1470—2007 年）。研究

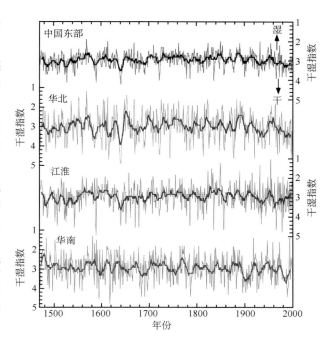

图 2.14　公元 1470—2000 年中国东部区域干湿指数的变化。1 为最湿，5 为最干（Zhang 等，2010）

指出，在过去的 538 年间，北方多雨年和北方东部多雨年均呈现阶段性集中出现的特点，各有 6 个长约 20～40 年的频繁发生时段（图 2.15）。在东亚和北半球气候相对温暖的时段内，北方多雨年和北方东部多雨年的发生频率明显地高于气候相对寒冷的时段，这意味着在未来气候变暖的背景下，中国的降水分布将可能出现北方多雨年频繁出现的情形。不过在最近百年全球大范围急剧升温时，北方多雨年的

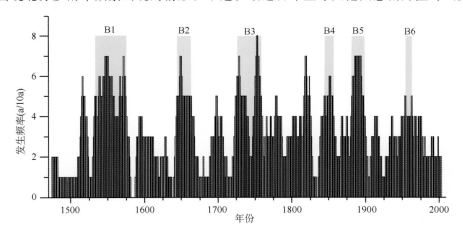

图 2.15　1470—2007 年间北方多雨年发生频率（a/10a）
B1—B6 分别为 6 个频繁时段（张德二等，2009）

发生频率并未呈现随增温速率的加快而同步增高,仅表现为高于冷时段而已,这表明北方多雨年的发生频率与温度背景并非简单的线性关系(张德二等,2009)。

北京清代宫廷"晴雨录"的再研究对早期的重建结果进行了复验并改进计算方案,得出更新的北京近270年年降水量、夏季降水量序列(图2.16),指出1724—2000年北京降水变化呈现准周期性和干湿阶段交替出现特点,2000年正处于自1970年以来的最近一次干旱阶段的最低位置(张德二等,2002)。

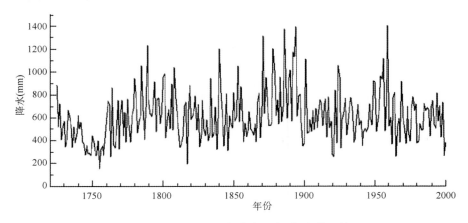

图 2.16　北京 1724—2000 年降水量序列(张德二等,2002)

在清宫"晴雨录"资料基础上重建了长江下游18世纪的梅雨序列,指出梅雨变化具有9,4~5和2~3年的准周期性,指出现代梅雨变化的基本特征在18世纪也同样存在。1723—1800年平均入梅日期为6月15日、出梅日期为7月6日,梅雨期平均长度为20天,单站平均雨量为190 mm。这些特点与现代梅雨相近(张德二等,1990)。利用清代宫廷档案"雨雪分寸"资料进行的长江中下游1736—1911年梅雨期变化的研究也得出相似结果(Ge等,2008)。同时还指出,近300年以来长江中下游地区的梅雨期长短、季风雨带位置移动与东亚夏季风强弱变化有较好的对应关系,1736—1770,1821—1870及1921—1970年等时段东亚夏季风偏强,中国东部夏季风雨带多位于华北和华南,梅雨期偏短;1771—1820,1871—1920及1971—2000年等时段东亚夏季风偏弱,雨带多位于长江中下游地区,梅雨期偏长(Ge等,2008)。

利用清代宫廷"雨雪分寸"资料重建的逐年黄河中下游地区17个站点的降水量序列(1736—1911年)(郑景云等,2005;Hao等,2008)的分析指出,该区域的降水变化以2~4年、准22年和70~80年为主要周期。1791—1805,1816—1830及1886—1895年等3个时段降水明显偏多;而1916—1945及1981—2000年等2个时段降水则明显偏少(Ge等,2008)。

西北地区 利用树木年轮宽度恢复了天山北坡玛纳斯河流域355年来的年径流总量(袁玉江等,2005),显示新疆玛纳斯河有过多次的丰水、枯水期,最丰水的年代为17世纪80—90年代,比现今偏多17.9%~18.1%,最枯水的年代为19世纪60年代,比现今偏少16.7%;而在天山南坡阿克苏河流域过去的600年中存在9个偏湿期和9个偏干期,降水有增加的趋势,19世纪是过去6个世纪中最为湿润的时期,15和17世纪最为干旱(张瑞波等,2009)。北疆地区公元1543—2001年的综合降水量序列(尹红等,2009)表明,多雨期为公元1557—1591,1620—1696,1734—1757,1784—1807,1868—1906,1935—1962和1981—2001年;少雨期为1592—1619,1697—1733,1758—1783,1808—1867,1907—1934和1963—1980年。

青藏高原地区 在青藏高原东北缘的祁连山地区,降水重建结果表明,干旱期主要发生在公元1782—1798,1816—1837,1869—1888以及1920—1932年间(Liang等,2009a),这一结果和邻近区域的湿度重建结果(Tian等,2007)十分相似。在其南边的青海阿尼玛卿山地区,利用树木年轮重建的黄河源头径流量(Gou等,2007)序列表明,在过去的593年中低径流量时期为:公元1480—1490,1590—1600,1700—1710,1820—1830和1920—1930年,其中以1480—1490年间的干旱最为严重。20世纪80年代以来径流量虽然下降,但是仍然在正常的波动范围之内。青海南部高原过去近500年湿润指数显示多次干旱和湿润时期,不过"暖干"出现的年份要多于"冷湿"出现的年份,其中1918—1932年为升温少雨期,1935—1950 年间为降温多雨期(秦宁生等,2003)。而对干旱半干旱地区的树木年轮及历史文献资料进行的集成研究已能确认,20 世纪 20—30 年代是 20 世纪该地区最为干旱的年代(Liang 等,2006)。在青藏高原的南部地区,利用树木年轮宽度恢复的念青唐古拉山地区过去 500 年来 5—6 月的帕尔默干旱指数序列(Wang 等,2008a)表明,1600—1610,1617—1624,1630—1632,1639—1654,1665—1681 和 1692—1701 年期间较干,而 1520—1532,1702—1705,1716—1722,1752—1758,1839—1857 及 1928—1943 年期间较湿润。

冰芯中近 500 年净积累量变化的分析表明,青藏高原北部地区冰芯记录的净积累量呈总的下降趋势,而南部冰芯记录的净积累量呈总的上升趋势,在数十年尺度上,青藏高原南部冰芯净积累量变化与北部冰芯的变化显著负相关(图 2.17)。通过对高原气象台站降水记录的对比分析,表明高原降水南北差异的界线位置大致位于 32°～33°N,这一位置也是青藏高原受印度季风影响的平均北界位置(Wang 等,2007)。然而,近些年的研究结果有的支持上述结论(段克勤等,2008),有的却不支持,如认为高原的降水量总体上有一致的趋势,尽管存在区域的差异(Kaspari 等,2008),还有的由气象站降水资料的分析认为并不存在降水变化上的 32°～33°N 的分界线(You 等,2008)。这些不一致可能与所选取的资料地点、时段以及分析方法的差异有关。

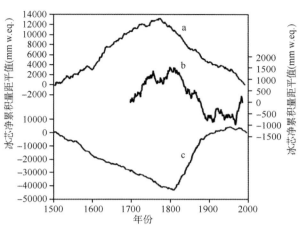

图 2.17　青藏高原古里雅冰芯(a)、敦德冰芯(b)和达索普冰芯(c)中净积累量距平值累积变化曲线(引自:Wang 等,2007)

2.2.6　历史极端气候事件

1)历史极端低温事件

中国历史上的极端寒冷事件屡见于历史文献的记载,许多寒冷情景是 20 世纪未曾出现过的。虽然严冬通常集中出现在气候寒冷时期,值得注意的是它们在不同的冷暖气候背景下或不同的冷暖气候阶段均有发生。

以 1951 年以来全国冬季温度距平序列为依据,确定 1954—1955,1956—1957,1967—1968,1976—1977 及 1983—1984 年等 5 个冬季为严寒冬季,并确定 1650—1910 年的极端寒冬共发生 41 次(图 2.18)。从每 50 年的极端寒冷事件发生次数统计结果看:1650—1699 及 1850—1899 年是 1650 年以来

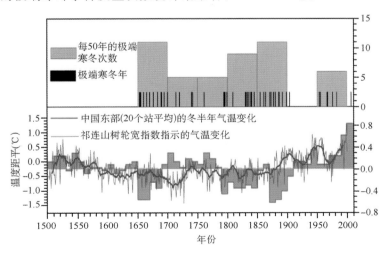

图 2.18　公元 1650—2008 年间的中国极端寒冷事件(上)及其与气温变化(下)的对比(Zheng 等,2006a)

发生极端寒冷事件最为频繁的两个50年，其出现次数几乎是20世纪后半叶（1950—1999年）的2倍；19世纪前半叶（1800—1849年）发生次数较20世纪后半叶多50%；而18世纪发生的频率则大致与20世纪后半叶相当（Zheng等，2006a）。

2）历史极端高温事件

随着全球变暖的加剧，夏季高温事件频频发生，引起各界的极大关注和议论，或质疑这些高温事件是否为过去千年所未见，或质疑是否只有在 CO_2 等温室气体高浓度时才会发生等。为此，复原分析最近数百年的极端高温事件。根据中国历史文献记载、清代宫廷天气记录、欧洲教士的通信和新近在欧洲发现的北京早期器测气象资料，对比15—19世纪中国各次炎夏事件的实况，发现1743年夏季是中国最近700年来最炎热的夏季（图2.19），1743年7月25日北京的日最高气温高达44.4 ℃，超过了20世纪极端气候记录的42.6 ℃（1942年）和42.3 ℃（1999年），

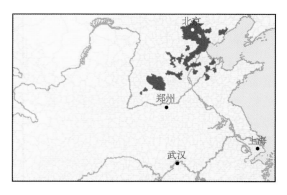

图2.19　1743年华北夏季极端高温事件的发生地域（张德二等，2004）

表明20世纪90年代全球迅速增暖后的北京高温记录并非千年以来的最高值。指出1743年的天气气候特征如旱涝分布、梅雨、副热带高压特点以及相应的太阳活动与海温场等外部因子条件等特征均与1942和1999年华北炎夏事件的相同。1743年华北夏季高温事件是工业革命之前、CO_2 排放水平低于现代时出现的极端高温实例（张德二等，2004）。

3）历史极端干旱事件

根据重建的近1000年中国东部6个区的逐年干湿指数序列和经勘校的历史记录（张德二，2004），对中国东部地区近1000年的重大干旱事件进行了复查和确认（Zhang，2005），以持续时间3年以上、干旱范围覆盖4省份以上作为重大干旱事件的标准，列出近千年来发生的15次重大干旱事件（图2.20），其中一些干旱范围延及西北地区的事件，还得到树木年轮记录的佐证（张德二，2010）。这些事件发生于公元989—991，1073—1075，1209—1211，1370—1372，1440—1442，1483—1485，1527—1529，1585—1590，1616—1618，1637—1643，1689—1692，1721—1723，1784—1786，1856—1858和1876—1878年，其中1637—1643年发生的是近千年来最严重的干旱事件。另一项依据历史资料的研究也得出类似的结果（Zheng等，2006b）。对这些历史重大干旱事件的研究指出，许多历史上的持续干旱事件的干旱严重程度超过全球迅速变暖的20世纪的干旱事件（Zhang，2005）。换言之，在全球发生迅速增暖时，中国并没有比历史记录更为严重的大范围干旱相伴出现（IPCC，2007）。

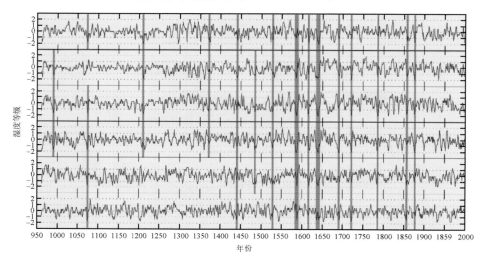

图2.20　最近千年中国东部6区域的逐年湿度等级序列曲线（3年滑动平均，公元960—2000年）和15次重大的持续干旱事件（棕色竖条所示）（Zhang，2005）

值得注意的是,这些极端干旱个例发生在不同的冷暖气候背景下。对其中的 1784—1787 和 1876—1878 年持续干旱事件等做了专题研究,复原了重大干旱事件的发生实况和发展过程,以及极端气候值的定量推算,并且与现代气候记录进行对比。对其可能的成因,如与太阳活动、厄尔尼诺事件、火山活动等外部强迫因子的可能关联进行了分析和对比(张德二,2000;张德二等,2010)。

另一个值得关注的问题,是重大干旱事件与温度背景的关联。近年来,对北美地区的研究(Jonathan 等,2003)表明,重大的干旱发生在温暖的气候背景之下,这引起了普遍关注和讨论。利用中国历史温度序列资料,对上述 15 例重大干旱事件的冷暖气候背景的分析指出,这些重大干旱事件可以发生在不同的冷暖气候背景下,15 例中有 11 例所在的年代气候寒冷,其冬半年平均气温低于1951—1980年的平均值。这表明中国的情况与北美不同,大多数的重大干旱事件并非出现在温暖的气候背景下,这可能是东亚季风气候区的特殊性(Zhang,2005)。

2.3　古气候模拟与代用气候记录的对比

古气候模拟能够增进我们对气候变化驱动机制的认识,古气候记录能够检验模型的"解释"能力,为模型发展提供实证基础。所以模拟和重建是我们了解古气候变化历史不可缺少、互相补充的两个方面。

2.3.1　不同时间尺度东亚古气候变迁的强迫因子

与人类活动影响下的现代气候变化相比,古气候演化则更多地受到太阳辐射变化和下垫面(大陆、海洋、冰盖)变迁等多种外强迫因子的显著影响,整个古气候演化史就是气候系统在不同类型强迫因子作用下响应叠加的综合变化过程,这种强迫-响应机制也是古气候模拟的主要研究对象。在不同的时间尺度上,东亚古气候的主要外强迫因子也有所差异。

从百万至千万年尺度来看,大陆漂移引起的下垫面状态变化是气候变化的一个主要驱动因子,如海陆迁移、高原隆升、海道开合等。对于东亚区域而言,最具决定性的强迫因子无疑是青藏高原的隆起。自新生代以来,高原的阶段性隆升显著放大了气候系统对太阳辐射的响应,调整东亚乃至整个地球气候系统的热力分布和动力传输状况,使亚洲冬、夏季风显著增强,并导致亚洲内陆干旱化的加强,最终形成东亚典型的季风气候。在此过程中,海洋状态变化同样对东亚古气候变迁有着非常重要的意义。特提斯海的退缩、德瑞克海峡的开启和巴拿马地峡的关闭等一系列事件显著改变了大洋环流状况,尤其是温盐环流的状态变化更是直接促使全球热力的再分布,对气候变化产生了巨大影响。

进入第四纪以来,气候变化以冰期、间冰期旋回为主要特征。此时的东亚古季风气候也受到地球轨道参数引起到达地表的日射量变化以及随之引起的全球冰量和温室气体浓度变化的影响,同样呈现出与轨道周期相关联的多种周期性振荡相互叠加的显著特征。当地球处于间冰期,东亚夏季风强盛,大洋水汽进入内陆,带来大量降水,气候温暖湿润;冰期来临后,季风被显著削弱,东亚呈现寒冷干燥的特征。而在末次冰期冰盛期之后,东亚气候也经历了多次快速冷暖变化过程,北大西洋的新仙女木事件、海因里奇事件等同样在东亚地区得到验证。目前人们对此的解释主要集中在耦合海-气系统的内部反馈机制,尤其是温盐环流的状态变化上。

2.3.2　特征时期的东亚古气候模拟

1)第四纪轨道尺度气候旋回的模拟

在第四纪轨道时间尺度上,地球轨道参数引起的到达地表的日射量变化有显著的直接驱动作用。利用一个 EMIC 对过去 13 万年内气候对轨道日射量变化响应进行了模拟,着重分析了气候系统内部反馈机制,结果表明,亚非季风对于岁差强迫的响应可能存在一定的位相差异,这种差异受到植被状况的重要影响(Tuenter 等,2005)。地质记录和数值模拟研究都表明,由地球轨道参数变化造成的岁差强迫对亚洲夏季风演化有显著的影响,虽然目前对引起岁差分量季风变迁具体的物理机制尚存在争议(刘晓东等,2009)。应用轨道加速技术实现了耦合大气海洋模式对过去 284 ka 全球季风演化过程的模拟（Kutzbach 等，2008；石正国等，2009），结果指出，亚洲季风与北半球夏季日射位相接近，表明第四纪亚洲季风演化主要受控于北半球夏季日射变化。

2）末次冰期冰盛期和全新世温暖期的模拟

作为气候变化史上最后一次冰盛阶段，末次冰期冰盛期成为研究地球"冰室"气候，尤其是第四纪冰期旋回气候演化机制的良好切入点。末次冰期冰盛期以来的时段是地质证据最丰富、研究最为详尽的阶段，大量地质证据综合重建了从末次冰期冰盛期到全新世温暖期的气候转化过程，为数值模拟工作提供了参考和验证。从 20 世纪 70 年代开始，一系列国际研究计划都围绕着重建 2 万年以来的气候变迁历史进行，并探讨冰期旋回的驱动机制，理解冰期环境的形成过程，其中数值模拟最完善最成功的当属两次古气候模式比较计划（PMIP）的实施（Braconnot 等，2007）。

始于 20 世纪 90 年代的 PMIP1 汇集了国际上流行的 18 个大气环流模式，在统一重建的末次冰期冰盛期和中全新世边界条件（包括冰盖分布、日射和温室气体浓度变化）的驱动下，对两个时段的气候变化进行模拟，分析模式对相同边界条件响应的共同点和差异，旨在系统评价各模式的古气候模拟能力。模拟结果较好地反映出全球气候的典型特征，东亚地区中全新世古季风表现出明显的增强趋势，同地质记录符合，但变化幅度略小，表明潜在的气候系统内部反馈可能被忽略。21 世纪初，第二阶段的PMIP 计划正式实施。PMIP2 进一步考虑了海洋和植被对气候变化的重要反馈，利用了较多的海-气耦合模式（表 2.2），重新编译模式边界条件并制定试验方案（表 2.3），再次对末次冰期冰盛期和中全新世的气候状态进行模拟，来自中国科学院大气科学和地球流体力学数值模拟国家重点实验室的耦合气候模式 FGOALS 也首次参与了该项目。

表 2.2 参与 PMIP2 计划的气候模式

模式名称	大气分辨率：经度×纬度（垂直层数）	海洋分辨率：经度×纬度（垂直层数）	6 ka	21 ka
CCSM3（美国）	T42(26)	1°×1°(40)	X	X
ECBilt-Clio（荷兰/比利时）	T21(3)	3°×3°(20)		X
ECBilt-CLIO-VECODE（荷兰/比利时）	T21(3)	3°×3°(20)	XO	
ECHAM5-MPIOM1（德国）	T31(19)	1.875°×0.84°(40)	X	
FGOALS-g1.0（中国）	2.8°×2.8°(26)	1°×1°(33)	X	X
FOAM（美国）	R15(18)	2.8°×1.4°(16)	XO	
HadCM3M2（英国）	3.75°×2.5°(19)	1.25°×1.25°(20)		XO
UBRIS-HadCM3M2（英国）	3.75°×2.5°(19)	1.25°×1.25°(20)	XO	
IPSL-CM4-V1-MR（法国）	3.75°×2.5°(19)	2°×0.5°(31)	X	X
MIROC3.2（日本）	T42(20)	1.4°×0.5°(43)	X	X
MRI-CGCM2.3fa（日本）	T42(30)	2.5°×0.5°(23)	X	
MRI-CGCM2.3nfa（日本）	T42(30)	2.5°×0.5°(23)	X	

注："X"和"O"分别表示已完成的大气-海洋和大气-海洋-植被耦合试验

表 2.3 PMIP2 试验边界条件

	冰盖	地形、海岸线	CO_2(ppm)	CH_4(ppb)	NO_2(ppb)	偏心率	地轴倾角(°)	岁差(°)
0 ka	现代	现代	280	760	270	0.016 772 4	23.446	102.04
6 ka	现代	现代	280	650	270	0.018 682	24.105	0.87
21 ka	ICE-5G	ICE-5G	185	350	200	0.018 994	22.949	114.42

模拟结果显示，在末次冰期冰盛期，热带地区年平均温度较现在偏低约 2~5 ℃，但北半球冰原区域降温显著，达 30 ℃，北半球冷却幅度超过南半球，而由于热容量较小及冰原作用，陆地的冷却通常超过海洋（图 2.21。Braconnot 等，2007）。东亚区域气候在此时段的变化特征同样得到中国学者的特别关注，尤其是高分辨率的区域气候模式的尝试更丰富了古气候模拟细节（郑益群等，2002）。对末次冰期气候成因的量化检测显示，东亚夏季风的减弱源于海表温度（SST）和海冰变化，冬季风变化则可归因于 SST、海冰、陆地冰盖和地形的变化（姜大膀等，2008）。而植被及土壤状况等的反馈作用（Jiang 等，2008）也表明，下垫面因子在东亚末次冰期冰盛期气候模拟中不可忽略，植被增多很可能引起中国

东部温度和降水的降低,但西部降水可能增加。另外,末次冰期冰盛期大气水汽循环变化及其与云量分布的关系也通过中尺度气象模式进行了模拟研究(刘煜等,2008)。

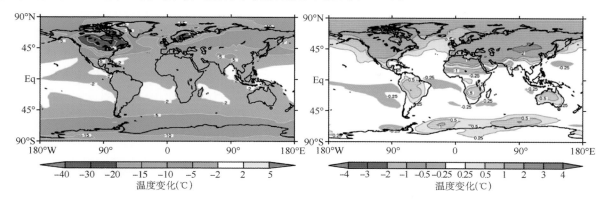

图 2.21　末次冰期冰盛期(左)和中全新世(右)温度(单位:℃)变化分布(引自:Braconnot 等,2007)

在全新世温暖期,气候变化幅度远小于末次冰期冰盛期,同现代气候相比,全球平均温度变幅不大,最显著的变化在于北(南)半球温度季节性差异的加强(减弱)。北半球夏季大陆升温加强热低压,促进热带海洋的水汽输送,最终导致热带季风系统增强。模拟研究同样证实了植被对全新世东亚古季风气候存在反馈作用(陈星等,2002),并利用气候-植被耦合模式再次模拟了中全新世气候,发现植被反馈机制可以明显改进气候模拟效果,尤其是北非区域(Wang,1998)。较之南亚季风,植被变化对于西北太平洋季风的影响更为明显,而其对年际和年代际的环流影响则具有显著的区域性(Li 等,2009)。季风系统的增强引起沃克环流的增强,太平洋东部盛行的东风带引发的海水上涌减弱了厄尔尼诺-南方涛动(ENSO)的强度(Zheng 等,2008)。针对末次冰期后出现的气候快速变化事件,敏感性模拟表明,除了北大西洋淡水通量外,南半球海洋的淡水通量同样对东亚地区突变事件的出现具有重要作用(陈星等,2004)。

全新世暖期东亚气候变化特征可能与未来全球变暖情景下的区域气候变化存在某些相似性,从而可为未来变化趋势预估提供直观的图景。利用中全新世暖期和 21 世纪末期的多模式气候模拟资料,对这两个时期东亚地区夏季降水变化的对比分析结果(张冉等,2009)表明,东亚地区中全新世与 21 世纪末气候变暖情景下的夏季降水变化分布型存在一定的相似性,尤其反映在两个关键区上:青藏高原南部降水变化均出现增多,增幅达到 1.5 mm/d 以上;新疆西南部降水变化均出现减少,减少幅度达到 0.1 mm/d 以上(图 2.22),且中全新世降水模拟变化结果与地质气候记录定性吻合。因此东亚地区全新世暖期夏季降水变化分布在一定程度上可作为未来夏季降水变化的历史相似型。

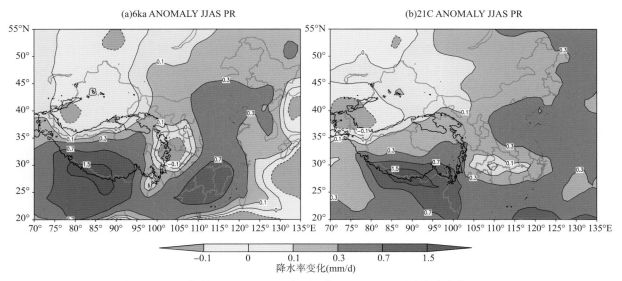

图 2.22　中全新世(6000 年前,左)和 21 世纪末(右)东亚地区 6—9 月降水率变化(引自:张冉等,2009)

3）近千年来气候变化的模拟

关于近千年来气候变化的模拟研究主要集中在对最近千年或特定时期（如小冰期、中世纪暖期）温度变化的归因检测，所用的模式包括简化的气候模式和复杂的三维海洋-大气耦合的气候系统模式（周天军等，2009）。利用不同复杂程度的气候模式对过去千年气候强迫因子，如太阳活动、火山喷发、温室气体、土地覆盖变化等进行了量化分析。研究指出，太阳活动和火山喷发是引起小冰期和中世纪暖期的主要因素（尹崇华等，2006），而近年日益显著的全球变暖则正是源自大气中温室气体浓度的大量增加（Zhou 等，2006；满文敏等，2010）。同时土地利用的历史变化也有显著作用（石正国等，2007）。德国马普气象研究所的科学家利用三维海-气耦合模式进行了积分长达千年的气候模拟试验（von Storch 等，2004）。中国科学院大气物理研究所大气科学和地球流体力学数值模拟国家重点实验室（LASG）亦利用其三维"海洋-大气-陆面-海冰"耦合的气候系统模式，进行了积分超过千年的气候模拟试验（Zhou 等，2008）。LASG 模式模拟的小冰期温度变化和重建记录有着很好的一致性，真实再现了小冰期温度变化幅度"向极增加"的特征，即北半球降温幅度大于南半球、高纬度地区降温幅度大于低纬度地区（张洁等，2009）；模拟的东亚夏季降水变化，呈现出"北方降水偏多、南方降水偏少"的特征（满文敏等，2010b）。千年试验模拟的小冰期和中世纪暖期分别是全球季风降水偏弱和偏强的时期（Liu 等，2009），与重建的东亚区域温度序列比较一致，反映了过去千年东亚的气候变化主要受控于上述因子。在已有模拟结果的基础上，利用 CCSM2 对过去千年的东亚气候变化进行的模拟和对夏季风降水变化的分析结果显示，东亚降水百年尺度周期变化的根本原因是太阳活动的周期性振荡，而年际和年代际尺度的变化则很可能同气候系统内部反馈相关（宇如聪等，2008；Zhou 等，2009）；而对近 530 年中国东部区域旱涝事件进行的模拟研究表明，模式在一定程度上能够反映过去 530 年中国东部降水变化规律，在年代际变化上与旱涝等级资料较为一致（彭友兵等，2009）。事实上，东亚季风降水在各时间尺度上可能呈现不同的分布型，东亚季风降水分布模态的变化既是气候系统对于外部强迫的响应，又受到气候系统内部振荡的调制。在年代际尺度上，东亚降水主模态曾在 20 世纪 70 年代末出现显著改变（Huang 等，2007），这或许同全球变暖以及人类气溶胶排放密切联系（Zhou 等，2009）。降水模态的更迭将会导致气候演化呈现明显的区域差异，如模拟重建的过去千年几个特征时期东亚降水模态的改变可能导致区域降水的不同响应（周天军等，2011）。

2.3.3 古气候模拟与代用气候记录的对比

目前，对比研究相对完善的依然是距今较近的典型时段，即末次冰期冰盛期和中全新世。PMIP2 模式考虑海洋和植被对气候的反馈，其模拟结果较之 PMIP1 有显著改善，尤其是对典型气候区域，如南极中部、热带印度以及北大西洋等地区末次冰期冰盛期温度变幅的模拟，结果与地质记录相似。作为中全新世最显著的特征之一，热带季风的增强和扩张也得到模拟验证。赤道辐合带（ITCZ）北移及其引发北部区域降水量的增幅与观测数据更为接近，揭示了海洋对中全新世 ITCZ 大范围北移的重要影响（Braconnot 等，2007）。总的来说，PMIP2 对气候变化的主要特征的模拟同代用记录较为吻合，表明轨道日射变化和陆地冰原状况确实是末次盛冰期气候变化的主要边界强迫。

长期瞬变数值试验的发展为最终实现模拟结果与观测证据的对比提供了可能。目前长期瞬变模拟研究仍处于初级阶段，大多工作仅考虑轨道日射强迫和温室气体浓度变化，如何设计全球冰量方案并加入到瞬变试验中依然存在问题，而具有高分辨率的长时间尺度的地质证据也相对匮乏，因此期望目前的模拟输出可以与气候代用序列进行全面对比仍不切实际。当然，对比目前的瞬变模拟结果依然不失为很有意义的尝试。以古气候界对轨道尺度季风演化机制的争论为例，虽然有来自阿拉伯海的沉积物表明亚洲季风的演化更多受到南半球潜热输送的控制（Clemens 等，2003），但目前并没有数值试验可以模拟出南半球如此显著的影响，尤其在最近完成的利用海-气耦合模式 FOAM 对过去 284 ka 中季风对轨道日射响应的瞬变模拟，亚洲季风降水变化同北半球夏季日射基本同相（Kutzbach 等，2008），与洞穴石笋反演的亚洲季风降水变化（Wang 等，2008b）较为符合（图 2.23），EMIC 模拟的过去 13 万年的气候变化也得到类似结果（Tuenter 等，2005）。虽然由于热容量差异，不同区域季风响应可能存在差异,但上述结果还是部分支持了北半球夏季日射控制亚洲季风演化的"零相位"假说(Ruddiman,2006)。当然,距离真正实现同地质证据的对比并进而深入了解气候演变机制仍有很长的路。

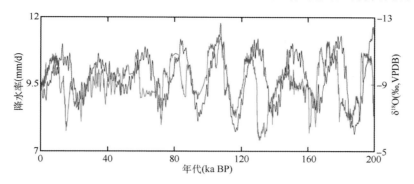

图 2.23　FOAM 模拟的过去 20 万年内南亚(5°~27.5°N,65°~105°E)6—9 月降水率(蓝)与中国南方洞穴石笋 δ^{18}O 记录(红)对比(引自:石正国等,2009)

晚全新世的中国古气候模拟与代用记录对比是最近几年开始的,特别值得提出的是,利用分辨率较高的全球海-气耦合气候模式 ECHO-G,进行了 1000 年长时间积分模拟试验,包括参照试验和真实强迫试验(刘健等,2005)。该模式输出结果的最近 1000 年时段与中国温度重建序列具有很好的一致性(图 2.24),相关系数为 0.71($n=99$,$p<0.001$)。以北半球 12 个区域代用温度重建序列作为模型的限制条件(Goosse 等,2006),使用一个分辨率较低的 3-D 气候模型 ECBILT-CLIO-VECODE 进行 105 次模拟试验,然后从中选出每个时期最优模式的输出结果,这样建立了北半球 10 年分辨率的网格化年平均温度序列。模拟与重建比较表明,几乎在各种情形下模型输出的中国区域网格温度序列与中国温度重建序列的相关性都较好,相关系数达 0.77(图 2.24(b))。

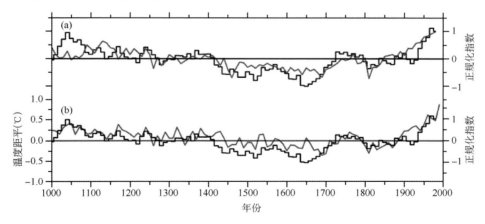

图 2.24　近 1000 年来模拟与重建的中国温度距平变化

(a)全球海-气耦合气候模式 ECHO-G 与重建温度对比;(b)3-D 气候模型 ECBILT-CLIO-VECODE 与重建温度对比;其中黑色阶梯状曲线为 Yang 等(2002)重建的温度序列,蓝色直线为 GCM 模拟的年平均温度距平序列

中国东部夏季降水的变化是历史气候模拟的重要方面。过去 1000 年中国东部夏季降水变率研究表明,世纪尺度的振荡(65~170 年)与太阳强迫相联系(Gleissberg 循环),而 15~35 和 40~60 年振荡可能与气候系统的内部变率有关。此前有观点认为太阳辐射外强迫变化会引起南北同涝或者同旱的特征,近期基于 LASG 气候模式的模拟研究表明,不管是太阳辐射外强迫因子还是海-气耦合系统内部变率,它们对东亚夏季降水的影响都呈现出南北反位相的特征(周天军等,2011)。

利用气候系统模式 CCSM2.0.1 逐个和综合考察气候系统外部因子和内部因子对过去千年气候变化(温度和降水)的作用和影响,结果显示,太阳活动是中世纪暖期和小冰期百年尺度上气候变化的主导因子,当太阳活动最小期与规模较大的火山活动一起出现时,就会出现降温极值和中国东部降水量急剧减少,说明火山活动对降温和干旱起了强化作用,温室气体浓度变化对工业革命前的气候变化影响不大,但在 16 和 17 世纪由于 CO_2 和 CH_4 浓度降低,引起降温,为 1680—1710 年小冰期最冷期的出现起了强化作用,温室气体对工业革命后的升温和中国东部降水增加起着比太阳活动和火山活动更为重要的作用。通过海陆热力差异的变化解释了大火山活动导致中国东部夏季降水显著减少的物理机制,结果表明,中国东部夏季降水在火山爆发当年和次年显著减少,在之后的 2 年后恢复正常值(Peng 等,2010)。

2.3.4 数值模拟结果及古气候记录的可靠性

对比发现,数值模拟结果与古气候重建之间通常在低频变化上具有较好的吻合,但在高频变化上往往有明显的差异。模型研究者通常会寻找记录的缺陷,而记录研究者通常会分析模型的不足。然而实际上两方面都不会是十全十美的,它们都需要另外一个相对可靠而独立的检验标准来校订,这就是器测记录。对比分析(Tan 等,2009)表明,最近千年的温度模拟结果与重建记录在年际尺度上差异较大,很可能缘于模型对火山爆发影响气温的高估(可能性较大),也可能缘于作为代用记录的自然物对火山爆发造成的极端低温不敏感(可能性较小)。关于模拟结果和重建记录之间的差异,还需加强分析其原因。

参 考 文 献

陈发虎,黄小忠,张家武,等.2007.新疆博斯腾湖记录的亚洲内陆干旱区小冰期湿润气候研究.中国科学(D 辑),37:77-85.

陈建徽,陈发虎,张恩楼,等.2009.柴达木盆地苏干湖年纹层岩芯摇蚊记录的过去 1000 年干旱区湿度变化及其意义.科学通报,54:1-9.

陈俊仁,陈欣树,赵希涛,等.1991.全新世海南省鹿回头海平面变化之研究.南海地质研究(三).广州:广东科技出版社,77-86.

陈津,王丽丽,朱海峰,等.2009.用天山雪岭云杉年轮最大密度重建新疆伊犁地区春夏季平均最高温度变化.科学通报,54(9):1295-1302.

陈星,于革,刘健.2002.东亚中全新世的气候模拟及其温度变化机制探讨.中国科学(D 辑),32:335-345.

陈星,于革,刘健.2004.东亚地区 Younger Dryas 气候突变的数值模拟研究.第四纪研究,24:654-662.

陈星,朱诚,马春梅,等.2008.气候转换函数中孢粉因子的气候敏感性分析.科学通报,53(增刊Ⅰ):45-51.

段克勤,姚檀栋,王宁练,等.2008.青藏高原南北降水变化差异研究.冰川冻土,30(5):726-732.

勾晓华,陈发虎,杨梅学,等.2007.青藏高原东北部树木年轮记录揭示的最高最低温的非对称变化.中国科学(D 辑),37(11):1480-1492.

管清玉,潘保田,高红山,等.2007.高分辨率黄土剖面记录的末次间冰期东亚季风的不稳定性特征.中国科学(D 辑),37(1):86-93.

洪冰,刘丛强,林庆华,等.2009.哈尼泥炭 $\delta^{18}O$ 记录的过去 14000 年温度演变.中国科学(D 辑),39(5):626-637.

姜大膀,梁潇云.2008.末次盛冰期东亚气候的成因检测.第四纪研究,28:491-501.

刘洪滨,邵雪梅.2000.采用秦岭冷杉年轮宽度重建陕西镇安 1755 年以来的初春温度.气象学报,58(2):223-233.

刘健,von Storch H,陈星,等.2005.千年气候模拟与中国东部温度重建序列的比较研究.科学通报,50:2251-2255.

刘煜,李维亮,何金海,等.2008.末次冰期冰盛期中国地区水循环因子变化的模拟研究.气象学报,66(6):1005-1019.

刘禹,蔡秋芳,Park W K,等.2003.内蒙古锡林浩特白音敖包 1838 年以来树轮降水记录.科学通报,48(9):952-957.

刘禹,安芷生,Hans W.Linderholm,等.2009.青藏高原中东部过去 2485 年以来温度变化的树轮记录.中国科学(D 辑),39(2):166-176.

吕厚远,吴乃琴,刘东生,等.1994.150 ka 来宝鸡黄土植物硅酸体组合季节性气候变化.中国科学(D 辑),26(2):131-136.

满文敏,周天军,张洁,等.2011.气候系统模式 FGOALS_gl 模拟的 20 世纪温度变化.气象学报,69(4):644-654.

满文敏,周天军,张洁,等.2010.一个气候系统模式对小冰期外强迫变化的平衡态响应.大气科学,34(5):914-924.

彭友兵,徐影.2009.过去 530 年中国东部旱涝事件模拟研究初探.第四纪研究,29(6):1095-1103.

秦大河,陈宜瑜,李学勇.2005.中国的气候与环境变化(两卷本).北京:中国科学出版社.

秦宁生,邵雪梅,靳立亚,等.2003.青海南部高原圆柏年轮指示的近500年来气候变化.科学通报,48(19):2068-2072.

邵雪梅,黄磊,刘洪滨,等.2004.树轮记录的青海德令哈地区千年降水变化.中国科学(D辑),34(2):145-153.

施雅风,孔昭宸.1992.中国全新世大暖期气候与环境.北京:海洋出版社.

施雅风总主编,本卷主编张丕远.1996.中国历史气候变化.济南:山东科学技术出版社.

石正国,延晓冬,尹崇华,等.2007.人类土地利用的历史变化对气候的影响.科学通报,52:1432-1444.

石正国,刘晓东.2009.谁驱动了亚洲季风的演化:一个瞬变模拟试验的启示.第四纪研究,29(6):1025-1032.

时小军,余克服,陈特固,等.2008.琼海中晚全新世高海平面的珊瑚礁记录.海洋地质与第四纪地质,28(5):1-9.

孙湘君,王烽瑜,宋长青.1996.中国北方部分科属花粉-气候响应面分析.中国科学,26(5):431-436.

谭明.2009.环流效应:中国季风区石笋氧同位素短尺度变化的气候意义——古气候记录与现代气候研究的一次对话.
    第四纪研究,29(5):851-862.

田沁花,刘禹,蔡秋芳,等.2009.油松树轮宽度记录的过去134年伏牛山5—7月平均最高温度.地理学报,64(7):
    879-887.

王宁练,姚檀栋,Thompson L G,et al.2002.全新世早期强降温事件的古里雅冰芯记录证据.科学通报,47(11):818-823.

王绍武,龚道溢.2000.全新世几个特征时期的中国气温.自然科学进展,10(4):325-332.

王绍武,董光荣.2002.中国西部环境特征及其演变.见:秦大河总主编,中国西部环境演变评估,北京:科学出版社.

王涛,杨保,Braeuning A,等.2004.近0.5 ka来中国北方干旱半干旱地区的降水变化分析.科学通报,49(9):883-887.

许清海,肖举乐,中村俊夫,等.2003.孢粉资料定量重建全新世以来岱海盆地的古气候.海洋地质与第四纪地质,(4):
    99-108.

杨保,Achim Braeuning.2006.近1000年青藏高原的温度变化.气候变化研究进展,2(3):104-107.

杨保,谭明.2009.近千年东亚夏季风演变历史重建及与区域温湿变化关系的讨论.第四纪研究,29(5):880-887.

姚檀栋,焦克勤,杨志红,等.1995.古里雅冰芯中小冰期以来的气候变化.中国科学(B辑),25(10):1108-1114.

姚檀栋,王宁练,施雅风.2000.冰芯记录所揭示的气候环境变化.见:施雅风主编,中国冰川与环境.北京:科学出版社.

尹崇华,延晓冬,石正国,等.2006.工业革命前自然强迫的气候效应的模拟研究.科学通报,51:2898-2909.

尹红,袁玉江,刘洪滨,等.2009.1543—2001年北疆区域年降水量变化特征分析.冰川冻土,31(4):605-612.

袁玉江,喻树龙,穆桂金,等.2005.天山北坡玛纳斯河355a来年径流量的重建与分析.冰川冻土,27(3):411-417.

喻树龙,袁玉江,何清,等.2007.1468—2001年新疆精河5—8月平均气温的重建.冰川冻土,29(3):374-379.

余克服,钟晋梁,赵建新,等.2002.雷州半岛珊瑚礁生物-地貌带与全新世多期相对高海平面.海洋地质与第四纪地质,22
    (2):27-34.

余克服,陈特固.2009.南海北部晚全新世高海平面及其波动的海滩沉积证据.地学前缘,16(6):138-145.

宇如聪,周天军,李建,等.2008.中国东部气候年代际变化三维特征的研究进展.大气科学,32(4):893-905.

张德二,王宝贯.1990.18世纪长江下游梅雨活动的复原研究.中国科学(B辑),12:1333-1339.

张德二,刘传志,江剑明.1997.中国东部6区域近1000年干湿序列的重建和气候跃变分析.第四纪研究,(1):1-11.

张德二.2000.相对温暖气候背景下的历史旱灾——1784—1787年典型灾例.地理学报,55(增刊):106-112.

张德二,刘月巍.2002.北京清代"晴雨录"降水记录的再研究——应用多因子回归方法重建北京(1724—1904年)降水量
    序列.第四纪研究,22(3):199-208.

张德二,李小泉,梁有叶.2003.《中国近500年旱涝分布图集》的再续补(1993—2000年).应用气象学报,14(3):379-388.

张德二.2004.中国三千年气象记录总集.南京:江苏教育出版社.

张德二,Gaston Demaree.2004.1743.华北夏季极端高温-相对温暖气候背景下的历史炎夏事件研究.科学通报,149
    (21):2204-2210.

张德二,刘月巍,梁有叶,等.2005.18世纪南京、苏州、杭州年、季降水量序列的复原研究.第四纪研究,25(2):121-128.

张德二,梁有叶.2009.近500年中国北方多雨年及其与温度背景的关联.第四纪研究,29(5):863-870.

张德二,梁有叶.2010.1876—1878年中国大范围持续干旱事件.气候变化研究进展,6(2):106-112.

张德二.2010.历史文献记录用于古气候代用序列的校准实验.气候变化研究进展,6(1):70-72.

张洁,周天军,满文敏,等.2009.气候系统模式FGOALS_gl模拟的小冰期气候.第四纪研究,29(6):1125-1134.

张瑞波,魏文寿,袁玉江,等.2009.1396—2005年天山南坡阿克苏河流域降水序列重建与分析.冰川冻土,31(1):27-33.

张冉,刘晓东.2009.中全新世暖期与未来气候变暖情景下东亚夏季降水变化相似型分析.地理科学,29(5):679-683.

赵希涛,张景文,李桂英.1983.海南岛南岸全新世珊瑚礁发育.地质科学,(2):150-159.

郑景云,郝志新,葛全胜.2005.黄河中下游地区过去300年降水变化.中国科学(D辑),35(8):765-774.

郑景云，葛全胜，方修琦，等.2007.基于历史文献重建的近2000年中国温度变化比较研究.气象学报,**65**(3):428-439.

郑景云，葛全胜，方修琦.2002.从中国过去2000年温度变化看20世纪增暖.地理学报,**57**(6):631-638.

郑益群，于革，薛滨，等.2002.区域气候模式对末次盛冰期东亚季风气候的模拟研究.中国科学(D辑),**32**:871-880.

中国气象科学研究院.1981.中国近500年旱涝分布图集.北京:地图出版社.

朱诚，陈星，马春梅，等.2008.神农架大九湖孢粉气候因子转换函数与古气候重建.科学通报,**53**(增刊):38-44.

竺可桢.1972.中国近五千年来气候变迁的初步研究.考古学报,**2**(1):15-38.

周天军，满文敏，张洁.2009.过去千年气候变化的数值模拟研究进展.地球科学进展,**24**(5):469-476.

周天军，张丽霞，李博，等.2011.过去千年3个特征时期气候的FGOALS耦合模式模拟.科学通报,**56**(25):2083-2095.

Abe M, Kitoh A, Yasunari T. 2003. An evolution of the Asian summer monsoon associated with mountain uplift-simulation with the MRI atmosphere-ocean coupled GCM. J Meteor Soc Japan, **81**:909-933

Berger A M, Loutre F. 1991. Insolation values for the climate of the last 10 million years. *Quaternary Science Reviews*, **10**(4):297-317.

Braconnot P, Otto-Bliesner B, Harrison S, *et al*. 2007. Results of PMIP2 coupled simulations of the Mid-Holocene and Last Glacial Maximum-Part 1:experiments and large-scale features. *Climate of the Past*, **3**:261-277.

Cane M A, Braconnot P, Clement A, *et al*. 2006. Progress in paleoclimate modeling. *J. Clim.*, **19**:5031-5057.

Chen F H, Yu Z, Yang M, *et al*. 2008. Holocene moisture evolution in arid central Asia and its out-of-phase relationship with Asian monsoon history. *Quaternary Science Reviews*, **27**:351-364.

Clemens S C, Prell W L. 2003. A 350,000 year summer-monsoon multiproxy stack from the Owen Ridge, Northern Arabian Sea. *Marine Geology*, **201**:35-51.

Claussen M. Earth system models. 2000. In:Ehlers E, Krafit T, eds. Understanding the Earth System:Compartments, Process and interactions. Heidelberg, Berlin, New York:Springer.

Esper J, Schweingruber F H, Winiger M. 2002. 1300 years of climate history for Western Central Asia inferred from tree-rings. *The Holocene*, **12**:267-277.

Esper J, Shiyatov S G, Mazepa V S, *et al*. 2003. Temperature-sensitive Tien Shan tree ring chronologies show multi-centennial growth trends. *Climate Dynamics*, **8**:699-706.

Fan ZX, Bräuning A., Yang B., 等. 2009. Tree ring density-based summer temperature reconstruction for the central Hengduan Mountains in southern China. Global and Planetary Change, **65**:1-11.

Fleitmann D, Burns S J, Mudelsee M, *et al*. 2003. Holocene forcing of the Indian monsoon recorded in a stalagmite from southern Oman. *Science*, **300**(5626):1737-1739.

Gasse F, Fontes J C, van Campo E, *et al*. 1996. Holocene environmental changes in Lake Bangong basin (Western Tibet). Part 4:Discussion and conclusions. *Palaeogeogr. Palaeoclimatol, Palaeoecol.*, **120**:79-92.

Ge Q S, Zheng J Y, Fang X Q, *et al*. 2003. Winter half-year temperature reconstruction for the middle and lower reaches of the Yellow River and Yangtze River, China, during the past 2000 years. *The Holocene*, **13**(6):933-940.

Ge Q S, Zheng J Y, Guo X F, *et al*. 2008. Meiyu in Middle and Lower Reaches of Yangtze River since 1736. *Chinese Science Bulletin*, **53**:107-114.

Gou X, Chen F, Cook E, *et al*. 2007. Streamflow variations of the Yellow River over the past 593 years in western China reconstructed from tree rings. *Water Resources Research*, **43**:W06434. DOI:10.1029/2006WR005705.

Gu Z Y, Liu J Q, Yuan B Y, *et al*. 1993. Monsoon variations of the Qinghai-Xizang plateau during the last 12000 year-geochemical evidence from the sediments in the Siling Lake. *Chinese Science Bulletin*, **38**:577-577.

Guo Z, Guo T, William F, *et al*. 2002. Onset of Asian desertification by 22 Myr ago inferred from loess deposits in China. *Nature*, **416**:159-163.

Gupta A K, Anderson D M, Overpeck J T. 2003. Abrupt changes in the Asian southwest monsoon during the Holocene and their links to the North Atlantic Ocean. *Nature*, **421**(6921):354-357.

Hao Z X, Zheng J, Ge Q. 2008. Relationship between precipitation and the infiltration depth over the middle and lower reaches of the Yellow River and Yangtze-Huaihe River Valley. *Progress in Natural Science*, **18**:1123-1128.

Hong Y T, Hong B, Lin Q H, *et al*. 2003. Correlation between Indian Ocean summer monsoon and North Atlantic climate during the Holocene. *Earth and Planetary Science Letters*, **211**:371-380.

Hong Y T, Hong B, Lin Q H, *et al*. 2005. Inverse phase oscillations between the East Asian and Indian Ocean summer monsoons during the last 12000 years and paleo-El Niño. *Earth and Planetary Science Letters*, **231**:337-346.

IPCC. 2007. Climate Change 2007:The Physical Science Basis:Working Group I Contribution to the Fourth Assessment Report of the IPCC (AR4). WMO and UNEP,Valencia,Spain:Cambridge University Press.

Jiang D B. 2008. Vegetation and soil feedbacks at the Last Glacial Maximum. *Palaeogeography*, *Palaeoclimatology*, *Palaeoecology*, **268**:39-46.

Jin L,Chen F,Ganopolski A,*et al*. 2007. Response of East Asian climate to Dansgaard/Oeschger and Heinrich events in a coupled model of intermediate complexity. *J Geophys Res*,112:D06117,DOI:10. 1029/2006JD007316.

Jonathan O,Kevin T. 2003. Drought Summary [A]. In:CLIVAR/PAGES/IPCC Workshop. A Multi-millennia Perspective on Drought and Implications for the Future. Tucson,AZ,USA. November:18-21.

Kaspari S,Hooke R L,Mayewski P A,*et al*. 2008. Snow accumulation rate on Qomolangma (Mount Everest),Himalaya:synchroneity with sites across the Tibetan Plateau on 50—100 year timescales. *Journal of Glaciology*, **54** (185):343-352.

Kutzbach J E. 1981. Monsoon climate of the Early Holocene:Climate experiment with the earth's orbital parameters for 9000 years ago. *Science*,**214**:59-61.

Kutzbach J E,Liu X D,Liu Z Y,*et al*. 2008. Simulation of the evolutionary response of global summer monsoons to orbital forcing over the past 280,000 years. *Climate Dynamics*,**30**:567-579.

Li J. ,Cook E. R. ,Darrigo R. ,*et al*. 2008. Common tree growth anomalies over the northeastern Tibetan Plateau during the last six centuries:implications for regional moisture change. Global Change Biology,**14**:2096-2107.

Li Y F, Harrison S P, Zhao P,*et al*. 2009. Simulations of the impacts of dynamic vegetation on interannual and interdecadal variability of Asian summer monsoon with modern and mid-Holocene orbital forcings. *Global and Planetary Change* ,**66**:235-252.

Liang E Y,Liu X H,Yuan Y J,*et al*. 2006. The 1920s drought recorded by tree rings and historical documents in the semi-arid and arid area of Northern China. *Climatic Change* ,**79**:403-432.

Liang E,Shao X,Liu X. 2009a. Annual precipitation variation inferred from tree rings since A. D. 1770 for the western Qilian Mts. ,Northern Tibetan Plateau. *Tree-Ring Research* ,**65**(2):95-103.

Liang E Y, Shao X M, Xu Y. 2009b. Tree-ring evidence of recent abnormal warming on the southeast Tibetan Plateau. *Theor Appl Climatol* ,DOI:10. 1007/s00704-008-0085-6.

Liu W, Gou X, Yang M,*et al*. 2009. Drought reconstruction in the Qilian Mountains over the last two centuries and its implications for large-scale moisture patterns. *Advances in Atmospheric Sciences* ,**26**(4):621-629.

Liu XD,Kutzbach JE,Liu Z,等. 2003. The Tibetan Plateau as amplifier of orbital-scale variability of the East Asian monsoon,Geophysical Research Letters,**30**(16):1839-1843.

Liu XD,Yin ZY. 2002. Sensitivity of East Asian monsoon climate to the Tibetan Plateau uplift. Palaeogeogr Palaeoclim Palaeoecol,**22**(9):1075-1089.

Liu XH,Qin DH,Shao XM,等. 2005. Temperature variations recovered from tree-rings in the middle Qilian Mountain over the last millennium. Science in China (D),**48**:521-529.

Liu X H,Shao X,Zhao L,*et al*. 2007a. Dendroclimatic temperature record derived from tree-ring width and stable carbon isotope chronolin the middle Qilian mountains,China. *Arctic Antarct Alpine Res* ,**39**(4):651-657.

Liu X Q, Shen J, Wang S M,*et al*. 2007b. Southwest monsoon changes indicated by oxygen isotope of ostracode shells from sediments in Qinghai Lake since the late Glacial. *Chinese Science Bulletin* ,**52**(4):539-544.

Liu X Q,Dong H L,Yang X D,*et al*. 2009b. Late Holocene forcing of the Asian winter and summer monsoon as evidenced by proxy records from the northern Qinghai-Tibetan Plateau. *Earth and Planetary Science Letters* ,**280**:276-284.

Liu Z,Otto-Bliesner BL,He F,*et al*. 2009a. Transient simulation of last deglaciation with a new mechanism for Bolling-Allerod warming. Science,**325**(5938):310-314.

Ma J Z,Edmunds W M,He J H,*et al*. 2009. A 2000-year geochemical record of palaeoclimate and hydrology derived from dune sand moisture. *Palaeogeography*, *Palaeoclimatology*, *Palaeoecology*,**276**:38-46.

Ma Z B,Cheng H,Tan M,*et al*. 2012. Timing and structure of the Younger Dryas event in northern China. *Quaternary Science Reviews* ,**41**:83-93.

Moberg A，Sonechkin D M，Holmgren K，*et al*. 2005. Highly variable Northern Hemisphere temperatures reconstructed from low-and high-resolution proxy data. *Nature*，**443**：613-617.

Morrill C，Overpeck J T，Cole J E. 2003. A synthesis of abrupt changes in the Asian summer monsoon since the last deglaciation. *Holocene*，**13**(4)：465-476.

Overpeck J，Cole J. 2008. The rhythm of the rains. Nature，**451**：1061-1063.

Peng Y B，Cai M S，Wang W C，*et al*. 2010. Response of summer precipitation over Eastern China to large volcanic Eruptions. *Journal of Climate*，**23**：818-824.

Ruddiman W F，Kutzbach J. 1989. Forcing of Late Cenozoic North Hemisphere climate by plateau uplift in southern Asian and the American west. J Geophys Res，**94**：18409-18427.

Ruddiman W F. 2006. What is the timing of orbital-scale monsoon changes? *Quat Sci Rev*，**25**：657-658.

Shao X H，Wang Y J，Cheng H，*et al*. 2006. Long-term trend and abrupt events of the Holocene Asian monsoon inferred from a stalagmite δ^{18}O record from Shennongjia in central China. *Chinese Science Bulletin*，**51**(2)：221-228.

Shen J，Liu X Q，Wang S M，*et al*. 2005. Palaeoclimatic changes in the Qinghai Lake area during the last 18000 years. *Quaternary International*，**136**：131-140.

Solomina O，Alverson，K. 2004. High latitude Eurasian paleoenvironments：Introduction and synthesis. *Palaeogeography*，*Palaeoclimatology*，*Palaeoecology*，**209**：1-18.

Tan L，Cai Y，An Z，*et al*. 2011. Climate patterns in north central China during the last 1800 years and their possible driving forc. *Clim Past*，**7**：685-692.

Tan Ming，Liu Tungsheng，Hou Juzhi，*et al*. 2003. Cyclic rapid warming on centennial-scale revealed by a 2650-year stalagmite record of warm season temperature. *Geophysical Research Letters*，**30**(12)：1617-1620.

Tan Ming，Baker A，Genty D，*et al*. 2006. Applications of stalagmite laminae to paleoclimate reconstructions：comparison with dendrochronology/climatology. *Quaternary Science Reviews*，**25**(17-18)：2103-2117.

Tan Ming，Shao Xuemei，Liu Jian，*et al*. 2009. Comparative analysis between a proxy based climate reconstruction and GCM based simulation of temperatures over the last millennium in China. *Journal of Quaternary Science*，**24**(5)：547-551.

Tegen I，Rind D. 2000. Influence of the latitudinal temperature gradient on soil dust concentration deposition in Greenland. *Journal of Geoph Res*.，**105**(D6)：7199-7212.

Tian Q，Gou X，Zhang Y，*et al*. 2007. Tree-ring based drought reconstruction (A. D. 1855—2001) for the Qilian Mountains，Northwestern China. *Tree-Ring Research*，**63**(1)：27-36.

Tian Q，Gou X，Zhang Y，*et al*. 2009. May—June mean temperature reconstruction over the past 300 years based on tree rings in the Qilian Mountains of the Northeastern Tibetan Plateau. *IAWA Journal*，**30**(4)：421-434.

Thompson M E，Thompson L G，Dai J，*et al*. 1993. Climate of the last 500 years：High resolution ice core records. *Quaternary Science Reviews*，**12**：419-430.

Thompson L G，Yao T，Davis M E，*et al*. 2006a. Holocene climate variability archived in the Puruogangri ice cap on the central Tibetan Plateau. *Annals of Glaciology*，**43**：61-68.

Thompson L G，Mosley-Thompson E，Brecher H，*et al*. 2006b. Evidence of abrupt tropical climate change：past and present. Proceedings of the National Academy of Sciences，**103**(28)：10536-10543.

Tuenter E，Weber S L，Hilgen F J，*et al*. 2005. Simulation of climate phase legs in response to precession and obliquity forcing and the role of vegetation. *Climate Dynamics*，**24**：279-295.

von Storch H，Zorita E，Jones J M，*et al*. 2004. Reconstructing past climate from Noisy data. *Science*，**306**：679-682.

Wang H J. 1998. Role of vegetation and soil in the Holocene megathermal climate over China. *J Geophys Res*，**104**：9361-9367.

Wang N L，Jiang Xi，Lonnie G，*et al*. 2007. Accumulation rates over the past 500 years recorded in ice cores from the Northern and Southern Tibetan Plateau，China. *Arctic*，*Antarctic*，*and Alpine Research*，**39**(4)：671-677.

Wang X，Zhang Q B，Ma K，*et al*. 2008a. A tree-ring record of 500-year dry-wet changes in Northern Tibet，China. *The Holocene*，**18**(4)：579-588.

Wang Y J，Cheng H，Edwards R L，*et al*. 2008b. Millennial-and orbital-scale changes in the East Asian monsoon over the past 224000 years. *Nature*，**451**(7182)：1090-1093.

Wang Y J，Cheng H，Edwards R L，*et al*. 2001. A high-resolution absolute-dated late pleistocene monsoon record from Hulu Cave，China. *Science*，**294**(5550)：2345-2348.

Wang Y J，Cheng H，Lawrence Edwards R，*et al*. 2005. The holocene Asian monsoon：Links to solar changes and north Atlantic Climate. *Science*，**308**(5723)：854-857.

Webb R S，Anderson K H，Webb III T. 1993. Pollen response-surface estimates of late Quaternary changes in the moisture balance of the northeastern United States. *Quaternary Research*，**40**：213-227.

Xiao J L，Chang Z G，Si B，*et al*. 2009. Partitioning of the grain-size components of Dali Lake core sediments：Evidence for lake-level changes during the Holocene. *Journal of Paleolimnology*，**42**：249-260.

Xu Q H，Xiao J L，Li Y C，*et al*. 2010. Pollen-based quantitative reconstruction of Holocene climate changes in the Daihai Lake area，Inner Mongolia，China. *Journal of Climate*，doi：10.1175/2009JCLI3155.1.

Yancheva G，Nowaczyk N R，Mingram J，*et al*. 2007. Influence of the intertropical convergence zone on the East-Asian monsoon. *Nature*，**445**：74-77.

Yang B，Bräuning A，Johnson K R，*et al*. 2002. General characteristics of temperature variation in China during the last two millennia. Geophysical Research Letters，DOI：10.1029/2001GL014485.

Yang B，Bräuning A，Shi Y F. 2003. Late Holocene Temperature variations on the Tibetan Plateau. *Quaternary Science Reviews*，**22**：2335-2344.

Yang B，Bräuning，A，Shi Y，*et al*. 2004. Evidence for a late Holocene warm and humid climate period and environmental characteristics in the arid zones of northwest China during 2.2—1.8 kaBP. *Journal of Geophysical Research*，D02105. doi：10.1029/ 2003JD003787.

Yang B，Bräuning A，Dong ZB，*et al*. 2008. Late Holocene monsoonal temperate glacier fluctuations on the Tibetan Plateau. Global and Planetary Change，**60**(1-2)：126-140.

Yang B，Wang J S，Bräuning A，*et al*. 2009a. Late holocene climatic and environmental changes in arid central Asia. *Quaternary International*，**194**(1-2)：68-78.

Yang B.，Kang X.，Liu J.，*et al*. 2009b. Annual temperature history in Southwest Tibet during the last 400 years recorded by tree rings. International Journal of Climatology，DOI：10.1002/joc.1956.

You Q，Kang S，Aguilar E，*et al*. 2008. Changes in daily climate extremes in the eastern and central Tibetan Plateau during 1961—2005. *J. Geophys*，*Res*，113，D07101，doi：10.1029/2007JD009389.

Yu K F，Zhao J X，Done T.，*et al*. 2009. Microatoll record for large century-scale sea-level fluctuations in the mid-Holocene. Quaternary Research，**71**：354-360.

Yuan D X，Cheng H，Lawrence Edwards R，*et al*. 2004. Timing，duration，and transitions of the last interglacial Asian monsoon. *Science*，**304**(5670)：575-578.

Zhang De'er. 2005. Severe drought events as revealed in the climate records of China and their temperature situations over the last 1000 years. *Acta Meteorologica Sinica*，**19**(4)：485-491.

Zhang De'er Lu Longhua. 2007. Anti-correlation of summer and winter monsoons? *Nature*，**450**(15). Nov. doi：10.1038/ nature06338.

Zhang De'er，Li Hong-Chun，Ku Teh-Lung，*et al*. 2010. On linking climate to Chinese dynastic change：Spatial and temporal ariations of monsoonal rain. *Chinese Science Bulletin*，(1)：77-83.

Zhang Q B，Chen G D，Yao T D. 2003. A 2326-year tree-ring record of climate variability on the northeastern Qinghai-Tibetan Plateau. *Geophysical Research Letters*，**30**：1739-1742.

Zhang P Z，Cheng Hai，Lawrence Edwards R，*et al*. 2008. A test of climate，sun，and culture relationships from an 1810-year Chinese cave record. *Science*，**322**：940-942.

Zhang Y，Gou X H，Chen F H，*et al*. 2009. A 1232 years tree-ring record of climate variability in the Qilian Mountains，Northwestern China. IAWA. J，**30**(4)：407-429.

Zhao H，Chen F H，Li S H，*et al*. 2007. A record of Holocene climate in the Guanzhong Basin，China，based on optical dating of a loess-palaeosol sequence. *The Holocene*，**17**(7)：1015-1022.

Zheng J Y，Ge Q S，Fang X Q，*et al*. 2006a. Climate and extreme events in central-southern region of eastern China during 1620—1720. Advanced in Geosciences，Volume 2：Solar Terrestrial. Singapore：World Scientific Co. Pte. Ltd，341-350.

Zheng J Y，Wang W C，Ge Q S，*et al*．2006b．Precipitation variability and extreme events in eastern China during the past 1500 Years．*Terrestrial Atmospheric and Oceanic Sciences*，**17**(3)：579-592．

Zheng W，Braconnot P，Guilyardi E，*et al*．2008．ENSO at 6 ka and 21 ka from ocean-atmosphere coupled model simulations．*Clim Dyn*，**30**：745-762．

Zhou T，Yu R．2006．Twentieth century surface air temperature over China and the globe simulated by coupled climate models．*J．Climate*，**19**：5843-5858．

Zhou T，Gong D，Li J，*et al*．2009．Detecting and understanding the multi-decadal variability of the East Asian Summer Monsoon-Recent progress and state of affairs．*Meteorologische Zeitschrift*，**18**(4)：455-467．

Zhou T，Wu B，Wen X，*et al*．2008．A fast version of LASG/IAP climate system model and its 1000-year control integration．*Advances in Atmospheric Sciences*，**25**(4)：655-672．

名词解释

树轮气候学（dendroclimatology）

研究气候与树木年轮关系的学科。气候是影响树木生长的环境因子之一，通常气候适宜的年份年轮长得宽，不适宜的年份长得窄。因此由树木年轮可以间接了解过去的气候，以补充气象资料的短缺。

古气候（paleoclimate）

指现代气象观测仪器出现以前的气候，包括历史气候和地质时期气候。历史时期气候主要利用历史文献和考古发掘物中的气候证据，以及其他高分辨率的古气候代用记录，分析历史时期的气候状况。地质时期气候研究包括寻找古气候证据和证据定年（称为断代技术）两个步骤。

古气候代用记录（proxy record）

由于气象观测记录年代短，对过去更久远的时期，须根据物理学、生物物理学、生物气候学的原理和定年技术，将各种来自冰芯、湖芯、树木年轮、珊瑚、石笋、地层和海底钻探的记录，以及历史文献记载和考古材料等推算成过去时期的气候要素值或相关要素的组合指标，作为过去气候的定量的替代表示，称为古气候代用记录。

第三章 观测的中国气候和东亚大气环流变化

主 笔:王绍武,唐国利
贡献者:黄建斌

提 要

主要分析根据仪器观测结果得到的中国气候和东亚大气环流变化。1880 年以来的中国温度序列显示:变暖速率在 $0.5 \sim 0.8$ ℃/100a 之间。中国温度有明显的年代际变化。但是,20 世纪 40 年代(1940—1949 年,下同)的变暖与 20 世纪 90 年代的变暖成因可能不同。20 世纪 40 年代的变暖主要不是温室效应加剧的结果,而 20 世纪 90 年代的变暖则主要是温室效应加剧的结果。1880 年以来中国的降水量无明显的趋势性变化,以 $20 \sim 30$ 年的年代际变化为主。20 世纪后期中国西部的气候变湿可能与温室效应的加剧有关。20 世纪后半叶东亚夏季阻塞高压有增强的趋势,副热带高压与南亚高压亦有增强,冬、夏季风则均减弱。云、辐射及对流层温度变化反映了热量及水汽的变化,有特殊的物理意义。20 世纪后 40 年中国总辐射量减少,对流层上层及平流层下层温度略有下降。中国年平均温度变化与全球或北半球年平均温度变化有较高的相关,中国年平均降水量与全球陆地年平均降水量变化则关系不大。但是,中国华北夏季降水量与亚非地区降水量变化一致,反映了 20 世纪下半叶亚非季风区夏季风的减弱。

3.1 近百年中国的温度变化

3.1.1 中国平均温度变化

研究温度的变化,首先需要建立一个覆盖面较为均匀的时间序列。20 世纪 60 年代由国家气候中心(当时为中央气象台长期预报科)建立了大体上覆盖中国 160 个站的月平均温度及月降水量序列。该序列始于 1951 年,以后随时补充更新,至今仍是气候预测和气候变化研究的重要依据。但 1951 年之前仍面临资料覆盖面不完整以及观测多次中断的影响。20 世纪 50 年代末到 60 年代初,中央气象台和气象科学研究院天气气候所绘制了 1910—1950 年 137 个站的中国温度等级图。该等级图后来延伸到 1980 年,并于 1984 年出版(气象科学研究院天气气候所等,1984),第一次为分析 20 世纪中国的温度变化提供了可能。后来,有不少作者分析了中国的温度变化,但是大多仅限于 20 世纪后半叶,或者资料覆盖面不够完整(屠其璞等,1984;唐国利等,1992;任国玉等,2005)。

目前有 $5 \sim 6$ 个中国温度序列有较好代表性,并且目前仍随时更新的有以下 3 个:

W 序列 先建立了 1880 年以来全国 10 个区的温度序列,再加权平均得到中国平均温度序列。10 个区中包括新疆、西藏、台湾,做到了覆盖面基本完整。各区序列的缺测用冰芯 δ^{18}O、树木年轮和历史资料插补。每个区用 5 个代表站,凡是早期只有 1 个站的时期对其标准差按比例缩小。区域之间的界线根据 1°×1°(经度×纬度)格点的温度与各区代表站的相关来确定。这是中国第一次能有一个覆盖面完整的温度序列(王绍武等,1998)。但是只有年平均温度,无法反映季节变化特征。

　　T 序列　采用温度观测资料中的最高温度和最低温度的平均值代表月平均温度，计算 5°×5°（经度×纬度）格点的温度距平，然后用面积加权得到中国温度序列（唐国利等，2005），这个序列的特点是采用最高与最低温度平均，一定程度上克服了不同测站观测时间不同而造成的不均一性，不过也存在资料覆盖面早期小、后期大的不均一性。

　　C 序列　2005 年英国东安吉利亚大学气候研究室（CRU）公布了最新的高分辨率陆地地表温度序列（Mitchell 等 2005），其分辨率达到 0.5°×0.5°（经度×纬度），时间开始于 1901 年。从这个序列中抽出中国 10 个区的记录，构成 10 个区的序列，再合成中国的序列（闻新宇等，2006）。这个序列资料覆盖面最完整，而且缺测一律用邻近（包括国外）台站观测值内插得到，所以不存在资料覆盖面和代用资料的误差。但是，1951 年之前，中国西部地区大部分数据靠内插得到，带来了一定的不确定性。

　　表 3.1 给出这 3 个序列的交叉相关系数。3 个序列之间的相关均达到了 99.9% 的置信度。相对而言，C 序列与另外两个序列的相关稍低。而 W 序列和 T 序列，一个覆盖面比较完整，一个采用最高和最低温度的平均值，各有特色，因此下面主要分析这两个序列。图 3.1 给出这两个序列，同时给出建立 T 序列所用台站数。图 3.1 中还附有国家气候中心最新的 2200 站的温度序列。1951 年之后，这个序列与 W 序列和 T 序列的相关系数高达 0.90 以上。可见如果选择适当，像 W 序列仅用 50 个站，与用 2200 个站，结果基本一致。从图 3.1 可见，从 19 世纪后期至今，中国温度的变化经历了 3 次变暖；1885—1900 年，1910—1940 和 1985 年以后。最暖的 10 年按 W 序列为 20 世纪 20，40 和 90 年代，以及 21 世纪头 10 年。T 序列 20 世纪 20 年代的暖期不明显。

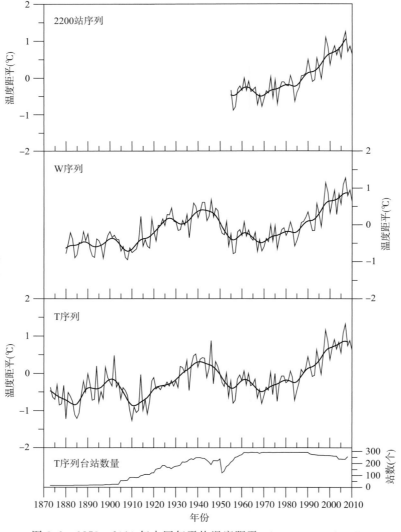

图 3.1　1873—2010 年中国年平均温度距平（对 1971—2000 年平均）

表 3.1 3 个中国平均温度序列之间的相关系数

	W	T	C
W	1.00	0.91	0.78
T		1.00	0.88
C			1.00

虽然 W 序列和 T 序列有较高的相关,但是两个序列所给出的变暖速率却有不同。这主要是由于 W 序列应用了代用资料,而 T 序列只用观测资料,所以这两个序列的地理覆盖面不同。根据 1906—2005 年资料,W 序列的变暖速率为 0.53 ℃/100a,T 序列为 0.86 ℃/100a。我们认为,中国气候变暖的速率应在 0.5～0.8 ℃/100a 之间。根据 T 序列,1951—2009 年中国平均温度上升了 1.38 ℃,变暖速率达到 0.23 ℃/10a,与全球变暖趋势一致。

3.1.2 温度变化的时空结构

3.1.1 节分析的 W 序列和 T 序列,前者覆盖面完整,但只有年平均值;后者只有月平均值,但覆盖面的变化较大。为了分析温度变化的时空结构,采用中国东部 71 个站季气温距平和降水量距平百分比资料,该序列包括 1880—2007 年共 128 年(王绍武等,2009)。这份资料利用了一切可能得到的观测记录,选出在 1951 年之前资料较多且较均匀地分布在 105°E 以东大陆地区的 71 个站。凡缺测用史料插补,所以分辨率只达到季。资料情况见《中国季平均温度与降水量百分比距平图集(1880—2007 年)》(王绍武等,2009)。下面即利用这份资料分析温度变化的时空结构。

温度变化的分析分为两个时段,即 1880—1950 和 1951—2005 年,对四季温度分别做经验正交函数(EOF)分析,EOF1 和 EOF2 反映了温度变化的主要空间分布特征(濮冰等,2007b)。综合起来看,无论包括了代用资料的 1880—1950 年,还是只有观测资料的 1951—2005 年,或者春、夏、秋、冬各季,EOF1 均显出中国东部温度变化的一致特征,而 EOF2 则反映东北地区包括内蒙古东部的温度变化与华北及其以南地区的温度变化符号相反。所以把 1880—2004 年按每年冬、春、夏、秋的顺序合为一个总的序列,并进行 EOF 分析。图 3.2 给出 EOF1 与 EOF2 及其时间系数 PC1 和 PC2。PC1 与 PC2 反映了 EOF1 与 EOF2 特征随时间的变化。

图 3.2(a1)和(a2)表明,中国东部温度变化的最主要空间特征就是温度变化的符号一致。东北北部及内蒙古东部变率最大,而华南则变率最小。EOF1 解释了总方差的 61.4%,可见其影响的巨大。EOF2 有正、负各 1 个中心,负中心在东北北部及内蒙古东部的最北部,正中心在长江及其以南,EOF2 也能解释总方差的 18.9%。图 3.2(b1)的 PC1 表现出比较平稳的温度变化,但是 1980 年之后有持续的上升。图 3.2(b2)的 PC2 则表现出与 PC1 完全不同的特点,在 20 世纪 20 和 40 年代各有 1 个正位相时期。图 3.2(b1)和(b2)中正系数时期用阴影表示,并与图 3.1 对比可以看出,PC1 的正值期与 1980 年之后的变暖相对应,因此可能属于全球气候变暖的一部分;但是 PC2 的正值期所对应的变暖则可能主要限于关内,即中国的中部与南部。这说明 20 世纪 20 与 40 年代的气候变暖机制可能与 1980 年之后的变暖不同。这是一个非常值得进一步研究的问题。

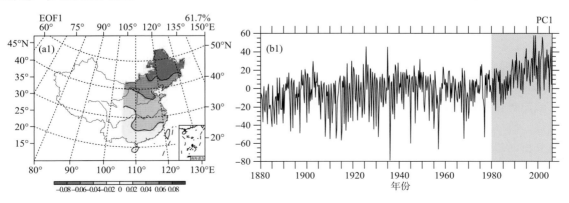

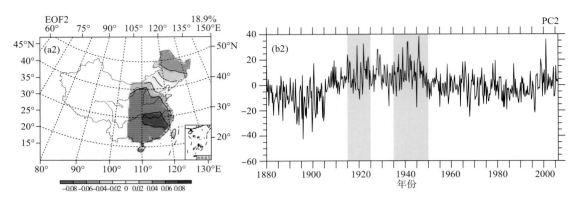

图 3.2　对 1880—2004 年共 501 个季节气温距平做 EOF 分析所得的前两个分量（濮冰等，2007b）

(a1)，(a2)为空间向量；(b1)，(b2)为时间序列

3.1.3　温度变化的季节性和变暖趋势

图 3.3 给出 71 个站中国四季温度距平显示，1880 年以来中国各季的温度均呈现明显的上升趋势。但是增温的速率因季节而异：冬季，1.52 ℃/100a；春季，0.88 ℃/100a；夏季，0.44 ℃/100a；秋季，0.86 ℃/100a。其中，增温速率最少的是夏季。但是，这主要反映中国东部情况。在过去的 100 年中，20 世纪 40 年代和 20 世纪 80 年代中期以后是两段温度明显偏高的时期，其他时期则以负距平为主。两个明显的负距平时期是 20 世纪 10—20 年代和 20 世纪 50—60 年代，20 世纪早期负距平尤其突出。20 世纪 40 和 90 年代虽同为温度偏高期，但前者的最大正距平值出现在春、夏、秋三季，而后者则四季均较明显。这一结果也支持了 3.1.2 节的观点，即 20 世纪后期的变暖可能是全球变暖的一部分。

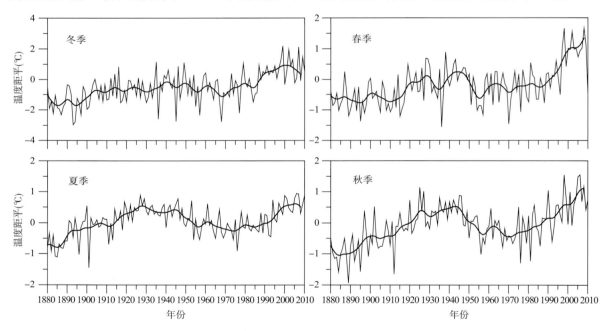

图 3.3　中国东部 71 个站 1880—2010 年四季温度变化（对 1971—2000 平均）

对 W 序列 10 个区的年平均气温变化曲线分析结果表明：东北、新疆、西藏、西北、华北、华东和台湾的变暖趋势比较明显，而华南和西南的增暖较弱，华中区域与全国大多数地区相反，即呈现出微弱变凉的趋势。表 3.2 列出了各区域不同时段的增温速率。为了与 IPCC 第四次评估报告一致，年平均气温变化分析时段取 1906—2005 年。由表 3.2 可以看出，增温最显著的是东北、新疆、西北、华北、华东以及台湾，而西南、华南、华中及西藏则呈不同程度的下降趋势。如果计算 1880—2010 年整个时期气候变暖趋势，则 10 个区普遍变暖，变暖最激烈的仍然是新疆和东北。

表 3.2　中国 10 个区不同时段年平均气温线性趋势　　　　　　　单位:℃/100a

时段	东北	华北	华东	华南	台湾	华中	西南	西北	新疆	西藏
1906—2005	1.70	0.50	0.61	−0.12	1.08	−0.12	−0.45	0.31	1.51	−0.08
1880—2010	1.19	0.68	0.96	0.32	1.10	0.35	0.24	0.66	1.24	0.53

　　1951 年以来,由于资料覆盖面的提高使得可以对温度变化趋势的地理分布特征进行更为详尽的分析。图 3.4 给出了利用 900 余个测站按 2°×2° 网格区计算的 1951—2005 年中国年平均气温变化速率的空间分布。由图 3.4 可以看到,全国大部分地区均呈增温趋势,其中增温最显著的区域主要在北方,特别是 34°N 以北的大部分地区。增温最小的区域主要集中在中国的西南部,包括云南东部、贵州大部、四川东部和重庆等地区。而这一区域在 21 世纪初期以前甚至表现为降温趋势。但是,对中国大部地区而言,尤其是北部,近 50 年增温速率远超过了过去 100 年的平均值。

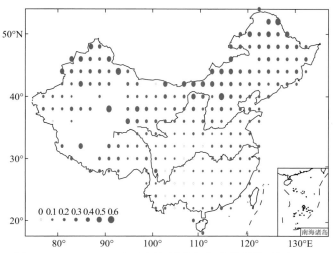

图 3.4　1951—2005 年中国年平均气温变化趋势(℃/10 a)

3.1.4　中国温度的年代际变化

　　图 3.5 给出根据 CRU 序列得到的中国 10 年平均温度距平分布。距平是对 1900—1999 年百年平均,这样可以看出近百年来的温度变化。如上所述,近百年中国温度变化的主要特征就是变暖,最暖时期发生在 20 世纪 40 和 90 年代及其以后。图 3.5 还表明,20 世纪头 10 年在河套地区就出现了正距平,然后正距平区逐步扩大,到 20 世纪 40 年代达到极盛。但是,19 世纪 20—40 年代正距平主要限于中国中部,即通常中国东部的关内地区。只有 20 世纪 40 年代中国西部的东半部才出现较大正距平。但是,这段时期中国的东北和新疆温度并不很高。与此成为鲜明对比的是 19 世纪 80 年代和 20 世纪 90 年代,这两个 10 年的温度正距平主要出现在中国的东北和新疆等高纬度地区。这种高纬度增暖的趋势从 20 世纪 60 年代就开始了,只不过正距平较小。但是,20 世纪 60—80 年代中国中部的温度负距平与 20 世纪 20—40 年代的正距平构成鲜明的对照。

1901—1910　　　　　　　　　1951—1960

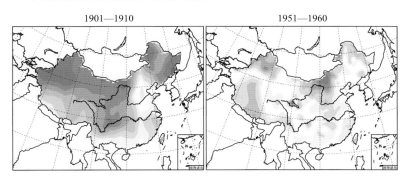

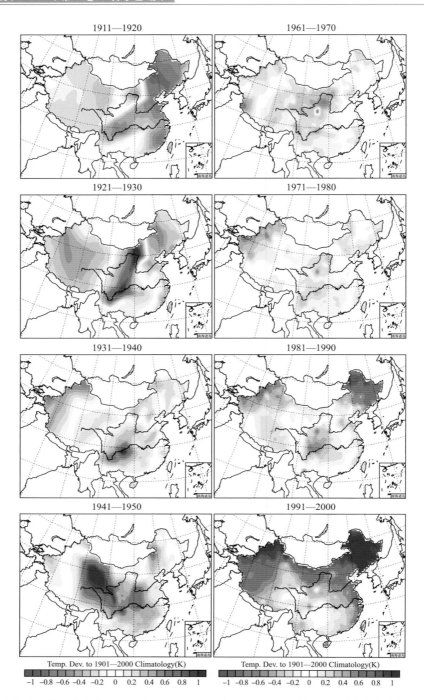

图 3.5　20 世纪中国年平均温度 10 年平均距平（对 1900—1999 年平均。引自：闻新宇等，2006）

3.1.5　20 世纪 40 和 90 年代温度变化的比较

　　根据 T 序列，自 20 世纪初期以来，中国的年平均气温大约上升了 0.78 ℃。不过温度的实际变化过程并不是线性的，而是具有显著的年际和年代际振荡。上面已经谈到，近百年来最明显的变化特征是存在两次幅度很大的增温过程。从全球尺度来看，也存在这两次增温（曾昭美等，2003）。分析中国这两次增温的差异是很有意义的。利用中国东部 71 个站 1880—2007 年共 128 年的四季气温距平资料做 EOF 分析（濮冰等，2007b）发现，20 世纪 80 年代中期以后的暖期对应东部一致变暖分布型（EOF1），而 20 世纪 40 年代的暖期则为东部变暖、东北变冷型（EOF2）。

　　另外，图 3.3 表明两次增暖的季节特征并不一致。利用 T 序列，按每 10 年平均得到各季和年平均的温度距平,也可以得到同样的结论。比较表 3.3 中的数字可见,20 世纪 40 和 90 年代的增温非常强。然而,各季节的增温幅度有显著的不同。最突出的表现是,20 世纪 40 年代夏季的增温最显著,而且这种增温从 20 世纪 20 年代就已经开始,其次是秋季增温。与此不同的是,20 世纪 90 年代的增温则以冬季最为显著。这是两次暖期中季节变化的最大差异,这种情况与北半球也相当一致(曾昭美等,2003)。图 3.6 给出 1901—2010 年 T 序列冬、夏季全国平均气温距平变化曲线,从中也可以看出这一显著差异。

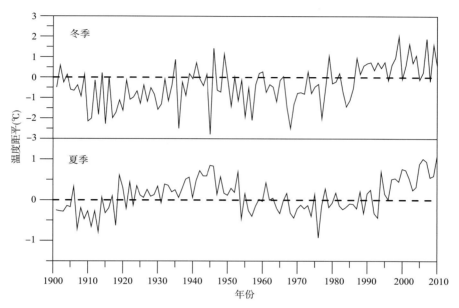

图 3.6 1901—2010 年冬、夏季全国平均气温距平变化(对 1971—2000 年平均)

除了空间结构和季节差异之外,在 20 世纪以来的两次增温过程中,日间温度和夜间温度变化特点也有显著不同。主要表现为 1940 s 以白天增暖为主,1990 s 以夜间增暖为主(唐国利等,2005)。

表 3.3 中国每 10 年平均的温度距平(对 1971—2000 年平均)　　　　单位:℃

时间	1910—1919	1920—1929	1930—1939	1940—1949	1950—1959	1960—1969	1970—1979	1980—1989	1990—1999	2000—2009
冬季	−1.50	−1.11	−0.62	0.04	−0.74	−0.91	−0.47	−0.11	0.57	0.92
春季	−1.18	−0.59	−0.33	0.41	−0.57	−0.28	−0.25	−0.12	0.38	1.06
夏季	−0.07	0.07	0.44	0.68	−0.06	−0.21	−0.22	−0.06	0.28	0.70
秋季	−0.53	−0.31	0.29	0.35	−0.23	−0.39	−0.21	−0.07	0.28	0.90
年	−0.79	−0.47	−0.02	0.36	−0.41	−0.45	−0.29	−0.08	0.37	0.89

根据温室效应对气候影响的理论,如果气候变暖是温室效应加剧的结果,则高纬度、冬季和夜间温度升高最明显。因此,我们可以得到这样的结论,即中国 20 世纪 40 年代的变暖主要不是温室效应加剧的结果,而 20 世纪 90 年代的变暖则主要是温室效应加剧造成的。

3.2 近百年中国降水量的变化

3.2.1 中国平均降水量变化

与温度的情况相同,要得到近百年中国降水量变化的概况,就要建立一个覆盖面较为完整、中间无缺测的序列。图 3.7 给出 4 个降水量序列:NCC160,R2200,CRU 及 W71 序列。NCC160 为国家气候中心最早建立的序列,已经在全国各单位广泛使用,但是序列仅开始于 1951 年。R2200 为最新的包括

2200个站的国家气候中心序列,但是这个序列也仅限于1951年之后,并且20世纪50年代前半期资料稀少。CRU建立了全球陆地降水量序列。这个序列开始于1901年,中间无间断。把CRU序列中国范围的降水量平均,得到中国降水量(闻新宇等,2006)。CRU序列包括20世纪,但是1951年之前,尤其是中国西部缺测较为严重,主要靠邻近国家的记录内插,有一定的不确定性。中国东部71个站降水量季距平序列(W71),从1951年开始采用NCC160的160个站中的71个站,大体均匀分布于105°E以东地区。1951年之前降水量的观测记录略多于温度观测,但是缺测仍然十分严重。同样所有缺测均根据史料插补降水量等级,然后按照1961—1990年降水量等级与降水量距平的关系,把降水量等级转化为降水量距平(王绍武等,2000)。由于采用了史料插补,因此也有不确定性,一方面是确定降水量等级的误差,另一方面是由降水量等级转换为降水量的误差。

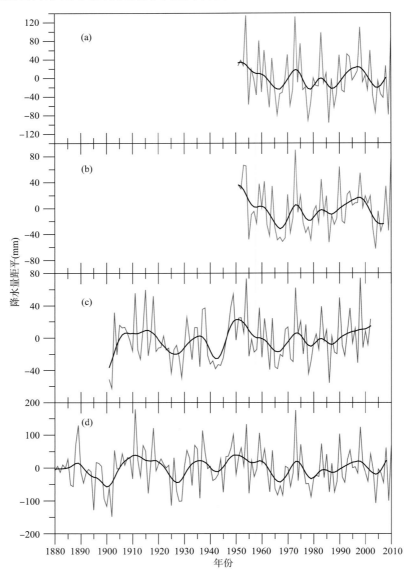

图3.7 1880—2010年中国东部平均年降水量距平(对1971—2000年平均)

(a)NCC160序列；(b)2200站序列；(c)CRU-TS2.1序列；(d)中国东部71站序列

表3.4给出1955—2000年上述4个序列之间的相关系数。可见彼此之间相关还是很高的,均达到了99.9%的置信度。20世纪10,30,50,70和90年代属于多雨期,20世纪头10年以及20,40,60年代属于少雨期。从图3.7可见,中国的降水量变化以年代际变化为主,无明显趋势性变化。

表 3.4　1955—2000 年中国 4 个降水序列之间的相关系数

序列名称	W71	NCC160	R2200	CRU-TS2.1
W71	1.00	0.90	0.91	0.87
NCC160		1.00	0.89	0.90
R2200			1.00	0.84
CRU-TS2.1				1.00

3.2.2　降水量变化的时空结构

对中国东部 71 个站的四季降水量序列进行 EOF 分析,时段取 1880—1950 及 1951—2004 年(濮冰等,2007a)。分析结果表明,EOF 特征非常稳定,甚至 EOF 的排序都没有变化。这就是说每个季度前后两段时间 EOF1,EOF2 及 EOF3 均保持了稳定的特征。由于 1951 年之前采用了大量的史料插补降水量,因此前后两段时间 EOF 的一致,一方面说明了气候变化空间结构的稳定,另一方面也说明代用资料的使用没有扭曲气候变化空间结构的基本特征。

图 3.8 给出冬季(左)与夏季(右)季总降水量的前 3 个 EOF。冬季 EOF1 能解释总方差的 43.9%。降水异常中心在江南,这反映了冬季风的影响。冬季风强时降水少,冬季风弱时降水多。EOF2 解释总方差的15.9%,可能主要反映冬季风与南支暖湿气流的交汇。EOF3 可能与南支暖湿气流的东伸与西退有关,所以主要影响江南特别是华南地区。但是 EOF3 仅能解释总方差的 7.5%,已经不是冬季降水异常的主要特征了。冬季长江以北以降雪为主,不可能有较大的降水量,因此前 3 个 EOF 在长江以北均没有强的载荷。

夏季降水量的情况则与冬季不同,这时气候带北移,因此出现了远较冬季复杂的空间特征,前 3 个 EOF所能解释总方差的 44.5%,也小于冬季的 67.3%。由于变化复杂,夏季 EOF3 所能解释的总方差(9.0%)还要稍高于冬季的 EOF3(7.5%)。这表示正交函数序列收敛得慢,降水量空间变化在夏季有更多的姿态。但是,夏季前 3 个 EOF 仍然解释将近一半总方差,高阶的 EOF 所反映的特征大都是小尺度的。

图 3.8 的夏季 EOF1 与 EOF3 均在一定程度上反映出长江与华北及江南降水异常相反的特征。不过 EOF1 的降水量异常主要对比表明,江淮与华南到江南南部相反,而 EOF3 则是长江与华北相反。这就反映了当中国东部出现两个雨带时,往往不是两个雨带同样强,有时华北雨带强(正 PC3),有时华南雨带强(正 PC1)。研究表明,这种长江降水与华北及华南相反,是中国夏季降水的主要特征,包括两个模态:一个为长江多雨(负 PC1);另一个为长江少雨,华北(正 PC3)或华南(正 PC1)多雨。这正是夏季东亚大气环流的 EOF1,能解释总方差的 20% 左右,而且在近百年也有相当大的稳定性(濮冰等,2008)。长江多雨时东亚(100°~170°E)北部 50°N 以北 500 hPa 高度场为正距平,反映阻塞高压活跃;30°N 以南也是正距平,反映副热带高压强而偏南;30°~50°N 之间为负距平,反映受从贝加尔湖南下的冷空气的影响,这正是长江流域梅雨的典型天气形势。长江少雨时环流异常分布相反。

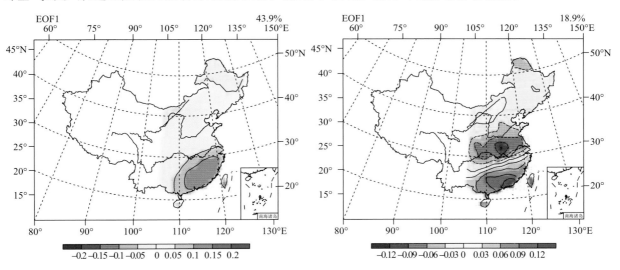

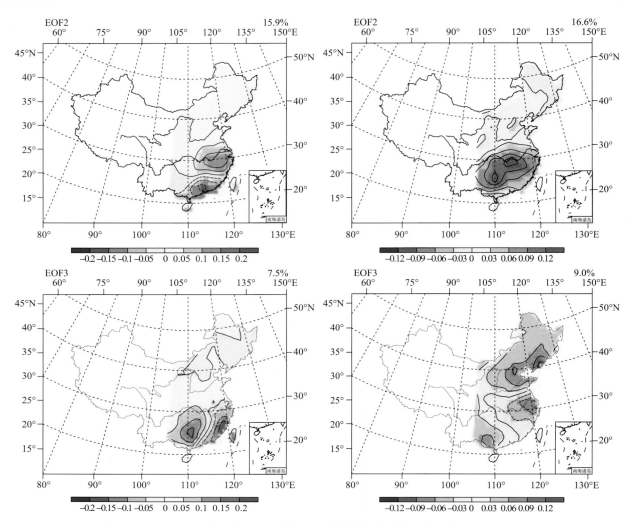

图 3.8　1880—2004 年冬季(左)与夏季(右)季总降水量的前 3 个 EOF(濮冰等,2007a)

3.2.3　降水量变化的季节性

图 3.9 给出中国东部 71 个站四季的降水量变化曲线。由此曲线显示,四季的降水量差异是不小的。例如,20 世纪 10 年代夏、秋季降水均较多,而冬、春季降水量变化不明显。又如,20 世纪 90 年代夏季多雨,春、秋季则少雨。

3.2.4　中国降水量的年代际变化

如 3.2.1 节所述,中国东部降水有明显的年代际变化。功率谱分析表明,降水主要周期在 20～30 年之间。这一节我们以 10 年为单位分析 1881 年以来降水量的变化。图 3.10 给出 1881—2000 年共 12 个 10 年平均降水量图。图中的距平是对 1961—1990 年平均的距平,而且均用平均值换算为百分比距平。中国东部降水量大,西部降水量小,所以百分比距平的绝对值在东部要比西部低。中国东部采用的是 35 个站的资料,其中包括 2 个台湾的站,1951 年之前的缺测用史料插补。中国西部用 17 个代用资料的站,1951 年之后全部用观测资料。图 3.10 表明,1921—1930 年是 1881 年以来中国最干旱的 10 年,从西北东部向东到华北、东北南部,向南到长江流域干旱严重,河套以西及以东为干旱区的中心,10 年平均降水量负距平达到 −15%～−20%;1991—2000 年则是 120 年中降水量正距平范围最广的 10 年,除了中部地区外,全国大部地区多雨,中国西部降水量正距平达到 25%～30%。此外,1951—1960 年则是东部降水量最多的 10 年,一个正中心在华北,正距平达到 20%～30%;另一个正中心在长江及江南北部。1971年以来中国西部降水量偏多。

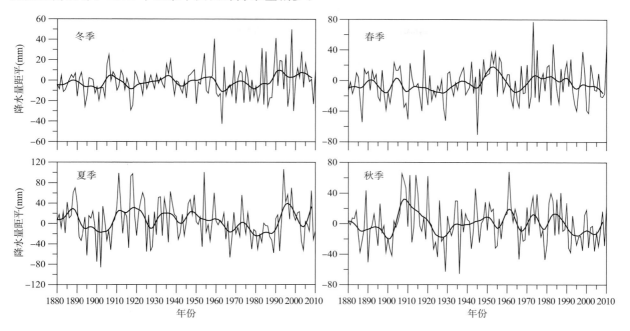

图 3.9 1880—2010 年中国东部四季降水量距平(对 1971—2000 年平均)

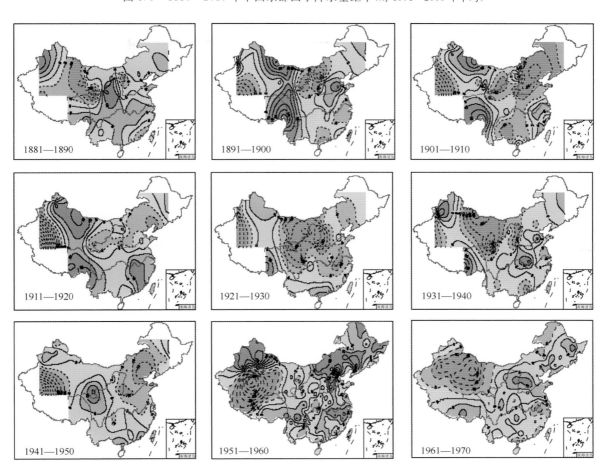

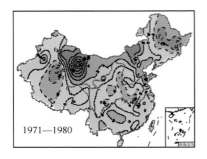 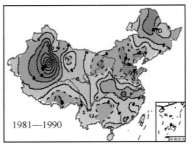 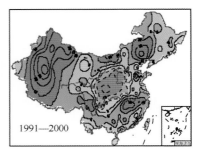

图 3.10　1881—2000 年中国 10 年平均降水量百分比距平（对 1961—1990 年平均）

为了更具体地分析区域降水量变化，图 3.11 给出了 1881 年以来中国西部、华北、长江、华南降水量变化，由图 3.11 可知，不仅中国东部和西部变化不同，而且东部的几个区之间也有差异。

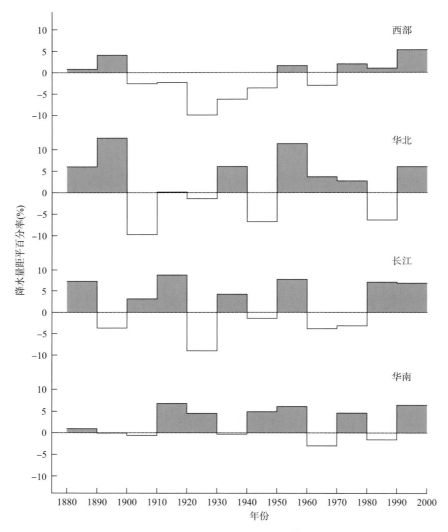

图 3.11　1881—2000 年中国西部、华北、长江、华南 10 年平均降水量距平百分比（对 1961—1990 年平均）

从图 3.11 还可以看到，多雨的 10 年在中国东部有自北向南传播的趋势，1881 年以来至少有 2 次从华北到华南多雨时期的顺延，即 1891—1920 及 1971—2000 年。这是否反映了年代际降水变化的某种机制，应该引起注意。这 120 年的前 30 年及最后 30 年均是夏季风由强转弱的时期。这种多雨区的南移是否反映了夏季风的减弱，是一个很有兴趣的问题，值得进一步研究。

1971—2000 年中国西部降水量偏多，所以提出中国西北气候由暖干向暖湿转型的问题（施雅风 2002；王绍武等，2003）。图 3.12（a）给出 1951—2002 年中国降水量变化的趋势（王绍武等，2003）。显然,中国西部降水量有明显的增加趋势;南疆及北疆的南部、青海北部、甘肃西部降水量普遍增加,仅有个别格点降水量是减少的。有 5 个格点降水量增加的趋势在 10%/(10a)以上,最大达到 15%/(10a)。如果资料长度以 50 年计,则相当的年降水量总计增加 50%以上。因此,可以认为西部地区近半个世纪降水量增加最明显。但是,必须指出的是,尽管降水量增加按百分比来计算是一个很大的值,例如 20%,50%,但降水量增加的绝对值是不大的。因为,在所讨论的范围中,除北疆及河西走廊的东部外,年降水量均在 200 mm 以下。特别是百分比增加最大的地区,降水量增加值一般在 100 mm 以下,有的不足 50 mm。所以降水量增加 20%或 50%,其实降水量增加值一般也只有数十毫米,降水量这种增加绝对不会改变中国西北部地区气候干旱的基本状况。不过,虽然降水量增加绝对值不大,但是可能已经在环境及生态方面产生了一些有利的影响,如内陆湖泊面积扩大、径流增加、植被改善等。因此,这个问题是十分值得重视的。另一个关键问题是,中国西部降水量增加是不是由于人类活动的影响?目前还不能做出肯定的回答。图 3.12(b)是应用一个区域气候模式得到的 CO_2 倍增的模拟结果(Gao 等,2001)。现代 CO_2 浓度仅增加 30%,所以图 3.12(a)与图 3.12(b)的数值无法直接比较。不过,图 3.12(a)及图 3.12(b)降水变化的地理分布确有一定程度的一致,这似乎支持中国西部气候变湿是

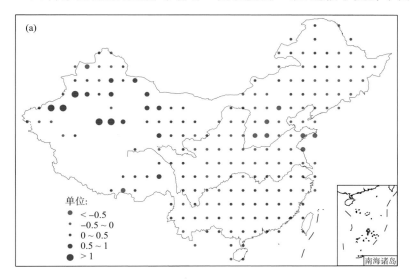

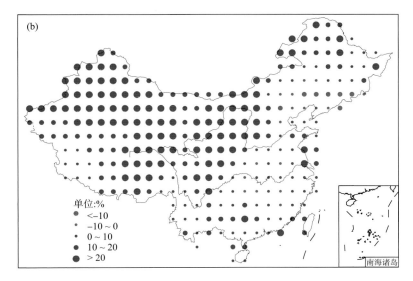

图 3.12

(a)1951—2002 年降水量变化趋势(王绍武等,2003);(b)区域模式模拟的 CO_2 浓度加倍情况下,中国降水量的变化(引自:Gao 等,2001,为了与图 3.12(a)比较做了改绘)

温室效应加剧结果的观点。但是，是否有局地冰雪融化的影响也值得注意。此外，还有一些区域模式通过模拟也对未来中国西部降水量的变化做了预估（Gao 等，2008）。但是近半个世纪中国西部有的地区年降水量已增加了 20% 以上，显然数值较大。因此从这个角度看，也许不能排除近半个世纪降水量变化中尚有自然变化的影响在内。

3.2.5　近百年中国旱涝型的变化

夏季降水对中国农业生产有重大影响。夏季的旱涝不仅关系到当年的粮食收成、水库调配、交通运输，也直接影响人民的生活。因此，每年汛期（6—9 月）的旱涝预测成为气候预测工作的一个中心任务。旱涝预测的经验表明，中国夏季旱涝分布有一定的类型。不同作者有不同的类型划分，国家气候中心气候预测室长期以来在预测工作中采用 3 类雨带，即华北类、黄淮类、长江类，简称 I、II、III 类（赵振国，1999），其中 I 类雨带在黄河以北、II 类雨带在黄河与长江之间、III 类雨带在长江及其以南地区。这种旱涝型的划分优点在于明确当年夏季最大降水出现的地带，有利于为生产服务。所以，这种分型在国家气候中心沿用至今。最近的研究把长江多雨同江南多雨分开，雨型扩展到 4 类（赵振国等，2008）。中国东部夏季旱涝可以更详细划分为 6 种类型（王绍武等，1979）：

（1）1a 型，中国东部（除东北外）以涝为主。

（2）1b 型，长江流域涝，华北、华南旱。

（3）2 型，南涝北旱，以长江为界。

（4）3 型，长江流域旱，华北、华南涝。

（5）4 型，北涝南旱，以长江为界。

（6）5 型，中国东部（除东北外）以旱为主。

表 3.5 给出 1880 年以来的旱涝型年表。从表 3.5 可以看出，旱涝型的频率分布是很不均匀的，一个主要特点就是年代际变化十分突出。例如，1979—1991 年共 13 年，其中 1b 型 6 年，占 46.2%，而气候频率只有 14.4%（表 3.6）。又如 1893—1897 年连续 5 年出现 4 型，2003—2008 年 6 年中有 5 年为 4型，均远远超过了气候频率的 17.2%。这样的例子在过去千年中屡见不鲜。某一种型，或一、两种型在一定时期内集中出现，反映了旱涝型的持续性，也就是反映了气候异常与气候变化。

表 3.5　1880—2009 年的旱涝型出现年数

年份	0 年	1 年	2 年	3 年	4 年	5 年	6 年	7 年	8 年	9 年
1880—1889	2	2	1a	4	4	1a	1a	4	3	1a
1890—1899	3	3	3	4	4	4	4	4	3	2
1900—1909	5	1a	5	1a	3	1b	1a	5	2	1b
1910—1919	4	1a	1b	3	3	1a	1b	4	3	2
1920—1929	2	4	3	4	2	5	1b	5	5	5
1930—1939	5	1b	3	4	5	2	2	3	1b	2
1940—1949	4	5	2	2	3	5	2	3	4	3
1950—1959	3	5	2	4	1a	2	4	1b	4	3
1960—1969	5	3	1a	4	4	5	3	4	2	1b
1970—1979	2	4	5	3	5	2	5	3	3	1b
1980—1989	1b	3	1b	1b	1a	3	5	1a	4	1b
1990—1999	5	1b	5	2	3	1a	1a	2	1a	2
2000—2009	3	5	2	4	4	4	3	4	4	3

表 3.6 1950—2008 年旱涝型出现频率

年份	1a	1b	2	3	4	5	合计
1950—2008	173	153	238	202	182	111	1059
出现频率(%)	16.3	14.4	22.5	19.1	17.2	10.5	100.0

3.3 东亚大气环流变化

东亚大气环流的变化直接影响了中国的气候变化,特别是在年代际和年代尺度上大气环流变化异常激烈。认识大气环流变化是了解气候异常和气候变化形成机制的重要一步。本节对东亚大气环流的主要成员及其变化做扼要的介绍。

3.3.1 对流层西风

由于地球自转及赤道暖、两极冷的结构,导致在南、北半球的中纬度均盛行西风,形成著名的西风带。在对流层中上层西风带十分强大,是影响各地区气候的一个重要的大气环流机制。东亚西风带的活动,特别是季节性的北跳与南撤的研究表明,在东亚(105°~120°E)冬季有两支西风急流,一支在40°N附近,另一支在30°N附近,最大风速达60~70 m/s,其高度处于200 hPa上下。但是在青藏高原及其以西(76°~90°E)则只有一支西风急流,在26°~28°N之间,最大风速在45 m/s以上,高度在200 hPa左右。夏季,西风急流大为减弱,在40°~45°N之间,高度在200 hPa上下,大部地区风速只有25 m/s左右。西风急流冬季到夏季状态之间的转变是突然的,两次转变分别发生于6和10月。例如,1956年5月最后一候到6月第一候西风急流突然北移,从35°N到达40°N,同时低层东风侵入20°N以北。东西风分界线从20°N以南到达25°~26°N,这时低纬度整个对流层盛行东风。伴随着大气环流的突变,印度夏季风及长江流域梅雨先后形成。

进一步研究表明,东亚大气环流的季节性转变不是一次完成的。在5月8日和6月7日前后,东亚地区有两次西风急流北跳,分别对应其后的南海夏季风爆发和江淮流域梅雨的开始(李崇银等,2004)。中国气候与对流层上层东亚西风急流的异常有密切关系(廖清海等,2004)。急流强而位置偏北时夏季风强、华北多雨。反之,急流弱而位置偏南时夏季风弱、江淮流域多雨。南亚高压的变化也同西风急流的南北位置有关(Lin 等,2005)。西风急流中心位置的变化与梅雨期的开始和结束一致(Zhang 等,2006)。这些研究均有助于认识西风急流对中国气候影响的机制。

10月中旬对流层上层大气环流发生另一次突变,中纬度西风带南移,南支西风急流建立。这时存在两个急流中心,一个在40°N略偏南,另一个新的中心出现在30°N之南。东亚低层东风南退,热带辐合带(ITCZ)退到南海,西南季风退出印度次大陆。

图 3.13 给出 1948—2000 年 200 hPa 上东亚副热带西风急流的强度和位置变化(Kuang 等,2005)。急流强度冬季有增加的趋势,但是年际变化较大。夏季从 20 世纪 50 年代末开始进入一个稳定时期。冬季的位置变化也表现出很大的年际变率,夏季 20 世纪 50 年代末之前位置偏北。夏季 20 世纪 50 年代之前与其后的差异,是否与资料的误差有关值得注意。

3.3.2 阻塞高压

阻塞高压是中高纬度重要的大气环流成员,是西风带大幅度摆动的产物,对中高纬度的天气气候有重要的影响。从 9 月到次年的 4 月,55°N 有两个阻塞高压出现频率高的地区,一个从北大西洋伸向乌拉尔山(40°W~60°E),另一个在鄂霍茨克海到白令海(140°E~160°W)。在这两个地区之间(60°~140°E),阻塞高压发生的频率非常低。冬季亚欧地区中高纬度的阻塞高压活动是影响东亚冬季风和寒潮的重要气压系统。图 3.14 给出 1960—1996 年冬季亚欧地区阻塞高压天数,可见其年代际和年际变化十分明显,并对中国气候有重要的影响(季明霞等,2008)。

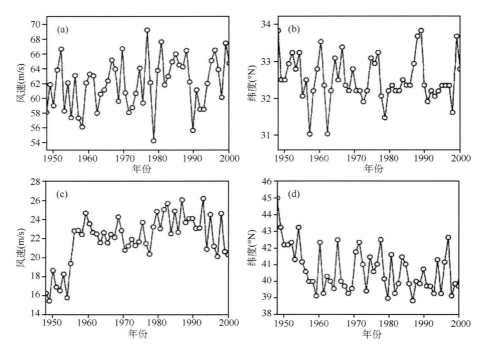

图 3.13　1948—2000 年 200 hPa 东亚副热带西风急流（Kuang 等，2005）
（a）冬季强度；（b）冬季位置；（c）夏季强度；（d）夏季位置

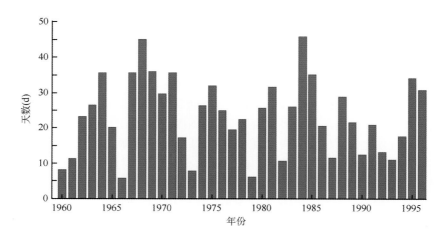

图 3.14　1960—1996 年亚欧地区冬季阻塞高压天数的年际变化（季明霞等，2008）

　　夏半年 5—8 月，阻塞高压的活动与冬季差别很大。从 5 月开始，上面谈到的两个地区阻塞高压出现频率迅速下降，特别是在 6—8 月，高频区出现在 20°～140°E。从空间分布来看，也有两个高频中心，一个在北欧到乌拉尔山（20°～60°E），另一个在远东（100°～140°E）。夏季亚洲东北部到鄂霍茨克海的阻塞高压是导致江淮流域洪涝形成的典型天气形势，由于阻塞高压的阻挡，贝加尔湖形成一个稳定的槽，冷空气不断从槽后南下，因而是产生夏季降水的主要天气机制。鄂霍茨克海有阻塞高压时，东西伯利亚广大高纬度地区 500 hPa 高度为正距平，以此为中心向西，高度距平呈正、负、正分布；贝加尔湖地区为负距平，乌拉尔山南部又为正距平。同时，在东亚南北方向，高度距平亦呈正、负、正分布；长江以北为负距平，长江以南为正距平。负距平区反映冷空气活跃，正距平区说明副热带高压强，而其位置偏南。1954 及 1998 年，长江流域的洪水都是发生在这种大气环流形势下。图 3.15 给出 4 个地区阻塞高压指数。1954 和 1998 年鄂霍茨克海的阻塞高压是非常强的。1951—2010 年期间，4 个阻塞高压指数中有 3 个有增强的趋势，21 世纪以来，淮河多雨均发生在 4 个阻塞高压都是正距平的夏季，如 2000，2003，2005 和 2007 年。

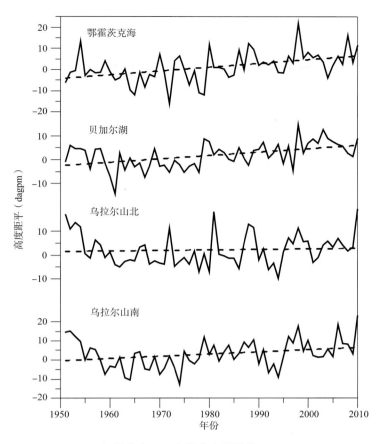

图 3.15 1951—2010 年夏季东亚 4 个阻塞高压指数（根据国家气候中心资料绘制）
鄂霍茨克海（50°～60°N, 120°～150°E）；贝加尔湖（50°～60°N, 80°～110°E）；乌拉尔山北（50°～60°N, 40°～70°E）；乌拉尔山南（40°～50°N, 40°～70°E）

东亚大气环流

东亚大气环流季节特征明显，1 月大体上可以代表冬季。对流层中上层盛行西风气流，东亚大槽是一个最主要的特征。在海平面气压图上，整个亚洲大陆为一强大的高压控制，大陆东部盛行西北气流。东部海上太平洋北部有阿留申低压、南部有高压带，高压中心在太平洋东南部。7 月，对流层上层热带盛行东风，中纬度盛行西风，南亚高压控制了亚洲大陆的中部和南部。对流层中层仍然是西风气流控制，西太平洋的副热带高压伸向亚洲大陆。在海平面气压图上，亚洲大陆为低气压控制，中心在印度北部，海上为太平洋高压。

图 3A 给出东亚地区 1 和 7 月对流层上层 100 hPa 高度，对流层中层 500 hPa 高度，和海平面气压图，由此可以概括地看出东亚大气环流的基本特征。

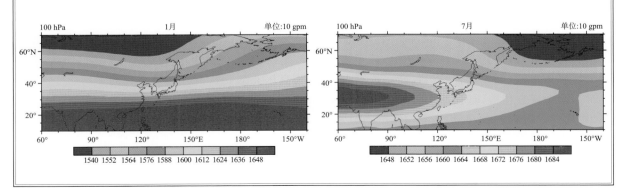

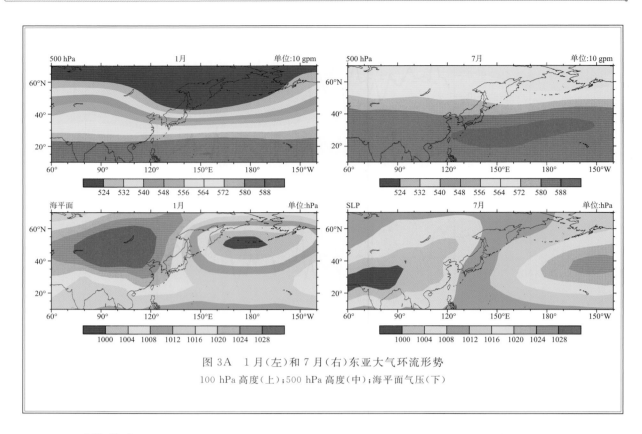

图 3A 1 月(左)和 7 月(右)东亚大气环流形势
100 hPa 高度(上);500 hPa 高度(中);海平面气压(下)

3.3.3 副热带高压

北半球的副热带地区有一个高压带,称为副热带高压,在海上尤为显著。副热带高压控制区气候干燥少雨。高压向赤道一侧为热带辐合带(ITCZ),由春季到夏季,副热带高压的加强及向高纬度的移动对当地气候有重大影响。西太平洋副热带高压是影响中国气候的重要气压系统。5 月副热带高压在 15°N 及其以南,6 月在 15°~20°N 之间,7 月跳到 25°N 以北,8 月在 25°~30°N 之间,9 月退到 25°N 以南,10 月退到 20°N 以南。显然,副热带高压一次北进在 6 月,一次南退在 10 月,变化幅度最大,形成跳跃。第 1 次北跳跳过 20°N,平均发生于 6 月第 4 候,对应于长江流域梅雨雨季开始。第 2 次北跳跳过 25°N,平均发生于 7 月第 3 候,与梅雨结束时间接近。分析副热带高压的季节性异常与旱涝的关系表明,副热带高压偏西时,中国东部少雨;副热带高压偏北时,华北多雨;副热带高压偏强偏南时长江流域多雨。6—8 月之间,各月副热带高压指数和降水量之间的关系尚有一定变化。不过,副热带高压位置及强度对中国夏季雨带形成及地理位置的决定性影响是无可怀疑的。

在长时间的预报实践中,国家气候中心(NCC)积累了丰富的经验,确定了一系列的指数(赵振国,1999),以用此来定量描述副热带高压的特征:

(1)面积指数,是在 5°×5°经纬度菱形网格的 500 hPa 月平均高度图上,10°N 以北、110°~180°E 范围内≥588 dapm 格点数。

(2)强度指数,是在与面积指数同一资料范围内,588 dagpm 为 1,589 dagpm 为 2,依此类推的累计值。

(3)脊线指数,是在 110°~150°E 范围内,每隔 5°经度,共 9 条经线上副热带高压脊的平均纬度。

(4)北界指数,是在与脊线指数同一范围内,副热带高压北部 588 dagpm 等高线的平均纬度。

(5)西伸脊点指数,是在 90°~180°E 范围内,588 dagpm 等高线所在的最西位置的经度。

在这 5 个指数之中,面积指数与强度指数之间以及脊线指数与北界指数之间均有较大的相关。所以,日常应用最多的是 3 个指数,即强度指数、北界指数及西伸脊点指数。若副热带高压强度高,则长江流域多雨,华北、华南少雨;若副热带高压西伸明显,则中国沿海降水减少;若副热带高压北界偏北,则华北多雨、江南少雨。这 3 个指数彼此之间相关不大。但是,在一定配置下,副热带高压对气候影响更加明显,例如,副热带高压强而位置偏南是长江流域形成洪水的一个重要条件。图 3.16 给出 1951—2010 年上述 5 个指数的变化曲线。

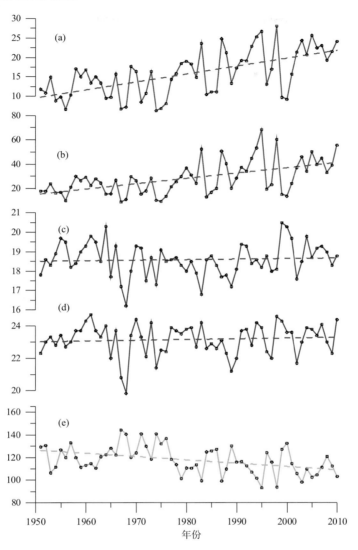

图 3.16 1951—2010 年年平均西太平洋副热带高压特征量变化(根据国家气候中心资料绘制)
(a)面积指数;(b)强度指数;(c)脊线指数(°N);(d)北界指数(°N);(e)西伸脊点(°E)

3.3.4 南亚高压

在夏季对流层上层,100 hPa 等压面上有一个高压位于欧亚大陆南部,称为南亚高压。4 月高压还在西太平洋;5 月高压中心移到中南半岛上空;6—9 月高压中心在青藏高原到伊朗高原上空;10 月则又退出大陆。因此,南亚高压最盛行的时间不过 4 个月左右。

南亚高压有两种最基本的模态:Ⅰ类南亚高压分为两个独立的中心,一个在中国东部 110°E 附近,一个在伊朗高原约 50°E 处;Ⅱ类只有一个高压中心,位于青藏高原上空 80°~90°E 之间。夏季对流层上层的大气环流变化,均可以通过这两类模态的交替来了解。南亚高压与中国东部夏季降水有密切关系。沿 120°E 高压脊的位置,6 月在 28°N,7 月在 32°N。高压脊偏南时,梅雨强盛;高压脊偏北时,长江流域干旱。同时,当高压中心出现在 100°E 以东时长江下游干旱,而华北多雨;高压中心在 100°E 以西时,长江中下游多雨,华北干旱。20 世纪 80—90 年代,南亚高压位置偏南,但强度增加,面积扩大,是否这也对长江流域的多雨和华北的干旱产生了影响,值得进一步研究。图 3.17 给出 1960—2006 年南亚高压指数和极涡指数。由此图可见,南亚高压强时极涡弱,南亚高压弱时极涡强。

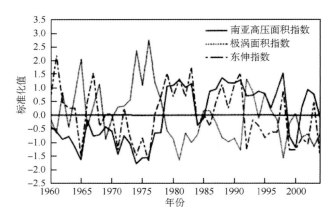

图 3.17 1960—2006 年 7—8 月 100 hPa 南亚高压东伸指数、极涡面积指数及南亚
高压面积指数的时间序列（陈永仁等，2007）

3.3.5 夏季东亚大气环流的基本模态

如上所述，东亚的阻塞高压及副热带高压均与中国的夏季降水分布有密切的关系。这种大气环流异常可以总结为两种模态，即东亚地区自北向南，500 hPa 高度距平场为正、负、正分布（以下称模态Ⅰ），或负、正、负分布（以下称模态Ⅱ）。用 A，B，C 三个区的 500 hPa 高度距平来表示这个特征：

A 区	50°～60°N	125°～140°E	7 个点平均
B 区	40°N,120°E	35°N,115°E,35°N,125°E	3 个点平均
C 区	20°N,100°～130°E,	15°N,105°～115°E	7 个点平均

以上 3 个区每个区本身做标准化，取 F＝A－B＋C 做指数。

从表 3.7 可以看出，大约有 1/4 的年份东亚大气环流具有典型的模态Ⅰ或模态Ⅱ的特征。模态Ⅰ时，东亚中、高纬度西风有分支现象，在鄂霍茨克海以西有高压脊，而在其南部即贝加尔湖东南有槽，副热带高压强而位置偏南、西伸。模态Ⅱ时，东亚中、高纬度为一宽广的大槽，西风环流平直，副热带高压弱，但位置偏东、偏北。与模态Ⅰ及Ⅱ相对应的 6—8 月中国东部降水距平分布特点也很清楚：模态Ⅰ时，长江流域多雨，华北、华南少雨；模态Ⅱ时，长江流域少雨，华北、华南多雨。

表 3.7 1951—1996 年东亚夏季（6—8 月）遥相关模态Ⅰ及Ⅱ的年份

模态	6 月	7 月	8 月
Ⅰ（＋－＋）	1953,1954,1956,1959,1966, 1973,1977,1992,1995	1954,1969,1970,1980,1986, 1991,1993,1996	1958,1969,1980
Ⅱ（－＋－）	1958,1960,1961,1963,1965,1984	1958,1961,1971,1978	1953,1964,1967,1973,1975,1978,1984

引自：赵振国等，1999

图 3.18 给出 1880—2004 年东亚（10°～75°N,100°～170°E）500 hPa 高度距平年际变率的 EOF 分析。其中图 3.18（a）为 1951—2004 年的观测资料；图 3.18（b）为 1880—1950 年用海平面气压及气温重建的 500 hPa 高度资料；图 3.18（c）为 1880—2004 年综合结果。1880—1950 年因为气候趋势较强，所以这种模态对应的是 EOF2，而 1951—2004 年则对应的是 EOF1。对整个时期而言，EOF1 可以解释总方差的 17.4%。其主要特征是高度异常自北向南的正、负、正分布，而且地理位置在 1951 年前后两段时间无大的变化，这说明其是一个相当稳定的大气环流特征，而且是夏季东亚大气环流变化的最主要模态。图 3.19 给出 1880—2004 年 EOF1 的时间系数序列与中国夏季降水的相关系数。东北、华北、长江、华南是呈正、负、正、负分布。EOF1 系数的正值对应模态Ⅰ，即高纬度有阻塞高压，西太平洋副热带高压强、西伸，但位置偏南，这时中国东北及长江流域多雨，最近的 1991 和 1998 年均有这个特点。

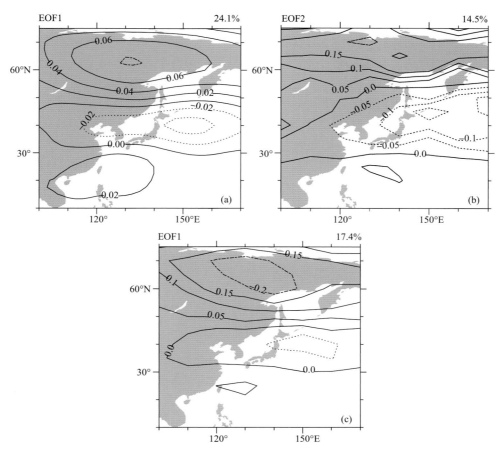

图 3.18　1880—2004 年东亚夏季 500 hPa 高度距平年际变率的 EOF 分析（濮冰等，2008）

(a)1951—2004 年；(b)1880—1950 年；(c)1880—2004 年

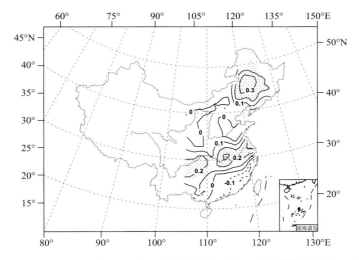

图 3.19　1880—2004 年 500 hPa 高度距平的 EOF1 时间系数与中国 71 个站

夏季降水量的相关系数（达 95％信度区用阴影表示）（濮冰等，2008）

3.3.6　20 世纪全球大气涛动

关于大气涛动的研究至今已有百年以上的历史。19 世纪末，当人们开始绘制月平均海平面气压图时，就发现了"大气活动中心"，即相对稳定的高压区或低压区。如北大西洋上"大气活动中心"在冰岛附近的低压称为冰岛低压，而在亚述尔群岛的高压称为亚述尔高压；北太平洋上有阿留申低压及夏威夷高压。由于这些低压及高压终年存在，所以称为永久性"大气活动中心"，也有些低压或高压只存在于一定季节，如亚洲大陆的低压及中心在西伯利亚的高压，称为半永久性"大气活动中心"。南半球也有相应的"大气活动中心"。更进一步，人们发现北大西洋上的两个大气活动中心的变化有密切关系，当冰岛低压气压低时亚述尔高压的气压则更高；而当冰岛低压气压高时亚述尔高压的气压则较低。两个大气活动中心的气压呈跷跷板式变化。北大太平洋上的两个大气活动中心的气压也有类似的变化。Walker 在 1924—1937 年间发表了"世界天气"（World Weather）系列论文（Troup，1965），总结了前人研究的成果，把这种现象命名为涛动，即北大西洋涛动（North Atlantic Oscillation，NAO）、北太平洋涛动（North Pacific Oscillation，NPO）及南方涛动（Southern Oscillation，SO）。Walker 利用两个大气活动中心气压变化相反的现象，并吸收了与之有密切关系的地区的气温、降水量，组成三大涛动的定义。"世界天气"研究的目的是寻找控制局地气候变化的大气环流因素。事实证明这是一项卓越的工作，确实找到了这种因素，这就是大气涛动。虽然现代人们已经不再采用 Walker 的定义，而是仅限于利用两个大气活动中心气压变化之间的相反关系。但是可以认为，三大涛动的研究奠定了现代短期气候异常形成机制研究的基础，对短期气候预测也有不可估量的重要意义。后来，人们又定义了南极涛动（Antarctic Oscillation，AAO），它与原来的三大涛动，合称为四大涛动。

大气涛动的定义

南方涛动（SO）　最早受到注意的是 SO，Bjerknes（1969）首先把 SO 与 El Niño 联系起来，随后 La Niña 的名字得到公认，ENSO 的名称也在 20 世纪 80 年代中逐渐被广泛采用（Ropelewski 等，1986，1987）。目前公认用两次标准化 Tahiti 减 Darwin 气压差作为 SOI（Troup，1965），并已经根据观测记录把 SOI 序列向前延伸到 19 世纪 60 年代（Können 等，1998）。

北大西洋涛动（NAO）　现在多用葡萄牙的 Lisbon 与冰岛 Stykkisholmur 的气压差表征，并用代替站把 NAO 序列向前延伸到 1821 年（Jones 等，1997）。NAO 的一个发展是根据 20°N 以北的北半球 SLP EOF 提出北半球环状模（Northern Annular Mode，NAM）的概念（Thompson，等，2000a，2000b），有时也称为北极涛动（Arctic Oscillation，AO）（Thompson 等，1998，Deser，2000）。

北太平洋涛动（NPO）　现在一般用阿拉斯加湾的阿留申低压（30°～65°N，160°E～140°W）的 SLP 作为 NPO 指数 NPI（Trenberth 等，1994）。NPO 在 20 世纪后期有两个发展，即太平洋北美型（Pacifia-North American Pattern，PNA）与太平洋年代振荡（Pacific Decadal Oscillation，PDO）。PNA 指由北太平洋经阿留申群岛到北美西北部沿大圆传播的遥相关型（Wallace 等，1981）。PDO 也可以用 20°N 以北北太平洋 SST 的 EOF1 来定义（Mantua 等，2002；Deser 等，2004）。PDO 也可以扩展到整个太平洋盆地，称为年代际太平洋涛动（Inter-decadal Pacific Oscillation，IPO）（Power 等，1999；Folland 等，2002）。

南极涛动（AAO）　于 20 世纪提出（Gong 等，1999）。一般指 45°～65°S 之间 SLP 的跷跷板式变化。由于其模态对南极的对称性也称为南半球环状模（Southern Annular Mode，SAM）（Marshall，2003）。

2007 年 IPCC 报告（Trenberth 等，2007）详细讨论了近百年来大气涛动的变化。SO 显然是以年际变化为主。其低频变化部分大约 1980 年之后为负位相，1910—1940 和 1950—1980 年两段时期为正位相，1880—1910 年又是负位相。NAO 在 20 世纪 70 年代初进入正位相，一直持续至今，正位相的峰值在 20 世纪 90 年代。再向前大约在 1930—1970 年为负位相，1900—1930 年为正位相。NPO 的变化发生于 1976/1977 年。1977 年之后为正位相，1945—1976 年为负位相，1900—1915 和 1923—1945 年又是正位相，中间仅有不到 10 年为弱的负位相。无论 AAO 还是 SAM 均反映出强的年际变率，但是从近 40 余年的资料来看，AAO 或 SAM 均有一定增强的趋势。总之，NAO 与 NPO 在 20 世纪初为正位相，20 世纪中间为负位相，20 世纪后期 20～30 年又为正位相，似乎有一定程度的一致。SO 与 AAO 均

以年际变化为主,近 20~30 年 SO 为负位相,AAO 则有增强的趋势。为了比较,对上述 6 个序列各自对1900—2000 年标准化,距平见图 3.20,图中粗线代表低频滤波值。表 3.8 给出 6 个序列之间的交叉相关系数。

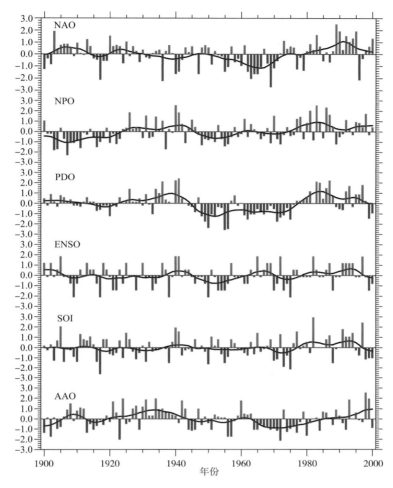

图 3.20　1900—2000 年标准化大气涛动年距平序列

表 3.8　1900—2000 年大气涛动年距平之间的交叉相关系数 *

	NAO	NPO	PDO	ENSO	SOI	AAO
NAO	1.00	−0.11	0.00	−0.10	−0.05	0.09
NPO		1.00	0.58	0.17	0.17	−0.01
PDO			1.00	0.45	0.38	0.08
ENSO				1.00	0.81	−0.24
SOI					1.00	−0.23
AAO						1.00

* 置信度95%,99%及99.9%的相关系数绝对值分别为 0.197,0.256 及 0.324

从图 3.20 和表 3.8 可以得到如下结论:①NPO 与 PDO 有较高的相关(0.58),ENSO 与 SOI 的相关则更高(0.81);②四大涛动之间仅 ENSO 与 NPO 有一定的正相关(0.17),ENSO 与 AAO 有一定的负相关(−0.24),其余相关均较弱,表现出四大涛动的相对独立性;③近百年四大涛动的变化不一致,但是,看低频变化的 1920—1940 及 1980—2000 年,各大涛动以正位相为主,而 1940—1980 年以负位相为主,这与全球气候变暖有没有联系值得进一步研究。

此外,大气涛动与中国气候有密切的联系,特别是 ENSO 对中国降水的影响,它是短期气候预测中经常要考虑的重要因子；而 PDO 与中国华北夏季降水的关系，在年代际尺度上也十分显著。

3.3.7 东亚季风

中国是世界上著名的季风区之一，冬季西伯利亚高压覆盖了几乎整个亚洲大陆，而夏季一个巨大的低压系统控制着亚洲，其中心在印度北部。冬季中国盛行干冷的西北风，夏季盛行偏南暖湿的气流，25°N 以北以东南风为主，而 25°N 以南以西南风为主。夏季风的北界与夏季极峰的平均位置相合，冬季风的南界则取决于冬季极峰的平均位置。中国处于亚洲大陆的东部，冬季盛行西北风，夏季盛行东南风。这种特点与印度季风不同，印度处于亚洲大陆的南部，冬季盛行西北风，而夏季盛行西南风。东亚夏季风环流从 5—7 月有 3 次突变(Tao 等，2004)：5 月中旬南海季风爆发，西太平洋副热带高压突然北跳到 20°N 以北；6 月中旬对流层上层南亚高压建立，对流层中层的西太平洋副热带高压突然跳过 25°N，长江流域梅雨开始；7 月中旬梅雨结束，西太平洋副热带高压跳过 30°N，华北雨季开始。

东亚的冬季风来自亚洲大陆腹地的西伯利亚。冷空气从西北（55%）、北（25%）及西（15%）3 个方向到达中西伯利亚，从那里主要由西北及西方袭击中国。冬季风的强度完全决定于中心在西伯利亚的反气旋的强度。冬季风的发展表现为一系列冷空气及寒潮的暴发，一般 10 月到次年 5 月之间可能有寒潮暴发，但是每一个冬半年的时间通常只有 4~5 次寒潮和 6~7 次强冷空气活动。寒潮与强冷空气分别表示降温达到 10 ℃和 10~5 ℃的过程。当然，季节平均温度与寒潮的强度和频率有密切关系。但是，下垫面雪盖、寒潮后回暖的速度以及前期温度对整个冬季平均温度的影响也不可忽视。冬季风的活动包括 3 个重要阶段：①冬季风爆发；②冷空气在西伯利亚堆积；③冷空气向东南方向侵袭。特别是第 2 阶段，它是寒潮形成的关键时期，也是强冬季风形成的重要条件。

经典气候学指出，季风形成的最基本原因为海陆温差。利用 20°~50°N，110°~160°E 海陆温差与海平面气压差来描述东亚季风的强度（郭其蕴等，2003）。图 3.21 给出近百年来东亚夏季风指数（a）和冬季风指数（b）的变化曲线。从图 3.21（a）来看，20 世纪 20 年代开始是一个夏季风的持续增强期，有多年的标准化夏季风指数达到 1.4，即夏季风强度比多年平均值高了 40%。但是从 20 世纪 60 年代末进入一个夏季风持续减弱期，特别从 20 世纪 80 年代开始夏季风显著偏弱，不少年夏季风指数为 0.6，即夏季风强度比多年平均值低 40%。这就是说，从 20 世纪 60 年代至 90 年代末，夏季风强度减少了一半还多。20 世纪 70 年代以来夏季风的减弱与华北干旱的发展有很好的关系。夏季风的研究者都知道，有不少模式模拟的结果均表明，人类活动造成的全球气候变暖，应该有利于夏季风的增强。但是，

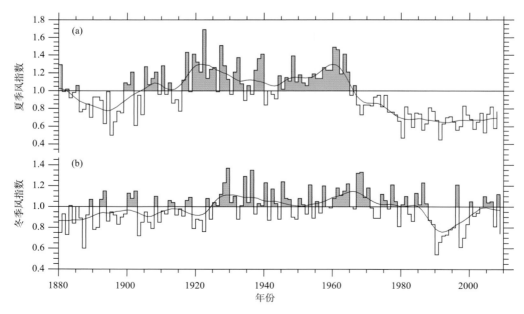

图 3.21　1880—2008 年东亚夏季风指数（a）和冬季风指数（b）

在增暖最明显的20世纪后期,夏季风强度却明显减弱。这是一个未解决的问题,也是对全球气候变暖影响研究的一个挑战。

冬季风的变化(图3.21(b))也大体上是19世纪末到20世纪初较弱,20世纪20—70年代是一个漫长的冬季风增强期,20世纪80年代初冬季风才显著减弱。这与全球变暖趋势及中国的温度变化过程是非常吻合的。因此,很可能冬季风的减弱,包括冬季西伯利亚高压的减弱,均可能是温室效应加剧的结果。不过温室效应是如何影响寒潮,又如何影响地面温度,对于其物理过程的细节,人们还了解得并不是很多。

亚非季风区

东亚季风主宰着中国东部的气候。东亚季风是亚非季风区的一个重要季风子系统。经典气候学用1和7月地面盛行风角度的差来定义季风区:凡盛行风角度差在$120°\sim180°$之间的为季风区(高由禧等,1962)。按照这个定义,地球上范围最大的季风区在赤道以北,到$20°\sim30°N$自西非经阿拉伯半岛、阿拉伯海、印度、中南半岛、中国南部到达西太平洋。这就是人们经常谈到的亚非季风区。

Tao等(1987)提出在亚洲季风区内,影响中国气候的是东亚季风,与影响印度气候的南亚季风不同。大量的研究证明这两个是相对独立的季风子系统,南亚季风以西南季风为主,属于热带季风;东亚季风以东南风为主,属于副热带季风。印度半岛北为大陆高原、南为海洋,中国则在大陆东岸,西为陆地、东为海洋,这可能是两个地区季风差异的根本原因。

Wang等(2002)设计了一种根据降水量来研究夏季风的方案,即用每5天的日平均降水量减去1月日平均降水量,称为相对候平均降水率,以5 mm/d为标准,达到这个值的地区代表季风区。图3B给出这样确定的季风区。图3B中ISM及NWPSM虽然同属热带季风,但他们之间有一个中南半岛缓冲区(图3B黄色区),那里夏季风降水在5月及9—10月各有一个峰值,与西部的ISM及东部的WNPSM显著不同。

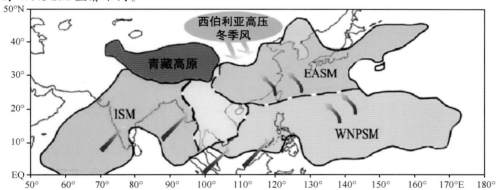

图3B 亚洲季风区示意图(绿色代表东亚夏季风(EASM),蓝色代表印度夏季风(ISM),紫色代表西北太平洋夏季风(NWPSM),黄色代表季风缓冲区,紫红色代表青藏高原,翠蓝色代表冬季风,蓝色箭头代表盛行风向。引自:Wang等,2002)

应该指出,亚非季风区还包括非洲季风。近来Wang等(2006)又把用降水量年变程定义季风的概念扩展到全球,称为全球季风(global monsoon),在$15°N$及$15°S$各构成一个带,每个带上有3～4个核心区,在他们的图上非洲季风区与亚洲季风区并不连接。

中国气候深受季风影响,因此,月或季的气温、降水量与季风指数的相关是很高的。当然,如果选用不同的季风指数则相关会有差异(Wang等,2007)。这是因为不同的指数可能反映了不同的季风特征。上一节所引用的季风指数是根据东亚海平面气压差计算的。这个指数反映了季风的强度(郭其蕴

等,2003),本节我们仍然以这个指数为基础,分析季风与中国乃至东半球气候的关系。为了比较,我们用1971—2000年30年资料计算相关。

图3.22(a)及(b)分别给出夏季风指数与中国夏季降水量和气温的关系。由此图可见,大体上夏季风与降水量和温度的相关符号相反。在华北地区,夏季风强时降水多、气温低,夏季风弱时降水少、气温高。华南情况与华北地区相类似,而长江中下游则与华北地区相反,夏季风强时降水少、气温高,夏季风弱时降水多、气温低。这同早期对季风研究的结论是一致的。中国东部这种降水量异常正、负、正或负、正、负的分布反映了夏季风的强弱。3.3.5节指出,这是东亚大气环流的基本模态。这也说明夏季风的强弱与整个对流层大气环流的变化协调是一致的。中国西部中心部分,在夏季风强时以降水量多、气温低为主,但是,西部周边地区如新疆北部、青藏高原最西部及其东部和黄河上游则与西部中心部分不同,夏季风强时降水量少气温高。由于一般公认夏季风的直接影响仅限于中国东部,因此很难认为中国西部气候与夏季风的关系是受季风的直接影响,但是,这种相关确实是存在的,所以,可以把这种相关理解为遥相关关系。这种遥相关是西风带环流与季环流相互作用的结果。

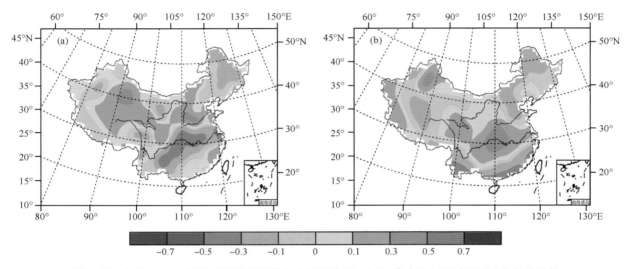

图3.22 1971—2000年东亚夏季风指数与中国夏季(6—8月)降水量(a)和气温(b)的相关系数

图3.23给出东亚夏季风指数与东半球夏季(6—8月)降水量和气温的相关系数,这样可以扩大对季风影响的视野。在中国部分,图3.24与图3.23基本一致,并且夏季风与降水量和气温的相关是相反的。由于这是两个不同的资料序列,这种一致证明资料的可信度较高。在中国以外地区,首先看到的就是西太平洋,夏季风与降水量的相关是正的(图3.23(a)),正距平从台湾以东向北伸展到日本南部,而夏季风与气温的相关则是负的(图3.23(b)),保持夏季风与降水量及气温的相关符号相反。但这时东南亚0~15°N夏季风与降水量和气温的相关系数都是负的,这可能不是季风的直接影响,而是与夏季风增强时ITCZ北移有关。这就是说那里随着夏季风的减弱,降水量增加,气温也同时上升。那里正是西太平洋暖池,这种情况相当于强对流形势。因此,可以理解气候异常呈暖湿、冷干,而不是说中国大陆为暖干、冷湿。

图3.24给出东亚冬季风指数与中国冬季降水量(a)和气温(b)的相关系数。可见冬季风强时,整个中国东部降水量少,气温低。这与冬季风带来冷干空气是一致的。图3.25冬季风与东半球降水量(a)和气温(b)的相关则显示,冬季风带来的冷干气候在中国东部的黄河以南地区最明显。从图3.25还可以看出,东亚冬季风强时为冷干气候,在整个东南亚都是十分显著的。有趣的是,在东南亚的东南部,从加里曼丹到新几内亚,冬季风强度与降水量为正相关,正相关在南半球尤为明显,这可能是冬半球冷空气对夏半球降水量的影响。

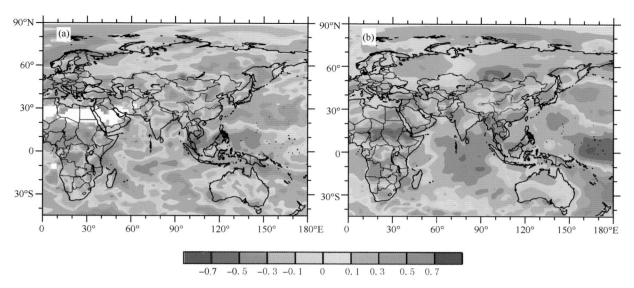

图 3.23 1971—2000 年东亚夏季风指数与东半球夏季(6—8 月)降水量(a)和气温(b)的相关系数

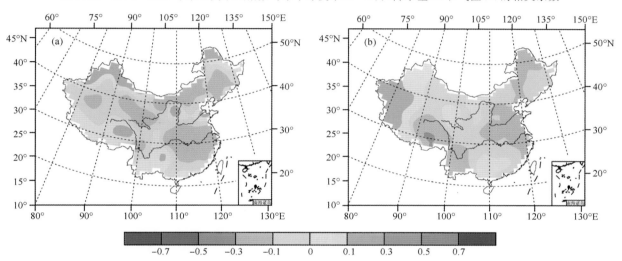

图 3.24 1971—2000 年东亚冬季风指数与中国冬季(12 月—次年 2 月)降水量(a)和气温(b)的相关系数

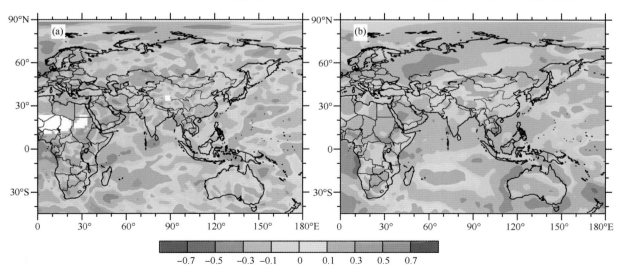

图 3.25 1971—2000 年东亚冬季风指数与东半球冬季(12 月—次年 2 月)降水量(a)和气温(b)的相关系数

3.4　云、辐射与对流层温度变化

3.4.1　1961 年以来云的变化

云在地球气候系统的辐射能量收支和水分循环过程中起着重要的作用。因此,云是气候系统中的一个不可忽视的物理量。但是,由于云的时空变率高,很难得到可靠而又有足够分辨率及覆盖面广的长序列。目前,云的信息有卫星遥感和地基观测两个来源,其中卫星资料覆盖面大、系统性好,但序列一般不如地基观测长,地基观测则在客观数字化及代表性方面不如卫星观测。比较卫星观测和中国208 个气象(台)站的地基观测,发现各月总云量空间分布的相关系数在 0.69～0.91 之间,秋季相关最高,冬季相关较低(翁笃鸣等,1998),年平均总云量的相关系数为 0.83。

由图 3.26 给出的 1984—2000 年卫星遥感总云量变化趋势可见,中国东北北部和新疆天山一带总云量有所增加,但其他地区的云量或者表现为减少,或者变化不明显,其中华北、青藏高原北部以及新疆东部地区的总云量减少幅度较大,而江南、藏南以及青藏高原西北部地区基本保持不变(刘瑞霞等,2004)。

根据 1961—2004 年地基观测,全国平均的总云量呈明显减少趋势,20 世纪 70 年代后期以来减少尤其显著,其中 1975—1997 年总云量约减少 3.6%(图 3.27)。1961 年以来云量减少的速率达到−0.87%/(10a)。利用 1954—1994 年的地基观测也证实总云量有下降趋势(Kaiser,2000)。

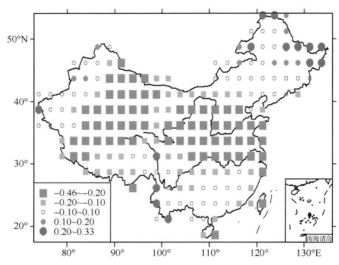

图 3.26　1984—2000 年中国总云量的变化趋势(刘瑞霞等,2004)

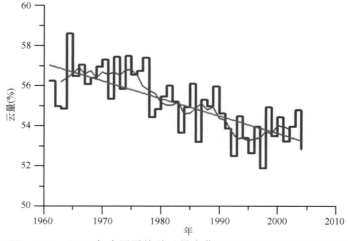

图 3.27　1961—2004 年全国平均总云量变化(根据国家基准/基本站资料绘制)

从空间分布看,除个别地区总云量增加外,全国其余大部分地区都呈减少趋势,其中内蒙古中西部、东北东部、华北大部以及西部个别地区总云量减少最为明显;30°N以南地区和新疆、青藏高原地区总云量趋势变化不很明显,局部地区甚至有轻微增加趋势。由此可见,中国总云量变化趋势的空间分布特征与年降水量变化基本一致。高层云量变化趋势与总云量比较相似,近40年来总体上呈现出减少趋势,但明显减少的开始时间推迟到20世纪80年代末和90年代初。高层云量下降明显的地区主要出现在西北东部、内蒙古和东北等地区,而华北和西藏地区则呈现微弱增加趋势。云量观测资料及其分析还存在着较大的不确定性。地面常规观测主观任意性比较大,资料的非均一性问题也比较突出。利用卫星遥感资料分析云量变化有一定优势,但目前的卫星资料长度还比较短,因此有关云量的变化还要做更多的研究。

3.4.2 1961年以来太阳辐射的变化

太阳辐射是地球气候系统最主要的能量来源。到达地球大气上界的太阳辐射变化非常小,一般认为即使11年周期,变化也不过0.1%(Fröhlich等,2004;Willson等,2003)。但是,到达地球表面的太阳辐射却比这个变化高1~2个数量级。这主要是因为受大气成分、云量、大气中水汽含量以及大气悬浮物等的影响。因此,研究到达地面太阳辐射量的变化,对认识气候变化的形成,改进气候模式中对辐射过程的描述,均有重要意义。

最近的研究(Che等,2005;Shi等,2008)表明,近几十年来中国的太阳辐射总体上呈下降趋势。1961—2000年中国年平均总辐射(图3.28)是165.86 W/m²,全国平均以−2.54%/(10a)的速率下降,1961—1989年下降趋势是−4.61%/(10a),1989年之后转为上升趋势,约为1.76%/(10a)。这种上升与全球表面总辐射的变化似乎是一致的。1961—1990年资料也证实了总辐射量下降的趋势(李晓文等,1998)。与总辐射的下降趋势一致,1961—2000年全国平均年日照百分率也显著下降了−1.28%/(10a)(Che等,2005)。利用743个气象站1960—2005年的日照时数资料对中国的直接辐射量进行估算,全国平均直接辐射年辐射量有明显下降趋势,其变化速率为−6.24 MJ/(m²·a)。1981年以前,平均直接辐射年辐射量一般在多年平均值以上,此后,其距平转为负值。20世纪60年代全国平均直接辐射距平值为141.75 MJ/m²,至70年代下降到104.17 MJ/m²,80年代为−19.28 MJ/m²,90年代则降至−84.88 MJ/m²(赵东等,2009)。

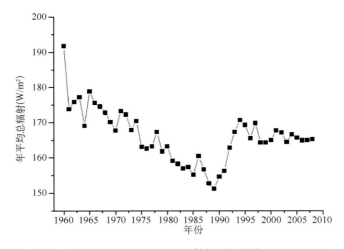

图3.28　1961—2008年中国年平均总辐射的时间变化(据Shi等,2008改绘)

从地理分布来看(图3.29),过去40年,全国大部分地区总辐射呈下降趋势,特别是在南部,四川盆地、贵州以及长江中下游地区,而东北和西部地区的下降率较小,数值在4%/(10a)以下。与总辐射和直接辐射相比,散射辐射的下降趋势不明显,部分站点显示为明显的上升趋势。68个气象站的平均散射辐射40年间下降了3.11%,除西藏的若干站点外,其他大部分上升或下降的站点的分布比较散乱。直接辐射的地理分布与总辐射非常类似,全国大部分地区的直接辐射在过去40年中一直在下降,总体看,中部和东部的下降大于西部和东北,最显著的下降出现在三个地区:四川、贵州和长江中下游地区。由于总辐射由直接辐射和散射辐射组成,而后者并未表现出明显的下降趋势,因此总辐射的下降主要是由直接辐射的下降引起的。

　　总辐射量变化趋势的季节特点是:冬季下降趋势最明显,为−4.82%/10a,而秋季、夏季和春季分别为−2.63,−2.15 和−1.39%/10a。

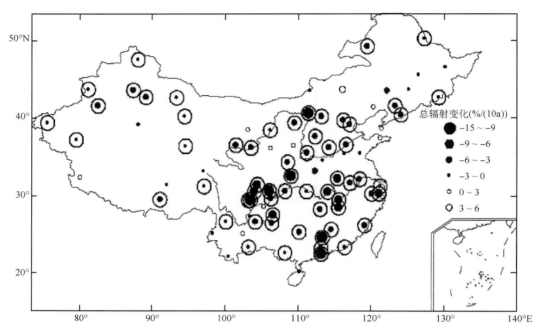

图 3.29　中国年平均总辐射变化的空间分布(Shi 等,2008)

3.4.3　对流层温度变化

　　研究气候变暖大多只考虑地面温度。对流层乃至平流层温度变化如何？因限于资料不足,经常有不同的见解,甚至有的作者根据对流层温度下降否认气候变暖。因此,研究对流层温度变化,对全面认识气候变暖有重要意义。根据 1961—2004 年全国 134 个探空站的资料,分析了中国对流层下层(850～400 hPa)、对流层上层(300～150 hPa)及平流层底层(100～50 hPa)平均温度距平(对 1971—2000 年),结果表明,对流层下层温度有微弱的上升趋势(0.05 ℃/10a),而且温度最高的是 1998 年(距平为 0.98 ℃),与地面的情况类似。但是,对流层上层温度呈下降趋势(−0.17 ℃/10a)。平流层底层则下降更明显(−0.22 ℃/10a)(王颖等,2005)。不过由于这份资料缺少足够的质量控制,可能存在一定的误差。

　　根据等压面之间的厚度分析了 1951—1993 年对流层的温度变化(王绍武等,1996),结果表明,对流层温度有弱的下降趋势(−0.07 ℃/10a),平流层温度则下降最明显(−0.51 ℃/10a)。对中国1958—2005 年 116 个探空温度序列做了均一化处理(郭艳君等,2008),结果显示,850 hPa 温度上升(0.18 ℃/10a),300 hPa 温度下降(−0.24 ℃/10a)。这些工作表明,近 50 年对流层低层温度上升,高层温度下降,平流层下降最明显。这与北半球的温度变化趋势大体相同(Trenberth 等,2007)。

3.5　全球变暖背景下中国的气候变化

3.5.1　与全球变暖的比较

　　全球变暖的研究开始于对全球温度资料的整合。20 世纪 40 年代末到 60 年代可以作为这项研究的第一个阶段。这时还没有建立全球的格点温度资料,大多数作者利用有限的台站资料,分气候带研究气候变暖。根据这些研究,确认北半球20世纪40年代温度最高,比20世纪末上升0.6℃左右。20世纪80—90年代为研究的第二个阶段。英国、美国、俄罗斯的科学家先后建立了全球或北半球陆地温度格点序列。但是,海洋占到地球表面积的70%左右,缺少海洋观测,显然不能说对全球有代表性,所以,第三个研究阶段的特点就是在温度格点序列中引入海洋资料。目前有3个全球温度序列:

(1)HadCRUT3序列。CRU是指英国东英吉利大学气候研究部(CRU)所整理的全球陆地气温记录。这个陆地序列与哈得来中心(Hadley Centre)的SST结合形成HadCRUT2。后来CRU的资料又有所改进,并讨论了误差范围,再与改进的哈得来中心的SST序列合并形成目前IPCC引用的Had-CRUT3(Brohan等,2006)序列。

(2)NCDC序列。即美国气候资料中心(National Climatic Data Center,NCDC)的温度序列。这是一个覆盖面完整的序列(Smith等,2005)。从1981年11月开始有了卫星观测的SST,因此应用1982—2000年卫星观测对SST序列做了插补。具体做法是把温度序列分为高频与低频两部分,分别插补,再合并起来,就得到完整的SST序列。

(3)GISS序列。即戈达德空间研究所(Goddard Institute for Space Studies,GISS)的温度序列,属于美国宇航局(NASA)。最近Hansen等(2010)不仅把GISS序列延伸到2009年,而且对序列的建立与延伸做了全面的回顾,并且与HadCRUT3及NCDC两个温度序列进行了比较。

IPCC第四次评估报告应用的是HadCRUT3序列。历次IPCC报告均用这个序列或者其前身CRU序列来判断气候变暖趋势。从表3.9看,气候变暖日益加剧(赵宗慈等,2007),这就是当前全球气候变暖的基本形势。

表3.9 IPCC报告提供的全球变暖趋势

IPCC报告	变暖速率(℃/100a)	变化范围(℃/100a)	资料时段
第1次(1990年)	0.45	0.3~0.6	1861—1989年
第2次(1995年)	0.45	0.3~0.6	1861—1994年
第3次(2001年)	0.60	0.4~0.8	1901—2000年
第4次(2007年)	0.74	0.56~0.92	1906—2005年

引自:赵宗慈等,2007

图3.30给出GISS全球和北半球温度序列,中国是采用T温度序列。比较这三条曲线可以看出,温度变化趋势还是相当一致的。不同的是中国温度序列和全球或北半球温度序列的相关系数在0.63~0.79之间。但是,也可以从中看出,20世纪40年代的变暖,中国要比北半球明显,而北半球比全球明显。这也证明上面谈到的,20世纪40年代的变暖可能是区域性特征的观点。

表3.10给出HadCRUT3,NCDC和GISS全球温度序列;GISS北半球温度序列,以及中国W和T温度序列的前10个最暖年。由表3.10可见,在近百年的前10个最暖年中,10年中有6~7年是一致的,虽然在全球或北半球与中国的排序不尽相同。10年中有6~7年或7~8年发生在21世纪,可见中国与全球或北半球一样,气候变暖是很激烈的。在前3个最暖年中,中国两个温度序列的排序是一致的,但与全球或北半球的温度序列不同。根据HadCRUT3全球温度序列,至今1998年仍是最暖的一年,而在NCDC和GISS另两个全球温度序列中,最暖年均出现在2005年。考虑到这两个序列在近期引入了卫星观测资料,在排序时应以其为主。

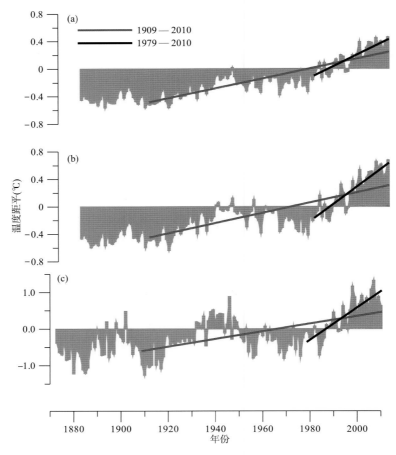

图 3.30　1870—2010 年全球平均温度(a)、北半球平均温度(b)(Hansen 等,2010)和中国平均温度(c)

表 3.10　HadCRUT3,NCDC 和 GISS 全球温度序列,GISS 北半球,
以及中国 W 和 T 温度序列的前 10 个最暖年(温度距平,℃)

排序	HadCRUT3(GL)	NCDC(GL)	GISS(GL)	GISS(NH)	W	T
1	1998(0.46)	2005(0.41)	2005(0.45)	2005(0.65)	2007(1.35)	2007(1.32)
2	2005(0.39)	1998(0.39)	2009(0.40)	2007(0.61)	1998(1.15)	1998(1.16)
3	2003(0.39)	2003(0.37)	2007(0.40)	2006(0.56)	2006(1.11)	2006(1.08)
4	2002(0.38)	2002(0.37)	2002(0.39)	1998(0.51)	2009(0.95)	2002(0.91)
5	2004(0.36)	2006(0.35)	1998(0.39)	2003(0.51)	2002(0.94)	2009(0.88)
6	2009(0.35)	2009(0.35)	2003(0.38)	2002(0.50)	1999(0.89)	1946(0.88)
7	2006(0.34)	2007(0.34)	2006(0.36)	2009(0.47)	2004(0.84)	1999(0.87)
8	2001(0.32)	2004(0.33)	2004(0.31)	2004(0.46)	2008(0.79)	2004(0.84)
9	2007(0.31)	2001(0.31)	2001(0.31)	2008(0.43)	1946(0.68)	2008(0.74)
10	1997(0.26)	2008(0.27)	2008(0.27)	2001(0.42)	2001(0.64)	2001(0.68)

3.5.2　近 10 年全球变暖的停滞

2009 年 8 月,美国气象学会会刊(BAMS)发表了《2008 年气候状况》报告。在报告中 Knight 等 (2009)首次指出,根据 HadCRUT3 资料,1999—2008 年温度增量为(0.07±0.07)℃/10a,显著低于 1979—2008 年的 0.18(℃/10a),更低于原来 IPCC 报告估计的 0.2 ℃/10a。2009 年 10 月,从 Science 杂志刊登了 Kerr(2009)的评论,作者提出,"全球变暖发生了什么变化?"。显然,1979—2008 年化石燃

料排放的碳仍在增加,而且增加的速度超过了 20 世纪最后 10 年。但是这 10 年全球平均温度却几乎没有增加。因此,一种解释是人类活动之外的因素导致了温度下降,抵消了温室效应加剧造成的气候变暖。

Lean 等(2008)用统计方法模拟全球温度的变化,共考虑 4 个因素,即人类活动(包括温室气体及其气溶胶)、太阳辐射、火山气溶胶及 ENSO。利用这个统计模式重建 1980—2008 年的月温度序列,与观测值的相关系数达到 0.87,即解释了 76% 的方差。模拟的成功说明,近 10 年 ENSO 及太阳辐射变化的影响在一定程度上抵消了人类活动造成的变暖,因此才表现出变暖的停滞。

Kerr(2009)评论的副标题是:科学家说只要略等一等(就会恢复变暖)。这代表了颇为流行的一种见解,即过去 10 年气候变暖的停滞是真实的,但是不可能再继续下去了。这种论点的一个主要依据是运用英国哈得来中心 HadCM3 模式所做的一系列模拟实验(Collins 等,2006)。改变物理参数或参数化公式,设计了 16 个方案,加上对照实验共 17 个方案。按 CO_2 浓度每年增加 1%,大约 70 年即达到 CO_2 浓度加倍,故每个方案积分 70 年来模拟 CO_2 浓度随时间增加情况下的气候变化。其中有 10 个方案的气候敏感度,即 CO_2 总浓度加倍时的平均温度相对于对照实验的温度距平大于 2.0 ℃。这 10 个方案对 21 世纪的模拟共 700 年,其中有 17 个独立的 10 年温度变化类似于过去 10 年,即温度距平在 $-0.05 \sim +0.05$ ℃ 之间。这约占总数的 1/4,说明在气候变暖的过程中,由于气候系统的内部过程也可能产生类似于 1999—2008 年的温度变化。但是,模拟实验中没有发现长于 15 年的变暖停滞状况。所以,认为变暖可能在未来几年内恢复。

后来的研究表明,只有 HadCRUT3 序列模拟 1999—2008 年的变暖有所停滞,GISS 和 NCDC 序列在这段时间内变暖仍然继续,其原因是北极地区近 10 年变暖激烈。HadCRUT3 序列在北极地区缺少观测,而其他两个序列引进了卫星观测,覆盖了北极地区,所以变暖仍然继续。确实,1999—2008 年中国的变暖不仅继续,而且平均温度距平远超过了此前的两个 10 年,W 序列和 T 序列分别达到 1.00 和 1.04 ℃,10 年温度正增量占绝对优势(图 3.31)。

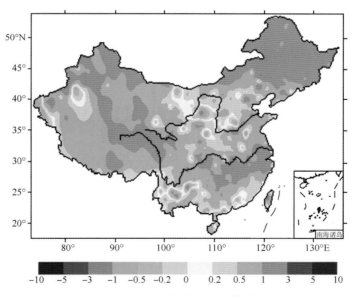

图 3.31　1999—2008 年中国温度增量(℃/10a)

3.5.3　与全球陆地降水的比较

由于缺乏海洋上降水量的观测资料,至今没有建立包括陆地与海洋的全球降水量的长序列。目前仅有的两个陆地降水的长序列是 GHCN(Global Historical Climatology Network)序列及 CRU 序列,前者开始于 1900 年,后者开始于 1901 年。其他尚有的几个序列,大都只有 20 世纪后 50 年的记录。图 3.32(a)给出 GHCN 序列。2007 年的 IPCC 报告(Trenberth 等,2007)比较了几个序列,指出尽管降水量的绝对值彼此有较大差异，但是年代际变化趋势是基本一致的。大体上是 20 世纪 50 年代中期至 80 年代初的 30 余年是多雨期，而 20 世纪初的 40 余年为少雨期，虽然在此期间降水量也有波动，但是平均降水量约比 20 世纪 50—80 年代低 20 mm 左右（图 3.32(a)）。作为全球陆地平均，这是一个不小的量了。

图 3.32(b)给出根据 CRU 资料得到的中国降水量距平。这是一个地理覆盖面完整的序列，但是 20 世纪前半叶，由于中国西部实际上几乎没有什么降水量观测，因此，大部分数据是靠中国以外的站内插得到的。有的格点大约是没有适合的观测可供内插，甚至连续若干年均采用零距平，但是，无论如何这提供了一个包括中国西部的全中国降水量序列。从图 3.32(a)和图 3.32(b)可见，中国的降水量与全球有较大差别。首先，CRU 的中国序列，并没有像全球一样表现出 20 世纪 50—80 年代的多雨，虽然 20 世纪 50 和 70 年代降水量也有一些峰值，但主要是年际变化，而且 20 世纪 20 年代及 1940 年前后的少雨也与全球陆地的平均不一致。

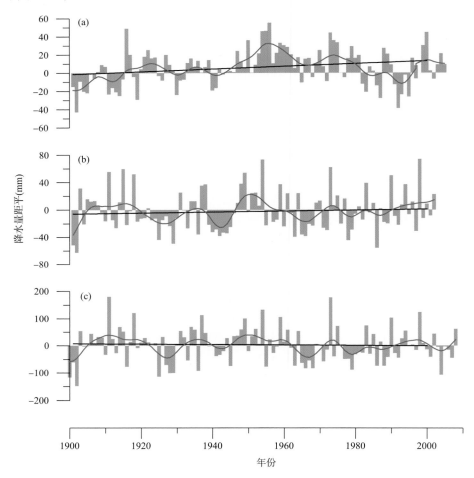

图 3.32　1900—2008 年陆地降水量变化
(a)全球陆地平均降水量距平(GHCN)；(b)整个中国平均降水量距平(CRU)；
(c)中国东部 71 个站降水量距平(a 取自 Trenberth 等，2007)

图 3.32(c)给出中国东部 71 个站的降水量距平。这是用经过史料插补，分辨率达到季的资料合成为年降水量。整个 20 世纪，CRU 序列与 71 个站序列相关系数达到 0.85。CRU 中国降水量序列及中国东部 71 个站降水序列，与全球陆地降水序列的相关系数分别为 0.17 和 0.06。因此，总的讲，中国的降水量变化与全球陆地平均降水量变化一致性不大。近百年全球陆地降水量有弱的增长趋势（14.75 mm/100a），中国降水的增量更小（6.77 mm/100a），而且中国东部降水量为负增长（−7.97 mm/100a）。

3.5.4 近 50 年全球季风衰退

从中国东部降水量变化来看,大体上是 20 世纪 10 年代至 60 年代初是一个多雨期。这个特点同 IPCC 报告(Trenberth 等,2007)中给出的降水量变化的纬度-时间剖面中的 10°～35°N 的正降水量距平十分一致。IPCC 报告中的 3 个降水量正距平峰值期出现在 20 世纪 10,30 和 50 年代,也与中国的降水量变化一致。20 世纪 60 年代末以来的萨赫勒干旱是 20 世纪著名的气候事件。实际上,20 世纪 70 年代之前的多雨和 20 世纪 70 年代及其以后的少雨是亚非季风区气候变化的一个重要特征。20 世纪 60 年代末以来的干旱并不仅限于萨赫勒地区,中国华北地区也有反映。图 3.33 给出 1900—2008 年亚非季风区 4 个地区的降水量序列,其中,前 3 个曲线取自 IPCC 报告(Trenberth 等,2007),第 4 个曲线取自中国 71 个站序列。从 20 世纪 50 年代末到 21 世纪初,这 4 个地区降水量减少的趋势是很明显的。这说明近半个世纪亚非夏季风普遍减弱。

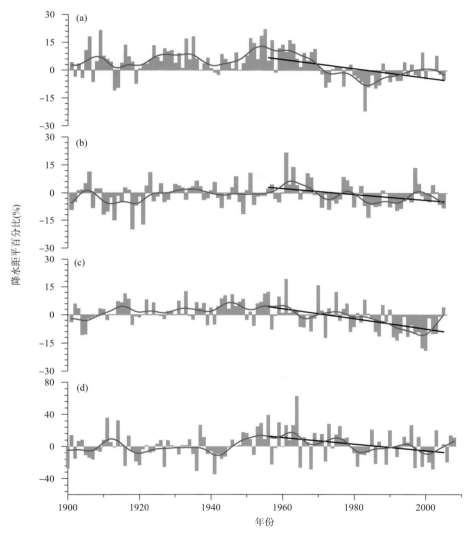

图 3.33　1900—2008 年亚非季风区降水量异常
(a)西非(Trenberth 等,2007);(b)东非(Trenberth 等,2007);
(c)南亚(Trenberth 等,2007);(d)中国华北(71 个站序列)

研究表明,近 50 年全球季风减弱(Chase 等,2003;Wang 等,2006)。全球季风是 21 世纪才提出来的新概念(Trenberth 等,2000;Qian 等,1998;Qian,2000)。现代气候学的全球季风与经典气候学的季风有三点不同:①现代气候学把季风视为全球现象,而不像经典气候学把季风视为局地现象,还认为季风是 2 级环流（西风环流为 1 级环流）；②现代气候学认为季风形成的机制是随季节而变化的大尺度持续性大气翻转，而经典气候学仅仅把季风视为近地面风的季节性反转；③现代气候学认为全球热带至少有 6～7 个区可称为季风区，而经典气候学几乎均只强调亚非澳的季风区，把季风区扩大到海上是季风研究的一个新发展。

　　研究全球季风一个重要的课题就是与全球变暖相联系。过去的模拟研究认为，随着全球气候变暖，夏季风应该增强（Meehl 等，1993；Hulme 等，1998）。但是，过去由于缺少全球尺度降水量变化的分析，对季风区的 1948—2003 年的降水分两个半球做了平均，结果发现，北半球与全球降水均有微弱的下降趋势（Wang 等，2008）。不过，随着温室效应的加剧，季风降水是否会增加或者减弱还是一个需要进一步探讨的问题。

参 考 文 献

陈永仁，李跃清．2007．夏季北半球极涡与南亚高压东西振荡的关系．高原气象，**26**：1067-1076.

高由禧，等．1962．东亚季风的若干问题．北京：科学出版社.

郭其蕴，蔡静宁，邵雪梅．2003．东亚夏季风的年代际变率对中国气候的影响．地理学报，**58**：569-576.

郭艳君，丁一汇．2008．近 50 年中国探空温度序列均一化及变化趋势．应用气象学报，**19**：646-654.

季明霞，黄建平，王绍武．2008．冬季中高纬地区阻塞高压活动及其气候影响．高原气象，**27**(2)：415-421.

李崇银，王作台，林士哲，等．2004．东亚夏季风活动与东亚高空西风急流位置北跳关系的研究．大气科学，**28**：641-658.

李晓文，李维亮，周秀骥．1988．中国近 30 年太阳辐射状况研究．应用气象学报，**9**：24-31.

廖清海，高守亭，王会军，等．2004．北半球夏季副热带西风急流变异及其对东亚夏季风气候异常的影响．地球物理学报，**47**：10-18.

刘瑞霞，刘玉洁，杜秉玉．2004．中国云气候特征的分析．应用气象学报，**15**：468-476.

濮冰，王绍武，朱锦红．2007a．中国东部四季降水量变化空间结构的研究．北京大学学报（自然科学版），**43**：620-629.

濮冰，闻新宇，王绍武，等．2007b．中国气温变化的两个基本模态的诊断和模拟研究．地球科学进展，**22**：456-468.

濮冰，王绍武，朱锦红．2008．对中国东部夏季降水有重要影响的一种东亚遥相关型．气候变化研究进展，**4**：17-20.

气象科学研究院天气气候所，中央气象台．1984．中国气温等级图，1911—1980 年．北京：气象出版社，1-443.

任国玉，郭军，徐铭志．2005．近 50 年来中国气候变化基本特征．气象学报，**63**(6)：942-956.

屠其璞，邓自旺，周晓兰．2000．中国气温异常的区域特征研究．气象学报，**58**(3)：288-296.

气象科学研究院天气气候所，中央气象台．1984．中国气温等级图（1911—1980 年）．北京：气象出版社.

施雅风．2002．中国西北气候由暖干向暖湿转型问题评估．兰州：中国科学院寒区旱区环境与工程研究所等，1-68 页.

唐国利，林学椿．1992．1921—1990 年中国气温序列及变化趋势．气象，**18**(7)：3-6.

唐国利，任国玉．2005．近百年中国地表气温变化趋势的再分析．气候与环境研究，**10**：791-798.

翁笃鸣，韩爱梅．1998．中国卫星总云量与地面总云量分布的对比分析．应用气象学报，**9**：32-37.

王绍武，赵宗慈．1979．近 500 年中国旱涝史料的分析．地理学报，**34**：329-341.

王绍武，朱锦红，裘伟光，等．1996．北半球及中国上空自由大气温度的变化//85-913 项目 02 课题论文编委会.气候变化规律及其数值模拟研究论文（第三集）．编．北京：气象出版社.

王绍武，叶瑾琳，龚道溢，等．1998．近百年中国年气温序列的建立.应用气象学报，**9**(4)：392-401.

王绍武，龚道溢，叶瑾琳，等．2000．1880 年以来中国东部四季降水量序列及其变率．地理学报，**55**(3)：281-293.

王绍武，翟盘茂，蔡静宁，等．2003．中国西部降水增加了吗？气候变化通讯，**2**(5)：8-9.

王绍武，赵振国，李维京．2009．中国季平均温度与降水量百分比距平图集（1880—2007 年）．北京：气象出版社.

王颖，任国玉．2005．中国高空温度变化初步分析．气候与环境研究，**10**：780-790.

闻新宇，王绍武，朱锦红，等．2006．英国 CRU 高分辨率格点资料揭示的 20 世纪中国气候变化．大气科学，**30**：894-904.

曾昭美，严中伟，叶笃正．2003.20 世纪两次全球增暖事件的比较．气候与环境研究，**8**(3)：319-330.

赵振国．1999．中国夏季旱涝及环境场．北京：气象出版社.

赵宗慈，王绍武，罗勇．2007.IPCC 成立以来对温度升高的评估与预估．气候变化研究进展，**3**：183-184.

赵东，罗勇，高歌，等．2009．中国近 50 年来太阳直接辐射资源基本特征及其变化．太阳能学报，**30**(7)：946-952.

Bjerknes J．1969．Atmospheric teleconnection from the equatorial Pacific．*Mon Wea Rev*，**97**：163-172.

Brohan P，Kennedy J J，Harris I，*et al*. 2006. Uncertainty estimates in regional and global observed temperature changes：A new data set from 1850. *J Geophys Res*，111，D12106，doi：**10** 1029/2005 J D006548.

Chase T N，Knaff J A，Pielke sr R A，*et al*. 2003. Changes in global monsoon circulations since 1950. *Natural Hazards*，**29**：229-254.

Che HZ，Shi G Y，Zhang X Y，等. 2005. Analysis of 40 years of solar radiation data from China，1961-2000. Geophys Res Lett，**32**，L06803，doi：**10**. 1029/2004GL020322.

Collins M，Booth B B B，Harris G R，等. 2006. Toward quantifying uncertainty in transieut climate change. Climate Dynamics，**27**：127-147.

Deser C. 2000. On the teleconnectivity of the Arctic Oscillation. Geophys Res Lett，**27**：779-782.

Deser C，Phillips A S，Hurrell J W. 2004. Pacific interdecadal climate variability：Linkages between the tropics and the north Pacific during boreal winter since 1900. *J Clim*，**17**：3109-3124.

Folland C K，Renwick J A，Salinger J，*et al*. 2002. Relative influences of the Interdecadal Pacific Oscillation and ENSO on the South Pacific convergence zone. *Geophys Res Lett*，**29**(13)，1643，doi：**10**，1029/2001 G L 014201.

Fr? hlich C，Lean J. 2004. Solar radiative output and its variability：evidence and mechanisms. The Astron Astrophys Rev，**12**：273-320.

Gao X J，Shi Y，Song R Y，*et al*. 2008. Reduction of future monsoon precipitation over China：Comparison between a high resolution RCM simulation and the driving GCM. *Meteorol Atmos Phys*，**100**：73-86.

Gao X J，Zhao Z C，Ding Y H，*et al*. 2001. Climate change due to greenhonse effects in China as simulated by a regional climate model. *Adv Atmos Sci*，**18**：1224-1230.

Gong D Y，Wang S W. 1999. Definition of Antarctic Oscillation index. *Geophys Res Lett*，**26**：459-462.

Hansen J，Ruedy R，Sato M，*et al*. 2010. Global Surface Temperature Change，http：//www. columbia. edu/~jehl/.

Hulme M，Osborn T J，Johns T C. 1998. Precipitation sensitivity to global warming：Comparison of observations with Had CM2 Simulations. *Geophys Res Lett*，**25**：3379-3382.

Jones P D，Jónsson T，Wheeler D. 1997. Extension to the North Atlantic Oscillation using early instrumental pressure observations from Gilbraltar and south-west Iceland. *Int J Climatol*，**17**：1433-1450.

Kaiser D P. 2000. Decreasing cloudiness over China！An updated analysis examining additional variables. *Geophys Res Lett*，**27**：2193-2196.

Kerr R A. 2009. What happened to global warming? Scientists say just wait a bit. *Science*，**326**：28-29.

Knight J，Kennedy J J，Folland C，*et al*. 2009. Do global temperature trends over the last decade falsify climate predictions? In State of the Climate in 2008. *Bull Amer Meteor Soc*，**90**(8)：S22-23.

Können G P，Jones P D，Kaltofen M H，*et al*. 1998. Pre-1866 extensions of the Southern Oscillation index using early Indonesian and Tahitian meteorological readings. *J Clim*，**11**：2325-2339.

Kuang X Y，Zhang Y C. 2005. Seasonal cariation of the East Asian subtropical westerly jet and iys association with the heating field over East Asia. Adv Atmos Sci，(22)：831-840.

Lean J L，Rind D H. 2008. How natural and anthropogenic influences alter global and regional surface temperatures：1889 to 2006. *Geophys Res Lett*，35，L 18701，doi：**10**. 1029/2008 GL 034864.

Lean J L，Rind D H. 2009. How will earth's surface temperature change in future decades? Geophys Res Lett，36，L 15708，doi：**10**. 1029/2009 GL 038932.

Lin Z D，Lu R Y. 2005. Interannual meridional displacement of the East Asian upper-tropospheric jet stream in summer. *Adv Atmos Sci*，**22**：199-211.

Mantua N J，Hare S J. 2002. The Pacific Decadal Oscillation. *J Oceanogr*，**58**：35-44.

Marshall G J. 2003. Trends in the Southern Annular Mode from observations and reanalyses. *J Clim*，**16**：4134-4143.

Meehl G A，Washington W M. 1993. South Asian summer monsoon variability in a model with doubled atmospheric carbon dioxide concentration. *Science*，**260**：1101-1104.

Mitchell T，Jones P D. 2005. An improved method of constructing a data base of monthly climate observations and associated high-resolution grids. *Int J Climatol*，**25**，693-712.

Power S，Casey T，Folland C，*et al*. 1999. Inter-decadal modulation of the impact of ENSO on Australia. *Clim Dyn*，**15**：319-324.

Qian W H，Zhu Y F，Xie A．1998．Seasonal and interannual variations of upper tropospheric water vapor band brightness temperature over the global monsoon regions．*Adv Atmos Sci*，**15**(3)：337-345．

Qian W H．2000．Dry/wet alternation and global monsoon．*Geophy Res Letts*，**27**(22)：3679-3682．．

Ropelewski C F，Halpert M S．1986．North American Precipitation and temperature pattern associated with the El Niño/Southern Oscillation (ENSO)．*Mon Wea Rev*，**114**：2352-2362．

Ropelewski C F，Halpert M S．1987．Global and regional scale precipitation pattern associated with the El Niño/Southern Oscillation．*Mon Wea Rev*，**115**：1606-1626．

Shi G Y，Hayasaka T，Ohmura A，et al．2008．Data quality assessment and the long-term trend of ground solar radiation in China．*J App Met Climato*，**47**：1006-1016．

Smith T M，Reynolds R W．2005．A global merged land-air-sea surface temperature reconstruction based on historical observations (1880—1997)．*J Clim*，**18**：2021-2036．

Tao S Y，Chen L X．1987．A Review of Recent Research on the East Asian Monsoon in China．C-P Chang and T N Krishnamurti，eds．Monsoon Meteorology，London：Oxford University Press，60-92．

Tao S Y，Zhang X L．2004．The Seasonal Change of Rainfall Patterns in East Asia and its Relationship with the Seasonal Change of the East Asian Summer Monsoon．In The Fourth International Symposium on Asian Monsoon System (ISAM4)．Kunming City Yunnan Province，China，24-29 May，4-8．

Thompson D W J，Wallace J M．1998．The Arctic Oscillation signature in the wintertime geopotenial height and temperature fields．Geophys Res Lett，**25**：1297-1300．

Thompson D W J，Wallace J M．2000a．Annular modes in the extratropical circulation，Pt I：Month-to-month variability．J Clim，**13**：1000-1016．

Thompson D W J，Wallace J M，Hegerl G C．2000b．Annular modes in the extratropical circulation，Pt II：Trends．J Clim，**13**：1018-1036．

Trenberth K E，Hurrell J W．1994．Decadal atmosphere-Ocean variations in the Pacific，*Clim Dyn*，**9**：303-319．

Trenberth K E，Jones P D，Ambenje P，*et al*．2007．Observations：Surface and Atmospheric Climate Change//Solomon S，Qin D，Manning M，*et al*．In Climate Change 2007：The Physical Science Basis．Contribution of Working Group Ⅰ to the Fourth Assessment Report of the Intergovernmental Panel on Climate Change．Cambridge：Cambridge University Press，235-335．

Trenberth K E，Stepaniak D P，Caron J M．2000．The Global monsoon as seen through the divergent atmospheric circulation．*J Climate*，**13**：3969-3993．

Troup A J．1965．The Southern Oscillation．*Q J R Meteorol Soc*，**91**：490-506．

Wallace J M，Gutzler D S．1981．Teleconnections in the geopotential height field during the Northern Hemisphere winter．*Mon Wea Rev*，**109**：784-812．

Wang B，Lin H．2002．Rainy season of the Asian-Pacific Summer Monsoon．*Journal Climate*，**15**：386-398．

Wang B，Ding Q H．2006．Changes in global monsoon precipitation over the past 56 years．*Geophysical Research Letters*，33L06711，doi：**10**．1029/2005GL025347．

Wang B，Ding Q H．2008．Global Monsoon：Dominant mode of annual variation in the tropics．*Dyn Atmos Oce*，**44**：165-183．

Wang Shaowu，Li Weijing，eds．2007．Climate of China．Beijing：China Meteorological Press，pp428．

Willson R C，Moravinov A V．2003．Secular total irradiance trend during solor cycles 21-23．Geophys Res Lett，**30**．doi：**10**．1029/2002 G L 016038．

Zhang Y C，Kuang X Y，Guo W D，*et al*．2006．Seasonal evolution of the upper-tropospheric westerly jet core over East Asia．*Geophys Res Lett*，33，L11708，doi：**10**．1029/2006GL026337．

名词解释

阻塞高压（Blocking High）

对流层中层高纬度的闭合暖高压。其南部为冷空气隔断，与中低纬度暖空气母体分离。冬季阻塞高压主要出现在北大西洋东部到乌拉尔山及北太平洋东部到阿拉斯加,东亚发生的频率很低;夏季则相反,东亚的阻塞高压相对活跃,特别是鄂霍茨克海高压与日本的冷夏及中国的梅雨有密切关系。

西太平洋副热带高压(Subtropical High over the Western Pacific)

对流层中层西太平洋上的高压。由于高压母体及其中心经常在日界线以东,西太平洋上主要是一个东西向的高压脊。这个脊南北向的季节性移动及东西向进退对中国夏季雨带的形成有决定性的作用。

南亚高压(South Asian High)

对流层上层盘踞在亚洲大陆的高压,5月进入大陆,10月撤出大陆。其南侧为强大的东风急流。高压及与之相联的东风急流对东亚、南亚及东非-阿拉伯地区夏季降水有重要影响。

第四章　冰冻圈变化

主　笔：任贾文，效存德
主要贡献者：李韧，马丽娟，王国庆，张启文

提　要

中国冰川面积 5.9425 万 km²；多年冻土区面积 215 万 km²，约占中国国土面积的 22%；稳定积雪区面积 340 万 km²，积雪日数超过 30 天的地区占全国面积的 56%。20 世纪 60—70 年代以来，80.8% 的冰川处于退缩状态，近 10 年来退缩趋势更加明显，且有加速迹象，但青藏高原内部有的冰川处于稳定甚或前进状态，不同山区、类型和规模冰川的变化具有差异性。在中国三大积雪区中，青藏高原积雪面积在 20 世纪后期增加趋势明显，近 10 年来趋于稳定；新疆地区变化不明显；东北、内蒙古地区则呈减少趋势。多年冻土面积减小，活动层厚度增加，温度升高。青藏高原多年冻土下界升高幅度达 25～80 m。渤海和黄海北部海冰面积自 20 世纪 70 年代以来呈减小趋势，海冰范围极值与太阳活动有较好的相关性。20 世纪 90 年代北方河流结冰和解冻日期比 20 世纪 50—80 年代平均分别延后 1～6 天和提前 1～3 天。20 世纪 90 年代不同地区的河冰持续日数和最大厚度比 20 世纪 50—90 年代平均值分别减少 4～10 天和减薄 0.06～0.21 cm。根据对未来气候变暖的预估，预测未来几十年中国冰冻圈各组分将呈继续减小趋势，其中规模较小的冰川和海洋型冰川退缩量较大；多年冻土活动层厚度继续增大，季节冻土面积和厚度将进一步减小；积雪变化有较大的区域差异；河、湖、海冰范围和冻结日数将会减少。

4.1　全球和中国冰冻圈概况

4.1.1　全球冰冻圈组成和分布

冰冻圈是指地球表层（陆地和海洋表面以及其表面以下）含固态水的部分，其主要组成部分为积雪、冰川（和冰帽）和冰盖（和冰架）、冻土（季节冻土和多年冻土）、海冰、河冰和湖冰等。目前，全球 75% 的淡水储存在冰冻圈中，陆地表面约 10% 被冰川和冰盖所覆盖，海冰面积占海洋面积的 7%，北半球冬季积雪面积接近陆地面积的一半，冻土面积更大（表 4.1）（IPCC，2007）。冰川方面，除南极和格陵兰冰盖及高纬度地区的冰帽外，中、低纬度高山冰川分布也很广泛。南极冰盖（包括延伸到海洋中的冰架）占据了全球冰川总面积的 87%，总冰量的 99%（表 4.1）。冻土主要分布在北半球，多年冻土分布区主要有阿拉斯加、加拿大、西伯利亚、青藏高原等地区，目前对多年冻土含冰量的估算非常缺乏，唯一有关北半球冻土含冰量的估算也比较早（Zhang，1999）。积雪分布很广，但年际变化很大。北极和南极地区是海冰的主要分布区，北美和欧亚北方许多河流和湖泊冬季都有结冰。

表 4.1 全球冰冻圈主要分量的面积、体积以及对海平面变化的潜在贡献量

冰冻圈分量	面积($\times 10^6$ km^2)	冰量($\times 10^6$ km^3)	对海平面潜在贡献量(m)
积雪(北半球)	1.9～45.2	0.0005～0.005	0.001～0.01
海冰	19～27	0.019～0.025	
冰川、冰帽	0.51～0.54	0.05～0.13	0.15～0.37
冰架	1.5	0.7	—
格陵兰冰盖	1.7	2.9	7.3
南极冰盖	12.3	24.7	56.6
季节冻土(北半球)	5.9～48.1	0.006～0.065	0.1
多年冻土(北半球)	22.8	4.5	

引自:IPCC,2007

冰冻圈是气候系统中的五大圈层之一。由于冰雪具有很高的反照率和巨大的相变潜热,以及在影响海洋洋流中的重要作用,因而冰冻圈对气候的影响作用仅次于海洋。从全球尺度来说,冰冻圈变化的作用最主要表现在对地表能量平衡、水循环、海平面变化、大气和海洋环流有重要影响。例如,IPCC第四次评估报告认为(IPCC,2007),1993—2003年间冰冻圈萎缩对海平面升高的贡献量约为30%。最近几年的研究结果也显示(Cazenave等,2008,2009),冰冻圈融化已超过海水热膨胀而成为海平面上升的首要贡献者。积雪和海冰由于面积很大,且具有很大的变率,因而是地表能量平衡中最为关键的影响因子。因极地冰盖融化而注入海洋的冷水对海洋环流有重要影响。冻土变化对地表水分循环、生态环境及地-气间碳交换的影响极为重要。

关于全球冰冻圈冰储量变化的研究一直是地球科学领域的热点之一。相对来说,冰川变化的监测和模拟研究结果比较多,但仍然存在很大的不确定性。主要原因在于:冰储量最大的南极冰盖由于冰下融化难以观测,因此物质平衡的估算误差比较大;山地冰川由于规模小,形态复杂,卫星监测精度不高,模拟也比较困难;冻土融化和水分循环、积雪深度和密度的直接观测资料缺乏,使得冻土和积雪融水估算的不确定性更大。

4.1.2 中国冰冻圈组成和分布

中国虽然地处中低纬度地区,但由于高海拔区域非常广阔,使其成为冰冻圈分布的大国。中国冰冻圈主要组成分量为冰川、冻土和积雪,河冰、湖冰和海冰相对较少(表4.2)。中国现有冰川46 377条,总面积59 425 km^2,冰储量5600 km^3(施雅风,2005);冻土面积占国土面积的70%以上,其中多年冻土区面积占23%,季节冻土面积约占50%(周幼吾等,2000);中国90%以上的地区有降雪,其中,稳定积雪区(积雪日数超过60天)面积3.4$\times 10^6$ km^2,非稳定积雪面积4.8$\times 10^6$ km^2(车涛等,2005)。海冰仅在渤海湾和黄海北部有分布,西北、东北和青藏高原的湖泊、河流冬季普遍有结冰现象,黄河中游宁夏、内蒙段以及陕西、山西交界的某些区段及其下游,冬季河水也发生冻结。

表 4.2 中国冰冻圈主要组成分量

冰冻圈分量		主要分布区	面积(km^2)	冰量(km^3)
冰川		西部高山	59 425	5600
积雪[1]	稳定积雪	青藏高原、新疆北部和天山、东北和内蒙古	3.4$\times 10^6$	
	非稳定积雪	24°～25°N 以北	4.8$\times 10^6$	
冻土	多年冻土[2]	青藏高原、东北北部、天山、阿尔泰山	2.2$\times 10^6$	9500(仅青藏高原)
	季节冻土[3]	青藏高原、西北、东北、华北	4.7$\times 10^6$	
	短时冻土[4]	25°N 以北	1.8	
河冰[5]		青藏高原、西北、东北、华北		
湖冰[6]		青藏高原、西北、东北		
海冰		渤海湾、黄海北部		

1)稳定积雪和非稳定积雪以60天为界,积雪日数超过60天被定义为稳定积雪,否则为非稳定积雪;2)这里指的是多年冻土区,实际上在多年冻土区内有些区域多年冻土是不连续的;3)冻结时间半月至数月;4)冻结时间半月以内;5)仅对东北和黄河的结冰情况有资料;6)只对青海湖等很少湖泊有观测。

冰川是中国极其重要的固体水资源,中国主要的大江大河都有冰川融水补给,尤其是干旱区的水资源很大程度上依赖于冰川融水,例如塔里木河冰川融水补给比例高达30%以上。中国多年冻土区土壤冻融循环及季节冻土时空变化对地-气水热交换、地表水文、生态系统、区域气候、碳循环等有着广泛影响。比如,长江黄河源区近几十年来生态退化和河流、湖泊、沼泽、湿地等水文环境的显著变化就与土壤冻融循环变化及冻土退化密切相关。积雪作为冰冻圈中最为敏感的要素,其变化对中国经济建设和人们的日常生活影响更为广泛和直接。西部冬季积雪对春季径流有重要影响,是干旱区春旱的重要"调节器"。青藏高原冬、春季积雪的多寡与中国东部降水密切相关。中国也是受冰冻圈灾害影响最为严重的国家之一,冰湖溃决、冰川洪水、雪灾、雪崩、风吹雪等灾害影响到交通运输、通信、农牧业、旅游等行业的发展以及人民生命财产的安全。因此,研究中国冰冻圈变化不仅具有重要的科学意义,也具有非常重要的现实意义。

在中国冰冻圈诸分量中,冰川的数量、面积和冰量相对比较清楚,有关积雪和冻土分布面积的文献较多,但具有较大不确定性;厚度资料较少,加上积雪密度与含水量、冻土含冰量随地点有较大变化,因此,对积雪折合水量和冻土冰量的估计不确定性很大。河冰监测比较多的是黄河中游区段,东北的黑龙江、乌苏里江和松花江等也有些监测资料。湖冰直接观测资料极少,仅对青海湖通过遥感有些研究。渤海湾的海冰由于对港口工程有影响,多年来有连续的监测研究。

2002年出版的《中国西部环境演变评估》和2005年出版的《中国气候与环境演变》,对中国冰冻圈变化的过去研究结果给予了全面系统的总结,其主要结论是:在过去几十年中,中国各冰冻圈分量均处于萎缩状态,尽管其变化过程具有波动特点。近年来,全球气候变暖进一步加剧,冰冻圈各分量的缩减也有加速迹象(IPCC,2007,2010),冰冻圈变化及其影响引起空前的广泛关注。在此背景下,中国对冰冻圈研究也极为重视,不仅在冰冻圈本底调查和监测方面有大量投入,在冰冻圈变化预估方面也有新的起步。因此,在本文中,我们的重点是对近几年中国冰冻圈变化研究的最新成果予以总结,同时对未来变化的预测和预估给予适当关注。

按照冰冻圈定义,固态降水也属于冰冻圈范畴,但其又属于灾害性天气和气象学内容。因此,本章虽然专门有一节谈及固态降水,但主要是涉及固态降水事件的变化,而不是涉及固态降水形成的原因(与大气环流的联系等)及其影响等方面。

4.2 冰川变化

4.2.1 中国冰川的主要类型和分布

据第一次中国冰川编目及近期利用航测地形图和航空相片对某些地区的修订资料,中国境内有冰川46 377条、总面积59 425 km²,储量5600 km³(施雅风,2005)。需要指出的是,第一次冰川编目自1978年开始,历经23年,数据主要来源于航空相片、地形图及个别冰川的实地考察,其反映的是中国第一次航测成图时期的冰川状态,这一时期最早的测图是20世纪50年代的,最晚到20世纪80年代,大多数集中在20世纪60—70年代。据目前正在进行的科技部基础性工作专项《中国冰川资源及其变化调查》项目的最新调查,第一次全国冰川编目由于航测成图误差及积雪误判等,冰川面积量算存在一定误差,实际总冰川面积略大于第一次冰川编目结果,有些流域误差较大。冰储量的估算中冰川厚度的误差相对较大,因为仅有很少量的冰川有厚度测量资料,绝大多数冰川的厚度由经验公式计算获得。

依据冰川发育条件及其物理性质,中国冰川可分为三种类型(施雅风等,2000):

(1)海洋型冰川(或称温冰川),主要分布于西藏东南部和横断山区,占中国冰川总面积的22%。该类冰川的特点是冰温相对较高,冰川发育主要靠丰沛的固态降水,而且降水主要源于亚洲季风,使得夏季消融与降雪积累交织在一起,而国外的阿尔卑斯山等地的温冰川夏季消融期和冬季积累期比较明显。所以,中国的海洋型冰川又被叫做季风海洋型冰川或季风温冰川。冰川区年降水1000~3000 mm,平衡线夏季平均气温为1~5 ℃,冰川年变化层温度一般在−1~0 ℃,深层温度处于或略低于熔点,冰体运动速度较快,一般在每年数十米以上。该类冰川对气候变化最为敏感,变化幅度大。

　　(2)大陆型(或称亚极地型)冰川,是中国冰川中分布最广的一种类型,主要分布区在阿尔泰山、天山、祁连山中段与东段、昆仑山东段、唐古拉山东段、念青唐古拉山西段、喜马拉雅山中段和西段、喀喇昆仑山北坡等地区,冰川面积占全国冰川总面积的46%。冰川区平均年降水量约为500～1000 mm,平衡线处年平均气温为−6～−12 ℃,夏季气温为0～3 ℃,年变化层底部(约20 m深度)冰温为−1～−10 ℃,运动速度范围较大,规模较大的冰川可达每年数十米甚至上百米,规模很小的冰川仅为几米。该类冰川对气候的响应次于海洋型冰川。

　　(3)极大陆型(或称极地型)冰川,分布于青藏高原内陆水系及其西北边缘的昆仑山中段与西段、祁连山西段和长江源头区等,约占中国冰川总面积的32%。该类冰川分布区降水少,低温为冰川得以生存的主要条件。冰川区年降水量为200～500 mm,平衡线处年平均气温低于−10 ℃,夏季气温低于−1 ℃,年变化层底部温度低于−7 ℃,运动速度一般仅数米每年。

　　在所有冰川中,单条冰川平均面积为1.28 km²,平均厚度约90 m,其中面积等于小于1 km²的约占总条数的82.3%。图4.1所示为中国西部冰川分布的主要山脉和上述三类冰川的分布区域。表4.3和表4.4分别列出了中国主要山脉及流域的冰川数量、面积和冰储量。

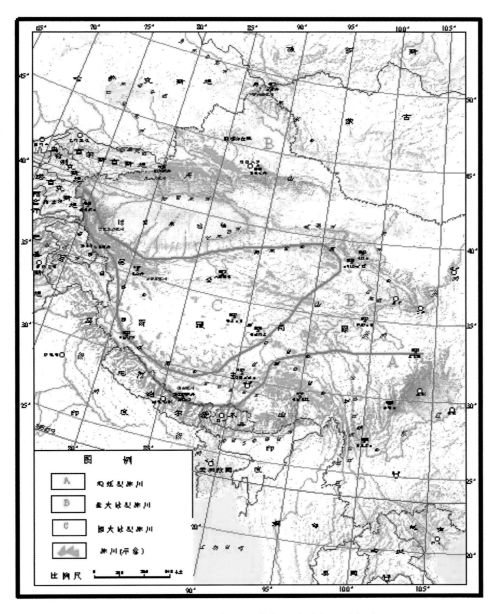

图4.1　中国西部冰川分布的主要山脉、雪线高度和冰川类型示意图(引自:施雅风,2005)

就山系来说，昆仑山、念青唐古拉山、天山、喜马拉雅山和喀喇昆仑山是中国冰川分布比较多的山系，这几个山系的冰川面积和冰储量分别约占中国冰川总面积和冰储量的79%和84%，面积超过100 km² 的33条冰川中有26条分布在这几个山系中。

由于冰川发育的地形条件差异，在同一山区或同一流域，分布有多种形态特征的冰川，如山谷冰川、冰斗冰川、悬冰川、平顶冰川（冰帽）等，冰川规模（面积、厚度、长度等）也有较大差异。不同形态和不同规模的冰川，其温度、运动等特征有所差异；在同一条冰川的不同高度，某些物理参数也有较大变化。

表 4.3　中国主要山脉的冰川数量、面积和冰储量

山系	冰川条数		冰川面积		冰储量		冰川平均面积（km²）	冰川覆盖度（%）
	条	占中国冰川总条数百分比（%）	km²	占中国冰川总面积百分比（%）	km³	占中国冰储量百分比（%）		
阿尔泰山	403	0.87	280	0.47	16	0.28	0.69	0.97
穆斯套岭	21	0.05	17	0.03	1	0.01	0.81	0.38
天山	9 035	19.48	9 225	15.52	1 011	18.06	1.02	4.36
帕米尔高原	1 289	2.78	2 696	4.54	249	4.44	2.09	11.33
喀喇昆仑山	3 563	7.68	6 262	10.54	692	12.36	1.76	23.42
昆仑山	7 697	16.60	12 267	20.64	1 283	22.91	1.59	2.57
阿尔金山	235	0.51	275	0.46	16	0.28	1.17	0.49
祁连山	2 815	6.07	1 931	3.25	93	1.67	0.69	1.46
羌塘高原	958	2.06	1 802	3.03	162	2.90	1.88	0.41
唐古拉山	1 530	3.30	2 213	3.72	184	3.28	1.45	1.57
冈底斯山	3 554	7.66	1 760	2.96	81	1.45	0.50	1.16
念青唐古拉山	7 080	15.27	10 700	18.01	1 003	17.91	1.51	9.68
横断山	1 725	3.72	1 579	2.66	97	1.73	0.92	0.44
喜马拉雅山	6 472	13.95	8 418	14.17	712	12.72	1.30	4.15
合计	46 377	100.00	59 425	100.00	5 600	100.00	1.28	2.50

引自：施雅风，2005

表 4.4　中国主要流域的冰川数量、面积和冰储量

水系	条数（条）	面积（km²）	冰储量（km³）
额尔齐斯河[1]	403	289.3	16.4
黄河	176	172.4	12.3
长江	1 332	1 895.0	147.3
澜沧江[2]	380	316.3	17.9
怒江[3]	2 021	1 730.2	115.0
恒河[4]	13 008	18 102.1	1 622.8
印度河	2 033	1 451.3	93.9
中亚内流区	2 385	2 048.2	143.7
东亚内流区	19 298	25 584.3	2 653.5
青藏高原内流区	5 341	7 836.1	777.5
合计	46 377	59 425.2	5 600.3

[1]额尔齐斯河是鄂毕河的上游；[2]澜沧江是湄公河的上游；[3]怒江是萨尔温江的上游；[4]恒河在中国境内由雅鲁藏布江和横切喜马拉雅山南流汇入恒河的若干短小支流组成。引自：施雅风，2005

4.2.2 小冰期以来的冰川变化

小冰期一般指 15—19 世纪气候相对寒冷时期,是距今最近的全球尺度冰川显著扩张的一个阶段。不过,小冰期的表现特征,如出现的时间段、寒冷程度、冰川扩张规模等,在各个地区并不完全一致。在中国西部,祁连山敦德冰芯记录指示的小冰期三次冷期分别发生于 1420—1520,1570—1680 和 1770—1890 年(施雅风等,1999)。与此相对应的冰川前进导致在冰川末端形成三道至今保存较好的终碛垄。小冰期时中国西部不同山区的降温值有差别,属于海洋型冰川区的南迦巴瓦峰降温值仅 0.65 ℃,而极大陆型冰川区的西昆仑山古里雅冰帽下降值达 2.0 ℃,大陆型冰川区的天山乌鲁木齐河源下降值为 1.3 ℃。降水变化较为复杂,总体显示是:16—18 世纪降水(180~340 mm)显著高于 5—14 世纪;19 世纪冷期降水减少;20 世纪转暖又复增加(施雅风等,1999)。

小冰期盛期冰川面积比现代有相当扩大。综合过去有关研究资料(Su 等,2002;刘时银等,2002b;刘潮海等,2002b)及最近几年的考察,对小冰期期间冰川面积、储量、长度和现代冰川相应指标进行统计后得出各对应指标间有较好的线性关系(王苏民等,2005),据此可外推西部各山区小冰期以来的非量算的冰川各形态参数的变化。统计结果(表 4.5)显示,小冰期以来,中国西部山区冰川面积减少 16 013 km²,约为小冰期时冰川面积的 21.2%;储量减少了 1 373 km³,对应的水当量约为 1 249 km³。从中国西部各山区现代冰川 82.3% 的面积小于或等于 1.0 km² 来看,各山区有一定数量的小冰川已经完全消失。因此,实际减少冰川面积、储量应比上述计算值略大。不过,冰川条数是否有所减少还不确定,因为有些复式(双支或多支流)冰川有可能退缩成为多个单支冰川。

表 4.5 中国西部小冰期以来冰川面积变化统计

水系	条数(条)	现代冰川面积(km²)	小冰期以来减小面积(km²)	面积变化(%)	现代冰储量(km³)	小冰期以来减少储量(km³)	储量变化(%)
额尔齐斯河	403	289.3	−137.4	−32.2	16.4	−11.6	−41.4
黄河	176	172.4	−60.8	−26.1	12.3	−5.1	−29.3
长江	1 332	1 895.0	−470.2	−19.9	147.3	−39.6	−21.2
澜沧江	380	316.3	−130.3	−29.2	17.9	−10.9	−37.8
怒江	2 021	1 730.6	−693.7	−28.6	115.0	−58.4	−33.7
恒河	13 008	18 102.1	−4 584.5	−20.2	1 622.8	−389.6	−19.4
印度河	2 033	1 451.3	−692.8	−32.3	93.9	−58.4	−38.3
中亚内流区	2 385	2 048.8	−818.7	−28.6	143.7	−69.0	−32.4
东亚内流区	19 298	25 584.3	−6 779.4	−20.9	2 653.5	−582.4	−18.0
青藏高原内流区	5 341	7 836.1	−1 645.4	−17.4	777.5	−148.1	−16.0
合计	46 377	59 425.2	−16 013.2	−21.2	5 600.3	−1 373.1	−19.7

4.2.3 近数十年来的冰川变化

冰川变化的结果主要通过定位监测、区域考察和不同时间的遥感或航空资料对比来确定。定位监测针对的是单个冰川,通过对选定的典型冰川的连续观测,不仅可以建立该冰川变化的时间序列,还可以揭示其变化的过程和机理,为同类型冰川变化的动力学模拟提供基础资料。用遥感方法可获得大范围冰川变化的总体概貌,但因受遥感影像分辨率以及云、雪等影响,冰川边界的确定需要现场考察验证。通过区域考察并辅之以遥感等手段,对某一流域或山区的冰川变化可获得较为可靠的结果。过去 50 年间,中国冰川变化的区域考察、遥感判读和定位监测都已经积累了大量资料,有许多论著发表,如《中国西部环境演变评估》(秦大河,2002)和《中国气候与环境演变》(秦大河,2005)则给予系统评述。近几年新的资料和文献显示,近几十年中国冰川变化的总趋势与过去的结果虽然没有显著的差异,但某些特征更为明确,资料数据更为丰富。

就典型冰川监测来说,天山乌鲁木齐河源 1 号冰川连续监测已达 50 多年,唐古拉山的小冬克玛底冰川与东昆仑山的煤矿冰川自 1989 年以来也进行了连续监测，祁连山的"七一"冰川和老虎沟 12 号冰川、贡嘎山的海螺沟冰川、珠穆朗玛峰的绒布冰川、天山阿克苏河流域的科其喀尔冰川和奎屯河哈希勒根 51 号冰川等监测时间较短，还有一些冰川有多次考察所得到的不连续记录。

冰川物质平衡和末端变化

（1）监测结果表明，乌鲁木齐河源 1 号冰川自 20 世纪 60 年代初以来总体处于退缩状态，到 1993 年，东、西支冰舌完全分离，成为两支独立的冰川，期间共退缩 139.72 m。1993—2001 年东、西支年退缩量分别为 3.7 和 5.7 m（李忠勤等，2007）。1995/1996 年以来物质亏损呈加速趋势，到 2000/2001 年的 6 年中，冰川表面平均累计物质损失量高达 4 437 mm，占其总亏损量的 42%（焦克勤等，2004）。2002 年以来，物质平衡负值和末端后退在进一步继续，到 2008 年累积物质平衡达到约 −1 400 mm，1994—2008 年西支末端年平均退缩量达到 6 m。该冰川平均厚度在 1981 年为 55.1 m，2001 年为 51.5 m，到 2006 年减少到 48.4 m，1981—2001 年平均减小速率为 0.18 m/a，2001—2006 年为 0.62 m/a，呈加速减薄趋势（Li 等，2011）。

同属于天山东段的奎屯河哈希勒根 51 号冰川，20 世纪 60 年代至 20 世纪 80 年代初处于稳定状态，近 20 多年来则一直处于退缩状态，1981—1999 年间末端退缩速度平均为 2.7 m/a，1999 年以来增大到 5.3 m/a（焦克勤等，2009）。天山西段的阿克苏河科其喀尔冰川，20 世纪 80 年代以后厚度持续减薄，20 世纪 90 年代末端开始后退，但由于冰川下游大面积表碛覆盖，后退速度不大，平均约为 1 m/a，冰量损失主要表现为厚度减少（Xie 等，2007）。

祁连山中段的"七一"冰川，1956—1976 年间物质平衡为正值，1976 年以后转为负值，冰川末端则以 1~2 m/a 的速度退缩（刘潮海等，1992）。2001—2003 年物质平衡负值达 560 mm/a，而 20 世纪 70 年代的物质平衡正值为 250 mm/a，20 世纪 90 年代以来的平衡线平均高度比 20 世纪 20—80 年代升高 300 m 以上。东部的水管河 4 号冰川在 20 世纪 60—70 年代期间就已经处于退缩状态，退缩速度超过 10 m/a（蒲健辰等，2005）。

祁连山西部的老虎沟 12 号冰川在 1957—1976 年间退缩 100 m，此后处于稳定状态，1985 年以后又开始退缩，至 2005 年，又退缩 140 m，且 20 世纪 90 年代中期以后退缩速度加快（杜文涛等，2008）。物质平衡观测和插值模拟结果显示（图 4.2），20 世纪 60—90 年代基本为微弱正平衡，以后转入负平衡状态，2000 年以来负平衡呈加剧趋势。

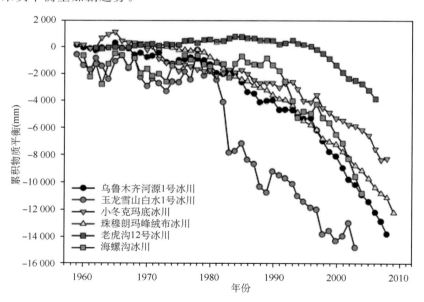

图 4.2　最近几十年来中国某些冰川物质平衡变化过程

乌鲁木齐河源 1 号冰川为实际观测结果，小冬克玛底冰川自 1989 年以来为实际观测结果，老虎沟 12 号冰川和玉龙雪山白水 1 号冰川自 2007 年以来为观测结果，其他冰川均为模拟计算结果

天山西段阿克苏河的科其喀尔冰川,由于冰川消融区很大区域被表碛覆盖,末端位置无明显变化,但冰川厚度在减小(Han 等,2010;Xie 等,2007)。许多地区都有这种类型的冰川,都以冰体减薄为主要特征(Ding 等,2006)。对邻近区域的托木尔峰青冰滩冰川、天山东部的博格达峰冰川和最东段的哈密庙尔沟冰川以及奎屯河流域冰川的观测和遥感资料分析,都显示冰川明显退缩(Wang 等,2011;Li 等,2011;王璞玉等,2010)。

唐古拉山小冬克玛底冰川和昆仑山西大滩煤矿冰川,20 世纪 90 年代初以前处于前进状态,1993 年之后出现持续的负物质平衡(图 4.2),1994 年开始,两冰川均开始转为退缩,至目前平均退缩速度约为 5 m/a。藏北高原的普若岗日冰原,1999—2001 年末端退缩速度为 4～5 m/a。可可西里马兰冰川 1970 年以后的 30 年中,末端退缩为 1～1.7 m/a(蒲健辰等,2004)。

喜马拉雅山中段的珠穆朗玛峰绒布冰川末端,1966—1997 年退缩速度为 5～8 m/a,1997 年以后退缩速度加快到 7～9 m/a(任贾文等,2003;Ren 等,2006)。

希夏邦玛峰地区的抗物热冰川末端,退缩速度在 1976—1991 年间平均为 4 m/a,1991—2001 年增大到 6～10 m/a。达索普冰川侧面的小冰川末端,退缩速度在 1997—2001 年间平均为 4～5 m/a(蒲健辰等,2004)。希夏邦玛峰西段的杰玛央宗冰川,1974—2010 年平均退缩速度为 21 m/a(刘晓尘等,2011)。

念青唐古拉山主峰南、北坡典型冰川,自 1970 年以来全部处于退缩状态。过去 37 年来,南坡的扎当和爬努冰川的平均退缩量基本一致,约为 10.0 m/a;北坡的拉弄冰川,由于冰川末端狭长,退缩幅度较大(康世昌等,2007)。

横断山海螺沟冰川自 1960 年以来处于持续负物质平衡状态,与之相对应的是,该冰川 1966—1998 年处于退缩之中,末端累计退缩了 545 m(谢自楚等,1998;苏珍等,1999),1990—2006 年退缩了 320 m(Liu 等,2009)。玉龙雪山白水 1 号冰川,1982—2002 年间末端退缩了 250 m,而 1998 年以后,每年退缩量超过 20 m(何元庆等,2004;李宗省等,2009)。

(2)冰川面积和体积变化

冰川退缩的另一个明显标志是面积减小。目前中国冰川第二次编目正在进行过程中,关于中国冰川面积总的变化尚未有确切数据,但过去几十年面积呈减小趋势是肯定的。某些定位观测冰川面积变化的结果可反映这方面的一些情况。天山乌鲁木齐河源 1 号冰川面积 1962—2006 年间减小了 14%(0.27 km²),其中,1992—2006 年减少量占其总量的一半以上(李忠勤等,2007)。祁连山老虎沟 12 号冰川,1957—1993 年面积减少了 2.8%,1993—2000 年减少了 1.3%(杜文涛等,2008);而祁连山西部过去几十年,冰川面积平均减小率为 4.8%(Liu 等,2003)。帕米尔高原东部慕士塔格及其附近的冰川,1962—1999 年面积减小了 7.9%(Shangguan 等,2006)。根据卫星影像与 20 世纪 60—70 年代地形图对比,得出某些区域冰川面积变化的情况是:天山西部为 -4.8%,整个天山为 -4.7%,东帕米尔为 -10%,喀喇昆仑山为 -4.1%,青藏高原为 -3.2%,全国平均为 -4.5%(Ding 等,2006)。

通过冰川厚度测量和冰川数字化模型对比,得到某些冰川厚度变化(表 4.6),进而可以计算冰川冰量(体积)变化。结果显示,绝大多数已研究过的冰川在过去几十年里冰量都有减少,只有昆仑山的玉珠峰冰川的冰量有所增加。

表 4.6 最近几十年来中国某些冰川的厚度变化

冰川名称	面积(km²)	长度(km)	时段	厚度变化总量(m)	平均年变化(m/a)	误差(m)
祁连山水管河 4 号	1.86	2.2	1972—2007	-15.0	-0.43	0.17
祁连山老虎沟 12 号	21.91	10.1	1957—2007	-9.35	-0.19	0.12
羊龙河 5 号	1.70	2.5	1956—2007	-16.9	-0.33	0.18
昆仑山玉珠峰	6.75	5.9	1969—2007	8.77	0.23	0.24
唐古拉山冬克玛底	16.52	5.4	1969—2007	-7.92	-0.21	0.14
公格尔山	11.21	7.5	1976—2008	-0.5	-0.02	0.28
天山科其喀尔	83.56	26.0	1970—2008	-27.5	-0.72	0.16
博格达峰西北坡		4.7	1962—2008	-34.5	-0.75	0.57

（3）冰川变化的区域差异

根据区域考察、卫星遥感以及航空摄影资料等多种方法所获得的中国冰川变化研究结果显示，不同区域冰川变化的主要特征可概括为：天山的乌鲁木齐河流域、喀什河流域等地区在20世纪60年代初至1990年前后，以冰川退缩占主导优势，冰川面积减小了4.9%，末端年平均后退幅度介于3.5～6.2 m（刘潮海等，2002b）。祁连山西段（1956—1990年）（Liu等，2003）、长江源格拉丹冬地区（1969—2000年）（鲁安新等，2002）、黄河源区（刘时银等，2002a）及普若岗日冰原（蒲健辰等，2002）等的研究表明，冰川总体上亦呈退缩状态，其中以阿尼玛卿山区的冰川退缩最显著（面积缩小了17%）；其次为祁连山西段（面积缩小了12%）和长江源区（面积缩小了1.7%）；普若岗日冰原的冰川变化最小。但在阿尼玛卿山区和格拉丹冬地区也同时发现有的冰川处于稳定或前进状态。也就是说，青藏高原中部和北部的冰川相对比较稳定，退缩量较小；高原周边地区冰川退缩量较大。在一个山脉甚或一个流域内，冰川变化也有很大差异，例如喜马拉雅山东段冰川退缩量大，中段次之，西部较小；天山西部冰川比东部的退缩量大；祁连山自东向西冰川退缩量逐渐减小。若以三种类型冰川来看，海洋型冰川退缩幅度最大，其次为大陆型冰川，极大陆型冰川退缩量最小。基于上述区域冰川变化和典型冰川监测结果，若假设中国西部冰川均呈退缩状态，则中国西部在20世纪60年代至21世纪初，冰川面积缩小了3 790 km^2，因冰川储量减少相当于各冰川厚度年平均减薄了0.2 m（姚檀栋等，2004）。

利用Landsat TM/ETM$^+$以及Terra ASTER数字影像对中国西部各代表性地区的1 700多条冰川进行的遥感分析（表4.7）表明，近几十年来，若不考虑那些变化状态不确定的冰川数量，80.8%的冰川处于退缩，仅19.2%的冰川呈前进或稳定状态，各山区冰川进退变化也具有类似特点，尤以边缘山地（如祁连山区、阿尼玛卿山区、珠穆朗玛峰北坡等）退缩冰川所占比例最大。

新近对82条冰川的实地考察、7 090条冰川的遥感影像对比和15条冰川的物质平衡监测结果的汇总和大气环流特征分析表明（Yao等，2012），青藏高原南部如喜马拉雅山温度升高和降水减少共同作用导致冰川退缩明显，高原西北部到帕米尔东部，虽然温度升高，但降水在增加，因而使冰川变化较小，物质平衡甚至出现正值。喀喇昆仑山冰川较之其他地区比较稳定，有些还在扩张前进的结果也有报道（Cogley，2012；Gardelle等，2012）。

总体来讲，中国西部高原高山及其邻近地区是除南北极以外冰川分布比较多的区域，由于地域广，不仅不同山系受大气环流影响不同，即使同一山系，其地形条件和局地气候特征以及冰川物理性质也有差别，过去几十年以及目前冰川变化虽然以加剧退缩为大趋势，但退缩程度有明显的区域差异特征，而且也还有稳定甚至扩张前进的冰川。

表 4.7　根据20世纪50—80年代地形图和2000—2002年间遥感影像对比得到的中国西部山区冰川末端变化状况

山区	总条数（条）	退缩条数（条）	退缩速度（m/a）	消失条数（条）	前进条数（条）	前进速度（m/a）	时
祁连山	257	230	−7.4	17	10	2.7	1956—2000
西昆仑山北坡	37	30	−17.0		7	11.0	1970—2001
慕士塔格—公格尔山	153	117			36		1963—2001
喀喇昆仑山	14	6	−32.0		8	25.0	1968—2002
阿尼玛卿山	55	51	−11.5		4	6.4	1966—2000
新青峰—马兰冰帽区	98	57	−4.5		41	3.6	1970—2000
格拉丹冬	44	38	−7.8		6	14.9	1969—2000
普若岗日	10	7	−12.1		3	8.0	1974—2001
藏东南岗日嘎布山	74	42	−13.8		32	19.9	1980—2001
珠穆朗玛峰北坡	22	22	−5.8				1974—2002
合计	764	600	−12.4	17	147	11.4	

4.2.4　未来冰川变化预估

冰川对气候的响应是一个极其复杂的动力过程。如果气候发生变化,冰川上的物质收支状况也随之改变,继而冰川体积等都会变化。由于冰川是具有流变特性而非刚体的巨大冰体,冰川表面物质平衡的变化导致的冰川几何形态和尺寸的变化要通过一系列复杂的动力学过程才能体现出来。也就是说,气候变化之后冰川规模(长度、厚度、面积等)的变化有一个滞后时间,即所谓的冰川对气候的响应时间。不同形态、不同性质、不同规模冰川的动力过程和响应时间也不同。正因为如此,在同样的气候条件下,不同类型冰川的变化具有很大的差异。因而,研究不同类型冰川动力学过程并建立冰川动力学模式,是模拟预估冰川变化的最有效方法。

由于冰川动力学模拟不仅要研究建立适合于具体冰川的模式,还要输入通过细致而系统观测获得的各种冰川物理参数,并应用过去冰川变化时间序列对模拟结果予以检验,所以目前在中国仅对有长期系统监测的乌鲁木齐河源 1 号冰川进行过模拟研究尝试。在应用该冰川物理特征参数构建了动力学模型后,以物质平衡模式运行结果为输入项,对该冰川过去 40 年末端变化的模拟结果与监测结果颇为一致,说明该模型具有很好的应用前景。于是,应用该动力学模型,耦合物质平衡模式,以 IPCC 第四次评估报告给出的几种气候变化情景和乌鲁木齐河源气象站记录的近几十年气候变率为背景,获得该冰川面积、储量、长度和冰川径流的未来变化过程及冰川消亡时间。模拟结果显示,该冰川将在未来 70~90 年消失,在极端升温条件下,大约在 50 年后消失。到 2050 年,该冰川面积与体积都将缩小一半以上,而冰川径流在 2050 年之后会急剧减少(图 4.3)(李忠勤,2011)。

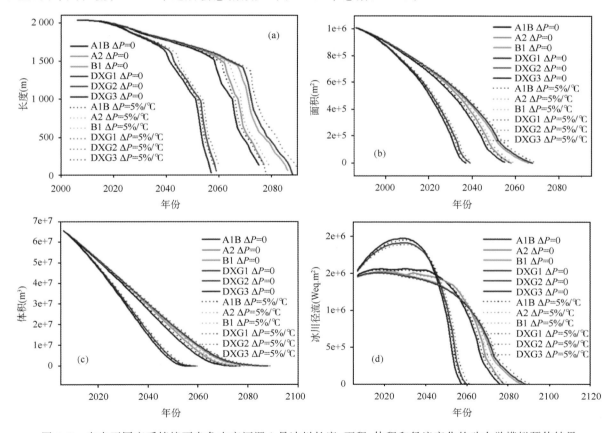

图 4.3　未来不同变暖情境下乌鲁木齐河源 1 号冰川长度、面积、体积和径流变化的动力学模拟预估结果

A1B,A2 和 B1 是 IPCC 第四次评估报告设定的几种未来情景;DXG1,DXG2 和 DXG3 是该冰川所在的大西沟气象站 20 世纪 60 年代以来平均、最小和最大升温速率;$\Delta P=0$ 和 $\Delta P=5\%/℃$ 分别为降水不变和温度每上升 1 ℃降水增加 5%

流域或区域尺度冰川变化的动力学模拟更为重要,也更为复杂。截至目前,这方面工作尚处于起步阶段,但根据概念性模型获得过一些大致趋势推测(施雅风等,2000)。这种推测是首先依据过去气

候资料和冰川变化序列建立的区域性气候（主要是温度）变化与冰川变化的简单关系，然后按未来气候变化假定，推测冰川变化趋势。据粗略推测，20 世纪末到 2030 年，中国西部冰川面积将出现明显萎缩的趋势：海洋型冰川减少 30％左右，大陆型冰川减少 12％，极大陆型冰川减少 5％；到 2050 年，海洋型冰川面积减少 50％，大陆型冰川减少 24％，极大陆型冰川减少 15％。尽管这种推测没有考虑冰川对气候响应的动力学过程，其结果具有很大的不确定性，但未来几十年各类冰川将普遍继续退缩的结论还是有一定的参考价值。例如，对单个冰川简单的动力响应特征的分析（Ren 等，2006）表明，像绒布冰川这样规模（平均厚度约 100 m，长度 22 km）的大陆型山谷冰川，对气候响应的时间一般要几十年。因此，在气候变暖和降水量变化不大的情况下，未来几十年这类冰川无疑将继续保持退缩趋势。

比较好的冰川动力学模型需要的冰川物理参数要通过持续不断的系统观测才能获得，因此，对观测资料不够系统和观测时间不够长的冰川，也可采用极为简化的动力学模型与参数假定进行简单的趋势预测。对流域和区域尺度，将冰川物质平衡模型嵌入到水文模型中进行冰川变化预估也是一种途径（高鑫等，2010）。

无论冰川动力学模式还是其他简单推测，都给出未来几十年中国冰川将持续退缩的结果，特别是那些面积小于 1 km^2 的冰川，将面临消失。由于中国冰川中 80％以上都是面积小于 1 km^2 的小冰川，由此可以预见，未来几十年冰川条数将会减少。

4.2.5　冰川融水量流及其未来变化

冰川融水总量的估计不仅对水资源利用非常重要，也对了解冰川变化对海平面上升的贡献很有意义。冰川融水径流的直接观测困难极大，选择一个径流断面观测时不仅很难全年坚持，而且观测到的径流量除冰川融水外还包括降水和积雪等，高山区的降水观测和估计又是一个十分复杂的难点。然而，由于冰川融水量的重要性，无论在流域尺度上还是区域尺度上都有一些冰川融水量的估算研究结果，尽管其不确定性比较大。

最早关于中国冰川融水径流量的估算研究为 1990 年前后，其估计值为每年 56.3×10^9 m^3（杨针娘，1991），后来的估算值不断有所增加，基本为每年 60×10^9 m^3 略多一点（康尔泗等，2000；谢自楚等，2006）。最近对中国冰川近几十年不同时期的冰川融水径流量进行估算的结果表明，1961—2006 年间，年平均冰川融水径流量为 63×10^9 m^3，其中，20 世纪 60 年代为 51.8×10^9 m^3，20 世纪 70年代为 59.1×10^9 m^3，20 世纪 80 年代为 61.5×10^9 m^3，20 世纪 90 年代为 69.5×10^9 m^3，2001—2006 年年平均冰川融水径流量为 79.5×10^9 m^3（任贾文等，2011）。

由冰川物质平衡、冰川变化和冰川融水径流研究的结果看，最近几十年，特别是 20 世纪 90 年代以来，冰川物质平衡向负的方向发展比较明显，随之而来的冰川退缩和冰川融水径流增大进一步加剧。关于冰川融水径流的未来变化也有一些研究，但大多为趋势性预估和概念性展望，定量性预估比较缺乏。一般认为，在未来气候继续变暖情景下，冰川融水量将进一步增大，但对以中小冰川为主的流域来说，随着冰川面积不断缩小，冰川融水量增大到一定程度后会转而减小，不同规模、不同流域冰川的融水径流在什么时候发生转折具有很大的不确定性，因为各冰川流域未来气候的状况、不同规模和不同性质冰川对气候的响应等还不很明确。

4.3　冻土变化

4.3.1　中国冻土类型及其分布

冻土是指温度在 0 ℃或 0 ℃以下含有冰的各种岩土。依据冻土存在的时间一般划分为多年冻土（2 年以上）、季节冻土（半月至数月）和短时冻土（数小时、数日以至半月）。在多年冻土区中的某些地段，因具有特殊的水热条件而不能发育多年冻土，这些地段称为融区，融区中可以发育季节冻土或短时冻土。由于气候是冻土分布的主导因素，因此主要受纬度和高度控制的中国多气候带特征导致各种冻土在中国均有分布(周幼吾等,2000)。季节冻土和多年冻土区面积约占中国陆地总面积的 70%,如果算上短时冻土,其面积则要占到 90%,其中,多年冻土区分布面积约占 22.3%(Zhao 等,2004a),而多年冻土的实际面积约为 148.9 万 km^2。中国区域内多年冻土主要为中高纬度多年冻土与高海拔多年冻土。其中,高海拔区域多年冻土面积占全国多年冻土面积的 92%,主要分布于青藏高原及西部高山地区。依据不同的估算模型,青藏高原多年冻土面积约为 129.9 万 km^2,占中国国土面积的 13.5%,占全国多年冻土总面积的 87.2%,占高海拔多年冻土面积的 94.5%。中高纬度多年冻土面积约为 11.6 万 km^2,占全国多年冻土面积的 7.8%,分布于东北大、小兴安岭和松嫩平原北部。尽管不同研究者给出了许多有关多年冻土分布的结果,但由于中国大部分多年冻土分布区仍然缺少实测工作和验证,目前的结果主要是基于三纬地带性规律得出,个别地区经过较少数据的修正,估算方案中没有考虑坡度、坡向及地表植被的影响,因此,相应的结果具有较大的不确定性,从而导致模拟结果的差异。

在多年冻土区内,不同成因和面积大小不等的融区,制约着多年冻土分布的连续性,因而多年冻土又有连续分布(连续性超过 90%)和不连续分布(连续性低于 90%)之分,不连续多年冻土又可进一步分为断续(连续性 90%~75%)、大片(连续性 75%~60%)、岛状(连续性 60%~30%)和稀疏岛状(连续性小于 30%)分布的冻土。依据温度的不同,多年冻土又可以分为高温多年冻土和低温多年冻土,高温多年冻土指年平均温度高于 $-1.0\ ℃$ 的冻土;低温多年冻土指的是年平均温度低于 $-1.0\ ℃$ 的冻土(周幼吾等,2000)。

在多年冻土区,近地表每年夏季被融化而冬季又被冻结的土层称为活动层,也有较少文献称为季节融化层。而季节冻土区冬季冻结、夏季融化的地表土层一般被称为季节冻土或者季节冻结层。如果季节融化层回冻时与其下伏多年的冻土衔接,称为衔接冻土层;如果二者不衔接则称为不衔接冻土层,其表层的活动层实际为季节冻结层。融土上的季节冻结层,如遇到冷夏不能融透,冻土可保留一二年至几年的,称隔年冻土层,这是一种介于季节冻土与多年冻土之间的过渡类型。

4.3.2 季节冻土变化

中国季节冻土分布很广,但有关季节冻土的观测研究多针对于多年冻土分布的周围地区。已有的研究表明,自 20 世纪 70 年代以来,青藏高原的升温率为 0.1~0.3 ℃/10a,年平均气温普遍升高了 0.2~0.4 ℃,尤其是冬季气温升值幅度大,气温年较差减小,导致冻土退化(高荣等,2003)。东北地区 20 世纪 60 年代以来气温具有明显的升高趋势,季节冻土明显减薄(Xiao 等,2007;Sun 等,2005)。季节最大冻结深度的年代际变化分析表明,自 20 世纪 80 年代以来,由于气温升高,中国绝大多数地区季节最大冻结深度减小;20 世纪 90 年代以来,幅度更为明显(刘小宁,2003)。

季节冻土具有显著的年内变化特征,冻结一般从秋季开始,冬末春初冻结的面积和深度达到最大,然后逐渐开始融化,夏季冻结的面积和厚度达到最小。季节冻土的冻结过程和融化过程表现出各自不同的特征,一般来讲,整个中国地区冻土的融化过程所持续的时间比冻结持续的时间长,因而冻土性质也更为复杂,这与地形及土壤特性有着密切的关系。在全球变暖背景下,季节冻土的变化主要表现为温度的升高、最大冻结深度减小、冻结日期推迟、融化日期提前和冻结期缩短的总体退化趋势(陈博等,2008)。

1. 温度变化

冻土退化与温度升高有密切关系。监测资料分析表明,自 20 世纪 70 年代以来,相对于气温升高,青藏高原季节冻土区地面温度的上升幅度高于气温的上升幅度,与冬半年气温升高幅度较大相反,夏半年地面温度的升幅明显高于冬半年,其中,高原北部地区的升温幅度较高,而高原腹地地面温度升幅相对较小(Zhao 等,2004b)。高原地区 1960—2006 年负积温距平有明显的增大趋势,其气候倾向率达 25.6 ℃/10a,20 世纪 90 年代的负积温距平较 60 年代增大了 73.4 ℃(李韧等,2009)。1961—2000 年间黄河源区季节冻土的地表温度升高约 0.9 ℃,增温率为 0.23 ℃/10a,且地表温度的冻结指数不断减少,而融化指数则逐渐增加,从 20 世纪 80 年代开始地表温度年平均值由负转为正值,融化指数与冻结指数之比从 1.34 快速升至 1.63(表 4.8 和表 4.9),冻土退化趋势明显(金会军等,2010)。

表4.8　玛多站各年代平均气温和地表温度

年代	气温(℃)					年平均地表温度(℃)
	全年	春季	夏季	秋季	冬季	
20世纪60年代	−4.1	−3.3	−6.4	−3.8	−16.0	−0.08
20世纪70年代	−4.2	−3.2	6.5	−4.1	−16.2	−0.09
20世纪80年代	−3.9	−3.5	6.5	−3.5	−15.1	0.46
20世纪90年代	−3.6	−3.3	7.0	−2.8	−15.1	0.83
2000—2008年	−2.8	−2.7	7.3	−2.5	−13.3	1.07
多年平均	−3.7	−3.1	6.7	−3.4	−15.0	0.44

表4.9　1961—2000年玛多站年代际气温和地表温度冻结及融化指数平均值变化

指数	气温				地表温度			
	20世纪60年代	20世纪70年代	20世纪80年代	20世纪90年代	20世纪60年代	20世纪70年代	20世纪80年代	20世纪90年代
平均温度(℃)	−4.22	−4.27	−3.94	3.64	−0.08	−0.09	0.46	0.83
冻结指数(FI)(℃·d)	2 274	2 252	2 155	2 050	1 657	1 619	1 330	1 470
融化指数(TI)(℃·d)	1 082	1 106	1 171	1 217	2 093	2 184	2 176	2 286
FI−TI(℃·d)	1 192	1 146	984	833	−436	−565	−846	−816
TI/FI	0.48	0.49	0.54	0.59	1.26	1.35	1.64	1.56

近年来,青藏公路沿线多年冻土上限温度(TT_{OP})和土壤50 cm处的温度(GT_{50})总体均呈现出升高趋势,不同观测场TT_{OP}变幅为0.1～1.6 ℃,GT_{50}变幅为0.4～1.3 ℃。

在东北地区的季节冻土区,20世纪60年代以来67%的观测点季节冻结层的平均温度上升幅度达0.6～1.4 ℃(石剑等,2003)。

2. 厚度变化

中国季节冻土最大深度总体上呈现减小趋势(陈博等,2008)。西北地区整体最大冻结深度在0.5～2 m之间,平均2 m以上的主要分布在新疆的天山,青海东北部的祁连山区也有零星分布(杨小利等,2008)。青藏高原绝大部分地区土壤季节最大冻结深度呈减薄趋势,尤其在那曲—安多,德令哈—都兰,同德—贵德等地表现得比较突出,其中那曲最大冻结深度的气候倾向率为−14.8 cm/10a,德令哈、都兰、贵德最大冻结深度的气候倾向率分别为−15.3,−14.3和−9.0 cm/10a,仅在高原东部的玉树—达日—河南—昌都一带冻结深度表现出了增厚趋势,如玉树、河南镇两地的冻结深度气候倾向率分别为9.1和8.9 cm/10a。总体而言,青藏高原最大冻结深度的空间平均气候倾向率为−3.3 cm/10a,1961—1998年期间,高原地区土壤季节最大冻结深度的变化比较显著,最大冻结深度平均以3.3 cm/10a的速度减小,20世纪90年代相对于20世纪60年代,土壤季节最大冻结深度平均减小了10 cm(李韧等,2009)。据玛多气象站1981—2008年资料显示,20世纪80年代期间,平均最大季节冻结深度为2.35 m,而在20世纪90年代期间,平均最大季节冻结深度减少到2.23 m,冻结深度减少了0.12 m(金会军等,2010)。其中,高原东北部、东南部和南部代表站的最大冻结深度平均比20世纪80年代分别变浅0.02,0.05和0.14 m,而高原中部和柴达木盆地代表站的最大冻结深度较20世纪80年代增大了0.57 m(王澄海等,2001)。青藏高原季节冻土在20世纪80年代中期有一次均值突变,即在20世纪80年代中期以前的冬季平均冻结深度在93 cm左右,而在20世纪80年代中期以后的冬季平均冻结深度较之以前减小了10 cm左右(高荣等,2008)(图4.4)。

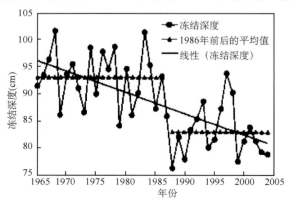

图4.4　青藏高原季节冻土冬季平均冻结深度年际变化
(高荣等,2008)

1967—1997 年的 31 年间,青藏高原周边地区季节冻土变化的区域差异性较大,季节冻结深度大的高原腹地和东北地区的变化较大,季节冻土厚度减薄约 20 cm,而高原西北和东南地区的变化较小,减薄约 5~6 cm(赵林等,2003;Zhao 等,2004b)。

3. 冻结/融化日期变化

1955—2000 年,中国季节冻土区冻结日数总体减少,具体可以划分为 3 个阶段:1955—1973 年,平均冻结日数较 1961—1990 年的平均日数多 2 天;1973—1985 年平均冻结日数与 1960—1990 年的多年平均值相近,但此期间的波动幅度较大;1985 年以后,冻结日数减少较为迅速。起始和终止冻结日显示出两种形式,即 1980 年前,在 1961—1990 年平均日期上下波动;1980 年后,起始和终止冻结日明显推迟和提前。分析表明,中国北部地区的冻结日数与春季和秋季的最低气温相关关系较好,而中国南部则与冬季最低气温相关较好(Liu 等,2008)。

新疆北部阿尔泰山、新疆东南部和青海中部,冻结日期推迟,大部分都达到了 0.5 d/a,部分区域达到了 1 d/a;而在大兴安岭北部、青藏高原南部和新疆西南部部分地区,冻结日期有提前的趋势(陈博等,2008)。1960 年以来,青藏高原腹地和东北部的季节冻结持续时间缩短了 20 天以上,但在西北区和藏东南地区缩短的尺度较小,缩短时间在 5 天之内。尽管土壤在秋冬季节开始冻结的时间逐渐推迟,但季节冻土融化完成时间的提前是季节冻土持续时间缩短的主要原因(Zhao 等,2004b)。1981—1999 年高原季节冻土平均冻结始日和冻结终日表明,20 世纪 80 年代,冻结始日多偏早,解冻日多偏晚,冻结日数偏多;而 20 世纪 90 年代冻结始日多偏晚,解冻日多偏早,冻结日数偏少(高荣等,2003)。青藏公路沿线不同观测场地自有观测记录至 2006/2007 年,土壤活动层开始融化的日期平均提前了 16 天,开始冻结的日期平均推后了 14 天,2008 年与 2006/2007 年相比,冻结期结束的日期平均提前了 6 天左右,开始融化的日期推后了 9 天(Zhao 等,2010)。五道梁地区的冻土冻结日数每 10 年减少 7.4 天,而玛多每 10 年减少 2.1 天(李韧,2009)。

4.3.3 多年冻土区活动层变化

1.温度变化

在青藏高原 10 个观测场中,冻土活动层底部温度(GTB)呈波动式变化(图 4.5),1999—2006 年,各观测点土壤温度升高比较明显,升温率在 0.2~1.9 ℃/10a 范围内变化,平均为 0.95 ℃/10a,其中,在低温多年冻土区平均值为 1.05 ℃/10a,在高温多年冻土区平均值为 0.41 ℃/10a。2006—2008 年,活动层底部附近的温度变化率在 -0.4~-0.09 ℃/10a 之间变动,平均值为 -0.15 ℃/10a,即为下降趋势。其中,低温多年冻土区减小率为 1.53 ℃/10a,而这一时期高温多年冻土区减小率仅为 0.77 ℃/10a。有较长序列的风火山(China01)、索南达杰(China02)及两道河(China04)三个点的观测结果显示,近年来 GTB 总体呈升高趋势,平均变化率为 0.59 ℃/10a。1999 年以来 GTB 的变化在不同区域有所不同,在低温多年冻土区为 0.68 ℃/10a,在高温多年冻土区为 0.4 ℃/10a(Zhao 等,2010)。不同观测场的活动层浅层 50 cm 深处温度(GT50)变化与 GTB 相似。各观测场从有观测记录至 2006 年,GT50 平均变率为 1.83 ℃/10a,其中,低温多年冻土区为 2.09 ℃/10a,高温多年冻土区为 1.32 ℃/10a。2006—2008 年,不同观测场 GT50 变率平均值为 -2.7 ℃/10a,为下降趋势。这一时段,低温多年冻土区 GT50 平均变率为 -2.96 ℃/10a,高温多年冻土区为 -2.08 ℃/10a。1999 年以来,低温多年冻土区 GT50 平均变率为 0.56 ℃/10a,高温多年冻土区为 0.23 ℃/10a(Zhao 等,2010)。

青藏高原北部不同下垫面的活动层水热状况不尽相同。在 2004—2006 年时段,青藏公路沿线昆仑山到唐古拉山段的 7 个活动层监测结果表明,土壤积温(年初至年末日平均温度的累加)均有不同程度的增大(表 4.10)。2006 年是 7 个测点 5 cm 土壤积温最高的一年,从 2006 年开始各监测点浅层土壤积温开始下降,青藏公路沿线观测场的年平均气温变化与浅层土壤积温变化趋势一致。2006 年各测点气温也是近几年中较高的,气温在 2006 年后开始下降。青藏公路沿线观测场 2008 年与 2006 年内积温数值比较表明,在冻土北界的西大滩,土壤积温减小了 322.3 ℃·d,可可西里减小了 252.8 ℃·d,

北麓河减小了 279.1 ℃·d，唐古拉站减小了 87.2 ℃·d，开心岭减小了 291.4 ℃·d，上述几个站积温平均减小了 246.6 ℃·d。在高原腹地的风火山，多年冻土活动层 1999—2008 年的观测结果显示，该地 1.6 m 深处的温度升高了 0.6 ℃。1977—2006 年，青藏高原地区 5 cm 土壤的负积温有增大趋势，但在高原不同地区，增大的幅度有所不同，在青藏高原主体及东部地区，负积温每 10 年增大 35 ℃·d。这一时段，黄河源区的玛多站，冻结期间平均负积温为 −1 106.9 ℃·d，负积温的气候倾向率为 16.713 ℃·d/10a；长江源区的五道梁站，冻结期间平均负积温为 −1 488.2 ℃·d，负积温的气候倾向率为 102.51 ℃·d/10a，五道梁站累积负积温气候倾向率是玛多站的 6 倍（李韧，2009）。

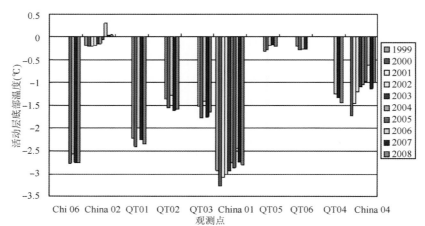

图 4.5　青藏高原 10 个观测场中活动层底部温度（GTB）变化

China01：风火山；China02：索南达杰；China04：两道河；China06：昆仑山垭口；
QT01：可可西里；QT02：北麓河（1）；QT03：北麓河（2）；QT04：唐古拉；QT05：开心岭；
QT06：通天河南岸

表 4.10　青藏高原 5 cm 土壤积温　　　　　　　　　　　　　　　　　　　　单位：℃·d

测点	2004 年	2005 年	2006 年	2007 年	2008 年
唐古拉		−515.6	−314.1	−314.9	−401.3
西大滩		−179.7	67.0	−254.1	−255.3
QT01	−786.9	−689.6	−417.5	−666.7	−670.3
QT02	−273.8	−223.9	−38	−318.6	
QT03	−434.6	−406.9	−38	−151.3	−317.1
QT04		−200.7	−321	−325.3	
QT05	316.7	386.5	603	392.2	311.6
QT06	8.98	77.49	349.7	148.4	

引自：李韧，2009

2. 厚度变化

伴随着多年冻土温度的上升，活动层厚度（ALT）也在增加。已有的研究结果显示，在 1980—1990 年时段，青藏公路沿线天然地表 ALT 增加量从几厘米到 1 m，最大可达 2 m。在 1995—2002 年的 7 年间，公路沿线天然地表 ALT 增大了 25～60 cm（吴青柏等，1995）。新近的观测研究结果也显示，高原地区活动层厚度近年来呈现出增大的趋势（图 4.6），但受局地下垫面及天气状况的影响，ALT 呈现出波动变化的特点。近年来，青藏公路沿线不同观测点 ALT 增大的程度及大致出现的时间因地而异。大部分观测点在 2006 年或 2007 年，ALT 为近年观测到的最大值。风火山、索南达杰及两道河三个较长序列的观测点，在 1999—2006/2007 年期间，ALT 增大幅度在 35～61 cm 之间，平均为 44 cm/10a。除

通天河南岸（QT06）观测点外,青藏公路沿线其他较短序列的观测点,在2004—2006/2007年时段,
ALT增大幅度在4～15 cm之间,平均变率为36 cm/10a。其各相关站点ALT变化情况为:北麓河(1)
(QT02)与北麓河(2)(QT03)相隔较近,但变化幅度不同,QT02平均为74 cm/10a,而QT03为40 cm/
10a。在这一时段,低温多年冻土区ALT平均变率为48 cm/10a,高温多年冻土区为15 cm/10a;2006/
2007—2008年,除通天河南岸观测点外,各观测点ALT有不同程度的减小,其幅度在3～45 cm之间,
线性变化率平均为—50 cm/10a。低温多年ALT这期间的变率为—58 cm/10a,而高温多年冻土区为
—20 cm/10a。在2008—2009年时段,ALT增大了2～19 cm,其中低温多年冻土区变率为80 cm/10a,
高温多年冻土区为10 cm/10a。由此可见,青藏公路沿线,低温多年冻土区ALT变化较高温多年冻土
区大,对气候变化的敏感度较高温多年冻土区高(Zhao等,2010;Wu等,2010)。

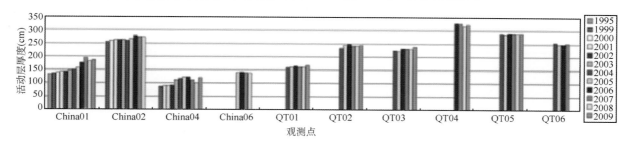

图4.6 各观测点活动层厚度变化

China01:风火山;China02:索南达杰;China04:两道河;China06:昆仑山垭口;QT01:可可西里;QT02:北麓河(1);QT03:北麓
河(2);QT04:唐古拉;QT05:开心岭;QT06:通天河南岸

1991—2008年期间,乌鲁木齐河源区多年冻土ALT最小值出现于1992年,约为1.25 m,最大值
出现于2007年,约为1.60 m,活动层呈增厚趋势,最大增幅约为28%,比西天山ALT近40年的平均
增幅高5%(赵林等,2010a)。1978—1991年,大兴安岭北部阿木尔北沟谷底的活动层增厚0.1 m,阿木
尔地区30年来活动层增厚20～40 cm(金会军,2006)。

4.3.4 多年冻土变化

1.青藏高原多年冻土变化

在气候变暖背景下,多年冻土正在发生显著变化,高温多年冻土正在快速升温且变薄(Jin等,
2000;Wang等,2000),整个青藏高原多年冻土呈现出升温趋势(吴青柏等,2005;Cheng等,2007;Wu
等,2008;Zhao等,2010),其中,多年冻土上限温度升幅明显,高温多年冻土上限升温速率平均为
0.22 ℃/10a,低温多年冻土上限升温速率可达1 ℃/10a;6 m深度处的多年冻土温度也均有明显的上
升趋势,而且低温多年冻土区升温速率要大于高温多年冻土区。在青藏公路沿线,1996—2006年10个
钻孔温度监测数据表明,6 m深度处多年冻土温度上升幅度为0.12～0.67 ℃,平均为0.43 ℃(Wu等,
2008),其他观测点也为温度升高趋势(图4.7)。除西大滩(XDT)与唐古拉站(QTB16)外,其余各观测
点多年冻土温度都有不同程度的升高,而且低温冻土区多年冻土的升温率一般高于高温冻土区多年冻
土的升温率。在楚玛尔河(CM1)、可可西里(KKXL)、风火山(FHS)三地,1996—2008年间的升温率分
别为0.2,0.45和0.4 ℃/10a(Zhao等,2010)。

气候变暖通常引起多年冻土面积的减少和其下界的升高。青藏高原多年冻土面积在20世纪60—
90年代减少了约1万 km²(李述训等,1996)。1975—1996年,青藏高原多年冻土南界附近安多—两道
河公路两侧2 km范围内的多年冻土岛的总面积缩小了35.6%。1975—2002年,青藏高原多年冻土北
界西大滩附近的多年冻土面积减小12%,多年冻土下界升高25 m(南卓铜等,2003),与20世纪60年
代相比,多年冻土下界升高了85 m。青藏高原其他地区的多年冻土下界也有明显上升迹象(表4.11和
表4.12)。20世纪60—90年代,多年冻土下界上升幅度为50～80 m(Zhao等,2000),与此同时,多年
冻土分布的北界南退了约0.5～1.0 km,南界北退了约1～2 km(吴青柏等,1995)。

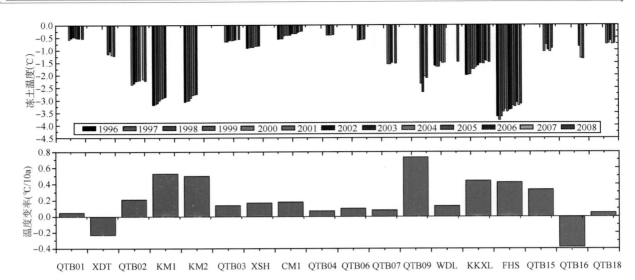

图 4.7　青藏公路沿线 6 m 深处 1996—2006 年冻土温度及其变化率

QTB01：西大滩；QTB02：昆仑山垭口南坡；QTB03：青藏公路 66 道班；QTB04：清水河 203 孔；QTB06：可可西里特大桥；QTB07：五道梁火车站南；QTB09：可可西里；QTB15：温泉；QTB16：唐古拉；QTB18：两道河；XDT：西大滩；XSH：斜水河；CM1：楚玛尔河；WDL：五道梁；KKXL：可可西里；FHS：风火山。

　　1970—1996 年，青藏公路沿线多年冻土年平均下引式退化（在某一地点，当气温升高到一定程度，这一点的最大季节冻深小于当年的融深时，冻土上限下降形成融化夹层。如果融化夹层逐年增厚则导致冻土层下引式退化）速率为 6～25 cm，年平均上引式退化（在地温升高过程中，当冻土层中地温梯度减少到由冻土层散失的热流小于地中热流时，在地中热流作用下，冻土层将产生上引式退化）速率为 12～30 cm，零星多年冻土区年平均侧引式退化（在冻土岛边缘处，因周围与季节冻土相邻，在同一水平层位，由于融土地温较高，而冻土岛边缘处地温垂向上多处于近似零梯度状态，邻近融土层热流从侧向传向冻土层，使冻土层侧引式退化占主导地位）速率为 62～94 cm。这些观测值超过所报道的阿拉斯加北极不连续多年冻土区 4 cm 的年平均退化速率、蒙古国不连续多年冻土区的 4～7 cm 的年平均退化速率及超过西伯利亚和阿拉斯加北极稳定性多年冻土的退化速率（金会军等，2006）。

表 4.11　20 世纪 60—90 年代以来青藏高原多年冻土下界的升高幅度

地区	西大滩	安多南山	橡皮山	拉脊山	河卡南山	玛多	西门错北	祁连山
20 世纪 60 年代的冻土下界（m.a.sl.）	4300	4640	3700	3700	3840	4220	4070	3420
20 世纪 90 年代的冻土下界（m a.s.l.）	4360	4680	3780	3760	3900	4270	4140	3500
升高值（m）	60	40	80	60	60	50	70	80
现在的冻土下界（m.a.s.l.）	4385	4780						
升高值（m）（与 20 世纪 60 年代相比）	85	140						

引自：Zhao 等，2000

表 4.12　祁连山景阳岭和鄂博岭冻土下界的变化

	景阳岭				鄂博岭			
	10 年前		现在		10 年前		现在	
	北坡	南坡	北坡	南坡	北坡	南坡	北坡	南坡
连续冻土下界海拔高度（m）	3600	3700	无	无	3600	3700	3600	无
岛状冻土下界海拔高度（m）	3500	3500	3600	无	3400	3600	3400	无

引自：吴吉春等，2007

　　在受人类工程活动直接影响地区，多年冻土的退化更为显著。由于公路沥青路面的修筑改变了地面的水热特征，表现出从路面进入路基的热量远大于从路面散发出来的热量（Sheng 等，2002；Wang 等，2003），从而使青藏公路路基下的多年冻土由 1979 年的 550 km 减至 1991 年的 522 km，退化约

28 km;岛状多年冻土由 1979 年的 210 km 减至 1991 年的 191 km,退化约 19 km。而同期天然状态下的多年冻土北界仅向南退化 0.5～1.0 km,南界向北退化 1～2 km(吴青柏等,2002;王绍令等,1997)。20 世纪 80—90 年代,青藏公路沥青路面下的多年冻土上限下降幅度为 40～150 cm,最大达 3 m;1996—2002 年多年冻土上限在唐北段低温冻土区和高温冻土区都表现出较强的退化特征,但各场地的多年冻土上限变化幅度有较大差异,低温冻土区监测场地变化幅度明显小于高温冻土区(刘弋等,2008)。1999—2002 年,监测到的多年冻土上限下降量为 1.2～20 cm,其中,低温冻土区(昆仑山垭口和风火山)的下降量要小得多。

2.西部高山多年冻土变化

天山是亚洲中部的巨大山系,高山多年冻土比较发育(Chang 等,2005)。新疆 41 年(1961/1962—2001/2002 年)冬季平均冻土深度、最大冻土深度、土壤 10 cm 深度封冻时间资料表明,随着全球气候的变暖,新疆各地的平均冻土深度、最大冻土深度趋向变浅,土壤封冻时间缩短。尤其是 1986 年以后,暖湿化特征十分明显,冻土深度和封冻时间变化更为显著(王秋香等,2005)。

20 世纪 90 年代中期以后,乌鲁木齐河源区气候处于明显的暖湿阶段(李忠勤等,2003),大西沟 1992—2008 年气温观测数据计算显示,河源区气温的平均升高速率约为 0.65 ℃/10a,远大于 20 世纪天山地区气温平均升高速率的 0.06～0.32 ℃/10a

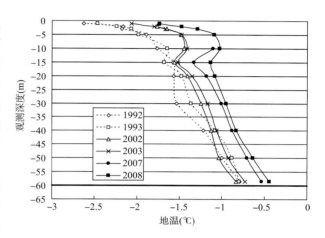

图 4.8 天山乌鲁木齐河源区 1992—2008 年平均地温随深度变化的曲线

(赵林等,2010a)。与此相对应,乌鲁木齐河源区30～60 m 深度处多年冻土的温度也在缓慢升高(Jin 等,1993)。在乌鲁木齐河源多年冻土区,恒温层位于地表以下 15 m 左右,是地层中一个相对的冷区。在1991—2008 年的观测时段内,多年冻土年变化深度以下各层(包括恒温层)的地温都在以不同的速率上升,特别是 2002 年以后,地温上升的趋势愈加明显(图4.8),而且这种地温升高的趋势又波及了 50 m 以下,到 2008 年的 6 年期间,地温约升高了0.4 ℃(赵林等,2010a)。比较不同时期的年平均地温(2002,2003和 2008 年的年平均地温均以10 m 深处的地温为准)发现(表 4.13),在 1992—2008 年有观测数据的时段,多年冻土年平均地温由−1.6 ℃上升到−1.0 ℃,增温幅度约为 0.6 ℃,增温速率约为 0.38 ℃/10a。

表 4.13 乌鲁木齐河源大西沟站 1992—2008 年各深度年平均地温及增温速率

深度 (m)	年平均地温(℃)						观测到的最大增温幅度(℃)	增温速率 (℃/10a)
	1992 年	1993 年	2002 年	2003 年	2007 年	2008 年		
1	−2.6	−2.5	−1.8	−2.1	—	−1.7	0.9	0.53
2	−2.2	−2.2	−1.7	−1.7	—	−1.3	0.8	0.47
3	−2.2	−2.1	1.7	−1.7	—	−1.3	0.5	0.53
5	−1.9	−2.0	−1.5	−1.5	—	−1.1	0.8	0.47
10	−1.8	−1.6	−1.5	−1.4	−1.1	−1.0	0.8	0.47
15	−1.6	−1.7	−1.6	−1.5	−1.3	−1.1	0.5	0.29
20	−1.6	−1.5	−1.4	−1.4	−1.2	−1.1	0.5	0.29
30	−1.5	−1.4	−1.2	−1.2	−1.0	−1	0.5	0.29
40	−1.2	−1.1	−1.1	−1.1	−0.9	−0.8	0.4	0.24
50	−1.0	−1.0	−1.0	−0.9	−0.7	−0.6	0.4	0.24
58.5	−0.8*	−0.8*	−0.8	−0.7	−0.5	−0.4	0.4	0.24
气温	−5.0	−5.0	−3.9	−4.9	−3.9	−4.3	—	0.65**

注:①"—"表示该数据不可用;②"*"表示该数据当年的观测实际深度为 59 m;③"**"表示该数据是根据 1992—2008 年大西沟气象观测数据线性斜率得到的。

在乌鲁木齐河源多年冻土区,1991—2008 年多年冻土年变化深度在 2002 年以后保持在 12 m 左右,较 1993 年增加了 2 m。乌鲁木齐河源区 2008 年多年冻土的估算厚度约为 84 m,较 1993 年减小了 11 m。多年冻土厚度的减小主要发生于 2002 年以后,而且多年冻土正以自下而上为主要方式迅速退化(赵林等,2010a)。

3. 高纬度多年冻土变化

东北大小兴安岭地区为中国第二大冻土分布区(Jin 等,2000;周幼吾等,2000),处于高纬度型欧亚大陆多年冻土区最南的突出部位,自南界向北,多年冻土面积连续率增加,平均地温下降,冻土厚度增加。与此相对应,类型由零星岛状多年冻土区过渡到不连续和大片连续的多年冻土区(金会军等,2006)(表 4.14)。

表 4.14 中国东北多年冻土的主要特征

分区	年平均气温(℃)	年平均地温(℃)	多年冻土分布的连续性(%)	多年冻土的厚度(m)	地温年变化深度(m)
一	<−5	−3.5~−1.0;最低−4	70~80,大片连续	100~50	2~16 以 14~15 居多
二	−5~−3	−1.5~−0.5	50~60,岛状融区	50~20	
三	−3~0	−1.0~0	10~30,<5,岛状冻土	20~5	

引自:周幼吾等,2000

大小兴安岭多年冻土总体呈现出地温高、厚度小和热稳定性差等特点,因而对气候变暖响应的敏感性更强,多年冻土总体呈退化趋势(金会军等,2006)。气温持续转暖和森林植被的锐减是导致多年冻土退化的普遍性和基础性因素,而多种人为活动的叠加影响又起到了加速作用。大兴安岭多年冻土区由于砂金矿的开采、居民点和道路的兴建、农牧业的发展、沼泽湿地的改造、森林火灾与过度砍伐森林等,破坏了多年冻土存在的环境地质条件,而且大中河流沿岸的融区在扩展,致使多年冻土严重退化以致消失(杨文等,2005)。大、小兴安岭北部多年冻土退化主要表现为量变过程,即多年冻土上限下降,温度升高,厚度减薄,连续性降低,垂向上出现不衔接(融化夹层),底板抬升,融区扩大等;而大、小兴安岭南部则质变过程表现得更加突出,即多年冻土岛消失和多年冻土南界北移(金会军等,2006)。应用探地雷达研究中国小兴安岭地区黑河—北安公路沿线岛状多年冻土的分布及其变化表明,对比 20 世纪 70 年代的冻土调查结果与现存冻土的比例推断,小兴安岭岛状多年冻土发生了较为显著的退化,现存黑河—北安公路沿线的稀疏岛状多年冻土区的比例也由 20%(郭东信等,1981)退化到 2%,但多年冻土南界的位置未发生根本改变(俞祁浩等,2008)。

大、小兴安岭多年冻土退化主要表现为:①多年冻土南界北移,总面积减小。近 50 年来,多年冻土南界有较大幅度(40~120 km)北移(常晓丽等,2008)。大、小兴安岭多年冻土面积由 20 世纪 70 年代的 39 万 km² 减少到目前的 26 万 km²,面积减少了约 33%(金会军等,2006)。②活动层加深,局地多年冻土岛消失。多年冻土南界附近的牙克石、加格达奇、大杨树等地,在 20 世纪 50 年代初城镇开始兴建时普遍发现有多年冻土岛,而 30~40 年后,受人为活动影响所及范围内的多年冻土岛消退殆尽。大兴安岭北部阿木尔地区的最大季节融化深度在 20 世纪 70 年代一般小于 0.8 m,但到 1991 年时已增加到 1.2 m。1986—2000 年观测资料表明,大兴安岭地区活动层厚度逐年增加,观测区阴坡下部融深增加 25 cm,阳坡下部融深增加 85 cm,湿地多年下伏冻土融深增加 66 cm,浅层土壤年平均温度由 1.6 ℃增至 2.6 ℃(那平山等,2003)。③冻土温度升高、厚度减薄、稳定性降低。多年冻土退化导致其热稳定类型变化,融区扩展和一些对气候变暖敏感的冰缘作用发生变化,如热喀斯特作用和热融滑塌增强。

4.3.5 青藏高原多年冻土区地下冰储量

冻土在冻结形成过程中贮存了大量固态水,提高了土壤蓄水量(常学向等,2001),同时抑制了土壤蒸发和冻结层上水及水流的形成(刘海昆等,2002;王金叶等,2001)。多年冻土层中地下冰是区域地下水储量的一部分。因此,研究多年冻土区地下冰状况,对于区域水循环过程、生态环境及寒区工程地基稳定性有重要意义。根据 Popov(1958)的地下冰成因类型,青藏高原地下冰可分为内成冰(地壳内形成的冰)和外成冰(埋藏冰)两大类。高原上的内成冰分布广,储量大(赵林等,2010b)。青藏高原多年冻土区 10 m 深度以内土层的平均重量含水量为 18.1%。估计由于多年冻土的变化,平均每年由青藏高原多年冻土的地下冰转化而成的液态水资源将达到 5~11 km³(丁永建等,2005;赵林等,2010b)。青藏高原多年冻土中地下冰分布受岩性、水分、地温等局部因素控制,但仍有一定的区域性和地带性规律。这种地域性分异规律主要表现为地下冰分布随地貌单元和地形部位的不同而呈现现有的变化规律:低山丘陵区和局部湖相地层区地下冰最发育,中高山区次之,河谷平原区最少。在垂向上呈现地下冰含量从浅层向深层逐渐减少的规律(赵林等,2010b)。

通过对青藏公路沿线 697 个钻孔 9261 个含水量资料统计分析发现,其平均含水量为 17.19%,平均冻土厚度为 38.79 m;上限以下 1 m 内的平均含水量为 38.00%,上限下 1~10 m 深度段平均含水量为 19.62%,在上限下 10 m 以下段的平均含水量为 15.71%(表 4.15)。以此估算出青藏高原多年冻土层中地下冰总储量为 9528 km³。

表 4.15 青藏高原冻土区垂向上分段计算的地下冰储量

垂向上分段深度	重量含水量(%)			冻土厚度(m)	地下冰储量(km³)	所占百分比(%)
	最小	平均	最大			
上限下 1 m 内	5.0	38.00	188.0	1.00	665	7.0
上限下 1~10 m 段	6.8	19.62	112.8	9.00	2650	27.8
上限下 10 m 以下段	5.0	15.71	95.2	28.79	6213	65.2
合　计				38.79	9528	100.0

4.3.6 冻土变化预估

20 世纪 90 年代以后,随着全球变化的广泛开展,国内学者应用不同方法对未来冻土变化进行研究和预测,其预测结果也不尽相同(王绍令,1996;李新等,1999;南卓铜等,2002;Jian,2002)。根据未来东亚气温与降水变化数据预测表明,到 2040 年,青藏高原年平均地温上升 0.4~0.5 ℃,届时现存的岛状多年冻土将大部分消失,多年冻土总面积明显减少(王绍令,1996)。依据 GCM 气候输出的结果,应用 Biome3 模型模拟认为,到 2100 年,连续多年冻土大部分将消失,连续多年冻土和不连续多年冻土的界限将向高原北部迁移 1~2 个纬度(Jian,2002)。利用高程模型和冻结指数模型对的模拟结果表明,青藏高原多年冻土在未来 20~50 年内不会发生本质的变化,多年冻土总的消失比例不会超过 19%,但在 2099 年气温升高 2.91 ℃后,青藏高原多年冻土将发生显著的变化,冻土消失比例将高达 58.18%(李新等,1999)。根据中国区域气候模式,在假定大气 CO_2 继续增加的情景下预测未来 50 年青藏高原气温可能上升 2.2~2.6 ℃(秦大河等,2002)。在建立冻土数值预测模型的基础上,对两种气温上升率情景下青藏高原多年冻土 50 和 100 年后可能发生的变化的预测结果表明:年增温 0.02 ℃情形下,50 年后冻土面积将缩小 8.8%,年平均地温高于 −0.11 ℃的高温多年冻土地带将退化;100 年后冻土面积将减少 13.4%,年平均地温高于 −0.5 ℃的区域可能发生退化。如果升温率为每年 0.052 ℃,50 年后,青藏高原多年冻土退化 13.5%,100 年后,退化达 46%,年平均地温高于 −2 ℃的区域均可能退化成季节冻土甚至非冻土(南卓铜等,2004)。

在东北多年冻土区,由于气候变暖的影响和人为活动的加剧,零星的岛状多年冻土退化将比青藏高原面上更严重(Li 等,2008)。到 21 世纪中叶,中国东北地区气温估计比现今高 1 ℃,多年冻土南界将北退 80~200 km,现存的岛状冻土带将大部分消失,冻土区面积将缩小 1.2×10³ km³,占其总面积的 32%;假如百年之后气温比现在升高 3 ℃,多年冻土南界将继续北退,退至大兴安岭北部,现存的岛状多年冻土带完全消失,多年冻土区面积仅剩下 1.36×10³ km³,占东北地区现存多年冻土总面积的 35.8%(吕久俊等,2007)。根据最新预测表明,在未来 50~100 年气候变暖情景下,多年冻土将继续退化,但面积上的变化将较慢。这可能归结于东北地区较好的地表覆盖条件和丰富的地下冰、雪盖的减少，以及可能显著增强的西伯利亚-蒙古冷高压在冬季形成的强大、稳定和广泛的大气逆温层结对兴安-贝加尔型冻土的控制作用（常晓丽等，2008）。

4.4　积雪变化

4.4.1　积雪数据

中国气象局地面气象台站观测系统对地面积雪，包括雪深和雪压进行观测，中国气象局国家气象信息中心又对此资料进行了初步订正，发布了全国 733 个台站自建站始至今的积雪数据（以下简称"观测"），包括日积雪深度、雪压、月最大积雪深度、月积雪日数。虽然地面气象台站观测数据向来被认为是较为准确的第一手资料，但也有一定缺陷，如常受台站搬迁和观测员操作习惯等主客观因素影响。而且，由于台站分布不均匀，其空间代表性欠缺，因而仅靠地面观测资料难以推算积雪面积。

自卫星投入使用以来，美国国家大气海洋局（NOAA）的国家环境卫星数据与信息服务部（NESDIS）率先公布了 1966 年以来北半球逐周积雪面积数据（Robinson 等，1993），这是迄今为止时间序列最长的遥感反演积雪面积数据（以下简称"NOAA/NESDIS"）。该数据集为专业人员根据可见光卫星图像进行可视化分析得到，它虽然经过地面资料验证，具有一定的可信度，但可见光遥感信号无法穿透云层且受光线影响，因而在有云或极夜时可见光遥感积雪面积存在一定的误差。由于可见光信号只能反演积雪面积参数，积雪深度和雪水当量的被动微波遥感反演是从扫描多通道微波辐射计（SMMR：1978—1987 年）的使用开始的，之后又由特殊传感器微波/图像辐射仪（SSM/I：1987 年至今）代替。被动微波遥感反演积雪面积与 NOAA/NESDIS 周积雪面积基本吻合，证明被动微波反演积雪是可靠的。但被动微波信号同样存在一定的缺陷，如被动微波无法监测小于 5 cm 的积雪深度，积雪形成初期被动微波信号较弱，此时易低估积雪深度；积雪信号也常受其他散射体，如森林、沙地、寒漠等的干扰而形成虚假积雪信号，使被动微波在某些地区易高估积雪深度，如在青藏高原地区（Armstrong 等，2001）。另外，解决不同传感器（SMMR 和 SSM/I）之间的差异带来的数据不连续性，也是产生均一化被动微波遥感反演积雪深度和雪水当量数据必须解决的问题（Derksen 等，2003）。基本上，采用统一算法反演的主被动微波遥感积雪数据，只适用于全球、半球或大陆尺度积雪的分析与研究。除上述问题外，用于换算全球被动微波反演雪水当量和积雪深度的积雪密度为全球统一的 0.30 g/cm³（Chang 等，1992），大于中国平均积雪密度 0.16 g/cm³（李培基，1993）。因此，要将遥感反演资料用于中国，还需要用台站观测资料对反演算法进行订正。

Chang 等（1992）首先用中国西部 175 个台站 1978—1980 年两个冬季的台站观测资料，订正了中国西部积雪深度的反演算法。Che 等（2008）又在此基础上，用中国 178 个地面台站观测雪深对其系数进行拟合订正，确定了适用于中国的被动微波遥感雪深反演算法的系数（SSMR 和 SSM/I 分别进行了订正）；而且，在反演前通过不同地表特征的微波亮度温度特征，剔除了地表的非积雪像元，如降雨、寒漠、冻土等，大大提高了积雪深度反演算法的精度。该套资料由中国科学院寒区旱区环境与工程研究所遥感与地理信息科学实验室于 2006 年发布，为 1978—2005 年中国逐日雪深长时间序列数据集，且随着遥感亮度温度数据的发布而在不断地更新。该资料时间长度受卫星资料限制，仅从 1978 年开始，且只用中国西部台站数据进行了拟合订正，因此还存在一定的不足，但是目前较适用于中国地区的被动微波遥感反演积雪深度数据，弥补了台站观测资料的空间不均匀性（以下简称"SMMR+SSM/I"）。

4.4.2　积雪分布概况

中国积雪的地理分布相当广泛，但分布极不均匀，不仅高山、低地、盆地间的垂直地带性分异显著，干、湿地区水平地带性分异也十分明显。以年积雪日数 60 天为界，中国积雪可分为稳定积雪区和不稳定积雪区两大类（李培基等，1983）。中国稳定积雪区主要包括东北、内蒙古东部和北部地区（以下简称东北-内蒙古区）、新疆北部和西部地区（以下简称新疆区）及青藏高原地区（秦大河等，2005；王澄海等，

2009),也是中国季节积雪水资源的主要蕴藏区。图 4.9 为中国积雪深度和积雪日数分布图,二者有很好的对应关系。1978—2006 年中国稳定积雪区面积约为 340 万 km²(Li 等,2008),年平均积雪深度 4.11 cm,空间分布具有区域特点,基本介于 0~12.0 cm 之间,但冬季可达年平均的 2 倍(Che 等,2008)。按中国平均积雪密度 0.16 g/cm³(李培基,1993)估算,1978—2006 年中国年平均雪水当量约 6.57 mm,介于 0~19.2 mm 之间。

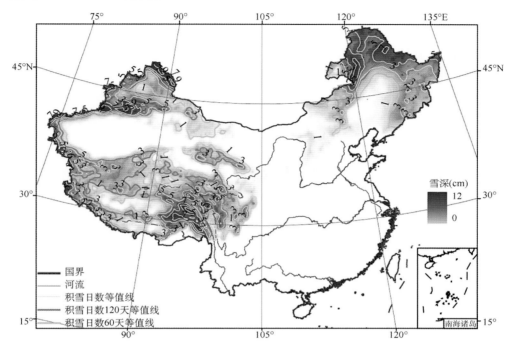

图 4.9　SMMR+SSM/I 遥感中国 1979—2006 年平均积雪深度和积雪日数(Li 等,2008)
图中数值表示积雪深度

青藏高原积雪面积具有显著的季节变化特征(车涛等,2004)。积雪面积在夏季的 7 月最小,冬季的 1 月达到最大。在季节尺度上,冬季积雪面积最大,达 230 万 km²,秋、春季的积雪面积与冬季比较接近,但秋季略小于春季,分别为 200 万和 206 万 km²,夏季积雪面积明显减小,仅为 55 万 km²(马丽娟,2008)。新疆的积雪主要分布在阿尔泰山、天山与天山南脉、帕米尔高原,阿拉套山、塔尔巴哈台山和博格达山也有较多积雪覆盖。新疆地区积雪期从 9 月开始至次年 5 月,2 和 3 月达到最大。其中,天山、天山南脉以及帕米尔高原附近的山区积雪,可以持续存在至 6 月,甚至 7 月或 8 月,该区大部分地区冬春积雪覆盖均超过 15 旬(张佳华等,2008a)。中国西北地区积雪深度随高度变化显著,最深积雪出现在阿尔泰山,然后是天山、帕米尔高原、喀喇昆仑山和昆仑山(Xiao 等,2007)。阿尔泰山南侧地区是中国境内年累积雪深最大的地区(王澄海等,2009)。额尔齐斯河和伊犁河谷的积雪也很显著。但与其相反,塔里木盆地、罗布泊和巴丹吉林沙漠则鲜有积雪。准噶尔盆地的积雪也通常很少,且持续时间不长。这些盆地因为远离水汽源,加上山脉阻挡,因而非常干燥。青藏高原一年四季均可出现积雪。积雪深度具有单峰值特征,最小值出现在夏季的 8 月,最大值出现在冬季的 1 月,即积雪的积累期和消融期分别为 5 个月和 7 个月。从季节平均上看,冬季最大,春季次之。青藏高原常年积雪存在 4 个主要大值区,其中高原中部和东部地区积雪在秋季积累最多,喜马拉雅山区和帕米尔高原地区积雪则在冬季增加最为迅速,形成了高原积雪在其中部和边缘地区,如喜马拉雅山、帕米尔高原、念青唐古拉山和东唐古拉山较多,而在其他地区,如柴达木盆地和雅鲁藏布谷地较少的分布形式(马丽娟,2008)。藏东南积雪量占高原积雪量的比例最大,主导着青藏高原地区积雪量的变化。青藏高原北部积雪相对较少,且持续时间较短。东北地区积雪则主要分布在大兴安岭、小兴安岭、长白山及最东边的完达山和最北边的漠河地区。东北地区积雪一般从 10 月开始至次年 4 月,只有大兴安岭北部积雪可以持续至 5 月,并在 2 月或 3 月达到最大(Che 等,2008)。内蒙古积雪期从 10 月中旬到次年 5 月上旬,长达 7 个多月,积雪的地理分布呈东多西少、南多北少、山区多、平地少的特点(韩俊丽,2007)。1978—2006 年中国年平均积雪深度小于 12 cm,但冬季平均积雪深度可达年平均值的 2 倍(Che 等,2008)。

积雪日数最多的区域位于东北大、小兴安岭北部山区,帕米尔高原、喀喇昆仑山、喜马拉雅山、天山等地的积雪日数也很长。青藏高原积雪日数在冬季的 1 月和夏季的 8 月分别达到最多(7 天以上)和最少(不足 1 天),6—9 月的积雪日数均不足 1 天。在季节尺度上,冬季最多,平均在 18 天以上;春季次之,在 14 天以上;秋季也可达到 8 天以上。年积雪日数平均大于 42 天。在空间分布上,在积雪较深的中部和东到东北部区域,积雪日数也为大值区,最大年积雪日数超过 158 天,但同样积雪较深的喜马拉雅山西段和帕米尔高原地区却并非积雪日数大值区(马丽娟,2008)。青藏高原东部比其南部的积雪日数更长(王澄海等,2009)。北疆积雪日数场主要有两种分布类型:第一种为南、北一致型,时间振幅的变化周期为 6.4 和 3.6 年;第二种为西南、东北一致型,时间振幅的变化周期为 6.4 年(董安祥等,2004)。就多年平均年积雪日数而言,青藏高原和新疆地区年积雪日数都大于东北地区,但东北地区积雪面积更大一些(车涛等,2005)。在 1993—2002 年期间,中国最大积雪水资源量平均约为102.79 km³,约占中国河流每年流入中国海径流总量的 6%,是长江年平均径流量的 11%(车涛等,2005)。

此外,中国各积雪区积雪性质也不尽相同。青藏高原区和东北—内蒙古区的积雪相对暖湿,而新疆区的积雪相对冷干,即所谓"干寒型"积雪(魏文寿等,2001)。干寒型积雪具有密度小(新雪的最小密度为 0.04 g/cm³)、含水率少(隆冬期<1%)、温度梯度大(最大可达−0.52 ℃/cm)、深霜发育层厚等特点,并且变质作用以热量交换和雪层压力变质作用为主。新疆区积雪层一般由新雪(或表层凝结霜)、细粒雪、中粒雪、粗粒雪、松散深霜、聚合深霜层和薄融冻冰层组成。中国内陆干旱区冬季积雪期雪面太阳辐射通量以负平衡为主,新雪雪面反射率达 96%,短波辐射在干寒型积雪中的穿透深度达 28 cm。在春季积雪消融期,深霜层厚度可占整个积雪层厚度的 80%。随着气温的升高,雪粒间的键链首先融化,使积雪变得松散,内聚力、抗压、抗拉和抗剪强度降低,积雪含水率也随之增大,整个积雪层趋于接近 0 ℃的等温现象,从而导致天山、阿尔泰山等山地春季全层性湿雪崩频繁发生(魏文寿等,2001)。祁连山冰沟流域积雪体积含水率在 3%以下,根据国际水文科学协会(IASH)发布的分类标准,属于潮雪;该区域积雪分层比较明显,雪下冰晶层发育良好;当雪深达到 20 cm 时,积雪具有保温作用;积雪等效密度随时、空变化不大,平均为 0.16 g/cm³(郝晓华等,2009)。

4.4.3　积雪面积变化

尽管长期以来北半球积雪面积呈显著减少趋势,但中国西部积雪面积略微增加,且年际变化振幅较大(SMMR＋观测:1951—1997 年;Qin 等,2006)。

中国各稳定积雪区面积变化并不同步。过去 50 年,青藏高原积雪面积总体上呈减少趋势,但 20 世纪80—90 年代略有增加。青藏高原积雪面积在 1966—2001 年间呈减小趋势(NOAA/NESDIS;Rikiishi 等,2006),其中 1982—2000 年间增加(徐兴奎等,2005),但之后的 2000—2005 年,又表现为明显下降(MODIS;王叶堂等,2007)。1992—2006 年年平均积雪面积(SMMR＋SSM/I)也略有增加,但不显著。从季节尺度上看,1992—2006 年秋、冬、春季的积雪面积都有所增加,但未达显著标准,只有夏季积雪面积呈显著减少趋势,过去 15 年里减少了 20 万 km²,相当于夏季积雪总面积的 28%左右。1997—2004 年,祁连山西、中、东部的积雪面积在春季的 5 月也有所增加,而夏季 6—8 月均呈下降趋势(NOAA/NESDIS 和 MODIS;张杰等,2005)。此外,青藏高原积雪面积在 1992—2006 年并未表现出强烈的年际变化,且各个季节积雪面积的年际变化并不完全一致,其中春季与冬季有着很好的协同变化关系,但秋季与冬季甚至有相反的年际变化。在空间分布上,整个青藏高原,除极少部分地区无积雪外,都处于积雪覆盖之下,但即使是在积雪面积最大的冬季,也有小部分地区仍无积雪覆盖,其主要位于喜马拉雅山西段与西昆仑山之间的谷地以及西昆仑山北侧。另外,在川青甘三省交汇处也有小范围的无积雪覆盖区;夏季,以上述无雪区为中心,无积雪覆盖地区向外扩张,在青海中部和青藏高原北部边缘地区也出现小范围的无雪区,无积雪覆盖区的面积达到最大;秋季,积雪覆盖区较夏季迅速增加,但略小于春季。积雪覆盖变化最强烈的时段发生在 10 月到次年 4 月,变化幅度最大的区域位于青藏高原东南部(徐兴奎等,2005)。

4.4.4 积雪日数变化

中国积雪变化大致分为 3 种类型(观测:1961—2004 年;王澄海等,2009):①类型 Ⅰ:积雪深度和积雪日数都呈缓慢增长或减少趋势。增长区在中国新疆天山以北、青藏高原中东部和内蒙古高原中东部到大兴安岭以西的地区;减少区大体在内蒙古西部、黄土高原和长江中下游地区。②类型 Ⅱ:年积雪深度缓慢增长,积雪日数却有所下降。主要出现在东北平原东部的部分地区及长江上游的部分地区。③类型 Ⅲ:年积雪深度有所下降,积雪日数缓慢增长。主要分布在青藏高原中部的部分地区。

1951—2006 年,黑龙江省积雪期逐渐缩短,积雪初日和终日分别以平均 1.9 和 1.6 d/10a 的速率推后和提前,但二者自 20 世纪 80 年代以来的变化则均更明显,且积雪初/终日期的推后/提前主要发生在较低纬度的平原地区(李栋梁等,2009)。

新疆积雪日数的增加主要出现在 20 世纪 60—80 年代(王秋香等,2009),以及≥10 cm 的积雪深度上;积雪初、终日期并没有表现出明显的提前或推迟(杨青等,2007)。

青藏高原积雪日数与积雪深度一样,有着 20 世纪 90 年代初突变增加、90 年代末又突变减少的特征,除冬季积雪日数略有增加外,其余各季节和年积雪日数都有所减少,但只有秋季和夏季的减少达到了 95% 的信度水平,即在 1954—2005 年期间,秋季和夏季积雪日数分别减少了超过 3 天和不足 1 天(马丽娟,2008)。在空间分布上,夏、秋季节青藏高原积雪日数大范围减少,尤以夏季青海大部分地区成片的积雪日数减少最为显著;冬季虽然是积雪日数增加占主导,但并未出现成片的显著增加趋势;春季积雪日数增加的范围有所缩小,但达到显著水平的却有所增加。

此外,青藏高原积雪日数的气温敏感性随着气候变暖而有所加剧(图 4.10)。积雪对气温的敏感度

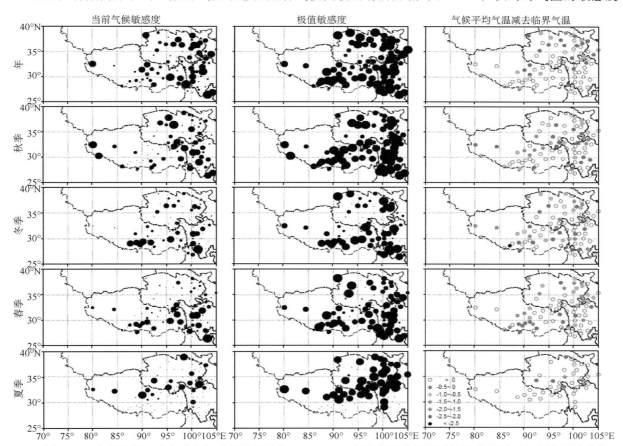

图 4.10 青藏高原年和各季节相对积雪日数在 1971—2000 年气候平均气温下的敏感度(左列)和极值敏感度(中间列)的空间分布(圆点越大表示敏感度越高,阈值为 −1~0),以及气候平均温度与临界温度的差值(右列,空心圆圈为正值,代表当前平均气温已经超出临界温度的台站,实心圆点为负值,代表当前气候平均温度尚未达到临界温度的台站,且每 0.5 ℃升温等级用不同颜色标识)(马丽娟等,2010a)

有中间低、四周高的空间分布特征,且极值敏感度(图4.10中间列)明显大于相应的当前气候条件下的敏感度(图4.10左列)。在当前气候状态下,有相当一部分台站的平均气温还未达到临界温度,秋、冬、春、夏四季尚未达到临界温度的台站分别占总台站数的36%,39%,47%和11%。在未来气候继续变暖背景下,这些台站积雪日数对气温更加敏感。在未来气温升高1.5℃时,青藏高原各个季节尚未达到临界温度的台站中,90%以上都会达到极值敏感度。其中,冬季最低为91%,春季次之为95%。

4.4.5 积雪深度变化

1958—2009年,青藏高原积雪深度基本上表现为一个显著的年际波动叠加在持续而缓慢的增加趋势之上。青藏高原积雪具有准2~3年和3~5年振荡。1958—2009年青藏高原积雪深度的周期振荡发生了明显变化,即20世纪80年代中期之前,以2~3年周期为主,之后周期逐渐加长,以3~5年为主(马丽娟,2008)。20世纪70年代中期至90年代初期,基本为青藏高原多雪期,虽然积雪期有所缩短,但最大积雪深度增加(Zhang等,2004)。20世纪80年代中期以来,增加趋势更为明显,年振幅也显著增大,极大和极小积雪年出现的频率增加,但是这种振荡并未超出积雪的自然变率(Xiao等,2007)。20世纪90年代中期以前,年平均积雪深度的上升幅度约为0.06 cm/10a,约占年平均积雪深度的1.8%。20世纪70年代中后期到90年代初期,青藏高原积雪的加深是亚洲季风环流转变的结果,这不仅与孟加拉湾上空增强了的南风气流带来更多的水汽和印度洋上空大气湿度的增加有关,还与印缅槽的加深、副热带西风急流的加强以及高原上升气流的加强有密切关系(Zhang等,2004)。然而,这种持续增长自20世纪90年代中后期开始发生了转变,即青藏高原积雪深度由持续增长转为下降(图4.11)。对该序列的标准化分析表明,青藏高原年平均积雪深度在20世纪70年代之前基本为负异常,其中1960、1963、1965、1967和1969年的负异常均超过了−1个标准差,之后开始振荡上升,年际变化振幅开始加大;到20世纪90年代多为正异常,年际波动振幅也达最大,在1989和1996年甚至出现了超过2.5个标准差的极大正异常;自20世纪90年代后期,积雪深度均偏少,除1998年的正异常超过1个标准差外,其余均超过−1个标准差。1962—2005年,青海地区夏、秋季积雪深度呈持续减少趋势,冬、春季积雪在20世纪60—90年代初增加,此后呈显著减少趋势(雷俊等,2008)。综合利用藏北高原SSM/I、NOAA/AVHRR卫星反演资料和台站资料的分析也表明,藏北地区积雪变化特征与整个高原积雪变化一致(张佳华等,2008b)。

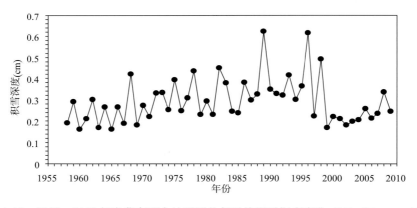

图4.11 1958—2009年青藏高原台站观测的年平均积雪深度变化(据马丽娟,2008更新)

在过去50年,新疆年累积积雪深度基本上围绕着平均值上下波动,没有明显的突变,但20世纪70年代中期开始有明显上升趋势。在1961—2006年期间,新疆最大积雪深度则呈显著增加趋势,年平均增长0.8%(王秋香等,2009),其中,20世纪70—90年代平均增加1.43%(高卫东等,2005)。1959—2003年,天山山区最大积雪深度增加幅度为1.15 cm/10a,并在1977年前后发生了突变;与多年平均相比,积雪深度增加幅度最大的是西天山地区的昭苏和尼勒克,分别增加了39.3%和39.7%。新疆地区积雪存在周期变化特征。天山山区积雪变化以2.8年左右的周期为主,其中最大积雪深度存在2.8年和7.3年左右的变化周期,积雪日数存在2.8年的主导周期,积雪初始日期存在11年和2.6年的变化周期,积雪终止日期存在 3.4 年和 2.3 年的变化周期(杨青等,2007)。

东北—内蒙古区积雪无明显变化趋势,但自 20 世纪 90 年代开始波动振幅明显加大。从趋势上看,累积积雪深度有轻微减小,为 10 cm/a(Xiao 等,2007)。在空间分布上,该区有几片零散的积雪大值区,包括大兴安岭、小兴安岭、锡林郭勒等地,这些地区均观测有较大的积雪年际变率,季节振荡也较大,其最大积雪深度出现在深冬季节,此时也是雪深年际变率最大的季节(Xiao 等,2007)。

4.4.6 积雪变化的可能原因及预估

1. 中、低纬度与高纬度积雪变化的异同及可能原因

中国是欧亚大陆的一部分,研究中国积雪及其变化不应与欧亚大陆甚至北半球积雪分割开来。在中国三大稳定积雪区中,新疆和东北—内蒙古区位于北半球中高纬度,与整个欧亚大陆积雪协同变化;而青藏高原位于北半球中低纬度,其积雪变化既与欧亚大陆同步,又受局地环流及地理特征影响而有所不同。近 30 年来,欧亚大陆积雪变化基本表现为两种模态(SMMR+SSM/I:1979—2004年;Wu 等,2009):主导模态为欧亚大陆大部分地区与东亚和青藏高原的小部分区域呈反位相变化;第二种模态是欧亚大陆西部与东部(包括青藏高原)呈反位相变化,受此模态影响,春季欧亚大陆积雪自 20 世纪 80 年代中期由整体偏多转为偏少,而青藏高原春季积雪正异常持续到 20 世纪 90 年代末。

海气振荡是导致积雪年际波动的主要原因之一。影响北半球冬季气候的主导模态有两个:一是赤道太平洋海气异常,即厄尔尼诺与南方涛动(ENSO),及与之遥相呼应的太平洋北美振荡(PNA);二是与大西洋表面海水温度变化相联系的北大西洋涛动(NAO)。ENSO 年,冬季有利于青藏高原降雪,积雪易偏深。一方面,西赤道太平洋"暖池"东移引起北半球冬季环流异常,阿留申低压加深及其向西和向极地伸展,诱导西伯利亚和极地冷空气频繁南下;另一方面,横跨赤道的一对强大反气旋有利于印度洋和南亚的暖湿气流及孟加拉风暴沿青藏高原东侧北上,形成了多雪的环流背景。冬季中太平洋 ENSO 还会激发对流层静止正压罗斯贝波,并向东北方向传播,遇到北美急流折向赤道方向,在东大西洋融入北非—亚洲急流,并随着急流穿越北非、南亚,包括喜马拉雅山脉和中国南部,导致对流层上层位涡异常增强,有利于高原冬季降雪(Shaman 等,2005)。NAO 正异常也有利于欧亚大陆产生丰沛的降雪,1—3 月 NAO 也与青藏高原积雪密切相关。在 20 世纪 60 年代 NAO 空前负异常时,中国西部和欧亚大陆一样,出现了近 50 年来寒冷少雪冬季长期持续的形势。自 1980 年 NAO 转入空前正异常后,强大的暖湿气流导致欧亚大陆暖冬和丰雪。NAO 偏强时,北大西洋中高纬度 500 hPa 低压槽加强南伸,槽前高压脊北移东扩,迫使 20°E 附近欧洲槽东移至 50°E 附近,乌拉尔山高压脊位置也较常年偏东。受此影响,青藏高原上游副热带西风急流加强东进,将更多的副热带暖湿空气带上高原,有利于高原降雪(马丽娟,2008)。

无论是环流变化还是外强迫因子变化,最终作用于积雪的因子都可归结为气温和降水的变化。气候变暖加速了全球水循环速度,给积雪变化带来了不确定性。近 50 年观测研究表明,西北干旱区积雪与冬季气温呈负相关,而与冬季降雪量呈正相关,并且与冬季气温和降雪量二者的复相关关系更为密切,积雪年际波动的 1/2~2/3 可以用冬季降雪量和气温的线性变化来解释(康尔泗等,2002)。年积雪日数与气温关系更为密切,说明气温在积雪维持方面更为重要;年累加日积雪深度更加依赖于降雪量,而积雪量比积雪持续时间和积雪面积对降雪量的变化更为敏感。这意味着气候变化将首先引起积雪量的变化,而气候变化导致的积雪量变化更为显著(康尔泗等,2002)。较干的气候环境更易出现最大雪水当量增加而积雪日数减少的情况(Brown 等,2009)。

此外,青藏高原积雪深度,除冬季外,均与当季气温有显著的反相关关系。由于气温的升高,青藏高原降雪和积雪的脆弱性大大增加。在气候变暖背景下,脆弱积雪实际上包含了两层含义:其一为原本是降雪,但由于气温升高而容易转化为降雨的地区;其二为降雪原本可以在地面产生积累,但由于气温升高而变为不发生积累的地区。这样的情况实际上容易发生在海洋性气候下的"海洋性"

积雪区。以气温 0 ℃作为青藏高原过渡季节降雨/雪的临界气候条件，以气温 0 ℃、降雪 0.4 cm（秋季）或 0.3 cm（春季）分别为青藏高原秋、春季降雪/积雪的临界气候条件。从秋季和春季的脆弱降雪/积雪台站的分布可以看出（图 4.12），无论秋季还是春季，脆弱积雪台站大都位于青藏高原南部及东部边缘地区，而脆弱降雪台站还包括北部边缘的部分台站。秋季（图 4.12(a)）和春季（图 4.12(c)）的脆弱降雪台站分别占总台站数的 77.8% 和 81.1%，而脆弱积雪台站则分别占总台站数的 32.8%（图 4.13(b)）和 36.3%（图 4.12(d)）。然而，青藏高原降雪和积雪具有极强的区域性，即使有这么多的台站同时处于脆弱状态，在气温上升的不同阶段，各台站的脆弱程度其实是不同的。到 2050 年气温升高 2.5 ℃情景下，降雪可能转为降雨的台站只有 10 个左右，其秋季主要分布在西藏中东偏南和偏北的位置，而春季除了这一地区外，在四川及云南北部部分地区也有发生，但在更高温度下降雪更不容易积累，高原降雪积累的概率有所下降，这可能导致青藏高原积雪期开始时间的推迟和结束时间的提前。

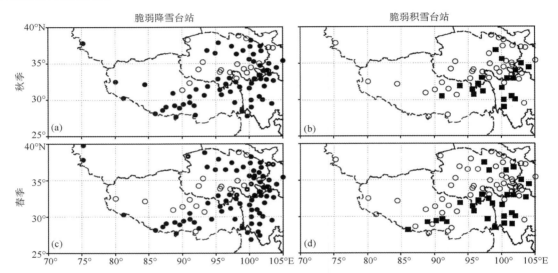

图 4.12　1971—2000 年青藏高原秋、春季脆弱降雪台站和脆弱积雪台站分布（马丽娟等，2010b）

图中：实心圆圈代表脆弱降雪台站，实心方块代表脆弱积雪台站，空心圆圈代表其他台站

积雪除了受气候变化因素制约外，也反过来对气候有着重要影响。详见本卷第 7 章。

2. 未来积雪预估

一般来说，在全球变暖背景下，由于冷季的缩短，未来降雪和积雪将趋于减少，但在一些变暖不是足够大的地方，环流改变和气温升高引起的大气湿度增加，可能会导致更大强度的降雪和积雪事件发生。

在中国三大稳定积雪区，若冬季气温到 2050 年升高 2.0～3.0 ℃，虽然冬季持续负温期基本不受影响，但未来降雪量以大于 1.0% 速率增加。到 2050 年，除东北—内蒙古区最南部及新疆伊犁河谷 3 月下旬积雪有可能减少或提前消失外，其他地区积雪缓慢增加的趋势还会继续，其中，青藏高原和新疆地区年累积日积雪深度将继续分别以每年 2.3% 和 0.2% 的速度增加。同时，积雪深度年振幅将继续增大，丰雪年与枯雪年的出现将更为频繁（丁永建等，2005）。然而，到 2071—2100 年，在 IPCC 第四次评估报告中的 SRES A2 温室气体排放情景下的预估结果表明，相对于当前气候平均积雪状况，冬季中国东北、西北及青藏高原大部分地区雪水当量均表现为减少，其中青藏高原地区积雪量减少幅度达 76.9%（图 4.13），但也有小部分地区积雪增加，如东北的大兴安岭和西北的天山东段及祁连山部分地区等（石英等，2010）。但在同样的 SRES A2 情景下，21 世纪末中国华南地区的最大雪水当量和最大连续积雪日数则因降雪强度和强降雪时间都将有所增加而增加，尤其是在江西东部局部地区（宋瑞艳等，2008）。

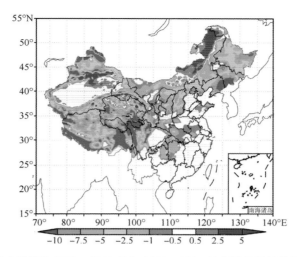

图 4.13 区域气候模式模拟的 2071—2100 年与 1961—1990 年中国冬季气候平均雪水当量差值分布
（单位:mm）（石英等,2010）

4.5 海、河、湖冰变化

4.5.1 概述

海冰、河冰和湖冰是冰冻圈的组成部分,它们一方面是气候的产物,另一方面其自身变化对气候有反馈作用,也是气候变化的指示器。

海冰的高反照率和动力阻隔作用会对海-气间的辐射平衡和海-气相互作用产生重要影响,而海冰的冻融过程还可以改变海洋表层海水的盐度,对大洋环流和海洋生物产生重要影响。与气候变化有关的海冰参数包括海冰密集度、海冰范围、海冰覆盖面积(海冰范围内不计水域部分)、海冰厚度、海冰漂流速度、海冰生长和融化速率等。地球上最大的海冰分布在南、北极地区。两极海冰在最近数十年表现出相反的趋势,即北冰洋海冰范围在 1979—2005 年间以 2.7％/10a 的速率缩小,海冰厚度自 20 世纪 50 年代以来持续减薄;而同期南极海冰范围则略呈增加趋势。目前对此的一种解释认为与平流层臭氧损耗造成的区域降温有关,另一种解释则认为与南半球高纬度地区降雪增加有关。过去数十年,北半球其他区域性海冰变化绝大多数都表现为面积缩小和厚度减薄(IPCC,2007)。中国海冰主要分布于黄海北部和渤海地区。国家海洋局海洋环境预报中心自 20 世纪 50 年代始开始对该海区进行监测,积累了数十年海冰范围、海冰厚度等资料。

从气候变化角度看,河冰和湖冰研究主要关注封冻日期、冻结范围、冻冰厚度、解冻日期等。IPCC第四次评估报告(IPCC,2007)较系统总结了北半球中高纬度地区观测历史达百年左右的河冰和湖冰变化。过去百年来,河冰和湖冰变化的总体趋势是秋、冬季的冻结日期推后,而春季开封日期提前,即河冰和湖冰封冻的时段变短。报告还总结了北半球重要河冰和湖冰的封冻日数在过去 150 年间平均缩短约 12 天,其中冻结日期平均推后 5.8 天,开封日期平均提前 6.5 天。中国北方广泛分布着的大小不等的河流,如黄河、松花江、嫩江、辽河以及西部诸河均发育河冰。河冰监测由水利部门的水文站负责,但仅仅有限的台站监测河冰。国内有关河冰研究多数针对凌汛及其灾害效应,近年来开始关注河冰变化及其与气候变化之间的内在联系。中国北方和青藏高原广布的大小湖泊的监测为此项研究提供了可能。例如,青海湖水文站将湖冰观测纳入观测内容。然而,监测湖冰的台站毕竟寥寥无几,且观测主要在岸边开展,很难代表整个湖泊的湖冰变化的全貌。借助遥感资料,尤其是合成孔径雷达和被动微波遥感研究湖冰的手段正越来越多地被采纳。

4.5.2 海冰变化

1. 中国海冰及其监测

渤海和黄海位于 37°～40°N 之间，是北半球结冰海域的南缘，每年冬季都有不同程度的结冰现象。

为了海冰预报和应用预报的便利，将渤海的海冰和冰情的轻重分为 5 级，即轻冰年（1 级）、偏轻冰年（2 级）、常冰年（3 级）、偏重冰年（3 级）、重冰年（5 级）（见图 4.14）。

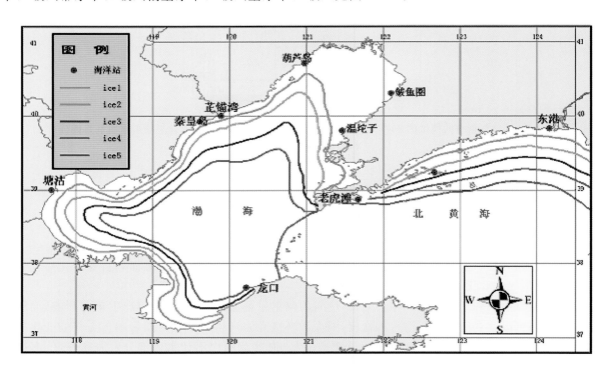

图 4.14 渤海和黄海北部海冰预报等级示意（从 1～5 分为 5 级，依次增多）

根据有海冰观测资料以来的统计，渤海冰情发生的频率大约为：轻冰年占 12%；偏轻冰年占 15%；常冰年占 43%；偏重冰年和重冰年共占 30%，而重冰年比偏重冰年要少得多。

在冰情严重的冬季里，海冰对海上交通运输和海洋资源开发作业及海上建筑物的威胁极大，可造成重大的经济损失。在 1968—1969 年冬季，渤海发生的大冰封是历史罕见的，造成极大的经济损失。在 1969 年 2—3 月间，整个渤海几乎全部被 1 m 多厚的冰覆盖，进出天津塘沽港的 123 艘货轮中，有 7 艘被海冰推移搁浅；有 19 艘被海冰挟住不能航行，随冰漂移；有 5 艘万吨轮在航行中螺旋桨被冰撞坏；还有的被冰挤压的船体变形，船舱进水。天津港务局回淤研究站设在横堤口附近的平台被冰推倒。天津航道局设在航道上的灯标全部被冰挟走，去向不明。渤海石油公司的"海二井"生活平台、设备平台及钻井平台全部被冰推倒，"海一井"平台支座的拉筋也被冰割断。1976—1977 年冬季 1—2 月份，进出秦皇岛港的船只有 22 艘被冰所包围，渤海石油公司"海四井"的烽火台也被冰推倒。由此可见，海冰的破坏力是惊人的。此外，1936，1937 和 1957 年冬季的海冰，也造成了不同程度的损失。

2. 渤、黄海海冰的特征

（1）海冰冰期。渤海海冰为一年冰，海冰的发展过程可分为三个阶段，即初冰期、封冻期和终冰期。

初冰期是指初冰日到封冻日。这段时间是海冰不断增长的过程。辽东湾和北黄海初冰日最早在 11 月初，最晚在 11 月底。渤海湾最早在 12 月初，最晚在 12 月下旬；莱州湾最早在 12 上旬，最晚在 1 月中旬前期。

封冻期是指封冻日到解冻日。这段时间的海冰密集度都大于 7 成，通常把封冻期称为严重冰期。辽东湾封冻期大约为 2 个月，一般从 12 月下旬开始至 3 月上旬；渤海湾大约为 1 个半月，一般从 1 月上旬开始至 2 月中旬;莱州湾大约为 1 个月,一般从 1 月中旬开始至 2 月上旬。

终冰期是指解冻日到终冻日。这段时间是海冰随气温回升和海温增高不断融化的过程。融化期比增长期短得多。辽东湾和北黄海终冰日最早在 2 月下旬,最晚在 3 月底;渤海湾最早在 2 月中旬至下旬,最晚在 3 月上旬末;莱州湾最早在 1 月中旬前后,最晚在 2 月中旬至下旬。

1976—2008 年渤海沿岸主要测站的冰期见表 4.16。

表 4.16   1976—2008 年渤海沿岸主要测站的冰期

测 站	初冰期(月-日)		终冰期(月-日)		结冰期(天)	
	最早	最晚	最早	最晚	最多	最少
巴渔圈	11-04	01-01	02-15	03-31	142	66
葫芦岛	11-28	01-01	02-19	03-20	112	61
芷锚湾	11-07	12-21	02-16	03-18	125	61
塘沽	12-06	01-08	01-23	03-08	97	24

(2)海冰的变化。渤海的海冰年际变化差异很大,轻冰年除辽东湾外,其他仅沿岸有浮冰;重冰年则几乎可以覆盖渤海。图 4.15 是渤海海冰面积的年变化距平图,表明 20 世纪 50—60 年代海冰面积较大,而 20 世纪 80 年代至今海冰面积逐渐变小(Xiao 等,2007)。

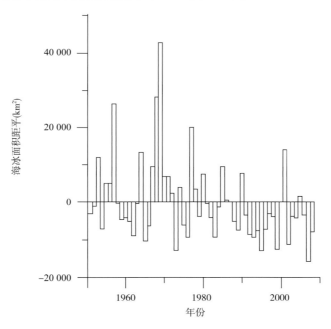

图 4.15   渤海海冰面积距平变化

研究发现,渤海海冰的周期与太阳活动的变化非常一致,渤海的重冰年大约为 10 年出现一次,与太阳活动的周期很接近。在太阳活动的峰、谷年前后,渤海海冰至少有一次是比较重的,大的冰封年都发生在峰年前后(图 4.16)。表 4.17 列举了太阳活动的峰、谷后一年和升枝及降枝 4 个时段所对应的渤海海冰的冰级统计结果,可以看出,5 级的大冰峰年全发生在太阳活动的峰年前后。

(3)海洋盐度的变化对海冰的可能影响。近 50 年来,由于黄河径流量的锐减,渤海海域降水量减小、蒸发量增大,使渤海和黄海海水盐度明显增高。在 1961—1996 年间,全渤海平均盐度升高约为 2;在 1960—2000 年间,黄海盐度增高约 0.46。影响渤海盐度的主导性因素是黄河入海径流的锐减,而影响黄海盐度的主导性因素则是降水的减少(吴德星等,2004)。

盐度增高降低了冰点温度,理论上可拟制海冰的形成。海表盐度的降低究竟对近几十年来黄海和渤海海冰的减少造成多大影响,与温度等因素相比其贡献比有多大,目前尚无定量结论。

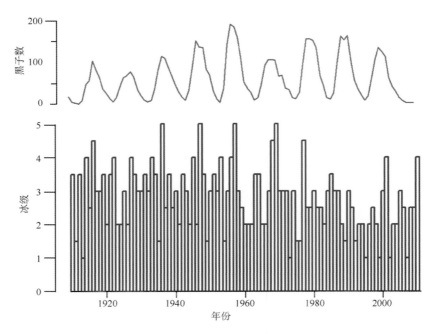

图 4.16　渤海海冰与太阳活动的变化过程图

红色线为太阳活动变化；蓝色柱线为海冰分级

表 4.17　太阳活动的 4 个时段所对应的渤海海冰的冰级统计

时段	总年数	1~1.5 级		2~2.5 级		3~3.5 级		4~5.5 级		5~5.5 级	
		年数	百分比	年数	百分比	年数	百分比	年数	百分比	年数	百分比
峰年±1	15	0	0	4	27	5	33	2	13	4	27
谷年±1	18	3	17	2	1	9	50	4	22	0	0
升枝	4	1	25	2	50	1	25	0	0	0	0
降枝	20	2	10	9	45	9	45	0	0	0	0
合计	57	6	11	17	30	24	42	6	11	4	7

3. 未来渤海海冰的发展趋势预测

根据资料的统计分析表明,渤海和黄海的海冰随着气候变暖明显减轻,即在 20 世纪 90 年代以前,基本上每 10 年出现一次轻冰年和一次重冰年;而 20 世纪 90 年代以后,每 10 年出现两次轻冰年,而无重冰年出现。出现这种现象,一是受气候变暖的影响;二是海洋状况也发生了较大的变化,海水的盐度明显增高,大大降低了冰点温度。这可能与华北干旱少雨导致的入海径流量减少有关,此外也可能与海上的人类活动有着密切的关系。因此可以预料,随着气候持续变暖,未来渤海和黄海海冰的变化会逐步地减轻。尽管冰情减轻,但是随着海上的活动加剧及资源的开发,渤海地区经济社会活动对海冰灾害的脆弱性却可能变大,也就是说,由海冰引起的灾情会进一步加重,为此必须引起高度重视。

4.5.3　河冰变化

中国是冰凌灾害发生较多的国家。冰凌灾害如冰塞、冰坝多发生在高纬度的黑龙江、乌苏里江、松花江和黄河等较大的江河。近年来,在气候变暖的大趋势下,中国北方温度升高明显,对冰凌发生的频率、强度等产生一定的影响。

1. 黄河河冰变化特征

黄河凌汛主要集中在上游宁蒙河段、中游河曲河段和黄河下游河段,其中上游宁蒙河段和黄河下游河段更为严重。这两段河道的共同特点是:河道比降小,流速缓慢,都是从低纬度流向高纬度,冬季气温上(游)暖下(游)寒,结冰上薄下厚,封河时从下往上,开河时自上而下。

• 黄河上游宁蒙河段历史冰情变化特征

由于黄河宁蒙河段位置偏北,气温较低,是黄河冰凌灾害最为严重的河段。石嘴山、巴彦高勒、三湖河口和头道拐是宁蒙河段的 4 个典型水文站,表 4.18 给出了这 4 个水文站 1990 年前后流凌、封河和开河日期的统计结果(潘进军等,2008)。

表 4.18 宁蒙河段封开河日期(月-日)统计

年 度	石嘴山			巴彦高勒			三湖河			头道拐		
	流凌	封河	开河	流凌	封河	开河	流凌	封河	开河	流凌	封河	开河
1968—1989 年均值	12-01	01-08	03-05	11-28	12-12	3-18	11-18	12-01	03-24	11-18	12-06	03-25
1990—2005 年均值	12-07	01-16	02-20	11-30	12-22	03-09	11-18	12-10	03-18	11-19	12-14	03-11

由表 4.18 可以看出,自 20 世纪 90 年代以来,4 个水文站封河日期普遍较前期滞后,分别推迟 8,10,9 和 8 天;同时开河日期普遍提前,分别提前 15,9,6 和 14 天。

黄河宁蒙河段封冻天数与平均冰厚的年代特征值及距平特征为:在 20 世纪 80 年代之前,封冻天数距平全部为正;70 年代之前,冰厚距平全部为正,80 年代冰厚距平为负。20 世纪 90 年代以来,封冻天数与冰厚距平均为负值,其中,进入 21 世纪以来的前 5 年,偏小最为显著,封冻天数较多年均值减少 11 天,冰厚较多年均值偏薄 0.19 m(王云璋等,2001)。

气温是影响河冰变化的一个重要因素。例如,1955—2003 年黄河甘肃—内蒙古段冬季气温存在明显的线性上升趋势,平均升温速率在 0.42~1.06 ℃/10a 之间,期间河冰封冻日期明显推迟。黄河上游宁蒙河段气温与凌情的关系为:①11 月平均气温与淌凌、封河日期的相关系数大部分大于 0.50,尤其与淌凌日期相关显著,多数超过 0.60,即 11 月气温高,淌凌和封河时间偏晚,否则偏早;②宁蒙河段 11 月—翌年 2 月平均气温与平均冰厚同样存在显著的负相关关系,多数相关系数的绝对值大于 0.70;③宁蒙河段开河时间与 3 月份气温的高低相关关系也十分显著(图 4.17),相关系数在 0.64~0.78 之间,反映了气温高开河早、气温低开河晚的规律(康玲玲等,2001)。

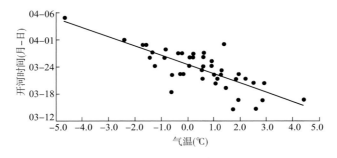

图 4.17 宁蒙河段 3 月平均气温与开河时间相关图

综合各种影响因素,可以说气温偏高、上游来水量减少以及冬灌引水等人类活动影响是 20 世纪 90 年代以来宁蒙河段凌情发生明显变化的重要原因。

• 黄河下游河段历史冰情变化特征

黄河下游河南和山东河段,由于流向自低纬度至高纬度,南北差 3 个多纬距,因此气温上(游)高下(游)低较为突出。入冬后,随着气温下降,下游近海河段先处于 0 ℃ 以下,此时再遇上小流量过程,则往往较早出现淌凌和封冻现象。冬末春初,气温回升因上段较下段快,所以解冻开河时间上段早于下段。由于河道上宽下窄、坡度平缓及多浅滩、急湾等特定的边界条件和枯季流量小、流速慢的有利水力因素,上段先解冻的冰水沿程积聚涌向下游,形成冰凌洪水。

1951—1999 年,黄河下游河段历年凌汛基本情况是:20 世纪 90 年代是 20 世纪下半叶封河长度最短、冰量最少、流量最小、封河时气温最高的 10 年(彭梅香等,2000);与多年平均相比,封河长度和封冻天数分别平均缩短 109 km 和 9.5 天,冰量平均减少 77%,封河当日流量平均偏小 62%,封河当日气温偏高 4.7 ℃,封河前 3 天气温偏高 3.7 ℃。1951—1999 年间,黄河下游河段共出现 6 次未封河的现象,其中,20 世纪 50,60 和 70 年代各出现过一次,而 90 年代就出现了 3 次,其中 1993—1995 年连续两个冬季未封河(表 4.19)。

表 4.19　黄河下游凌情年代特征值统计

年代	20 世纪 50 年代		20 世纪 60 年代		20 世纪 70 年代		20 世纪 80 年代		20 世纪 90 年代	
	平均	距平	平均	距平	平均	距平	平均	距平	平均	距平
封冻日期(月-日)	01-03	−1	12-24	−11	01-12	8	01-03	−1	12-20	−14
长度(km)	393	32.8	421	42.2	259	−12.5	203	−31.4	139	−29.4
冰量(万 m³)	4132	28.0	6421	99.0	2734	−15.3	2043	−36.7	639	−80.2
冰厚(cm)	22	15.8	27	42.1	17	−10.5	18	−5.3	6.3	−66.8
开河日期(月-日)	02-23	0	03-01	6	01-06	−48	01-18	−36	02-12	−11
封冻天数(d)	52	3	68	19	33	−16	47	−2	23	−26

黄河下游河段气温时空差异与凌汛形成和凌情变化的关系表明(王云璋等,2001):①冬季平均气温在 20 世纪 50 和 60 年代偏低,而在 90 年代明显偏高;下游凌情也与此相对应,表现为 20 世纪 50 和 60 年代封河天数多、封河河段长、冰层厚、冰量大,而在 90 年代凌情明显减轻;②12 月通常是淌凌,甚至封河的时间,其气温高低对凌情特别是对封河早晚影响很大。除 20 世纪 90 年代因来水量小甚至断流以及河道形态变化等而平均封河日期较常年提前外,其余各年代气温与封河时间基本相对应,即:气温低,封河偏早;气温高,封河偏晚;③2 月下旬是开河的平均时间,该月气温高低对开河早晚及封河天数的影响比较大。20 世纪 50 年代和 60 年代气温低,相应开河时间晚、封河天数多;其余各年代气温相对偏高,所以开河早、封河天数少,尤其是 20 世纪 90 年代封河天数较常年偏少近 1 个月。

　　2. 东北河流河冰变化特征

东北地区纬度较高,冬季漫长,气候寒冷。该区容易发生冰凌洪水的河流主要集中在 46°N 以北的黑龙江中上游河段、松花江依兰以下河段以及嫩江上游河段。黑龙江中上游是冰凌洪水的高发区,局部河段的卡塞几乎每年都有,具有一定规模的冰坝平均每 3 年发生一次。松花江干流依兰以下河段,也是冰凌洪水的高发区,据依兰水文站 35 年(1954—1988 年)资料统计,年最高水位出现在凌汛期的占 31%。嫩江上游冰凌洪水也很频繁,根据历年水位资料统计,上游石灰窑—库漠屯河段年最高水位出现在凌汛期的超过 40%。

松花江主要水文站冰情的分析表明,影响凌汛大小的主要因素有 3 个方面(表 4.20):一是冬季降雪量和开江期的降水量,它直接影响河流水流动力条件,特别是开江期的降水量是影响凌汛大小的直接因素;二是热力条件,冬季气温低有利于冰厚增长,特别是 3 月中下旬气温偏低,有利于冰层厚度和冰质的保护,使开江时流冰量大且质地坚硬,另外开江期气温回升的速率,将明显影响融雪径流汇集的速度;三是河道地形条件和河流走向,如河道平原峡谷相间、弯道、浅滩等地形都易使开江时流冰不畅,自南向北流向的河流,容易发生倒开江形势,上游开江的流冰下泄不畅,形成冰坝,加剧冰凌洪水(刘翠杰等,2002)。

表 4.20　松花江主要水文站冰情特征

河流	站名	纬度	多年平均			
			封江日期(月-日)	开江日期(月-日)	封冻天数(天)	最大冰厚(m)
嫩江	石灰窑	50°04′N	11-14	04-18	161	1.25
	库莫屯	49°27′N	11-04	04-19	167	1.39
	嫩江	49°11′N	11-11	04-17	158	1.31
二松	白山	42°44′N	11-26	04-09	135	1.10
松花江	哈尔滨	45°46′N	11-25	04-08	134	1.00
	依兰	46°20′N	11-17	04-13	138	1.08
	佳木斯	46°50′N	11-22	04-16	146	1.13
	富锦	47°16′N	11-23	04-18	144	1.02

有必要说明黑龙江中上游区间支流冰坝凌汛的基本特征。对比 1941—1979 年与 1980—2002 年黑龙江中上游区间支流历史冰坝发生频次,额木尔河为 7/39 与 1/23;呼玛河为 9/39 与 7/23;逊毕拉河为 13/39 与 3/23;库尔滨河为 6/39 与 2/23。除呼玛河外,其他各支流冰坝发生频次均明显减少。根据 1956—1988 年黑龙江省佳木斯、嫩江和哈尔滨站河心冰厚观测记录,分别对比各站 1956—1979 年和 1980—1988 年的平均冰厚,除哈尔滨站变化不大外,佳木斯站和嫩江站后期比前期偏薄约 0.1 m(于成刚等,2007)。

嫩江冰情:对比 1956—1979 年和 1980—2002 年的平均值,嫩江站最大冰厚度后期比前期偏薄 0.1 m;开江日期提前 2 天,发生冰坝的次数分别为 10 次和 6 次(秦佐华等,2008)。

3. 结论

气温、流量和河道形态的共同作用,影响着中国北方河流的冰情变化。综合各研究成果表明,气温是影响冰情变化的主要因素。全球变暖导致中国北方温度升高明显,也使中国北方河流冰情有所变化,主要表现为流凌、封河日期推迟,开河日期提前,封河天数明显缩短,冰厚度变薄(图 4.18)。20 世纪 90 年代以来,平均封河日期推迟了 1～11 天,平均开河日期提前了 1～10 天,平均封冻天数减少了 3～38 天(Xiao 等,2007);封河长度和封河流量也有不同程度的减少;最大冰量减少,最大冰厚度偏薄 0.06～0.20 m。东北地区河流冰坝发生频率也有所减少,但是由于凌汛的复杂性,其对中国北方河流的威胁并未解除。因此,进一步加强凌汛观测,充分发挥水库的调节作用,深入研究凌汛的特点规律和变化趋势,对防凌具有重大意义。

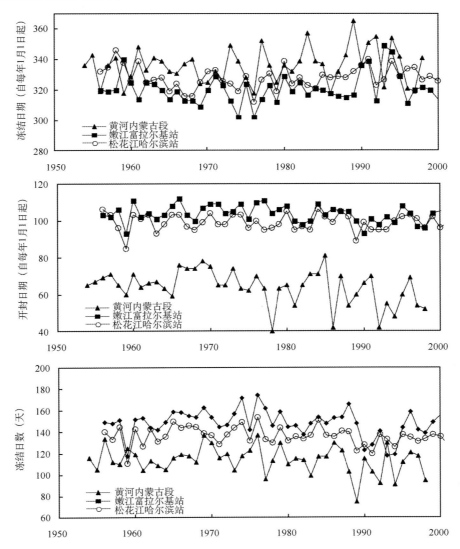

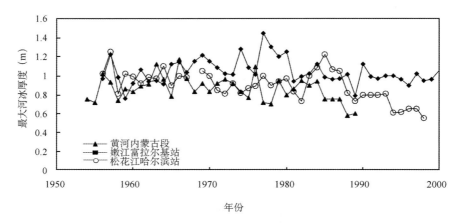

图 4.18 黄河内蒙古段、嫩江富拉尔基站和松花江哈尔滨站 1954—2000 年河冰变化(Xiao 等,2007)

4.5.4 湖冰变化

湖冰变化(范围、厚度、结冰日期、解冻日期等)是区域气候变化的良好指示器。由于湖泊分布的气候带(纬度、海拔高度)以及湖深、矿化度不同,使湖冰的厚度、冻融过程差异很大。

中国对湖冰的研究非常零星。在地面实测资料非常匮乏的情况下,采用遥感方法是唯一可行的反演方法。可见光和近红外是最早用来监测湖冰的卫星数据,但受云的影响,常常难以捕捉湖冰形成与消失的最佳时期。合成孔径雷达(SAR)卫星数据由于不受天气条件的影响而被广泛重视,另外,被动微波遥感数据 SSM/I 的高频波段(85 GHz)已经被用于研究湖冰的持续时间。

截至目前,对中国湖冰较系统的研究仅仅为青海湖。利用 AVHRR 遥感资料反演了青海湖 1958—1983年湖冰的变化,期间青海湖湖冰变化表现为:①青海湖湖冰厚度约 0.5 m,最大厚度 0.7 m,空间上表现为从岸边向湖心方向逐渐减薄;②封冻期介于 100~129 天,10 月开始部分冻结,12 月形成稳定湖冰,翌年 3~4 月开始解冻;③自 1958 年到 1983 年,青海湖湖冰厚度有变薄趋势,这与同期气温有升高的趋势是一致的;④湖冰厚度对气温变化有较好的年内响应。在一个湖冰冻结—解冻年度内,结冰与解冻日期相对于气温的升降有一定的滞后性,比如,最低气温出现在 1 月,湖冰最大厚度则出现在 2 月(陈贤章等,1995)。

利用低频亮度温度数据建立了青海湖 1978—2006 年的湖冰封冻和解冻期序列(车涛等,2008)。结果表明,近 28 年来湖冰持续日数减少了 14~15 天,其中封冻期推迟了约 4 天,解冻期提前了约 10 天(图 4.19)。

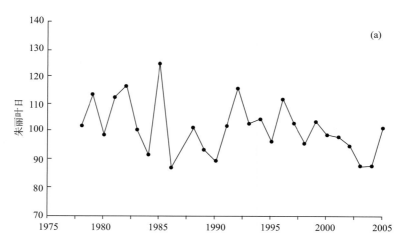

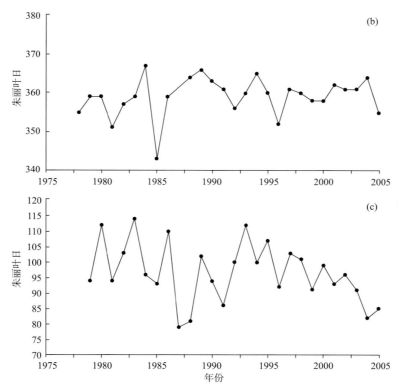

图 4.19 利用被动微波遥感数据监测的 1978—2005 年青海湖湖冰时间序列(车涛等,2008)
(a)湖冰持续日数;(b)封冻日期;(c)解冻日期;纵轴用朱丽叶日表示,超过 365 天的数值表示封冻日
期在第二年。

根据青海湖水文站在距岸边 1 km 处观测的湖冰冰情,湖冰数据包括封冻和解冻日,以及湖冰厚度等。收集近 5 年的封冻和解冻期数据与被动微波监测结果进行对比表明,被动微波遥感数据监测结果与实际观测结果非常吻合,最大误差为 2 天,其分别产生于 2002 和 2005 年的封冻期与 2002 年的解冻期。

为了了解气温与青海湖湖冰变化的内在联系,车涛等(2008)利用青海省刚察气象站 1978—2005年月平均气温与湖冰持续日数进行回归分析表明,在 0.05 的置信水平下,负相关系数达到 0.83(图 4.20)。湖冰持续日数包含了封冻日期和解冻日期两方面信息,分别对其进行回归分析。在 0.05的置信水平下,封冻日期与年内月平均气温的正相关系数为 0.66,而解冻日期与年内月平均气温的负相关系数为 0.89。分析结果表明,湖冰融化日期对于区域气温变化更为敏感,而封冻日期与月平均气温的低相关关系可能来自于多种气候条件的影响,例如降水和风等。

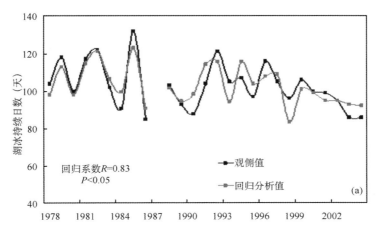

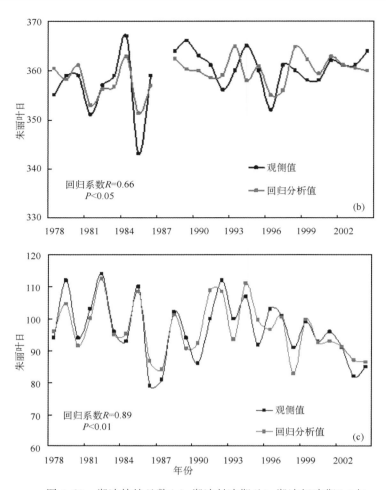

图 4.20　湖冰持续日数(a)、湖冰封冻期(b)、湖冰解冻期(c)与年内月平均气温回归分析结果(蓝色点线为遥感监测结果,红色点线为回归分析结果)(车涛等,2008)

4.6　固态降水变化

4.6.1　概述

固态降水包括降雪、霜降、冰雹、雪凇、雾凇等以固态形式降落到地面的降水形式。理论上,自然界中以固态形式存在的水体都属冰冻圈的范畴,因此固态降水也是冰冻圈的一部分。当前,国际上定义的广义冰冻圈包括固态降水。在世界气候研究计划/气候与冰冻圈计划(WCRP/CliC)中,对固态降水的监测、模拟与预测是其核心内容之一。

IPCC 第四次评估报告(Trenberth 等,2007)指出,在过去数十年间,加拿大南部和俄罗斯西部地区降雪量占全年降水量的比重减小了,但在 55°N 的广大高北极地区,降雪量所占比重变化不大。自 20 世纪 70 年代以来,加拿大南部的暴雪事件减少了,而其北部增多了。

中国西部遍布高原和高山,固态降水是重要的降水形式。但因自然条件严酷,对固态降水的监测在地域上的覆盖远远不够。对固态降水监测和研究的不足,实际上影响到对区域气候、水文和生态过程的理解和预测。因此,有必要从国家层面予以全面规划,在 WMO 认可的固态降水观测规范下,充分利用现代传感器和卫星通信技术,使监测常规化、业务化。

4.6.2 降雪变化

基于全国 569 个台站记录的 1960—2005 年降雪资料,绘制了全国降雪地理分布图(孙秀忠,2009)。其主要特点为:高纬度、高海拔地区降雪多,南方主要的降雪地区集中分布。降雪比较集中的区域有四个:东北北部、东部和长白山地区,新疆北部及帕米尔高原西部,祁连山及西藏高原东部、南部地区,长江中下游地区。新疆北部和东北北部与东部地区纬度高,受北方冷空气影响强度大、次数多、时间长,容易造成大的降雪,前者降雪时间从当年 9 月一直可以持续到次年 6 月,后者可持续到次年 5 月。长江中下游地区也是中国主要的降雪区。这里处于亚热带季风气候区,降雪含水量大,在冬季一旦有冷空气南下,很容易形成雨雪交加的局面,因此这里也是中国冬季的主要降雪中心。由于受到秦岭的阻挡,冷空气很难进入,以四川盆地为中心的西南地区是中国的少雪区,只是在与青藏高原接壤的盆地西部边缘降雪量较大。广东、广西等低纬度地区和台湾省基本是无雪区。华北平原、东北平原地区属于暖温带大陆性季风气候,是中国的半干旱半湿润地区,冬季主要受北方冷空气和西风带系统影响,年降雪量在 30 mm 左右,低于气候平均值。中国内陆干旱的荒漠地区包括内蒙古的西部地区,年降雪量都在 10 mm 以下,是少雪区。

由于降雪量监测的实际困难,多数研究仅关注降雪日数和强度等。例如,臧海佳(2009)利用 1954—2005 年中国 674 个气象台站的逐日降水量和天气现象观测资料,构建了全国范围的小雪、中雪、大雪、暴雪和特大暴雪序列,分析了中国各强度降雪的时空变化规律。结果表明:①中国年平均降雪日数超过 30 天的地区有新疆北部、东北东部与北部、青藏高原东部,全国只有高原和高山地区的年平均降雪日数超过 60 天;②中国降雪主要集中在 11 月至次年 4 月,其中小雪和特大暴雪 1 月份最多,中雪 2 月份最多,大雪和暴雪 3 月份最多;③在 51 年中,1955—1967 年度,降雪处于少雪的负位相,1968—1994 年基本为多雪的正位相,1995—2005 又为少雪的负位相。

降雪事件受气温和水汽条件控制,因此中国降雪的地理分布与寒潮活动影响的区域密切相关。降雪的南北分布主要受气温的影响,而东西分布主要受水汽条件的控制。高海拔地区由于受气温和高海拔局地水汽两个因素的共同影响,降雪多,尤其是大雪多。高海拔地区降雪事件和水当量的观测台站不多,通过冰芯积累率反映其变化相对会更准确一些。

强降雪事件常常引起灾害。中国的雪灾高发区在内蒙古东部、青藏高原东部以及新疆天山地区。把草原牧区雪深等于或大于 5 cm 的连续积雪日数等于或大于 7 天计为一次雪灾过程,用当年 10 月至次年 5 月雪灾过程总次数除以总站数,得到平均每年雪灾在 0.2~0.6 次之间(图 4.21)。虽然从全国平均而言,牧区雪灾没有明显减少或增加趋势,但分区域看,如青藏高原和内蒙古地区,有增加趋势。比如,1956—1996 年间青藏高原雪灾次数呈上升趋势,发生强雪灾 11 次,致使 854 万头牲畜死亡。20 世纪 70 和 80 年代新疆强雪灾事件均比 20 世纪 60 年代增加了 1 倍。雪灾在内蒙古地区、东北地区也是冬季重要灾害之一,但尚缺乏系统统计。

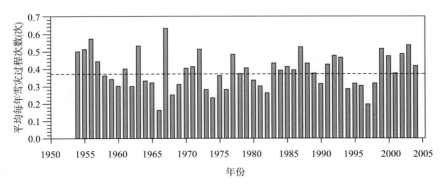

图 4.21 1954—2004 年草原牧区年雪灾过程次数的历年变化(国家气候中心)

4.6.3　霜冻的变化

霜是重要的固态降水形式之一，虽然所占降水量不大，但在农业、自然生态系统和日常生活中是不可忽视的致灾因子。此外，霜降日期的早晚具有气候变化的指示意义。由于气象站百叶箱内（1.5 m高度）的最低气温降至 2 ℃ 左右时，地表气温则为 0 ℃ 左右，理论上要发生霜冻。因此，为方便统计，气象上常常把百叶箱气温降到 2 ℃ 或 2 ℃ 以下的日期定义为霜日，秋、冬季最低气温降到 2 ℃ 的日期为初霜日；春季或夏季日最低气温大于或等于 2 ℃ 的终日为终霜日；终霜日到初霜日的间隔日数就是无霜期。无霜期能够指示作物生长期的长短，是农业生产的重要气象学依据。

理论上，霜冻期为 365 天减去无霜期的天数。基于 1961—2005 年全国台站记录得到全国无霜期地理分布图（图 4.22(a)）。从此图推演，霜冻期在中国的地理分布特点是：青藏高原的部分地区终年有霜，霜冻期大于 260 天的区域有青藏高原大部、大兴安岭北部和新疆北部山区，其中黑龙江省东北部、青藏高原大部和祁连山区平均霜冻期大于 290 天。东北地区大部、内蒙古南部、新疆北部和青藏高原的周边地带，平均霜冻期在 200～260 天之间，其中东北地区中部主要产粮区的平均霜冻期在 215 天左右。河北省、山东省和内蒙古西部以及新疆中部，平均霜冻期为160～195天；江淮流域多数省市和云贵高原大部地区，平均霜冻期在 95 天左右；四川盆地、湖南西部、江西中南部、广西北部和福建南部在 60～85 天之间；华南地区大部只有 10 天左右；而海南省则终年无霜冻。

近 20 年来，中国气候增暖趋势明显。其中，中高纬度地区升温幅度高于低纬度地区；内陆升温高于沿海地区；冬半年高于夏半年；日最低气温上升幅度明显高于日平均气温，更高于日最高气温。这种增暖特点势必影响中国霜冻的地理格局及霜冻期长短。为此，马树庆等（2009）分别计算了 1961—1980年和 1981—2005 年两个阶段的平均霜冻期，得到了全国平均霜冻期的分布图（图 4.22(b)）。其分布的基本特点是：进入 20 世纪 80 年代以来，近 25 年来全国霜冻期较前 20 年明显缩短，平均缩短 10 天左右，其中东北和华北地区大部缩短了 10～20 天，西藏西部和青海大部分别缩短 10 天左右和 30 天左右，只有新疆西部和藏南等少数地区霜冻期延长了。霜冻期缩短和无霜期延长可以使复种指数上升、晚熟作物品种面积比例增加、农业气候带向北方和高海拔地区推移，如果不考虑霜期对病虫害的影响，对农业生产而言利大于弊。

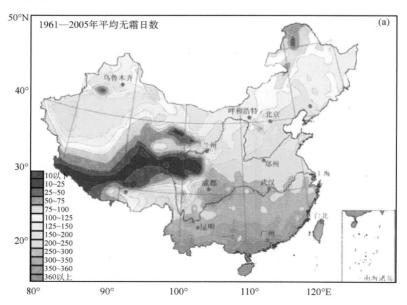

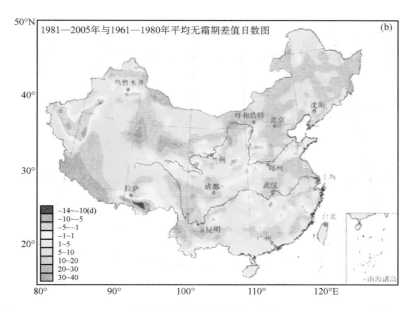

图 4.22 （a)1961—2005 年中国平均无霜期地理分布；(b)1981—2005 年与 1961—
1980 年平均无霜期日数分布(国家气候中心)

Zhai 等（2003）基于全国 200 个台站观测资料，以 1961—1990 年平均值作为气候参考，认为 1950—2000 年间全国结霜日数呈下降趋势。总体而言，全国霜日以 2.4 d/10a 的递减率在缩短(Zhai 等,2003)。Liu 等(2008) 给出了 1955—2000 年年平均以及冬季、秋季和春季霜降日数距平变化(图 4.23)。从长期变化看,霜降日数有 3 个显著特征：①1973 年之前,霜日较 1961—1990 气候平均态要长,平均长 2 天；②1973—1985 年间,霜日与气候平均态非常接近且变幅很小；③1985 年后,霜日显著变短,仅 1992 年有所反弹。从冬、秋、春三季变化看,霜降日数与年平均变化趋势具有一致性。

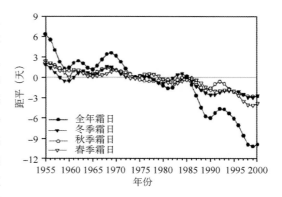

图 4.23 1955—2000 年全国霜降日数距平 (相对于 1961—1990 年平均)变化(Liu 等,2008)

但霜日的快速变短却滞后于同期日平均最低气温的变化(上升),其滞后期约为 15 年。这是因为日平均最低气温的变化在冬季最显著,且主要出现在北方。

霜降在全国的区域变化大致可以分为 3 类(Liu 等,2008)：第一类为东北地区、中部北方地区和西北地区,春、秋两季霜降日数变化对全年霜降日数变化起主要作用,冬季变化很小；第二类为西南地区、华东地区和东南地区,冬季霜降日数变化对全年霜降日数变化起主要作用,春、夏两季变化很小；第三类为华北平原和青藏高原地区,冬、秋、春 3 季的贡献相当。

4.6.4 雨凇和雾凇变化

雨凇亦称冻雨,指超冷却的降水碰到温度等于或低于 0 ℃ 的物体表面时所形成的玻璃状的透明或无光泽的表面粗糙的冰覆盖层。多形成于树木的迎风面上,尖端朝风的来向。据其形态分为梳状雨凇、椭圆状雨凇、匣状雨凇和波状雨凇等。严重的雨凇会压断树枝、农作物、电线、房屋,妨碍交通。

雾凇是由雾中无数在 0 ℃ 以下而尚未结冰的雾滴随风在树枝等物体上不断积聚冻粘的结果,其实质也是霜的一种。雾凇多数情况下是一种自然美景,但严重的雾凇有时会压断电线、树木,造成损失,成为一种自然灾害。

　　基于江西省 83 个常规气象站近 50 年雨凇观测资料,分析了江西省雨凇天气的时空分布规律,结果显示:20 世纪 60 年代中期到 70 年代中期最多;90 年代末至 2007 年,受持续暖冬影响,雨凇处于历史最低位(图 4.24;王怀清等,2009)。由江西省冬季平均气温变化趋势可见,20 世纪 90 年代以来,江西省冬季气温偏高的年份占大多数,全省雨凇站次也处于历史最低值。但 2008 年初的低温雨雪冰冻天气的主要致灾因子是大范围、长时间的雨凇天气,其影响范围、持续时间之长均创近 50 年之最,雨凇过程持续天数之长超过 100 年一遇,影响范围之广超过 30 年一遇。

　　对广西 1961—2008 年雨凇的统计得到,1961—1970 年间雨凇总站日数为 30.1 站日,1971—1980 年间为 32.4 站日,1981—1990 年间为 23.5 站日,1991—2000 年间为 11.2 站日,2001—2008 年间为 15.6 站日。显然,20 世纪 90 年代后雨凇站日数明显减少(李英梅等,2008)。

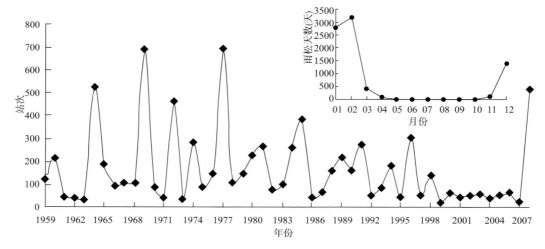

图 4.24　1959—2007 年江西省雨凇站次逐年变化趋势(王怀清等,2009;有改动)

右上角为 1959—2007 年江西省各月累积雨凇天数

　　用黄山 1956—1996 年气象资料,分析讨论了黄山雪、雨凇和雾凇的气候特征。雨凇平均每年 42 天,其中,1960—1968 年偏少,1976—1980 年正常略偏少,1981—1995 年偏多,其余年份在正常值附近浮动。雾凇日数每年多于雨凇日数,平均每年 65.5 天,其中,1957—1966 年偏少,1967—1974 年正常,1975—1994 年偏多(图 4.25)(吴有训等,1999)。1996 年之后未见结果发表。

　　雨凇保持阶段的气温在 −4.5～0.8 ℃ 之间,比保持雾凇的气温偏高。

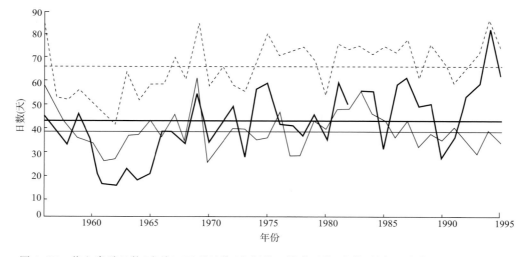

图 4.25　黄山降雪日数(实线)、雨凇日数(点划线)、雾凇日数(虚线)的年际变化(吴有训等,1999)

4.7 中国冰冻圈变化的总体特征及其对海平面上升的贡献

中国冰冻圈主要组成部分为冰川、冻土和积雪,海冰、河冰和湖冰的规模及影响较小。固态降水既属于冰冻圈范畴,又是灾害性天气和气象现象。冰川、多年冻土和稳定积雪面积占中国国土面积的一半以上,对水资源和地表水循环、生态环境、气候以及工程建设等有重要影响。冰川,积雪,冻土,河、湖、海冰,以及固态降水的灾害问题非常严重。因此,冰冻圈变化已经引起各方面极为广泛的关注。

2005 年的评估(王苏民等,2005)认为,20 世纪 60 年代以来,中国冰冻圈出现普遍萎缩趋势。近几年新的观测资料和研究结果更加明确了这一特征,观测资料涉及的区域更加广泛,某些重要内容,如冰川厚度测量、冻土含冰量估算、积雪遥感等也得到加强。相对来说,关于某一地点或区域的冰冻圈要素的测量或研究报道非常多,但关于全国范围的综合研究却很少,而且某些区域的资料和研究都很缺乏。

综合现有研究结果,中国冰川面积自小冰期以来缩小了约 20%。最近 30 年来,中国境内约 80%的冰川处于退缩状态,仅 20%左右无明显趋势或呈微弱前进状态。从冰雷达反演的一些厚度变化看,减薄速率多数介于 0.2～0.7 m/a 之间。预测未来气候情景下冰川的变化趋势是冰川研究的最终目的,这项工作刚刚起步,其难度主要在于缺少冰川动力模式所需的冰川几何参数以及动力学、热力学和物质平衡长序列观测数据。目前,基于天山乌鲁木齐河源 1 号冰川长期观测资料,预测该冰川将在 70～90 年后消失,极端升温条件下可能 50 年内消失。经过尺度转化,预测未来 50～70 年间,乌鲁木齐河流域内 80%的冰川将消失。其他区域的冰川将持续退缩的趋势也是可以肯定的,特别是面积小于 1 km² 的冰川在未来几十年面临消失的危险。

青藏高原及其他地区多年冻土活动层增厚,季节冻土深度减小,冻土层温度上升。20 世纪 60—80 年代和 20 世纪 80 年代至 21 世纪初两个时期青藏高原季节冻土深度平均减小约 10 cm。20 世纪 60 年代以来青藏高原多年冻土下界升高 20～80 m,活动层厚度增大在不同地区差异很大,有的地点仅数厘米,有的地点达 1 m 以上。青藏公路沿线多年冻土在 20 世纪 70—90 年代升温 0.1～0.5 ℃。在未来气候情景下,冻土将进一步退化,对高原生态可能产生不利影响。

中国积雪因为受季风气候影响,其变化不像欧亚大陆整体。加之高原积雪监测不像欧亚大陆其他平原地带那样相对简单,地面监测覆盖度不足和卫星监测存在的很多误差为积雪数据的权威性带来一定挑战。积雪变化对区域气候有很大影响,积雪预测实际上是降水预测的延伸,且更加困难。这也是全球变化下提高中国气候预测水平的重要瓶颈之一。

河冰、湖冰和海冰均从一个侧面反映了全球和区域变暖的趋势。河、湖、海冰的监测在地面与遥感结合下,应作为气候指示器受到很大关注并加大其研究力度。

固态降水作为现实和潜在致灾因子,对其在全球变暖背景下如何变化也应加强研究。

关于冰冻圈退缩对海平面升高的贡献,目前在全球尺度上,山地冰川、冰帽和格陵兰冰盖的评估较多,误差相对较小,南极冰盖的不确定性很大。在 IPCC 第四次评估报告中,冰川和冰帽对海平面升高的贡献在 1993—2003 年间为(0.77±0.22)mm/a。最近的研究结果认为,2003 年以来已增大到 1.1 mm/a(Cazenave 等,2008;2009)。中国冰川冰储量占全球冰川和冰帽总量的约 5%～10%,目前每年物质净损水当量约为 44 km³,对海平面上升的潜在贡献量约为 0.12 mm/a。中国多年冻土融水年总量大约为 6～14 km³,由于冻土融水基本上并不能全部形成地表径流,目前对其水量平衡仍缺乏认识。即使将多年冻土融水年总量也全部看做对海平面有潜在影响,其量大约只有 0.016～0.038 mm/a。积雪和河、湖、海冰对海平面基本没有影响。因此,中国冰冻圈目前对海平面上升的潜在最大贡献大约为 0.14～0.16 mm/a(任贾文等,2011)。

参考文献

常晓丽,金会军,何瑞霞,等.2008.中国东北大兴安岭多年冻土与寒区环境考察和研究进展.冰川冻土,30(1): 176-182.

常学向,王金叶,金博文,等.2001.祁连山林区季节性冻土冻融规律及其水文功能研究.西北林学院学报,16(增刊): 26-29.

车涛,李新.2004.利用被动微波遥感数据反演中国积雪深度及其精度评价.遥感技术与应用,19(5):301-306.

车涛,李新.2005.1993—2002 年中国积雪水资源时空分布与变化特征.冰川冻土,27(1):64-67.

车涛,李新,晋锐.2008.利用被动微波遥感低频亮温数据监测青海湖封冻与解冻.科学通报,54(6):787-791.

陈博,李建平.2008.近 50 年来中国季节性冻土与短时冻土的时空变化特征.大气科学,32(3):432-443.

陈贤章,王光宇,李文君,等.1995.青藏高原湖冰及其遥感监测.冰川冻土,17(3):241-246.

丁永建,潘家华.2005.气候与环境变化对生态和社会经济影响的利弊分析//秦大河,陈宜瑜,李学勇.中国气候与环境 演变.下卷:气候与环境变化的影响与适应、减缓对策.北京:科学出版社.

董安祥,郭慧,王丽萍,等.2004.近 40 年北疆年积雪日数变化的 CEOF 分析.高原气象,23(6):936-940.

杜文涛,秦翔,刘宇硕,等.2008.1958—2005 年祁连山老虎沟 12 号冰川变化特征研究.冰川冻土,30(3):373-379.

高荣,董文杰,韦志刚.2008.青藏高原季节性冻土的时空分布特征.冰川冻土,30(5):740-744.

高荣,韦志刚,董文杰.2003.青藏高原土壤冻结始日和终日的年际变化.冰川冻土,25(1):79-54.

高卫东,魏文寿,张丽旭.2005.近 30 年来天山西部积雪与气候变化——以天山积雪雪崩研究站为例.冰川冻土,27 (1):68-73.

高鑫,张世强,叶柏生,等.2010.1961—2006 年塔里木河流域冰川融水变化及其对径流的影响.中国科学:地球科学, 40:654-665.

郭东信,王绍令,鲁国威,等.1981.东北大小兴安岭多年冻土分区.冰川冻土,3(3):1-9.

韩俊丽.2007.内蒙古中东部草原牧区雪灾的气象因子分析.阴山学刊,21(3):48-52.

郝晓华,王建,车涛,等.2009.祁连山区冰沟流域积雪分布特征及其属性观测分析.冰川冻土,31(2):284-292.

何元庆,章典.2004.气候变暖是玉龙雪山冰川退缩的主要原因.冰川冻土,26(2):230-231.

何瑞霞,金会军,常晓丽,等.2009.东北北部多年冻土的退化现状及原因分析.冰川冻土,31(5):829-834

焦克勤,井哲帆,韩添丁,等.2004.42 年来天山乌鲁木齐河源 1 号冰川变化及趋势预测.冰川冻土,26(3):253-260.

焦克勤,井哲帆,李忠勤,等.2009.天山奎屯河哈希勒根 51 号冰川变化监测结果分析.干旱区地理,32(5):733-738.

金会军,赵林,王绍令,等.2006.青藏公路沿线冻土的地温特征及退化方式.中国科学(D 辑),36(11):1009-1019.

金会军,王绍令,吕兰芝,等.2010.黄河源区冻土特征及退化趋势.冰川冻土.32(1):10-17.

康尔泗,程国栋,董增川.2002.中国西北干旱区冰雪水资源与出山径流.北京:科学出版社.

康尔泗,杨针娘,赖祖铭,等.2000.冰雪融水径流和山区河川径流//施雅风.中国冰川与环境.北京:科学出版社.

康玲玲,王云璋,陈发中,等.2001.黄河上游宁蒙河段气温变化对凌情影响的分析.冰川冻土,23(3):318-322.

康世昌,等.2007.1970—2007 年西藏念青唐古拉峰南、北坡冰川显著退缩.冰川冻土,29(6):869-873.

雷俊,方之芳.2008.青海地区常规观测积雪资料对比及积雪变化趋势研究.高原气象,27(1):58-67.

李栋梁,刘玉莲,于宏敏,等.2009.1951—2006 年黑龙江省积雪初终日期变化特征分析.冰川冻土,31(6):1011-1018.

李培基,米德生.1983.中国积雪的分布.冰川冻土,5(4):9-18.

李培基.1993.中国西部积雪变化特征.地理学报,48(6):505-515.

李韧,赵林,丁永建,等.2009.青藏高原季节冻土的气候学特征.冰川冻土,31(6):1050-1056.

李韧.2009.青藏高原陆面热力特征研究.中国科学院博士后研究工作报告,(59-60):107-108.

李述训,程国栋,郭东信.1996.气候持续转暖条件下青藏高原多年冻土变化趋势.中国科学(D 辑),26(4):342-347.

李新,程国栋.1999.高海拔多年冻土对全球变化的响应模型.中国科学(D 辑),29(4):185-192.

李英梅,丘平珠,王海英,等.2008.广西雨凇气候变化分析及其减灾防御措施.气象研究与应用,19(增刊Ⅱ):48-50.

李忠勤.2011.天山乌鲁木齐河源 1 号冰川近期研究与应用.北京:气象出版社.

李忠勤,韩添丁,井哲帆,等.2003.乌鲁木齐河源区气候变化和 1 号冰川 40 年观测事实.冰川冻土,2(2):117-121.

李忠勤,沈永平,王飞腾,等.2007.冰川消融对气候变化的响应——以乌鲁木齐河源 1 号冰川为例.冰川冻土,29(3): 333-342.

李宗省,何元庆,王世金,等.2009.1900—2007 年横断山区部分海洋型冰川变化.地理学报,64(11):1319-1930.

刘潮海,谢自楚,杨惠安,等.1992.祁连山"七一"冰川物质平衡的观测、插补及趋势研究//中国科学院兰州冰川冻土研究所集刊(第7号).北京:科学出版社.

刘潮海,杜榕桓,郭东信,等.2002a.生态与环境的演化(上)//秦大河.中国西部环境演变评估.第一卷:中国西部环境特征及其演化.北京:科学出版社.

刘潮海,谢自楚,刘时银,等.2002b.西北干旱区冰川水资源及其变化//康尔泗,程国栋,等.中国西北干旱区冰雪水资源与出山径流.北京:科学出版社.

刘海昆,黄树祥,王慧.2002.论冻土对土壤水分动态的影响.黑龙江水利科技,**3**:87.

刘翠杰,刘月英,马雪梅,等.2002.松花江凌汛·冰川冻土,**25**(增刊):262-265.

刘时银,鲁安新,丁永建,等.2002a.黄河上游阿尼玛卿山区冰川波动与气候变化.冰川冻土,**24**(6):701-706.

刘时银,沈永平,孙文新,等.2002b.祁连山西段小冰期以来的冰川变化研究.冰川冻土,**24**(3):233-243.

刘弋,樊凯,章金钊,等.2008.青藏公路工程条件下多年冻土的变化.中外公路,**28**(1):52-72.

刘晓尘,效存德.2011.近37年来雅鲁藏布江源头杰玛央宗冰川及冰湖变化初步研究.冰川冻土,**33**(3):488-496.

刘争平.2008.青藏铁路多年冻土的分布特点.铁道勘察,2008第2期:78-82.

鲁安新,姚檀栋,刘时银,等.2002.青藏高原格拉丹冬地区冰川变化的遥感监测.冰川冻土,**24**(5):559-562.

刘小宁.2003.中国最大冻土深度变化及初步解释.应用气象学报,**14**(3):299-307.

吕久俊,李秀珍,胡远满,等.2007.旱区生态系统中多年冻土研究进展.生态学杂志,**26**(3):435-442.

马丽娟.2008.近50年青藏高原积雪的时空变化特征及其与大气环流因子的关系[博士论文].北京:中国气象科学研究院,中国科学院研究生院.

马丽娟,秦大河,卞林根,等.2010a.青藏高原积雪日数的气温敏感度分析.气候变化研究进展,**6**(1):1-7.

马丽娟,秦大河,卞林根,等.2010b.青藏高原降雪和积雪的脆弱性评估.气候变化研究进展,**6**(5):325-331.

马树庆,李锋,王琪,等.2009.寒潮和霜冻//气象灾害丛书.北京:气象出版社.

那平山,张明如,徐树林.2003.大兴安岭林区湿地生态水环境失调机理探析.中国生态农业学报,**11**(1):114-116.

南卓铜,李述训,刘永智.2002.基于年平均地温的青藏高原冻土分布制图及应用.冰川冻土,**24**(2):142-148.

南卓铜,高泽深,李述训,等.2003.近30年来青藏高原西大滩多年冻土变化.地理学报,**58**(6):817-823.

南卓铜,程国栋.2004.未来50年与100年青藏高原多年冻土变化情景预测.中国科学(D辑),**34**(6):528-534.

潘进军,白美兰.2008.内蒙古黄河凌汛灾害及其防御.应用气象学报,**19**(1):106-110.

彭梅香,刘萍,温丽叶.2000.90年代黄河下游暖冬气象成因分析.山东气象,(1):21-24.

蒲健辰,姚檀栋,段克勤,等.2005.祁连山"七一"冰川物质平衡的最新观测结果.冰川冻土,**27**(2):199-204.

蒲健辰,姚檀栋,王宁练,等.2002.普若岗日冰原及其小冰期以来的冰川变化.冰川冻土,**24**(1):87-92.

蒲健辰,姚檀栋,王宁练,等.2004.近百年来青藏高原冰川的进退变化.冰川冻土,**26**(5):517-522.

秦大河.2002.中国西部演变评估.北京:科学出版社.

秦大河.2005.中国气候与环境演变.北京:科学出版社.

秦大河,丁一汇,苏纪兰,等.2005.气候与环境的演变及预测.北京:科学出版社.

秦大河,丁一汇,王绍武,等.2002.中国西部环境演变及其影响研究.地学前缘,**9**(2):321-328.

秦佐华,张军,尹宝林.2008.嫩江上游冰坝分析与预报.黑龙江水利科技,(1):103-104.

任贾文,叶柏生,丁永建,等.2011.中国冰冻圈变化对海平面上升潜在贡献的初步估计.科学通报,**56**(14):1084-1087.

任贾文,秦大河,康世昌,等.2003.喜马拉雅山中段冰川变化及气候干暖化特征.科学通报,**48**(23):2478-2482.

施雅风,刘时银.2000.中国冰川对21世纪全球变暖响应的预估.科学通报,**45**(4):434-438.

施雅风,姚檀栋,杨保.1999.近2 000年古里雅冰芯10年尺度的气候变化及其与中国东部记录的比较.中国科学,**29**(增刊):85-87.

施雅风.2005.简明中国冰川目录.上海:上海科学普及出版社.

石英,高学杰,吴佳,等.2010.全球变暖对中国区域积雪变化影响的数值模拟.冰川冻土,**32**(2):215-222.

石剑,王育光,杜春英,等.2003.黑龙江省多年冻土分布特征.黑龙江气象,**3**:32-34.

宋瑞艳,高学杰,石英,等.2008.未来中国南方低温雨雪冰冻灾害变化的数值模拟.气候变化研究进展,**4**(6):352-356.

苏珍,刘宗香,王文悌,等.1999.青藏高原冰川对气候变化的响应及趋势预测.地球科学进展,**14**(6):607-612.

孙秀忠.2009.气候增暖背景下中国降雪的变化特征分析与预估[硕士论文].南京:南京信息工程大学.77pp.

王澄海,董文杰,韦志刚.2001.青藏高原季节性冻土年际变化的异常特征.地理学报,**56**(5):523-531.

王澄海,王芝兰,崔洋.2009.40余年来中国地区季节性积雪的空间分布及年际变化特征.冰川冻土,**31**(2):301-310.

王怀清,彭静,赵冠男.2009.近50年江西省雨凇过程气候特征分析.气象科技,**37**(3):311-314.

王金叶,康尔泗,金博文.2001.黑河上游林区冻土的水文功能.西北林学院学报,**16**(增刊):30-34.

王秋香,李红军,魏荣庆,等.2005.1961—2002年新疆季节冻土多年变化及突变分析.冰川冻土,**27**(6):820-826.

王秋香,张春良,刘静,等.2009.北疆积雪深度和积雪日数的变化趋势.气候变化研究进展,**5**(1):39-43.

王璞玉,李忠勤,曹敏,等.2010.近45年来托木尔峰清冰滩72号冰川变化特征.地理科学,**30**(6):962-967.

王绍令,赵秀峰.1997.青藏公路南段岛状多年冻土区内冻土环境变化.冰川冻土,**19**(3):231-239.

王绍令.1996.冻土退化与青藏高原冻土环境问题探讨//第五届全国冰川冻土学大会论文集(上册).兰州:甘肃文化出版社:11-17.

王苏民,刘时银.2005.冰冻圈与陆地水环境的变化//秦大河.中国气候与环境演变.上卷:气候与环境的演变及预测.北京:科学出版社.

王叶堂,何勇,侯书贵.2007.2000—2005年青藏高原积雪时空变化分析.冰川冻土,**29**(6):855-861.

王云璋,康玲玲,陈发中,等.2001.近30年气温变化对黄河下游凌情影响分析.冰川冻土,**23**(3):323-327.

魏文寿,秦大河,刘明.2001.中国西北地区季节性积雪的性质与结构.干旱区地理,**24**(4):310-313.

吴吉春,盛煜,于晖.2007.祁连山中东部的冻土特征(Ⅱ):多年冻土特征.冰川冻土,**29**(3):426-432.

吴青柏,刘永智,施斌,等.2002.青藏公路多年冻土区冻土工程研究进展.工程地质学报,**10**(1):55-61.

吴青柏,陆子建,刘永智.2005.青藏高原多年冻土监测及近期变化.气候变化研究进展,**1**(1):26-28.

吴青柏,童长江.1995.气候变化转暖对青藏公路的稳定性影响.冰川冻土,**17**(4):225-267.

吴有训,王进宝,王克勤,等.1999.黄山雪、雨凇和雾凇的气候特征.气象,**25**(2):48-52.

吴德星,牟林,李强,等.2004.渤海盐度长期变化特征及可能的主导因素.自然科学进展,**14**(2):191-195.

谢自楚,苏珍,沈永平,等.1998.贡嘎山海螺沟冰川物质平衡、水交换特征及其对径流的影响.冰川冻土,**23**(1):7-15.

谢自楚,王欣,康尔泗,等.2006.中国冰川径流的评估及其未来50年变化趋势预测.冰川冻土,**28**(4):457-466.

徐兴奎,陈红,周广庆.2005.青藏高原地表特征时空分布.气候与环境研究,**10**(3):409-420.

杨青,崔彩霞,孙除荣,等.2007.1959—2003年中国天山积雪的变化.气候变化研究进展,**3**(2):80-84.

杨文,王勇,尹喜霖,等.2005.黑龙江省大兴安岭地区多年冻土环境的刍议.环境科学与管理,**30**(3):57-59.

杨小利,王劲松.2008.西北地区季节性最大冻土深度的分布和变化特征.土壤通报,**39**(2):238-242.

杨针娘.1991.中国冰川水资源.兰州:甘肃科学技术出版社.

姚檀栋,刘时银,蒲健辰.2004.高亚洲冰川的近期退缩及其对西北水资源的影响.中国科学,**34**(6):535-543.

于成刚,张春红,贾俊明.2007.黑龙江中上游区间支流历史冰坝凌汛分析.黑龙江水利科技,(35):120-122.

俞祁浩,白旸,金会军,等.2008.应用探地雷达研究中国小兴安岭地区黑河—北安公路沿线岛状多年冻土的分布及其变化.冰川冻土,**30**(3):461-468.

臧海佳.2009.近52年中国各强度降雪的时空分布特征.安徽农业科学,**37**(13):6064-6066.

张佳华,吴杨,姚凤梅,等.2008a.利用卫星遥感和地面实测积雪资料分析近年新疆积雪特征.高原气象,**27**(3):551-557.

张佳华,吴杨,姚凤梅.2008b.卫星遥感藏北积雪分布及影响因子分析.地球物理学报,**51**(4):1013-1021.

张杰,韩涛,王建.2005.祁连山区1997—2004年积雪面积和雪线高度变化分析.冰川冻土,**27**(5):649-654.

张廷军,童良伯,李树德.1985.中国阿尔泰山地区雪盖对多年冻土下界的影响.冰川冻土,**7**(1):57-63.

赵林,邱国庆,金会军.1993.天山乌鲁木齐河源末次冰期以来气候变化与多年冻土的形成.冰川冻土 **15**(1):103-109

赵林,程国栋,李述训.2003.高原冻土变化及环境工程效应//郑度.青藏高原形成环境与发展.石家庄:河北科学技术出版社.

赵林,刘广岳,焦克勤,等.2010a.1991—2008年天山乌鲁木齐河源区多年冻土的变化.冰川冻土,**32**(2):223-230.

赵林,丁永建,刘广岳,等.2010b.青藏高原多年冻土层中地下冰储量估算及评价.冰川冻土,**32**(1):1-9.

周幼吾,郭东信.1982.中国多年冻土的主要特征.冰川冻土,(1):1-19

周幼吾,郭东信,邱国庆,等.2000.中国冻土.北京:科学出版社.

Armstrong R L,Brodzik M J.2001.Recent Northern Hemisphere snow extent:A comparison of data derived from visible and microwave satellite sensors.*Geophys Res Lett*,**28**:3673-3676.

Brown R D,Mote P W.2009.The response of Northern Hemisphere snow cover to a changing climate.*Journal of Climate*,**22**(8):2124-2144.

Cazenave A,Lombard A,Llovel W.2008.Present-day sea level rise:A synthesis.*Comptes Rendus Geoscience*,**340**(11):

761-770.

Cazenave A,Dominh K,Guinehut S,et al. 2009. Sea level budget over 2003—2008:A reevaluation from GRACE space gravimetry,satellite altimetry and Argo. *Global and Planetary Change*,**65**(1-2):83-88.

Chang A T C,Foster J L,Hall D K,et al. 1992. The use of microwave radiometer data for characterizing snow storage in western China. *Annals of Glaciology*,**16**:215-219.

Chang Dunhu,Cheng Peng,Cheng Jiding. 2005. Comparative analysis on ecological conditions of Qinghai-Tibet Plateau permafrost areas and Tianshan Moutain permafrost area. *Environmental Protection in Transportation*,**26**(3):15-18.

Che Tao,Li Xin,Jin Rui,et al. 2008. Snow depth derived from passive microwave remote sensing data in China. *Annals of Glaciology*,**49**:145-154.

Cheng G, Wu T. 2007. Responses of permafrost to climate change and their environmental significance,Qinghai-Tibet Plateau,J. Geophys. Res. ,112,F02S03,doi:10. 1029/2006JF000631.

Cogley G. 2012. No ice lost in the Karakoram. Nature Geoscience,Published online 15 April 2012.

Derksen C,Walker A,LeDrew E,et al. 2003. Combining SMMR and SSM/I data for time series analysis of central North American snow water equivalent. *Hydrometeorol J*,**4**(2):304-316.

Ding Yongjian,Liu Shiyin,Li Jing,et al. 2006. The retreat of glaciers in response to recent climate warming in western China. *Annals of Glaciology*,**43**:97-105.

Gardelle J,Berthier E, Arnaud Y. 2012. Slight mass gain of Karakoram glaciers in the early twenty-first century. Nature Geoscience,Published online 15 April 2012 | DOI:10. 1038/NGEO1450

Han Haidong,Wang Jian,Wei Junfeng,et al. 2010. Backwasting rate on debris-covered Koxkar Glacier,Mt. Tuomuer,China. *Journal of Glaciology*,**56**(196):287-296.

IPCC. 2001. Climate Change 2001:The Scientific Basis. Cambridge. Contribution of Working Group I to the Third Assessment Report of the Intergovernmental Panel on Climate Change. Cambridge University Press,2001,1-79.

IPCC. 2007. Climate Change 2007:The Physical Science Basis. Contribution of Working Group I to the Fourth Assessment Report of the Intergovernmental Panel on Climate Change. Cambridge University Press,Cambridge,UK and New York,NY,USA.

IPCC. 2010. Workshop Report of the Intergovernmental Panel on Climate Change Workshop on Sea Level Rise and Ice Sheet Instabilities. IPCC Working Group I Technical Support Unit,University of Bern,Bern,Switzerland,227 pp.

Jian N. 2002. A simulation of biomes on the Tibetan Plateau and their responses to global climate change. *Mountain Research and Development*,**20**(1):80-89.

Jin H,Qiu G,Zhao L. 1993. Distribution and thermal regime of alpine permafrost in the middle section of East Tian Shan,China. In:Studies of Alpine Permafrost in Central Asia I—Northern Tian Shan,Yakutsk,Russian Academy of Sciences,23-29.

Jin Huijun,Cheng Guodong,Zhu Yuanlin. 2000. Chinese geocryology at the turn of the twentienth century . *Permafrost and Periglacial Processes*,**11**(1):23-33.

Li Kaiming,Li Huilin,Wang Lin,et al. 2011. On the relationship between local topography and small glacier change under climatic warming on Mt. Bogda,eastern Tianshan,China. *Journal of Earth Science*,**22**(4):515-527.

Li Xin,Cheng Guodong,Jin Huijun,et al. 2008. Cryospheric change in China. *Global and Planetary Change*,**62**(3-4):210-218,doi:10. 1016/j. gloplacha. 2008. 02. 001.

Liu B,Henderson M,Xu M. 2008. Spatiotemporal change in China's frost days and frost-free season,1955-2000. *J Geophys Res*,113,D12104,doi:10. 1029/2007JD009259.

Liu Qiao,Liu Shiyin,Zhang Yong,et al. 2010. Recent shrinkage and hydrological response of Hailuogou Glacier:A monsoon temperate glacier on the east slope of Mount Gongga. *China. Journal of Glaciology*,**56**(196):215-224.

Liu Shiyin,Sun Wenxin,Shen Yongping,et al. 2003. Glacier changes since the Little Ice Age Maximum in the western Qilian Mountains,northwest China. *Journal of Glaciology*,**49**(164):117-124.

Popov A V. 1958. Polor integumentary kompreks// Aspects of the Physical Geogeraphy of the Polar Countries,NO. 1 Izdvo MGU.

Qin Dahe,Liu Shiyin,Li Peiji. 2006. Snow Cover distribution,variability and response to climate change in Western China. Journal of Climate, **19**:1820-1833.

Ren Jiawen, et al. 2006. Glacier variation and climate change in the central Himalayas over the past few decades. Annals of Glaciology, **43**:218-222.

Rikiishi K., Nakasato H. 2006. Height dependence of the tendency for reduction in seasonal snow cover in the Himalaya and the Tibetan Plateau region. Annals of Glaciology, **43**:369-377

Robinson D A, Dewey K F, Heim Jr R R. 1993. Global snow cover monitoring: An update. *Bull Am Meteorol Soc*, **74**: 1689-1696.

Shaman J, Tziperman E. 2005. The effect of ENSO on Tibetan Plateau snow depth: A stationary wave teleconnection mechanism and implications for the South Asian monsoons. *Journal of Climate*, **18**(12):2067-2079.

Shangguan Donghui, Liu Shiyin, Ding Yongjian, et al. 2006. Monitoring the glacier changes in the Muztag Ata and Kong-gur Mountains, east Pamirs, based on Chinese Glacier Inventory and recent satellite imagery. Annals of Glaciology, **43**:79-85

Sheng Yu, Zhang Jianming, Liu Yongzhi, et al. 2002. Thermal regime in the embankment of Qinghai-Tibetean Highway in permafrost regions. *Cold Regions Science and Technology*, **35**:35-44.

Su Zhen, Shi Yafeng. 2002. Response of monsoonal temperate glaciers to global warming since the Little Ice Age. *Quaternary International*, **97-98**:123-131.

Sun F, Ren G, Zhao C, et al. 2005. An analysis of temperature abnormal change in Northeast China and type underlying surface. *Sci Geogr Sin*, **25**(2):167-171.

Trenberth K E, Jones P D, Ambenje P, et al. 2007. Observations: Surface and Atmospheric Climate Change. In: Climate Change 2007: The Physical Science Basis. Contribution of Working Group I to the Fourth Assessment Report of the Intergovernmental Panel on Climate Change [Solomon, S., D. Qin, M. Manning, Z. Chen, M. Marquis, K. B. Averyt, M. Tignor and H. L. Miller (eds.)]. Cambridge University Press, Cambridge, United Kingdom and New York, NY, USA.

Wang Shaoling, Jin Huijun, Li Shuxun, et al. 2000. Permafrost degradation on the Qinghai-Tibet Plateau and its enviromental impacts. *Permafrost and Periglacial Processes*, **11**(1):43-53.

Wang Shaoling, Niu Fujun, Zhao Lin, et al. 2003. The thermal stability of roadbed in permafrost regions along Qinghai-Tibet Highway. *Cold Regions Science and Technology*, **37**:25-34.

Wang W B, Li K M, Gao J F. 2011. Monitoring glacial shrinkage using remote sensing and site-observation method on south slope of Kalik Mountain, eastern Tianshan, China. *Journal of Earth Science*, **22**(4):503-514.

Wu Bingyi, Yang Kun, Zhang Renhe. 2009. Eurasian snow cover variability and its association with summer rainfall in China. *Advances in Atmospheric Sciences*, **26**(1):31-44.

Wu Qingbai, Zhang Tingjun. 2008. Recent permafrost warming on the Qinghai-Tibetan Plateau. *J Geophys Res*, **113**, D13108, doi:10.1029/2007JD009539.

Xiao Cunde, Liu Shiyin, Zhao Lin, et al. 2007. Observed changes of cryosphere in China over the second half of the 20th century: An overview. *Annals of Glaciology*, **46**(1):382-390.

Xie Changwei, Ding Yongjian, Chen Caiping, et al. 2007. Study on the change of Keqikaer Glacier during the last 30 years, Mt. Tuomuer, Western China. *Environmental Geology*, **51**:1165-1170.

Yao T, Thompson L, Yang W, et al. 2012. Different glacier status with atmospheric circulations in Tibetan Plateau and surroundings. Nature Climate Change, Published online 15 July 2012 doi:10.1038/nclimate1580.

Zhai P, Pan X H. 2003. Trends in temperature extremes during 1951—1999 in China. *Geophysical Research Letters*, **30**(17):1913.

Zhang T. 1999. Statistics and characteristics of permafrost and ground-ice distribution in the Northern Hemisphere. *Polar Geogr*, **23**:132-154.

Zhang Yongsheng, Li Tim, Wang Bin. 2004. Decadal change of the spring snow depth over the Tibetan Plateau: the associated circulation and influence on the East Asian Summer Monsoon. *Journal of Climate*, **17**(14):2780-2793.

Zhao Lin, Chen Guichen, Cheng Guodong, et al. 2000. Chapther 6: Permafrost: Status, Variation and Impacts. In: Du Zheng, Qingsong Zhang and Shaohong Wu eds., Mountain Geoecology and Sustainable Development of the Tibetan Plateau. Kluwer Academic Publishers, Kluwer/Boston/London, 113-138.

Zhao Lin, Cheng Guodong, Ding Yongjian. 2004a. Studies on frozen ground of China. *Journal of Geographical Sciences*, **14**(4):411-416.

Zhao Lin, Ping Chien-Lu, Yang Daqing, *et al*. 2004b. Changes of climate and seasonally frozen ground over the past 30 years in Qinghai-Xizang(Tibetan) Plateau, China. *Global and Planetary Channge*, **43**(1-2):19-31, doi:10.1016/j.gloplacha.2004.02.003.

Zhao L, Wu Q, Marchenko S S, *et al*. 2010. Thermal state of permafrost and active layer in Central Asia during the International Polar Year. *Permafrost and Periglacial Processes*, **21**:198-207.

Zhongqin Li, Huilin Li, Yaning Chen. 2011. Mechanisms and Simulation of Accelerated Shrinkage of Continental Glaciers: A Case Study of Urumqi Glacier No.1 in Eastern Tianshan, Central Asia. Journal of Earth Science, **22**(4):423-430

名词解释

冰川物质平衡线和雪线：冰川上物质收入(称为积累)和支出(称为消融)之间的差额被定义为物质平衡，是冰川变化的重要指标。一定时段内(通常用的最多的是一年内)冰川表面积累与消融差额为零的点的连线被称做物质平衡线或零平衡线，简称平衡线，平衡线以上为净积累区，以下为净消融区。消融季节(夏季)末有雪覆盖区(意味着有物质净积累)和无雪覆盖区(意味着没有物质净积累)的界限为通常所说的雪线，其高度一般略高于平衡线。

活动层：多年冻土区地表表面至多年冻土上限的某一深度范围在夏季(暖季)发生融化、冬季(冷季)又重新冻结，被称做活动层，也有称其为季节融化层。活动层厚度增加，则预示着多年冻土退化。由于水和冰的密度不同，活动层冻—融循环对道路等工程的影响很大；多年冻土的水、热迁移及其对地表水循环和生态的影响也主要发生在活动层。

冻土下界、下限和上限：在纬度上，北半球多年冻土分布的最低纬度叫做多年冻土南界；在海拔高度上，多年冻土分布的最低海拔高度叫做多年冻土下界，简称冻土下界。多年冻土层的底部(温度在0℃)深度被称作多年冻土下限，简称冻土下限；多年冻土层的顶部深度被称为多年冻土上限，简称冻土上限，与活动层底部并不一定重合。

第五章 海洋与海平面变化

主　笔：吴立新，周天军，陈戈
贡献者：杜金洲，张永战

提　要

气候变化对中国近海物理及生物地球化学环境，包括温盐、环流、海平面、海洋生物地球化学过程以及海岸带带来不可忽视的影响。近几十年来，中国近海整体呈增暖趋势，以陆架海最为显著；渤海盐度显著增加，而其他海域盐度变化趋势不明显；近海整体上风应力呈减弱趋势，热通量和淡水通量呈减少趋势。中国近海及西太平洋物理环境的变化对东亚急流、夏季风、北太平洋风暴轴变化、西北太平洋副热带高压等具有显著影响。1981—2010 年中国海平面上升的平均速率为 2.6 mm/a，比全球平均值高出约 0.8 mm/a。预计到 2040 年，中国沿海海平面将继续上升，将比 2010 年升高 80～130 mm。气候变化将通过海洋表层温度的升高，增加海洋水体的层化，以及其和全球变暖伴随的径流（降雨）模式的变化引起的陆源营养物质入海模式的改变等影响中国近海海洋生物地球化学的循环过程。中国近海的入海河口和海湾大多数都呈现富营养化状态，在长江口以及毗邻的近海存在低氧区域，其面积有扩大的趋势。在长江口外与毗邻的近海每年夏季的缺氧区域记录到的溶解氧溶度低至 0.5～1.0 mg/L。大洋海水酸化和近海富营养化造成的缺氧也导致中国近海对海水酸化缓冲能力的降低。气候变化引起了中国海岸线、海岸带沉积环境以及海岸带生态系统的变化。

5.1 中国近海温盐和环流变化

5.1.1 中国近海的温盐、环流分布特征及物理机制

中国近海位于西北太平洋边缘，自北向南包括渤海、黄海、东海和南海。中国近海处在东亚季风区，其温盐及环流分布特征在很大程度上受季风的控制。同时，强大的西边界流黑潮通过吕宋海峡以及东海陆架与中国近海进行能量与物质的交换，从而对中国近海的动力环境产生重要影响，而大河的淡水输入对东部陆架海的温盐及环流也有着一定程度的影响。

在渤海和黄海，海温呈现明显的季节变化特征。海温从秋季开始变冷，一直持续到3月底。冬季受频繁爆发的西伯利亚高压所控制，强烈的北风以及伴随的干燥大陆冷空气使得黄海、渤海表层迅速冷却，强对流混合使得大部分海区上下层温度呈均一状态，温跃层不存在。在夏季，风混合减弱，太阳辐射使得海表温度上升，层化加强。受潮流等动力和热力过程的影响，夏季海表温度分布的典型特征是形成多个冷中心以及冷水带（毛汉礼等，1964）。黄海底层冷水团的存在是该海域暖季的一个重要水文特征（赫崇本等，1959；管秉贤，1963）。在东海，海温随季节相对来说变化不大，主要是受黑潮以及台湾暖流的热量输送控制。

渤海为中国近海盐度最低的海区，年平均盐度为 30 psu 左右。黄海因入海的大河少，盐度状况主

要取决于黄海暖流高盐水的消长。黄海暖流带来的高盐水,由南黄海沿黄海中央北上延伸,并西侵进入渤海,高盐水是由南向北凸出而偏西伸的,这是黄海高盐度分布的主要特点。东海盐度分布取决于高盐的黑潮水及低盐的沿岸水的消长运动,等盐线分布略呈西南—东北走向。整体上来讲,渤海、黄海和东海的底层盐度分布与表层基本相似。

东中国海的海流由黑潮及其分支(台湾暖流、对马暖流以及黄海暖流)以及绕中国沿岸和朝鲜半岛西岸的沿岸流组成。在渤海和黄海,冬季环流主要表现为穿越黄海、渤海海槽的北向逆风流(黄海暖流)和黄海两侧的南向沿岸流(袁耀初等,1982;Hsueh 等,1986)。在夏季,黄海冷水团的存在,使在其表层诱生一个大尺度的气旋环流,南风的盛行使得黄海暖流减弱。东海陆架环流的主要特征是黑潮对陆架的入侵和台湾暖流,黑潮入侵最明显的特征是夏季黑潮次表层水的强烈涌升和冬季黑潮表层水大量入侵陆架(Lin 等,1992)。东海也存在冷涡现象(胡敦欣等,1980)。台湾暖流是一条全年向北的海流。近期研究指出,台湾暖流的主要产生机制是由于黑潮的诱导作用通过绕岛的动量平衡约束。

南海的水文分布及环流特征主要受东亚季风以及与邻近海域的相互作用和水交换控制。冬季南海海表温度表现为西北部低、东南部高,存在一个由于西边界流的冷平流作用而形成的冷舌(Liu 等,2004);而在夏季相对比较均匀。冬、春季出现的吕宋冷涡以及夏、秋季出现的越南冷涡是南海海温分布的一个突出现象。南海的盐度平均值为 34.0 psu,空间分布表现为西低东高。这是由于在西部入海河流众多,而在东部受外海的影响。冬季南海蒸发大于降水,盐度升高,而在夏季河流入流加大,降水大于蒸发,盐度降低(苏纪兰,2005)。

受冬季东北风和夏季西南风的影响,南海上层环流在冬季表现为一海盆范围的气旋式环流,夏季南部为反气旋环流而北部为弱气旋环流。南海环流的季节变化通过季风驱动的 Rossby 波调整来完成(刘秦玉等,2001)。吕宋海峡是南海与西北太平洋直接沟通的唯一通道。西北太平洋与南海的水交换主要是通过吕宋海峡来进行的。北上黑潮途经吕宋海峡,使其发生形变,从而会影响吕宋海峡的水交换。目前有关吕宋海峡的水交换结构可概括为三明治结构,即西太平洋的上层和深层海水主要经吕宋海峡中部流入,而南海中层水主要经吕宋海峡北部流出。近期观测证实了这种三明治结构的存在(Tian 等,2006)。近期的研究还表明,南海存在一支自吕宋海峡入口、南部几个海峡出口的一支贯穿流,该贯穿流在维系南海的热量及淡水平衡中起着重要作用(Qu 等,2006)。

5.1.2 中国近海温度与盐度变化

(1)东部陆架海的温盐变化

气候变化和人类活动对渤海的温盐环境产生了重要影响。渤海沿岸有鲅鱼圈、葫芦岛、秦皇岛、塘沽和龙口共 5 个海洋站,同时在靠近渤海的北黄海西部也有大连和烟台两个海洋站。这些站系统连续的观测资料为研究渤海的温盐变化提供了依据。这些站 1965—1997 年的连续观测资料表明,32 年间渤海的海表温度年增长率为 0.015 ℃/a,共升高 0.48 ℃;海表盐度变化速率为 0.042 psu/a,32 年升高 1.34 psu;气温年变率为 0.034 ℃/a,32 年升高 1.09 ℃(方国洪等,2002)。在 1961—1996 年期间,全渤海平均盐度升高近 2 psu,渤海老黄河口附近海域盐度升高近 10 psu(吴德星等,2004)。

渤海盐度的变化是中国近海对气候变化和人类活动响应的一个突出现象(图 5.1)。渤海盐度的变化主要取决于淡水通量(降雨、蒸发和河流径流)和北黄海入侵水的变化。研究发现,在 1961—1996 年期间,渤海的年降雨变率呈减少的趋势(方国洪等,2002;Liu 等,2001);其中,降雨量对渤海盐度升高的贡献为 14%,蒸发的贡献率为 11%,黄河流量锐减的贡献率为 75%,其他河口入海流量变化对渤海盐度变化的作用在可以忽略的范围内(吴德星等,2004)。采用同样的数据,基于 20 世纪 80—90 年代平均值和 60—70 年代平均值的淡水收支对各要素进行重新估算,得到的降雨量对渤海盐度升高的贡献率为 1.2%,蒸发的贡献率为 35.4%,黄河流量锐减的贡献率为 57.4%,其他河口入海流量变化对渤海盐度变化的贡献率为 6%。可见黄河径流量的减少是造成渤海盐度升高的主导性因素。

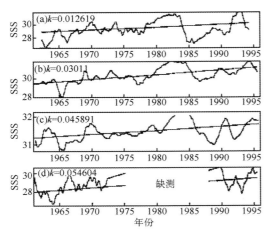

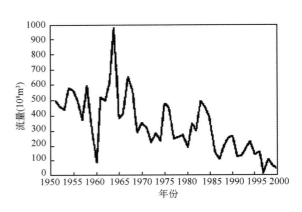

图 5.1 左图为环渤海 4 个海洋观测站海表盐度（SSS）的变化；右图为黄河利津站流量年际变化（吴德星等，2004）

(a)北隍城；(b)葫芦岛；(c)秦皇岛；(d)塘沽；k 为 SSS 平均年变化率

在 1960—2000 年间，黄海盐度增加了 0.46 psu，黄海海域在这期间蒸发量减少了约 110 mm，降水减少了约 304 mm，可造成盐度升高大约 0.23 psu，约占盐度实际升高值的 50%。因此，降水减少对黄海盐度的升高起到了重要作用（马超等，2006）。这是由于黄海与渤海不同，沿岸河口入海流量很小，盐度变化与蒸发和降水关系密切。黄海的盐度存在较为明显的年代际变化，而且与太平洋年代际涛动（Pacific Decadal Oscillation，PDO）呈正相关，即 PDO 处于暖位相时，华北地区降雨减少，黄海的盐度有所升高。

相对于渤海和黄海而言，中国其他海域缺乏连续的观测，因此主要依靠海洋再分析资料、历史重构资料以及近十几年来的卫星观测资料开展研究。东海增温大致可分 3 个阶段，即 20 世纪初至 30 年代、40—70 年代、80 年代至今。其中，前两个时期各时段内温度变化较缓，后一时期变化较快，20 世纪初至 30 年代与 40—70 年代两个时期的温度相差 0.6 ℃。20 世纪 80—90 年代是东海增温最快的时期，1998 年为 100 多年来最暖的年份（张秀芝等，2005）。整体上来讲，过去 100 年来东海及其邻近西太平洋的增温大约是全球平均增温的 2—3 倍，而这种快速增温可能与黑潮热量输送增加密切相关（Wu 等，2012）。

不同的海洋再分析资料均表明，黄海和东海的热含量近 50 年来大致呈增加趋势（图 5.2）。东海的热含量年平均增加幅度约为 $2×10^5$ kJ/m²，增幅向北逐渐递减，而向开阔大洋呈增加趋势。渤海的热含量两种资料不尽一致，因此其变化趋势难以确定。

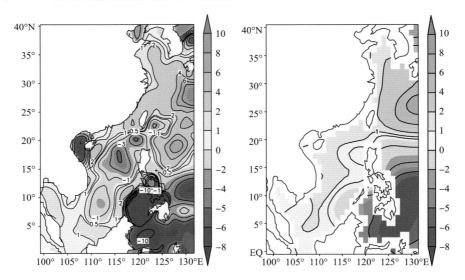

图 5.2 中国近海热含量变化趋势。左图为 SODA（Simple Ocean Data Assimilation）同化资料结果；

右图为 JMA（Japan Meteorological Agency）海洋再分析资料结果

有关东海盐度的长期变化,由于缺乏连续观测资料而很难确定。海洋再分析资料显示,近50年来东海海盆平均盐度呈现很微弱的变小趋势。

(2)南海的温盐变化

南海作为一个亚洲边缘海,受南海季风的影响而表现出非常明显的变化特征。南海季风多时空尺度的变化也决定了南海海洋环境变化的复杂性。在北半球夏季,南海季风在亚洲—太平洋海域表现出最强的季节内振荡特征。不仅如此,南海地处热带西太平洋,受 ENSO 的影响显著,1950—2002 年的历次 ENSO 事件都引起了南海海表温度的变化(Liu 等,2004;Wang 等,2006)。研究发现,南海海温增暖滞后于东赤道太平洋大约 5 个月(Klein 等,1999)。在 ENSO 年之后,南海海温会出现两个暖峰值,第一个峰值主要是由于海表热通量所引起,而第二个峰值是由于海洋的平流作用所主导(Wang 等,2006)。

南海还存在着明显的年代际变化特征。南海季风会存在突变现象,如 1993 年(Wang 等,2009)。在 1959—1988 年期间,20 世纪 60 年代南海上层 100 m 热含量偏低,在这之后,南海进入一个暖期(何有海等,1997)。南海上层 100 m 热含量基本上反映了海表温度的变化。欧洲 Hadley 中心和美国 NOAA 重建的近 100 年海表温度资料分析发现,南海的明显增温是从 20 世纪 70 年代开始,与何有海等(1997)的观测分析基本一致,而在这之前相对比较稳定。近 100 年南海的平均海表温度增加了 0.6~0.7 ℃,其中 1998 年为近 100 年最暖的一年,主要与 1997/1998 年 El Nino 事件有关。南海的增暖明显比东海要慢,幅度大约为其一半。这主要由于南海是深水海盆,具有较大的热惯性。南海海温的年代际变化与东部陆架海海温的年代际变化在空间上呈现偶极子形态(Zhang 等,2010)。在冬天这种偶极子形态主要是由于 PDO 所诱导,而在夏天主要是由大西洋多年代际涛动(Atlantic Multidecadal Oscillation,AMO)所驱动。因此,中国近海海温变化的这种偶极子模态可作为 PDO 和 AMO 的重要指示因子。

不同的海洋再分析资料得到的南海海盆的热含量变化差异很大(图 5.2)。在南海南部,SODA 和 JMA 资料均显示增加的趋势,增幅约为 1×10^5 kJ/(m² • a),而在南海北部,SODA 资料则显示热含量减少,中心最低值为 -4×10^5 KJ/(m² • a),而 JMA 资料则显示微弱的增加趋势。

5.1.3 中国近海海-气通量的变化

海-气通量的变化对水团和环流起着重要的作用。这里所说的海-气通量主要是指动量、热量和淡水通量。本节主要介绍中国近海海-气通量的季节变化特征及其近几十年的变化趋势。

(1)东部陆架海海-气通量变化

东部陆架海主要受季风控制。冬季北部海域西北风占主导地位,而南部海域则由东北风占主导地位;在夏季整个海域由弱的东南风占主导地位。大气再分析资料表明,自 20 世纪 80 年代以来,冬季风有减弱的趋势,而夏季风变化趋势微弱(图 5.3)。

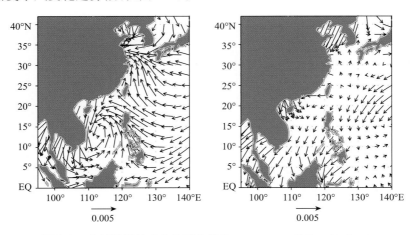

图 5.3 中国近海风应力的变化趋势(1980—2002,单位:N/(m² • a)
左图为冬季;右图为夏季

利用 COADS 以及美国海军的 MOODS 资料分析黄海和东海的海-气热通量的季节变化特征及其与水团性质之间的关系表明，东部陆架海-气通量的季节变化特征以表层的热力平衡所表征，而热力平衡又以短波辐射与潜热及长波辐射之间的平衡为主。黄海海域整体上有 15 W/m² 的热量盈余，东海有 30 W/m² 的亏损，而在黑潮及台湾暖流区有 65 W/m² 的亏损。黄海和东海表面净热通量的月分布呈正弦态，即黄海 6 月份达到极值，而东海在 7 月份达到极值。黄海和东海的淡水通量表现为冬季淡水通量亏损，夏季淡水通量盈余，这主要是由于冬季从大陆吹过来的干冷空气从近海带走大量的水汽，蒸发加强，而在夏季降雨增强，蒸发减弱（Chu 等，2005）。

东海的降雨具有非常明显的年际变化特征，但没有明显的变化趋势。1979—2008 年，东海的蒸发呈现明显的增加趋势，其增幅约为 1.2 cm/a。蒸发加强主要是由于海温升高所导致。整体上来讲，东海近 30 年来存在着淡水亏损。这里淡水通量的变化似乎不能解释海洋再分析资料所呈现的盐度变化趋势，一方面可能是由于资料的不准确性；另一方面也可能是由于与黑潮的水交换减弱所导致。东海在气候平均状态下失热占主导地位，这主要是由于受黑潮暖水的影响（图 5.4）。利用美国 Woods Hole 海洋研究所最近的全球海-气热通量数据分析表明，1984—2004 年东海的失热在持续增加，其中失热增加的主要是潜热部分。

（2）南海海-气通量变化

南海的感热通量和潜热通量均具有明显的季节变化和空间变化特征（陈锦年等，2007）。在多年平均热通量中，潜热通量的年平均最大值出现在冬季和夏季。冬季（12 月）多年平均值为 140 W/m² 左右，夏季（7 月）多年平均值为 120 W/m² 左右。潜热通量的年平均最小值出现在春季和秋季。春季（4 月）多年平均值约为 80 W/m² 左右，秋季（9 月）多年平均值约为 110 W/m² 左右。在空间分布上：在冬季和秋季，南海北部的潜热通量大于其南部，最大值出现在台湾西南部，其值分别约为 220 和 170 W/m²；在春季和夏季，南海南部的潜热通量大于其北部，最大值出现在南海中南部，其值分别约为 110 和 130 W/m²。感热通量的季节和空间变化与潜热通量的变化特征基本相似，所不同的是感热通量的量值较潜热通量偏小。

与东部陆架海相似，南海也是受东亚季风控制，冬季和夏季分别受东北季风和西南季风控制。自 20 世纪 80 年代以来，南海冬季风变化趋势呈反气旋状，而夏季西南风有所减弱（图 5.3）。整体来讲，中国近海的风应力变化趋势与东亚季风近几十年来整体变弱是一致的（Yu 等，2004；Xu 等，2006）。

整体上来讲，南海在气候平均态意义下是热汇，即从大气吸收热量（图 5.4(a)）。1984—2004 年，南海从大气的吸热有所减少。在气候平均意义下，南海的降雨大于蒸发，存在淡水盈余（图 5.4(b)）。近 20 多年来，南海的海温上升，蒸发有所加强，因此淡水通量呈减弱趋势。这也会导致潜热损失增大，使得南海整体的吸热减少。

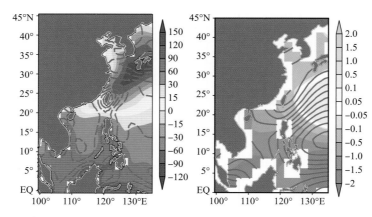

图 5.4　中国近海净热通量和淡水通量(E-P)的变化趋势(1984—2004 年；等值线为趋势，阴影为气候态)

(a)净热通量(间隔 0.3 W/(m²·a))；(b)淡水通量(间隔 1.8 cm/a)

5.1.4 中国近海环流变化

受东亚季风的影响,中国近海环流有明显的季节变化特征,同时在年际尺度上受到 ENSO 以及在年代际时间尺度上受 PDO 的影响。但由于受观测资料的限制,目前对中国近海环流的研究主要是以气候态的描述为主,而对其年际以上时间尺度的变化的研究很零散而且很少。

断面温度资料以及风和长江径流资料揭示,夏季东海冷涡呈现明显的年际及年代际变化特征,并且与黄海暖流及长江径流的变化有关。黄海暖流强的年份,东海冷涡相对较强。20 世纪 70 年代中期以后,东海冷涡有增强的趋势,而这种增强的趋势与黄海暖流有关(Chen 等,2004)。

南海环流受 ENSO 影响。在 1982—1983 年 ENSO 事件期间,南海在 1982 年后期蒸发冷却增强,紧接着在 1982—1983 年冬季东北季风减弱以及来年的夏季风也减弱,从而导致南海表层从 1982 年底到 1983 年底热含量增加,而这种热含量的增加与南海环流的变化密切相关(Chao 等,1996)。1982 年的 10—12 月份,南海海盆的上升流以及沿岸的下沉流减弱,导致热量的垂向平流输送减弱,使得南海上层热含量增加,而 1983 年强冬季风的到来导致南海中部海盆的异常上升流以及沿岸的下沉流,从而导致南海增暖过程的结束。研究结果表明,1986—1987 年南海环流出现相似的变化过程,因此,这种过程可能是南海环流对 ENSO 事件的典型响应形式。

西太平洋黑潮通过吕宋海峡与南海的水交换对南海海洋环流有重要影响。黑潮入侵南海有三种可能型态:流套型、涡脱落型以及跨越型(Hu 等,2000)。Farris 等(1996)提出持续时间较长的强风应力强迫可导致黑潮的入侵。黑潮入侵对中尺度运动较为敏感,而对风应力或其旋度不敏感(Metzger 等,1996)。理论及室内实验研究发现,黑潮的入侵取决于 beta 效应与惯性之间的平衡(Sheremet,2001)。冬季黑潮入侵南海的方向表现为直接从吕宋的东北部到台湾岛的西南部,然后沿着南海北部陆架向西。黑潮的反气旋式入侵一年四季平均来讲不超过 30%,夏天比冬天发生的几率要多(Yuan 等,2006)。1997—2004 年间的黑潮入侵南海的型态在不同的年份均有所体现(Caruso 等,2004)。

吕宋海峡水输送的年际变化,在一定的程度上受西中赤道太平洋风应力的控制;El Nino 期间的西风爆发伴随着北赤道流的变化,会导致吕宋海峡水输送的增加(Wang 等,2006)。南海贯穿流在 1976 年气候突变前后表现为不同的特征(Liu 等,2007)。1976 年后,吕宋海峡水交换体积输送异常增大,吕宋海峡东部东风分量和南海内部的北风分量的局地驱动是导致其在 1976 年后增加的主要因素,南海内部异常北风分量对水交换增加的贡献能够达到 53%。

但由于缺乏对海流的长期观测,限制了人们对中国近海环流年际以上时间尺度变化的认识。目前主要认识来源于数值模拟。但由于近海地形非常复杂,目前的数值模拟结果有待提高。因此,近几十年来中国近海环流长期变化目前并不清楚,需要更可靠的近海再分析资料的支持。

5.2 西太平洋及中国近海物理环境变化的气候效应

5.2.1 黑潮变化的气候影响

黑潮起源于菲律宾以东海域,沿西边界北上,从台湾岛和石垣岛之间进入东海,流经冲绳海槽,再由吐噶喇海峡返回太平洋。黑潮的一个重要作用是将低纬度的热量输送到中高纬度,其经向热输送的异常与其流量大小关系密切(翁学传等,1996)。台湾以东黑潮流量平均约为 21～33 Sv(Liu 等,1998),变化范围在 15～50 Sv 之间(Zhang 等,2001)。作为全球第二大西边界暖流,黑潮向大气释放巨大的热量,其强弱变化控制着邻近海域的水文状况和生态环境,对邻近地区的大气环流变化有着显著影响。中国大陆与黑潮区域相邻,而黑潮区域又是影响中国气候的关键区域之一。

黑潮及其延伸体存在显著的季节内振荡特征。对连续 10 年卫星观测资料的分析表明,台湾以东海平面有 70～210 天的变化周期,原因是在副热带逆流区自东向西传播不断增幅的不稳定海洋 Rossby 波,以海洋涡旋的形式影响黑潮的路径和流量(Liu 等,2007)。基于卫星观测海温和混合层热收支诊断研究发现（Wang 等，2012；王璐，2012），夏季中纬度北太平洋（35°—45°N，160°E—170°W）区域的海温（SST）存在显著的 20～100 天尺度的变化，这主要与海表潜热通量的季节内异常和短波辐射通量的季节内异常有关。经向温度平流和垂直温度平流亦有贡献，但强度很弱。研究表明 SST 的季节内振荡与大气环流的季节内异常有关，海温增暖位相对应大气的反气旋式环流，海温变冷位相对应大气的气旋式环流，这意味着海洋受大气的强迫。与夏季相比，冬季（11 月—次年 4 月）海温的季节内变化也与大气环流的季节内异常有关，但海温异常的强度仅是夏季的一半，主要原因是冬季混合层较深，削弱了海表热通量对混合层温度倾向的影响（Wang 等，2012；王璐，2012）。

前期冬春（秋）季黑潮区海温异常与东亚夏（冬）季风活动存在显著相关。季节转换时期（4—6 月）的黑潮海域海温变化，能够影响南海夏季风的爆发（王黎娟等，2000）。当该地区海温偏高时，西太平洋副热带高压位置偏南、强度偏强，南海大部分海域处于副热带高压南侧的偏东气流控制之下，阻碍南半球越赤道气流的东伸北抬，导致南海夏季风爆发偏晚偏弱。春季黑潮区海温与中国夏季降水存在显著的相关关系（Zhang 等，2007），即海温偏高对应长江中下游和华南多雨，原因是当春季海温偏高时，东亚大槽加深，西北太平洋副热带高压加强和西伸，来自南海和西太平洋的水汽输送加强。冬季黑潮区海温异常与后期东亚夏季风表现为负相关关系，即海温偏冷时，东亚夏季风西南气流强度增强，范围变大，东南气流的强度增强但范围减小，原因是黑潮区与暖池区温差变大，使得低空南风加强（王小玲等，2006；李忠贤等，2004）。秋季黑潮区 SST 与东亚冬季风亦存在显著正相关关系（李忠贤等，2004），即秋季黑潮 SST 偏高，冬季蒙古高压加强，阿留申低压加深南移，使得冬季海陆气压差异加大；在500 hPa位势高度场上，冬季东亚大槽北部减弱、南部加深，青藏高原北部上空的高压脊加强；850 hPa 风场上蒙古地区出现反气旋式异常环流，西太平洋地区和南海南部出现气旋式风场异常，东亚地区呈偏北风异常，东亚冬季风加强。前期黑潮区射出长波辐射（OLR）异常，对华南主汛期降水预测具有指示意义（黄莉等，2005）。较之 SST，海洋次表层热容量作为预报因子更加稳定，中国东部夏季气候异常与前期北太平洋冬季热容量异常有较好耦合关系，即当黑潮延伸体及北太平洋中部偏东地区冬季热容量异常偏高、北美西海岸地区异常偏低时，中国东北和长江流域夏季降水偏少，东北和华北地区夏季气温偏低（祁丽燕等，2007）。

同期黑潮区海温异常与中国气候也存在显著相关。夏季黑潮 SSTA 序列具有明显的年代际变化特征，在 20 世纪 40 年代、60 年代中期到 80 年代中期，SSTA 为负，50 年代到 60 年代中期、80 年代以后为正（武炳义等，2007），它与长江流域降水呈正相关关系，即海温偏高时，沿长江流域南北距平风交汇，有利于长江流域降水偏多（倪东鸿等，2004）。冬季黑潮 SSTA 与中国冬季气温及降水存在联系，当黑潮区海温偏高（偏低）时，易出现全国范围的升（降）温现象（赵斐苗等，2007）。

黑潮活动能够影响到西北太平洋和北太平洋的气候。利用石垣—基隆两个验潮站间的海平面高度差的长时间序列，结合风应力资料，可以计算出台湾以东的黑潮流量（贾英来等，2004）。分析黑潮流量与北半球大气环流及西北太平洋净热通量之间的关系发现，当秋季台湾以东黑潮流量增强时，冬季西北太平洋的热释放增强，从日本东南部到阿留申地区出现显著的低压异常，而内蒙古、北美地区则出现高压异常（图 5.5）（温娜等，2006）。基于耦合模式积分结果的分析发现，台湾以东地区强（弱）的黑潮输送提前于净热通量的增加（减少）1～2 个月，导致冬季北太平洋（25°N 以北）500 hPa 出现低（高）压异常（Liu 等，2006）。黑潮向北的热输送，是海洋加热大气和引起冬季北太平洋异常低压的一个重要热源。但是，冬季北太平洋的暖异常为什么会激发大气中的低压异常，其中的物理机制尚不清楚。

对北太平洋区 SSTA 和 500 hPa 位势高度异常的统计分析表明，该区域的夏季大气环流与前冬海温关系密切（Liu 等，2006），冬季的马蹄形 SSTA（北太平洋的中西部为正的 SSTA，周围为负的 SSTA），能够维持至春季和夏季，夏季在中纬度北太平洋上空产生一个波列。该模态为北太平洋局地海-气相互作用的主要模态，被称为中纬度冬季海温异常影响夏季大气环流的"反馈模态"，该模态为证实中纬度海洋能够影响气候异常提供了新的证据，并为解决中纬度海洋如何影响大气问题提供了一条新思路。

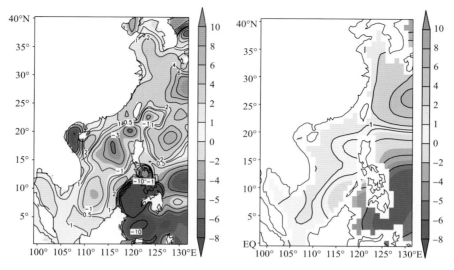

图 5.2 中国近海热含量变化趋势。左图为 SODA(Simple Ocean Data Assimilation)同化资料结果；
右图为 JMA(Japan Meteorological Agency)海洋再分析资料结果

风暴轴作为瞬变扰动最活跃的区域,对全球气候具有重要影响。冬季北太平洋风暴轴的年际异常和黑潮区海温异常存在显著联系,即当黑潮区域海温偏暖时,风暴轴和急流均明显北移,并且风暴轴的强度在入口区明显增强,与风暴轴发展有关的低层涡动热量通量在此区域得到增强。黑潮区海温主要影响冬季北太平洋风暴轴入口区的斜压性,激发或加强 500 hPa 高度场上的西太平洋遥相关型,进而影响冬季北太平洋风暴轴在入口区的强度变化和南北位移。至于斜压性增强的原因,可能主要是由于黑潮区暖海温导致风暴轴南北两侧的平均温度梯度加大,增加了平均有效位能,从而有利于该区域斜压性的增强(朱伟军等,2000)。

黑潮的变化与东亚副热带西风急流的变化存在联系。经向温度差是导致东亚急流季节变化的一个主要原因,而急流的季节变化和对流层中上层经向温差之间又存在较好的相关性。黑潮区和青藏高原是西风急流冬季和夏季强度变化的关键区(图 5.6)。黑潮区的强感热和潜热加热与冬季急流强度密切相关(Kuang 等,2005)。

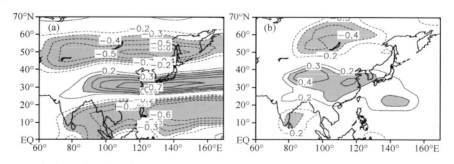

图 5.6 感热通量与经向温度差(200~500 hPa 间的平均值)的同时相关系数(摘自 Kuang 等,2005)
(a)冬季黑潮区；(b)夏季青藏高原北部(阴影区超过 99% 信度检验,等值线为绝对值大于 0.2)

前冬黑潮区域海温异常会影响东亚夏季风。当前冬黑潮区域海温偏高时,西北太平洋副热带高压位置偏西、强度偏强,夏季风较弱,梅雨锋位置偏南,江淮流域及长江中下游地区降水偏多,而华北和东北地区降水偏少(李忠贤等,2006)。冬季西太平洋黑潮暖流区加热正异常,将引起东亚大槽偏东,大陆冷高压、阿留申低压及位于低纬太平洋上的西太平洋副热带高压均有所增强,从而导致冬季风环流加强(图 5.7)。东北太平洋上出现明显的气旋性异常环流,中高纬大陆海洋交界地区出现反气旋性异常环流。西风急流区南侧的低纬地区位势高度及温度场为正异常,而北侧的中高纬地区为负异常,使得急流区经向气压梯度和南北温差加大,从而导致急流增强。模式结果分别从热力适应理论及热成风的角度,验证了黑潮暖流区表面加热异常影响急流的机理(况雪源等,2009)。

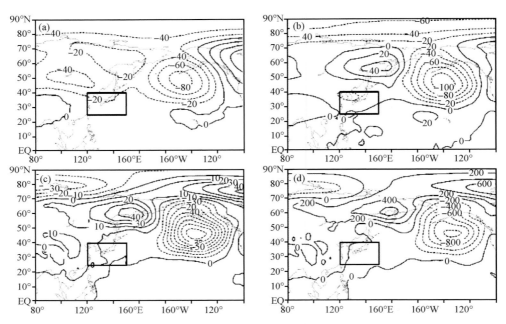

图 5.7 加热正异常试验位势高度场（(a)、(b)、(c)，单位：gpm）及海平面气压（(d)，单位：hPa）差异（摘自况雪源等，2009）

(a)100 hPa；(b)500 hPa；(c)850 hPa；矩形框为加热异常区域

　　有研究显示，黑潮区和北大西洋两个关键海区的海温异常，对 2008 年 1 月中国南方发生低温、雨雪和冰冻天气具有显著贡献。利用大气环流模式，在两个关键区分别取实际海温，其他区域取气候海温的模拟结果证明，黑潮区海温异常偏暖可引起西太平洋副热带高压偏北，不利于随中纬度西风带槽脊东移的冷空气向下游输送，使得冷空气沿高原东北侧南下，并在长江流域及其以南地区堆积；同时，加强了来自海洋的暖湿气流向长江流域及其以南地区的水汽输送（宗海锋等，2008）。

5.2.2　南海的气候影响

　　南海—中南半岛次行星尺度的海陆热力对比，是东亚夏季风重要驱动因子。南海及其周边海洋与季风的爆发和演变存在密切联系。该区域前期海温影响着季风爆发的早晚和强度；季风爆发后，季风扰动会影响邻近地区的海温，而海温变化通过海洋热力和动力学过程，反过来又影响南海季风，进而影响西太平洋、东南亚、甚至北美遥远地区的天气气候异常。因此，南海及其周边地区是北半球天气气候异常的一个强迫源地（丁一汇等，1999）。认识和理解南海的气候影响是中国学者长期以来关注的课题。

　　"南海季风试验"为研究南海、东亚季风、海气相互作用提供了比较完善的资料集（丁一汇等，2002；闫俊岳等，2007）。利用该资料进行的南海海-气通量研究发现，在季风爆发期间，潜热输送逐渐增加；在季风爆发前期，夜间潜热通量比季风爆发后期大；在季风爆发后期，白天潜热通量明显大于爆发初期和中期，感热通量在季风爆发前自海洋向大气输送，而爆发后期则由大气向海洋输送（姚华栋等，2003）。中国东南部夏季降水与前期（冬季、春季）及同期（夏季）南海潜热输送关系密切，尤其春、夏季的潜热输送与降水相关程度更高。前期冬季南海北部的潜热输送，与华南地区的夏季降水存在显著的负相关；春季南海中部的潜热输送，与长江以南至华南沿海地区的夏季降水存在显著的正相关。夏季的南海中部海盆地带是影响同期华南降水的"关键区"（任雪娟等，2000a）。

　　南海暖池强度的年际变化与南海季风爆发事件有密切关系。冬春季南海暖池持续偏暖（冷）时，初夏南海季风爆发一般偏晚（早）（赵永平等，2000）。南海夏季风爆发日期与次表层水温存在联系，当南海中北部次表层水温 6—10 月异常偏冷（偏暖）时，南海夏季风提早（推迟）结束，来年南海夏季风推迟（提早）爆发；8—12 月西沙水温异常偏冷（偏暖）时，南海夏季风提早（推迟）结束，来年南海夏季风推迟（提早）爆发（吴迪生等，2004）。近期采用甚高分辨率辐射计（AVHRR）、热带降水测量卫星（TRMM）、快速散射计（QuikSCAT）等最新高分辨率卫星遥感资料的研究表明（姜霞等，2006），气候态意义下的菲律宾以西海域30℃以上的高暖海水的出现和面积突增,可作为南海夏季风爆发的先兆,高暖海水具有生命期短的特征,而高暖海水导致的局地对流在南海夏季风爆发中起着重要作用,其年际变化与南海夏季风爆发时间早晚关系密切(图5.8)。

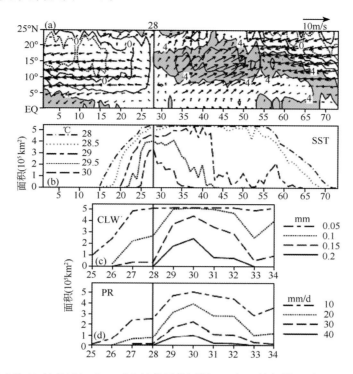

图5.8 图(a)是30年(1971—2000年)气候平均逐候850 hPa风矢量以及500 hPa垂直速度(气候平均下南海季风在全年第28候即5月第4候爆发)的纬度—时间剖面图;图(b)是1985—1999年多年平均的AVHRR逐候SST;图(c)和(d)是1998—2005年8年平均的TRMM云水量和降水率横坐标时间轴刻度表示的是多年平均逐候间隔(全年共1~73候)。(引自姜霞等,2006)

南海SST的变化通过海-气相互作用(海-气之间的感热、潜热交换),影响局地低层大气温湿场,并通过大气运动对热量和水汽的输送,影响其他地区的气候异常。统计分析表明,南海SSTA是中国长江中下游地区旱涝的一个强讯号(张琼等,2003)。当前春赤道南印度洋海温偏暖,则夏季南海海温异常偏暖,南海低空出现异常偏南风,异常多的水汽向中国南方输送,长江中下游地区易涝。印度洋、南海海温作为一"桥梁",可能在春季南半球环状模(Southern Annular Mode,SAM)在影响东亚夏季风中发挥着非常重要作用(南素兰等,2005):当强(弱)春季SAM引起南印度洋中高纬度海域海温偏高(偏低),并随着时间从春到夏的推移时,南印度洋中高纬度海域偏高(偏低)海温可以传播到阿拉伯海、孟加拉湾、南海海域,而这些海区的偏高(偏低)海温可导致东亚夏季风减弱(加强)。但春季南半球环状模强迫南印度洋中高纬地区海温的过程,以及南印度洋中高纬地区的海温异常通过什么机制传播到北印度洋和南海地区,目前还不清楚。需要注意的是,这些研究多未滤除SAM中的ENSO信号。有证据表明,在年际变率上,SAM受到ENSO的显著影响,而且ENSO又是SAM年际变化可预报性的重要强迫源(Zhou等,2004)。

南海和中南半岛局地海陆热力对比对南海夏季风爆发有重要影响(Ren等,2003)。冬春季南海海温增暖,使南海高低空均呈现出有利于季风环流形成的形势,从而促进南海夏季风的爆发。南海地区局地海陆热力对比,是南海夏季风爆发的可能原因之一,局地的海陆热力差异叠加在大尺度的海陆热力差异作用之上,对南海季风的突发性爆发具有促进作用。南海4月份海温异常对南海季风的爆发日期影响不大,但对季风爆发后的强度有所影响,异常增温造成南海季风增强。

5月份南海异常增温可使南海季风提前爆发,季风增强,并有利于南海季风向北推进。但当SST在6月份持续增温时,有利于季风维持在较南地区,阻碍季风向北发展(江静等,2002)。南海夏季风爆发后,南海异常增温,则同期的南海夏季风增强,而后期的南海夏季风则减弱。南海海温正(负)异常增强(减弱)了海面与行星边界层之间的潜热通量输送,并通过积云对流加热率的变化,影响对流层热量的分布,进而引起对流层中低层辐合和高层辐散的变化,使得环流场作出相应调整。5月份南海增温(降温),南海地区对流活动加强(减弱),使对流层低层副热带高压提前(延后)撤出南海,有利于南海夏季风爆发偏早(晚)(黄安宁等,2008)。

前期冬春季南海—热带东印度洋海温异常对南海夏季风有重要影响(赵永平等,2003)。当南海—热带东印度洋海温偏暖时,其南北两侧大气低层出现异常气旋性环流,高层出现异常反气旋性环流,其东西两侧在南海—热带西太平洋大气低层出现强大的异常辐合,高层出现强大的异常辐散;在热带西印度洋大气低层为明显的辐散,而高层为明显的辐合时,这是典型的 Gill 型响应。此时大气低层赤道两侧异常气旋性环流,阻挡了赤道索马里越赤道的西南气流进入南海,加强了赤道西风,减弱了澳大利亚越赤道的气流,菲律宾以东的异常反气旋性环流,加强了西太平洋副热带高压,使其位置偏南偏西,同时大气高层在印度洋上空的异常东风加强了南亚高压,从而导致南海夏季风强度减弱、爆发时间推迟。

东亚大气环流对南海 SST 异常的响应具有季节性,在空间上维持一定的经向结构和纬向结构(王东晓等,2001)。在冷水年份,即南海和孟加拉湾海温负距平、西太平洋海温正距平的年份,2 和 3 月份南海有东北风异常;夏季菲律宾附近维持一个反气旋式的异常环流,该反气旋的低频活动会造成该地区降水场的低频振荡,与此相应,夏季西太平洋副热带高压活动减弱、东移,造成水汽经向输送的异常分布。

当前的全球海气耦合模式分辨率较低,不能满足东亚及中国区域夏季风模拟研究的要求。近年来许多学者开始发展区域海气耦合模式,并将其应用于南海夏季风研究中(任雪娟等,2000b;Ren 等,2005;Lin 等,2006;Zou 等,2011;邹立维等,2012)。模拟试验表明,区域海气耦合模式能够较好地再现南海表层海流受季风影响较大的特点(图 5.9)。基于海浪模式与区域大气模式耦合的研究发现,孟加拉湾和南海地区的动量和热量交换,对 1998 年南海夏季风的爆发有重要作用(Lin 等,2006)。

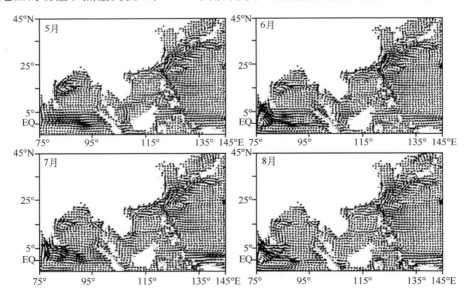

图 5.9　区域海气耦合模式模拟出的 1998 年 5—8 月逐月表层海流图(引自任雪娟等,2000b)

南海的气候影响不仅表现在对东亚季风的影响上,而且还可能通过如下机制影响 ENSO 循环:在 El Nino 期间,典型特征为赤道西太平洋的西风异常和赤道东太平洋的 SST 正异常;同时,伴随着中太平洋的异常对流,印度尼西亚群岛有异常下沉气流;该异常下沉气流会激发南海北部的南风异常,使得南海北部海水更暖;暖海水一定程度上有利于局地对流的发生,这样有利于在赤道西太平洋地区产生风场异常,有利于 ENSO 循环的发生。在 1972/1973,1981/1983,1986/1988 等一些 ENSO 事件中,该机制可能起了重要作用(Wang 等,2002)。

近年来,一些学者还对包括南海暖池区的历史海温进行了重建,如利用西太平洋地区 8 个珊瑚代用资料序列重建的 1644 年以来 3—7 月平均西太平洋暖池区平均海表温度(张自银等,2009)表明,近 360 年来,暖池 SST 存在明显的长期趋势变化:1644—1825 年为显著上升趋势(+0.04 ℃/100a);1826—1885年呈显著下降(+0.24 ℃/100a);1886—2006 年有强烈上升趋势(+0.28 ℃/100a),其中 20 世纪 50 年代以来的增温达到+0.67 ℃/100a,是过去 360 多年中最强的。暖池 SST 突出的周期包括年际尺度的~2.1,~2.3,~2.9,~3.6,~3.8 年周期以及 80.7 年的低频周期。暖池 SST 与中国黄淮流域夏季降水变化有显著的相关性,重建时段(1880—1949 年)SST 与区域平均夏季降水相关系数达到−0.44,与观测时段(1950—2005 年)二者的相关(−0.46)接近。这种关系在近 360 年来的旱涝等级中也是显著的,1644—1949 年区域平均旱涝等级与重建 SST 相关系数为−0.20,在年代际尺度上二者关系更为明显,低通滤波后的相关系数为−0.42。这说明近 360 多年来当暖池 SST 偏高(低)时,黄淮流域降水易偏少(多)。

5.3　中国海海平面变化

5.3.1　中国海海平面变化状况概述

(1)引起海平面变化的因素

引起海平面变化的因素众多,从全球气候变暖这个角度来看,导致海平面变化主要原因:一是海水体积的热膨胀;二是湖泊、地下水、陆地冰川等由于全球变暖增加了汇水量;三是南极、格陵兰等地区冰盖的加速融化。除此以外,区域海平面变化还受太阳黑子的活动,地球构造的变化,大冰川期的活动,以及大气压、风、大洋环流、海水密度等与地球、海洋自身有关因素的影响。人类行为引起的陆地水体变化同样对局地海平面变化存在着影响:城市化的进展导致的海平面上升;化石燃料和生物分解导致的海平面上升;森林砍伐导致的海平面上升;水库和人造湖中滞留水体导致的海平面下降;灌溉导致的海平面下降等。上述影响因素可以概括为如下两个方面:一是由于全球海水质量的变化引起的海平面变化,称之为海平面的升降(eustatic sea level);二是由于海水的密度变化引起的海平面变化,称之为比容效应(steric effect)。海平面又可分解为热比容海平面(thermosteric sea level)和盐比容海平面(halosteric sea level)(Yan 等,2007)。

相对于开阔大洋而言,陆架海域的海平面变化动力机制更为复杂,经济和社会影响也更为重大。对于中国海来说,在全球海平面变化的背景下,气候变暖引起的热膨胀、亚洲季风引起的强降水、大陆径流引起的河口增水及厄尔尼诺等引起的气候异常和人为活动引起的陆地下沉等是不同时间尺度上的海平面变化的主要原因。《2008 中国海平面公报》指出,位于河口淤积平原的天津沿海、长江三角洲和珠江三角洲,由于人为活动的加剧和地壳变动,加速了地面沉降,导致相对海平面显著变化。东中国海在季节尺度上,比容效应是其海平面变化的主导因素,但在年际尺度上,东中国海的海平面主要受黑潮和长江径流的影响。而南海海平面的变化则主要与 ENSO 高度相关(Yan 等,2007)。南海北部海面高度(SSH)的变化应归因于南海局地的动力、热力强迫和黑潮的影响,而黑潮对南海北部 SSH 平均态的影响要大于对 SSH 异常场的影响;冬季南海北部深水区局地风应力与浮力通量对 SSH 的作用相反且量级相同(刘秦玉等,2002)。风的季节变化是南海 SSH 季节变化的主要原因(Liu 等,2001)。

(2)海平面变化现状

中国海海平面呈现明显的上升趋势。验潮站资料得出的 1981—2010 年中国海海平面上升的平均速率为 2.6 mm/a,这一数据比全球平均值高出约 0.8 mm/a。其中渤海、黄海、东海、南海海平面平均上升速率分别为 2.3,2.6,2.9 和 2.6 mm/a。通过分析中国海域 48 个验潮站有记录以来的观测数据得到中国海域的海平面高度以 2.3 mm/a 的速率增长,同时北部海域的增长速率高于南部海域,岛屿和河流的入海口处的增长速率最快(Chen 等,2008)。预计到 2040 年,中国沿海海平面将继续上升,比

2010 年升高 80～130 mm。其后果是包括长江三角洲、珠江三角洲、黄河三角洲和天津滨海新区在内的中国沿海的经济发达地区将在海平面上升过程中逐渐被淹没，这将给社会稳定和经济发展带来严重威胁（中国海平面公报，2010）。

由于陆地影响和环流的影响，不同海域海平面的变化各异。1993—2003 年期间 T/P 观测资料得出的东中国海海平面和比容海平面平均增长速率分别为 4.93 和 3.18 mm/a，因此由比容海平面的上升引起的贡献达到 64.5%。热比容海平面上升速率平均为 1.88 mm/a，盐比容海平面平均上升速率为 1.3 mm/a。海平面与比容海平面的最大相关系数为 0.86。在东中国海盐比容的作用较大，占其总比容变化的 40%，这主要是受长江径流以及携带高温高盐的黑潮水的影响。海平面上升最快的区域是台湾的东、北侧海域，而比容海平面上升最快的区域是对马暖流以及东海海域内的黑潮的流径上（Yan 等，2007）。

中国近海海平面变化也存在空间上的差异。1992—2002 年南海海平面平均以 4.7 mm/a 的速率上升，其最大区域出现在南海的东北部（10 mm/a），而西南部为海平面的下降区域，其核心值为 23.0 mm/a。T/P 海平面变化的年振幅约为 4 cm，比容海平面的上升速率为 4.2 mm/a，比容海平面的位相比 T/P 海平面大约提前 2 个月（丁荣荣等，2007）。1993—2004 年期间，卫星高度计资料分析得到南海海平面的平均上升速率为（4.8±1.2）mm/a（荣增瑞等，2008）。

中国近海海平面变化在时间上也具有明显的周期和季节特性（王骥，1999；杨建，2004）。黄海和东海的海平面变化较相似，存在显著的周年和准双月的振荡信号；南海具有较明显的周年信号和较弱的半年周期信号；浅海区和深海区的海平面季节尺度变化在周期性与强度上存在明显差异（詹金刚，2003）。

（3）海平面变化的预测

海平面的变化同气候变化息息相关，研究预测海平面的变化则主要依赖未来气候变化的预测，这就必须依靠全面综合的全球海、气、陆以及海冰的耦合模式，如 CCSM 等耦合模式。德国气候研究中心 1994 年已经进行了名为"early industrial run"的 150 年海气耦合气候模式数值试验，预测了 90 年后由于大气中 CO_2 含量增加导致全球海平面上升的空间分布。利用统计学模式从海洋和大气中已被模拟出来的较为可靠的大尺度变化特征中导出海面变化的局部细节，即称之为"降尺度"。利用不同的预测方法及模型对中国海海平面的变化进行了预测表明，到 2050 年，海平面平均上升幅度在 13～27 cm 左右（于道永，1996；吴中鼎等；2003；袁林旺等，2008）。《中国海洋发展报告 2009》预计，中国沿海海平面未来 10 年将上升 30 mm 左右，上升速率略高于全球平均水平。其中，渤海海平面预计未来 10 年上升 29 mm，黄海将上升 31 mm，东海为 37 mm，南海为 30 mm。

但是，目前由于理论认识水平有限，许多模式对云、海洋、极地冰盖以及大气中 CO_2 浓度等引起的物理过程和化学过程的描述还很不完善。因此，对未来气候的预测还包含很多的不确定性，对海平面变化的估计也随之带来相当大的不确定性。为此，提高模式精度是研究海平面变化的主要方向；另外，在气候变化的背景下，海洋环流也会发生较大的变化，这对海平面的变化也将有重要的影响（颜梅等，2008）。

5.3.2　海平面变化主要研究方法简介

目前海平面变化的研究手段主要分两类。一是依靠验潮站资料的传统方法。这种方法的主要优点在于已经积累了几十甚至上百年时间序列的海平面变化数据，有利于对海平面的长期变化进行分析。其缺点主要表现为：①绝大多数验潮站位于大陆沿岸，少数在大洋岛屿上，因此在海区的空间分布上不均匀；②验潮站资料反映的是测量仪器所在位置的海平面和陆地之间的相对运动，这可能受到因地壳运动等因素带来的影响；③海流的变化可以改变局地海平面，并影响验潮站的测量数据。二是利用经过实测资料印证的卫星高度计资料（Anzenhofer 等，1998）。卫星高度计可以精准地测量海平面高度，并可以在短时间内实施大面积测量。由于卫星高度计是以参考椭球面这一数学参考面为基准，所以不存在基准面移动的问题。虽然卫星高度计为人类监测海平面提供了新的技术手段，但是验潮站资料并不可忽略，因为它是联结海洋和陆地的桥梁，并在各种定标、校正和印证中起着重要的作用。

海平面变化的预测

海平面的变化同气候变化息息相关,研究预测海平面的变化则主要依赖未来气候变化的预测,这就必须依靠全面综合的全球海、气、陆以及海冰的耦合模式,如 CCSM 等耦合模式。德国气候模式数值试验,预测了 90 年后由于大气中 CO_2 含量增加导致全球海平面上升的空间分布。海平面的预测其它的方法有:随机动态预测模型,奇异谱分析(SSA)与均值生成函数(MGF)模型想结合的方法,非线性回归模型,跳步时间序列分析模型,本征函数预报模型,灰色预测模型等。但是,目前由于理论认识水平有限,许多模式对云、海洋、极地冰盖以及大气中 CO_2 浓度等引起的物理过程和化学过程的描述还很不完善,因此对未来气候的预测还包含还多的不确定性,对海平面变化的估计也就存在相当大的不确定性。因此提高模式的精度是研究海平面变化的主要方向,另外在气候变化的背景下,海洋环流也会发生较大的变化,这对海平面的变化也将有重要的影响。

据 IPCC 第四次评估报告中对海平面的预测,到 21 世纪 90 年代中期海平面将比 1990 年高出 $0.22 \sim 0.44$ m,即海平面将以 4 mm/a 的速率上升,并给出了 1800—2100 年全球海平面相对于 1980—1999 年全球海平面的变化情况(如图 1),全球海平面变化在面百年上升了数米。

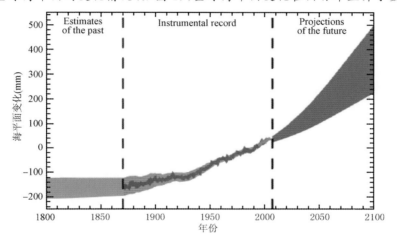

图 1 1800—2100 年全球海平面相对于 1980—1999 年全球海平面的变化情况(由于 1870 年以前,全球没有海平面观测的方法,灰色部分标明海平面变化估算的不确定性。红色线条是根据验测站观测数据重建的全球平均海平面高度,绿色线条表示基于卫星高度计观测的全球平均海平面变化。蓝色阴影部分代表在 SRES A1B 情景下模型预测的 21 世纪海平面变化范围。)

研究海平面变化早期的方法之一是 Barnett 方法(Barnett,1984),它首先将所有水位站的年平均海平面标准化,然后对其进行 EOF(经验正交函数分解)分析。根据第 1 特征向量将这些水位站分成若干个区域,其中每个区域内的海平面变化具有基本相同的特征,再用线性方程进行拟合,求出显著周期成分和线性趋势,从而研究海平面的区域变化。

针对海平面变化的研究,中国学者也提出了许多方法,其中包括随机动态分析预测模型(周天华等,1992)、灰色系统分析方法(左军成等,1997)、经验模态分解方法(王卫强等,1999)、平均水位周期信号的谱分析方法(马继瑞等,1996)、经验确定显著周期振动方法(郑文振,1999)。这些方法都是基于水位站实测数据研究的。在利用卫星数据研究中,当前研究海平面变化的一种方法是 2D HEM(Harmonic Extraction Method)模态分析法,它是一种二维精细模态提取方法(Chen,2006)。这种方法是以经度、纬度和周期为循环变量而进行的二维移动谐波分析,由此可以得到中国海海平面高度异常的振幅和位相随时空变化的全谱函数。鉴于该方法的搜索特性,不需要知道数据或模态的先验知识或假设，即该方法是完全数据自适应的。它在揭示地学模态的精细时空结构方面的有效性和独特性已在全球降水和海温资料的模态分析中得以显示和验证(Chen，2006；Chen 等，2008)。

5.3.3 中国海海平面变化主模态

就全中国海而言(图 5.10)，海平面变化的总体趋势是，在 15 年(1992 年 10 月—2008 年 7 月)中，呈现出一个"上升—下降—上升"的交替格局，即 1992—1998 年和 2005—2008 年间为上升，1999—2004 年间为下降。这期间海平面的最高值和最低值分别出现在 1999 和 2005 年。在过去 15 年中，中国海海平面表现出的升降交替而非单调上升的态势与国家海洋局《2008 中国海平面公报》中给出的过去 10 年中中国海海平面持续加速上升的结论并不相符。两者之间的差异主要来自它们的采样不同，即该结果是基于 1/3°×1/3° 的网格点，而国家海洋局的结果是基于中国沿岸的几十个验潮站。从图 5.10 中也可以看出，卫星观测结果普遍比验潮站观测结果偏高。这些差异表明，基于沿岸验潮站的海平面分析与预测对于开阔海洋而言未必适用。海平面变化"升—降—升"的"三段"结构和位于 1999 及 2004 年的两个拐点在渤海、黄海、东海和南海中均存在。尽管中国海不同海域的海平面变化存在总体的一致性，但年周期分量却表现出自北向南的振幅减弱和位相滞后，从而表明渤海海平面的季节性最强，而南海海平面的峰值出现最晚(图 5.10)。

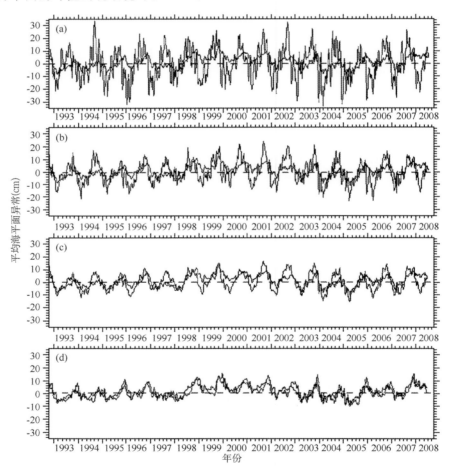

图 5.10 1992 年 10 月—2008 年 7 月的融合卫星高度计资料得出的海平面高度异常时间序列区域平均图
图中：细实线代表(a)渤海，(b)黄海，(c)东海，(d)南海；粗实线代表整个中国海的平均值

在中国海的各个海域，均存在季节内到年代际时间尺度的起伏。因此，海平面变化模态(即对应于某一周期的显著振幅变化，亦称显著周期)的丰富性显而易见(图 5.10)。这一观点可以从图 5.11 的多峰结构中得到佐证。图 5.11 中给出了中国海和全球大洋 MSLA 的平均模态振幅随滑动周期

的变化。图 5.11 中的每一个峰值代表一个海平面变化的潜在模态,其中显著性水平高于 0.05 的模态被定义为主模态(鉴于目前的卫星高度计数据时间长度将截止周期设定为 144 个月)。表 5.1 给出了图 5.11 中所确定的海平面变化模态的中心频率。在 11 个主模态中,除了占绝对优势的年周期模态 C 和 9.53 年的亚年代模态 K 外,还有 2 个季节模态 A 和 B,7 个年际模态(也称 ENSO 模态)D—J。在季节到年周期的 3 个模态中,除模态 A 的振幅相对较小(但仍旧显著)外,其余 2 个模态均呈现尖锐峰值并伴随较高能量。年际模态由一组 ENSO 引起的海平面振荡所激发的独立峰值组成。模态 K 属于年代尺度,其所呈现的平坦峰几乎是目前资料所能够分辨的极限。这体现了图 5.10 中所显示的准 10 年周期的海平面变化,尽管目前的 15 年时间序列的长度尚不足以确认这一 9.53 年周期的存在。

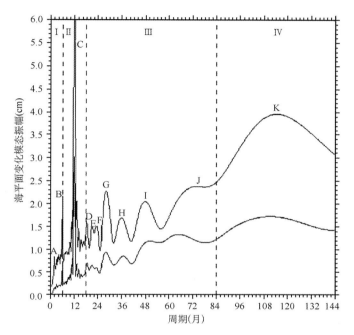

图 5.11　利用 1992—2009 年高度计数据得到中国海(粗实线)和全球大洋(细实线)海平面变化模态的振幅随周期的变化
图中:A—K 代表各主模态的峰值;Ⅰ,Ⅱ,Ⅲ,Ⅳ分别表示季节、年内、年际和年代模态所在的波段

　　中国海与全球大洋的海平面变化模态特征之间有较好的一致性(表 5.1)。在全球大洋中的所有主模态均在中国海中出现,这表明了全球主模态的区域适用性。全球和区域模态的差异主要表现为相应模态的频率漂移。所有 11 个主模态的平均频率漂移约为 3%,这一数值应当说还是很小的。单一模态的最大偏离为 13.7%,发生在模态 J。两组模态的另一个差异是在年际时间尺度上,即中国海的最强模态为 G,而全球大洋的最强模态为 J。此外,中国海的总体模态强度显著大于全球大洋的平均值。

　　对中国海的四个海域的海平面变化模态进行比较(图 5.12)可以看出,在高频部分,季节、半年和年周期模态对于四个海域均为显著。模态 A 和 C 的振幅自北向南有递减趋势。而模态 B 在渤海和南海明显强于黄海和东海。在年际时间尺度上,模态 D,F,G,H 和 I 在整个中国海域均表现出鲁棒性(区域内有较高的稳定性,不易改变现有状态)。但渤海中的优势模态为 I,而南海中为 G。值得注意的是,ENSO 波段中的两个模态在中国海表现出一定的不规则性,即除南海外,模态 E 基本较弱甚至完全消失;而模态 J 也基本上仅存在于东海。因此,ENSO 模态在中国海的特征是总体的一致性与局部的差异性并存。模态 K 以仅次于模态 C 的第二大振幅强势存在于整个中国海,这意味着这一海域的海平面变化的基本特征是强大年周期调制下的年代变异。这一结论的一个重要推论是,无论是 ENSO 还是 PDO 的影响均能够以相当的能量影响到北部的半封闭的渤海(图 5.12(a))。

表 5.1 利用融合高度计资料得出的全球大洋和中国海海平面变化的主要模态

模态	周期(月/年)	
	全球大洋	中国海
A	3.0(0.25)	3.2(0.27)
B	6.0(0.50)	6.0(0.50)
C	12.0(1.00)	12.0(1.00)
D	18.6(1.55)	18.4(1.53)
E	20.9(1.74)	20.9(1.74)
F	23.2(1.94)	23.5(1.95)
G	28.1(2.34)	28.1(2.34)
H	36.8(3.07)	35.9(2.99)
I	50.4(4.20)	47.8(3.99)
J	64.9(5.40)	73.8(6.15)
K	111.3(9.28)	114.3(9.53)

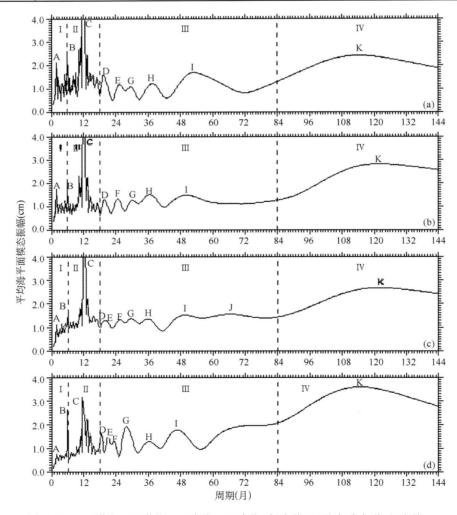

图 5.12 (a)渤海、(b)黄海、(c)东海、(d)南海(粗实线)以及全球大洋(细实线)
海平面变化模态的振幅随周期的变化

图中：A—K 代表各主模态的峰值；Ⅰ,Ⅱ,Ⅲ,Ⅳ分别表示季节、年内、年际和年代模态所在的波段

5.3.4　模态活跃区

就季节和年周期模态而言(图 5.13),11 个主模态强度存在明显的向岸增加趋势(图 5.13)。季节到年周期的海平面变化能量主要来自于季风气候引起的风切换和强降雨(Singh,2001)。周期为 3.2 个月的模态 A 除了几个局部区域外总体较弱。模态 B 在中国沿岸表现出中等活跃度,尤其是在越南的东京湾附近,而在中国海的内部区域相对较弱。年周期模态 C 为各模态中强度最大的一个;同时泰国湾、东京湾、渤海北部等模态 C 的活跃区均出现在黑潮的流轴之外(图 5.13(c)),从而表明强大的西边界流并不是中国海年周期海平面变化的主要控制因子。

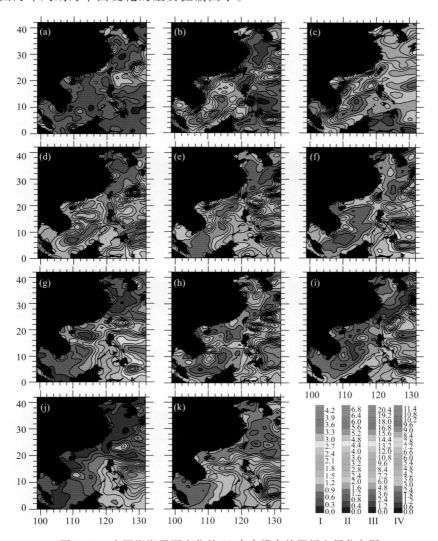

图 5.13　中国海海平面变化的 11 个主模态的振幅空间分布图

(a)模态 A,(b)模态 B,(c)模态 C,(d)模态 D,(e)模态 E,(f)模态 F,(g)模态 G,(h)模态 H,(i)模态 I,
(j)模态 J,(k)模态 K;右下角的表格给出了它们的中心频率;色标 I—IV 分别对应(a,d,e,f);(b,g,i);(c)和(j,k)

与 ENSO 相关的海平面变化活跃区(模态 D—J,图 5.13 (d—j))在中国海表现出较强的区域性。在渤海中,各年际模态均不甚显著。黄海中只有模态 H 有一定表现(图 5.13(h))。继续向南进入东海,与模态 D—J 相应的中尺度活跃区零散地分布在黑潮路径和台湾海峡附近。这些现象表明,ENSO 对东中国海海平面的影响是零散的和较弱的。相比而言,南海中的 ENSO 模态数量要大很多。这些模态主要位于菲律宾海的两个核心活跃区,即 P_1(127.8°E,12.6°N)和 P_2(129.0°E,6.8°N)。具体来看,模态 F—H(图 5.13(f)—(h))呈现出"双核"结构,模态 C 和 I(图 5.13(c)和(i))仅有南部"单核"(P_2),而模态 E 和 J(图 5.13(e)和(j))仅有北部"单核"(P_1)。由此可以看出,最长周期的 ENSO 模态 J(图

5.13(j)）和亚年代模态 K（图 5.13(k)）的活跃区与 P_1 和 P_2 完全吻合，它们的空间结构在所有模态中也最为完整和稳定。这两个区域应当是中国海海平面变化长期监测和研究黑潮源头的关键区域。

5.3.5 ENSO 对西北太平洋海平面变化的影响

ENSO 对模态有重要影响（图 5.14）。尽管图 5.14 是研究海区沿纬度方向的平均图，但所有的 ENSO 模态仍清晰可辨，即图 5.14 中的一个垂直结构对应于图 5.11 或图 5.12 中的一个尖锐波峰，而一个水平结构对应于一个平坦波峰。在 20°N 以南的西北太平洋中，D 及 F—J 的 6 个 ENSO 模态结构完整而清晰。ENSO 引起的海平面异常在研究海域的热带海洋呈现较好的纬向一致性。相比而言，20°N 以北的 ENSO 模态结构松散，频散显著。引人注目的是，30°~40°N 的西北太平洋存在一个年际变化的高值区，相当于中纬度的类 ENSO 区。该区域内观测到一个比热带太平洋更为强大的滑动周期 ENSO 模态。这一结果表明，尽管对于模态 D—I 在热带和西北太平洋存在显著的遥相关，但在高纬镜像区（纬度不同、经度相同的高纬度对应区域）的年际海平面变化呈现出局地化特征，在模态谱中表现为连续而非离散结构。

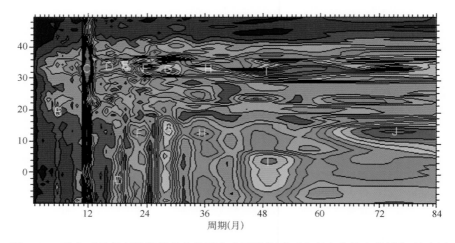

图 5.14 融合卫星高度计资料得出的西北太平洋海平面高度变化模态的周期-纬度图
该图是研究海区内沿 90°~150°E 经度的平均

西北太平洋的海平面变化是大多数主模态均由一系列的亚模态构成，中国海的年际和年代模态尤其如此（图 5.15）。值得注意的是，在 100°~130°E 这一中国海的核心经度区，近年代模态 K 比 ENSO 模态要强得多，因而成为这一海区海平面变化的主导模态。这也意味着中国沿岸及周边海域的异常或极端海洋大气状况将大致表现为 10 年一遇的概率，而不是一个单调的升降趋势。由于中国海的半封闭特点，源自热带太平洋的 ENSO 影响基本上是二级效应，但渤海中的模态 I 和南海中的模态 G 仍为所在区域海平面变化的主导模态（图 5.12）。相比较而言，ENSO 的影响在中国海的毗邻海域更为显著，特别是在 100°E 以西和 140°E 以东的区域。总的来说，ENSO 效应对中国海海平面变化的影响是明显的，但与强大的年周期和年代周期相比又是次级的。

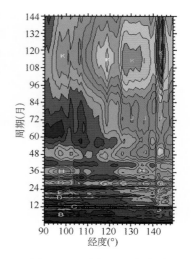

图 5.15 融合卫星高度计资料得出的西北太平洋海平面高度变化模态的周期-经度图
该图是研究海区内沿 10°S~50°N 经度的平均值

总结起来可以看到，一方面，一系列季节到年代尺度的主模态都有中国海海平面变化的主要活跃区；另一方面，任何一个主模态都可能存在于研究海区内的若干不同的地理位置。给定区域的多模态性和给定模态的多区域性是中国海乃至全球大洋海平面变化的一个基本特征。

5.4 中国近海生物地球化学特征及变化

中国的近海具有非常明显的生物地球化学特征(表5.2)。渤海面积和体积都最小,渤海与开放的太平洋水域交换有限,表现为典型的半封闭海湾,近岸强烈受人类活动的影响(河流输入和近岸排放),水体滞留时间为1~2年(Martin等,1993;魏皓等,2002)。与渤海相比,黄海受陆源(黄河)影响有限。但在南面,特别是夏季,会受长江冲淡水的强烈影响,虽然黄海沿岸水域显示富营养化,但黄海大部分水体是贫营养化的特征,其水团的平均更新时间为2~4年(Lee等,2002),其颗粒物的清除时间为0.5~2个月(Hong等,1999)。由于高达1.2×10^{12} m^3/a的淡水和0.5×10^9 t/a的泥沙输入,东海具有高初级生产力。在中国的近海中,南海具有典型的贫营养化特点,人类和陆源的影响仅限于近岸。中国近海主要受控于东亚大陆的自然气候和人类文明进程的影响。人类活动包括改变土地使用方式、污染排放的增加、水产养殖和过度捕捞(Zhang,2002)。自然因素的影响主要包括季风、黑潮和北太平洋的西部边界流(Su,1998)。冬天,北风携带寒冷、干燥的空气控制东亚大陆及其邻近海域的气候,沿岸线一直向南传播至南中国海。夏季,潮湿偏南风盛行,经常有强台风过境,尤其是在南中国海海域。季风影响和黑潮入侵导致各种环流结构在中国近海不同海域中表现出不同流系和水团结构的差异,从而对营养物质的生物地球化学循环具有重要的意义。与此同时,季风在陆源物质通过河流和大气向海洋输送的过程中也起着不可忽视的重要作用。因此,中国河口及其近海水域的生源要素(碳、氮、磷、硅等),无论是量上还是结构(比值)上都较以往发生了很大的变化,从而对近海生态系统的结构和功能发生着重要影响。

表5.2 中国近海的水文特征

海域	面积 ($\times 10^3$ km^2)	体积 ($\times 10^3$ km^3)	水深		冲刷时间 (年)
			平均(m)	极大值(m)	
渤海	77	1.39	18	83	1~2
黄海	380	16.7	44	140	4~5
东海	770	285	370	2719	1~2
南海	3500	4725	1350	5500	40~50

引自:Zhang等,2006

5.4.1 中国近海的碳、氮、磷、硅

全球的碳循环通过CO_2,CH_4等物质与气候变化相关,同时通过海洋中生物活动、海气交换等过程也对海洋生态系统产生重要的影响。中国近海CO_2的海-气交换的无机碳通量和强度虽然在不同的季节有不同的变化,甚至有源与汇的互相之间的转化,但一般来说,冬、春季近海成为大气CO_2的汇,夏、秋季大部分时间成为CO_2的源。总的来说,近海为大气CO_2的汇,年吸收$(30 \sim 50) \times 10^6$ t C(宋金明,2011)。

对于不同海区或相同海区的不同水面,CO_2的海气交换的无机碳通量具有较大的差异性。春季,东海北部和西部,除长江口及其以北沿岸区域是大气CO_2的源外,其余大部分地区是大气CO_2很强的一个汇。这个汇有向东北伸展趋势的负值区,尤其是以(27°N,121.50°E)为中心的浙江外海为最强中心,最大测值可达到8 mol/($m^2 \cdot a$)CO_2。黑潮水影响的大部分区域表现为大气CO_2的源,而在(26°N,125°E)附近则有一个达6 mol/($m^2 \cdot a$)以上的大气CO_2源区,这个源正好对应的是高海温区。夏季,大气CO_2源区有两个:一个在西部以杭州湾和长江口近海为中心,最大值超过10 mol/($m^2 \cdot a$)CO_2;另一个面积较大,在东南部黑潮边缘海域,最大值几乎达到8 mol/($m^2 \cdot a$)CO_2。两者的等值线均向东北延伸。在这两个源区之间,存在着一个面积非常大

的汇区,这个汇区的等值线走向同样是西南—东北向。秋季,西侧沿岸区是一个非常强的大气 CO_2 源区,等值线基本与海岸线平行。这个源区的北半部(在长江口以北海域)强度较大,其值超过 16 $mol/(m^2 \cdot a)$ CO_2,幅员也大;而沿岸南半部源区窄而较弱,但最强也达到了 8 $mol/(m^2 \cdot a)$ CO_2。在这个源区之外,则全是汇区,然而其强度不大,一般都在 2 $mol/(m^2 \cdot a)$ CO_2 以下,其等值线的走向,基本也是西南—东北向。冬季,以杭州湾外海为中心有一个近岸大气 CO_2 弱源区,其最大强度达 3 $mol/(m^2 \cdot a)$ CO_2。另一个源区则是以(126°E,29°N)为中心走向南北的舌状分布。初步估算,东海四季海气界面碳的净通量,春季平均从大气吸收约 320×10^4 t C,夏季吸收约 377×10^4 t C,秋季向大气排放约 160×10^4 t C,冬季排放约 14×10^4 t C,全年平均东海从大气吸收 CO_2 约为 523×10^4 t C(胡敦欣等,2001)。长江口 CO_2 的海气通量为 -1.9 ± 1.3 $mol/(m^2 \cdot a)$ (Zhai 等,2009)。

秋季,南黄海 0 和 20 m 层包括 CO_2 体系在内的各种参数差异很小,表明水体混合均匀;由于黄海冷水团的存在,50 m 层水体 CO_2 体系各参数与 0 及 20 m 层有显著差异,pCO_2 显著高于 0 和 20 m 层。黄海及邻近海域的环流格局是影响水体中 CO_2 体系各参数水平分布特征的主要因素。表层水的 pCO_2 表明,南黄海西部和东北部为 CO_2 的源,中部和东南部为 CO_2 的汇。调查海区总体上表现为大气 CO_2 的净源,每天向大气中净排放的 CO_2 的量为 1.3×10^3 t C,其中向大气释放的 CO_2 的量为 4.0×10^3 t C,从大气中吸收的 CO_2 的量为 2.7×10^3 t C。

南海北部开阔海域在暖季向大气释放 CO_2,而在冷季则从大气吸收 CO_2(Tseng 等,2007)。南海北部表层海水清晰地显示,南海北部海域在夏季由海水向大气释放 CO_2 的通量为 $(0.44 \sim 3.09) \times 10^{-3}$ $mol/(m^2 \cdot a)$ CO_2(台湾海峡南侧);但全年表现为 CO_2 的汇,其海气交换通量大约为 +0.86 $mol/(m^2 \cdot a)$ CO_2(戴民汉等,2001;Zhai 等,2005)。进入南海的总碳为 2.4×10^{15} g C/a,其中 0.6% 被沉积物埋藏。南海对大气而言,净吸收通量为 1.7×10^{13} g C/a,对全球海洋的通量表现为净输出,其值为 3.8×10^{11} g C/a(韩舞鹰等,1997)。

同时,营养盐的变化也对近海碳的通量产生着不可忽视的影响。一般来说,营养盐浓度高的海域,生物活动加强,从而会增加碳汇(固碳)的强度。整个东中国近海而言,由营养盐变化而导致的年总固碳量可达 2.771×10^6 t C,约为东中国陆架边缘海通过海-气界面总表观碳汇强度每年 13.69×10^6 t C 的 20.2%(宋金明,2004)。

中国近海的有机碳变化特征见表 5.3(张龙军,2003;高学鲁,2005;田丽欣等,2009)。长江口及其东海水域,由于入海河流通过河口及其近岸对外海及其陆架水体物质的输送,POC 的浓度由陆向海递减。POC 的浓度从长江口的 72 μM 减小至陆坡深处黑潮控制区的 0.2 μM。POC 在海洋水体中的分布受相应水体中悬浮颗粒物浓度(TSM)的控制十分显著,在 1998 年夏季的观测中发现,POC 的浓度为 $22.3 \sim 147$ μM,在 2006 年 6,8 和 10 月 3 个航次 POC 的浓度范围为 $1.22 \sim 131 \mu M$。高浓度的有机碳主要出现在表层和次表层水体中,对应着较低的表观耗氧量(AOU),而最低值全都出现在底层或次底层的水体中,该处的 AOU 通常大于 3 mg/L。在水深小于 220 m 的上层水体中,从长江口向东,表层和底层的 POC 差异逐渐减小,在中陆架处表、底层浓度基本相同。而底层高浓度的 POC 往往来自底沉积物的再悬浮作用。而陆架上层水体中 POC 较高,POC 可能来源于现场生产的贡献。对长江口和毗邻东海的生物地球化学背景研究显示,长江口、陆架区域和黑潮为主的外海 POC 平均含量分别为 26.5,7.7 和 3.3 μM。在断面分布上,底层较高的 TSM 值(117 mg/L)有时甚至达到其表层的 13 倍之高。

表 5.3　近年来黄海、东海及南海有机碳的浓度

海区	DOC($\mu Mol/L$)	POC($\mu g/L$)	C/N
南黄海(冬季)	$135 \sim 202$	—	—
南黄海(夏季)	$87.7 \sim 780$	—	—
黄海	—	$115 \sim 887$	$2.1 \sim 12$

续表

海区	DOC(μMol/L)	POC(μg/L)	C/N
长江口附近	—	109～3815	—
长江口	132.5	910	4～15
黄海、东海陆架	—	8～458	—
东海陆坡区	—	2～13	—
东海（春季）	—	33～1124	4.0～27
东海（秋季）	—	90～4134	4.8～34
东海（冬季）	45.5～175	—	—
东海沿岸水	85～120	—	—
东海陆架水	72～85	—	—
东海南部	—	8～380	—
台湾海峡	—	9～120	—
台湾暖流	50～74	—	—
黑潮	75～85	—	—
南海北部	42～132	10.8～156	—
南海北部	—	—	5.5～11

上升流也是影响 POC 浓度分布的因素之一。2006 年夏季在长江口上升流区的实际观测数据表明，上升流区表层的 POC 浓度可达 14.3～26.4 μM，但该处的 TSM 浓度在 4 mg/L 以下。在丰水期，从海-气交换得到的 CO_2 有 13.0% 以颗粒有机碳的形式转入表层沉积物中。POC 的滞留时间从长江口的 6 天增大到外海的 30 多天或更长。同样，由于受控于入海物质的通量输送，DOC 的浓度由陆向海递减。东海南部的 DOC 总体浓度较长江口低，近岸区域 DOC 大于 60 μM，而陆架区为 40～60 μM，陆架边缘 DOC 浓度可降至 30 μM 左右。

从东海陆架区的溶解有机碳的收支分析发现，东海陆架是大洋溶解有机碳的净源，其夏季输出量为 9.2 kmol/s，冬季输出量为 87.4 kmol/s。夏季黑潮入侵带来的 DOC 量为 46.0 kmol/s，冬季增加至 75.3 kmol/s，是同季节河流输入的 10～40 倍。夏季通过台湾海峡输入的 DOC 为 187.6 kmol/s，是黑潮的 4 倍，但冬季随着台湾海峡输入水量的减少，其 DOC 贡献量大大下降，加之黑潮输入的增强，这个比例降至小于 1。台湾海峡的输入水量对陆架 DOC 的贡献量在夏季为 80.0%，冬季为 47.5%。作为主要的外流水体，陆架混合水的 DOC 输出夏季高于冬季，分别为 248.8 和 237.9 kmol/s。黄海与东海之间的 DOC 交换在夏季和冬季有不同的流向，夏季从东海向黄海输送，量级较小，不足 1 kmol/s，而冬季从黄海流向东海的 DOC 通量为 2.13 kmol/s，与河流的输送量相近。与其他源相比，降水源的 DOC 在夏季较大，约为河流输送量的 1/2，冬季仅为夏季的 20%。总输入和总输出的不平衡在夏季较小，为 9.2 kmol/s，但在冬季这种不平衡扩大到 87.4 kmol/s。无论是冬季还是夏季，东海陆架都表现为太平洋 DOC 的源，其向北太平洋的净输出量分别为 9.2 和 87.4 kmol/s。东海陆架全年的 DOC 输出通量为 (1.9±1.5) TgC/a（林晶等，2007），其中有 7.4×10^6 t 有机碳埋藏在东海的陆架区域，分别占陆源和海源输入量的 10% 和 5.5%（Deng 等，2006）。东海的总碳年输入在 (12～17)×10^6 t/a。由此可以看出，80% 的碳以 POC 或 DOC 的形式从陆架区域输出到太平洋的西北水域中。这些埋藏和通过大海陆架向外输送的碳是全球碳循环不可忽视的重要一环（Tsunogai 等，1999）。

近年来，随着工农业的迅速发展，大量的工业废水、生活污水和农业生产中使用的化肥通过排污管道和地表径流进入海洋，引起海水富营养化，进而引发赤潮，使海域的生物资源和环境遭到破坏（Wang 2006；Dai 等，2011）。

对渤海而言，营养盐的分布表现为近岸高、中央低的特征。硝酸盐浓度在黄河口（黄河）比外海的高盐度水域高 5～10 倍。与此同时，磷酸盐浓度和硅酸盐的浓度分别变化 4 倍和 2 倍。

表 5.4　渤海营养盐浓度　　　　　　　　　　　　　　　　　　　　单位：μMM

化学组分	春季		秋季	
	表层	近底层	表层	近底层
NH_4^+	0.5～1.2	0.2～2.0	0.4～1.3	0.45～1.2
NO_3^-	2.0～10.0	1.0～10.0	0.3～1.2	0.5～8.0
PO_4^{3-}	0.15～0.50	0.05～0.60	0.04～0.38	0.1～0.5
SiO_2	2.0～10.0	1.0～10.0	4.5～11.0	4.0～10.5

引自：Zhang 等，2006

渤海海域的营养盐不管是浓度还是其结构（比值），在 20 世纪 60 年代以来都有较大的变化。黄河氮浓度从 20 世纪 80 年代的 70～80 μMol 变化为 90 年代的 100～120 μMol。而磷酸盐保持了相对稳定（Zhang 等，1995）。渤海磷酸盐浓度和溶解硅（即 H_4SiO_4）在过去 40 年下降了 2～4 倍，而硝酸盐则在同期上升了 5～10 倍，从而导致了营养盐结构的巨大变化。比如，N/P 这一比值从 1982—1983 年的 1.5～2.0 改变为 1998—1999 年的 15～20。与此同时，Si/N 这一比值从 1982—1983 年的 10～15 下降为 1998—1999 年的 1.0～1.5。近年来的进一步研究表明，由于渤海对流迁移和湍流扩散作用所产生的营养盐水的动力输运，以河流为主的陆源入海营养盐主要滞留在沿岸水域，而难以输运到中央海盆中部水域，因此渤海海水中 DIN，PO_4-P 浓度整体上呈现出由莱州湾、渤海湾和辽东湾等沿岸水域向中央海盆中部水域递减的分布特征（王修林等，2006）。

黄海海域营养盐的空间分布变化也较大（表 5.5）。夏季，近岸地区浓度与中心相比可高达 5～10 倍。但在冬季（12 月至次年 3 月），中心水域的营养盐浓度有时会比近岸高，特别在近底的水体中。由于受不同水团运动的影响，营养盐的层化十分明显，在 4—5 月分层开始发育，到 7—9 月为最强，在夏季 20 m 水深处，近底水中营养盐的浓度是其相应表面浓度的 0.5 到 4 倍不等（KORDI，1998）。同时受长江冲淡水影响，黄海南部表层水在夏天有非常高浓度的营养盐（Liu 等，2003）。一般来说，冬季营养盐在表底可以得到充分的混合。磷酸盐交换通量在黄海和渤海每年约为 $0.07×10^9$ mol，其中每年有 $0.09×10^9$ mol 输出到东海。净产生 ΔDIP 每年为 $1.1×10^9$ mol。若假设该海域为磷酸盐限制，由此每年可固碳 $(100～150)×10^9$ mol。对硝酸盐来说，黄海每年从渤海得到的硝酸盐为 $0.13×10^9$ mol，然而向东海输出的硝酸盐为每年 $1.9×10^9$ mol。每年沉降的 ΔDIN 估计为 $100×10^9$ mol。

表 5.5　黄海营养盐浓度　　　　　　　　　　　　　　　　　　　　单位：μMM

化学组分	夏天		冬天	
	表层	近底层	表层	近底层
NH_4^+	0.10～0.85	0.15～0.90	0.01～2.5	0.01～1.30
NO_2^-	0.01～0.35	0.01～0.40		
NO_3^-	0.01～2.5	1.0～9.0	0.65～9.1	0.80～9.0
PO_4^{3-}	0.01～0.30	0.20～0.90	0.15～0.65	0.15～0.90
SiO_2	1.5～4.0	4.0～20	0.10～17.5	0.30～18.0

引自：Zhang 等，2006

近年来在径流量变化不大的情形下，泥沙的输入有加速下降的趋势。2006 年由于干旱，长江的入海泥沙仅为 $0.10×10^9$ t/a。由于巨量的水沙输入海洋，东海具有高初级生产力。高浓度的河流输入营养盐在东海的表层可影响的距离可达离岸 250～300 km。高的 N/P 和 N/Si 比甚至可达 400～450 km（Zhang，2002）。长江口淡水单元中营养盐浓度自 20 世纪 60 年代初到 21 世纪初有显著增加，DIN 的浓度由 20 μMol/L 增至到 144 μMol/L，DIP 则由 0.3 μMol/L 增至到 1.7 μMol/L，几乎呈指数增长。在 20 世纪 80 年代以前，长江水中的硅酸盐浓度比溶解无机氮高得多，但到 20 世纪 80 年代中期，二者达到了大致相同的量值，其后长江水 DIN 浓度一直高于硅酸盐的浓度。

对于东海及其邻近水域而言,表5.6列出了不同水团中营养盐的变化范围。除了长江的贡献外,对于营养盐P来说,外海水的贡献也是巨大的。黑潮次表层水中营养盐浓度比陆架水域高出5~10倍,通过其上升流给东海陆架带来了丰富的营养物质,同时相对较高的P/N和Si/N比值补偿了长江带来的高的N/P,N/Si,从而产生了高的初级生产力。

表 5.6 东海及其邻近水域营养盐的浓度　　　　单位:μMM

水团(域)	NO_3^-	NO_2^-	NH_4^+	PO_4^{3-}	SiO_3^{2-}
		陆源输入淡水			
长江	80.90	—	0.49	0.82	101.0
		东海陆架			
表层	1.12	0.29	0.32	0.13	26.5
近底层	9.32	0.04	0.32	0.60	35.8
		黑潮			
表层	0.15	0.05	0.43	0.05	12.5
次表层	34.70	0.01	0.57	2.13	90.0

引自:Zhang 等,2006

对于东海,除了河流与地下水之外,陆源物质向海洋输送的一个重要途径是通过大气,然而其对近海生物地球化学循环的作用过去一直被忽视。降水对光合作用的影响随海洋富营养化程度的下降而显著地增加,大气物质输送与海洋"水华"之间存在着密切的关联。在西北太平洋的开阔陆架,大气对生源要素的输运较河流更为重要。

在中国的近海中,南海具有典型的贫营养化特点,人类和陆源的影响仅限于近岸。宽阔的海盆有广泛的亚生态系统,包括热带和亚热带的湿地(如红树林)、河口、宽阔陆架地区、沿海上升流区、珊瑚礁和环礁泻湖等(如东沙群岛、中沙群岛、西沙群岛和南沙群岛等),其营养盐的分布各具特色(表5.7)。

表 5.7 南海不同海域营养盐的浓度　　　　单位:μMM

水团(域)	NO_3^-	NO_2^-	NH_4^+	PO_4^{3-}	SiO_3^{2-}
		陆架			
表层	6.5		3.5	0.25	2.0
近底层	4.5		3.0	3.5	7.5
		近岸上升流			
东沙				1.1	12.3
越南				1.0	5.0
		珊瑚礁礁盘			
南沙	0.14	0.01	0.44	0.10	1.5
		海峡			
吕宋岛	0.1			0.05	1.0
		南海			
表层	0.25	0.05	0.45	0.15	2.0
近底层	45.00			2.65	150.0

引自:Zhang 等,2006

沿岸上升流在南海是一个重要的海洋特征，特别是在其北部和西部边缘海，包括东沙群岛和海南岛附近海域等(吴日升等，2003)。其特点是表层水的温度比上升流周边的水域分别有 $2\sim4$ ℃的增加和 $1\sim5$ ℃的减少，同时营养盐比毗邻近海水域高 $50\%\sim100\%$，尤其在夏季偏南风盛行的时候，硝酸盐浓度在上升流水域可达 $20~\mu M$，高于南海表层水中的 2 倍，磷浓度的增加为 $1.0\sim1.52~\mu M$。

在近海海域表层沉积物中有关营养盐的研究结果显示，各形态氮在总氮中的比例的大小顺序为：N_{org}(有机氮)>NH_{4+fix}(固定态)>NH_{4+ex}(可交换态)>NO_{3-ex}(可交换态)，有机氮所占比例超过了 80%。随着深度的增加，有机氮由于自身的降解，在总氮中所占比例下降，而无机氮的比例升高。沉积物中磷的存在形式以无机磷为主，无机磷含量在总磷中的比例高于 70%，有机磷在 30% 以下。在河口近岸区，反映陆源特征的无机磷为主要形态，其最高含量出现在长江口区域；在浙江近岸上升流泥质沉积区、南黄海中部泥区以及陆坡黑潮活动区，无机磷的含量均很高，而东海陆架中部砂质沉积区的无机磷的含量则较低；在物源贫乏的半封闭海湾——胶州湾中，磷的水平最低。在东海和黄海沉积物中，磷含量的垂向分布趋势可主要分为两类：河口近岸区，上层沉积物中磷的含量可能受 20 世纪 60 年代以来上游兴修的水利工程的拦水拦沙作用影响，呈现出逐年减少趋势，在某种程度上反映了重要河流上游水利建设对下游近岸海域生态环境的影响。总之，在中国四个海区，营养盐的分布均受黑潮的连续影响。黑潮水携带大量的营养物质从南海通过吕宋海峡，然后通过东海大陆架侵入到东海(Zhang 等，2007；Chen，2008)。季风影响从南到北渐弱。同时，生物地球化学循环在不同的海区对人类活动影响的响应也会表现出不同的形式。渤海周边由于人口稠密，在近岸海区，人为的影响对于沿海水体的富营养化十分重要，而在其中部生源要素的含量还是很低的。近 20 年来，渤海的营养盐均发生了不同程度的变化，20 世纪 90 年代活性磷酸盐含量与 20 世纪 80 年代相比处于较低水平。硅酸盐含量处于波动状态，20 世纪 80 年代硅酸盐含量处于较高水平，而 20 世纪 90 年代初处于较低水平，到 20 世纪 90 年代末又有所回升。无机氮含量基本呈逐渐升高趋势。渤海的营养结构均发生了显著变化，表现为 N/P 比值升高，Si/N 比值下降。渤海水域氮限制的状况正在逐步向磷限制方向演化，若按此趋势演化，必将造成磷和硅限制(蒋红等，2005)。黄海由于有限的河流流量和半封闭形态确定了其贫营养化特性，为此大气输入和泥沙水交换的作用相对于河流更显重要。同时，生源要素分布也表现出近岸高、中央部分低的特征。黄海海域在近 $40\sim50$ 年中，NO_3^-，SiO_3^{2-} 和 PO_4^{3-} 浓度均发生了显著的变化，NO_3^- 浓度快速上升，而 SiO_3^{2-} 和 PO_4^{3-} 浓度显著下降(高磊等，2009)。同时，近 40 年来胶州湾无机 N 和 P 浓度分别增加了 3.9 和 1.4 倍，DIN/PO_4-P 摩尔比从 15.9 ± 6.3 增加到 37.8 ± 22.9，SiO_3-Si 浓度保持在一个很低的水平。高的 DIN/PO_4-P 比例和很低的 SiO_3-Si/PO_4-P 比例(7.6 ± 8.9)及 SiO_3-Si/DIN 比例(0.19 ± 0.15)表明，胶州湾营养盐结构已经从比较平衡到不平衡(沈志良，2002)。而东海营养盐结构则是长江流域输入和陆架黑潮水交换的结果。黑潮的交换通量可以是长江径流量的 $5\sim10$ 倍。但是，流域的影响也可以到达或通过跨大陆架。而长江口附近水域中 NO_3^- 浓度的上升和 SiO_3^{2-} 浓度的下降均与它们在长江等河流中的变化趋势一致；PO_4^{3-} 浓度的下降在河流以及长江口海域并不明显，如果增长的氮通量全部是由长江等河流输出的 NO_3^- 提供，这些河流 NO_3^- 的平均浓度在近几十年中至少增加了 $7.8~\mu Mol/L$(高磊等，2009)。南海包括范围广泛的不同生态系统，即陆架、珊瑚礁、上升流区和深海盆等地区。上升流沿越南海岸，同时带来了高浓度的营养物和叶绿素。至于营养成分，表面浓度较高的是渤海和黄海，其次是开放的东海大陆架和南海。在南中国海，营养盐的垂直分布特征较为明显，而在其他海域，横向流动水和空间的变化趋向决定营养物质的分配模式(Zhang 等，2004)。南海作为开阔海域和大洋受人类活动较少，营养盐结构变化范围也较小，营养盐的分布在空间上差异并不大，东西部的营养盐分布也十分接近，南北部的浓度亦无明显的差异。南海表层 50 m 以浅的海水中，NO_3-N，PO_4-P 和 $Si(OH)_4$-Si 含量都很低，表层营养盐贫乏，具有热带开阔大洋的特征。而对于近岸的大亚湾而言，海域水体中 NH_3-N，NO_3-N，NO_2-N，PO_4-P，SiO_3-Si，DIN 多年平均含量分别为(1.73 ± 0.89)，(1.55 ± 0.86)，(0.30 ± 0.25)，(3.57 ± 1.55)，(0.33 ± 0.35)，(22.03 ± 9.40)$\mu Mol/L$。自 1991 年以来，水体中活性磷酸盐的含量有较大幅度的下降，而溶解态的无机氮的含量则上升，活性硅酸盐的含量变化较小。大亚湾大部分水体属于贫营养化水平，养殖海区水体属于中营养化水平。大亚湾海域水体的 N/P 平均值为 21.69±19.38。浮游植物的生长从过去的氮限制转变为现在的磷限制。大亚湾海域营养盐含量和结构的改变,已对该海湾生态系统产生了一定的影响,如浮游植物的小型化和渔获量的大幅下降(丘耀文等,2005)。

5.4.2 中国近海生物地球化学环境的变化

目前,中国近海环境面临着复杂的形势,一方面在陆地资源日益枯竭的情况下向海洋开发或索取越来越多的资源;另一方面,近海富营养化现象日趋严重,赤潮、缺氧等海洋生态灾害频繁爆发,生态系统响应异常。怎样协调需求与保护之间的矛盾,寻求解决问题的途径是中国海洋开发和保护的任务。比如对于海洋食物的生产,一方面气候变化经过生物地球化学过程作用于营养盐的循环模式的环境变化会影响到食物网的各个阶层,同时人类活动对海洋食物网的结构与产出发生影响,其中包括直接的(如捕捞和养殖)或间接的(如陆源污染物质的排放)的影响。

(1)中国近海的富营养化

气候变化将通过全球变暖伴随的径流(降雨)模式的变化,引起河域营养物质入海模式的改变。有研究结果表明,若气候变化使密西西比河流量增加 20%,陆源营养物质输送通量将增加 50%,从而加强近海富营养化程度(Justic 等,1996)。中国近海的入海河口和海湾大多数都呈现富营养化状态。渤海海水富营养化主要是由渤海海水中 DIN,PO_4-P 和 COD 年均浓度变化规律共同作用的结果。进一步应用富营养化状态指数粗略估计表明,COD 对渤海海水富营养化的贡献平均只有 1/6 左右,而 PO_4-P 可达 1/3 左右,特别是 DIN 高达 1/2 左右。这说明,渤海海水富营养化主要是由 DIN 和 PO_4-P,特别是 DIN 营养盐所决定(孙培艳,2007)。

营养化是赤潮发生的物质基础,一些富营养化严重的海区往往也是赤潮多发区。但是,富营养化与赤潮发生之间的关系是相当复杂的,赤潮生物对富营养化有不同的响应。因此,通过对富营养化演化过程、各种营养盐数量和比例的变化与赤潮发生的关系、赤潮生物和非赤潮生物对某一种营养盐输入的生理学响应、营养盐数量和比例的变化对赤潮生物毒性的影响、营养盐的生物地球化学循环在赤潮发生和消亡过程中的作用等的研究,将有助于为水产养殖业选址、海洋环境管理和陆源营养盐入海通量的控制提供科学依据(周名江等,2001)。

(2)中国近海的缺氧

气候变化通过海洋表层温度的升高,增加海洋水体的层化,使缺氧区更容易形成和保持。与各大洋在 1000 m 水深自然存在低氧现象不同的是,在近岸和河口区域,自然的水体层化和人为的富营养化起着双重作用,其中大部分由人为活动所引起,会对生物地球化学过程、水生生物的正常活动、生物的栖息地退化产生严重的影响。中国近海的情况是从北到南都有缺氧发生(表 5.8)。缺氧的危害表现在:降低生物生长率、干扰正常的生物活动、改变群落、栖息地退化,同时缺氧对水产品将带来极为严重的危害和影响。同时,溶解氧与硫化物呈负相关,对沉积物本身来说,缺氧使其颜色变黑,沉积物中的埋藏历史与人为活动的加剧相吻合。中国对近岸海区缺氧事件的研究始于 20 世纪 80 年代。在 1999 年东黄海考察中,在长江口外发现了面积达 13 700 km^2、平均厚度达 20 m 的低氧区,相比先前的研究结果,低氧区有明显的增大趋势。在长江口外与毗邻的近海,每年夏季的缺氧区域记录到的溶解氧溶度低至 0.5～1.0 mg/L,并且就历史资料的分析表明,在过去的 50 年中具有愈加恶化的趋势。长江口的缺氧有明显的季节特征,呈现板块分布,同时面积也有扩大趋势。缺氧对海洋生态系统的影响引起了广泛关注,但海洋环境中缺氧现象的增加对全球气候变化的潜在影响仍需要进一步了解。同时,同以往文献报道相比较,低氧区域有北移的趋势,即从过去的 31.00°N 转变为 2006 年的 32.50°N(Zhu 等,2011)。

表 5.8　20 世纪 50 年代以来发生在中国近海的缺氧事件

发生日期 (月/年)	地点		最低溶氧值 (mg/L)	面积 (km²)
	(°E)	(°N)		
08/1959	122.7	31.50	0.49	1 800
08/1981	123.0	20.83	2	
08/1982	122.5	31.25	2.85	
08/1985	122.5	31.50	<2	
08/1988	123.0	30.83	1.96	
08/1999	122.75	30.83	1	13 700
06/2002	122.5	31.42	1	
09/2002	124.2	33.70	1.78	
06/2003	122.7	31~32	<2	
08/2003	122.7	29.70	1.8	12 000
09/2003	122.93	30.82	0.8	5 000
08/2005			1.57	
06/2006			2.52	
08/2006			0.87	15 290
10/2006			1.91	

引自：朱卓毅，2007

环境缺氧使多数鱼类生活史的各阶段普遍面临胁迫，使动物的生命活动受到不同程度的影响。有关环境缺氧对鱼类影响的研究不仅是鱼类生理生态学的热点问题，而且对于提高水产养殖技术具有指导意义。近年来，在黄海和东海，特别是在长江口附近水域，大型有害水母类频发，严重危害海洋生物资源的生存，导致渔业资源下降，严重影响渔业生产。东海的大黄鱼、小黄鱼、鳓鱼、银鲳、竹夹鱼等重要经济鱼类资源严重衰退，产量下降。取而代之的是营养级位较低的种类，如兰圆鲹、青鳞沙丁鱼、日本鳗鲡、黄鲫、红娘鱼等。而且，这些经济鱼种的生物学特性也发生了变化，如大黄鱼、小黄鱼、带鱼、真鲷、黄姑鱼、银鲳等产卵群体平均年龄缩短，个体更小型化，性成熟年龄变早。近海渔业资源的质量也明显下降，经济价值低的中、上层鱼类已成为渔业资源的主要部分（金显仕，2007[①]）。

（3）中国近海的酸化

中国近海与全球其他海洋一样，在全球 CO_2 浓度升高和气候变暖的背景下，都面临海洋酸化的危机。科学家将海洋酸化称为"另一个二氧化碳问题"。自工业革命以来，大气中 CO_2 含量从工业革命之前的 280 ppm 增加了约 30%，达到 380 ppm（The Royal Society，2005）。对于中国近海海域而言，南海 pH 低于 8.0，上层溶解无机碳浓度还在以每年大约 0.1% 的速度缓慢升高（Tseng 等，2007）；人类排放到大气中的 CO_2 可以到达南海 1000 m 深处（Chen 等，2006a，b；Chou 等，2007）。而东海、黄海和渤海处在全球水域 pH 正常范围内（pH>8），酸化不明显。但类似长江口及其邻近海域有大量陆源物质输入的近岸水体环境，由于富营养化和缺氧的存在，对海洋酸化的缓冲能力在降低，增加了近海水体对酸化的敏感程度（Cai 等，2011）。

海水酸性的增加，极大地改变海水中化学的各种平衡，使依赖于化学环境稳定性的多种海洋生物乃至生态系统面临巨大威胁。海洋酸化对近海生态环境的影响具体表现在（Kleypas 等，2006；The Royal Society，2005；Fabry 等，2008；阮祚禧，2008）以下方面：

---

① 金显仕．2007．高层次食物网结构与全球变化．见：香山科学会议第 305 次学术讨论会总结报告．

a. 浮游植物

由于浮游植物构成了海洋食物网的基础和初级生产力,它们的"重新洗牌"很可能导致从小鱼、小虾到鲨鱼、巨鲸的众多海洋动物都面临冲击。此外,在 pH 值较低的海水中,营养盐的饵料价值会有所下降,浮游植物吸收各种营养盐的能力也会发生变化。而且,越来越酸的海水,还在腐蚀着海洋生物的身体。研究表明,钙化藻类、珊瑚虫类、贝类、甲壳类和棘皮动物在酸化环境下形成碳酸钙外壳,骨架效率明显下降。

b. 软体动物

一些研究认为,从现在起到 2030 年,南半球的海洋将对蜗牛壳产生腐蚀作用,而这些软体动物又是太平洋中三文鱼的重要食物来源,如果它们的数量减少或是在一些海域消失,那么对于捕捞三文鱼的行业将造成影响。

c. 暴雨侵袭

海洋吸收温室气体造成的海水酸化,导致海中大陆架的珊瑚礁大量死亡,而这又会造成低地岛国,如基里巴斯和马尔代夫更容易为暴雨所侵害。

d. 人类生计

据估计,在有些水域,海洋的酸度将达到贝壳都会开始溶解的程度。当贝类生物消失时,以这类生物为食的其他生物将不得不寻找别的食物,事实上人类将会遭殃。联合国粮农组织估计,全球有 5 亿多人依靠捕鱼和水产养殖作为蛋白质摄入和经济收入的来源,对其中最贫穷的 4 亿人来说,鱼类提供了他们每日所需的大约一半的动物蛋白和微量元素。海水的酸化对海洋生物的影响必然危及这些人口的生计。倘若大气层的 CO_2 排放量持续增加,到了 2050 年时,珊瑚礁将无法在多数海域生存,因而导致商业渔业资源的永久改变,并威胁数百万人民的粮食安全。

中国有关海洋酸化的研究工作虽然认识和起步都较晚,但近年来也有一些研究成果,同时也引起了广大公众和政府部门的重视。基于 IPCC 报告的 CO_2 "正常排放"构想,利用中国南沙群岛海域碳酸盐化学及相关调查资料分析计算显示,从工业革命前至 2002,2065 和 2100 年,南沙群岛表层水中 $CaCO_3$ 的各种矿物的饱和度分别下降 16%,34% 和 43%。南海北部沿海地区的珊瑚礁,由于水温较低以及沿岸水的影响,其 $CaCO_3$ 矿物饱和度相对较低,它们的钙化作用受到大气 CO_2 变化的影响可能更大(张远辉等,2006;张乔民,2007)。在酸化的条件下,颗石藻(*Emiliania. huxleyi*)的钙化作用显著减少,颗石层厚度变薄。pH 降低导致颗石藻光合固碳和钙化固碳对 UVR 的敏感性增加(Gao 等,2009a,b)。

5.5 中国海岸带变化

海岸带(coastal zone)是陆海相互作用的地区,系地球表层岩石圈、水圈、大气圈与生物圈相互交绥、各种因素作用影响频繁、物质与能量交换活跃、变化极为敏感的地带,是海岸动力与沿岸陆地相互作用、具有海陆过渡特点的独立的环境体系,也是受人类活动影响极为突出的地区。其范围从沿海平原延伸至陆架边缘,包括海岸平原、潮间带、水下岸坡乃至大陆架、大陆坡及大陆隆,主要分布于地表现代海平面上下 200 m 的区域,大致相当于第四纪晚期以来海平面起伏波动交替性地被淹没或被暴露的地带,覆盖相对完整的整个海陆相互作用区(Pernetta 等,1995;王颖,1999;张永战等,2000)。

海岸带对全球变化的反应敏感而多样。全球变暖引起全球平均海平面上升,使得海岸带不仅受到大气系统变化的影响,而且还受到海平面变化的影响。加之,河流向海岸带输水供沙,中国河流每年排泄入海的沙量最大达 20×10^8 t,不但影响与控制了海岸线的进退演变,堆积形成广阔的大陆架,而且由于大量有机质、重金属与其他污染物的排入,极大地影响了海岸带的自然环境(Wang 等,1998)。同时,自然环境变化与人类活动对河流流域内其他地区的影响,亦在海岸带表现出来,甚至强度更大(张永战等,1997)。全球变化不仅驱动海平面变化,而且气候的波动性加大(幅度与频率),台风、寒潮等灾害性天气条件相伴的海岸极端动力状态的重现期缩短,海岸带动力作用加强,影响了不同海岸带的演化,进而作用于海岸带的生态系统。

5.5.1　流域-海岸相互作用与岸线变化

（1）大型流域入海通量变化

物质通量是 IGBP 的两个核心计划，即 JGOFS 和 LOICZ 计划的重要研究内容，它对研究全球变化、认识地球系统的复杂性和功能具有重要意义。据估算，每年由陆地进入海洋的物质约 25×10^9 t，其中经河流搬运入海的约 20×10^9 t（Milliman 等，1992；Mulder 等，1996）。中国位于亚洲东部的太平洋西缘，板块作用形成隆升的青藏高原，而东部沿海是一系列岛弧环绕的边缘海，进一步发育的河海交互作用是中国海岸带演化的主导因素（王颖等，2007）。对长江、黄河、珠江等发源于青藏高原的大型流域入海物质通量的研究，有助于为其他大河流域相关研究提供经验与模式，对全球物质通量的综合与集成意义重大（Wang 等，1998）。

近 50 年来，中国主要河流入海泥沙的变化特征主要有以下两方面（戴仕宝等，2007）：①入海泥沙呈下降趋势。1954—2003 年，中国主要河流入海泥沙均值为 13×10^8 t/a 左右，且呈现明显的下降趋势。1994—2003 年的年均入海泥沙量（6.6×10^8 t）仅为 1964—1973 年的 37%，且不同地区河流输沙率下降幅度不同，其中华北的河流下降幅度最大，而珠江下降幅度最小。比较 1954—1963 年与 1994—2003 年两个阶段的 10 年平均值表明，珠江输沙率下降了约 3.3%，松花江与长江下降了约 1/3，而辽河、黄河、淮河则分别下降了 85%，77% 和 81%，这三条河流的输沙量平均降低了一个数量级。②入海泥沙的阶段性变化。1954—2003 年中国河流入海泥沙在 1968 和 1984 年发生突变，其主要原因不是气候因素，而是强烈的人类活动影响。此外，功率谱分析还表明，9 条河流总的降水量和径流量存在约 14 年的波动周期，径流量和输沙量存在约 3 年的波动周期；此外，降水量还存在 5～7 年的波动周期，输沙量存在 10 年左右的波动周期。由此表明，气候变化在相当程度上控制着径流量的波动，进而控制着输沙量的波动。同时，降水量、径流量和输沙量的周期性变化又存在一定的不一致性，这与其驱动机制和影响因子的不同有关，其中人类活动对径流量和输沙量具有重要影响。

气候变化和人类活动是导致河流输沙量变化的最主要的两个因素。从近 50 年来各流域降水量、径流量和入海泥沙量间的相关分析表明，气候变化仍然在一定程度上影响着河流输沙量，但并不是入海泥沙变化的主要原因。以长江为界，北方的河流降水量和径流量均存在下降趋势，而南方的河流降水量和径流量均存在上升趋势，长江正好是两者间的过渡类型（戴仕宝等，2007）。显然，气候变化对中国南方和北方河流入海泥沙变化的影响不同。对北方河流而言，降水减少是河流入海泥沙减少的原因之一，而且由于降水减少，北方水资源不足的问题更加突出，取水引水更多，加速了径流的减少（黄河频频断流即是例证），使得入海泥沙迅速减少（王颖等，1998）。在南方，降水量和径流量均增加，但河流入海泥沙量减少，说明气候变化的影响已被其他因素所掩盖。气候变化具有周期性和长期性，而人类活动的影响则具有突发性和趋势性。越来越多的证据显示，人类活动对河流入海泥沙的影响已越来越明显地起主导作用，表现为对植被的破坏和恢复、水库建设、引水调水、河流采砂、矿产开发、道路施工等，而流域输沙的变化主要取决于产沙和蓄沙之间的平衡，当前除了取决于土地开垦-水土保持之间的动态平衡结果外，筑坝和调水已成为影响很多流域水沙变化的决定性因素。中国主要河流入海泥沙的阶段性变化即是这种动态平衡的反映，水库淤积已成为中国主要河流入海泥沙量下降的主要原因。

综上所述，过去 50 年，中国河流入海泥沙量减少，其主要原因是人类活动影响，尤其是水库的大量建设。气候虽然是北方河流入海泥沙减少的原因之一，但整体上已不是影响入海泥沙变化的决定性因素。

（2）岸线变化

在气候变化与人类活动影响的双重驱动下，河海交互作用控制的河口海岸调整迅速。由于河流来水输沙与海岸动力间相互作用的组合情况不同，形成不同类型的河口，其变化亦呈现出不同的特点。总体而言，随人类活动规模的扩大、程度的加强，百年尺度上的河口岸线的变化受人类活动的影响越来越大。随河流入海泥沙的减少，20 世纪末以来，黄河三角洲海岸侵蚀作用加强，三峡大坝建成后，长江三角洲局部岸段出现侵蚀，其河口由三角洲淤积岸线推进转变为受蚀后退。另一方面，由于大规模围海造地,使得珠江口岸线推进迅速。因此,在气候变暖和海平面上升背景下,由于人类活动的影响,河口海岸岸线蚀退与推进趋势并存。

砂砾质海岸是由颗粒较粗的砂砾组成的海岸,波浪作用突出。中国砂砾质海岸主要分布于辽宁、河北、山东、福建、广东、海南、广西、海南岛与台湾岛。海南岛的西岸、南岸与东岸及台湾岛西岸,发育规模较大的砂质海岸。20世纪70年代以来,随海平面上升,以及河流输沙量的减少,砂砾质海岸总体呈侵蚀后退状态(季子修,1996)。但由于人类活动的双重影响,局部出现岸线的蚀退与推进并存的现象。如河北的砂砾质海岸在20世纪60年代前,由于滦河的大量输沙,岸线推进;而在20世纪70年代后,由于入海泥沙减少,岸线蚀退,20世纪90年代后,由于养殖池塘的建设,使岸线转为向海推进。

中国海岸潮流作用突出,形成大范围的淤泥质海岸。主要有两种类型,一是受河口发育的淤泥质平原海岸,以渤海湾的黄河三角洲海岸和长江以北的苏北平原海岸为典型;另一类是发育于港湾的淤泥质海岸,如受长江冲淡水带来的南下泥沙影响,在浙闽港湾内形成的淤泥质海岸,以及受珠江泥沙影响,在广东和广西发育的淤泥质海岸(Wang等,1994)。黄河三角洲淤泥质海岸受其输沙量减少的控制,蚀退现象明显,但人工控制的现在行水河道岸线,仍持续淤进。苏北平原海岸,由于受废黄河三角洲侵蚀南下物质和岸外辐射状沙脊群物质的补给,持续淤进(王颖等,2002)。浙江、广东和广西地区的港湾淤泥质海岸,由于人类的大规模围垦活动,岸线仍以向海推进为主。

中国的基岩海岸分布范围较广,总长度达5000 km²以上,占大陆岸线总长度的1/4以上。与上述的河口三角洲海岸、砂砾质海岸以及淤泥质海岸相比,基岩岸线在百年尺度上的变化幅度明显较小。基岩海岸的轮廓在历史时期并没有大的变化,但在每一个具体岸段却都经历着一定的变化,即侵蚀或者堆积。同时,由于堤防工程与港口开发建设,人工岸线不断增加,使得这类海岸长度渐增。20世纪末以来,港口建设已成为这类海岸岸线增加的主要影响因素。

5.5.2 全球和区域性气候变化背景下的海岸带沉积环境演化

(1)陆架泥质沉积体系演化

作为世界上著名的宽广陆架,黄海和东海陆架的泥质沉积分布面积超过$4×10^5$ km²,主要有黄河口泥质区、渤海海峡泥质区、黄海中部泥质区、朝鲜半岛泥质区、长江口泥质区、东海济州岛以南泥质区等,其形成过程往往是弱潮流区与上升流相关。弱潮流区意味着海底潮流流速低于细颗粒沉积物的临界起动流速,悬沙可以进入并沉降至海底,但不发生潮流引起的再悬浮运动。虽然风暴期间可造成再悬浮,但在水深较大的陆架区,由风暴引起的再悬浮强度通常较低。因此,黄海和东海弱潮流区大多代表细颗粒物质的连续沉积区。上升流的作用可以使悬沙在上升流核心部位得到富集,进而提高泥区沉积通量(高抒,2002)。

在全球变暖背景下,处于西北太平洋的黄海和东海陆架区的风暴发生频率与强度将会显著提高,对于风暴期间造成的细颗粒物质再悬浮强度会增大,造成原来连续沉积的地区将会出现更多的沉积间断现象。浅海陆架区的环流系统也会因为上层大气动力条件与浅海物理环境的变化而发生调整,陆架泥质沉积区细颗粒物质的富集水平、位置以及沉积通量的变化将直接与上升流强度与位置的变化相联系。弱潮流区的位置以及弱潮流与上升流区的配置关系的调整,亦成为驱使当前陆架泥质沉积体系格局产生变化的重要因素之一。

(2)潮流脊地貌与沉积演化

潮流脊是潮流作用形成的浅海地区的线状沙体,其重要特征是沙体与潮流方向平行,沙脊多由砂质沉积物构成,其形体为高数米至数十米,宽度为数百米至数千米,长度为数千米至数十千米或更大,常在海底成片分布。潮流脊在中国沿海有多处分布,主要有南黄海江苏岸外辐射状沙脊群、东海陆架潮流沙脊、渤海东部辽东浅滩指状沙脊群、鸭绿江口平行线状沙脊群、琼州海峡指状沙脊群等(王颖等,1998)。东海陆架潮流沙脊是河口湾型的潮流沙脊随着海侵不断向岸线方向推进而形成,系为古潮流脊,属残留沉积。近岸的浅水海域形成的潮流沙脊属于进积型潮流沙脊,年龄较小,现仍在潮流的作用下活动,在纵向上或横向上与其他高位体系域的沉积物,如三角洲沉积、河口沉积、潮滩沉积相共生(何起祥等,2006)。

南黄海辐射状沙脊群分布于江苏海岸外,南北长 200 km,东西宽 140 km,面积 22 470 km²,呈褶扇状向海,由 70 多条沙脊与潮流通道组成,脊槽相间,水深介于 0～25 m 之间。其形成受海平面变化、泥沙补给和辐合潮波等控制。冰期或寒冷期海平面降低,河流下切并携运丰富的"粗"粒泥沙入海,泥沙堆积。冰后期或温暖期,海平面上升,潮波辐聚形成辐合潮流,改造先期堆积泥沙,形成潮流脊与潮流深槽地貌组合(王颖等,2002)。南黄海区域性的海平面持续上升,导致沙脊体向海侧侵蚀,粗颗粒向岸运移,堆积在靠近陆地的沙脊上,使之扩大增高渐成为沙洲,细颗粒向岸运移使潮滩淤长,促进了平原海岸的发育。

(3)河流三角洲地貌与沉积演化

从空间和时间的角度看,三角洲地貌与沉积体的发育并非是单一的生长过程,这一点越来越引起人们的关注,而海平面变化对三角洲地貌与沉积演化的控制作用也得到了更多的认识。末次冰消期海平面快速上升,大约在距今 5000～6000 年,海岸基本上稳定,全球河口处于稳定发展阶段,形成了广泛的海岸三角洲。河流在科氏力、地形和河道堆积等因素影响下,发生弯曲变形,出现周期性的决口摆道。河道每摆动一次,都形成一个三角洲叶瓣,由此叠加形成现代的三角洲。

在气候变化与人类活动影响的双重驱动下,河海交互作用控制的河流三角洲迅速调整。由于河流来水输沙与海岸动力间相互作用的组合情况不同,形成不同类型的河口,其变化亦呈现出不同的特点。

波浪动力主导的滦河口。滦河输送的大量泥沙受东向季风波浪的控制,形成沙坝-潟湖海岸。晚更新世以来,由于下游河道的迁徙,滦河自西向东发育了 4 个突出的三角洲瓣,构成以滦县为顶点向东南展开、面积达 4500 km² 的现代三角洲(高善明,1980;王颖等,2007)。三角洲瓣均具有沙坝环绕的型式,反映出季风波浪作用稳定。1979 年建设了潘家口、大黑汀水库,1983 年引滦济津及 1984 年引滦入唐后,滦河入海径流比工程前减少 61%,其中 1980—1984 年径流减少量达 92%,滦河尾闾几乎干涸,入海泥沙剧减,滦河三角洲由原来向海淤积延伸(最大达 81.8 m/a)而转变为受海浪冲蚀后退。最初几年,岸线平均后退约 3.2 m/a,最大后退达 10 m/a;滦河口口门后退更为显著,曾达 300 m/a;岸外沙坝宽度与长度均减小(分别减少 20 和 400 m/a)(钱春林,1994)。

弱潮的径流河口——黄河口。黄河口除强风暴期间外,波浪作用微弱,潮差仅 0.5～0.8 m。河流输沙量巨大,流出河口的粗粉砂在河口外两侧淤积,形成向海伸出的指状沙嘴。河口两侧被指状沙嘴隐护的岸段成为细粉砂和粉砂质黏土等悬移质淀积区,形似两个黏稠的淤泥湾,风浪平静。河口外,黄河泥沙被沿岸流搬运,形成伸向渤海湾南岸的淤泥舌。由于黄河下游河道频繁迁移,在新河口不断形成新的指状沙嘴与烂泥湾。而废弃河道的指状沙嘴因无泥沙供应而受浪流冲刷后退(Wang 等,1986)。自 1855 年黄河北归夺大清河入渤海后至今,在 100～150 年期间内决口改道 50 多次,新河口淤积迅速,废弃河口遭受侵蚀后退,已形成扇形的总面积为 6000 km² 的三角洲,东达水深 15 m,海岸东伸约 12～35 km(黄海军等,2005)。晚更新世以来,黄河搬运了黄土高原的泥沙,堆积发育了下游大平原及河口大三角洲,沧海桑田,填海造陆作用巨大。但 20 世纪 70 年代以来,开发三角洲油田及 20 世纪 80 年代市镇建设,已人为地控制了尾闾河道的自由变迁。在全球气候变暖、水源减少、沿河蓄拦引水情况下,入海径流量减少,20 世纪末尾闾段断流频频(王颖等,1998),导致行水河口指状沙嘴发育减缓,且在北东(NE)向强劲的浪流作用下,沙嘴北部受蚀,南侧淤积,呈现向南(下风向)偏移的型式。废弃的老河口持续受蚀后退,盐水入侵亦加剧,黄河三角洲体的发育途径已发生转折性变化(王颖等,2007)。

强径流与沿岸流结合的长江口。长江口入海径流量大,输沙量亦大,中等潮差,季风波浪作用强盛。在径流与潮流相互作用下,在河口区形成一个高泥沙浓度的最大浑浊带(沈焕庭等,1992)。入海泥沙的 50% 在口门堆积,发育拦门沙体系和水下三角洲,河道不断分汊,逐渐形成现代长江口沙岛、浅滩众多,三级分汊、四口分流的型式。泥沙扩散发育口外的水下三角洲,受沿岸流携运向南,形成沿岸带状沉积,且成为浙江港湾海岸发育淤泥质潮滩的主要物质来源(恽才兴,2004)。20 世纪 50 年代以来,长江入海泥沙量已由 1952—1985 年间的 4.72×10⁸ t/a 减少到 1986—2000 年间的 3.50×10⁸ t/a,并进一步降低到 2001—2002 年间的约 2.70×10⁸ t/a(Wang,2003)。自 1988 年开始国家启动了长江上游水土流失重点防治工程(简称"长治"工程)以来,截至 2003 年,累计治理面积达 7.6×10^{10} km^2(钟祥浩等,2003)。2003 年 6 月,三峡大坝建成,更多的泥沙在水库淤积。21 世纪以来,长江三角洲局部岸段已出现侵蚀(Yang 等,2003)。此外,由于南水北调工程的深入开展,入海泥沙量估计为 4.7×10^8 t/a。在调水 10% 的条件下,每年入海的细颗粒和粗颗粒泥沙将分别减少 4.7×10^6 和 $23.5 \sim 47.0 \times 10^6$ t(Chen 等,1998)。据研究,当其入海泥沙量减少到 3.00×10^8 t/a 以下时,长江三角洲的进积将停止(Gao,2007)。

发源于丘陵山地的珠江水系,汇集至隐蔽平坦的港湾中,形成诸多分支水流与多处会潮点,在河口区发育了指状沙嘴、浅滩、沙洲、越流扇和潮流三角洲等,使得珠江口形成一种特殊的、介于河口湾与三角洲间的过渡型式。珠江泥沙在河口湾充填,发育河口平原(王颖等,2007)。虽然近 50 年来,河流入海泥沙量变化不大,但由于人类高强度的开发利用,使岸线的变化迅速,围海造又使得岸线推进迅速。

(4)海岸潮汐汉道和沙坝-潟湖地貌与沉积演化

潮汐汉道是海洋伸向陆地的支汊,由陆域低洼的纳潮水域(潟湖、河口湾)、外部浅海(或海湾)及其间的深水通道三部分组成,构成一个地貌、沉积、动力体系,并受潮流作用所维持。潮汐汉道港湾的演化主要决定于潮汐动力及沿岸泥沙。潮型及潮流特征是控制潮汐汉道变化的主要动力,潮流作用及来自河流的或沿岸输沙的相互消长,通过侵蚀或沉积作用,改变内湾纳潮水域的面积形态,以及改变汉道过水断面与口门形态,构成与动力泥沙相适应的涨、落潮流三角洲,影响到潮流性质,进而影响潮汐汉道的演化(王颖等,1998)。

海南岛的潮汐汉道海岸主要有三种类型(王颖等,1998):沙坝-潟湖型潮汐汉道海岸、构造断裂带港湾型潮汐汉道海岸和沉溺谷地型潮汐汉道海岸。沙坝-潟湖型潮汐汉道海岸主要分布在海南岛东部和南部,三亚湾即是其中一个典型;港湾型潮汐汉道以洋浦港为典型;沉溺谷地型潮汐汉道海岸分布在海南岛北岸、东北岸及南岸。三亚沙坝-潟湖型潮汐汉道的演化,是通过山地入海泥沙的横向向岸搬运,堆积发育沙坝,形成沙坝-潟湖双重海岸。随海平面变化,岸线向海推进,形成数列沙坝-潟湖。潟湖淤积与围垦,减少了纳潮量,导致潮流通道流速降低,口门阻塞,潟湖加速淤积,最终淤塞成陆地,岸线向海推进。这类海岸演化,受控于泥沙流与潮流的相对强弱,泥沙补给增加、纳潮水域减少导致潮流流速降低时,口门淤积阻塞,将加速纳潮水域的淤积,最终成陆地,导致潮汐汉道体的消亡。随全球海平面上升,淹没区在理论上应扩大,但由于各种目的进行的围垦活动的推进,纳潮水域总体呈缩小趋势,一定程度上加速着潮汐汉道的消亡。

(5)潮滩地貌与沉积演化

粉砂淤泥质海岸,又称为潮滩,系由潮流作用控制的海岸类型。中国大河输沙作用突出,潮流作用强,发育大规模的潮滩海岸。潮滩海岸主要有两类,即发育于华北地区与苏北平原的淤泥质平原海岸,以及发育于浙江、两广港湾中的港湾型潮滩海岸(Wang 等,1994)。

由于泥沙补给的不同,苏北潮滩海岸呈现稳定的、侵蚀的与堆积的三种演化状态。射阳河口以北、云台山以南的废黄河三角洲海岸,由于失去大量的泥沙补给,成为侵蚀岸段,岸滩束窄,滩面物质粗化,岸坡坡度加大,老的黏土沉积层被冲刷裸露形成陡坎。目前已筑堤抵御海岸侵蚀,海岸已渐转化为波浪作用控制的人工海岸。南部的东灶港至蒿枝港亦为侵蚀岸段,系长江河口南移、泥沙补给减少所致。

苏北潮滩的主体为堆积海岸,潮间带浅滩宽 $10 \sim 13$ km,岸外发育辐射状沙脊群。由于辐射状沙脊群的掩护,以及废黄河三角洲受蚀南下物质和辐射状沙脊群细颗粒物质的补给,海岸处于淤涨状态。

江苏潮滩下部的粉砂、细砂层为低潮位高能流态下的推移质沉积,沉积层厚约 $15 \sim 20$ m,为"横向沉积";上部为泥质沉积,是潮流携带的悬移质沉积,最大厚度相当于中潮位至大潮高潮位($2 \sim 3$ m),为"垂向沉积";两者之间为泥层和砂层交互沉积。研究表明,江苏海岸全新世以来"垂向沉积"厚度减小,可能暗示了本区第四纪以来一直处于沉降下陷的地区。自全新世中期以后,海岸的泥沙输入量在逐渐减少(朱大奎等,1986;高抒等,1988)。同时,大规模围垦、大米草等植被的引种以及海岸港口工程建设等,均极大地影响了潮滩系统的发育和演变过程(吴小根等,2005)。在全球变暖背景下,海岸的自然演替过程已极难识别。

5.5.3 海岸带生态系统演化

(1)珊瑚礁生态系统演化

中国的珊瑚礁,大致从台湾海峡南部开始,一直分布到南海南部。珊瑚礁的主要建造者是造礁石珊瑚,其属于腔肠动物门珊瑚虫纲六放珊瑚亚纲石珊瑚目,只能生长在温暖清澈的海水中。《中国动物志》(邹仁林,2001)中记录中国造礁珊瑚14科,54属,174种。中国珊瑚礁包括岸礁、环礁等多类,岸礁主要分布于海南岛、雷州半岛和台湾岛,形成珊瑚礁海岸;环礁广泛分布于南海诸岛,形成数百座通常命名为岛、沙洲、(干出)礁、暗沙、(暗)滩的珊瑚礁地貌体。

造礁石珊瑚属于热带生物群落,其生长的海水温度为18～29 ℃。温度过高或过低均会不利于造礁石珊瑚生长或存活。在中国,全球变暖一方面由于冬季低温的上升和寒潮频率减小而会改善热带北缘珊瑚礁造礁石珊瑚生长条件;另一方面低纬度海区的珊瑚可能会因为温度升高导致珊瑚礁白化和死亡。位于世界珊瑚礁分布北缘的澎湖列岛和涠洲岛曾发生过寒潮导致造礁石珊瑚死亡的事件。雷州半岛西南部是热带北缘华南大陆沿岸唯一的珊瑚岸礁区,礁坪主体系中全新世暖期高海面时期形成。现在冬季低温的存在导致造礁石珊瑚生长不良,但近10余年来似乎处于自然恢复之中,以普哥滨珊瑚(*Porites pukoensis*)为优势种,有的地方覆盖率已达90%,珊瑚年龄多在15年左右,这种自然恢复现象可能与全球变暖导致的海温升高有关(余克服,2000)。1986年以来,亚洲东部地区发生近百年第2次突发性增温。从1986/1987年的冬季开始到2005/2006年,中国已经经历了19个暖冬(仅2004/2005年的冬季为正常)。本海区1986—1996年最冷月平均水温平均值比1960—1985年上升了2～3 ℃,11年间仅有1年出现最低温14.2 ℃,其余10年均高于造礁珊瑚生存的最低水温16 ℃(余克服,2000)。在雷州半岛西南部,中全新世暖期发育的珊瑚岸礁礁坪3.42 m厚的角孔珊瑚(*Goniopora*)剖面中,可以辨识出9次冬季大幅度温度降低导致珊瑚礁冷白化死亡的事件,其后的恢复大约需要20～25年(余克服等,2002)。夏季海表温度异常升高对珊瑚礁的影响更加重要,并已引起全球性关注。1998年出现有记录以来的最高的全球平均气温、20世纪最强的El Nino事件和40年来最大规模的全球性空前严重的珊瑚礁白化死亡事件。全球珊瑚礁监测网络(GCRMN)2002年的评估报告认为,全球气候变化是珊瑚礁未来最大的不确定因素。据IPCC报告预测,2100年热带海洋将升温1～3 ℃,珊瑚礁可能是因全球变化而失去的第一个生态系统。2030—2050年间,珊瑚礁可能损失半数以上。中国南海诸岛珊瑚礁肯定也受到1998年白化事件影响,但是有关观测和研究不多。东沙岛活珊瑚覆盖率由1994年的80%急剧下降到2002年的不足10%,大藻覆盖率则由不足10%上升到70%以上,过度捕捞和1998年白化应该是主要原因。尽管1998年白化死亡的珊瑚礁到2004年已经恢复约40%,全球变暖仍然是未来珊瑚礁全球性危机的主要威胁(张乔民等,2006;张乔民,2007)。

最近10年的研究发现,有清楚的证据说明大气CO_2浓度增加会导致表层海水海洋酸化(更准确地说,是海洋的微碱状态减弱)和海洋碳酸盐系统的改变,从而影响到某些最基础的海洋生物和地球化学过程,以及严重影响到珊瑚礁等海洋钙质生物的钙化过程。利用中国南沙群岛海域碳酸盐化学及相关调查资料分析计算,据IPCC报告的CO_2"正常排放"构想,从工业革命前至2002,2065和2100年,南沙群岛表层水中$CaCO_3$的各种矿物(方解石、文石和高镁方解石)的饱和度分别下降16%,34%和43%。预计的温度上升对饱和度影响较小,而利用饱和度初步推算相应时段的珊瑚礁生态系统平均钙化率将分别下降12%,26%和33%,这将导致珊瑚礁生态系统生长减缓、骨架变脆和易受侵蚀。南海北部沿海地区的珊瑚礁,由于水温较低以及受沿岸水的影响,其$CaCO_3$矿物饱和度相对较低,其钙化作用受到大气CO_2变化的影响可能更大。总体上,海洋酸化导致珊瑚和珊瑚藻钙化率降低很可能成为21世纪珊瑚礁的重大威胁(张乔民,2007)。

(2)红树林生态系统演化

中国红树林和红树林海岸断续分布于海南、广西、广东、福建、台湾等5省(区)及香港、澳门特别行政区的港湾、河口湾、潟湖等掩护良好的水域。20世纪50年代成功地向北引种最耐寒树种秋茄到浙江,包括26种仅能在潮滩环境生长的真红树植物(全球约60种)及11种可在潮滩和沿岸陆地生长的两栖性的半红树植物。寒流或暖流的存在因影响气温、水温及红树植物繁殖体的传播而影响其分布。中国红树林天然分布北界为福建省福鼎县(27°20′N),人工引种北界为浙江省乐清县(28°25′N)。受黑潮暖流的影响,红树林沿台湾岛、琉球群岛向北可分布至日本鹿儿岛喜人町(31°34′N,天然分布北界)或静冈县(人工引种北界,34°38′N)。中国红树林总体上位于世界红树林的北部边缘区,繁茂程度和分布广度远比不上距离赤道较近的热带和赤道海区,红树林以小乔木和灌木为主,其现有分布南界在海南岛南岸(约18°13′N)。中国南海诸岛地处中热带和赤道带,雨量丰富,有适宜红树林生长的气候条件,但尚未发现红树植物,仅有若干半红树植物生长,不能形成红树林群落。其原因可能与物种稀少、潮滩缺乏细颗粒沉积物、波浪作用较强等因素有关。关于中国红树林的面积,长期缺乏准确的统计数据,一般认为,历史上曾达到25×10^4 hm²,20世纪50年代为4×10^4 hm²,目前仅存1.5×10^4 hm²,不到世界红树林总面积的0.1%(张乔民等,1997)。

全球变暖对中国红树林分布、物种组成和群落结构的纬度分布都具有宏观的控制作用。由海南岛向北,随着纬度逐渐升高,气候带由中热带(海南岛南部)、北热带(海南岛北部、雷州半岛及台湾岛南部)、南亚热带(广西、广东、台湾北部及福建南部沿海地区)到中亚热带(福建北部及浙江沿海),红树林分布面积及树种数均显著降低,嗜热性树种消失,而耐寒性树种则占优势,林相也由乔木变为灌木,树高降低。全球变暖总体上对红树林的生长发育有利,会导致红树林分布北界和树种组成、群落结构的纬度分布格局发生变化,即由低纬度向高纬度方向扩展。目前,尚未发现国内研究文献对已经发生的相应变化的记录,但有文献预测了气温上升2℃后的情景下,红树林分布可向北扩展约2.5个纬度,自然分布北界可到达浙江省嵊县附近,引种分布北界可达到杭州湾;浙江由现在的引种1个树种,升温后自然分布可能达3个树种,福建省由4个树种可能增加到10个树种;而原来仅生长在海南的嗜热性红树植物可以全部分布到广东省(张乔民,2007)。

红树林是对海平面变化最敏感的生态系统之一。20世纪50年代以来,中国沿海海平面上升速率为1.4~3.2 mm/a,预计到2030年上升幅度为0.01~0.16 cm,华南地区预计2100年上升幅度为0.60~0.74 cm。总体上,中国大部分红树林潮滩淤积速率接近或大于2030年前的海平面上升速率。红树林潮滩可以通过滩面淤积"跟上"甚至"超越"海平面上升,红树林面积基本上能保持稳定。2030年后的海平面上升速率进一步加大,部分红树林潮滩的滩面淤积将"落后"于海平面上升,从而对中国红树林造成严重影响,尤其在泥沙来源较少、红树林潮滩淤积速率较低的岸段。另外,中国海岸大部分都建有防风防浪和保护围垦土地的海堤,其会限制红树林向陆地方向的迁移,有可能导致局部地方红树林消灭和海堤直接面对暴风浪侵蚀(张乔民,2007)。

(3)海岸盐沼湿地生态系统演化

在中国北亚热带和北温带的广大沿海地区,盐沼湿地发育,其中以天津、河北与山东的环渤海海岸盐沼湿地和江苏的苏北海岸盐沼湿地生态系统较为典型,研究较为广泛与深入。

通过遥感手段对近30多年黄河三角洲湿地植被演化过程的研究显示(张绪良等,2006),黄河三角洲湿地总面积变化不大,但湿地与非湿地之间、不同湿地类型之间的演化迅速。由于围垦和油田开发破坏了草甸湿地和芦苇沼泽湿地,一部分湿地已经消失,一部分转化为稻田和虾池等人工湿地;由于泥沙淤积岸线不断向海推进,各种滩涂湿地向海推进,面积在20世纪80年代迅速增大,并以如下模式演化:裸露滩涂湿地→盐地碱蓬滩涂湿地→柽柳-盐地碱蓬滩涂湿地→潮上带盐地碱蓬湿地→潮上带盐地碱蓬-柽柳湿地、潮上带碱蓬湿地→芦苇沼泽湿地→草甸湿地→陆上农田。但由于黄河断流后,黄河三角洲局部岸段岸线受到海水侵蚀,自20世纪90年代滩涂湿地及湿地自然植被面积又开始减小,其演化方向与上述演化模式相反。

在全球变暖背景下,海平面持续并有可能加速上升,极端气候事件的发生频率将可能加大,自然灾害过程已经并会更加强烈地改变盐沼湿地生态结构,使其加重退化,环境质量持续下降(张晓龙等,2006a,b)。对黄河口桩12和桩101地区的盐沼湿地调查发现,成片互花米草盐沼枯萎死亡,盐沼湿地中堆积有大量的贝壳,而且贝壳的堆积密度与互花米草的死亡有关(张帆等,2008)。另外,在表面为光滩地挖槽中发现有大量的贝壳与草根。由此可见,风暴潮引起的贝壳沉积对盐沼湿地具有明显的破坏作用,并且沉积的贝壳为黄河口北部海滨湿地退化机制提供了最新的证据。不论是灾害过程导致的相对缓慢的湿地变化过程,还是相对快速的湿地变化过程,灾害的发生都使海陆环境发生转换,原有湿地环境被破坏,生态系统组成、结构、生物量都会受到严重损害。

名词术语:

海洋环境:海洋环境是人类赖以生存和发展的自然环境的重要组成部分,包括海洋水体、海底和海面上空的大气,以及同海洋密切相关并受到海洋影响的沿岸和河口区域。总的来讲,海洋环境包括海洋物理环境和海洋生物地球化学环境。物理环境指海水的温度、盐度、密度、动力(浪、潮、海流)、海平面、海-气热量、淡水、动量交换、海水声学、海水光学等特征;海洋生物地球化学环境包含生态、化学以及海-气界面气体物质交换等特征。人类活动和自然因素所导致的气候变化对海洋环境有重要影响,而海洋环境的变化对气候又有调节作用。

海洋沉积:海洋沉积包含物理、化学和生物等过程,按其成因分为机械沉积(因海浪、潮流、洋流、浊流的搬运作用而成)、生物沉积和化学沉积(包括有机质沉积物和无机沉积物)。海洋沉积物的来源包括陆源物质(来源于陆地,为河流、风、冰川及海岸带的剥蚀产物)、生物物质(海洋生物骨骼和遗壳)、宇宙物质(宇宙尘埃)、火山物质(火山灰、火山泥与火山岩的碎屑)、化学物质(经复杂的物理化学作用后沉淀的物质,如碳酸盐、鲕状或细粒石灰质软泥)等。沉降的速度,主要受潮流、密度流、风海流和风浪等作用所控制,在不同海区的沉积速率不同:大型三角洲和河口区最高可达 50 000 cm/1000a 左右;在大陆坡和大陆隆最高可达 100 cm/1000a;深海区一般只有 0.1～10 cm/1000a,因而深海洋底沉积物的厚度平均不过 0.5 km。

参 考 文 献

陈吉余,陈祥禄,杨启伦.1998.上海海岸带和海涂资源综合调查报告.上海:上海科技出版社.

陈锦年,王宏娜,吕心艳.2007.南海区域海气热通量的变化特征分析.水科学进展,**18**(3):390-397.

戴民汉,魏俊峰,翟惟东.2001.南海碳的生物地球化学研究进展.厦门大学学报,**40**(2):545-551.

戴民汉,翟惟东,鲁中明,等.2004.中国区域碳循环研究进展与展望.地球科学进展,**19**(1):121-130.

戴仕宝,杨世伦,郜昂,等.2007.近 50 年来中国主要河流入海泥沙变化.泥沙研究,(2):49-58.

丁荣荣,左军成,杜凌,等.2007.南海海平面变化规律以及比容海平面和风的影响.中国海洋大学学报,(增刊Ⅱ):23-30.

丁一汇,李崇银.1999.南海季风爆发和演变及其海洋的相互作用.北京:气象出版社.

丁一汇,李崇银,柳艳菊,等.2002.南海季风试验研究.气候与环境研究,**7**(2):202-208.

方国洪,王凯,郭丰义,等.2002.近 30 年渤海水文和气象状况的长期变化及其相互关系.海洋与湖沼,**33**(5):515-525.

高磊,李道季.2009.黄、东海西部营养盐浓度近几十年来的变化.海洋科学,**33**(5):64-69.

高善明.1980.滦河三角洲滨岸沙体的形成和海岸线变迁.海洋学报,**2**(4):102-113.

高抒.2002.全球变化中的浅海沉积作用与物理环境演化——以渤、黄、东海区域为例.地学前缘,**9**(2):329-335.

高抒,朱大奎.1988.江苏淤泥质海岸剖面的初步研究.南京大学学报(自然科学版),**24**(1):75-84.

高学鲁.2005.中国近海典型海域溶解无机碳系统的生物地球化学特征[博士论文].北京:中国科学院研究生院.

管秉贤.1963.黄海冷水团的水温变化以及环流特征的初步分析.海洋与湖沼,**5**(4):255-285.

国家海洋局.2001.2000 年中国海平面公报.

国家海洋局.2004.2003 年中国海平面公报.

国家海洋局.2007.2006 年中国海平面公报.

国家海洋局.2008.2007 年中国海平面公报.

国家海洋局.2009.2008 年中国海平面公报.

国家海洋局.2011.2010 年中国海平面公报.

国家海洋局海洋发展战略研究所课题组.2009.中国海洋发展报告(2009).北京:海洋出版社.

韩舞鹰,林洪瑛,蔡艳雅.1997.南海的碳通量研究.海洋学报,**19**(1):50-54.

韩舞鹰,吴林兴,马克美.1998.南海上升流的海洋化学//韩舞鹰.南海海洋化学.北京:科学出版社.

韩舞鹰,林洪瑛,蔡艳雅,等.1998.南海浅海海洋化学//韩舞鹰.南海海洋化学.北京:科学出版社.

赫崇本,徐斯,汪园祥,等.1959.黄海冷水团的形成及其性质的初步探讨.海洋与湖沼,**2**(1):11-15.

何有海,关翠华.1997.南海上层海洋热含量的年际和年代际变化.热带海洋,**16**(1):23-29.

何起祥,等.2006.中国海洋沉积地质学.北京:海洋出版社.

胡敦欣,丁宗信,熊庆成.1980.东海北部一个气旋型涡旋的初步分析.科学通报,**25**(1):29-31.

胡敦欣,等.2001.长江、珠江口及邻近海域陆海相互作用.北京:海洋出版社.

黄安宁,张耀存,黄丹青.2008.南海海温异常影响南海夏季风的数值模拟研究.大气科学,**32**(3):640-652.

黄海军,李凡,庞家珍.2005.黄河三角洲与渤、黄海陆海相互作用研究.北京:科学出版社.

黄莉,梅宁光.2005.黑潮 OLR 距平指数与华南西部主汛期降水的关系.广西气象,**26**(3):5-8.

季子修.1996.中国海岸侵蚀的特点及加剧的原因分析.自然灾害学报,**5**(2):65-75.

贾英来,刘秦玉,刘伟,等.2004.台湾以东黑潮流量的年际变化特征.海洋与湖沼,**35**(6):507-512.

蒋红,崔毅,碧鹃,等.2005.渤海近 20 年来营养盐变化趋势研究.海洋水产研究,**26**(6):61-67.

江静,钱永甫.2002.南海表面海温异常对南海季风影响的数值模拟研究.南京大学学报(自然科学版),**38**(4):556-564.

姜霞,2006.海洋动力过程对南海海面温度的影响[博士论文].中国海洋大学.

姜霞,刘秦玉,王启.2006.菲律宾以西海域的高暖海水与南海夏季风爆发.中国海洋大学学报,**36**(3):349-354.

况雪源,张耀存,刘健,等.2009.冬季黑潮暖流区加热异常对东亚副热带西风急流影响的数值研究.大气科学,2009,**33**(1):81-89.

李道季,张经,黄大吉,等.2002.长江口外氧的亏损.中国科学(D 辑),**32**:686-694.

李忠贤,孙照渤.2004.秋季黑潮海温与东亚冬季风的相关联系.南京气象学院学报,**27**(2):145-152.

李忠贤,孙照渤.2004.1 月份黑潮区域海温异常与中国夏季降水的关系.南京气象学院学报,**27**(3):374-380.

李忠贤,孙照渤.2006.冬季黑潮 SSTA 影响东亚夏季风的数值试验.南京气象学院学报,**29**(1):62-67.

林晶,吴莹,张经,等.长江有机碳通量的季节变化及三峡工程对其影响.中国环境科学,**27**(2):246-249.

刘秦玉,王韶霞,刘征宇,等.2001.北太平洋副热带逆流区长 Rossby 波动力特性.地球物理学报,**44**(增刊):28-37.

刘秦玉,贾英来,杨海军,等.2002.南海北部海面高度季节变化的机制.海洋学报,**24**(增刊 1):134-141.

马超,吴德星,林霄沛.2006.渤、黄海盐度的年际与长期变化特征及成因.中国海洋大学学报,**36**(增刊 2):7-12.

马继瑞,田素珍,郑文振,等.1996.月平均水位周期信号的谱分析和检验方法研究.海洋学报,**18**(3):5-12.

毛汉礼,任允武,万国铭.1964.应用 T-S 关系定量地分析浅海水团的初步研究.海洋与湖沼,**6**(1):1-22.

南素兰,李建平.2005.春季南半球环状模与长江流域夏季降水的关系Ⅱ:印度洋和南海海温的"海洋桥"作用.气象学报,**63**(6):847-856.

倪东鸿,孙照渤,陈海山,等.2004.夏季黑潮区域 SSTA 及其与中国夏季降水的联系.南京气象学院学报,**27**(3):310-316.

祁丽燕,孙照渤,李忠贤.2007.北太平洋冬季次表层热状况及其与中国东部夏季气候的关系.南京气象学院学报,**30**(2):153-161.

钱春林.1994.引滦工程对滦河三角洲的影响.地理学报,**49**(2):158-165.

丘耀文,王肇鼎,朱良生.2005.大亚湾海域营养盐与叶绿素含量的变化趋势及其对生态环境的影响.台湾海峡,**24**(2):131-139.

任雪娟,钱永甫.2000a.南海地区潜热输送与中国东南部夏季降水的遥相关分析.海洋学报,**22**(2):25-34.

任雪娟,钱永甫.2000b.区域海气耦合模式对 1998 年 5—8 月东亚近海海况的模拟研究.气候与环境研究,**5**(4):482-485.

荣增瑞,刘玉光,陈满春,等.2008.全球和南海海平面变化及其与厄尔尼诺的关系.海洋通报,**27**(1):1-8.

阮祚禧.2008.海洋酸化对钙化浮游植物颗粒藻的影响[博士论文].汕头:汕头大学.

沈国英,施并章.2002.海洋生态学.北京:科学出版社.

沈焕庭,贺松林,潘定安,等.1992.长江口最大浑浊带研究.地理学报,**47**(5):472-479.

沈志良.2002.胶州湾营养盐结构的长期变化及其对生态环境的影响.海洋与湖沼,**33**(3):322-331.

宋金明.2004.中国近海生物地球化学.济南:山东科学技术出版社.

宋金明.2011.中国近海生态系统碳循环与生物固碳.中国水产科学,**18**(3):703-711.

苏纪兰.2001.中国近海的环流动力机制研究.海洋学报,**23**(4):1-16.

苏纪兰.2005.南海环流动力机制研究综述.海洋学报,**27**(6):1-8.

孙培艳.2007.渤海富营养化变化特征及生态效应分析[博士论文].中国海洋大学.

田晖,周天华,陈宗镛.1993.平均海面变化的一种随机动态预测模型.中国海洋大学学报(自然科学版),**23**(1):33-42.

田丽欣.2009.东、黄海及海南近海有机碳的分布[博士论文].武汉:华东师范大学.

王东晓,谢强,周发.2001.南海及邻近海域异常海温影响局地大气环流的初步试验.热带海洋学报,**20**(1):82-90.

王骥.1999.中国沿岸海平面变化//冯浩鉴.中国东部沿海地区海平面与陆地垂直运动.北京:海洋出版社.

王黎娟,何金海.2000.黑潮地区海温影响南海夏季风爆发日期的数值试验.南京气象学院学报,**23**(2):211-217.

王卫强,陈宗镛,左军成.1999.经验模态法在中国沿岸海平面变化中的应用研究.海洋学报,**21**(6):102-109.

王小玲,王咏梅,任福民,等.2006.影响中国的台风频数年代际变化趋势:1951—2004年.气候变化研究进展,**2**(3):135-138.

王修林,李克强.2006.渤海主要化学污染物海洋环境容量.北京:科学出版社.

王颖,等.1998.海南潮汐汊道港湾海岸.北京:中国环境科学出版社.

王颖.1999.海洋地理国际宪章.地理学报,**54**(3):284-286.

王颖,等.2002.黄海陆架辐射沙脊群.北京:中国环境科学出版社.

王颖,傅光翩,张永战.2007.河海交互作用沉积与平原地貌发育.第四纪研究,**27**(5):674-689.

王颖,张永战.1998.人类活动与黄河断流及海岸环境影响.南京大学学报(自然科学版),**34**(3):257-271.

王颖,朱大奎,周旅复,等.1998.南黄海辐射沙脊群沉积特点及其演变.中国科学(D辑),**28**(5):385-393.

魏皓,田恬,周锋,等.2002.渤海水交换的数值研究——水质模型对半交换时间的模拟.青岛海洋大学学报(自然科学版),**32**(4):519-525.

温娜,刘秦玉.2006.台湾以东黑潮流量变异与冬季西北太平洋海洋-大气相互作用.海洋与湖沼,**37**(3):264-270.

翁学传,张启龙,杨玉玲,等.1996.东海黑潮热输送及黄淮平原区汛期降水的关系.海洋与湖沼,**27**(3):237-250.

吴德星,林霄沛,鲍献文.2004.渤海动力环境研究应关注的新问题.中国海洋大学学报,**34**(5):685-688.

武炳义,张人禾.2007.20世纪80年代后期西北太平洋夏季海表温度异常的年代际变化.科学通报,**52**(10):1190-1194.

吴迪生,闫敬华,张红梅,等.2004.南海夏季风爆发日期与次表层水温对夏季风的影响.热带海洋学报,**23**(1):9-15.

吴日升,李立.2003.南海上升流研究概述.台湾海峡,**22**(2):269-277.

吴小根,王爱军.2005.人类活动对苏北潮滩发育的影响.地理科学,**25**(5):614-620.

吴中鼎,李占桥,赵明才.2003.中国近海近50年海平面变化速度及预测.海洋测绘,**23**(2):17-19.

闫俊岳,刘久萌,蒋国荣,等.2007.南海海-气通量交换研究进展.地球科学进展,**22**(7):685-697.

颜梅,左军成,博深波,等.2008.全球及中国海海平面变化研究进展.海洋环境科学,**27**(2):197-200.

杨建,沙文钰,卢军治,等.2004.中国近海海平面高度异常特征的初步分析.海洋预报,**21**(2):29-36.

姚华栋,任雪娟,马开玉.2003.98年南海季风试验期间海-气通量的估算.应用气象学报,**14**(1):87-92.

余克服.2000.雷琼海区近40年海温变化趋势.热带地理,**20**(2):111-115.

余克服,刘东生,沈承德,等.2002.雷州半岛全新世高温期珊瑚生长记录的环境突变事件.中国科学(D辑),**32**(2):149-150.

于保华,陈瑛.2000.渤海海洋污染与赤潮.海洋信息,**4**:25-26.

于道永.1996.中国沿岸现代海平面变化及未来趋势分析.海洋预报,**13**(2):43-49.

袁林旺,谢志仁,俞肇元.2008.基于SSA和MGF的海面变化长期预测及对比.地理研究,**27**(2):305-313.

袁耀初,苏纪兰,赵金三.1982.东中国海陆架环流的单层模式.海洋学报,**4**:1-11.

恽才兴.2004.长江河口近期演变基本规律.北京:海洋出版社.

詹金刚,王勇,柳林涛.2003.中国近海海平面季节尺度变化的时频分析.地球物理学报,**46**(1):36-41.

张帆,刘长安,姜洋.2008.滩涂盐沼湿地退化机制研究.海洋开发与管理,**25**(8):99-101.

张龙军.2003.东海海气界面CO_2通量研究[博士论文].青岛:中国海洋大学.

张乔民.2001.中国热带生物海岸的现状及生态系统的修复与重建.海洋与湖沼,**32**(4):94-104.

张乔民.2007.热带生物海岸对全球变化的响应.第四纪研究,**27**(5):834-844.

张乔民,张叶春.1997.华南红树林海岸生物地貌过程研究.第四纪研究,**17**(4):344-353.

张乔民,余克服,施祺,等.2006a.全球珊瑚礁监测与管理保护评述.热带海洋学报,**25**(2):71-78.

张乔民,施祺,余克服,等.2006b.华南热带海岸生物地貌过程.第四纪研究,**26**(3):449-455.

张琼,刘平,吴国雄.2003.印度洋和南海海温与长江中下游旱涝.大气科学,**27**(6):992-1006.

张晓龙,李培英.2006a.黄河三角洲滨海湿地的区域自然灾害风险.自然灾害学报,**15**(1):159-164.

张晓龙,李培英,刘月良.2006b.黄河三角洲风暴潮灾害及其对滨海湿地的影响.自然灾害学报,**15**(2):10-13.

张秀芝,裴越芳,吴迅英.2005.近百年中国近海海温变化.气候与环境研究,**10**(4):799-807.

张绪良,谷东起,韦爱平,等.2006.黄河三角洲和莱州湾南岸湿地植被特征及演化的对比研究.水土保持通报,**26**(3):127-131.

张永战,王颖.2000.面向21世纪的海岸海洋科学.南京大学学报(自然科学版),**36**(6):717-726.

张永战,朱大奎.1997.海岸带——全球变化研究的关键地区.海洋通报,**16**(3):69-80.

张远辉,陈立奇.2006.南沙珊瑚礁对大气CO_2含量上升的响应.台湾海峡,**25**(1):68-76.

张自银,龚道溢,何学兆,等.2009.1644年以来西太平洋暖池海温重建.中国科学(D辑),**39**(1):106-115.

赵斐苗,朱鑫君,李飞,等.2007.黑潮区域海温异常与中国冬季气温和降水的关系.气象与环境科学,**30**(B09):28-31.

赵明才,何嘉重.1995.中国近海海平面的上升及其预测.测绘科学,(1):32-33.

赵永平,陈永利.2000.南海暖池的季节和年际变化及其与南海季风爆发的关系.热带气象学报,**16**(3):202-211.

赵永平,吴爱明.2003.南海—热带东印度洋海温异常对南海夏季风影响的数值模拟研究.热带气象学报,**19**(1):27-35.

郑文振.1999.中国海平面年速率的分布和长周期分潮的变化.海洋通报,**18**(4):1-10.

钟祥浩,刘淑珍,范建容.2003.长江上游生态退化及其恢复与重建.长江流域资源与环境,**12**(2):157-162.

周名江,朱明远,张经.2001.中国赤潮的发生趋势和研究进展.生命科学,**13**(2):53-59.

周名江,朱明远.2006.中国近海有害赤潮发生的生态学、海洋学机制.地球科学进展,**21**(7):673-681.

周天华,陈宗墉,田晖.1992.近几十年来中国沿岸海面变化趋势的研究.海洋学报,**14**(2):1-8.

朱大奎,柯贤坤,高抒.1986.江苏海岸潮滩沉积的研究.黄渤海海洋,**4**(3):19-27.

朱伟军,孙照渤.2000.冬季黑潮区域海温异常对北太平洋风暴轴的影响.应用气象学报,**11**(2):145-153.

朱卓毅.2007.长江口及邻近海域低氧现象的探讨——以光合色素为出发点[博士论文].华东师范大学.

宗海锋,张庆云,布和朝鲁,等.2008.黑潮和北大西洋海温异常在2008年1月中国南方雪灾中的可能作用的数值模拟.气候与环境研究,**13**(4):491-499.

邹仁林.2001.中国动物志(腔肠动物门珊瑚虫纲石珊瑚目造礁石珊瑚).北京:科学出版社.

左军成,陈宗镛,周天华.1996.中国沿岸海平面变化的一种本征分析和随机动态联合模型.海洋学报,**18**(2):7-14.

左军成,陈宗镛,戚建华.1997.太平洋海域海平面变化的灰色系统分析.青岛海洋大学学报(自然科学版),**27**(2):138-144.

Anzenhofer M,Gruber T.1998.Fully reprocessed ERS-1 altimeter data from 1992 to 1995:Feasibility of the detection of long term sea level change.*Journal of Geophysical Research*,1998:3069-3090.

Cai W J,Hu X P,Huang W J,*et al*.2011.Acidification of subsurface coastal waters enhanced by eutrophication.*Nature Geoscience*,**4**,766-770.

Caruso M J,Gawarkiewicz G G,Beardsley R C.2004.Interannual variability of the Kuroshio current intrusion in the South China Sea.*Journal of Oceanography*,**62**:559-575.

Chao S Y,Shaw P T,Wu S Y.1996.El Niño modulation of the South China Sea circulation.*Progress in Oceanography*,**38**:51-93.

Chen C T A,Hou W P,Gamo T.*et al*.2006a.Carbonate-related parameters of subsurface waters in the West Philippine,South China and Sulu Seas.*Marine Chemistry*,**99**:151-161.

Chen C T A,Wang S L,Chou W C.*et al*.2006b.Carbonate chemistry and projected future changes in pH and $CaCO_3$ saturation state of the South China Sea.*Marine Chemistry*,**101**:277-305.

Chen C T A.2008.Distributions of nutrients in the East China Sea and the South China Sea connection.*Journal of Oceanography*,**64**:737-751.

Chen G.2006.A novel scheme for identifying principal modes in geophysical variability with application to global precipitation.*Journal of Geophysical Research*,111,D11103,doi:10.1029/2005JD006233.

Chen G,Li H.2008.Fine pattern of natural modes in sea surface temperature variability:1985—2003.*Journal of Physical Oceanography*,**38**:314-336.

Chen M C,Zuo J C,Chen M X,*et al*.2008.Spatial distribution of sea level trend and annual range in the China Seas from

50 long term tidal gauge station data. Proceedings of the Eighteenth(2008)International Offshore and Polar Engineering Conference.

Chen X Q，Zong Y Q. 1998. Coastal erosion along the Changjiang River deltaic shoreline, China: History and prospective. *Estuarine, Coastal and Shelf Science*,**46**:733-742.

Chen Y L，Hu D X，Wang F. 2004. Long-term variabilities of thermodynamic structure of the East China Sea Cold Eddy in summer. *Chinese Journal of Oceanology and Limnology*,**22**:224-230.

Cheng X H，Qi Y Q. 2007. Trends of sea level variations in the South China Sea from merged altimetry data. *Global and Planetary Change*,**57**:371-382.

Chou W C，Sheu D D，Lee B S，*et al*. 2007. Depth distributions of alkalinity，TCO$_2$ and δ^{13}CTCO$_2$ at SEATS time-series site in the northern South China Sea. *Deep-Sea Research* Ⅱ **54**:1469-1485.

Chu P C，Chen Y C，Kuninaka A. 2005. Seasonal variability of the East China/Yellow Sea surface buoyancy flux and thermohaline structure. *Advances in Atmospheric Sciences*,**22**:1-20.

Dai Z J，Du J Z，Zhang X L，*et al*. 2011. Variation of riverine material loads and environmental consequences on the Changjiang(Yangtze) estuary in recent decades(1955—2008). *Environmental Science & Technology*,**45**:223-227.

Deng B，Zhang J，Wu Y. 2006. Recent sediment accumulation and carbon burial in the East China Sea. *Global Biogeochem*. Cycles,20,GB3014,doi:**10**. 1029/2005GB002559.

Dibarboure G，Lauret O，Mertz F，*et al*. 2008. SSALTO/DUACS User Handbook：(M)SLA and(M)ADT Near-real Time and Delayed Time Products. CLS-DOS-NT-06. 034，Version 1. 9,39pp. ，Ramonville St. Agne，France.

Fabry V J，Seibel B A，Feely R A，*et al*. 2008. Impacts of ocean acidification on marine fauna and ecosystem processes. *ICES Journal of Marine Science*,**65**:414-432.

Farris A，Wimbush M. 1996. Wind-induced Kuroshio intrusion into the South China Sea. *Journal of Oceanography*,**52**: 771-784.

Gao K S，Zheng Y Q. 2009b. Combined effects of ocean acidification and solar UV radiation on photosynthesis，growth，pigmentation and calcification of the coralline alga Corallina sessilis(Rhodophyta). *Global Change Biology*，doi：**10**. 1111/j. 1365-2486. 2009. 02113. x.

Gao K S，Ruan Z X，Villafan？e V E，*et al*. 2009a. Ocean acidification exacerbates the effect of UV radiation on the calcifying phytoplankter Emiliania huxleyi. *Limnology and Oceanography*,**54**:1855-1862.

Gao S. 2007. Modeling the growth limit of the Changjiang Delta. *Geomorphology*,**85**:225-236.

Milliman J D，Syvitski J P M. 1992. Geomorphic/tectonic control of sediment discharge to the ocean: The important of small mountainous rivers. *Journal of Geology*,**100**:525-544.

Han G Q，Huang W G. 2008. Pacific decadal oscillation and sea level Variability in the Bohai, Yellow, and East China Seas. *Journal of Physical Oceanography*,**38**:2772-2783.

Hong G H，Park S K，Baskaran M，*et al*. 1999. Lead-210 and polonium-210 in the winter well-mixed turbid waters in the mouth of the Yellow Sea. *Continental Shelf Research*,**18**:1049-1064.

Hsueh Y，Romea R D，Dewitt P W. 1986. Wintertime winds and coastal sea 2 level fluctuations in the northeast China Sea. Part Ⅱ：numerical model. *Journal of Physical Oceanography*,**16**:241-261.

Hu J Y，Kawamura H，Hong H S，*et al*. 2000. A review on the currents in the South China Sea：Seasonal circulation，South China Sea Warm Current and Kuroshio intrusion. *Journal of Oceanography*,**56**:607-624.

Justic D，Rabalais N N，Turner R E. 1996. Effects of climate change on hypoxia in coastal waters：A doubled CO, scenario for the northern Gulf of Mexico. *Limnol Oceanogr*,**41**(5):992-1003.

Klein S A，Soden B J，Lau N C. 1999. Remote sea surface temperature variations during ENSO：Evidence for a tropical atmospheric bridge. *Journal of Climate*,**12**:917-932.

Kleypas J A，Feely R A，Fabry V J，*et al*. 2006. Impacts of Ocean Acidification on Coral Reefs and Other Marine Calcifiers：A Guide for Future Research，Report of a Workshop Held 18—20 April 2005，St. Petersburg，FL，sponsored by NSF，NOAA，and the U. S. Geological Survey,88 pp.

KORDI. 1998. Study on Water Circulation and Material Flux in the Yellow Sea. Korean Ocean Research and Development Institute，Seoul,97-LO-01-03-A-03(BSPN 97357-03-1100-4)，pp 437(in Korean).

Kuang X Y，Zhang Y C. 2005. Seasonal variation of East Asian subtropical westerly jet and its association with heating fields over East Asia. *Advances in Atmospheric Sciences*,**22**(6):831-840.

Le Traon P Y,Dibarboure G. 2002. Velocity mapping capabilities of present and future altimeter missions:the role of high frequency signals. *Journal of Atmospheric and Oceanic Technology*,**19**:2077-2088.

Le Traon P Y,Nadal F,Ducet N. 1998. An improved mapping method of multisatellite altimeter data. *Journal of Atmospheric and Oceanic Technology*,**15**:522-534.

Lee J H,An B W,Hong G H. 2002. Water Residence Time for the Bohai and Yellow Sea. In:Hong G H,Zhang J,Chung C S,eds.,Impact of Interface Exchange on Biogeochemical Processes of the Yellow and East China Seas. Seoul: Bumshin Press. 385-401.

Lin C Y,Shyu C Z,Shih W H. 1992. The Kuroshio fronts and cold eddies off northeastern Taiwan observed by NOAA2 AVHRR imageries. *Terrestrial,Atmospheric and Oceanic Sciences*,**3**:225-242.

Lin H J,Qian Y F,Zhang Y C,et al. 2006. A regional coupled air-ocean wave model and the simulation of the south China Sea summer monsoon in 1998. *International Journal of Climatology*,**26**:2041-2056.

Liu C T,Cheng S P,Chuang W S,et al. 1998. Mean structure and transport of Taiwan Current(Kuroshio). Acta Oceanographica Taiwanica,**36**:159-176.

Liu Q Y,Jia Y L,Wang X H,et al. 2001. On the annual cycle characteristics of the sea surface height in South China Sea. *Advances in Atmospheric Sciences*,**18**(4):613-622.

Liu Q Y,Jiang X,Xie S P,et al. 2004,A gap in the Indo-Pacific warm pool over the South China Sea in boreal winter: Seasonal development and interannual variability. *J Geophysical Rerearch*，VOL. 109，C07012，doi: **10.** 1029/2003JC002179.

Liu Q Y,Xie S P,Li L,et al. 2005,Ocean Thermal Advective Effect on the Annual Range of Sea Surface Temperature, Geophysical Research Letters,Vol. 32,L24604.

Liu Q Y,Wen N,Liu Z Y. 2006a. An observational study of the impact of the North Pacific SST on the atmosphere. *Geophysical Research Letters*,33,L18611,doi:**10.** 1029/2006GL026082.

Liu Q Y,Wen N,Yu Y Q. 2006b. The role of the Kuroshio in the Winter North Pacific Ocean-atmosphere interaction: Comparison of a coupled model and observations. *Advances in Atmospheric Sciences*,**23**,181-189.

Liu Q Y,Li L. 2007a. Baroclinic Stability of Oceanic Rossby Wave in the North Pacific Subtropical Eastwards Countercurrent. *Chinese Journal of Geophysics*,**50**:84-93.

Liu Q Y,Wang D X,Xie Q,et al. 2007b. Decadal variability of Indonesian throughflow and South China Sea throughflow and its mechanism. *Journal of Tropical Oceanography*,**26**:1-6.

Liu S M,Zhang J,Chen S Z,et al. 2003. Inventory of nutrient compounds in the Yellow Sea. Continental Shelf Research, **23**:1161-1174.

Martin J M,Zhang J,Shi M C,et al. 1993. Actual flux of the Huanghe(Yellow River) sediment to the Western Pacific Ocean Netherlands. *Journal of Sea Research*,**31**:243-254.

Metzger R,Hurlburt H. 1996. Coupled dynamics of the South China Sea,the Sulu Sea,and the Pacific Ocean. *Journal of Geophysical Research*,**101**:12331-12352.

Milliman J M,Syvitski J P M. 1992. Geomorphic/tectonic control of sediment discharge to the ocean:The importance of small mountainous rivers. *J Geol*,**100**:525- 544.

Mulder T,Syvitski J P M. 1996. Climatic and morphologic relationships of rivers:Implications of sea level fluctuations on river loads. *Journal of Geology*,**104**:509-524.

Pernetta J C, Milliman J D. 1995. Global Change—IGBP Report No. 33: Land-Ocean Interactions in the Coastal Zone. Implementation Plan. Stockholm:IGBP Secretariat. The Royal Swedish Academy of Sciences,1-21.

Qu T,Du Y,Sasaki H. 2006. South China Sea throughflow:A heat and freshwater conveyor. *Geophysical Research Letters*,33,L23617,doi:**10.** 1029/2006GL028350.

Ren X J,Qian Y F. 2003. Numerical simulation experiments of the impacts of local land-sea thermodynamic contrasts on the SCS summer monsoon onset. *Journal of Tropical Meteorology*,**9**(1):1-8.

Ren X J,Qian Y F. 2005. A coupled regional air-sea model,its performance and climate drift in simulation of the East Asian summer monsoon in 1998. *International Journal of Climatology*,**25**:679-692.

Singh O P. 2001. Cause-effect relationships between sea surface temperature,precipitation and sea level along the Bangladesh coast. *Theoretical and Applied Climatology*, **68**:233-243.

Su J L. 1998. Circulation dynamics of the China Seas north of ¹⁸N. In:Robinson A R,Brink K H,eds. The Sea. New York: John Wiley & Sons Inc. ,Vol. **11**:483-505.

Sheremet V. 2001. Hysteresis of a western boundary current leaping across a gap. *Journal of Physical Oceanography*, **31**:1247-1259.

The Royal Society. 2005. Ocean Acidification due to Increasing Atmospheric Carbon Dioxide. London,The Royal Society.

Tian J W,Yang Q X,Liang X F,*et al*. 2006. Observation of Luzon Strait transport. *Geophysical Research Letters*,33, L19607,doi:**10**. 1029/2006GL026272.

Tian R C,Hu F X,Martin J M. 1993. Summer nutrient fronts in the Changjiang Estuary. *Estuarine,Coastal and Shelf Research*,**37**:27-41.

Tseng C M,Wong G T F, Chou W C,*et al*. 2007. Temporal variations in the carbonate system in the upper layer at the SEATS station. *Deep-Sea Research* Ⅱ , **54**:1448-1468.

Tsunogai S,Watanabe S,Sato T. 1999. Is there a "continental shelf pump" for the absorption of atmospheric CO_2? *Tellus*, 51B:701-712.

Wang B. 2006. Cultural eutrophication in the Changjiang(Yangtze River) plume:History and perspective Estuarine. *Coastal and Shelf Science*,**69**(3-4):471-477.

Wang B. 2009. Hydromorphological mechanisms leading to hypoxia off the Changjiang estuary. *Marine environmental research*,**67**(1):53-58.

Wang B,Huang F,Wu Z W,*et al*. 2009. Multi-scale climate variability of the South China Sea Monsoon:A review. *Dynamics of Atmospheres and Oceans*,**47**:15-37.

Wang D,Liu Q,Huang R X,*et al*. 2006. Interannual variability of the South China Sea throughflow inferred from wind data and an ocean data assimilation product. *Geophysical Research Letters*,33,L14605,doi:**10**. 1029/2006GL026316.

Wang Q,Liu Q Y,Hu R J,*et al*. 2002. A possible role of the South China Sea in ENSO cycle. *Acta Oceanologica Sinica*, **21**(2):217-226.

Wang Y,Ren M E,Zhu D K. 1986. Sediment supply to the continental shelf by the major rivers of China. *Journal of Geological Society London*,**143**:935-944.

Wang Y,Zhu D K. 1994. Coastal Geomorphology. Beijing:High Education Press.

Wang Y,Ren M E,Syvitski J. 1998. Sediment Rransport and Terrigenous Fluxes. In:Brink K H & Robinson A R eds. , The Sea,Volume 10. John Wiley & Sons,Inc. ,253-292.

Wang Y,Zhu D K,You K Y,*et al*. 1999. Evolution of radiative sand ridge field of the South Yellow Sea and its sedimentary characteristics. *Science in China*(Series D),**42**(1):97-112.

Wang Z Y. 2003. Delta processes and management strategies in China. *International Journal of River Basin Management*,**1**(2):173-184.

Wu L X,Cai W J,Zhang L P,*et al*. 2012. Enhanced warming over the global subtropical western boundary currents. *Nature Climate Change*,**2**:161-166.

Xu M,Chang C P,Fu C,*et al*. 2006. Stready decline of east Asian Monsoon winds,1969—2000:Evidence from direct ground measurements of wind speed. *Journal of Geophysical Research*,111,D24111,doi:**10**. 1029/2006JD007337.

Yan M,Zuo J C,Du L,*et al*. 2007. Sea level variation / change and steric contribution in the East China Sea. Proceeding of The Seventeenth(2007)International Offshore and Polar Engineering Conference,2377-2382.

Yang S L,Belkin I M,Belkina A I,*et al*. 2003. Delta response to decline in sediment supply from the Yangtze River:Evidence of the recent four decades and expectations for the next half-century. *Estuarine,Coastal and Shelf Science*, **57**:689-699.

Yu R,Wang B,Zhou T. 2004. Tropospheric cooling and summer monsoon weakening trend over East Asia. *Geophysical Research Letters*,31,L22212,doi:10. 1029/2004GL021270.

Yuan D L,Han W,Hu D. 2006. Surface Kuroshio path in the Luzon Strait area derived from satellite remote sensing data. *Journal of Geophysical Research*,111,C11007,1-16.

Zhai W D,Dai M H. 2009. On the seasonal variation of air—sea CO_2 fluxes in the outer Changjiang(Yangtze River) Estuary,East China Sea. *Marine Chemistry*,**117**(1-4),2-10.

Zhai W D,Dai M H,Cai W J,*et al*. 2005 . The partial pressure of carbon dioxide and air—sea fluxes in the northern South China Sea in spring,summer and autumn. *Marine Chemistry*,**96**:87-97.

Zhang D,Lee T N,Johns W E,*et al*. 2001. The Kuroshio east of Taiwan:Modes of variability and relationship to interior ocean mesoscale eddies. *Journal of Physical Oceanography*,**31**:1054-1074.

Zhang J,Yan J,Zhang Z F. 1995. Nation wide river chemistry trends in China:Huanghe and Changjiang. *A Journal of the Human Environment*,**24**:275-279.

Zhang J,Yu Z G,Wang J T,*et al*. 1999. The subtropical Zhujiang(Pearl River)Estuary:Nutrients,trace species and their relationship to photosynthesis. *Estuarine,Coastal and Shelf Science*,**49**:385-400.

Zhang J. 2000. Evidence of trace metal limited photosynthesis in entropic estuarine and coastal waters. *Limnology and O-ceanography*,**45**:1871-1878.

Zhang J. 2002. Biogeochemistry of Chinese estuaries and coastal waters:Nutrients,trace metals and biomarkers. *Regional Environmental Change*,**3**:65-76.

Zhang J,Yu Z G,Raabe T,*et al*. 2004. Dynamics of inorganic nutrient species in the Bohai seawaters. *Journal of Marine Systems*,**44**:189-212.

Zhang J,Su J L. 2006. Nutrient dynamics of the China Seas:The Bohai Sea,Yellow Sea,East China Sea and South China Sea. In:Robinson A R,Brink K H,eds. The Sea. New York:John Wiley & Sons Inc.,Vol. 14,Chap 17.

Zhang J,Liu S M,Ren J L,*et al*. 2007. Nutrient gradients from the eutrophic Changjiang(Yangtze River)Estuary to the oligotrophic Kuroshio waters and re-evaluation of budgets for the East China Sea Shelf. *Progress in Oceanography*,**74**:449-478.

Zhang T Y,Sun Z B,Li Z X,*et al*. 2007. Relationships between spring Kuroshio SSTA and summer rainfall in China. *Journal of Tropical Meteorology*,**13**(2):165-168.

Zhou T J,Yu R C. 2004. Sea-surface temperature induced variability of the Southern Annular Mode in an atmospheric general circulation model. *Geophysical Research Letters*,31,L24206,doi:**10**. 1029/2004GL021473.

Zhu Z Y,Zhang J,Wu J,*et al*. 2011. Hypoxia off the Changjiang(Yangtze River)Estuary:Oxygen depletion and organic matter decomposition. *Marine Chemistry*,**125**(1-4):108-116.

第六章　土地利用与覆盖变化

主　笔：王根绪，董治宝

贡献者：刘光生，白晓永

提　要

土地利用与土地覆盖变化是全球环境变化和陆地生态系统对全球气候变化和人类活动最重要的响应之一。从全国尺度和典型区域两个角度系统阐述了 1950—2007 年间的土地利用与覆盖变化过程，揭示了不同区域的土地利用与覆盖变化的基本特征。中国总体的土地利用与覆盖变化呈现出 20 世纪 90 年代以来耕地面积持续减少、林地面积持续增加、草地面积动态稳定的基本态势，不同区域存在土地利用与覆盖变化的显著差异。利用定量模型模拟和情景预测区域土地的利用和覆盖变化，是理解 LUCC 机制、制定合理的土地利用决策的关键，综述了中国在这个领域取得的一些初步进展，表明未来中国总体的土地利用与覆盖变化的基本特征仍然是耕地减少、林地和建设用地持续增加，草地总体稳定略有减少，但在北方会逐渐增加。土地利用与覆盖变化是气候变化和人类活动共同作用的结果，气温升高对北方地区植被 NDVI 指数变化具有较大影响。

土地利用与土地覆盖变化既是与气候变化、可持续发展相关的核心问题之一，也是全球变化研究的关键组成部分。土地利用与覆盖变化由于影响到了人类生存与发展的自然基础，如气候、土壤、植被、水资源与生物多样性等，影响到地球生物化学圈层的结构、功能以及地球系统能量与物质循环等方面，与全球的气候变化、生物多样性的减少、生态环境演变以及人类与环境之间相互作用的可持续性等密切相关，而且土地利用与土地覆盖作为一种人类的社会经济活动，也是人类对全球变化所做出的反应的一种方式。因此，土地利用与土地覆盖变化是全球变化研究中的核心问题之一。其中，土地覆盖侧重于土地的自然属性，土地利用侧重于土地的社会属性，对地表覆盖物（包括已利用和未利用）进行分类，如对林地的划分，前者根据林地生态环境的不同，将林地分为针叶林地、阔叶林地、针阔混交林地等，以反映林地的生境、分布特征及其带性分布规律和垂直差异。后者从林地的利用目的和利用方向出发，将林地分为用材林地、经济林地、薪炭林地、防护林地等。但两者在许多情况下有共同之处，故在开展土地覆盖和土地利用的调查与变化研究工作中常将两者合并考虑，统称为土地利用与土地覆盖变化。在未来的几十年里，土地利用与覆盖的变化将是全球变化的主导因素，它对全球生态系统、陆地环境、人类社会可持续发展的影响将越来越重要。在已经对土地进行长期开发的中国来说，其影响可能将会更加突出。因此，土地利用与覆盖的变化已成为中国可持续发展的焦点问题，这里对中国近年来有关土地利用与覆盖变化的研究进展进行归纳和综述。

6.1　中国土地利用与土地覆盖变化的总体特征

土地利用/覆盖变化（LUCC）既是造成全球变化的重要原因，也是全球变化的结果和主要表现方式。土地利用与覆盖变化与气候变化之间有着十分密切和复杂的互馈关系，是地球陆地生态环境变化的主要驱动因素，是全球变化研究的核心内容之一。现阶段有关大尺度土地利用与覆盖变化的研究主要采取以下方式归纳土地利用和覆盖变化的基本情景:一是基于多时期高精度遥感影像的土地利用变化分类和分析标准,分析区域土地利用与覆盖变化动态过程;二是基于国家土地详查和国家公布的统计数据,分析区域或局域尺度的土地利用与覆盖变化,其中基于遥感和 GIS 技术手段是获取区域或局域土地利用与覆盖动态变化信息的主要途径。自 20 世纪 90 年代起,中国在利用遥感影像对土地利用与土地覆盖变化的监测分析、土地利用与土地覆盖变化研究数据库的构建、土地利用与土地覆盖变化对农业生态系统及全球变化的影响、土地利用与土地覆盖变化驱动力研究以及土地利用与土地覆盖变化建模等方面,取得了一系列的研究成果。其中大部分研究侧重于对过去到现状土地利用覆盖变化的研究,以及对区域性小范围土地利用覆盖变化的研究。本节综述代表性成果,揭示全国尺度的土地利用与覆盖变化过程。

图 6.1 是用 1 km 分辨率的土地覆盖现状栅格数据编制的 1990—2000 年全国土地覆盖变化(刘纪远等,2003)。综合分析 20 世纪 90 年代中国土地利用与覆盖变化的基本特征,可以归纳为以下几方面:(1)20 世纪 90 年代,全国耕地总面积呈北增南减、总量增加的趋势,增量主要来自对北方草地和林地的开垦;(2)林业用地面积呈现总体减少的趋势,减少的林地主要分布于传统林区,南方水热充沛区造林效果明显;(3)中国城乡建设用地整体上表现为持续扩张的态势,90 年代后 5 年总体增速减缓,西部增速加快;(4)东部(包括黄淮海地区和东南沿海地区)及四川盆地城乡建设用地显著扩张,而占用的主要为优质耕地,东北山区和内蒙古东部地区以林地和草地的开垦为显著特点;东北平原区以旱地、水田的相互转换为主,华北山地、黄土高原区及秦岭山区草地开垦、退耕还林还草及摞荒并存;东南、华南丘陵区植树造林成效显著,林地面积明显扩大。

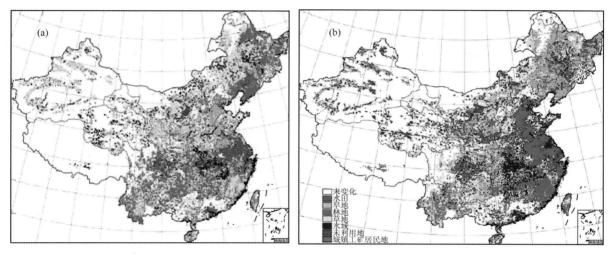

图 6.1 1990 年(a)至 2000 年(b)中国土地利用与覆盖变化(刘纪远等,2003)

结合国家土地详查数据、文献记载以及遥感数据综合分析,获取过去 50 年来全国土地利用变化特征分述如下。

6.1.1 中国的耕地分布变化

1949—2004 年 55 年间,耕地面积净增 24.5 万 km²,在 20 世纪 50 年代末至 60 年代初是耕地面积最少的低谷期,自 60 年代后期以后至 80 年代后期,耕地资源数量持续增加,并达到历史最高水平的 136.4 万 km²(据中科院遥感数据调查结果),自 90 年代初期以来,耕地面积再次进入持续缓慢递减过程。耕地资源数量的增减态势基本受耕地相关政策的驱动作用明显,存在区域差异。利用文献记载和有关历史资料分析(葛全胜等,2005),在 20 世纪 30 年代以前的 20 年间,包括青藏高原在内的西南区和东南沿海区耕地面积和垦殖率有所增加,但是幅度不大;华北区和西北及黄土高原区稍有减小。此后,到 1952 年间,西北及黄土高原区、华北区和东南沿海区的耕地面积和垦殖率均有较大幅度增加,该时段是这些区域垦殖扩张的高峰期,西北及黄土高原区垦殖率平均增长幅度高达 40%,华北区达 35% 左右,东南沿海约为 20%。1952—1965 年间,除蒙新区、西南区耕地面积和垦殖率有较大增加外,其他各区基本呈现较为明显的下降趋势,尤其以东南沿海区、华北区最为明显,蒙新区和西北及黄土高原区次之。因此,该时段是 20 世纪中国各地耕地面积减小最为严重的阶段。20 世纪 60—70 年代,东北区和青藏高原区的耕地面积均有增加,但前者幅度较大。其他各区有不同程度的下降,其中,蒙新区和华北区的下降趋势明显。

表 6.1   1949—2004 年中国土地利用变化(占国土面积比例%)(史培军等,2006)

	耕地	园地	林地	草地	水域	建设用地	未利用土地
1949 年	10.2	0.11	13.2	40.75	2.34	0.7	32.88
1985 年	13.04	0.63	20.47	27.20	3.75	2.83	32.08
1996 年	13.55	1.04	23.71	27.72	4.0	3.08	26.91
2004 年	12.75	3.84	24.48	27.37	4.01	3.29	24.26
1949—1996	3.35	0.93	10.51	−13.03	1.66	2.38	−5.97
1996—2004	−0.8	2.8	0.77	−0.35	0.01	0.21	−2.65

注:林地包括有林地、未成林造林地,草地也包括人工草地。

基于国土资源部颁发的中国国土资源公报,并结合 2000—2005 年卫星遥感数据分析(刘纪远等,2009),进入 21 世纪以来中国耕地面积分布变化如图 6.2。中国耕地面积继承了 20 世纪 90 年代递减态势,呈现持续递减,不过减少幅度逐年下降。2005 年耕地面积比 2000 年减少 6.8 万 km²,2007 年耕地面积仅比 2004 年减少 0.7 万 km²,同比下降 86.5%。总体表现为东南沿海及黄淮海平原等传统耕作区耕地持续减少,其中以水田的减少最为突出,东北、西北和华北等农林、农牧交错区和沙漠绿洲区耕地轻度增加。耕地减少以城乡建设用地侵占耕地资源为主,而新增耕地资源主要来源于未利用土地以及河、湖滩地的开垦利用,因此总体看中国耕地资源的质量在下降。总体而言,过去 50 年中国耕地面积变化是一个复杂的动态波动过程,从 20 世纪 60 年代后期至 20 世纪 90 年代初是增加的,自 20 世纪 90 年代初期以来,持续递减,自 2005 年后减少幅度有所缓和。

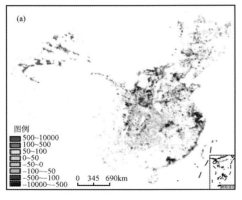 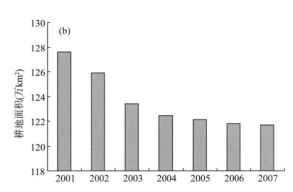

图 6.2   2000 年以来的耕地空间分布变化(a)和中国耕地面积的年际变化(b)

6.1.2   中国林地分布变化

全国有林地总面积以 1949 年为界,此前下降,此后攀升。其中,1934 年至 1950 年清查时段,有林地总面积减小较多(葛全胜等,2005)。如图 6.3a,1949 年中国林地面积为 125.0 万 km²,占国土面积的 13.02%,有林地面积仅有 82.8 万 km²,占国土面积的 8.63%。此后有林地面积持续增加,至 20 世纪 70 年代中期,有林地面积增加到约为120.0 万 km²。自 20 世纪 50 年代初期至 20 世纪 70 年代中期,利用森林清查资料分析,全国各地的森林都有扩大趋势,森林面积变化以华北区增加较多,增长率超过 100%,平均年增加率达 3.2%;东南沿海区和西南区的增幅在 26%以上,平均年增长率为 1.1%,青藏高原区增加幅度也较大,东北区与西北及黄土高原区有小幅增长,蒙新区基本不变。此后有林地面积减少,到 20 世纪 70 年代末期森林面积约为 115.0 万 km²,相应森林覆盖率降低到 12.0%。其中,华北区和东南沿海区减小最多,减幅大于 6%;东北区、西南区与西北及黄土高原区的减小幅度次之,约为 6%。从 80 年代初期开始,森林资源数量和覆盖率再度持续增加,到 90 年代末期森林面积约为 159.0 万 km²,林地面积 227.6 万 km²,森林覆盖率增加到 16.55%。21 世纪初期森林面积约为 175.0 万 km²,相应森林覆盖率持续增加到 18.21%。到 2007 年,依据国土资源公报的数据,全国林地面积达到 236.1 万 km²,比 20 世纪 90 年代增加 8.5 万 km²(葛全胜等,2005)。

自 1960 年代后期以来,中国林地资源数量变化总体呈现持续递增演变过程。从林地分布空间格局变化来看,如图 6.3b(刘纪远等,2009),21 世纪新增加的林地主要集中在中国西部地区的贵州、重庆、陕西、宁夏以及内蒙古自治区西南部山区。而中国东部部分省份如浙江、福建、江西、广东、吉林等林地面积减少,被减少的林地面积中,35% 被开垦为耕地,36% 转变为草地。

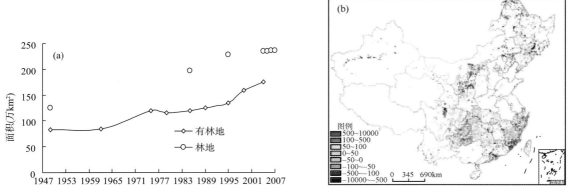

图 6.3　1947—2007 年中国林地面积变化(a)和 21 世纪初期(2000—2005 年)林地分布空间变化(b)

6.1.3　中国草地分布变化

如图 6.4 所示(史培军等,2006;辛晓平等,2009),1985 年以前,全国草地面积急剧减少了 10.5%,在 20 世纪 80 年代中期到 90 年代中期草地面积持续递减,减少面积为 24.2%,从 90 年代中期以来,草地面积分布变化不明显,略呈动态稳定状态。由于草地变化研究较少,基本以国家土地调查数据为依据,存在较大不确定性。如利用北方 13 省 1989、1994 和 1999 年 1 km 土地利用/覆盖数据(李月臣等,2009),分析得到中国北方 13 省草地面积在 1989 年有 307.14 万 km²,基本与 1990 年数据吻合;1994 年草地面积为 286.1 万 km²,1991 年为 261.9 万 km²,与上述数据出入较大。但是全国草地面积总的变化趋势大体较为一致,就是 1990 年代中期以前持续递减,之后略呈稳定态势。

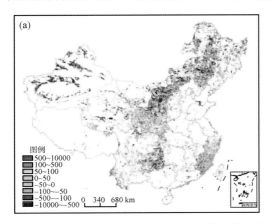
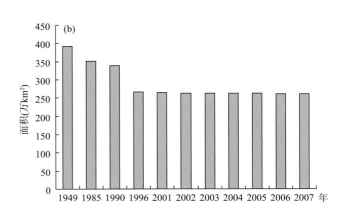

图 6.4　2000—2005 年草地格局变化(a)与 1949—2007 年间中国草地面积变化过程(b)

进入 21 世纪以后,草地面积总体出现小幅度减少,在 2000—2005 年间净减少 1.2 万 km²,主要发生在内蒙古中部草原区、新疆沙漠绿洲带、黄土高原农牧交错带，以及西部的贵州、重庆等地（刘纪远等，2009）。草地面积减少主要表现为部分草地被开垦为农田，占减少总量的 48% 以上。此外甘肃南部、陕西北部、四川盆地北缘区退耕还草导致草地面积略有增加。总体而言，自 1990 年代以前中国草地分布面积在持续递减，但在 1990 年代中期以来，存在动态稳定趋势。

总之，在进入 21 世纪以后，中国土地利用变化总体态势是耕地面积减少，以南方水田的减少为主；城乡建设用地显著增加，以中国东南沿海地区及内陆地势平坦地区为主；林地面积呈现一定增加，以中西部"生态退耕还林"为主；草地总面积总体持续减少，但从 1990 年代中期以来减幅较小，转换类型以开垦为农田为主。

6.1.4　基于 NDVI 的中国植被覆盖变化

归一化植被指数（Normalized Difference Vegetation Index，NDVI）是目前广泛应用的一种表征植被生长状况、生物量等的参数，可以反映该像元对应区域的植被覆盖和土地覆盖类型的综合情况，是植被生长状态和植被空间分布密度的最佳指示因子，与植被覆盖分布密度呈线性相关。因此，NDVI 常被用来分析土地和植被覆盖的时空变化。

利用线性趋势法计算的 1982—1999 年和 1982—2006 年 NDVI 的总体变化趋势（图 6.5）表明，过去近 25 年中国的 NDVI 在大多数地区都呈增加趋势，表明中国的植被活动在增强。20 世纪 90 年代末与 80 年代初相比，全国植被地区的面积增加了 3.5%，植被稀少地区的面积减少了 18.1%，全国单位面积年 NDVI 增加了 7.4%（方精云等，2003）。NDVI 变化的地区性差异较大。过去 25 年中国植被发生明显增加的区域包括京津冀及其周边地区、青海东南部和北疆中西部，三区增长率均大于 1%/10 a；而长江以南的大部分区域植被呈减少趋势，减少率超过 −1%/10a。东部沿海地区呈下降趋势或变化不明显，西部地区大都呈增加趋势。

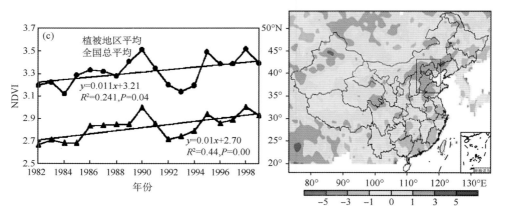

图 6.5　过去 25 年来（1982—2006 年）生长季全国总体的 NDVI 变化趋势（晏利斌等，2011）

气温和降水的变化与植被覆盖变化正相关，中国 NDVI 总体增加的总趋势与气候变化密切相关。生长季节的延长和生长加速是中国 NDVI 增加的主要原因，而气候变化，尤其是温度上升和夏季降水量的增加可能是 NDVI 增加的主要驱动因子之一。

6.2　典型区域土地利用与覆盖变化

6.2.1　北方农牧交错带

一般地，中国北方农牧交错带指位于 $34°48′\sim48°32′$N，$103°15′\sim124°37′$E 的带状区域，位于内蒙古高原东南边缘和黄土高原北部，包括内蒙古、黑龙江、吉林、辽宁、河北、山西、陕西、甘肃、宁夏等 9 个省（自治区）的 154 个县（旗、市），面积 62.1 万 km²，该区属典型的温带半干旱大陆性季风气候，风大、干旱少雨,年均气温 0～8 ℃,年均降水量 300～450 mm;植被自东向西由森林草原带过渡到典型草原带和荒漠草原带,是典型的干草原植被类型;土壤类型以栗钙土和棕壤为主;该区地貌复杂多样,以内蒙古高原为主体,草原、山地、沙地、河流和湖泊并存。依据自然地理条件,如图 6.5 所示,中国北方农牧交错带可划分为东北、华北和西北段:东北段包括黑、吉、辽的西部和蒙东北;华北段包括冀、晋的北部和蒙中;西北段包括蒙西北、陕北和甘、宁的中南部。

利用 1986—2000 年遥感数据分析,中国北方农牧交错带区高盖度植被的面积缩减,低盖度植被的面积增加;植被覆盖升高区主要位于该区东北段的东部、北段的西部和西北段的西部,其他地段的植被覆盖明显退化(图 6.6);植被覆盖度与降水、干燥度指数呈正相关,与温度呈负相关。低盖度和中盖度植被面积均有所增加,其增幅分别为 36.8% 和 14.2%,而高盖度、中高盖度、中低盖度植被的面积均有所减少。其中,高盖度植被的减幅达到 42.6%。耕地、林地和草地面积减少,水域、建设用地和未利用地面积增加,面积减少最多的土地类型为草地,其中,有 68 313 km² 转为耕地(刘军会等,2008)。

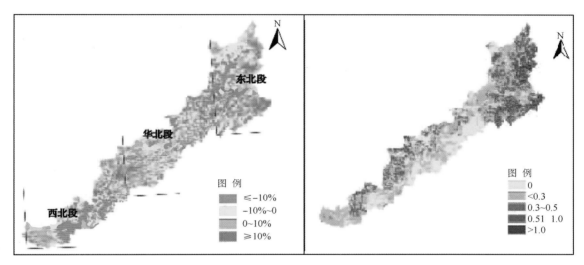

图 6.6 1986—2000 年植被覆盖度变化的空间分布和土地利用动态度(刘军会等,2008)

鄂尔多斯高原是农牧交错带重要的生态敏感地区,利用 1985、1995、2000 以及 2004 年多期卫星遥感数据(TM)对比分析,结果表明,过去 20 年该区域土地利用(图 6.7)耕地和未利用土地减少。耕地减少 4378.13 hm²,未利用土地减少了 46.21 万 hm²。林地、草地、水域、城乡工矿居民用地增加,分别增加 175.01 hm²、45.77 万 hm²、4281.77 hm² 和 4296.13 hm²(成军锋等,2009)。土地利用最重要的转化方向有两个,一是耕地、未利用土地、林地向草地的转化;另一个是草地向耕地、林地、水域、城乡工矿居民用地和未利用土地的转化,还有城乡工矿居民用地向草地、水域和未利用土地的转化,反映了鄂尔多斯高原既有退耕还林还草、积极治理沙漠的事实,又有毁林毁草开垦荒地的现实。在鄂尔多斯高原,耕地的增加与人口的增长有密切关系,也与国家政策有关。例如,在 1995—2000 年,耕地面积的增加是由于处于改革开放初期,家庭承包土地政策的实施极大地调动了农民的积极性,受利益驱动掀起了开荒热潮;而在 2000—2004 年国家执行了退耕还林还草政策,结果一方面是耕地的减少,另一方面是草地、林地的增加。

内蒙古农牧交错带的土地利用与覆盖变化与鄂尔多斯农牧交错带不同,主要表现为耕地、未利用地面积的扩大和林地、草地、水域面积的减少。由于土地利用强度不断加大,林地和草地大量转化为耕地,但水分限制导致耕地沙化日趋严重,并使草原生态环境日趋恶化,出现了草地沙化、草地质量下降及其第二性生产力转化率低下、草地生物多样性减少与草原生态系统整体功能下降等后果(战金艳等,2004)。以河北农牧交错带为例,进入 21 世纪以来,该区域土地覆盖状况出现明显好转,其中在 1998—2003 年间,大部分地区处于中度覆盖和较高覆盖水平,植被覆盖度保持稳定状态的面积占 60.3%,并有 19.85% 的区域植被覆盖度总体得到轻度和中度程度提高。在 2003—2008 年间,该区域 65.7% 的范围内植被覆盖度得到不同程度提高，特别是北部高原牧区和西南高原林牧农类型区植被覆盖改善明显。同样，以科尔沁左翼后旗为例，1975—2005 年间耕地面积整体上增加但增加的幅度略有不同，在 1995—2000 年间耕地的土地利用动态度最大，增加幅度较大，而 2000—2005 年间耕地的土地利用动态度相对较小，增加幅度显著下降。在农牧交错带东北段的这些典型区域的西辽河流域，1995—2005 年的 10 年间，耕地面积仅增加 10%，建设用地也只增加了 5.6%；同期林地面积出现增加，草地面积减少十分微弱。这些土地利用与覆盖变化的事实说明，进入 21 世纪以来，北方农牧交错带土地覆盖趋于改善。

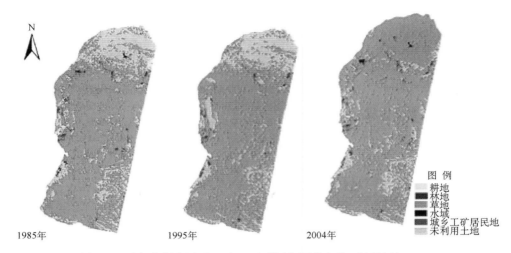

图 6.7　鄂尔多斯高原近 20 年土地利用与覆盖变化（成军锋等，2009）

6.2.2 西北干旱区

　　1981 年到 2001 年，中国西北 NDVI 值有下降的趋势，说明植被覆盖普遍存在退化的趋势（图 6.8）。在变化幅度方面，前 10 a 变化的幅度明显小于后 10 a。中国西北植被普遍存在退化的趋势，但局部地区有改善的趋势，改善的区域从空间上看主要分布在新疆西部和北部地区。从 1998 年到 2001 年是一个持续下降的时期，2002 年相对于 2001 有较大幅度增加，从 2002 年到 2004 年又有一个持续下降的趋势。在 1998—2004 年间，植被覆盖改善的区域从空间上看主要分布在陕西省和宁夏回族自治区的大部分地区以及新疆维吾尔自治区的西北和西南部地区。

　　在西北干旱区选择新疆和河西走廊两个典型区域，进一步阐述过去 50 年间土地利用和土地覆盖变化。

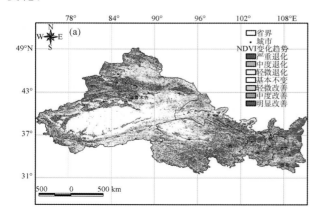
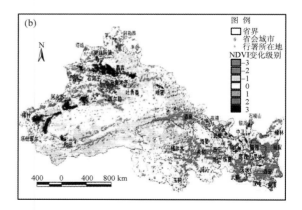

图 6.8　1981—2004 年间西北干旱区植被 NDVI 动态变化

（a.1981—2001 年，马明国等，2003；b.1998—2004 年，宋怡等，2006）

　　新疆地区,在1960—2000年的40年间,包括裸岩(土)等在内的其他未利用土地类型是增长最大的土地类型,净扩张4.3×10^6 hm^2,其次是旱耕地,增长幅度达到2.4×10^6 hm^2。疏林地和城镇用地的增幅也较显著,分别增加4.2×10^5 hm^{2}和6.0×10^4 hm^2。新疆地区沙漠化土地扩张2.3×10^6 hm^2,是与旱耕地几乎相同增幅的土地退化类型(陈曦等,2006)。在土地荒漠化类型以及与人类活动密切相关的耕地、水库坑塘等大幅度增加的同时,天然灌木林急剧减少,递减幅度达到2.8×10^6 hm^2,草地面积(荒漠草地和天然牧草地)也几乎同步减少了2.8×10^6 hm^2,湿地面积减少4.1×10^4 hm^2(陈曦等,2006)。新疆地区土地利用变化的最大特征就是耕地面积的急剧扩张,大部分由于水源限制而成为旱耕地。进入21世纪,如图6.9所示,在1998—2008年的10年间,全疆大部分地区的植被覆盖得到一定程度的改善,尤其是北疆生长季NDVI年际增加速度最快,南疆地区植被改善的速度不如北疆,但在塔里木河流域地区,尤其是干流地区,NDVI变化十分显著。天山地区大部分地区植被相对稳定,但其中部地区的NDVI呈减少趋势。这种变化与过去10多年新疆北部和西部降水增加直接相关,同时塔里木河流域生态输水工程的实施显现了治理效果。

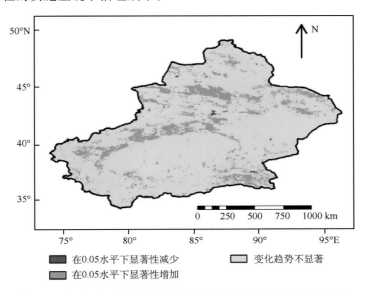

在0.05水平下显著性减少　　　　变化趋势不显著
在0.05水平下显著性增加

图6.9　1998—2008年新疆地区植被NDVI变化(王桂钢,2010)

　　河西走廊地区研究程度较高的是黑河流域和石羊河流域。以黑河流域山丹河子流域和干流中游段比较,在1967—2004年间,两个对比区域不同的土地利用格局变化,形成了显著的绿洲沿河流的溯源迁移,和以基于下游老绿洲的渐进性绿洲外围拓展两种不同模式,前者导致流域水资源过度集中消耗于流域上游和源区,中下游水资源可利用量急剧减少,导致黑河下游荒漠化土地在30多年间增加了85.1%,灌溉绿洲萎缩了25.5%;后者则不同,水资源利用量的空间配置在区域下游具有小幅度集中,区域绿洲系统整体的稳定性较高(图6.10)。与陈曦等人(2006)研究结果相似,认为人类活动控制流域尺度土地利用与覆盖变化。

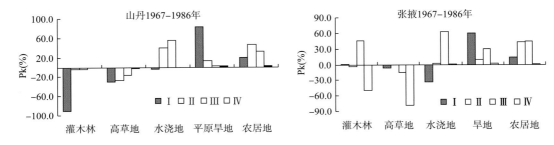

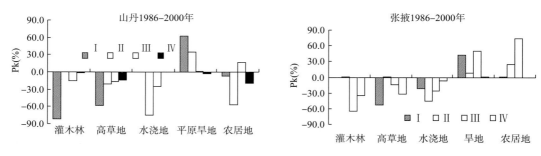

图 6.10　黑河流域山丹河子流域和干流中游段土地利用变化对比（王根绪等，2006）

　　在 2000 年到 2004 年间，黑河中游土地利用格局发生了一些变化，与 20 世纪 90 年代以前相比，耕地面积趋于减少，4 年间减少 7.1%，草地面积也减少了 3.9%。同期，林地显著增加了 11.2%，建设用地增加了 0.2%，这种变化与流域综合整治和水资源统筹调度的影响有关。总体而言，河西走廊地区土地利用和覆盖格局的变化是人类活动作用的结果，气候变化对区域尺度大范围的植被指数动态有一定影响（王根绪等，2006）。

6.2.3　黄河、长江三角洲

　　黄河三角洲地区土地利用和覆盖类型变化过程主要有以下特点：①陆地总面积总体的趋势在增加，从 1956—1984 年间新增陆地面积 10.75 万 hm²，期间仅蚀退 0.752 万 hm²；在 1984—1991 年间，增加陆地面积 6.03 万 hm²，蚀退 0.51 万 hm²；在 1991—1996 年间，新增陆地面积 4.78 万 hm²，但蚀退了 1.62 万 hm²。在 1996 年以后，蚀退增加，造陆面积进一步减少。②在 1956—1984 年间，土地大规模开垦，大量草地和林地转为耕地，新增耕地达到 19 万 hm²；在 1984—1991 年间，土地利用方式以农耕灌溉为主，导致大面积土地盐碱化，耕地、草地退化为盐碱地成为该期间的主要土地变化方式；在 1991—1996 年间，对未利用土地的垦殖和草地退化导致区域内耕地面积、草地面积变化较大，新增耕地和草地面积大幅度超越 1984—1991 时段，但同时土地盐碱化面积也剧增了 15.3 万 hm²。③在空间格局变化上，从 1950 年代到 2000 年，人类开发利用从地势较高的南部鲁中山地山前冲洪积平原逐渐向东北部地势较低的现代三角洲地区扩张（叶庆华等，2004；汪小钦等，2007）。④主要天然湿地类型如芦苇沼泽湿地、草甸湿地和滨海湿地均呈现显著的萎缩趋势，湿地分布面积总体递减率从 1992 年前的 14.9%，急剧增加到 1995 年以后的 45.5%。其中滨海湿地和草甸湿地分布面积减少最为剧烈，分别减少了 38.2% 和 36.9%；其次是芦苇沼泽湿地，分布面积减少了 16.8%（图 6.11）。

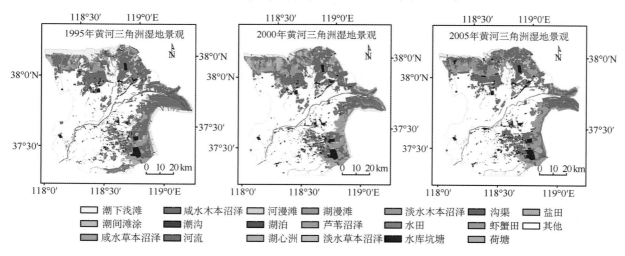

图 6.11　黄河三角洲地区的土地利用与覆盖变化（李胜男，2010）

　　近 50 年来，长江三角洲地区耕地数量呈现明显的波动减少趋势，经历了由增加→急剧减少→缓慢减少→快速减少的基本变化过程，其中分别在 1958—1963 年、1985 年前后和 1993 年前后出现了三次明显的耕地流失高峰,其形成机制主要是政策、经济发展和人口增长的驱动。

耕地的大量流失是高强度开发地区面临的共性问题,据历年统计资料分析表明,1980—1995 年间,长江三角洲地区共流失耕地 24.7×10^4 hm²,约占全国同期流失耕地总面积的 5.6%。若以每年平均单位土地面积流失的耕地数量表示耕地流失强度,则近 15 年来,长江三角洲耕地流失强度超过 0.20 hm²·km⁻²·a⁻¹,是同期全国平均流失强度(0.03 hm²·km⁻²·a⁻¹)的 6.7 倍。平均年耕地递减率达 0.55%,约为同期全国平均值的 2 倍,其中年耕地递减率超过 0.5% 的县市约占整个三角洲县市总数的 3/5,超过 1.0% 的县市占县市总数的 1/4(表 6.2)。位于苏州近郊的吴县和吴江市,近 15 年来,年均耕地递减率超过 2%,为全国年平均递减率的近 7 倍(杨桂山等,2001)。

表 6.2 长江三角洲 1993—2000 年间土地利用变化(万 hm²,戴锦芳,2002)

行政区域	耕地	园地	建设用地	交通用地
上海	−0.618	0.013	0.796	0.076
浙江	−11.018	1.275	9.145	2.722
江苏	−9.781	−0.673	6.372	0.437
合计	−21.417	0.614	16.313	3.235

6.2.4 长江上游地区

在 1980—2005 年的 25 年间,长江上游土地利用和覆盖变化以 2000 年为界,分为明显差异的两段:在 2000 年以前林地和耕地大幅度减少,草地和建设用地面积显著增加,水域和未利用地相对变化幅度不大(表 6.3)。在 2000 年以后,则与之相反,林地和耕地增加,草地面积减少,建设用地和裸地面积持续增加。依据 1955—2000 年间基于遥感数据分析,长江上游主要流域岷江和嘉陵江流域林地面积均减少,但前者净减幅度高于后者(表 6.4);两流域草地、耕地和建设用地的面积均呈现增加态势。两流域的林地、草地和耕地变化过程分别为:①林地变化:岷江流域林地面积持续减少,三个时段(1955—1972 年,1972—1986 年以及 1986—2000 年,下同)减幅分别为 2.18%、2.43% 和 0.60%;嘉陵江流域林地面积变化呈现减—减—增的态势,变化幅度分别为 −6.90%、−0.15% 和 3.30%,"天然林保护"和"退耕还林还草"工程在该流域已初见成效。②草地:岷江流域草地面积持续增加,三个时段增幅分别为 2.16%、2.13% 和 0.54%,1986—2000 年间的增幅要明显低于前两个时段。嘉陵江流域草地面积呈现出增—减—减的态势,变幅分别为 16.89%、−8.27%、−3.70%。③耕地:岷江流域耕地面积呈现减—增—增的状态,变幅分别为 −1.41%、1.67% 和 0.77%;嘉陵江流域则呈现增—增—减的态势,变幅分别为 0.67%、0.88% 和 −1.21%。

上述变化格局,也可以从 1982—2001 年的归一化植被指数(INDV)数据变化来说明,在上游的东部区域,植被有明显的退化;在西部区域,植被活动性有所增加。耕地所占比重大幅下降,有林地比重逐年上升,1995—2005 年该流域土地利用结构都是以耕地和林地为主,两者占全流域面积的比例从 1995 年 90.94% 变为 2005 年的 89.2%,但却从以耕地占绝对优势转变为耕地和有林地平分秋色。各种土地利用类型变化差异明显,在该流域土地利用类型 5 种一级分类中,林地、交通运输用地的面积不断扩大,其中,交通运输用地增加的幅度最大,增加了 113.06%,其次是林地,增加 70.22%。耕地和住宅用地面积不断减少,其中耕地减少了 25.16%。

表 6.3 1980—2005 年间长江上游土地利用和覆盖变化(吴楠等,2010)

	耕地	林地	草地	建设用地	裸地
1980 年	24.90	33.77	34.44	0.05	5.39
2000 年	21.86	33.63	34.86	0.51	5.74
2005 年	22.05	33.79	34.32	0.61	5.84
年均变幅	−0.15/0.2	−0.01/0.03	0.02/−0.11	0.022	0.02

表 6.4 岷江和嘉陵江流域不同时期单一土地利用类型动态变化指标（刘洪晔等，2011）

指标	时段（年）	林地		草地		耕地		建设用地	
		岷江上游	嘉陵江中下游	岷江上游	嘉陵江中下游	岷江上游	嘉陵江中下游	岷江上游	嘉陵江中下游
转出速度（%）	1955—1972	0.15	0.98	0.01	0.07	0.30	0.02	0.00	0.00
	1972—1986	0.20	0.13	0.03	0.69	0.01	0.02	0.00	0.00
	1986—2000	0.11	0.04	0.06	0.38	0.04	0.11	0.00	0.00
转入速度（%）	1955—1972	0.02	0.30	0.13	1.07	0.21	0.06	0.11	0.43
	1972—1986	0.03	0.12	0.19	0.10	0.12	0.08	0.07	0.37
	1986—2000	0.07	0.28	0.10	0.12	0.09	0.02	0.74	2.38
综合动态度（%）	1955—1972	0.17	1.28	0.14	1.14	0.51	0.08	0.11	0.43
	1972—1986	0.24	0.24	0.22	0.79	0.12	0.10	0.07	0.37
	1986—2000	0.18	0.32	0.15	0.50	0.13	0.12	0.74	2.42
状态指数	1955—1972	0.76	0.53	−0.90	−0.87	0.16	−0.50	−1.00	−1.00
	1972—1986	0.74	0.04	−0.74	0.75	−1.00	−0.60	−1.00	−1.00
	1986—2000	0.24	−0.73	−0.25	0.53	−0.43	0.69	−1.00	−1.00

分析 1982 年以来嘉陵江流域植被指数（NDVI）的动态变化趋势，如图 6.12a，总体上呈现上升趋势，可具体划分为 3 个阶段：（1）1982—1989 年，植被覆盖呈波动变化且起伏较小；（2）1990—1995 年，植被覆盖呈现明显下降态势，达到最近 25 年的最低值；（3）1996—2006 年，区域植被指数持续增加。从图 6.12b 来看，嘉陵江流域植被覆盖变化存在明显的空间差异。以北川—剑阁—通江一线为界，以南地区的植被覆盖指数主要以增加趋势为主，以北地区植被指数上升与下降地区并存，下降区域略大。统计结果表明，过去 25 年来，嘉陵江流域植被覆盖增加的区域面积为 69.5%，呈下降趋势的区域面积占 30.5%（刘洪晔等，2011）。说明，嘉陵江流域和长江上游其他地区一样，在进入 21 世纪以来，植被覆盖状况持续好转。

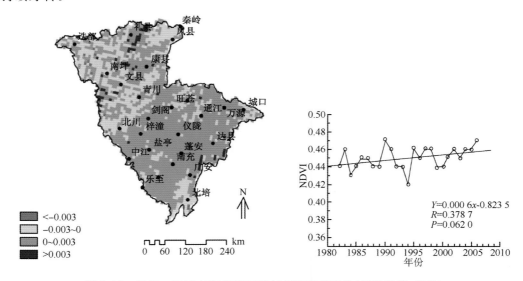

图 6.12 1982—2006 年间嘉陵江流域植被覆盖变化（刘洪晔等，2011）

6.2.5 青藏高原

以长江黄河源区为例（图 6.13），1967—2008 年的 41 年间，长江源区高覆盖草甸（覆盖度大于 70%）面积减少 16.4%，其中 1986—2000 年间减少 11.3%；低覆盖面积增加了 12.6%；黄河源区高覆盖草甸面积减少了 25.6%，在 1986—2000 年间减少了 21.2%；低覆盖面积增加 39.3%；高寒草甸草地总面积减少 19.5%，低覆盖面积增加了 17.4%。黄河源区高覆盖高寒草原面积减少 7.9%，其中 1986—2000 年间减少 5.5%；低覆盖草原面积增加 2.0%。长江源区高覆盖高寒草原面积减少 6.8%，

1986—2000 年间减少 3.5%；低覆盖草原面积增加 1.63%。长江黄河源区(简称江河源区)高覆盖高寒草原面积总体减少 8.6%，低覆盖草原面积增加 3.2%。1967—2008 年间江河源区沼泽草甸分布面积锐减 32.1%，是江河源区退化幅度最大的生态类型；长江源区沼泽湿地面积减少 37.3%，在 1986—2000 年间沼泽湿地面积减少 27.3%，黄河源区沼泽湿地面积减少 16.8%，1986—2000 年间减少 13.1%。相同期间，江河源区沙漠化土地分布面积增加 16.8%，其中 15.1% 出自 1986—2000 年；长江源区沙漠化土地分布面积增加 11.3%，在 1986—2000 年间沙漠化面积增加 9.6%；黄河源区沙漠化土地分布面积增加 28.5%，1986—2000 年间增加 25.7%。综上所述，江河源区高寒生态系统总体呈现持续退化状态，表现在：草地植被覆盖度下降，导致高覆盖草甸和草原面积减少，严重退化的沙漠化土地和黑土滩型裸草地面积增加，同时，高寒湿地分布面积急剧萎缩(王根绪等,2009)。

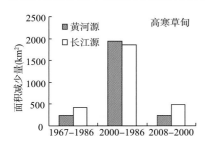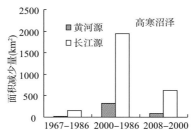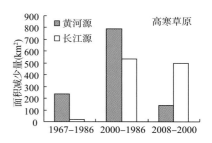

图 6.13　长江黄河源区的高寒草甸和高寒草原草地分布面积变化(王根绪等,2009)

在 1985—2000 年间，西藏地区未利用地、居住地及建筑用地、灌木林地及疏林地面积增加，其中居住地及建筑用地增加的速度最快，增长率为 46.6%；耕地、森林、草地、河流及湖泊面积减少，河流、湖泊和农用地面积减少率较大，分别达到 13.1% 和 10.4%(曾加芹等,2008)。同期，西藏拉萨地区土地利用与覆盖变化进行分析结果也表明，面积增幅最大的是林地，1990—2000 年的 10 年间增加了 2713.5 hm²，10 年间土地利用类型变化最广泛的是牧草地，草地面积减少了 2459.3 hm²，湖泊水域面积减少了 252.4 hm²，耕地面积也有所减少，减少幅度为 0.36%(除多,2007)。林地面积的增加和耕地面积减少主要缘于土地利用政策变化，以及该地区实施的农业综合开发建设中旨在改变区域生态环境所采取的一系列退耕还林和天然林保护工程的结果。

2000—2007 年间，珠穆朗玛峰自然保护区植被变化的总体趋势以稳定为主，但在区域北部的实验区植被退化面积呈快速上升的增长趋势(图 6.14)，近年来愈加严重。位于区域南部的核心区植被变好面积的增加趋势明显大于退化面积的增长趋势；中部缓冲区在 2003 年后植被变好与退化势态基本持平。近年来珠峰自然保护区升温的变化趋势南坡比北坡更明显，而降水的变化存在一定的空间差异性。但是，南坡高大乔木生长速度快，自我恢复能力强，受气候变化干扰小。因此，尽管降雨减少，但在核心区的严格保护和持续升温有利条件下，南坡峡谷水气通道区域的植被仍然保持了大部分变好趋势。降水减少是北坡高寒区湿地植被退化的主要因素(阚瑷珂等,2010)。

2000—2007年

图 6.14　珠峰保护区植被覆盖变化(阚瑷珂等,2010)
图例:变好(绿色)、稳定(黄色)、退化(红色),浅蓝色,无植被区。

6.2.6 东北地区

中国东北地区从南向北具有暖温带、温带和寒温带的热量变化,自东向西具有湿润、半湿润和半干旱的湿度分异,形成了独特的植被分布格局,这种格局对全球变化十分敏感,成为国内外全球变化研究的重点区域。同时,东北地区也是中国历史上大规模的由南至北移民和垦殖开发的重点区域,土地利用与土地覆盖状况变化剧烈。

东北地区耕地变化过程可以清晰地揭示该区域土地利用变化特征,根据叶瑜等人重建的东北地区耕地变化过程(叶瑜等,2009),在20世纪,东北三省耕地面积呈阶段性快速增长,其中1914—1931年和1950—1960年为两个增长最为迅速的阶段,其年平均增长率分别达到2.3%和3.1%,而其他时段的年平均增长率均在0.5%以下。在1940—1950年间,东北地区耕地面积呈持平然后下降的趋势。在1960—1980年间呈缓慢增长趋势,年平均增长率为0.2%,此后,在1980—2000年间再次呈下降趋势,年平均减少率为0.5%,尤其是1990—2000年间下降迅速,年平均减少率达到-1.2%。但是不同地区存在变化速率的明显差异,在19世纪以前,辽宁省始终是耕地面积发展最快的区域,至19世纪末20世纪初,吉林省的耕地面积和垦殖率已与辽宁省无太大差别,而黑龙江省明显较二者偏低。到20世纪80年代之后,黑龙江省的耕地面积和垦殖率已与吉林的不相上下,辽宁则更高,如图6.15所示,20世纪东北整体垦殖强度不断增大,并逐渐形成了3个高垦殖率的农耕区。

辽宁省1950年达到50%以上垦殖率的县占省总面积的百分比为19.7%,而1980,1990和2002年达到该水平的县所占百分比则分别为14.7%,16.1%和15.1%。吉林省1950年达到50%以上垦殖率的县占该省总面积的百分比为6.8%,而1980,1990和2002年则分别达18.0%,18.0%和16.4%。黑龙江省1950年达到50%以上垦殖率的县占全省面积的6.0%,而1980,1990和2002年则分别达12.1%,11.8%和13.1%。20世纪30—40年代以来,吉林省与黑龙江省新垦殖区域向森林地区显著扩张。

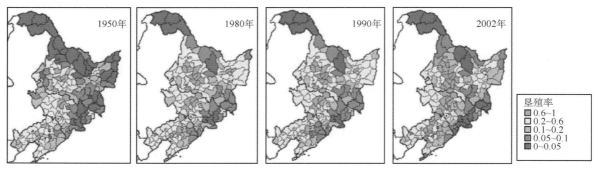

图6.15　1950—2002年间东北地区耕地面积的时空分布变化特征(垦殖率:%,叶瑜等,2009)

利用NDVI指数变化分析东北地区植被覆盖变化(王宗明等,2009),结果表明:1982—2003年东北地区森林植被的NDVI总体呈下降趋势;草地植被的NDVI变化较为平稳,但是,松嫩草地和呼伦贝尔草地植被的NDVI均略有下降。如表6.5所示,1982—1992年11年间,东北地区植被覆盖呈现良好的增加趋势。植被覆盖高度增加的面积占东北地区总面积的12.85%,主要分布在大兴安岭中部、北部,小兴安岭南部,辽西低山丘陵区和辽东低山丘陵区等地区。植被覆盖轻度增加面积占东北总面积的31.1%。植被覆盖高度减少的面积较少,仅占东北总面积的1.1%,主要分布在大兴安岭北部的漠河、塔河地区,大兴安岭中东部的阿容、莫力地区,内蒙古的翁牛特旗地区,辽宁的建昌地区,三江平原的抚远等地区。1993—2003年间东北地区植被覆盖严重减少面积占东北地区总面积的11.4%。植被覆盖轻度减少面积占东北地区总面积的39.1%。植被覆盖减少明显的地区主要分布在呼伦贝尔草原东部额右旗南部、陈虎旗等地区,大兴安岭中部莫力旗等地区,小兴安岭南部的伊春地区,三江平原北部的绥滨、同江和抚远等地区,南部密山、虎林等地区,内蒙古宁城、翁牛特旗等地区及长白山东坡安图、长白地区。1993—2003年期间,东北地区植被覆盖增加的面积较少,植被覆盖度高度和轻度增加的面积总和仅占区域总面积的2.18%,且呈零星分布状态。以上结果表明1993—2003年的11年间,东北地区植被覆盖呈减少趋势。东北地区植被NDVI指数变化与春季气温和生长季降水变化关系密切,降水量减少是NDVI波动递减的主要原因(王宗明等,2009)。

表6.5 东北地区1982—2003年间植被指数变化趋势及其空间分布(王宗明等,2009)

等级		1982—1992年	1993—2003年	1982—2003年
NDVI变化幅度	变化级别	面积比例(%)	面积比例(%)	面积比例(%)
<-1	严重减少	1.1	11.41	0.07
-3—-1	轻度减少	6.67	39.1	9.14
-1—1	无变化	48.33	47.36	89.85
1—3	轻度增加	31.1	2.06	0.94
>3	高度增加	12.85	0.12	0

毛德华等人(2012)将NDVI序列延长到1982—2009年的28年,分析东北地区植被覆盖变化情景,结果表明:在1982—2009年间,东北地区植被年最大NDVI呈3个变化阶段:1982—1992年呈小幅上升趋势,1992—2006年呈缓慢下降趋势,2006—2009年呈缓慢回升态势。由空间变异分析得出NDVI变化相对大的区域主要分布在内蒙古干旱和半干旱区,总体上,东北地区在过去28年间NDVI总体变化不大,变化范围在±0.3之间。21世纪初相对于20世纪80年代,NDVI变化区域增大,全区91%呈现无变化状态,1.98%的像元NDVI呈减少状态,植被NDVI变化在-0.3~-0.1之间。植被NDVI值增高在0.1~0.2之间,呈轻度增加的像元占全区6.45%,主要集中在松嫩平原西部及内蒙古自治区与辽宁省交界地区;保国图和通辽地区部分像元植被NDVI表现出明显增高,NDVI值增高在0.2~0.3之间,主要原因是草地、沼泽湿地退化,转变为耕地所致。气温是东北全区植被年最大NDVI的主控影响因子。对于不同植被类型年最大NDVI,受气温影响强度由大到小依次为:森林>草地>沼泽湿地>灌丛>耕地;受降水影响按草地>耕地>灌丛>沼泽湿地>森林依次减弱(毛德华等,2012)。

三江平原土地利用数据库的时间跨度为1954—2005年,共分为6个时间段,节点分别为:2005年、2000年、1995年、1986年、1976年和1954年。将该区域土地利用类型进行归并处理,共分为7种类型进行统计分析,这7种类型分别为耕地、林地、草地、水域、城乡工矿用地、未利用地和湿地(宋开山等,2008)。其中,湿地包括沼泽地和滩地等天然湿地,不包括人工湿地;耕地包括旱地和水田。在GIS空间分析模块下对三江平原土地利用方式及格局的动态变化进行了定量研究。结果表明在过去50年里,三江平原的土地利用方式发生了显著变化。耕地净增加了38.55×10⁵ hm²,年均增加75 597.3 hm²,其中湿地、林地与草地对耕地的增加贡献最大。湿地减少了25.67×10⁵ hm²,除极少数退化为草地外,绝大部分转化为耕地;草地减少了57.65×10⁴ hm²,面积比由9.13%缩减为3.86%;林地在整个研究期间呈现出一定波动趋势,但总体呈减少趋势;水域与未利用地也呈现出减少趋势;居工地则呈现快速增长趋势,而且其年增长率为6.96%,远远大于其他土地利用的年增长率(宋开山等,2008)。

从1954年到1976年,三江平原土地利用/覆被变化显著(图6.16)。其中耕地面积由171.34万hm²增加到358.67万hm²,平均每年增加8.52万hm²。林地由411.16万hm²下降到359.89万hm²,平均每年减少2.33万hm²。1954至1976年,草地面积共减少16.3万hm²,平均每年减少7410.97 hm²。湿地面积发生了重大变化,由352.59万hm²减少到223.06万hm²,面积比重由32.74%下降到20.45%,平均每年减少5.89万hm²。在1976—1986年的10年间,三江平原的土地利用/覆被变化依然非常显著。其中,耕地共计增加了93.82万hm²,草地、湿地大幅减少了9.85万hm²、84.13万hm²,湿地减少面积为草地减少面积的8倍多,与1954—1976年相比,湿地与草地减少的速度明显增加。在1986—1995年的10年间,三江平原各土地利用类型的变化趋势仍然为耕地持续增长,湿地和草地大规模减少,湿地面积比重由12.77%下降到10.78%,草地面积比重进一步由6.87%降低到3.77%。这期间,居民与建设用地的变化速度明显下降;而林地依然保持增加趋势,面积比重由34.3%增加到35.4%。进入21世纪以来,三江平原耕地的增幅仍比较大,面积比重由48.16%增加到51.17%。湿地面积进一步持续减少,面积比重下降到10.0%以下,由此可见三江平原的湿地面积减少速度又开始加速;林地面积进一步下降,面积百分比也由 33.22% 迅速下降到 31.63%。三江平原在过去 50 年耕地与居工用地呈持续增加趋势,而其他土地利用类型的面积都不同程度减少,尤其是湿地与草地减少尤为剧烈。

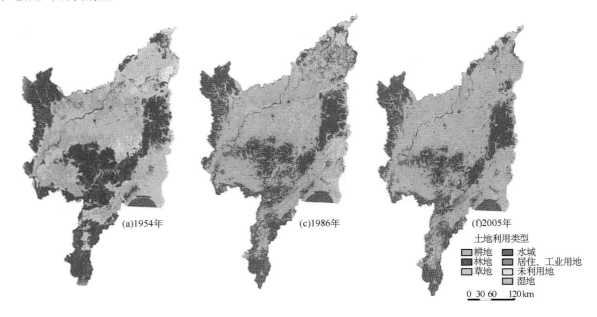

图 6.16   东北三江源区 1954—2005 年间土地利用与覆盖变化情景(宋开山等,2008)

6.2.7　黄土高原地区

黄土高原是世界最大的黄土沉积区,位于北纬 34°～40°,东经 103°～114°。包括太行山以西、青海省日月山以东,秦岭以北、长城以南广大地区。跨山西省、陕西省、甘肃省、青海省、宁夏回族自治区及河南省等省区,面积约 40 万 km²。按地形差别分陇中高原、陕北高原、山西高原和豫西山地等区。黄土高原平均海拔 1000～1500 m,年均气温 6～14 ℃,年均降水量 200～700 mm。从东南向西北,气候依次为暖温带半湿润气候、半干旱气候和干旱气候。植被依次出现森林草原、草原和风沙草原。土壤依次为褐土、垆土、黄绵土和灰钙土。山地土壤和植被地带性分布也十分明显。以气候较干旱,降水集中,植被稀疏,水土流失严重为主要特征。

选择黄土高原地区植被覆盖最好时期的 7,8 月份,利用 GIMMS 和 SPOT VGT 两种归一化植被指数(NDVI)数据对黄土高原地区 1981—2006 年期间植被覆盖的时空变化进行了分析,发现黄土高原地区植被覆盖经历了以下 4 个阶段(图 6.17a):①1981—1989 年植被覆盖持续增加时期;②1990—1998 年以小幅波动为特征的相对稳定时期;③1999—2001 年植被覆盖迅速下降时期;④2002—2006 年植被覆盖进入迅速上升时期。黄土高原地区植被覆盖在 20 世纪 80 年代上升,在 90 年代有所下降,这与在青藏高原中部和西北地区的研究结论相似(信宝忠等,2007)。黄土高原地区植被覆盖在 1998—2006 年期间整体呈现显著的上升趋势,从图 6.17b 所示的黄土高原 1998—2006 年 NDVI 年际波动曲线可知,1999—2001 年黄土高原 NDVI 处于相对偏低水平。将 1999—2001 年 3 年平均 NDVI 减去 1998 年 NDVI,结果表明,1999—2001 年植被覆盖和 1998 年相比退化趋势非常明显,自 2002 年开始植被覆盖进入上升时期。

黄土高原地区在 1981—2003 年期间植被覆盖呈上升趋势,并存在显著的空间差异。如图 6.18a 所示,植被覆盖显著提高的 2 个区域是:①内蒙古和宁夏沿黄农业灌溉区;②鄂尔多斯草原禁牧、退耕还林还草生态恢复区;此外,兰州北部、清水河谷地和泾河流域也呈现上升趋势。植被覆盖显著下降的 2 个区域是:①从西峰、延安到离石的黄土丘陵沟壑区;②位于黄土高原南部的六盘山、秦岭北坡的山地森林植被覆盖区。在 1998—2006 年间,黄土高原植被指数整体上呈现明显增加趋势,如图 6.18b 所示,但在植被稀疏的兰州—盐池—鄂托克一带,植被退化趋势明显,尤其是兰州北部地区,退化非常显著。

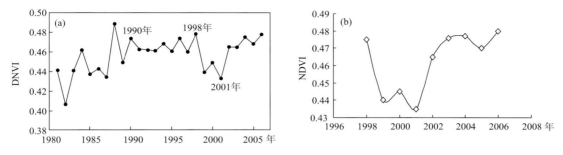

图 6.17　黄土高原 1981—2003 年(a)以及 1998—2006 年间(b)的植被指数变化过程(信宝忠等,2007)

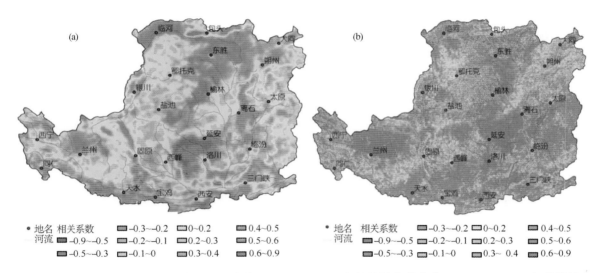

图 6.18　黄土高原植被指数的时空变化,(a)1981—2003 年的植被指数变化;(b)1998—2006 年的植被指数变化(据信保忠等,2007)

黄土高原地区植被覆盖变化存在显著的空间差异(图 6.18)。内蒙古和宁夏沿黄农业灌溉区和鄂尔多斯退耕还林还草生态恢复区的植被覆盖明显提高,而黄土丘陵沟壑区和六盘山、秦岭北坡等山地森林区的植被覆盖明显退化。从不同的植被类型来看,沙地、草地和耕地的 NDVI 上升趋势显著,而森林植被的 NDVI 呈明显的下降趋势。研究表明,植被覆盖变化是气候变化和人类活动共同作用的结果。黄土高原地区气候变暖在加剧土壤干燥化抑制夏季植被生长的同时,提高了春、秋季节植被生长活性,延长了植被生长期。黄土高原地区植被覆盖和降水关系密切,降水变化是植被覆盖变化的重要原因。农业生产水平的提高致使农业区 NDVI 在不断上升,同时,正在黄土高原大规模进行的退耕还林还草工程建设,其生态效应也正在呈现。

在 1990 年代中后期开始,黄土高原地区土地利用与覆盖的显著变化具有一定普遍性。在甘肃天水地区,1995 年林地和梯田面积分别较 1986 年增加 107.5% 和 275.0%,坡耕地面积减少 76.5%;2004 年林地面积比 1995 年增加 12.6%,坡耕地和梯田面积分别减少 12.6% 和 0.9%。2006 年林地和梯田面积分别较 1986 年增加 107.5% 和 275.0%,坡耕地面积减少 76.5%(张晓明等,2009)。定西县从 1999 年至 2007 年土地利用变化有如下特点:耕地面积从 1999 年开始至 2007 年呈逐年减少趋势,由占全县面积的 20.24% 减少到 9.76%。林地面积从 1999 年开始逐年增加,从占全区总面积的 22.45% 增加到 38.86%。草地面积从占研究区总面积的 36.86%,减少到 34.57%,但是高覆盖草地面积增加,由占总面积的 17.2% 增加到 22.5%。新中国成立以来,黄土高原地区进行了大量的修建梯田、淤地坝、植树造林等水土保持工作,在 20 世纪 80 年代进行了广泛的小流域治理。自 1999 年开始,目前正在进行退耕还林还草工程,上述诸多研究结果说明,在区域年降水相对偏少的情况下，植被 NDVI 还保持上升趋势，这表明当前在黄土高原地区退耕还林还草工程的生态效应可能已经开始呈现。

6.2.8　京津冀地区

京津冀地区包括北京市、天津市、河北省 3 个省市，位于东经 113°04′～119°53′，北纬 36°01′～42°37′，华北平原和燕山、太行山山地和内蒙古高原东南侧。属典型的暖温带半湿润半干旱大陆性季风气候。地势由西北向东南倾斜，西北部为山区、丘陵和高原，其间分布有盆地和谷地，中部和东南部为广阔的平原。京津冀地区交通发达，是全国交通最为密集的地区之一。

采用中国科学院资源环境数据库中 1990 年和 2000 年京津冀地区 1∶100000 的土地利用数据，分析土地利用与覆盖变化如图 6.19 所示（胡乔利等，2011），1990—2000 年间京津冀地区建设用地增长迅速，造成了耕地大量减少，尤其在北京、天津、石家庄等大中城市最为明显（图 6.19），城市周围大量耕地被转为建设用地，水域有所减少，林地、草地和未利用地略有变化。各类用地的增加大多来源于耕地，仅耕地变化量就占总变化量的 78.05%，而且大量耕地转为建设用地。而未利用地转为耕地主要来自于土地开发整理的贡献。从总量上看，10 年间建设用地面积增长率为 21.05%，其次是水域和耕地。

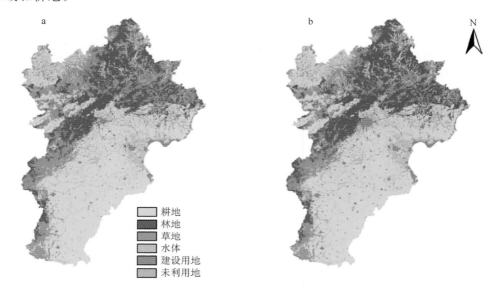

图 6.19　京津冀地区 1990 年(a)和 2000 年(b)土地利用分布图（胡乔利等，2011）

京津冀地区 1996—2005 年土地利用变更调查资料，分析土地利用变化结果如表 6.6 所示（王涛等，2010）。1996 年京津冀地区的优势地类为耕地、林地和草地，占总面积的 72.3%。耕地是京津冀地区最主要的土地利用类型，占总面积 35.6%，其中又以水浇地占绝对优势。到 2005 年尽管不同土地利用类型间发生了较频繁的转换，但耕地、林地和草地在景观格局中的优势地位并未发生改变，只是耕地与林地的自身比例发生交换，耕地比例减少至 32.7%，而林地的面积由 1996 年的 20.8% 增加到 2005 年的 23.6%。10 年间土地面积增加的地类有园地、林地、人工牧草地、交通运输用地和城镇村及工矿用地，减少的地类则为水田、水浇地、旱地、天然牧草地、其他草地、水域及水利设施用地和其他土地。所有地类中增幅最大的是林地。20 世纪 90 年代以来，退耕还林还草工程使全区域的草地稍有恢复，同时原来以草地利用为主的地区大部分变为以林地利用为主的地区。退耕还林还草主要发生在京津冀的山区，以北部的张家口和承德两市面积最大。耕地转化成林地和城镇村及工矿建设用地是京津冀地区土地利用变化的主要趋势，过去 20 年间京津冀地区总体植被覆盖指数 NDVI 增加的根本原因就在于耕地面积减少而林地面积的显著增加。

表 6.6　1996—2005 年间京津冀地区土地利用结构变化(王涛等,2010)

时期	耕地			园地	林地	草地		建设用地			其他
	水田	水浇地	旱地			天然草地	人工草地	交通	水域	城镇工矿	
1996	1.2	18.2	16.1	3.1	20.8	15.6	0.3	1.8	6.3	8.5	7.9
2005	1.0	17.8	13.8	3.6	23.6	14.8	0.6	2.0	6.2	9.4	7.2

6.3　土地利用与覆盖变化模拟与预测

6.3.1　土地利用与覆盖变化模拟模型研究进展

土地利用模型是分析土地利用系统结构与功能的有力工具,建立模拟模型是 LUCC 研究的有效手段,在 LUCC 复杂性认识基础上的对未来 LUCC 进行情景模拟,不仅是深入理解 LUCC 机制的关键,而且对制定合理的土地利用决策也具有重要指导意义。自 20 世纪 90 年代以来,国内外在该领域的研究取得了一系列重要进展,这里主要归纳现阶段应用较为普遍的模拟模型及其特点。

以土地覆盖为主体的模型主要有以下四种:

城市增长时空系统动态学模拟:将 Forrester 城市动态学与元胞自动机相结合,建立城市增长的时空动态模拟模型(沈体雁等,2007);

森林林窗模型:用于模拟和预测森林生态系统的动态演替过程;

动态全球植被模型:其应用主要包括以下 3 个方面:①模拟未来全球气候变化和人类扰动(如 LUCC)等各种情景下全球植被分布的瞬间变化。②评估陆地碳库、碳通量以及 CO_2 施肥效应、大气氮沉降、气候变化、生态系统扰动的可能影响。③能够在全球气候系统模式中完全考虑生态系统的直接反馈过程,用以研究植被、气候之间的相互作用机制(毛嘉富等,2006);

BPNN-CA 模型:是由宏观非空间需求模型、微观空间分配、BPNN 模型组成,用以实现对土地利用/覆盖时空变化模拟(李月臣,2006)。

以土地利用系统动态变化为主体的模型有以下 5 方面(范泽孟等,2005;李月臣,2006):

(1)系统模型:通过系统(或子系统)的信息、物质、能量的流动结构与功能建立系统方程,时间因素常作为离散或不连续的时间段或时间点来处理。该方法在处理人类与生态系统相互作用的定性分析上具有优势,但同时存在难以定量表达其相互作用的弱点,同时对空间的处理也显得不足。

(2)统计分析模型:该方法在土地利用/覆被变化研究中广泛应用,如回归分析、空间统计分析等,尤其在采用遥感影像作为数据源的土地利用变化研究中,广泛用其进行空间统计分析。统计分析方法的优点体现在容易实现定量化分析,在空间异质性和空间相互作用的影响上独具特色,但在处理决策过程和一些社会因素方面(如制度因素等)因数据获取和量化的难度而难以采用。

(3)专家模型:将专家的判读和概率分析方法相结合,如贝叶斯概率判别、人工智能、基于规则的知识系统等。专家模型一般将定性的分析转变为定量的数据,从而采用一些专家判断模型来判断土地利用/覆被在特定环境下的状况及其变化概率。专家模型的优点是体现了土地利用系统的复杂性,但在建模实现上较为困难。

(4)进化模型:采用达尔文的进化论思想来建立便于计算机实现的进化模型模拟土地利用/覆被变化过程,理论上可实现土地利用系统复杂性的模拟,方法上多采用人工神经网络和进化模型相结合来研究土地利用/覆被变化,但具体建模实现与理论分析仍然存在差距。

(5)元胞模型:包括元胞自动机(Cellular Automata,CA)和马尔可夫模型。元胞模型的基本分析单位为适宜的空间网格,土地利用/覆被未来的时空变化取决于每个网格和周围网格在时空尺度的转换规则,相同的空间单元在相同的空间网格作用下服从相同的转换规则。元胞模型在模拟土地利用/覆被变化的生态过程方面具有很大优势,但在考虑到人类决策的时候遇到困难,因为元胞模型不能处理不同层次土地利用主体的决策过程在土地利用/覆被变化研究中的作用。

综合土地利用与覆盖的模拟模型，包括将元胞模型和系统模型相结合形成的土地利用/覆被转换模型；将人为过程和生态过程结合形成的森林退化模拟模型 DELTA；将统计模型、元胞模型和系统模型相结合形成的大尺度模型 GEOMOD2；CLUE 系列模型以及 LUSD（Land Use Scenarios Dynamics model）模型等。最近综合了土地利用主体决策行为和环境相互作用关系的主体模型发展迅速，越来越多的学者采用这种复杂的研究方法分析土地利用变化过程，预测未来变化动态，及由土地利用变化导致的全球土地覆被变化，现阶段国际上采用主体模型进行土地利用/覆被变化研究的模拟软件主要有SWARM、RePast、Ascape、CORMAS 等。在国内，相关研究尚处于起步阶段。基于主体的土地利用模拟方法实现了土地利用变化中空间变化和土地利用主体决策过程的综合研究，突出了土地利用主体的决策及不同主体在时空上的相互作用。因此，主体模型方法研究土地利用动态变化更适合于分析变化的空间过程、空间相互作用和多尺度现象，可能是未来发展的重要方向。

6.3.2　基于模拟模型的土地利用与覆盖变化预测

在宏观的全国尺度上，采用 HadCM3 模式的 A1FI、A2a、B2a 等分别代表未来气候变化水平高、中、低三种情景数据，利用构建了基于栅格的土地覆盖边际转换模型，模拟的 2010—2039 年、2040—2069 年和 2070—2099 年等三个时段的中国 HLZ（Holdridge life zone）生态系统栅格数据的平均状态表征为 2039 年、2069 年和 2099 年的 HLZ 生态系统栅格数据。由此预测未来中国土地覆盖变化的未来情景，结果如图 6.20 所示（范泽孟等，2005）。总体上，在 2000—2099 年间耕地、草地、湿地、水域、冰川雪被等土地覆盖类型面积逐渐减少，林地、建设用地、荒漠等土地覆盖类型面积逐渐增加，沙漠面积有所减少。其中，林地增加速度最快，裸露岩石减少速度最快。

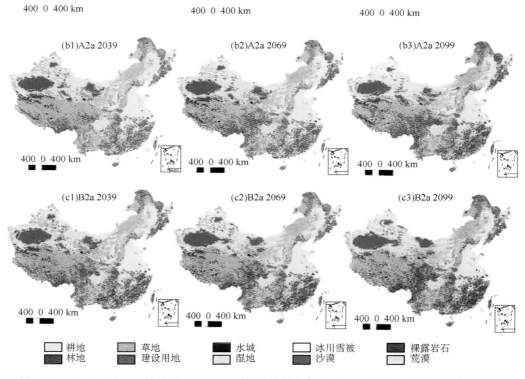

图 6.20　基于 HadCM3 模式的 A2a、B2a 两种情景的未来中国土地覆盖预测（范泽孟等，2005）

三种情景模拟的中国未来土地覆盖空间分布格局具有很好的一致性，以后两种情景结果为主，如图 6.20，中国宏观的土地覆盖变化表现出如下的空间分布格局：①耕地空间分布。在未来 100 年内，中国耕地总体上大致以大兴安岭—榆林—兰州—青藏高原东及其东南边缘为界，形成中国的农、牧两大生产区域；中国耕地主要集中连片地分布在东北平原、华北平原、长江中下游平原、四川盆地、关中盆地等区域，中国西部的河西走廊及天山南北的河流冲积扇区也有相对集中的耕地分布。②林地空间分布。东北主要集中分布在大小兴安岭、长白山及辽东盆地;西南主要集中分布在西藏雅鲁藏布江以东及以南的喜马拉雅山和横断山地区、四川盆地周围山地、云贵高原及广西的绝大部分丘陵山区;东南主要分布在武夷山脉、南岭、东南丘陵及台湾山脉等低山丘陵地区;大兴安岭—吕梁山—青藏高原东缘一线以西的地区,林地分布相对分散,此范围的林地主要分布在天山、阿尔泰山、祁连山、子午岭、贺兰山、六盘山、阴山等山区地区。③草地空间分布。在未来 100 年内,草地基本以西部分布为主,东部分布较少。主要集中分布在大兴安岭—阴山—吕梁山—横断山一线以西地区;从地貌类型来看,中国草地主要分布在青藏高原、内蒙古高原、黄土高原、天山山脉、阿尔泰山及塔里木盆地周围。

李月臣等以北方 13 省为研究区,借助 SD、ANN 和 CA 模型尝试建立"自上而下"和"自下而上"相结合,将土地利用/覆盖数量变化与其空间分布相结合,探讨不同情景下 LUCC 的时空演变规律的动态模型,并对研究区 LUCC 的时空特征进行模拟研究(李月臣等,2008)。模拟研究设定了以下三种情景:一是经济高速发展(增长率 7.5%),高人口增长,粮食单产高于 2000 年水平(粮食自给率为 1.0),并考虑技术进步因素(E1P1G2 T2);二是经济低速发展(增长率为 7.0%),低人口增长,粮食单产维持 2000年水平,不考虑技术进步因素(E3P3G2 T1);三是经济高速发展,高人口增长,粮食单产高于 2000 年水平(E1P1G3 T2),模型模拟预测结果如图 6.21。

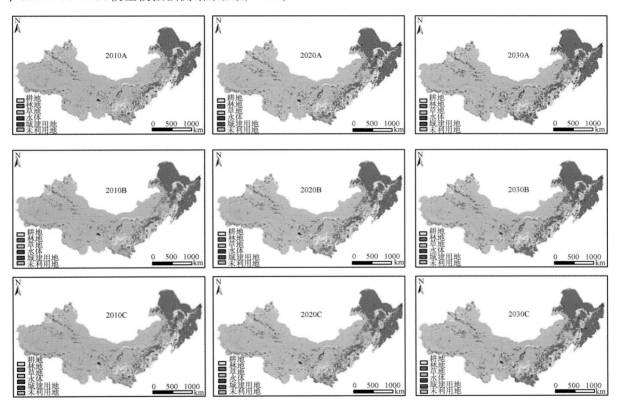

图 6.21 基于 BPNN-CA 模型的北方 13 省区土地覆盖变化预测(李月臣等,2008)

在 2005—2030 年模拟期内,耕地呈现明显的持续减少趋势,以情景 3 减少最为显著,减少比例均在10% 以上;城建用地则呈现出明显的持续增加趋势,情景 1 和 3 增加趋势最明显,增长比例都超过了 30%。林地、草地和水域也表现出不同的变化特征,林地在模拟期内持续增长,情景 3 增长幅度最大,增长比例超过了 22%;草地变化相对比较稳定,各情景下的草地,在 2015 年前表现出缓慢减少趋势,2015 年后则逐渐增加,到 2030 年基本恢复到 2005 年的水平;水域在区域内变化也比较明显,各情景下水域面积均有所增加,情景 3 增加比例最大,超过了 21%,未利用地均表现出不同程度的减少。从模拟结果的空间格局特征分析,农牧交错带是中国北方未来几十年土地利用/覆盖变化比较明显的地区,区内林地增长比较明显的地区主要分布在内蒙古东北部、黑龙江、吉林、辽宁以及京津周边地区。发生变化的部位主要是林地—耕地,林地—草地的交接地带。表明国家一系列的生态调控措施在这些地区发挥着重要作用。

参考文献

陈曦.2006.中国干旱区土地利用与土地覆被变化.北京:科学出版社

成军锋,贾宝全,赵秀海,等.2009.鄂尔多斯高原典型地区土地利用动态变化分析.干旱区研究,**26**(3):354-360

除多.2007.山地土地利用、土地覆盖变化研究:以西藏拉萨地区为例.气象出版社

范泽孟,岳天祥,刘纪远,等.2005.中国土地覆盖时空变化未来情景分析.地理学报,**60**(6):941-952

方精云,朴世龙,贺金生,等.2003.近20年来中国植被活动在增强.中国科学(C辑),**33**(6):554-565

高志强,刘纪远.2006.1980—2000年中国LUCC对气候变化的响应.地理学报,**61**(8):865-872

葛全胜戴君虎.2005.20世纪前、中期中国农林土地利用变化及驱动因素分析.中国科学(D辑:地球科学),**35**(1):54-63

侯西勇,庄大方,于信芳.2003.20世纪90年代新疆草地资源空间变化格局.地理学报,**59**(3):409-417

胡乔利,齐永青,胡引翠,等.2011.京津冀地区土地利用/覆被与景观格局变化及驱动力分析.中国生态农业学报,**19**(5):1182-1189

阚瑷珂,王绪本,高志勇,等.2010.2000—2007年珠峰自然保护区植被时空变化与驱动因子.生态环境学报,**19**(6):1261-1271

李攀,胡德勇,赵文吉.2010.北方农牧交错带植被覆盖变化遥感监测研究—以河北省沽源县为例.国土资源遥感,**2**:113-117.

李胜男.2010.黄河三角洲水文过程对湿地系统格局的影响研究.中国科学院研究生院博士学位论文.

李月臣,何春阳.2008.中国北方土地利用/覆盖变化的情景模拟与预测.科学通报,**53**(1):1-11

李月臣,刘春霞.2007.北方13省土地利用/覆盖动态变化分析.地理科学,**27**(1):45-52

刘洪晧,张平仓,刘宪春,等.2011.嘉陵江流域植被覆盖时空变化特征.长江流域资源与环境,**20**(1):111-115

刘纪远,张增祥,徐新良,等.2009.21世纪初中国土地利用变化的空间格局与驱动力分析.地理学报,**64**(12):1411-1420

刘军会,高吉喜.2008.气候和土地利用变化对中国北方农牧交错带植被覆盖变化的影响.应用生态学报,**19**(9):2016-2022.

刘瑞民,杨志峰,沈珍瑶,等.2006.基于DEM的长江上游土地利用分析.地理科学进展,**25**(1):102-108.

毛德华,王宗明,罗玲,等.2012.基于MODIS和AVHRR数据源的东北地区植被NDVI变化及其与气温和降水间的相关分析.遥感技术与应用,**27**(1):77-85.

邵怀勇,仙巍,杨武年.2008.长江上游重点流域土地利用变化过程对比研究.生态环境,**17**(2):792~797

史培军,王静爱,冯文利,等.2006.中国土地利用/覆盖变化的生态环境安全响应与调控.地球科学进展,**21**(2):111-119

宋开山,刘殿伟,王宗明,等.2008.1954年以来三江平原土地利用变化及驱动力.地理学报,**63**(1):93-104

王根绪,李娜,胡宏昌.2009.气候变化对长江黄河源区生态系统的影响及其水文效应.气候变化研究进展,**5**(4):1673-1719.

王根绪,刘进其,陈玲.2006.黑河流域典型区土地利用格局变化及其影响比较.地理学报,**61**(4):339-348

王桂钢,周可法,孙莉,等.2010.近10年新疆地区植被动态与R/S分析.遥感技术与应用,**25**(1):84-91

王涛,吕昌河.2010.京津冀地区土地利用变化的数量结构分析.山西大学学报(自然科学版)**33**(3):473-478.

王宗明,国志兴,宋开山,等.2009.中国东北地区植被NDVI指数对气候变化的响应.生态学杂志,**28**(6):1041-1048

吴楠,高吉喜,苏德毕力格,等.2010.长江上游不同地形条件下的土地利用/覆盖变化.长江流域资源与环境,**19**(3):268-276

伍星,沈珍瑶.2007.长江上游地区土地利用/覆被和景观格局变化分析.农业工程学报,**23**(10):86-92.

仙巍,邵怀勇,周万村.2005.嘉陵江中下游地区土地利用格局变化的动态监测与预测.水土保持研究,**12**(2):61-64.

信忠保,许炯心,郑伟.2007.气候变化和人类活动对黄土高原植被覆盖变化的影响.中国科学D辑:地球科学,**37**(11):1504-1514

晏利斌,刘晓东.2011.1982—2006年京津冀地区植被时空变化及其与降水和地面气温的联系.生态环境学报,**20**(2):226-232

叶瑜,方修琦,任玉玉,等.2009.东北地区过去300年耕地覆盖变化.中国科学D辑:地球科学,**39**(3):340-350

战金艳,邓祥征,岳天祥,等.2004.内蒙古农牧交错带土地利用变化及其环境效应.资源科学,**26**(5):80-87

张晓明,曹文洪,余新晓,等.2009.黄土丘陵沟壑区典型流域径流输沙对土地利用/覆被变化的响应.应用生态学报,**20**(1):121-127

第七章　极端天气气候变化

主笔：翟盘茂，严中伟

贡献者：钱维宏，江志红，邹旭恺，任福民，王亚伟，周志江等

提　要

　　本章对中国区域观测到的极端高温和低温、极端降水和干旱、热带气旋和温带气旋、沙尘暴、冰雹、大风、冰冻、雾、霾、雷暴等极端天气气候事件的气候变化规律进行了综合评估。伴随着20世纪中期以来的大尺度气候变暖，中国平均极端最低气温呈每10年0.5～0.6 ℃明显上升趋势，与低温相关的极端事件强度（频率）明显减弱（小），其中1961—2010年期间寒潮次数呈每十年0.3次，1951—2010年间霜冻日数呈每十年3天的显著趋势减少。高温天气如热浪等变化则表现出较强的年代际波动特征，与高温有关的其他一些极端事件也表现出相应的年代际变化。从极端强降水变化来看，全国年平均降水强度极端偏强的区域呈现出显著的上升趋势，极端强降水平均强度趋于增强；而连阴雨的雨量和频率却呈现减少趋势。中国干旱变化的区域差异大，华北、东北和西北东部地区干旱化趋势明显。台风和温带气旋，沙尘暴、冰雹、大风以及大雾、雷电等极端天气现象趋于减少或减弱。影响中国的热带气旋的平均强度变化无明显趋势，但极端强热带气旋强度则表现出显著减弱，登陆风暴无明显增加或减少趋势。受北半球中高纬度地区显著变暖影响，温带气旋的锋生作用减弱，冬春季气压梯度减小，冷空气势力减弱，平均风速和大风日数减少，进而使得北方地区沙尘天气显著减少。中国大部分地区雾日呈减少趋势，但中国区域性霾天气日益增加。

7.1　极端天气气候变化研究的主要进展

　　极端天气气候变化的研究一定程度上是被近百年全球变暖及其影响研究推动的。在20世纪80年代，人们开始逐步明确地认识到全球正在变暖，且与工业革命导致的人类活动释放二氧化碳等大气温室气体有关。政府间气候变化专门委员会第一次评估报告补充报告（IPCC，1992）主要结论之一就是确认当时全球平均变暖速率为0.3～0.6 ℃/100a。IPCC（1996）第二次评估报告深入开展了气候变化影响的评估，强调要重视区域气候变化。IPCC（2001）第三次评估报告首次总结了一些气候极值指数变化趋势的大尺度分布形态，第四次评估评估报告（IPCC，2007）则更加全面地总结了全球和区域气候变化问题。一些国际研究组织也积极推动极端气候研究。特别是世界气象组织气候委员会（CCl）和世界气候研究计划（WCRP）组织的气候变率和预测研究（CLIVAR）项目，专门成立一个极端气候事件指数专家组（ETCCDI），其主要任务之一就是协调促进各国发掘利用逐日气象资料研究极端气候指数及其变化规律。

　　20世纪90年代后期，人们开始大量利用逐日（观测和模拟）资料研究气候变化，以便于分辨区域性的极端天气气候事件。例如，Zwiers等（1998）利用GCM逐日输出结果分析了可能的气候极值变化情景；Karl等（1999）在逐日观测基础上给出了一些区域气候极值的变化趋势。采用逐日资料的原因之一是因为在全球尺度上很难获得更高分辨率的气象资料（观测和模拟都是如此）。但从另一个角度来看，

逐日资料或许也是反映大尺度的极端天气气候事件的最佳资料。因为更短尺度所反映的空间代表性也较小,并不利于分辨大尺度气候变化。

逐日气候距平分布概念提出较早的是 Jones 等(1999)。该定义旨在给出一个判别当地任意时刻(任意一日)的极端天气或气候极值的标准。他们在研究中提出,以逐日气候距平分布为基础研究气候极值变化,定义小概率的百分位最好取第 10 或第 90 百分位。从物理意义上理解,为描写"极端"事件,当然应该取更极端的百分位如第 1 或第 99 百分位等。但那样所得气候极值序列将有很多年份没有值,不利于恰当反映气候变化。实际分析中也有很多研究者用第 5 或第 95 百分位值作为定义极端事件的阈值。研究发现,在百分位取得较为极端时(如取第 3 或第 97 百分位值做阈值时),序列趋势往往表现得更为剧烈,但有时也会呈现不一致的气候变化趋势(Yan 等,2002a)。这一方面说明太极端的百分位气候极值定义,其统计稳定性较差,不利于统计检测气候变化;另一方面也意味着,有必要进一步研究在何种程度上定义气候极值以便能更恰当反映大尺度气候变化。

极端天气气候事件:当某地天气现象严重偏离其平均态时,就出现小概率事件。这些小概率的或不常发生的事件称为极端事件,也可称为极端气候。根据 SREX 报告(IPCC,2012),极端气候(极端天气或气候事件)是指出现某个天气或气候变量值,该值高于(或低于)该变量观测值区间的上限(或下限)端附近的某一阈值。简单来讲,将极端天气事件和极端气候事件合起来称为"极端气候"。

严重干旱、严重洪涝、强高温热浪和低温冷害等都是极端事件。由于每个地区的气候平均态有所不同,一个地区的极端事件在另一个地区可能是正常的。对于某个区域的气候而言,气候并非简单地指较长时间的平均值,极端事件对气候具有重要的决定性意义,某地出现的天气条件的概率和极端值很大程度上决定了某地的气候。目前国际上在气候极值变化研究中最多见的是采用某个百分位值(如第 95 百分位值)作为极端值的阈值,超过这个阈值的值被称为极值,该事件被称为极端事件;也有人对不同气候要素采用不同分布型的边缘值来确定气候极值,或者取影响人类或生物的某个界限温度来作为气候极端值或阈值(如霜冻)。

气候极值指数的应用一定程度上得益于 CLIVAR-ETCCDMI 专家组的大力推动。由于无法直接获得各国逐日气象观测资料,该专家组从 1990 年代后期到 2000 年代早期,在各大洲协调各国气象部门研究人员开展统一分析,获取了多区域多种气候极值指数及其趋势变化图像(Peterson 等,2001;Manton 等,2001;Klein Tank 等,2003)。直到最近几年,一些全球尺度的分析才得以开展(Alexander 等,2006)。由于当前气候模式的局限性,很多模拟量难以直接和观测量作对比分析。恰当运用气候极值指数,也有助于气候观测和模拟的对比分析(Kiktev 等,2003)。气候极值指数的问题在于,不同地区气候背景不同,所关注的极值类型也不同,据称最多可列出上千种各地极值指数。但对于特定地区,往往仅有少数具有实用意义。在 CLIVAR/ETCCDI 网站上,可以找到目前国际上较为普遍接受的几十个指数定义及参考文献。显然,应用极值指数需要结合当地的实际气候环境。20 世纪 90 年代后期以来,中国的一些学者开始利用中国逐日气象资料开展多种极端气候指标变化格局分析(翟盘茂等,1999;Zhai 等,1999;严中伟等,2000)。这些研究,尤其是气候极值指数变化的研究,已在很多区域气候研究中得到重视和应用,也推动了近年来针对中国主要极端天气气候事件及一些关键区域所开展的深入研究(如:You 等,2008;2011;Yan,2011)。最近,一些研究(Yu 等,2010;Zhang 等,2011)已经开始利用逐小时降水资料分析短时强降水的气候变化特征,得出了一些与逐日降水不同的强降水变化特征。

针对逐日气候资料及其中所包含的气候极值问题,广义极值分布理论(GEV)近年来在气候分析界获得了更多应用。例如 Zhang 等(2004)利用 GEV 分布参数变化的广义线性模型(GLM)模拟,并结合 Monte Carlo 检验分析,研究区域气候极值变化。GEV 原则上不依赖于原数据的概率分布特征,仅就其中极端值部分取样,因而是对气候观测中蕴含的气候极值最直接无误的拟合描述。Tu 等(2010)比较分析了不同时期 GEV 拟合结果,从中区分出不同程度降水极值具有不同变化趋势的新颖结果。然而,由于现代气象观测时期有限,所能提供的极值样本更有限,GEV 理论的应用因此而受到一定局限。Ding 等(2010)研究,揭示了不同阈值条件下拟合的逐日降水极值概率分布均符合广义帕雷托分布(GPD),与其他极值分布如广义极值分布模式(下称 GEV)相比,以 GPD 模式为最优。江志红等(2009)利用广义帕雷托分布模式,研究了中国东部的逐日极端降水分布特征。

近年来,一些研究者尝试对逐日气候要素序列直接进行 GLM 分析。对于降水等非正态变量的气候变化及极值问题,这种分析具有独特优越性(Coe 等,1982;Stern 等,1984;Chandler 等,2002)。GLM 视每个"天气"值为某种气候的总体分布中抽取的样本,通过最大似然回归确定最符合所有样本的分布(包括确定自回归规律以及分布参数随时间、地点和各种可能气候因子的变化),再通过 Monte Carlo 法产生大量模拟样本,从中判断气候分布及极值随各种可能原因而发生的变化。由于把所有资料同时纳入一个关于分布(包括均值和极值)的研究框架,结果具有优越的统计稳定性。在分析区域逐日风速、日降水序列的有无雨日概率模拟及其与大尺度气候因子的联系方面,GLM 方法都被证实有着独特的优势(Yan 等,2002;Wang 等,2009)。

在全球变暖背景下,各种区域气候极值如何变化?这是社会各界关注的话题。最近,IPCC SREX(2012)报告指出,自 1950 年以来收集到的观测证据表明,某些极端事件出现了变化。观测到的极端事件变化的信度取决于资料的质量和数量,以及对这些资料分析研究的可获得性,而这些研究因区域和极端事件的不同而存在差异。Goswami 等(2006)指出,随着近百年全球变暖,印度季风区年总降水并没有发生显著变化,但极端降水则有所增强。中国地处东亚季风区,气候变化的区域性差异很大,极端降水变化南北差异也很大。从极端天气变率的形成考虑,季节波动和天气波动是逐日气候序列中最重要的变率源泉。很多极端天气气候事件的形成取决于极端天气波动及其在季节循环中的位相。因而考察季节和天气波动长期变化趋势是有益的。对欧洲和中国一些长期逐日温度序列中的季节变化和天气波动变化趋势的分析表明,全球变暖过程中,季节性波动减弱,中高纬区域天气波动(尤其是在冷季)也普遍减弱,所对应的冬季寒潮减弱;而中低纬区域暖季天气波动有变短变强的倾向,可能与全球变暖背景下暖季局部对流性天气增强有关(Yan 等,2001)。这些结论对于我们深入认识本章将要介绍的一些结果有所帮助。Zhai 等(2008)和任国玉等(2010)曾就中国区域多种极端天气气候事件近几十年来变化的研究工作进行了回顾和小结。本章将在更多近年发表的研究工作以及更新资料基础上,就中国区域多种极端天气气候事件总结出一些结论。

7.2 极端高温和极端低温

近年来,极端天气气候事件特别是极端温度事件等频繁发生,已经成为当今社会和科学界越来越关注的焦点,同时也给社会、经济和人民生活造成了严重的影响和损失。1993 年日本出现几十年来少有的凉夏,使水稻生产蒙受巨大的损失;1994 年夏季北半球大范围的持续高温酷暑天气对各国工农业生产和人民生活都造成了极大的影响;2003 年出现在法国、德国、瑞典、西班牙、意大利北部以及英国的最高气温值超过了 20 世纪 40 年代以来的记录。据世界卫生组织(WHO)估计,这次高温热浪事件在欧洲至少造成了 1500 人的死亡。2006 年 7 月美国加利福尼亚州的一些城市日最高气温持续超过 40 ℃,弗雷斯诺日最高气温连续多日超过 46 ℃,创加利福尼亚州有气象资料以来的最高纪录。印度首都新德里 2006 年 5 月 6 日的最高温度达到 44.5 ℃,为历史同期之最。2007 年 IPCC 第四次评估报告指出:近 50 年来,已观测到极端温度的大范围变化。冷昼、冷夜和霜冻的发生频率已减小,而热昼、热夜和热浪的发生频率已增加。全世界多数地区极端热夜、冷夜和冷昼的温度可能由于人为强迫的作用已升高。全球变暖增加了发生热浪的风险。

中国地处东亚季风区,是世界上最严重的气候脆弱区之一。最近几十年,中国极端高、低温事件的影响日益增强。其极端温度的变化特征与全球许多地区的变化规律总体相一致,平均温度的升高与极端高（低）温事件的变化存在着很高的相关关系（You 等，2011）。2000 年年底至 2001 年年初，内蒙古和新疆地区不断遭受强寒潮的袭击，致使部分地区遭受百年来奇冷的极端事件影响。中国近些年几乎每年都有许多个台站实测到最高气温突破历史极值的记录。2000 年 7 月 14 日，有避暑山庄美称的河北承德的最高气温竟达 43.3 ℃，为建站以来最高值。2003 年夏季，浙江出现了长达近两个月的极端高温天气，其中丽水气温最高达 43.2 ℃，突破浙江历史最高纪录。高温事件的发生频率较过去大大提高，较强的高温热浪一般 3～4 年出现一次，部分地区甚至年年都遭受袭击。2005 年 1—2 月，湖北、贵州等地遭受大范围低温冻害天气；2006 年 8 月，重庆、四川等地均出现了 1951 年以来最严重的高温干旱天气。据初步分析，重庆、四川两地因高温干旱至少造成粮食损失 500 万 t 左右。2007 年 5 月 25—29 日，华北、黄淮等地出现较大范围高温天气，河南、河北、北京、天津、山东、安徽北部、山西南部以及陕西部分地区的日最高气温一般为 35～38 ℃，河南、河北部分地区及天津等地达到 38～41 ℃，一些站点日最高气温突破当地 5 月最高气温的历史极值。

　　极端高、低温事件是极端天气气候事件的重要组成部分，而极端高、低温事件带来的影响制约着社会和经济的发展，直接威胁到人类赖以生存的生态环境，因而引起了各国政府和国际机构的高度重视。如何减少极端温度事件导致的脆弱性问题，不仅受到社会公众的普遍关注，而且也是气候变化科学研究的前沿问题。

7.2.1　日最高和最低温度

　　图 7.1 和 7.2 分别给出了 1951—2010 年全国年平均的日最高和最低气温的历年变化，平均最低温度（0.3 ℃/10a）升高的速度远大于平均最高温度（0.2 ℃/10a）。这里需要指出的是，最近 15 年来的最高温度升高明显。基于更新的 1960—2008 年均一化资料计算的中国年平均最高和最低温度的变化趋势分别为 0.19/10a 和 0.34 ℃/10a（Li 等，2009）。20 世纪 50 年代初期和中期为最冷，20 世纪 50 年代后期到 70 年代初期，温度回升。20 世纪 70—80 年代初期，平均最低温度略有增加，而平均最高温度变化成波浪形起伏，没有呈现出明显的增加或减少的趋势。但在 20 世纪 80 年代中期以后，平均最高和最低温度升高则非常迅速。

　　研究表明，年平均最高气温变化趋势在空间分布上呈现由南向北逐渐递增趋势，并以长江（约 30°N）为界，中国南、北部地区呈现明显不同的变化趋势，其中北部地区和 95°E 以西地区增暖趋势更为明显，增暖幅度大多在 0.1～0.6 ℃/10a 之间；30°N 以南的南部地区，除青藏高原呈较为明显的增暖趋势外，其余地区基本呈现变化不明显或弱的降温趋势，变化趋势大多在 -0.1—0.1 ℃/10a 之间。总体而言，中国平均最高气温的变化趋势特征为：北方增暖明显，南方变化不明显或呈弱降温；增暖幅度最大的地区在东北北部、华北北部和西北北部地区，而主要降温区位于江南地区；青藏高原的增暖表现出与众不同的特征，主要表现在：与同纬度的其他地区相比，该地区的增暖程度更为明显（唐红玉等，2002）。更新的 1960—2008 年均一化最高温资料表现出更普遍的增暖，仅夏季（且主要为 8 月份）在江淮到西南一带有所降温（Li 等，2009）。

　　年平均最低气温的变化特征，全国各地基本一致，呈明显的变暖趋势，尤其是北方地区。若以 35°N 为界，其以北地区增暖幅度明显大于 35°N 以南地区，纬度越高，增暖幅度越大，增暖幅度大多在 0.3～1.2 ℃/10a 之间。增暖幅度最大的地区是东北、华北、新疆北部地区和青藏高原东部。中国南方的大部分地区，年平均最低气温的增暖幅度相对较小，呈弱的增暖，变暖幅度大多在 0～0.3 ℃/10a 之间。在青藏高原地区，年平均最低气温的变化呈现出与年平均最高气温相同的变化特征，即与同纬度的其他地区相比，该地年平均最低气温的增暖幅度明显偏大（唐红玉等，2002）。经均一化的 1960—2008 年最低气温资料分析，在全国各地都表现出显著的增温趋势（Li 等，2009）。

　　由于最低气温增加比最高气温快，因而中国年平均日较差呈总体下降趋势。下降幅度较大的地区主要在东北、华北东北部、新疆北部和青藏高原（翟盘茂等，1997）。全国各季平均日较差均呈下降趋势，但冬季的下降趋势最为明显（任国玉等，2005）。

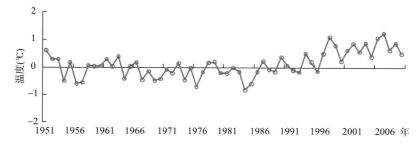

图 7.1 1951—2010 年全国年平均最高气温(℃)的历年变化(翟盘茂、邹旭恺提供)

图 7.2 1951—2010 年全国年平均最低气温(℃)的历年变化(翟盘茂、邹旭恺提供)

7.2.2 极端高温和热浪

图 7.3 给出了 1954—2010 年全国平均年极端最高气温的历年变化趋势。总体上看,平均年极端最高温度呈上升趋势。从年代际分布上看,1954 年到 20 世纪 90 年代初期,极端最高温度没有明显的变化,但自 20 世纪 90 年代初期以来,增长趋势明显。

20 世纪 60 年代以来,中国极端最高气温的变化表现为,夏季黄河下游、江淮流域和四川盆地出现显著的下降趋势,而西北西部和青藏高原南部出现显著上升趋势,其余地区变化不明显;冬、春、秋季北方地区均为明显的上升趋势;而南方地区四季变化趋势不明显(任国玉等,2005)。

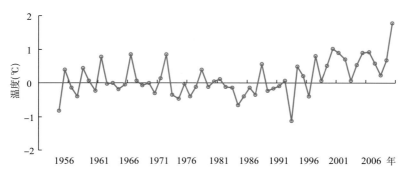

图 7.3 1954—2007 年全国平均年极端最高气温(℃)的历年变化(翟盘茂和邹旭恺提供)

气象上将日最高气温大于或等于 35 ℃定义为高温日;连续 5 天以上的高温日称为持续高温或"热浪"天气。中国年高温日数分布特征是东南部和西北部为两个高值区,全年高温日数一般有 15～30 天,新疆吐鲁番达 99 天,为全国之最;江南部分地区及福建西北部年高温日数可达 35 天左右。重庆年高温日数也较多,有 35 天(图 7.4)。

从全国平均年高温日数序列(图 7.5)可以看出,在年代际尺度上,中国高温日数变化呈波浪式变化,总体表现为 20 世纪 60 年代到 70 年代前期以及最近十多年高温日数较多,一般为 6～10 天左右,而 20 世纪 70 年代中期到 80 年代中期高温日数较少,大致为 4～6 天左右。从整体变化趋势上看,中国高温日数从 20 世纪 60 年代到 80 年代中期呈下降趋势,而 20 世纪 80 年代后期到 21 世纪初又呈逐渐上升趋势。研究表明,中国夏季高温日数近 44 年来的长期气候变化趋势为 0.012 d/10a,表现出极其微弱的增多趋势。空间上,在黄河下游、江淮及江南地区呈减少趋势,约为 2 d/10a,在南疆盆地、内蒙古西部、陕西东南部、浙江北部及华南东南部的部分地区,夏季高温日数变化则呈增多趋势,约为 2～4 d/10a,东北、西南和西藏地区没有明显的趋势变化(王亚伟等,2006)。

　　从中国两大高温频发区(即新疆干旱区和长江中下游)高温、热浪天气的气候变化看,长江中下游高温热浪事件在 20 世纪 80 年代前后较少,20 世纪 60 年代及近十多年较多,表现出很强的年代际波动,而新疆一带高温热浪事件主要是在 20 世纪 90 年代中期有一个急剧增长的变化(Ding 等,2010)。

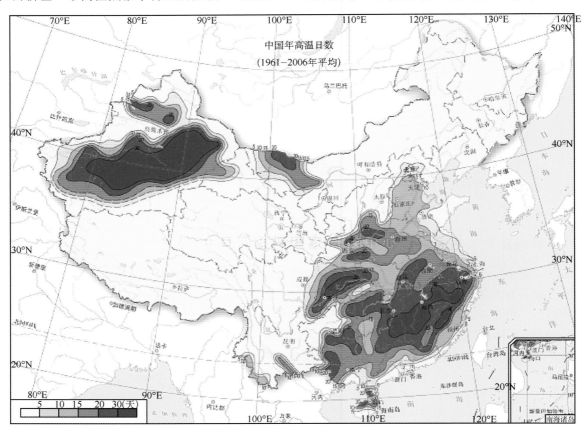

图 7.4　中国平均年高温日数分布(1961—2006 年)(中国气象局,2007)

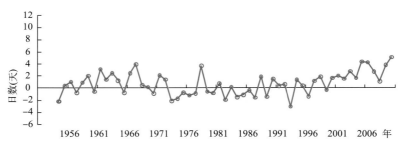

图 7.5　1954—2010 年中国年高温日数变化(翟盘茂和邹旭恺提供)

7.2.3　极端低温和低温天气

　　与平均最低气温变化相似,中国极端最低气温也呈明显上升趋势。其中,冬、秋和春季上升趋势较强。相对于极端最高温度,各季节极端最低气温的变化幅度均大于极端最高气温的变化幅度,表明中国的极端气温差正趋于缓和(任国玉等,2005)。由图 7.6 给出的 1951—2010 年全国平均年极端最低气温的历年变化趋势可以看出,平均年极端最低温度呈快速上升趋势。从年代际分布上看,20 世纪 50年代至 70 年代,极端最低温度没有明显的变化,2080 年代初期以后,增长趋势非常明显。从季节上看,极端最低温度以冬季、秋季和春季上升幅度较大。

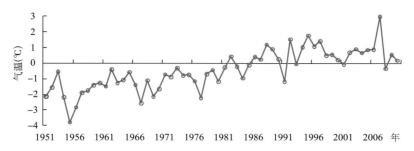

图 7.6 1951—2010 年全国平均年极端最低气温(℃)的历年变化(翟盘茂和邹旭恺提供)

与极端最低温度相关的寒潮、霜冻等极端天气气候事件也有显著变化。寒潮是冬季的一种灾害性天气,是指来自高纬度地区的寒冷空气,在特定的天气形势下迅速加强并向中低纬度地区侵入,造成沿途地区剧烈降温、大风和雨雪天气。本文采用的寒潮的定义为当年 9 月到次年 5 月期间,单站温度过程降温大于或等于 10 ℃,且温度距平(降温过程中最低日平均温度与该日所在旬的多年平均温度之差)小于或等于 -5 ℃的天气,统计为一次寒潮过程。寒潮的南北方分界线为 32°N。全国性寒潮标准为达到单站标准的南方站点数和北方站点数分别占总数的 1/3 和 1/4,或达到标准的站数占全国总站数的 30% 以上,并且过程降温大于或等于 7 ℃,温度距平小于或等于 -3 ℃的站数占全国总站数的 60% 以上。

从年代际变化上看,1961—2010 年,中国平均寒潮频次呈明显的减少趋势,其线性变化趋势系数为 -0.3 次/10a,并通过了 95% 的显著性检验(图 7.7)。

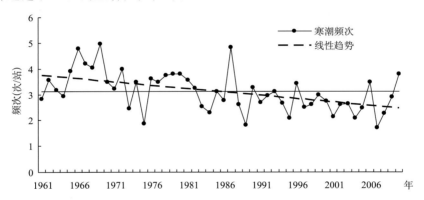

图 7.7 1961—2010 年中国平均寒潮频次变化曲线(单位:次/站,据王遵娅等(2006)延伸)

与高温热浪天气的较强年代际气候变化有所不同,中国寒潮发生频次的显著减少看来更直接地和大尺度变暖趋势相一致。由于近几十年大尺度变暖更显著地体现在冬季和中高纬一带,导致中国范围冬季南北方温差显著减小,从而该地区西风带斜压性减小,寒潮活动也减弱。这是中国寒潮气候变化的最直接的大尺度背景(Ding 等,2009)。

霜冻是指生长季节里因土壤表面和植株体温度降低到 0 ℃ 或 0 ℃ 以下而引起植物受害的一种农业气象灾害。从年代际分布特征上看,中国年霜冻日数整体呈下降趋势(Zhai 等,2003),其变化分为三个阶段:1951—1961 年,霜冻日数明显增加;1961—1987 年,霜冻日数年际变化不大;1998 年以后,年霜冻日数呈减少趋势(图 7.8)。

与全球变暖的整体变化趋势相对应,南方水稻春季低温冷害、南方水稻寒露风和东北夏季低温冷害,在 20 世纪 80 年代中期之后均呈现减少的趋势。尤其是 1995 年以来东北地区很少出现夏季低温冷害(中国气象局,2007)。

总地来看,在最近的 40~50 年间,中国与低温相关的极端事件强度和发生频率明显减弱,而与高温相关的极端事件强度和频率表现出一定的年代际波动特征,20 世纪 90 年代以来则明显增强。

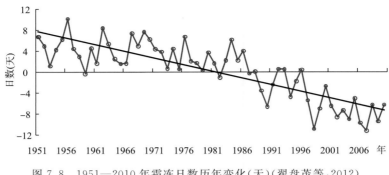

图 7.8　1951—2010 年霜冻日数历年变化（天）（翟盘茂等，2012）

7.3　极端降水

在气候变暖的背景下，愈来愈多的观测事实表明，极端降水事件对于全球气候变化的响应十分敏感。在总降水量增大的区域，其强降水事件都极有可能以更大的比例增加，即使平均总降水量减少或不变，也还存在着强降水量及其频率增加的现象。目前的研究表明，对于北半球中高纬度近几十年里降水量增加的地区，很可能大雨和极端降水事件也趋于增多。但是，由于降水量和降水频率之间的复杂关系，使得由这二者变化所引起的降水强度变化较为复杂。

降水量的变化由降水日数和降水强度的变化共同决定。Zhai 等（2005）指出，在过去几十年中，中国降水呈增长趋势的测站与呈下降趋势的测站大致相当。大范围明显的降水增长趋势主要发生在中国西部地区，其中以西北地区尤为显著（图 7.9）。但是，中国东部季风区降水变化趋势的区域性差异较大，长江流域降水趋于增多，而东北东部、华北地区到四川盆地东部降水趋于减少。事实上，中国华北、东北地区在降水量减少的同时，降水日数显著减少，最大连续无降水的时段趋于增加，气温也显著增高，使得干旱形势更趋严重。在华南增强的极端降水强度的影响比减少的极端降水日数影响大，因此华南极端降水增加。华北、西北东部和东北东部极端降水量减少，干旱化倾向明显。西北西部极端强降水值未发生明显变化。

由于降水量和降水频率之间复杂的相互作用，使得由降水量和降水频率变化而引起的降水强度变化变得复杂化。从全国平均来看，中国总的降水量变化趋势不明显，但雨日显著趋于减少。降水总量不变或增加但频率减少意味着降水过程可能存在强化的趋势，干旱与洪涝可能会趋于增多。在中国长江中下游地区和西南地区等地，夏半年的暴雨频率明显趋于增加。显然，这种趋势与长江流域 20 世纪 80 年代以来洪涝增加的趋势是相一致的。

7.3.1　强降水

研究表明，在过去几十年中，中国大范围呈明显的降水增长趋势的地区主要在西部，特别是西北。中国东部季风区的降水变化趋势区域性差异较大，长江流域降水趋于增多，而东北东部、华北地区到四川盆地东部降水趋于减少。

从 20 世纪 80 年代以来，中国长江流域频繁发生洪水，而北方却发生持久、严重的干旱。虽然全国总降水量变化趋势不明显，但从区域性变化上看，长江流域的降水有增加趋势，华北地区的降水有减少趋势，同时雨日也显著减少。这意味着中国的降水强度可能增强，干旱与洪涝将同时趋于增多。

有分析指出，由于降水量具有显著的年际变化，因此在长期变化中，不同研究时段会有不同的结果。对于中国华北在降水递增时期（1926—1959 年）和递减时期（1960—1992 年）日降水量≥5.0 mm 和≥25.0 mm 的日数分布没有显著差异，主要差异在极端降水的量值上。

中国 1 日和 3 日最大降水以及日降水量≥10 mm，≥50 mm，≥100 mm 的年降水总量极端偏多的区域范围都没有表现出明显的扩展或缩小的趋势，但是，年降水日数、日降水量≥10 mm，日降水量≥50 mm 和日降水量≥100 mm 的年降水日数极端偏多的范围却反映出显著的下降趋势。同时，中国的年平均降水强度极端偏强的覆盖区域呈现出显著的上升趋势。中国东部和西部降水的极值变化趋势是不一致的。西北西部是年降水量上升最显著的地区,而且年降水量趋于极端偏多的范围越来越大。从东部来看,平均降水强度极端偏强的趋势较为显著。如华北地区年降水量极值的面积覆盖率表现出显著的下降趋势,与此同时,年降水日数极端偏多的范围表现出更为明显的下降趋势。通过分析发现,华北的降水日数和最长持续日数极端偏长事件均表现出显著下降趋势。在华北,虽然年降水量变化趋于减少,但平均降水强度极端偏高的范围趋于增加(Zhai 等,1999)。

1. 极端降水频率变化

中国在过去 50 多年中,极端强降水日数呈增加趋势(Zhai 等,2004;2005)。年极端降水频率的空间分布与年总降水频率相似。在降水量增加的区域,极端强降水事件发生的频率也趋于增加。年极端强降水日数表现为东北和华北地区以及四川盆地为减小趋势,其中,华北和四川盆地下降趋势尤其显著;西部地区和长江中下游流域一直到华南都表现出增加趋势(图 7.9)。研究发现,20 世纪 80 年代以后,中国暴雨极端事件频数异常年的变化不明显,但各区差别大。东部除华北地区外,暴雨极端事件表现出频数增多趋势,尤其是华南、江南地区。江南、华北和东北地区暴雨频数异常年增多。大雨频数则存在 10 年左右周期。

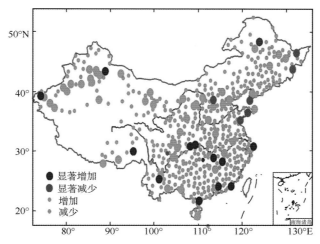

图 7.9 1957—2003 年期间极端降水日数变化趋势

图 7.10 是全国平均强降水(以单站 1961—1990 年中最强的 5% 的日降水量为阈值)日数距平的年际变化图。由该图可以看出,在 1957—2003 年期间,全国平均强降水日数有所增加。

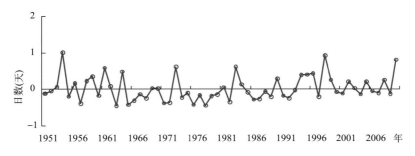

图 7.10 1951—2010 年全国平均年极端强降水日数变化(天)(翟盘茂等,2012)

2. 极端降水强度的变化

中国的极端强降水平均强度在近 50 多年有增强的趋势(Zhai 等,2004,2005),华北地区极端强降水值和极端强降水平均强度趋于减弱,极端强降水事件频数明显趋于减少,但极端强降水量占总降水量的比例仍有所增加。西北西部极端强降水值和极端强降水强度未发生明显变化,但极端强降水事件趋于频繁。长江及长江以南地区极端强降水事件趋强、趋多。年极端强降水日数表现为东北和华北以及四川盆地为减小趋势，其中华北和四川盆地下降趋势尤其显著；西部地区和长江中下游地区一直到华南都表现出增加趋势。由此看来，中国极端降水事件的变化是十分复杂的。在过去50年中，中国夏半年极端强降水事件虽然在西北、长江流域等地均是增加趋势，但只有在长江中下游地区才出现了显著的增加趋势，而这种趋势与长江流域20世纪80年代以来的洪涝增加趋势相一致。

另据刘小宁等（1999）研究，20世纪80年代以后，中国东部除华北地区外，暴雨极端事件表现出强度增大的平均趋势，尤其是华南和江南地区。

20世纪80年代以后，中国暴雨极端事件异常年份出现强度异常的年变化不明显，但各区差别较大。江南、华北和东北区暴雨强度都有所加强。

3. 极端降水和总降水变化的对比

极端降水与总降水的比值，可以表示为极端降水对总降水的贡献。在20世纪90年代，中国极端强降水量比例趋于增大。从全国情况来看，除青藏高原以外，最强的5%的日降水事件可以占到所有降水事件所产生的总降水量的30%～40%。需要指出的是，不少区域，特别是变暖明显的高纬度地区，降水量增加，区域大雨量增加和大气湿度增加，而大气中水分含量增加还会引起积雨云出现的频率增加（Sun等，2001）。这种情况下，一般又伴随雷暴活动加强（Changnon，2001），这可能是导致热带外地区暴雨普遍增多的原因。在湿润地区，夏季最低温度的增加会增加强对流天气出现的可能性，并导致该地区大雨事件频发（Dessens，1995）。

从季节上看，冬季降水总量和极端降水量在全国范围均普遍增加，尤其在西北，东北北部和长江中下游地区（图7.11）。中国冬季极端降水增加与北半球中高纬地区近几十年冬季极端降水的增加趋势一致。这反映全球变暖促进了中高纬度地区冬季西风带大气水汽活动增强的事实（Groisman等，1999；Haylock等，2004）。在冬春季，中国大部地区受中高纬西风带天气波动的控制。春季，北方大部地区的极端降水有所增强，可能是上述冬季变化特征的延续。夏季是中国大部地区的主要降水期，

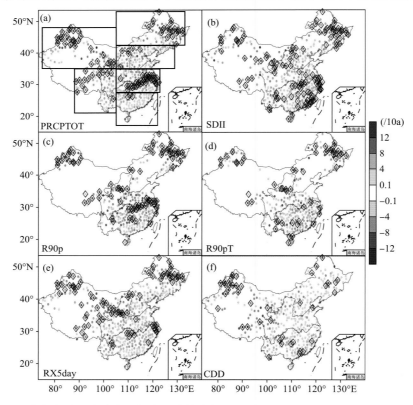

图7.11　1961—2007年间冬季6个降水指标线性趋势分布（相对于1971—2000年气候值的变化百分率，Wang等，2009）

PRCTOT＝降水量；SDII＝降水强度；R90p＝极端降水量；R90pT＝极端降水量/总降水量 x%；$R \times 5$ day＝5天最大降水量；CDD＝最长无雨期

而中国东部地区近几十年呈现的"南涝北旱"趋势主要就是在夏季形成的。夏季,长江中下游地区极端降水增加,进一步突出了中国东部"南涝北旱"的趋势(图7.12)。秋季,中国除西北,西南小部分地区以外,各种降水指标都以减少趋势为主,这似乎说明东亚夏季风在汛后期消退更加迅速(Wang等,2009)。

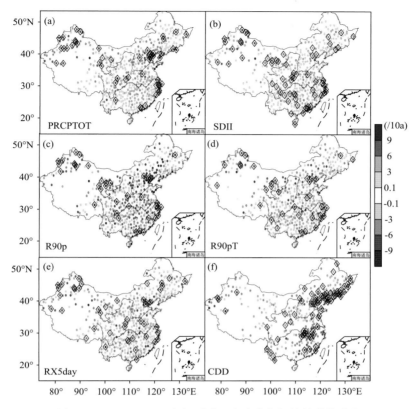

图 7.12 1961—2007年间夏季6个降水指标线性趋势分布

(相对于1971—2000年气候值的变化百分率 Wang 等, 2009)

PRCTOT＝降水量;SDII＝降水强度;R90p＝极端降水量;R90pT＝极端降水量/总降水量 $x\%$;$R\times$

5 day＝5 天最大降水量;CDD＝最长无雨期

7.3.2 连阴雨

广义的连阴雨是指连续性的降水过程。狭义地说,连阴雨指初春或深秋时节接连几天甚至经月阴雨连绵、阳光寡照的寒冷天气,又称低温连阴雨。有关连阴雨的定义,不同地区有不同的标准。通常以持续雨日(日降水量大于 0.1 mm)来定义连阴雨。从表7.1可以看出,连阴雨除了连续雨日以外,通常还是与云量有关的寡照天气。关于连阴雨的定义在不同的台站也是多种多样,比如安徽省气象台将连续降水日数≥4 d,或者 5 d 内允许其中有 1 d 无雨,但是不得连续 2 天无雨,同时要求日照要<5 h,或滑动 10 d 有 7 d 雨日,称为一个连阴雨过程,≥10 d 的连阴雨为长连阴雨过程。因此连阴雨是一个具有明显地方特色的概念。

表 7.1 中国不同区域对连阴雨的定义

区域名称	雨日的天数	过程总降水量	其他条件
西南地区(Xu,1991)	≥7 天	无要求	雨日大于 7 天
长江中下游地区(欧阳等,2000)	≥5 天	≥45 mm	雨日大于 4 天
西北(林纾等,2003)	≥5 天	≥15 mm	平均云量超过 80%
华南(Xie,2002)	≥5 天	≥10 mm	3 天连续雨日,平均云量为 100%

大致而言,中国大约在 3—4 月期间,在长江中下游各省往往会出现持续性的低温阴雨天气,降水强度不大,但降水持续时间长、温度低,是一段显著的低温阴雨期。6月中旬至 7 月上旬,在湖北宜昌以

东的江淮流域常会出现连阴雨,雨量很大,称为江淮梅雨期。9—10月出现在西南地区、西北地区东南部和长江中下游一带的连阴雨,其中尤以四川盆地和川西南山地及贵州的西部和北部最为常见,主要特点是雨日多,雨量不很大。春季和秋季的连阴雨与春末发生于华南的前汛期降水和初夏发生于江淮流域的梅雨不同,后两者温度高、湿度大,雨量较大,而前者的主要特点是温度低、日照少,雨量并不大。

连阴雨是中国西南和华南地区降水的主要形式。从连阴雨量占总降水量的比值可以看出,在降水量较充沛的西南和华南地区,连阴雨的降水量占总降水量的80%以上(图7.13)。在这些地区,连阴雨的多寡直接影响当地的旱涝特征和水资源的情况。但在降水量偏少的北方各地,降水过程少,连阴雨发生的次数也相对较少,但连阴雨的量仍为总降水量的30%～40%以上(Bai等,2007)。

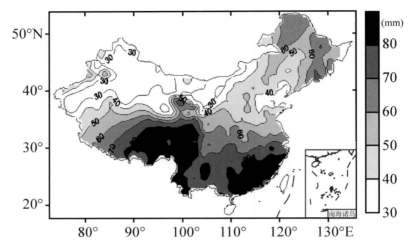

图7.13 1951—2003年中国各站连阴雨量与总降水量的百分比值分布(Bai等,2007)

在中国西部地区,连阴雨年发生的天数呈现弱的增加趋势,但是在中国东部地区,却呈显著的减少趋势,尤其是在西南、华北和中部地区较为明显。同时连阴雨的总降水量在华北,东北和西南的部分地区呈显著的减少趋势,但是在高原南部地区和东南沿海的部分地区呈增加趋势。青藏高原东部和华北地区是连阴雨变化显著差异的两个地区(Bai等,2007)(图7.14)。

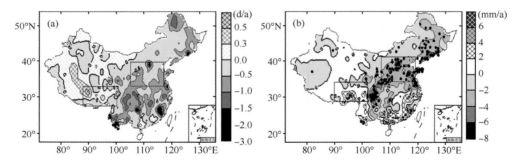

图7.14 1951—2003年期间连阴雨年总日数(a)和总雨量趋势系数(b)的空间分布
正负分别表示增加和减少趋势

从地区范围的研究来讲,在对长江流域、西北、西南等地的分析均表明,连阴雨的雨量和频率呈现减少趋势,与Bai等(2007)关于全国连阴雨变化趋势的分析结果完全相同,都体现了近年来连阴雨减少的变化趋势。

7.4 干旱

由于干旱的成因及其影响的复杂性,在不同的领域对干旱有不同的定义。IPCC报告(2007)把干旱分为气象干旱、农业干旱、水文干旱。气象干旱是指在相对广阔的地区长期无降水或降水异常偏少的气候背景下,降水与蒸散收支不平衡造成的异常水分短缺现象。农业干旱是指由土壤供水与作物需水的不平衡造成的异常水分短缺现象,一般由土壤干旱和作物生理干旱形成。水文干旱是指由于长期降水不足导致诸如河川径流,水库和地下水水位低于正常值的现象。

20 世纪以来,在全球变暖的大背景下,中国的气温明显上升。1950 年以来的气象资料分析结果反映,北方地区增暖趋势显著,长江流域和西南地区气温略降,南方大部分地区没有明显的冷暖趋势。气温升高会带来蒸发的加剧,如果同时降水没有增加,可能会导致干旱特别是严重干旱的频繁出现和长时间的持续(Gregory 等,1997)。近 50 多年来,虽然全国平均降水量没有明显的增加或减少的趋势存在,但有显著的区域差异。长江、淮河流域从 20 世纪 70 年代起降水明显增多,洪涝加剧;而黄河流域从 20 世纪 60 年代中期起连续干旱,而且不断加剧(叶笃正等,1996;Zhai 等,2005)。中国北方地区继 1997 年发生了大范围的干旱后,1999—2002 年又连续 4 年少雨干旱。频繁发生的干旱对社会和生态环境产生复杂和深远的影响。2006 年夏季,重庆发生百年一遇特大伏旱,四川遭遇 1950 年以来最重干旱。这些极端的干旱事件及其引发的不利影响引起了政府决策部门和公众的广泛关注。特别是对于一些气候脆弱区,如果干旱化趋势进一步加重,不仅使可利用的水资源减少,而且荒漠化和沙漠化将导致植被的消失,对周边环境也会产生更加恶劣的负面作用(谢安等,2003)。

7.4.1　干旱指数

不少学者对中国的干旱变化进行了大量的研究。这些研究主要是利用降水量、气温、土壤湿度等地面观测资料。基于干旱指数的计算结果分析干旱的长期变化特征。研究表明,就总体而言,近半个多世纪以来中国干旱面积没有显著的增加或减少的趋势存在,但区域差异大,其中西北东部、华北和东北地区干旱化趋势显著,特别是 20 世纪 90 年代后期至 21 世纪初,上述地区发生了连续数年的大范围严重干旱,在近半个世纪中是十分罕见的(图 7.15)。20 世纪 80 年代以后,西北东部、华北和东北地区的极端干旱发生的频率明显增加(邹旭恺等,2008;马柱国等,2006;Zou 等,2005;王志伟等,2003)。与北方其他地区的变化趋势相反,西北西部在 1980 年代后期以后干旱面积有所减少(马柱国等,2006;Zou 等,2005)。马柱国等(2006)利用 PDSI 的统计结果分析了中国极端干旱(PDSI$\leqslant-3.0$)的变化特征,发现 20 世纪 80 年代以后西北东部、华北和东北地区的极端干旱发生频率也明显增加;西北西部和长江以南极端干旱频率有所减少,其中西北西部减少显著。中国南方大部地区的干旱面积在近 50 多年来没有显著的增加或减少的趋势存在,但存在着明显的年代际变化(Zou 等,2005)。长江流域的干湿变化与北方不同,其在 20 世纪 70 年代末以前降水普遍偏少,气候上处于干期,而 20 世纪 80 年代后则进入多雨阶段。

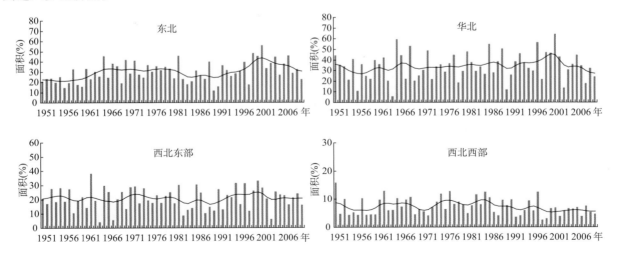

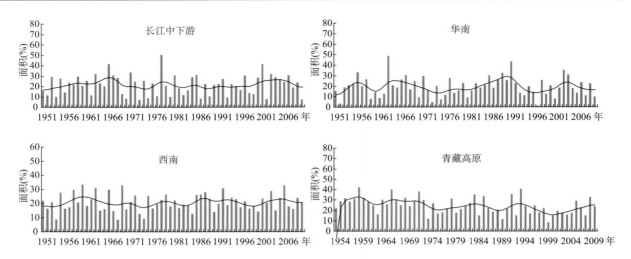

图 7.15　中国各区域年干旱面积百分率的历年变化（1951—2010 年，根据邹旭恺等（2008）进行序列延长）
曲线为 11 点二项式滑动；青藏高原地区由于 20 世纪 50 年代初期站点稀少，从 1954 年开始计算

西北东部、华北、东北的干旱化趋势与降水减少和区域增暖密切相关。事实上，这些地区在降水量减少的同时，降水日数也出现显著的减少。另外，与全球变暖的大背景一致，北方地区在近半个世纪内增温显著，气温升高使得土壤表面潜在蒸发力增加，因而加剧了由于降水减少所引起的干旱化趋势（马柱国等，2006）。

7.4.2　持续干日

为了揭示干旱持续日数的变化，刘莉红等（2008）利用经验模态分解（EMD）的方法，分析了中国北方夏半年最长连续无降水日数的变化。按照北方的地理位置，分析东北、华北、西北东部和西北西部 4 个区（刘莉红等，2009）夏半年的最长连续无降水情况表明，东北、华北和西北东部的连续无降水日数都是增加的，分别为每 10 年增加 0.3，0.4 和 0.4 天，而西北西部减少较明显（−1.1 d/10a）。夏半年最长连续无降水日数显著增加（变化趋势明显转折）的年份是：东北区和华北区出现在 1992 年；西北东部出现在 1960 和 1986 年前后；西北西部出现在 1960 年前后。依据最长连续无降水日数的 54 年平均值资料绘制的空间分布图（图 7.16）显示，它的空间分布是不均匀的，日数等值线整体上呈西南—东北走向，而且带有一定的区域性特点。图 7.16 中最长连续无降水日数的平均日数小于或等于 30 天的范围有中东部（A 区）和北疆（B 区）两个区，而大于 30 天的范围出现在西部区（C 区）。这些结果表明，近 50 多年来，北方地区夏半年最长连续无降水日数呈线性增加趋势，也反映了北方地区的干旱化趋势。

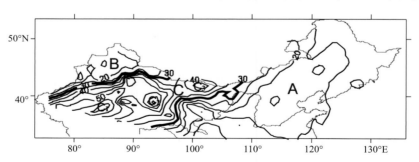

图 7.16　1951—2004 年中国北方夏半年最长连续无降水日数的多年平均值（单位：天）的空间分布（刘莉红等，2009）

图 7.17 是多年平均的夏半年无雨总日数的空间分布图。结合图 7.16 的分析表明，最长连续无雨日数与无雨总日数有着良好的相关性。采用经验模态分解方法（刘莉红等，2008），对 50 余年来中国北方夏半年最长连续无降水日数的时间序列的分析结果表明，3～4 年和 8～10 年的振荡变化对整个序列的变化起主要作用。50 年来中国北方夏半年最长连续无降水日数总体上呈增加趋势；日数显著增多的突变点是出现在 1960 年和 1994 年前后。

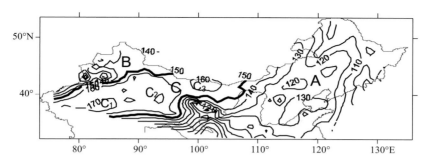

图 7.17　1951—2004 年中国北方夏半年平均无雨日数(单位:天)的空间分布图(刘莉红等,2009)

对中国西北夏季无雨日数空间分布的研究(杨金虎等,2006)也表明,高值区出现在新疆的南疆地区,而低值区出现在青海南部。在中国西北夏季无雨日数的主要空间异常分区中,近来夏季无雨日数北疆区呈微弱的下降趋势,南疆区和青海高原区表现为较明显的下降趋势,而河西走廊区、高原东部区呈较明显的上升趋势,西北东部区呈明显的上升趋势。对甘肃省的无雨日数的相关研究(魏锋等,2005)表明,甘肃省汛期无雨日数自东南向西北呈台阶状增加。此外,运用线性回归等统计方法对1961—2005 年中国夏季降水雨日进行分级研究表明(符娇兰等,2008):微量降水以东亚夏季风边缘为界,西部地区微量雨日多于东部地区。这里的微量降水是指观测员观测到发生降水,但无降水量记录。

中东部对应的地理范围是从东北平原向西南延伸到华北平原,再到青海湖以南、秦岭以北的地区(见图 7.16 中的 A 区)。这个区的地势较为平坦,夏半年南北气流都可到达这里形成降水,最长连续无降水日数短,相对湿润,干旱气候不明显。但是相关研究(龚道溢等,2004)也指出,华北农牧交错带连续无雨日数超过 10 天的事件正显著增加。北疆位于天山以北,其中包括准噶尔盆地,这里夏半年易受西来气流的影响而形成降水,最长连续无降水日数短,相对湿润,干旱气候也不明显。西部区(见图 7.16 中 C 区)最长连续无降水日数的平均日数大于 30 天,地理范围包括天山以南的新疆南部以及陕西、甘肃、宁夏的大部和内蒙古西部,涵盖了北方大部分干旱和半干旱地带。西部区(C 区)中有 3 个小区(C_1,C_2,C_3)尤为突出。C_1 是塔里木盆地包括塔克拉玛干沙漠,这里北受天山阻隔,西和南受青藏高原阻隔,冷暖空气很难翻越高大山地进入盆地形成降水;C_2 是柴达木盆地,地理环境与 C_1 相似。C_3 是甘肃北部、宁夏北部和内蒙古西部,其下垫面为沙漠、戈壁和黄土高原,夏半年时有干热风,水土流失严重。

连续无雨期的演变特征还可以通过统计模拟分析日降水概率序列来获得进一步了解。有无雨状态序列不能用正态分布基础上的统计方法来分析。Wang 等(2010)利用 Logistic 模型的 GLM 方法研究了盛夏期中国东部有无降水序列的变化特征及其与大尺度变暖的联系。以 1961—2007 年中国东部303 个站点 7—8 月期间逐日降水事件发生概率为研究对象,模型中包括了反映季节变化和前一天有无降水(自相关项或称 Markov 过程)的基本因子,以及一个反映盛夏南北平均温差年际变化的"外部"因子。Markov 过程反映降水发生的持续性特征,而降水发生的持续性由东南部沿海向西北内陆地区递减。该模型较好地模拟出逐日降水发生概率的季节变化以及各地连续有雨和无雨期的分布特征,还可以加入"外因",例如大尺度变暖格局,来探讨降水气候变化的可能成因。

反映极端干旱变化的最大无雨天数与降水量变化不完全一致。例如,冬季华南地区降水量增加,最长无雨天数也在增加,说明降水事件更加集中发生,增加了水资源利用的困难。夏季中国北方最长无雨天数显著增加,进一步体现了近几十年北方干旱化的一个特征。总体而言,中国东部降水的气候趋势随季节呈现较为复杂的变化结构。鉴于夏季是主要降水期,夏季所呈现的"南涝北旱"趋势占有一定的主导地位;而西部地区则基本呈变湿趋势。

近几十年来,中国东部的变暖格局主要表现在北方夏季显著增温,而南方很多地区则有所降温,导致南北温差(TD 为中国东部 110°E 以东的 25°~35°N 纬带平均气温与 35°N 以北平均气温之差)减弱(图 7.18)。南北温差变化很大程度上影响了降水变化(严中伟,1999)。分析发现,南北温差减少 1 ℃,将导致前一天无雨当日有雨的条件概率在中国东部的江淮及江南一带普遍增加 10%,而在北方则减少超过 10%；前一天有雨当日有雨的条件概率在南方增加 10%，而北方减少大约 10%。这个结果导致北方无雨天数增加约 20%，无雨期显著增长；江淮和江南一带则有反向变化（Wang 等，2010）。

图 7.18b 是根据图 7.18a 确定的 TD 偏小和偏大年份之间的平均无雨期长度之差。南北方温差偏小时，北方普遍出现较长无雨期。尽管统计分析不足以确定气候要素变化之间的内在联系，但 Wang 等（2010）的结果是有启发性的，即南北方温差减弱，在华北地区，西风带斜压扰动减弱，不利于夏季风北上，这是近几十年华北一带干旱化的大尺度气候背景。值得注意的是，进入 21 世纪以来，TD 有所增长，地处华北南部的黄淮一带近年来雨量也有所增多。

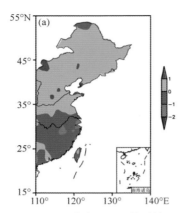 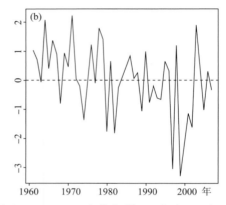

图 7.18　a.1961—2007 年间 7—8 月平均 TD 距平序列；b.1961—2007 年期间低 TD 与高 TD 年夏季平均无雨期长度之差（Wang 等，2010）

中国东部地区的干湿变化与东亚季风的强弱有关（Guo 等，2003）。总体而言，弱的夏季风对应北方地区的夏季少雨和长江中下游地区的多雨。对于北方地区，夏半年降水量占全年总降水量的 50% 以上。研究发现，20 世纪 50 年代到 70 年代中期，东亚夏季风偏强，其后明显减弱。夏季风的强弱变化对应着夏季水汽输送的变化。分析表明，20 世纪 50 年代至 70 年代中期，东亚夏季风偏强，北方地区水汽通量值偏高，大多年份的年降水量偏多，总体上处于湿期；其后夏季风偏弱，造成北方地区水汽通量值偏低，年降水量偏少的年份多，干旱频繁发生（李新周等，2006）。

7.4.3　华北干旱化进程中的极端降水变化

为进一步考察干旱和极端降水的关系，对华北近几十年来的干旱化过程作了进一步研究。华北地处东亚夏季风北缘地带，因而该区域夏季降水很大程度上反映夏季风之盛衰。近几十年来，华北夏季降水连续三次跃变性减少（严中伟等，1990），分别发生于 20 世纪 60 年代中期，1980 年前后和 20 世纪 90 年代后期（图 7.19）。三次跃变不同程度地体现在降水日数、降水强度以及按 90 百分位阈值定义的极端降水上。

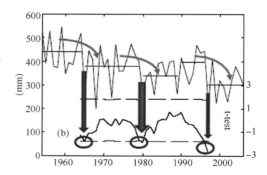

图 7.19　近几十年华北区域夏季降水量序列中的跃变信号（修改转引自 Tu 等，2010）

下面的曲线代表 10 年滑动 t 检验，其值达到最下面虚线者表示该期间发生跃变性降水减少（如箭头所示）

然而，更细致的分析表明，不同程度的极端降水事件变化趋势并不一致。借助于一般极值理论（GEV）拟合分析发现，在长期干旱化的背景下，尽管降水总量和频次都有所减少，但华北范围强极端降水（>100 mm/d）事件自 20 世纪 60 年代后期到 20 世纪 90 年代却在增加，导致华北近年来的大暴雨事件频次不亚于偏涝的 20 世纪 50 年代（图 7.20，Tu 等，2010）。近几十年来，华北一带极端暴雨事件增多，这个现象与 Goswami（2006）分析的印度季风区降水长期变化的某些特征有所类似。问题是华北近几十年来主要表现为干旱化。干旱背景下大暴雨反而增多,一定程度上反映了该地区大尺度变暖导致盛夏强对流天气有所增强的事实。而这也同时增大了华北地区的旱涝成灾几率。

大尺度变暖一方面加剧了陆面蒸发,促成干旱化,另一方面增强了夏季强对流活动,导致大暴雨事件,旱涝灾害几率增大,水资源可利用率降低,这是当前华北面临的严峻气候变化形势。相应于1980年前后的华北干旱跃变,长江流域则表现出降水变多的跃变,尤其反映在极端降水的强度和频率等指标上(李红梅等,2008)。由此可更全面地理解1980年前后发生的东亚夏季风系统的气候变化,有助于进一步探索有关年代际气候变化的成因(Zhou等,2009)。

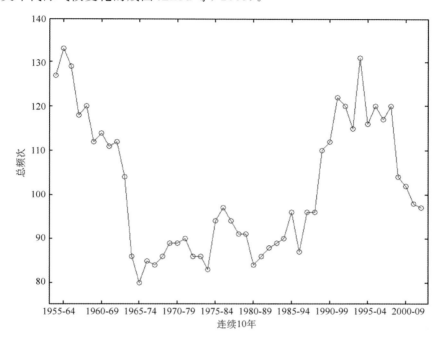

图 7.20 华北区域每十年夏季大暴雨(100 mm/d 以上)站次数(Tu 等,2010)图中 1965 年达到的最低值代表 1965—1974 年间大暴雨总站次数

7.5 气旋

7.5.1 热带气旋

1. 影响中国的热带气旋活动的变化

本章中影响中国的热带气旋(TC)是指发生在西北太平洋(含南中国海)海域并给中国大陆或两个最大岛屿—台湾岛和海南岛的任何之一带来降水的所有的热带气旋,包括登陆热带气旋和擦边热带气旋[①]。某一影响 TC 的时间定义为其影响中国的首日日期,而影响 TC 的强度则定义为 TC 影响中国期间的最大强度。

图 7.21 给出 1958—2010 年生成 TC 和影响 TC 年频数的时间演变。由此图可见,近 50 年生成 TC 和影响 TC 年频数都表现出显著的下降趋势,分别达到 0.01 和 0.05 的显著性水平。对各年代的 TC 活动统计表明,20 世纪 60 年代生成 TC 和影响 TC 最多,平均分别达到 40.2 个/年和 19.2 个/年;其次是 20 世纪 70 年代,平均分别达到 35.3 个/年和 18.3 个/年;再次是 20 世纪 50 年代,平均分别为 34.2 个/年和 17.8 个/年;1991—2010 年间为最少。

---

① 擦边热带气旋是指对中国带来影响但未登陆的热带气旋,包括经过中国近海未登陆中国以及登陆其他国家但未进入中国境内的热带气旋。

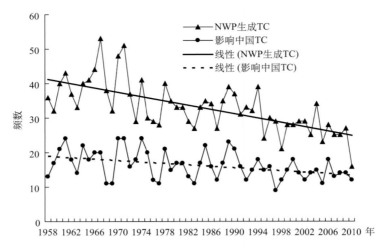

图 7.21 1958—2010 年生成 TC 和影响 TC 年频数的时间演变（任福民等，2011）

对影响 TC 年频数的时间—强度所进行的分析（图 7.22）也表明，影响 TC 频数主要集中在热带低压和台风级别上，其中热带低压和台风的数量均表现出明显的减少趋势，特别是在 21 世纪的前 10 年这一特征表现突出；与此同时，超强台风频数亦表现为显著下降趋势。这意味着 1958—2010 年期间 TC 对中国的影响频数表现出减弱的趋势。

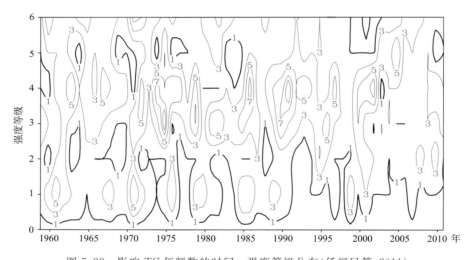

图 7.22 影响 TC 年频数的时间—强度等级分布（任福民等，2011）
纵坐标为强度等级：0：弱低压；1：热带低压；2：热带风暴；3：强热带风暴；4：台风；5：强台风；6：超强台风

图 7.23 给出了 1958—2010 年影响 TC 强度的变化。图 7.23a 显示影响 TC 的平均中心气压没有表现出明显的增减趋势，但是反映出极端最小值的变化。尽管平均中心气压存在着较大的年际波动，但其增加趋势却是显著的，超过了 0.01 的显著性水平；54 年间中心最低气压极小值上升了 25 hPa 左右。图 7.23b 表明，平均最大风速没有明显的增减趋势，但极端最大风速则有显著的减小趋势，54 年间最大风速极大值降低了 25 m/s 左右。这说明，在 1958—2010 年期间，无论从最大风速还是中心气压来看，影响 TC 的平均强度均无明显的增减趋势，但极端强度则表现出显著减弱。

2. 登陆中国热带气旋活动的变化

计算表明，1951—2004 年登陆 TC 和登陆风暴（TS，强度达到风暴或以上级别）频数的相关系数为 0.81，通过了显著水平为 0.001 的相关性检验，表明两者在变化上存在很好的一致性。两者的历史演变如图 7.24 所示。长期趋势分析表明，在 1951—2004 年的 54 年间，登陆 TC 表现出逐渐减少的趋势，而登陆风暴则无明显增加或减少趋势。从年频数的变化看，历史上出现过 5 年（1971 年，1982 年，1996 年，2003 年和 2004 年）登陆 TC 与登陆风暴频数相同的情形，即所有登陆 TC 的强度均达到风暴或以上强度。登陆 TC 频数的变化幅度在 4～15 个之间,1952 和 1961 年为登陆 TC 最多的两年,分别有 15 个和 14 个 TC 登陆中国,而 1982 和 1997 年为登陆 TC 最少的两年,分别只有 4 个和 5 个 TC 登陆中国。登陆风暴的变化幅度在 3～12 个之间,1971 年为登陆风暴最多年份,有 12 个登陆风暴,而 1961 年,1974 年,1989 年和 1994 年为登陆风暴次多年份,有 11 个登陆风暴;登陆风暴最少年份为 1951 年,只有 3 个登陆风暴,次少年份为 1955 年,1982 年,1997 年和 1998 年,各有 4 个登陆风暴。

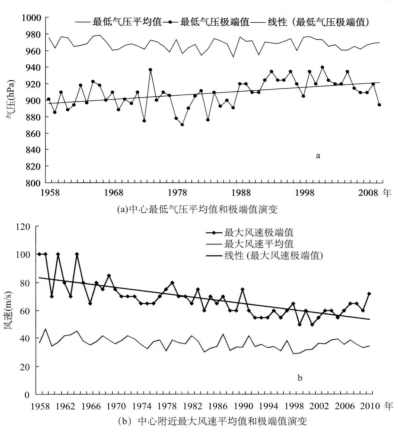

图 7.23 影响热带气旋强度的变化(引自任福民等,2011)

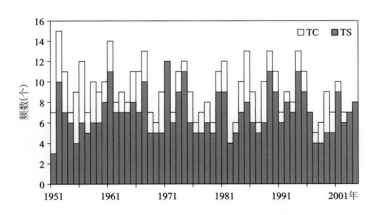

图 7.24 1951—2004 年登陆中国的 TC 和风暴(TS)频数(任福民等,2008)

按地理区域的不同进行划分,登陆中国的 TC 可分为登陆大陆、海南和台湾三类。对 1951—2004 年期间登陆 TC 频数的统计结果表明,大陆的登陆 TC 频数遥遥领先,海南次之,台湾的最少,分别为 360,126 和 107 次,分别占 60.7%,21.3% 和 18.0%。图 7.25 为三类登陆 TC 和登陆风暴频数演变。长期趋势分析表明,54 年间,只有登陆海南 TC 表现出明显的减少趋势,达到 95% 的显著性水平;登陆大陆和台湾的 TC 虽具有减少趋势,但并不显著;而三类登陆风暴均无明显增多或减少趋势。图中还反映出三地的登陆风暴所占比例存在较大差异,登陆大陆、海南和台湾的风暴比例分别为 77.3%,61.1% 和 86.8%,说明从强度来看,台湾的登陆 TC 强度普遍偏强。图 7.25 还显示,从年际变化来看,每年都 会有 TC 登陆大陆,年登陆频数在 3～12 次之间,1967 年和 1968 年最少,均只出现 3 次登陆 TC,而 1961 年多达 12 次;在海南,最多时一年可有 6 次登陆 TC,如 1956 年和 1971 年,但有 4 年出现过无登 陆 TC 的情形,即 1982 年,1997 年,1999 年和 2004 年;在台湾,最多的 1961 年有 7 次登陆 TC,而 54 年 中竟有 9 年没有在台湾登陆,这些年份是 1951 年,1964 年,1972 年,1973 年,1979 年,1983 年,1985 年 和 1993 年。

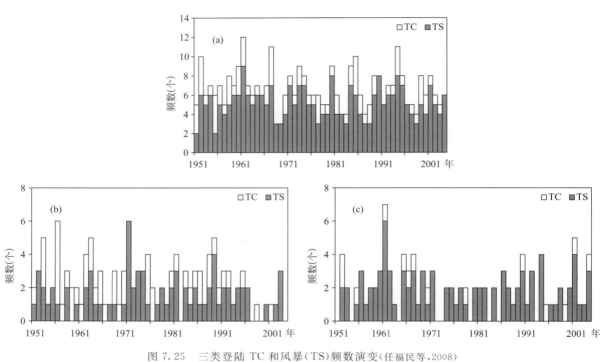

图 7.25　三类登陆 TC 和风暴(TS)频数演变(任福民等,2008)

(a)登陆大陆;(b)登陆海南;(c)登陆台湾

　　图 7.26 给出登陆中国的初旋和终旋日期演变。图中黑柱表示登陆期,其上、下端分别为初旋和终 旋日期。长期趋势计算结果表明,在 1951—2005 年期间,初旋日期表现出逐渐偏晚的趋势,每十年推 迟 3.3 天,其显著性达到 90%;终旋日期则表现出弱的偏早趋势,每十年提早 0.9 天,但未通过显著性 检验。

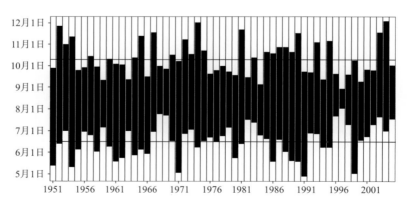

图 7.26　1951—2005 年中国初旋和终旋登陆日期的变化(任福民等,2007)

　　另外,相关分析表明,初旋日期偏早和终旋日期偏晚通常对应于登陆频数偏多,反之则对应于登陆 频数偏少。

　　针对初旋日期表现出逐渐偏晚的趋势,分析了青藏高原积雪、季风和大气环流等因子对其的可能影响。结果表明，初旋日期与 5 月份西北太平洋副热带高压的脊线和西伸脊点存在显著负相关，相关系数分别为 -0.39 和 -0.32，并分别达到 0.01 和 0.05 的显著性水平。这说明 5 月份副热带高压脊线偏南、西伸脊点偏西时有利于初旋日期偏晚，反之则有利于初旋日期偏早。进一步对副高脊线和西伸脊点在过去 50 余年的变化趋势分析表明，5 月份副高脊线存在南落趋势，而西伸脊点表现为西伸趋势。由此看出，5 月份副高的上述演变趋势有利于初旋日期逐渐偏晚，因此，5 月份副高的南落和西伸趋势可能是初旋日期逐渐偏晚的主要原因。

7.5.2 温带气旋

温带气旋是发生在南北半球中纬度具有斜压性的低气压系统。温带气旋是中纬度重要的天气系统，强的温带气旋活动往往伴随着强降温和强降水，特别是形成强风暴等极端天气气候事件。全球变暖可能影响温带气旋频数或强度。基于 NCEP/NCAR 和 ERA-40 再分析海平面气压场格点资料表明，20 世纪后半叶，北半球气旋频数在高纬度（60°～90°N）增加，而在中纬度（30°～60°N）有明显的减少，这意味着气旋路径有北移的趋势，同时气旋活动强度在中、高纬度都有增强（McCabe 等，2001；Wang 等，2006；王新敏等，2007；Wang 等，2009）（图 7.27）。

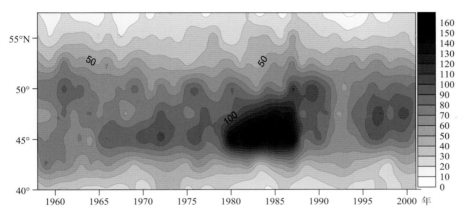

图 7.27　1958—2001 年东亚北部地区（80°～140°E；40°～60°N）年温带气旋频数变化（Wang 等，2009）

影响中国的温带气旋主要沿 40°～50°N 一带移动，蒙古地区是温带气旋发生的高频区域。这种分布特征是东亚中纬度斜压锋区的反映（Wang 等，2009）。在 1958—2001 年期间，东亚气旋气候具有年代际变化的特征。其中，20 世纪 70 年代中期到 80 年代，气旋数目呈明显增加态势，而 20 世纪 80 年代末到 90 年代起又开始回落。春季是一年中气旋多发季节；春、夏、秋、冬四季气旋频数变化的年际差异明显，而气旋频数的年代际变化和长期趋势较为一致。气旋频数的年际变化和年代际变化特征都表现出以春季的贡献为主。20 世纪 80 年代到 90 年代，气旋频数空间分布的变化主要表现为 100°～110°E、45°N 附近区域频数减弱最明显。20 世纪 90 年代与 80 年代相比，温带气旋高频活动中心向北偏移了大概两个纬度。1979—2001 年，在全年和四季的背景下，东亚北方温带气旋强度都呈减弱趋势，以夏季减弱最为明显。温带气旋的活动与斜压锋区关系密切。1958—2001 年斜压锋区强度与气旋频数之间存在显著正相关，锋区偏强（弱）的年份对应气旋频数偏多（少），表明温带气旋的频数变化受到斜压锋区的影响。东亚北部地区斜压锋区主要与较高纬度地区对流层低层的温度变化相关。值得注意的是，东亚北部地区绝大多数温带气旋活跃时期都对应着极强的斜压锋区，主要出现在 20 世纪 80 年代前期和中期。分析 1980—2001 年和 1958—1979 年每个经度上的 850 hPa 温度梯度变化表明，在 100°E 附近，存在由 42°N 向 47°N 的北移，另一个更显著的北移出现在 117°E 附近。与温度梯度变化相关的锋区的北移引起了温带气旋频数的相应变化，具体反映在 1980 年以后蒙古地区中部和贝加尔湖东部地区的气旋活动明显增加，而新疆东部、内蒙古地区以及东北地区的气旋活动减弱。1958—2001 年，蒙古气旋频数减少、强度减弱。蒙古气旋活动偏多年和偏少年，对流层低层 850 hPa 温度场距平分布存在明显差异，在蒙古及东亚地区偏多年对应较强的负距平，而偏少年对应较强的正距平。春季蒙古气旋与中国北方沙尘暴有密切的关系。沙尘暴发生区域基本上与大风区相对应,主要分布在蒙古气旋中心附近或气旋外围的偏南象限,两者发生日数有比较一致的多年变化趋势。20世纪80年代早、中期,春季蒙古气旋活动与沙尘暴日数都处在一个相对高值阶段,但从20世纪80年代后期到90年代,两者呈一致的波动下降趋势。两者高相关区域与沙漠分布区域有显著的对应关系。

近50多年来,包括中国在内的北半球中高纬度地区显著变暖,且欧亚大陆高纬度比中低纬度增温更明显,引起中纬度大气的温压结构和对流层中上层平均西风环流特征的改变,导致温带气旋锋生作用减弱。冬春季气压梯度减小,冷空气势力减弱,平均风速和大风日数减少,进而导致中国北方沙尘天气的减少(李耀辉等,2007;龚道溢等,1999)。

除了再分析资料外,许多研究者还应用站点资料分析温带气旋活动的变化。由于长期的风速记录在仪器、观测方法等方面缺乏一致性,因此,对强气旋事件长期变化的研究多使用站点气压的观测资料,以减少因台站迁移、仪器变更引起的风速观测资料的非均一性,从而有利于气旋长期变化的研究。利用站点海平面气压6小时变压资料对中国近50年强气旋事件的长期变化特征的分析表明,中国东北、中部和西部的大部分地区,强气旋事件都呈显著的减少趋势(图7.28),其中,冬季和春季减少最为明显,而对于夏季和秋季而言,中国绝大部分地区强气旋活动没有显著的趋势变化。冬季强气旋的减少趋势变化与冬季西伯利亚高压的减弱相关(Zou等,2006)。

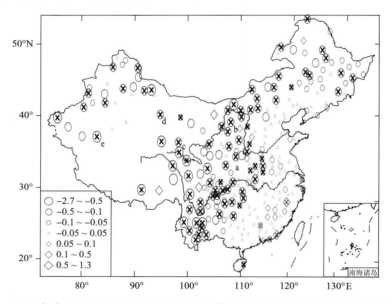

图 7.28 1954—2004 年中国 268 站 6 h 海平面变压的年第 99 个百分位数趋势(hPa/10a)(Zou 等,2006)

圆圈为负值;菱形为正值;叉号表示趋势通过 5% 显著性水平检验

7.6 沙尘暴

沙尘暴是一种灾害性天气现象,主导其发生的是天气和气候因素,而不是在部分地区发展的沙漠化过程(Zhang 等,2003)。这样的观点在 IPCC 第四次评估报告中被认为是国际主流的观点(IPCC,2007)。在自然源贡献的沙尘暴之外,人类活动通过沙漠化过程也产生了一些新增的沙源地,但它们对沙尘暴的贡献已经从过去估算的约 50%(Mahowald 等,2004;Tegen 等,1996)下降到了低于 10%(Tegen 等,2004)。

据估算,每年约有 800 Mt 亚洲沙尘释放到大气中。其中,约有 30% 在源区沉降,20% 在亚洲区域内输送,50% 的沙尘长距离传输到太平洋及其以远区域(Zhang 等,1997)。亚洲沙尘似乎是一种持续的来源,控制着美国西海岸气溶胶的本底浓度(Duce,1995;Perry 等,2004)。数值模拟得到的 1960—2002 年间春季亚洲粉尘释放总量的变化趋势(图 7.29)(Zhang 等,2003)与中国气象局的中国沙尘暴站数的变化(Zhou 等,2003)基本一致,显示出亚洲沙尘暴在经历了 1961—1963 年间的上升和 1964—1967 年间的低谷之后,1969—1999 年间粉尘春季释放总量呈现出 3~4 年一变但总体不断下降的基本特点;到了 2000 年又出现了类似于 1968 年情况,开始了 2000—2001 年的两年爬升和 2002 年的回落,且 2001 年达到的峰值为过去 43 年之最;1960—1979 年间的 20 年,小于 40 μm 的亚洲沙尘平均春季释放总量(~1.2E11 kg)比 1980—1999 年间的 20 年平均值(~0.97E11 kg)高出约 24%(Zhang 等,2003)。这种随时间推移的总体的减少和上述的亚洲粉尘释放总量近 30 年的不断下降的特点,显然无法归因于中国沙化土地增加的贡献,而应该归结为气候变化因素的主导作用。研究表明,沙尘暴活动还受到 ENSO 等变率的影响。在 El Nino 年,沙尘暴的输送路径发生偏移,导致影响中国的沙尘暴和其浓度减少(Gong 等,2006)。

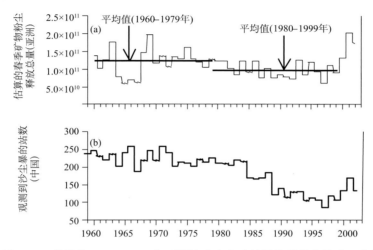

图 7.29 估算的 1960—2002 年亚洲沙尘在春季的平均释放总量(kg)变化(a)
和每年中国的气象站报道沙尘暴的站数(b)(Zhang 等,2003)

在 2000 年之后,中国气象局改用沙尘暴天气过程的统计方法替代只统计各站记录的沙尘暴次数,发现 2000 年以后的几年,亚洲沙尘暴天气过程的发生频率呈现小幅波动变化特征(张小曳等,2006),每年春季平均发生约 14 次亚洲区域性的沙尘暴过程(包括扬沙、沙尘暴和强沙尘暴过程)。

比较各种天气和气候因子与亚洲沙尘暴变化的联系发现,春季沙尘源区单位面积上的累计风速(Gong 等,2004)和土壤含水量(Gong 等,2004;Liu 等,2004)的变化是最为直接和关键的控制沙尘暴发生的因子。源于自然过程的亚洲沙尘暴对天气气候也有明显的影响(Gong 等,2006;Wang 等,2004;Zhao 等,2006)。这种因自然原因导致的大气成分的变化对气候施加的影响,以及在气候变率中的作用(Zhang 等,2002)值得关注。

中国沙尘源区主要包括塔克拉玛干沙漠、巴丹吉林沙漠、腾格里沙漠、黄河河套的毛乌素沙地等地。春季是沙尘暴发生的主要季节,其爆发沙尘暴的频数占全年的半数以上。观测资料表明,近 50 多年来,中国北方地区的沙尘天气日数呈明显的下降趋势,但在 20 世纪 90 年代末至 21 世纪初的几年有明显的增多,其后又有减少(翟盘茂等,2003;张莉等,2005)。尽管近半个世纪北方地区的沙尘天气总体上呈减少趋势,但个别地区如青海北部、新疆西部、内蒙古的锡林浩特等地的沙尘天气有增加的趋势。中国北方的典型强沙尘暴事件在近半个世纪也呈波动变化趋势,即 20 世纪 50 年代强沙尘暴较为频繁,20 世纪 90 年代相对较少,但是其后又有相对增多趋势(Zhou Zhijiang 等,2003)。从最新的强沙尘次数的变化分析(图 7.30)来看,20 世纪 50 年代强沙尘暴较为频繁,几乎年年高于平均线,其中 1959 年为近 49 年的最高值,达 11 次。20 世纪 60 年代至 80 年代中期虽然存在较大的年际波动,但趋势并不明显。90 年代和 21 世纪第一个 10 年强沙尘暴相对较少,其中 2009 年为近 57 年的最低值,没有出现强沙尘暴天气。总体看来,中国北方典型强沙尘暴也是在波动中呈减少趋势。

分析表明,风、降水、相对湿度、气温、植被覆盖度等都是影响沙尘暴发生频次的重要因子(Qian 等,2002;翟盘茂等,2003;张莉等,2005;范一大等,2007)。作为沙尘暴的直接动力条件,风直接影响着沙尘暴的发生。近50多年来,北方地区沙尘天气显著减少的直接自然原因是近地面平均风速和大风日数的减少(翟盘茂等,2003;张莉等,2005;李耀辉等,2007)。观测表明,沙尘暴的起沙风速为5 m/s。北方平均沙尘天气年发生日数与风速(平均风速和日平均风速≥5 m/s天数)呈现高相关关系,相关系数达0.8以上(张莉等,2005)。北方大部分地区沙尘暴发生频次与其降水量和相对湿度呈负相关。前期降水与同期降水一样,通过增加土壤湿度和地表植被覆盖可抑制沙尘暴的发生。统计显示,上一年夏季降水的多寡对沙尘暴的发生有重要的影响(翟盘茂等,2003;Zou等,2004)。气温变化通过引起大气环流的变化间接影响沙尘暴的发生发展。统计表明,气温与沙尘暴日数呈反相关关系(张莉等,2005;李耀辉等,2007)。另外,植被覆盖度也是影响沙尘暴发生的一个极其重要的因子。在有一定植被覆盖的地区,春季沙尘暴的发生与当年春季和前一年夏季植被覆盖度呈现负相关,植被覆盖增加对沙尘暴的发生有较明显的抑制作用,这种负相关关系在北方地区的东部尤为显著。前一年夏季的植被长势好,可能有利于固定下垫面土壤而减少来年春季沙尘暴的发生(Zou等,2004)。

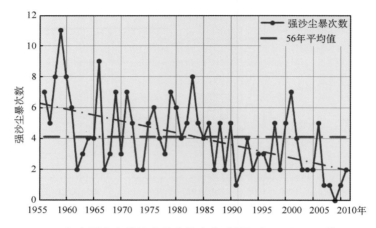

图7.30　1956—2010年中国北方强沙尘暴次数变化(根据Zhou Zhijiang等,2003序列延长)

7.7　其他极端事件

7.7.1　冰雹

冰雹是中国的主要天气灾害之一。分布的特点是山地多于平原,内陆多于沿海。中国西北是全国雹灾损失最严重的地区之一,青藏高原也是冰雹高发区,年冰雹日数一般有3~15 d。云贵高原、华北中北部至东北部地区及新疆西部和北部山区为相对多雹区,年冰雹日数有1~3 d。秦岭至黄河下游及其以南大部分地区、四川盆地、新疆南部为冰雹少发区,年冰雹日数在1 d以下。另外,中国降雹有明显的季节特征。

1961—2005年,中国冰雹高发期出现在20世纪60—80年代,90年代以来明显减少(Xie等,2008)。年降雹发生频次平均值为1270站日,平均每站2.1 d;1976年最多,为1611站日,平均每站2.6 d;2000年最少,为744站日,平均每站仅1.2 d(图7.31)。

7.7.2　大风

大风观测较之温度等要素来说,更易于受到观测环境变化的影响。这也是目前有关研究相对较少的原因之一(Verkaik 2000a,b;Yan等,2002)。图7.34给出冬季(10月至次年4月)日平均风速值大于5.5 m/s的日数。风速大于5.5 m/s发生频次的大值区出现在新疆、黄河中下游、东北和华中与华东地区,它与影响中国的冷空气活动路径基本一致。冬季年平均大风达标大于23次的区域在新疆、河西走廊、河套地区、华北到东北以及华东沿海(钱维宏等,2007)。

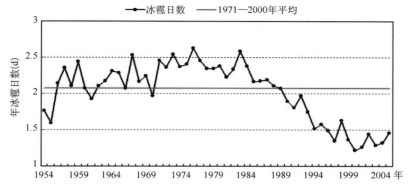

图 7.31 全国平均年冰雹日数演变曲线(中国气象局,2007)

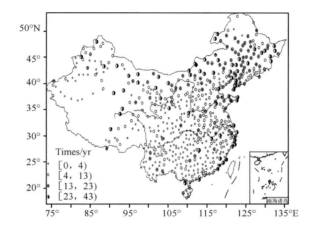

图 7.32 冬季日平均风速大于 5.5 m/s 事件的年平均频次分布(没有考虑 2500 m 以上的高原和高山站)

(钱维宏等,2007)

近半个世纪以来,中国平均大风日数和极大风速呈减弱趋势(严中伟等,2000;Jiang 等,2009)(图 7.33)。这种下降一方面是由于近几十年来大多数气象观测站周边环境都发生很大改变,尤其是城市建设导致建筑物林立,对局地大气风场可能起到了弱化效应。另一方面很大程度上受到全球变暖背景的影响。中国范围冬季大风减弱,从西北到东北及东南沿海的一些地区都出现了 50 年间减小 3 m/s 的剧烈变化。北方地区的极大风速主要和强寒潮相关,印证了冬季强冷空气活动减弱的推断。

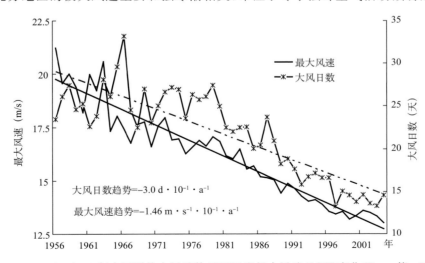

图 7.33 1956—2004 年全国平均大风日数(SWD)和极大风速(MW)变化(Jiang 等,2009)

很多极端风灾是在较小尺度上发生的，如飑线。目前中国气候观测系统还很难完整记录这种小尺度的天气现象，以现有气候资料尚无法确切探讨其气候变化问题。因此，在进一步发掘现有观测系统潜力的同时，发展更高分辨率的专业监测网是必要的。

7.7.3 雾和霾

研究表明，中国区域大雾频次的气候变化和温度变化存在一定的反相关关系（王丽萍等，2006），即大尺度变暖可能总体上减少大雾频次。研究表明，近半个世纪中国大部分地区雾日呈减少趋势，但沿长江及东部沿海的重浓雾日在20世纪70年代发生突变，雾日增多（陈潇潇等，2008）。雾发生的频次经历少→多→少的年代际变化，20世纪90年代后频次减少，个别区域雾发生时间随着年代的延伸而推后。

气溶胶粒子，特别是细粒子是大气霾现象的重要诱因。中国区域性霾天气日益严重的主要原因是不断增加的人类活动向大气中释放了大量的一次性和经过二次转化的大气气溶胶粒子。当今的霾已经不是一种完全的自然现象，区域大气经常呈现出灰蒙蒙的浑浊现象，被形象地称为"大气灰霾"现象（张小曳等，2009）。能见度的下降指示了霾天气的分布、变化和严重的程度（图7.34）。

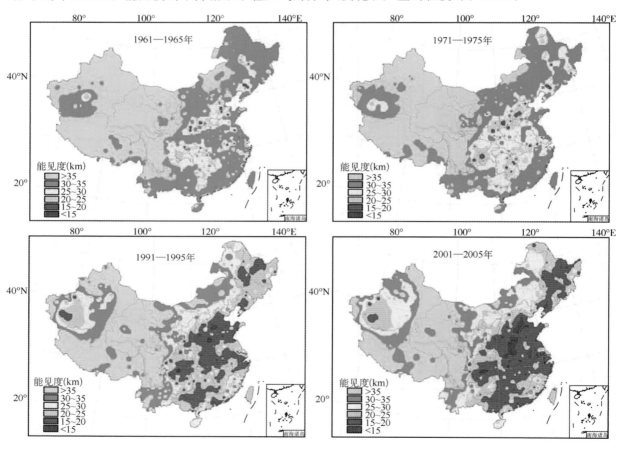

图7.34 中国不同时期年平均能见度空间分布与变化（张小曳等，2009）

当前，中国东部几乎所有区域的年平均水平能见度较20世纪60年代初期都有约7～5km的减少。其中，河南中部到南部、湖北北部、安徽中到南部、浙江大部、江苏中到北部以及山东东部的能见度下降更为显著（减少超过15km），这样下降幅度的区域还包括珠江三角洲区域，以及东三省中的辽宁南部、吉林中东部和黑龙江中北部的三个小的区域。在中国西部，只有新疆大部、内蒙古西部和甘肃东部的能见度有明显的下降（图7.35）（张小曳等，2009）。

1961—2005年间，中国东部年平均能见度下降约10km，西部能见度下降的幅度和速率约为东部的一半，显示出中国以能见度下降为表征的区域霾问题日趋严重，且在东部表现更为明显。

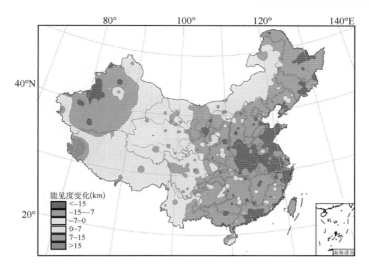

图 7.35　2001—2005 年间年平均能见度相对于 1961—1965 年间的变化(张小曳等,2009)

7.7.4　雷电

全国雷电多发区主要有 4 个:南方区、高原区、北方区和新疆区。近几十年来,全国大部分地区雷电日数基本呈下降趋势。其中,高原区和南方区的下降趋势明显强于新疆区和北方区(图 7.36)。南方区雷电最早发生在 3 月第 2 旬,从江南中部往西往南辐射再向北发展,高原区的雷电却主要是四川南部的雷电向北向西发展,而北方的雷电是从华北东北部向东向南扩展。先是高原雷电区与南方雷电区相连,然后再与北方雷电区相连,最后随着副热带高压季节性北跳,南北雷电区连通,到 7 月份全国雷电覆盖面积达最大。8 月第 2 旬,各雷电区逐渐开始撤退,8 月第 3 旬,高原和南方雷电区与北方雷电区分离,之后高原雷电区向东向南撤,南方雷电区向西向南撤,而北方雷电区则由东西向中间收缩。就全国平均来说,大部分地区雷电大都发生在 4—9 月正午到深夜(12—24 时),在 15—17 时和 19—20 时存在两个峰值,在春季则以 19—20 时峰值为主。南方雷电发生时间最长,尤其是华南区在 3—9 月几乎整天都可能有雷暴发生,且有三个峰值。北方(包括新疆)雷电发生时间较短,主要集中在 5—8 月,但发生时段和峰值均偏晚,发生时段也较短(林建等,2008)(图 7.37)。

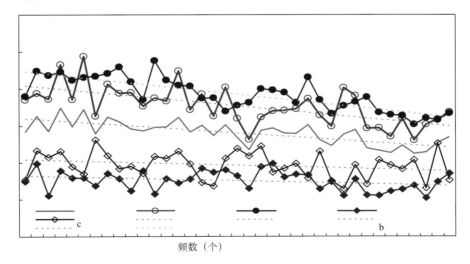

频数（个）

图 7.36　1970—2006 年全国及 4 个区域雷电日数变化曲线(虚线为趋势线)(林建等,2008)

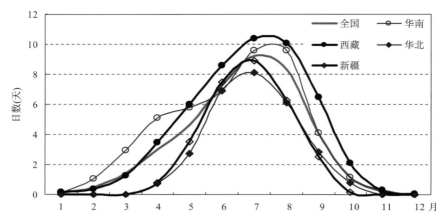

图 7.37 全国及 4 个区域雷电日数的月际多年平均变化（1970—2006 年）（林建等，2008）

7.7.5 季节循环中的极端气候变化

中国大部分地区季节分明，其中大寒节气所对应的一年内极端寒冷阶段以及俗称"三伏"天所对应的极端炎热阶段，对于工、农业生产活动以及人类健康等方面有很大影响。最近钱诚等（2011）细致分析了近几十年中国区域 24 节气的气温变化特征。其中一个结果是，就全国平均而言，1998—2007 年间达到大寒标准（以 1961—1990 年平均为参考）的天数比 1960 年代减少了 56.8%。这和前述中国冬季寒潮及极端低温事件普遍减少减弱是相应的。

> 三伏：二十四节气以外的杂节气，是中国地区季节循环中的一个极端阶段。三伏期间的酷暑天气严重影响社会经济和人类健康。传统三伏的说法以每年"夏至"、"立秋"二节气为准，按干支纪日，推算出三伏起始日期。由此推算的入伏日期最早为 7 月 11 日，最晚为 7 月 21 日。三伏期有 30 天或 40 天之长。然而，由天干地支机械排列而推算的三伏期难以反映实际最热时段的气候状态以及不同区域的气候差异。为此，有必要基于现代气象观测重新定义三伏，以便为进一步研究中国区域极端气候变化、指导日常生产和生活，提供一个量化的基础。

关于三伏这个中国外热带地区季节循环中的一个极端状态，夏江江等（2011）采用美国用于夏季舒适度预报的温湿指数（Temperature-Humidity Index，简写为 THI）所作的分析颇具新意，其表达式为：

$$THI = T - 0.55(1 - RH)(T - 14.5)$$

式中 T 为温度（℃）；RH 是相对湿度。图 7.38 给出中国三伏气候区划。三伏区和准三伏区主要分布在中国 40°N 以南的东南部平原地区，这也是受夏季风影响的主要区域；中国西北地区多属于非三伏区；在上述二者之间，则零星分布着准三伏区和潜在三伏区，气候变暖有可能导致这些地区也成为三伏区。

用滑动 t 检验找出三伏子区多年平均季节循环内最接近 10 天平均 THI 最大值两侧的两个显著跃变点分别代表入伏和出伏日期。表 7.2 列出中国东部三伏区平均入伏和出伏日期及其对应的 THI 值，其中伏期极端 THI 值为各地区伏期内最大三个 THI 值的平均。这样可用伏期平均 THI 和伏期极端 THI 综合表示三伏伏期的闷热程度（伏期强度或三伏强度）。

表 7.2 各区 1960—2004 年平均的三伏入伏和出伏日期及其对应的 THI 值（夏江江等，2011）

区域	三伏入伏日期及对应 THI（Tmax/Tmin）		三伏出伏日期及对应 THI（Tmax/Tmin）		伏期长度	伏期平均 THI（Tmax/Tmin）	伏期极端 THI（Tmax/Tmin）
华北	7 月 16 日	29.3/22.0	8 月 10 日	29.4/22.2	26 天	29.7/22.6	30.0/22.9
江淮	7 月 16 日	30.4/23.7	8 月 13 日	29.9/23.5	29 天	30.8/23.9	31.1/24.1
江南	7 月 13 日	30.5/23.1	8 月 15 日	30.6/23.0	34 天	30.8/23.1	31.1/23.3

为了解长期气候变化趋势,对各个区域求 5 年平均 THI 值,以消除其年际变化的影响,并通过上述跃变分析法求得 1960 年以来每 5 年平均的伏期强度指标。由图 7.39 可知,江淮和江南伏期平均 $THI(Tmax)$ 相差不大,但江淮伏期平均 $THI(Tmin)$ 和伏期极端 $THI(Tmax、Tmin)$ 普遍稍大于江南,而华北伏期平均和极端 THI 都相对较小。这表明,在三伏期内,白天江淮和江南地区的闷热程度相差不大,但都明显甚于华北,晚上闷热程度则是江淮强于江南,江南又强于华北。各地的 $THI(Tmin)$ 指标大致都呈现上升趋势,$THI(Tmax)$ 指标则表现出更明显的年代际波动。这和前面分析的日最高和最低温度变化所得出的有关结论是相对应的,但三伏指标还包含了影响人体感受的湿度信息。这种多要素综合指标有助于更直接地研究中国区域气候变化的影响。

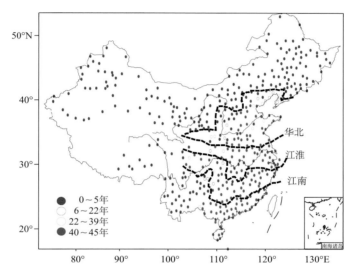

图 7.38　1960—2004 年各站点出现三伏的频率(总年数)(夏江江等,2011)
东南部个别的非三伏站点是高山站点;东部虚线划分出三个三伏子区:华北、江淮和江南

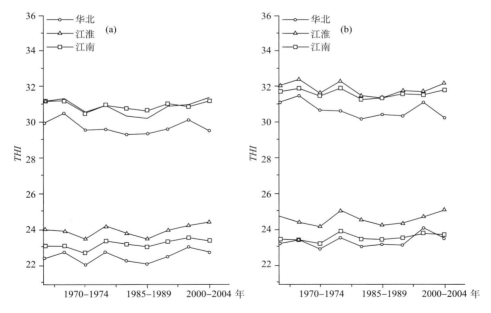

图 7.39　各区伏期 5 年平均 THI(a)和极端 THI(b)的变化(夏江江等,2011)

7.8　全球气候变化与极端天气气候事件的联系

全球气候变暖似乎伴随着热浪频率和强度的增加,使夏季变得更热,冬季变得温和。从统计分布

的变化上看,平均状态的变化给极端事件造成很大的影响。以某一地区为例,在多年的平均条件下,地面气温呈现正态分布,即该地区的天气在平均温度处出现的概率最大,而偏冷和偏热的天气出现的概率较小,极冷或极热的天气出现的可能性很小甚至没有。但若气候变暖,气温平均值增加,这时异常偏热天气出现的概率将明显增加,甚至原本极少可能出现的极热天气现在也可能出现了;相反,偏冷天气出现的概率将进一步减少。简单地说,气候平均状态的明显变化和气候波动的增大,都会导致极端天气气候事件的更加明显的变化。

Trenberth 等(1998)指出,地面温度的升高会使地表蒸发加剧,使得大气保持水分的能力增强,大气水分含量增加。地面蒸发能力增强,将使干旱更易发生,同时为了与蒸发相平衡,降水也将增长,易于发生洪涝灾害。研究表明,气候的变化还会通过影响大气中的水分含量,继而影响大气的特性,对中小尺度的极端天气气候事件产生影响。

对于全球来说,自 20 世纪 70 年代以来,极端天气气候事件变化明显,在更大范围的地区,尤其是在热带和副热带,与温度升高和降水减少有关的变干增加,促成了干旱的强度更强、持续时间更长,而大多数陆地上的强降水事件发生频率也有所增加;冷昼、冷夜和霜冻发生频率在减少,而热昼、热夜和热浪的发生频率增加等(表 7.3)。

表 7.3　各种极端天气气候指数定义及其在全球气候变化背景下的中国在 20 世纪中期以来的变化趋势

极端天气气候指数	定　义	变化趋势
寒潮	指来自高纬度地区的寒冷空气,在特定的天气形势下迅速加强并向中低纬度地区侵入,造成沿途地区剧烈降温、大风和雨雪天气。	寒潮次数显著减少
霜冻	因最低气温降到 0 ℃或 0 ℃以下而使植物受害的灾害天气	霜冻日数显著减少
高温热浪	连续 5 天≥35 ℃高温	日最高气温≥35 ℃的日数略趋增多,高温热浪出现次数年代际变化明显
极端强降水	日降水量超过当地雨日降水量的第 90% 分位值的界限	长江及其以南地区趋强、趋多;华北强度减弱,频数明显减少;西北西部趋于频繁
连阴雨	指初春或深秋时节连续几天甚至经月阴雨连绵、阳光寡照的寒冷天气	连阴雨日数东部显著减少,西部略有增加
干旱	指某时段内降水偏少、天气干燥、蒸发量增大而导致的作物生长困难的气候现象	中国西北东部、华北、东北干旱加剧,20 世纪 90 年代后期以来西南地区干旱加剧
热带气旋	发生在热带或副热带洋面上,具有有组织的对流和确定气旋性环流低层风速≥10.8 m/s 的非锋面性涡旋	生成和登陆的热带气旋呈减少趋势
沙尘暴	强风将地面大量沙尘吹起,使大气浑浊,水平能见度小于 1000 m 的灾害性天气	沙尘日数呈减少趋势
冰雹	出现降雹天气	出现的日数趋于减少
大风	风速≥17 m/s 风	大风日数趋于减少
雾	近地面的空气层中悬浮着大量微小水滴(或冰晶),使水平能见度降到 1 km 以下的天气	雾日减少
霾	近地面的空气中悬浮着大量颗粒,空气的能见度下降到 10 km 以下的天气现象	霾日增多
雷电	出现闪电天气	雷电日数减少

但是,对龙卷风、冰雹等小尺度极端天气现象,由于时间和空间尺度太小,加上受局地性因素的强烈影响,现有的观测资料很难全面反映出它们在全球范围受到气候变化影响的真实情况。

近些年来,大量的逐日观测资料被应用于区域极端天气气候事件变化的研究,极端事件变化的研究方法和理论也有了相当大的发展。这些都为认识全球变暖背景下各种极端天气气候事件变化规律和未来的可能变化趋势预估奠定了基础。研究表明,从与温度有关的极端事件的变化来看,与最低温度相关的暖夜日数呈显著的增加趋势,而与最高温度相关的极端事件变化不明显。在最近 50 多年中,中国的极端最低温度和平均最低温度趋于增暖,其中冬、秋和春季上升趋势较强,各季节极端最低气温的变化幅度均大于极端最高温度,并且与低温相关的极端事件强度和发生频率明显减弱,尤以北方冬季更为突出,同时寒潮频率也趋于降低,低温日数趋于减少和霜冻日数显著下降;平均最高温度趋势变化在空间分布上呈现出由南向北逐渐递增趋势,即北方增暖明显,南方变化不明显或呈弱降温趋势,极端最高温度升高不多,高温日数略有下降。与高温相关的极端事件强度和频率表现出一定的年代际波动特征,如高温热浪在 20 世纪 90 年代开始呈明显增多趋势。与高温相关的三伏天气也于 20 世纪 80 年代后期开始总体呈增强趋势。从极端降水来看,大范围明显的降水增长趋势主要发生在中国西部地区,其中以西北地区尤为显著;但是,中国东部季风区降水变化趋势的区域性差异较大,即长江流域降水趋于增多,而东北东部、华北地区到四川盆地东部降水趋于减少。在过去 50 年中,从全国平均来看,中国总的降水量变化趋势不明显,但雨日显著趋于减少。全国年平均降水强度极端偏强的覆盖区域呈现出显著的上升趋势。中国的极端强降水平均强度和极端降水值都有增强的趋势,极端强降水事件也趋于增多,尤其在 20 世纪 90 年代,极端强降水量占总降水量的比例趋于增大。极端强降水日数也呈增加趋势,并且大雨频数存在 10 年左右的周期。

事实上,在过去 50 年中,长江流域极端降水事件显著增多,但中国北方的干旱范围是在趋于增加,特别是西北东部、华北和东北地区干旱化趋势显著。上述地区在 20 世纪 90 年代后期至 21 世纪初发生了连续数年的大范围严重干旱,这是在近半个世纪中十分罕见的。在中国西部地区连阴雨天数呈现弱的增加趋势,但是在中国东部地区,却呈显著的减少趋势。同时,连阴雨的总降水量在华北、东北和西南的部分地区呈显著的减少趋势,但是在高原南部地区和东南沿海的部分地区呈增加趋势。中国北方夏半年最长连续无降水日数总体上呈增加趋势。在过去近半个多世纪里,影响和登陆中国的热带气旋频数表现出减少趋势,平均强度均无明显的增减趋势,但极端强度则表现出显著减弱。在过去 50 多年中,东亚北部地区的温带气旋路径有北移趋势,这是由与高低纬度间的温度梯度变化相关的斜压锋区位置的北移引起的。近 50 多年,沙尘暴、冰雹、大风以及大雾、雷电等极端天气现象发生的日数均趋于减少。由于冷空气活动的减弱,蒙古气旋频数减少、强度减弱。中国平均大风日数和极大风速呈减弱趋势,对应着中国沙尘暴频率的减少。大尺度变暖还可能减少大雾频次,使得半个世纪中国大部分地区雾日呈减少趋势。由于气溶胶粒子,特别是细粒子是大气霾现象的重要诱因,中国区域性霾天气日益严重,且在东部表现更为明显。

参考文献

曹楚,彭加毅,余锦华.2006.全球气候变暖背景下登陆中国台风特征的分析,南京气象学院学报,**29**(4),455-461.

陈光华,黄荣辉.2006.西北太平洋热带气旋和台风活动若干气候问题的研究.地球科学进展.**21**,610-616.

范一大,史培军,周涛,等.2007.中国北方沙尘灾害影响因子分析,地球科学进展,**22**(4),350-356.

符娇兰,林祥,钱维宏.2008.中国夏季分级雨日的时空特征.热带气象学报.Vol.**24**(4):367-373

龚道溢,韩晖.2004.华北农牧交错带夏季极端气候的趋势分析.地理学报.**59**(2):230-238

江志红,丁裕国,蔡敏.2009.利用广义帕雷托分布拟合中国东部日极端降水的试验.高原气象,**28**(3):573-580.

李红梅,周天军,宇如聪.2008.近四十年中国东部盛夏日降水特性变化分析,大气科学,**32**(2),358-370

李新周,马柱国,刘晓东.2006.中国北方干旱化年代际特征与大气环流的关系,大气科学,**30**(2),277-284.

林建,曲晓波.2008.中国雷电事件的时空分布特征,气象,**34**(11),22-30

刘莉红,翟盘茂,郑祖光.2008.中国北方夏半年最长连续无降水日数的变化特征,气象学报,**66**(3),474-477.

刘莉红,翟盘茂,郑祖光.2008.中国北方夏半年最长连续无降水日数的变化特征.气象学报.**66**(3),474-477.

马柱国,符淙斌.2006.1951—2004 年中国北方干旱化的基本事实[J].科学通报,**51**(20):2429-2439.

钱诚,严中伟,符淙斌.2011.1960—2008 年中国二十四节气气候变化.科学通报,已接受.

钱维宏,张玮玮.2007.中国近 46 年来的寒潮时空变化与冬季增暖,大气科学,**31**(6):1266-1278.

任福民,王小玲,董文杰,等.2007.登陆中国初、终热带气旋的变化特征,气候变化研究进展,Vol.3,No.4,224-228.

任福民,王小玲,陈联寿,等.2008.登陆大陆、海南和台湾的热带气旋及其相互关系,气象学报,**66**(2),224-235.

任福民,吴国雄,王小玲,等.2011.《近60年影响中国之热带气旋》.气象出版社,北京.

任国玉,初子莹,周雅清等,2005,中国气温变化研究最新进展,气候与环境研究,**10**(4)

任国玉,封国林,严中伟.2010.中国极端气候变化观测研究回顾与展望.气候与环境研究,**15**(4):337-353.

唐红玉,翟盘茂,王振宇.1951—2002年中国平均最高、最低气温及日较差变化,气候与环境研究,**10**(4)

王绍武.2008.中国冷冻的气候特征,气候变化研究进展,**4**(2)

王小玲,任福民.2007.1957—2004年影响中国的强热带气旋频数和强度变化,气候变化研究进展,**3**(6):345-349.

王小玲,任福民,王咏梅,等.2006.影响中国的台风频数年代际变化趋势:1951—2004年,气候变化研究进展,**2**(3):135-138.

王亚伟,翟盘茂,田华.2006.近40年南方高温变化特征与2003年的高温事件,气象,**7**:27-33

王志伟,翟盘茂.2003.中国北方近50年干旱变化特征.地理学报,**58**(增刊):61-68.

王遵娅,丁一汇.2006.近53年中国寒潮的变化特征及其可能原因.大气科学,**30**(6):1068-1076.

夏江江,严中伟,周家斌.2011."三伏"的气候学定义和区划.气候与环境研究**16**(1),33-38

谢安,孙永罡,白人海.2003.中国东北近50年干旱发展及对全球气候变暖的响应.地理学报,**58**(增刊):75-82.

严中伟.1999.华北降水年代际振荡及其与全球温度变化的联系.应用气象学报**10**(增刊)12-22

严中伟,杨赤.2000.近几十年中国极端气候变化格局.气候与环境研究5卷(3),267-372

严中伟,季劲钧,叶笃正.1990.60年代北半球夏季气候跃变—1.降水和温度变化.中国科学,1期:97-103

杨金虎,杨启国,姚玉璧,等.2006.中国西北近来夏季无雨日数的诊断分析.干旱区地理.**29**(3):348-353

叶笃正,黄荣辉.1996.长江黄河流域旱涝规律和成因研究,山东科学技术出版社,387pp.

翟盘茂,任福民.1997.中国近四十年最高最低温度变化,气象学报,**55**(4),418-429.

翟盘茂,刘静.2012.气候变暖背景下的极端天气气候事件与防灾减灾,中国工程科学,(将发表)

张小曳,龚山陵.2006.2006年春季的东北亚沙尘暴,气象出版社,北京.

张小曳,王亚强,周自江,等.2009.中国区域性霾天气的分布及其变化.科学通报,(准备中).

中国气象局.1979.地面气象观测规范,气象出版社,北京.

中国气象局.2007.中国灾害性天气图集,气象出版社,北京

周自江,章国材,艾婉秀,等.2006.中国北方春季起沙活动时间序列及其与气候要素的关系.中国沙漠,**26**(6):945-951.

邹旭凯,张强,叶殿秀.2005.长江三峡库区连阴雨的气候特征分析,灾害学,**20**(1).

邹旭恺,张强.2008.近半个世纪中国干旱变化的初步研究,应用气象学报,**6**,679-686.

Advances in Atmospheric Sciences. 2011. Special Issue - Climate Change and Extremes in China. Volume 28 Issue 2

Alexander LV 等. 2006. Global observed changes in daily climatic extremes of temperature and precipitation. J Geophys Res 111:D05109. doi:10.1020/2005JD006290.

Aijuan Bai, Panmao Zhai, Xiaodong Liu. 2006. Climatology and trends of wet spells in China, Theor. Appl. Climatol., DOI 10.1007/s00704-006-0235-7.

Chandler, Wheater. 2002. Analysis of rainfall variability using generalized linear models: a case study from the west of Ireland. Water Resources Research **38**(10), 1192, doi:10.1029/2001WR000906.

Coe, R., Stern, R. 1982. Fitting models to daily rainfall. *Journal of Applied Meteorology* 21: 1024-1031.

Ding T, Qian W, Yan Z. 2009. Characteristics and Changes of Cold Surge Events over China during 1960—2007. *Atmospheric and Ocean Science Letters*. VOL. 2, NO. **6**, 339-344

Ding T, Qian W, Yan Z. 2010. Changes of hot days and heat waves in China during 1961—2007. International Journal of Climatology. 30(8):1452-1462. DOI: 10.1002/joc.1989.

Yuguo Ding, Jinling Zhang, Zhihong Jiang. 2010. Experimental Simulations of Extreme Precipitation Based on the Multi-Status Markov Chain Model, Acta Meteorologica Sinica,**24**(4):484-491.

Dobson A. 2001. *An Introduction to Generalized Linear Models*, 2nd ed., CRC Press, Boca Raton, Fla.

Duce, R. A. 1995. Sources, distributions and fluxes of mineral aerosols and their relationship to climate. In "Aerosol Forcing of Climate." (R. J. Charlson, and J. Heintzenberg, Eds.), pp. 43-72. John Wiley & Sons Ltd.

Emanuel, K. A. 2005. Increasing destructiveness of tropical cyclones over the past 30 years. Nature, **436**, 686-688.

Gong, S. L., Zhang, X. Y., Zhao, T. L., 等. 2004. Sensitivity of Asian dust storm to natural and anthropogenic factors. *Geophysical Research Letters* 31.

Gong, S. L., Zhang, X. Y., Zhao, T. L., 等. 2006. A simulated climatology of Asian dust aerosol and its trans-Pacific transport. Part II: Interannual variability and climate connections. *Journal of Climate* **19**, 104-122.

Goswami BN, Venugopal V, Sengupta D,等. 2006. Increasing trend of extreme rain events over India in a warming environment. Science **314**:1442-1445

Groisman PY, Karl TR, Easterling DR,等. 1999. Changes in the probability of heavy precipitation: Important indicators of climatic change, *Climatic Change* **42**: 243-283.

Guo, Q. Y. , J. N. , Cai, X. M. ,等. 2003. Interdecadal Variability of East-Asian Summer Monsoon and Its Impact on the Climate of China. Acta Geographica Sinica, **58**(4), 569-576.

Haylock MR, Goodess CM. 2004. Interannual variability of European extreme winter rainfall and links with mean large-scale circulation, *International Journal of Climatology* **24**: 759-776.

IPCC. 1992,1996,2001,2007. The 1st, 2nd, 3rd and 4th Assessment Reports of Climate Change.

IPCC. 2012. IPCC SREX Summary for Policymakers,

Jiang, T. , Z. W. Kundzewicz, B. Su. 2008. Changes in monthly precipitation and flood hazard in the Yangtze River Basin, China. *International Journal of Climatology*, **28**(11), 1471-1481

Jones PD, Horton EB, Folland CK,等. 1999. The use of indices to identify changes in climatic extremes. *Climatic Changes*, **42**, 131-149.

Karl TR,Easterling DR. 1999. Climate extremes: selected review and future research directions, Climatic Change, **42**: 309-325

Kiktev D, Sexton DMH, Alexander L,等. 2003. Comparison of modeled and observed trends in indices of daily climate extremes. J Clim **16**:3560-3571

Klein Tank AMG, Konnen GP. 2003. Trends in Indices of Daily Temperature and Precipitation Extremes in Europe, 1946-99. J. Clim. , **16** (22), 3665-3680

Li Z, Yan Z. 2009. Homogenized China daily mean/maximum/minimum temperature series 1960—2008. Atmospheric and Ocean Science Letters **2**(4) 237-243

Liu, X. D. , Yin, Z. -Y. , Zhang, X. Y. ,等. 2004. Analyses of the spring dust storm frequency of northern China in relation to antecedent and concurrent wind, precipitation, vegetation, and soil moisture conditions. *Journal of Geophysical Research* 109, doi:10. 1029/2004JD004615.

Mahowald, N. M. , Rivera, G. D. R. , Luo, C. 2004. Comment on "Relative importance of climate and land use in determining present and future global soil dust emission" by I. Tegen 等. *Geophys. Res. Lett.* 31, L24105, doi:10. 1029/2004GL021272.

Manton, M. J. , P. M. Della-Marta, M. R. Haylock,等. 2001. Trends in extreme daily rainfall and temperature in Southeast Asia and the South Pacific: 1961—1998. *International Journal of Climatology*, **21**, 269-284.

McCullagh, P. , J. A. Nelder. 1989. *Generalized Linear Models*, 2nd ed. , Chapman and Hall, New York.

Nelder, J. A. , R. W. M. Wedderburn. 1972. Generalized linear models. J. Roy. Stat. Soc. , 135A, 370-384

Perry, K. D. , Cliff, S. S. , Jimenez-Cruz, M. P. 2004. Evidence for hygroscopic mineral dust particles from the Intercontinental Transport and Chemical Transformation Experiment. *J. Geophys. Res.* 109, D23S28, doi: 10. 1029/2004JD004979.

Peterson, T. C. , C. Folland, G. Gruza,等. 2001. Report on the activities of the Working Group on Climate Change detection and related rapporteurs 1998—2001, *World Meteorological Organization Rep.* WCDMP-47, WMO-TD 1071, Geneva, Switzerland, 143 pp.

Qian W, Fu J, Yan Z. 2007. Decrease of light rain events in summer associated with a warming environment in China during 1961—2005, *Geophys. Res. Lett.* , 34, L11705, doi:10. 1029/2007GL029631.

Qian WH, Lin X. 2004. Regional trends in recent temperature indices in China, Climate Research, **27**(2):119-134.

Qian, W. H. , L. S. Quan, S. Y. Shi. 2002, Variations of Dust Storm in China and its Climatic Control, J. Climate, **15**, 1216-1229.

Stern, R. D. , R. Coe. 1984. A model fitting analysis of daily rainfall data. J. Roy. Stat. Soc. , 147A, 1-34.

Su, B. , Z. W. Kundzewicz, T. Jiang. 2009. Simulation of extreme precipitation over the Yangtze River Basin using Wakeby distribution. *Theoretical and Applied Climatology*, **96**(3-4), 209-219

Tegen, I. , Andrew, A. L. , Fung, I. 1996. The influence on climate forcing of mineral aerosols from disturbed soils.

Nature **380**，419-422.

Tegen，I.，Werner，M.，Harrison，S. P.，等. 2004. Relative importance of climate and land use in determining present and future global soil dust eimssion. *Geophys. Res. Lett.* 31，doi：10.1029/2003GL019216.

Thom EC. 1959. The discomfort index. Weatherwise **12**：59-60

Tu K，Yan Z，Dong W. 2010. Climatic jumps in precipitation and extremes in drying North China during 1954—2006. Journal of Meteorological Society of Japan. **88**(1)，29-42

Verkaik，J. W. 2000a. Documentatie windmetingen in Nederland（Documentation on wind speed measurements in the Netherlands）. Koninklijk Nederlands Meteorologisch Institut Tech. Report，41 pp. ［Available online at http：// www. knmi. nl/samenw/hydra/documents/docum0. htm.］

Verkaik，J. W. 2000b. Evaluation of two gustiness models for exposure correction calculation. *J. Appl. Meteor.* ，**39**，1613-1626.

Wang，H.，Shi，G. Y.，Aoki，T.，等. 2004. Radiative forcing due to dust aerosol over cast east Asia and North Pacific in spring 2001. *Chinese Science Bulletin* **49**，2212-2219.

Wang，X. L.，V. R. Swail，F. W. Zwiers. 2006. Climatology and changes of extratropical cyclone activity：Comparison of ERA-40 with NCEP/NCAR Reanalysisi for 1958—2001，*J. Clim.* ，**19**，3145-3166.

Wang，X.-M，Zhai，P.-M，C. C Wang. 2009. Variation of Extratropical Cyclone Activity in Northern East Asia，Adv. Atmos. Sci. ，**26**(3)，471-479.

Wang Y，Yan Z. 2009. Trends in seasonal total and extreme precipitation over China during 1961—2007. *Atmospheric and Ocean Science Letters*，**2**(3)，165-171

Wang Y，Yan Z，Chandler RE. 2010. An analysis of summer rainfall occurrence in eastern China and its relationship with large-scale warming using Generalized Linear Models. *International Journal of Climatology.* **30**(8)：1826-1834. DOI：10.1002/joc. 2018

Webster，P. J.，G. J. Holland，J. A. Curry，等. 2005. Changes in tropical cyclone number，duration，and intensity in a warming environment. Science，**309**，1844-1846.

Xie，B.，Q. Zhang，Y. Wang. 2008. Trends in hail in China during 1960—2005. *Geophysical Research Letters*，35 (L13801)

Yao，C.，S. Yang，W. Qian，等. 2008. Regional summer precipitation events in Asia and their changes in the past decades. *Journal of Geophysical Research-Atmospheres*，113(D17107)

Yan Z，Bate S，Chandler R，等. 2002. An analysis of daily maximum windspeed in northwestern Europe using Generalised Linear Modelling. Journal of Climate **15**（15）：2073-2088

Yan Z，Jones PD，Davies TD，等. 2002a. Trends of extreme temperatures in Europe and China based on daily observations. Climatic Change **53**(1-3)：355-392.

Yan Z，Jones PD，Moberg A，等. 2001. Recent trends in weather and seasonal cycles，an analysis of daily data from Europe and China. J Geophys Res 106 (D6) p5123-5138

Yan Z. 2011. Preface for 'Climate Extremes and Changes in China'，Special Issue，Advances in Atmospheric Sciences 28 （2）. doi：10.1007/s00376-011-1000-0

Yang C，Chandler RE，Isham VS，等. 2005. Spatial-temporal rainfall simulation using Generalized Linear Models，*Water Resources Research*，41：W11415，doi：10.1029/2004WR003739.

You Q.，S. Kang，E. Aguilar，等. 2008. Changes in daily climate extremes in the eastern and central Tibetan Plateau during 1961—2005. Journal of Geophysical Research，113 (D07101)，Doi：10.1029/2007JD009389.

You Q.，S. Kang，E. Aguilar，等. 2011. Changes in daily climate extremes in China and its connection to the large scale atmospheric circulation during 1961—2003. Climate Dynamics. Doi：10.1007/s00382-009-0712-7.

Yu，Rucong，Jian Li，Weihua Yuan，等. 2010. Changes in Characteristics of Late-Summer Precipitation over Eastern China in the Past 40 Years Revealed by Hourly Precipitation Data. J. Climate，**23**，3390-3396. doi：10.1175/ 2010JCLI3454. 1

Zhai P，Yan Z，Zou X. 2008. Climate extremes and climate-related disasters in China. Chapter 8，Fu C 等 (eds) Regional Climate Studies of China. Springer-Verlag Berlin Heidelberg. 313-339

Zhai P，Zhang X，Wan H，等. 2005. Trends in Total Precipitation and Frequency of Daily Precipitation Extremes over

China，J. Climat. **18**(7)：1096-1108

Zhai，P.，A. Sun，F. Ren，等. 1999. Changes of climatic extremes in China，*Climatic Change*，**42**(1)，203-218.

Zhang，X. Y.，Gong，S. L.，Zhao，等. 2003. Sources of Asian dust and role of climate change versus desertification in Asian dust emission. *Geophysical Research Letters* 30，2272 10.1029/2003GL018206.

Zhang X Y，Arimoto R，An Z S. 1997. Dust emission from Chinese desert sources linked to variations in atmospheric circulation. Journal of Geophysical Research，102：28041-28047

Zhang，X. Y.，Lu，H. Y.，Arimoto，R.，等. 2002. Atmospheric dust loadings and their relationship to rapid oscillations of the Asian winter monsoon climate：two 250-kyr loess records. *Earth and Planetary Science Letters* **202**，637-643.

Zhang XB，Zwiers FW，Li G. 2004. Monte Carlo experiments on the detection of trends in extreme values. J Clim **17**：1945-1952

Zhao，T. L.，Gong，S. L.，Zhang，X. Y.，等. 2006. A Simulated Climatology of Asian Dust Aerosol and Its Trans-Pacific Transport. Part I：Mean Climate and Validation. *Journal of Climate* **19**，88-103.

Zhou，T.，D. Gong，J. Li，等. 2009. Detecting and understanding the multi-decadal variability of the East Asian Summer Monsoon - Recent progress and state of affairs. Meteorologische Zeitschrift，18(4)，455-467.

Zhou，Z. J.，Zhang，G. C. 2003. Typical severe dust storms in northern China during 1954—2002. *Chinses Science Bulletin* **48**，2366-2370.

Zou X. K.，P. M.，Zhai. 2004. Relationship between vegetation coverage and spring dust storms over northern China，J. Geophys. Res.，109，D03104，doi：10.1029/2003JD003913.

Zou，X. K.，P. M.，Zhai，Q.，Zhang. 2005. Variations in droughts over China：1951—2003，Geophys. Res. Lett.，32(4)，L04707，doi：10.1029/2004GL021853.

Zwiers FW，Kharin V V. 1998. Changes in the extremes of the climate simulated by CCC GCM2 under CO_2 doubling. Journal of Climate，**11**，2200-2222.

名词解释

飑线：飑线是一种天气现象。发生时，通常伴有雷暴、大风、冰雹等极端天气过程，能量大，破坏力强。飑线是由许多雷暴单体侧向排列而形成的强对流云带。飑线是一种范围较小、生命史较短、气压和风的不连续线。其宽度由不及一千米至几千米，最宽至几十千米，长度一般由几十千米至几百千米，维持时间由几小时至十几小时。飑线出现非常突然。飑线过境时，风向突变、气压涌升、气温急降，同时，狂风、雨雹交加，能造成严重的灾害。北半球温带地区，飑线前多偏南风，飑线后转偏西或偏北风，飑线后的风速一般为每秒十几米，强时可超过 40 米/秒。飑线前天气较好，降水区多在飑线后。飑线两侧温差可达 10 ℃以上。

热带气旋：生成于热带或副热带洋面上，具有有组织的对流和确定的气旋性环流的非锋面性涡旋的统称，包括热带低压（TD）、热带风暴（TS）、强热带风暴（STS）、台风（TY）、强台风（STY）和超强台风（SuperTY）。

雾和霾：雾是由大量悬浮在近地面空气中的微小水滴或冰晶组成，是近地面层空气中水汽凝结（或凝华）的产物。如果目标物的水平能见度降低到 1000 m 以内，就将悬浮在近地面空气中的水汽凝结（或凝华）物的天气现象称为雾；而将目标物的水平能见度在 1000—10000 m 的这种现象称为轻雾。霾是大量极细微的干尘粒等均匀地浮游在空中，使水平能见度小于 10.0 km 的空气普遍混浊现象。

第八章 大气成分与碳收支

主 笔:张小曳,于贵瑞,张华

贡献者:周凌晞,徐晓斌,刘煜,车慧正,郭建平

提 要

近几十年来以变暖为主要特征的气候变化被认为很可能主要是由人类活动导致的(IPCC,2007b),人类活动释放的大气成分,参与地球系统中重要的物理与化学过程,产生系列天气、气候、环境效应,并对生物地球化学循环产生显著影响。2009 年中国不同区域大气 CO_2 年均浓度已达 387.4~405.3 ppm,其中瓦里关全球本底站的大气 CO_2 平均浓度为 387.4 ppm,略高于全球均值。中国大气 CH_4,N_2O,SF_6 浓度也呈不断上升趋势,与北半球中纬度地区其他一些本底站同期观测的这三种温室气体的年均本底浓度及年增幅大体一致。2007 年北京上甸子区域本底站观测到的 CFC-11,CFC-12 和 HCFC-22 等卤代温室气体年均浓度与国外本底站相当,但部分臭氧层损耗物质的替代物(如 HFCs 和 PFCs)的增温潜能评价指标选择问题有待进一步评估。中国陆地上空大气气溶胶中矿物气溶胶是含量最大的组分,平均约占 PM10 的 35%,硫酸盐和有机碳气溶胶是另外两个含量较大,并有重要散射效应的气溶胶组分,分别约占 16% 和 15%,黑碳气溶胶只占约 3.5%,硝酸盐约占 7%,铵盐所占的比例约为 5%。中国大气气溶胶散射效应较强,区域混合气溶胶的浓度相对不高,多种气溶胶综合的气候"冷却"效应明显,没有加剧中国降水的"南涝北旱"现象。中国长江以南仍为主要的酸雨区,而且其个别地区酸雨有加重趋势,不容忽视的是,近年来中国北方地区有部分观测站年平均降水 pH 值明显降低。中国与北美和欧洲一些地区一样,对流层 O_3 属于北半球的高值区。1980 年代以来中国陆地生物圈发挥着碳汇的作用,陆地碳汇主要分布在东北林区、西南林区、南方亚热带林区和藏北高原草甸草原区。随着中国耕作制度的改进,作物生产力不断提高,碳的吸收能力显著增大。这些有关中国碳收支和大气成分分布、变化及其对气候影响研究的进展均与国家的气候变化应对关系密切。

8.1 大气温室气体

温室气体是指那些允许入射太阳辐射几乎无衰减地到达地球表面或者较少吸收太阳辐射,但是它强烈阻止地表和大气发射的长波辐射逃逸到外空从而使能量保留在地气系统中的气体化合物。温室气体包括二氧化碳(CO_2)、甲烷(CH_4)、氧化亚氮(N_2O)、六氟化硫(SF_6)和卤代温室气体和水汽(H_2O)等;根据 IPCC 第四次评估报告,在温室气体的总增暖效应中,不包括水汽的贡献,CO_2 约占 63%,CH_4 约 18%,N_2O 约 6%,SF_6,HFCs 及 PFCs 合计约占 13%(IPCC,2007a)。水汽对全球增温的贡献主要来自其参与的各种气候系统中的反馈过程,包括水汽本身,云,反照率的反馈作用。当前定量评估各种反馈过程对全球增温的贡献还很有限。1957 年美国在夏威夷 Mauna Loa 本底站开始了大气 CO_2 浓度的长期观测,此后,各国在不同经纬度地区建立本底站并逐渐形成了各类观测网。1989 年以来,在世界气象组织(WMO)的全球大气观测(GAW)框架下,初步形成了多种手段的网络化观测体系。迄今为止,国际社会引用大气中温室气体浓度资料主要来自 WMO/GAW,它由 60 多个国家的 200 多个本底

站组成(其中 26 个全球本底站)。截至 2009 年底统计资料,有 61 个国家的 300 多个站点向温室气体世界资料中心(WDCGG)报送数据,但这些站点的地理分布很不均匀,发达国家站点较多,亚洲内陆地区尤为稀缺。

自 20 世纪 80 年代中期开始,在中国一些本底站及城区的定位监测,初步反映出不同区域人类及自然活动对大气 CO_2,CH_4 和 N_2O 浓度的影响(王跃思等,2002;周秀骥等,2005)。1990 年以来,在瓦里关全球本底站开始温室气体采样分析,1994 年开始在线观测,其大气 CO_2 和 CH_4 浓度资料进入全球同化数据库(Globalview-CO₂ and Globalview-CH₄),并用于 WMO 全球温室气体公报和 IPCC 评估,代表中国大陆大气本底状况(WMO,2009;周凌晞等,2007;周秀骥等,2005),也应用于时间序列、年季变化、源汇和数值模式等研究(Zhou 等,2003;Zhou 等,2005b;Zhou 等,2006c;Zhou 等,2004;蔡旭晖等,2002;李灿等,2003)。2006 年以来,还在北京上甸子、浙江临安、黑龙江龙凤山、湖北金沙等区域本底站开始了网络化采样分析,初步获得了中国几个典型区域主要温室气体本底浓度变化状况和地区间差异(周凌晞等,2008)。

8.1.1 二氧化碳(CO_2)

CO_2 是最重要的温室气体。在自然波动中,其万年尺度变化受海洋碳库影响较大,年际或十年际尺度变化则主要反映了陆地生物圈新陈代谢的周期性变化,而人类活动额外产生的 CO_2 只能进入海洋和陆地生物圈,或停留在大气圈中增加大气储库的含量(IPCC,2007a)。2009 年全球大气 CO_2 平均浓度为 386.8 ppm,2000—2009 年均增长率约 2.0 ppm/a(WMO,2009)。2009 年,中国瓦里关全球本底站(36°17′N,100°54′E)大气 CO_2 平均浓度为 387.4 ppm,略高于全球均值,但与北半球中纬度地区其他一些本底站同期观测的年均本底浓度大体一致。2009 年,北京上甸子、浙江临安、黑龙江龙凤山等三个区域本底站大气 CO_2 浓度值均较高,分别为 395.67 ppm,405.3 ppm 和 392.6 ppm,略高于瓦里关同期观测值。从图 8.1 可知,2007 年和 2008 年,瓦里关全球本底站大气 CO_2 平均浓度分别为 384.2 ppm 和 386.0 ppm,近 10 年年均增长率约 2.0 ppm/a,与全球平均增幅一致;2007 年和 2008 年,北京上甸子、浙江临安、黑龙江龙凤山等三个区域本底站大气 CO_2 浓度值均较高,其中,上甸子站分别为 385.4 ppm 和 387.2 ppm,临安站分别为 389.3 ppm 和 393.8 ppm,龙凤山站分别为 385.6 ppm 和 388.3 ppm,近 10 年年均增长率要稍高于全球平均增幅。

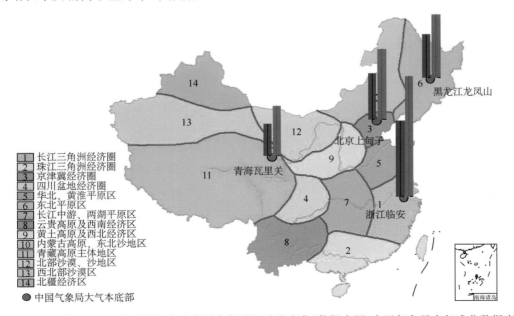

图 8.1 2007 年和 2008 年中国 4 个本底站大气 CO_2 浓度变化(数据来源:中国气象局大气成分数据库)

选择北极 BRW(71°32′N,156°6′W)、夏威夷 MLO(19°53′N,155°58′W)和澳大利亚 CGO(40°68′S,

144°68′E）等 3 个全球本底站与中国瓦里关站同期大气 CO_2 浓度变化相比较（图 8.2）显示，1992 年和 2007 年，北极 BRW 站大气 CO_2 年均浓度分别为 357.7 和 384.9 ppm（15 年间的年均增长率约 1.81 ppm/a），美国 MLO 站年均浓度分别为 356.3 和 383.7 ppm（年均增长率约 1.83 ppm），澳大利亚 CGO 站年均浓度分别为 353.7 和 380.5 ppm（年均增长率约 1.79 ppm），中国瓦里关站分别为 356.7 和 384.2 ppm（年均增长率约 1.84 ppm/a）；周边同纬度带（35°N～45°N）韩国 TAP 站大气 CO_2 年均浓度分别为 360.6 和 389.8 ppm（年均增长率约 1.94 ppm/a），日本 RYO 站分别为 358.4 和 386.6 ppm（年均增长率约 1.88 ppm/a），蒙古 UUM 站分别为 356.6 和 384.7 ppm（年均增长率约 1.88 ppm/a）（国外站点数据来自 ftp://gaw.kishou.go.jp/pub/data/）。

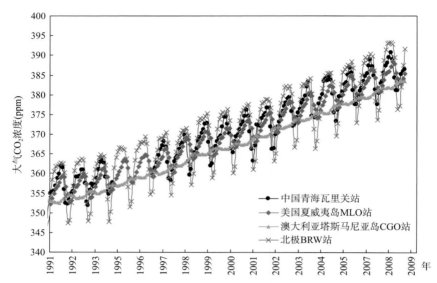

图 8.2　中国瓦里关站与 3 个著名全球本底站大气 CO_2 浓度变化的比较（数据来源：中国气象局大气成分数据库）

8.1.2　甲烷（CH_4）

CH_4 是重要性仅次于 CO_2 的温室气体，其百年全球增温潜能（GWP）约是 CO_2 的 21 倍。CH_4 全球逐年增长率远高于 CO_2，而且还是破坏臭氧层的物种之一；CH_4 有自然源和人为源，包括细菌发酵、反刍动物排放、生物质燃烧、化石燃料燃烧、天然气泄露等，地表生物活动的周期性也在很大程度上影响着大气 CH_4 时空变化；CH_4 还是大气中丰度最高和最重要的化学活性物种，能影响 OH 自由基和 CO，并控制大气化学过程，从而对大气环境造成直接影响（IPCC，2007a）。2009 年全球大气 CH_4 平均浓度为 1803 ppb，近 10 年年均增长率约 2.7 ppb/a（WMO，2009）。2007 年、2008 年和 2009 年，中国瓦里关全球本底站大气 CH_4 浓度分别为 1841.6 ppb，1845.0 ppb 和 1854 ppb，1997—2007 年年均增长率约为 3.44 ppb/a，2009 年较 2008 年增长较大；2007 年、2008 年和 2009 年，北京上甸子、浙江临安、黑龙江龙凤山等三个区域本底站大气 CH_4 浓度值均较高。其中，上甸子站分别为 1864.0 ppb，1874.2 ppb 和 1944 ppb，临安站分别为 1871.5 ppb，1906.9 ppb 和 1954 ppb，龙凤山站分别为 1889.7 ppb，1900.5 ppb 和 1921 ppb。

对北极 BRW、夏威夷 MLO 和澳大利亚 CGO 等 3 个全球本底站与中国瓦里关站同期大气 CH_4 浓度变化的比较（图 8.3）表明，1992 年和 2007 年，北极 BRW 站大气 CH_4 年均浓度分别为 1828.8 ppb 和 1873.1 ppb（15 年间的年均增长率为 2.95 ppb/a），夏威夷 MLO 站大气 CH_4 年均浓度分别为 1745.4 ppb 和 1794.9 ppb（年均增长率 3.30 ppb/a），澳大利亚 CGO 站大气 CH_4 年均浓度分别为 1686.8 ppb 和 1733.0 ppb（年均增长率 3.08 ppb/a），中国瓦里关站大气 CH_4 分别为 1787.4 ppb 和 1841.6 ppb（年均增长率 3.61 ppb/a）；周边同纬度带（35°N～45°N）的韩国 TAP 站大气 CH_4 年均浓度分别为 1859.0 ppb 和 1894.2 ppb（年均增长率 2.35 ppb/a），日本 RYO 站大气 CH_4 年均浓度分别为 1783.8 ppb

和 1868.3 ppb(年均增长率 5.64 ppb/a),蒙古 UUM 站大气 CH_4 年均浓度分别为1814.9 ppb 和1858.7 ppb (年均增长率 2.92 ppb/a)(国外站点数据来自 ftp://gaw.kishou.go.jp/pub/data/)。

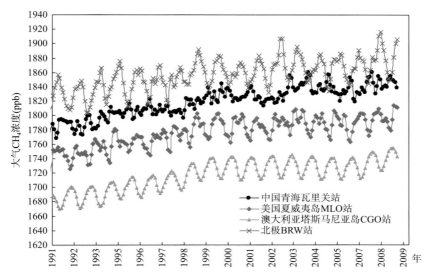

图 8.3 中国瓦里关站与 3 个著名全球本底站大气 CH_4 浓度变化的比较

(数据来源:中国气象局大气成分数据库)

8.1.3 氧化亚氮(N_2O)

N_2O 在大气中留存时间长,而且有很强的辐射活性;N_2O 的百年全球增温潜能(GWP)约是 CO_2 的 310 倍,还能发生光化学转化从而损耗平流层臭氧;大气 N_2O 主要来源于海洋释放、化石燃料燃烧、生物质燃烧和化肥施用,其主要汇是平流层光解、土壤吸收和海洋吸收;世界人口剧增引起的能源和食物需求快速增长是大气 N_2O 浓度急剧上升的重要原因(IPCC,2007a)。2009 年全球大气 N_2O 平均浓度为 322.5 ppb,近 10 年年均增长率约为 0.8 ppb/a(WMO,2009)。2007 年、2008 年和 2009 年,中国瓦里关全球本底站大气 N_2O 浓度分别为 321.3 ppb,322.0 ppb 和 322.9 ppb,1997—2007 年大气 N_2O 浓度呈线性增长,年均增长率约 0.75 ppb/a,与全球平均状况基本一致。2008 年年底开始,北京上甸子、浙江临安、黑龙江龙凤山区域本底站大气 N_2O 浓度进行采样观测。

选择北极 BRW、夏威夷 MLO 和澳大利亚 CGO 等 3 个全球本底站与中国瓦里关站同期大气 N_2O 浓度变化相比较表明(图 8.4),1997 年和 2007 年,北极 BRW 站大气 N_2O 年均浓度分别为 313.4 ppb 和 321.4 ppb(10 年间的年均增长率约 0.8 ppb/a),夏威夷 MLO 站年均浓度分别为 313.4 ppb 和 321.3 ppb(年均增长率约 0.8 ppb/a),澳大利亚 CGO 站年均浓度分别为 312.6 ppb 和 319.8 ppb(年均增长率约 0.7 ppb/a),中国瓦里关站分别为 313.9 ppb 和 321.7 ppb(年均增长率约 0.8 ppb/a)(国外站点数据来自 ftp://gaw.kishou.go.jp/pub/data/)。

8.1.4 六氟化硫(SF_6)

SF_6 具有很强的辐射活性,其 GWP 约是 CO_2 的 22 800 倍,在大气中停留时间约 3200 年。大气 SF_6 主要来源于变电器生产与使用、有色金属冶炼过程释放等,SF_6 还广泛应用于重工业生产等过程(IPCC,2007a)。2007 年和 2008 年,中国瓦里关全球本底站大气 SF_6 浓度分别为 6.5 ppt 和 7.0 ppt,近 10 年(1997—2007 年)呈线性增长,年均增长率约 0.25 ppt/a。2008 年年底,北京上甸子、浙江临安、黑龙江龙凤山区域本底站开始大气 SF_6 浓度的采样观测。

选择北极 BRW、夏威夷 MLO 和澳大利亚 CGO 等 3 个全球本底站与中国瓦里关站同期大气 SF_6 浓度变化相比较显示(图 8.5),2000 年和 2007 年,北极 BRW 站大气 SF_6 年均浓度分别为 4.7 ppt 和 6.3 ppt(7 年间的年均增长率 0.23 ppt/a),夏威夷 MLO 站年均浓度分别为 4.6 ppt 和 6.2 ppt(年均增长率 0.23 ppt/a），澳大利亚 CGO 站年均浓度分别为 4.4 ppt 和 5.9 ppt（年均增长率 0.22 ppt/a），中国瓦里关站分别为 4.8 ppt 和 6.5 ppt（年均增长率 0.25 ppt/a）（国外站点数据来自 ftp：//gaw. kishou. go. jp/pub/data/）。

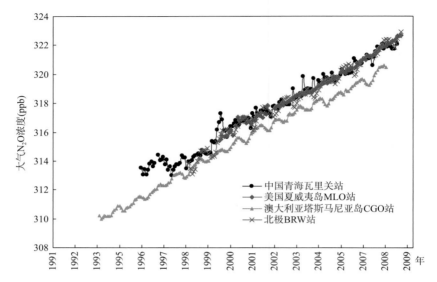

图 8.4 中国瓦里关站与 3 个著名全球本底站大气 N_2O 浓度变化的比较

（数据来源：中国气象局大气成分数据库）

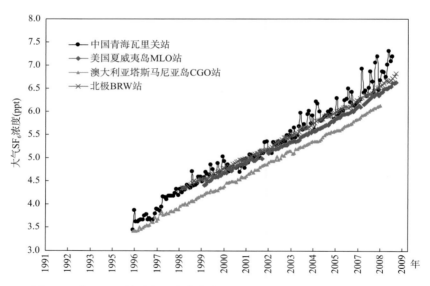

图 8.5 中国瓦里关站与 3 个著名全球本底站大气 SF_6 浓度变化的比较

（数据来源：中国气象局大气成分数据库）

8.1.5 其他卤代温室气体（Halogenated Greenhouse Gases）

卤代温室气体是指分子中含卤素的温室气体，几乎全部由人为活动产生。卤代温室气体在大气中寿命很长，并能长距离传输，催化平流层臭氧光化学反应，导致臭氧层损耗，具有极强的温室效应（IPCC，2007a）。卤代温室气体在履约减排臭氧层损耗物质（ODS）的同时，也能减缓全球变暖，然而部分较理想的 ODS 替代物（如 HFCs 和 PFCs）具有更高的全球增温潜能的问题也不容忽视（Steinbacher 等，2008；徐建华等，2003）。卤代温室气体是《蒙特利尔议定书》和《京都议定书》联合履约的焦点，其中，CFC-11、CFC-12 和 HCFC-22 是大气中浓度最高的 3 种卤代温室气体。

中国卤代温室气体观测研究主要集中在经济发达的城市群和工业区，包括京津冀、长江三角洲、珠江三角洲、香港和台湾地区(Barletta 等,2006;Qin,2007)。中国卤代温室气体采用的观测方法和标准不尽相同,且观测物种少,资料时间序列较短。2006 年以来,采用与国际卤代温室气体观测(AGAGE/SOGE)溯源一致的混合标气、观测及标校方法和质量控制流程(Prinn 等,2000),在北京上甸子区域大气本底站获得了 12 种卤代温室气体浓度在线观测资料及部分物种排放源反演的初步结果(Vollmer 等,2009;周凌晞等,2006)。表 8.1 是 2007 年北京上甸子站与南北半球 5 个典型本底站(选择了爱尔兰 MHD、美国 THD、巴巴多斯 RPB、美属萨摩亚 SMO 和澳大利亚 CGO)大气 CFC-11,CFC-12 和 HCFC-22 年均本底浓度的比较,各站年均值具有可比性,南北半球观测值差异反映出不同纬度带大气均受到人类活动排放、大气输送及混合的影响。

表 8.1　2007 年中国北京上甸子站与南北半球 5 个典型本底站年均本底浓度的比较

站名	经度	纬度	海拔高度/m	CFC-11 年均浓度/ppt	CFC-12 年均浓度/ppt	HCFC-22 年均浓度/ppt
爱尔兰 MHD 站	−9.9	53.33	25	246.29	541.02	194.77
美国 THD 站	−124.15	41.05	120	246.44	541.20	195.91
北京上甸子站	117.12	40.65	286.5	245.97	541.26	195.35
巴巴多斯 RPB 站	−59.43	13.17	45	246.18	540.48	189.13
美属萨摩亚 SMO 站	−170.57	−14.24	42	244.86	538.71	176.35
澳大利亚 CGO 站	144.68	−40.68	94	243.84	537.94	173.10

注:AGAGE/SOGE 国际观测网的其中 5 个典型本底站的年均值观测结果是根据从世界温室气体数据中心(WDCGG)下载的月平均浓度计算,网址:ftp://gaw.kishou.go.jp/pub/data/current archives/

8.2　大气气溶胶

大气气溶胶是大气中固体和液体粒子的总称,由多种化学物质构成,主要包括:矿物气溶胶、海盐、硫酸盐、硝酸盐、铵盐、有机碳/黑碳这 6 类 7 种主要组分,因其参与地球系统中重要的物理及化学过程,从而产生系列气候及环境效应。气溶胶及其对天气、气候和空气质量影响的研究是当前国际大气科学研究的焦点之一。气溶胶通过散射和吸收太阳辐射,改变地—气系统的辐射平衡而直接影响气候。除了直接气候效应,气溶胶还通过多种间接效应方式改变云的辐射特性并影响水循环。根据 IPCC 第四次评估报告的结果,对全球平均而言,气溶胶直接气候效应和第一类间接效应产生的辐射强迫分别为 $-0.5 \ \mathrm{W/m^2}$($-0.9 \ \mathrm{W/m^2}$ 到 $-0.1 \ \mathrm{W/m^2}$)和 $-0.7 \ \mathrm{W/m^2}$($-1.8 \ \mathrm{W/m^2}$ 到 $-0.3 \ \mathrm{W/m^2}$),已经达到与温室气体相当的量级(Forster 等,2007),能在一定程度上抵消温室气体增加所导致的增暖效应。由于气溶胶在大气中寿命较短,其时空分布呈现显著的非均匀性,因而在区域尺度上会产生更大的影响,并会使空气质量下降,危害人体健康,影响农作物产量,参与并影响其他重要的大气化学过程,与酸沉降和臭氧层破坏等环境问题也密切相关。随着化石燃料、生物质燃烧和土地利用及其覆盖的变化等人类活动的加剧,气溶胶在大气中的作用已成为最不确定又至关重要的问题。

8.2.1　中国大气气溶胶的化学组成和光学特性及排放情况

1. 中国各类气溶胶空间分布及排放量状况

基于 2006 年和 2007 年在中国 14 个站点的气溶胶化学组成分析(Zhang 等,2012)发现,矿物气溶胶(包括沙尘、城市逸散性粉尘和煤烟尘等)是中国大气气溶胶 PM10 中含量最大的组分,约占 35%(图 8.6)。在中国的西北地区,这一比例高达 50%~60%。在位于中国四川盆地的成都、湖北金沙、广东番禺、河北固城和浙江临安等地,矿物气溶胶所占 PM10 的比例也在 35%~40% 之间。在湖南常德、广西南宁和黑龙江龙凤山这种比例在 20%~35% 之间。全球矿物气溶胶排放总量在 1000~3000 Tg/a(Duce,1995)。亚洲沙尘气溶胶的排放总量约为 800 Tg/a,占到全球排放总量的一半以上(Zhang 等,1997)。矿物气溶胶在不同的下垫面上、不同的混合特性下和不同的形状和粒度分布下,其散射和吸收效应也有所不同。矿物气溶胶对光的吸收作用（不同季节为5%—14%）已经在中国的不同区域被发现（Zhang等，2008b）。

在中国大气气溶胶PM10中，硫酸盐和有机碳气溶胶（OC）是另外两个含量较大，并有重要散射效应的气溶胶组分。硫酸盐通常占到PM10中的16%，OC也是如此（图8.6），而OC中的约50%—70%是二次转化的有机碳气溶胶（SOC）。SOC的测定、估算和在数值模式中准确描述的不确定性很大，这是气溶胶散射效应被低估的一个重要原因。在中国大气PM10中，硝酸盐约占7%。铵盐除了在中国西北沙漠区域和青藏高原只占约0.5%外，在其他地区所占的比例约为5%。在中国大气PM10中，元素碳气溶胶只占约3.5%（图8.6）。

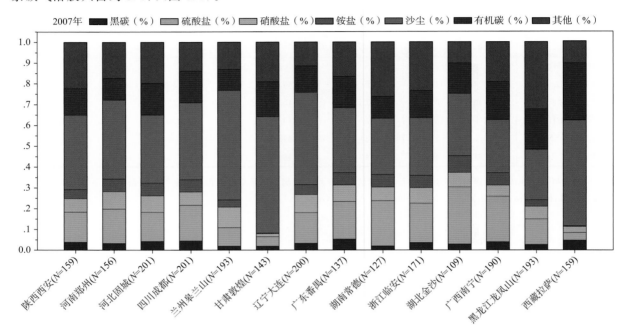

图8.6 2006年和2007年中国14个站点PM10中各种气溶胶组分平均所占比例（Zhang等，2012）

矿物气溶胶：2006和2007年全年中国14个观测点的地基气溶胶化学分析显示（Zhang等，2012），矿物气溶胶组分在青藏高原的拉萨、关中平原的西安和中原的郑州均占PM10的30%～40%，在西北的敦煌、兰州皋兰山这一比例甚至达到50%～60%。矿物气溶胶浓度除青藏高原为30～50 $\mu g \cdot m^{-3}$外，其他地区多在80～100 $\mu g \cdot m^{-3}$之间。在四川盆地的成都、湖北的金沙、广东的番禺、河北的固城、浙江的临安、湖南的常德、广西的南宁和黑龙江的龙凤山这种比例在20%～35%之间，浓度多在20～50 $\mu g \cdot m^{-3}$之间。矿物气溶胶在海陆之间存在不同的辐射效应（Wang等，2004），以及在调节海陆热力差异、影响东亚冬季风快速变化中的作用（Zhang等，2002b），显示出这种主要由自然过程控制的气溶胶（Zhang等，2003）对气候的显著影响。

硫酸盐气溶胶：在2006—2007年，中国城市PM10中硫酸盐气溶胶24 h浓度的年平均值一般在30～50 $\mu g \cdot m^{-3}$之间，城郊农村通常在20～25 $\mu g \cdot m^{-3}$之间，在青藏高原、西北沙漠区和东北林区等偏远地区的浓度水平通常在2～10 $\mu g \cdot m^{-3}$之间，其中拉萨的硫酸盐浓度约在2～3 $\mu g \cdot m^{-3}$之间。城市硫酸盐浓度较高的地点包括中原的郑州（43.9～46.3 $\mu g \cdot m^{-3}$）、关中平原的西安（46～48 $\mu g \cdot m^{-3}$）、四川盆地的成都（38～42 $\mu g \cdot m^{-3}$）、北京南部省区的河北固城（约35 $\mu g \cdot m^{-3}$）和珠三角的广东番禺（25～28 $\mu g \cdot m^{-3}$）（Zhang等，2012；图8.7）。2002年10月到2003年6月间，广州PM2.5中的硫酸盐浓度约为15 $\mu g \cdot m^{-3}$（Hagler等，2006），1999—2000年间，上海PM2.5中的相应浓度是10～19 $\mu g \cdot m^{-3}$（Ye等，2003a），贵阳2003年全年的硫酸盐浓度约为22 $\mu g \cdot m^{-3}$（Xiao等，2004）。

中国城郊农村硫酸盐的浓度水平（约为22 $\mu g \cdot m^{-3}$）大约是城市浓度的二分之一。某些城市站点，例如南宁和大连的硫酸盐浓度较低，与城郊农村的水平相当，可能与当地的SO_2排放相对较小（Cao

等,2011),以及站点接收到较多区域混合的气溶胶有关(Zhang 等,2012)。与南亚和东南亚城市区域的浓度水平(18.3～28.3 $\mu g \cdot m^{-3}$)相比(Oanha 等,2006;Smith 等,1996),中国城郊硫酸盐气溶胶的浓度水平还是略高。东亚城市中硫酸盐气溶胶的浓度在 4.1～15.9 $\mu g \cdot m^{-3}$ 之间(Ho 等,2003;Kaneyasu 等,2004)。欧洲城市一年以上的观测显示,其 PM10 中硫酸盐的浓度在 3.9～9.3 $\mu g \cdot m^{-3}$ 之间(Hueglin 等,2005;Perez 等,2008),美国和南美城市在 3.2～5.8 $\mu g \cdot m^{-3}$ 之间(Celis 等,2004;Chow 等,2002;Chow 等,1993b;Kim 等,2000)。不过与 1996—1997 年相比(西安春到秋季的硫酸盐浓度为 30～100 $\mu g \cdot m^{-3}$、冬季达到 340 $\mu g \cdot m^{-3}$)(Zhang 等,2002a),中国环境大气中硫酸盐的浓度水平已经有了大幅度下降。

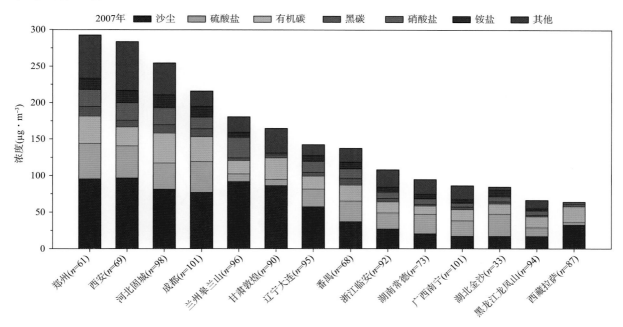

图 8.7 2007 年中国 14 个站点 PM10 中各种气溶胶组分的质量浓度(Zhang 等,2012)

中国城市大气中和在区域范围内形成和混合的大气硫酸盐浓度较高与中国开放 30 年来能源使用中煤一直占有约 70% 的比例有关,也是中国区域性霾天气形成的一个主要的贡献者。而预测到 2050 年,中国煤的使用仍将超过 50%(大气环境保护战略专题组,2009),硫酸盐浓度较高的状况不会因此有明显的改变。从硫酸盐气溶胶前体物的排放量分布看(图 8.8),中国 SO_2 排放强度较高的是东北、华北及华东、华南等工业发达、人口众多的区域,而面积广大的西部地区及内蒙古则因为地广人稀、工业用煤较少的缘故,燃煤量较小、排放强度也较低(Cao 等,2011)。

碳气溶胶:碳气溶胶主要包括有机碳(OC)和元素碳(EC)气溶胶两种。2007 年中国各个城市大气中 OC 的浓度在 21.2～46.1 $\mu g \cdot m^{-3}$ 之间,EC 在 4.5～12.3 $\mu g \cdot m^{-3}$ 之间(Zhang 等,2012),这样的浓度水平与 2006 年的观测(Zhang 等,2008a)和中国之前在不同城市观测到的浓度值(Feng 等,2006;He 等,2001;Ye 等,2003b;Zhang 等,2005)基本一致,但低于南亚的浓度水平,尤其是 EC 比南亚(20.5～75.2 $\mu g OC \cdot m^{-3}$,12.4～41.3 $\mu g EC \cdot m^{-3}$)(Salam 等,2003;Venkataraman 等,2002)低得更多。中国城市碳气溶胶与东南亚(22.6 $\mu g OC \cdot m^{-3}$,6.3～12.9 $\mu g EC \cdot m^{-3}$)(Oanha 等,2006)和东亚的(10.3～16.2 $\mu g OC \cdot m^{-3}$,4.9～12.9 $\mu g EC \cdot m^{-3}$)(Park 等,2001)相比,EC 基本一致,但 OC 偏高。

2006 年和 2007 年,在远离城市的偏远地区站点(拉萨、敦煌和龙凤山),以及在城郊农村的区域性站点(临安、皋兰山、常德、金沙)观测到的 EC 浓度差别不大(2.2～4.7 $\mu g \cdot m^{-3}$)(Zhang 等,2012),这是和硫酸盐气溶胶的差别较大之处。中国 EC 的浓度和亚洲城郊类似站点也基本一致(2.6～4.7 $\mu g EC \cdot m^{-3}$,2.0～12.2 $\mu g OC \cdot m^{-3}$)(Holler 等,2002;Kaneyasu 等,1995;Lee 等,2001),浓度并不很高。但中国的 OC 浓度（$11.3 \sim 28$ $\mu g \cdot m^{-3}$）要更高一些（Zhang 等，2012）。中国 OC 浓度较高的特点与欧洲类似站点（$8.9 \sim 9.1$ $\mu g \cdot m^{-3}$）（Castro 等，1999）和美洲类似站点（约 5.4 $\mu g \cdot m^{-3}$）（Chow 等，1993a）相比也很明显。

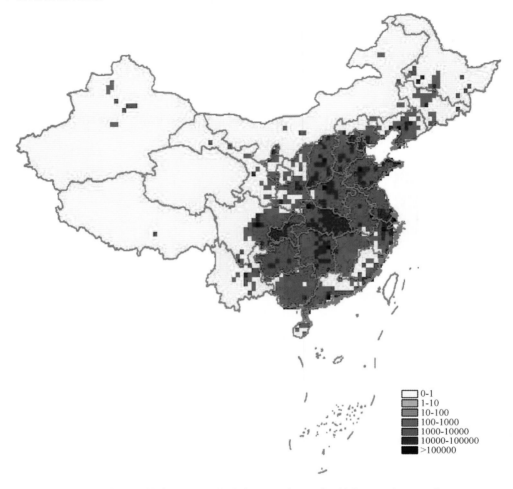

0-1
1-10
10-100
100-1000
1000-10000
10000-100000
\>100000

图 8.8　2005 年中国排放的 SO_2 网格分布图（$0.5° \times 0.5°$）（单位：t/km^2）（Cao 等，2011）

在中国直接排放出的碳气溶胶中，OC 与 EC 的比值通常是 2.8，化石燃料燃烧排放物中此值为 2.0，汽油燃烧为 1.4，柴油燃烧为 1.4，生物质燃烧为 3.3（Cao 等，2006）。中国城市大气中 OC 与 EC 比值的平均值在 3.1（Zhang 等，2008a）和 3.9 之，表明城市碳溶胶主要还是基本反映了排放的情况。

中国区域站点观测到的 OC 与 EC 比值（平均为 $5.2 \sim 6.1$）要远高于中国和亚洲城市大气中报道的比值（Zhang 等，2012）。因露天燃烧生物质排放出的气溶胶中，OC 与 EC 的比值为 7.1，其中冬季为 8.9，春季 8.0，夏季 5.6 和秋季 5.9（Cao 等，2006），中国区域混合气溶胶中较高的 OC 与 EC 比值可能与此有关。此外，还有一个重要的来源是二次转化的有机碳气溶胶（SOC），在中国区域站点观测到的总 OC 中，SOC 的贡献约占 $50\% \sim 70\%$（Zhang 等，2008a）。

硝酸盐气溶胶：基于 2006 年和 2007 年的数据发现（Zhang 等，2012），中国城市大气硝酸盐气溶胶年平均的日均值多在 $10 \sim 24$ $\mu g \cdot m^{-3}$ 之间，其中浓度较大的也出现在中原的郑州、关中平原的西安和北京南部省区的河北固城（$17.0 \sim 23.9$ $\mu g \cdot m^{-3}$），四川盆地的成都、珠三角的广东番禺和东北城市大连的浓度在 $10 \sim 16$ $\mu g \cdot m^{-3}$ 之间。2002 年 10 月到 2003 年 6 月间，广州、深圳和中山 PM2.5 中的硝酸盐浓度约为 5 $\mu g \cdot m^{-3}$（Hagler 等，2006），上海 1999—2000 年间 PM2.5 中的相应浓度是 $7 \sim 12$ $\mu g \cdot m^{-3}$（Ye 等，2003a），西安 1996—1998 年间的硝酸盐浓度在 $6 \sim 12$ $\mu g \cdot m^{-3}$ 之间（Zhang 等，2002a）。中国 2006—2007 年城市大气中硝酸浓度接近或略高于南亚、东南亚（$12 \sim 13$ $\mu g \cdot m^{-3}$）（Oanha 等，2006；Smith 等，1996）和美国城市（$10.3 \sim 13.5$ $\mu g \cdot m^{-3}$）（Chow 等，1993b；Kim 等，2000），但还是高于东亚

的城市(5.3～8.0 $\mu g \cdot m^{-3}$)(Choi 等,2001;Ho 等,2003)、南美城市(3.8～8.6 $\mu g \cdot m^{-3}$)(Celis 等,2004;Chow 等,2002)、欧洲城市(2.7～9.1 $\mu g \cdot m^{-3}$)(Hueglin 等,2005;Lonati 等,2005;Perez 等,2008)的浓度水平。就全球来看,硝酸盐气溶胶的前体气体 NO_x 主要来源于天然源,但城市大气中的 NO_x 多来自人类活动使用的化石燃料燃烧,如汽车等流动源、工业窑炉等固定源。由于近些年中国经济的高速发展,化石燃料的用量连年攀升,使得源于化石燃料燃烧排放的 NO_x 等污染物的排放量也在逐年升高(Yan 等,2003)。虽然目前中国环境部在新建电厂推广"低氮燃烧技术"(控制燃烧温度,降低 NO_x 的生成量),但即使在北京还没有完全实现燃煤脱氮。而中国城市硝酸盐气溶胶及其前体物浓度与机动车排放的关系也非常密切(Zhang 等,2009a),加之中国各大城市机动车的保有量也在不断上升,这些都可能导致了中国 2006 年和 2007 年城市硝酸盐气溶胶浓度较之前略高,即使与美国大量使用汽车的城市相比也略高。

在中国城郊农村观测到的区域混合较充分的硝酸盐浓度水平在 2～10 $\mu g \cdot m^{-3}$ 之间,相当于美国城郊的浓度水平(2.2～9.5 $\mu g \cdot m^{-3}$)(Chow 等,1993b;Malm 等,1994),但比亚洲城郊(1.2～4.5 $\mu g \cdot m^{-3}$)(Carmichael,1997;Ho 等,2003)和欧洲城郊(0.8～3.0 $\mu g \cdot m^{-3}$)(Hueglin 等,2005;Lenschow 等,2001;Querol 等,2007)的浓度还是要高一些,这可能与中国区域大气中较高的 NH_3 气等存在和较高的大气氧化能力有关(Zhang 等,2009a)。而青藏高原的拉萨、西北沙漠区的敦煌和东北龙凤山的硝酸盐浓度(2.0～4.3 $\mu g \cdot m^{-3}$)还是维持在较低的水平,这与国内外学者估算的 2000 年中国上述 3 地的排放量非常接近,分别为 11.12 Tg(孙庆贺等,2004)、11.35 Tg(Streets 等,2003)和 11.19 Tg(Yan 等,2003)。由于 NO_x 和 SO_2 均主要来源于燃烧过程,故中国区域 NO_x 的排放分布和 SO_2 类似,即排放强度较高的仍然是东北、华北及华东、华南等地区,而西部地区及内蒙古则排放强度较低(Cao 等,2011)。

铵盐气溶胶:中国城市大气中 2006—2007 年铵盐气溶胶的浓度水平(7～18 $\mu g \cdot m^{-3}$)要远高于城郊大气中混合较充分的铵盐浓度水平(2～7 $\mu g \cdot m^{-3}$)(Zhang 等,2012;图 8.9),这和上海 PM2.5 中的浓度 9.2～10.9 $\mu g \cdot m^{-3}$(Ye 等,2003a)、西安 TSP 中的 9～14 $\mu g \cdot m^{-3}$(Zhang 等,2002a)、广州 PM2.5 中的浓度 7 $\mu g \cdot m^{-3}$(Hagler 等,2006)基本相当,均高于其他亚洲城市(1.9～7.0 $\mu g \cdot m^{-3}$)(Choi 等,2001;Ho 等,2003;Oanha 等,2006;Smith 等,1996;Venkataraman 等,2002)、美国城市(4.1～5.5 $\mu g \cdot m^{-3}$)(Chow 等,1993b;Kim 等,2000)、南美城市(2.1～4.8 $\mu g \cdot m^{-3}$)(Celis 等,2004;Chow 等,2002)和欧洲城市(1.8～3.7 $\mu g \cdot m^{-3}$)(Hueglin 等,2005;Lenschow,2001;Perez 等,2008)的浓度水平,这可能与中国大城市人口众多和废物处置量大(Cao 等,2011),以及城市大气中较高的硫酸根和硝酸根浓度水平和较高的大气氧化能力有关(Zhang 等,2009a)。

中国城郊铵盐的浓度水平(2～7 $\mu g \cdot m^{-3}$)也要略高于其他亚洲城郊(1.3～3.0 $\mu g \cdot m^{-3}$)(Carmichael,1997;Ho 等,2003)、美国城郊(1.6～3.7 $\mu g \cdot m^{-3}$)(Chow 等,1993b;Malm 等,1994)和欧洲城郊(0.8～1.6 $\mu g \cdot m^{-3}$)(Hueglin 等,2005;Querol 等,2007)的浓度水平,这可能和中国城郊大量的农业活动有关(Cao 等,2011)。在中国一些人口稀少的偏远区域站点,如拉萨和敦煌,铵盐气溶胶的浓度水平(0.03～0.50 $\mu g \cdot m^{-3}$)就更低,指示出 NH_3 气排放量很低,硫酸盐和硝酸盐浓度同样较低的共同贡献(Zhang 等,2012)。

估算出的中国地区 NH_3 的主要排放源是废物处置(9672.1 Gg)和农业过程排放(3622.5 Gg)。其中,源于大牲畜牛(18.5%)、猪(14.0%)及数量众多的家禽(16.2%)和农田施用氮肥后土壤的排放量(12.9%)较高(Cao 等,2011)。由于 NH_3 主要来源于农业过程和动物排放的有机质分解,故中国地区 NH_3 的排放强度分布和其他主要源于燃烧过程的污染物的情况稍有不同,即 NH_3 排放量较大的分别是山东、河南、四川、河北等省,主要是因为上述地区的家禽和家畜饲养量高,农田面积较大及化肥施用量也较高的缘故,这也就是为什么这些区域站点的铵盐浓度较大的原因,而郑州(16.6 $\mu g \cdot m^{-3}$)、成都(12.9 $\mu g \cdot m^{-3}$)、固城(13.2 $\mu g \cdot m^{-3}$)、西部地区和海南的排放量则相对较小(图 8.9)。

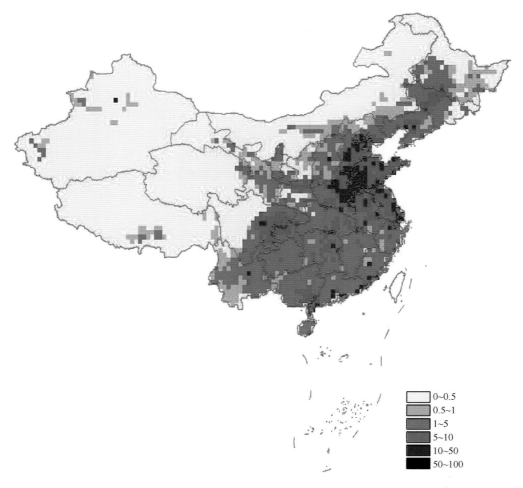

	0~0.5
	0.5~1
	1~5
	5~10
	10~50
	50~100

图 8.9　2005 年中国排放的 NH3 网格分布图（0.5°×0.5°）（单位：t/km²）（Cao 等，2011）

2. 元素碳和矿物气溶胶对气溶胶光吸收性的相对贡献

通过化学和光学两种方法对 2006 年在 14 个中国观测点上元素碳气溶胶浓度进行了对比，区分出的主要源于人类活动元素碳和源自自然来源的矿物气溶胶对光吸收的相对贡献（Zhang 等，2008b），发现元素碳气溶胶在中国多个区域仍然是气溶胶吸收总量的主要贡献者，但矿物气溶胶对吸收也有不容忽视的贡献，其在冬季为 14%，春季为 11%，夏季为 5% 和秋季为 9%，显示出在气溶胶的"增温效应"中不能只强调元素碳的贡献，还应考虑其他自然源气溶胶的贡献（图 8.10）。

中国气溶胶对光的吸收在城市区域要大于在城郊地区，冬天城区是城郊区域的 2.4 倍，春季为 3.1 倍，无论在夏季和秋季均为 2.5 倍，这些差异可能导致城区和城郊辐射、热力的变化，并对云产生影响，从而影响天气变化。

中国气溶胶吸收效应"热点"区域位于四川盆地、北京以南的临近省份、珠江三角洲区域和关中平原。中国气象局 CAWNET 观测站网解析出的黑碳气溶胶在 880 nm 的吸收系数是 11.7 $m^2 \cdot g^{-1}$，并与波长成反比。矿物气溶胶的吸收系数是 1.3 $m^2 \cdot g^{-1}$，与波长没有明显的对应关系。由于中国的环境大气中气溶胶对光的吸收主要来自元素碳和矿物气溶胶的共同贡献，在无法获得沙尘贡献的情况下，可以通过 CAWNET 站网的观测数据，使用气溶胶在 880 nm 的吸收系数值 14 $m^2 \cdot g^{-1}$ 来获得元素碳气溶胶的近似浓度。

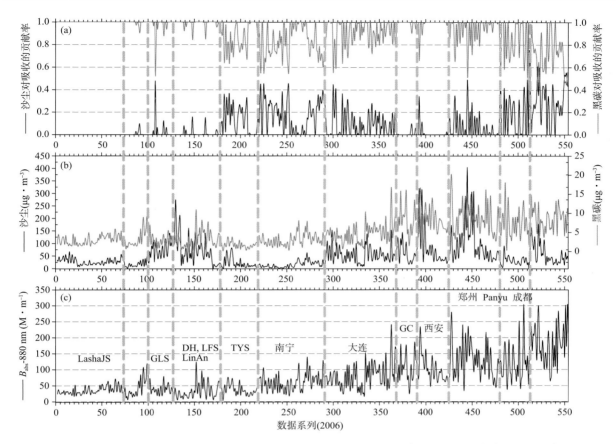

图 8.10 （a）在 880 nm 气溶胶光吸收（b_{abs}）序列；（b）沙尘气溶胶和元素碳气溶胶浓度序列；（c）黑碳和沙尘气溶胶在气溶胶吸收中的相对贡献（Zhang 等，2008b）

3. 地基遥感观测的中国不同区域气溶胶光学特性分布与变化

由于气溶胶时空分布和变化的区域差异明显，长期、连续、直接的大气气溶胶光学特性观测资料在中国极为匮乏，宽带遥感方法可以充分有效的利用近几十年地面常规辐射和天气要素数据来了解中国大气气溶胶光学特性的长期变化趋势和时空分布特征（Qiu，1998）。利用能见度资料反演的 1960—2005 年平均气溶胶光学厚度（AOD）显示，1960 年代以来中国地区大气气溶胶光学厚度总体呈明显增加趋势（图 8.11）。35 年的 AOD 记录可细分为两个时段：1960—1985 年和 1986—2005 年，它们的线性趋势斜率依次标于各图左上角及右下角。由图可以看到，在 1985 年之前，中国地区大气气溶胶光学厚度呈明显增加趋势，原因很可能是随着中国经济发展和居民生活水平的提高，以煤、石油等化石燃料为主的能源消费不断增加，大城市地区尤甚；之后，随着国民环境意识的提高以及更为严格的国家污染物排放标准的颁布，这种增加趋势有所减缓，特别是大城市地区增幅减小了 1 个数量级（秦世广，2009）。平均而言，中国气溶胶光学厚度春季最大（0.54），夏季最小（0.36），秋季（0.37）和冬季（0.42）次之；而气溶胶光学厚度的增加趋势春季最大，冬季最小，夏季和秋季相当（Luo 等，2001）。

通过分析长三角地区三个重点城市的气象台站 1961—2000 年期间各种太阳辐射数据发现，中国该地区晴空指数（Clearness Index）呈现不同程度的递减趋势，一定程度上说明了 AOD 呈增加趋势（Zhang 等，2004）。中国地区 1961—2000 年太阳辐射以及近 25 年来能见度的时空分布特征和变化趋势显示（Che 等，2007；Che 等，2005），中国地区地面太阳总辐射和直接辐射自 20 世纪 60 年代至 80 年代后期呈现下降趋势（图 8.12a），从 1994 年以后呈现出增加趋势，地面散射辐射则无显著的长期变化趋势。日照百分率和晴空指数在 1961—2000 年间也均呈下降趋势，同样地面能见度在 1981—2005 年间呈显著下降趋势（图 8.12b），多数地区尤其在中国东部下降趋势更为明显（图 8.12c），75 和 90 百分比年均消光系数在 1981—2005 年间分别增加了 25% 和 23%。这些研究结果与中国地区近几十年来能源消耗持续增长情况存在高度的相关性（图 8.12 d），同时还发现，自 20 世纪 90 年代以来中国地区太阳辐射由下降转为增加趋势，这与有关 20 世纪 90 年代以后"全球变暗（Global Dimming）"转为"全球变亮（Global Brighting）"的研究结果基本一致（Streets 等，2006；Wild 等，2005）。

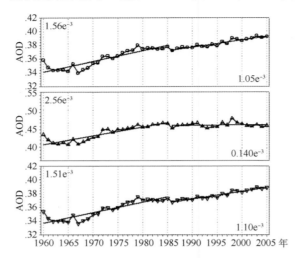

图 8.11 中国地区 1960—2005 年平均气溶胶光学厚度的演变。上部曲线为全国 639 个站点的逐年平均；中部：同上，但利用 31 个省会、自治区首府及直辖市站点资料；下部：同上，但利用其余 609 站点资料

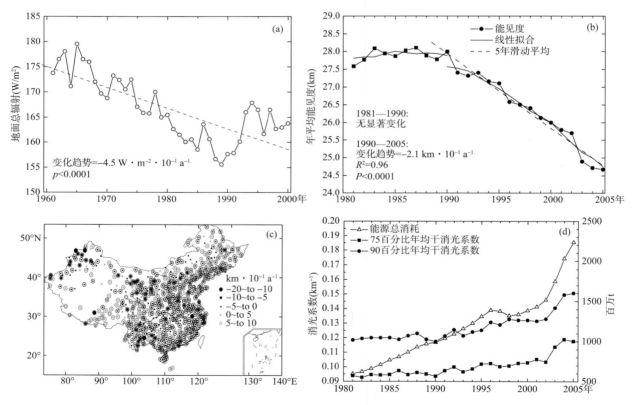

图 8.12 （a）近 40 年来中国地区年均地面太阳总辐射变化（1961—2000 年）；（b）近 25 年来中国地区年均水平能见度变化（1981—2005 年）；（c）中国地区 75 百分比年均消光系数变化趋势空间分布（1981—2005 年）；（d）中国地区 75 和 90 百分比年均消光系数与中国能源消费总量变化趋势（1981—2005 年）（Che 等，2005）

美国 NASA 自 20 世纪 90 年代开始，在全球范围先后布设了大规模太阳光度计观测点，建立了大气气溶胶监测网（Aerosol Robotic Network-AERONET），并利用多波段光度计测量来地基遥感大气气溶胶光学特性（Holben 等，1998）。目前 AERONET 站网目前在中国已经建立了 27 个站点，但

多数是为了研究项目需要而进行的临时(几天或数月)观测且分布多集中在北京周边和长三角地区，只有北京、香河、兴隆、纳木错和太湖等 6 个站点具有 1 年以上质量可靠(经过滤云处理后的 Level 1.5 数据)的连续观测资料。截止到 2010 年 2 月底，仅有北京、香河、兴隆、纳木错和太湖等 5 个站点还在实时运行并产生 Level 1.0 和 Level 1.5 的观测产品(http://aeronet.gsfc.nasa.gov/cgi-bin/type piece of map opera v2 new)(Cong 等,2009),而其他站点则暂时中断了连续观测或者被永久撤销。这使得全面、系统、深入了解中国不同区域大气气溶胶关键光学特性的时空变化特性仍然存在较大的困难。

中国气象局 2002 年开始在中国北方 20 个台站安装了多波段太阳光度,建立了大气气溶胶光学厚度观测网-CARSNET(CMA Aerosol Remote Sensing NETwork),其主要目的是服务于国家应对气候变化的活动和卫星遥感产品的真实性校验,同时还可以在环境、通讯、林业、农业和沙尘暴监测中发挥一定的作用。2005 年对站网布局作了调整和扩充,形成了目前 28 个站点组成的 CARSNET 太阳光度计观测网。CARSNET 已经建立了一套较为完善的仪器观测、数据传输、质量控制、仪器标定、数据处理体系(Che 等,2009b)。中国上甸子、临安和龙凤山三个区域大气本底站的初步观测结果表明,华北(上甸子)和长三角地区(临安)区域大气本底气溶胶 440 nm 光学厚度年均值分别为 0.70 和 1.03,明显高于东北平原地区(龙凤山)的 0.50(Che 等,2009a),说明两个地区污染状况相对严重;另外气溶胶光学厚度与气溶胶化学组分尤其是硫酸盐浓度之间存在一定程度的正相关关系。

中国科学院"CERN 太阳分光地基观测网"利用手持式太阳光度计在中国不同生态区域开展气溶胶光学厚度的观测与研究(Xin 等,2007)。初步观测结果表明,在青藏高原地区的海北和拉萨,500 nm 气溶胶光学厚度平均为 0.09 和 0.12,显著高于夏威夷 Mauna Loa 全球大气本底站的年均(0.02)水平,而与新墨西哥州 Sevilleta(0.07)、夏威夷 Lanai 岛和加拿大的 San Nicholas 岛(0.08)相近(Holben 等,2001);东北地区海伦和三江地区人为活动稀少,气溶胶光学厚度水平平均分别为 0.14 和 0.15,与在北美边远地区的 CART(0.17)、Bondville(0.19)、魁北克 Sherbrooke(0.12)等地接近(Holben 等,2001);中国北部的荒漠地区的阜康、沙坡头和鄂尔多斯,AOD 平均的范围为 0.17~0.32,略低于受到沙尘影响的尼日尔的 Banizoumbou(0.48)、Ilorin(0.51)和布基纳法索的 Bondoukoui(0.44)(Holben 等,2001);森林生态地区的长白山、北京森林、西双版纳,AOD 平均的范围为 0.19~0.42,接近于加拿大 Waskesiu(0.23)(Holben 等,2001),而低于在干季受到生物质燃烧的影响较大的热带雨林地区如 Alta Floresta(1.48),巴西 Brazil 和 Brasilia(0.56)(Dubovik 等,2002);农业生态地区的沈阳、封丘、桃源、盐亭等地 AOD 平均的范围为 0.34~0.68,略低于在生物质燃烧地区的巴西亚马逊丛林地区、玻利维亚和 Cerrado(0.74~0.80),而与非洲赞比亚 savanna 地区和北美美国和加拿大 Boreal forest 地区(0.40)水平相当(Dubovik 等,2002);东部沿海地区以及湖泊的胶州湾、上海、太湖等地 AOD 平均的范围为 0.49~0.68,显著高于大陆气溶胶输送的影响的百慕大(0.14)、美国 Dry Tortugas(0.18)、马尔代夫 Kaashidhoo(0.20)、西亚的巴林岛等地(0.32)以及非洲海岸地区 Chilehas(0.31)等地的水平(Holben 等,2001);内陆城市的北京、兰州 AOD 平均分别为 0.47 和 0.81,远高于欧美地区如美国 GSFC(0.24)、巴黎郊区 Crete(0.26)的水平(Dubovik 等,2002),而与发展中国家墨西哥的墨西哥城(0.43)水平相当。

4. 卫星反演的中国气溶胶光学厚度的中长期变化特征

根据 1980—2004 年高分辨率辐射计(AVHRR)的全球海洋气溶胶光学厚度数据集的计算发现,全球海洋年平均气溶胶光学厚度(AOD)下降趋势为 $-0.03/10^{-1}$ a^{-1}。海洋区域 AOD 趋势差异较大,如受工业发达国家影响海域的 AOD 呈下降趋势,最高可达 $-0.1/10^{-1}$ a^{-1},而受发展中国家(如中国、印度、巴西等国家)影响的海域 AOD 呈上升趋势,最高可达 $0.04/10^{-1}$ a^{-1}(Gong 等,2003)。全球海洋气溶胶光学厚度下降趋势与利用 GACP(Global Aerosol Climatology Program)的 AOD 数据所进行的趋势分析结果高度一致(Bauer 等,2007)。

近年来,国内外许多科学家利用 TOMS AOD 产品进行了 AOD 时空变化趋势分析。如利用 TOMS AOD 分析了印度全国的 AOD 空间变化趋势,并结合重点城市站点的太阳辐射观测数据进行了比对发现,自 1990 年以来,AOD 呈递增趋势,与地面台站观测的太阳辐射递减趋势基本一致(Porch 等,2007)。基于 TOMS AOD 产品对中国东部沿海区域 1979—2000 年间冬季的 AOD 变化趋势的分析发现,AOD 以每十年 17% 的速度增长(Massie 等,2004)。利用 1980—2001 年间的 TOMS AOD 数据对中国北方地区(包括戈壁沙漠和塔克拉玛干沙漠、西北、华北及东北区域)的春季和夏季气溶胶进行了时空分析发现,AOD 在 1980—1992 年间呈现缓慢下降趋势,而 1997—2001 年间呈现明显上升趋势(Xie 等,2007b)。目前还没有利用 TOMS AOD 在全国范围内进行较为详细的时空变化分析。

综合 TOMS 1980—2001 年和 MODIS 2000—2008 年的 AOD 资料,对中国八大典型区域 AOD 的年均值变化特征的分析表明(图 8.13),八个典型区域的 AOD 均具有较为明显的年际振荡特征。长江三角洲和京津冀地区年均 AOD 从 1980—2008 年间一直保持线性增长趋势。其中,长江三角洲地区,AOD 在 1980—1993 年间增长速度为 $0.04/10^{-1}\ a^{-1}$;1996—2001 年间增长较快,达到 $0.47/10^{-1}\ a^{-1}$;2000—2008 年为 $0.12/10^{-1}\ a^{-1}$。京津冀地区的变化趋势与长江三角洲地区类似,但一个显著的特征是其在 20 世纪 90 年代末期 AOD 增长速度最大,达 $0.56/10^{-1}\ a^{-1}$。其他地区 AOD 在 1980—1993 年间基本呈下降趋势,20 世纪 90 年代后期呈上升趋势。1987 年 5 月 6 日,中国大兴安岭地区发生了罕见的特大森林火灾。从大兴安岭 AOD 年际变化趋势也可以看出,最大峰值也正好出现在 1987 年,其值为 0.40(Guo,2010)。

八个典型区域的 AOD 具有较为明显的季节变化特征(图 8.14)。其中,大兴安岭地区 AOD 最大值发生在春季(3 月、4 月和 5 月份),最低值发生在秋季(9 月、10 月和 11 月份);戈壁沙漠的 AOD 峰值发生在夏季,最低值发生在春季;京津冀地区春季 AOD 最大,其他季节依次递减;东北地区 AOD 季节变化趋势与京津冀地区基本相似;珠江三角洲地区、四川盆地春季 AOD 明显较其他季节偏大;塔克拉玛干沙漠 AOD 峰值发生在冬季;而长江三角洲地区 AOD 峰值发生在春季(Guo,2010)。

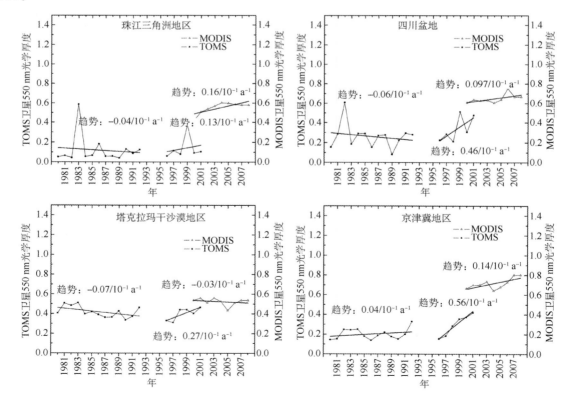

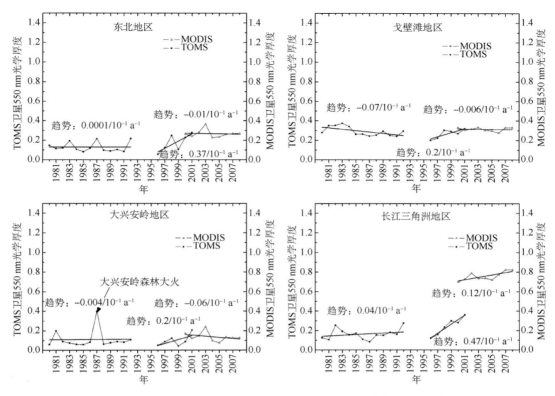

图 8.13　中国八个典型区域 1980—2008 年 AOD 时间变化序列（Guo 等，2011）

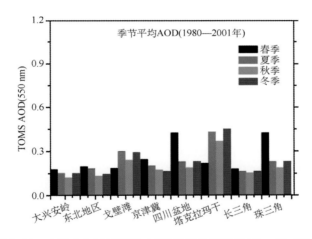

图 8.14　中国 8 个区域区域 AOD 季节分布特征（Guo 等，2011）

众所周知，人口增加会相应地带来资源上的压力。从排放的角度来看，具体体现在生活、交通、工农业的活动的排放将会增加，从而直接或间接地造成区域空气质量（具体可表现为 AOD）的变化。为了证明人类活动是否对区域空气质量存在影响及其影响的程度，比较了中国区域 20 世纪末期人口变化率与同时期的 AOD 的变化率（图略）显示，AOD 变化大于 20% 的区域与人口变化率比较一致，如辽宁大部，吉林西部，湖南和湖北大部，四川盆地，珠江三角洲地区，华北大部，新疆西部地区。因此，一定程度上证明了人口增长会带来 AOD 的快速增长（Guo，2010）。

8.2.2　气溶胶对云和降水的影响

气溶胶与云的微物理特性之间的联系很早就被科学家们所发现。例如，早期的飞机观测研究显示，森林火灾产生的烟尘能减小云滴尺寸。在区域尺度上，很多研究已经表明，亚马孙河流域森林火灾产生的浓烟导致云滴数浓度增加和云滴尺寸减小（Andreae，2004；Decesari 等，2001；Eck 等，1999）。

TAR 的报道、大量的飞机和卫星观测也显示，无论是在区域还是全球尺度上，气溶胶颗粒与云的微物理特性之间都存在着复杂的关系。

冷云和冷暖混合云降水在中国大多数地区的总降水中占有很大比例，而气溶胶对大气的动力热力、云雾微物理过程和云降水过程的影响发生了较大的变化，出现了许多新的现象和问题。中国东部地区，尤其是北京以南的晋、冀、鲁、豫是最近几十年人类社会和经济活动比较活跃的地区，气溶胶浓度高，类型复杂（Zhang 等，2008a），对其降水的影响也更加显著。观测资料表明，近 40 年来华北地区的降水有显著减少的变化趋势，且降水的减少与该地区大气气溶胶的高浓度有很好的相关（Zhao 等，2006b）。通过历史资料分析表明，人为气溶胶对区域降水（如华北地区）有抑制作用，并认为这种效应在夏季更加显著（Duan 等，2009）。国内还在沙尘气溶胶对云和降水发展的抑制作用方面有一些研究结果（Yin 等，2007）。沙尘气溶胶可以长时间悬浮在大气中并作为凝结核，使云中的水汽分布到更多的粉尘颗粒中，导致空中云滴有效半径剧减而无法达到形成降水的阈值，从而抑制降水的产生（韩永翔等，2008；王玉洁等，2006）。青藏高原地区 1971—2004 年总云量的时空变化特征分析表明，总云量减少趋势可能与高原大气气溶胶特别是吸收性气溶胶的增加以及臭氧的损耗有关（张雪芹等，2007）。还有研究发现，当云凝结核数浓度增加时，云爆发性增长阶段的垂直速度减小，对流云从中低层向高层输送的水物质量减少，并使云砧卷云冰晶的数量减少（金莲姬等，2007）。秦岭地区气溶胶对地形云降水抑制作用的模式分析认为，当入云气溶胶浓度达到某一浓度（阈值）时，抑制作用开始显现，并随其浓度升高而增加，抑制作用越明显；气溶胶对浅薄的生命期短的降水云抑制作用明显，云越厚（日降水量越大），对应的气溶胶抑制降水的阈值也越高；抑制作用随风速增大而增强，迎风向的抑制作用总体上大于背风和侧风，并随风速增大而加快，其减少降水可以超过 30%（戴进等，2008）。

云滴谱对于云辐射和云微物理过程是重要的参数。最新的研究表明，云滴谱不仅可以通过云微物理过程影响降水过程，而且还可以通过改变云辐射传输过程，改变云内动力热力结构而影响降水，尤其对于降水强度影响显著（Zhou 等，2006a；Zhou 等，2005a）。大量的飞机观测资料的分析也发现，云滴谱的相对散度随着云滴数浓度的增加而趋向于 0.4~0.5（Zhao 等，2006a）。这一结果可以大大减小高气溶胶污染地区的气溶胶间接辐射效应估计的不确定性。在中尺度模式中，引进气溶胶成云致雨过程的双参数化显式云微物理方案，并将飞机观测的气溶胶垂直廓线拟合到模式的气溶胶谱分布中，用以分析北京夏季典型降水过程中气溶胶对云和降水的影响（Fang 等，2010）。利用 2005—2006 年 75 架次飞机观测的云资料，详细研究了北京地区不同类型的暖云的云滴数浓度和有效半径等云的特征，并对该地区暖云有效半径的各种参数化方案结合飞机观测进行了对比研究（Deng 等，2009）。

近期研究还发现，当沙尘传输层位于温度低于 −5 ℃ 的层结时，沙尘作为有效的大气冰核影响云和降水的发展。在这种情况下，冰核增多导致降水减少，并使云的光学厚度和反照率增加。在背景气溶胶浓度不断增加的情况下，冰相降水率以及冰相降水在总降水量中的比例逐渐减小。在大陆性云和污染严重的地区，含有一定比例可溶性物质的沙尘粒子提高了大气中的巨核浓度，使云中冰相降水质粒提前出现，有利于降水的形成。另一方面，当不可溶矿物气溶胶粒子作为有效的大气冰核参与云降水形成的物理过程时，由矿物气溶胶引起的大气冰核浓度的增加在一定程度上抑制云中冰相降水质粒的发展，部分抵消巨核对降水的促进作用（陈丽，银燕，2008；陈丽，银燕，2009）。

气溶胶对暖云反照率和生命期影响研究的代表性工作是对加利福尼亚沿岸轮船轨迹扰动海洋层云的观测（Feingold 等，2003；Penner 等，2004）。对大西洋的观测研究也表明，受污染的云中云滴比干净的云中云滴更小，但是受污染的云一般比干净的云更薄（Schwartz 等，2002）。利用 AVHRR 卫星观测资料分析了海洋上气溶胶柱含量和柱云滴数浓度之间关系的结果表明，它们之间存在正相关，且随着云光学厚度的增加，低层暖云的反射比增加（Nakajima 等，2001）。反演 POLDER 卫星观测资料中气溶胶柱含量和云滴尺寸数据的结果也表明，遥远的海洋上的云滴有效半径要明显小于受污染的陆地上的云滴有效半径（Breon 等，2002）。这些观测研究都表明，气溶胶对云的微物理特性的影响是全球性的。卫星反演数据还表明，20 世纪 80 年代到 90 年代，中国吸收性气溶胶排放增加，减少了云量，导致局地行星反照率减小（Kruger 等，2004）。机载粒子探测系统对 1990 年 9 月、10 月和 1991 年 4 月的春秋两季层状云及降水的微物理特征探测表明,华北地区层状云的云下气溶胶数浓度与云滴数浓度之间存在正相关关系(黄梦宇等,2005)。针对北京区域大气气溶胶粒子的垂直分布特征(马新成等,2005),边界层对气溶胶垂直分布的影响(Zhang 等,2009b),北京区域高空气溶胶的来源及其特征(Zhang 等,2006),中国科学家在北京区域上空进行云滴数浓度和云滴谱分布(黄梦宇,2007)、气溶胶的辐射效应(Liu 等,2009a)等方面的研究。

在没有气溶胶活化机制的情况下,在观测基础上拟合得出云中水成物的谱分布也是分析和模拟云物理过程的重要手段。利用 N-阶 Γ 分布函数拟合观测到的层积云(Sc)和高层云(As)的粒子谱分布(Li 等,2003c;Wang 等,2005)。其中的一个例子是用分布函数来表示陕西延安的层云(St)的云滴谱分布(Wang 等,2005)。另外,利用大气气溶胶和云分档模式研究了海盐气溶胶和硫酸盐气溶胶在云微物理过程中的作用,结果也表明硫酸盐和海盐都能增加云滴数浓度(黄梦宇等,2005)。

大部分的模拟和观测研究表明,当人为气溶胶增加时,云水含量增加。利用 MODIS-Aqua 卫星反演和装载在 Aqua 上的 CERES 仪器的观测资料,分析了中国北方地区 2004 年 3 月 26—28 日沙尘暴过程中沙尘气溶胶对云微物理特性和辐射强迫的影响结果表明,沙尘气溶胶使云滴变小,云的含水量及光学厚度减小,净辐射强迫减弱(王玉洁等,2006)。由于气溶胶导致云凝结核减小和暖云中云微物理过程的变化,将明显地抑制降水。当硫酸盐和海盐的相互作用被考虑时,海洋上云滴数浓度将增加20%到60%,相应的降水将增加(Gong 等,2003)。利用中国气象局国家气候中心的大气环流模式 BCC_AGCM2.0.1 对硫酸盐、有机碳和海盐对暖(水)云造成的间接效应的研究表明,气溶胶第一类间接辐射强迫的全球年平均值约为 -1.14 W/m^2,夏季辐射强迫绝对值大值区主要位于北半球中高纬度,而冬季主要集中在 60°S 附近的洋面上空,而且具有明显的季节变化。气溶胶第二类间接效应引起大气顶全球年平均净短波辐射通量的变化约为 -1.03 W/m^2。气溶胶总的间接效应造成大气顶全球年平均净短波辐射通量的变化为 -1.93 W/m^2,从而使地表温度下降约 0.12 K,北半球地表温度的降低明显高于南半球(分别为 -0.23 K 和接近 0),特别是北极地区年平均温度下降接近 2 K。总间接效应引起降水率的变化为 -0.055 mm/day,赤道附近降水率减少最大,但在赤道南北两边降水率明显增加,这可能拓宽赤道辐合带。同时,气溶胶的间接效应造成整个亚洲季风区降水明显减少(Wang 等,2010)。当同时考虑气溶胶对暖对流云和暖层云的影响时,气溶胶的间接效应要比仅考虑暖层云时更大,而表面降水的变化要更小(Menon 等,2006)。此外,气溶胶的存在除了影响降水分布的变化外,还可能影响其极端事件的频率(Paethr 等,2006)。

1. 气溶胶对高云的影响

飞机飞行排放的尾气中含有许多气溶胶颗粒物,在较低气压和温度条件下可以直接形成飞行云,也可以影响对流层上层卷云的冰晶核数量。Boucher(1999)分析太空船对云量的观测和飞机燃料消耗数据指出,20 世纪 80 年代太空交通燃料消耗增多,卷云云量也增多。通过对 1971 年到 1995 年美国地表数据的分析证实了该时间内北方海洋和美国卷云覆盖确实增加(Minnis 等,2004)。

目前,气溶胶颗粒对卷云影响而导致的气候效应究竟有多大还没被完全确定,但是在一些气候模式中以物理为基础的参数化方案的发展使得对气溶胶与卷云的相互作用有了进一步的了解(Karcher 等,2003;Liu 等,2005)。气候模式模拟得出,在黑碳气溶胶浓度较小的对流层上层和平流层下层,黑碳气溶胶对冰核的影响较小,但是当黑碳气溶胶浓度明显增加时,会导致冰核数浓度明显增加(Hendricks,2004)。由于目前对卷云的了解还不够充分,因而在气候模式中模拟气溶胶与卷云之间的相互作用还存在很大困难。

2. 对全球降水的影响

硫酸盐气溶胶会引起全球降水的变化。北半球 15°~60°N 是降水变化最大的区域,南半球 15°~60°S 的变化相对较小,一般小于 0.1 mm/d,赤道地区(15°S~15°N)最大的变化超过 0.15 mm/d,但是其相对变化较小。在 15°~60°N,夏季降水变化的幅度最大,在 15°~40°N 降水减少,最大的变化接近 0.2 mm/d,对应的相对变化达到 8%;在 40°~60°N 降水增加,其最大的相对变化接近 6%。秋季的变化形势类似于夏季，只是降水减少的幅度略小，增加的幅度变大，最大的增加幅度为 7%，最大的减少幅度约为 4.8%。北半球春季降水的变化形势与夏秋季类似，但降水变化的幅度明显小于夏秋季，其相对变化的幅度均小于 3%。但冬季降水变化的形势与其他季节相反，赤道到 15°N 降水减少，其最大的相对变化接近 3%；在 15°～30°N 降水增加，其最大的相对变化约为 5.5%；在 30°～60°N 降水减少，其最大的相对变化接近 3%（吴蓬萍等，2009）。

硫酸盐气溶胶引起的北半球 850 hPa 比湿的变化大于南半球。南半球比湿的变化一般小于 0.05 g/Kg，但在高纬和极区相对变化比较大。在 15°—60°N，夏季比湿减小最多，最大减少在 15°—20°N，接近 0.25 g/Kg，其相对变化接近 3%；在 40°—48°N，水汽减少相对较少，减少约 0.5%。秋季的变化形势类似于夏季，变化幅度减小，最大的水汽减少为 1.3%，但在 45°N 水汽增加约 0.6%。春季和冬季水汽的变化比秋季还小，但冬季比湿在 15°—50°N 水汽增加，最大的增加约为 1.8%（吴蓬萍和刘煜，2009）。利用大气环流模式研究黑碳气溶胶对降水影响的结果表明，由于黑碳气溶胶对太阳辐射的强吸收性，夏季中国区域 30°—45°N 之间整层对流层大气温度明显升高，且垂直上升运动增强，降水增加；20°—30°N 整层对流层上升运动明显减弱，抑制了大气的不稳定性，导致该地区降水减少（王志立等，2009）。

8.2.3 气溶胶对亚洲季风环流和降水的影响

1. 气溶胶对南亚季风和降水的影响

近年来，科学家们开始认识到气溶胶的辐射强迫可能对亚洲季风环流及其降水有着重要的影响（Singh 等，2005）。在季风区，大气气溶胶可能是一个重要的气候影响因子，但目前对气溶胶与季风相互作用的了解并不十分清楚。有研究指出，青藏高原南侧的吸收性气溶胶强烈吸收太阳短波辐射，加热该地区的大气，可能导致 5 月底到 6 月初孟加拉湾西南气流加强，降水增多，促进南亚夏季风的爆发（Lau 等，2006；Lau 等，2005）。在气候变化时间尺度上，由于气溶胶阻挡了到达地表的太阳辐射，引起地表冷却，导致热带水循环逐渐减慢和亚洲季风减弱（Ramanathan 等，2005）。

2. 气溶胶对东亚季风和降水的影响

利用大气环流模式 GISS，假设中国气溶胶的单次散射反照率为 0.85，并认为气溶胶的吸收完全来自黑碳的贡献。模拟得出的结论表明，中国夏季近 50 年来经常发生的南涝北旱的现象可能与黑碳气溶胶有关（Menon 等，2002）。有研究也认为，中国区域的气溶胶增加也能减弱中国大陆上的风速（Jacobson 等，2006）。利用耦合了气溶胶化学传输模式（CUACE_Aero）的大气环流模式 BCC_AGCM2.0.1 的模拟研究表明，人为气溶胶（包括硫酸盐、黑碳和有机碳）在大气顶的全球年平均强迫值为 -0.24 W/m^2，其在东亚区域夏季大气顶和地表产生的平均辐射强迫分别为 -1.3 W/m^2 和 -3.0 W/m^2，造成地表温度降低了 0.12 K，总云量减少 3%，降水率减少 0.7 mm/d，且明显减弱了东亚夏季风的强度（Zhang 等，2010）。

气溶胶是否能够影响亚洲季风环流以及东亚的水循环，影响的程度有多大等，仍然是有争议的研究课题。利用全球气候模式 CAM3.0/NCAR，同时考虑了具有吸收效应的黑碳和具有散射效应的有机碳气溶胶的影响发现，碳类气溶胶不会引起中国南方降水增加，北方降水减少（Zhang 等，2009a）（图 8.15）。通过模拟研究中国区域硫酸盐和黑碳气溶胶的直接气候效应及其对东亚夏季风和降水的影响表明，这两种气溶胶都对东亚夏季风和冬季风有削弱作用；但是由于其截然不同的光学性质（即散射对吸收），它们对温度的垂直结构和大气环流的影响是不同的。即使同一种气溶胶，它对温度结构和大气环流的影响很大程度上依赖于季节。综合气溶胶（硫酸盐＋黑碳）对季风的影响不是这两种气溶胶作用简单的线性叠加，而是由它们总体的光学性质决定的。综合气溶胶的作用很大程度上类似硫酸盐气溶胶，这暗示中国地区黑碳和硫酸盐气溶胶的总体是散射性质的（Liu 等，2009b）。这项研究也说明了中国地区的气溶胶对东亚冬季风和夏季风的影响，表明不同性质的气溶胶对季风的作用的差异，并且说明气溶胶的整体性质在气候影响上的重要性，也表明气溶胶气候效应的复杂性。

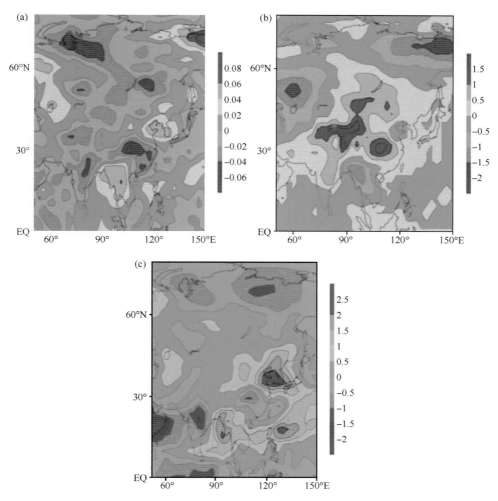

图 8.15 碳气溶胶对东亚夏季(a)总云量(%);(b)地表温度(单位:K);(c)降水(单位:kg/m²)的影响
(Zhang 等,2009a)

利用全球气候模式 CAM3.0 的模拟研究表明(Liu 等,2009b),夏季,中国区域硫酸盐气溶胶引起了 850 hPa 水平风场的变化,在云南与中南半岛交界地区形成一个反气旋,使得中国东部地区来自热带季风的西南风和来自副热带的东南季风都减弱,在 35°N 以北地区北风分量略有加强,即副热带季风减弱,西太平洋副热带高压南退东缩,中国大陆风速减小。中国区域硫酸盐气溶胶使得内陆 25°N 以北普遍降温,与硫酸盐浓度分布相对应的是,在四川盆地、东北和西北地区存在 3 个较强降温区,降温可达-0.7 ℃左右,而 25°N 以南及东南部沿海地区气温升高约 0.3~0.5 ℃,海表气温也普遍升高,其中,西北太平洋约升温 0.5 ℃,南海约升温 0.3 ℃。地表气压的变化与温度形成很好的对应。由于内陆的大面积降温,导致气压升高,在中心位于云南地区,最高增压可达 120 Pa 以上;海洋上的情形则与之相反。于是,形成由内陆指向海洋的气压梯度力增强的趋势,从而削弱了由海洋吹向陆地的夏季风的强度。

中国地区黑碳气溶胶也使东亚夏季风减弱,但是在对温度的垂直结构和大气环流的影响上不同于硫酸盐气溶胶。两种气溶胶(黑碳和硫酸盐)的综合效应也对东亚夏季风有减弱作用,这种作用与硫酸盐气溶胶的影响十分相似。两种气溶胶的综合效应使西南风强度指数减小了 5.15%,东南季风强度指数减小了 10.04%,其影响程度超过硫酸盐(Liu 等,2009b)。

冬季,中国硫酸盐气溶胶造成中国陆地普遍降温,最强降温区是在华南地区,降温可达 1.2 ℃。同时,硫酸盐气溶胶使海洋表面的气温升高,并造成中国大陆及东南部沿海的表面气压普遍降低,最高降压区位于中国东南部沿海、青藏高原西部及新疆西部,最高降压达 60 Pa。次降压区出现在中国东北部地区,降压超过 40 Pa。地面气压降低是由于中国地区硫酸盐气溶胶使得对流层中、上层冬季温度升高所致，尽管地表温度降低，地面降压区分布与大气垂直温度升高区分布相一致。中国地区硫酸盐气溶胶引起42°N以南中国大部分地区季风减弱明显，其中中国东南及其沿海的东北季风减弱显著，而27°N以北区域流入渤海的流场变化主要表现在纬向西风分量的减弱上，经向的偏北风加强或变化不大，中国42°N以北的东北地区风力略有增强。中国地区硫酸盐气溶胶使北风强度指数降低了2.4%（Liu等，2009b）。

综合气溶胶（硫酸盐＋黑碳）对水平和垂直环流的影响类似于硫酸盐气溶胶，使东亚冬季风减弱，偏北季风强度指数降低5.1%。与单纯包含硫酸盐气溶胶和单纯包含黑碳气溶胶相比，综合气溶胶对东亚冬季风的减弱贡献最大。另一方面，综合气溶胶对温度和降水的影响也大于硫酸盐和黑碳气溶胶的影响，其中华南降温最显著，最大降温1.7℃；华东沿海地区的降水减少最大，为0.9 mm/d。此外，与硫酸盐气溶胶相同，综合气溶胶对降水的影响主要来自大尺度降水的变化（Liu等，2009b）。

8.3　酸雨

中国的酸雨研究始于20世纪70年代末。1981—1983年期间，中国建立了40余个酸雨观测站，首次开展了中国酸雨的普查，并得出长江以南是中国主要酸雨区的初步结论（李洪珍等，1984）。之后，全国范围内的酸雨观测和研究普遍开展起来。除各地的常规观测外，还有覆盖全国的酸雨观测站网资料分析（徐祥德等，2005），以及特定地区的长时间观测分析（何纪力，2007；金雷等，2006）。从各地酸雨研究得出如下结论：中国酸雨发展状况大致经历两个阶段：从20世纪80年代到90年代中期为中国酸雨急剧发展期；20世纪90年代中期到21世纪初，不同地区降水年平均pH值有升有降，进入相对稳定期，东北、华北地区略有好转。长江以南仍为中国主要酸雨区，而且长江以南个别地区酸雨有明显加重趋势。不容忽视的是，近年来中国部分地区，特别是北方地区有部分观测站年平均降水pH值显著降低，酸雨形势仍不容乐观。

关于酸沉降面积：1990～2006年间，全国酸雨分布区域保持稳定，约占国土面积的30%—40%。图8.16显示的中国酸雨分布区域主要集中在长江以南，四川、云南以东的区域，包括浙江、江西、湖南、福建、贵州、重庆的大部分地区，以及长江、珠江三角洲地区。2006年，在北方城市中，北京、天津、大连、丹东、铁岭、图们、珲春、承德、洛阳、南阳、渭南、商洛等城市降水pH年均值低于5.6。上述为中国气象局监测的中国酸雨区域分布的基本情况。

关于中国大气本底条件下大气降水酸度和化学特性也开展了一些研究，如青海瓦里关站降水特性研究得出该地区降水加权平均pH值及频次分布（汤洁等，1999），以及三个区域本底站的降水特性及酸性变化趋势（杨东贞等，2002）。

20世纪80年代末，中国学者开始了酸雨形成机理研究，如1987年和1988年在庐山开展的降水化学垂直分布观测分析（徐祥德等，2005）。此外，"八五"酸雨攻关项目中对中国湿沉降时空分布特点也进行了系统、全面的观测研究，并探讨了中国酸雨发展趋势（徐祥德等，2005）。

在生态影响方面，近年来，随着酸雨污染加重，在评价酸雨对森林、农业、水体、建筑物及人体健康方面影响开展了大量研究。在森林、植被和农业影响方面，有大量的研究表明，酸雨可直接损伤植物叶组织或间接地通过改变土壤理化特性而影响植物的生长，并使农作物减产和伤害严重（刘喜凤等，2003年6月）。酸雨使河流和湖泊水质酸化，对水生生物产生严重危害，使生物种类和数量减少，生物多样性降低。酸雨加快楼房、桥梁、历史文物、珍贵艺术品、雕像的腐蚀。酸雨、酸雾可直接刺激人体呼吸道黏膜、皮肤和眼部。

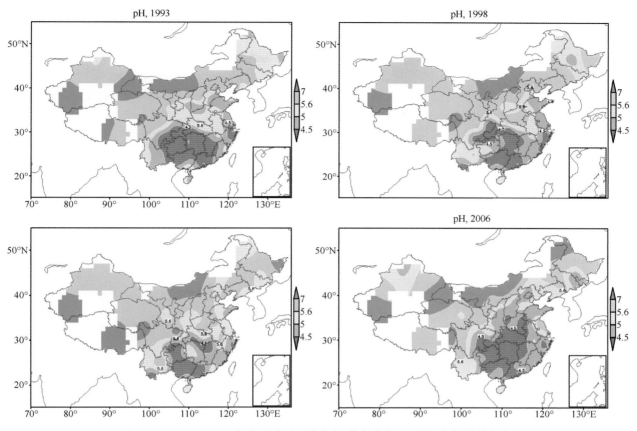

图 8.16 1993—2006 年全国酸雨区域分布(数据来源:中国气象科学研究院)

8.4 大气臭氧

大气臭氧(O_3)不但具有直接的辐射强迫效应,而且是强氧化剂,作为大气"清洁剂"OH 自由基的前体物,可通过改变大气氧化性来影响其他温室气体的大气寿命,从而也具有间接辐射强迫效应。大气臭氧的分布极不均匀,约有 90% 的臭氧集中在平流层(Staehelin 等,2001)。平流层臭氧吸收高能紫外线,对地球生物起保护作为。对流层臭氧一部分来自平流层臭氧向下输送,更多则由挥发性有机物、一氧化碳和氮氧化物等臭氧前体物通过光化学反应产生。人类排放的卤代烃等长寿命化合物进入平流层,造成平流层的臭氧下降,其全球平均辐射强迫估计为 -0.05 ± 0.10 W/m² (Solomon 等,2007)。虽然对一些关键卤代烃的使用和排放进行了控制,但目前尚没有足够的臭氧层全面恢复的证据。由于人类活动排放的臭氧前体物的增加,全球对流层臭氧浓度显著升高,导致 1750 年以来对流层臭氧全球年平均辐射强迫效应增加了 +0.35 W/m²,仅次于二氧化碳和甲烷(Solomon 等,2007)。

由于前体物排放的增长,欧洲和北美地区对流层臭氧浓度已经经历了长时间的显著上升过程,虽然目前上升速度有所减缓,但上升趋势并没有扭转。与此同时,其他经济快速发展地区(例如包括中国在内的一些人口密集、经济发达的东亚地区)的区域臭氧浓度上升趋势也先后显现出来。考虑到这些地区经济发展和能源消耗增长的速度,21 世纪的对流层臭氧水平将可能进一步上升。重要的臭氧前体物的人为排放主要集中在北半球的中、高纬度地区。其影响的结果是,北半球的亚热带和中纬度地区的臭氧辐射强迫效应达到全球年平均值的 2 倍。

8.4.1 平流层臭氧

虽然臭氧层破坏物质对全球平流层臭氧产生了显著扰动,但严重的平流层臭氧下降主要出现在两极地区，尤其是南极上空，其他地区随纬度降低下降幅度逐渐变小（Staehelin 等，2001；Steinbrecht 等，2003）。由于 90％的臭氧分布在平流层，因此平流层臭氧变化可以从卫星或地基遥感取得的臭氧总量来反映。中国地处中、低纬度地区，绝大部分地区平流层臭氧下降幅度较小，但是在青藏高原上空发现存在一个低值中心，主要发生在夏季上空 15～22 km 处，其降幅达 30 DU（周秀骥等，2004）。对中国上空卫星数据分析表明，1979—2003 年间，中国东北、华北、西北高原、华中华东、青藏高原、西南高原和华南七个大区域臭氧总量年均值下降幅度比较明显，其中 1993 年达最低，之后低位波动（韦惠红等，2006）。结合中国近 30 年地基与卫星臭氧总量长期观测数据分析表明，1978 年以来，中国香河、昆明、瓦里关和龙凤山四个站点的臭氧总量均有不同程度下降。其中，香河、昆明和龙凤山站于 1993 年前后达到最低值，随后有较明显恢复趋势，而瓦里关却直到 2001 年前后才出现明显的恢复迹象（见图 8.17，（郑向东等，2002））。通过分析 1979—2002 年青藏高原 12 个探空站的观测资料以及高原上空 TOMS/SBUV 臭氧卫星资料发现，高原上空比其他地区更大幅度的臭氧总量减少可能是造成青藏高原上空与同纬度其他地区温度变化趋势差异的一个重要原因（张人禾等，2008）

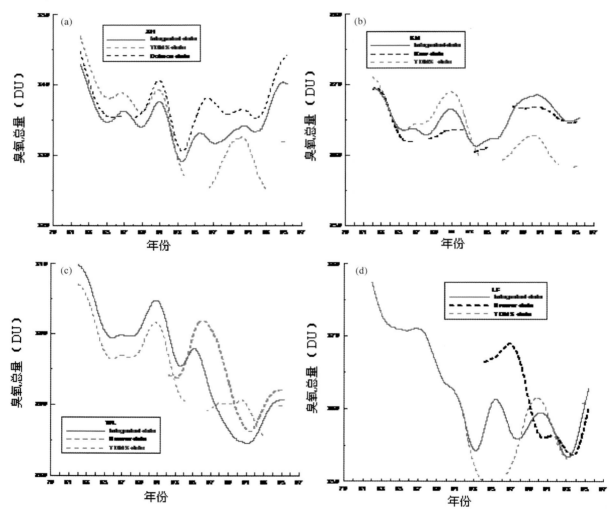

图 8.17　地基观测、TOMS 和地基与 TOMS 融合的三种数据显示臭氧总量的自 1978 年来的变化趋势

（郑向东等，2002））

（a）：香河；（b）：昆明；（c）：瓦里关；（d）：龙凤山

8.4.2　对流层臭氧

中国大部分国土处于北半球亚热带和中纬度地区，气象条件有利于大气光化学反应，中国经济又

处于持续高速发展期,因而区域性臭氧变化对中国气候和大气环境的影响很值得关注。一方面要关注整个对流层臭氧含量变化带来的气候效应,另一方面要重视地面臭氧浓度升高对人体健康、农作物产量和林木生长的影响。虽然已有一些模拟研究工作取得了中国对流层臭氧的区域分布格局(Luo 等,2000;Ma 等,2002;王卫国等,2005),但要获得对流层臭氧长期变化数据主要依靠卫星探测和臭氧探空。中国虽然在个别站点开展过一些短期探空测量,并与国外卫星数据进行了比对(蔡兆男等,2009),但这方面缺乏长期观测数据。美国 NASA 基于卫星探测数据处理取得的对流层臭氧数据(TOR,Tropospheric Ozone Residue,http://asd-www.larc.nasa.gov/TOR/data.html)是一套时空覆盖较好、反映对流层臭氧含量变化的可靠数据(Fishman 等,2003;Wozniak 等,2005)。该数据也已被用于中国长江三角洲地区臭氧长期变化分析(徐晓斌等,2006).

图 8.18 绘制了基于卫星观测取得的 1979—2005 年间中国上空对流层臭氧总含量(TOR)的变化情况。这些年间,中国 TOR 的月平均水平在 22~48 DU 间波动,低值出现于冬季,高值出现于夏季。总体而言,中国与北美和欧洲一些地区一样,属于北半球 TOR 的高值区。

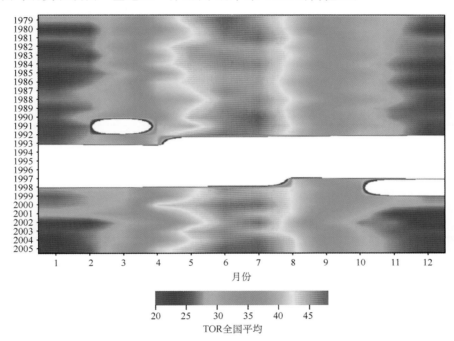

图 8.18 中国上空 TOR 在 1979—2005 年间逐年和逐月变化情况(TOR 单位:DU)

(徐晓斌等,2009)

注:图中空白处为缺测

由图 8.19 给出的 1979—2005 年中国 TOR 的气候平均结果可见,中国对流层臭氧的区域分布很不均匀。青藏高原大片地区为 34 DU 以下的低值区;四川盆地为最高值区;从四川盆地到华中地区,再到华北平原地区,最后直到东北南部地区为一钩状的大范围高值区。这种 TOR 分布格局与地形影响、污染物排放分布和各区域气候条件等密切相关。

表 8.2 给出了全国范围内 TOR 和华北平原、长三角、珠三角以及四川盆地 4 个关键区域内 TOR 全年和不同季节平均值的线性变化趋势。由此表可见,全国的年平均 TOR 呈微弱下降趋势,只在夏季有微弱的上升趋势,而且这种趋势统计学上也是不显著的。中国珠三角和四川盆地地区的 TOR 总体呈下降趋势,而且在某些季节甚至全年都是显著的。长三角地区的 TOR 除了夏季趋势极微弱外,其他季节呈微小的下降趋势,但统计上均不显著。

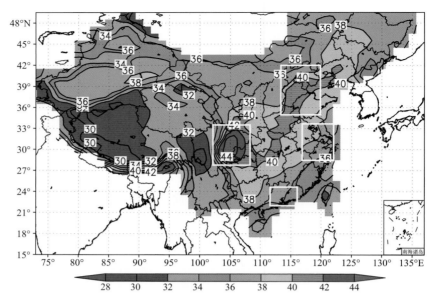

图 8.19　中国 1979—2005 年间 TOR 的气候平均分布（徐晓斌等，2009）

注：图中白色方框标出的是四川盆地、华北平原、长江三角洲和珠江三角洲

表 8.2　中国 1979—2005 年对流层臭氧变化趋势（单位：DU/10a）（徐晓斌等，2010）

区域	全年	冬季	春季	夏季	秋季
全国	−0.12	−0.28	−0.44	+0.20	−0.19
华北平原	+0.30	−0.26	+0.09	+1.10*	+0.27
长三角	−0.34	−0.50	−0.73	+0.02	−0.18
珠三角	−0.64	−1.47*	−1.43*	−0.10	−0.28
四川盆地	−0.71*	−0.31	−1.20*	−0.34	−0.60

注：* 通过显著性检验（α＝0.05）

　　虽然数据上显示中国多数地区 1979—2005 年间 TOR 无显著变化或总体趋降，但华北平原地区的 TOR 增长趋势值得关注，尤其是在夏季，增长率达到 1.10 DU/10a（徐晓斌等，2010）。对商用飞机取得的北京及周边地区对流层臭氧分布数据分析结果表明，1995—2005 年间，该地区的低对流层臭氧的增长速率达每年 2%（Ding 等，2008），与卫星数据定性结果一致。虽然对流层臭氧含量变化在很大程度上受到大气环流的影响，与北极涛动和南方涛动等关系密切（Creilson 等，2005；Fishman 等，2005），但华北平原地区的对流层臭氧增长趋势与南方涛动并无密切联系。华北平原地区是中国人口密集区之一，也是工农业相对发达地区，该区域对流层臭氧变化趋势可能主要与污染物人为排放有关。因此，该区域对流层臭氧增长趋势带来的区域气候效应引起重视。

　　关于中国对流层臭氧增加引起的辐射效应研究很少。利用 1995 年的排放源资料，并针对 1994 年的气象条件的模拟研究结果表明，对流层臭氧的增加导致晴空辐射强迫为正，并且主要分布在长江中下游、华东、华南地区。全模拟区域季节平均最大辐射强迫为 1.04 W/m²，出现在 4 月份，最小为 0.59 W/m²，出现在 1 月份（吴涧等，2002）。

8.4.3　地面臭氧

　　地面臭氧数据可以从一些站点的长期地面观测取得，但区域代表性良好的地面臭氧长期观测在中国是极为缺乏的。全球大气本底站的中国瓦里关，自 1994 年起开始地面臭氧的长期连续观测，取得了中国内地首套长时间序列的本底大气地面臭氧数据（周秀骥等，2005；周秀骥，2005）。观测表明，十多年来，瓦里关地面臭氧浓度大约以 0.3 ppb/a 的速度增长。近年来，在中国几个区域大气本底站也开展了地面臭氧等的长期连续观测。在中国临安大气本底站通过科研项目开展过一些时长从 2 月至 2 年不等的地面臭氧观测。利用这些历史资料和近年地面臭氧连续观测数据,对该站地面臭氧长期变化趋势进行了初步研究的结果表明,1991—2006 年间,该站地面臭氧月中位值存在 0.56 ± 0.23 ppb/a 的下降趋势(Xu 等,2008),但这一下降趋势并不能掩盖那里地面臭氧的一些不利的变化趋势。研究表明,临安站地面臭氧浓度在总体下降的情况下,变化幅度却在增大,其结果是高浓度臭氧(达到超标水平)出现的概率在增大(见图 8.20)。

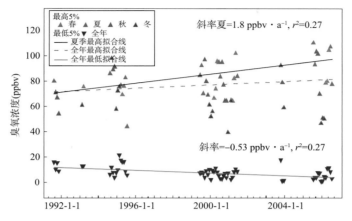

图 8.20 临安大气本底观测站 1991—2006 年间,地面臭氧月最高 5% 和月最低 5% 的浓度长期变化趋势(Xu 等,2008)

中国香港近海边的鹤咀背景站点的长期观测表明,1994—2007 年间,该站的地面臭氧以 0.58 ppb/a 的速率增长,这很可能与华东沿海一带的污染物输送有关(Wang 等,2009)。基于华北地区的上甸子本底站和长江三角洲的临安本底站近年的观测数据也能看出,地面臭氧超标率有上升的趋势。研究表明,华北平原污染输送与上甸子本底站地面臭氧污染关系密切,导致该站地面臭氧增加量全年平均达 21.8 ppb,夏季甚至接近 29 ppb(Lin 等,2009;Lin 等,2008)。这些观测事实均表明,中国长三角和京津冀地区存在着较为严重的、因人为排放导致的高地面臭氧污染问题。在经济相对欠发达的东北平原地区,地面臭氧浓度虽不如长三角和京津冀地区出现较频繁的超标情况,但仍然可以观测到光化学污染造成的臭氧超标现象,其最高臭氧小时平均浓度曾超过 140 ppb。由于地面臭氧直接危害人体和植物健康,由其增加导致的健康损失、生态破坏及其气候反馈应引起高度关注。

8.5 生态系统碳收支

地球系统的碳循环是指碳元素在大气、海洋、陆地和岩石圈碳库之间的交换和流动的生物化学过程。自然状态下的地球系统碳循环是在地球系统长期进化过程中形成的,而各种基本过程又处于相对稳定的平衡状态。可是,自从工业革命以来,由于化石燃料的开发利用、水泥生产以及土地利用方式改变等人类活动的影响,使得原本被封存在岩石圈或者陆地和海洋生态系统中的有机和无机碳被活化,导致了大气碳库的不断增大,温室气体浓度不断升高,并使大气层的温室气体效应增大。因此,生态系统碳循环研究成为全球气候变化成因分析、变化趋势预测、减缓和适应对策研究的基础性科学问题。中国地处北半球中高纬度地区,幅员辽阔,自然条件复杂,跨越多个气候带,陆地生态系统类型多样,是全球陆地碳循环研究的重点地区之一。中国从 20 世纪 80 年代中后期就开始生态系统碳循环的研究工作。其中,2001 年中国科学院启动的知识创新工程重大项目"中国陆地和近海生态系统碳收支研究",对生态系统碳收支的时空格局、碳循环过程机理及其模型、人为措施的增汇/减排技术等开展了系统性的研究工作;2002 年开始的国家 973 研究计划"中国陆地生态系统碳循环及其驱动机制研究",采用自上而下遥感反演模型和自下而上过程模型有机结合的技术途径,评价了中国陆地生态系统碳汇/碳源的历史过程、现实状况、未来趋势及其碳汇潜力(于贵瑞,2003)。在这两个项目的支持下,中国建立了陆地生态系统通量观测研究网络(ChinaFLUX),系统性的组织了中国主要生态系统的碳通量及其主要过程的观测和实验研究（于贵瑞等，2008）。近年来，与陆地生态系统碳循环相关的研究项目不断增加，并取得了一些重要进展（于贵瑞，2003；于贵瑞等，2008）。

8.5.1 中国陆地生态系统的碳储量及其空间格局

中国陆地总面积约 960 万 km^2，居世界第三位。南北长 5500 km，跨 49 个纬度，包括 9 个气候带；东西宽 5200 km，跨 62 个经度。中国境内生态系统类型丰富，包括森林、草地、农田、湿地、荒漠、城镇和水体等各类自然或人工生态系统。全国共有 46 种土壤类型、29 种植被型和 48 种土地利用类型。在不同类型的生态系统之间，其植被和土壤碳储量差异较大，并具有明显的地带性时空分布规律。

1. 中国土壤的有机和无机碳储量及其空间格局

土壤有机碳（SOC）主要包括植物、动物和微生物的残体、排泄物、分泌物及其部分分解产物和土壤腐殖质，而狭义的土壤有机碳是指土壤腐殖质。土壤有机碳库在很大程度上影响着土壤的物理、化学和生物特征，并影响着土壤结构的形成与稳定性、土壤持水能力、保肥能力和土壤生物多样性，还直接决定着土壤肥力和植物生产力。全球 1 m 土层深度的有机碳库介于 1200~1600 Pg C（1 Pg＝10^{15} g）之间，约为陆地植被碳库的 2~3 倍，全球大气碳库的 2 倍以上（Jobbágy 等，2000）。因此，深入理解土壤碳储量的大小与空间分布格局，不仅仅是应对气候变化的迫切需要，也是农林业可持续发展的科学研究的基础性工作。

（1）土壤有机碳储量

土壤有机碳（SOC）储量的估算方法可分为直接估算和间接估算。前者是基于对土壤或者生态系统类型的地学统计方法，而后者则是利用生态系统碳循环过程模型的模拟方法（于贵瑞，2003）。在实际的碳储量评估过程中，由于使用的土壤调查数据来源、空间分布代表性、样点密度、土壤类型统计面积以及土层计算厚度等方面的差异，不同研究者对中国的土壤有机碳储量评估结果差异较大。一些研究者利用不同比例尺的土壤图以及土壤剖面测定数据对中国的土壤有机碳储量及其密度进行了直接估算（Li 等，2007；Wu 等，2003；Xie 等，2007a；Yang 等，2007；方精云等，1996；解宪丽等，2004；金峰等，2001；潘根兴，1999；王绍强等，2003；王绍强和周成虎，1999；王绍强等，2000；于东升等，2005）。另一些研究者也利用模型模拟方法对中国的土壤有机碳储量及其密度进行了分析（Peng 等，1997；季劲钧等，2008；李克让等，2003；周涛等，2007）。多数研究结果表明，中国陆地土壤有机碳储量约为 80~100 Pg C，其 SOC 密度约为 9~11 $kg \cdot m^{-2}$。根据各研究结果的统计分析也可以得出，全国 1 m 土层平均有机碳密度为 10.10 $kg \cdot m^{-2}$，并以全国的土壤面积为 884.80 万 km^2 来推算，则土壤有机碳储量约为 89.02 Pg C（表 8.3）。

（2）土壤有机碳储量的空间分布

受气候因素地带性分布规律的影响，中国土壤碳储量具有明显的地带性分布规律。就土壤类型而言，泥炭土的平均 SOC 密度最高，为 78.03~146.76 $kg \cdot m^{-2}$，棕漠土和冷漠土的平均有机碳密度最低，小于 1.5 $kg \cdot m^{-2}$（Xie 等，2007a；于东升等，2005）。就地理空间格局而言，中国 SOC 密度的高值区分布在东北地区、青藏高原东部以及云贵高原等地区，密度较低的地区主要位于西北地区，包括准噶尔盆地、塔里木盆地和内蒙古阿拉善高原，以及甘肃、宁夏和青海柴达木盆地一带（Yu 等，2007a；Yu 等，2007b；解宪丽等，2004）。

土壤有机碳储量是进入土壤的植物残体量与通过微生物分解量平衡的结果，它受到气候、植被和土壤属性等多因素的影响。一般认为，陆地 SOC 密度随降水增加而增加，在相同的降水量条件下，温度高会导致 SOC 分解加速，进而使得土壤有机碳密度降低。中国寒温带针叶林（主要分布在东北地区）的土壤表层有机碳密度大约 8.90 $kg \cdot m^{-2}$，即与当地降水充沛而温度较低的气候特征有关，而荒漠表层土壤有机碳密度小于 0.5 $kg \cdot m^{-2}$，主要是由当地降水量少，植被稀少，有机碳输入不足所引起的（Yu 等，2007a；Yu 等，2007b）。

表 8.3　中国土壤有机碳储量的研究结果

基础数据		有机碳密度取值方法	面积	有机碳储量	有机碳密度	土层深度	文献
土壤图	剖面数		(10^4 m^2)	(Pg C)	(kg·m^{-2})	(cm)	
1:400 万	3600	面积加权平均值	659.98	81.76	12.39	100 与实测深度中的小者	(金峰等，2001)
1:400 万	236	碳储量/面积	878.67	93	10.61	100	(Wang 等，2003)
1:400 万	2473	面积加权平均值	877.63	92	10.49	100	(王绍强等，2003)
	2472	亚类密度[a]方法	877.63	92.42±31.87	10.53	100	(王绍强等，2003)
	2457	土类密度[a]方法	877.63	92.04±18.70	10.49	100	(王绍强等，2003)
1:400 万	34411	面积加权平均值	881.81	70.31	8.01	实测剖面深度	(Wu 等，2003)
1:400 万	2456	中值或面积加权平均值	923.97	84.38	9.14	100	(解宪丽等，2004)
1:100 万	7292	剖面计算值	928.1	89.14	9.6	100 与实测深度中的小者	(Yu 等，2007a；Yu 等，2007b；于东升等，2005)
	2473	面积加权，土类密度，土壤利用类型	870.94	89.61	10.29	实测剖面深度	(Xie 等，2007)
1:400 万	2456	面积加权平均值	918	83.8	9.14	100	(Li 等，2007)
1:400 万	3283	碳储量/面积	880.37	69.1	7.8	100	(Yang 等，2007)
OBM 模型		碳储量/面积	968	100	10.33	100	(Peng 等，1997)
陆地生物圈模型 BIOME3		文献调查	959.63	119.76	12.48	100	(Ni，2001)
各种估计的平均值			884.80	89.02	10.10±1.40		

（3）土壤无机碳储量及其空间分布

土壤无机碳(SIC)主要包括土壤溶液中的 HCO_3^-、土壤空气中的 CO_2 以及土壤积淀的 $CaCO_3$ 和 $MgCO_3$。全球 1 m 土层深度的 SIC 储量大约 940 Pg C，主要分布在干旱和半干旱地区(Eswaran 等，2000)。相对于 SOC 来讲，SIC 比较稳定，对于陆地表层的碳循环过程影响较小(Schlesinger，1990)。中国土壤无机碳储量研究主要是利用全国土壤普查数据进行直接估算(Li 等，2007；Mi 等，2008)。利用《中国土种志》的基本资料对土壤无机碳储量进行估算的结果认为，中国 SIC 储量大约为 60 Pg C，相当于全球 SIC 储量的 1/20～1/15(潘根兴，1999)。最近基于更详尽的 1:400 土壤图估算的全国 1 m 土层深度的 SIC 储量大约为 77.9 Pg C(Li 等，2007)，也有人估计全国 1 m 土层深度的 SIC 储量大约为 47.1 Pg C，2 m 土层深度的 SIC 储量大约为 53.3 Pg C(Mi 等，2008)。根据 Mi 等(2008)的研究，全国平均 SIC 密度约为 4.29 kg·m^{-2}，其中西北地区最高，大约为 36.48 kgm^{-2}，其次是华北地区；而华南和华东地区 SIC 密度最低。这里取 Li 等(2007)、Mi 等(2008)和 Wu 等(2009)研究结果的平均值作为全国平均无机碳密度(6.59 kg·m^{-2})，以王绍强等(2003)统计的土壤面积(877.63 万 km^2)来估算，则全国的土壤无机碳库大约为 57.84 PgC(表 8.4)。

土壤无机碳密度的空间分布主要受降水量控制，即 SIC 含量和降水量呈现负相关关系，而且随着土层深度的变化这种负相关关系还依然存在(Lal 等，2000)。中国 84% 的 SIC 储存在年降水量小于 500 mm 的区域，仅有 16%(约 4.19 Pg C)的 SIC 分布在年降水 500～800 mm 的地区(Mi 等，2008)。同时，随着土层深度的增加，SIC 密度显著增加，2 m 土层深度的 SIC 储量大约占整个土壤碳储量的 40%(Mi 等，2008)。

表 8.4　中国土壤无机碳储量的研究结果

基础数据		碳密度取值方法	面积	无机碳储量	碳密度	土层深度	文献
土壤图	剖面数		(10^4 km^2)	(PgC)	(kg·m^{-2})	(cm)	
	>2500	剖面计算值	142	60	42.25	250	(潘根兴，1999)
1:400 万	2456	面积加权平均值	918	77.9	8.49	100	(Li 等，2007)
1:100 万	2473	储量/面积	945.8	47.1±3.3	4.98	100	(Mi 等，2008)

续表

基础数据		碳密度取值方法	面积	无机碳储量	碳密度	土层深度	文献
土壤图	剖面数		（10^4 km²）	（PgC）	（kg·m⁻²）	（cm）	
1:100 万	2473	面积加权平均值	945.8	53.3±6.3	4.29±0.36	200	（Mi 等，2008）
1:400 万	34411	剖面计算值	881.81	55.3±10.7	6.3±1.2	实测剖面深度	（Wu 等，2009）
平均值			877.63	57.84	6.59		

2. 中国森林植被的碳储量及其空间格局

植被碳储量和碳密度的估算也主要是采用基于植被资源清查资料统计和基于模型的模拟两种技术途径。中国森林面积约为 1.3 亿 hm²，是陆地生态系统中最大的有机碳库。表 8.3 是自 20 世纪 90 年代以来，不同学者利用全国的 6 次森林清查资料，采用不同统计方法对森林植被碳储量评估工作的结果。总体来看，各种方法评估的森林植被碳储量大致变化在 3.3～6.2 Pg C 范围内，碳密度大致变化在 3.2～5.7 kgC·m⁻² 范围内（表 8.5）。如果把每次森林资源清查的平均结果看成其中间年份的调查值，则可以用图 8.21 展示不同时期森林碳储量的动态变化（Yu 等，2010）。

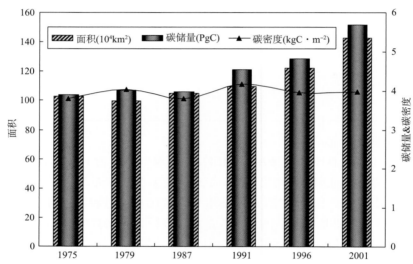

图 8.21　基于清查资料评估的中国森林面积和碳储量及其密度的变化（Yu 等，2010）

从图 8.21 和表 8.5 中可以看出，自 20 世纪 80 年代以来，中国森林的平均碳密度虽有波动，但基本处于相对稳定状态（六次清查结果的平均碳密度为 39.58±1.44 MgC·hm⁻²），但是由于大规模的人工造林，森林面积在逐步增加，森林植被碳储量呈现出增长趋势，即由第二次清查期间（1977—1981 年）的 3.602～4.38 PgC 增加到第六次清查期间（1999—2003 年）的 5.506～5.582 PgC，累计增加了 1.202～1.904 PgC（表 8.5）。

表 8.5　中国森林生态系统的面积、植被碳储量和碳密度

调查阶段	面积（10^4 km²）	碳储量（PgC）	碳密度（MgC·hm⁻²）	文献
第一次 （1973—1976 年）	96.03	3.746	39	（刘国华等，2000）
	101.26	4.44	43.83	（Fang 等，2001）
	105	3.511	33.44	（Pan 等，2004）
	108.22	3.8488	35.56	（徐新良等，2007）
第一次平均值	102.63	3.89	37.96	
第二次 （1977—1981 年）	95.63	4.124	43.1	（刘国华等，2000）
	95.62	4.38	45.75	（Fang 等，2001）
	95.6	3.602	37.68	（Pan 等，2004）
	95.62	3.696	38.65	（徐新良等，2007）
	116.5	4.303	36.9	（方精云等，2007）

续表

调查阶段	面积(10⁴ km²)	碳储量(PgC)	碳密度(MgC·hm⁻²)	文献
第二次平均值	99.79	4.02	40.42	
第三次 (1984—1989 年)	102.18	3.866	37.89	(方精云等,1996)
	102.2	4.06	39.7	(刘国华等,2000)
	102.19	4.30	42.08	(Fang 等,1998)
	102.19	4.45	43.53	(Fang 等,2001)
	101.8	3.26	32	(王效科和冯宗炜,2001)
	102.2	3.687	36.08	(Pan 等,2004)
	102.19	3.759	36.78	(徐新良等,2007)
	124.2	4.458	35.9	(方精云等,2007)
第三次平均值	104.88	3.98	38.00	
第四次 (1989—1993 年)	108.64	4.197	38.7	(刘国华等,2000)
	108.62	6.2	57.07	(周玉荣等,2000)
	108.63	4.63	42.58	(Fang 等,2001)
	108.6	4.018	37.00	(Pan 等,2004)
	91.43	3.778	41.32	(Zhao 等,2006)
	108.64	4.1138	37.87	(徐新良等,2007)
	131.8	4.931	37.4	(方精云等,2007)
第四次平均值	109.48	4.55	41.70	
第五次 (1994—1998 年)	105.82	4.75	44.91	(Fang 等,2001)
	129.2	4.6563	36.04	(徐新良等,2007)
	132.2	5.012	37.90	(方精云等,2007)
第五次平均值	122.41	4.81	39.62	
第六次 (1999—2003 年)	142.79	5.5064	38.56	(徐新良等,2007)
	142.8	5.852	41	(方精云等,2007)
第六次平均值	142.80	5.68	39.78	

中国森林碳储量集中分布在东北和西南地区,其树种是以云杉、冷杉等为主的暗针叶林。东北三省的森林生物量占全国总量的 28.7%,西南五省和自治区(四川、云南、贵州、西藏和广西)的森林生物量占全国总量的 34.3%(方精云等,1996)。西藏的雅鲁藏布江大拐弯处是中国目前森林生物量最高的区域(王效科等,2001)。中国东部和东南部平原丘陵以及华北和西北干旱的森林碳库都相对较小(王效科等,2001)。

3. 中国草地和灌丛植被的碳储量及其格局

中国草地面积约 3.92 亿 hm²,约占国土总面积的 41%。研究认为,中国草地生态系统碳储量约占世界草地生态系统碳储量的 8% 左右(Ni,2001),其碳密度高于世界平均水平,在世界草地生态系统碳储量中占有重要地位(樊江文等,2003)。利用碳密度法估算的中国草地生态系统的植被碳储量约为 3.06～3.316 Pg C(Fan 等,2008;Ni,2002),而根据草地资源清查资料估计的草地植被碳储量为 1.15 PgC,平均碳密度 3.46 MgC·hm⁻²(方精云等,2007)。根据草地资源调查数据和遥感 NDVI 数据的分析结果表明,20 世纪 80 年代初期(1982—1984 年),中国草地地上生物量碳储量约为 0.145 PgC,到 20 世纪 90 年代末(1997—1999 年)为 0.154 PgC,平均每年增加了 0.7%,加上地下部分生物量的碳储存,这期间中国草地生态系统植被碳储量约为 1.051 PgC(Piao 等,2007)。以上各种研究的草地碳储量平均值为 2.72 PgC,碳密度的平均值为 0.819 kg·m⁻²(表 8.6)。

中国草地生态系统的植被碳储量集中分布在青藏高原草地和北方草地,其中青藏高原草地的碳储量占全国总量的 56.4%(1.868 PgC),中国北方温带草地的植被碳储量占全国总量的 17.9%(0.594 PgC),南方的暖温带和热带草地的植被碳储量占总量的 8.3%(0.273 PgC)(Fan 等,2008)。

表 8.6　中国草地和灌丛植被碳储量的研究结果

植被类型	基础数据	面积(10^4km^2)	碳储量(Pg C)	碳密度(kg·m^{-2})	文献
草地	草地资源清查资料	355.3	3.05	1.15	(Ni,2002)
	气温、降水、1:400 万中国植被图、BIOME3 模型	220.11	2.66	1.15	(Ni,2001)
	草地资源清查资料	331.4	1.15	0.346	(方精云等,2007)
	草地资源清查资料	331	3.32	1	(Fan 等,2008)
	草地资源清查资料、地形图、草地类型图、NDVI 数据	334.1	1.05	0.314	(Piao 等,2007)
	大气 CO_2 浓度、年均温、降水、植被类型图、土壤类型图	113	0.9	1	(Peng 等,1997)
	月平均温度、降雨量、相对湿度、云量、大气 CO_2 浓度、土壤类型图、植被图	263.26	3.36	1.28	(李克让等,2003)
	草地资源清查资料、地形图、草地类型图、NDVI 数据	331.41	1.04	0.315	(朴世龙等,2004)
	平均	331.4	2.72	0.819	
灌丛	1:400 万中国植被图、实测资料	198.66	1.68±0.12	1.088±0.077	(胡会峰等,2006)
	月平均温度、降雨量、相对湿度、云量、大气 CO_2 浓度、土壤类型图、植被图	216.53	0.23	0.11	(李克让等,2003)
	平均	207.6	0.955	0.599	

中国灌丛生态系统面积将近 2 亿 hm^2，是世界上灌丛分布面积最广泛的国家之一，约占中国陆地总面积的 1/5。据统计，中国 6 种主要灌丛植被的总面积为 1.546 亿 hm^2，利用平均碳密度法估算的植被总碳储量为 1.68±0.12 Pg C，平均碳密度为 10.88±0.77 MgC·hm^{-2}，其中云南、贵州和四川三省的灌丛是中国主要的灌丛碳库(胡会峰等,2006)。

4. 中国陆地生态系统的碳储量及其空间格局

中国地处东亚季风气候带，从南至北存在着明显的温度梯度，从东部到西部存在着降水梯度。目前的研究表明，全球陆地生态系统的碳储量约为 1500～2900 Pg C，其中全球低纬度热带区域的森林植被碳贮量约为 202～461 Pg C，中纬度温带森林植被碳储量为 59～174 Pg C(WBGU,1998)。根据研究，中国低纬度亚热带和热带地区的森林植被碳储量约为 1.94 Pg C，中纬度温带地区的森林植被碳储量约为 1.84 Pg C(Zhao 等,2006)。由此可以计算得出，中国温带森林植被碳储量约占全球同一气候区森林植被碳储量的 1.1%～3.12%，亚热带和热带森林植被碳储量占全球同一气候区森林植被的 0.42%～0.96%。

全球草地生态系统碳储量约为 569.06 Pg C，其中约有 53% 分布在温带草原与灌木生态系统(Ni,2001;樊江文等,2003)。中国草地生态系统的碳储量约占全球草地的 7.74%(钟华平等,2005)。中国草地生态系统总的碳储量约为 44.09 Pg C，其中约有 51% 分布在高寒草甸、高寒草原和温性草原。

根据森林和草场资源清查等资料估算的结果表明，中国陆地各类植被(森林、草地、农田、荒漠、沼泽、石骨裸露山地和城市工矿交通用地)的总碳储量约为 6.099 Pg C(方精云等,1996)。有研究指出，中国陆地生态系统各种植被和土壤的总碳储量为 13.33 Pg 和 82.65 Pg，分别为全球碳储量的 3% 和 4%。在各种植被碳库之中，以森林植被碳库所占的比例最大，相当于草地植被的 5 倍左右(李克让等,2003)。基于碳密度法(carbon density method)估算的中国陆地 37 种植被总碳储量为 35.23 PgC(Ni,2001)。此外，陆地生态系统碳循环模型 CEVSA 和 AVIM2 的模拟结果显示，1981—2000 年中国植被的平均碳储量为 13.33～14.04 Pg C，平均植被碳密度为 1.47～1.54 kg·m^{-2}(黄玫等,2006;季劲钧等,2008;李克让等,2003)。

表 8.7 是对不同学者报道的中国不同类型生态系统的面积、植被碳密度和土壤碳密度的统计分析结果，与其相对应的是生态系统类型的面积。利用该数据可统计分析得出中国区域的植被碳储量约为 13.56 PgC，土壤碳储量约为 98.03 PgC，生态系统总碳储量约为 111.58 PgC(Yu 等,2010)。由表 8.7 中可见，中国湿地的土壤有机碳密度最高，森林次之，草地和农田相差不大，荒漠的土壤有机碳密度最低；而植被碳密度以森林生态系统最高，农田、灌丛和湿地植被碳密度接近，荒漠生态系统为最低。

表 8.7　中国不同类型生态系统植被和土壤碳储量(Yu 等,2010)

生态系统类型	面积 (10^4 km²)	植被碳密度 (kg·m⁻²)	植被碳储量 (PgC)	土壤碳密度 (kg·m⁻²)	土壤碳储量 (PgC)	生态系统总碳储量 (PgC)
森林	142.8	5.23±1.26	7.47	15.62±3.33	22.31	29.77
草地	331	0.76±0.43	2.52	12.99±1.65	43.00	45.51
灌丛	178	0.48±0.52	0.85	5.11±0.46	9.10	9.95
农田	108	1.85±1.81	2.00	10.35±2.38	11.18	13.18
荒漠	128.24	0.37±0.51	0.47	6.15±4.35	7.89	8.36
湿地	11	2.22±0.57	0.24	41.51±41.32	4.57	4.81
总计	899.04	—	13.56	—	98.03	111.58

温度和降水是影响陆地生态系统植被碳密度分布格局的重要因子。在水热条件适宜、有利于植物生长的地区,植物累积的生物量大,植被的碳密度也较高。AVIM2 模型的模拟结果表明,森林、灌丛、草地、农田的植被碳储量与土壤湿度、年降水量和年平均气温的空间相关均表现为正相关;对于同一种植被类型而言,温度高和降水量大的区域,其植被的生物量相对较大;并且植被受水分的影响比温度更大,特别是草地生态系统(黄玫等,2006)。相反,基于森林资源调查数据的影响因子分析结果表明,气温对中国各省市森林植被碳贮量的影响程度大于降水(赵敏等,2004)。在各种森林类型中,栎类和落叶松类的植被碳储量占森林植被总碳储量的比例最大,分别为23%和12%(Wang 等,2001;王效科等,2001)。

8.5.2　中国陆地生态系统的碳汇/源功能及其时空变化

全球陆地生态系统总体上是一个碳汇,但由于受各种环境和生物因素(如气候条件、植被分布和土地利用等)的影响,生态系统碳吸收(或释放)的空间差异很大。近 20 年来,中国科学家们利用各种地面清查、长期定位观测、航空遥感和模型模拟等多种手段研究了中国各种陆地生态系统碳汇和碳源的时空变化特征,并取得了重要进展(Wang 等,2007;于贵瑞,2003;于贵瑞和孙晓敏,2008)。

中国陆地生态系统碳汇功能研究开始于 20 世纪 90 年代。大多数的研究结果均表明,中国的森林生态系统表现为明显的碳汇,特别是在 20 世纪 80 年代之后(Fang 等,2001;方精云等,2007;刘国华等,2000),但对草地和农田生态系统的区域尺度研究还比较少,研究结果的变异性也很大,甚至出现了是碳源或者是碳汇的分歧。

利用森林资源清查资料并结合模型算法的研究发现,20 世纪 70 年代中期至 90 年代末,中国人工林总共固定的碳为 0.45 Pg C。1980—2000 年中国陆地生态系统的植被和土壤总碳汇相当于同期中国工业 CO_2 排放量的 20.8%~26.8%(方精云等,2007)。利用模型模拟方法的研究指出,1982—2002 年中国陆地生态系统 NEP 的累积量达到 11.968 PgC,年平均值为 0.57 PgC(陈泮勤等,2008)。应用 CEVSA 模型估算的 1981—1998 年中国陆地生态系统 NEP 变动于 −0.32 和 0.25 PgC·a⁻¹ 之间,在统计上没有明显的年际变化趋势。在研究时段内的年平均 NEP 约为 0.07 PgC·a⁻¹,总的吸收量为 1.22 Gt C,约占全球碳吸收总量的 10%(Cao 等,2003)。不同研究者对中国陆地生态系统 NPP 估算结果的变异性相对较小,平均为 3.052±0.57 PgC·a⁻¹,相当于全球 NPP(57.0 PgC·a⁻¹)的 5.3%(Cao 等,2003)。

分析近 20 年中国农田土壤有机碳储量的变化可以看出,中国农田土壤的年平均碳汇为 15—24 Tg C(黄耀和孙文娟,2006)。在 1950—1999 年的 50 年间,农田的净初级生产力不断增加,其时空变异性可以很好地用肥料消耗与气候参数(温度和降雨)加以表述(Huang 等,2007)。

作为一种直接测定生态系统与大气之间碳交换通量的微气象观测技术(涡度相关技术)在全球碳循环研究中得到广泛应用,在评价全球生态系统和区域碳收支中发挥了重要作用。综合中国陆地生态系统通量观测研究网络(ChinaFLUX),2003—2007 年 8 个观测站的观测结果可以得出以下几个主要结论(于贵瑞等,2008;于贵瑞等,2006)。

（1）中国东部主要的森林生态系统均表现出明显的碳汇功能。东部亚热带天然林与人工林、温带森林生态系统都具有明显的碳汇功能，其碳汇强度受温度和水分条件的限制而由南向北渐次降低（Yu等，2006）。同时观测的事实还表明，中国北方温带老龄森林和亚热带老龄森林仍具有较强的碳汇功能（Yu等，2008；Zhou等，2006b）；东北地区温带混交林吸收碳2.5～3.5 t/ha，平均为3.0 t/ha；南方红壤丘陵区人工林（千烟洲试验区）年均吸收碳4.2～5.2 t/ha，平均为4.8 t/ha。

（2）中国青藏高原高寒草甸与高寒灌丛草甸具有一定的碳汇功能（Zhao等，2006c），高寒草地和灌草甸均为碳汇，年均碳吸收强度分别为0.79～1.93 t/ha和0.07～1.1 t/hm²，可是青藏高原腹地的高寒草甸的碳收支则接近于碳中性（石培礼等，2006），并且在干旱年份也有微弱的碳排放。内蒙古半干旱草原的多年碳排放与碳吸收接近中性状态，但在干旱年份表现为一定的碳排放（Fu等，2006）。

（3）随着中国耕作制度的改进，作物生产力不断提高，碳的吸收能力显著增大。华北地区一年两熟制"吨粮田"的年均吸收碳的强度可以达到2.4～6.1 t/hm²，平均为4.8 t/hm²，同时农田土壤有机碳储量也不断增加。

（4）在中国东部南北样带（NSTEC），温带森林和亚热带森林碳交换过程的主要控制因子存在明显差异。虽然生态系统呼吸都受到气温制约，但是温带森林的总初级生产力（GPP）和净生态系统生产力（NEP）主要受气温影响，而亚热带森林则是主要受辐射的影响。同时，沿中国东部南北样带，NEP呈现随纬度升高而降低的空间格局，并且和欧洲大陆NEP的空间格局存在明显差异（Yu等，2008）。沿中国草地样带（CGT）的研究工作表明，地上生产力、植被碳储量和生物量分配等的时空变异特征与气候因子的空间格局具有密切的关系（Fan等，2008）。

（5）中国陆地生态系统的碳汇主要分布在东北林区、南方亚热带林区和藏北高原草甸草原区，而且草地生态系统的碳吸收能力要小于森林。同时，中国不同类型生态系统的年净固碳强度具有明显的空间格局特征，主要受到年降水量（P）和年均温度（T）的共同作用（图8.22）。

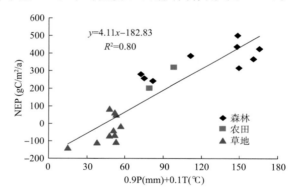

图8.22　年均温度（T）和年降水量（P）对中国区域陆地生态系统净生态系统生产力（NEP）空间格局的影响

（于贵瑞等，2008）

生态系统模型是分析国家尺度陆地生态系统碳源和碳汇功能的重要技术。中国学者也以不同生态系统类型为对象，自主开发了基于个体的中国森林碳收支模型（FORCCHN）（延晓东和赵俊芳，2007），基于生物物理过程的中国农田碳收支模型（Agro-C）（Huang等，2009），以及用于计算中国森林碳收支的InTEC模型。这些模型均用于Wang等（2007）的研究，其特点是同时考虑了扰动（火灾等）和非扰动因子的影响，并用了林龄的资料作驱动（Wang等，2007）。模型验证结果表明，FORCCHN和Agro-C模型分别对中国森林和农田碳收支具有良好的模拟能力。模拟结果表明，最近20多年，中国森林为碳汇，但每年净吸收的大气二氧化碳量有显著下降趋势，其年际变率有增加的趋势，并且未来还要继续下降；1980—2000年中国农田土壤有机碳增加明显，累计增加382～540 Tg C，华东和华北增加显著，东北地区呈下降趋势，水稻土有机碳增加速率高于旱耕土；从土壤碳平衡模拟分析，在2000—2050年期间，农田有机碳可增加720～920 Tg C。此外，基于IBIS模型的框架建立的中国草地生态系统碳循环模型（DCTEM），评估了中国草地生态系统碳源和碳汇的时空分布。总体而言，1980—2002

年间,中国草地生态系统呈现为弱碳源(周广胜,2006)。在原来的 AVIM 模型基础上还发展了基于土壤—植被—大气系统能量、水和碳传输过程与植被动态、土壤有机碳周转相耦合的陆地生态系统碳循环动力学模型(AVIM2)(黄玫等,2006)。利用 CEVSA 模型研究中国生态系统碳汇的空间分布特征及其对气候变化和大气 CO_2 浓度升高的响应结果表明,在过去 20 年,中国陆地是一个弱的碳汇,未来干旱暖化的气候有可能使其转变为碳源,并可能在 2050 年前后使陆地碳吸收能力达到饱和(Cao 等,2003)。

8.5.3 中国海洋生态系统的碳储量及其碳汇贡献

中国拥有总面积约 471 万 km^2 的海洋,包括渤海、黄海、东海、南海等近海海域,还拥有广阔的大陆架,而这些大陆架又是世界上最宽、生产力最高的大陆架之一。全球的海洋碳汇区域主要分布在较冷的大洋区域,表层海水温度越低,其吸收 CO_2 的量越大,碳汇强度也就越大。在区域分布上,太平洋赤道区域是最大的天然碳源区,在一般的年份,每年向大气释放 $0.8 \sim 1.0$ Pg C;在强的厄尔尼诺年(如 1997—1998 年),其年释放量会减小到 $0.2 \sim 0.4$ Pg。北大西洋是全球海洋最大的天然碳汇,该区域可强烈地吸收大气中的 CO_2;在通常情况下,南大洋每年净吸收 CO_2 约为 $0.2 \sim 0.9$ Pg C,也是一个重要的海洋碳汇区域(Fasham 等,2001)。

近几十年来,中国海洋生态系统碳循环研究已初步探明了中国近海的碳源和碳汇格局,证明中国近海生态系统在区域碳收支中也发挥着重要作用(宋金明等,2008)。表 8.8 汇总了主要研究者对中国不同海域碳源和碳汇格局的评估结果。总体来看,中国渤海、黄海和东海表现为大气 CO_2 的汇,而南海则表现为 CO_2 的源。表 8.8 还给出了中国不同海域海洋—大气间的碳交换速率以及源汇强度的各种估计。由此不难看出,各种研究结果之间存在着较大差异,其不确定极大。中国海洋面积很大,可是关于海洋 CO_2 汇源的空间分布的研究工作却十分不足,迫切需要增强海洋生态系统的碳循环过程的科学研究,更需要加强海洋—大气碳库之间 CO_2 交换通量的综合观测能力建设。

表 8.8 不同研究者对中国各海区碳源汇格局的评估结果

研究区域	交换速率 $\mu molC/(m^2 s)$	源汇强度(万 t/a)	研究者
渤海	0.097	284	(宋金明等,2008)
黄海	0.063	896	(宋金明等,2008)
		600—1200	(Kim,1999)
东海	0.009	188	(宋金明等,2008)
	0.033	726	(张远辉等,1997)
		523	(张龙军,2003)
	0.089	3000(包括黄海)	(Tsunogai 等,1999)
		430	(胡敦欣和杨作升,2001)
南海		1665	(韩舞鹰等,1997)
	-0.010—0.016		(翟惟东,2003)

注:正值表示吸收大气 CO_2,即为大气 CO_2 的汇;负值表示向大气释放 CO_2,即为大气 CO_2 的源。

参 考 文 献

蔡旭晖,邵敏,苏芳.2002.甲烷排放源逆向轨迹反演模式研究.环境科学 23(5):25-30.

陈丽,银燕.2008.矿物气溶胶远程传输过程中的吸收增温效应对云和降水的影响.高原气象 27:628-636.

陈丽,银燕.2009.沙尘气溶胶对大气冰相过程发展的敏感性试验.气象科学 29:208-213.

陈泮勤,王效科,王礼茂,等.2008.中国陆地生态系统碳收支与增汇对策.北京:科学出版社.

大气环境保护战略专题组.2009.中国环境宏观战略研究.In"大气环境保护战略."印刷中,Beijing.

戴进,余兴,Rosenfeld,D.2008.秦岭地区气溶胶对地形云降水的抑制作用.大气科学 06.

樊江文,钟华平,梁飚,等.2003.草地生态系统碳储量及其影响因素.中国草地 25(6):51-58.

方精云,郭兆迪,朴世龙,等.2007.1981—2000年中国陆地植被碳汇的估算.中国科学（D辑）**37**(6):804-812.

方精云,刘国华,徐嵩龄.1996.中国陆地生态系统的碳库.见王庚臣等主编,温室气体年度和排放监测及相关过程.北京:中国环境科学出版社,109-128.

韩舞鹰,林洪瑛,蔡艳雅.1997.南海的碳通量研究.海洋学报（中文版）,50-54.

韩永翔,陈勇航,方小敏.2008.沙尘气溶胶对塔里木盆地降水的可能影响.中国环境科学02.

何纪力.2007.江西省酸雨时空分布规律研究.中国环境科学出版社,北京.

胡敦欣,杨作升.2001."东海海洋通量关键过程."海洋出版社,北京.

胡会峰,王志恒,刘国华,傅伯杰.2006.中国主要灌丛植被碳储量.植物生态学报**30**(4):539-544.

黄玫,季劲钧,曹明奎,等.2006.中国区域植被地上与地下生物量模拟.生态学报**26**(12):4156-4163.

黄梦宇.2007.2005—2006年北京云滴数浓度的飞机观测.2007气象年会（广州）.

黄梦宇,赵春生,周广强,等.2005.华北层状云微物理特性及气溶胶对云的影响.南京气象学院学报**28**(3):360-368.

黄耀,孙文娟.2006.近20年来中国大陆农田表土有机碳含量的变化趋势.科学通报**51**(7):1785-1803.

季劲钧,黄玫,李克让.2008.21世纪中国陆地生态系统与大气碳交换的预测研究.中国科学（D辑）:地球科学**38**(2):211-223.

解宪丽,孙波,周慧珍,等.2004.中国土壤有机碳密度和储量的估算与空间分布分析.土壤学报**41**(1),35-43.

金峰,杨浩,蔡祖聪,等.2001.土壤有机碳密度及储量的统计研究.土壤学报**38**(4):11-17.

金蕾,徐谦,林安国,等.2006.北京市近二十年(1987—2004)湿沉降特征变化趋势分析.环境科学学报**26**:1195-1202.

金莲姬,银燕,王盘兴.2007.热带深对流云砧数值模拟及云凝结核数浓度对其影响的初步试验.大气科学**31**:793-804.

李灿,许黎,邵敏,等.2003.一种大气CO_2源汇反演模式方法的建立及应用.中国环境科学**23**(6):610-613.

李洪珍,王木林.1984.中国降水酸度的初步研究.气象学报**42**:332-339.

李克让,王绍强,曹明奎.2003.中国植被和土壤碳储量.中国科学D辑:地球科学**33**(1):72-80.

刘国华,傅伯杰,方精云.2000.中国森林碳动态及其对全球碳平衡的贡献.生态学报**20**(5):733-740.

刘喜凤,刘晓燕,张征,等.2003年6月.酸雨与林木和森林生态系统关系的研究.云南林业科技.

马新成,张蔷.2005.北京地区大气气溶胶粒子的垂直分布特征.第十四届全国云降水物理和人工影响天气科学会议文集,气象出版社,653-656.

潘根兴.1999.中国土壤有机碳和无机碳库量研究.科技通报**15**(5),330-332.

朴世龙,方精云,贺金生,等.2004.中国草地植被生物量及其空间分布格局植物生态学报**28**(4):491-498.

秦世广.2009中国地面太阳辐射长期变化特征、原因及其气候效应[D].中国科学院大气物理研究所博士学位论文.

石培礼,孙晓敏,徐玲玲,等.2006.西藏高原草原化嵩草草甸生态系统CO_2净交换及其影响因子.中国科学（D辑）**36**(S2),194-203.

宋金明,徐永福,胡维平,等.2008.中国近海与湖泊的生物地球化学.北京:科学出版社,1-533.

孙庆贺,陆永琪,傅立新,等.2004.中国氮氧化物排放因子的修正和排放量计算:2000年.环境污染治理技术与设备5:90-94.

汤洁,祁栋林.1999.中国西部大气清洁地区黑碳气溶胶的观测研究.应用气象学报**10**:160-169.

王绍强,刘纪远,于贵瑞.2003.中国陆地土壤有机碳蓄积量估算误差分析.应用生态学报**14**(5):797-802.

王绍强,周成虎.1999.中国陆地土壤有机碳库的估算.地理研究**18**(4):349-356.

王绍强,周成虎,李克让,等.2000.中国土壤有机碳库及空间分布特征分析.地理学报**55**(5):534-544.

王卫国,吴涧,刘红年,等.2005.中国及邻近地区污染排放对对流层臭氧变化与辐射影响的研究.大气科学**29**(5):734-746.

王效科,冯宗炜.2001.中国森林生态系统的植物碳储量和碳密度研究.应用生态学报**12**(1):13-16.

王玉洁,黄建平,王天河.2006.一次沙尘暴过程中沙尘气溶胶对云物理量和辐射强迫的影响.干旱气象3.

王跃思,王长科,刘广仁,等.2002.北京大气CO_2浓度日变化、季变化及长期趋势.科学通报24:13-17.

王志立,郭品文,张华.2009.黑碳气溶胶直接辐射强迫及其对中国夏季降水影响的模拟研究.气候与环境研究**14**(2):161-171.

韦惠红,郑有飞.2006.中国臭氧总量的时空分布特征.南京气象学院学报**29**(3):390-395.

吴涧,蒋维楣,刘红年,等.2002.区域气候模式和大气化学模式对中国地区气候变化和对流层臭氧分布的模拟.南京大学学报**38**(4):572-582.

吴蓬萍,刘煜.2009.硫酸盐气溶胶对全球水循环因子的影响.气候变化研究进展**5**:44-49.

徐建华,胡建信,张剑波.2003.中国 ODS 的排放及其对温室效应的贡献.中国环境科学 23(4):363-366.

徐祥德,施晓晖,张胜军,等.2005.北京及周边城市群落气溶胶影响域及其相关气候效应.科学通报 50:2522-2530.

徐晓斌,林伟立,王韬,等.2006.长江三角洲地区对流层臭氧的变化趋势.气候变化研究进展 2(5):211-216.

徐新良,曹明奎,李克让.2007.中国森林生态系统植被碳储量时空动态变化研究.地理科学进展 26(6):1-10.

延晓东,赵俊芳.2007.基于个体的中国森林生态系统碳收支模型 FORCCHN 及模型验证.生态学报 27(7):2684-2694.

杨东贞,周怀刚,张忠华.2002.中国区域空气污染本底站的降水化学特征.应用气象学报 13:430-439.

于东升,史学正,孙维侠,等.2005.基于 1:100 万土壤数据库的中国土壤有机碳密度及储量研究.应用生态学报 16(12):2279-2283.

于贵瑞.2003.全球变化与陆地生态系统和碳循环和碳蓄积.北京:气象出版社,66-73.

于贵瑞,孙晓敏.2008.中国陆地生态系统碳通量观测技术及时空变化特征.北京:科学出版社,218-260.

于贵瑞,孙晓敏,等.2006.陆地生态系统通量观测的原理与方法.北京:高等教育出版社,189-277.

翟惟东.2003."南海北部与珠江河口水域 CO_2 通量及其调控因子."厦门大学.

张龙军.2003."东海海-气界面 CO_2 通量研究",中国海洋大学.

张人禾,周顺武.2008.青藏高原气温变化趋势与同纬度带其他地区的差异以及臭氧的可能作用.气象学报 66:916-925.

张雪芹,彭莉莉,郑度.2007.1971—2004 年青藏高原总云量时空变化及其影响因子.地理学报 09.

张远辉,黄自强,马黎明,等.1997.东海表层水二氧化碳及其海气通量.台湾海峡 16:37-42.

赵敏,周广胜.2004.中国森林生态系统的植物碳贮量及其影响因子分析.地理科学 24(1):50-54.

郑向东,周秀骥.2002.夏季西宁地区的对流层臭氧垂直分布:臭氧探空与气象探空的观测结果分析.气象学报 60:48-52.

钟华平,樊江文,于贵瑞,等.2005.草地生态系统碳蓄积的研究进展.草业科学 22(1):4-11.

周广胜.2006.草地生态系统碳收支模型,见:黄耀,周广胜,吴金水,等.中国陆地生态系统碳收支模型.北京:科学出版社.

周凌晞,刘立新,张晓春,等.2008.中国温室气体本底浓度网络化观测的初步结果.应用气象学报 19(6):641-645.

周凌晞,张晓春,郝庆菊,等.2006.温室气体本底观测研究.气候变化研究进展 2(2):63-67.

周凌晞,周秀骥,张晓春,等.2007.瓦里关温室气体本底研究的主要进展.气象学报 65(2):458-468.

周涛,史培军,罗巾英,等.2007.基于遥感与碳循环过程模型估算土壤有机碳储量.遥感学报 11(1):127-136.

周秀骥,李维亮,陈隆勋,等.2004.青藏高原地区大气臭氧变化的研究.气象学报 62(5):513-527.

周秀骥,周凌晞,等.2005.中国大气本底基准观象台进展总结报告(1994—2004).北京:气象出版社.

周秀骥主编.2005.中国大气本底基准观象台进展总结报告(1994—2004).气象出版社.

周玉荣,于振良,赵士洞.2000.中国主要森林生态系统碳贮量和碳平衡.植物生态学报 24(5):518-522.

Andreae M O,等.2004. Atmospheric science:smoking rain clouds over the Amazon. Science 303(5662):1337-1341.

Barletta B,Meinardi F S,Simpson I J,等. 2006. Ambient halocarbon concentrations in 45 Chinese cities. Atmos. Environ. 40:7706-7719.

Bauer S E,Mishchenko M I,Lacis,等. 2007. Do sulfate and nitrate coatings on mineral dust have important effects on radiative properties and climate modeling? J. Geophys. Res. 112,D06307,doi:10.1029/2005JD006977.

Breon F M,Tanre D,Generoso S. 2002. Aerosol Effect on Cloud Droplet Size Monitored from Satellite. Science 295:834-838.

Cao G L,Zhang X Y,Gong S L,等.2011. Emission inventories of primary particles and pollutant gases for china,Chinese Sci Bull,56:781-788,doi:10.1007/s11434-011-4373-7,2011.

Cao G,Zhang X,Zheng F. 2006. Inventory of black carbon and organic carbon emissions from China. Atmospheric Environment 40:6516-6527.

Cao M K,Prince S D,Li K R,等. 2003. Response of terrestrial carbon uptake to climate interannual variability in China. Global Change Biology 9:536-546.

Carmichael G R,M S Hong,H Ueda,等. 1997. Aerosol composition at Cheju Island,Korea. J. Geophys. Res 102(D5),6047-6061.

Castro L M,Pio C A,Harrison R M,等. 1999. Carbonaceous aerosol in urban and rural European atmospheres:estimation of secondary organic carbon concentrations. Atmospheric Environment 33:2771-2781.

Celis J E,Morales J R,Zaror C A,等. 2004. A study of the particulate matter PM10 composition in the atmosphere of

Chill, Chile. Chemosphere **54**：541-550.

Che H, Yang Z, Zhang X Y, 等. 2009a. Study on the Aerosol Optical Properties and their Relationship with Aerosol Chemical Compositions over three Regional Background stations in China. Atmospheric Environment, doi：10. 1016/ j. atmosenv. 2008. 11. 010.

Che H, Zhang X, Li Y, 等. 2007. Horizontal visibility trends in China 1981-2005Geophys. Res. Lett. 34, L24706, doi：10. 1029/2007GL031450.

Che H Z, Shi G Y, Zhang X Y, 等. 2005. Analysis of 40 years of solar radiation data from China, 1961—2000. Geophys. Res. Lett. 32, L06803, doi：10. 1029/2004GL022322.

Che H Z, Zhang X Y, Chen H, 等. 2009b. Instrument calibration and aerosol optical depth validation of the China Aerosol Remote Sensing Network. J. Geophys. Res. 114, doi：10. 1029/2008JD011030.

Choi J C, Lee M, Chun Y, 等. 2001. Chemical composition and source signature of spring aerosol in Seoul, Korea. Journal of Geophysical Research **106**：18067-18074.

Chow J C, Waston J G, Lowenthal D H, 等. 1993a. PM10 and PM2. 5 compositions in California′s San Joaquin Valley. Aerosol Science and Technology **18**：105-128.

Chow J C, Watson J G, Edgerton S A, 等. 2002. Chemical composition of PM 2. 5 and PM 10 in Mexico City during winter 1997. Sci. Total Environ. **287**：177- 201.

Chow J C, Watson J G, Pritchett L C, 等. 1993b. The DRI Thermal/Optical Reflectance carbon analysis system：Description, evaluation and applications in U. S. air quality studies. Atmos. Environ. **27A**, 1185-1201.

Cong Z, Kang S, Smirnov A, 等. 2009. Aerosol optical properties at Nam Co, a remote site in central Tibetan Plateau. Atmospheric Research **92**：42-48.

Creilson J K, Fishman J, Wozniak A E. 2005. Arctic Oscillation-induced variability in satellite-derived tropospheric ozone. Geophys. Res. Lett. 32, L14822, doi：10. 1029/2005GL023016.

Decesari S, Facchini M C, Matta E, 等. 2001. Chemical features and seasonal variation of fine aerosol water-soluble organic compounds in the Po Valley, Italy. Atmos. Environ. **35**：3691-3699.

Deng Z, Zhao C, Zhang Q, 等. 2009. Statistical analysis of microphysical properties and the parameterization of effective radius of warm clouds in Beijing area. Atmospheric Research, doi：10. 1016/j. atmosres. 2009. 04. 011.

Duan J, Mao J. 2009. Influence of aerosol on regional precipitation in North China,. Chinese Science Bulletin **54**：474-483.

Dubovik O, B N Holben, T F Eck, 等. 2002. Variability of absorption and optical properties of key aerosol types observed in worldwide locations. J. Atm. Sci **59**：590-608.

Duce R A. 1995. Sources, distributions and fluxes of mineral aerosols and their relationship to climate. In "Aerosol Forcing of Climate. "(R. J. Charlson, and J. Heintzenberg, Eds.), pp. 43-72. John Wiley & Sons Ltd.

Eck T F, Holben B N, Reid J S, 等. 1999. Wavelength dependence of the optical depth of biomass burning, urban, and desert dust aerosols. J. Geophys. Res. **104**, **31**, 333-31, 349.

Eswaran H, Reich P F, Kimble J M. 2000. Global carbon stocks. In：Global Climate Change and Pedogenic Carbonates (eds Lal R, Kimble JM, Eswaran H, Stewart BA). CRC Press, Boca Raton, USA. , 15-25.

Fan J W, Zhong H P, Harris W, 等. 2008. Carbon storage in the grasslands of China based on field measurements of above- and below-ground biomass. Climatic Change **86**：375-396.

Fang J Y, Chen A P, Peng C H, 等. 2001. Changes in forest biomass carbon storage in China between 1949 and 1998. Science **292**：2320-2322.

Fang J Y, Wang G G, Liu G H, 等. 1998. Forest biomass of China：an estimate based on the biomass-volume relationship. Ecological Applications **8**：1084-1091.

Fang W, Zheng G, Wang W C. 2010. A Modeling Study of Aerosol Effects on Cloud Radiative Property and Precipitation. Chinese Science Bulletin in press.

Fasham M J R, Balino B M, Bowles M C. 2001. A new vision of ocean biogeochemistry after a decade of the Joint Global Ocean Flux Study(JGOFS). mbio Special Report, Royal Swedish Academy of Sciences, Stockholm, Sweden. 31.

Feingold G, Eberhard W L, Veron D E, 等. 2003. First measurements of the Twomey indirect effect using ground-based remote sensors. Geophys. Res. Lett. 30, doi：10. 1029/2002GL016633.

Feng J, Hub M, Chan C K, 等. 2006. A comparative study of the organic matter in PM2. 5 from three Chinese megacities in three different climatic zones. Atmospheric Environment **40**:3983-3994.

Fishman J,Creilson J K,Wozniak A E,等. 2005. The interannual variability of stratospheric and tropospheric ozone determined from satellite measurements. J. Geophys. Res. 110,D20306,doi:10. 1029/2005JD005868.

Fishman J,Wozniak A E,Creilson J K. 2003. Global distribution of tropospheric ozone from satellite measurements using the empirically corrected tropospheric ozone residual technique:Identification of the regional aspects of air pollution. Atmos. Chem. Phys. **3**:893-907.

Forster P,Ramaswamy V,Artaxo P,等. 2007. Changes in atmospheric constituents and in radiative forcing [M]//IPCC. Climate Change 2007:The Physical Science Basis. Contribution of Working Group I to the Fourth Assessment Report of the Intergovernmental Panel on Climate Change[Solomon S,D Qin,M Manning,Z Chen,M Marquis,K B Averyt,M Tignor and H L Miller(eds.)]. Cambridge,United Kingdom and New York,USA:Cambridge University Press.

Fu Y L,Yu G R,Sun X M,等. 2006. Depression of net ecosystem CO2 exchange in semi-arid Leymus chinensis steppe and alpine shrub. Agricultural and Forest Meteorology **137**:234-244.

Gong S L,Barrie L A. 2003. Simulating the impact of sea salt on global nss sulphate aerosols. J. Geophys. Res. **108** (D16),4516,doi:10. 1029/2002JD003181.

Gong S L,Zhang X Y,Zhao T L,等. 2003. Characterization of soil dust aerosol in China and its transport/distribution during 2001 ACE-Asia,2. Model Simulation and Validation. Journal of Geophysical Research 108,4262,doi:10. 1029/2002JD002633.

Guo J P,Zhang X Y,Wu Y R,等. 2011. Spatio-temporal variation trends of satellite-based aerosol optical depth in China during 1980—2008. Atmospheric Environment **45**:6802-6811.

Hagler G S W,Bergin M H,Salmon L G,等. 2006. Source areas and chemical composition of fine particulate matter in the Pearl River Delta region of China. Atmospheric Environment **40**:3802-3815.

He K,Yang F,Ma Y,等. 2001. The characteristics of PM2. 5 in Beijing,China. Atmos. Environ. **35**:4959-4970.

Hendricks J,等. 2004. Simulating the global atmospheric black carbon cycle:A revisit to the contribution of aircraft emissions. Atmos. Chem. Phys **4**:2521-2541.

Ho K F,Lee S C,Chan C K,等. 2003. Characterization of chemical species in PM2. 5 and PM10 aerosols in Hong Kong. Atmos. Environ. **37**:31-39.

Holben B N,D Tanre,A Smirnov,等. 2001. An emerging ground-based aerosol climatology:Aerosol Optical Depth from AERONET. J. Geophys. Res. **106**,12 067-12 097.

Holben B N,Eck T F,Slutsker I,等. 1998. AERONET-A federated instrument network and data archive for aerosol characterization. Remote Sensing of Environment **66**(1):1-16.

Holler R,Tohno S,Kasahara M,等. 2002. Long-term characterization of carbonaceous aerosol in Uji,Japan. Atmos. Environ. **36**:1267-1275.

Huang Y,Yu Y Q,Zhang W. 2009. Agro-C:A biogeophysical model for simulating the carbon budget of agroecosystems. Agricultural and Forest Meteorology **149**:106-129.

Huang Y,Zhang W,Sun W J,等. 2007. Net primary production of Chinese croplands from 1950 to 1999. Ecological Applications **17**(3):692-701.

Hueglin C,Gehrig R,Baltensperger U,等. 2005. Chemical characterisation of PM2. 5,PM10 and coarse particles at urban,near-city and rural sites in Switzerland. Atmospheric Environment **39**:637-651.

IPCC. 2007a. "Climate Change 2007:The Physical Science Basis. Contribution of Working Group I to the Fourth Assessment Report of the Intergovernmental Panel on Climate Change." Cambridge University Press,Cambridge,United Kingdom and New York,NY,USA.

IPCC. 2007b. Fourth Assessment Report,Climate Change 2007:The Scientific Basis. Cambridge Univ. Press,New York.

Jacobson M Z,Kaufman Y J. 2006. Wind reduction by aerosol particles. Geophys. Res. Lett. 33,L24814,doi:10. 1029/2006GL027838.

Jobbágy E G,Jackson R B. 2000. The vertical distribution of soil organic carbon and its relation to climate and vegetation. Ecological Application **10**:423-436.

Kaneyasu N, Ohta S, Murao N. 1995. Seasonal variation in the chemical composition of atmospheric aerosols and gaseous species in Sapporo. Japan, Atmos. Environ. **29**: 1559-1568.

Kaneyasu N, Takada H. 2004. Seasonal variations of sulfate, carbonaceous species（black carbon and polycyclic aromatic hydrocarbons）, and trace elements in fine atmospheric aerosols collected at subtropical islands in the East China Sea. Journal of Geophysical Research 109, D06211, doi: 10. 1029/2003JD004137.

Karcher B, Strom J. 2003. The roles of dynamical variability and aerosols in cirrus cloud formation. Atmos. Chem. Phys. **3**: 823-838.

Kim B M, Teffera S, Zeldin M D. 2000. Characterization of PM2. 5 and PM10 in the South Coast Air Basin of southern California: Part 1-Spatial variations. J Air Waste Manag Assoc 50: 2034-44.

Kim K. 1999. Air-sea exchange of the CO2 in the Yellow sea. . In "Proceedings of the 2nd Korea-China Symposium on the Yellow Sea Research." pp. 25-32, Soul.

Kruger O, Grassl H. 2004. Albedo reduction by absorbing aerosols over China. Geophys. Res. Lett. 31, doi: 10. 1029/2003GL019111.

Lal R, Kimble J M, Eswaran H, 等. 2000. Global Climate Change and Pedogenic Carbonates. CRC Press, Boca Raton, USA.

Lau K M, Kim K M. 2006. Observational relationships between aerosol and Asian monsoon rainfall and circulation. Geophys. Res. Lett. 33, L21810 doi: 10. 1029/2006GL027546.

Lau K M, Kim M K. 2005. Asian summer monsoon anomalies induced by aerosol direct forcing - the role of the Tibetan Plateau. Clim. Dyn. **26**: 855-864.

Lee H S, Kang B W. 2001. Chemical characteristics of principal PM2. 5 species in Chongju, South Korea. Atmos. Environ. **35**: 739-749.

Lenschow P, Abraham H J, Kutzner K, 等. 2001. Some ideas about the sources of PM10. Atmospheric Environment **35**: 23-33.

Li Z P, Han F X, Su Y, 等. 2007. Assessment of soil organic and carbonate carbon storage in China. Geoderma **138**: 119-126.

Li Z R, Li R Q, Li B Z. 2003c. Analyses on vertical microphysical characteristics of autumn stratiform cloud in Lanzhou region. Plateau Meteorology **22**: 583-589. (in Chinese)

Lin W, Xu X, Ge B, Zhang X. 2009. The characteristics of gaseous pollutants at Gucheng, a rural site southwest of Beijing. J. Geophys. Res. in press.

Lin W, Xu X, Zhang X, 等. 2008. Contributions of pollutants from North China Plain to surface ozone at the Shangdianzi GAW Station. Atmos. Chem. Phys. **8**: 5889-5898.

Liu H, R T Pinker, Holben B N. 2005. A global view of aerosols from merged transport models, satellite, and ground observations. J. Geophys. Res. 110, D10S15, doi: 10. 1029/2004JD004695.

Liu P, Zhao C, Zhang Q, 等. 2009a. Aircraft Study of Aerosol Vertical Distributions over Beijing and their radioactive impacts. Tellus, doi: 10. 1111/j. 1600-0889. 2009. 00440. x.

Liu Y, Sun J R, Yang B. 2009b. The effects of black carbon and sulphate aerosols in China regions on East Asia monsoons. Tellus **61**B, 642-656.

Lonati G, Giugliano M, Butelli P, 等. 2005. Major chemical components of PM2. 5 in Milan（Italy）. Atmospheric Environment **39**: 1925-1934.

Luo C, John J C S, Zhou X, 等. 2000. A nonurban ozone air pollution episode over eastern China: Observations and model simulations. J. Geophys. Res. **105**（D2）, 1889-1908.

Luo Y F, Lv D R, Zhou X J, 等. 2001. Characteristics of the spatial distribution and yearly variation of aerosol optical depth over China in last 30 years. Journal of Geophysics Research **106**（D13）, 14501-14513.

Ma J, Zhou X, Hauglustaine D. 2002. Summertime tropospheric ozone over China simulated with a regional chemical transport model, 2, Source contributions and budget. J. Geophys. Res. 107（D22）, 4612, doi: 10. 1029/2001JD001355.

Malm W C, Trijonis J, Sisler J, 等. 1994. Assessing the effect of SO2 emission changes on visibility. Atmospheric Environment **28**: 1023-1034.

Massie S T, Torres O, Smith S J. 2004. Total Ozone Mapping Spectrometer(TOMS) observations of increases in Asian aerosol in winter from 1979 to 2000. Journal of Geophysical Research 109, doi:10. 1029/2004JD004620.

Menon S, Hansen J, Nazarenko L,等. 2002. Climate effects of black carbon aerosols in China and India. Science **297**: 2250-2253.

Menon S, Rotstayn L. 2006. The radiative infl uence of aerosol effects on liquid-phase cumulus and stratiform clouds based on sensitivity studies with two climate models. Clim. Dyn. **27**:345-356.

Mi N, Wang S Q, Liu J Y,等. 2008. Soil inorganic carbon storage pattern in China. Global Change Biology **14**:1-8.

Minnis P, Ayers J K, Palikonda R,等. 2004. Contrails, Cirrus Trends, and Climate. J. Climate **17**:1671-1685.

Ni J. 2001. Carbon storage in terrestrial ecosystems of China: Estimates at different spatial resolutions and their responses to climate change. Climatic Change **49**(3):339-358.

Ni J. 2002. Carbon storage in grasslands of China. Journal of Arid Environments **50**:205-218.

Oanha, N. T. K., Upadhyay, N., Zhuang, Y.-H., et. al. 2006. Particulate air pollution in six Asian cities: Spatial and temporal distributions, and associated sources. Atmospheric Environment **40**:3367-3380.

Paeth H, Feichter J. 2006. Greenhouse-gas versus aerosol forcing and African climate response. Clim Dyn. **26**(1):35-54.

Pan Y, Luo T, Birdsey R,等. 2004. New estimates of carbon storage and sequestration in China forests: Impacts of age and method in inventory-based carbon estimation. Climate Change **67**:211-236.

Park S S, Kim Y J, Fung K. 2001. Characteristics of PM2. 5 carbonaceous aerosol in the Sihwa industrial area, South Korea. Atmospheric Environment **35**:657-665.

Peng C H, Apps M J. 1997. Contribution of China to the global carbon cycle since the last glacial maximum. Tellus **49B**, 393-408.

Penner J E, Dong X, Chen Y. 2004. Observational evidence of a change in radiative forcing due to the indirect aerosol effect. Nature **427**:231-234.

Perez N, Pey J, Querol X,等. 2008. Partitioning of major and trace components in PM10-PM2.5-PM1 at an urban site in Southern Europe. Atmospheric Environment **42**:1677-1691.

Piao S L, Fang J Y, Zhou L M,等. 2007. Changes in biomass carbon stocks in China's grasslands between 1982 and 1999. Global Biogeochemical Cycles 21, GB2002, doi:10. 1029/2005GB002634.

Porch W, Chylek P, Dubey M,等. 2007. Trends in aerosol optical depth for cities in India. Atmospheric Environment **41**: 7524-7532.

Prinn R G, Weiss R F, Fraser P G,等. 2000. A history of chemically and radiatively important gases in air deduced from ALE/GAGE/AGAGE. J. Geophys. Res. **105**:17751-17792.

Qin D. 2007. Decline in the concentrations of chlorofluorocarbons(CFC-11, CFC-12 and CFC-113) in an urban area of Beijing, China. Atmos. Environ. **41**:8424-8430.

Qiu J H. 1998. A method to determine atmospheric aerosol optical depth using total direct solar radiation. J. Atmos. Sci. **55**:734-758.

Querol X, Alastuey A, Moreno T,等. 2007. Spatial and temporal variations in airborne particulate matter(PM10 and PM2. 5) across Spain 1999—2005. Atmospheric Environment.

Ramanathan V, Chung C, Kim D. 2005. Atmospheric brown clouds-Impacts on South Asian climate and hydrological cycle. PANS **102**:5326-5333.

Salam A, Bauer H, Kassin K,等. 2003. Aerosol chemical characteristics of a mega-city in Southeast Asia(Dhaka-Bangladesh). Atmospheric Environment **37**:2517-2528.

Schlesinger, W. H. 1990. Evidence from chronoseauence studies for a low carbon-storage potential of soil. Nature **348**(15):232-234.

Schwartz S E, Harshvardhan D W, Benkovitz C M. 2002. Influence of anthropogenic aerosol on cloud optical depth and albedo shown by satellite measurements and chemical transport modeling. Proc. Natl. Acad. Sci. U. S. A. **99**:1784-1789.

Singh R P, Tare V, Tripathi S N. 2005. Aerosols, clouds and monsoon. Current Science **88**(9):1366-1368.

Smith D J T, R M H Luhana, L Pio,等. 1996. Concentrations of particulate airborne polycyclic aromatic hydrocarbons and metals collected in Lahore, Pakistan. Atmos. Environ. **30**:4031- 4040.

Solomon S，Qin D，Manning M，等. 2007. Technical Summary. In：Climate Change 2007：The Physical Science Basis. Contribution of Working Group I to the Fourth Assessment Report of the Intergovernmental Panel on Climate Change [Solomon S，D Qin，M Manning，Z Chen，M Marquis，K B Averyt，M Tignor and H L Miller(eds.)]. Cambridge University Press，Cambridge，United Kingdom and New York，NY，USA. .

Staehelin J，Harris N R P，Appenzeller C，等. 2001. Ozone trends：a review. Rev. Geophys. **39**：231-290.

Steinbacher M，Vollmer M K，Buchmann B，等. 2008. An evaluation of the current radiative forcing benefit of the Montreal Protocol at the high-Alpine site Jungfraujoch. Sci. Total Environ. **391**(2-3)，217-223.

Steinbrecht W，Hassler B，Claude H，等. 2003. Global distribution of total ozone and lower stratospheric temperature variations. Atmos. Chem. Phys. **3**：1421-1438.

Streets D G，Bond T C，Carmichael，等. 2003. An inventory of gaseous and primary aerosol emissions in Asia in the year 2000. Journal of Geophysical Research **108**(D21)：8809，doi：8810. 1029/2002JD003093.

Streets D G，Wu Y，Chin M. 2006. Two-decadal aerosol trends as a likely explanation of the global dimming/brightening transition. Geophys. Res. Lett. 33，L15806，doi：10. 1029/2006GL026471.

Tsunogai S，Watanabe S，Sato T. 1999. Is there a "continental shelf pump" for the absorption of atmospheric CO_2? Tellus B **51**：701-712.

Venkataraman C，Reddy C K，Josson S，等. 2002. Aerosol size and chemical characteristics at Mumbai，India，during the INDOEX-IFP(1999). Atmospheric Environment **36**：1979-1991.

Vollmer M K，Zhou L X，Greally B R，等. 2009. Emissions of ozone-depleting halocarbons from China. Geophysical Research Letters 36，doi：10. 1029/2009GL038659.

Wang H，Shi G Y，Aoki T，等. 2004. Radiative forcing due to dust aerosol over cast east Asia and North Pacific in spring 2001. Chinese Science Bulletin **49**：2212-2219.

Wang S，Tian H，Liu J，等. 2003. Pattern and Change of Soil Organic Carbon Storage in China：1960s—1980s. Tellus **55B**，416-127.

Wang S Q，Chen J M，Ju W M，等. 2007. Carbon sinks and sources in China's forests during 1901—2001. Journal of Environmental Management **85**：524-537.

Wang X K，Feng Z W，Ouyang Z Y. 2001. The impact of human disturbance on vegetative carbon storage in forest ecosystems in China. Forest Ecology and Management **148**：117-123.

Wang Y F，Lei H C，Wu Y X，等. 2005. Size distributions of the water drops in the warm layer of stratiform clouds in Yan 'an. Journal of Nanjing Institute of Meteorology **28**：787-793. (in Chinese).

WBGU. 1998. (The German Advisory Council on Global Change). The accounting of biological sinks and sources under the Kyoto Protocol. WBGU Special Report.

Wild M，Gilgen H，Roesch A，等. 2005. From dimming to brightening：Decadal changes in solar radiation at earth's surface. Science **308**：847-850.

WMO. 2009. Greenhouse Gas Bulletin：the State of Greenhouse Gases in the Atmosphere Using Global Observations through 2008.

Wozniak A E，Fishman J，Wang P H，等. 2005. The distribution of stratospheric column ozone(SCO) determined from satellite observations：Validation of solar backscattered ultraviolet(SBUV) measurements in support of the tropospheric ozone residual(TOR) method [J]. J. Geophys. Res. 110，D20305，doi：10. 1029/2005JD005842.

Wu H B，Guo Z T，Gao Q，等. 2009. Distribution of soil inorganic carbon storage and its changes due to agricultural land use activity in China. Agriculture. Ecosystems and Environment **129**：413-421.

Wu H B，Guo Z T，Peng C H. 2003. Land use induced changes of organic carbon storage in soils of China. Global Change Biology **9**：305-31.

Xiao H Y，Liu C Q. 2004. Chemical characteristics of water-soluble components in TSP over Guiyang，SW China，2003. Atmospheric Environment **38**：6297-6306.

Xie Z B，Zhu J G，Liu G，等. 2007a. Soil organic carbon stocks in China and changes from 1980 s to 2000s. Global Change Biology **13**(9)：1989-2007.

Xie Z B，Zhu J G，Liu G，等. 2007b. Soil organic carbon stocks in China and changes from 1980 s to 2000s. Global Change Biology **13**：1989-2007.

Xin J Y,Wang Y S,Li Z Q,等. 2007. Aerosol optical depth(AOD) and Angstrom exponent of aerosols observed by the Chinese Sun Hazemeter Network from August 2004 to September 2005. J. Geophys. Res. 112,D05203,doi:10.1029/2006JD007075.

Xu X,Lin W,Wang T,等. 2008. Long-term trend of surface ozone at a regional background station in eastern China 1991—2006:Enhanced variability. Atmos. Chem. Phys. **8**:2595-2607.

Yan X Y,Akimoto H,Ohara T. 2003. Estimation of nitrous oxide,nitric oxide and ammonia emissions from croplands in East,Southeast and South Asia. Global Change Biology 9(7):1080-1096.

Yang Y H,Mohammat A,Feng J M,等. 2007. Storage,patterns and environmental controls of soil organic carbon in China. Biogeochemistry **84**(2):131-141.

Ye,B. ,Ji,X. ,Yang,H. ,et. al. 2003a. Concentration and chemical composition of PM2. 5 in Shanghai for a 1-year period. Atmospheric Environment 37:499-510.

Ye B,Jia X,Yang H,等. 2003b. Concentration and chemical composition of PM2.5 in Shanghai for a 1-year period. Atmospheric Environment **37**:499-510.

Yin Y,Chen L. 2007. The effects of heating by transported dust layers on cloud and precipitation:a numerical study. Atmos. Chem. Phys. **7**:3497-3505.

Yu D S,Shi X Z,Wang H J,等. 2007a. National Scale Analysis of Soil Organic Carbon Storagein China Based on Chinese Soil Taxonomy. Pedosphere **17**(1):11-18.

Yu D S,Shi X Z,Wang H J,等. 2007b. Regional patterns of soil organic carbon stocks in China. Journal of Environmental Management **85**(3):680-689.

Yu G R,Li X R,Wang Q F,等. 2010. Carbon Storage and Its Spatial Pattern of Terrestrial Ecosystemin China. Journal of Resources and Ecology **1**:97-109.

Yu G R,Wen X F,Tanner B D,等. 2006. Overview of ChinaFLUX and evaluation of its eddy covariance measurement. Agricultural and Forest Meteorology **137**:125-137.

Yu G R,Zhang L M,Sun X M,等. 2008. Environmental controls over carbon exchange of three forest ecosystems in eastern China. Global Change Biology **14**:2555-2571.

Zhang H,Wang Z L,Guo P W. 2009a. A modeling study of the effects of direct radiative forcing due to carbonaceous aerosol on the climate in East Asia. Adv. Atmos. Sci. **26**:57-66.

Zhang Q,Zhao C,Tie X,等. 2006. Characterizations of Aerosols over the Beijing Region:A Case Study of Aircraft Measurements. Atmos. Environ. **40**(24):4513-4527.

Zhang X,Wang Y Q,Lin W L,等. 2009a. Changes of Atmospheric Compositions and Optical Property over Beijing:2008 Olympic Monitoring Campaign. Bulletin of the American Meteorological Society **90**:1633-1651.

Zhang X,Zhang X C,Wang Y Q,等. 2009b. Aerosol Compositions over China. J. Geophys. Res submitted.

Zhang X Y,Arimoto R,An Z S. 1997. Dust emission from Chinese desert sources linked to variations in atmospheric circulation. Journal of Geophysical Research **102**:28041-28047.

Zhang X Y,Cao J J,Li L,等. 2002a. Characterization of Atmospheric Aerosol over XiAn in the South Margin of the Loess Plateau,China. Atmospheric Environment **36**:4189-4199.

Zhang X Y,Gong S L,Zhao T L,等. 2003. Sources of Asian dust and role of climate change versus desertification in Asian dust emission. Geophysical Research Letters 30,2272 10. 1029/2003GL018206.

Zhang X Y,Lu H Y,Arimoto R,Gong S L. 2002b. Atmospheric dust loadings and their relationship to rapid oscillations of the Asian winter monsoon climate:two 250-kyr loess records. Earth and Planetary Science Letters **202**:637-643.

Zhang X Y,Wang Y Q,Wang D,Gong S L. 2005. Characterization and sources of regional-scale transported carbonaceous and dust aerosols from different pathways in costal and sandy land areas of China. Journal of Geophysical Research 110,D15301,doi:10. 1029/2004JD005457.

Zhang X Y,Wang Y Q,Zhang X C,等. 2008a. Carbonaceous aerosol composition over various regions of China during 2006. J. Geophys. Res 113,D14111,doi:10. 1029/2007JD009525.

Zhang X Y,Wang Y Q,Zhang X C,等. 2008b. Aerosol Monitoring at Multiple Locations in China:Contributions of EC and Dust to Aerosol Light Absorption. Tellus B 60B,647-656,10. 1111/j. 1600-0889. 2008. 00359.

Zhang X Y,Wang Y Q,Niu T,等. 2012. Atmospheric aerosol compositions in China:spatial/temporal variability,chemical signature, regional haze distribution and comparisons with global aerosols. Atmos. Chem. Phys. , **12**: 779-799.

Zhang Y L, Qin B Q, Chen W M. 2004. Analysis of 40 year records of solar radiation data in Shanghai, Nanjing and Hangzhou in Eastern China. Theoretical Applied Climatology **78**: 217-227.

Zhao C, Tie X, Brassuer G, 等. 2006a. Aircraft measurements of cloud droplet spectral dispersion and implications for indirect aerosol radiative forcing. Geophys. Res. Lett. 33, L16809, doi: 10. 1029/2006GL026653.

Zhao C S, Tie X X, Lin Y P. 2006b. A possible positive feedback of reduction of precipitation and increase in aerosols over eastern central China. Geophys Res Lett 33: L11814, doi: 10. 1029/2006GL025959.

Zhao L, Li Y N, Xu S X, 等. 2006c. Diurnal, seasonal and annual variation in net ecosystem CO2 exchange of an alpine shrubland on Qinghai-Tibetan plateau. Global Change Biology **12**: 1940-1953.

Zhao M, Zhou G S. 2006. Carbon storage of forest vegetation in China and its relationship with climate factors. Climatic Change **74**: 175-189.

Zhou G Q, Zhao C S, Huang M Y. 2006a. A method for estimating the effects of radiative transfer process on precipitation. Tellus B 58B, 187-195.

Zhou G Q, Zhao C S, Qin Y. 2005a. Numerical study of the impact of cloud droplet spectral change on mesoscale precipitation. Atmospheric Research **78**(3-4), 166-181. doi: 10. 1016/j. atmosres.

Zhou G Y, Liu S J, Li Z A, 等. 2006b. Old-growth forests can accumulate carbon in soils. Science 314, 1417.

Zhou L X, Tang J, Wen Y P, 等. 2003. The impact of local winds and long-range transport on the continuous carbon dioxide record at Mount Waliguan, China. Tellus **55**B(2), 145-158.

Zhou L X, Thomas J C, James W C, 等. 2005b. Long-term record of atmospheric CO2 and stable isotopic ratios at Waliguan Observatory: background features and possible drivers, 1991—2002. Glob Biogeochem Cycles 19, doi: 10. 1029/2004GB002430.

Zhou L X, White J W C, Conway T J, 等. 2006c. Long-term record of atmospheric CO2 and stable isotopic ratios at Waliguan Observatory: Seasonally averaged 1991—2002 source/sink signals, and a comparison of 1998—2002 record to the 11 selected sites in the Northern Hemisphere. Global Biogeochemical Cycles 20（2）, GB2001, doi: 10. 1029/2004GB002431.

Zhou L X, Worthy D E J, Lang P M, 等. 2004. Ten years of atmospheric methane observations at a high elevation site in Western China [J]. Atmospheric Environment **38**: 7041-7054.

第九章　全球与中国气候变化的联系

主　笔：张人禾，戴晓苏

贡献者：赵平，武炳义，杨修群，陆日宇，周天军，陈文，朱益民，王林，魏凤英

提　要

　　本章主要评述了近年来在年代际时间尺度上海洋、高纬大气环流以及欧亚大陆积雪的异常变化对中国气候的影响，说明了它们的年代际变化在中国气候年代际变化中的作用。指出北太平洋与东亚大气环流变化的耦合关系对 20 世纪 70 年代中期以后长江中下游流域降水增多、西北太平洋热带气旋偏少和位置偏南的年代际变化有重要影响；夏季北极偶极子异常两次明显的年代际变化，分别发生在 20 世纪 70 年代后期和 20 世纪 80 年代末期，与中国东北降水的年代际增多有关；欧亚大陆春季积雪与 20 世纪 80 年代末期中国华南降水的年代际增多相联系；大气准定常行星波活动对东亚冬季风年代际减弱有重要作用，高纬环流因子与东亚冬季气候关系在 20 世纪 70 年代中期以后加强。太平洋年代际振荡不同位相期间中国气候的异常特征不同，太平洋年代际振荡（PDO）可以调整年代尺度上的 ENSO 对中国气候的影响；大西洋热盐环流和海温的年代际振荡明显影响东亚季风和中国气候并对亚洲季风和 ENSO 之间的关系有调制作用，当大西洋年代际振荡处于正位相时，中国气温偏高，东部地区降水偏多；热带太平洋和印度洋海面温度的升高在季风降水减弱趋势中具有重要作用，西北太平洋海面温度的增高和欧亚大陆积雪的减少对应着 20 世纪 80 年代末中国夏季风的年代际转型，多雨区由长江中下游转为华南。

9.1　亚洲—北太平洋大气环流变化与中国气候变化

9.1.1　亚洲—太平洋大气环流的耦合关系

1. 亚洲—太平洋海平面气压场上的耦合关系

　　亚洲与北太平洋区域海平面气压年际变率之间存在着显著联系，标准化月平均表面气压自然正交函数分解（EOF）的第一模态以南北向差异为主，反映了大气环流的纬向特征和高、低纬度之间的反位相关系；第二模态在亚洲蒙古附近和太平洋中纬度分别表现为正中心和负中心，在它们之间的中纬度和副热带地区为明显的东西向气压梯度（图 9.1）。说明亚洲大陆和太平洋之间的气压场除了具有以南北向差异为主的带状分布特征外，还存在以东西向差异为主的经向分布特征，在东亚大陆和太平洋之间气压场上的反位相关系表现为一对偶极子，存在明显的东西向气压水平梯度（赵平等，2006），这种耦合关系可称为亚洲—太平洋偶极型（Asian-Pacific dipole，即 APD），所对应的时间系数称为 APD 指数。

　　对于气候平均状态，冬季东亚大陆受蒙古高压影响，太

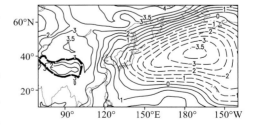

图 9.1　1961 年 1 月—1999 年 12 月区域（10°N～80°N，70°E～140°W）标准化地面气压的 EOF 第二模态（×0.01）（粗虚线表示青藏高原区域）（赵平等，2006）

平洋中纬度和副热带地区受北太平洋阿留申低压影响,这时东亚—太平洋偶极子的高值和低值中心分别位于蒙古高压区和阿留申低压区内;夏季亚洲和太平洋地区的海平面气压呈现出与冬季大致相反的特征,此时东亚大陆受蒙古低压影响,而太平洋受副热带高压影响,偶极子的高值和低值中心分别位于蒙古低气压区和太平洋副热带高压区内。因此,APD模态在冬季主要反映了在蒙古高压和阿留申低压之间的耦合关系,而在夏季则主要反映了在亚洲大陆低压和太平洋副热带高压之间的耦合关系。

2. 夏季亚洲—太平洋对流层温度场的耦合关系

与海平面气压表现出的以南北向差异类似,对流层空气温度总体上呈现出从赤道向两极减小的经向分布。为了反映温度梯度在东西方向上的变化特征,用扰动温度 T' 来研究温度的东西向联系,其中 $T' = T - \bar{T}$,T 是空气温度,$\bar{T}$ 是 T 的纬向平均。由于青藏高原平均高度在 4000 m 以上,为了保证资料的可靠性,用对流层中上层(500~200 hPa)平均 T' 来指示对流层的温度特征。用含有面积权重的 EOF 方法对北半球 6—8 月 500~200 hPa T' 距平场进行分析,从第一模态(EOF1,方差贡献为 25%)可以看到(图 9.2a),正值主要出现在欧亚中纬度、非洲北部和热带大西洋,而负值主要出现在北太平洋、北美和北大西洋中纬度。参考在图 9.2 中的正和负值位置,用 15°N~50°N、60°E~120°E(或 15°N~50°N、180°W~120°W)区域平均 500~200 hPa T' 来指示亚洲(或太平洋)的温度。计算表明:在两个区域的 T' 之间有显著的反位相关系,二者的相关系数为 -0.78。由于亚洲和太平洋 T' 分别呈现出线性减少和增加趋势(在 99% 统计置信度上显著),在去掉这种线性趋势后,二者的负相关为 -0.72,仍然超过置信度为 95% 的显著性水平(Zhao 等,2007;赵平等,2008)。说明当欧亚大陆 T' 偏低(或高)时,北半球太平洋到大西洋上空的 T' 偏高(或低),所对应的遥相关在空间尺度上更大,称作亚洲—太平洋涛动(Asian-Pacific Oscillation,APO)。很显然,APO 不仅与海平面气压场上的耦极子 APD 一样,反映了亚洲—太平洋的一种遥相关型,而且也反映了在东半球和西半球之间的一个纬向 1 波反位相关系(Zhao 等,2009a)。

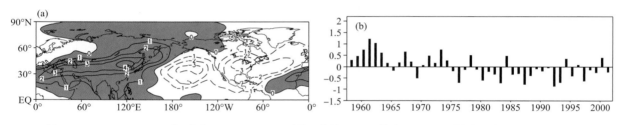

图 9.2 (a)1958—2001 年夏季 500~200 hPa 平均 T' 的 EOF1 模态(×0.01,阴影区大于 0);(b)夏季平均 APO 指数的时间序列(℃)(Zhao 等,2007)

把亚洲和太平洋 500~200 hPa 平均 T' 之差定义为亚洲—太平洋涛动指数(Zhao 等,2007;赵平等,2008),即:

$$\text{APO 指数} = T'_{15°-50°N,60°-120°E} - T'_{15°-50°N,180°-120°W}$$

很显然,该指数反映了亚洲大陆与太平洋对流层大气之间的纬向热力差异,它与图 9.2a 中的 EOF1 时间系数有 0.91 的显著正相关,在去掉线性趋势后,它们的相关为 0.87。这样高的相关性说明可以用该指数来近似代替 EOF1 的时间系数(Zhao 等,2009a)。夏季 APO 指数具有年际、年代际的多时间尺度变化特征(图 9.2b),在 1975 年之前以正位相为主,说明亚洲对流层 T' 偏高、太平洋 T' 偏低;从 1975 年起,该指数以负异常为主,说明亚洲对流层 T' 偏低、太平洋 T' 偏高。功率谱分析表明,夏季 APO 指数在去掉线性趋势后具有 5.5 年的年际变化周期(超过 95% 统计置信度)(Zhao 等,2007)。

APO 指数回归的夏季 T' 沿 30°N 的剖面(图 9.3a)表明,显著正值出现在欧亚区域对流层中上层,其中心值位于亚洲上空,而显著的负值出现在太平洋、北美和大西洋上空 850~200 hPa 之间,其中心出现在上层,并且 APO 在垂直方向上没有表现出明显的倾斜特征。平流层 T' 在亚洲与太平洋之间也表现出一个纬向的"跷跷板"现象,但其位相与对流层相反,即亚洲大陆中纬度以负值为主,太平洋、北美和大西洋中纬度以为正值为主。在沿东亚 110°E 的剖面上(图 9.3b),超过 1.0 ℃ 的显著正异常出现在对流层上层,并向南、向下延伸到 30°N 附近的长江流域近地层,地面附近的中心值为 0.8 ℃。上述特征表明,长江中、上游地区对流层低层夏季变冷与亚洲—太平洋区域更大尺度的大气环流异常(如APO)有关,很可能是全球大气环流年代际变化在该区域的一种反映,这种特征也在基于探空资料和再分析资料的诊断研究有所表现(Zhou and Zhang,2009a)。东亚温度的上述变化,是整个北半球大尺度变化的局地表现,并且以7—8月最强。在1958—2001年间,北半球对流层温度存在一种协调一致的变化模态,表现为东亚对流层的变冷、北大西洋和北太平洋对流层的变暖。三个冷、暖中心在垂直结构上贯穿整个对流层,但是强度以在200~300 hPa为最强。东亚对流层温度变冷幅度的大小,是北大西洋对流层变暖幅度的2倍,是北太平洋对流层变暖幅度的3倍。上述协调变化模态在过去50多年表现出显著减弱趋势,特别是在1980年以前。在1980年代中期以后,该减弱趋势停止。表征上述北半球对流层温度协调变化的指数序列,与赤道中东太平洋、热带西印度洋海温存在显著负相关关系,与中纬度北太平洋海温则存在显著正相关(Zhou等,2009a)。

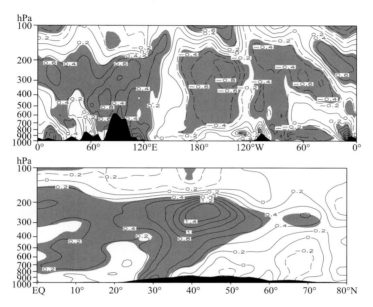

图 9.3 (a)APO指数回归的夏季 T'(℃)沿30°N的剖面;(b)APO指数回归的夏季 T'(℃)沿110°E的剖面。浅阴影区超过95%统计置信度,黑色阴影为地形(赵平等,2008;Zhao等,2009a)

3. 亚洲—太平洋涛动的成因分析

APO形成与北半球中纬度对流层的平均纬向环流有关。在夏季气候平均剖面上(图9.4),欧亚大陆上空100~200 hPa之间有一个反时针垂直环流圈,其环流中心在青藏高原上空的对流层上层,而在对流层有一个半球尺度的顺时针垂直环流,其中心位于中、东太平洋和大西洋的低层,上升运动区主要在东半球(包括亚洲和西太平洋),其中青藏高原上空上升运动最强,而深厚的下沉运动区主要位于西半球(包括东太平洋和东大西洋)(赵平等,2008;Zhao等,2009a)。为了维持这样一个中纬度的纬向垂直环流,上升运动区空气质量变化可以引起下沉区的相应变化。APO现象能够被气候模式描述,例如,在美国NCAR的CAM3气候模式以及CCSM3海—气耦合模式中,都能较好地反映APO这种遥相关特征。这说明APO所反映的遥相关型更大程度上是大气内在的一种变异(Zhao等,2009a)。因此,当青藏高原对流层温度增加(或减少)时,亚洲上空的南亚高压和低层的低压加强(或减弱),使该地区上升运动加强(或减弱),从而引起东太平洋甚至整个西半球下沉运动加强(或减弱),导致东太平洋和西半球大气环流的相反变化。

纬向环流的最强上升运动区出现在青藏高原及附近地区(图9.4),可能反映了夏季青藏高原抬高加热的影响。利用CAM3气候模式进行改变青藏高原地形高度的模拟试验(赵平等,2008),试验结果表明(图9.5)显著的正异常出现在欧亚大陆上空对流层中,反映了青藏高原抬高加热对对流层温度的增温作用,而在中、东太平洋到大西洋的大范围区域内对流层中上层为负异常,反映了温度下降,温度的这种异常分布特征与图9.3a相似,并且青藏高原地区上升运动和太平洋地区下沉运动都得到加强

（图略）。在数值试验中 SST 是气候值，排除了海洋的影响，因而这些结果说明青藏高原抬高加热可以激发出 APO 遥相关。此外，用 CCSM3 海—气耦合模式也得到了类似的结果，即当改变青藏高原抬升加热时，东半球和西半球对流层温度呈现出反位相变化（周秀骥等，2009a）。

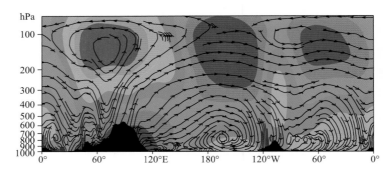

图 9.4　夏季气候平均的 H'（单位：dagpm；彩色阴影）和纬向垂直环流（流线）
沿 15°～50°N，黑色阴影为地形（赵平等，2008；Zhao 等，2009a）

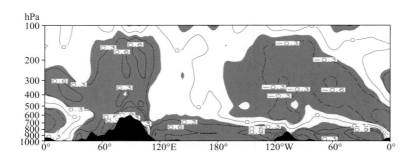

图 9.5　改变青藏高原地形模拟的夏季 T'（有地形方案减地形降低 1/2 方案）沿
30°N 剖面，浅阴影区超过 95% 统计置信度，黑色阴影为地形（Zhao 等，2008）

当夏季 APO 为正（负）异常时，超过 1.0 ℃ 的显著正（负）SST 异常同期出现在西北太平洋中纬度，这种特征与北太平洋涛动（PDO）有相似之处，而较强的显著负（正）SST 异常出现在热带东太平洋，对应于厄尔尼诺（ENSO）现象。说明伴随着夏季 APO 异常，夏季 SST 呈现出西北太平洋偏暖、热带中东太平洋偏冷的特点（赵平等，2008；Zhao 等，2009a）。APO 与北太平洋中纬度 SST 的这种显著关系，更大程度上反映了 APO 对 SST 的影响，而不是 SST 对 APO 的激发作用（Zhou 等，2009a；赵平等，2008；Zhao 等，2009a）。无论在春季还是夏季，以青藏高原为主的亚洲大陆加热作用可以通过 APO 调制热带和中纬度太平洋海气相互作用（Nan 等，2009；Zhao 等，2009c）。

9.1.2　亚洲—太平洋耦合关系对中国气候的影响

1. 对流层气压系统和西风急流

与温度场上的 APO 现象类似，在亚洲大陆与北太平洋中纬度气压系统之间也存在着"跷跷板"。当 APO 为正位相时，正和负的位势高度（H'）异常分别出现在欧亚和太平洋的对流层上层，而较浅薄的负和正 H' 异常分别出现在亚洲和太平洋的低层；其中在对流层上层（图略），亚洲区域的南亚高压偏强、偏北，此时西伯利亚高压脊也偏强，而在太平洋上空的低压槽更深；在对流层中层，大范围的显著负异常主要出现在亚洲大陆，其中心值位于青藏高原西北侧，而显著的正异常出现在北太平洋中高纬度和东太平洋副热带地区；在对流层低层，亚洲的低压槽范围向南和向东扩展，指示着大陆低压槽更强，而西太平洋副热带高压位置偏北、偏西（Zhao 等，2007；赵平等，2008）。在 1958—2000 年期间，亚洲区域（15°～50°N，60°～120°E）和太平洋区域（15°～50°N，180°～120°W）之间 150 hPa H' 之间相关系数为 -0.71，850 hPa H' 相关系数为 -0.48，都超过 99.9% 的统计置信度。由此可见，当对流层低（高）层的亚洲低压（南亚高压）偏强时，北半球太平洋区域的低层（高层）副热带高压位置偏北、西（低压槽位置偏西、南）；反之亦然。

在气候平均图上,夏季对流层上层南亚高压南、北两侧分别存在着一支大范围的东风和西风急流,APO的强度变化对这两支急流有重要影响。当APO正位相时,欧亚大陆上空的中纬度西风急流中心位置偏西、范围更大,南亚上空的热带东风急流也偏强,高空东风和西风急流的这些异常变化对亚洲季风区气候有重要影响。此外,纬向风异常在南北方向上以波列向两极传播。

2. 亚洲季风和降水

当APO指数偏高时,异常偏南风出现在中国东部、东北亚以及西太平洋中纬度地区,有利于暖湿空气的向北输送,南海和西太平洋地区盛行异常西风(图9.6a),总体上指示着东亚夏季风偏强,此时夏季雨带位置偏北,长江流域低层为异常辐散区和异常下沉运动区,而异常上升运动主要出现在32.5°～40°N和25°～27.5°N两个区域。在南亚季风区,低层盛行着大范围的异常偏西风,同时在60°～100°E之间的对流层上层盛行异常东风,这加大了南亚地区高低层之间的纬向风切变,并且异常上升运动出现在70°～110°E,这些特征都指示着一个偏强的南亚夏季风(Zhao等,2007)。由此可见,当夏季APO指数偏高时,指示着亚洲夏季风总体上偏强。

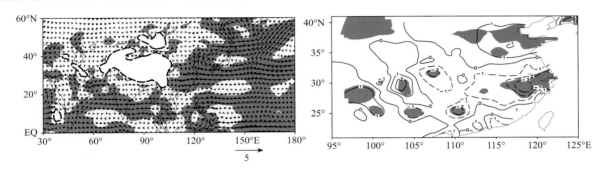

图9.6 在APO强年和弱年合成的夏季850 hPa风场(m/s)(a)和降水(×100 mm)(b)的差值(粗虚线表示1500 m地形等高线);阴影区均超过95%统计置信度(Zhao等,2007)

夏季APO指数强时负降水异常出现在长江流域,其中心值为−300 mm,指示着当地降水减少;显著正异常出现在中国东部35°～40°N之间,其中心值为100 mm,较弱的正异常也出现在华南一些地区(图9.6b)。此外,春季APO指数也与中国东部地区降水存在显著的关系。当春季APO指数偏高(低)时,东部低层位势高度降低,产生异常气旋型环流,高层位势高度升高,产生异常反气旋型环流,高低空大气环流的这种配置关系有利于降水的形成和发展,因而中国东部降水偏多(少)(Zhou等,2009b)。

由APO引起的中国东部降水表现出"＋−＋"型特征。事实上,夏季长江流域(28°～32°N、110°～120°E)降水与同期东亚中纬度对流层平均温度有明显负相关,其中与负相关中心区域(30°～50°N、100°～130°E)的相关为−0.34(超过95%统计置信度),同时也与中、东太平洋中纬度的对流层温度存在显著正相关,其中与正相关中心区域(30°～50°N、160°～130°W)平均温度的相关为0.47(1958—2001年间)。特别是长江流域降水与东亚大陆与中、东太平洋中纬度这两个区域的对流层温度纬向之差的相关更明显,为−0.54(超过99.9%统计置信度),这说明用东亚大陆与太平洋的对流层温度差异比单独用大陆或海洋的温度能够更好地指示长江流域降水的异常变化。由于在1958—2001年期间长江流域降水存在明显的年代际变化特征,在去掉它们的线性趋势后长江流域降水与该纬向热力差异的相关系数为−0.34(超过95%统计置信度)。夏季长江流域降水也和东亚大陆(30°～50°N、100°～130°E)与热带西太平洋(10°S～10°N、120°～150°E)之间的经向对流层温度差也有显著相关,为−0.48,但是在去掉它们的线性趋势后相关为−0.28(没有超过95%统计置信度)。由此可见,长江流域降水与东亚—热带西太平洋之间的经向热力差异的相关性没有与东亚—太平洋中纬度之间的纬向热力差异的相关性高,这进一步说明APO指数所反映的亚洲—太平洋纬向温度差异能够更好地指示长江流域降水的异常变化(赵平等,2008)。

在20世纪后半叶的全球变暖背景下,夏季APO指数呈下降趋势,指示着亚洲大陆对流层温度的下降及太平洋对流层温度的增加(即它们之间的热力差异减弱),于是东亚大陆的夏季风环流减弱,导致雨带停滞在长江流域,降水增加,而北方降水减少;亚洲大陆对流层温度的这种变化很可能是因为在全球变暖下青藏高原冬、春季的温度升高和积雪增加有关(Zhao 等,2009b)。此外,利用重建的近千年 APO 指数能够反映东亚夏季风的长期变化,其中东亚夏季风在中世纪暖期偏强,而在小冰期的 1450—1570 年则处于最弱阶段；在世纪尺度上,APO 指数也能够反映小冰期时中国东部降水的变化特征,当 APO 指数偏高(低)时,黄河流域夏季降水偏多(少),长江流域降水偏少(多)(周秀骥等,2009b)。因此,APO 与中国东部降水的这种关系不仅表现在现代气候的年际和年代际尺度上,而且也出现在小冰期的世纪尺度上。

3. 西北太平洋和中国近海的热带气旋活动

无论在年代际时间尺度还是在年际时间尺度上,夏季 APO 强弱变化与西北太平洋热带气旋多少之间均存在密切联系(Zhou 等,2008；邹燕等,2009)。APO 与热带气旋频数有显著的正相关(图 9.7a),二者的长期变化均表现出明显的下降趋势,在 1975 年以前,APO 位于正位相阶段,此时热带气旋频数较多,在 1975 年以后,APO 基本上位于负位相阶段,热带气旋发生频率相对较少。在去掉二者的线性趋势项后,两者的相关系数为 0.33,仍然通过 95% 的信度检验,说明存在很好的同位相对应关系(Zhou 等,2008)。因此,当夏季 APO 偏强(弱)时,西北太平洋热带气旋偏多(少)。APO 强弱年西北太平洋热带气旋活动的位置有显著差异(图 9.7b),在 APO 弱年,西北太平洋热带气旋多生成于 5°～10°N 纬度带,而在 APO 强年,多生成于 15°～20°N 纬带；APO 弱年,20°N 以南的热带气旋数超过 6 成,而强年只有 3.5 成。因此,APO 强(弱)年,季风槽偏北(南),西北太平洋热带气旋生成地和密集带偏北(南)。西北太平洋热带气旋活动的总体偏北造成中国近海区域台风活动的明显增加。表 9.1 进一步给出了夏季 APO 指数分别与同期中国沿海附近的热带气旋和更强的热带风暴强度(包括台风)的频数相关系数(超过 95% 统计置信度),从表中看到：当 APO 指数强(弱)时,中国南部近海的热带气旋和热带风暴发生频数减少(增多),而中国东部近海的热带气旋和热带风暴的活动将明显增多(减少)。

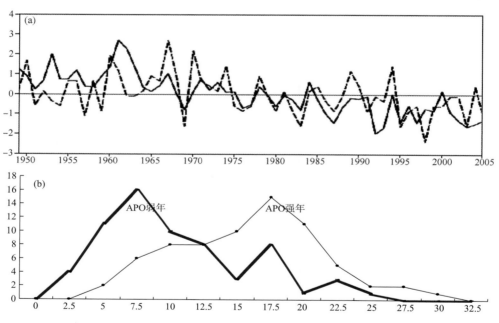

图 9.7 　(a)1949—2005 年夏季 APO 和西北太平洋热带气旋频数的标准化时间序列(Zhou 等,2008)；(b)夏季 APO 强、弱年西北太平洋热带气旋观测频数随纬度的分布(横坐标：纬度；纵坐标：热带气旋发生频数)(邹燕等,2008)

表 9.1 　夏季 APO 指数与中国近海(110°～130°E)热带气旋和热带风暴频数的相关系数(邹燕等,2009)

	热带气旋		热带风暴	
	5°～17°N	20°～35°N	5°～17°N	20°～35°N
APO 指数	−0.37	−0.39	0.47	0.38

由于对流层高低层散度场的相互配置是热带气旋发生发展的重要因素之一,当 APO 出现异常时,西太平洋大气环流出现明显不同,从而对西北太平洋热带气旋活动产生影响。为了排除 ENSO 对西北太平洋热带气旋活动的可能影响,针对非 ENSO 极端事件年份进行合成分析的结果表明(Zhou 等,2008),当 APO 处于正位相时,西太平洋副热带高压减弱,位置偏东偏北,西北太平洋热带地区低层西风异常而且大气辐合、高层东风异常而且大气辐散,由于在气候平均图上该区域低层为东风,高层为西风,因而这样的高、低层纬向风的异常配置使纬向风垂直切变减小和对流活动旺盛,有利于当地热带气旋生成和发展,因而西北太平洋热带气旋活动更频繁;相反,当 APO 处于负位相时,西北太平洋热带地区的纬向风垂直切变加大,不利于西北太平洋热带气旋形成,因而西北太平洋热带气旋偏少。类似的情况也出现在中国近海(邹燕等,2009),在夏季气候平均图上,东亚近海 25°N 以北的高低层风垂直切变主要表现为西风切变,而在 25°N 以南则表现为东风垂直切变为主。在夏季 APO 偏强年份,在 20°~35°N 东部近海附近地区,对流层高层的异常东风指示着高层西风减弱,从而导致这一海区高、低层之间的西风切变减小,有利于热带气旋的维持和增强,而在 20°N 以南地区,对流层中低层西风加强,高层东风也加强,从而使这一区域的高、低层原有的东风切变加大,不利于热带气旋的发展。另外,在夏季 APO 偏强的年份东亚夏季风槽脊线位置北抬至 20°N,此时热带西太平洋大多热带气旋集中在 15°N 以北和 150°E 以西的范围内,而在 APO 偏弱的年份南海—西太平洋季风槽脊线在 15°N 以南,此时西太平洋热带气旋活动明显偏南偏东,活动区域以 10°N 以南和 150°E 以东为主。在夏季 APO 偏强(弱)年份,西太平洋副热带高压偏强、偏北(偏弱、偏南),东亚季风区南风偏强(弱),有(不)利于西太平洋生成的热带气旋沿着西太平洋副热带高压的西侧边缘向北移动,从而造成中国东部近海热带气旋活动增多(减少)。

9.2 北极、高纬大气环流和欧亚大陆积雪与中国气候变化

9.2.1 北极偶极子异常特征及其对中国夏季降水的影响

冬季北极偶极子异常及其对北极海冰运动和海冰输出具有重要影响(Wu 等,2006)。冬季北极偶极子异常的两个相反的异常中心分别终年存在于格陵兰的东南部和西伯利亚边缘海域(位于喀拉海与拉普捷夫海之间),呈现准正压结构,不同季节异常中心的位置明显不同。夏季海平面气压变化的 EOF 第一模态反映了中心北极型或类似北极涛动型,该模态解释了 56% 的方差贡献(图 9.8a)。正如 Maslanik 等(2007)所指出的那样,北极涛动指数并不能表征这种中心北极型的变化,北极涛动和中心北极型在描述北极中、西部海平面气压变化方面是不可替代的。第二模态解释了 12.94% 的方差贡献,两个相反的异常中心分别位于加拿大北极地区和波弗特海以及喀拉海和拉普捷夫之间(图 9.8b)。第三模态解释了 9.79% 的方差贡献(Wu 等,2008a)。

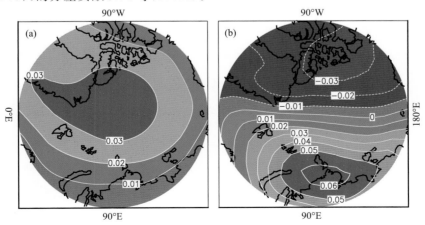

图 9.8 1960—2006 年夏季(6—8 月)月平均 70°N 以北海平面气压经验正交分析的第一(a)和第二(b)模态的空间分布,解释方差分别为 56% 和 12.94%(Wu 等,2008a)

利用第二模态的月平均主成分对海平面气压进行回归分析,相反的异常中心位于加拿大北极地区和波弗特海以及喀拉海和拉普捷夫海之间(图 9.9a),这种偶极子异常不同于冬季,冬季偶极子异常相反的中心分别位于格陵兰的东南部以及喀拉海和拉普捷夫之间(Wu 等,2006)。相似的异常结构在 500 hPa 位势高度场中也可以看到(图 9.9b),反映了该偶极子异常的准正压结构。对于年际时间尺度,由线性回归得到的夏季平均海平面气压和 500 hPa 位势高度异常显示了相似的空间结构(图 9.9c、9.9d),但是明显比夏季月平均变异要弱。在 500 hPa,显著的正异常出现在北极东部和北太平洋北部。此外,在东亚,尤其是在中国的东部和东北部、韩国和日本的部分区域,海平面气压和 500 hPa 高度异常也是显著的。夏季偶极子异常显示出强的年际变异(图 9.9e),并且最小值出现在 1968 年夏季(其标准偏差接近−3)。可以预期,1968 年夏季大气偶极子异常将强迫更多的海冰和淡水从北极海盆输出到格陵兰海。在数值模拟研究中,20 世纪 60 年代格陵兰海海冰增多,并于 1968 年达到最大值,模拟的格陵兰海上层海水盐度在 1968 年秋季达到最小值,随后的冬季盐度也非常低(Häkkinen,1993)。

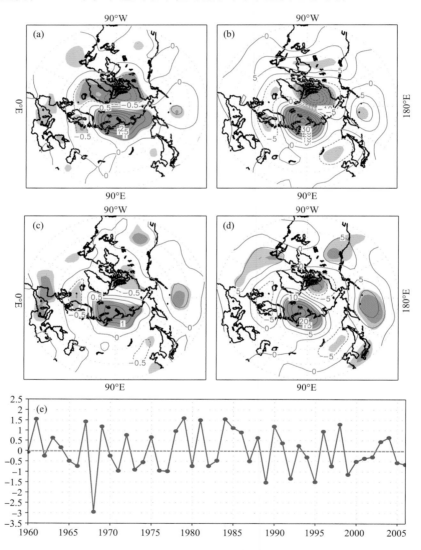

图 9.9 回归分析得到的(a)海平面气压和(b)500 hPa 位势高度异常(对第二模态的月平均主成分进行回归分析),彩色区域表示异常超过 95% 和 99% 显著性水平。(c)、(d)分别与(a)和(b)相似,对第二模态主成分的夏季平均进行回归。等值线间隔:(a)0.5 hPa;(b)5 gpm;(c)0.5 hPa;(d)5 gpm。(e)第二主成分标准化时间序列(Wu 等,2008a)。

选取北极偶极子标准偏差＞1.0 的正位相夏季年份(1979、1961、1984、1981、1967、1998、1990、1969、1985)和标准偏差＜−1.0 的负位相夏季年份(1999、1992、1995、1989、1968)进行合成分析,夏

季平均海平面气压和500 hPa位势高度之差(偶极子正位相平均减去负位相平均)与回归分析结果非常相似(图9.10a,b)。因此,合成的正位相减去负位相可以简单地认为反映了正位相异常。对应偶极子正位相时期,大部分亚洲大陆的海平面气压为负异常(图9.10a)。海平面气压异常的空间分布有利于在中国东北产生异常南风,特别是在30°N以北的亚洲大陆东部,正、负位相海平面之差超过了统计显著性水平。在500 hPa,正的位势高度异常出现在北极海盆的东部和欧亚大陆边缘区域以及北太平洋北部。500 hPa位势高度异常显示出波列结构,从北极海盆跨越亚洲大陆东部向东南方向延伸到日本南部(图9.10b)。这样的大气环流异常导致中国东北夏季降水显著增加,夏季平均降水增加超过了60 mm,在中国南部和东南部夏季平均降水减少(图9.10c)。北极偶极子异常与中国台站夏季平均降水的相关系数分布表明,在中国东北是显著的正相关,而在中国南部和东南部是显著的负相关(图9.10 d)。

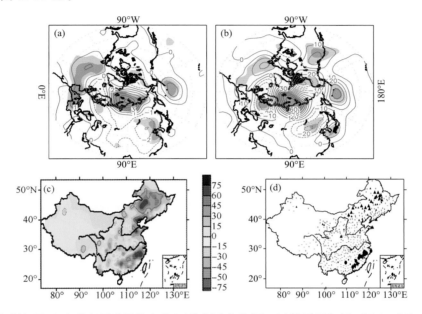

图9.10 北极偶极子正、负位相夏季平均之差(正位相减负位相):(a)海平面气压;(b)500 hPa位势高度;(c)中国夏季平均降水。在图(a)和(b)中,彩色区域表示差值超过95%和99%显著性水平;在图(c)中,蓝色等值线表示夏季降水之差异超过95%信度水平。等值线间隔:(a)1 hPa;(b)10 gpm;(c)15 mm。(d)中国台站夏季平均降水与北极偶极异常相关系数的空间分布(+:正相关;−:负相关),三角(圆点)表示显著的正(负)相关(大于95%和99%(大符号)显著性水平)(Wu等,2008a)。

当北极偶极子异常处于正位相时期,夏季平均850 hPa风场的合成分析显示反气旋风场占据了北极东部的大部分区域,北风从北极海盆穿越西伯利亚东部向南侵入到45°N,在50°N和120°E附近可以观测到气旋性环流中心。因此,来自高纬度的冷—干气流与暖湿的西南气流在45°N和110°~120°E之间相遇(图9.11a),导致中国东北夏季平均降水增加(图9.10c)。发生在1998年夏季的严重洪涝造成中国东部长江中、下游流域和中国东北地区的巨大经济损失,1998年夏季北极偶极子异常的标准偏差是1.30。当北极偶极子异常处于负位相时期,北极东部大部分区域被西南风控制,50°N以北的亚洲大陆北部盛行西风(图9.11b)。尽管北极偶极子正、负位相时期的西南风显示出相似的特征,但风场在北半球高纬度和北极海盆是截然不同的(图9.11c)。夏季850 hPa平均气温之差(正位相平均减去负位相平均)显示,北极偶极子正位相对应25°~40°N以及西北太平洋区域气温升高,而在40°~55°N和90°~150°E之间的大部分区域气温降低(图9.11d)。表面气温异常也显示出相似的特征(图略)。当北极偶极子异常处于正(负)位相时期,对应的北极极涡中心位于北极海盆的西部(东部)(图9.12)。此外,夏季北极偶极子异常呈现明显的年代际变化特征,两次明显的年代际变化分别发生在20世纪70年代后期和80年代末期(图9.13),这与东亚夏季风的年代际变化是一致的(张人禾等,2008)。

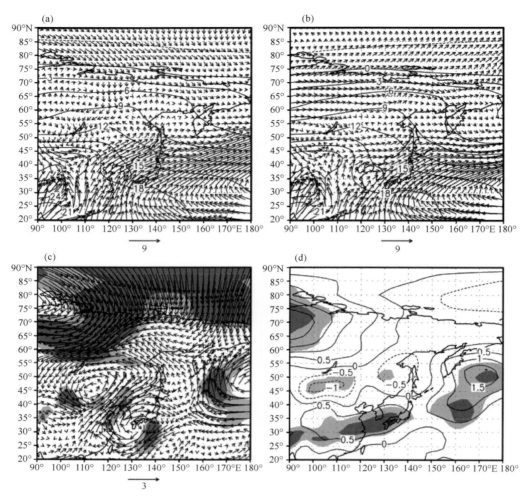

图 9.11　夏季平均 850 hPa 风场（矢量）和气温（等值线）的合成分析：(a)正位相；(b)负位相；(c)夏季平均 850 hPa 风场之差（正位相减负位相）；(d)夏季平均 850 hPa 气温之差（正位相减负位相）。阴影区域表示差异超过 95% 和 99% 显著性水平（Wu 等，2008a）。

　　事实上，北极偶极子异常很好地反映了北极极涡中心位置在北极东、西之间的交替变化（如图 9.12）。与北极偶极子异常负位相相比，正位相对应减弱的北极极涡以及其中心位于北极西部。但是，该偶极子异常与北极极涡的面积和强度指数没有显著的统计相关关系，主要原因是北极极涡的范围覆盖了北半球中、高纬度的区域，说明了研究东亚夏季气候与整个北极极涡强度的关系是不合适的，因为相同的北极极涡强度所对应的北极极涡的中心位置可能是截然不同的。

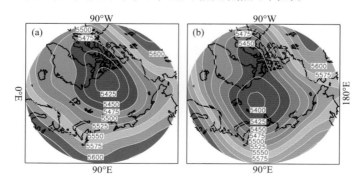

图 9.12　500 hPa 位势高度场合成：(a)正位相；(b)负位相，间隔：25 gpm（Wu 等，2008a）

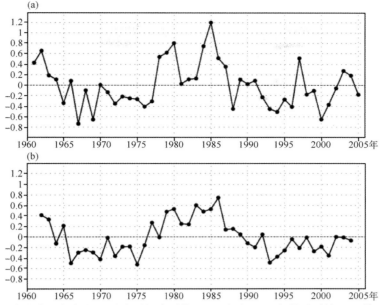

图 9.13 标准化北极偶极子异常时间序列的：(a)3 年和(b)5 年滑动平均(Wu 等,2008a)。

春、夏季北极涛动与中国台站降水相关系数的空间分布表明(Wu 等,2009a),春季北极涛动与中国夏季降水的显著负相关主要出现在长江中、下游流域(图 9.14a),而夏季同期的显著正相关主要出现在黄河中、上游流域(图 9.14b)。北极涛动与中国夏季降水的相关关系比北极偶极子异常要弱。

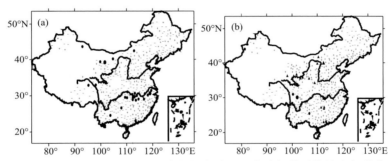

图 9.14 (a)中国台站夏季平均降水与春季北极涛动相关系数的空间分布(＋:正相关;一:负相关),三角(圆点)表示显著的正(负)相关(大于 95％和 99％(大符号)统计显著性水平);(b)与(a)相同,但是为夏季北极涛动(Wu 等,2009a)。

9.2.2 欧亚大陆春季积雪变化对中国夏季降水的影响

由奇异值分解方法(SVD)得到春季欧亚大陆雪水当量和中国夏季降水第一 SVD 模态(Wu 等,2009),其空间分布(图 9.15)在欧亚大陆大部分地区是负异常,在青藏高原和亚洲大陆东部小部分地区是正异常。该耦合模态显示出强的年际变化,并在 20 世纪 80 年代后期出现年代际变化,即 1979—1987 年间是持续的负位相,此后则正位相频繁。当第一耦合模态处在正位相时期,对应欧亚大陆大部分地区春季积雪偏少,而在青藏高原和亚洲大陆东部小部分区域积雪偏多;后期中国南方夏季降水偏多,而长江中、下游流域,黄河流域上游以及中国东北部分地区夏季降水减少。1987 年以后的近 20 年来,春季欧亚大陆积雪减少可能是导致中国华北和东北夏季持续干旱以及华南夏季降水增多的原因之一。春季欧亚大陆雪水当量和中国夏季降水的第二耦合模态(图 9.16)中,积雪在欧亚大陆的东、西部呈现相反的空间分布,其中青藏高原大部分地区和亚洲大陆东部雪水当量呈现同位相变化关系。该雪水当量变化模态与中国华北和东北夏季降水存在显著的相关关系,即春季欧亚大陆西部积雪偏少,而东部和青藏高原积雪偏多,则后期夏季华北和东北地区降水偏少。这里揭示的春季欧亚大陆雪水当量变化的前两个优势模态,与由经验正交分析得到的前两个模态的相关系数分别为 0.99 和 0.86。

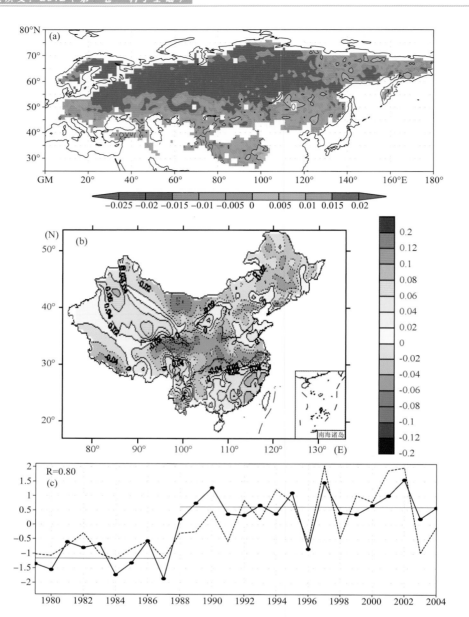

图 9.15　春季欧亚大陆积雪水当量与中国夏季台站降水第一 SVD 模态的空间分布与对应的时间演变（1979—2004 年）：(a)春季欧亚大陆积雪水当量（只画了 0 等值线）；(b)中国夏季降水；(c)标准化后的春季积雪水当量（实线）和中国夏季降水（虚线）时间序列，相关系数为 0.8。图(a)和(b)是无量纲单位（Wu 等，2009b）。

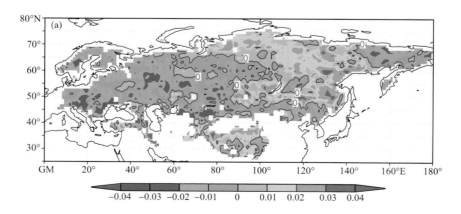

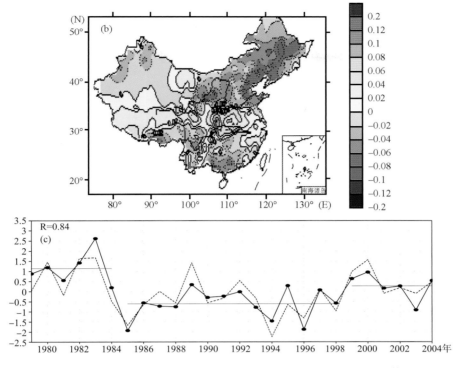

图 9.16 与图 9.15 类似,但为第二 SVD 耦合模态,相关系数为 0.84(Wu 等,2009b)。

中国夏季降水异常与 500 hPa 高度异常有密切关系(图 9.17)。在欧亚大陆北部存在一个准纬向波列,正的异常中心分别位于北欧和贝加尔湖的东南。在贝加尔湖以南的东亚地区,500 hPa 高度异常呈现偶极子结构。该偶极子结构是导致中国北方降水减少以及南方降水增多(图 9.15b)的直接原因。春季欧亚大陆雪水当量一致性变化通过影响欧亚大陆遥相关波列,进而影响中国夏季降水。对应春季欧亚大陆雪水当量异常,500 hPa 高度异常的空间分布也呈现波列状结构(图 9.18a),两个正异常中心分别位于西欧和贝加尔湖附近以西地区,负的异常中心位于格陵兰海和巴伦支海之间。后期夏季(图 9.18b),前期春季的正异常中心分别移至北欧和贝加尔湖的东南部,而负异常中心移至亚洲大陆北部靠近喀拉海。500 hPa 高度异常从春季到夏季的空间演变可能反映了欧亚大陆积雪对大气环流的滞后影响。

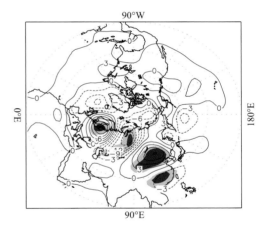

图 9.17 对第一 SVD 模态中降水变化进行线性回归得到的夏季平均 500 hPa 高度异常的空间分布,阴影区域表示 500 hPa 高度异常超过 95% 和 99% 显著性水平。等值线间隔:3 gpm(Wu 等,2009b)。

春季欧亚大陆雪水当量在欧亚大陆东、西部反向变化与 500 hPa 高度异常演变有密切的关系。当春季欧亚大陆西部少雪、而东部多雪时(图 9.19a),在亚洲大陆中纬度地区是正高度异常,而在东亚则是负高度异常。后期夏季(图 9.19b),正高度异常从亚洲大陆中部移至贝加尔湖南部和中国的东北地区,在长江和黄河流域之间依然维持着负高度异常。高度场异常的空间分布直接导致中国东北夏季降水减少,而长江和黄河流域之间降水增多(图 9.16b)。

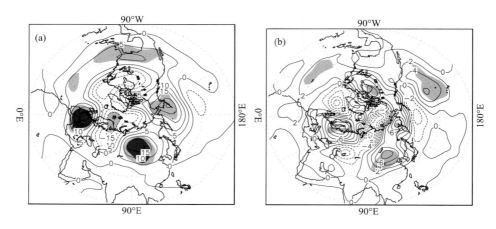

图 9.18　同图 9.17,但是对第一 SVD 模态中春季欧亚大陆积雪水当量变化进行回归得到的 500 hPa 高度异常:(a)春季;(b)夏季,等值线间隔分别为 5 和 2 gpm(Wu 等,2009b)。

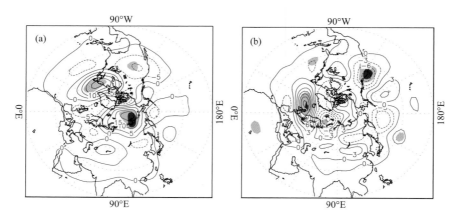

图 9.19　同图 9.18,但是对第二 SVD 模态中春季欧亚大陆积雪水当量变化进行回归得到的 500 hPa 高度异常(Wu 等,2009b)。

9.2.3　准定常行星波和高纬大气环流对东亚冬季风的影响

近几十年来,东亚地区的冬季气候经历了非常明显的年代际变化,20 世纪 80 年代中期以来东亚冬季风持续减弱,中国经历了十余年的连续暖冬(王遵娅等,2006;康丽华等,2006;Wang 等,2009b),这一变化与大气准定常行星波活动的年代际变化有关(Wang 等,2009b)。同时,东亚冬季气候的年际变化也受到乌拉尔山(简称乌山)阻塞高压、北太平洋涛动(NPO)等高纬大气内部信号的影响(郭冬等,2004;Takaya 等,2005)。最近的一些研究发现,近年来乌山阻高、NPO 等中高纬大气内部信号对东亚冬季气候的影响在逐渐增强,这种变化与北半球平流层极涡强度的年代际转变有关(Wang 等,2009c)。

1. 中国冬季气温的年代际变化特征

冬季中国气温 EOF 分析的第一模态具有全国一致的空间分布特征(图 9.20a),说明中国冬季气温最主要的变化是全国一致的增温或降温(康丽华等,2006)。其时间序列除了有明显的年际变化外,还表现出非常显著的年代际变化特征(图 9.20b):在 1970 年代初之前,时间序列基本处于负位相,说明全国气温一直偏低;自 1980 年代后期以来,时间序列一直处于持续上升的正位相,说明全国冬季气温升高趋势明显;这种持续的冬季升温使中国经历了十余年的连续暖冬,同时也使 1980 年代以来中国发生的寒潮次数有超过 95% 信度的明显减少(图 9.21)(王遵娅等,2006;Wang 等,2009b)。若对中国 160 站冬季气温的年代际分量(8 年以上部分)做 EOF 分析,则第一模态的空间型和时间系数变化与图 9.20 基本一致,但解释方差增加到 66%,说明东亚地区温度的持续增加在年代际时间尺度上更加明显(康丽华等,2006)。值得注意的是,在全国气温从整体偏低到持续偏高的转变过程中,从 1970 年代中期开始到 1980 年代初经历了一段非常明显的过渡调整期(图 9.20b)。这一过渡调整期的开始时间恰好与 1970 年代中期北太平洋大气海洋系统年代际转型或突变的时间基本一致(Trenberth,1990;Nakamura 等,1997)。因此,1970 年代中期的气候突变显然对中国冬季气温乃至东亚冬季气候的年代际变化产生了影响。

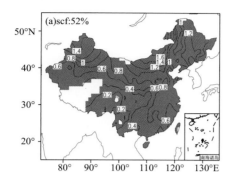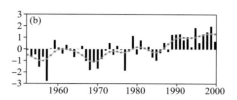

图 9.20　1951/1952—1999/2000 年中国冬季(11 月至次年 3 月)温度 EOF 第一模态的(a)空间分布型(单位:℃,图中阴影表示正信号)和(b)标准化时间序列(直方条)及其 11 年滑动平均(曲线)。(引康丽华等,2006)

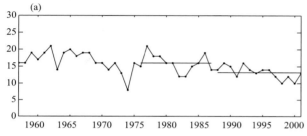

图 9.21　寒潮年鉴记录的 1957/1958—2001/2002 年冬半年(11 月至次年 4 月)中国(a)全国型寒潮和(b)全国型强寒潮的次数。图中横线分别为 1976—1987 和 1988—2001 的平均值。(Wang 等,2009b)

2. 大气准定常行星波活动对东亚冬季风年代际减弱的影响

中国冬季温度在 1980 年代末期以来的持续升高与东亚冬季风的年代际减弱紧密联系(康丽华等,2006;Wang 等,2009b),而东亚冬季风的减弱则是外强迫作用下大气内部动力过程调整的结果(Jhun 等,2004;Wang 等,2009b)。由于海陆热力差异既是季风形成的最根本、最直接的原因之一,又是大气准定常行星波产生的根本原因,因此大气准定常行星波的变化是联系大气外强迫因子与东亚冬季风变化的重要纽带(Chen 等,2005)。大气准定常行星波活动在 1976—1987 年处于低位相,而在 1988—2001 年处于高位相,两段时间内行星波活动指数的差异超过了 99% 信度检验(图 9.22),这种变化恰好对应于 1980 年代末期前后东亚冬季风的年代际减弱。当行星波活动处于低位相时(1976—1987 年),行星波的低纬波导异常偏弱,在 40°N 附近的对流层上层有 EP 通量的异常辐散(图 9.23a),从而利于副热带急流加速,东亚冬季风偏强;反之,当行星波活动处于高位相时(1988—2001),低纬波导异常偏强,40°N 附近对流层上层的 EP 通量异常辐合利于副热带急流减速(图 9.23b),从而东亚冬季风偏弱(Wang 等,2009b)。除了通过波流相互作用改变副热带急流的强度以外,行星波振幅的变化也会影响冬季风的强度。由于 SLP 场上纬向二波的波峰和波谷位置恰好对应于北半球的四个高低压系统(西伯利亚高压、阿留申低压、加拿大高压、亚速尔低压),因此,二波的振幅变化会导致西伯利亚高压和阿留申低压同时增强或减弱,从而改变东亚地区的东西气压差,引起东亚冬季风强度的变化(Chen 等,2005)。从图 9.24 可以看到,纬向二波的振幅在 1988—2001 年异常偏弱,减弱的二波振幅使东亚沿岸的东西气压梯度减小,引起了异常的偏南风,从而导致东亚冬季风在 1980 年代中期以后减弱。进一步研究表明,行星波的这种变化可能是欧亚大陆的秋季积雪厚度异常引起的(Wang 等,2009b)。

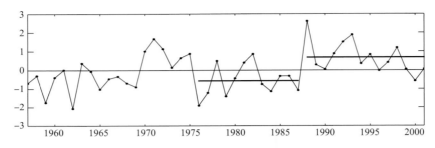

图 9.22　1957/1958—2001/2002 年冬季(DJF)大气准定常行星波活动
(PWA)指数的时间序列及其在 1976—1987 年和 1988—2001 年的平均值。

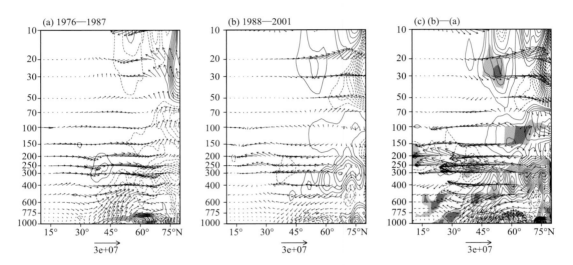

图 9.23　(a)1976—1987 年和(b)1988—2001 年冬季(DJF)大气准定常行星波(1～3 波)的 EP 通量(箭头)和 EP 通量散度(等值线)异常,以及(c)二者之差。等值线间隔为 $3e^{-6}$ m/s²,(c)中的深浅阴影表示超过 99% 和 95% 信度检验。(自 Wang 等,2009b)

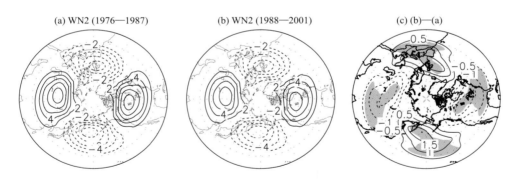

图 9.24　(a)1976—1987 年和(b)1988—2001 年冬季(DJF)SLP 场的纬向二波分量异常以及(c)二者之差。等值线间隔为 0.5 hPa,(c)中阴影表示超过 95% 信度检验。(引 Wang 等,2009b)

3. 高纬环流因子与东亚冬季气候关系的加强

乌山阻高对东亚地区的天气气候异常主要是通过一个穿越欧亚大陆的准正压波列来实现的(Takaya 等,2005；Wang 等,2009c),但是这一波列在 1976 年前后发生了显著的变化(Wang 等,2009c)。从冬季乌山阻高指数(UBI)回归的环流和温度场上可以看到(图 9.25),尽管 1976/77 年前后 500 hPa 高度场上都呈现出从西欧穿越欧亚大陆指向东亚的波列,但 1976 年前该波列位于西欧的中心比位于东亚的中心要强,显著性也比较高(图 9.25a),而 1976 年后西欧中心的强度和显著性都有所减弱,而位于东亚的中心覆盖的范围增大,显著性也有所提高(图 9.25b)；位于欧亚大陆北部的中心变化不大。整体看来,UBI 对应的显著信号在 1976 年以后位于更加下游的东亚地区,而不是 1976 年以前的上游欧洲地区,这种变化在SLP场上更加明显(图9.25c、9.25d)。相应的对流层低层温度场信号也有变化,1976年前与UBI对应的温度信号主要位于东亚40°N以北的地区(图9.25e),而1976年以后温度信号则向南伸展,到达30°N附近(图9.25f)。

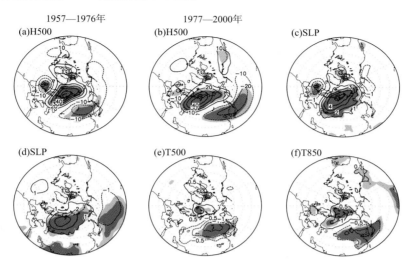

图9.25 1957/58—1976/77年冬季UBI指数对冬季(a)500 hPa位势高度;(c)SLP;(e)850 hPa气温的回归图。等值线间隔为10 gpm、1 hPa、0.5 ℃。(b)、(d)、(f)同(a)、(c)、(e),但为1977/78—2000/01年结果。阴影表示通过95%和99%显著性检验。(Wang等,2009c)

如果以西伯利亚高压的强度代表东亚的冬季气候,则1976年前后西伯利亚高压强度指数(SHI)和乌山阻塞指数UBI的相关系数分别为0.58和0.75。尽管两个相关系数的显著性水平均超过99%,但1976年前乌山阻塞只能解释西伯利亚高压约33%的年际变化方差,而这一比例在1976年后超过56%。同时,UBI和SHI的21年滑动相关也显示,UBI和SHI的关系在近44年中一直在变好(图9.26)。因此,以上结果均说明,

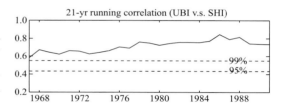

图9.26 1957/58—2000/01年冬季UBI与SHI的21年滑动相关图。(引自Wang等,2009c)

乌山地区的环流异常在1976年以后能够更多地影响到下游东亚地区的环流和气候,北半球平流层极夜急流的强度以及由此引起的大气准定常波的活动异常对这种变化的产生起了重要作用(Wang等,2009c)。1976/77年后,由于平流层极夜急流和极涡增强,限制了乌山环流异常的信号向平流层的传播,导致更多的乌山环流异常的信号被限制在对流层中并向下游的东亚地区传播,因此,乌山地区的变化与东亚地区的气候更加紧密的联系在一起。

北太平洋涛动(NPO),是SLP场上重要的遥相关之一,表现为北太平洋中纬度与极地SLP场上南北反位相的偶极子型变化(Wallace等,1981)。以往的研究发现,NPO与东亚冬季风的变化存在较好的联系:当NPO处于正位相时,东亚地区冬季气温一般偏高(郭冬等,2004);然而,这一关系在1976年前后发生了显著变化(Wang等,2007)。从1957—1975年850 hPa温度场对NPO指数的回归图上可以看到,当NPO处于正位相时,东亚地区的温度场主要表现为欧亚大陆东南沿岸和近海地区的温度异常偏高,但内陆(如西伯利亚地区)几乎没有信号(图9.27a)。而在1976—2001年,与NPO正位相相联系的正温度异常覆盖了从里海以东的中亚经西伯利亚再到日本的大范围区域,但欧亚大陆东南沿岸几乎没有信号(图9.27b)。仍旧以西伯利亚高压指数SHI表示东亚冬季气候的变化,NPO指数在1957—1975年与SHI的相关系数几乎为零,而在1976—2001年为0.55,超过了99%的信度,表明1976年以后NPO与东亚地区冬季气候的关系变得更加紧密。

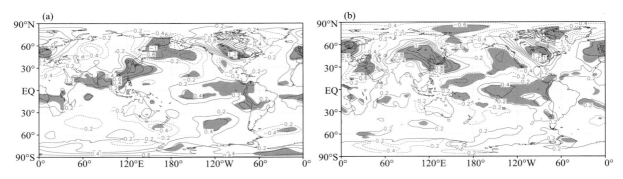

图 9.27 （a)1957/58—1975/76 和(b)1976/77—2000/01 年冬季 NPO 指数对冬季 850 hPa 气温的回归图
等值线间隔为 0.2 ℃,阴影表示通过 95% 显著性检验

9.3 与 PDO 相联系的大气环流变化与中国气候变化

9.3.1 PDO 的典型时空结构

PDO 指数为北太平洋 20°N 以北 SST 异常 EOF 第一模态的时间系数,能较好地反映大尺度海洋年代际变化的主要特征(Mantua 等,1997;Zhu 等,2003)。1900—2000 年间的 PDO 指数具有明显的年代际变化(图 9.28a),分别于 1925 年、1947 年和 1976 年前后发生了突变,即在过去的一百年里 PDO 经历了三次位相转变。PDO 主要存在准 20 年和准 50 年两个振荡模态,而这两个模态具有不同的时空演变特征,表明二者源于不同的物理机制(Zhu 等,2003)。与 PDO 相联系的太平洋 SST 异常年代际变率空间分布型的显著特征表现为北太平洋中西部 SST 异常与热带中、东太平洋和南、北美西岸 SST 异常呈相反变化(图 9.28b)。SST 年代际异常在北太平洋地区表现最为明显,最大区域位于 25°N～45°N,150°E～170°W 范围内。北美沿岸 SST 异常与北太平洋中部相反,呈狭窄的南北向带状分布,最大中心位于加利福尼亚湾和阿拉斯加湾附近。热带中东太平洋也基本为与北太平洋地区相反的 SST 异常所覆盖,最大中心出现在南美秘鲁沿岸附近,而在 150°W～100°W 的赤道太平洋地区 SST 异常则很弱。热带太平洋东部南北两侧的 SST 异常都与热带中太平洋 SST 异常连成一片,似有关于赤道南北对称的特征。南太平洋中部有与北太平洋中部相同的 SST 异常,但范围和强度要小得多,而热带西太平洋几乎无 SST 异常的年代际信号。

与 SST 异常的空间型相类似,与 PDO 相联系的太平洋 500 m 上层海洋热容量(HC500)年代际异常在北太平洋中西部与南、北美西岸和热带中东太平洋(赤道地区除外)也是呈相反变化(图 9.28c)。在 PDO 暖位相期,HC500 在北太平洋中西部异常减小,最大异常区位于日本东部黑潮延伸体,而南、北美西岸和热带中东太平洋 HC500 异常增加,其中在热带中东太平洋,HC500 最大异常区位于 140°～110°W,10°S 和 10°N 纬度带附近,近似地关于赤道呈南北对称分布。对比图 9.28b 和图 9.28c 可以看出,在热带西太平洋,SST 的年代际变化表现不明显,而 HC500 的年代际变化却十分显著。在热带西太平洋 HC500 异常减小,而且在几乎整个赤道地区都是负值区,但在西太平洋 15°～25°N,120°～160°E 的副热带地区内,HC500 却是增加的。此外,HC500 在热带西太平洋暖池和热带东太平洋表现出跷跷板式相反变化的现象,这种变化对 ENSO 的年代际变化具有重要影响。LASG/IAP 耦合气候系统模式 FGOALS_gl 的长期积分结果表明(Zhou 等,2008a),PDO 准 20 年振荡模态上层海洋热容量异常的演变过程主要表现为沿副热带海洋涡旋做海盆尺度顺时针旋转,模拟的 PDO 年代际模态对年际 ENSO 循环的发生频率和强度有明显的调制作用(朱益民等,2008a)。

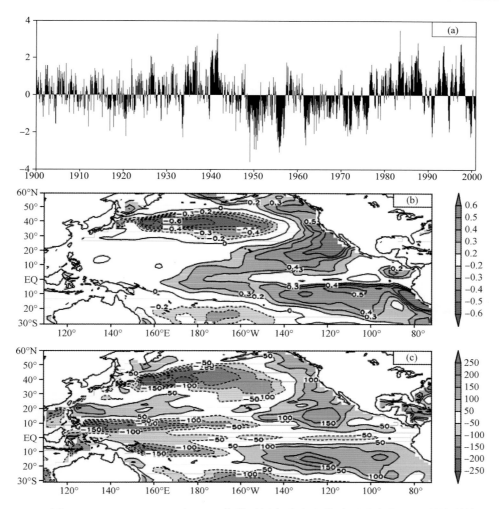

图 9.28 (a)1900—2000 年 PDO 指数时间序列及(b)海表面温度和(c)上层海洋热容量异常对 PDO 指数的回归系数分布(朱益民等,2003)

9.3.2 PDO 与东亚大气环流变化的关系

PDO 不仅体现在海洋的年代际变率上,而且在大气中也有显著表现。PDO 不仅与太平洋及北美地区大气环流异常有关,而且与东亚大气环流异常也有密切联系(朱益民等,2003;朱益民等,2008b)。

1. 冬季

在 PDO 暖位相,冬季热带西太平洋和澳大利亚东部气压升高,而东南太平洋地区气压降低,这意味着南方涛动指数(SOI)将减小,有利于厄尔尼诺事件的发生;而在 PDO 冷位相时,则正好相反,有利于拉尼娜事件的发生(图 9.29,lag=0)。这表明 PDO 可成为 ENSO 年际变化的重要背景,并且可对 ENSO 事件起到调制作用。当阿留申低压异常加强时,在蒙古高原和中国西北地区的大陆高压也异常偏强,而西伯利亚地区的高压异常减弱,并且这种特征在超前滞后的 4~5 年里的表现都很明显。阿留申低压和蒙古高压具有年代际跷跷板式(Seesaw)同步变化特征,这可能是 PDO 影响东亚大气环流的重要途径。阿留申低压在超前 PDO 约 6 年的时间里基本上都是持续异常增强,在与 PDO 指数同期时达到最强,在增强的过程中其中心是逐渐先向南再向东移动(见图 9.29,lag=−6~0),表明 PDO 暖位相期阿留申低压增强并南移、偏东。而在阿留申低压滞后 PDO 指数的 3~4 年里,SLP 的负异常区主要在阿留申以东地区,并且范围和强度明显减小(见图 9.29,lag=0~6)。因此,与 PDO 相联系的北太平洋 SST 异常主要与前期阿留申低压的持续异常有密切关系。当阿留申低压长时间地持续异常偏低时,在 30°~40°N 之间的西风将异常加强,通过加快海水向大气释放感热和潜热、向南的 Ekman 平流从高纬度输送冷水以及增强下层冷海水混合扰动等过程,使北太平洋 SST 异常变冷。伴随着阿留申低压的增强和移动,蒙古高压也持续增强,并自巴尔喀什湖南侧逐渐向东扩展到蒙古高原附近;西伯利亚高压则持续异常减弱,位置少变。

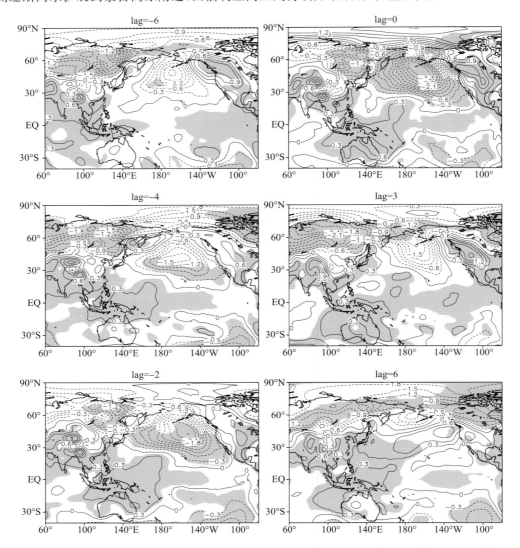

图 9.29　东亚—太平洋区域冬季海平面气压场异常对 PDO 指数的超前滞后回归系数
分布(其中"lag"为正值表示 PDO 指数超前于海平面气压异常变化,反之则表示滞后,时间单
位为年,阴影区表示显著水平超过 95% 信度)(朱益民等,2003)

　　在 PDO 暖位相期,冬季 500 hPa 高度场上(图 9.30a),几乎整个北太平洋 30°~60°N 地区均为位势高度负异常,最大中心位于阿留申群岛南侧附近,表明阿留申低压异常增强,而印度洋到热带西太平洋为位势高度正异常,太平洋副热带高压明显减弱,位置偏南。140°E 以东的北极地区到北美西北部也表现为位势高度正异常,增幅最大区域位于北美西北部,对应北美高压增强。从图中可以清楚地看出 PNA 型遥相关正位相时的分布,其中以阿留申低压和北美西北部的高压表现最为明显。这种分布关系表明,PDO 在冬季 500 hPa 高度场主要表现为 PNA 型遥相关,这反映出热带太平洋地区与中纬度地区之间存在重要相互作用,二者通过所谓的"大气桥"作用联系起来。值得注意的是,在巴尔喀什湖至贝加尔湖南侧为较大的正异常区,对应地面蒙古高压异常增强,而东西伯利亚地区是弱的负异常区,对应地面西伯利亚高压的减弱。与海平面气压场相似,500 hPa 高度场也有阿留申低压、西伯利亚高压与蒙古高压呈跷跷板式反相变化的现象。从日本到中国黄海一带为负异常区,表明东亚大槽有所加强。东亚大陆的这种高空形势有利于沿海地区偏北风的增强而高纬度地区偏西风增强。在冬季 850 hPa 温度场上(图 9.30b),北太平洋中部温度明显降低,对应着 SST 异常偏冷,而印度洋到热带西太平洋温度显著偏

高,热带东太平洋温度也偏高。在东亚大陆上,巴尔喀什湖以北、东西伯利亚地区以及中国中部和北方大部分地区温度显著偏高;而蒙古高原附近温度偏低,对应着地面蒙古高压的增强;印度半岛、中南半岛、中国东南沿海至朝鲜、日本等地区的温度则异常偏低。在冬季 850 hPa 流场上(图 9.30c),北太平洋为强大的气旋式环流所控制,对应着异常增强的阿留申低压。在东亚大陆上,蒙古高原附近有明显的反气旋式环流中心,这与蒙古高压异常加强是一致的,在这个反气旋式环流东侧是来自高纬度地区的异常偏北风,它将使东亚冬季风增强。西伯利亚地区则存在异常的气旋式环流,在它与蒙古高原附近的反气旋式环流之间盛行纬向西风。在热带太平洋,信风减弱,主要以异常赤道西风为主。

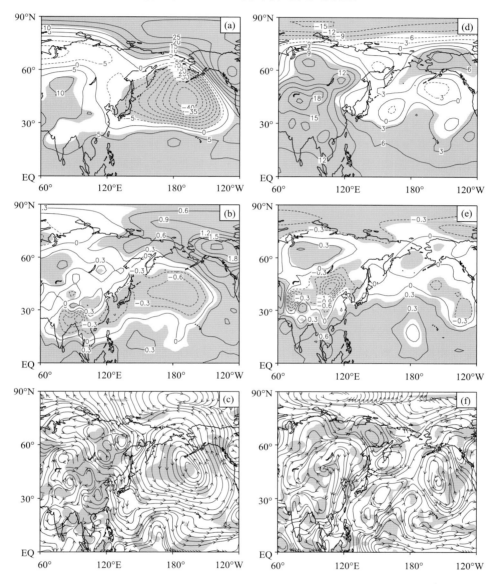

图 9.30 冬季(a～c)和夏季(d～f)大气代表性变量异常对 PDO 指数的同期回归系数分布(阴影区表示显著水平超过 95% 信度)(a,d)500 hPa 高度场;(b,e)850 hPa 温度场;(c,f)850 hPa 流场(朱益民等,2003)

对 PDO 与整个北半球西风带环流系统关系的研究则进一步表明,在冬季 PDO 不仅与 PNA 遥相关型联系,而且与太平洋上游的欧亚大气环流异常也有密切关系,表现为整个中纬度西风带上纬向波列分布,具有纬向全球特性,在 PDO 暖位相期,中纬度大气整个定常槽脊系统加强,在 PDO 冷位相期,则减弱(朱益民等,2008b)。

2. 夏季

在 PDO 暖位相期，夏季北太平洋 SLP 的负异常明显减弱，而整个东亚大陆均表现为较强的 SLP 正异常，两个地区呈相反变化特征。在热带太平洋地区，热带西太平洋和澳大利亚东部气压升高，而东南太平洋地区气压降低，这与冬季的特征相似，表明与 PDO 有关的热带地区大气环流异常的季节变化比较小。

与 SLP 场相类似，在 PDO 暖位相期，夏季 500 hPa 高度场上（图 9.30d），北太平洋中西部为负异常区，但强度和范围明显比冬季大为减小，西太平洋副热带高压位置偏南。在东亚大陆表现为明显的位势高度正异常，最大中心位于巴尔喀什湖至贝加尔湖一带，这意味着巴尔喀什湖附近的高空槽减弱，有利于西北气流侵袭中国大陆；在夏季 850 hPa 温度场上（图 9.30e），北太平洋中东部温度偏低，而除热带中太平洋部分地区以外，从热带印度洋至热带太平洋大部分地区温度都偏高。在东亚大陆上，高纬西伯利亚地区温度偏高，而巴尔喀什湖至贝加尔湖以南的中纬度地区温度偏低，从印度半岛、中南半岛至中国华南沿海地区温度偏高。在夏季 850 hPa 流场上（图 9.30f），北太平洋地区（35°N，155°E）和（40°N，165°W）附近有两个气旋式环流中心；在热带太平洋，仍然表现为信风减弱，主要以异常赤道西风为主，而且比冬季更为明显；在东亚大陆上，贝加尔湖南侧有异常强的反气旋式环流，中心位于（45°N，105°E）附近；受其影响，整个东亚大陆东部均为异常偏北气流，同时中南半岛附近越赤道气流偏弱，西南季风气流也减弱，从而使东亚夏季风偏弱，这种环流形势与该地区 SLP 和 500 hPa 位势高度异常偏高相一致。

9.3.3 PDO 与中国气候变化的联系

PDO 是一种年代到年代际时间尺度上的气候变异强信号，可直接造成太平洋及其周边地区（包括中国）气候的年代际变化。考虑到中国气温和降水变化的季节性比较明显，这里仍按冬、夏季分别评述 PDO 与中国气候年代际变化的关系。

1. PDO 与中国气候年代际变化的关系

在 PDO 暖位相期的冬季，中国大部分地区降水偏少，其中东北、华北、江淮以及长江流域大部分地区降水显著异常偏少（图 9.31a）。这主要是由于冬季蒙古高压异常偏高，东亚冬季风偏强，使中国大部地区受西北气流影响（图 9.30a，c），不利于降水的产生。冬季东北、华北和西北地区的气温都异常显著偏高，而西南地区和华南地区的气温却偏低（图 9.31b）。近十几年来中国北方地区冬季增温显著，暖冬现象发生频繁，而西南和华南地区的增暖却不明显，甚至有变冷趋势，这种气候异常与 PDO 有着密切关系的。在 850 hPa 温度场上（图 9.30b），也表现为中国北方大部分地区温度偏高，而西南、华南地区温度偏低，造成中国冬季气温"北暖南冷"型年代际变化与 PDO 引起的东亚地区大气环流异常有很大关系。

在 PDO 暖位相期的夏季，华北地区、长江上游和福建沿海部分地区的降水异常偏少，其中以华北地区降水偏少最为显著，而长江中下游地区和华南南部地区降水却异常偏多（图 9.31c），此外，东北和西北地区的降水也异常偏多。值得注意的是，华北地区降水异常偏少而长江中下游地区和华南南部地区降水却异常偏多，形成了类似于"北旱南涝"的降水异常分布型（黄荣辉等，1999；朱益民等，2003；杨修群等，2005）。有研究表明华北地区气候及环境干湿变化存在显著的年代际趋势和突变特征（Tu 等，2010），近二十几年来华北地区降水偏少，呈现出干旱化趋势及转折性变化，与 PDO 有很好的对应关系（马柱国、邵丽娟，2006；马柱国，2007）。夏季东北、华北、东南和华南沿海地区的气温都明显异常偏高，而西北、西南和长江中下游地区的气温异常偏低，其中以西南地区气温偏低最显著（图 9.31d），850 hPa 温度场也有类似的分布特征（图 9.30e）。西南地区的气温在 1970 年代末以后异常偏冷（李崇银等，1999）与 PDO 有一定联系。

PDO 是造成 20 世纪 70 年代末以后中国夏季降水异常呈"北旱南涝"型年代际转型的重要原因之一（杨修群等，2005）。在 PDO 暖位相期，西太平洋副热带高压位置偏南，而在东亚大陆上，贝加尔湖至巴尔喀什湖南侧一带位势高度异常增加,巴尔喀什湖的高空槽将减弱,使对流层上层有系统性的西北气流,加上蒙古高原和中国西北地区气压异常偏高,850 hPa流场为较强的异常偏北风(图9.30d、f),从而引起东亚夏季风减弱,来自孟加拉湾、南海及西太平洋的大量水汽被输送到华南和长江中下游地区,而输送到华北地区的水汽大为减弱,造成华北地区夏季降水异常偏少,长江中下游和华南地区降水却显著偏多(朱益民等,2003;杨修群等,2005)。因此,影响中国近50多年来气候年代际变化的北半球大气环流异常与PDO有着非常紧密地联系。

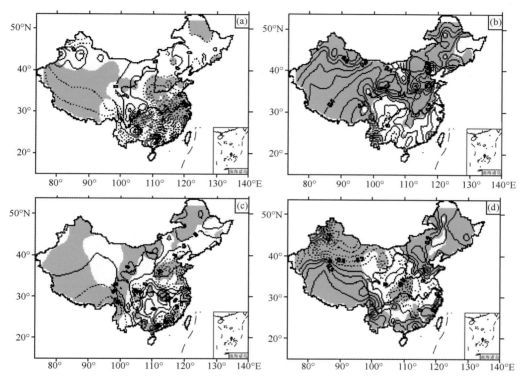

图9.31　根据PDO指数回归的中国160个站冬季(a、b)和夏季(c、d)降水和气温异常分布
(阴影区表示显著水平超过95％信度)(a、c)降水;(b、d)气温(朱益民等,2003)

2.PDO对ENSO影响中国夏季年际气候变化的调制作用

PDO作为年际变异的重要背景,对年际变化具有重要的调制作用(杨修群等,2004)。许多研究表明ENSO事件可对中国气候造成严重影响,但这种关系似乎并不稳定,其中PDO的调制作用是重要因素之一(朱益民、杨修群,2003;朱益民等,2007)。

在PDO冷位相期,处于发展阶段的ENSO事件对中国夏季降水的影响总体上并不显著,除东北、江淮地区、华南沿海和西北地区降水偏多以外,其他大部分地区降水偏少(图9.32a)。而在PDO暖位相期,处于发展阶段的ENSO事件与中国东北、华北地区降水均为负相关,特别是华北地区夏季降水显著偏少,而华南地区降水异常增多(图9.32c)。近二十年来(即PDO暖位相期)在El Nino发展阶段华北地区降水异常减少,这已被许多研究所揭示(Huang等,1989;Zhang等,1999)。

从中国各地区夏季降水距平与冬季Nino3指数之间的滑动相关系数(图9.33)可更清楚地看出,在PDO冷、暖不同位相下处于发展阶段的ENSO事件对中国夏季降水影响的年代际变化特征。在过去近50年里华北地区夏季降水距平与同年冬季Nino3指数之间具有显著的负相关(图9.33a),表明处于发展阶段的ENSO事件造成华北夏季降水偏少这一关系比较稳定。华南、东北地区的相关关系则具有年代际变化的特征,在1970年代中期以前(即PDO冷位相期)为负相关,而1970年代中期以后(即PDO暖位相期)变为正相关,发生转换的时间大约为1976—1977年前后(即PDO冷暖位相转换时期)(图9.33b、c)。江淮地区在1970年代中期之前具有较好的正相关,但从1970年代中期以后就不再显著,甚至还有变为负相关的趋势(图 9.33d),这表明 ENSO 事件发展阶段江淮流域夏季降水偏多的现象在 PDO 暖位相期变得不再显著。

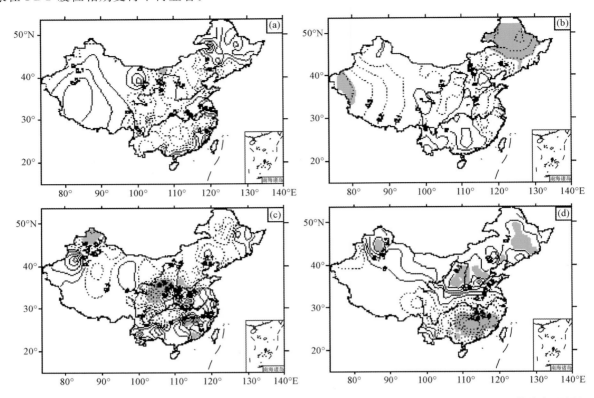

图 9.32　ENSO 发展阶段冬季 Nino3 指数与前期夏季中国降水(a、c)和气温(b、d)距平的相关系数分布(阴影区表示显著水平超过 95% 信度)(a、b)在 PDO 冷位相期;(c、d)在 PDO 暖位相期(朱益民等,2003)

　　在 PDO 冷位相期,处于发展阶段的 ENSO 事件对中国夏季气温的影响主要表现为东北地区明显异常偏冷(见图 9.32b),20 世纪 80 年代以前在 ENSO 事件发展阶段东北地区已多次出现夏季低温冷害。而在 PDO 暖位相期,ENSO 处于发展阶段时,东北、华北地区却变得异常偏暖(见图 9.32 d),这与该地区降水异常偏少相一致(见图 9.32c);在华南地区气温却异常偏冷,这与华南降水异常增多相对应。

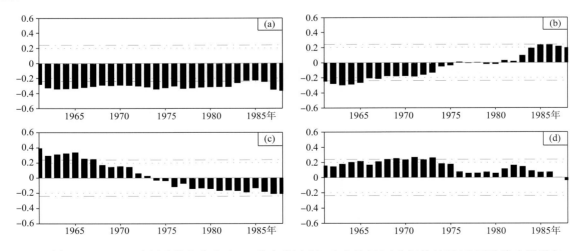

图 9.33　ENSO 发展阶段华北地区(a);华南地区(b);东北地区(c)和江淮地区(d)夏季降水距平与同年冬季 Nino3 指数的滑动相关系数分布。滑动窗区为 21 年。点线为 90% 置信度水平线,点虚线为 95% 置信度水平线。(朱益民等,2007)

在PDO冷位相期,处于衰减阶段的ENSO事件对中国夏季降水影响主要表现为长江流域降水偏多,其中以长江中游地区最为显著;江淮地区降水则明显偏少,华北地区有偏多的趋势(见图9.34a)。而在PDO暖位相期,ENSO处于衰减阶段时长江流域大部分地区降水明显异常偏多,特别是20世纪80年代后期以来,在El Niño事件衰减阶段的夏季,中国长江流域往往容易发生全流域、大范围的洪涝灾害(尤其以1998年夏季最为严重)。值得注意的是,江淮地区由PDO冷位相期时降水偏少转变为PDO暖位相期降水偏多,而华北地区则由降水偏多转变为降水偏少(见图9.34c)。

从中国各地区夏季降水距平与前一年冬季Nino3指数之间的滑动相关系数(图9.35)可看出,长江流域一直存在很好的正相关(图9.35a),表明处于衰减阶段的ENSO事件往往造成长江流域夏季降水偏多,并且这一关系比较稳定。相比之下,华北地区在1970年代中期以前具有较好的正相关性,但在1970年代末以后转变为显著的负相关(图9.35b)。因此,PDO冷暖位相转换后,华北夏季降水异常发生了显著的改变,由降水偏多转变为降水偏少。江淮地区则在1970年代中期以前为稳定的负相关,而1970年代中期以后负相关性变弱并且逐渐向正相关变化(图9.35c),表明江淮地区夏季降水偏少的现象变得不再显著,并且有逐渐偏多的倾向。因此,处于衰减阶段的ENSO事件与江淮和华北地区夏季降水的年际相关关系随着PDO冷、暖位相的转换而发生了相反的改变。在PDO冷、暖不同位相下处于衰减阶段的ENSO事件对中国夏季降水的影响也存在明显的年代际变化特征。

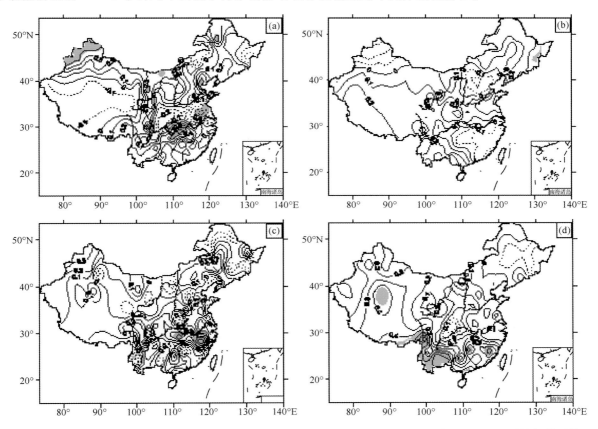

图9.34 ENSO衰减阶段冬季Nino3指数与后期夏季中国降水(a、c)和表面气温(b、d)距平的相关系数分布(阴影区表示显著水平超过95%信度)(a,b)在PDO冷位相期;(c,b)在PDO暖位相期(朱益民等,2003)

在PDO冷位相期,处于衰减阶段的ENSO事件对中国夏季气温的影响除了东北东部地区显著偏暖以外,总体上不明显(见图9.34b)。而在PDO暖位相期,ENSO事件处于衰减阶段时,云贵高原和华南地区变得显著异常偏暖,东北东部原来的偏暖现象也变得不明显了(见图9.34d)。

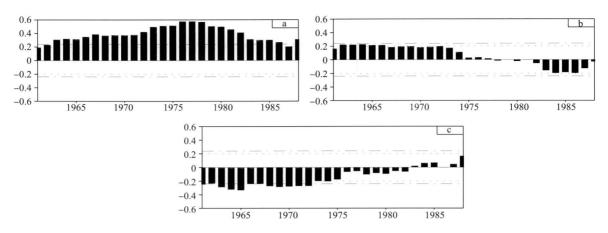

图 9.35 ENSO 衰减阶段长江流域(a)；华北地区(b)和江淮地区(c)夏季降水距平与前一年冬季 Niño3 指数的滑动相关系数分布(说明同图 9.33)(朱益民等，2007)

3. PDO 对 ENSO 影响中国冬季年际气候变化的调制作用

以往的研究表明，东亚冬季气候的年际变化受到 ENSO 等低纬度大气外强迫的影响(Zhang 等，1996，1999；Wang 等，2000；Chen 等，2000；Zhang 等，2002)，20 世纪 70 年代中期前后东亚冬季气候与赤道和赤道外地区气候因子的关系发生了显著的年代际转变，即 1970 年代中期以后，东亚冬季气候与 ENSO 等热带因子的关系有所减弱，低纬度 ENSO 对东亚冬季气候的影响变得不再显著(Wang 等，2007；2008；2009b；2009c)。这种变化可能受到 PDO 不同年代际位相的影响(Wang 等，2008)。

ENSO 是目前认识到的影响东亚冬季气候最重要的强迫因子。许多研究都发现，在厄尔尼诺年东亚地区气温偏高，冬季风偏弱，而拉尼娜年情况基本相反(Zhang 等，1996；Chen 等，2000；Wang 等，2000)。最近的研究表明，这种 ENSO 对东亚冬季气候的影响也存在年代际变化，尤其依赖于 PDO 的位相(Wang 等，2008)。分别对 850 hPa 温度场和中国 160 站的地面温度按 PDO 正、负位相中的 El Niño 和 La Niña 做合成，可以看到，在 PDO 正位相中，尽管合成的温度场在东亚地区表现出正异常，但在绝大多数地区没有通过 90% 的信度检验(图 9.36a，c)。与此相对应，PDO 负位相 El Niño 年

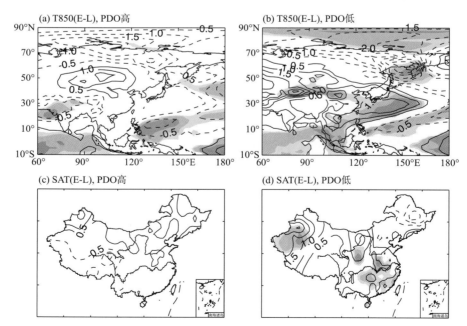

图 9.36 1957/58—2001/02 年 PDO 正位相期间(上行)和 PDO 负位相期间(下行)Niño3 指数高低位相合成的冬季平均(DJF)的 850 hPa 温度场和中国 160 站地面温度场。等值线间隔为 0.5 ℃，阴影分别表示通过 90%、95% 和 99% 信度检验。(Wang 等，2008)

和 La Niña 年的合成温度场的差值则具有更强的强度和很高的显著性(图 9.36b、d)。这种差异在 ERA40 再分析资料和中国台站资料中表现出高度的一致。这一结果说明 ENSO 与东亚冬季气候的关系受到 PDO 位相的影响,只在 PDO 负位相时才显著成立(Wang 等,2008)。由于 1976 年以来 PDO 基本都处于正位相,因此近年来 ENSO 对东亚冬季气候的影响较 1976 年以前有明显的减弱。

ENSO 对东亚地区的影响主要是通过引起对流层低层菲律宾海以东的反气旋(Zhang 等,1996;Wang 等,2000)以及东亚沿岸的异常南风(Zhang 等,1996)来实现的。从 PDO 正负位相中 El Niño 和 La Niña 年 850 hPa 的风场差值(图 9.37)可以看到,在 PDO 正位相年(图 9.37a),El Niño 事件对应的菲律宾海反气旋没有得到很好的发展,且位置偏东偏南,无法向北伸展到东亚沿岸地区;这导致东亚沿岸的南风异常偏弱,通过统计显著性的区域很少,因此 ENSO 对东亚气候的影响很弱。相反,在 PDO 负位相年(图 9.37b),El Niño 事件对应的菲律宾海反气旋发展非常成熟,可以向北延伸到很高的纬度,由此造成的东亚沿岸的异常南风可以到达 50°N 附近,且都非常显著,因此 ENSO 与东亚冬季气候的关系非常密切。这一结果说明,菲律宾海反气旋在 PDO 不同位相时的强度、位置以及显著性的差异是造成 ENSO 和东亚冬季气候关系发生变化的直接原因(Wang 等,2008)。

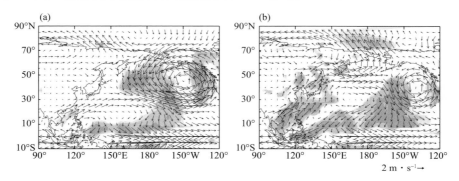

图 9.37　1957/58—2001/02 年(a)PDO 正位相期间和(b)PDO 负位相期间 Nino3 指数高低位相合成的冬季平均(DJF)的 850 hPa 风场的差异。阴影分别表示经向风通过 90%、95% 和 99% 信度检验。(Wang 等,2008)

4. PDO 冷、暖位相期 ENSO 影响中国夏季气候变化的大气环流特征

ENSO 与中国夏季年际气候异常的关系除存在稳定的方面外,还存在明显的年代际变化特征,且年代际转变大都出现在 PDO 冷、暖位相转换时期(即 1970 年代中后期前后),是受到 PDO 调制作用影响的。对近 50 年来 PDO 冷暖不同位相的 11 个 El Niño 事件分别按处于发展阶段和衰减阶段进行的合成分析(图 9.38)表明,在 PDO 冷暖不同位相下 ENSO 事件引起的东亚夏季大气环流异常具有明显差异(朱益民等,2007)。

在 PDO 冷位相期的 El Niño 事件发展阶段,500 hPa 高度场上东亚大陆大部分地区及西北太平洋地区均为位势高度负距平,其中最显著的区域位于中国黄海至日本一带,表明副高势力较弱,位置偏南偏东(图 9.38a)。在海平面气压距平场的分布也有相同的特征(图 9.38b)。在 850 hPa 流场上,热带西太平洋有较强的异常西风,信风减弱,副热带西太平洋(菲律宾以东)有明显的气旋式异常环流,其西侧为异常偏北风,表明副高偏弱,加之东亚大陆中纬度地区也表现为弱的纬向西风距平,均造成影响中国的西南气流减弱,因而东亚夏季风偏弱。值得注意的是,在东北地区存在较为明显的异常偏南气流(图 9.38c)。在 200 hPa 流场上,日本海附近存在一个气旋式辐合中心,蒙古高原有一个弱的反气旋式环流,里海以东为气旋式环流中心(图 9.38d)。

而在 PDO 暖位相期间,El Niño 事件发展阶段时的东亚大气环流形势与 PDO 冷位相期间相比发生了明显的变化。在 500 hPa 高度场上,日本海至鄂霍次克海地区位势高度异常偏低,而贝加尔湖至巴尔喀什湖一带位势高度异常变为偏高,长江流域则异常偏低,说明副高仍然偏弱,位置偏南偏东(图 9.38e)。海平面气压距平场也有类似特征(图 9.38f)。相应地,在 850 hPa 流场上,中国东部地区存在

明显的偏北风异常,尤其是东北地区由 1977 年以前的偏南风变为偏北风异常;副高的位置偏南偏东 (图 9.38 g)。在 200 hPa 流场上,日本海附近的异常气旋式环流的中心已西移至中国渤海附近,其高空辐合气流将不利于华北和东北地区降水的产生;蒙古高原的反气旋式环流消失,而里海附近的气旋式环流则增强并东移至印度半岛北部。值得注意的是,在中国华南地区至中南半岛北部地区存在一个明显的反气旋式环流,其高空辐散气流有利于华南降水的增多(图 9.38 h)。

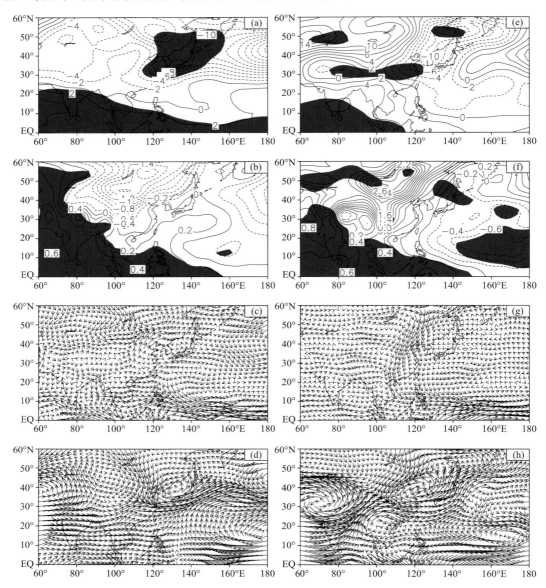

图 9.38   PDO 冷位相期间(a～d)和 PDO 暖位相期间(e～h)El Niño 发展阶段东亚地区夏季 500 hPa 位势高度 (a、e);海平面气压(b、f);850 hPa 流场(c、g);200 hPa 流场(d、h)距平的合成图。阴影区表示 t 检验超过 95% 的统计信度,图 a、e 中单位为:gpm;图 b、f 中单位为:hPa;图 c、d、g、h 中单位为:m/s。(朱益民等,2007)

因此,在 PDO 冷、暖位相转换前后(即 1970 年代中后期前后),ENSO 事件发展阶段期间的东亚夏季大气环流形势发生了明显的变化。在 PDO 冷位相期,El Niño 发展阶段对应东亚大陆中纬度地区为弱的西风距平,表明夏季风偏弱;同时副高势力较弱,位置偏南偏东,影响中国的西南暖湿气流偏弱,造成华北、华南大部分地区降水偏少;而东北地区受异常的偏南气流的影响,降水偏多。而在 PDO 暖位相期,东北地区由以前的偏南风变为异常偏北风,这可能是造成东北地区降水由偏多转变为偏少的重要原因。同样受此偏北气流影响,华北地区降水仍然偏少,气温偏高。在 PDO 冷、暖位相期 El Niño 事件衰亡阶段海平面气压异常型的相似特征主要表现为热带西太平洋低纬度的正的气压异常,这表明不论是 PDO 冷位相还是

PDO暖位相期间,El Nino衰亡的夏季,菲律宾以东洋面均为异常反气旋控制,西太平洋副热带高压均表现为偏西和偏南。这可能是El Nino衰亡阶段长江流域及江南地区夏季降水总是稳定地偏多的原因。

然而,PDO冷、暖位相期El Nino衰亡时,夏季东亚中高纬地区大气环流异常特征明显不同。在PDO冷位相期间,500 hPa高度场上副热带中太平洋位势高度偏高,表明西太平洋副热带高压偏弱并且位置偏东。在东亚大陆上,西伯利亚至蒙古高原一带位势高度也偏高,最大中心位于贝加尔湖以西附近,日本海附近也处于此异常高压的控制范围之内,位势高度也偏高(图9.39a)。在海平面气压场上,副高强度明显偏弱,主体处于副热带中太平洋地区,位置偏东。在日本海附近气压略为偏高,而在东亚大陆则为热低压所控制(图9.39b)。在850 hPa流场上,中国东南沿海地区都处于西南气流的控制之中,这支西南气流可一直延伸到江淮以北地区;受日本海附近的高压影响,中国黄海、渤海湾及华北地区处于其反气旋式环流的西侧,盛行偏南风(图9.39c)。在200 hPa流场上,西伯利亚地区存在强大的反气旋式环流,中国北方地区处于其南侧的偏东气流的影响之下,中国西南地区上空则为弱的气旋式环流(图9.39 d)。

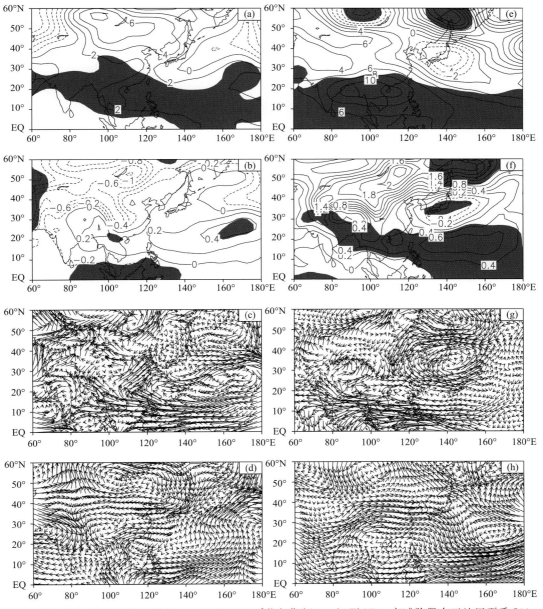

图9.39 PDO冷位相期间(a～d)和PDO暖位相期间(e～h)El Nino衰减阶段东亚地区夏季500 hPa位势高度(a、e);海平面气压(b、f);850 hPa流场(c、g);200 hPa流场(d、h)的距平合成图。说明同图9.38。(朱益民等,2007)

在 PDO 暖位相期的 El Nino 衰亡阶段,500 hPa 高度场上贝加尔湖以西附近由位势高度正距平转变为负距平;日本附近也出现明显的异常负距平;菲律宾至孟加拉湾一带位势高度则异常偏高,表明副高明显偏强,位置偏西(图 9.39e)。在海平面气压距平场上同样可看到这种变化:东亚大陆的气压负异常变为正异常,日本附近有较强的气压负异常存在;副高明显增强,并且偏西偏南,主体位置已移至菲律宾以东附近的西太平洋地区(图 9.39f)。相应地,在 850 hPa 流场上,由于受日本附近气压负异常的影响,中国东北、华北地区转变为由异常偏北风所控制。副高环流明显增强,其反气旋环流的范围从南海一直延伸到整个中南半岛和孟加拉湾附近。华南地区盛行副高西侧的西南气流,但这支西南气流的位置明显变得偏南(图 9.39 g)。在 200 hPa 流场上,西伯利亚地区的异常反气旋环流转变为异常气旋式环流,而东亚大陆中纬度地区则由偏东风变为异常西风(图 9.3.9 h)。

9.4　大西洋大气和海洋典型异常与中国气候变化

北大西洋涛动(NAO,North Atlantic Oscillation)是指北大西洋地区的气压变化存在一种南北向跷跷板现象,即当格林兰地区气压升高时,北大西洋副热带地区气压降低,反之亦然。它直接同大气半永久性活动中心冰岛低压和亚速尔高压的活动有关。北极涛动(AO,Arctic Oscillation)也称为环状模(Annular Mode),是指北半球冬季热带外(20°N 以北)位于极地的活动中心和围绕极地呈环状分布的中纬度地区海平面气压距平的相反变化。这种模态沿纬圈基本上呈环状结构,沿经向中高纬气压呈相反变化,在垂直方向接近正压结构。由于 NAO 与 AO 具有很强的相关性,被视为 AO 在北大西洋区域的局地表现。

9.4.1　北大西洋涛动/北极涛动对中国气候的影响

冬季 AO 与中国大部分地区的寒潮频次呈负相关关系,其中 105°E 以东大部分地区及新疆西北地区的负相关非常显著,相关系数超过了 0.05 的显著性水平,特别是内蒙古的中部及黄淮地区的负相关超过了 0.01 的显著性水平,这表明当冬季 AO 处在负位相异常时,极易诱发中国中东部地区寒潮灾害的发生(魏凤英,2008)。2008 年初中国南方地区发生了历史罕见的低温雨雪冰冻灾害,其中一个重要原因是 AO 的垂直结构发生了明显的异常,主要表现在平流层极涡变化振幅明显加强且周期变长、平流层与对流层极涡变化成反位相,且变化不同步,AO 不具正压结构。AO 的持续异常通过对北半球的阻塞形势、副热带高压与青藏高原南缘的南支低压系统的控制和影响,导致低温雨雪冰冻灾害的发生和持续(王东海等,2008)。冬春季 AO 对中国夏季降水的异常分布起到重要作用,特别是对长江中下游夏季降水的贡献突出,5 月 AO 指数与中国夏季(6—8 月)长江流域降水量呈显著的负相关,相关系数超过 0.05 显著性水平(Wei 等,2008)。在海温、太阳活动等众多影响因子中,春季 AO 与长江中下游夏季降水的相关最稳定,20 世纪 50 年代以来至今,一直保持着显著的负相关关系;夏季 AO 与长江中下游夏季降水的关系与春季相反呈正相关关系,但相关关系并不稳定,而是存在年代际变化特征(魏凤英,2006)。关于冬春季 AO 对长江中下游夏季降水的影响,2、3 月份的 AO 作用更明显,梅雨异常可能受到平流层大气环流异常的影响,而这种影响是通过 AO 的变化实现的。2 月份的平流层大气环流影响 3 月对流层 AO,3 月 AO 形势异常可能通过影响东亚夏季对流层大气冷暖和环流,在长江中下游导致异常垂直运动和辐散辐合形势,从而影响夏季梅雨降水,但是这种关系也存在年代际尺度的变化特征(李崇银等,2008)。

NAO 活动和中国华南地区的春季气候异常存在联系(Xin 等,2006)。发生在 20 世纪 70 年代末的中国气候年代际变化,在晚春(4 月 21 日到 5 月 20 日)主要表现为中国东南部地区降水显著减少。春季对流层中上层的年代际变冷是导致中国东南部春旱的重要原因之一,对流层中上层的变冷与冬季 NAO 的年代际异常存在显著联系(图 9.40)。NAO 的增强还是导致青藏高原积雪厚度增加的一个重要因素(Xin 等,2009)。冬季 NAO 正异常能够通过影响 3 月中纬度西风急流的变化,令青藏高原下游地区对流层中层的辐散增强,使得中层层状云云量增加,激发出高原下游地区的云—气温反馈过程,令对流层低层最终出现与全球增暖相反的冷异常(Li 等,2005)。联系北大西洋和东亚地区气候异常是通过遥相关型,即北大西洋—乌拉尔—东亚遥相关型(NAULEA)来实现的(Li 等,2008)。这种遥相关型包括 5 个作用中心(图 9.41),表现为一个自副热带北大西洋向北向东经过欧洲和乌拉尔山地区、最终到达中国北部的波列。在早春三月份,当 NAULEA 遥相关型为正位相时,北大西洋地区呈现出 NAO 正位相特征,乌拉尔山地区上空对流层和平流层均受正位势高度异常控制,而中国北部地区对流层中上层则出现气旋性环流异常,同时出现一个异常冷中心。通过这种遥相关型,北大西洋地区的气候异常信号可以经由欧亚大陆高纬度地区传播到东亚,并对中国气候产生显著影响。

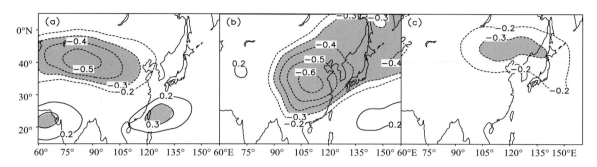

图 9.40 JFM NAO 指数和(a)4 月 1—20 日;(b)4 月 21 日至 5 月 20 日;(c)5 月 21—31 日的对流层平均温度(500~200 hPa)距平的相关系数。资料为 1958—2000 年,阴影区通过 5% 的显著性检验(Xin 等,2006)

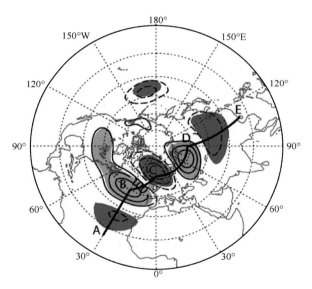

图 9.41 正、负 NAULEA 位相对应的 250 hPa 位势高度的合成图(Li 等,2008)

9.4.2 北大西洋的海温变化对中国气候的影响

大西洋海温具有明显的长时间周期变化特征。这是由于在大西洋中,热盐环流(thermohaline circulation,缩写为 THC)十分明显。热盐环流是海洋中主要的运动形式之一,是由于海洋受热冷却和蒸发降水不均产生温度和盐度的变化,并导致海水密度分布不均匀从而形成的由密度梯度驱动的深层洋流。它通过强烈的跨赤道经向热输送对气候系统产生重要影响。

1. 大西洋热盐环流减弱对亚洲季风的影响

在几百年到千年时间尺度上,热盐环流可以发生剧烈的变化,导致大西洋海温的变化强度也相当大,进而引起全球大范围的气候发生变化。热盐环流的变化可能可以解释北大西洋气候变化和亚洲季风变化之间的联系(Lu 等,2008)。通过在海气耦合模式中往北大西洋注入淡水的方式,使得北大西洋热盐环流大为减弱,大西洋海温发生强烈的变化,北大西洋海温偏低、南大西洋海温偏高。北大西洋热盐环流减弱所产生的气候影响不仅仅局限于大西洋及周边地区，还会扩展到太平洋（Wu 等，2008），通过海气相互作用引起整个亚洲季风的减弱，导致亚洲季风区（包括中国大部分地区）降水量明显减少（图 9.42）（Lu 等，2008）。为了解释 4.0Ka BP 的东亚（中国）偏冷、偏干的气候，Wang 等（2004）利用与热盐环流减弱对应的 SST 异常型来驱动大气环流模式，结果成功再现了古气候记录中的特征。这些模拟研究不仅在物理机制上说明了古气候记录中北大西洋气候变化和亚洲季风变化之间的对应关系，而且有助于加深对亚洲季风变化的认识，说明大西洋海温的异常可以影响亚洲季风。

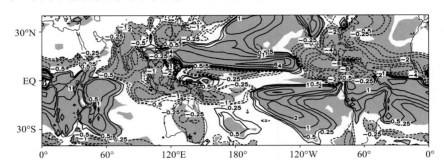

图 9.42　模拟试验得到的"淡水注入"引起的夏季平均降水变化（单位：mm/d；阴影区表示降水变化超过 95% 信度检验的区域）。（Lu 等，2008）

2. 大西洋年代际振荡对中国气候的影响

在更短一些的时间尺度上，热盐环流的强度变化还可能引起北大西洋海温的年代际变化。北大西洋海盆尺度海温具有周期为 65 到 80 年的显著年代际变化，暖冷位相交替出现，被称为大西洋年代际振荡（Atlantic Multidecadal Oscillation，AMO）（Delworth 等，2000；Kerr，2000）。它在空间上主要表现为北大西洋和南大西洋海温呈现跷跷板结构，南大西洋海温异常强度较弱，因而，一般以北大西洋海盆尺度海温异常描述大西洋年代际振荡的正负位相。大体上，大西洋年代际振荡在 1930 年至 1965 年、1995 年至今为正位相，1965 年至 1995 年为负位相。

大西洋年代际振荡对中国夏季气候具有影响。观测资料分析表明当大西洋年代际振荡处于正位相时，中国气温偏高，东部地区降水偏多（图 9.43）（Lu 等，2006）。大西洋年代际振荡处于负位相时，情况正好相反。数值模拟结果说明大西洋年代际振荡确实能影响东亚夏季风（Lu 等，2006），模拟的结果基本和观测的结果一致。

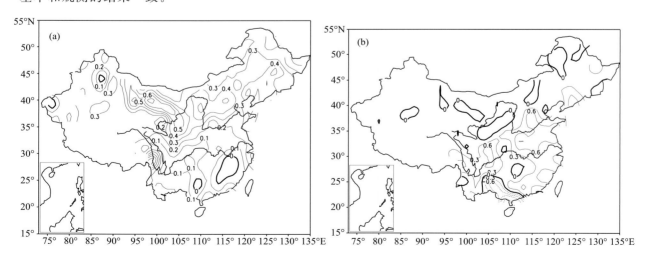

图 9.43　利用台站观测资料得到的 AMO 正、负位相之间中国气温（a，单位：℃）；和降水（b，单位：mm/d）差值。AMO 正位相为 1951—1965 年和 1996—2000 年，负位相为 1966—1995 年。在求气温的差值前，已去掉线性趋势。（引自 Lu 等，2006）

大西洋年代际振荡不仅影响中国夏季的气候,而且还可以影响冬季的气候。根据观测资料和多个大气环流模式模拟结果的分析都表明,大西洋年代际振荡可以影响东亚冬季风(Li 等,2007)。大西洋年代际振荡的正位相对应着中国大部分地区冬季偏暖,华南沿海地区少雨。此外,由于大西洋年代际振荡不随季节发生显著变化,其位相在一年四季都基本相同,这种振荡在其他季节也有可能影响中国的气候,正位相的大西洋年代际振荡在各个季节都会使得东亚地区增暖(图 9.44)(Wang 等,2009)。这说明当大西洋年代际振荡由现在的正位相转入负位相时,会削弱温室气体对中国的增暖作用。大西洋年代际振荡属于气候系统的自然变异,且具有比较清楚的 65 到 80 年周期,因此可以预估在 2025 年左右大西洋年代际振荡将开始转入负位相。

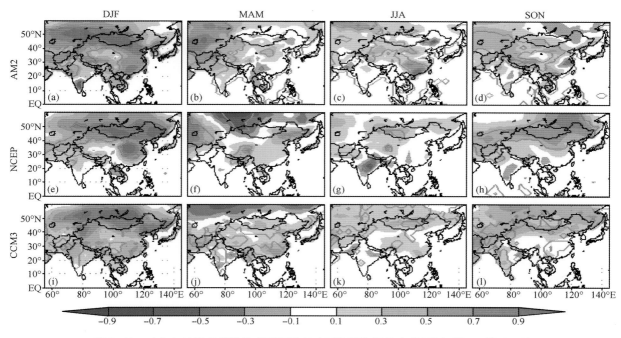

图 9.44　三个大气模式模拟的表面气温对 AMO 暖位相的响应(引自 Wang 等,2009)

同热盐环流一样,大西洋年代际振荡不仅影响东亚季风,还影响印度夏季风。根据器测资料分析的结果表明,大西洋年代际振荡的正位相对应着印度夏季降水偏多(Goswami 等,2006),而且采用长时间序列的代用资料分析结果进一步证实了这种联系(Feng 等,2008)。利用数值模式的模拟,可以看出大西洋年代际振荡可以引起印度夏季降水的变化(Lu 等,2006;Li 等,2008)。关于这种影响的物理机理,目前一般认为是大西洋年代际振荡通过改变南亚陆地和印度洋上空的热力对比,从而影响南亚季风的强弱(Lu 等,2006;Li 等,2008)。但是,关于其中的细节过程还有不少差异,如有的研究强调青藏高原和印度洋的热力对比,认为大西洋年代际振荡主要通过青藏高原的热力状况影响印度夏季风(Feng 等,2008)。此外,部分研究还强调大西洋年代际振荡对印度夏季风的影响主要体现导致季风撤退的延迟,从而使得夏季风降水总量发生改变(Lu 等,2006)。

大西洋海温除了大西洋年代际振荡这一典型的异常形式之外,还具有其他异常形式,而且也能够影响到长时间尺度上的东亚气候异常。例如,利用观测资料的分析结果说明,梅雨降水量和梅雨期长度均表现出周期为 12 年左右的年代际变化特征,且这种年代际变化与前冬北大西洋三极型的海温异常有关(Gu 等,2009)。尽管北大西洋的三极型海温异常主要是对北大西洋涛动强迫的一种响应(周天军,2003;周天军等,2006a),但数值试验亦证实,其反过来对大气亦存在反馈作用(李建等,2007;黄建斌等,2008)。

9.4.3　大西洋海温变化对亚洲季风和 ENSO 之间相互关系的影响

大西洋热盐环流减弱后,导致北大西洋的海温发生明显的变化,ENSO 和南亚季风之间的相关系

数由原来的 -0.44 增强为 -0.65 使得 ENSO 和南亚季风的关系更加密切（Lu 等，2008）。这说明 EN-SO 和季风的相关关系可以受到大西洋海域海温长时期变化的影响，在研究季风和 ENSO 关系减弱的原因时，不能仅考虑局地海气相互作用发生的变化，而且应该关注其他海域所施加的外部强迫作用。事实上，热带北大西洋海温在 ENSO 成熟的第二年春夏两季具有和 ENSO 类似的海面温度增高的显著变化，并且这种变化和同期的印度洋以及东亚和西北太平洋地区的大气环流显著相关，北大西洋海温的年际变异也受到 ENSO 的影响（周天军等，2006b；容新尧等，2010）。夏季热带北大西洋海温和同期印度洋以及东亚和西北太平洋地区大气环流的相关型显示出了类似于 ENSO 成熟次年夏季大气环流异常的特征，表明热带北大西洋在 ENSO 成熟次年印度—东亚季风区大气环流异常中可能扮演了重要的桥梁角色。在考虑大西洋海温变化的情况下，模式能够成功模拟出 ENSO 成熟次年东亚季风区大气环流异常的主要特征，如 El Niño 次年位于西北太平洋的反气旋环流以及与此反气旋环流相联系的中国东南部及沿海附近的南风异常；当不考虑大西洋的作用后，El Niño 成熟次年西北太平洋反气旋的位置明显偏东，中国东南部出现了北风异常，南海和东印度洋异常东风减弱，从非洲大陆的热带西印度洋到大西洋的赤道地区存在强盛的西风，且在南海北部及中国华南地区出现了异常的气旋环流（容新尧等，2010）。大气对热带北大西洋暖海温的 Gill 型响应使得和 Kelvin 波相伴随的异常东风从西印度洋延伸到西太平洋，异常东风通过 Ekman 抽吸效应产生的辐散东北气流，导致对流减弱，从而在南海和孟加拉湾地区形成反气旋环流，表明了 ENSO 导致的大西洋海温异常在 ENSO—季风关系中扮演了重要的桥梁角色（容新尧等，2010）。

9.5　热带太平洋、印度洋海温异常与中国气候变化

9.5.1　1950—2000 年全球陆地季风降水趋势与热带大洋的联系

在全球增暖背景下，海陆热力对比发生了改变。季风是海陆热力差异的结果，海陆热力对比的改变必将导致季风面积的相应变化。利用 Zhou 等（2008b）定义的季风区面积指数、季风降水强度指数和季风累积降水指数（图 9.45），可看出北半球陆地季风降水量的整体减弱趋势是季风面积和季风降水强度二者共同作用的结果，而其中非洲季风和南亚季风的贡献最为显著。东亚季风发生在 1970 年代末的转型，实际上是北半球季风整体变化的区域体现。

利用实际历史海温强迫，大气环流模式的集合模拟结果表明模式能够在很大程度上再现全球陆地季风降水的减弱趋势（图 9.46）（Zhou 等，2008c）。在模式中，这种减弱趋势主要来自赤道中东太平洋和印度洋增暖的强迫作用（图 9.47）。在年际尺度上，全球陆地季风降水与 ENSO 存在显著对应关系，并且这种年际变异可以通过 SST 对大气模式的强迫来模拟再现。在描述海洋季风区降水的长期变化方面，GPCP 和 CMAP 卫星降水资料的表现不一致，意味着卫星降水资料在刻画海洋季风长期变化方面存在不确定性。降水变化的模拟结果在东亚地区的技巧较低，原因之一可能来自模式的降水模拟偏差，原因之二可能来自忽略海气相互作用过程的影响。利用大气环流模式进行的系列试验结果（Li 等，2008）表明，海温强迫（主要是热带海温强迫）能够较为合理地模拟出观测中东亚夏季风环流的年代际变率，而温室气体与气溶胶的强迫作用，却是增加海陆热力差异从而使季风环流增强。东亚夏季风指数与赤道大洋显著负相关，表明赤道太平洋和印度洋的变暖是导致东亚夏季风减弱的重要因子，进一步说明热带大洋增暖对全球陆地季风的影响。尽管模式都合理再现了季风环流的年代际变化，但是其模拟的东亚季风降水变化，较之观测依然存在很大的偏差，这意味东亚区域尺度的降水变化依然是目前全球模式的模拟难题之一。

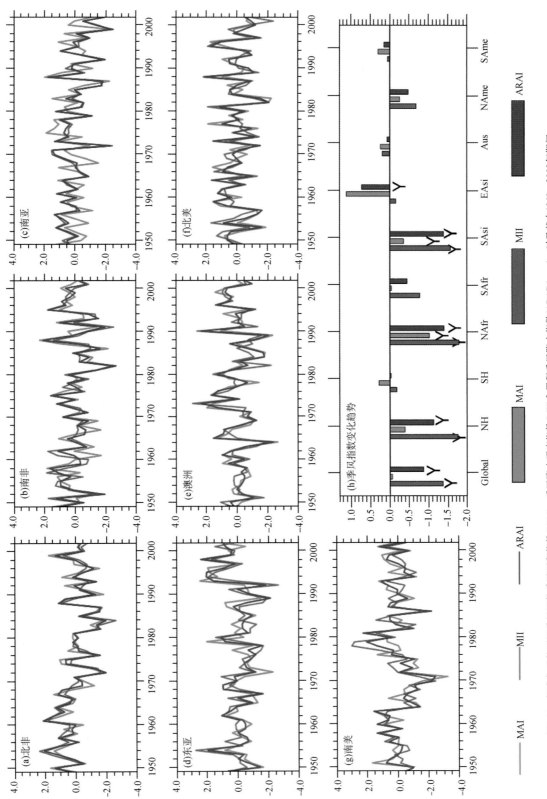

图9.45 标准化后的不同季风区的季风面积指数(MAI)、季风降水强度指数(MII)和累积季风降水指数(ARAI)(a～g)，以及其在1949～2002年期间同的线性趋势(h)。h中的Y表示该趋势通过了5%的信度检验 (Zhou等，2008a)

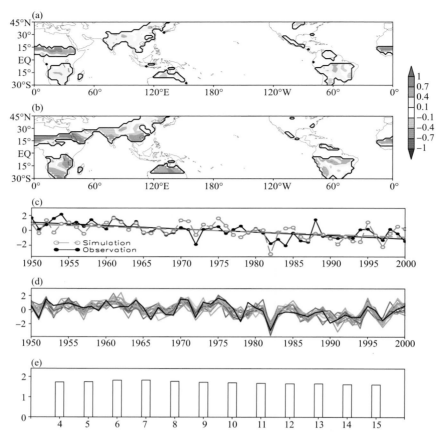

图 9.46 观测(a)和模拟(b)的全球陆地季风区降水 EOF 分解的第一模态及其时间序列 PC(c)，图(d)是不同的集合成员的 PC 指数变化(一根彩色细线表示一个成员的结果，黑粗线表示 15 个成员的集合平均)，图(e)是模拟的季风指数信噪比随集合样本数目的变化(Zhou 等，2008b)

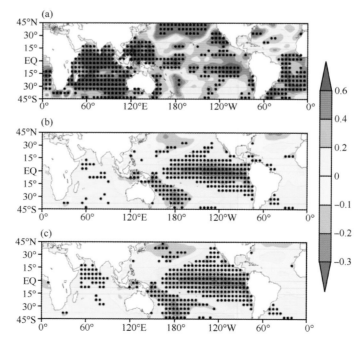

图 9.47 夏季 JJA 平均 SST 近 50 年(1950—2000 年)的线性增暖趋势(单位℃/50a)以及和陆地季风降水减弱趋势相关联的部分(b 为观测，c 为模拟)(Zhou 等，2008b)

9.5.2　西北太平洋海温与中国夏季降水变化

1. 夏季西北太平洋海温的年代际变化

对西北太平洋夏季海面温度(SST)进行经验正交函数(EOF)分解(武炳义等,2007),第一和第二主分量所占的方差贡献分别为30.5%和15.2%。第一个主分量(EOF1)表现出全区异常一致的海面温度分布(图9.48a),而第二主分量(EOF2)则表现为东西向带状海面温度在南北方向"＋－＋"的"三极型"分布(图9.48b)。第一个主分量的时间系数(图9.49a)具有明显的年代际变化,年代际转变发生在1980年代末,在此之前基本上以负值为主,而在此之后基本上以正值为主。参照图9.48a可知,西北太平洋全区一致型的海面温度在1980年代末发生了明显的年代际转型,即在1980年代末以前西北太平洋海面温度偏冷,主要表现为负距平;其后西北太平洋海面温度偏暖,表现出明显的正距平。第二主分量的时间系数(图9.49b)没有明显的年代际变化,主要表现为年际变化。

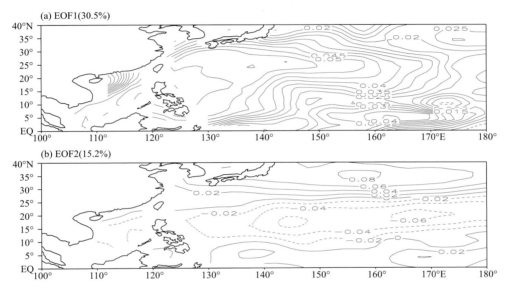

图9.48　西北太平洋夏季海面温度经验正交函数(a)第一和(b)第二主分量(武炳义等,2007)

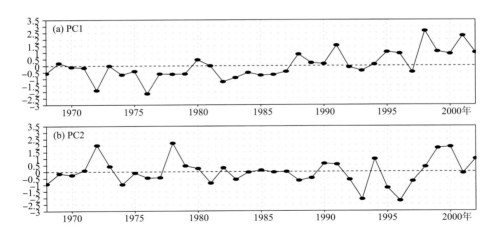

图9.49　西北太平洋夏季海面温度经验正交函数(a)第一和(b)第二主分量的时间系数(武炳义等,2007)

2. 1980年代末东亚夏季风的年代际转型

由Wang等(2001)定义的西北太平洋—东亚夏季风指数的7年滑动平均值(图9.50a)以及Wu等(2008)得到的东亚夏季风第一模态复主分量实部的7年滑动平均值(图9.50b)可以清楚地看出,

这两个季风指数都表现出明显的年代际变化特征，并且两者的变化具有非常好的一致性。从1970年代中期至1980年代末期，夏季风指数为高值期；在1990年代，夏季风指数为低值期，两个夏季风指数从高值向低值的转折都发生在1980年代末。由此可看出，东亚夏季风在1980年代末出现了一次年代际转型。

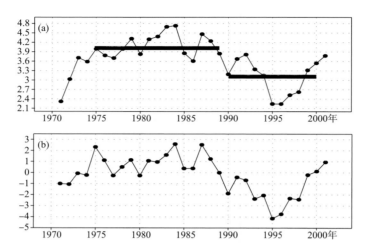

图 9.50 （a）西北太平洋—东亚夏季风指数（单位：m/s）（Wang 等，2001）和（b）东亚夏季风第一模态复主分量实部（Wu 等，2008）的 7 年滑动平均

由 1990—2001 年与 1975—1989 年两个时段中国夏季（6—8 月）平均降水的差值分布（图 9.51）可看出（张人禾等，2008），两个时段降水差值在中国东部 30°N 以南除了云南东部 104°E 附近的一小块区域外，均为明显的较大正值区域，即 1990—2001 年时段与 1975—1989 年相比，在中国东部南方地区降水明显增多。另外，在山东半岛以西，也出现了一小片降水偏多的区域。由此可知，虽然 1980 年代以来全球和中国的地面温度都呈现出显著的温度持续增加的趋势（秦大河等，2005），但中国东部夏季气候变化具有其独特性。从东亚夏季风指数可以看到，东亚夏季风并没有呈现出一致性的变化趋势，而表现出明显的年代际变化，在 1980 年代末东亚夏季风出现明显的年代际转型，即从强夏季风向弱夏季风转变。从中国夏季降水情况来看，1990 年到 2001 年和 1975 年到 1989 年两个时段的中国夏季降水差表现出在中国东部 30°N 以南地区降水明显增加。

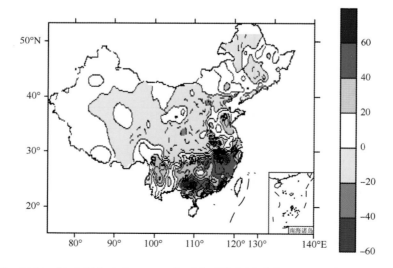

图 9.51 1990—2001 年和 1975—1989 年两个时段中国夏季（6—8 月）降水差（单位：mm；实线和虚线分别代表正值和负值，粗实线为 0 线，等值线间隔为 10 mm）（张人禾等，2008）

3.1980 年代末东亚夏季风年代际转型与西北太平洋夏季海面温度变化的联系

　　利用前述西北太平洋夏季海面温度 EOF 第一主分量的时间系数对中国夏季降水的相关系数分布（图 9.52）可看出（张人禾等，2008），在中国南方为明显的正相关，即西北太平洋海温偏低时，中国南方降水偏少；而西北太平洋海温偏高时，对应着中国南方降水偏多。由于 1980 年代末以前西北太平洋海温偏低，在此之后海温偏高（图 9.49），说明了 1980 年代末中国夏季气候转型与西北太平洋海温的变化密切相关。中国 1980 年代末之前与之后的夏季降水差值（图 9.51）与相关系数（图 9.52）在中国东部有很相近的分布特征，甚至在山东半岛以西、河套附近以及在云南以东 104°E 附近的一些小区域中都有一致的分布。在这些较小区域也具有一致性的特征，进一步说明西北太平洋夏季海面温度在 1980 年代末之后的升高与中国夏季气候在 1980 年代末的年代际转型有着非常密切的联系。

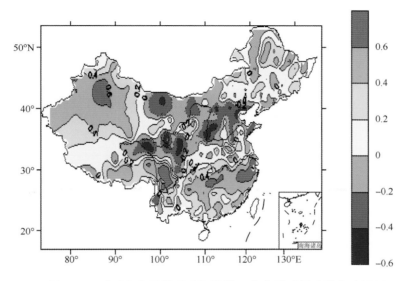

图 9.52　对西北太平洋夏季海温第一主分量时间系数和中国夏季降水进行 5 年滑动平均后的相关系数分布（张人禾等，2008）

9.5.3　西北太平洋海温变化影响中国夏季降水的物理过程

　　中国夏季降水经验正交函数（EOF）分解第二主模态（EOF2，方差贡献为 11.6%）（图 9.53a）表现为长江以南与江淮流域和华北的反向分布（Han 等，2009）。从时间变化系数（图 9.53b）可看出，在 1980 年代末出现了明显的转型，即长江以南降水增多。利用 EOF2 的时间系数与 500 hPa 位势

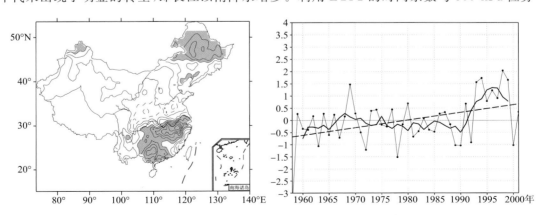

图 9.53　1958—2001 年中国夏季降水经验正交函数（EOF）分解第二主模态（EOF2）(a) 及时间系数 (b)（Han 等，2009）

高度场求相关（图9.54），可看出在东亚沿岸出现了位势高度场的三极分布形式，在中纬度为负相关区，在高纬和低纬分别为正相关区，表明了降水在南方增加、北方减少对应着东亚上空中纬度地区的气压减弱以及高纬和低纬地区的气压增高。850 hPa 回归风场与此高度场相对应，在中纬度地区为气旋式环流，高纬和低纬地区为反气旋环流。流场和高度场的这种分布正好与 EAP 型遥相关型（Huang 等，1992）相符合。同样利用 EOF2 的时间系数与海面温度求相关，在南海和西北太平洋为明显的正相关（图9.55a），从北印度洋到热带西北太平洋的海面温度呈现出明显的增加趋势（图9.55b），此海温时间序列与 500 hPa 高度场和 850 hPa 风场作相关（图9.55c）与中国夏季降水 EOF2 的时间系数与 500 hPa 位势高度场的相关场和 850 hPa 回归风场几乎一致，说明了西北太平洋夏季海温的升高能够

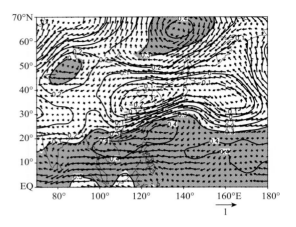

图 9.54　EOF2 时间系数与 500 hPa 位势高度的相关系数（等值线）以及 850 hPa 回归风场（矢量）。阴影区为信度超过 95% 的区域。（Han 等，2009）

在大气中激发出 EAP 型遥相关型，对东亚环流和降水产生影响。数值试验亦证实西北太平洋海温对副高活动变化的影响（Wu 等，2008）。

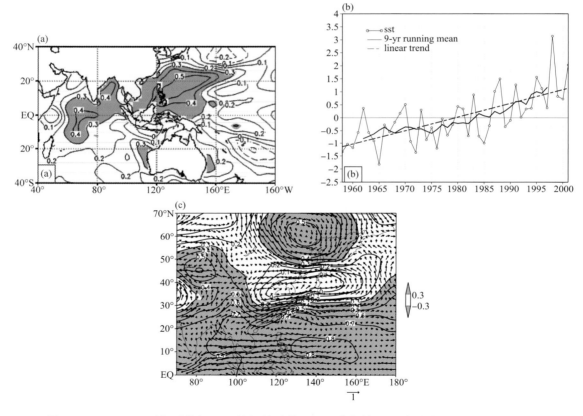

图 9.55　(a)EOF2 时间系数与 SST 的相关系数；(b)显著相关区(a 中阴影区)平均 SST 的时间变化；(c)显著相关区平均 SST 与 500 hPa 与位势高度的相关（等值线：阴影区为信度超过 95% 的区域）和 850 hPa 回归风场（矢量）。（Han 等，2009）

东亚季风年代际转型的一个重要特征，是西太平洋副热带高压呈现出西伸的特征（Gong 等，2002；张人禾等，2008；Zhou 等，2009b；c），它能够通过影响水汽输送（Zhang，2001；Zhou 等，2005），最终影响到季风雨带的位置。数值试验已经证实在年际尺度上，热带海温异常对副高变化的显著影响（Wu 等，

2008;Zhou 等,2009 d)。自 1970 年代末以来,热带印度洋和西太平洋(IWP)较之此前的二十余年大约增暖了 0.4 ℃以上。利用观测的 IWP 海温增暖趋势驱动大气环流模式,所有的模式都一致地呈现出副高西伸的特征(Zhou 等,2009c)(图 9.56),意味着 IWP 的增暖是导致副高西伸的重要因子。有两种过程在副高的西伸过程中发挥作用:一是 IWP 区的暖海温异常通过影响 Walker 环流,导致赤道中东太平洋的对流活动减弱,负热源随后激发出 Gill 型的反气旋环流型,有助于副高的西伸;二是通过 Rodwell 和 Hoskins(1996)提出的南亚季风潜热加热机制,季风凝结潜热加热所导致的 Kelvin 波有利于西太平洋副热带高压南侧环流的增强,而通过 Sverdrup 涡度守恒所引起的经向风增强,则有利于西太平洋副热带高压西缘的环流增强。与此同时,IWP 增暖也有利于高层的南亚高压范围扩展,基于再分析资料的分析表明事实的确如此。

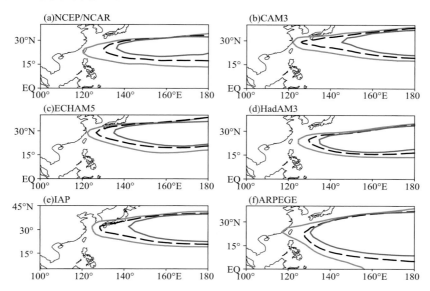

图 9.56 (a)观测的副高年代际变化(红线表示 1980—1999 年、蓝色表示 1958—1979 年的 Z500 特征线平均位置,黑色虚线为气候平均结果);(b~f)利用印度洋和西太平洋增暖的海温距平型强迫五个大气环流模式所模拟的夏季西太平洋副热带高压的西伸趋势(红色表示增暖试验的结果,蓝色表示对应的变冷试验的结果,黑色虚线表示气候平均态海温强迫下的控制试验的结果)(Zhou 等,2009c)

参 考 文 献

郭冬,孙照渤.2004.冬季北太平洋涛动异常与东亚冬季风和中国天气气候的关系.南京气象学院学报,**27**:461-470

黄建斌,周天军,朱锦红,等.2008.与热盐环流相关的海温异常对大西洋沿岸气候影响的诊断模拟研究.自然科学进展,**18**(2):154-160

黄荣辉,徐予红,周连童.1999.中国夏季降水的年代际变化及华北干旱化趋势.高原气象,**18**(4):465-476

康丽华,陈文,魏科.2006.中国冬季气温年代际变化及其与大气环流异常变化的关系.气候与环境研究,**11**:330-339

李崇银,李桂龙,龙振夏.1999.中国气候年代际变化的大气环流形势对比分析.应用气象学报,10(增刊):1-8

李崇银,顾微,潘静.2008.梅雨与北极涛动及平流层环流异常的关联.地球物理学报,**51**(6):1632-1641

李建,周天军,宇如聪.2007.利用大气环流模式模拟北大西洋海温异常强迫响应.大气科学,**31**(4):561-570

马柱国,邵丽娟.2006.中国北方近百年干湿变化与太平洋年代际振荡的关系.大气科学,**30**(3):464-474

马柱国.2007.华北干旱化趋势及转折性变化与太平洋年代际振荡的关系.科学通报,**52**(10):1199-1206

秦大河(主编).2005.中国气候与环境演变(上卷).北京:科学出版社.562pp.

容新尧,张人禾,LI Tim.2010.大西洋海温异常在 ENSO 影响印度—东亚夏季风中的作用.科学通报,**55**(14):1397-1408

王东海,柳崇健,刘英,等.2008.2008 年 1 月中国南方低温雨雪冰冻天气特征及其天气动力学成因的初步分析.气象学报,**66**(3):405-422

王遵娅,丁一汇.2006.近 53 年中国寒潮的变化特征及其可能原因.大气科学,**30**:1068-1076

魏凤英.2006.长江中下游夏季降水异常变化与若干强迫因子的关系.大气科学,**30**(2)：202-211

魏凤英.2008.气候变暖背景下中国寒潮灾害的变化特征.自然科学进展,**18**(3)：289-295

武炳义,张人禾.2007.20世纪80年代后期西北太平洋夏季海表温度异常的年代际变化.科学通报,**52**(10)：1190-1194

杨修群,朱益民.2003.太平洋年代际振荡与中国气候变率的联系.气象学报,**61**(6)：641-654

杨修群,朱益民,谢倩,等.2004.太平洋年代际振荡的研究进展.大气科学,**28**(6)：979-992

杨修群,谢倩,朱益民,等.2005.华北降水年代际变化特征及相关的海气异常型.地球物理学报,**48**(4)：789-797

张人禾,武炳义,赵平,等.2008.中国东部夏季气候20世纪80年代后期的年代际转型及其可能成因.气象学报,**66**(5)：697-706

赵平,张人禾.2006.东亚—太平洋偶极型气压场与东亚季风年际变化的关系.大气科学,**30**(2)：307-316

赵平,陈军明,肖栋,等.2008.夏季亚洲—太平洋涛动与大气环流和季风降水.气象学报,**66**(5)：716-729

周天军.2003.全球海气耦合模式中热盐环流对大气强迫的响应,气象学报,**61**(2)：164-179.

周天军,宇如聪,郜永琪,等.2006a.北大西洋年际变率的海气耦合模式模拟Ⅰ：局地海气相互作用.气象学报,**64**(1)：1-17

周天军,宇如聪,郜永琪,等.2006b.北大西洋年际变率的海气耦合模式模拟Ⅱ：热带太平洋强迫.气象学报,**64**(1)：18-29

周秀骥,赵平,陈军明,等.2009a.青藏高原热力作用对北半球气候影响的研究.中国科学(D辑),**39**(10)：1-14

周秀骥,赵平,刘舸.2009b.近千年亚洲—太平洋涛动指数与东亚夏季风变化.科学通报,**54**：3145-3147

朱益民,杨修群.2003.太平洋年代际振荡与中国气候变率的联系.气象学报,**61**(6)：641-654

朱益民,杨修群,陈晓颖,等.2007.ENSO与中国夏季气候年际异常关系的年代际变化.热带气象学报,**23**(2)：105-116

朱益民,杨修群,俞永强,等.2008a.FGOALS_g快速耦合模式模拟的北太平洋年代际变率.地球物理学报,**51**(1)：58-69

朱益民,杨修群,谢倩,等.2008b.冬季太平洋海表温度与北半球中纬度大气环流异常的共变模态.自然科学进展,**18**(2)：161-171

邹燕,赵平.2009.夏季亚洲—太平洋涛动与中国近海热带气旋活动的关系.气象学报

Chen W,Graf H F,Huang R H. 2000. The interannual variability of East Asian winter monsoon and its relation to the summer monsoon. Advances in Atmospheric Sciences,**17**：46-60

Chen W,Yang S,Huang R H. 2005. Relationship between stationary planetary wave activity and the East Asian winter monsoon. Journal of Geophysical Research-Atmosphers,110：D14110,doi：10.1029/2004JD005669

Dash S K,Singh G P,Shekhar M S,等. 2005. Response of the Indian summer monsoon circulation and rainfall to seasonal snow depth anomaly over Eurasia. Climate Dynamics,**24**：1-10

Delworth T L,Mann M E. 2000. Observed and simulated multidecadal variability in the Northern Hemisphere. Climate Dynamics,**16**：661-676

Ding R Q,Li J P,Wang S G,等. 2005. Decadal change of the spring dust storm in northwest china and the associated atmospheric circulation. Geophys. Res. Lett.,**32**：L02808,doi：10.1029/2004GL021561

Ding Y,Wang Z,Sun Y. 2007. Inter-decadal variation of the summer precipitation in East China and its association with decreased Asian summer monsoon. Part I：Observational evidences. International Journal of Climatology,doi：10.1002/joc.1615

Feng S,Hu Q. 2008. How the North Atlantic Multidecadal Oscillation may have influenced the Indian summer monsoon during the past two millennia. Geophys. Res. Lett.,**35**：L01707,doi：10.1029/2007GL032484

Gong Daoyi,Ho C-H. 2002. Shift in the summer rainfall over the Yangtze River valley in the late 1970 s. Geophysical Research Letters,29：1436,doi：10.1029/2001GL014523

Goswami B N,Madhusoodanan M S,Neema C P,等. 2006. A physical mechanism for North Atlantic SST influence on the Indian summer monsoon. Geophys. Res. Lett.,**33**：L02706,doi：10.1029/2005GL024803

Gu W,Li C Y,Wang X,等. 2009. Linkage between Mei-yu precipitation and North Atlantic SST on the decadal timescale. Adv. Atmos. Sci.,**26**：101-108

Häkkinen S. 1993. An Arctic source for the great salinity anomaly：A simulation of the Arctic ice-ocean system for 1955—1975. Journal of Geophysical Research,**98**(C9)：16397-16410

Han J P,Zhang R H. 2009. The dipole mode of the summer rainfall over East China during 1958—2001. Adv. Atmos. Sci.,**26**(4)：727-735

Huang R H,Wu Y F. 1989. The influence of ENSO on the summer climate change in China and its mechanism. Adv.

Atmos. Sci. ,**6**：21-32

Huang R H,Sun F Y. 1992. Impacts of the tropical western Pacific on the East Asian summer monsoon. J. Meteor. Soc. Japan,**70**：243-256

Jhun J G,Lee E J. 2004. A new East Asian winter monsoon index and associated characteristics of the winter monsoon. Journal of Climate,**17**：711-726.

Kerr,R A. 2000. A North Atlantic climate pacemaker for the centuries. Science,**288**：1984-1985

Li H,Dai A,Zhou T,等. 2008. Responses of East Asian summer monsoon to historical SST and atmospheric forcing during 1950—2000. Climate Dynamics,doi：10. 1007/s00382-008-0482-7.

Li J,Yu R,Zhou T,等. 2005. Why is there an early spring cooling shift downstream of the Tibetan Plateau. Journal of Climate,**18**(22)：4660-4668

Li J,Yu R,Zhou T. 2008. Teleconnection between NAO and Climate Downstream of the Tibetan Plateau. Journal of Climate,**21**(18)：4680-4690

Li S,Bates G T. 2007. Influence of the Atlantic multidecadal oscillation on the winter climate of East China. Adv. Atmos. Sci. ,**24**：126-135

Li S,Perlwitz J,Quan X,等. 2008. Modelling the influence of North Atlantic multidecadal warmth on the Indian summer rainfall. Geophys. Res. Lett. ,**35**：L05804,doi：10. 1029/2007GL032901

Lu R,Dong B. 2008. Response of the Asian summer monsoon to a weakening of Atlantic thermohaline circulation. Adv. Atmos. Sci. ,**25**：723-736

Lu R,Dong B,Ding H. 2006. Impact of the Atlantic Multidecadal Oscillation on the Asian summer monsoon. Geophys. Res. Lett. ,**33**：L24701,doi：10. 1029/2006GL027655

Lu R,Chen W,Dong B. 2008. How does a weakened Atlantic thermohaline circulation lead to an intensification of the ENSO-south Asian summer monsoon interaction? Geophys. Res. Lett. ,**35**：L08706,doi：10. 1029/2008GL033394

Mantua N J,Hare S R,Zhang Y,等. 1997. A Pacific interdecadal climate oscillation with impacts on salmon production. Bull. Amer. Meteor. Soc. ,**78**：1069-1079

Maslanik J,Drobot S,Fowler C,等. 2007. On the arctic climate paradox and the continuing role of atmospheric circulation in affecting sea ice conditions. Geophysical Research Letters,34：L03711,doi：10. 1029/2006GL028269.

Nakamura H,Lin G,Yamagata T. 1997. Decadal climate variability in the North Pacific during the recent decades. Bull. Amer. Meteor. Soc. ,**98**：2215-2225

Nan S L,Zhao P,Yang S. 2009. Springtime Tropospheric Temperature over the Tibetan Plateau and Tropical Pacific Sea Surface Temperature. J. Geophys. Res. ,**114**：D10104,doi：10. 1029/2008JD011559

Takaya K,Nakamura H. 2005. Mechanisms of intraseasonal amplification of the cold Siberian high. Journal of the Atmospheric Sciences,**62**：4423-4440

Trenberth K E. 1990. Recent observed interdecadal climate changes in the Northern Hemisphere. Bull. Amer. Meteor. Soc. ,**71**：988-993

Wang B,Wu R G,Lau K M. 2001. Interannual variabllity of the Asian summer monsoon：Contrasts between the Indian and the western North Pacific-East Asian monsoon. J Climate,**14**：4073-4090

Wang B,Wu R,Fu X. 2000. Pacific-East Asian teleconnection：How does ENSO affect East Asian climate? Journal of Climate,**13**：1517-1536

Wang B,Yang J,Zhou T,等. 2008. Interdecadal changes in the major modes of Asian-Australian monsoon variability：Strengthening relationship with ENSO since the late 1970 s. Journal of Climate,**21**：1771-1789

Wang L,Chen W,Huang R. 2007. Changes in the variability of North Pacific Oscillation around 1975/1976 and its relationship with East Asian winter climate. Journal of Geophysical Research,112：D11110,doi：10. 1029/2006JD008054

Wang L,Chen W,Huang R H. 2008. Interdecadal modulation of PDO on the impact of ENSO on the east Asian winter monsoon. Geophysical Research Letters,35：L20702,doi：10. 1029/2008GL035287

Wang L,Chen W,Zhou W,等. 2009a. Interannual variations of East Asian trough axis at 500 hPa and its association with the East Asian winter monsoon pathway. Journal of Climate,**22**：600-614

Wang L,Huang R,Gu L,等. 2009b. Interdecadal variations of the East Asian winter monsoon and their association with quasi-stationary planetary wave activity. Journal of Climate,**22**：4860-4872

Wang L,Chen W,Zhou W,等. 2009c. Effect of the climate shift around mid 1970s on the relationship between wintertime Ural blocking circulation and East Asian climate. International Journal of Climatology,in press

Wang S,Zhou T,Cai J,等. 2004. Abrupt Climate Change around 4 ka BP：Role of the Thermohaline Circulation as Indicated by a GCM Experiment. Advances in Atmospheric Sciences,21(2)：291-295

Wang Y,Li S,Luo D. 2009. Seasonal response of Asian monsoonal climate to the Atlantic Multidecadal Oscillation. J. Geophy. Res. ,114：D02112,doi：10. 1029/2008JD010929

Wei F Y,Xie Y,Mann M E. 2008. Probabilistic trend of anomalous summer rainfall in Beijing：Role of interdecadal variability. Journal of Geophysical Research,113,D20106,doi：10. 1029/2008JD010111

Wu L,Li C,Yang C,等. 2008. Global teleconnections in response to a shutdown of the Atlantic meridional overturning circulation. Journal of Climate,21：3002-3019

Wu B Y,Wang J,Walsh J. 2006. Dipole Anomaly in the Winter Arctic Atmosphere and its association with sea ice motion. Journal of Climate,19(2)：210-225

Wu B,Zhang R,D'Arrigo R. 2008a. Arctic Dipole Anomaly and summer rainfall in northeast China. Chinese Science Bulletin,53(14)：2222-2229

Wu B,Zhang R H,Ding Y H,等. 2008b. Distinct modes of the East Asian summer monsoon. J Climate,21：1122-1138

Wu B,Zhang R,Wang B. 2009a. On the association between spring Arctic sea ice concentration and Chinese summer rainfall：A further Study. Advanced in Atmospheric Sciences,26(4)：666-678

Wu B,Yang K,Zhang R. 2009b. Eurasian Snow Cover Variability and Its Association with Summer Rainfall in China. Advanced in Atmospheric Sciences,26：31-44

Wu B,Zhou T. 2008. Oceanic origin of the interannual and interdecadal variability of the summertime western Pacific subtropical high. Geophysical Research Letters,35：L13701,doi：10. 1029/ 2008GL034584

Wu B,Zhou T,Li T. 2009. Seasonally evolving dominant interannual variability modes of East Asian Climate. Journal of Climate,22：2992-3005

Xin X,Yu R,Zhou T,等. 2006. Drought in Late Spring of South China in Recent Decades. Journal of Climate,19(13)：3197-3206

Xin X,Zhou T,Yu R. 2009. Increased Tibetan Plateau snow depth：An indicator of the connection between enhanced winter NAO and late-spring tropospheric cooling over East Asia. Adv. Atmos. Sci. ,in press

Zhang R,Sumi A,Kimoto M. 1996. Impact of El Niño on the East Asian monsoon：A diagnostic study of the'86/87 and'91/92 events. J. Meteor. Soc. Japan,74：49-62

Zhang R,Sumi A,Kimoto M. 1999. A diagnostic study of the impact of El Niño on the precipitation in China. Adv. Atmos. Sci. ,16：229-241

Zhang R. 2001. Relations of water vapor transport from Indian monsoon with that over East Asia and the summer rainfall in China. Advances in Atmospheric Sciences,18：1005-1017

Zhang,R,Sumi A. 2002. Moisture circulation over East Asia during El Niño episode in northern winter,spring and autumn. J. Meteor. Soc. Japan,80：213-227

Zhao P,Zhu Y N,Zhang R H. 2007. An Asian-Pacific teleconnection in summer tropospheric temperature and associated Asian climate variability. Clim. Dyn. ,29：293-303

Zhao P,Cao Z H,Chen J M. 2009a. A summer teleconnection pattern over the extratropical Northern Hemisphere and associated mechanisms. Climate Dynamics (in press：CLIDY-D-09-00007R2)

Zhao P,等. 2009b. Long-term changes in rainfall over Eastern China and large-scale atmospheric circulation associated with recent global warming. J. Climate,doi：10. 1175/2009JCLI2660. 1

Zhao P,Zhang X D,Li Y F,等. 2009c. Remotely Modulated Tropical-North Pacific Ocean-Atmosphere Interactions by the South Asian High. Atmospheric Research,94：45-60

Zhou B T,Cui X,Zhao P. 2008. Relationship between the Asian-Pacific oscillation and the tropical cyclone frequency in the western North Pacific. Science in China (Series D),51(3)：380-385

Zhou B T,Zhao P,Cui X. 2009a. Linkage between the Asian-Pacific Oscillation and the sea surface temperature in the North Pacific. Chinese Sci Bull,doi：10. 1007/s11434-009-0386-x

Zhou B T,Zhao P. 2009b. Influence of the Asian-Pacific Oscillation on the spring precipitation over central Eastern China. Advances in Atmospheric sciences,doi:10.1007/s00376-009-9058-7

Zhou T,Yu R. 2005. Atmospheric water vapor transport associated with typical anomalous summer rainfall patterns in China. J. Geophys. Res.,110:D08104,doi:10.1029/2004JD005413

Zhou T,Wu B,Wen X,等. 2008a. A fast version of LASG/IAP climate system model and its 1000-year control integration. Advances in Atmospheric Sciences,25(4):655-672

Zhou T,Zhang L,Li H. 2008b. Changes in global land monsoon area and total rainfall accumulation over the last half century. Geophys. Res. Lett.,35:L16707,doi:10.1029/2008GL034881

Zhou T,Yu R,Li H,等. 2008c. Ocean forcing to changes in global monsoon precipitation over the recent half century. J. Climate,21(15):3833-3852

Zhou T,Zhang J. 2009a. Harmonious inter-decadal changes of July-August upper tropospheric temperature across the North Atlantic,Eurasian continent and North Pacific. Advances in Atmospheric Sciences,26:656-665

Zhou T,Gong D,Li J,等. 2009b. Detecting and understanding the multi-decadal variability of the East Asian Summer Monsoon-Recent progress and state of affairs. Meteorologische Zeitschrift,18(4):455-467

Zhou T,Yu R,Zhang J,等. 2009c. Why the Western Pacific Subtropical High has Extended Westward since the Late 1970 s. J. Climate,22:2199-2215

Zhou T,Wu B,Wang B. 2009d. How well do Atmospheric General Circulation Models capture the leading modes of the interannual variability of Asian-Australian Monsoon? Journal of Climate,22:1159-1173

Zhu Y,Yang X Q. 2003. Joint propagating patterns of SST and SLP anomalies in the North Pacific on bidecadal and pentadecadal timescales. Advances in Atmospheric Sciences,20(5):694-710

名词解释

大西洋年代际振荡(AMO,Atlantic Multidecadal Oscillation)：是指北大西洋海盆尺度海温具有周期为65到80年的显著年代际变化,暖冷位相交替出现。它在空间上主要表现为北大西洋和南大西洋海温呈现跷跷板结构,南大西洋海温异常强度较弱,因而,一般以北大西洋海盆尺度海温异常描述大西洋年代际振荡的正负位相。

北太平洋涛动(NPO,North Pacific Oscillation)：是指北太平洋中纬度与极地海平面气压场上南北反位相的跷跷板变化现象,即北太平洋上的阿留申低压与夏威夷高压同时增强或同时减弱的现象。

太平洋年代际振荡(PDO,Pacific Decadal Oscillation)：是近年来揭示出的一种年代到年代际时间尺度上的太平洋海气系统气候变率强信号。以太平洋海温异常作为定义,PDO可分为冷、暖位相:当热带中东太平洋异常暖,北太平洋中部异常冷,而沿北美西岸却异常暖,为PDO暖位相;反之,则为PDO冷位相。

热盐环流(THC,Thermohaline Circulation)：是海洋中主要的运动形式之一。由于海洋受热冷却和蒸发降水不均产生温度和盐度的变化、并导致海水密度分布不均匀从而形成的由密度梯度驱动的深层洋流。它通过强烈的跨赤道经向热输送对气候系统产生重要影响。大西洋中热盐环流十分明显,是全球大洋中唯一存在跨赤道、均匀一致向北热量输送的大洋,强烈的跨赤道极向热输送,是大西洋热盐环流影响气候变化的重要途径。

第十章 全球气候系统模式评估与气候变化预估

主 笔:董文杰,吴统文,俞永强

贡献者:戴永久,张耀存,王在志,吴方华,辛晓歌,孙旭光,郭彦,韦志刚

提 要

本章介绍近年来耦合气候系统模式(或地球系统模式),尤其是中国地球系统模式发展的现状及未来发展趋势,通过模式模拟与观测以及各模式之间模拟结果的对比分析,评估当代全球耦合气候系统模式重现当代气候平均态和20世纪气候变化的模拟能力并给出未来气候变化的多模式集合预估。17个CMIP5模式集合平均模拟的1906—2005年全球增温的线性趋势是0.76 ℃/100a,非常接近于观测(0.74 ℃/100a),但模式间差异仍然很大;对中国多模式集合模拟的增温速率是0.81 ℃/100a,观测是0.84 ℃/100a,1906—2005年中国地表气温集合模拟值与同期观测值的相关系数为0.77,但其中后50年(相关系数0.83)要比前50年(相关系数0.49)模拟好很多,中国四个模式对中国气温的模拟都比较好。在不同典型浓度路径RCP8.5、RCP6.0、RCP4.5和RCP2.6下,多模式集合预估结果表明,到21世纪末全球平均地表气温将相比于1980—1999年平均值分别升高4.5 ℃(2.8~5.7 ℃)、2.3 ℃(1.6~3.3 ℃)、1.7 ℃(0.9~2.6 ℃)和0.7 ℃(0.0~1.4 ℃)。模拟的降水与观测相比差异无论在量值还是在趋势上都比较大,这表明降水预估的不确定性仍然很大。在RCP8.5、RCP4.5和RCP2.6下,多模式集合预估到21世纪末,全球降水将分别增加0.19 mm/d(0.14 mm/d~0.23 mm/d)、0.1 mm/d(0.07 mm/d~0.14 mm/d)、0.06 mm/d(0.04 mm/d~0.08 mm/d)。

10.1 气候系统模式研发进展

10.1.1 耦合气候系统模式

在全球气候变暖的情况下,未来的气候将如何演变是科学界、公众、媒体和决策者共同关心的问题,其中十年到百年时间尺度气候变化的预估与各个国家和地区社会经济发展息息相关,尤其受到重视。目前,对人类活动造成的未来气候变化的预估主要依靠气候系统模式或地球系统模式。

与数值天气预报模式相比,气候系统模式更关注气候系统各子系统之间的相互作用和人类活动的影响,其主要分量模式或模块有大气、陆面、海洋、海冰、气溶胶、碳循环、植被生态和大气化学等。这些分量模式或模块首先是独立发展和完善,然后耦合在一起,形成气候系统模式。模式的发展水平密切依赖于对控制整个气候系统的物理、化学和生态过程以及它们之间的相互作用的认识和理解程度的不断提高。计算机运算能力的不断提升为模式发展创造了条件,模式也因此越来越变得庞大和复杂。到目前为止,气候系统模式除了大气-陆面-海洋和海冰相互耦合外,还同时耦合了气溶胶和碳循环等过程。动态植被和大气化学过程也陆续耦合到了气候系统模式之中,这类气候系统模式在耦合模式比较计划第五阶段(Couplede Model Intercomparison Project Phase 5,CMIP5)中被称为地球系统模式

(但考虑到学界的习惯,在本章中一般仍称作气候系统模式)。

多圈层耦合模式经过 20 多年的发展与改进,已经有了明显的进步,其模拟结果已成为 IPCC 评估报告提供气候变化模拟和预估的科学分析基础(罗勇等,2002)。IPCC 第一次评估报告(以下简称FAR)共使用了 11 个气候模式。第二次评估报告(以下简称 SAR)使用的耦合模式共 14 个,其中包括中国科学院大气物理研究所发展的耦合模式。在 IPCC 第三次评估报告(TAR)中,有 34 个模式参加了比较(表 10.1)。自 TAR 之后,海气耦合模式的发展取得了长足进步,在 2007 年发布的第四次评估报告 IPCC AR4 中,则有 24 个海气耦合模式参与,见表 10.2(同时还列出了中国气象局开发的气候系统模式 BCC_CSM1.0)。这些模式无论在物理过程还是在模式分辨率上,较 IPCC TAR 的气候系统模式都有了显著提高。

模式比较计划和 CMIP5

为了在统一的框架内开展多模式比较,以全面评价各类模式的模拟能力。世界气候研究计划在过去 20 年来相继组织实施了一系列的模式比较计划,如大气模式比较计划(AMIP)、海洋模式比较计划(OMIP)、古气候模式比较计划(PMIP)、季节预报模式比较计划(SMIP)、陆面过程模式比较计划(LSMIP)和耦合模式比较计划(CMIP)等,其中对于气候变化研究最为重要的是 CMIP 模式比较计划(CMIP,1995)。在系统总结过去 CMIP 经验和教训的基础上,2008 年 9 月,世界气候比较计划通过了一组新的气候模式试验,即第五次耦合模式比较计划(CMIP5)。参加 CMIP5 的模式耦合了气溶胶、碳循环、动态植被和大气化学等过程,称为地球系统模式。同过去的 CMIP 计划一样,这组新的试验结果将向 IPCC AR5 提供气候变化预估和归因的科学依据。目前,国际上 20 多个气候模式研究组都在为这次试验计划进行一系列的准备工作。参与 CMIP5 模式评估的耦合气候模式中,多数模式已考虑了陆地生态系统的碳源汇变化和海洋碳循环过程,能够模拟人类温室气体排放对全球碳循环的影响。

在已启动的 IPCC 第五次评估报告(IPCC AR5)中,特别关注全球碳循环过程对气候变率和气候变化的影响。研究碳循环的目的是为了更好地了解陆地和海洋对温室气体的吸收能力以及在未来气候变化过程中是如何影响和响应气候变化的。IPCC AR4 已有部分耦合模式考虑海洋中的碳循环过程及其对气候的反馈,而 AR5 长期试验的一个重点就是预估碳循环对气候的反馈。耦合模式比较计划(CMIP5)大量的数值模拟试验结果,将为 IPCC AR5 的所有三个工作组提供气候变化预估和归因研究评估的基础数据。在参与 IPCC AR5 模式评估的耦合气候模式中,多数模式已考虑了陆地生态系统的碳源汇变化和海洋碳循环过程,能够模拟人类温室气体排放对全球碳循环的影响。CMIP5 试验将划分成不同的组别,模式试验的设计重点关注长期(2005—2100 年)气候变化信息。具体包含(1)控制试验、历史试验和 AMIP 模拟试验;(2)不同典型浓度路径(RCP)情景下的未来气候预估,这些 RCP 根据 2100 年左右的可能辐射强迫进行分类;(3)指定排放下的过去和未来气候模拟;(4)反馈分析和理解模式差异的模拟;(5)历史和 AMIP 模拟的集合;(6)气候变化检测和归因分析的模拟。CMIP5 还包括未来 30 年内年代际气候变率和变化可预测性的近期试验。

典型浓度路径(RCP)简介

RCP 是典型浓度路径的简称。作为一种未来人类活动产生的温室气体排放浓度路径,RCP 情景根据已发表的评估 IPCC AR4 的情景文献,提供了一个简单的描述气体浓度和辐射强迫的方法。参与 CMIP5 模式比较计划的模式组都将采用 RCP 辐射强迫数据作为气候模式的外强迫。在 IPCC 关于新情景报告的专家会议上,IPCC 专家用单位面积的辐射强迫表示未来 100 年稳定浓度的不同 RCP 情景,其中包括 RCP2.6,RCP4.5,RCP6 和 RCP8.5 等四种。在 RCP2.6 情景中,辐射强迫在 2050 年达到峰值约 3 W/m²，在 2100 年降低至 2.6 W/m²，辐射强迫在 21 世纪后半段是减弱的。RCP4.5 情景的辐射强迫在 2100 年稳定在 4.5 W/m²，CO_2 浓度和辐射强迫在 2100 年之后保持为常数。RCP6 情景展示了增长的辐射强迫，并在 2100 年达到 6 W/m²，与 RCP4.5 情景类似，CO_2 浓度接近稳定。在 RCP8.5 情景中，辐射强迫在 2100 年后仍旧增长。提供这些新的浓度路径，有利于整合气候模式比较试验，从而产生新的气候变化预估结果。

表 10.1　参加 IPCC TAR 的耦合气候模式列表（Houghton 等，2001）

模式名称	所属中心	大气模式分辨率	海洋模式分辨率
ARPEGE/OPA1	CERFACS（法国）	T21 (5.6×5.6) L30	2.0×2.0 L31
ARPEGE/OPA2	CERFACS（法国）	T31 (3.9×3.9) L19	2.0×2.0 L31
BMRCa	BMRC（澳大利亚）	R21 (3.2×5.6) L9	3.2×5.6 L12
BMRCb	BMRC（澳大利亚）	R21 (3.2×5.6) L17	3.2×5.6 L12
CCSR/NIES	CCSR/NIES（日本）	T21 (5.6×5.6) L20	2.8×2.8 L17
CGCM1	CCCma（加拿大）	T32 (3.8×3.8) L10	1.8×1.8 L29
CGCM2	CCCma（加拿大）	T32 (3.8×3.8) L10	1.8×1.8 L29
COLA1	COLA（美国）	R15 (4.5×7.5) L9	1.5×1.5 L20
COLA2	COLA（美国）	T30 (4×4) L18	3.0×3.0 L20
CSIRO Mk2	CSIRO（澳大利亚）	R21 (3.2×5.6) L9	3.2×5.6 L21
CSM 1.0	NCAR（美国）	T42 (2.8×2.8) L18	2.0×2.4 L45
CSM 1.3	NCAR（美国）	T42 (2.8×2.8) L18	2.0×2.4 L45
ECHAM1/LSG	DKRZ（德国）	T21 (5.6×5.6) L19	4.0×4.0 L11
ECHAM3/LSG	DKRZ（德国）	T21 (5.6×5.6) L19	4.0×4.0 L11
ECHAM4/OPYC3	DKRZ（德国）	T42 (2.8×2.8) L19	2.8×2.8 L11
GFDL_R15_a	GFDL（美国）	R15 (4.5×7.5) L9	4.5×3.7 L12
GFDL_R15_b	GFDL（美国）	R15 (4.5×7.5) L9	4.5×3.7 L12
GFDL_R30_c	GFDL（美国）	R30 (2.25×3.75) L14	1.875×2.25 L18
GISS1	GISS（美国）	4.0×5.0 L9	4.0×5.0 L16
GISS2	GISS（美国）	4.0×5.0 L9	4.0×5.0 L13
GOALS	IAP/LASG（中国）	R15 (4.5×7.5) L9	4.0×5.0 L20
HadCM2	UKMO（英国）	2.5×3.75 L19	2.5×3.75 L20
HadCM3	UKMO（英国）	2.5×3.75 L19	1.25×1.25 L20
IPSL_CM1	IPSL/LMD（法国）	5.6×3.8 L15	2.0×2.0 L31
IPSL_CM2	IPSL/LMD（法国）	5.6×3.8 L15	2.0×2.0 L31
MRI1	MRI（日本）	4.0×5.0 L15	2.0×2.5 L21(23)
MRI2	MRI（日本）	T42(2.8×2.8) L30	2.0×2.5 L23
NCAR1	NCAR（美国）	R15 (4.5×7.5) L9	1.0×1.0 L20
NRL	NRL（美国）	T47 (2.5×2.5) L18	1.0×2.0 L25
DOE PCM	NCAR（美国）	T42 (2.8×2.8) L18	0.67×0.67 L32
CCSR/NIES2	CCSR/NIES（日本）	T21 (5.6×5.6) L20	2.8×3.8 L17
BERN2D	PIUB（瑞士）	10×ZA L1	10×ZA L15
UVIC	UVIC（加拿大）	1.8×3.6 L1	1.8×3.6 L19
CLIMBER	PIK（德国）	10×51 L2	10×ZA L11

注：表中符号 T 代表三角形截断，R 代表菱形截断，L 代表垂直方向的层次，ZA 代表纬向平均。

表 10.2 参与 IPCC AR4 全球海气耦合模式

模式名称	所属机构(国家)	大气模式分辨率	海洋模式分辨率
BCC_CM1.0	BCC(中国)	T63(1.9°×1.9°)	T63(1.9°×1.9°)
BCCR-BCM2.0	BCCR(挪威)	T63(1.9°×1.9°)	0.5°-1.5°×1.5° L35
CCSM3	NCAR(美国)	T85(1.4°×1.4°) L26	0.3°-1°×1° L40
CGCM3.1(T47)	CCCma(加拿大)	T47(~2.8°×2.8°) L31	1.9°×1.9° L29
CGCM3.1(T63)	CCCma(加拿大)	T63(~1.9°×1.9°) L31	0.9°×1.4° L29
CNRM-CM3	CNRM(法国)	T63(~1.9°×1.9°) L45	0.5°-2°×2° L31
CSIRO-Mk3.0	CSIRO(澳大利亚)	T63(~1.9°×1.9°) L18	0.8°×1.9° L31
ECHAM5/MPI-OM	MPI(德国)	T63(~1.9°×1.9°) L31	1.5°×1.5° L40
ECHO-G	MIUB/MRI(德国/韩国)	T30(~3.9°×3.9°) L19	0.5°-2.8°×2.8° L20
FGOALS-g1.0	IAP(中国)	T42(~2.8°×2.8°) L26	1.0°×1.0° L16
GFDL-CM2.0	GFDL(美国)	2.0°×2.5° L24	0.3°-1.0°×1.0°
GFDL-CM2.1	GFDL(美国)	2.0°×2.5° L24	0.3°-1.0°×1.0°
GISS-AOM	GISS(美国)	3°×4° L12	3°×4° L16
GISS-EH	GISS(美国)	4°×5° L20	2°×2° L16
GISS-ER	GISS(美国)	4°×5° L20	4°×5° L13
INM-CM3.0	INM(俄罗斯)	4°×5° L21	2°×2.5° L33
IPSL-CM4	IPSL(法国)	2.5°×3.75° L19	2°×2° L31
MIROC3.2(hires)	UT,JAMSTEC(日本)	T106(~1.1°×1.1°) L56	0.2°×0.3° L47
MIROC3.2(medres)	UT,JAMSTEC(日本)	T42(~2.8°×2.8°) L20	0.5°-1.4°×1.4° L43
MRI-CGCM2.3.2	MRI(日本)	T42(~2.8°×2.8°) L30	0.5°-2.0°×2.5° L23
PCM	NCAR(美国)	T42(~2.8°×2.8°) L26	0.5°-0.7°×1.1° L40
UKMO-HadCM3	UKMO(英国)	2.5°×3.75° L19	1.25°×1.25° L20
UKMO-HadGEM1	UKMO(英国)	~1.3°×1.9° L38	0.3°-1.0°×1.0° L40

注:表中符号 T 代表三角形截断,R 代表菱形截断,L 代表垂直方向的层次,ZA 代表纬向平均。

中国在耦合模式的研发方面开展了大量的工作,取得了显著进展。中国有 4 个模式参与到 CMIP5 中,这 4 个模式分别为中科院大气所的 FGOALS、国家气候中心的 BCC-CSM、北京师范大学的 BNU-ESM 和国家海洋局第一海洋研究所的 FIO-ESM。

中国科学院大气物理研究所的大气数值模拟和计算地球流体力学国家重点实验室(LASG/IAP)在引进国外气候系统模式、特别是美国国家大气研究中心(NCAR)的气候系统模式 CCSM 的耦合框架基础上,发展建立了灵活的耦合气候系统模式 FGOALS(Yu 等,2002;Yu 等,2004;周天军等,2005;Yu 等,2009)。FGOALS 的大气模式有 LASG/IAP 谱大气模式和格点大气模式两种选择:A 是与大气谱模式 SAMIL 对应的版本,简称 FGOALS-s;B 是与大气格点模式 GAMIL 对应的版本,简称 FGOALS-g。海洋模式为 LICOM,陆面模式采用了通用陆面过程模式 CLM,海冰模式为 NCAR 研制的海冰模式 CSIM4,其水平分辨率与海洋模式保持一致,考虑了海冰的热力学和动力学过程。LASG 新版气候系统模式采用耦合器技术(主要采用 NCAR CCSM2 的耦合器 CPL6)、进行"非通量订正"的海洋与大气的直接耦合。

"九五"期间,中国气象局国家气候中心和中国科学院大气物理研究所合作研制了用于季节预测的全球大气—海洋耦合模式,耦合模式由全球大气环流模式(T63L16 AGCM-1.0)与全球海洋环流模式(L30T63)通过日通量距平耦合方案在开洋面上逐日耦合而形成,被称作 BCC_CM1.0。2004 年起,中国气象局着手开发新一代气候系统模式 BCC_CSM,以 NCAR CSM2 为蓝本,建成了耦合模式 BCC_CSM1.0 版本(实现全球大气环流模式 BCC_AGCM2.0 与陆面过程模式 CLM3、全球海洋环流模式 POP 和全球海冰动力热力学模式 CISM 的动态耦合),还开发了耦合模式 BCC_CSM1.1 版本(实现了全球大气环流模式 BCC_AGCM2.1 与陆面过程模式 BCC_AVIM1.0、全球海洋环流模式 MOM4－L40 和全球海冰动力热力学模式 SISM 的动态耦合），能够模拟全球碳循环和动态植被过程。

北京师范大学在 2003 年发展的通用陆面模式 CoLM3.0 基础上（Dai 等，2003），于 2007 年起与国家海洋局第一海洋研究所、国家高性能并行计算中心、中国海洋大学、中国科学院大气物理研究所等机构合作研发，基于 CoLM4.0、NCAR 的耦合器 CPL6.0 和 CAM3.5，以及 GFDL 的 MOM4p1 研发了 BNU-ESM1.0，用于全球变化与地球系统科学的研究工作以及地球系统模拟的教学与培训工作。对该模式近千年的数值积分结果的分析表明，该模式对气候系统的一些基本要素具有较好的模拟能力。

总之，21 世纪以来，随着高性能计算技术的迅速发展，气候系统模式的研发出现了模块化、标准化和并行化的特征，以耦合的气候系统模式为代表的动力气候模式发展方向成为主流趋势。中国气候系统模式的发展也在此发展背景下出现了前所未有的快速发展态势。

下面各节将简要介绍全球气候系统模式的各个分量的发展现状。

10.1.2 大气环流模式

目前，国际上主要的大气环流模式采用谱和格点两类模式框架。在表 10.2 中参加 IPCC AR4 的 23 个大气环流模式中，有 14 个采用了谱框架，有 9 个采用了格点框架，两者基本相当（IPCC，2007），IPCC TAR 之前谱框架占统治地位的局面（表 10.2）有所改变。而格点框架也与以前相比有很大不同，不再只是有限差分格点框架，还发展了基于半隐式时间积分方案的半拉格朗日格点框架和基于全球准均匀多边形网格的有限体积格点框架，其中，基于全球准均匀多边形网格的有限体积格点框架模式倍受大家关注，将可能成为未来 5～10 年世界大气环流模式发展的主流方向。

参与 IPCC AR4 的气候模式中的大气环流模式水平分辨率总体上较参与 IPCC TAR 时有了较大的提高，平均格距为 $2°～3°$，最高分辨率达到 T106（相当于 $1.125°×1.125°$），最低的为 $4°×5°$，相当于 IPCC TAR 时的平均水平。垂直分层也比 IPCC TAR 时（9～18 层）有较大提高，平均分层约为 26 层，最多达到 56 层。在大气环流模式中使用非静力平衡方程的目前只有英国 Hadley 中心（限于表 10.2 内的模式）。水汽方程求解方案的选择对降水的模拟十分重要，参加 IPCC AR4 的 18 个大气环流模式中，有 11 个模式采用了半隐式半拉格朗日方法求解，这种方法是目前国际上普遍使用的主流方案（IPCC，2007）。部分模式采用了迎风格式和半隐式有限体积格式。中国科学院大气所 LASG 的大气模式 GAMIL1.0 采用了中国学者自己发展的两步保形平流方案。

洋面层云和层积云对全球辐射平衡、海气相互作用和大气环流等的模拟都有显著影响。在 GCMs 中云量参数化方法的发展是很大的挑战，针对目前大多数模式采用的基于相对湿度的云诊断方案模拟的洋面层云和层积云存在的严重偏差、显式预报云方案计算量大和对一些难以验证和解释的量（如卷出卷入率，云水平流等）的依赖性以及引入次网格变化的统计云量方案的复杂性和物理基础的缺乏，根据大尺度云顶辐射冷却与从自由大气输入的干能量及地面潜热通量之间的正关系，提出了一个新的具物理意义的云量计算方案（He 等，2006），比经验的线性低层层云方案（Slingo，1980）有了显著改进。

随着大规模并行计算机的快速发展，为可分辨云模式（CRM）在 GCMs 中的实现提供了新的途径。云超级参数化方案（SP），则将 CRM 直接耦合到 GCM 每个网格点上（Khairoutdinov 等，2001）。已有试验结果表明，采用 SP 方案对降水的模拟有很大改进，但受计算资源影响，模式运行的时间都比较短。

人为温室气体排放对气候的影响，主要是通过影响辐射过程来实现的。在辐射过程的研究方面，基于相关 k-分布（CKD）的气体辐射传输方案有取代传统的频带模式的趋势。一种新的 CKD 辐射传输方案重新考虑了 k－分布的数学基础，根据在累积概率空间中每个间隔和加热廓线的关系来确定每个间隔的宽度，对不同气体的谱段交叠提出了 3 个处理方法，并对太阳和红外辐射的交叠谱段做了适当处理（Li 等，2005）。IAP AGCM 中计入 H_2O、CO_2、O_3 及其外的所有其他非灰色气体（包括近红外波段水汽连续吸收谱)对短波辐射的作用,并发展一个新的参数化方法,计入卷云粒子形状的效应,将卷云的消光系数参数化为波长的函数,并考虑了云的不均匀性的影响(张凤等,2005)。

大气化学过程包括气态大气化学过程、气溶胶化学和生物地球化学过程。目前,气态大气化学—气溶胶与气候模式的耦合程度还参差不齐。是否考虑了大气中所有主要的气溶胶,是否考虑了气态化学与气溶胶之间的相互影响(即气溶胶表面的非均相化学反应),以及是否及时将模拟臭氧和气溶胶的辐射强迫反馈到了气候模式等还存在着显著差异。对于气溶胶大气化学模式的进展我们将在10.1.6中给予评述。

10.1.3 陆面过程模式

与 TAR 相比,除了分辨率的提高外,IPCC AR4 耦合气候系统模式中的陆面过程分量模式取得的进展主要体现在:根参数化方案的改进、高分辨率河流模型的使用、通过多层积雪模型对土壤冻融的考虑、雪的次网格参数化的引进、雪—植被相互作用以及风—雪再分布、高纬有机土壤的描述以及地下水模型在陆面方案中的耦合等。

近年来,在耦合气候模式中加入考虑植被的动态过程和碳源汇变化的陆地生物模型已成为国际前沿课题。该领域近年来的研究重点是在耦合框架中考虑碳循环动力学,包括动态植被与生态系统碳循环。尤其植被—大气的相互作用是地球系统各圈层相互作用的关键环节之一,直接影响到耦合气候模式的模拟性能与预测能力(吕达仁等,2005)。国际上在模式的评估方面也做了大量工作,如对陆地碳汇模拟上的不确定性分析以及耦合气候模式对陆地生物圈响应的综合模拟能力评估。

采用海—陆—气耦合的气候模式的模拟结果表明,气候与碳循环之间存在明显的正反馈,特别是在确定陆地碳循环在其中所起的作用。这些研究结果表明持续增温可能产生的效果是降低陆地生态系统的碳吸收能力,通过提高向大气的碳净排放会进一步放大气候变暖。模拟表明到21世纪末生态系统有可能成为净的碳源。由于关键过程以及转换率的气候响应不同,不同模式在植被、陆地及海洋碳吸收的分布等方面存在差别,因此反馈的强度仍存在争议。

中国学者在陆面过程模式的发展与应用研究方面做了大量工作。早在1994年就建立了中国第一个完整的陆面过程模式IAP94,该模式还成为著名的陆面模式CLM的三个基础模式之一(Bonan等,2002)。与此同时,中国第一个大气—植被相互作用模式AVIM也是20世纪90年代初被建立起来的,后来与大气环流进行了耦合研究,并在陆地生态系统的模拟研究中得到应用(季劲均等,1999;何勇等,2005)。另外,还发展了积雪模型(孙菽芬等,1999;Wu等,2004)、冻土模型(李倩等,2006)、双大叶模型(Dai等,2004)、冠层辐射传输模式(Dai等,2006)、地表与地下径流模型(Xie等,2004)、地下水模型和大尺度陆面水文模型(谢正辉等,2004)等。

10.1.4 海洋环流模式

海洋环流模式(OGCM)经历了从最初的理想箱模式到二维纬向平均模式再到三维环流模式的发展历程。虽然有学者很早就提出建立OGCM(Bryan,1969),但其快速发展时期还是在1980年代以后,世界各主要国家均先后建立起三维原始方程大洋环流模式,并在此基础上实现了大气环流模式与大洋环流模式的耦合。目前OGCM已成功地模拟出当代海洋气候,特别是全球大洋温盐环流和南极绕流的基本特征,并能用于研究年代际、世纪尺度和千年尺度温盐环流的内部变率及其物理机制。

由表10.2参加IPCC AR4的耦合模式中海洋分量模式基本情况看出,与IPCC TAR(表10.1)相比,IPCC AR4中OGCM的水平分辨率均增加到1°~2°左右。为更好分辨赤道波导,部分模式在热带地区加密。超级计算机计算性能的飞速发展使得OGCM的分辨率也得以提升,从粗分辨率向涡相容(eddy-premitting,水平分辨尺度35~40 km,垂直方向20~30层)发展,并进而向涡分辨率(eddy-resolving,水平分辨尺度5~10 km,垂直方向40~50层)推进。IPCC AR5中许多OGCM预计采用1/4°或更高水平分辨率,而未来OGCM主流的将是涡分辨率模式。IPCC AR4中几乎所有OGCM均摒弃"刚盖近似",从而允许模式用于并行计算环境以及预报海平面高度。21世纪海洋数值模式的一个重要突破是中尺度涡旋参数化方案 GM90(Gent 和 McWilliam,1990)。GM90 方案的提出很好地解决了中尺度涡旋输运参数化的模拟,被参与 AR4 的绝大多数 OGCM 采用。

受限于计算机资源,国内在高分辨率大洋环流模式的发展上起步较晚。中国科学院大气物理研究所 LASG 于 80 年代中后期开始发展三维斜压原始方程的 OGCM。迄今为止,先后发展了 4 个版本的海洋环流模式(张学洪等,2003a)。最新版本 LICOM1.0(LASG/IAP Climate system Ocean Model)是一个水平分辨率为 $0.5°×0.5°$ 均匀网格,垂直方向 30 层,覆盖从 $65°N$ 到 $75°S$ 的准全球范围的 OGCM。评估表明,LICOM 能抓住大尺度环流的基本特征,西边界流增强以及极向热输送增加,热带太平洋上层主要环流模拟显著改善(刘海龙等,2002;刘海龙等,2004;Liu 等,2004;张学洪等,2003b)。GM90 方案的引入明显改进恒定温跃层模拟(Jin 等,1999)。针对 LICOM 热带东太平洋上层海温模拟偏差,将 LICOM 原有 30 层垂直分层进行调整,使得上层 150 米分层加密,模拟表明垂直加密使得赤道东太平洋的浅温跃层位置更接近观测,从而改善秘鲁沿岸到赤道附近的冷舌模拟,改进模拟的哥斯达黎加冷中心(Wu 等,2005)。在水平平流方案上,常用的格式有迎风格式和 Lax-Wendroff 格式。前者具有单调性(非频散)和强耗散性。后者则精度高,耗散小,但非单调格式。为了保留迎风格式和 Lax-Wendroff 格式各自的优点,同时抑制它们的缺点,又提出了一种“两步保形平流方案”(宇如聪,1994)。将该方案引入到 LICOM 中,代替了温盐方程中原中央差平流方案,结果表明,两步保形平流方案的引入能够更加合理地模拟热带太平洋的海温结构,部分消除东太平洋冷舌过分西伸现象(肖潺等,2006)。

国家气候中心也积极开展 OGCM 的研发工作,基于 GFDL 的 MOM4 模式,将热带地区的水平分辨率进行加密,从而能更为细致地刻画热带温盐和环流结构。此外,目前中国区域海洋环流模式水平分辨率也达到 $0.25°$,能合理模拟出中国近海周围的环流和中尺度涡旋。近几年来,海洋地球生物化学和碳循环过程的引入是海洋模式发展的趋势。海洋酸化引起海洋物理和生化过程变化和气候变化增加了对未来气候预估的不确定性。并且碳过程与其他循环(如氮,铁,硫等)相互作用的研究日益成为探讨全球地球生物化学过程以及对气候反馈的关键。国家气候中心基于 MOM4 的研发的全球海洋环流模式 MOM4-L40 已包括了碳循环过程,并已耦合到 NCC 的气候系统模式 BCC-CSM1.1 中。

10.1.5　海冰模式

海冰是气候系统的重要组成部分,其变化对全球气候有着重要影响。在全球变暖的大背景下,近几十年来极地气候系统发生了比其他地区更为明显的变化,尤其是北极海冰的快速减少最引人注目。因此,极地气候和环境变化及其预测已经成为近些年国际上最为关注的气候和环境变化问题之一(刘骥平等,2009)。

考虑到在全球变暖背景下大陆冰盖融化对海平面高度和海水盐度以及北大西洋深水形成和热盐环流具有极其重要的影响,大陆冰盖动力学模式的发展近年来受到了越来越多的重视。尽管冰盖的动力学模式处在刚刚起步的阶段,目前主要应用于中等复杂程度的地球系统模式,还没有真正地与气候系统模式实现耦合。但是可以预计未来 10 年左右的时间里,大陆冰盖的动力学模式将会完全与气候系统模式耦合在一起,广泛地用于古气候和全球变暖的数值模拟研究。

从第一次 IPCC 评估报告开始,海冰模式就是所有耦合模式的重要组成部分,因为全球变暖的数值模拟必须考虑冰-反照率正反馈作用对增暖的放大作用。在前三次 IPCC 评估报告中,有不少耦合模式仅仅考虑海冰的热力学过程,没有动力过程。但是在第四次评估报告中,绝大部分耦合模式都引入了海冰的动力学模式,直接预报海冰的厚度、密集度、温度甚至盐度等变量。海冰动力学模式的研究集中在两个方面,一个是海冰流变学,另一个是数值算法。目前海冰流变学模型主要有空化流体流变学(CF),复杂的黏性-塑性流体流变学(VP)和更为复杂的弹性-黏性-塑性流体流变学(EVP)。海冰模式比较计划(SIMIP)对海冰流变学特性模拟比较表明,VP 模拟的效果最好。但 VP 是的半隐式计算方案对计算条件要求较高,不易并行化,且模式对短时间尺度强迫反应不敏感。EVP 具有显式计算方案,便于并行化处理。因此,EVP 比 VP 在气候系统模式中有更好的应用前景,也被参加 IPCC AR4 的许多海冰模式采用。在数值算法上,应用于气候研究的海冰动力学模式一般采用欧拉有限差分,最新进展是将拉格朗日方法用于求解 VP 方程(IPCC 2007)。

海冰的热力学过程包括海冰反照率和海冰生消过程。相对于动力学过程,海冰的热力学过程近年来进展相对较慢。所有的热力学海冰模式都是以热力学第一定律即能量守恒定律为基础,建立描写海冰热力学过程的方程组,其中大多模式中的海冰和雪的热传导系数和比热采用常数。但是近年来,也有一些模式采用依赖于盐度的热传导系数和比热。海冰盐度对海冰热力结构和海洋深层水的形成和强度有着重要影响。海冰内部的盐泡通过体积变化来维持它与海冰间的热量平衡。目前几乎所有的海冰模式以及气候系统模式对海冰盐度的处理都非常简单,要么为常数,要么为一条固定曲线(顶部小底部大),且盐度不随时间变化。考虑冰内盐泡对海冰表面融化作用后,成功发展了一个能量守恒的海冰热力学模式,它改进了多年冰模拟,降低模拟的海冰平衡厚度(Bitz 等,1999)。LASG 在 CSIM 基础上设计了一个海冰中盐度变化(包括空间和时间)及其热力和动力效应的参数化方案,并进行单一海冰模式和耦合模式数值试验。结果表明,改进后的海冰模式无论是单一还是耦合模式都可以长期稳定积分,并给出南北极海冰盐度分布。与经验观测的盐度分布相比,单一模式模拟的盐度分布很吻合,而耦合模式存在一定差别。这主要与耦合模式中海冰和海洋相互作用的合理性有关。还有一些海冰模式包括雪向冰的转化过程。在海冰融化过程中融池参数化问题也是最近海冰热力学模式研究重点之一。

LASG/IAP 发展的耦合气候系统模式曾参加了多次 IPCC 气候变化科学评估报告的数值试验,除第四次评估报告(AR4)之外,模式中采用的海冰模式仅仅考虑了热力学过程,且使用了通量订正技术。鉴于单纯的热力学海冰模式无法全面地反映气候系统中的海洋-大气-海冰之间的相互作用,开始在耦合系统模式 FGCM 和 FGOALS_g1.0 中引进了动力学海冰过程,并利用后者参与了 IPCC 第四次科学评估报告的气候变化数值试验(Yu 等,2004,2008)。但是由于 FGOALS_g1.0 模拟的海洋经向热量输送和热盐环流偏弱,导致模拟的海冰面积明显偏大,通过针对海洋模式中经向热量输送和热盐环流的改进,FGOALS 耦合模式最新版本 FGOALS_g1.1 模拟的海冰面积大为改善。

10.1.6 气溶胶大气化学模式

气溶胶大气化学模式用来描述地球大气中气溶胶的物理、化学和动力过程,主要由气溶胶及其前体物的排放、大气输送、物理化学转化及沉降等几部分组成。在全球气候系统模式中,气溶胶大气化学模式可以通过气溶胶的辐射过程实现与大气模式的双向耦合。目前,国际上已有数十个全球气溶胶大气化学模式,如:ARQM,DLR,GISS,KYU,LSCE,LOA,MPI_HAM,PNNL,UIO_GCM,GOCART,MATCH,MOZGN,TM5,UIO_CTM,ULAQ,UMI 等(Textor 等,2006,2007;Kinne 等,2006;Schulz 等,Quaas 等,2009)。这些模式的主要特点是:(1)考虑了大气中存在的多种气溶胶类型,主要包括:硫酸盐气溶胶、沙尘气溶胶、有机碳/黑碳气溶胶、硝酸盐和海盐气溶胶等;(2)输送驱动场包括两种,即化学输送模式(CTMs)和大气环流模式(GCMs),前者根据预先给定的气象资料(气候模式的模拟结果或再分析观测资料)单向计算气溶胶的分布,后者运用气候模式计算的气象场双向计算气溶胶的输送过程。以上气溶胶大气化学模式中几乎有一半是双向耦合模式 GCMs(ARQM,DLR,GISS,KYU,LSCE,LOA,MPI_HAM,PNNL,UIO_GCM),其余是单向的 CTMs(GOCART,MATCH,MOZGN,TM5,UIO_CTM,ULAQ,UMI)。这些模式使用各自的技术来描述平流、对流输送和扩散混合,不同模式的空间分辨率差异较大,如:模式的水平分辨率从 $1.1° \times 1.1°$ 到 $22.5° \times 10°$,垂直层数从 18 层到 40 层;(3)描述气溶胶粒子尺度分布的方法主要有三种,分别是总体方案(Bulk schemes):即固定气溶胶粒子大小,只计算粒子的质量浓度;模态方案(Modal schemes):粒子的尺度分布用对数正态分布函数来描述,以粒子的质量浓度和数浓度分别作为预报变量,使用固定的分布宽度;分档方案(bin schemes):粒子的尺度分布由若干尺度间隔来表达,计算精度或计算代价随分档数量的增加而增加;(4)对各类气溶胶粒子之间的混合方式主要采用两种处理方式,分别是外部混合和内部混合。外部混合是指每种气溶胶只包含一种化学成分,内部混合是指所有给定尺度大小的粒子具有不同的化学组分。一般情况下,原生粒子是外部混合的,与源的组成接近。其后,通过与其他粒子碰并或凝聚凝结在颗粒物表面上而变为内部混合。在多数的气溶胶模式中,通常假定粒子是内部混合的,也有一些模式假定同一模态内的不同成分处于内部混合状态,模态之间则为外部混合;(5)对排放源和清除过程的处理。针对不同种类的气溶胶采用不同的排放源处理方式,如绝大多数模式通过海盐排放源参数化方案在大气模式中计算海盐气溶胶的排放通量,而黑碳和有机碳排放源通量则通过在模式中读入已有的排放源数据得到。多数模式将气溶胶的清除路径分为三种:湿沉降、干沉降和重力沉降;(6)对微物理过程的考虑。仅有少数模式考虑了气溶胶的微物理过程(亦称气溶胶动力学),如 ARQM,DLR,MPI_HAM,PNNL 和 UIO_GCM 等模式考虑了气溶胶的核化、凝结和碰并,一些模式考虑了硫酸盐颗粒物的形成;大多数模式则未考虑气溶胶动力学。

中国在全球气溶胶模式的开发及应用上最近十年中也取得了很大进展。如中科院大气物理研究所发展的全球环境大气输送模式(GEATM,Luo 等,2006),LIAM 气溶胶模块(Zhang 等,2008),以及中国气象科学研究院研发的 CUACE(Gong 等,2008;Gong 等,2003;Zhou 等,2008)。CUACE 模式分 12 个档描述粒子的尺度分布;认为沙尘和黑碳气溶胶粒子为外部混合,而海盐、硫酸盐及有机碳气溶胶粒子则为内部混合。模式还考虑了复杂的气溶胶微物理过程,包括气溶胶粒子的产生、活化、吸湿增长、核化、凝结和碰并等,以及复杂的云化学过程和云下清除过程,采用的干沉降方案与粒子尺度分布相匹配(Zhang 等,2001)。2005 年以来,国家气候中心和中国气象科学研究院合作,已实现了 CUACE 模式(Gong 等,2008)通过气溶胶辐射过程与 BCC_AGCM2.0.1(Wu 等,2008;2009)的双向耦合,对该耦合模式系统模拟性能的评估表明,该耦合模式系统已能比较合理地再现海盐气溶胶、沙尘气溶胶、有机碳气溶胶、黑碳气溶胶和硫酸盐气溶胶等五类气溶胶浓度的时空分布特征。

在 IPCC-AR5 中,有数十个气溶胶大气化学模式参与其中,并将对气溶胶的理化和光学特征以及辐射效应进行比较,主要模拟变量包括各类气溶胶的源排放量;硫酸盐、黑碳(化石燃料产生)、黑碳(生物质燃烧产生)、有机碳及硝酸盐在 550 nm 的光学厚度;气溶胶在 550 nm 及 860 nm 的总光学厚度;吸收性气溶胶在 550 nm 的光学厚度;三维气溶胶变量的质量混合比浓度;云滴数浓度;云滴尺度谱分布;气溶胶在大气顶的辐射强迫与在地面的辐射强迫之和;地面向下/向上的短波辐射等。相信通过对这些模拟数据的比较分析,有助于进一步增进人们对气溶胶气候效应的认识和不确定性评估,为未来制定减缓和适应气候对策提供相应的科学依据和支撑。

10.2 模式基本性能评估

这里讨论的模式基本性能评估,是基于 20 世纪的模拟结果与实测结果的比较。在这些模拟试验中,模式从工业革命前开始积分,检验在自然和人为温室气体排放共同强迫下目前气候模式的气候模拟能力,这为评估利用模式开展对 21 世纪气候变化情景预估结果的不确定性分析提供了科学依据。

10.2.1 全球气候平均态的模拟

从模式对目前气候状况和气候变化的模拟结果的检验表明,气候模式在模拟全球、半球、洋盆尺度气候变化方面具有较高的可靠性。对于季、年时间尺度和年代际变化有较好的模拟能力,其中尤以冬季模拟效果最好。在模拟气温场和环流场等方面具有较好的能力,但对于季风、降水和一些地面要素场的模拟能力仍然非常有限。本小节将着重介绍对全球基本态的模拟分析,主要是基于国际上参加 IPCC AR4 的模式模拟结果,同时与中国最近发展的两个气候系统模式(BCC_CSM1.0 和 FGOALS_g)进行比较。另外,还介绍 CMIP5 模式的一些初步模拟结果。

1. 全球平均地表气温模拟

气温是反映一个地区气候特征的重要参数,通常可用来表征冷暖程度和热量资源的多少,也是影响或反映生态及环境的一个重要的气候因子。图 10.1(a～c)分别给出了 BCC_CSM 模式(a)、FGOALS_g 模式(b)和多模式集合模拟的 1961—1990 年气候年平均气温相对 ERA40 再分析资料(图 10.1 d)的偏差。从偏差场显示,除极区和其他一些资料较差的地区之外,其他大部分地区的绝对误差都在 2 ℃以内。虽然个别模式的误差更大,但大部分模式除高纬度地区之外的所有地表气温误差仍在 3 ℃以内。一些较大的误差出现在有陡峭地形变化的地区,这可能是由于模式地形与实际地形之间的不匹配造成的。模式模拟结果普遍存在轻微的冷偏差,极区之外,误差相对较大的地区出现在热带海盆的东部,这可能与低云模拟中存在的问题有关。这些模式系统误差对模式来自外部扰动响应的影响程度尚不清楚,但有可能非常大(IPCC,2007)。

　　就中国的气候系统模式 BCC_CSM 和 FGOALS_g 模拟的气温而言(图 10.1a 和 b),误差大值区主要在极区,在北极偏冷 4 ℃以上,在南极则以偏暖为主,这与 IPCC AR4 多模式模拟集合结果基本一致(图 10.1c);其与观测场的偏差,除极区和局部区域外,大部分地区的绝对误差值在 2 ℃以内,这也表明中国气候模式的总体模拟能力与国际上的其他模式接近,能够很大程度上再现全球地表气温的分布型。在南极和格陵兰岛上气温的模拟,中国的两个模式模拟结果都偏大。注意到在这两个系统中采用的陆面模式相同,都是 NCAR 发展的通用陆面模式(CLM),因此对陆地冰雪过程的处理可能需要改进。中国的这两个模式模拟结果也存在明显差别,从偏差场的空间分布看,总体上 BCC_CSM 与多模式结果更相似,在海洋和北极区上 FGOALS_g 模拟偏差偏大,考虑到这两个模式系统中采用的海冰模式也相同,研究认为这可能与 FGOALS_g 中海洋模式经向热输送模拟偏弱有关(周天军等,2005)。

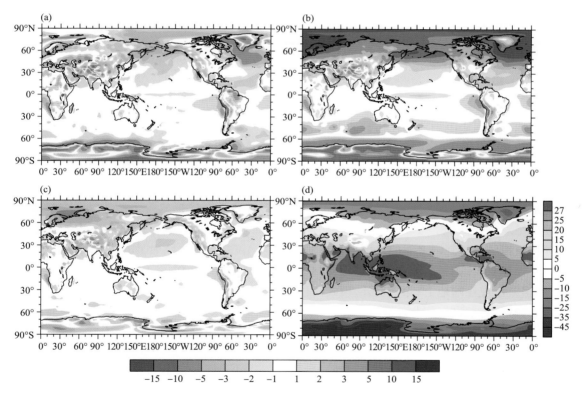

图 10.1　模式全年气候平均(1961—1990 年)气温相对 ERA40 再分析资料的偏差。(a) BCC_CSM 模拟偏差(b)FGOALS_g 模拟偏差,(c)多模式平均偏差,(d)ERA40 气候平均场(基于王在志等,2009 重新绘制)

　　图 10.2 为 9 个 CMIP5 模式集合平均模拟的和观测的 1980—1999 年 20 年平均的全球地表气温分布(Dong 等,2012),可以看出,CMIP5 模式对全球平均气温的模拟结果与观测的基本一致,分布形式有很好的一致性,只是部分地区个别极值点上的模拟值较观测偏小。

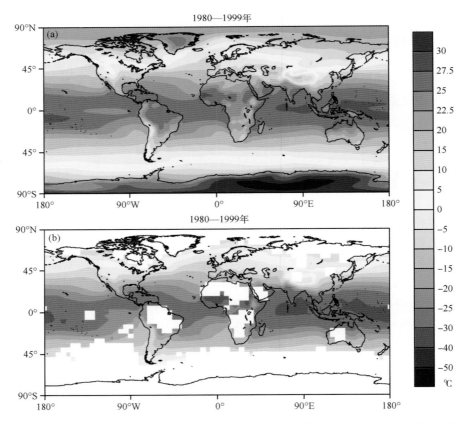

图 10.2　9 个 CMIP5 模式集合平均模拟(a)和 CRU 观测(b)的 1980—1999 年年平均表面气温(单位:℃)(Dong 等,2012)

　　观测的地表气温季节循环是评估模式的又一指标。图 10.3 给出了 ERA40 再分析资料的月平均地表气温的标准差和多模式平均相对观测的偏差。从 ERA40 再分析资料的标准差分布看(图 10.3a),总体分布特征是低纬变幅小,高纬变幅大。海洋上变幅小,陆地上变幅大。在低纬热带地区,标准差在 1 ℃ 以下,而在高纬标准差则在 10 ℃ 以上。洋面上标准差一般在 6 ℃ 以下,陆地上一般在 6 ℃ 以上,在西伯利亚地区东部则达到 18 ℃ 以上,海陆差异明显。多模式集合模拟的季节循环表明全球大部分地区标准差的绝对偏差低于 1 ℃(图 10.3b)。即使是在标准差普遍超过 10 ℃ 的北半球广大陆地地区,几乎所有地区模拟结果与观测之间的差别也都在 2 ℃ 以内。模式清楚地再现了海陆之间的差异,以及高纬度地区年循环较大的变幅,但在西伯利亚地区东部,模式却普遍低估了气温变化的年变幅。总的来看,最大的误差出现在陆地上;除南极外,模式高估了大部分地区年循环的变化幅度。模拟结果与观测总体上有着较好的一致性,部分地区存在比较明显的差异,这说明目前模式对气候大尺度特征的模拟比对区域或更小尺度特征的模拟更准确。

　　从 BCC_CSM 和 FGOALS_g 的模拟结果看(图 10.3c,d),大部分地区绝对偏差在 2 ℃ 以内,低纬偏差小,高纬偏差大,且大部分洋面上的偏差在 1 ℃ 以内,这也与多模式模拟结果一致。在局地分布上,两个系统模式的差别也很明显,如在北半球中高纬,BCC_CSM 模拟的变幅比多模式模拟结果小,使得欧亚大陆北部的变幅接近观测,但在北美及格林兰岛的变幅更小;而 FGOALS_g 模拟的变幅比多模式模拟结果大,使得欧亚大陆及北美的变幅都比观测偏大。这表明这两个模式中经向环流年变化的模拟可能存在系统性的偏差。

　　对模式陆地气温日变化模拟的分析表明,气候系统模式模拟出了气温场的基本分布型,只是在那些比较干净、干旱的区域模拟值相对较高。模式模拟的陆地上纬向平均和年平均的气温日变化范围普遍明显小于观测,许多地区的偏低幅度达到 50%。这可能是在一些模式中由于边界层参数化方案或者土壤冻融方面存在的缺陷造成,也可能是模式对对流云的日循环与地表气温之间强相互作用的模拟能力相当差造成的。总体看来,目前尚无法解释为什么模式模拟的气温日变化范围普遍偏低(IPCC,2007)。

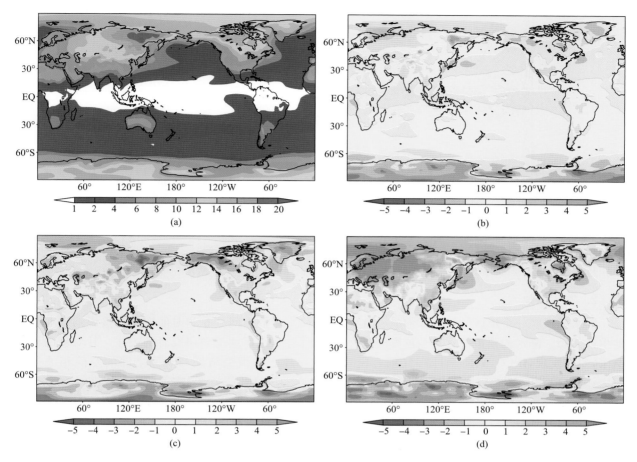

图 10.3 月平均表面气温标准差(℃)的模拟。(a)ERA40 气候平均场,(b)多模式平均相对观测的偏差,(c)BCC_CSM模拟偏差,(d)FGOALS_g 模拟偏差。资料和时段同图 10.1 。

地表温度与其上的空气之间有着很强的相互作用,这在中纬度地区特别明显,在那里移动的冷锋和暖锋会引起地表气温较大的变化。考虑到地表温度和其上空气温度之间强的相互作用,评估模式对大气温度垂直廓线的模拟能力有着特别的意义。多模式平均的纬向平均气温年平均值的绝对误差在所有地区几乎都低于 2 ℃。然而,值得注意的是,高纬度近对流层顶地区,模式普遍偏冷。这个问题已经持续存在了很多年,但是总的来看现在的模式比早期的模式有所改善(IPCC,2007)。也有少数模式中已经完全消除了这种偏差,但是修正误差可能起到了一定的作用。我们知道对流层顶的冷偏差对一些因素特别敏感,包括水平和垂直的分辨率、湿熵的不守恒以及次网格尺度动量的垂直辐合。尽管对流层顶温度偏差对模式对辐射强迫变化响应的影响尚未定量化,但几乎可以确定的是相对其他不确定性来讲这一点是比较小的。

图 10.4 给出了各个模式年平均气温纬向偏差的分布,可以看出大部分模式在中低纬地区的模拟偏差小,大部分地区纬向平均值都小于 2℃;在高纬极区每个模式模拟的偏差都较大,有些模式模拟的偏差在 5℃ 以上。这也表明目前模式对冰盖(包括陆冰和洋冰)上的处理普遍存在问题,也可能与极区云和辐射过程模拟的不准确有关。在北半球,大部分模式模拟偏冷,从多模式集合平均模拟结果看,越到高纬偏差越大,在极区偏差值达 3 ℃以上。在南半球,洋面上的模拟也是普遍以偏冷为主,不过偏差不大,但在南极大陆区则不同,偏冷和偏暖的模式相当,使得多模式集合平均在南极区的模拟偏差在 2 ℃以内。

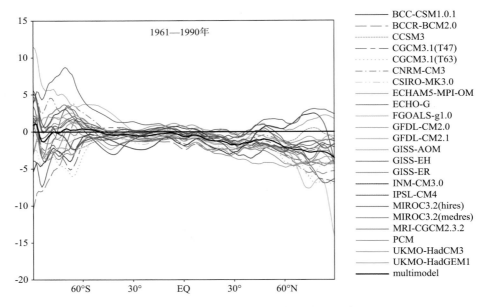

图 10.4   多模式年平均气温纬向平均距平（℃）

2. 降水模拟

降水是反映一个地区气候特征的另一重要参数，降水量的空间分布和时间变化直接影响农业和其他生产活动。降水的模拟一直是全球海气耦合模式的弱点，也因此受到研究者的关注。针对新的模拟结果，研究发现，IPCC AR4 全球海气耦合模式对陆地降水的模拟结果与观测之间的空间相关达到 $0.5\sim0.8$（Phillips，2006），比 IPCC TAR 中的结果 $0.4\sim0.6$（IPCC，2001）有了较大的提高。

图 10.5a，c 分别给出了 BCC_CSM、FGOALS_g 和 IPCC AR4 多模式模拟的 1961—1990 年年平均降水场以及 CMAP 给出的观测年平均降水。从图 10.5c，d 可以看出 IPCC AR4 模式的集合模拟能力。从大尺度来看，高纬度地区较低的降水率反映了较低气温条件下局地蒸发的减少和较冷空气的低饱和水气压，这可能会抑制其他区域向该地区的水汽输送。模式较好的再现出大尺度降水的分布型，由于赤道附近的热带辐合带（ITCZ）使得太平洋近赤道地区出现局地降水的最小值，而在中纬度地区出现局地最大值，这反映出下沉运动抑制了副热带地区的降水，风暴系统加强了中纬度地区的降水。模式抓住了这些大尺度的纬向平均降水的分布特点，能够较准确地再现大气环流的这些特征。另外，在过去的几年中模式模拟降水季节变化的能力也有所改进。同时，模式模拟出了一些主要的区域降水特征，包括主要的辐合区和热带雨林上空降水的最大值，尽管模式低估了亚马逊地区上空的降水，然而，当我们考虑细节的时候，多模式集合平均降水场与观测的降水场之间还是存在不少差异的。平行于纬圈的南太平洋辐合区明显过于东伸。在热带大西洋地区，大部分模式模拟的降水最大值偏低，而在赤道以南降水则偏多。同时，大部分模式在印太暖池区降水还存在系统性的东西方向的位置偏差，西印度洋和海洋大陆地区的降水过多，这导致了 Walker 环流主要的上升支的位置出现系统性偏差，并且会影响主要遥相关的路径，尤其是那些与 El Nino 有关的遥相关路径等。孟加拉湾地区出现系统性的偏干，这可能与季风模拟的偏差有关（Turner 等，2005）。

尽管多模式集合表现出对降水模拟的一定程度的技巧，但是许多模式就其单个模式的结果来看却存在较大偏差，尤其是在热带地区，通常偏差的大小接近观测的气候平均值（Johns 等，2006）。从图 10.5（a～b）可以看出 BCC_CSM 和 FGOALS_g 的模拟结果。与多模式集合模拟结果类似，这两个模式对于热带和中纬度降水的大尺度分布特征还是有一定模拟能力，但在局地分布方面的模拟误差却很明显。如孟加拉湾地区系统性的偏干、青藏高原东南侧降水的偏多、东亚沿海降水的偏差等，这表明对亚洲季风的模拟能力有待提高，而对热带降水的模拟偏差也比较明显。尽管这些误差一部分是源于耦合模式中海表温度的误差，但是单独大气模式的版本也表现出了类似的较大误差，这可能是引起模式间结果缺乏一致性的另一个因素，甚至影响到了预估的未来热带部分地区区域降水变化的信号（Slingo 等，2003）。

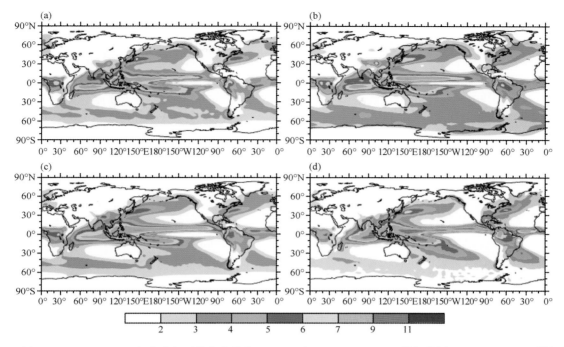

图 10.5　1979—1999 年全球年平均降水分布（mm·d^{-1}）。(a)BCC_CSM 模拟结果,(b)FGOALS_g 模拟结果,(c)多模式模拟结果,(d)CMAP 观测（基于王在志等,2009 重新绘制）

图 10.6 为 9 个 CMIP5 模式集合平均模拟的和观测的 1980—1999 年 20 年平均的全球年平均降水分布(Dong 等,2012),可以看出,CMIP5 模式模拟得全球降水分布的大尺度的极值中心和雨带与观测的都比较吻合,但热带地区的量值有些偏低,南太平洋辐合区还是过于东伸。

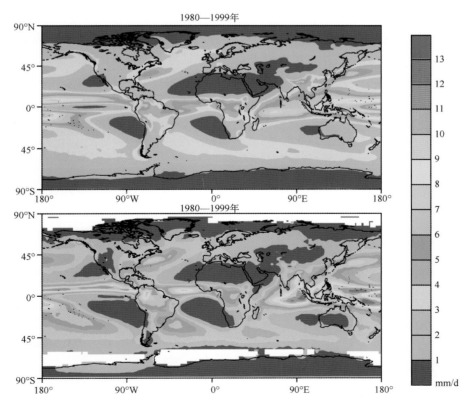

图 10.6　9 个 CMIP5 模式集合平均模拟(a)和 CMAP 观测(b)的 1980—1999 年年平均降水（单位:mm/d）(Dong 等,2012)

　　对于是什么决定了热带海陆区域降水分布这一问题,进行理解的核心是大气的对流以及对流与大尺度环流之间的相互作用。对流出现在不同的时空尺度上,并且有越来越多的证据表明,所有这些尺度的相互作用可能对热带气候平均态及其区域降水分布起到了至关重要的决定性作用(Khairoutdinov等,2005)。在热带陆地地区,日循环占主导地位,然而模式在模拟傍晚最大降水时存在困难。相反,它们系统性地模拟出在中午之前出现降水(Yang等,2001;Dai,2006),这影响了陆面的能量收支。在海洋上,由于与天气尺度和季节内尺度的天气系统相关的对流的组织,降水沿 ITCZ 分布。这些系统频繁地与对流性耦合赤道波结果联系在一起(Yang等,2003),但是模式对其再现能力却很差(Lin等,2006;Ringer等,2006)。因此,模式并没能较好的模拟出构成降水气候平均态的那些与产生降水有关的系统,同时这对日降水时间特征模拟较差有一定贡献(Dai等,2006),模式模拟的降水频率偏大但强度偏低。

　　图 10.7 给出了多个模式纬向平均降水及降水距平百分率的分布,观测的主要降水出现在热带低纬地区,赤道上空的相对低值使得热带地区形成了弱的双峰分布,但最大降水位于赤道以北,在中纬度地区还有降水的极值。大部分模式基本上可以模拟出降水的纬向分布特征,夏季北半球的模拟效果整体上要优于南半球。模拟还表明,对中低纬地区降水的模拟结果绝对偏差较大,但误差百分率比高纬小。部分模式在南半球热带或模拟出虚假的降水次峰或降水明显偏多。这可能与目前积云对流参数化方案、海洋或者海气相互作用有关的过程不够完善有一定关系。CGCM311（T47）、CGCM311（T63）、MIROC3.2(medres)和 ECHOG 在南半球低纬地区的模拟效果则相对较好,大部分模式在南半球极区的模拟结果明显偏低,中高纬的模拟结果偏高。这可能是由于极区温度模拟偏冷,导致中纬度风暴系统加强,从而使得模拟的中纬度地区降水偏高。对比单个模式与多模式平均,多模式平均的结果总体上比单个模式的结果好。

　　当前的全球海气耦合模式（AOGCMs）对降水月平均场和全球分布的模拟误差已经减小,但在东亚季风区,由于其特殊的地理位置和季风降水物理过程的复杂性,大部分模式对季风降水的模拟效果仍然不是很好（IPCC 2007）。模式不能合理地模拟出东亚夏季风主要雨带的季节北进过程,模拟的季风区降水量偏大,中国中部地区的虚假降水中心仍然存在。有研究表明,这是由于模式的水平分辨率不足造成的(参见本书第十一章)。对这些模式用于亚洲季风区降水模拟可信度的检查中发现,在检查的

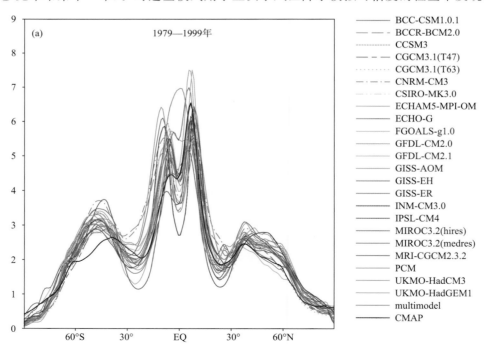

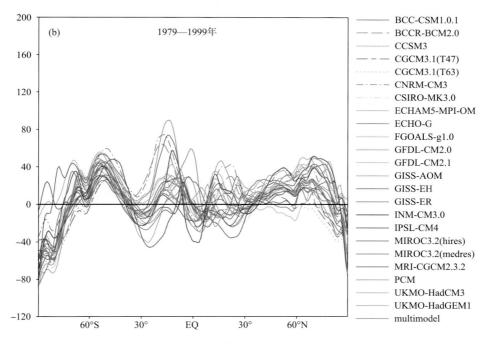

图 10.7　全年纬向平均降水(a,mm/d)和偏差百分率(b)(%)

18 个 AOGCMs 中,只有 6 个能够较合理地模拟出 20 世纪气候平均的季风降水(Annamalai,2007)。在这 6 个模式中,模式间季风降水型的空间相关超过了 0.6,而且季风降水的季节循环也模拟得较好,其中 4 个显示了较好的季风 ENSO 同期遥相关。这说明,虽然季风区降水的模拟仍然存在较大问题,但参加 CMIP3 的气候模式对气候平均季风降水的模拟已经有所改善。

图 10.8、图 10.9 分别给出了 9 个 CMIP5 模式集合的冬季和夏季东中国降水的模拟结果及观测降水分布(Dong 等,2012),结果表明 CMIP5 模式对中国降水有一定的模拟能力。模拟的冬季降水在青藏高原、西南地区、西北西部和东北东部偏大,江南和东南地区偏大,但华南地区偏小,主要的降水位于中国的江南地区,模拟的主要降水的高值区位置偏东。

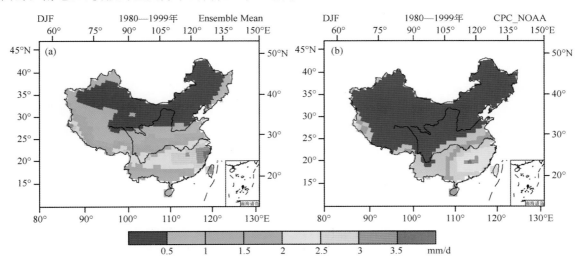

图 10.8　CMIP5 模式集合平均模拟(左)和 CPC 观测(右)的 1980—1999 年中国区域冬季平均降水(单位:mm/d)(Dong 等,2012)

从夏季降水的模拟比较结果看(图 10.9),模式基本上都能够模拟出降水由东南部至西北部逐级减少的空间分布型,但对华南降水的模拟值偏低,对西南降水的模拟偏高,对北方降水的模拟从量值上讲也略有偏高。目前,对降水的模拟我们还不能要求太苛刻,能模拟好分布形势和趋势变化就已经相当不错了。

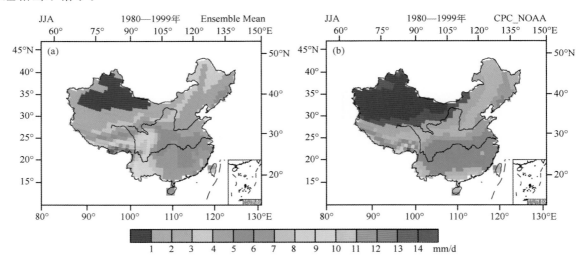

图 10.9　9 个 CMIP5 模式集合平均模拟(a)和 CPC 观测(b)的 1980—1999 年中国区域夏季平均降水
（单位：mm/d）（Dong 等，2012）

10.2.2　ENSO 模拟

El Niño-Southern Oscillation(ENSO)现象是赤道太平洋地区海气相互作用的结果。作为气候系统中最强的年际变化信号，ENSO 是检验耦合模式性能的通用标准之一。耦合模式物理过程参数化方案日益复杂，分辨率越来越高，这些改进使得模拟的东太平洋 SST 距平和 ENSO 的空间分布更为合理(AchutaRao 等，2006)。与之前的耦合模式相比，参与 IPCC AR4 的耦合模式绝大多数不仅能抓住 SST 的平均态和年循环特征，并且能模拟热带太平洋的年际变化。这里我们主要评估国内近几年耦合模式对 ENSO 年际信号以及反馈机制的模拟进展。并且，与 IPCC AR4 其他国家模式结果比较，评估最新的国家气候中心 BCC_CSM1.0.1 和 LASG/IAP FGOALS_g1.1 模拟的 20 世纪试验中的 ENSO 年际信号。

1. 热带太平洋平均气候态

赤道太平洋的气候平均状况是年际海气相互作用的背景场，模拟真实年际变化的关键之一是模式能模拟出合理的气候平均态。尽管耦合模式有所改进，但是多模式分析显示模拟的背景场误差(平均态和年循环)与模拟的自然变率相当。

图 10.10 给出了观测资料 HadISST1.1，IPCC AR4 部分耦合模式以及最新的中国两个耦合模式((b)BCC_CSM1.0.1 和(i)IAP FGOALS_g1.1)模拟的赤道 2°S~2°N 平均 SST 季节循环。与大部分 IPCC AR4 耦合模式模拟结果类似，中国最新发展的两个耦合模式均能模拟出赤道西太平洋的半年循环特征，以及东太平洋 SST 距平的西传。共同的不足是模拟的东太平洋 SST 距平较观测弱。BCC_CSM1.0.1 是在 NCAR CCSM3 基础上将大气分量替换为 BCC_AGCM。比较这两个耦合模式可以发现模拟的赤道太平洋 SST 季节循环特征相似，东太平洋均表现为半年循环特征，而非观测中的年循环特征。这表明在东太平洋地区模式的热力强迫作用超过海洋的动力过程，从而 SST 季节变化呈现类似太阳辐射的半年循环特征。由于两个耦合模式采用相同的海洋分量模式，因此东太平洋 SST 模拟不足与海洋模式在这个地区的动力过程模拟偏弱有关，模拟的东太平洋 SST 相对观测偏暖也反映这一问题。但 BCC_CSM1.0.1 能模拟出赤道东太平洋的西传特征，FGOALS_g1.1 模拟的赤道东太平洋 SST 季节循环则相对观测位相滞后 3 个月。这可能部分与模式中海气界面上热力强迫过程有关。

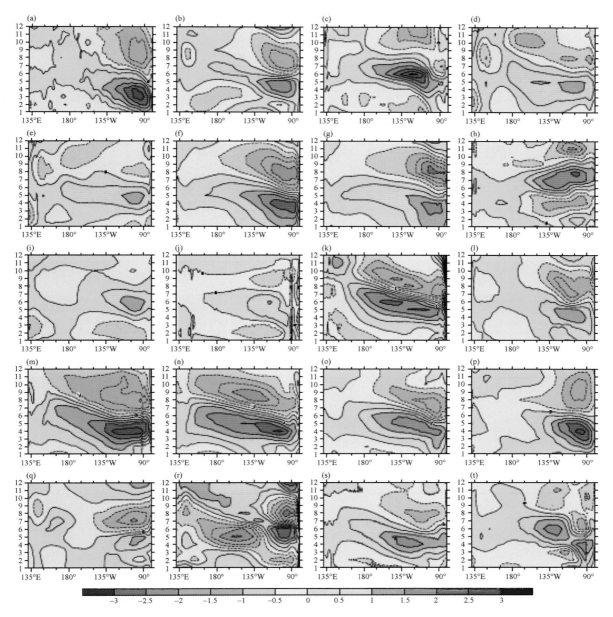

图 10.10　赤道 2°S～2°N 平均 SST 季节循环,(a)为观测资料 HadISST,(b)～(t)为耦合模式 20 世纪
(1900—1999 年)试验,单位:℃

2. ENSO 空间分布和谱特征

能否合理再现观测的 ENSO 循环特征是检验耦合模式性能的一个重要指标,评估表明几乎没有模式能够合理模拟出赤道东、西太平洋 SST 的总体特征(Latif 等,2001)。但比较耦合模式结果发现模拟的 ENSO 变化似乎并不受模式平均态或者季节循环的影响。

图 10.11 为观测和不同耦合模式模拟的年际 SST 距平标准差。观测的年际 SST 距平标准差大值区从秘鲁沿岸向西延伸到赤道中太平洋,主要位于日界线以东,中心值为 1.25～1.5 ℃(图 10.11a)。与观测结果相比,绝大多数耦合模式能模拟出从南美沿岸西伸至赤道太平洋的结构特征,但强度偏弱以及过分西伸是存在的主要模拟缺陷。就 BCC_CSM1.0.1 而言,西伸位置与观测相当,但强度偏弱,而且未能模拟出东太平洋 SST 距平方差特征。FGOALS_g1.1 能模拟出完整的方差结构,但存在的问题是模拟的年际变率强度太强,赤道西伸明显。有研究把热带太平洋 SST 变率模拟偏弱归因于风应力的偏差,指出大部分模式重现热带太平洋 ENSO 马蹄状的空间分布比较困难(Davey,2002)。

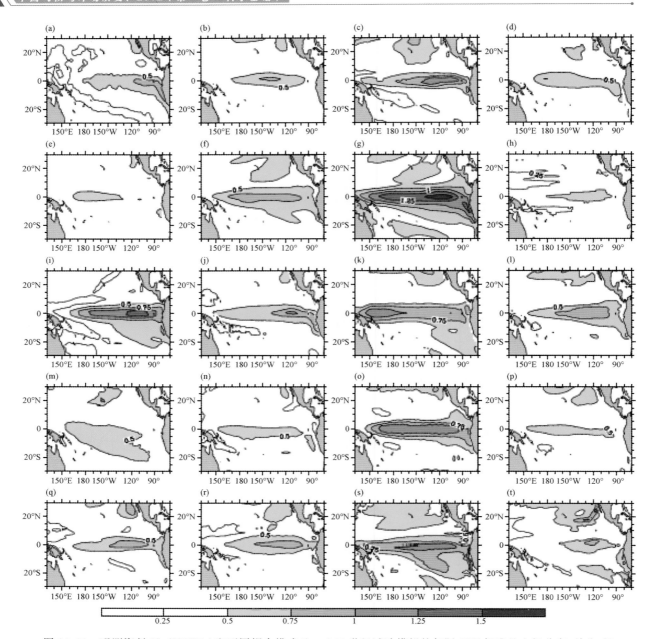

图 10.11　观测资料 HadISST(a)和不同耦合模式(b～t)20 世纪试验模拟的年际 SST 标准差空间分布，单位：℃

　　耦合模式可以产生各种时间尺度的 El Niño 变化，模式的谱从规律的准两年周期到接近观测的 2～7 年周期（AchutaRao 等，2006）。观测的 El Niño 峰值的季节锁相峰值出现在北半球冬季，峰谷在北半球春季通常不能被模式捕捉到，这是由于耦合模式不能模拟出季节变化或者模拟的季节循环是错误的。这些误差导致模拟 ENSO 的振幅、周期、不规则性、不对称性以及空间分布误差（Guilyardi 等，2009）。图 10.12 给出 20 世纪后 50 年观测资料 HadISST，BCC_CSM1.0.1 和 FGOALS_g1.1 的 Niño3 指数谱分析。HadISST 存在 2 个显著的周期，分别为 3.6 年和 5 年。而两个耦合模式周期均在 3 年左右，相对观测偏短。图 10.13 给出对应观测和模式模拟的 Niño3.4 指数时间序列。BCC_CSM1.0.1 能较好的模拟出 ENSO 冷暖事件的非规则周期变化，并且振幅与观测的相当。而 FGOALS_g1.1 则模拟出 3 年左右的规则周期变化，且振幅强度超过观测。

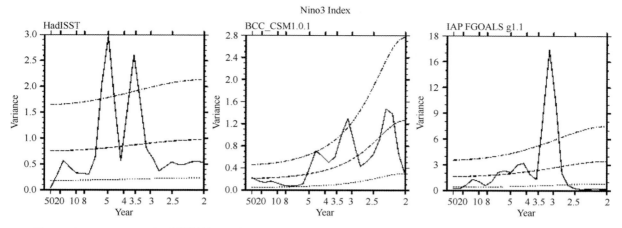

图 10.12　1950—1999 年观测资料 HadISST(a),BCC_CSM1.0.1(b)和 FGOALS_g1.1(c)Nino3 指数谱分析

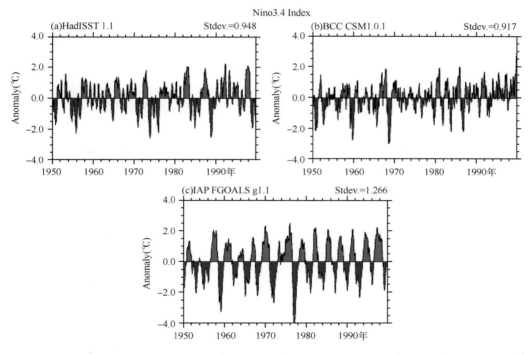

图 10.13　HadISST(a),BCC_CSM1.0.1(b),IAP FGOALS_g1.1(c)1950—1999 期间的
Nino3.4 指数时间序列,单位:℃

10.3　20 世纪气候变化的模拟

　　本节利用当前耦合模式"20 世纪气候模拟"(20C3M)试验结果,评估模式在实际的外强迫作用下,对全球和东亚地区 20 世纪气温和降水变化的模拟能力,为这些耦合模式所预估的未来气候变化的可信度提供依据,亦为学术界利用这些耦合模式开展气候变率研究提供参考。

10.3.1　全球平均表面气温

　　20 世纪气候变化的耦合模式模拟研究,在国际上已经有大量工作。在考虑人为温室气体排放和硫酸盐气溶胶作用的前提下,气候系统模式能够比较成功地模拟出 20 世纪后期的全球增暖,但如果要再现 20 世纪前期的变暖,还需同时考虑太阳辐射和火山活动等自然外强迫因子的影响以及气候系统内部变率的作用。利用 LASG/IAP GOALS 模式所开展的模拟试验亦表明,20 世纪特别是 1980 年代以来的全球增暖主要来自温室气体的贡献，而硫酸盐气溶胶则部分抵消了温室气体的影响（Zhou 等，2006）。

对参加 CMIP5 的 17 个模式对 20 世纪全球平均气温变化的模拟结果的评估表明（图 10.14），在自然因子和人为因子的共同强迫作用下，多数模式能够成功再现全球平均气温在过去百年实际演变，特别对 70 年代后的变化的模拟与观测的演变比较一致。但部分模式模拟的趋势明显偏高，原因主要是对早期气温的模拟明显偏低，这就需要探索一种好的集合方法，提高对未来变化预估的可信度。

对外强迫和内部变率对 20 世纪气候变率的贡献的分析表明外强迫可以解释 20 世纪全球年平均气温变化的 60.5%，而内部变率（噪音）则解释了 39.5%。耦合模式对 20 世纪后半叶气温变化的模拟效果，整体上较之 20 世纪前半叶效果要更佳，原因可能是温室气体的作用可能更为显著，部分原因可能来自近 50 年的强迫资料更为可靠（Zhou 等，2006）。

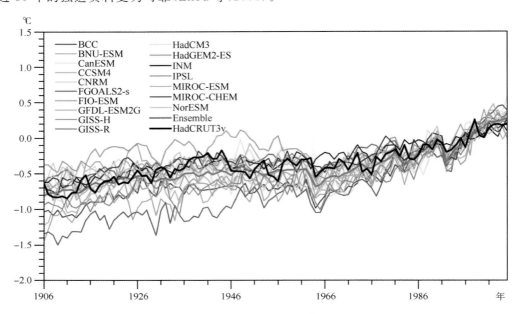

图 10.14 17 个 CMIP5 模式 historical 试验模拟的全球平均地表年平均气温变化（相对于 1980—1999 年）（基于 Dong 等，2012 郭彦重绘）

1906—2005 年全球平均气温升高了 0.74±0.18 ℃左右。利用 Hadcrut3v 气温资料（Brohan，等，2006）计算 1900—1999 年的线性增温趋势为 0.64 ℃/100a。表 10.3 给出了各个模式以及多模式集合平均的线性增温趋势模拟结果。多模式集合平均模拟的线性趋势为 0.69/100a，略大于观测值。有 11 个模式模拟的线性趋势比多模式集合平均值高，其中 BCC-CSM1.0.1、CGCM3.1（T47）、CGCM3.1（T63）和 CNRM-CM3 模拟的 20 世纪百年增温超过了 1 ℃。少数模式模拟出了较低的线性趋势，例如 BCC-BCM2.0 和 CSIRO-MK3.0 模拟的趋势系数分别为 0.27 ℃/100a 和 0.25 ℃/100a。BCC-CSM1.0.1 在 20 世纪的线性趋势为 1.13 ℃/100a，明显高于观测和多模式集合平均结果，这可能与模式只考虑自然变率和温室气体变化，而未考虑气溶胶的作用有关，由图 10.14 可以看出，该模式模拟的全球平均气温距平在 20 世纪 80 年代后增温较为迅速，其趋势明显高于观测。

CMIP5 的 17 个模式（图 10.14）集合平均模拟的 1906—2005 年增温的线性趋势是 0.76 ℃/100a，接近于观测。有 6 个模式模拟的线性趋势高于集合平均，其中 BNU-ESM、CCSM4 和 FGOALS-s2 模拟的百年增温超过 1 ℃。另外，有些模式模拟的线性趋势明显偏低，例如 GFDL-ESM2G 和 Had-GEM2-ES 模拟的线性趋势分别为 0.46 ℃/100a 和 0.22 ℃/100a。

CMIP3 模式对 1958—1999 年对流层温度 500 hPa 全球平均气温的模拟见图 10.15。所有模式都能模拟出对流层中层气温在 20 世纪后半叶的增温特征，多模式集合平均的线性趋势达到 0.92/100a（表 10.3）。就年际变化而言，多模式集合平均模拟的气温变化与 ERA40 再分析资料较为一致，二者之间的相关系数为 0.72。各模式与 ERA40 资料为显著的正相关,除了模式 CSIRO-MK3.0,其余模式的相关系数均在 0.4 以上。

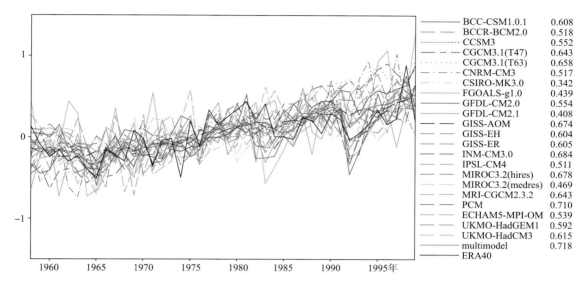

图 10.15　CMIP3 模式 20C3M 试验模拟的全球平均 500 hPa 年平均气温变化(相对于 1961—1990 年),及其各模式模拟值与观测值的相关系数(图右列数字给出相关系数)

在对流层顶附近 100 hPa,多模式集合平均模拟的年平均气温与观测的相关系数为 0.43(图 10.16)。但各模式之间有很大的差别,只有 8 个模式与观测具有显著的正相关关系,有 10 个模式表现为负相关。这主要是因为观测资料中气温有略微下降趋势,而在部分模式中却为上升趋势,BCC-CSM1.0.1 即表现为这种特征。

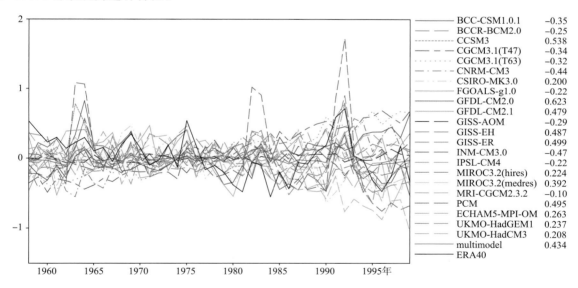

图 10.16　CMIP3 模式 20C3M 试验模拟的全球平均 100 hPa 年平均气温变化(相对于 1961—1990 年),及其各模式模拟值与观测值的相关系数(图右列数字给出相关系数)

近几十年平流层气温表现出明显的变冷趋势,所有模式都能够模拟出这样的特征(表 10.3),多模式集合平均模拟的 20 世纪气温线性趋势为 -0.9 ℃/100a。部分模式还能够模拟出平流层气温出现的增暖峰值(图 10.17),这些增暖事件主要是火山爆发引起的,因此模式在考虑火山气溶胶强迫的作用下,能够较好地模拟出平流层的气温变化。除了 CGCM3.1(T47)、CGCM3.1(T63)和 CNRM-CM3 三个模式以外,其余模式与观测均具有显著的相关关系。多模式集合平均模拟与观测的相关系数达到 0.85。

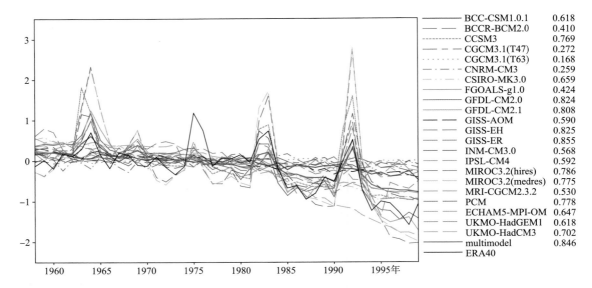

图 10.17　CMIP3 模式 20C3M 试验模拟的全球平均 50 hPa 年平均气温变化（相对于 1961—1990 年），及其各模式模拟值与观测值的相关系数（图右列数字给出相关系数）

表 10.3　20 世纪（1900—1999 年）观测和各模式模拟的地表、500 hPa 和 50 hPa 全球平均年平均气温的线性趋势系数（单位：K/100a）

模式	地表	500 hPa	50 hPa
BCC-CSM1.0.1	1.13	1.32	−0.6
BCCR-BCM2.0	0.27	0.56	−0.1
CCSM3	0.97	0.92	−1.2
CGCM3.1(T47)	1.15	1.73	−0.1
CGCM3.1(T63)	1.16	1.63	−0.1
CNRM-CM3	1.11	1.47	−0.6
CSIRO-MK3.0	0.25	0.46	−1.7
ECHAM5-MPI-OM	0.48	0.66	−1.3
ECHO-G	0.60	—	—
FGOALS-g1.0	0.39	0.72	−0.5
GFDL-CM2.0	0.81	1.09	−1.5
GFDL-CM2.1	0.72	1.18	−1.6
GISS-AOM	0.66	0.71	−0.8
GISS-EH	0.45	0.67	−0.9
GISS-ER	0.43	0.63	−1.1
INM-CM3.0	0.79	0.94	−0.4
IPSL-CM4	0.77	1.08	−0.6
MIROC3.2(hires)	0.86	1.05	−0.9
MIROC3.2(medres)	0.48	0.62	−0.6
MRI-CGCM2.3.2	0.72	1.03	−0.7
PCM	0.59	0.61	−0.9
UKMO-HadCM3	0.53	0.62	−1.3
UKMO-HadGEM1	0.49	0.65	−2.0
Multimodel	0.69	0.92	−0.9
OBS	0.64(Hadcrut3v)	—	—

10.3.2 东亚气候变化的模拟

与全球气温增暖一致,中国气温在近百年也表现出明显的增暖趋势。图 10.18 为 14 个 CMIP5 模式对中国平均气温的模拟结果,可以看出,所有模式对 20 世纪 40 年代的升温和 80 年代后的升温过程都模拟的很好。这比以前的模拟大有进步,先前的耦合模式对中国气温变化的模拟在 20 世纪 70 年代以前,模式间的离差较大,模式未能模拟出中国气温在 20 世纪 20—40 年代出现的峰值;而 70 年代以后,几乎所有模式的结果都接近于观测值(Zhou 等,2006,周天军等,2006)。表 10.4 给出了这些 CMIP5 模式模拟的气温趋势系数和与观测序列的相关系数,可以看出,一些模式的模拟与观测资料比,趋势接近,相关系数也很高,中国的几个模式对中国气温的模拟都在这些较好的模式中。

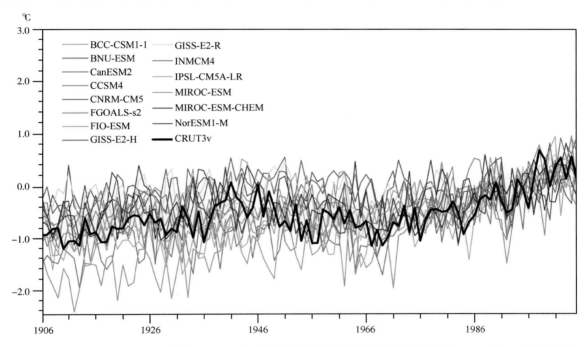

图 10.18　14 个 CMIP5 模式 historical 试验模拟的中国平均气温序列(相对于 1986—2005 年)(基于 Dong 等,2012 郭彦重绘)

表 10.4　14 个 CMIP5 模式 historical 试验模拟的中国平均气温序列的线性趋势(1906—2005 年)以及与观测序列的相关系数(去趋势相关系数)

OBS/Models	Linear trend (℃/100a)	Correlation (detrended)		
		1906—2005 年	1906—1955 年	1956—2005 年
OBS	0.84	—	—	—
BCC-CSM1-1	0.97	0.61(0.35)	0.31(0.13)	0.66(0.22)
BNU-ESM	1.38	0.60(0.34)	0.30(0.03)	0.66(0.22)
CanESM2	0.50	0.56(0.46)	−0.11(−0.16)	0.78(0.48)
CCSM4	0.86	0.56(0.36)	0.31(0.09)	0.61(0.26)
CNRM-CM5	0.31	0.33(0.22)	0.17(−0.02)	0.38(0.24)
FGOALS-s2	2.07	0.69(0.43)	0.41(0.15)	0.75(0.37)
FIO-ESM	1.06	0.50(0.16)	−0.06(−0.2)	0.59(0.14)
GISS-E2-H	0.21	0.18(0.07)	0.26(−0.01)	0.09(0.21)
GISS-E2-R	0.18	0.31(0.27)	0.04(−0.21)	0.54(0.31)
INMCM4	0.92	0.40(0.08)	0.21(0.15)	0.34(−0.04)
IPSL-CM5A-LR	1.15	0.59(0.32)	0.25(0.03)	0.56(0.18)

续表

OBS/Models	Linear trend (℃/100a)	Correlation (detrended)		
		1906—2005 年	1906—1955 年	1956—2005 年
MIROC-ESM	0.66	0.58(0.38)	0.54(0.29)	0.56(0.36)
MIROC-ESM-CHEM	0.55	0.32(0.14)	0.23(0.04)	0.33(−0.09)
NorESM1-M	0.51	0.57(0.46)	0.26(0.16)	0.69(0.41)
Ensemble	0.81	0.77(0.60)	0.49(0.12)	0.83(0.51)

统计分析发现（Zhou 等，2006，周天军等，2006），考虑了自然变化的模式（CCSM3、CNRM-CM3、GFDL-CM2.0、GFDL-CM2.1 和 MRI-CGCM2.3.2）集合平均模拟的 1880—1940 年中国区域平均地表气温距平序列，与观测值的相关系数为 0.55，高于仅使用人类活动作为外强迫的模拟结果，这表明 20 世纪前半叶的中国气温变化受到太阳辐射、火山爆发等自然因素的影响较大。对于 20 世纪后半叶（1941—1999 年），中国气温变化受到温室气体作用的显著影响，那些考虑了温室气体变化的模式所模拟的中国区域平均气温变化与观测值都存在显著的正相关。进一步分析发现，模拟值和观测值的相关系数，在中国北部要高于中国南部，这意味着温室气体变化对近 50a 中国北部气温变化的影响大于南部地区。方差分析表明（Zhou 等，2006，周天军等，2008），外强迫解释了 20 世纪中国年平均气温变化的 32.5%，而内部变率（噪音）的贡献则高达 67.5%，信噪比为 0.69，比全球平均情况要高。这意味着对区域尺度的气温变化而言，强迫机制较之全球平均情况要复杂得多。

已有工作还对比了不考虑人类排放的对照试验和考虑多种人类排放情景模拟的 20 世纪中国年平均气温的变化（赵宗慈等，2005；丁一汇等，2007；Ding 等，2007）。发现不考虑人类排放的对照试验未能模拟出中国 20 世纪的变暖趋势，且与观测的相关系数接近于 0；而考虑人类排放情景的模式较好地模拟了 20 世纪中国的变暖，特别是近 50a 的明显变暖趋势，且与观测的相关系数通过了 5% 显著性检验水平。由此说明，中国 20 世纪的变暖尤其是近 50a 的明显变暖很可能与人类排放温室气体等的浓度增加有关。

在 20 世纪后半叶，中国年平均地表气温升高了 1.1 ℃，增温速率为 0.22 ℃/10a，北方地区增温尤为显著，而在中国西南地区出现了降温现象（丁一汇等，2006；Yu 等，2004）。检查了 19 个耦合模式对中国东部地表气温在 1951—1999 年的线性趋势的分析表明。在 9 个模式中，东部地区为一致性增暖；只有 3 个模式在中国西南地区模拟出了弱的变冷趋势；4 个模式未能模拟出华北地区的增暖（Zhou 等，2006）。由此可知，尽管大多数模式能够模拟出中国区域平均地表气温的演变趋势，但却未能成功再现气温变化的空间分布，尤其是位于中国西南地区的变冷现象。

图 10.19 为 CMIP5 模式模拟的和观测的中国气温增温趋势的空间分布，虽然大多数模式模拟到了全国性的升温，但一些模式模拟的升温率明显偏低，甚至呈现弱的降温趋势。这进一步提醒我们要注意对未来预估的模式结果集成，同时，应该通过模式比对，深入分析哪些模拟偏差较大的模式的原因，以进一步改进模拟。

观测结果表明，在全球变暖背景下，80 年代中期之后对流层中纬度西风有明显加强趋势（朱锦红等，2003）。与此同时，70 年代际末之后，对流层中上层出现变冷现象，上层的气旋式环流异常使得东亚副热带西风急流偏南增强，下层反气旋式环流异常导致东亚夏季风减弱，从而中国东部地区夏季降水呈现"南涝北旱"特征，即长江流域降水偏多，华北地区降水偏少（Yu 等，2007，宇如聪等，2008，顾薇等 2005，王遵娅等 2004，吴贤云等 2006，孙林海等，2003，朱益民和杨修群 2003，施晓晖和徐祥德 2006）。利用观测海温强迫 NCAR CAM2 的集合模拟结果分析发现，模式能成功再现全球陆地季风降水减弱趋势，并指出这主要是由热带中东太平洋和热带西印度洋海温增暖造成的（Zhou，2008）。

在亚洲季风的模拟及其变率机理方面，已有很多数值模拟研究工作。分析对参加 CLIVAR/季风大气环流模式比较计划的 10 个模式结果分析发现（Kang 等，2002），几乎所有模式都不能真实再现东亚地区的梅雨雨带分布，模拟的雨带总是偏向东亚大陆的内部（图 10.20）。基于国际大气模式比较计

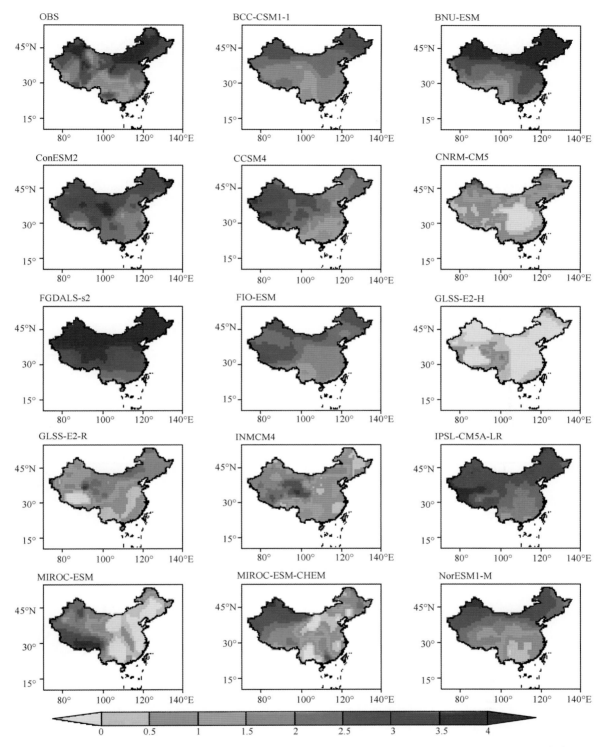

图 10.19 14 个 CMIP5 模式模拟以及 CRU 观测的中国气温 1956—2005 年增温线性趋势的空间分布(郭彦绘)

划(AMIP)结果,分析发现热带大洋年际变率对亚澳季风年际变化的强迫作用以及海气相互作用过程的潜在贡献(Zhou 等,2009)。AMIP 模式的模拟技巧具有季节依赖性,冬季最高,而夏季则最低。海气相互作用过程可能对模拟热带外西北太平洋和南海地区降水异常非常关键。此外,模式在主导模态模拟上的技巧与模式的气候态存在关联。同时,利用 CLIVAR 20 世纪气候(C20C)计划大气模式结果分析表明,观测海温强迫的大气环流模式可以很好再现南亚季风、澳大利亚季风和西北太平洋季风,其次是印度季风,而对东亚夏季风模拟能力较差(图 10.21),这主要是因为由观测海温强迫的大气模式对东亚纬向海陆热力对比模拟较差造成的（Zhou 等，2008）。NCAR 气候系统模式 CSM 和大气环流模式 CCM3 能够再现亚澳季风，特别是印度季风和澳洲季风的主要特征，但对东亚季风系统模拟较差，即夸大青藏高原东北部的降水而低估中国东南沿海降水（Yu 等，2000，高学杰等，2004）。研究认为这可能是由于模式分辨率不足引起的，而复杂的次网格地形会对局地气候产生重要影响（Gao 等，2006；Yu 等，2000）。CCM3 模拟得到的与实际不一致的偏西偏北的强降水中心与 200 hPa 上东亚副热带急流不合理可能有密切关系，而东亚副热带急流位置和强度与对流层低层南北向的温度梯度以及青藏高原东南部的较大的感热通量加热有关（张耀存等，2005）。利用 NCAR CAM3 和 GFDL AM2.1 大气环流模式研究发现，模式可以通过海温强迫（主要是热带海温强迫）比较合理地模拟出观测中东亚夏季风环流年代际变率，指出赤道太平洋和印度洋的变暖是导致东亚夏季风减弱的重要因子。不过，尽管两个模式都合理再现了季风环流的年代际变化，但是其模拟的东亚季风降水变化，较之观测依然存在很大的偏差（Li 等，2008）。

对于东亚区域尺度的降水变化依然是目前全球模式的模拟难题之一，中国东部降水在过去 50 年有明显的年代际变化特征，表现为"南涝北旱"（Zhai 等，1999；Xu，2001；Ding 等，2003；Yu 等，2004）。在参与 IPCC AR4 20 世纪模拟的 19 个模式中，虽然有 9 个模式相对较好地模拟出了东亚夏季 1979—1999 年平均雨带的分布，但其中只有三个模式（GFDL-CM2.0，MIROC3.2（hires）、MIROC3.2（medres）模拟的降水出现了与观测较为一致的年代际变化分布（Sun 等，2008）。

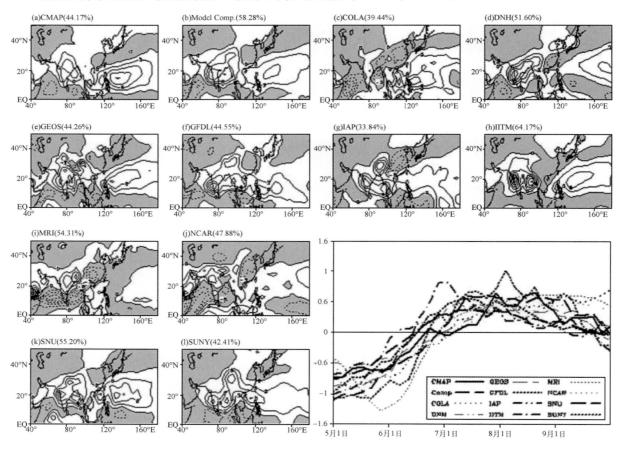

图 10.20　5—9 月气候平均的逐候降水场 EOF 第一模态（a～h）及其时间序列（m）。其中，c～l 分别为 COLA，DNM，GEOS，GFDL，IAP，IITM，MRI，NCAR，SNU 和 SUNY 模式结果，a 和 b 分别为 CMAP 和 10 个模式合成的结果（Kang 等，2002）

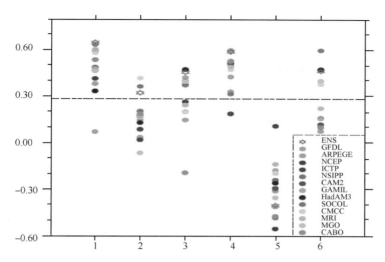

图 10.21　模式模拟与观测季风指数的相关系数。其中,水平虚线表示相关系数超过 95% 信度的阈值。横坐标数字对应不同季风指数,1. Webster-Yang 指数,2. 印度季风指数,3. 西北太平洋季风指数,4. 澳大利亚季风指数,5. 东亚季风 SLP 差值指数,6. 东亚季风经向风指数(Zhou 等,2008)

10.4　21 世纪气候变化预估

10.4.1　气温和降水演变趋势

图 10.22 为 CMIP5 模拟和预估的全球年平均气温距平变化(Dong 等,2012),各模式对 20 世纪 70 年代到本世纪前 10 年的气温变化的模拟一致,集成的 CMIP5 模式结果与观测的变化也比较一致。无论在哪种排放情形下,21 世纪 40 年代前都呈明显的增温趋势,显然,大气中温室气体的即便大幅度快

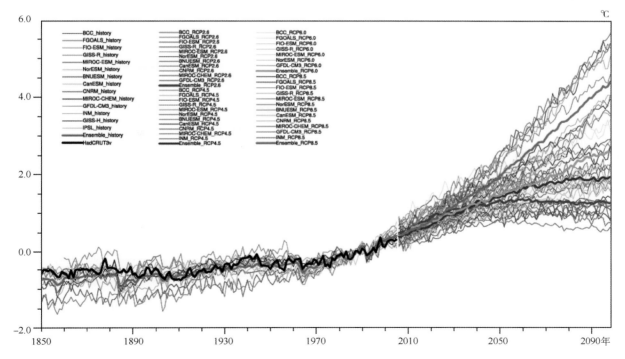

图 10.22　CMIP5 模式模拟和预估的全球平均年平均表面气温距平曲线,相比于 1980—1999 年平均(单位:℃)(基于 Dong 等,2012 郭彦重绘)

速减少,但由于温室气体的寿命较长,升温趋势要得到完全控制也需要相当的时间,在 RCP8.5、RCP6.0、RCP4.5 和 RCP2.6 下,多模式集合结果表明到 21 世纪末,全球气温将分别升高约 4.5 ℃(2.8~5.7 ℃)、2.3 ℃(1.6~3.3 ℃)、1.7 ℃(0.9~2.6 ℃)和 0.7 ℃(0.0~1.4 ℃)。在 IPCC AR4 报告中,也有一些包含完整的碳循环过程的地球系统模式进行不同排放情景的气候变化试验,与物理气候系统模式相比,考虑碳循环之后会给未来的气候变化预估带来更大的不确定性。

图 10.23 为多个耦合模式(其中包括 BCC-CSM1.0.1)模拟的夏季(JJA)和冬季(DJF)50 hPa 平流层全球平均气温在 21 世纪的变化趋势,与对流层气温增暖的趋势相反,所有模式模拟的平流层温度变化趋势都是下降的,这是因为在温室气体浓度增加导致大气发射长波辐射的能力增强,换句话说温室气体浓度增加使得大气的长波辐射冷却率增加。在对流层中,由于地面的加热作用和凝结潜热加热反馈,气温是增加的,即全球变暖;但是在平流层中,无论地面的加热或者水汽凝结潜热加热都对平流层的温度变化影响不大,这时候长波辐射冷却就对气温变化起到主导的作用,所以耦合模式模拟的平流层气温都是下降的,这些模拟结果和近年来的卫星观测结果和一维能量平衡模式结果都是一致的。

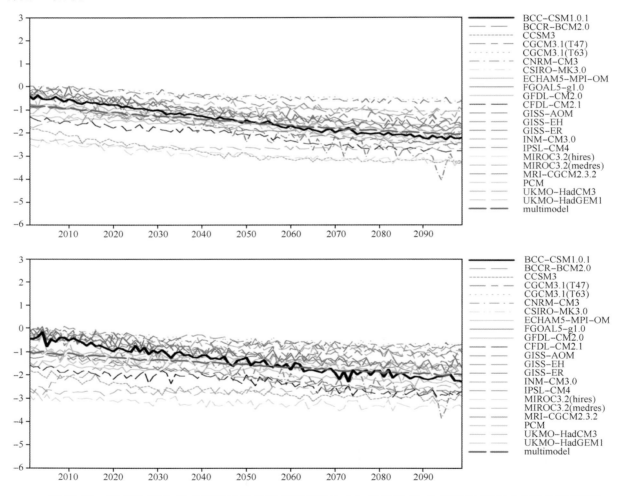

图 10.23 CMIP3 耦合模式比较试验及其 BCC-CSM1.0.1 模拟的 21 世纪夏季(JJA)(a)和冬季(DJF)(b)50 hPa气温变化趋势(单位:℃)

在全球增暖的背景下,同以前的模式 IPCC 结果类似,CMIP5 模式也是预估全球平均降水的增加。未来排放浓度越高,降水增加越多(图 10.24)。但是模拟的降水与观测的差异无论在量值还是在趋势上都比较大,这表明降水预估的不确定性和可信度问题需要进一步深入研究,降水预估结果的使用要非常谨慎。在 RCP8.5、RCP4.5 和 RCP2.6 下,多模式集合结果表明到 21 世纪末,全球降水将分别增加 0.19 mm/d(0.14~0.23 mm/d)、0.1 mm/d(0.07~0.14 mm/d)、0.06 mm/d(0.04~0.08 mm/d)。

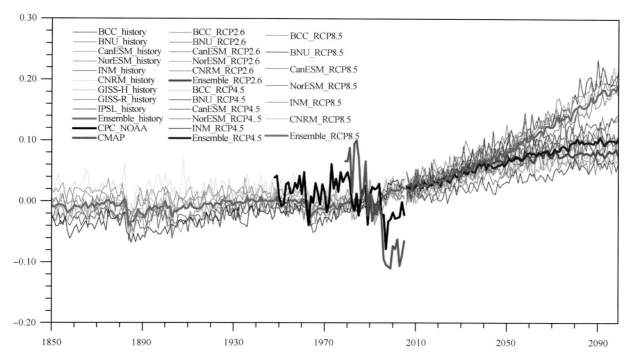

图 10.24　CMIP5 模式模拟和预估的全球平均年平均降水距平曲线,相比于 1980—1999 年平均(单位:mm/d;)(基于 Dong 等,2012 郭彦重绘)

10.4.2　全球增暖与地球气候系统水循环

全球平均气温变化远远比降水更为显著。进一步分析发现,全球变暖背景下,气温每升高 1 ℃,低对流层中的水蒸气比湿增加 7%(Soden 等,2005;Trenberth 等,2005),这意味着相对湿度基本不变。这个结论与著名的 Clausius-Clapeyron 公式给出的饱和水汽压随气温变化结果一致。然而,随着气温升高,降水概率增加的速度要远小于 7%,大约只接近 2% 左右(Boer 等,1993;Houghton 等,2001;Allen 等,2002)(图 10.25)。

对于全球变暖过程中降水增加率小于大气湿度增加率这一现象有如下几种主要的解释:(1)对流层辐射加热的净变化或对流层能量的可用性,制约了降水的增加(Hartmann 等,2002;Allen 等,2002)。(2)全球变暖后,对流质量通量的减少,使得降水增加的概率降低。一些气候模式反映出对流质量通量的降低与水平水汽输送的增加、温带水平感热输送的减少同步发生(Held 等,2006);也有气候模式显示全球变暖会降低热带太平洋平均环流的强度(Knutson 等,1995);而在热带环流中最重要的就是 Walker 环流,有研究使用海洋水平压力梯度来观察 Walker 环流的变化,发现对流质量通量的降低与 Walker 环流的减弱具有一致性,同时发现 Walker 环流的变化与人类对地球辐射收支的影响有关,所以认为它的减弱是人为因素的结果(Vechi 等,2006)。此外,在大气环流中,除 Walker 环流会发生减弱外,也有学者认为:Hadley 环流在温室气体增加的情况下会发生明显减弱和向两极发展的现象(Lu 等,2007)。(3)海表风应力的减少,减弱了海表湍流热交换,被认为与全球蒸发增加率呈减弱趋势有关(Mitchell 等,1978;Lu 等,2009)。(4)全球变暖环境下,大气稳定度增加,表层感热通量减少,表层潜热通量增加呈减弱趋势,则蒸发的增加速度减弱。(Lu 等,2009)。

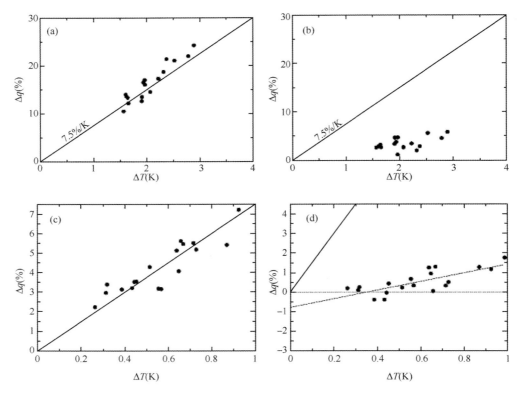

图 10.25 耦合模式 20 世纪气候变化试验(a,b)和 IPCC A1B 21 世纪气候变化试验(c,d)模拟的全球平均降水(b,d)、比湿(a,c)与平均气温变化关系的散点图

10.4.3 21 世纪亚洲季风气候变化

IPCC AR4 指出未来全球变暖情景下，陆地增暖速度比海洋增暖快，因此，大尺度海陆热力差异会在夏季增大、冬季减小，这有可能导致夏季风增强，冬季风减弱。IPCC AR4 中多数耦合气候模式预估结果表明，全球增暖将导致东亚冬季风减弱，而东亚夏季风增强，夏季风降水增多，中国降水增多的区域将主要位于华北。例如，利用 IPCC SRES A2 排放情景的 6 个耦合模式的模拟结果分析表明，观测的东亚夏季风年代际减弱与 20 世纪后期人类活动引发的全球变暖之间没有明显联系，应为一次自然气候变异过程，如果 21 世纪温室效应在 20 世纪后期的基础上进一步加剧，东亚夏季风可能趋于增强（姜大膀等，2005）。模拟研究表明，全球变暖导致夏季海陆温差增大和冬季海陆温差减弱，进而使东亚夏季风加强，冬季风减弱，华北夏季降水增强，东亚夏季风雨带北移，中国南方降水减少（布和朝鲁，2003；Wei，2005；Kimoto，2005）。利用 22 个耦合气候模式的输出资料，诊断分析了东亚夏季风对 CO_2 加倍的响应，结果表明：CO_2 加倍导致的东亚夏季风区域平均降水变化各个模式可以从 $-0.6\%\sim14\%$ 不等，但多模式集合分析表明，CO_2 加倍导致东亚夏季风区域平均降水增加了 7.8%，但降水增加区域主要位于朝鲜、日本和中国华北地区，其主要过程是：副高增强，水汽输送增强，夏季风雨期增长，东亚夏季风增强（Kripalani 等，2007）（图 10.24）。使用 9 个海气耦合模式的模拟结果分析了全球增暖对东亚冬季风的影响，结果表明：在全球增暖情景下，大多数模式模拟出了东亚冬季风的减弱，北太平洋产生了一个反气旋的异常环流，对应阿留申低压的减弱和北移，在 SLP 场上也表明了阿留申低压和西伯利亚高压的减弱，东西向气压梯度减小；另外，热带局地 Hadley 环流减弱导致了东亚急流减弱，从而也有利于减弱东亚冬季风（Hori 等，2006）。利用大气—土壤—植被耦合的区域气候模式研究发现，当 CO_2 浓度加倍后，中国年降水量在北方沿海地区和华中地区增加了约 20%，而在中国南方地区仅增加了 8%。夏季，中国北方地区增暖最剧烈，可达 $4\ ℃$，中国华北地区降水显著增多，东亚夏季风明显增强。冬季，中国南方地区降水偏少，东亚冬季风减弱（Chen 等，2004）（图 10.26）。

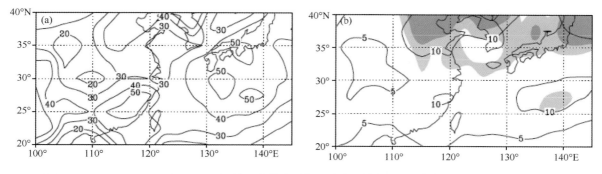

图 10.26　1PCTTO2X 和 20C3M 情景下多模式平均的降水差值场(a)及其降水增加百分率(b),阴影区为 t-test 检验超过 95%(99%)置信度的区域(Kripalani 等,2007)

也有气候模式模拟结果表明,全球增暖可以导致亚洲夏季风减弱,季风降水增多。例如,有研究使用 8 个 GCM 全球增暖试验结果分析了亚洲夏季风对人类活动造成的辐射强迫的瞬变响应,结果表明,全球增暖导致亚洲夏季风降水显著增加,但大尺度亚洲夏季风环流却减弱(Ueda 等,2006)。主要过程是:全球增暖导致了亚洲夏季风区域水汽输送增强,增暖的印度洋导致水汽源的增强,两者共同导致了季风区水汽通量辐合增大,从而增加了亚洲季风降水;但热带对流层中上层的增暖,造成亚洲区域经向热力梯度减小,从而减弱了夏季风环流,并造成 Walker 环流东移。高分辨大气环流模式就全球变暖对梅雨影响过程的模拟表明,全球增暖将导致中国长江流域、东海、日本西部、日本南部海域降水增多,而朝鲜半岛和日本北部降水减少,但在这些变化中,副热带高压是仍然是增强的(Kusunoki 等,2006)(图 10.27)。

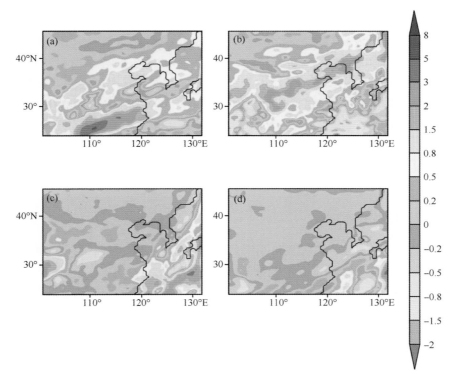

图 10.27　MM5 区域模式模拟的 CO_2 加倍后(a)春季,(b)夏季,(c)秋季和(d)冬季季节平均降水场与当前降水场的差值(单位:mm/d)。(Chen 等,2004)

对于全球增暖后 IPCC AR4 耦合模式对东亚夏季风的模拟结果仍然存在很大的不确定性。15 个耦合模式在 A1B 排放情景下对未来亚洲夏季降水变化的预估表明,在 21 世纪后期,亚洲夏季季风降水将会明显增加,夏季风降水结束时间在日本、印度半岛、中印半岛、中国华南和华东沿海地区可能推迟,而在中国长江流域可能提前(图 10.28)。研究还注意到,模式对夏季季风降水开始时间变化的预估结果差异较大（Kitoh 等,2006）。另外,有证据表明,大气中气溶胶的增加会改变局地大气和陆表面加热,从而会对季风演变产生很强的影响,造成中国长江流域降水偏多,而华北地区降水偏少（Xu,2001；Menon 等,2002）。

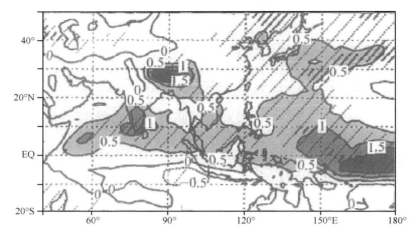

图 10.28 15 个气候模式在 SRESA1B 情景下,预估了 2081—2100 年亚洲夏季降水变化（与 1981—2000 年比较）（单位:mm/d,阴影区表示降水增加）

对东亚季风模拟的不确定性可能是与目前模式对东亚夏季模拟能力偏低造成的,利用 CLIVAR C20C 计划中观测海温强迫大气模式结果研究指出,南亚夏季风和澳大利亚季风的主要强迫源是热带太平洋,能够被很好地模拟再现。而模式对东亚夏季风的模拟则很差,这主要是由于东亚纬向海陆热力差异不能被成功地模拟造成的（Zhou 等,2008）。利用 IPCC AR4 耦合模式 20 世纪历史模拟结果分析指出,模式能合理地模拟中国地区平均气温主要变率特征,但是空间分布模拟较差（Zhou 等,2006）。由于亚洲季风和东亚副热带西风急流均与温度有直接联系,因此只有改进模式对现在气温的模拟能力和提高对未来气温的模拟水平,才能更好地对它们进行模拟和预测其未来的变化。同时,这也可能是未来耦合模式改进的方向之一。

10.5 气候模拟的不确定性

10.5.1 模式参数化的不确定性

地球系统模式是一个极其复杂的开放巨系统,涉及地球系统不同时间、空间尺度的相互作用,须要大气科学、海洋学、地球物理、化学、生态学及数学和计算科学等多学科的交叉融合。模式物理、化学、生物过程的不完善,如云、气溶胶、辐射、植被、地球生物化学等,都会导致地球系统模式的不确定性。目前模式中最不确定的过程有:

1. 云物理过程参数化的不确定因素

云的参数化包含很大的主观性和经验性,其进展之慢让人无法接受,被认为是一把"死锁"（Randall 等,2003）。因此,目前国际上各主要大气科学中心正致力于云系"超级参数化方案"的研制。例如,等两维和三维云的超级参数化方法（SP）被先后提出了,将可分辨云模式（CRM）直接耦合到大气环流模式 CAM 的每个网格点上,模拟结果显示,两维 SP 方案模拟的降水、可降水量、大气顶辐射、云辐射强迫及高云等的空间分布都比较合理,明显改进了对夏季西太平洋的降水、小雨的日变化以及包括 MJO 在内的降水季节内变化的模拟能力。三维 SP 方案则进一步改善了夏季热带西太平洋降水的分布,而且在有动量反馈时,原来明显的双 ITCZ 现象也消失了。但 SP 方案的计算量要比参数化方案大得多,对计算机的资源提出了更高的要求（Khairoutdinov 等,2001,2005）。

2. 气溶胶—云—辐射的耦合过程描述的不确定性

云的辐射强迫反馈依然是 GCMs 气候敏感度中最不确定的来源。降低模式的不确定性,可提高模式模拟结果的可信度。传统上,对云的评估主要是云的辐射强迫,或对总云量气候态分布进行评估。但对云气候平均态模拟的合理,未必表明对反馈过程的模拟也是正确的。为对模式云反馈过程的模拟能力进行评估,国际上开展了云反馈过程比较计划(CFMIP)。现在,模式评估开始注重对大气过程的评估,结合卫星观测资料,将云分成不同的类型加以评估,评估采用聚类分析方法。依据大气—混合层海洋 GCM 平衡试验和 2 倍 CO_2 试验结果,嵌套了 ISCCP 模拟器。将全球分成 3 个区域分别进行聚类分析评估,以分辨不同过程产生的云,并分离出观测误差。3 个区域为热带(20°S~20°N),热带外无冰和冰雪覆盖区。评估结果表明,纬向平均的短波和长波云辐射强迫与观测一致,能反映主要的纬向变化特征,具体到每个模式,也存在偏差。对热带信风积云区的"浅积云"模拟,模式模拟都不够好,另外对云顶位于中层的云类型的模拟,GCMs 似乎也存在问题。但也有几个模式(特别是 HadAM3)能模拟出深对流、层积云和光学厚的锋面云。

气溶胶可活化为云的凝结核,对形成云滴的大小、云反射率、云的寿命以及降雨等产生显著影响,此效应被称为气溶胶的间接气候效应。它是 IPCC AR4 确定的影响气候变化最不确定的人为因子。云的空间尺度变化很大,从几十米到数百公里,导致了气溶胶和云相互影响的复杂化。大气环流模式的空间分辨率通常为数百公里,需利用次网格参数化的方法来模拟从气溶胶到云和降水的转化过程。另外,气溶胶间接气候效应的研究目前大多只考虑气溶胶对水状云形成的影响,对冰状云影响的研究受观测限制,还有很大的不足。到目前为止,模拟气溶胶的间接气候效应时大多还未能考虑大气中所有主要的气溶胶成分,而且在由气溶胶到云滴和降雨的参数化方案上还有很大的不确定性。

3. 生态系统对气候变化的响应与反馈过程描述的不确定因素

虽然现在的动态植被模式已基本能模拟目前植被的类型与分布,但由于生物地球化学机理目前的理解水平以及观测数据的欠缺,在数十年或百年尺度的模拟上还有很大不确定性。生态系统的不确定性相应影响模拟的水汽能量交换、植被 VOC 排放和生态系统碳氮源汇的模拟。例如,大气化学、气溶胶与生态系统的耦合逐渐成为国际地球系统模式发展的重点之一。CO_2 和臭氧浓度,以及气溶胶的浓度变化导致辐射、云和降雨的改变,影响植被的分布和类型。一方面,植被种类及分布直接影响植被碳氢化合物的排放以及相应臭氧和二次有机气溶胶的形成,而二次有机气溶胶是植被排放的碳氢化合物在大气中被 OH、O_3 和 NO_3 氧化后通过气粒转化形成的。在夏季植被排放最强时,观测表明二次有机气溶胶在微颗粒状气溶胶质量中所占的比例可达 10%~60%,其环境气候效应日益受到重视。另一方面,植被分布直接影响沙尘气溶胶的起沙过程。此类耦合在数十年时间尺度上对环境气候影响的研究还处于起步阶段。

10.5.2 辐射强迫情景的不确定性

IPCC AR4 报告给出未来 100 年全球平均气温可能增加 1.1~6.4 ℃,其增温范围的不确定性比前几次评估报告更为明显。引起未来全球变暖的不确定性因素很多,其中未来辐射强迫情景的不确定性是最为关键的因素之一。这是未来辐射强迫情景的变化主要取决于人类社会自身发展状况,例如人口数量、各种能源消耗的比例变化、温室气体减排和吸收技术的应用程度等等,为了使得能准确描述未来100 年出现各种社会发展前景,IPCC AR4 给出未来人类社会发展的不同情景。每一种情景都与一定的温室气体、气溶胶的排放情景相对应,气候变化预估所用到的排放情景及其含义如下:

(1) A1 情景。A1 框架和情景系列描述的是一个这样的未来世界,即经济快速增长,全球人口峰值出现在 21 世纪中叶,随后开始减少,新的和更高效的技术迅速出现。其基本内容是强调地区间的趋同发展、能力建设、不断增强的文化和社会的相互作用、地区间人均收入差距的持续减少。A1 情景系列划分为 3 个群组,分别描述了能源系统技术变化的不同发展方向,以技术重点来区分这三个 A1 情景组:化石密集(A1F1)、非化石能源(A1T)、各种能源资源均衡(A1B)。

A2. A2 框架和情景系列描述的是一个极其非均衡发展的世界。其基本点是自给自足和地方保护主义，地区间的人口出生率很不协调，导致持续的人口增长，经济发展主要以区域经济为主，人均经济增长与技术变化越来越分离，低于其他框架的发展速度。

（2）B1 情景。B1 框架和情景系列描述的是一个均衡发展的世界，与 A1 描述具有相同的人口，人口峰值出现在世纪中叶，随后开始减少。不同的是，经济结构向服务和信息经济方向快速调整，材料密度降低，引入清洁、能源效率高的技术。其基本点是在不采取气候行动计划的条件下，更加公平地在全球范围实现经济、社会和环境的可持续发展。

（3）B2. B2 框架和情景系列描述的世界强调区域性的经济、社会和环境的可持续发展。全球人口以低于 A2 的增长率持续增长，经济发展处于中等水平，技术变化速率与 A1、B1 相比趋缓、发展方向多样。同时，该情景所描述的世界也朝着环境保护和社会公平的方向发展，但所考虑的重点仅仅局限于地方和区域一级。

考虑耦合气候系统模式巨大的计算量，使用上述所有情景进行气候变化模拟很难实现也不必要，因此 IPCC AR4 主要推荐全球各个气候模拟组采用 A1B 和 B1 两个排放情景，到 2100 年前者对应的 CO_2 浓度是 720 ppm 左右，而后者大约是 550 ppm。

参与 CMIP5 模式比较计划的模式组都将采用典型浓度路径 RCP 辐射强迫数据作为地球系统模式的外强迫的数值试验方案。IPCC AR5 确定用单位面积的辐射强迫表示未来 100 年稳定浓度的不同 RCP 情景，其中包括 RCP2.6，RCP4.5，RCP6 和 RCP8.5 等四种。在 RCP2.6 情景中，辐射强迫在 2050 年达到峰值约 3 W/m^2，在 2100 年降低至 2.6 W/m^2，辐射强迫在 21 世纪后半段是减弱的。RCP4.5 情景的辐射强迫在 2100 年稳定在 4.5 W/m^2，CO_2 浓度和辐射强迫在 2100 年之后保持为常数。RCP6 情景展示了增长的辐射强迫，并在 2100 年达到 6 W/m^2，与 RCP4.5 情景类似，CO_2 浓度接近稳定。在 RCP8.5 情景中，辐射强迫在 2100 年后仍旧增长。提供这些新的浓度路径，有利于整合气候模式比较试验，从而产生新的气候变化预估结果。

10.5.3 全球增暖模拟的不确定性

图 10.29 表明即在模式中考虑相同的辐射强迫，模式对辐射强迫的响应也是千差万别，因此人们定义了"气候敏感度"来讨论模式对辐射强迫响应的不确定性及其原因。所谓的"气候敏感度"可分为"平衡气候敏感度"和"瞬变气候敏感度"。前者"平衡的气候敏感度"是指当一个大气模式耦合一个混合层海洋模式，当大气 CO_2 浓度突然加倍后模式达到平衡时全球平均表面气温的变化。"瞬时的气候敏感度"是指在一个完全的大气—海洋—海冰—陆面耦合模式中，大气 CO_2 浓度以每年 1% 的速度增加，当浓度增加到两倍时，全球平均表面气温的变化。通过对 IPCC AR4 的模拟结果分析发现，不同的气候模式在模拟全球表面气温对大气 CO_2 浓度加倍的响应时，离散化很大。例如，"平衡气候敏感度"的预测中，全球平均 SAT 的变化范围是 2～4.5 ℃；在"瞬变气候敏感度"的预测中，这种离散相对较小，变化范围是 1～3 ℃，这与海洋热吸收延迟了大气的增暖有关。

近十几年来，许多的研究表明：模式在气候敏感度预测中的不确定性是由各种气候反馈过程（水汽反馈、温度直减率反馈、云反馈、表面反照率反馈等）和海洋热吸收的不确定性造成的。并且云反馈过程是目前模式气候敏感度预测中最大的不确定性来源。图 10.29 显示了 12 个单独的 AOGCM 的瞬时温度变化和各种反馈对其的贡献。由图我们可以看出，每一反馈过程都有模式间的差异，而云反馈贡献的模式间的差异是最大的，瞬时温度变化的振幅是由云反馈分量决定。水汽—长波辐射反馈、海洋热吸收、辐射强迫引起的离散似乎一样大，大概是云反馈引起的离散的 1/3。正常情况下，在平衡或瞬时的气候模拟中，每个反馈和辐射强迫对模式间温度变化差别的贡献大致相近。特别地，在两种情况下，云反馈似乎都是模式离散化的主要来源（Bony 等，2008；Bony 等，2006；Soden 等，2005）。更进一步的研究指出，在热带地区大尺度下沉的机制下，海洋边界层云（MBL clouds）盛行。这样，云对变化的表面气温的辐射响应（1）在模式间气候变化的差异最大，（2）与目前气候的观测最不一致。这都说明了目前海洋边界层云是模式中热带云反馈不确定性的关键（Bony 等，2005）。

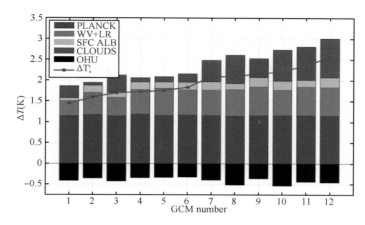

图 10.29 根据 IPCC AR4 12 个耦合气候模式模拟结果计算的瞬变气候敏感度 (TCR) 及其不同反馈因子对 TCR 的贡献。

参 考 文 献

布和朝鲁.2003.东亚季风气候未来变化的情景分析—基于 IPCC SRES A2 和 B2 方案的模拟结果,科学通报,**48**(7): 737-742.

丁一汇,任国玉,赵宗慈,等.2007.中国气候变化的检测及预估.沙漠与绿洲气象.(01):0001-10.

丁一汇,任国玉,石广玉,等.2006.气候变化国家评估报告(I):中国气候变化的历史和未来趋势[J].气候变化研究进展, (2):3-8.

高学杰,林万涛,Fred Kucharsky,等.2004.实况海温强迫的 CCM3 模式对中国区域气候的模拟能力.大气科学,**28**(1): 78-90.

顾薇,李崇银,杨辉.2005.中国东部夏季主要降水型的年代际变化及趋势分析;气象学报,**63**(5):728-739.

何勇,董文杰,季劲均,等.2005.基于 AVIM 的中国陆地生态系统净初级生产力模拟.地球科学进展,**20**(3):245-249.

季劲均,余莉.1999.地表面物理过程与生物地球化学过程耦合反馈机理的模拟研究.大气科学,**23**(4):439-448.

姜大膀,王会军.2005.20 世纪后期东亚夏季风年代际减弱的自然属性.科学通报,**50**(20):2256-2262.李倩,孙菽芬.冻 土模式的改进和发展.地球物理进展,2006,**23**:1339-1349.

刘海龙.2002.高分辨率海洋环流模式和热带太平洋上层环流的模拟研究,中国科学院研究生院博士学位论文,178.

刘海龙,俞永强,李薇,等.2004.LASG/IAP 气候系统海洋模式(LICOM1.0)参考手册,大气科学和地球流体力学数值模 拟国家重点实验室(LASG)技术报告特刊.科学出版社,北京.

王秀成,刘骥平,俞永强,等.2009.FGOALS_g1.1 极地气候模拟[J].气象学报,**67**(6):961-972.

罗勇,王绍武,党鸿雁,等.2002.近 20 年来气候模式的发展与模式比较计划,地球科学进展,**17**(3):372-376.

吕达仁,陈佐忠,陈家宜,等.2005.内蒙古半干旱草原土壤—植被—大气相互作用.北京:气象出版社.

施晓晖,徐祥德.2006.中国大陆冬夏季气候型年代际转折的区域结构特征.科学通报,**51**(17):2075-2084.

孙林海,陈兴芳.2003.南涝北旱的年代气候特点和形成条件.应用气象学报,**14**(6):641-647.

孙菽芬.2005.陆面过程的物理、生化机理和参数化模型.气象出版社,307.

孙菽芬,金继明,吴国雄.1999.用于 GCM 耦合的积雪模型设计.气象学报,**57**(3):284-300

王遵娅,丁一汇,何金海,等.2004.近 50 年来中国气候变化特征的再分析.气象学报,**62**(2):228-236.

吴贤云,丁一汇,王琪,等.2006.近 40 年长江中游地区旱涝特点分析.应用气象学报,**17**(1):19-28.

肖潺,俞永强.2006.保形平流方案在海洋环流模式中的应用,自然科学进展,**16**,1442-1448.

谢正辉,刘谦,袁飞,等.2004.基于全国 50 km×50 km 网格的大尺度陆面水文模型框架.水利学报,(5):76-82.

辛晓歌,吴统文,王在志.2009.两种不同减排情景下 21 世纪气候变化的数值模拟.气象学报,**67**(6)-0935-46.

宇如聪.1994.Two-Step Shape-Preserving Advection Scheme,Advance of Atmospheric Sciences,**11**:479-490.

宇如聪,周天军,李建,等.2008.中国东部气候年代际变化三维特征的研究进展.大气科学,**32**(4):893-905.

张凤,曾庆存.2005.IAP AGCM 中短波辐射方案的改进研究Ⅱ:短波辐射方案的改进.气候与环境研究,**10**(3):560-573.

张莉,丁一汇,孙颖.2008.全球海气耦合模式对东亚季风降水模拟的检验.大气科学,**32**(2),261-276.

张学洪,俞永强,刘海龙.2003a.海洋环流模式的发展和应用 I.全球海洋环流模式,大气科学,27(4),607-617.

张学洪,俞永强,宇如聪,等.2003b.一个大洋环流模式和相应的海气耦合模式的评估 I.热带太平洋年平均状态,大气科学,27(6),949-970.

张耀存,郭兰丽.2005.东亚副热带西风急流偏差与中国东部雨带季节变化的模拟.科学通报,50(13):1394-1399.

赵宗慈,王绍武,徐影,等.2005.近100年中国地表气温趋势变化的可能原因分析[J].气候与环境研究,10(4):808-817.

周天军,李丽娟,李红梅,等.2008.气候变化的归因与预估模拟研究[J].大气科学,32(4):906-922.

周天军,王在志,宇如聪,等.2005a.基于 LASG/IAP 大气环流谱模式的气候系统模式.气象学报,63(5):702-715.

周天军,宇如聪,王在志,等.2005b.大气环流模式 SAMIL 及其耦合模式 FGOALS_s.北京:气象出版社,1-288.

周天军,王在志,宇如聪,等.2005.基于 LASG/IAP 大气环流普模式的气候系统模式,气象学报,63(5),702-714.

周天军,赵宗慈.2006.20世纪中国气候变暖的归因分析.气候变化研究进展,2(1):28-31.

朱锦红,王绍武,张向东,等.2003.全球气候变暖背景下的大气环流基本模态.自然科学进展,13(4):417-421.

朱益民,杨修群.2003.太平洋年代际振荡与中国气候气率的联系.气象学报,61(6):641-654.

AchutaRao,K. K. Sperber. 2006. ENSO simulation in coupled ocean-atmosphere models: are the current models better? Clim. Dyn.,**19**,191-209.

Allen,M. R.,W. J. Ingram. 2002. Constraints on future changes in climate and the hydrological cycle. Nature,419,224-232.

Annamalai H,Hamilton K,Sperber K R. 2007. South Asian summer monsoon and its relationship with ENSO in the IPCC AR4 simulations. J Clim,**20**:107121083.

Bitz, Lipscomb. 1999. An energy-conserving thermodynamic model of sea ice. Journal of geophysical research. 104(C7).

Boer,G. J. 1993. Climate change and the regulation of the surface moisture and energy budgets. Clim. Dyn. 8,225-239.

Bonan G B,Oleson K W,Vertenstein M 等. 2002. The land surface climatology of the community land model coupled to the NCAR community climate model. J Climate,**15**:3123-3149.

Bony,S. J.-L. Dufresne. 2005. Marine boundary layer clouds at the heart of cloud feedback uncertainties in climate models. Geophys. Res. Lett.,32,L20806,doi:10. 1029/2005GL023851.

Bony,S.,等. 2006. How well do we understand and evaluate climate change feedback processes? J. Climate,19,3445-3482,doi:10. 1175/JCLI3819. 1.

Bony,S.,等. 2008. An Assessment of the Primary Sources of Spread of Global Warming Estimates from Coupled Atmosphere-Ocean Models. J. Climate,21,5135-5144.

Brohan,P.,J.J. Kennedy,I. Harris,等. 2006. Uncertainty estimates in regional and global observed temperature changes: a new dataset from 1850. J. Geophysical Research 111,D12106,doi:10. 1029/2005JD006548.

Bryan,K. 1969. A numerical method for the study of the circulation of the world ocean. J. Comp. Phys. **4**(3):347-76.

Chen D X,CoughenourM B. 2004. Photosynthesis,transpiration,and primary productivity: Scaling up from leaves to canopies and regions using process models and remotely sensed data. Global Biogeochemical Cycles,18,G B4033,doi: 10. 1029 /2002GB001979.

Dai,A. 2006. Precipitation characteristics in eighteen coupled climate models[J]. J. Climate,**19**:4605-4630.

Dai Q D,Sun S F. 2006. A generalized layered radiation transfer model in the vegetation canopy. Adv Atmos Sci,**23**(2): 243-257.

Dai Y J,Zeng X B,Dickinson R E,等. 2003. The Common Land Model. Bull. Amer. Meteor. Soc.,84,1013-1023.

Dai Y J,Dickinson R E,Wang Y P. 2004. A two-big-leaf model for canopy temperature,photosynthesis and stomatal conductance. J Climate,**17**:2281-2299.

Davey,M.,M. Huddleston,K. Sperber,等. 2002. STOIC: a study of coupled model climatology and variability in the tropical ocean regions. Clim. Dyn.,18,403-420.

Ding Yihui,Sun Ying. 2003. Long-term climate variability in china. WMO/TD No. 1172,18-33.

Ding Y,Ren G,Zhao Z,等. 2007. Detection,causes and projection of climate change over China: an overview of recent progress [J]. Advances in Atmospheric Sciences,**24**(6):954-971.

Dong Wenjie,Ren Fumin,Huang Jianbin,等. 2012. The Atlas of Climate Change: Based on SEAP-CMIP5,Springer,ISBN 978-3-642-31772-9.

Gao XJ,Xu Y,Zhao ZC,等. 2006. On the role of resolution and topography in the simulation of East Asia precipitation. Theoretical and Applied Climatology,86,173-185. doi: 10. 1007/s00704-005-0214-4.

Gent,P. -R. J. -C. McWilliams. 1990. Isopycnal mixing in ocean circulation models. J. Phys. Oceanogr. ,20,150-155.

Gong,S. L. Zhang,X. Y. 2008. CUACE/Dust-an integrated system of observation and modeling systems for operational dust forecasting in Asia,Atmos. Chem. Phys. ,8,2333-2340.

Gong,S. L. ,Barrie,L. A. ,Blanchet,J. -P. ,等. Canadian Aerosol Module:A size-segregated simulation of atmospheric aerosol processes for climate and air quality models 1. Module development,J. Geophys. Res. ,108(D1),4007,doi: 10. 1029/2001JD002002,2003.

Guilyardi 等. 2009. Understanding El Nino in ocean-atmosphere general circulation models,Progress and challenges,BAMS,325-340.

Hartmann,D. L. , C. Larson. 2002. An important constraint on tropical cloud-climate feedback. Geophys. Res. Lett. ,29,1951,doi:10. 1029/2002GL015835.

He Y P,Dickinson R. 2006. A simple conceptual model of lower troposphere stability and marine stratus and stratocumulus cloud fraction,(preprints,9. 11).

Held,I. M. , B. J. Soden. 2006. Robust responses of the hydrological cycle to global warming. J. Climate,19,5686-5699.

Hori M E,Ueda H. 2006. Impact of global warming on the east Asian winter monsoon as revealed by nine coupled atmosphere2 ocean GCMS. Geophys Res Lett,33 (3) : L03713,doi : 10. 1029/2005GL024961.

Houghton,J. ,等. Climate Change 2001:The Scientific Basis(Cambridge Univ. Press,Cambridge,UK,2001).

IPCC,Climate Change 2007:The Physical Science Basis. Contribution of Working Group I to the Fourth Assessment Report of the Intergovernmental Panel on Climate Change [Solomon,S. ,D. Qin,M. Manning,Z. Chen,M. Marquis, K. B. Averyt,M. Tignor and H. L. Miller (eds.)]. Cambridge University Press,Cambridge,United Kingdom and New York,NY,USA.

Jin,X. -Z. ,X. -H. Zhang, T. -J. Zhou. 1999. Fundamental fracmework and experiments of the third generation of IAP/LASG world ocean general circulation model. Adv. Atmos. Sci. ,16,197-215.

Johns,T. C. , Coauthors. 2006. The new Hadley Centre Climate Model (HadGEM1):Evaluation of coupled simulations. J. Climate,19,1327-1353.

Kang I S,Jin K,Wang B,等. 2002. Intercomparison of the climatologiclal variations of Asian summer monsoon precipitation simulated by 10 GCMs. Climate Dynamics,**19**:383-395.

Khairoutdinov M F,Randall D A,Demott C. 2005. Simulation of the atmospheric general circulation using a cloud-resolving model as a superparameterization of physical process. J Atmos Sci,**62**:2136-2154.

Khairoutdinov M F,Randall D A. 2001. A cloud resolving model as a cloud parameterization in the NCAR Community Climate System Model:Preliminary Results. Geophys Res Lett,**28**:3617-3620.

Kinne,S. ,等. 2006. An AeroCom initial assessment-Optical properties in aerosol component modules of global models,Atmos. Chem. Phys. ,6,1815-1834.

Kimoto M. 2005. Simulated change of the east Asian circulation under global warming scenario. Geophys Res Lett,32:L16701[doi].

Kitoh A,Uchiyama T. 2006. Changes in onset and with drawal of the East Asian summer rainy season by multi-model global warming experiments[J]. J. Meteor. Soc. Japan:in press.

Knutson,T. R. & Manabe,S. Time-mean response over the tropical Pacific to increased CO_2 in a coupled ocean-atmosphere model. J. Clim. 8,2187-2199.

Kripalani,R. ,J. 2007. Oh,and H. Chaudhari. Response of the East Asian summer monsoon to doubled atmospheric CO_2 : Coupled climate model simulations and projections under IPCC AR4. Theoritical and Applied Climatology. **87** (1):1-28.

Kusunoki S. ,J. Yoshimura,H. Yoshimura,等. 2006. Change of Baiu Rain Band in Global Warming Projection by an Atmospheric General Circulation Model with a 20-km Grid Size. Japan Meteoro. Society Journal,Vol. 84,581-611.

Latif,M. ,K. sperber,J. Arblaster,P. 等. 2001. ENSIP:the El Nino simulation intercomparison project. Clim. Dyn. ,18,255-276.

Li Hongmei,Zhou Tianjun. 2010. Responses of East Asian summer monsoon to historical SST and atmospheric forcing during1950-2000. ClimDyn**34**:501-514.

Li J,Barker H W. 2005. A radiation algorithm with correlated-k distribution. Part Ⅰ:Local thermak equilibrium. J Atmos Sci，**62**：286-309．

Lin，J．-L．，等．2006．Tropical intraseasonal variability in 14 IPCC AR4 climate models．PartI：Convectivesignals．J．of-Climate，19，2665-2690．

Liu，H．-L．，X．-H．Zhang，W．Li，等．2004．An Eddy-Permitting Oceanic General Circulation Model and Its Preliminary Evaluation．Adv．Atmos．Sci．，21(5)，2004，675-690．

Lu，Jian，Gabriel A．Vecchi，Thomas Reichler．2007．Expansion of the Hadley cell under global warming．Geophysical research letters，vol．34，L06805，doi：10．1029/2006GL028443．

Lu，Jianhua，Ming Cai．2009．Stabilization of the Atmospheric Boundary Layer and the Muted Global Hydrological Cycle Response to Global Warming．J．Hydrometerology，10，347-352．

Luo Gan，Wang Zifa．2006．A global environmental atmospheric transport model (GEATM) ：Model description and valida tion．Chinese J．Atmos．Sci．(in Chinese)，**30**(3)：504-518．

Menon S，Hansen J，Nazarenko L，等．2002．Climate effects of black carbon aerosols in China and India [J]．Science，297：2 25022 253．

Mitchell，J．F．B．，C．A．Wilson，等．1987．On CO_2 climate sensitivity and model dependence of results．Quart．J．Roy．Meteor．Soc．，113，293-322．

Phillips T J．2006．Gleckler P J Evaluation of continental precipitation in 20 th century climate simulations：The utility of multimodel statistics (03)．

Quaas，J．，Y．Ming，S．Menon，等．2009．Aerosol indirect effects-general circulation model intercomparison，Atmos．Chem．Phys．，9，8697-8717．

Randall D A，Khairoutdinov M F，Arakawa A 等．2003．Breaking the cloud-parameterization deadlock．Bull Amer Meteor Soc，**84**(11)：1547-1564．

Ringer，M．，等．2006．The physical properties of the atmosphere in the new Hadley Centre Global Environmental Model (HadGEM1)．PartII：Aspects of variability and regional climate．J．Clim．，19，1302-1326．

Schulz，M．，等．2006．Radiative forcing by aerosols as derived from the AeroCom present-day and pre-industrial simulations，Atmos．Chem．Phys．，6，5225-5246．

Slingo J M．1980．A cloud parameterization scheme derived from GATE data for use with a numerical model．Quart J Roy Meteor Soc，**106**：747-770．

Slingo．J．，等．2003．Scale interactions on diurnal to seasonal timescales and their relevance to model systematic errors．Ann．Geophys，46，139-155．

Soden，B．J．I．M．Held．2006．An assessment of climate feedbacks in coupled ocean atmosphere models．J．Climate，19，3354{3360，doi：10．1175/JCLI3799．1．

Soden，B．J．，Jackson，D．L．，Ramaswamy，V．，等．2005．The radiative signature of upper tropospheric moistening．Science 310，841-844，doi：10．1126/science．1115602．

Sun Ying，Ding Yihui．2008．An Assessment on the Performance of IPCC AR4 Climate Models in Simulating Interdecadal Variations of the East Asian Summer Monsoon，**22**(4)：472-488．

Textor，C．，Schulz，M．，Guibert，S．，等．2006．Analysis and quantification of the diversities of aerosol life cycles within AeroCom，Atmos．Chem．Phys．，6，1777-1813．

Textor，C．，Schulz，M．，Guibert，S．，等．2007．The effect of harmonized emissions in AeroCom experiment B on aerosol properties in global models．Atmos．Chem．Phys．，7，4489-4501．

Trenberth，K．E．，Fasullo，J．Smith，L．2005．Trends and variability in column integrated atmospheric water vapor．Clim．Dyn．24，doi：10．1007/s00382-005-0017-4．

Turner A G，Inness P M，Slingo J M．2005．The role of the basic state in the ENSO：Monsoon relationship and implications for predictability．Quart J Roy Meteor Soc，**131**：781-804．

Udea H，Iwai A，Kuwako K，等．2006．Impact of anthropogenic forcing on the Asian summer monsoon as simulated by eight GCMs．Geophys Res Lett，33：L06703[doi]．

Vecchi，G．A．，B．J．Soden，A．T．Wittenberg，等．2006．Weakening of tropical Pacific atmospheric eirculation due to anthropogenic forcing．Nature，441，73-76．

Wei Jie，Lin Zhao-Hui，Xia Jim，等．2005．Interannual and Interdecadal Variability of Atmospheric WaterVapor Transport in the Haihe River Basin,Pedosphere ,**15**(5):585-594.

Wu,F.-H. ,H.-L. Liu,W. Li,等. 2005. Effect of adjusting vertical resolution on the eastern equatorial Pacific cold tongue. Acta Oceanologica Sinica,24(3),1-12.

Wu,T. ,R. Yu,F. Zhang. 2008. A Modified Dynamic Framework for the Atmospheric Spectral Model and Its Application. J. Atmos. Sci. ,65,2235-2253.

Wu T W,Wu G X. 2004. An empirical formula to compute snow cover fraction in GCMs. Adv Atmos Sci,**21**(4): 529-535.

Wu,T. ,R. Yu,F. Zhang,等. 2009. The Beijing Climate Center atmospheric general circulation model:description and its performance for the present-day climate,Climate Dynamics,DOI 10. 1007/s00382-008-0487-2.

Xie Z H,Liang X,Zeng Q C. 2004. A parameterization of groundwater table in a land surfacee model and its applications. Chinese J Atmos Sci,**28**(4):331-342.

Xu Qun. 2001. Abrupt change of the mid-summer climate in central east China by the influence of atmospheric pollution. Atmospheric Environment,35,5029-5040.

Yang G. -Y,B. Hoskins,J. Slingo. 2003. Convectively coupled equatorial waves:A new methodology for identifying wave structures in observational data. J. Atmos. Sci. ,60,1637-1654.

Yang. G. Y. J. Slingo. 2001. The diurnal cycle in the tropics. Mon. Weather Rev,129,784-801.

Yu,R. C. ,B. Wang, T. J. Zhou. 2004. Tropospheric cooling and summer monsoon weakening trend over East Asia. Geophys. Res. Lett. ,31,L22212,doi:10. 1029/2004GL021270.

Yu R C,Li Wei,Zhang Xue hong. 2000. Climatic Features Related to Eastern China Summer Rainfalls in the NCAR CCM3. Advances in Atmospheric Sciences,**17**(4):503-518.

Yu R C,Zhou T J. 2007. Seasonality and three-dimensional structure of the interdecadal change in East Asian monsoon. J. Climate,**20**:5344-5355.

Yu,Y. -Q. D. -Z. Sun. 2009. Response of ENSO and the Mean State of the Tropical Pacific to Extratropical Cooling/ Warming:A Study Using the IAP Coupled Model,accepted by J. Clim.

Yu Y Q,Zhang X H,Guo Y F. 2004. Global Couple Ocean-AtmosphereG eneral Circulation Models in LASG / IAP. Adv. Atmos. Sci. ,**21**(3):444-445.

Yu Y Q,Zhi Hai. 2008. Coupled Model Simulations of Climate Changes in the 20th Century and Beyond. Advances in Atmospheric Sciences,**25**(4):641-654.

Yu Y Q,Yu R C,Zhang X H,等. 2002. A flexible global coupled climate model. Adv. Atmos. Sci. ,**19**:169-190.

Zhai,P. M. ,F. M. Ren,Q. Zhang. 1999. Detection of trends in China's precipitation extrems. Acta Meteorologica Sinica, 57,208-216. (in Chinese).

Zhang,K. ,H. Wan,M. Zhang,等. 2008. Evaluation of the atmospheric transport in a GCM using radon measurements: sensitivity to cumulus convection parameterization,Atmos. Chem. Physics. ,8,2811-2832.

Zhang,K. 2008. Tracer transport evaluation and aerosol simulation with the atmospheric model GAMIL-LIAM,Ph. D. thesis,Insitute of Atmospheric Physics,Chinese Academy of Sciences. 5806.

Zhang,L. ,S. L. Gong,J. Padro,等. 2001. A size-segregated particle dry deposition scheme for an atmospheric aerosol module,Atmos. Environ. 35,549-560.

Zhou,C. H. ,Gong,S. L. ,Zhang,X. Y. ,等. 2008. Development and evaluation of an operational SDS forecasting system for East Asia:CUACE/Dust,Atmos. Chem. Phys. ,8,787-798.

Zhou,T. -J. ,Y. -Q. Yu,H. -L. Liu,等. 2007. Progress in the Development and Application of Climate Ocean Models and Ocean-atmosphere Coupled Models in China. Adv. Atmos. Sci. ,24(6),1109-1120.

Zhou T J,Yu R C. 2006. Twentieth century surface air temperature over China and the globe simulated by coupled climate models. J. Climate,**19**(22):5843-5858.

Zhou T J,Wu B,Wang B. 2009. How well do Atmospheric General Circulation Models capture the leading modes of the interannual variability of sian-Australian Monsoon? J Clim,**22**:1159-1173,doi:10. 1175/2008JCLI2245. 1.

第十一章 中国区域气候变化预估

主　笔：罗勇，高学杰，徐影
贡献者：许崇海，石英，吴佳

提　要

区域气候变化的预估方法包括对全球模式结果在区域尺度上的分析以及统计与动力降尺度方法等。同时，用于模式检验的格点化观测资料集的建立，是预估中的重要环节之一。本章评估了 CMIP3 多个全球气候模式在中国区域的预估结果，分析了中国不同地区对气候变化的相对敏感程度。多模式集合结果表明，21 世纪末，中国东北、西北、青藏高原和华北至长江流域为气候变化的敏感区，中国气温将增加 2.3～4.2 ℃，其中北方地区的增温明显大于南方地区；降水增加 8%～10%，主要发生在冬季和春季的中高纬地区；未来与高温热浪和强降水有关的极端事件将增加，同时干旱化将加重。根据高分辨率区域气候模式（RegCM3）得到的预估结果表明，21 世纪末在 A2 温室气体排放情景下，中国区域平均升温 3.5 ℃，降水增加 5.5%，同样与高温热浪、强降水有关的极端事件将增加。同时，由于排放情景和模式发展的局限性，中国各地区未来气候变化预估结果还存在很大的不确定性。

11.1 区域气候预估方法

11.1.1 全球气候模式结果在区域尺度上的分析

为了能够模拟过去的气候和预测未来的气候变化，气候模式中必须包括能描述气候系统中各部分的圈层模式及相关的重要过程，它们的时间尺度从几小时到几千年，空间尺度从几厘米到几千公里，为实现这一目标，需采用尺度分析原理、流体动力学过滤技术和数值分析等方法，以达到最好的近似表征程度。然后通过一定的方式把它们耦合在一起成为复杂的多圈层耦合模式。其中最常用的是把大气与海洋耦合在一起的全球海气耦合模式（AOGCM 或称 CGCM、气候系统模式），它包括大气模式、海洋模式和海冰模式以及陆面模式等部分。

全球气候模式是进行气候变化研究和预估的首要工具。在各种强迫下（温室气体和气溶胶、太阳常数及火山喷发等），它们对 20 世纪气候的模拟能力，对其预估的未来气候提供了可能性的范围。全球模式模拟结果之间的差异分布，一般被用来表征预估的不确定性。IPCC AR4（IPCC，2007）利用 20 多个全球气候模式的模拟结果对全球范围进行了区域尺度的气候变化预估，其结果如下。

21 世纪北半球次极地降水增加，亚热带降水减少，而亚洲出现亚热带变干的现象则不太明显。几乎所有模式都预估北美洲北部大部分地区降水将增加，中美洲降水将减少，美国大陆部分和墨西哥北部的大部分地区处于不确定的过渡带，该过渡带随季节从北向南移动。欧洲南部和非洲地中海沿岸地区降水将减少的可能性也较大，降水趋势逐步过渡，在欧洲北部降水将增加。在这两大洲，由于过渡带在夏季向极地方向移动以及蒸发加大，会发生广泛的夏季少雨。在亚洲北部的大部分地区预计会使亚极地降水增加,但同时会伴随着亚热带变干,并从地中海地区逐渐扩大,从中亚地区向东变干则逐渐被显著的季风特点所取代。

21世纪南半球在亚热带少雨的趋势更加突显。新西兰南岛和阿根廷火地岛将处于次极地降水增加带内,而非洲最南端、南美洲安第斯山脉南部和澳大利亚南部地区将经历亚热带少雨的威胁。

对热带陆地地区的降水预估比对高纬度地区的预估存在更大的不确定性。这主要是在模拟热带对流和大气—海洋相互作用中仍存在显著不足,这些增加了与热带气旋相关的不确定性,但是模式仍然对一些显著的气候特征具有一定的模拟能力。大部分模式都显示,南亚和东南亚的季风期降雨将增加,东非降雨也是如此。

在使用全球模式结果进行中国及各地区的气候变化分析方面,目前已开展较多的工作,如使用IPCC第三次评估报告所给出的多模式模拟结果,对长江中下游、青藏铁路和南水北调工程沿线进行了平均气候的预估(徐影等,2004;2005a,b),对全球模式在中国的模拟能力进行了分析(姜大膀等,2004;2005),给出了中国大陆和各大区、省及主要大河流域21世纪不同时段如2020年,2050年,2070年和2100年的气候变化(如气温和降水)及极端气候事件(如最高、最低气温,暴雨日数,台风数)的变化,对沿海海平面变化的预估等(秦大河,2005)。在利用IPCC AR4提供的CMIP3(Coupled Model Inter-comparison Project phase 3)多模式结果方面,如对长江流域(Xu等,2009c)和极端事件的预估分析(江志红,2007;2009)等。

11.1.2 降尺度方法及进展

在进行气候变化预估模拟时,全球海气耦合模式由于其复杂性和需要多世纪时间尺度的长期积分,因此对计算机资源的要求很大,所取分辨率一般较低,如参与IPCC AR4的全球模式分辨率一般在125～400 km间。如要在更小尺度的区域和局地进行气候变化情景预估,则需要通过统计或动力降尺度方法来实现。

动力降尺度是在全球或区域尺度使用高分辨率的气候模式进行模拟,它们以观测或者低分辨率全球模式结果,作为其初始和侧边界驱动条件。动力降尺度的优点是可以捕捉到较小尺度的非线性作用,所提供的气候变量之间具有协调性。其缺点主要是计算量非常大,另外所使用的物理参数化方案在用于未来气候预估时,超出了其设计范围(这也是全球模式存在的问题)。统计降尺度方法通过在大尺度模式结果与观测资料(如环流与地面变量)之间建立联系,得到降尺度结果。这种方法的计算量小,可以得到非常小尺度上的信息,还可以得到一些动力降尺度不能直接输出的变量。但统计降尺度对观测资料的需求较大,如需要足够长的时间序列以调试和验证模型,在没有观测的地方较难进行未来气候变化的预估。这个方法的主要问题是根据当代观测建立的关系在未来气候中的适用性,不能有效提供区域级反馈,在某些情况下得到的变量之间的协调性不够。

1. 动力降尺度

首先,高分辨率大气模式近年来开始被用于进行降尺度意义上的预估,成为动力降尺度方法的一种。它们使用观测或低分辨率海气耦合模式提供的海温和海冰进行驱动,目前的分辨率一般在100 km左右,部分达到了20 km甚至更高(Mizuta等,2005;Kitoh,Kusnuoki,2007)。这些模式取得的结果与观测相比,较一般的海气耦合模式要好,但对于不同地区和不同变量,改进程度有一定差别。特别是由于较高的分辨率,这些模式对热带气旋的模拟能力有了很大提高。

一般的全球模式网格都是均匀的。作为动力降尺度方法之一的变网格大气模式,是根据研究问题的需要,在不同区域采用不同的分辨率,在所关心的区域增加其水平分辨率,对于远离研究的区域则取较低的水平分辨率,以提高模式对特定区域气候的模拟能力。

区域气候模式是应用最广泛的动力降尺度工具。近年来,随着计算和计算机技术的快速发展,在区域气候模式方面,国际上逐渐由以前的使用>50 km以上分辨率,进行数月至数年积分,发展到现在使用20 km或更高的分辨率,进行多年代际时间尺度的模拟和气候变化预估(Christensen等,2007)。

亚洲地区高分辨率气候变化模拟方面的工作相对较少，其中主要有日本科学家使用其 20 km 分辨率 AGCM(Mizuta 等，2005)进行的 2×10 年时间段的模拟试验和系列分析，及在此基础上嵌套 5 km 甚至更高分辨率区域模式进行的日本地区多年夏季气候变化模拟(Yasunaga 等，2006)。此外，韩国也有一些针对朝鲜半岛地区的模拟，如 Boo 等(2006)，Im 等(2007)等。中国具有复杂的地形和下垫面特征，又地处东亚季风区，使得全球模式在这里的模拟经常出现较大偏差，其中最突出的是在中国中西部产生虚假降水中心(高学杰等，2004)，这个偏差在现在最新的全球模式中也存在(Xu 等，2010)。此外，它们对于气温的时间演变也缺乏模拟能力(Zhou，Yu，2006)，在一些地区预估结果间的差别也非常大(Li 等，2010)。

研究表明，上述模拟的误差很大程度上是由于全球模式的分辨率不足引起的，数值模式需要较高分辨率，才能对中国地区大尺度季风降水分布有较好的描述(即上述虚假降水中心的消除，Gao 等，2006b)，这显示了东亚和中国地区高分辨率区域气候模式应用的重要性。

此外，在气候变化影响评估中，对模式分辨率也提出了日益增长的需求。如欧洲的阿尔卑斯山地区，在低分辨率的气候变化模拟中，整个山区降水都将增加，但在高分辨率情况下，则能看到降水变化在南北两侧相反(Gao 等，2006a)，这类研究结果将对气候变化的适应性政策提供更可靠的参考依据。再如北京的水源地密云水库，其流域面积仅为 15000 km²(可粗略折合为 125 km×125 km)，通常的全球模式会完全分辨不出这个地区，使用 50 km 分辨率区域模式时仅有 6 个点，这样在气候变化适应方面，令决策者对其可信度产生怀疑；而 25 km 分辨率的区域模式，则可以对当地如地形降水特征等有更好的模拟能力，流域内格点数达到 20 几个，其模拟结果更有说服力。

近年来，国内使用区域模式进行 10 年以上及年代际气候变化模拟的工作开始出现(如许吟隆等，2005；汤剑平等，2008)，在高分辨率气候变化模拟方面也已起步(石英，高学杰，2008；Gao 等，2008；高学杰等，2010)。

区域气候模式

受计算条件限制，全球模式的分辨率较低，如 IPCC AR4 所使用的模式，除个别外一般仍在 200~300 km 间或以上，从而影响它们对区域尺度气候的模拟效果，而区域气候模式则是弥补全球模式这方面不足的有力工具。区域气候模式最早是在 1980 年代末，由当时在美国 NCAR 的 Giorgi 等人发展而来(Giorgi 等，1990；1993a，b)，随后在世界各地得到了广泛应用，已由意大利国际理论物理研究中心(ICTP, the Abdus Salam International Center for Theoretic Physics)将其发展到 RegCM3(Pal 等，2007)，是一个在世界各地包括中国在内都广泛使用的模式。现在世界上的不同机构已发展出了几十个区域气候模式，其中国内应用较多的除 RegCM 外，还有气候版的 MM5 和 WRF 等。

但总体来说，目前中国地区已完成的气候变化预估试验还相对较少，与类似于欧洲和北美所进行的多区域气候模式集合(如 PRUDENCE、ENSEMBLEs、NARCAP 计划等)的工作相比，还存在不足之处。现在由中国科学院大气物理研究所东亚区域气候环境重点实验室组织进行的 RMIP3 区域气候模式比较计划，可望在这一方面取得进展。

2. 统计降尺度方法

经验和统计降尺度方法，是由大尺度气候信息获取小尺度气候信息的有力工具。相对于动力降尺度，这种方法具有计算量小的优势。它可以使用全球模式的结果，同时也可以对区域模式的结果进行进一步的降尺度分析。

统计降尺度方法的基本思路是，局地气候是以大尺度气候为背景的，并且受局部下垫面特征(如地形、离海岸的距离、植被等)的影响。在某个给定的范围内，大尺度和中小尺度气候变量之间是有关联的。统计降尺度由两部分组成：首先是发现和确立大尺度气候要素(预报因子)和局地气候要素(被预报量)之间的经验关系;然后将这种经验关系应用于全球模式或区域模式的输出。即只要给出全球模式的输出(格点上),就可获得所需地点的相应信息。

由于全球模式对大气环流的模拟能力较强,而大气环流对地面气候场的影响较大,因此大气环流总是统计降尺度的首选预报因子。一般将各种统计模式分为三类,第一类方法使用转移函数,第二类方法基于环流分型,第三类方法使用天气发生器。转移函数方法中最常用的是多元线性回归方程,如逐步回归、主分量分析(PCA)与多元线性回归相结合的方法、PCA 和逐步回归相结合的方法,PCA 与典型相关分析相结合,以及奇异值分解等。此外还有一些非线性方法,比如神经网络。关于如何建立大尺度预报因子和局地小尺度被预报量之间的经验关系,目前有许多方法。最优降尺度方法的选择取决于被预报量的类型、时间分辨率,以及气候变化预估的应用。

国内近年也逐渐开展统计降尺度方面的研究,其中如预估未来 1 月和 7 月华北地区 49 个气象观测站位置的月平均气温(范丽军等,2007),对黄河上中游地区 21 世纪气候变化的分析(刘绿柳等,2008),以及对青海湖流域当代和未来的气候变化的降尺度分析,并在此基础上驱动水文模型和湖泊水量平衡模型,模拟青海湖水位的变化(刘吉峰等,2008)等。

11.1.3 多模式的集合方法

多模式集合是减少模式结果不确定性的重要方法之一。在不改进模式的情况下,采用多成员和多模式的集合模拟可以大大降低单个模式、单个模拟的误差和不确定性。现在这种模式集合方法已得到广泛的应用,如 IPCC AR4 的关于未来气候变化的预估结果,即建立在集合模拟之上(IPCC,2007)。

目前的多模式平均方法主要为简单算术平均和加权平均等。加权平均方法使用了一个广泛应用的假设,即模式对当前气候模拟的优劣将有可能影响对未来气候变化的预估结果。加权平均的要点为首先对单个模式对于当代气候的模拟能力进行评估,包括模式对当前气候平均态和气候变率的评估,在此基础上,定义一个权重因子系数,对当前气候模拟较好的模式得到的权重系数较大,模拟不好的权重系数较小,对未来预估结果的贡献也就较小。常用的有可靠性加权平均(Reliability Ensemble Averaging)(Giorgi,Mearns,2003)和使用 Bayes 函数的 Bayes 集合平均模型(Bayesian model averaging,BMA)(Min 等,2007)方法等。

11.1.4 用于模式评估的观测资料集

观测数据是用来检验全球和区域气候模拟结果可靠性的基础,但由于模式的计算是在均匀的数值网格上进行的,而实际观测资料的空间分布并不规则,这就产生了一个重要的插值问题,即将观测资料网格化。

近几十年来,国内外有很多这方面的工作,取得了许多进展。例如已被广泛使用的,由东安吉丽亚大学气候研究中心开发的数据集(CRU),其包括了 1901—2002 年全球地表 $0.5° \times 0.5°$ 分辨率的月平均气温、降水及其他变量(New 等,1999;2000)资料。随着气候模式的水平分辨率的不断提高,需要高空间分辨率的观测格点数据来评估这些模拟结果。评估模式在极端天气气候事件这方面的模拟能力,也需要有更高时间分辨率(日及日以下时间尺度)的资料。

到目前为止,用于评估高分辨率模式在中国地区模拟能力的观测数据仍然很少。大家经常使用的来自于 CRU 的 $0.5° \times 0.5°$ 月平均数据,在建立时所使用的中国区域的观测数据主要来源于很少的公开发布站点资料(<200 个),显然这相对于中国的国土面积而言数量太少,特别是在中国西部,这就给使用这些数据进行模式评估带来了很大的不确定性。与此同时,用于评估模式对中国极端事件模拟能力的日尺度的格点数据甚至更少。

鉴于上述需求,近年来 Xie 等(2007)发展了一个东亚地区高分辨率($0.5° \times 0.5°$)日降水数据集。他们使用的中国境内台站的数目约为 700 个,另外还使用了黄河流域 1000 多个水文站的观测资料,开始被用于区域模式的评估(Gao 等,2008)。中国在发展气温网格数据方面已经有了许多工作,主要是由生态和地理学领域的学者为了满足他们的特定需求而进行的(如陈仲新等,2001;Yan 等,2005)。这些插值过程通常由专业软件，如 GIS（地理信息系统）和高分辨率的数字高程模型（DEM）实现，以获得多年月平均气温。这些数据一般不包括年际变率，很少有在日尺度上制作的资料。因此，Xu 等（2009b）最近建立了一个基于中国 751 个观测台站的 $0.5°\times0.5°$ 经纬度的日平均气温数据（以下简称为 CN05），以满足在空间和时间尺度上评估高分辨率气候模式模拟结果的迫切需要。其时间跨度为 1961 年至 2008 年，包括 3 个变量，日平均气温（T_m），日最高气温（T_{max}）和日最低气温（T_{min}）。

　　CN05 的制作，基本参照 CRU 数据制作方法进行，采用了广泛应用的"距平法"（anomaly approach）。首先，计算各个站点上每年 365 天 1971—2000 年共 30 年的气候平均场（未考虑闰年情况），然后将各个站点上的气候平均场，使用薄板样条方法（thin-plate smoothing splines），插值到 $0.5°\times0.5°$ 的格点场上，这个插值是通过 ANUSPLIN 软件实现的（Hutchinson 1995）。随后，将在各个站点上的整个时间序列（1961—2008 年）的数值以及 1971—2000 年气候场的距平值，通过角距权重法（angular distance weighting），插值到 $0.5°\times0.5°$ 格点场上。最后再将在各个格点上的平均场和距平场相叠加，得到最终的数据集。

　　图 11.1 给出 CN05 与 CRU 的 1 月和 7 月多年月平均气温、1 月平均最低气温、及 7 月平均最高气温的差。由图中可以看出，CN05 的平均气温普遍比 CRU 偏低，尤其是 1 月份最明显（图 11.1a 和 11.1b）。这两种数据在中国东部地区的偏差一般在 0.5～1 ℃的范围内，西部地形坡度大和等温线密集的地区偏差则高达 3 ℃。CN05 与 CRU1 月平均最低气温 T_{min} 的差（图 11.1c）表明，中国北部、东北及西南部分地区 CN05 偏暖达 3 ℃以上。这两种数据的 7 月最高气温在中国西部偏差比东部大（图 11.1d）。

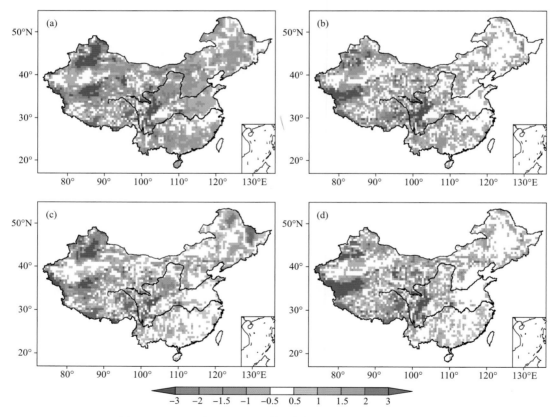

图 11.1　CN05 与 CRU 的差值（单位：℃）（引自 Xu 等，2009b）
(a)1 月平均气温；(b)7 月平均气温；(c)1 月最低气温；(d)7 月最高气温

　　上述工作只是针对气温和降水进行的，但在全球和区域模式的发展和评估中，还需要除气温、降水等常规变量以外更多的观测资料，如土壤温度、湿度，积雪覆盖的面积和深度等。另外，当前区域模式的水平分辨率正在向 15～20 km，甚至更高发展，国内现有格点资料的月、日时间尺度的空间分辨率，最高仅达到 $0.5°\times0.5°$ 经纬度，已经不能满足评估这些很高分辨率气候模式模拟能力的需求。目前，由中国气象局管辖的中国气象观测站点超过 2000 个,其他部门管理的站点也有很多(如水文、林业、农业等)。对这些资料进行收集、整理和分析,在经过数字化、严格的质量控制和均一化处理的基础上,创建一个更高分辨率的格点化数据集,并将其范围扩展到整个东亚地区,是未来需要进行的工作。同时,对中国近年布设的大量自动观测站点资料的利用,可以弥补青藏高原西北部等观测站点少的缺陷,这些对于检验和评估气候模式在那些地区的模拟能力将有很大帮助。

11.2 全球模式对中国区域气候的预估

2004—2006 年间,国际上多个全球模式组进行了 CMIP3 试验,为 IPCC AR4 提供了支持。这些模式中有美国 7 个(NCAR_CCSM3,GFDL_CM2_0,GFDL_CM2_1,GISS_AOM,GISS_E_H,GISS_E_R,NACR_PCM1),日本 3 个(MROC3_2_M,MROC3_2_H,MRI_CGCM2),英国 2 个(UKMO_HAD-CM3,UKMO_HADGEM)、法国 2 个(CNRMCM3,IPSL_CM4)、加拿大 2 个(CCCMA_3-T47,CCC-MA_3-T63)、中国 2 个(BCC-CM1,IAP_FGOALS1.0)、德国(MPI_ECHAM5)、德国/韩国(MIUB_ECHO_G)、澳大利亚(CSIRO_MK3)、挪威(BCCR_CM2_0)和俄罗斯(INMCM3_0)各 1 个。参加的国家和模式数量,都较以往几次全球模式对比计划有很大增加(Meehl 等,2007;另参见第十章表 10.2)。

这些模式的主要特征是:大部分模式都包含了大气、海洋、海冰和陆面模式,考虑了气溶胶的影响,其中大气模式的水平分辨率和垂直分辨率普遍提高,对大气模式的动力框架和传输方案进行了改进;海洋模式也有了很大的改进,提高了海洋模式的分辨率,采用了新的参数化方案,包含了淡水通量,改进了河流和三角洲地区的混合方案,这些改进都为减少模式模拟结果的不确定性做出了贡献;同时,冰雪圈模式的发展使得模式对海冰的模拟水平进一步提高。国家气候中心对 CMIP3 的多个模式所模拟的结果进行了集合分析,制作成一套 1901—2099 年月平均资料数据集(http://ncc.cma.gov.cn/Web-site/index.php? ChannelID=110&WCHID=3)。数据集中包括 3 种 SRES 温室气体排放情景(Naki-cenovic 等,2000)下的集合,其中,中等排放情景 SRES A1B 下包括 18 个模式,较高排放情景 SRES A2 下包括 16 个模式,较低排放情景 SRES B1 下包括 17 个模式。下文所使用的图表,除特别指明外,均基于此数据集,所使用的参考时段为 1980—1999 年 20 年平均。

11.2.1 中国气候变化敏感区(热点)分析

在全球变暖背景下,区域尺度的气候变化如何,是进行气候变化影响评估、适应和减缓气候变化研究的关键因素。区域气候变化指数的建立(以下简称 RCCI),可以确定不同的地区对于温室气体增加引起的全球变暖的相对响应程度(Giorgi,2006)。

RCCI 指数是基于某个给定区域温度和降水的平均状态和年际变率相对于全球变暖的响应而得到,具体包括四个因子(冬季和夏季):(1)区域平均气温相对于全球气温的变化(也叫区域变暖放大因子)(RWAF);(2)区域平均降水的变化(相对于目前的气候)(ΔP);(3)区域平均气温年际变率的变化(ΔσT);(4)区域降水年际变率的变化(ΔσP)。

根据上述定义,计算了东亚地区三种排放情景下 21 世纪末的气候变化指数 RCCI(Xu 等,2009a)的结果表明,指数在东亚地区的不同区域变化非常明显,数值在 10~25 之间(图 11.2)。21 世纪末,中国东北(NEC),蒙古(MON),中国西北(NWC),青藏高原(TIB)和中国东部(EAC)五个区域为气候变化相对敏感地区(图 11.2)。在这五个地区中,东北是主要产粮区,东部地区人口密度大,而西北、青藏高原和蒙古国则是生态系统非常脆弱的地区。

21 世纪温室气体的强迫随时间和排放情景而定,图 11.3a 给出在 A1B 情景下,21 世纪各个时段的热点指数变化。假定 RCCI 值 15 为热点的阈值,由图中可以看到,2000—2019 年间热点首先在西北地区出现,MON 的 RCCI 值已接近 15。2020—2039 年 NWC 和 MON 的热点变得很明显,并持续到 21 世纪末。NEC 地区的热点在 2040—2059 年间出现,并一直到 21 世纪末都是最大值。TIB 和 EAC 的热点迟至 2060—2079 年出现,TIB 的热点随时间的变化在各个区域中最小。同时看到,21 世纪末的

2080—2099 年间,5 个地区都是气候变化的热点地区,即这些地区对全球变暖的响应更为敏感。

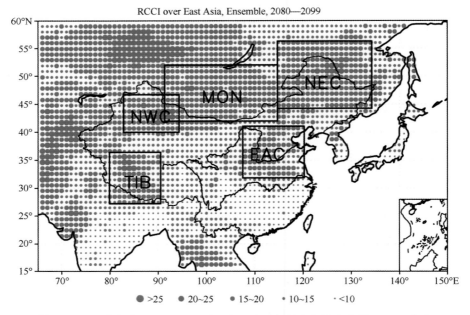

图 11.2　21 世纪末(2080—2099 年)东亚地区气候变化热点指数(RCCI)分布
(引自 Xu 等,2009a)

图 11.3b 给出 21 世纪末 2090—2099 年三种排放情景(B1,A1B 和 A2)下的 RCCI 值。总体来说,RCCI 值在低排放情景 B1 时最小,在较高排放情景 A1B 和 A2 时较大。在所分析的地区中,只有 NWC 在三种情景下,RCCI 的数值均大于 15。MON,NEC 在 A1B 和 A2 情景下对全球变暖的响应较为敏感,在 B1 下较弱。TIB 的敏感性表现与其他地区不同,即在 B1 下反而较 A1B 和 A2 要高,反映出不同地区对温室气体强迫的响应不同。

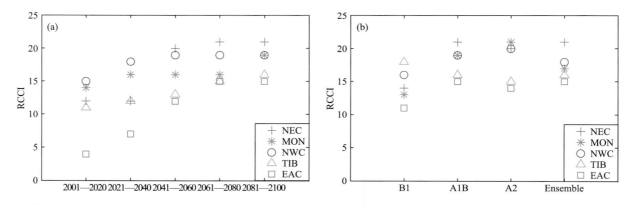

图 11.3　不同地区热点在 A1B 情景下随时间的演变(a)及在 21 世纪末与不同情景的关系(b)(引自 Xu 等,2009a)

11.2.2　未来中国区域平均气温和降水变化

1. 中国区域 21 世纪气温变化

图 11.4 给出不同排放情景下多模式集合的 20 世纪和 21 世纪中国地区气温和降水随时间的演变。由图中可以看到,21 世纪随着温室气体浓度的增加,中国地区气温将持续上升。在 2040 年以前,不同情景下变暖趋势差异不大,而在 2050 年以后差异明显增大。比较三种排放情景,B1 情景下增温趋势缓慢,到 21 世纪末变暖幅度不会超过 2.5 ℃,A1B,A2 情景下变暖幅度较大,到 2070 年以后,两者变暖幅度开始出现差异(大气中 CO_2 含量的不同)。A2 情景下达到 $2\times CO_2$ 时,气温增加大约 2.6 ℃。从计算的线性趋势来看,B1 排放情景下为 2.1 ℃/100a,A1B 和 A2 情景下分别为 3.7 ℃/100a 和

4.2 ℃/100a。

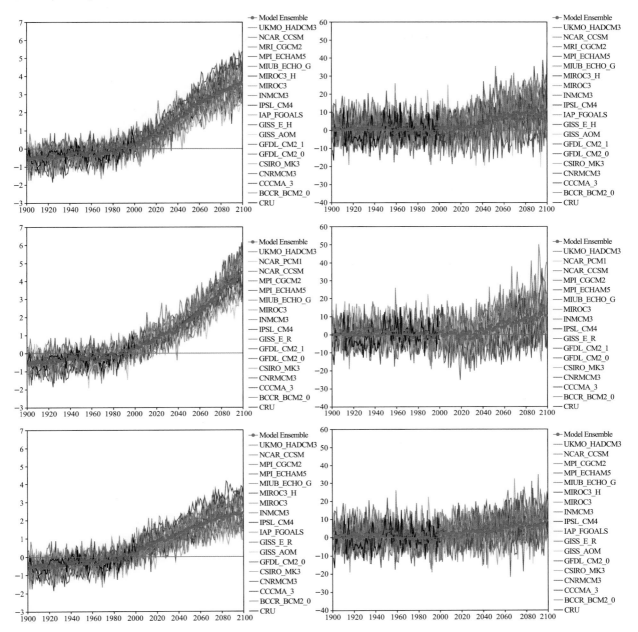

图 11.4　全球模式模拟的 20—21 世纪中国年平均气温(左列)和降水(右列)随时间的演变(根据 CMIP3 数据绘制)

对于不同的时间段,中国年平均气温在 2021—2030 年将增加 1 ℃左右,2031—2040 年增加 1.0～1.5 ℃,2041—2050 年增加 1.4～1.8 ℃,2050 年以后增温幅度将在 2 ℃以上,到 21 世纪末的 10 年将增加 2.3～4.2 ℃。

关于年平均气温变化的地理分布,以 2021—2030 和 2041—2050 年为例。2021—2030 年,整个中国的增温 A1B 时在 0.7～1.3 ℃之间(图 11.5a),东北、华北和西部增温最大;A2 和 B1 时增温幅度与A1B 基本一致,范围也在 0.7～1.3 ℃之间,最大增温区域在东北和新疆(图略),2041—2050 年时三种排放情景下增温幅度加大,比 2021—2030 年增加将近一倍,最大的增温地区仍然是华北、西部和东北(图 11.5b)。

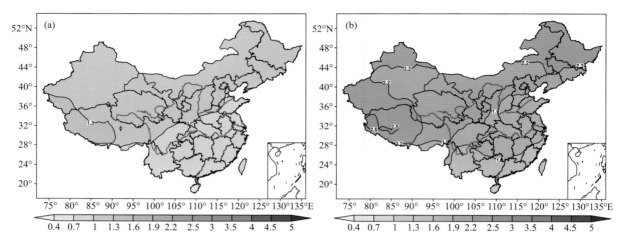

图 11.5 A1B 排放情景下 2021—2030 年(a)和 2041—2050 年(b)中国气温变化分布(单位：℃)(根据 CMIP3 数据绘制)

四个季节整个中国都一致增暖，增暖的幅度南北差异明显，北方地区的增温明显大于南方。A1B 情景下 2021—2030 年秋季增温幅度最小(0.4～1.3 ℃)，其次是夏季(0.4～1.3 ℃)，春季和冬季增温幅度略高，为 0.7～1.6 ℃。比较四个季节气温的分布可看到，增温最大的地区在不同的季节有所差别，例如，夏季最大增温出现在新疆的北部地区，而春季和冬季最大增温区出现在青藏高原的南部地区，增温幅度达到 1.5 ℃(图 11.6)。

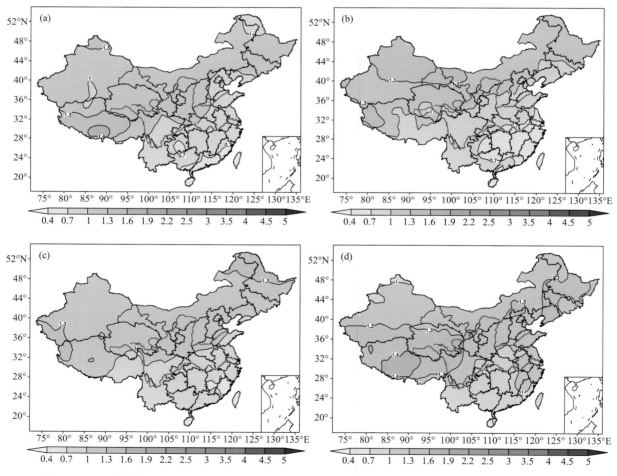

图 11.6 A1B 排放情景下 2021—2030 年中国不同季节气温变化分布(单位：℃)(根据 CMIP3 数据绘制)

(a)春季；(b)夏季；(c)秋季；(d)冬季

2041—2050 年的升温分布与 2021—2030 年基本一致,仍然是夏季的最大增温在西部的新疆地区,其余三个季节均出现在东北和青藏高原的南部,但幅度与 2021—2030 年相比增加将近一倍(图 11.7)。

A2 和 B1 排放情景下的增温分布与 A1B 情景下基本一致,只是幅度有所差别。

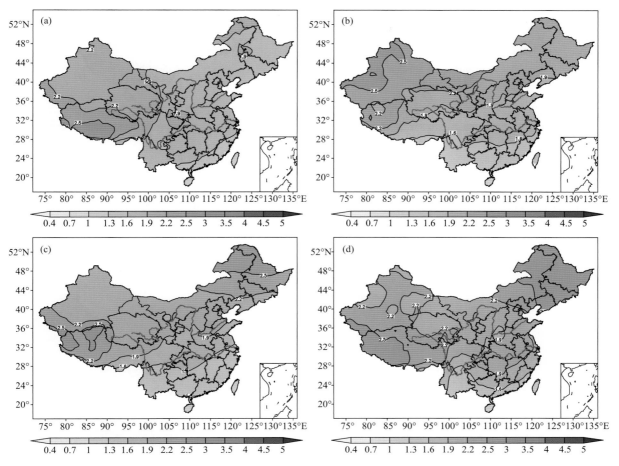

图 11.7　A1B 排放情景下 2041—2050 年中国不同季节气温变化分布(单位:℃)(根据 CMIP3 数据绘制)
(a)春季;(b)夏季;(c)秋季;(d)冬季

2. 中国区域 21 世纪降水变化

与气温相比,人类活动对 21 世纪中国降水的影响则较为复杂,不同模式和排放方案得到的结果差异较大。三种情景下,2040 年以前年平均降水变化波动起伏,某些年份将减少;2040 年以后持续增加,不同情景下降水增加趋势差异不大(图 11.4 右列)。具体 2021—2030 年和 2031—2040 年平均增加 2%～3%,2041—2050 年增加 3%～5%,2050 年以后降水将增加 5% 以上,到 21 世纪末的 10 年将增加 8%～12%。从降水变化的线性趋势来看,整个 21 世纪 A1B、A2 情景下降水变化线性趋势都为 13%/100a,大于 B1 情景下的 7%/100a。

图 11.8a 给出 A1B 排放情景下 2021—2030 年多模式平均降水变化的空间分布。由图中可以看到,降水大部分地区增加,山西中部、陕西、贵州和云南的部分地区降水略有减少。而在 2041—2050 年,三种排放情景下,与 2021—2030 年降水变化的分布有很大的不同,降水的变化有较大的一致性(图 11.8b),即由新疆的北部至华北再到东部的渤海湾地区降水呈现一致性的增加,增加的幅度在 8%～10%,另外的两个降水增加的中心位于东北东部和青藏高原南部。

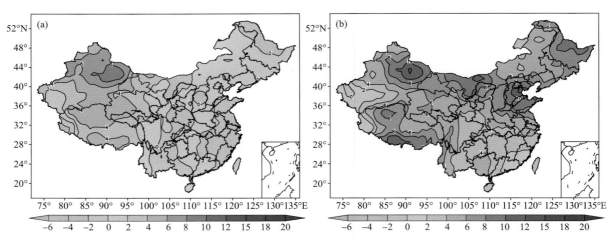

图 11.8 A1B 排放情景下 2021—2030(a)和 2041—2050 年(b)中国降水变化分布(单位：%)(根据 CMIP3 数据绘制)

　　对于不同的季节，三种排放情景下 2021—2030 年，降水增加主要在冬季和春季且主要在中高纬地区，但南部地区降水则为减少；夏季和秋季降水减少主要发生在中国的中部或者东部地区，尤其是在 A2 排放情景下(图略)。到 2041—2050 年，降水增加仍然主要发生在冬季和春季的中高纬地区，南部沿海地区略有减少，夏季和秋季降水减少主要发生在中国新疆的西部地区，这里仅给出 A1B 排放情景下的图为例(图 11.9)。

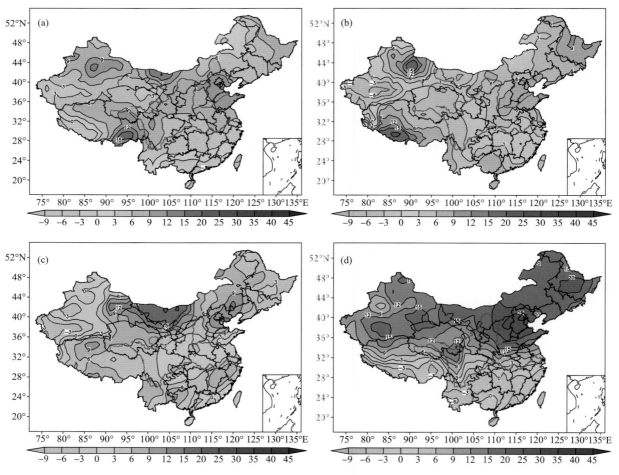

图 11.9 A1B 排放情景下 2041—2050 年中国不同季节降水变化分布(单位：%)(根据 CMIP3 数据绘制)
(a)春季；(b)夏季；(c)秋季；(d)冬季

11.2.3 未来中国区域极端气候事件变化

全球变暖背景下,中国地区极端气候事件也发生了显著的变化(参见第 7 章)。未来中国地区极端气候事件如何变化、变化特征如何,是一个重要的科学问题。本节主要给出 IPCC AR4 提供的六个全球模式(GFDL_CM2_0、GFDL_CM2_1、INMCM3_0、IPSL_CM4、MIROC3_2_M、NCAR_PCM1)预估的未来极端气候指数的变化,包括:热浪指数、大雨日数、连续无降水日数和降水强度等(表11.2.1)。

表 11.1 极端气候指数定义(Frich 等,2002)

指数	缩写	定义	单位
热浪指数	HWDI	夏季日最高气温大于历史同期平均值 5℃ 的所有异常热日数,至少持续 5 天	Day(d)
大雨日数	R10	日平均降水量大于等于 10 mm 的天数	Day(d)
连续无降水日数	CDD	最大的连续无降水日数(日降水量小于 1 mm)	Day(d)
降水强度	SDII	单日降水强度,总降水量与降水日数的比值(日降水量大于等于 1 mm)	mm/day(mm/d)

1. 高温热浪(HWDI)变化

图 11.10 给出的三种不同排放情景下 20 世纪和 21 世纪热浪指数随时间的演变表明,6 个模式平均未来几十到 100 年随着温室气体浓度的增加,高温热浪的天数与 1980—1999 年相比在 2040 年以前

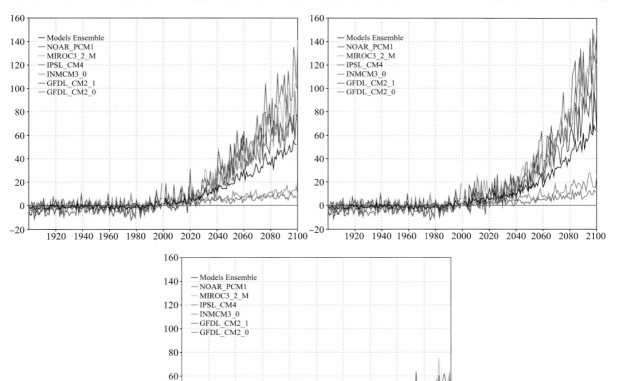

图 11.10　A1B、A2 和 B1 排放情景下中国 20—21 世纪热浪指数变化(单位:d)

(根据 CMIP3 数据绘制)

增加 20 d 以下，2040 年以后显著增加，到 21 世纪末，A1B、A2 和 B1 情景下将分别增加 50 d、100 d 和 20 d 左右。单个模式的模拟结果来看，A2 排放情景下最多将增加 140 d 左右。

从 10 年平均热浪指数的地理分布来看，2021—2030 年三种排放情景下东南部沿海地区以及青海省的高温天气日数增加不明显，增加主要在东北和西部的新疆和西藏地区，以及华北和华中的部分地区（图略），2041—2050 年，上述地区高温日数增加更加明显，在东北地区高温天气日数与 1980—1999 年相比将增加 25～30 d，青藏高原及其南部地区将增加 30～40 d（图 11.11）。到 21 世纪末的 10 年，三种排放情景下仍然保持东北、西部和华北高温天数增加明显的趋势，另外，也可以看到在长江上中游地区高温天数也增加明显。

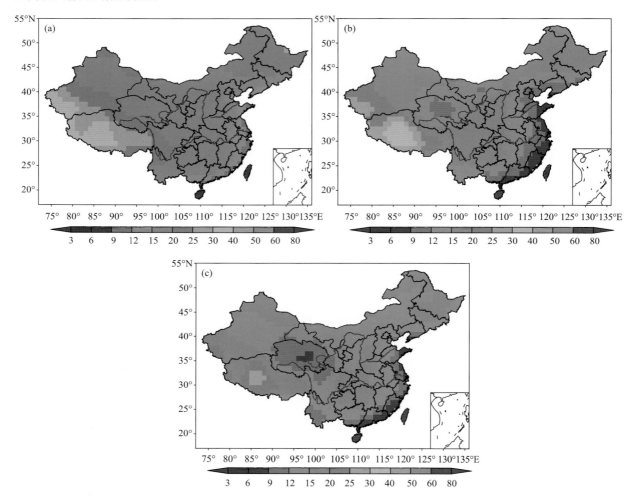

图 11.11　A1B、A2 和 B1 情景下 21 世纪中期（2041—2050 年）中国热浪指数变化空间分布（单位：d）
（根据 CMIP3 数据绘制）

2. 连续无降水日数（CDD）变化

对 6 个模式平均的未来连续无降水日数（CDD）的分析结果表明（图 11.12），整个中国平均的连续无降水日数在三种排放情景下，未来几十到 100 年变化不明显，个别年份还有减少的趋势。对比不同模式间的模拟结果也可以看出，模式之间存在较大的差别，结果也存在较大的不确定性。

对于多模式集合的 2001—2100 连续无降水日数（CDD）线性趋势（/100 年）的分析表明，在 A1B、A2、B1 排放情景下的线性趋势分别为 1.0 d、1.4 d 和 −0.4 d（江志红等，2007）。

21 世纪不同时期内连续无降水日数空间分布上的变化相差较大。从三种排放情景下 2021—2030 年（图略）和 2041—2050 年（图 11.13）的分布图上看出，长江流域的中下游地区、新疆地区和青藏高原的南部以及云贵高原连续无降水日数将增加,而在中国的东北和西部的青海地区连续无降水日数减少,华北变化不大,B1 排放情景下的变化幅度要小一些。

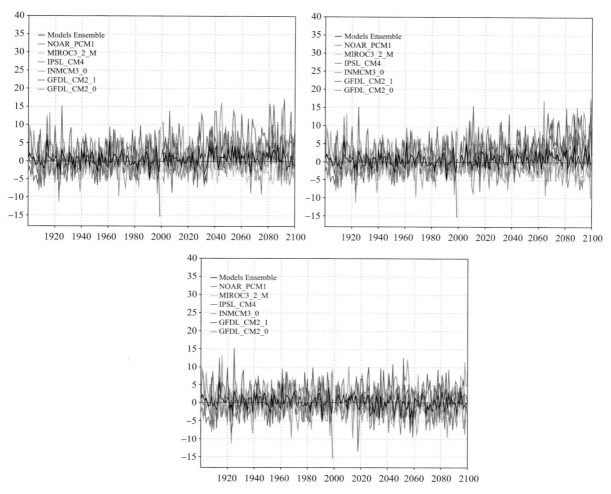

图 11.12 A1B、A2 和 B1 情景下中国 20—21 世纪连续无降水日数变化(单位:d)

(根据 CMIP3 数据绘制)

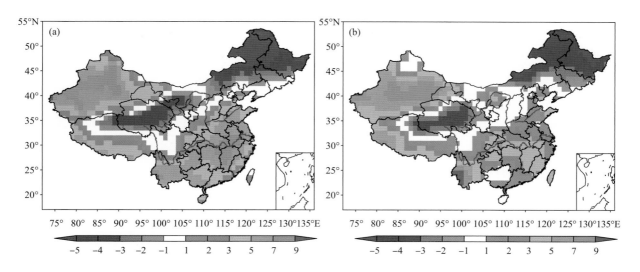

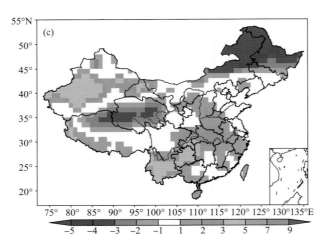

图 11.13　A1B、A2 和 B1 情景下 21 世纪中期中国连续无降水日数变化空间分布（单位：d）（根据 CMIP3 数据绘制）

3. 大于 10 mm 降雨日数（R10）变化

从大于 10 mm 降水日数（R10）变化的时间序列变化图（图 11.14）上看出，三种排放情景下，模式平均中国地区平均 R10 在 21 世纪中期以前变化不大，但此后一直到 21 世纪末都持续增加，但总体来说，整个中国地区平均的大于 R10 的降水日数增加幅度不大。同时也可以看到，不同模式间的差别比较明显。对于模式集合模拟的 2001—2100 年 R10 线性趋势（/100 年）的分析表明，它们在 A1B、A2 和 B1 排放情景下的线性趋势分别为 3.2 d、3.4 d 和 1.9 d（江志红等，2007）。

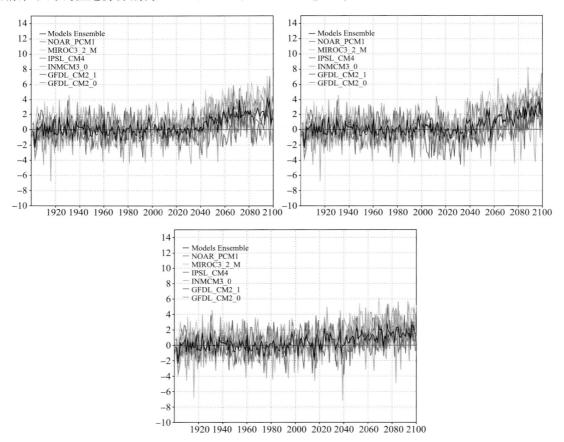

图 11.14　A1B，A2，B1 情景下 20—21 世纪中国大于 10 mm 降水日数变化（单位：d）（根据 CMIP3 数据绘制）

　　从对大于 10 mm 降水日数的空间分布来看,在三种排放情景下,2041—2050 年中国的华北北部、东北地区以及青藏高原地区略有增加,其余地区变化不大,但在 A2 排放情景下,中国的中南部地区,大于 10 mm 的降水日数将略有减少(图 11.15)。

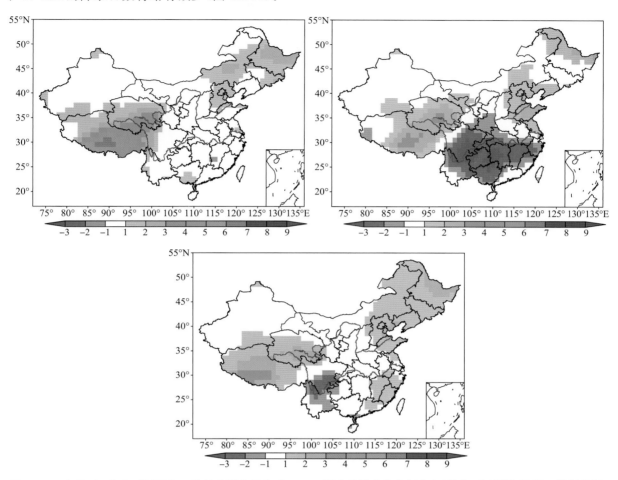

图 11.15　A1B、A2 和 B1 情景下 21 世纪中期中国大于 10 mm 降水日数变化空间分布(单位:d)(根据 CMIP3 数据绘制)

4. 降水强度变化(SDII)

　　根据对多模式平均的简单降水强度指数(SDII)的分析,在三种排放情景下,整个中国平均的降水强度未来都呈增强的趋势,到 21 世纪末将增强 0.4~0.8 mm/d。对于模式集合模拟的 2001—2100 年简单降水强度指数(SDII)线性趋势(/100 年)的分析表明,在 A1B、A2 和 B1 排放情景下的线性趋势分别为 0.7 mm/d、0.9 mm/d 和 0.4 mm/d(江志红等,2007)。对于不同时期而言,整个中国基本上都呈增加的趋势,中国东部地区的增加大于西部(图略)。

11.2.4　未来中国区域干旱化趋势分析

1. PDSI 干旱指数

　　干旱是全球最为常见的极端气候事件,但对其进行准确定量评估非常困难,因为对于干旱事件的定义许多行业不尽相同(比如:气象,水利和农业干旱)。很多科学家利用气温、降水等基础数据建立了多种指数,这些指数有他们各自的优点和缺点(Heim,2000;Keyantash,Dracup,2002)。在众多的干旱指数中,帕尔默干旱指数(Palmer Drought Severity Index,以下简称 PDSI;Palmer,1965)是大家公认并且被广泛应用的最重要的气象干旱指数之一,其物理意义明确,能反映出干旱渐变的特征。美国许多政府决策部门利用 PDSI 监测结果制定或调整防旱减灾计划。中国学者对 PDSI 指数做过适用性修正和区域干旱特征的分析(安顺清,1986;刘巍巍,2004 等)。

近年来,开始在全球模式输出气温和降水数据的基础上,再利用 PDSI 指数计算的公式,来得到过去和未来的干旱指数,并与观测的结果相比较。如对北美和欧洲地区用 GCM 的计算结果和观测数据得到的 PDSI 进行的比较结果表明,到 21 世纪中期,严重干旱将在大部分时期会发生(Rind 等,1990;Jones 等,1996)。利用英国气象局发展的 HadCM3 模式的模拟结果对未来 21 世纪全球的干旱情况进行的分析表明,在 A2 温室气体排放情景下,与观测到的结果相比,未来全球平均干旱发生的频率稍微减少,但时间变长,局部地区干旱和洪涝事件将会更加严重,大部分陆地极端干旱事件会从目前的 1% 增加到 21 世纪末的 30%(Eleanor 等,2006)。

本小节利用 IPCCAR4 多模式的集成结果对东亚地区和中国未来气候变暖背景下的干旱事件的变化进行专门的讨论,主要以对 PDSI 指数的分析为主,完整的计算 PDSI 的方法可以参考 http://nadss.unl.edu。知道了各地的 PDSI 指数的分布,根据 PDSI 指数与干旱等级的对照(表 11.2),便可得到有关地区的干旱情况。

PDSI 指数

帕尔默干旱指数(简称 PDSI)是由 Palmer 于 1965 年建立的,它综合考虑了前期降水、水份供给、水份需求、实际蒸散量、潜在蒸散量等要素,是一个以水分平衡为基础的评估干旱程度的较好干旱指数。同时,PDSI 具有较好的时空可比较性,是一个重要的气候学工具,可以用来评估干旱的范围、严重程度、频率和受灾面积等。目前该指数已被应用于各个国家的干旱评估、旱情比较以及对旱情的时空分布特征的分析中。

表 11.2　PDSI 指数分级(Palmer,1965)

PDSI	分级
>4.00	极度湿润
3.00~4.00	过度湿润
2.00~3.00	湿润
1.00~2.00	轻度湿润
0.50~1.00	初始湿期
0.5~-0.5	正常
-0.5~-1.00	初始干旱
-1.00~-2.00	轻度干旱
-2.00~-3.00	干旱
-3.00~-4.00	严重干旱
<-4.00	极度干旱

2. 干旱事件强度、面积和频率的变化

研究表明(许崇海等,2010b),在 21 世纪 A1B 情景下,21 世纪中国地区气温将持续上升,而 2040 年以前年平均降水变化不大,某些年份降水出现减少的趋势,2040 年以后降水持续增加;北方地区增温幅度大于南方地区,降水在北方地区增加明显,而南方地区在一定时期内降水可能减少。在这种背景下,预估结果表明,在 A1B 情景下 21 世纪中国地区整体上继续表现为持续的干旱化趋势,极度干旱加重最为明显。

21 世纪全国平均的 PDSI 指数皆为负值,并且干旱强度持续加重。总体干旱范围持续增加,其中极端干旱范围的增加占主要作用;严重干旱(图 11.16a)和中度干旱面积在 2030 年前为增加趋势,此后下降,到 21 世纪末略高于 20 世纪后期的水平;轻度干旱(图 11.16b)和轻微干旱范围为减少趋势。在时间变化上,干旱频率与干旱范围的变化类似。

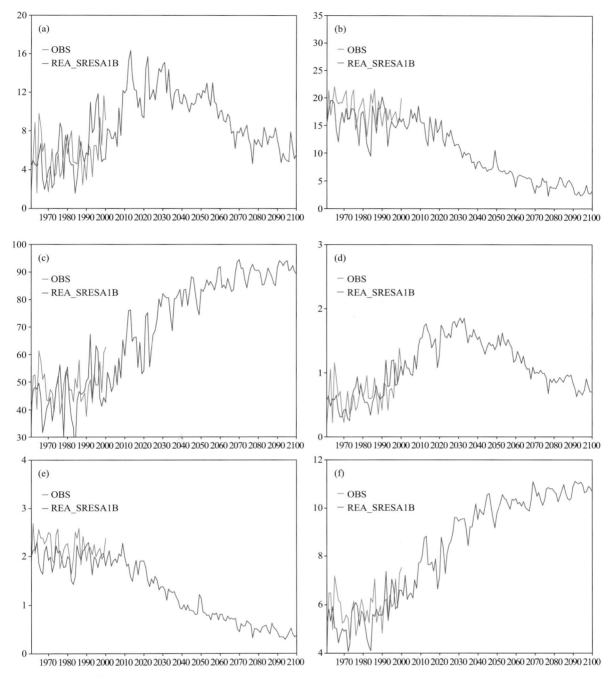

图 11.16 观测和模拟的中国严重干旱、轻度干旱、总体干旱的面积和频率变化曲线(引自许崇海等,2010b)
a,b 和 c 为干旱面积(百分比/年);d,e 和 f 为干旱频率(月/年)

就区域变化来说(图 11.17a,相对于 1980—1999 年),2046—2065 年整个中国地区干旱频率都将增加,基本达到 80 个月以上,只是在四川中部局部地区将减少。而对于不同范围内干旱持续时间的年数变化,2046—2065 年持续时间为 1～3 个月(图 11.17b)的干旱年数减少;持续时间为 4～6 个月(图 11.17c)的干旱年数在华北、西北和西南地区略有增加外,其他大部分地区基本为减少趋势;而持续时间大于 6 个月(图 11.17 d)的年数明显增加。2081—2100 年干旱频率以及干旱持续时间在不同范围内的年数变化(图略)与 2046—2065 年的区域变化特征相似,只是增加幅度存在一定差异。

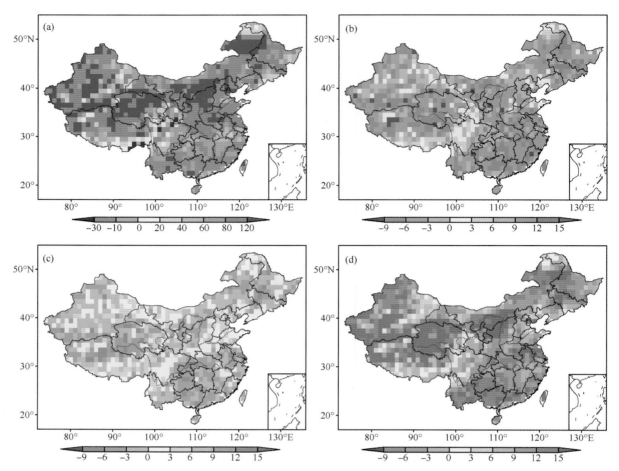

图 11.17 A1B 情景下中国 2046—2065 年干旱频率(a)和不同范围内干旱持续时间的年数(b,c,d)
变化的空间分布(相对于 1980—1999 年)(引自许崇海等,2010b)

3. 中国 21 世纪干旱分布型预估

对 2011—2040 年的年平均 PDSI 指数进行 EOF 分析表明,EOF1(图 11.18a,方差贡献率为 70%)
表现为整个中国地区为干旱型,并且时间系数上表现越来越典型。EOF2(图 11.18b,方差贡献率为
4%)反映为东北东部—华北地区与长江中下游地区—西北地区的反向变化分布型。2025 年以后这种
分布型最为典型,2025—2035 年以东北华北偏干而西北长江中下游地区偏湿润为主,此后相反。

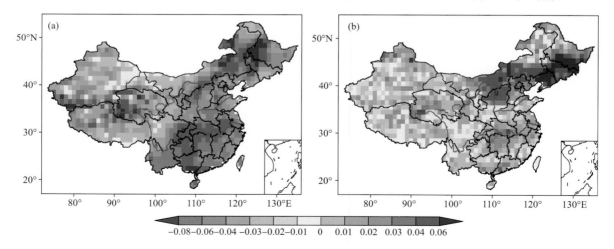

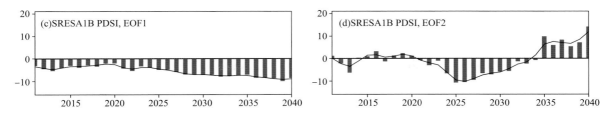

图 11.18 EOF 分析的 A1B 情景下中国 2011—2040 年年平均 PDSI 指数前两个特征向量及时间系数(引自许崇海等,2010b)

对 2046—2065 年的年平均 PDSI 指数进行 EOF 分析表明,EOF1(图 11.19a,方差贡献率为 85%)表现为整个中国地区为干旱型。EOF2(图 11.19b,方差贡献率为 3%)反映为东北地区与长江以南地区的反向变化分布型。结合其时间系数(图 11.19e)可以看出,在 2050—2060 年以东北地区偏干、南方地区相对湿润的分布型为主,其他时期内反之。EOF3(图 11.19c,f,方差贡献率为 2%)表现出东北—华北北部—长江沿岸地区在前十年中以相对湿润为主,而华北南部和西部部分地区以及广西附近地区偏干为为主。

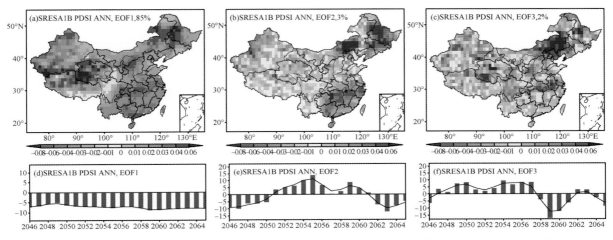

图 11.19 EOF 分析的 A1B 情景下 2046—2065 年年平均 PDSI 指数前三个特征向量及时间系数(引自许崇海,2010a)

对 2081—2100 年的年平均 PDSI 指数进行 EOF 分析表明,EOF1(图 11.20a,方差贡献率为 90%)表现为整个中国地区为干旱型。EOF2(图 11.20b,方差贡献率为 2%)反映为东北地区—长江以南地区与华北地区的反向变化分布型。结合其时间系数(图 11.20e,方差贡献率为 2%)可以看出,在 2084—2090 年以及 2087 以后几年以东北地区偏干、华北地区相对湿润的分布型为主,其他时期内反之。EOF3(图 11.20c,f)表现出西北地区在 2085 年以前相对偏湿润,而其他地区相对偏干的分布型。

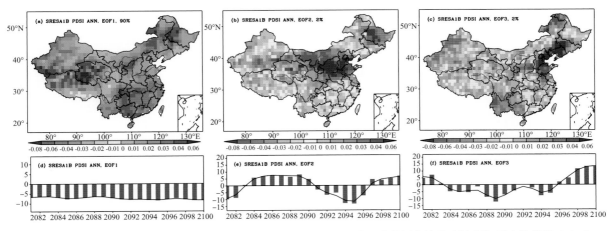

图 11.20 A1B 情景下 2081—2100 年年平均 PDSI 指数,EOF 分析的前三个特征向量及时间系数(引自许崇海,2010a)

需要指出的是，各时期 EOF 分析结果除 EOF1 以外的模态虽然通过了显著性评估，但是方差贡献率都比较小，所表现出旱涝分布型的可信度值得商榷。

11.3 动力和统计降尺度方法对中国区域气候的预估

如前文所述，相对全球模式，高分辨率的区域气候模式对中国区域气候有更好的模拟能力，特别是在季风降水方面。RegCM3 是在国内应用较多的一个区域气候模式，研究人员使用此模式进行了大量当代气候、植被改变、气溶胶的气候效应以及气候变化等的模拟。

近年来，研究人员使用此模式单向嵌套 NCAR/NASA 的全球环流模式 FvGCM/CCM3 所进行的气候变化试验结果，进行了中国区域的高分辨率气候变化模拟（Gao 等，2008；高学杰等，2010）。FvGCM 是采用了有限体积元动力框架的 CCM3 模式，其分辨率为 1°×1.25°（纬度×经度），垂直方向分为 18 层。注意到使用区域模式进行嵌套模拟时，模式的分辨率与所需的初始和侧边界条件分辨率之间的差别不能太大，一般认为应在 3～5 倍间，不宜超过 10 倍。FvGCM 的模拟结果符合这一条件。

区域模式的模拟范围，包括整个中国大陆及周边地区。所进行的模拟试验分为两个时间段，一是使用实际温室气体浓度从 1961 年 1 月 1 日至 1990 年 12 月 31 日的积分（当代模拟）；另一段为 21 世纪末期的 2071 年 1 月 1 日至 2100 年 12 月 31 日，在 IPCC A2 温室气体排放情景的试验（IPCC，2000）。A2 是一个排放量较高的情景，至 2100 年 CO_2 的含量达到 850 ppm（参见第九章）。下文中将介绍这一模拟的结果（简称 FvGCM-RegCM）模拟。

11.3.1 气温和降水的模拟和预估

1. 模式模拟能力的评估

气温对于地形有较强烈的依赖关系，区域模式对地形更准确的描述，使得它能够更好的模拟地面气温的空间分布。FvGCM-RegCM3 模拟中，全球和区域两个模式对中国区域年平均地面气温的模拟与观测的对比见图 11.21。从图中可以看到，全球和区域模式对中国区域多年平均地面气温的空间分布模拟均较好。模拟的气温在中国东部地形较平坦区受纬度影响明显，北冷南暖，在西部受地形影响显著，在高度垂直变化较大的地区，气温也表现出明显差异。

与观测相比（图 11.21a），全球模式模拟（图 11.21b）的不足主要有：等值线比较平滑，不能反映由小地形引起的气温波动和梯度变化，如祁连山附近的低值区等；其次中国东南部等值线分布近于东北—西南走向，而观测中更近于东西走向。另一个主要不足是模式模拟的气温在大部分地区都较观测偏低，存在一个明显的冷偏差，偏差值在部分地区可以达到 −2～−3 ℃及以上。与全球模式相比，区域模式模拟的气温空间分布（图 11.21c）更加复杂和符合实际情况，中国东南部等值线也更类似于观测，

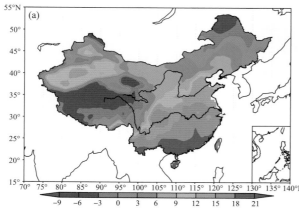
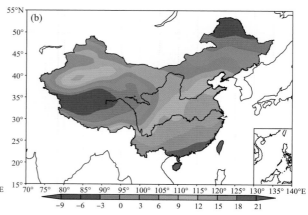

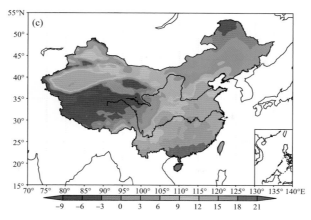

图 11.21　中国当代(1961—1990)年平均气温(单位：℃)(引自高学杰等，2010)

(a)观测；(b)全球模式的模拟；(c)区域模式的模拟

近于东西走向。模式对西北地区准噶尔盆地、柴达木盆地的高温中心和昆仑山南侧低温带及天山、祁连山等较小地形引起的低温区也有较好的模拟。区域模式模拟的主要误差表现为普遍存在的冷偏差，数值一般在 -1 ℃左右，昆仑山、四川盆地及云南部分地区等达到 -3 ℃以上，但较全球模式有了一定修正。

为对模拟效果进行定量评估，计算了模式模拟的中国区域内降水与观测在空间分布上的相关系数(COR)，结果见表 11.3。从表中可以看到，区域模式模拟的降水与观测的季平均 COR，除了冬季低于全球模式外，其他季节均高于全球模式，特别是夏季，即由全球模式的 0.583 提高到了 0.712。除降水外，对气温 COR 的计算表明，模式对气温的模拟效果，一般都在 0.98 左右，限于篇幅不再给出。

表 11.3　全球和区域模式模拟与观测的季平均降水相关系数(COR)

季节	冬	春	夏	秋	年平均
FvGCM	0.707	0.572	0.583	0.574	0.689
RegCM3	0.556	0.679	0.712	0.612	0.747

图 11.22a-f 给出中国区域冬、夏季平均降水的观测及模式的模拟结果。由图 11.22a 可以看到，观测的冬季降水呈由东南向西北递减的趋势，最大值位于东南沿海地区，降水中心大于 250 mm。全球模式模拟的冬季降水(图 11.22c)也大致呈此趋势，最大值位于中国东南沿海地区，但数值较观测要小；模拟的北方降水则较观测偏大。区域模式的模拟与观测的差异较全球模式大，所模拟的降水大值区位置偏西，强度也不够。注意到 FvGCM 和其他全球模式一样(Xu 等，2010)，模拟的中国南方冬季降水偏少，

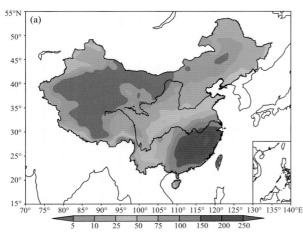

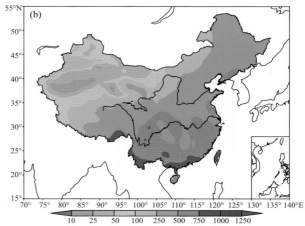

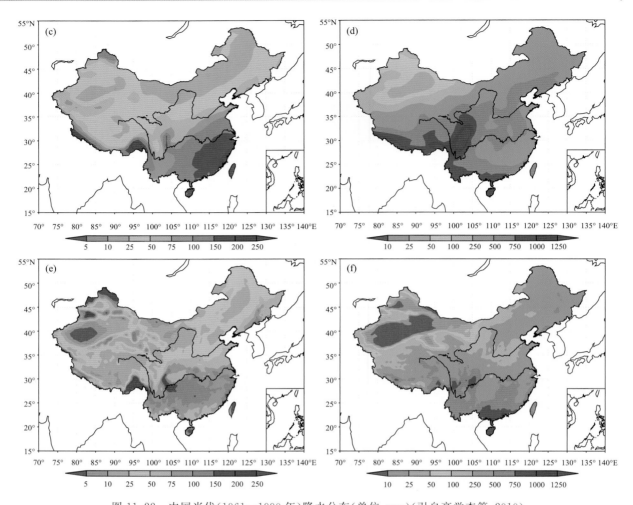

图 11.22　中国当代（1961—1990 年）降水分布（单位：mm）（引自高学杰等，2010）
（a）冬季观测；（b）夏季观测；（c）冬季全球模式的模拟；（d）夏季全球模式的模拟；（e）冬季区域模式的模拟；（f）夏季区域模式的模拟

而区域模式则进一步放大了这个误差。中国东南沿海是冬季冷暖空气交界的地方，降水量较大，气候模式所模拟这里降水偏少，可能与其对冷暖气流的方向、强弱等的模拟不足有关，有待未来进一步的深入研究和解决观测中，夏季主要降水中心位于长江以南（图 11.22b），而全球模式模拟的高值区位于青藏高原东部，中心值在 1250 mm 以上（图 11.22 d）。区域模式的模拟改进较大，模拟的500 mm 等雨量线大都位于长江以南，位于青藏高原东麓的虚假降水中心也被消除。此外，区域模式对地形性降水的模拟也较好，如祁连山与邻近的柴达木盆地的降水高、低值对比等，与观测吻合（图11.22f）。

2. 气温变化预估

FvGCM-RegCM 中全球和区域两个模式预估的 A2 情景下 21 世纪末期（2071—2100 年）中国区域逐月气温相对于当代（1961—1990 年）的变化，在表 11.4 中给出（高学杰等，2010）。由表中可以看到，无论全球还是区域模式，所预估出的未来各月气温都为增加，年平均增加值接近，分别为 3.7 ℃和 3.5℃，但在年内增温分布有所不同。全球模式的增温在 4—7 月份变化稍小，12 月至次年 3 月及 8 月、9月变化较大，最大值出现在 1 月，为 4.3 ℃，最小值出现在 11 月，为 3.0 ℃。区域模式预估增温的最大值出现在夏季的 8 月，为 4.2 ℃，最小值出现在 4 月，为 3.0 ℃。全球模式预估的冬季增温特别是在 1月、2 月份最明显，区域模式预估的增温除冬季外，在夏季也很明显。

表 11.4 全球和区域模式预估的 A2 情景下未来（2071—2100 年）中国区域逐月气温相对于当代

（1961—1990 年）的变化（单位：℃）（高学杰等，2010）

月份	1	2	3	4	5	6	7	8	9	10	11	12	平均
FvGCM	4.3	4.1	3.9	3.1	3.1	3.1	3.6	4.1	4.0	3.4	3.0	3.9	3.7
RegCM	3.5	3.5	3.4	3.0	3.1	3.3	3.8	4.2	3.7	3.3	3.2	3.8	3.5

图 11.23 给出全球和区域模式预估的冬、夏季地面气温的变化。对比图 11.23a，c 可以看到，冬季两个模式预估的气温变化分布比较一致，均为北方升温大于南方，在东北地区最大。但区域模式的预估除提供了更多空间分布上的细节外，预估的升温幅度与全球模式也有较大不同，特别是在东北、西北和青藏高原西北部地区，增温幅度较全球模式小很多。其原因可能与两模式在这些地区当代气候预估中气温的冷暖偏差、降水的多少不同，从而导致的当代积雪面积不同，最终在未来引起的冰雪—气温反馈不同有一定的关系。如东北地区，全球模式模拟的冬季气温以冷偏差为主，而区域模式则以暖偏差为主，使得全球模式模拟的当代积雪较区域模式多，未来变暖引起的积雪融化也相应更多（图略），而积雪的融化引起的反照率降低，与气温升高之间存在着较强的正反馈作用，未来全球模式中更多的积雪融化，导致了它预估出这一地区的更大增暖。但这一问题尚需未来更深入的分析，同时这也说明了模式对当代气候的较高模拟能力，及其应用于未来气候变化研究中的重要性。冬季全球和区域模式预估的中国区域平均升温分别为 4.1 ℃ 和 3.6 ℃。

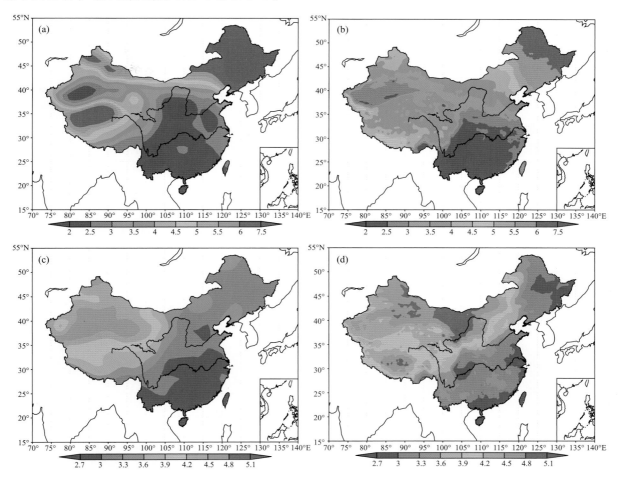

图 11.23　中国 21 世纪末（2071—2100 年）气温相对于当代（1961—1990 年）变化的预估（单位：℃）（引自高学杰等，2010）

（a）全球模式预估的冬季变化；（b）全球模式预估的夏季变化；（c）区域模式预估的冬季变化；（d）区域模式预估的夏季变化

　　相对于冬季升温南北梯度较大的特点,夏季两模式预估的升温(图 11.23b,d)分布均呈现为东部低、西部高,但在华北西部至内蒙古一带,及青藏高原部分地区,区域模式的升温要远大于全球模式,这与其预估的此季节降水减少较多有一定的关系(见下文)。两个模式预估的中国区域平均升温分别为 3.6 ℃和 3.8 ℃。

　　3. 降水变化预估

　　表 11.5 给出全球和区域模式预估的 A2 情景下 21 世纪末期(2071—2100 年)中国区域逐月降水相对于当代(1961—1990 年)的变化。由表中可以看到,全球模式预估的未来区域平均降水将在各月增加,年平均增加值为 11.3%。增加百分率最多的是冬季的 12 月份,最少的为夏季的 6 月份。总体来看,降水增加在秋、冬季较为明显。区域模式预估的中国区域降水的总趋势也是增加的,但幅度要小,年平均增加值为 5.5%。增加最大的时段为 9 月至 12 月,其中 12 月份的增加比例是全年最高的,为23.6%;另一增加较多的时段为春季的 3 月、4 月份;但夏季 3 个月降水将减少。

表 11.5　全球和区域模式预估的 A2 情景下未来(2071—2100 年)中国区域逐月降水相对于当代
(1961—1990 年)的变化(单位:%)(高学杰等,2010)

月份	1	2	3	4	5	6	7	8	9	10	11	12	平均
FvGCM	21.0	8.9	12.6	9.7	8.5	5.6	11.2	7.0	16.6	26.4	21.3	31.9	11.3
RegCM	5.6	8.7	10.1	13.5	8.0	−1.0	−4.3	−0.6	10.1	21.7	18.4	23.6	5.5

　　图 11.24 给出两个模式预估的冬、夏季降水的相对变化(%)。从图中可以看到,除区域模式提供更多的局部信息外,两模式预估的冬季降水变化(图 11.24a,c)分布大致相同,均为北方及东南沿海增加;自山东半岛向西南方向至四川、贵州一带或为减小,或变化不大;青藏高原西南部降水有较大减少。但区域模式所预估的减少范围和强度更大一些。全球和区域模式预估的冬季降水增加值,分别为17.7%和 11.1%。区域模式预估的降水量增加值在东北、西北和青藏高原东麓一般在 10～25 mm 间,个别山区会达到 25 mm 以上。此外,中国东南的浙江、福建沿海地区和台湾岛等地,降水量增加也较多。江淮、青藏高原大部分地区及贵州等地降水将有所减少,减少值可以达到 10 mm 或更多。

　　夏季两模式表现出较大不同(图 11.24b,d)。其中全球模式预估的降水虽然也存在减少的地区,但总体来说以增加为主,区域平均的增加值为 8.0%。区域模式的预估则在大部分地区是减少的,特别是在黄河中上游、青藏高原以及江南等地,最多减少 25%以上,但黄淮地区降水有较大增加。区域模式预估的东北、西北地区降水,和全球模式一致,以增加为主,中国区域平均减少 2.1%。两模式所预估的夏季降水变化的不同,主要是由于模式分辨率不同,从而产生的地形强迫对流场和水汽输送的影响不同引起的(Gao 等,2008)。

　　区域模式预估的夏季降水量变化,在东北和黄淮的大部分地方会达到 50 mm 以上,降水减少达到75 mm 的地区包括青藏高原、青藏高原东麓和江西至湖南一带等,西北地区降水量变化不明显,但由于降水基数低,相对变化较大(图 11.24 d)。

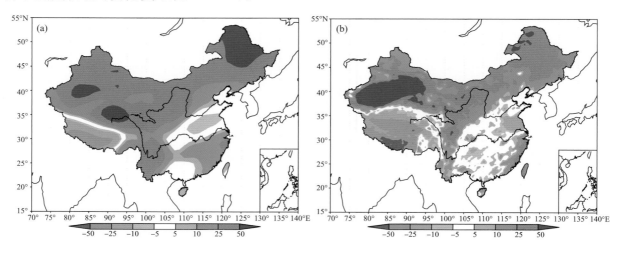

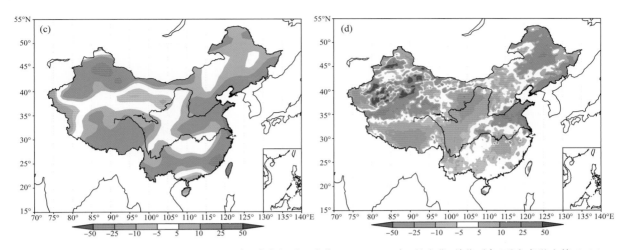

图 11.24 中国区域 21 世纪末(2071—2100 年)降水相对于当代(1961—1990 年)的变化(单位:%)(引自高学杰等,2010)
(a)全球模式预估的冬季变化;(b)全球模式预估的夏季变化;(c)区域模式预估的冬季变化;(d)区域模式预估的夏季变化

　　年平均降水变化的预估,两模式相应表现出一定差异。其中全球模式的预估以增加为主,大部分区域增加值在 10%～25% 之间。区域模式的预估则在东北、西北和黄淮地区增加,其他地方的变化不大或为减少,其中减少的大值区为青藏高原及云南等地(图略)。

11.3.2 极端事件的模拟和预估

1. 高温炎热事件

　　研究表明,在 FvGCM 的驱动下,RegCM3 对于大于 25 ℃ 的暖日(SU25,Frich 等,2002)这一极端事件指标有较好的模拟能力(Xu 等,2009a)。由图 11.25a～b 可以看到,模式对观测中日平均最高气温北冷南暖的分布形势模拟较好,模拟大于 26 ℃ 的气温高值区和小于 22 ℃ 的气温低值区范围都与观测十分相近,但中心值有所差异。高值中心区域模式的模拟大于观测,而低值中心的模拟则相反,区域模式小于观测。模拟气温在区域北部存在冷偏差,最大偏差值在 −2 ℃ 以上;南部存在暖偏差,偏暖值在 1.5 ℃ 以上。但总体来看,模拟与观测的差值大都在 ±1 ℃ 之间,模拟效果较好(图略),这与另一些模式模拟的结果一致(Gao 等,2002;石英等,2008)。

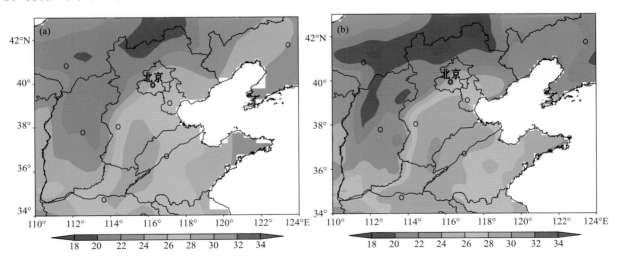

图 11.25 华北地区日最高气温的分布(单位:℃)(a:观测;b:区域模式的模拟)(引自石英等,2010a)

　　为更进一步深入评估区域模式对高温事件的模拟能力,使用日最高气温大于等于 35℃ 的天数(T35D)这一常用和直观的指标,以华北地区(34°～43°N,110°～124°E)夏半年的 4—9 月为例,将 RegCM3 的模拟与观测进行对比(石英等,2010a),发现模拟得到的日数明显较观测偏多,在华北平原上可以偏大 20～40 d,较观测值大了近 1 倍,即模式对高温日数的模拟能力有待改进(图 11.26)。

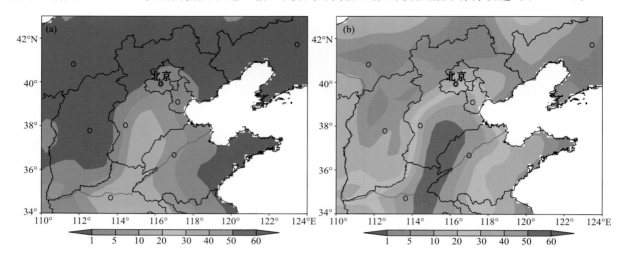

图 11.26 华北 4—9 月 T35D 分布(单位:days/year)(a:观测;b:区域模式的模拟)(引自石英等,2010a)

区域模式对高温日数的模拟能力较差,主要是由其对日最高气温分布频率的模拟误差产生的。如图 11.27 所示,图中的黑色和蓝色曲线,给出了区域平均的观测及模式模拟的当代(961—1990 年)日最高气温频率分布。可以看到,模拟的日最高气温的频率分布与观测相比,两者在气温低值端的分布相似,频率分布峰值处的气温也接近,在 24～27 ℃之间(相当于日最高气温在 24～27 ℃之间的日数最多),但模拟的出现频率数目在峰值处偏少,在气温高值端偏多,引起 T35D 较观测偏多,如在观测中,区域平均的日最高气温大于 36 ℃以上的天数为 0,但模拟值仍有 4 d/a 等。

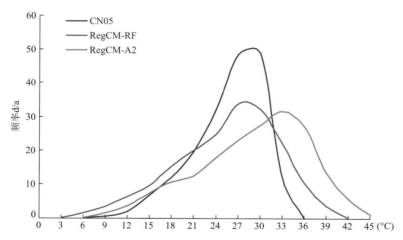

图 11.27 区域模式模拟华北当代(1961—1990 年)和 21 世纪末
(2071—2100 年)4—9 月日最高气温的频率分布(观测:黑色;当代:蓝色;
21 世纪末:红色)(引自石英等,2010a)

如图 11.27 中的红色曲线所示,21 世纪末(2071—2100 年)高温分布曲线变化的主要特点,为其向右部的整体平移,对应高温日数增加。如 36 ℃以上的天数将由现在的 4 d/a 增加到 20 d/a,而日最高气温在 25 ℃以下的天数则将由现在的 90 d/a 左右减少为 60 d/a 左右。

图 11.28a,b 分别给出 T35D 的观测和根据"扰动法"(即将区域模式预估的 A2 情景下的变化叠加到观测中)计算得到的未来分布。由图中可以看到,温室效应将使得整个区域高温日数明显增加,其中以南部和西部增加较多,北部及沿海较少。在当代气候中,区域西部和北部及山东半岛等地,T35D 在 1 d/a 以下,但 21 世纪末将普遍增加到 15 d/a 左右。区域平均的 T35D 在当代和 21 世纪末,分别为 4 d/a 和 18 d/a。

　　T35D 是一个很常用和直观的指标,但它没有考虑相对湿度对人体炎热感觉的影响。石英等(2010a)还分析了包含相对湿度作用的一个炎热指数(HI),在 35 ℃(95°F)及以上的天数(HI35D)的变化。由图 11.28c,d 看到,未来 HI35D 的发生次数,在区域中的平原地带类似于 T35D,将有较大的增加,但和 T35D 在区域内普遍增加不同,山西北部至河北东北部和内蒙古地区,HI35D 的数值保持在 1 d/a 以下。区域平均的 HI35D 在当代和 21 世纪末,分别为 3 d/a 和 7 d/a。

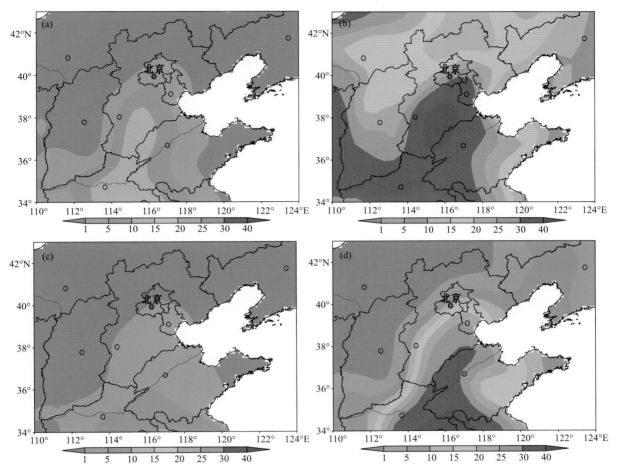

图 11.28　华北 4—9 月 T35D 和 HI35D 的观测及对 21 世纪末(2071—2100 年)的预估(单位:d/a)(引自石英等,2010a)
(a)当代 T35D;(b)21 世纪末 T35D;(c)当代 HI35D;(d)21 世纪末 HI35D

2. 极端降水事件

　　参照 Fritch 等(2002)对极端降水指数的定义,使用了以下 3 个指标,描述不同强度的降水极端事件,评估了在 FvGCM 驱动下,RegCM3 对这些事件的模拟能力(石英等 2010b),分别为每年日平均降水在 1～10 mm 之间的日数 RR1,10～20 mm 之间的日数 RR10,和 20 mm 以上的日数 RR20,可以将 RR1,RR10 和 RR20 分别视为小雨、中雨和大雨事件。

　　图 11.29a～f 给出观测及区域模式模拟 RR1,RR10,RR20 的分布。如图 11.29a 所示,观测中 RR1 的中心偏于区域的西南侧,包括四川、云南、广西、贵州省等地,区域模式模拟出的 RR1 中心(图 11.29b),也和观测类似,总体偏于这个地区,但模式模拟的 RR1,除西北及东部部分地区外,几乎在整个区域上较观测偏多,偏多较大的地方在 50 d 以上,包括青藏高原东部和北部地区。

　　由图 11.29a,c,d 的对比可以看到,相对于 RR1 特别是下文中的 RR20,模式对 RR10 的分布型及量级均有较好的模拟。同时注意到由于较高分辨率,模式对一些高山地区(如西北的天山、祁连山等)相对四周较高的 RR10 值,有较好的描述。模式对 RR20 的模拟与观测相比,在中国南方出现较大差别(图 11.29e,f),观测中长江流域及以南地区的数值一般都在 10 d 以上,在东南沿海会达到

25 d以上，但模拟出的这些地区的RR20，一般在5～10 d之间，只有个别地方达到10 d以上，低估了50％左右。

　　无论是在再分析资料还是全球模式的驱动下，RegCM3模拟的中国区域降水，都出现在南方较观测偏少的误差，可能在一定程度上，这是由于模式对强降水事件的模拟能力偏弱引起的。模式对强降水模拟能力偏弱，同时在其所预估的未来变化中增加了不确定性。

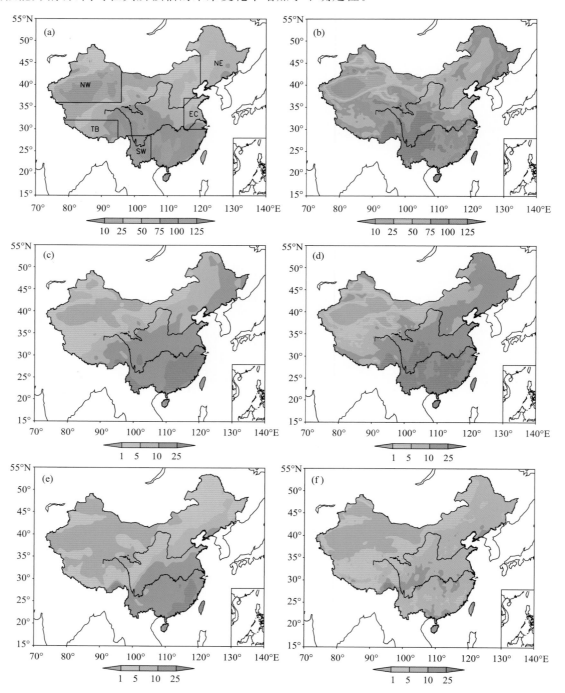

图11.29　观测和模拟的RR1(a,b)、RR10((c,d)和RR20(e,f)分布(单位:d/a)(分幅a中的方框，为划分的几个子区域:NE—东北;EC—黄淮江淮地区;NW—西北;SW—西南;TB—青藏高原)(引自石英等,2010b)

　　研究表明,数值模式一般都倾向于模拟出更多的小雨日数和低估大雨日数,虽然高分辨率的模式会对此有所改进,但上述 20 km 分辨率的模拟仍然保留了这种特征,未来一方面需要进行更高分辨率的模拟,另一方面模式在物理过程等方面也需要进行相应改进,如引入云可分辨模式(cloud-resolving model)等(Randall 等,2007),从而使得模式能够更好的模拟中国当代气候和预估未来气候。

　　图 11.30 给出 21 世纪末年平均降水量及 RR1,RR10 和 RR20 变化的预估。其中,RR1 变化的主要特点(图 11.30b),为在西北地势较低的地方,如塔克拉玛干沙漠、准格尔和柴达木盆地等有一定的增加,此外内蒙古沿国境,RR1 也将增加。中国其他大部分地区或以减少或变化不大为主,青藏高原中部是减少的大值区,减少值一般在 10% 以上。

　　由图 11.30c 看到,相对于 RR1 以减少为主,RR10 增加的地区明显变多,特别是在东部地区。增加和减少最多的地方和 RR1 类似,分别为西北和青藏高原地区。

　　RR20 的变化(图 11.30d),进一步表现为在中国境内的普遍增加,大部分地方的增加值都在 10% 以上,少部分地区包括青藏高原中部及云南西半部与四川交界处等 RR20 为减少,无论增加还是减少的幅度,RR20 都较 RR1 和 RR10 要大。

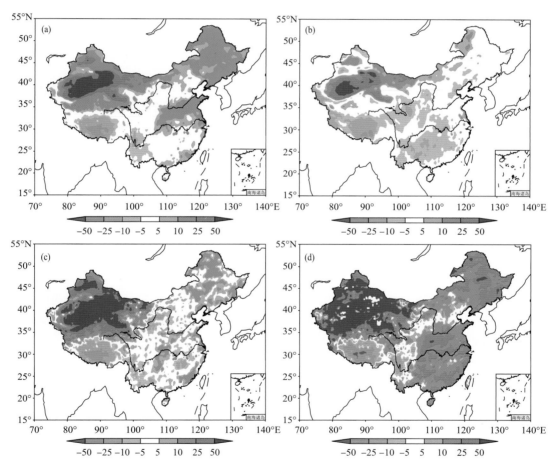

图 11.30　世纪末(2071—2100 年)中国年平均降水

(a)及 RR1(b)、RR10(c)和 RR20(d)相对于当代(1961—1990 年)的变化(单位:%)

(引自石英等,2010b)

　　表 11.6 给出如图 11.29 所示 5 个典型子区域和中国年平均降水的变化,及对应于 RR1,RR10,RR20 三类降水变化值对总降水量变化贡献的百分比(注意因为未考虑降水量小于 1 mm/d 的情况,表中 3 种降水贡献之和不是 100%)。

表 11.6　不同区域降水的变化及各类降水的贡献(单位:%)(引自石英等,2010b)

	Pr	RR1	RR10	RR20
东北 NE	12.3	6.8	18.6	75.7
东部 EA	10.6	1.8	11.0	87.9
西北 NW	15.6	35.8	40.3	27.4
西南 SW	−5.5	75.7	23.9	2.4
青藏高原 Tibet	−11.9	53.1	32.2	14.9
中国 China	4.2	−26.1	23.0	109.2

由表中可以看到,各个子区域各等级降水的变化数值及其对降水量变化的贡献各有不同。其中东北和东部两个地区降水量增加的主要贡献来自于 RR20,西北降水量增加中,各等级雨量的贡献接近,都在三分之一左右。西南子区域平均降水量为略有减少,其中四分之三的贡献来源于 RR1 的减少,其余的四分之一贡献基本来源于 RR10。青藏高原地区降水量减少同样贡献最大的是 RR1,占一半多,RR10 和 RR20 分别占约 30% 和 15%。

全国平均的降水量为一个较小的增加,注意到各等级降水贡献中,RR1 为负,RR10 和 RR20 为正,即在这个降水增加过程中,小雨事件起的反而是减少降水量的作用,降水量增加主要源于中雨特别是大雨事件的贡献。如果认为 RR1 和 RR10 的贡献正负相抵的话,降水量增多则基本来源于 RR20 的增加。

3. 干旱化趋势

使用 UNEP(1992)干旱指数 AIu 对中国区域的干旱化问题进行了分析。AIu 定义为 AIu=P/PET。其中,P 为年降水总量,PET 为年潜在蒸发总量,由逐月潜在蒸发量相加所得;而月潜在蒸发量通过 Thornthwaite(1948)方法求得。根据 AIu 的大小,干湿分类划分标准如表 11.7 所示。

表 11.7　依据 AIu 值对干湿分类的定义(引自 UNEP,1992)

类型	AIu
湿润区(Humid)	AIu≥1
湿润亚湿润区(Moist sub-humid)	0.65≤AIu<1
干燥亚湿润区(Dry sub-humid)	0.5≤AIu<0.65
半干旱区(Semi-arid)	0.2≤AIu<0.5
干旱区(Arid)	0.05≤AIu<0.2
极端干旱区(Hyper-arid)	AIu<0.05

首先,利用观测的 CN05 气温(Xu 等,2009b)和 Xie 降水(Xie 等,2007)资料得到当代(1961—1990年)AIu 的分布(图 11.31),随后参照上一节的扰动法,将区域模式预估的 A2 情景下气温和降水的变化叠加到观测中,得到 21 世纪末 AIu 的分布(图 11.31b)。

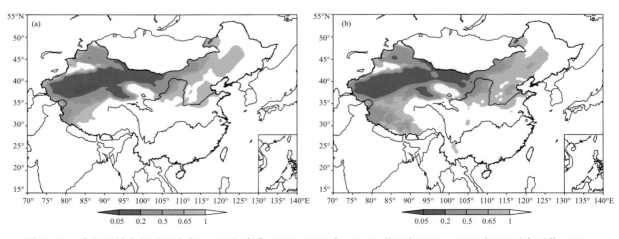

图 11.31　中国区域内的干湿分布(a:观测(当代,1961—1990年);b:21世纪末(2071—2100年))(引自石英,2010c)

从图中可以看出,当代中国的干旱、半干旱区基本上位于 35°N 以北,南部大都为湿润区;东北地区大致以 120°E 为界,以西为湿润、亚湿润区域,以东为湿润区。西北大部分地区处于干旱区,塔里木盆地内的少部分区域为极端干旱区。21 世纪末 AIu 的变化表现为华北及青藏高原西南部干旱、半干旱区的向东向南扩展,云南中部及四川盆地的少部分地区也由湿润区转变为干旱区,这与区域模式预估 21 世纪末降水在青藏高原西南部一带降水减少较多有一定的关系。另外注意到极端干旱区在 21 世纪末几乎将不再存在,这主要由于区域模式所预估降水在西北南部增加较多引起的(图略)。

图 11.32 给出 AIu 对应各干湿分类区占中国区域的面积百分比。由图可以看到,AIu 大于 1 的区域即湿润区在中国所占比例最大,当代为 56.1%,21 世纪末虽有所减少,但也占整个区域的近一半(49.4%)。预估 21 世纪末除极端干旱区有所减少外,其他旱区都将增加,其中半湿润、半干旱区增加最大,增加了 2.1%,干旱区增加相对较小,为 0.6%。

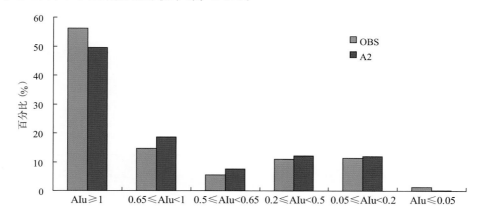

图 11.32　AIu 值对应各干湿分类区占中国区域的面积百分比
(OBS:当代,1961—1990 年;A2:21 世纪末,2071—2100 年)(引自石英,2010c)

11.3.3　沙尘气溶胶对中国区域未来气候影响的预估

1. 气温

大气气溶胶中的沙尘气溶胶是对流层气溶胶的主要成分,对气候同样有一定影响。据估计,全球每年进入大气的沙尘气溶胶 10 μm 以下粒子达 1000~3000 Tg,约占对流层气溶胶的一半(Cakmur 等,2006;Textor 等,2006)。这些沙尘气溶胶主要来自非洲撒哈拉沙漠、亚洲、美国西南部沙漠区和南半球的澳大利亚沙漠。

源于中国北方和蒙古国的东亚沙尘气溶胶是全球大气沙尘气溶胶的重要组成成分,每年向大气注入 800 Tg,其中 30% 在源区沉降,20% 在区域尺度上传输,50% 远距离传输到太平洋及其以西地区(Zhang 等,1997;Zhao 等,2006)。相对于其他源区,东亚沙尘源区具有独特的地理位置和形成沙尘天气的天气系统,在有利的气象条件下,源区的高海拔特性,使得起沙后沙尘气溶胶更容易被输送到较远的地区(王明星,张仁健,2001;姜学恭,陈受钧,2008),从而产生气候、环境、生态等多种效应(石广玉,赵思雄,2003)。

沙尘气溶胶引起的地气辐射平衡扰动,对区域尺度的气候有重要的影响。近几年研究表明,大气沙尘的变化是重要的气候驱动因子之一,可能是地球气候系统 10~1000 a 尺度快速变化的一个重要激发和响应因子(张小曳,2006)。本节主要给出沙尘气溶胶对中国未来(2091—2100 年)地面气温和降水的影响。

根据研究结果(张冬峰,2009),当代(1991—2000 年)多年平均地面气温在塔克拉玛干沙漠源地和巴丹吉林沙漠地区源地降低 0.25~0.5 ℃,其他传输路径范围内降低 0.1~0.25 ℃。华北南部地面气温降低 0.25~0.5 ℃,地面气温的降低可能更多的是由于降水增多的反馈作用导致的(图 11.33a)。未来沙尘气溶胶引起的地面气温降低幅度总体比当代大,受沙尘气溶胶影响的区域中,地面气温降低 0.25～0.5 ℃的范围增大,塔克拉玛干沙漠源地部分地区地面气温降低 0.5～1 ℃(图 11.33b)。

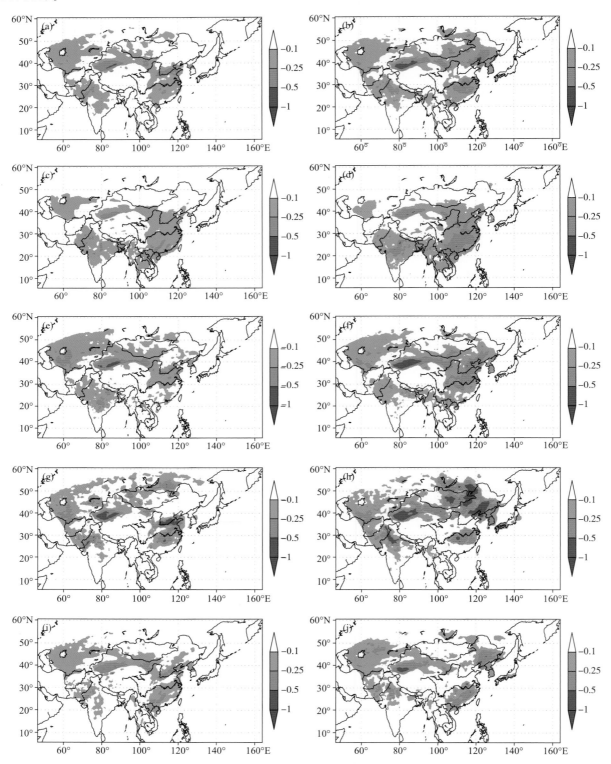

图 11.33　区域模式模拟和预估的沙尘气溶胶对气温的影响(单位:℃)(引自张冬峰,2009)

当代(1991—2000 年)年平均(a);冬季(c);春季(e);夏季(g);秋季(i);未来(2091—2100 年)

年平均(b);冬季(d);春季(f);夏季(h);秋季(j)

冬季,当代在塔克拉玛干沙漠南部,地面气温降低 0.25～0.5 ℃,其他区域气温降低小于 0.25 ℃ (图 11.33c)。未来沙尘气溶胶引起的地面气温降低大于 0.1 ℃ 的范围扩大,塔克拉玛干沙漠及其下游 邻近地区,地面气温降低 0.25～0.5 ℃(图 11.33 d)。春季,沙尘造成的地面气温降低幅度大于冬季, 当代塔克拉玛干沙漠和巴丹吉林沙漠地区地面气温降低 0.25～0.5 ℃,塔克拉玛干沙漠南部气温下降 0.5～1 ℃(图 11.33e),未来塔克拉玛干沙漠气温下降 0.5～1 ℃(图 11.33f)。值得注意的是,夏季一 些地区地面气温降低幅度大于沙尘活动最活跃的春季,当代塔克拉玛干沙漠大部分地区和华北南部沿 黄河一线地面气温降低在 0.5～1 ℃(图 11.33 g),未来除了沙尘气溶胶源地和其影响路径上地面气温 降低明显外,中国东北部分地区地面气温降低 0.5～1 ℃(图 11.33 h)。这些受沙尘气溶胶影响较小的 地区,夏季较大的气温降低可能和辐射强迫造成的降水变化所引起的反馈作用有关。秋季,当代塔克 拉玛干沙漠和巴丹吉林沙漠地区地面气温降低 0.25～0.5 ℃,其他区域气温降低小于 0.25 ℃(图 11.33i),未来塔克拉玛干沙漠地面气温降低较当代多,巴丹吉林沙漠地区较当代少(图 11.33j)。

多年平均而言,在沙尘气溶胶影响的大部分区域内,当代和未来地面气温降低幅度之差在 ±0.1 ℃ 之间,黄河下游的当代地面气温降低幅度较大和东北地区未来地面气温降低幅度较大,这更多的是由 于降水的反馈作用所致(图 11.34a)。冬季,多数区域当代和未来地面气温降低幅度之差在 ±0.1 ℃ 之 间,局部地区未来地面气温降低幅度大 0.1～0.25 ℃(图 11.34b)。春季,塔克拉玛干沙漠及下游邻近 地区未来地面气温降低幅度较当代大 0.1～0.25 ℃(图 11.34c)。夏季,中国西北地区未来地面气温降 低幅度较当代大,部分地区两者之差在 0.1～0.5 ℃。一些地区沙尘气溶胶降水反馈作用对地面气温 的影响超过沙尘气溶胶本身对地面气温的影响,如蒙古国东部和中国东北地区,未来地面气温降低幅 度较当代大 0.25 ℃ 以上,中心大 1 ℃ 以上,黄河下游地区,未来地面气温降低幅度较当代小 0.5～1 ℃(图 11.34 d)。秋季,沙尘气溶胶源区及邻近区域,当代和未来地面气温降低幅度之差在 ±0.1 ℃ 之间,

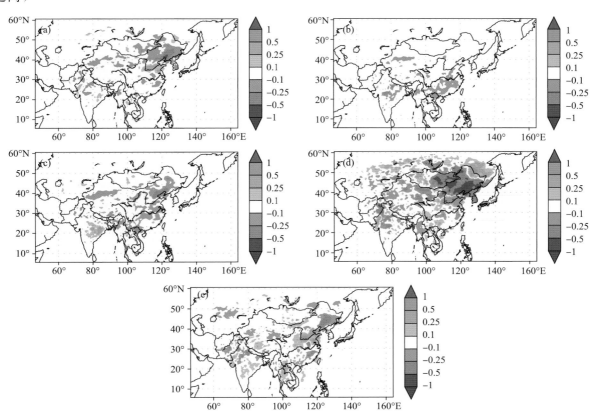

图 11.34 未来(2091—2100 年)相对于当代(1991—2000 年)地面气温效应的变化(单位:℃)(引自张冬峰,2009)
年平均(a);冬季(b);春季(c);夏季(d);秋季(e)

黄河下游地区由于未来降水减少,地面气温降低幅度较当代小 0.25～0.5 ℃,东北部分地区由于降水增加,地面气温降低幅度较当代大 0.1～0.5 ℃(图 11.34 d)。沙尘气溶胶对当代和未来地面气温效应的不同。总体而言,未来降低地面气温的效应更明显些。可能和未来地面气温升高,地面向上的长波辐射增加有关。

2. 降水

当代和未来沙尘气溶胶使得塔克拉玛干沙漠源区降水增多,但在其他区域,沙尘气溶胶引起降水变化更多地表现为模式内部的变率,没有系统性的变化。多年平均降水,当代和未来在塔克拉玛干沙漠增多 10%～25%,中国东北地区降水当代以减少为主,未来以增多为主(图 11.35a,b)。

对各季降水的影响,塔克拉玛干沙漠表现出一致的降水增多,其中夏季增加最多。其他大部分区域更多地表现为模式的噪音(图 11.35c～j)。夏、秋季节,沙尘气溶胶对中国东部当代和未来降水的不同效应,使得其对气温的作用超过沙尘气溶胶本身对气温的作用。

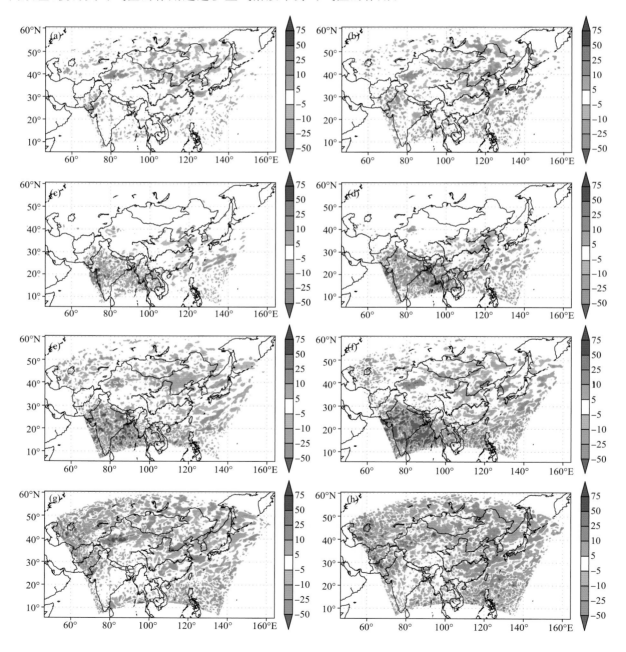

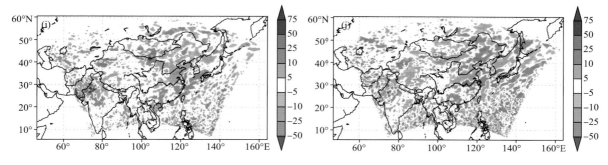

图 11.35　沙尘气溶胶对降水的影响(单位:%)(引自张冬峰,2009)

当代(1991—2000 年)年平均(a);冬季(c);春季(e);夏季(g);秋季(i);未来(2091—2100 年)
年平均(b);冬季(d);春季(f);夏季(h);秋季(j)

11.3.4　其他预估结果

使用英国 Hadley 中心 PRECIS 区域气候模式,嵌套 HadAM3H 全球大气模式,所进行的 50 km 水平分辨率、在 IPCC A2 和 B2 温室气体排放情景下、当代(1961—1990)和 21 世纪末期(2071—2100)各 30 a 的模拟结果表明(许吟隆等,2005,2006;Zhang 等,2006),在气候平均态方面,模拟给出的 21 世纪末预估结果,为中国北方地区增温幅度明显大于南方,其中以西北和东北地区尤为显著,夏季平均气温增幅可达 5 ℃以上;中国大部分地区降水量呈增加趋势;冬季华南地区降水量明显减少;夏季东北和华北地区气温增幅大而降水量减少明显,而长江以南地区降水量显著增加等结果。

在极端事件方面的分析指出,在 B2 情景下,中国区域平均的 21 世纪末气温>35 ℃的高温事件,将由 1961—1990 年的占总频率的 3%,增加到未来的 4.5%,<−10 ℃的低温事件发生频率,将由 1961—1990 年的 8.5%,减少到未来的 6.5%。Zhang 等(2006)等给出了中国未来夏日和生长季长度在全境都将增加,以青藏高原和中国北部最大,同时连续霜日在全国范围都将减少,以青藏高原和东北、西北地区减少最明显等结果。

所预估的未来降水事件,平均的日降水量<40 mm/d 出现频率的变化不大,而>40 mm/d 的降水频率则将明显上升。大雨日数(>20 mm)、最大连续 5 d 降水和简单降水强度等进行的分析指出,未来中国大部分地区的极端降水事件将增加。

PRECIS 对未来气候变化的预估结果,和 RegCM3 的预估结果之间存在一定的差距。如关于气温,两个模式都预估出未来中国年平均气温的普遍升高,且升高值以北方大于南方的整体分布型,但数值有一定的差异。降水两者的差别更大,PRECIS 给出的冬季降水变化,为长江以南减少,以北增加,而 RegCM3 结果中,南方在东南沿海降水将增加;RegCM3 中青藏高原降水的明显较少在 PRECIS 中也没有出现。夏季,RegCM3 预估出黄淮地区降水的明显增加,但 PRECIS 结果中这一地区降水为减少,但中国中部从河套开始到西南地区,两个模式都预估出了降水的减少(许吟隆等,2006;高学杰等,2010)。

在一个全球模式 MIROC_hires 结果的驱动下,RegCM3 进行了 1951—2100 年在 A1B 温室气体排放情景下、25 km 水平分辨率的东亚气候变化连续模拟(石英,2010c)(以下简称 MIROC-RegCM 模拟),考察并比较了与 FvGCM-RegCM 相同时段,即 2071—2100 相对于 1961—1990 年,中国汛期(5—9月)降水变化的预估,发现两个结果在一些区域表现出一致性的同时,在另一些区域则有较大差别(详情参见下文 11.4.3 节)。

11.3.5　统计降尺度方法给出的预估

由于统计降尺度分析的特点,一般的研究都是针对特定地区进行,较少有全国范围的分析。研究人员对 1 月和 7 月华北地区 49 个气象观测站的未来月平均气温变化情景进行了预估(范丽军等,2007)。采用的统计降尺度方法是主分量分析与逐步回归分析相结合的多元线性回归模型。首先,使用 1961—2000 年的 NCEP 再分析资料和 49 个台站的观测资料,建立月平均气温的统计降尺度模型,然后把建立的统计降尺度模型应用于 HadCM3 模式的 A2 和 B2 两种排放情景,从而生成各个台站 1950—2099 年 1 月和 7 月气温变化情景。结果表明,在当前气候条件下,无论 1 月还是 7 月,统计降尺度方法模拟的气温与观测的气温有很好的一致性,而且在大多数台站,统计降尺度模拟气温与观测值相比略微偏低。对于未来气候情景的预估方面,在 1 月和 7 月,以及 A2 和 B2 两种排放情景下,大多数的站点都存在气温的明显上升趋势,7 月的上升趋势与 1 月相比偏低。

同样对 HadCM3 的在 A2 和 B2 情景下的模拟数据,以 1961—1990 年为基准期,对 21 世纪黄河流域上中游地区未来最高气温、最低气温与年降水量变化进行了降尺度分析(刘绿柳,2008)。结果表明,在 A2、B2 两种气候变化情景下,日最高气温、日最低气温均呈升高趋势,但 A2 的变化较显著,日最高气温的升高趋势在景泰站(甘肃省)最明显,日最低气温的升高趋势在河曲站(山西省)最显著。流域平均的年降水量变化在 −18.2% ～ 13.3% 间。A2 情景下降水量增加和减少的面积基本相等,宝鸡站(陕西省)降水量增加最多;B2 情景下大部分区域降水减少,西峰镇(甘肃省)降水量减少最多。

对德国 MPI 的 ECHAM5 全球模式,在青海湖流域进行的统计降尺度分析,得到了流域尺度未来 30 年(2010—2030 年)气候变化情景,并由此驱动水文模型 SWAT 及湖泊水量平衡模型模拟了青海湖近几十年水位变化过程,预估了未来青海湖湖泊水文变化情景(刘吉峰等,2008)。

11.4　小结和讨论

本节介绍了全球和区域气候模式所得到的主要模拟结果,并针对其中存在的一些主要问题进行了讨论,指出了目前研究所存在的问题和今后的工作方向。随后基于多个全球模式的模拟结果,使用一种加权集合平均方法,分析了中国区域气候预估中的不确定性。

11.4.1　全球模式

利用 IPCC AR4 多个模式的加权集合平均,分析了东亚和中国区域 21 世纪不同时期的平均气温、降水的空间和时间序列变化的结果表明,21 世纪中国区域气温随着温室气体浓度的增加,气温将持续上升。在 2040 年以前,不同情景下整个中国区域变暖趋势差异不大,2050 年以后差异明显;与气温相比,人类活动对 21 世纪中国降水的影响则较为复杂,不同模式和排放方案得到的结果差异较大。在三种情景下,2040 年以前,降水变化波动起伏,某些年份出现减少的趋势,2040 年以后,整个中国区域年平均降水持续增加,不同情景下降水增加趋势差异不大,到 21 世纪末全国平均降水与 1980—1999 年相比将增加 8% ～ 10%。

在 21 世纪末(2080—2099 年),中国东北、蒙古、中国西北、青藏高原和中国东部五个区域对全球变暖的响应更为敏感。

同时也对中国区域 21 世纪在温室气体增加情况下的极端气候事件发生的情况进行了讨论,其中包括高温热浪指数,连续无降水日数,降雨强度等。结果表明,随着全球变暖,中国各个地区的极端气候事件发生的频率和强度也有逐渐增加的趋势。

计算了 21 世纪的 Palmer 干旱指数,分析了 21 世纪极端干旱强度和面积的变化表明,21 世纪整个中国区域干旱面积持续增加,干旱主要发生在中国的华北和东北地区,长江以南地区的干旱也逐渐加剧。

但由于全球模式的分辨率较粗,对气候平均态的模拟中,中国区域季风降水的模拟能力有待进一步提高,虽然能够模拟出观测到的全球和中国区域以变暖为主要特征的气温变化趋势,但对中国降水趋势"南涝北旱"的模拟能力较差,多模式集合方法也还需要进一步发展和改进。同时,对于较小区域的模拟预估也还存在很大的不确定性,但总体变化趋势可以参考。

11.4.2　区域模式和统计降尺度

相对全球模式,区域模式除了可以提供更多的空间分布信息外,在对中国夏季(汛期)降水型的模拟上有了很大改进。区域模式对未来中国区域气候变化的模拟与全球模式相比,也表现出很大不同,其中区域模式模拟的未来冬季增温较全球模式低很多，而在夏季区域模式模拟出了相对较大的增温。全球模式模拟的夏季降水以普遍增多为主，区域模式则模拟出了大范围的降水减少。反映了高分辨率模式，除在对当代气候模拟中起着重要作用外，对未来的气候变化模拟也非常重要。

在区域气候模式方面，现存的问题主要是目前完成的模拟比较少，这些模拟互相之间采用的全球模式驱动场、排放情景、区域模式及分辨率等方面，都存在较大差异，较难进行相互之间的比较，也不能进行集合分析和不确定性评估。此外，模拟一般进行的是当代的 1961—1990 年和 2071—2100 年时段，缺乏连续的模拟，得到未来 20—50 年的气候变化情景。在对现有的区域模式结果进行分析方面，在对当代气候模拟的评估，和对未来气候分析方面，都不够深入，如缺乏对未来台风活动，积雪变化等方面的分析等。

影响数值模拟结果的因素有很多，如全球模式驱动场的不同（上述 RegCM3 和 PRECIS 分别使用 HadAM3P 和 FvGCM），而全球模式本身模拟的未来气候变化就不同；使用的温室气体排放情景不同（分别为 A2 和 B2）；区域模式本身不同；使用的分辨率（分别为 50 km 和 20 km）也不同等。这也反映了区域气候变化模拟中的不确定性。

类似与全球模式的多模式比较集合（如 AMIP 和 CMIP 系列等），使用多区域气候模式进行气候变化模拟集合，是减少预估中不确定性的重要方面（Giorgi，Mearns，2003；Xu 等，2010b）。这类比较计划在世界许多地区都有进行，如欧洲的 PRUDENCE 和 ENSEMBLEs，北美的 NARCAP，南美的 CREAS 以及北极地区的 ARCMIP 等。

亚洲地区所进行的区域模式比较计划 RMIP 在第一和第二阶段，以评估模式的模拟能力为主（Fu 等，2005；冯锦明和符淙斌，2007），正在进行的第三阶段为气候变化模拟。目前，国际相关领域正在准备开展 CORDEX（COordinated Regional climate Downscaling EXperiment）试验计划，同时使用动力和统计的方法，在全球陆地范围进行气候变化的降尺度工作。具体为在大的陆地区域运行区域气候模式，在岛屿等则使用统计降尺度方法，最终为世界各地的影响评估和适应及 IPCC AR5 服务。CODEX 和 RMIP3 计划的进行，有望获得在相同全球模式驱动下，不同区域模式在分辨率一致情况下，对中国和东亚地区气候变化模拟的不同结果，加深对此问题的认识。

统计降尺度方法的研究正在陆续开展，但从使用的全球模式结果、关注的区域、使用的模型等各个方面，都存在不同，也缺乏互相之间的比较。另一个问题，就是动力降尺度和统计降尺度之间的比较，两种方法都有各自的长处和不足，如果能够综合两者的长处，对于加深中国区域未来气候变化的理解，将起到有益的帮助作用。

CORDEX 计划

COordinated Regional climate Downscaling Experiment（联合区域气候降尺度试验）的简称，最早源于 Giorgi 等（2008）提出的 Hyper-Matrix Framework 计划。CODEX 提议通过在全球各大陆运行区域气候模式、在岛屿等使用统计降尺度方法，为世界各地的气候变化影响评估和适应提供气候变化预估结果，并为 IPCC AR5 服务（Giorgi 等，2009）。

为鼓励发展中国家人员的参加，模式的水平分辨率一般设定为 50 km。在不同区域首先使用欧洲中期天气预报（ECMWF）中心新制作的中等分辨率再分析资料（ERA-Interim），进行模式对当代气候模拟能力的评估，模拟的时段为 1989—2008 年。

随后进行 CMIP5 全球气候模式驱动下的未来试验，使用的温室气体排放情景为 RCP 4.5 W/m2 和 8.5 W/m2，积分时段在有可能的情况下为 1951—2100 年，计算条件不能满足的，则运行以下时段：1980—2010、2040—2070、2010—2040 和 2070—2100 年，模式的初始化时间为 2 年。鉴于非洲大陆的降尺度研究相对不足，CORDEX 将以非洲为重点，鼓励各个模式组运行这一区域。

CORDEX 计划中还将探讨区域气候变化中与不同的全球模式驱动、不同的温室气体排放情景、自然变率，以及不同的降尺度方法等相关的不确定性。

11.4.3 预估的不确定性分析

气候变化预估的不确定性来源中，首先是在未来温室气体排放情景方面存在的不确定性，包括温室气体排放量估算方法、政策因素、技术进步和新能源开发方面的不确定性。其次是气候模式发展水平的限制引起的对气候系统描述的误差，以及模式和气候系统的内部变率，后者可以通过集合方法减少。用于评估气候模式结果的观测资料不足也是在发展和评估模式中的重要方面。

在区域级尺度上，气候变化模拟的不确定性则更大，一些在全球模式中可以忽略的因素，如植被和土地利用、气溶胶等，都对区域和局地气候有很大影响，而各个模式对这些强迫的模拟结果之间的差别很大。

1. 多全球模式集合给出的不确定性

近年来，许多科学家使用多个全球气候模式的模拟结果，分析了在未来气候变化预估的不确定性。如Giorgi，Mearns（2003）使用11.1.3中的REA方法对全球各主要分区未来气候变化的不确定性进行了分析，给出了全球各主要分区21世纪末气温和降水变化的不确定范围；Moise，Hudson（2008）也利用此方法对澳大利亚各个分区的未来气候变化进行过分析，给出了澳大利亚气温和降水变化的不确定范围。

Xu等（2010）利用不同的区域可靠性平均方法，对东亚地区不同分区（图11.36）未来气温和降水变化的不确定性进行了分析，给出东亚地区不同分区21世纪末气温和降水变化的不确定范围（图11.37）和可能的概率分布（图11.38）。

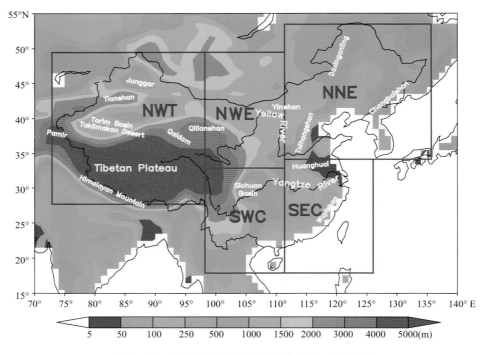

图11.36   东亚地区的不同分区（引自 Xu 等，2010）

从图11.37以看到，对于不同的分区，气温不确定的范围大小不同。在北方地区，模式预估的未来气温变化的不确定范围大于南部地区。对于冬季和夏季，冬季的不确定范围大于夏季。不同的加权平均方法之间，差别不是很明显；降水的不确定范围之间的差值与气温相比更大一些。

图11.38给出的是东亚不同分区21世纪2081—2100年多个模式模拟的气温和降水变化的概率分布的结果表明，冬季，对于北方地区（NC）变暖3.5 ℃的可能性最大，东北地区（NEC），西南地区，东南地区以及青藏高原分别为5 ℃，4 ℃，3 ℃和5 ℃的可能性最大；夏季大部分地区变暖3～4 ℃的可能性较大，不同地区之间相差不明显。对于降水变化的概率分布图来说，冬季，不同地区降水基本都是增加的可能性最大，夏季降水也是增加的可能性较大，但增加的幅度较小。

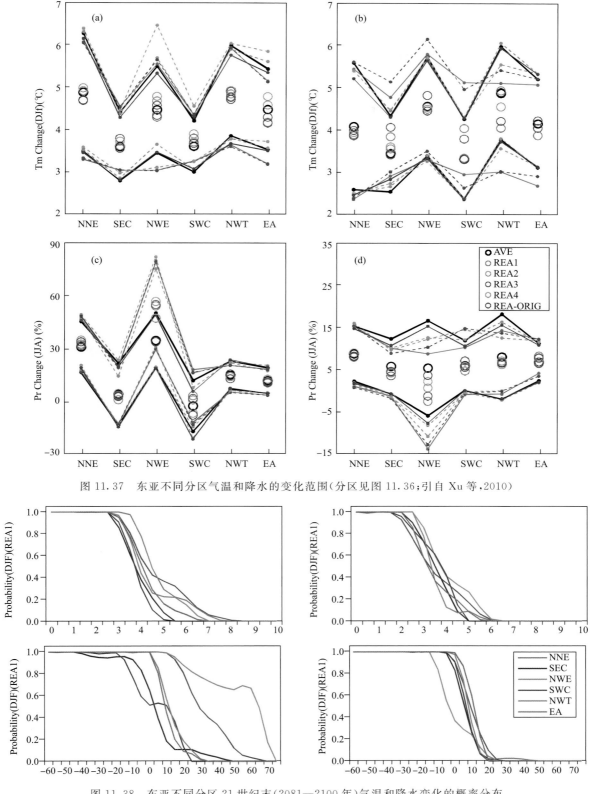

图 11.37　东亚不同分区气温和降水的变化范围(分区见图 11.36;引自 Xu 等,2010)

图 11.38　东亚不同分区 21 世纪末(2081—2100 年)气温和降水变化的概率分布

(分区见图 11.36;引自 Xu等,2010)

2. 区域模式不同模拟给出的不确定性

大部分全球模式给出了未来东亚和中国降水将普遍增加的预估结果,但更高分辨率区域气候模式的模拟结果则出现了较大的不同。以两个全球模式 FvGCM 和 MIROC_hires 驱动下的同一个 RegCM3 区域模式的模拟为例（FvGCM-RegCM3，高学杰等，2010；MIROC-RegCM3，石英等 2010c，Gao 等，2011），两个全球模式预估的东亚季风降水（5—9 月）均以增加为主，但具体在不同地区两模式模拟也有所不同，相应环流场的变化也在显示出较大相似性的同时，有一定的不同（图 11.39）。

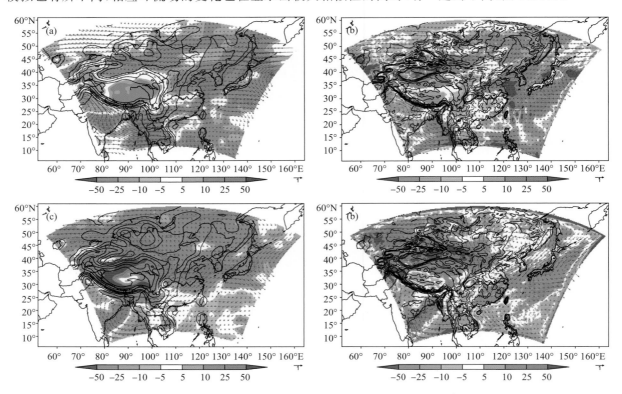

图 11.39　不同全球模式及其驱动下的 RegCM3 预估的 21 世纪末 5—9 月平均降水（%）和 700 hPa 风场（m/s）的变化
（引自石英，2010c）

（a：FvGCM 的模拟；b：FvGCM-RegCM 的模拟；c：MIROC 的模拟；d：MIROC-RegCM 模拟）

由图中可以看到，全球模式模拟的降水（图 11.39a，c）在大部分地区都将增加，中国东部的山东半岛及其附近区域都是增加的大值区，增加值在 25% 以上。与 FvGCM 相比，MIROC 模拟中国西部的降水增加更为显著，青藏高原北部和南部的增加值达到 50% 以上，但青藏高原腹地有较小的减少。在对区域南部降水变化的模拟上，两模式表现出一定的差异。其中 FvGCM 模拟孟加拉湾及西太平洋地区降水将增加，相同区域 MIROC 的模拟则将减少。

两全球模式模拟 700 hPa 风场的变化也显示出一定的相似性，模拟区域北部均为向西的风，青藏高原南部和中国南方地区均为西向的风。MIROC 的模拟中，在中国南部西北风转化为西南风向，表明此区域未来夏季风有所增强。西南风的增强在长江和黄河下游地区引起水汽的辐合，从而使得这些区域降水表现为增加。与 FvGCM 模拟在孟加拉湾西风占主导地位不同，MIROC 模拟中出现一较为明显的反气旋环流，由此引起孟加拉湾区域未来降水将减少。西太平洋降水的减少与模拟此区域内存在一较弱的反气旋环流也有一定的关系。

区域模式模拟降水的变化（图 11.39b，d）两次模拟结果在中国西部较一致，自西北地区到青藏高原均呈"+-"的变化型，但在东部表现出很大的差别。FvGCM-RegCM 模拟中，中国东部地区自北向南的降水呈"+-+-"的分布型，东北和黄淮地区增加明显，其余地区以减少为主。MIROC-RegCM 模拟中则呈现"-+-+"的变化，与 FvGCM-RegCM 变化基本反相。与 FvGCM 和 FvGCM-RegCM 模拟结果类似，MIROC 和 MIROC-RegCM 模拟结果也显示了较大的不同，这同样主要是由于模式分辨率较高从而使得地形强迫更为明显引起的（Gao 等，2008）。

MIROC-RegCM 模拟中东北地区 700 hpa 风场的变化由东北转为东南，但当遇到中国北部的大兴安岭等地形阻挡后,风场又转向为西南,从而在区域东北部产生一个较强的反气旋,导致此区域未来降水的减少。此反气旋南侧延伸到长江流域,使其上空受东风控制,这与MIROC模拟结果中风场的方向相反。对于区域南部来说,MIROC-RegCM模拟中较强的地形强迫阻止了西风的向北推进,从而使得中国东部江淮地区降水减少,而西风与东北方向来的风在中国东南地区辐合引起那里降水的增加。

FvGCM和MIROC模拟中国东北部风场的方向均以向西为主,但FvGCM模拟中有一定的偏南风分量,MIROC模拟中为偏北风分量,而区域模式中上述风场在遇到较大和更真实的地形阻碍时,风场则分别产生向南、向北的转向,从而模拟出局地完全两个不同的环流场—气旋和反气旋,进而影响降水变化的分布,即区域模式中更强的地形强迫,对全球模式中环流较小的差别产生了较为明显的放大作用,最终引起区域模式中各自降水变化的很大不同。

总体来说,由于高分辨率区域气候模式中更真实的地形强迫,它们所模拟预估得到的中国地区降水变化,较全球模式有更高的可信度,特别是在夏季。但由上述讨论可知,其所得到的结果仍然存在着不确定性因素,具体针对上述两个模拟来说,可能在未来中国西部,降水预估的可靠性相对较高,而在东部季风区则不确定性较大,尚需在改进模式的基础上,进行更多的在不同全球模式驱动下的不同区域模式的模拟,最终加深对这一问题的认识。

参 考 文 献

安顺清,邢久星. 1986. 帕尔默旱度模式的修正. 气象科学研究院院刊,1(1):75-82

陈仲新,周清波,徐斌. 2001. 中国气温的空间分布与时间变化格局. 见:农业资源利用与区域可持续发展研究. 北京:中国农业科技出版社. 230-236

范丽军,符淙斌,陈德亮. 2007. 统计降尺度法对华北地区未来区域气温变化情景的预估. 大气科学,31(5):887-897

高学杰,林万涛,Kucharsky F 等. 2004. 实况海温强迫的CCM3模式对中国区域气候的模拟能力. 大气科学,28(1):78-90

高学杰,石英,Giorgi F. 2010. 中国区域气候变化的一个高分辨率数值模拟. 中国科学,40(7):911-922

冯锦明,符淙斌,2007. 不同区域气候模式对中国地区温度和降水的长期模拟比较. 大气科学,31(5):805-814

姜大膀,王会军. 2005. 20世纪后期东亚夏季风年代际减弱的自然属性. 科学通报,50(20):2256-2262

姜大膀,王会军,郎咸梅. 2004. SRES A2情景下中国气候未来变化的多模式集合预测结果. 地球物理学报,47(5):776-784

姜学恭,陈受钧. 2008. 地形影响沙尘传输的观测和模拟研究. 气象学报,66(1):1-12

江志红,陈威霖,宋洁等. 2009. 7个IPCC AR4模式对中国地区极端降水指数模拟能力的评估及其未来情景预估. 大气科学,33(1):109-120

江志红,丁裕国,陈威霖. 2007. 21世纪中国极端降水事件预估. 气候变化研究进展,3(4):201-206

刘吉峰,李世杰,丁裕国. 2008. 基于气候模式统计降尺度技术的未来青海湖水位变化预估. 水科学进展,19(2):184-191

刘绿柳,刘兆飞,徐宗学. 2008. 21世纪黄河流域上中游地区气候变化趋势分析. 气候变化研究进展,4(3):167-172

刘巍巍,安顺清,刘庚山等.2004. 帕默尔旱度模式的进一步修正. 应用气象学报,15(2):207-216

秦大河. 2005. 气候与环境的演变及预测(中国气候与环境演变,上卷). 北京:科学出版社. 52-53,82-84

石广玉,赵思雄. 2003. 沙尘暴研究中的若干科学问题. 大气科学,27(4):591-606.

石英,高学杰. 2008. 温室效应对中国东部地区气候影响的高分辨率数值试验. 大气科学,32(5):1006-1018

石英,高学杰,Giorgi F. 2010a. 气候变化对华北地区气温、降水和高温、干旱事件影响的数值模拟. 应用气象学报,21(5):580-589

石英,高学杰,Giorgi F 等. 2010b. 全球变暖对中国区域极端降水事件影响的数值模拟. 气候变化研究进展,6(3):164-169

石英. 2010c. RegCM3对21世纪中国区域气候变化的高分辨率数值模拟. 中国科学院大气物理研究所博士学位论文. 北京. 118pp

汤剑平，陈星，赵鸣等. 2008. IPCC A2 情景下中国区域气候变化的数值模拟. 气象学报，66(1)：13-25

王明星，张仁健. 2001. 大气气溶胶研究的前沿问题. 气候与环境研究，6(1)：119-124

许吟隆，黄晓莹，张勇等. 2005. 中国 21 世纪气候变化情景的统计分析. 气候变化研究进展，1(2)：80-83

许吟隆，张勇，林一骅等. 2006. 利用 PRECIS 分析 SRES B2 情景下中国区域的气候变化响应. 科学通报，51(17)：2068-2074

张冬峰，2009. 东亚沙尘气溶胶及气候变化对其影响的区域数值模拟. 中国科学院大气物理研究所博士论文. 北京. 138pp

徐影，丁一汇，赵宗慈. 2004. 长江中下游地区 21 世纪气候变化情景预测. 自然灾害学报，13：25-31

徐影，赵宗慈，李栋梁. 2005a. 青藏铁路沿线未来 50 年气候变化的模拟分析. 高原气象，24：699-706

徐影，赵宗慈，高学杰等. 2005b. 南水北调东线工程流域未来气候变化预估. 气候变化研究进展，1：176-178

许崇海. 2010a. 全球气候模式对中国地区极端气候事件的模拟和预估研究. 中国科学院大气物理研究所博士论文

张小曳. 2006. 亚洲沙尘暴及其数值预报系统. 北京，气象出版社，570pp.

许崇海，罗勇，徐影. 2010b. IPCC AR4 多模式对中国地区干旱变化模拟及预估. 冰川冻土，32(5)：867-874

Boo K-O, Kwon W-T, Baek H-J. 2006. Change of extreme events of temperature and precipitation over Korea using regional projection of future climate change. Geophys. Res. Lett., 33: L01701

Cakmur R V, Miller R L, Perlwitz J，等. 2006. Constraining the magnitude of the global dust cycle by minimizing the difference between a model and observations. J. Geophys. Res., 111, D06207

Christensen J H, Hewitson B 等. Regional climate projection. In：Climate Change 2007：The Physical Science Basis. Contribution of Working Group I to the Fourth Assessment Report of the Intergovernmental Panel on Climate Change [Solomon S, Qin D, Manning M, Chen Z, Marquis M, Averyt K B, Tignor M, Mille H L (eds)]. Cambridge，United Kingdom and New York，NY，USA：Cambridge University Press，2007. 847-987

Frich P，Alexander L V, Della-Marta P，等. Observed coherent changes in climatic extremes during the second half of the twentieth century. Clim Res, 2002, 19. 193-212

Fu CB, Wang S Y, Xiong Z 等. 2005. Regional Climate Model Intercomparison projectfor Asia. Bull. Am. Meteorol. Soc.，86(2)：257-266

Gao X J, Pal J S, Giorgi F. 2006a. Projected changes in mean and extreme precipitation over the Mediterranean region from a high resolution double nested RCM simulation. Geophys. Res. Lett.，33：L03706

Gao X J, Xu Y, Zhao Z C 等. 2006b. On the Role of Resolution and Topography in the Simulation of East Asia Precipitation. Theor. Appl. Climatol.，86：173-185

Gao X J, Shi Y, Song R Y 等. 2008. Reduction of future monsoon precipitation over China：comparison between a high resolution RCM simulation and the driving GCM. Meteorol. Atmos. Phys.，100：73-86

Gao XJ，Shi Y, Zhang DF，等. 2011. Uncertainties of monsoon precipitation projection over China：Results from two high resolution RCM simulations. Climate Research，accepted.

Giorgi F, Marinucci M R, Visconti G. 1990. Use of a limited-area model nested in a general circulation model for regional climate simulation over Europe. J. Geophys. Res.，95(D11)：18413-18432

Giorgi F, Mearns L O. 2003. Probability of regional climate change based on the Reliability Ensemble Averaging (REA) method. Geophys. Res. Lett.，30(12)：1629

Giorgi F, Marinucci M R, Bates G T. 1993a. Development of a second-generation regional climate model (RegCM2). Part I：Boundary-Layer and Radiative Transfer Processes. Mon. Wea. Rev.，121：2794-2813

Giorgi F, Marinucci M R, Bates G T. 1993b. Development of a second-generation regional climate model (RegCM2). Part II：Convective Processes and Assimilation of Lateral Boundary Conditions. Mon. Wea. Rev.，121：2814-2832

Giorgi F. 2006. Climate change hot-spots. Geophys. Res. Lett. 33：L08707

Giorgi F, Diffenbaugh N S, Gao X J，等. 2008. Exploring uncertainties in regional climate change：the regional climate change Hyper-Matrix Framework. Eos Trans. AGU，89(45)，445～446 doi：10.1029/2008 EO450001

Giorgi F, Jones C, Asrar G. 2009. Addressing climate information needs at the regional level. The CORDEX framework. WMO Bulletin，58(3)：175-183

Hutchinson M F. 1995. Interpolating mean rainfall using thin plate smoothing splines. Int. J. Geogr. Inform. Syst.，9：385-403

Im E-S，Kwon W-T，Ahn J-B 等．2007．Multi-decadal scenario simulation over Korea using a one-way double-nested regional climate model system．Part II：future climate projection (2021—2050)．Clim. Dyn.，30：239-254

IPCC，2007．Climate Change 2007：The Physical Science Basis．Contribution of Working Group 1 to the Fourth Assessment Report of the Intergovernmental Panel on Climate Change [Solomon S，Qin D，Manning M，等．(eds.)]．Cambridge University Press，Cambridge，United Kingdom and New York，NY，USA，996pp.

Kitoh A，Kusunoki S．2007．East Asian summer monsoon simulation by a 20-km mesh AGCM．Clim. Dyn.，31(4)：389-401

LiH M，Feng L，Zhou T J．2010．Changes of July-August climate extremes over China under CO$_2$ doubling scenario projected by CMIP3 models for IPCC AR4．Part I：Precipitation，Adv. Atmos. Sci.，doi：10.1007/s00376-010-0013-4

Meehl G A，Covey C，Delworth T 等．2007．The WCRP CMIP3 multi-model dataset：A new era in climate change research．Bull. Am. Meteorol. Soc.，88：1383-1394

Min S-K，Simonis D，Hense A．2007．Probabilistic climate change predictions applying Bayesian model averaging．Phil. Trans. R. Soc.，365：2103-2116

Mizuta R，Oouchi K，Yoshimura H 等．2005．Changes in extremes indices over Japan due to global warming projected by a global 20-km-mesh atmospheric model．SOLA，1：153-156

Moise A F，Hudson D A．2008．Probabilistic predictions of climate change for Australia and Southern Africa using the reliability ensemble average of IPCC CMIP3 model simulations．J. Geophy. Res.，113：D15113

Nakicenovic N，Alcamo J，Davis G 等．IPCC，Special Report on Emissions Scenarios．New York：Cambridge University Press，2000．1-599

New M，Hulme M，Jones P．1999．Representing twentieth-century space-time climate variability．Part I：Development of a 1961—90 mean monthly terrestrial climatology．J. Climate，12：829-856

New M，Hulme M，Jones P．2000．Representing twentieth-century space-time climate variability．Part II：Development of 1901—96 monthly grids of terrestrial surface climate．J. Climate，13：2217-2238

Pal J S，Giorgi F，Bi X Q 等．2007．Regional climate modeling for the developing world：The ICTP RegCM3 and RegCNET．Bull. Am. Meteorol. Soc.，88(9)：1395-1409

Randall D A，Wood R A，等．Climate Models and Their Evaluation．In Climate Change 2007：The Physical Science Basis．Contribution of Working Group I to the Fourth Assessment Report of the Intergovernmental Panel on Climate Change．Cambridge，United Kingdom and New York，USA：Cambridge University Press，2007：pp589-662

Textor C，Schulz M，Guibert S，等．2006．Analysis and quantification of the diversities of aerosol life cycles within AeroCom．Atmos. Chem. Phys.，6，1777-1813

Thornthwaite C W．1948．An approach toward a rational classification of climate．Geogr. Rev.，38：55-94

UNEP．1992．World atlas of desertification．London，UK

Xie P，Yatagai A，Chen M Y 等．2007．A gauge-based analysis of daily precipitation over East Asia．J. Hydrol.，8(3)：607-626

Xu Y，Gao X J，Giorgi F．2009a．Regional variability of climate change hot-spots in East Asia．Adv. Atmos. Sci.，26(4)：783-792

Xu Y，Gao X J，Shen Y 等．2009b．A daily temperature dataset over China and its application in validating a RCM Simulation．Adv. Atmos. Sci.，26(4)：763-772

Xu Y，Xu C H，Gao X J 等．2009c．Projected changes in temperature and precipitation extremes over the Yangtze River Basin of China in the 21st century．Quater. Int. 208(1-2)：44-52.

Xu Y，Giorgi F，Gao X J．2010．Upgrades to the REA method for producing probabilistic climate change predictions．Climate Res.，41，61-81

Yan H，Nix N A，Hutchinson M F 等．2005．Spatial interpolation of monthly mean climate data for China．Int. J. Climatol.，25：1369-1379

Yasunaga K，Muroi C，Kato T 等．2006．Changes in the Baiu frontal activity in the future climate simulated by super-high-resolution global and cloud-resolving regional climate models．J. Meteor. Soc. Japan.，84：199-220

Zhang X Y，R Arimoto and Z S An，1997，Dust emission from Chinese desert sources linked to variations in atmospheric circulation. J. Geophys. Res.，102，28041-28047

Zhao T L，S L Gong，X Y Zhang 等，2006，A simulated climatology of Asian dust aerosol and its trans-pacific transport. Part I：Mean climate and validation. J Climate，**19**(1)，88-103

Zhou T J，Yu R C. 2006. Twentieth century surface air temperature over China and the globe simulated by coupled climate Models. J. Climate，19，5843-5858

Zhang Y，Xu Y L，Dong W J 等. 2006. A future climate scenario of regional changes in extreme climate events over China using the PRECIS climate model. Geophys. Res. Lett.，33，L24702

2011年11月24日，《中国气候与环境演变：2012》第六次章主笔会议在海南省海口市召开

中国科学院、中国气象局、中国科学院寒区旱区
环境与工程研究所、冰冻圈科学国家重点实验室　联合资助

中国气候与环境演变:2012

总主编:秦大河

综合卷

主编:秦大河

气象出版社
China Meteorological Press

中国气候与环境演变:2012

总 主 编 秦大河

副总主编 丁永建　穆　穆

顾 问 组（按姓氏笔画排列）

丁一汇	丁仲礼	王　颖	叶笃正	任振海	伍荣生
刘丛强	刘昌明	孙鸿烈	安芷生	吴国雄	张　经
张彭熹	张新时	李小文	李吉均	苏纪兰	陈宜瑜
周卫健	周秀骥	郑　度	姚檀栋	施雅风	胡敦欣
徐冠华	郭华东	陶诗言	巢纪平	傅伯杰	曾庆存
焦念志	程国栋	詹文龙			

评审专家（按姓氏笔画排列）

马继瑞	马耀明	方长明	王乃昂	王式功	王　芬
王苏民	王金南	王　浩	王澄海	邓　伟	冯　起
刘子刚	刘　庆	刘昌明	刘春蓁	刘晓东	刘秦玉
朱立平	阳　坤	齐建国	吴艳宏	宋长春	宋金明
张龙军	张军扩	张廷军	张启龙	张志强	张　强
张　镭	张耀存	李　彦	李新荣	杨　保	苏　明
苏晓辉	陈亚宁	陈宗镛	陈泮勤	周华坤	周名江
易先良	林　海	郑　度	郑景云	南忠仁	姚檀栋
洪亚雄	贺庆棠	赵文智	赵学勇	赵新全	唐森铭
夏　军	徐新华	秦伯强	钱维宏	高会旺	高尚玉
巢清尘	康世昌	阎秀峰	黄仁伟	黄季焜	黄惠康
彭斯震	曾少华	程义斌	程显煜	程根伟	蒋有绪
谢祖彬	韩　发	管清友	瞿惟东	蔡运龙	戴新刚

文字统稿 孙惠南　赵宗慈　郎玉环　刘潮海

办 公 室 冯仁国　巢清尘　赵　涛　高　云　王文华　谢爱红
　　　　　　 王亚伟　赵传成　熊健滨　傅　莎

综合卷

主　编　秦大河

主　笔（按姓氏笔画排列）

丁永建　于贵瑞　王绍武　王春乙　王根绪　包满珠

叶柏生　左军成　石广玉　任　勇　任贾文　吴立新

吴绍洪　张人禾　张小曳　张廷军　张坤民　张建云

张海滨　张德二　李茂松　陈　迎　林而达　罗　勇

姜克隽　姜　彤　胡秀莲　秦大河　陶　澍　高学杰

喻　捷　董文杰　董锁成　翟盘茂　潘家华　穆　穆

贡献者（按姓氏笔画排列）

王亚伟　王国庆　王　标　李　飞　李双成　杨旺舟

陈　兵　赵传成　高　荣　谢立勇

序　一

在中国共产党第十八次全国代表大会胜利结束,强调科学发展观、倡导生态文明之际,《中国气候与环境演变:2012》即将出版,这对全面深刻认识中国气候与环境变化的科学原理和事实,这些变化对行业、部门和地区产生的影响,积极应对气候和环境变化,主动适应、减缓,建设生态文明,促进我国经济社会可持续发展,实现 2020 年全面建成小康社会的目标,有着重要意义。

早在 2000 年,中国科学院西部行动计划(一期)实施之初,中国科学院就启动了《中国西部环境演变评估》工作。该项工作立足国内、面向世界,主要依据半个多世纪以来中国科学家的研究和工作成果,参照国际同类研究,组织全国 70 多位专家,对我国西部气候、生态与环境变化进行了科学评估,其结论对认识我国西部生态与环境本底和近期变化,实施西部大开发战略,科学利用和配置西部资源,保护区域环境,起到了重要作用。

在上述工作开展的过程中,在中国科学院和中国气象局共同支持下,2002 年 12 月又开始了《中国气候与环境演变》(简称《科学报告》)和《中国气候变化国家评估报告》(简称《国家报告》)的编制工作。这两个报告相辅相成,《科学报告》为《国家报告》提供科学评估依据,是为基础;《国家报告》关注其核心结论及影响、适应和减缓对策。这两个报告分别于 2005 年和 2007 年正式出版,报告的出版,标志着我国对全球气候环境变化的系统化、科学化的综合评估工作走向了国际,成为国际重要的区域气候环境科学评估报告之一,既丰富了国际上气候变化科学的内容,也为我国制定应对气候变化政策,坚持可持续发展的自主道路,以及国际气候变化政府谈判等,提供了科学支持,发挥了重要作用。

为了继续发挥科学评估工作的影响和作用,在中国科学院西部行动计划(二期)和中国气象局行业专项支持下,2008 年《中国气候与环境演变:2012》(简称《第二次科学报告》)的评估工作开始启动。这次评估报告是在联合国政府间气候变化专门委员会(IPCC)第四次评估报告(AR4)2007 年发布后引起广泛关注基础上开展的,之所以确定在2012 年出版,目的是为将于 2013 年和 2014 年发布 IPCC 第五次评估报告(AR5)提供更多、更新的中国区域的科学研究成果,为国际气候变化评估提供支持。为此,我们尽可能吸收参加 IPCC AR5 工作的中国主笔、贡献者和评审人加入《第二次科学报告》撰写专家队伍,这有利于把中国的最新评估成果融入 AR5 报告,增强中国科学家在国际科学舞台上的声音。另外,还可使《第二次科学报告》接受国际最新成果和认识的影响,以国际视野、结合中国国情，探讨适应与减缓的科学途径，使我们的报告更加国际化。此外，在AR5正式发布之前出版此报告，可以形成从国际视野认识气候环境变化、从区域角度审视中国在全球气候变化中的地位和作用的全景式科学画卷。

本报告由三卷主报告和一卷综合报告组成，内容涉及中国与气候、环境变化的自然、社会、经济和人文因素的诸多方面，是一部认识中国气候与环境变化过程、影响领域、适应方式与减缓途径的最权威科学报告。对此，我为本报告的出版而感到欣慰。

参加本报告的100多位科学家来自中国科学院、中国气象局、教育部、水利部、国家海洋局、农业部、国家林业局、国家发展和改革委员会、中国社会科学院、卫生部等部门的一线，他们为本报告的完成付出了辛勤劳动和艰辛努力。我为中国科学院能够主持并推动这一工作而感到高兴，对科学家们的辛勤工作表示衷心感谢，对取得如此优秀的成果表示祝贺！我相信，本报告的出版，必将为深入认识气候与环境变化机理、积极应对气候与环境变化影响，在适应与减缓气候与环境变化、实现生态文明国家目标中起到重要作用。我还要指出，本报告的出版只代表一个阶段的结束，预示着下一期评估工作的开始，而要将这一工作持续推动，需要全国科学家的合作、努力与奉献。

中国科学院院长
发展中国家科学院院长
二〇一二年十二月

序 二

在政府间气候变化专门委员会(IPCC)第五次评估报告(AR5)即将发布之前,《中国气候与环境演变:2012》(简称《第二次科学报告》)出版在即,这是一件值得庆贺、令人欣慰的事。我向以秦大河院士为主编的科学评估团队四年来的认真、细致、辛勤工作表示衷心的感谢!

2005年,由中国气象局和中国科学院共同支持,国内众多相关领域专家历时三年合作完成的《中国气候与环境演变》正式出版。这是我国第一部全面阐述气候与环境变化的科学报告,不仅为系统认识中国气候与环境变化、影响及适应途径奠定了坚实的科学基础,还为之后组织完成的《第二次科学报告》提供了重要科学依据,在科学界和社会产生了广泛的影响。《中国气候与环境演变》评估工作借鉴IPCC工作模式,以严谨的工作模式梳理国内外已有研究成果,以求同存异的态度从争议中寻求科学答案,以综合集成的工作方式从众多文献中凝集和提升主要结论,从而使这一研究工作体现出涉猎文献的广泛性、遴选成果的代表性、争议问题的包容性、凝集成果的概括性,这也是这一评估成果受到广泛关注和好评的主要原因所在。

2008年,中国气象局与中国科学院再次联合资助立项,启动了《第二次科学报告》评估研究,其主要目的是为了继续发挥科学评估工作的影响和作用,与IPCC第五次评估报告(AR5)相衔接,进一步加强对我国气候与环境变化的认识,积极推动我国科学家的相关研究成果进入到IPCC AR5中,扩大中国科学家研究成果的国际影响力,为我国科学家参与AR5工作提供支持。这次评估工作,在关注国际全球和洋盆尺度评估的同时,更加强调在区域尺度开展评估工作。因此,《第二次科学报告》对国际上正在开展的区域尺度气候环境变化评估工作是一种推动,也是一个贡献。我对此特别赞赏,并衷心祝贺!

我们特别高兴地看到,参与《第二次科学报告》的绝大多数作者以IPCC联合主席、主笔、主要贡献者和评审专家等身份参与了IPCC AR5工作中,对全球气候变化及其影响的科学评估工作发挥了积极作用。我相信,这些专家在参与国内气候与环境变化评估研究的基础上,一定会将中国科学家的更多研究成果介绍到国际上去。

在经历了第一次科学评估工作并积累丰富经验之后,《第二次科学报告》已经完全与国际接轨,从科学基础、影响与脆弱性和减缓与适应三个方面对我国气候与环境变化进行了系统评估。从本次评估中可以看出,我国相关领域的研究成果较上次评估时已经取得了显著进展,尤其是影响、脆弱性、适应和减缓方面的研究,进展更加显著,这主要体现在研究文献数量已有了很大增长,质量也大大提高,有力支持本次评估研究能够从三方面分卷开展。我相信,如果这一评估工作能够周期性地持续坚持下去,将推动我国相关领域研究向更加深入的程度、更加广泛的领域发展,也必将为我国科学家以国际视野、区域整体角度审视气候变化、影响与适应和减缓提供科学借鉴和支持,促进我国科学家在国际舞台上发挥更大作用。

郑国光

中国气象局局长

IPCC 中国国家代表

2012 年 12 月 10 日

前　言

　　全球气候与环境变化问题是当代世界性重大课题。从 1990 年起,联合国政府间气候变化专门委员会(IPCC)连续出版了四次评估报告,其中,以 2007 年发布的第四次评估报告(IPCCAR4)影响最大,之后又启动了第五次评估报告(IPCCAR5)工作。在我国,2005年出版了第一次《中国气候与环境演变》科学评估报告,该报告为中国第一次《气候变化国家评估报告》的编写奠定了坚实的科学基础。为了与国际气候变化评估工作协调一致,总结中国科学家的研究成果并向世界推介,也为了宣传中国科学家对全球气候和环境变化科学做出的贡献,四年前我们申请就中国气候与环境变化科学进行再评估,即开展第二次科学评估工作。2008 年,这项工作在中国科学院和中国气象局的支持和资助下正式立项、启动,称之为《中国气候与环境变化:2012》,意思是在 2012 年完成并出版,以便与2013—2014 年 IPCC 第五次评估报告的出版相衔接。

　　四年来,科学评估报告专家组 197 位专家(71 位主笔作者,126 位贡献者)同心协力,团结合作,兢兢业业,一丝不苟地工作,先后举行了四次全体作者会议、九次各章主笔会议和六次综合卷主要作者会议。报告全文写了四稿,在第三、第四稿完成后,先后两次分送专家评审,提出修改意见,几经修改,终于完成并定稿。现在,《中国气候与环境变化:2012》将与大家见面,我感到无比欣慰。

　　本书采用科学评估的程序和格式进行编写,在广泛了解国内外最新科研成果的基础上,面对大量文献,在科学认知水平和实质进展方面反复甄别,提取主流观点,形成了本报告的主要结论。在选取文献时,以近期正式刊物发表的研究成果为主要依据,引用权威数据和结论,对中国气候与环境变化的科学、气候与环境变化的影响与适应及减缓对策等诸多问题,进行了综合分析和评估。《中国气候与环境变化:2012》的出版目的是能够为国家应对全球变化的战略决策提供重要科学依据。在本评估报告的工作接近尾声时,我国还出版了《第二次气候变化国家评估报告》,本科学报告也为这次国家评估报告的编制奠定了基础。

　　《中国气候与环境演变:2012》共分四卷,分别为《第一卷　科学基础》、《第二卷　影响与脆弱性》、《第三卷　减缓与适应》及《综合卷》。报告在结构上与 IPCC 评估报告基本一致,这样做便于两者相互对比。第一卷主要从过去时期的气候变化、观测的中国气候和东亚大气环流变化、冰冻圈变化、海洋与海平面变化、极端天气气候变化、全球与中国气候变化的联系、大气成分及生物地球化学循环、全球气候系统模式评估与预估及中国区域气候预估等方面对中国气候变化的事实、特点、趋势等进行了评估，是认识气候变化的科学基础。第二卷主要涉及气候与环境变化对气象灾害、陆地地表环境、冰冻圈、陆地水文与水资源、陆地自然生态系统和生物多样性、近海与海岸带环境、农业生产、重大工程、区域发展及人居环境与人体健康的影响等内容，最后还从适应气候变化的方法和行动上进行了评估。第三卷主要从减缓气候变化的视角，从化减缓为发展的模式转型、温室气体排放情景分析、温室气体减排的技术选择与经济潜力、可持续发展政策的减缓效应、低碳经济的政策选择、国际协同减缓气候变化、社会参与及综合应对气候变化等八个方面讨论了减缓气候变化的途径与潜力。为了方便决策者掌握本报告的核心结论，我们召集卷主笔和部分章主笔撰写了《综合卷》。《综合卷》是对第一、第二和第三卷报告的凝练与总结，对现阶段的科学认识给出了阶段性结论。有些结论并非共识，但事关重大，我们在摆出自己倾向性观点的同时，也对其他观点给予说明与罗列。考虑到科学报告应秉持的开放性以及方便中外交流，《综合卷》还出版了英文版。

上述四卷的内容涉及气候与环境变化的自然、社会、经济和人文因素的诸多方面，是目前国内认识中国气候与环境变化过程、影响及适应方式与减缓途径领域里最权威的科学报告。为此，我为本报告的出版而感到欣慰和兴奋！

参加本报告编写的专家共有 197 人，他们来自全国许多部门，包括中国科学院、中国气象局、教育部、卫生部、水利部、国家海洋局、农业部、国家林业局、国家发展和改革委员会、外交部、财政部、中国社会科学院以及一些社会团体。另外，还有 78 位一线专家审阅了报告，提出了宝贵的意见。我衷心感谢全体作者和贡献者、审稿专家、项目办和秘书组，以及中国科学院和中国气象局，感谢他们的辛勤劳动和认真负责的态度，感谢部门领导的大力支持。本书是多部门、多学科专家学者共同劳动的结晶，素材又源于科学家的研究成果，所以本书也是中国科学家的成果。

孙惠南、赵宗慈、郎玉环、刘潮海研究员对全书进行了文字统稿。中国科学院冰冻圈科学国家重点实验室负责项目办和秘书组工作，王文华、王亚伟、谢爱红、赵传成、熊健滨、傅莎组成秘书组为本项目做了大量且卓有成效的工作。气象出版社张斌等同志任本书责任编辑，他们认真细致的工作使本书质量得到保证。在此我们一并表示衷心感谢！

由于气候与环境变化科学的复杂性以及仍然存在学科上的不确定性，加之项目组专家的水平问题等，本报告必然有不足和疏漏之处，我们期待着广大读者的批评与指正。你们的批评意见也是开展下一次科学评估工作的动力。

2012 年 12 月 11 日于北京

目　　录

第一章　中国气候环境与社会经济基本特征

主　笔：秦大河,陶澍,董锁成,罗勇
贡献者：潘家华,任贾文,胡秀莲,李双成,李飞,杨旺舟,王亚伟,高荣

1.1　中国自然环境特征

1.1.1　中国的地理位置和范围

中国位于亚欧大陆东部,太平洋西岸。从南北半球看,属于北半球;从东西半球看,属于东半球。中国疆域南起曾母暗沙(4°N 附近),北至黑龙江漠河以北的黑龙江主航道中心线(53°N 多),南北相距约 5500 km;西起新疆帕米尔高原(73°E 附近),东到黑龙江和乌苏里江汇流处(135°E 多),东西相距约 5000 km。陆地面积约 960 万 km²,仅次于俄罗斯和加拿大,是世界第三大国。中国同 14 个国家接壤,与 8 个国家海上相邻：东北与朝鲜接壤,东北、西北与俄罗斯、哈萨克斯坦、吉尔吉斯斯坦、塔吉克斯坦为邻,正北方是蒙古国,西部毗邻阿富汗、巴基斯坦,西南与印度、尼泊尔、不丹相接,南面有缅甸、老挝和越南。

1.1.2　中国的地势地貌

中国位居亚欧大陆,面向太平洋,大陆地势西高东低,呈阶梯状逐级下降。整个地势以青藏高原最高,自西向东逐级下降,并通过宽广的大陆架把中国大陆和太平洋的大洋盆地连接起来。全国按地势高低共分三级阶梯。最高一级阶梯为青藏高原。平均海拔 4000 m 以上,面积达 250 万 km²,是世界上海拔最高的高原。在高原上横亘着一列列雪峰连绵的巨大山脉,自北而南有昆仑山脉、阿尔金山脉、祁连山脉、唐古拉山脉、喀喇昆仑山脉、冈底斯山脉和喜马拉雅山脉。越过青藏高原北缘的昆仑山—祁连山和东缘的岷山—邛崃山—横断山一线,地势就迅速下降到海拔 1000～2000 m,局部地区可在 500 m以下,这便是第二级阶梯。它的东缘大致以大兴安岭至太行山,经巫山向南至武陵山、雪峰山一线为界。这里分布着一系列海拔在 1500 m 以上的山脉、高原和盆地,自北而南有阿尔泰山脉、天山山脉、秦岭山脉;内蒙古高原、黄土高原、云贵高原;准噶尔盆地、塔里木盆地、柴达木盆地和四川盆地等。翻过大兴安岭至雪峰山一线,向东直到海岸,为海拔 500 m 以下的丘陵和平原,它们可作为第三级阶梯。在这一阶梯里,自北而南分布有东北平原、华北平原和长江中下游平原;长江以南还有一片广阔的低山丘陵,一般统称为东南丘陵。前者海拔都在 200 m 以下,后者海拔大多为 200～500 m,只有少数山岭可以达到或超过 1000 m(图 1.1)。

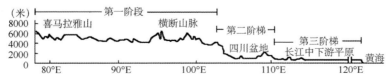

图 1.1　中国地势三级阶梯示意图(沿 32°N 剖面)

中国地貌类型复杂多样,平原、高原、山地、丘陵、盆地齐备。其中,山地占总面积的 33%,高原占26%,盆地占 19%,平原占 12%,丘陵占 10%。如果把高山、中山、低山、丘陵和崎岖不平的高原都包括

在内,中国山区的面积要占全国土地总面积的 2/3 以上(图 1.2)。

中国是世界上沙漠戈壁面积广阔的国家之一,沙漠戈壁主要分布在北部,包括西北和内蒙古的干旱和半干旱地区,总面积达 128 万 km^2,约占全国面积的 13%。贺兰山乌鞘岭以西,沙漠面积最大,也最集中,塔克拉玛干沙漠、古尔班通古特沙漠、巴丹吉林沙漠、腾格里沙漠是中国四大沙漠,都分布在这一地区。在大沙漠的边缘和外围,有带状或环状的戈壁分布。

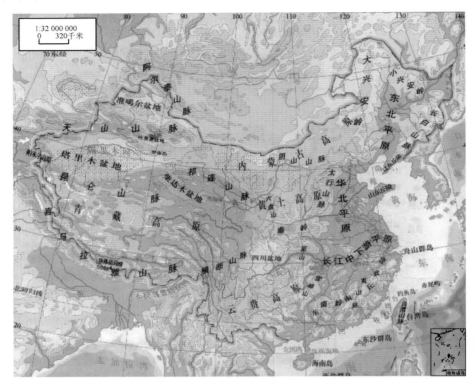

图 1.2　中国地势地貌图

1.1.3　中国的水文水资源

中国境内河流众多,流域面积在 1000 km^2 以上者多达 1500 余条。由于主要河流多发源于青藏高原,从河源到河口落差很大,因此中国的水力资源非常丰富,蕴藏量达 6.8 亿 kW,居世界第一位。

河流分为外流河和内流河。注入海洋的外流河,流域面积约占全国陆地总面积的 64%。长江、黄河、黑龙江、珠江、辽河、海河、淮河等向东流入太平洋;西藏的雅鲁藏布江向东流出国境再向南注入印度洋,新疆的额尔齐斯河则向北流出国境注入北冰洋。流入内陆湖或消失于沙漠、盐滩之中的内流河,流域面积约占全国陆地总面积的 36%。新疆南部的塔里木河是中国最长的内流河,全长 2179 km(图 1.3)。

中国是一个干旱缺水严重的国家。淡水资源总量为 28000 亿 m^3,占全球淡水资源的 6%,仅次于巴西、俄罗斯和加拿大,居世界第四位,但人均只有 2200 m^3,仅为世界平均水平的 1/4、美国的 1/5,在世界上名列第 121 位,是全球 13 个人均水资源最贫乏的国家之一。

1.1.4　中国的冰冻圈

中国的冰冻圈在世界上占据非常重要的地位。就冰川分布而言,中国是世界上中纬度山岳冰川最发达的国家之一。据统计,中国境内共发育冰川 46298 条,冰川总面积为 59406 km^2,约占全球冰川和冰盖总面积的 0.4%,为全球山地冰川面积的 14.6%,亚洲山地冰川的 47.6%,中国的冰储量约 5590 km^3,见表 1.1(刘潮海,施雅风等,2000)。

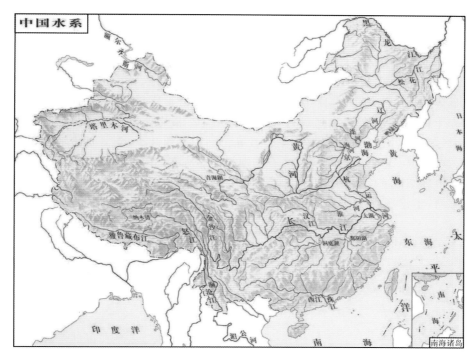

图 1.3　中国水系图

中国冻土可分为季节冻土和多年冻土。季节冻土占中国领土面积一半以上,其南界西从云南章凤,向东经昆明、贵阳,绕四川盆地北缘,到长沙、安庆、杭州一带。季节冻结深度在黑龙江省南部、内蒙古东北部、吉林省西北部可超过 3 m,往南随纬度降低而减少。多年冻土分布在东北大、小兴安岭,西部阿尔泰山、天山、祁连山及青藏高原等地,总面积为全国国土面积的 1/5。

表 1.1　中国各山系的冰川数量分布(刘潮海,施雅风等,2000)

山系	最高峰海拔(m)	冰川条数		冰川面积		冰储量		平均面积(km²)	冰川覆盖度(%)
		条数	(%)	(km²)	(%)	(km³)	(%)		
阿尔泰山	4374	403	0.87	280	0.47	16	0.28	0.68	0.97
萨乌尔山	3835	21	0.05	17	0.03	1	0.01	0.8	0.38
天山	7435	9081	19.61	9236	15.55	1012	18.1	1.02	4.36
帕米尔	7649	1289	2.78	2696	4.54	248	4.45	2.09	11.33
喀喇昆仑山[1]	8611	3454	7.46	6231	10.49	686	12.28	1.8	23.42
昆仑山	7167	7694	16.62	12266	20.65	1283	22.95	1.59	2.57
阿尔金山	6295	235	0.51	275	0.46	16	0.28	1.17	0.49
祁连山	5827	2815	6.08	1931	3.25	93	1.67	0.69	1.46
羌塘高原	6822	958	2.07	1802	3.03	162	2.9	1.88	0.41
唐古拉山	6621	1530	3.3	2213	3.73	184	3.29	1.45	1.57
冈底斯山	7095	3538	7.64	1766	2.97	81	1.45	0.5	1.16
念青唐古拉山	7162	7080	15.29	10701	18.01	1002	17.92	1.51	9.68
横断山	7514	1725	3.73	1580	2.66	97	1.74	0.92	0.44
喜马拉雅山	8848	6475	13.99	8412	14.16	709	12.68	1.3	4.15
总计		46298	100	59406	100	5590	100	1.28	2.5

注:1 未包括叶尔羌河源的克勒青河上游巴基斯坦实际控制区的 142 条(面积 609 km²,冰储量 72 km³)冰川。

按照决定冻土形成和分布规律的主要自然因素的综合特征,可将冻土划分为东部,西北,青藏高原三个区域。在东部区域从最北端的大小兴安岭地区到长江流域都有冻土分布,在个别年份冻土的范围扩展到浙江,湖南,福建等省份;在中国西北地区,青藏高原地区都有广泛的多年冻土和季节性冻土的分布。中国东部地区冻土的分布主要表现为纬度地带性规律,而青藏高原冻土分布主要表现为高度地带性,西北地区则两者兼有。

中国的多年冻土又可分为高纬度多年冻土和高海拔多年冻土,前者分布在东北地区,后者分布在西部高山高原及东部一些较高山地(如大兴安岭南端的黄岗梁山地、长白山、五台山、太白山)。中国季节性冻土具有显著的年内变化特征,季节性变化明显,冻结主要从9月开始,由北向南逐渐推进,在冬末春初中国的冻土面积和深度都达到最大,北方部分地区以及青藏高原部分地区冻结深度超过了100 cm,部分地区超过了200 cm。在夏季,季节性冻土面积不断减少,到8月份消失。而秋季、春季则是过渡季节,秋季冻土面积和深度不断增加,春季则相反。从冻结时间长度来看,大小兴安岭地区和青藏高原地区的季节冻结区冻结时间长度最长,其时间长达半年以上,江淮流域冻土的冻结时间最短,只有2~3个月(陈博,李建平,2006)。中国的季节性冻土和多年冻土的分布情况,如图1.4所示。

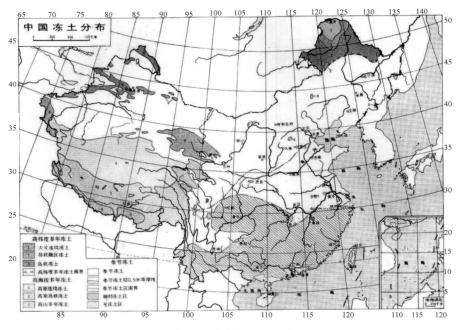

图1.4 中国的冻土分布

1.1.5 中国的动物、植物(类型与分布)与生物多样性

中国是世界上野生动物种类最多的国家之一,仅脊椎动物就有6266种,其中陆栖脊椎动物2404种,鱼类3862种,约占世界脊椎动物总类的10%。其中有中国特产珍稀野生动物大熊猫、金丝猴、华南虎、褐马鸡、丹顶鹤、朱鹮、白鳍豚、扬子鳄等百余种。

中国也是世界上植物资源最为丰富的国家之一,仅高等植物就有3.2万余种。木本植物有7000多种,其中乔木2800余种。水杉、水松、银杉、杉木、金钱松、台湾杉、福建柏、珙桐、杜仲、喜树等为中国所特有。食用植物有2000余种,药用植物3000多种。长白山的人参、西藏的红花、宁夏的枸杞、云南和贵州的三七等都是名贵药材。

中国是地球上生物多样性最丰富的国家之一,在全世界占有十分独特的地位。1990年世界生物多样性专家把中国生物多样性排在12个全球最丰富国家的第8位。在北半球国家中,中国是生物多样性最为丰富的国家。生物多样性特点如下:

(1)物种高度丰富。有高等植物3万余种,仅次于世界高等植物最丰富的巴西和哥伦比亚。

(2)特有属、种繁多。中国高等植物中特有种最多,约17300种,占全国高等植物的57%以上。581种哺乳动物中,特有种约110种,约占19%。

(3)区系起源古老。由于中生代末期中国大部分地区已上升为陆地,在第四纪冰期又未遭受大陆冰川影响,所以各地都在不同程度上保存着白垩纪、第三纪的古老残遗成分。如松杉类植物,世界现存7个科中,中国有6个科。

(4)栽培植物、家养动物及其野生亲缘种的种质资源丰富。中国有数千年的农业开垦历史,很早就对自然环境中所蕴藏的遗传资源进行开发利用、培植繁育,因而中国的栽培植物和家养动物的丰富度在全世界为最高。

(5)生态系统类型丰富。中国具有陆生生态系统的各种类型,包括森林、灌丛、草原和稀树草原、草甸、荒漠、高山冻原等。由于不同的气候、土壤等条件,又进一步分为各种亚类型约600种。

(6)空间格局繁复多样。中国地域辽阔,地势起伏多山,气候复杂多变。从北到南,气候跨寒温带、温带、暖温带、亚热带和热带,生物群系包括寒温带针叶林、温带针阔叶混交林、暖温带落叶阔叶林、亚热带常绿阔叶林、热带季雨林。从东到西,随着降水量的减少,在北方,针阔叶混交林和落叶阔叶林向西依次更替为草甸草原、典型草原、荒漠化草原、草原化荒漠、典型荒漠和极旱荒漠;在南方,东部亚热带常绿阔叶林(分布于江南丘陵)和西部亚热带常绿阔叶林(分布于云贵高原)在性质上有明显的不同,发生不少同属不同种的物种替代。

1.1.6 中国的土壤与土地资源

(1)土壤的类型与分布

中国土壤资源丰富、类型繁多。根据土壤发生类型可分为红壤、棕壤、褐土、黑土、栗钙土、漠土、潮土(包括砂姜黑土)、灌淤土、水稻土、湿土(草甸、沼泽土)、盐碱土、岩性土和高山土等12个系列。其中,红壤系列为热带、亚热带地区的重要土壤资源,适宜发展热带和亚热带经济作物、果树和林木。自南而北有砖红壤、燥红土(稀树草原土)、赤红壤(砖红壤化红壤)、红壤和黄壤等类型;棕壤系列为中国东部湿润地区发育在森林下的土壤,由南至北包括黄棕壤、棕壤、暗棕壤和漂灰土等土类。棕壤系列分布区是中国主要森林业生产基地;褐土系列包括褐土、黑垆土和灰褐土等。在利用上,褐土系列除灰褐土是重要的林用地外,其他土壤为中国北方的旱作地;黑土系列为中国温带森林草原和草原区的地带性土壤,包括灰黑土(灰色森林土)、黑土、白浆土和黑钙土等。黑土系列土壤适于发展农、牧业和林业;栗钙土系列包括栗钙土、棕钙土和灰钙土,是中国北方分布范围很广的草原土壤类型,为重要的畜牧业基地;漠土系列包括灰漠土、灰棕漠土、棕漠土和龟裂土等类型,是中国西北荒漠地区的重要土壤资源,多发展牧业生产,个别水源条件好的地区有农业种植;潮土系列主要分布于黄淮海平原、辽河下游平原、长江中下游平原及汾渭谷地,以种植小麦、玉米、高粱和棉花为主;水稻土系列主要分布在秦岭—淮河一线以南,其中长江中下游平原、珠江三角洲、四川盆地和台湾西部平原最为集中,是中国重要的水稻种植区。

(2)土地资源

中国土地资源形势严峻。一方面,在人口增长与经济发展压力下,土地资源短缺状况日益突出;另一方面,土地资源利用粗放、浪费严重,加之管理不到位,更加剧了土地资源形势的严峻性。

根据国土资源部公布的《2008年国土资源公报》,2008年中国土地利用结构为:耕地18.26亿亩,占国土总面积的12.81%;园地1.77亿亩,林地35.41亿亩,牧草地面积为39.27亿亩,其他农用地3.82亿亩,居民点及独立工矿用地4.04亿亩,交通运输用地0.37亿亩,水利设施用地0.55亿亩,其余为未利用地。

中国的土地资源面积广阔,利用类型多样。在已利用土地中,主要以耕地、林地和牧草地三种类型的土地为主,其中林地和牧草地的面积远大于耕地面积。土地资源主要有以下特点:

①土地总面积大,人均面积小。中国土地总面积约960万 km²,但人口数达到世界人口总数的1/5,使得中国人均土地面积远低于世界平均水平。按人均占土地资源论,在面积位居世界前12位的国家中,中国居第11位。俄罗斯、加拿大、美国、澳大利亚和法国的人均国土面积均大于中国,其中俄罗斯、加拿大和澳大利亚均高出中国10倍以上。日本、德国和英国的人均国土面积虽然小于中国,但中国难以利用土地面积较大,可用于生产和生活的人均土地面积较小。

②山地多,平地少。中国是多山国家,山地、高原、丘陵的面积约占到土地总面积的69%。山地高差较大,具有一定的坡度,成土条件较为恶劣,土层较薄,宜耕性差。而且山地生态系统一般较脆弱,如

果利用不当,容易引起土壤侵蚀,造成土地退化。

③人均耕地少,耕地后备资源不足。据国土资源部统计,2001—2007年中国耕地总面积总体呈减少趋势,与2001年相比,到2008年中国耕地总面积减少了0.88亿亩,但同期土地整理、复垦和开发补充耕地速度超过建设占用耕地4.0%,耕地占用趋势较2001年有所减缓。但是从整体上来看,耕地的面积仍然呈减少趋势。

④水土资源分布不平衡,土地生产力地区间差异显著。中国水资源分布情况是南多北少,而耕地分布却是南少北多,水、土资源匹配欠佳。比如,中国小麦和棉花的集中产区——华北平原,耕地面积约占全国的40%,而水资源只占全国的6%左右。由于气候、地形等自然因素和人口分布、经济发展等社会因素等的影响形成了中国多样化的土地资源类型,各个地区各类土地资源生产力差异较大。

1.1.7　中国的海洋与岛屿

中国大陆海岸线,北起鸭绿江口,南到北仑河口,长约1.8万km。海岸地势平坦,多优良港湾,且大部分为终年不冻港。中国大陆的东部与南部濒临渤海、黄海、东海和南海。海域面积473万km²。渤海为中国的内海,黄海、东海和南海是太平洋的边缘海。

中国的海岸线处在新华夏构造体系的几个不同的隆起带和沉降带,同时又纵跨温带、亚热带和热带等几个不同气候带,波浪、潮汐、海流及河流对海岸的发育影响显著,故海岸类型复杂多样。概括来看,中国海岸大致分为三大类型:平原海岸、山地丘陵海岸(基岩海岸)和生物海岸。杭州湾以北,除辽东半岛和山东半岛属山地丘陵海岸以外,绝大部分属平原海岸。杭州湾以南,除局部港湾和中小型河口三角洲地区属平原海岸以外,绝大部分属山地丘陵海岸。生物海岸仅分布在南海及东海部分沿海岸段。

中国是一个岛屿众多的国家,在中国的辽阔海域上,分布着5400余个岛屿。其中最大为台湾岛,面积3.6万km²;其次是海南岛,面积3.4万km²。位于台湾岛东北海面上的钓鱼岛、赤尾屿,是中国最东的岛屿。散布在南海上的岛屿、礁、滩总称南海诸岛,为中国最南的岛屿群,依照位置不同称为东沙群岛、西沙群岛、中沙群岛和南沙群岛。

1.1.8　中国自然特征的地带性分布与地理区划

中国国土面积广大,经度和纬度的跨度都比较大,而且区域内山地众多,形成了纬度地带性、经度地带性和垂直地带性三种主要的地带性特征。郑度等(2008)根据不同的自然地理要素,考虑地表自然界地势特点和地貌结构的实际差异,温度水分状况的不同组合以及地带性植被和土壤类型进行了地理分区,拟订出中国生态地理区域系统的框架方案。将全国划分出11个温度带,21个干湿地区,49个自然区(图1.5,表1.2)。

表1.2　中国生态地理区域系统表

温度带	干湿地区	自然区
I寒温带	A 湿润地区	I A₁ 大兴安岭北段山地落叶针叶林区
II中温带	A 湿润地区	II A₁ 三江平原湿地区
		II A₂ 小兴安岭长白山地针叶林区
		II A₃ 松辽平原东部山前台地针阔叶混交林区
	B 半湿润地区	II B₁ 松辽平原中部森林草原区
		II B₂ 大兴安岭中段山地森林草原区
		II B₃ 大兴安岭北段西侧丘陵森林草原区
	C 半干旱地区	II C₁ 西辽河平原草原区
		II C₂ 大兴安岭南段草原区
		II C₃ 内蒙古高原东部草原区
		II C₄ 呼伦贝尔平原草原区

续表

温度带	干湿地区	自然区
II 中温带	D 干旱地区	II D$_1$ 鄂尔多斯及内蒙古高原西部荒漠草原区 II D$_2$ 阿拉善与河西走廊荒漠区 II D$_3$ 准噶尔盆地荒漠区 II D$_4$ 阿尔泰山地草原、针叶林区 II D$_5$ 天山山地荒漠、草原、针叶林区
III 暖温带	A 湿润地区	III A$_1$ 辽东、胶东低山丘陵落叶阔叶林、人工植被区
	B 半湿润地区	III B$_1$ 鲁中低山丘陵落叶阔叶林、人工植被区 III B$_2$ 华北平原人工植被区 III B$_3$ 华北山地落叶阔叶林区 III B$_4$ 汾渭盆地落叶阔叶林、人工植被区
	C 半干旱地区	III C$_1$ 黄土高原中北部草原区
	D 干旱地区	III D$_1$ 塔里木盆地荒漠区
IV 北亚热带	A 湿润地区	IV A$_1$ 长江中下游平原与大别山地常绿落叶阔叶混交林、人工植被区 IV A$_2$ 秦巴山地常绿落叶阔叶林混交林区
V 中亚热带	A 湿润地区	V A$_1$ 江南丘陵常绿阔叶林、人工植被区 V A$_2$ 浙闽与南岭山地常绿阔叶林区 V A$_3$ 湘黔山地常绿阔叶林区 V A$_4$ 四川盆地常绿阔叶林、人工植被区 V A$_5$ 云南高原常绿阔叶林、松林区 V A$_6$ 东喜马拉雅南翼山地季雨林、常绿阔叶林区
VI 南亚热带	A 湿润地区	VI A$_1$ 台湾中北部山地平原常绿阔叶林、人工植被区 VI A$_2$ 闽粤桂低山平原常绿阔叶林、人工植被区 VI A$_3$ 滇中南山地丘陵常绿阔叶林、松林区
VII 边缘热带	A 湿润地区	VII A$_1$ 台湾南部山地平原季雨林、雨林区 VII A$_2$ 琼雷山地丘陵半常绿季雨林区 VII A$_3$ 西双版纳山地季雨林、雨林区
VIII 中热带	A 湿润地区	VIII A$_1$ 琼南与中北部诸岛季雨林、雨林区
IX 赤道热带	A 湿润地区	IX A$_1$ 南沙群岛区
H I 高原亚寒带	B 半湿润地区	H IB$_1$ 果洛那曲高原山地高寒草甸区
	C 半干旱地区	H IC$_1$ 青南高原宽谷高寒草甸草原区 H IC$_2$ 羌塘高原湖盆高寒草原区
	D 干旱地区	H ID$_1$ 昆仑高山高原高寒荒漠区
H II 高原温带	A/B 湿润/半湿润地区	H II A/B$_1$ 川西藏东高山深谷针叶林区
	C 半干旱地区	H II C$_1$ 祁连青东高山盆地针叶林、草原区 H II C$_2$ 藏南高山谷地灌丛草原区
	D 干旱地区	H II D$_1$ 柴达木盆地荒漠区 H II D$_2$ 昆仑山北翼山地荒漠区 H II D$_3$ 阿里山地荒漠区

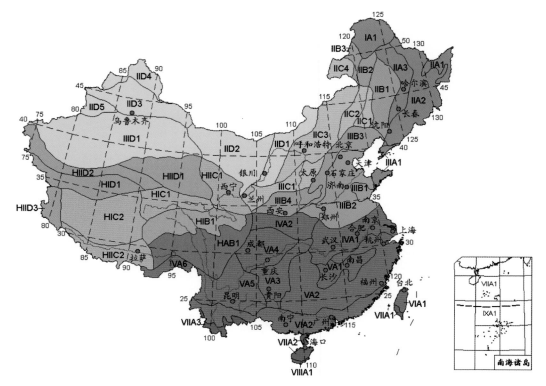

图 1.5　中国生态地理区域图

1.1.9　中国的自然灾害

中国是世界上自然灾害最为严重的国家之一。随着全球气候变化以及中国经济快速发展和城市化进程不断加快,资源、环境和生态压力加剧,自然灾害防范应对形势更加严峻复杂。中国幅员辽阔,地理气候条件复杂,自然灾害种类多且发生频繁,除现代火山活动导致的灾害外,几乎所有的自然灾害,如水灾、旱灾、地震、台风、风雹、雪灾、山体滑坡、泥石流、病虫害、森林火灾等,每年都有发生。自然灾害表现出种类多、区域性特征明显、季节性和阶段性特征突出、灾害共生性和伴生性显著等特点。

根据民政部和国家减灾委员会等部门的统计,2011 年中国各类自然灾害共造成 4.3 亿人次受灾,1126 人死亡(含失踪 112 人),939.4 万人次紧急转移安置;农作物受灾面积 3247.1 万公顷,其中绝收 289.2 万公顷;房屋倒塌 93.5 万间,损坏 331.1 万间;直接经济损失 3096.4 亿元。随着国民经济持续高速发展、生产规模扩大和社会财富的积累,自然灾害损失有日益加重的趋势,已成为制约国民经济持续稳定发展的主要因素之一。从自然灾害区划看,全国有 74% 的省会城市以及 62% 的地级以上城市位于地震烈度 VII 度以上危险地区,70% 以上的大城市、半数以上的人口、75% 以上的工农业产值,分布在气象、海洋、洪水、地震等灾害严重的地区。

1.2　中国的气候特征

1.2.1　中国气候的基本特征

中国幅员辽阔,南起 3°52′N 的曾母暗沙,北达 53°31′N 的漠河,南北跨度达 50 个纬度。中国大陆地势西高东低,呈三大阶梯状,且地形结构复杂、差异大,海拔平均 4000 m 以上的青藏高原以及 8848 m 的世界最高峰——珠穆朗玛峰与东面濒临的太平洋之间,东西经度差异巨大,地势高差巨大,海陆差别亦巨大。受地理地带性规律的支配,即"纬度效应、高程效应和海陆分布"三要素的支配,加之地形特点和大气环流系统,奠定了中国气候基本格局,使中国大部分地区位于季风区内。

地处北半球东亚地区的中国气候既有全球特点,也有区域特征。在全球大气环流系统中,影响中国气候最直接的部分是东亚大气环流。控制中国气候的基本气流冬夏明显不同(季风环流),冬季中国主要受北半球西风环流系统控制;夏季则不但受印度低压与副热带高压的控制,同时也受西风环流与热带地区环流的共同影响。其中在地面上,冬季由于大部分地区处在蒙古冷高压的南部气流控制之中,同时又受到东面阿留申低压的影响,主要盛行西北、北和东北风;夏季由于中国大部分地区处在印度低压的东部和西太平洋副热带高压的西部,除西北部盛行西风外,大多数地区盛行南风、东南风和西南风。在高空对流层中部(特别是 500 hPa 高度上),冬季大部分地区被西北或偏西的气流控制;夏季 40°N 附近区域受西风环流控制,使 40°N 以南区域一般被东南、偏南和西南气流控制,以北区域主要为偏西气流。青藏高原加强了中国东部因海陆差异引发的季风环流,使冬、夏季风更为显著。夏季青藏高原直接阻挡气流,使北侧的新疆、甘肃、内蒙古等地得不到夏季风的惠顾,气候炎热、干燥;而冬季又成为北方冷空气南侵和中低层西风气流东移的巨大屏障,迫使南侵的冷空气移动路径明显东移,使得高原东南侧的云、贵、川等地的冬季较同纬度其他地区温暖,也使得我国许多地区成为同纬度冬季最冷的地方。

中国气候表现出气候类型多样,自北向南不但跨越了寒温带、中温带、暖温带、北亚热带、中亚热带、南亚热带、边缘热带、中热带和赤道热带等多个温度带,而且还涵盖了高原寒带、高原温带、高原亚热带等典型的高原气候;自东南向西北跨越了潮湿、湿润、半湿润、半干旱、干旱和极干旱等多种干湿气候类型。季风气候特征极为明显,具有干冷同期、雨热同季,冬季南北气候差异大、夏季差异小,雨带进退明显等三大特点。

1.2.2 中国的气温和降水

中国气温分布的基本特点是北冷南热,高原冷平原热(图 1.6)。据中国气象台站实测资料,中国大陆地区年平均气温为 8.8℃,温度自南向北递减,从海南岛的 25℃ 以上到最北端漠河县的 −5℃,年平均温度南北相差 30℃ 以上。同样,年平均气温自青藏高原向平原递增,西部地区因地形原因和青藏高原的高海拔,年平均气温都在 0℃ 以下,塔里木盆地为 8℃,东部沿海地区达到 20℃。

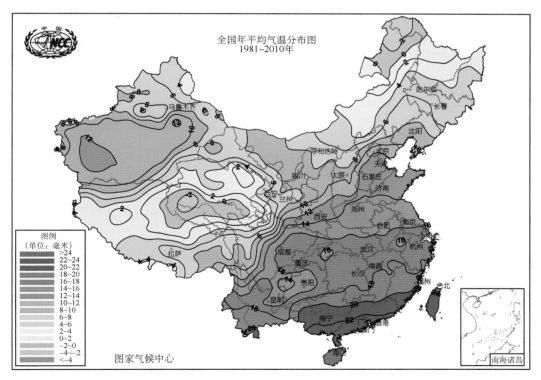

图 1.6　中国年平均气温分布图

1月份是中国大陆全年最冷月,东北北部可达−30℃以下,最北的漠河可达到−30.9℃。西部高山区,如阿尔泰山、天山中部和藏北高原可达−20℃以下。不仅仅是北部、西部山区,我国东部地区的冬季在世界同纬度上也是最冷的,这是因为我国北半球中低纬度的地区,北极冷空气(冬季风)频频南侵的结果,我国1月平均零度等温线在33°N附近的秦岭淮河一线,是世界最南。7月份除了沿海和海岛外,全国都是最热月,漠河为18.4℃,淮河以南接近30℃,浙江上海等地连续高温日数频频创新记录,就连北方的北京也不例外。

中国雨量分布的特点是东南多、西北少,等雨量线自东南向西北递减(图1.7)。据中国气象台站实测资料,中国年平均降水量为612.9 mm,其最高出现在东南沿海和云南南部,可达1500~2000 mm,甚至更高。秦岭淮河以北一般在500~800 mm,400 mm雨量线沿大兴安岭、呼和浩特、兰州一线,直到雅鲁藏布江河谷。贺兰山以西,多为100 mm以下,中国降水量最低的记录是吐鲁番托克逊站,仅为5.9 mm/a。受季风气候影响,中国降水具有雨热同季的特点。

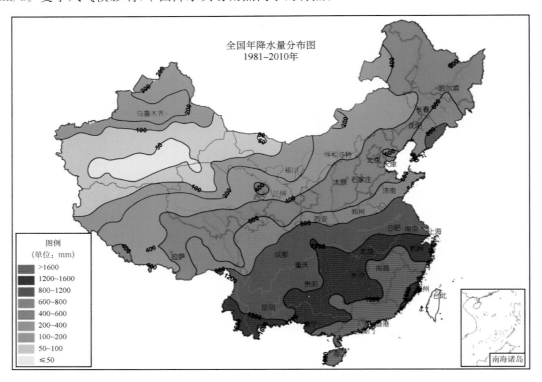

图1.7 中国年平均降水量图

1.2.3 中国的气候资源

热量资源 我国除寒温带、青藏高原和高寒山区外,大多数地区的温度条件都较适合农业生产。日平均气温≥0℃并持续时,土壤解冻,是为农耕期。我国东北和西北的北部农耕期不足200天,秦岭淮河以南可达300天,南岭以南全年为农耕期。日平均气温≥5℃并持续时,称为生长期,东北和西北的北部生长期不足150天,秦岭淮河以南为250天,25°N以南,全年都是生长期。从全国来看,我国是太阳能资源相当丰富的国家(图1.8),绝大多数地区年平均日辐射量在4 kW·h/m²以上,西藏最高达7 kW·h/m²。我国太阳能总储量为1.4亿亿kW·h/a,相当于1.7万亿吨标煤/年,是我国2008年总发电量的4038倍。

风能资源 我国地处欧亚大陆东南部,东临太平洋,大部分地区季风气候特征显著,西北地区为干燥的大陆性气候。受西风带频繁冷空气活动和海洋气流等交互影响,我国风能资源十分丰富,但地域分布不均,丰富区主要集中在西北、华北和东北等三北地区以及东、南部沿海;其他地区的部分山地、湖岸等特殊地形、地貌区域也具有较为丰富的风能资源,但分布较分散。我国近海风能资源也非常丰富,台湾海峡因狭管效应明显,风能资源最为丰富,其次是广东东部、浙江近海和渤海湾中北部。台湾海峡5～50 m 水深面积小,开发难度大;江苏近海 5～50 m 水深面积较大,其风能资源较其他省份近海要小,但也达到了风电开发标准;渤海湾水深均小于 50 m,5～25 m 水深面积在一半以上,具备较大的开发潜力。近海风能开发要特别关注台风和海冰等影响。

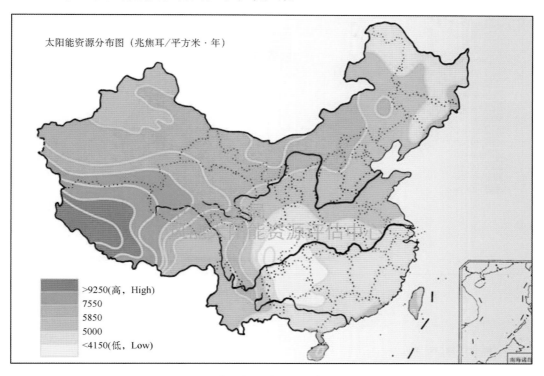

图 1.8 中国年平均太阳能资源分布图

2011 年中国气象局组织完成了全国风能资源详查和评价工作(图 1.9),详查给出了我国陆地(不包括青藏高原海拔高度超过 3500 m 的区域)50 m、70 m、100 m 高度的风能资源技术开发量(考虑限制风电开发的主要自然地理、社会因素后,装机容量超过 1500kW/km² 区域的资源量)分别为 20.5 亿kW、25.7 亿 kW 和 33.7 亿 kW。我国近海 50 km 范围内 20%的海域面积可以用于风能资源开发,估算得到我国 5～50 m 水深范围内,水面以上 100 m 高度风资源技术开发量约 5.1 亿 kW。

水资源 我国大陆地区平均年降水总量为 61889 亿 m³,是地面径流和大江大河的水资源之源,其中 67.7%分布在南方地区,这里河流水量丰沛。但各地降水量都有月、季、年的变化。就全国而言,年降水量变率为 10%～50%,降水量高的地区变率小,降水量低的地区变率大,如西北干旱区高达 30%～50%。就季节而言,雨季的变率小,干季变率大,像西北内陆地区 1 月的变率可达 100%。水资源还和干燥度(有植被地段的最大可能蒸发量和降水量之比)、相对湿度有较密切的关系。

1.2.4 中国气候区划

中国幅员辽阔,气候类型多样,自南而北跨越热带、亚热带、温带,还包括特殊的高原气候带。具体可细分为 13 个气候带、28 个气候大区、65 个气候区(图 1.10)。

温带位于淮河—秦岭—青藏高原北缘一线以北地区,冬季较同纬度地区寒冷、夏季温暖,昼夜温差较大;温带地区四季较为分明,但春秋季节相对较短。温带从北到南可划分为寒温带、中温带和暖温带三个温度带。温带东部夏季多雨湿润,冬季少雨干燥;西部全年气候干燥。

亚热带位于淮河—秦岭以南、青藏高原以东,雷州半岛与云南南缘地区以北,并包括台湾省中北部。亚热带是东亚季风盛行的地区,年平均气温为 16～25℃,最冷月气温一般大于 0℃;冬季气温低于同纬度其他地区,夏季温度高、湿度大。亚热带从北向南可划分为北亚热带、中亚热带和南亚热带,均属湿润区。

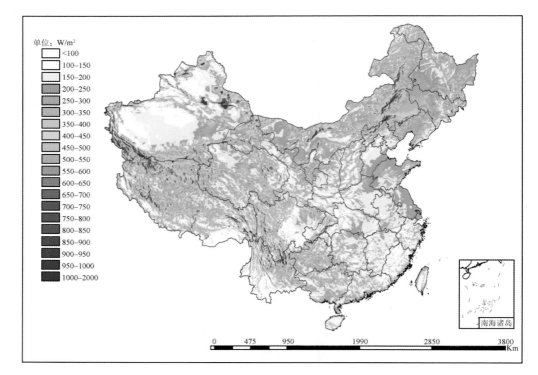

图 1.9 我国陆地 70 m 高度、水平 1 km 分辨率的年平均风功率密度分布图

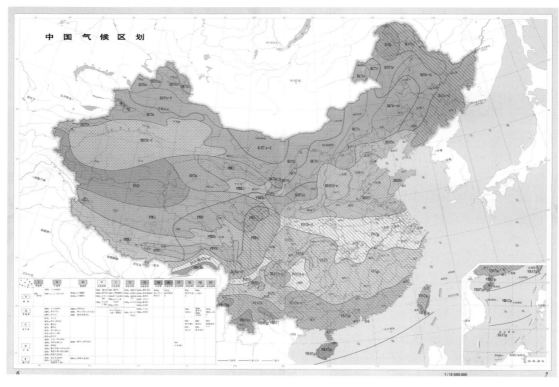

图 1.10 中国气候区划图

热带位于我国的最南部，包括云南南部边缘的瑞丽江、怒江、澜沧江、元江等河谷与山地以及雷州半岛、台湾岛南部、海南岛、澎湖列岛及南海诸岛等。热带全年温暖、无冬无霜，雨多湿度大，四季不分明。热带可划分为边缘热带、中热带和赤道热带三个温度带。

高原气候带主要包括青藏高原和帕米尔高原，海拔大多在 3000 m 以上。高原气候带气温远比同纬度平原地区低,为全国的低温中心之一,且气温日变化较大。高原气候带可划分为高原亚寒带、高原温带和高原亚热带。

1.2.5　中国天气、气候灾害

天气灾害与气候灾害的差别实际是天气与气候差别的反映。天气和气候不同,天气的时间尺度短,气候的时间尺度长,比如,雨季属于气候概念,暴雨则是天气概念,一个雨季往往存在一个月或更长时间,由多次降水(也包括暴雨)组成。对气候灾害来说,则表现为雨季持续时间特长(涝)或特短(旱),和总雨量特少(旱)或特多(涝)而形成的(旱涝)灾害。可以说,气候灾害指大范围、长时间的、持续性的气候异常所造成的灾害,如长时间气温偏高、偏低,降水量偏多、偏少而形成的洪涝、干旱,以及严寒的冬季寒潮频繁,暖冬时寒潮少且弱等低温冷害等灾害。另外,根据 2012 年 5 月出版的 IPCC"管理极端事件和灾害风险、推进气候变化适应"的特别报告(SREX),极端天气和气候事件是指,出现的某个天气或气候变量值,该值高于(或低于)该变量观测值区间的上限(或下限)端附近的某一阈值。IPCC 将极端天气和极端气候事件合称为"极端气候事件",亦称"极端事件"。

我国是世界上受天气气候灾害影响最严重的国家之一。中国天气灾害包括台风、雨涝、雷电、干旱、高温、沙尘暴、寒潮、大风、低温冷害、雪灾、冰雹、霜冻、雾、霾、酸雨等,具有种类多、范围广、频率高、持续时间长、群发性突出、引发灾情重等特点。中国气候灾害区域分布明显,在东部季风区,冬半年为寒潮、大风和低温霜冻以及干旱灾害,夏半年则多雨涝、高温伏旱和台风灾害;在西部内陆干旱、半干旱区,春季大风和沙尘暴发生最为频繁,雪灾(也称白灾)是该区和青藏高原、内蒙古西部牧区频频遭遇到的灾害;青藏高原大风和雷暴、冰雹等强对流天气特别多见;西南地区地形复杂,干旱和暴雨是其主要灾害。

20 世纪 90 年代以来,中国平均每年因各种天气气候灾害造成的农作物受灾面积达 4800 万 hm^2,其中以旱灾的面积最大,占总受灾面积的 49.8%,其次为雨涝灾害,占 26.1%,风雹灾害占 10.4%,低温冷冻灾害和雪灾占 7.5%,台风占 6.2%。天气气候灾害平均每年受灾人口达 3.8 亿人次,平均造成死亡人数 4427 人,最多年份 1990 年达 7206 人;平均每年直接经济损失 1810 亿元,约占国内生产总值的 2.7%,最多年份 1998 年高达 2989 亿元。2010 年损失更高。这与 2010 年 8 月 7 日发生甘肃舟曲特大泥石流灾害有关。8 月 7 日晚,舟曲县城东北山区突降暴雨,40 多分钟的降水达 90 mm,触发泥石流,酿成特大气象地质灾害,成为一例典型极端事件造成的特大灾害。

1.3　中国社会经济状况

1.3.1　中国的人口与民族

中国是世界上人口最多的国家,2010 年大陆人口达 13.4 亿。新中国成立以来,除了 1960 年前后,中国人口一直持续增长。20 世纪 90 年代以后,中国开始进入低生育率、低死亡率、低自然增长率的人口发展阶段。虽然人口增长率逐年下降,但由于人口基数庞大和人口惯性增长作用,中国的人口压力将伴随经济社会发展长期存在。目前中国人口发展面临的主要矛盾仍是人口众多与生产力发展水平较低的矛盾,并凸显为人口自身,人口与经济、社会、资源、环境不协调等矛盾,人口均衡发展问题成为中国可持续发展的战略性关键问题。

人口结构性失衡会对可持续发展产生重大影响。20 世纪末,中国已步入老年型社会。中国老年人口数量大,人口老龄化来势迅猛,目前已成为世界上老年人口最多的国家。预计到 21 世纪中叶,中国老年人口比重将达到 30%。中国是在经济不发达的条件下进入老龄化社会,"未富先老"的现实使得社会养老和社会保障问题更加突出,并将面临劳动力资源、社会负担等一系列社会问题。

中国人口空间分布极不平衡。中国人口密度呈现出由东向西递减的趋势,全国东、中、西三大地带的人口密度分别为 450 人/km²、250 人/km² 和 50 人/km² 左右。20 世纪 30 年代人口地理学家胡焕庸提出瑷珲—腾冲线，中国东南半壁占国土总面积的 36%，集中了全国 94%以上的人口；西北半壁占国土总面积的 64%，人口不到全国的 6%。目前中国人口分布仍然呈现出从东南向西北、从沿海向内陆递减的趋势。从中国人口空间变化趋势看，人口显著增加地区仍主要集中在沿海、沿江、沿交通线的城市化地区，人口显著减少地区则由分散向川渝、湖北、苏北和中原地区相对集聚，未来 20—30 年中国的人口分布将日趋集中。

中国是一个多民族国家，共有 56 个民族，以汉族人口为主。2010 年少数民族 11379 万人，占全国人口的 8.49%。少数民族人口分布范围广泛，主要集中于西部及边疆地区，广西、云南、贵州、新疆 4 个省（区）的少数民族人口合计占全国少数民族人口的一半以上。由于历史和地理等方面的原因，少数民族地区的人口密度与沿海及内地汉族地区差距悬殊。

中国农村地区、贫困地区和生态脆弱区人口增长相对较快，农村人口的自然增长率高于城镇。北京、上海、天津等发达地区人口已经步入负增长的行列，而经济发展相对落后，生态环境脆弱的西北地区人口增长率却居全国前列，总人口在全国的比重不断上升。在太行山区、秦巴山区、大别山区、定西干旱山区、西海固地区等老少边穷地区，人口增长率高于全国平均水平，贫困人口集中，人口素质偏低，人口、贫困与环境问题复杂交错。

未来气候变化影响下，粮食稳定增产难度加大，而能源消耗高、环境污染重的粗放型增长方式仍未改变，同时人口向城市和发达地区高度集中，经济增长、收入分配的不平衡加剧，协调城乡之间、地区之间发展的难度很大。在快速工业化、城市化过程中的失地农民问题、城乡失业问题、贫困人口问题、人力资源开发问题及一些深层次的人口问题日益凸现，所有这些问题将会影响经济持续快速增长，影响中国气候变化的适应和减缓。

1.3.2 中国的经济发展

中国属于世界上新型经济体国家。改革开放以来，国民经济持续平稳较快增长，2010 年国内生产总值已达 401202 亿元，经济总量居世界第二位；其中第一产业产值 40533.6 亿元，占国内生产总值的比重为 10.1%；第二产业产值 187581.4 亿元，占国内生产总值的比重为 46.8%；第三产业产值 173087.0 亿元，比重为 43.1%（图 1.11）。财政收入也连年增长，2010 年财政收入达 83101.5 亿元。固定资产投资增长势头强劲，2010 年全社会固定资产投资达 278140 亿元。中国经济已总体进入工业化起飞阶段。

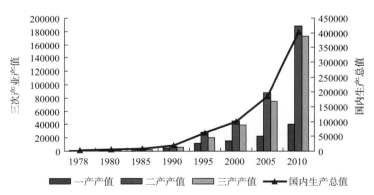

图 1.11　改革开放以来国内生产总值状况（亿元）

随着改革开放的不断深入，中国对外经济贸易及利用外资增长很快。2010 年货物进出口总额升至 29740 亿美元，其中货物出口 15778 亿美元，货物进口 13962 亿美元，实际使用外资额 1088.2 亿美元。1979—2010 年实际使用外资额达 12504.43 亿美元（图 1.12）。国家外汇储备也一直稳步提高，2010 年末国家外汇储备达 28473 亿美元。然而，中国经济快速增长主要靠出口和投资拉动，出口加工导向型的经济结构和基础原材料工业及高耗能产业比例偏高的产业结构特点，是中国碳排放迅速增加的主要原因。中国出口商品内涵的二氧化碳排放量每年占全国总排放量的比重基本在 30%～35%（张晓平，2009）。

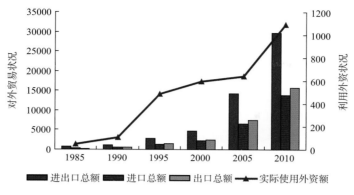

图 1.12　中国对外贸易及利用外资状况（亿美元）

中国快速的经济增长很大程度上是建立在粗放的经济发展模式之上的,中国经济对化石能源消费有较强的依赖性。从能源格局看,中国 1999 年的能源消费总量不到美国的一半,到 2009 年跟美国的消费总量持平。2008 年国际金融危机以来,中国能源消费增长率为 8% 左右,成为世界上第一大能源消费国,而欧盟及美国能源消费稳中有降。中国能源消费的上升态势还将持续。印度的能源消费近些年有所增加,而且印度正在大力发展基础设施建设,能源的需求将继续增长。1995 年以前中国能源生产和消费基本持平,略有结余。进入 21 世纪,中国能源生产和消费的差距在不断拉大,中国对世界能源的依赖在加强。2011 年中国石油的对外依存度已经超过 55%。

伴随快速经济增长,中国温室气体排放总量较大且增长较快。中国 1971 年的二氧化碳排放只占全球总量的 5.7%,1990 年,这一比例提高到 10.7%。2005 年的中国成为世界上第一二氧化碳排放大国,已经占到世界 23%,第二排放大国美国占全球比例下降到 16% 左右。印度的二氧化碳排放尽管有所上升,但增速缓慢。欧洲作为成熟经济体,增长的空间和动力有限,且减排潜力非常大,新能源开发和能源效率提高使其能源消耗、温室气体排放会不断下降。其他主要经济体如俄罗斯、日本和巴西等国的排放量也不可能有大的增加。而中国未来二氧化碳排放在 2025 年以前很难达到峰值,即使 2030 年达到峰值,也需要经过很大努力。中国人均 GDP 变动 1%,二氧化碳排放则有 0.41%～0.43% 的变动（Li 等,2011）。

在中国经济总量不断增长的同时,区域经济发展差距尤其是东西部地区的差距日益拉大。2010 年东部地区人口仅占全国的 38%,土地面积仅占 9.5%,而国内生产总值占到 53.1%,第三产业产值占全国比重 58.3%,财政收入占全国的 56.6%,而货物进出口总额占全国比重达 87.6%。而西部地区人口占到全国的 27%,土地面积占 71.5%,国内生产总值占全国比重仅为 18.6%,第三产业产值比重仅为 17.0%,而货物进出口总额仅占全国比重 4.3%,这些对中国气候变化的应对构成了显著的制约。

总体来看,改革开放以来,中国国民经济保持较快发展,工业化、城镇化、市场化、国际化步伐不断加快,经济体制改革不断深化,对外贸易不断迈上新台阶,财政收入大幅度增加,综合国力明显增强。中国已明确提出到 2020 年单位国内生产总值二氧化碳排放比 2005 年下降 40%～45% 的目标,将其作为约束性指标纳入国民经济和社会发展中长期规划,并积极实施应对气候变化的政策和行动,取得了重要进展。但是,中国正处于并将长期处于社会主义初级阶段,生产力还不发达,经济发展水平仍较低,人均 GDP 不到 3 万元,不及世界人均水平的 1/3,制约发展的一些长期性深层次矛盾依然存在:耕地、淡水、能源等自然资源相对不足,生态环境较脆弱,能源资源消耗较大,温室气体排放较大,环境污染较为严重,经济发展方式转变缓慢,经济结构不合理,影响发展的体制机制障碍亟待解决等。中国面临着日益严峻的国际社会应对全球气候变化、国内经济社会转型要求节能减排的双重压力。

1.3.3　中国的城市化与城市群

20 世纪 80 年代以前,中国城市化进程缓慢,1980 年城市化率仅 19.39%。80 年代后,城市化进程明显加快。目前中国是世界上城市化进程和城市化率增长速度最快的国家之一。截至 2010 年底,中国的城市化率已提高到 49.9%，接近世界平均水平。实现这个过程中国用了 30 年，而西方国家却经历了 200 年。未来，尽管快速的城市化发展将面临着城市居民住房和管网等城市基础设施建设、就业、能源供应、环境污染和二氧化碳排放等众多挑战，但这仍阻止不了城市化快速发展的进程。到 2020 年中国的城市化率将提高到 58%～63%，2050 年继续提高到近 80%，达到高收入国家目前的水平。

中国城市化发展具有不平衡性。东部地区是中国城市最密集的地带，城市数量占全国的 43.5%，城市人口占全国的 40% 以上，而西部地带仅分布了 19.1% 的城市，是中国城市分布的稀疏地带。从城市规模来看，也存在明显地带性差异。东部地带集中分布着全国 56% 以上的特大城市、57% 以上的大城市和 50% 以上的中等城市，中部地带大、中、小城市相对均衡，西部地带小城市比重大。

目前中国城市 GDP 占全国的 85%，能源消费占到全国的 85%，而二氧化碳排放占全国的 90%，二氧化硫排放占全国的 98%。中国地级以上 287 座城市二氧化碳排放约占全国排放总量的 72%，全国经济 100 强城市二氧化碳排放约占全国排放总量的 51%。中国城市发展与低碳发展转型的矛盾日益突出，城市化进程中面临着节能减排和环境改善等各种挑战。

城市群在中国经济发展格局中占有非常重要的地位。目前，已经形成长江三角洲城市群、珠江三角洲城市群和京津冀城市群三个一级城市群。另外还有山东半岛城市群、辽中南城市群、中原城市群、武汉城市群、长株潭城市群、成渝城市群、关中城市群七个次级城市群。东部沿海地带是中国城市最密集的地区。随着城市化水平的提高，城市数量和城市规模将进一步扩大，除北京、上海外，广州、深圳、天津、武汉等可能发育为千万人口的巨型城市，长江三角洲、珠江三角洲、京津冀三大城市群可能通过空间联合而发育为大都市连绵区。此外，还可能形成哈大齐、海峡西岸、环鄱阳湖、北部湾等新的城市群。国家"十二五"规划纲要提出以大城市为依托，以中小城市为重点，逐步形成辐射作用大的城市群。而气候变化和城市化问题使得人类更易遭受灾害影响。随着城市化的加速，人口、产业不断向城市集中，城市成为高密度和规模庞大的承灾体。气候变化和城市化问题叠加，引发灾害链、灾害群的可能性增加，城市区域成为容易遭受灾害侵袭并造成重大损失的高风险区，其自然灾害一旦发生，往往产生一系列的连锁效应，灾害风险和威胁严重。

1.3.4　中国的社会事业

改革开放以来，中国的社会事业不断加快发展，人民生活不断得到改善。城镇居民人均可支配收入和农村居民人均纯收入连年稳步增长，2010 年分别达到 19109 元和 5919 元，而城镇居民恩格尔系数和农村居民恩格尔系数分别降为 35.7% 和 41.1%（图 1.13）。

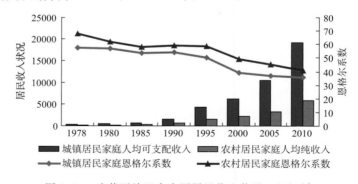

图 1.13　改革开放以来中国居民收入状况（万元，%）

中国就业水平稳定提高，积极就业政策实施力度不断加大，社会保障制度日益完善，社会保障水平不断提高。2010 年城镇新增就业 1168 万人，城镇登记失业率 4.1%。2010 年末全国参加城镇基本养老保险、基本医疗保险、失业保险、工伤保险、生育保险人数分别达到 25673 万人、43206 万人、13376 万人、16173 万人和 12306 万人。

科教文卫及体育事业等也在不断蓬勃发展。科技创新能力不断提高，2010 年普通高等学校 2358 所，研究生教育招生 53.82 万人，在学研究生 153.84 万人。全年研究与试验发展（R&D）经费支出

7062.6亿元,占国内生产总值的1.76%。国内外三种专利申请受理数122.2万件,技术市场成交额3906.58万元;医药卫生事业稳步推进,医药卫生体制改革不断深入。2010年末全国共有卫生机构93.69万个,卫生技术人员587.6万人;公共文化体育基础设施建设不断加强,文化体育产业快速发展,人口素质不断提高。2010年全国文化文物机构数31.35万个,从业人员210.79万人,体育系统机构数7159个,从业人员15.55万人。

总体来看,改革开放以来,中国各项社会事业不断取得新的进展,人民生活水平不断提高,为气候变化应对战略的实施提供了坚实的基础。然而,中国城乡、区域发展差距和部分社会成员之间收入差距也在扩大,就业压力仍较大,科技自主创新能力不强,社会事业发展仍然滞后于经济发展,影响社会稳定的因素还较多。

1.4 中国的气候变化研究

中国是世界上较早开展气候变化研究的国家之一。中国科学家积极参与气候变化的国际科学研究活动,初步构建了气候变化观(监)测网络框架,发展了气候系统及其子系统模式,在气候变化和环境演变的事实规律、成因机制、区域响应、趋势预估等方面取得了一批具有国际影响的学术成果,特别是东亚季风、黄土与古气候、生态系统、生物多样性、冰冻圈、气候系统模式和区域气候模式等方面,推动了气候变化科学的建立和发展。中国已建立若干国家级的气候变化专业研究机构和研究平台,初步形成了包括大气科学、海洋科学、生态科学、地理学、生物科学、环境、经济、社会和能源等跨领域、跨学科的气候变化基础研究和应用研究科学家群体。

1.4.1 古气候和历史气候变化

中国开始系统组织开展气候变化的科学研究始于20世纪70年代。1972年,竺可桢发表《中国近五千年气候变迁的初步研究》一文。此后中央气象局系统开展"中国500年旱涝研究",后来出版的《中国近五百年旱涝分布图集》为世界第1本长序列历史气候图集,在国内外得到广泛应用;后又相继整编出《中国千年气候编年史》《中国三千年气象记录总集》等,在此基础上研制出"中国三千年历史气候基础资料系统"。利用沉积物、冰芯、树轮、珊瑚及历史文献记载等代用记录,建立了一批具有国际水平的高分辨率气候变化序列,研究了过去13万年、2万年、1万年、2000年、1000年和500年的中国古气候和古环境变化规律、特征和成因。

1.4.2 气候系统模式

20世纪80年代初期,中国科学院开始在引进改造国外模式的基础上,研发具有自己特色的大气环流模式和海洋环流模式以及耦合气候系统模式,并从一开始就参与了政府间气候变化专门委员会(IPCC)科学评估。该系列模式被利用开展了一系列气候问题的相关研究,还进行了短期气候预测(季度到年际)的研究与业务应用,显示出较好的预测能力。中国气象局自1995年起开始进行全球海气耦合模式和区域气候模式的研发,逐步建立了中国第一代短期气候预测动力气候模式业务系统和超级集合预测应用系统,提供中国、亚洲乃至世界的气候预测以及中国地区气候变化预估数据集。这两个模式均参加了第三阶段的耦合模式比较计划(CMIP3)的气候变化模拟和情景预估试验,并向IPCC第四次评估报告(IPCC,2007)提交了结果。这是中国首次有两个气候模式参加IPCC的气候评估报告。

此后,中国科学院和中国气象局分别开始着手建立新一代海—陆—气—冰—生多圈层耦合的气候系统模式FGOALS(Flexible Global Ocean-Atmosphere-Land Surface System Model)和BCC-CM1(Beijing Climate Center-Climate Model, Version 1),改进了同化技术和预报技术,建立了多模式集合预测系统,提高了模式模拟和预测能力。中国其他研究机构和高等院校也开始进行气候系统模式的研发,北京师范大学发展的BNU-ESM、中国科学院大气物理研究所与清华大学联合发展的LASG-CESS FGOALS_g2.0和国家海洋局第一海洋研究所发展的FIO-ESM正在参加进行中的第五阶段耦合模式比较计划的模拟和预估试验,在 IPCC 第五次评估报告中将可能有 5 个来自中国的模式被引用。

此外,中国学者在陆面过程模型、陆地和海洋生态系统碳循环模型、污染和大气化学过程模型、冰冻圈过程模型等方面开展了有特色的研究。从 2007 年开始,中国正式开始地球系统模式的研制。

尽管中国学者自主研发了大气环流模式、大洋环流模式和陆面过程模式,也曾发展了不同版本的物理气候系统模式,但由于对关键过程机理定量研究不够深入,从总体实力和研究水平上讲,中国的地球系统模式的发展与发达国家相比仍然存在相当大的差距。

1.4.3 气候变化观(监)测网络与科学实验

中国依托气象、农林、水利、环保、科学院等部门构建了涵盖气象、大气、水文、环境、灾害及自然生态系统等的常规观测体系,还建立了"中国生态系统研究网络"、"中国通量观测研究网络"、"气溶胶观测网络"、"大气和水环境监测网络"、"海洋观测网"等面向气候变化研究的观测研究网络。在使用国外卫星资料监测地表环境和气候的同时,形成了自主卫星对地观测体系,具备了利用多源卫星遥感数据预报天气、监测大气和水环境以及生态系统对气候变化和人类活动响应的能力。

自 20 世纪 70 年代中期以来,中国曾组织过多次国际或全国性的气候变化相关科学试验,并取得不少具有科学意义与业务应用价值的成果。在青藏高原气候与环境变化方面,相继组织了第一次青藏高原大气科学试验(1978 年)、第二次青藏高原大气科学试验(1998 年)、中日合作 JICA 计划青藏高原及周边区域新一代气象综合观测试验(2004 年)。在季风科学试验研究方面,主要有 1998 年的南海季风试验(SCSMEX)、淮河流域能量和水分循环试验(HUBEX)以及 2007 年的亚洲季风年科学试验等。在大气环境和大气成分方面的科学试验,包括西太平洋臭氧及其前体物考察科学试验(PEM-WEST,1991 年和 1994 年)、中国地区大气臭氧变化及其对气候环境的影响科学试验(1994—1997 年)、长江三角洲低层大气物理化学过程及其与生态系统的相互作用科学试验(1998—2004 年)、中国大气气溶胶及其气候效应的研究科学试验(2004 年)等。此外,中国学者还进行了温室气体对作物影响试验研究(1992 年起)。

1.4.4 气候变化重大研究计划

中国的气候变化研究主要由国家重点基础研究发展(973)计划、国家高技术研究发展(863)计划、国家科技支撑计划、国家自然科学基金以及公益性行业科研专项等资助。

20 世纪 90 年代以来,特别是近 10 年来,中国加大了对气候变化研究的支持,围绕过去气候环境变化、东亚季风(副高、ENSO)变化机制、"亚印太交汇区"海气相互作用、中国东北样带与全球变化研究、全球变化的中国东部样带研究、全球变化的中国植被—气候关系研究、变化环境下的水循环与水资源研究、全球变化的生态系统及区域响应(FACE)研究、陆地/海洋碳循环、气溶胶的气候效应、北方干旱化与人类适应、中国冰冻圈动态过程及其对气候的影响、北太平洋副热带环流变异对近海动力环境的影响、海平面变化、生物多样性演变和保护、中国地质碳汇潜力、气候变化的社会经济影响分析和减缓对策等方面进行了大量部署,取得了许多重要进展。

2002 年国家自然科学基金委员会组织实施了"全球变化及其区域响应科学研究计划",该计划以东亚大陆及近海海域若干全球变化的敏感区域为对象,以碳氮循环、水循环和季风环境演化为核心,研究亚洲季风区海—陆—气相互作用及人类活动对区域环境变化影响的机理,获取该区域环境对全球变化的响应方式、响应途径、作用过程、动力机制及未来变化趋势。中国科学院实施知识创新工程时也加强了对气候变化研究的投入。

2009 年中国实施了应对全球气候变化科技专项行动,开展中国绿色发展的重大战略及技术问题等相关研究。2010 年全球变化研究国家重大科学研究计划启动,进一步增加了对气候变化研究的支持力度。

1.4.5 气候变化研究机构和研究队伍

经过近 60 年的建设,中国已经拥有一批从事气候变化相关研究的机构,分布在中国科学院、气象、水利、农业、环境等部门和高等院校。近三年来,为了整合和加强气候变化研究力量,许多科研单位专门建立了与气候变化研究相关的研究中心或研究院,如国家发展和改革委成立的"国家应对气候变化战略研究和国际合作中心"、水利部"应对气候变化研究中心"、"中国气象局气候变化中心"、"中国科学院气候变化研究中心"、"中国农业科学院农业与气候变化研究中心"、"国家环境保护部气候变化与环境政策研究中心"以及"北京大学气候变化研究中心"、"清华大学地球系统科学研究中心"和"北京师范大学全球变化与地球系统科学研究院"等。

中国已形成了一支颇具规模的气候变化研究队伍。据初步统计,中国目前直接或间接参与气候变化研究的国家和部门重点实验室有 100 个左右(在 220 个国家重点实验室中有 18 个从事气候变化研究),建设有 130 多个不同类型的数据平台(库)支撑气候变化研究,已经形成一支颇具规模的研究队伍。在获得国家最高科学技术奖的 12 位学者中,有 2 位直接从事气候变化研究;与气候变化研究直接相关的两院院士有 40 余位,杰出青年基金获得者 80 余位。

1.4.6 国际合作与影响

自 20 世纪 80 年代以来,中国科学家积极参与气候变化的国际科学活动。中国先后成立了与四大国际研究计划对应的中国委员会,即:世界气候研究计划中国委员会(CNC-WCRP)、国际地圈生物圈计划中国全国委员会(CNC-IGBP)、国际全球环境变化人文因素计划中国国家委员会(CNC-IHDP)和国际生物多样性计划中国国家委员会(CNC-DIVERSITAS)。目前这四个国际计划的科学指导委员会中都有中国学者任职。中国学者还积极参与了全球对地观测政府间协调组织(GEO)、全球气候观测系统(GCOS)、全球环境变化与食物系统(GECaFS)、全球碳计划(GCP)、全球水系统计划(GWSP)、全球环境变化与人类健康(GECHH)等国际科学活动和计划。中国学者在气候变化研究领域发起和领导的第一个重大国际合作项目——季风亚洲区域集成研究(MAIRS)于 2006 年启动,中国学者发起的亚洲季风年(AMY2007—2012)协调季风观测计划于 2007 年启动。

自政府间气候变化专门委员会(IPCC)第一次评估报告开始,中国政府和学者就积极参与了历次评估工作,包括参与报告的编写、政府和专家评审、组团参加 IPCC 全会以及 IPCC 报告的审议等,发挥着越来越重要的作用。中国学者担任 IPCC 主席团成员、第一工作组联合主席;担任 IPCC 第二、三、四、五次评估报告主要作者召集人以及主要作者的中国学者人数占总作者人数的比例分别为 2.4%、3.6%、5.0%、5.2%;中国学者文献的被引用频数也在不断增多。

参考文献

IPCC. 2007. Climate Change 2007: The Physical Science Basis. Contribution of Working Group I to the Fourth Assessment Report of the Intergovernmental Panel on Climate Change. Solomon S, Qin D, Manning M, Chen Z, Marquis M, Averyt K B, Tignor M, Miller H L. eds. Cambridge, United Kingdom and New York, USA: Cambridge University Press.

Li F, Dong S C, Li X, et al. 2011. Energy consumption-economic growth relationship and carbon dioxide emissions in China. *Energy Policy*, **39**(2):568-574.

徐冠华,等. 2008. 全球变化与地球系统科学发展战略研究报告.

张晓平. 2009. 中国对外贸易产生的 CO_2 排放区位转移分析. 地理学报,**64**(2):234-242.

中国气象局. 2009. 新中国气象事业 60 年. 北京:气象出版社.

第二章　中国气候与环境变化的事实

主　笔：罗　勇，秦大河，张人禾，王绍武，张德二
贡献者：任贾文，张廷军，翟盘茂

提　要

　　本章介绍仪器观测时期中国的气候变化，包括温度、降水、东亚季风和大气环流、极端天气气候事件、冰冻圈各分量（冰川、冻土和积雪）的分布及其变化的区域特征，中国近海海平面变化与海洋温盐特征变化。还利用沉积物、冰芯、树轮、及历史文献等代用记录重建13万年、2万年、1万年、2000年和500年以来不同时间尺度的气候变化规律、特征和成因。最后，说明了中国气候的年代际变化与全球尺度的变化具有密切联系。大气环流遥相关、北极海冰、欧亚大陆积雪以及太平洋、大西洋和印度洋一些关键区域海面温度对中国降水年代际变化具有明显的影响。

2.1　近百年器测的气候变化

　　1880年以来的器测资料表明，近百年变暖明显，1980年之后尤为激烈。不过，中国降水量无趋势性变化，以20～30 a的年代际变率为主。20世纪后半叶，特别是近30年东亚冬季风和夏季风均有减弱的趋势。这种变化对中国旱涝有显著影响。中国气候变化与副热带高压等东亚大气环流的变化也有密切的关系。

2.1.1　中国温度变化

　　建立中国温度序列较为困难，因为20世纪中叶之前缺少系统性的观测资料。内陆的观测尤其不足。因此，不同作者建立的序列之间就有一定差异。目前达到百年以上的全国温度序列有3个：W序列、T序列及C序列。W序列先把中国划分为10个区，包括新疆、西藏、台湾等。每个区采用5个代表站，全国共50个代表站。缺测用代用资料，如冰芯δ¹⁸O、树木年轮、史料等插补。仅有年平均温度。T序列也把全国划分为10个区，先建立区的温度序列，然后求全国平均。缺少记录时不做插补，不采用任何代用资料。C序列根据英国CRU的温度序列中中国部分建立的序列，这个序列早期西部缺测用国外测站的资料插补。这3个序列之间的相关系数为0.78～0.93，应该说是较为一致的。目前国内应用较多的是前两个序列。对1906—2005年100年计算的变暖速率W序列为0.53℃/100a，T序列为0.86℃/100a。所以，综合起来认为近百年中国的变暖速率为(0.5～0.8)℃/100a。

　　1951年之后有了覆盖面较完整的观测记录，最多可达到2200个站，用2200个站记录所得到的中国平均温度与W序列及T序列有很高的相关（图2.1）。根据这份记录，1951—2009年中国平均温度上升了1.38℃，变暖速率达到0.23℃/10a，说明变暖速度的加剧。

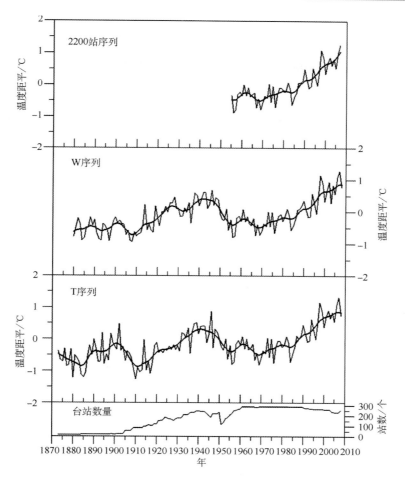

图 2.1 1873—2008 年中国年平均温度距平(相对于 1971—2000 年平均)
W 序列、T 序列与 1951 年后 2200 站序列的比较以及中国温度观测站数量的变化

2.1.2 中国的降水量变化

不同降水量序列也因资料不同而有差异。目前有 4 个中国降水量序列:(1)中国东部 71 个站序列,自 1880 年开始,缺测时用史料插补,仅有季总降水量距平。(2)用英国 CRU 序列建立的序列,自 1901 年开始有 1°×1°网格的月降水量。(3)国家气候中心的 160 个站序列,开始于 1951 年,有月降水量。(4)国家气候中心的 2200 个站序列,也开始于 1951 年,有月降水量。序列 1 最长,但是只包括中国东部,序列 2 虽然包括中国西部但早期用国外资料插补,误差较大。序列 3 及序列 4 覆盖全国。不过仅开始于 1951 年。虽然 4 个序列彼此不同,但是在共同有记录的时期中国平均降水量的相关系数为 0.84~0.91,还是比较一致的。从这些序列看降水量变化与温度变化不同,无论近百年,还是近 50 多年均无明显的增加或减少的趋势,而是以 20~30 a 的年际变化为主。但是不同地区降水量变化之间有较大差异。例如,1980 年代长江多雨,华北、华南少雨。1970 年代长江少雨,华北、华南多雨。

2.1.3 其他气候要素的变化

云在地球气候系统的辐射能量收支和水分循环过程中起着重要的作用。因此,云是气候系统中的一个不可忽视的物理量。目前云的信息有两个来源:卫星遥感和地基观测。卫星观测资料覆盖面完整,但序列较短,地基观测的客观数字化及代表性则不如卫星观测。根据这两种资料 1961 年以来全国总云量有减少的趋势,内蒙古中西部、东北东部。华北大部减少最为明显。

太阳辐射是地球气候系统的最主要能量来源。观测表明近几十年来到达地面的太阳辐射有下降的趋势,大约减少 2.5%/10a,进入 1990 年代略有回升。

上面谈到的温度变化指地面百叶箱中的温度。在对流层乃至平流层温度变化与地面是不同的。对流层或平流层的温度变化可以根据探空资料获得，也可以根据等压面高度做估算。但是，一般只有近50年的记录。从这些资料来看对流层下层温度有上升趋势，但增温幅度低于地面温度。对流层上层温度转为下降趋势，平流层则下降更为激烈。

2.1.4　东亚季风变化

中国处于东亚季风区，尤其中国东部的气候变化与季风关系尤其密切。东亚夏季风是亚非季风区的重要季风子系统，不同于南亚季风，以及西太平洋季风。东亚夏季风5—7月的北进过程中有3次突变；5月中旬南海季风爆发，6月中旬长江流域梅雨开始，7月中旬梅雨结束华北雨季开始。冬季风一般在10月开始影响中国，5月明显向北收缩。无论夏季风还是冬季风都有强烈的年际和年代际变化。1920年以来一直到1980年代初冬季风都是比较强的。1980年之后随着全球气候变暖，冬季风明显减弱。夏季风则从20世纪开始就比较强盛，1960年代初达到最强，以后夏季风减弱，在1980年以来的30年中夏季风稳定处于较弱的时期(图2.2)。

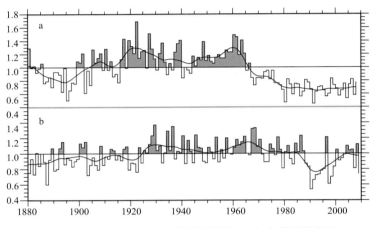

图 2.2　1880—2009 年东亚夏季风强度(a)和冬季风强度(b)

2.1.5　东亚大气环流

影响中国气候的大气环流系统很多。但是影响最大的是三个高压系统：阻塞高压、副热带高压及南亚高压。阻塞高压指对流层中层500 hPa高度上东亚东北部的高压，如鄂霍次克海高压；有时在乌拉尔山地区也有高压，特别当东、西侧均有高压，而中间贝加尔湖为低压区时，是中国梅雨盛行的环流形势。副热带高压指对流层中层500 hPa面上西太平洋的高压。影响中国的形势经常是高压西半部的高压脊，副热带高压脊的强弱和南北位置及东退西进对中国雨带的位置有决定性的作用。南亚高压指夏季对流层上层100 hPa上位于欧亚大陆南部的高压。这个高压的变化与对流层副热带高压有密切关系，因此也影响着中国夏季雨带的位置。20世纪后半叶，这3个高压均有一定的增强趋势。

2.2　极端天气气候变化

当某地天气现象或气候状态严重偏离其平均态时，就出现小概率事件，这些小概率事件称为极端天气气候事件。气候变暖可能通过影响一些极端天气气候事件的强度和频率改变自然灾害发生发展规律，从而影响人类生存环境和经济社会发展。近年来，在气候变暖背景下极端天气气候事件频繁发生，使得气候变化对极端天气气候事件影响问题已经成为当今社会和科学界越来越关注的焦点问题。

2.2.1　极端高温和极端低温

全国平均年极端最高气温呈0.1℃/10a的上升趋势(图2.3)。我国日最高气温≥35℃的高温日数呈年代际波动变化,1960—1970年代前期以及最近十多年高温日数较多,1970年代中期到1980年代中期高温日数较少。从整体变化趋势上看,我国高温日数从1960年代到1980年代中期呈下降趋势,而1980年代后期到21世纪初又呈逐渐上升趋势。但全国平均年极端最低气温呈0.3℃/10a的快速上升趋势,其中冬、秋和春季上升趋势较强。同时,中国平均寒潮频次以0.3次/10a减少,霜冻日数也呈显著减少趋势。

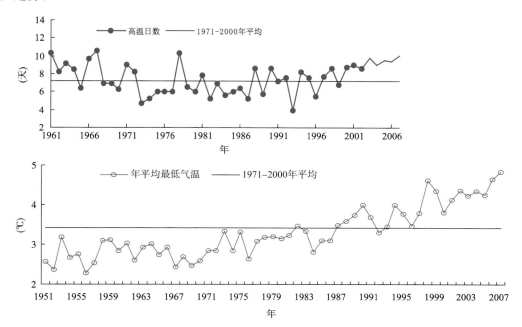

图2.3 1961—2007年中国年平均高温日数和平均最低气温变化

(国家气候中心,2008)

2.2.2 极端降水

1961年以来,中国区域性强降水事件频次呈弱的增多趋势,并伴随明显的年代际变化;1995年发生频次最高(14次),1988年频次最少(2次)。1980年代后期至1990年代区域性强降水事件发生较频繁(图2.4)。

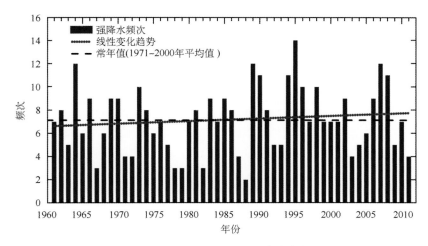

图2.4 1961—2011年中国区域性强降水事件频次变化

(中国气象局气候变化中心,中国气候变化监测公报2011,2012)

从空间分布来看,我国极端降水事件的变化十分复杂。长江及长江以南地区极端强降水事件趋强、趋多;华北地区极端强降水平均强度趋于减弱,极端强降水事件频数明显趋于减少;西北西部极端强降水强度未发生明显变化,但极端强降水事件趋于频繁。

连阴雨发生的日数在我国西部地区呈现弱的增加趋势,但在东部地区却呈显著的减少趋势。连阴雨降水量在华北,东北和西南的部分地区呈显著的减少趋势,但是在高原东部地区和东南沿海的部分地区呈增加趋势。

2.2.3　干旱

近半个多世纪以来在西北东部、华北和东北地区干旱化趋势显著,西北西部和长江以南极端干旱频率有所减少,其中西北西部减少显著,中国南方大部地区的干旱面积在近 50 多年来没有显著的增加或减少的趋势,但存在着明显的年代际变化(图 2.5)。近 50 多年来中国北方夏半年最长连续无降水日数呈增加趋势。西北东部、华北、东北的干旱化趋势与降水减少和区域增暖密切相关。继中国北方地区 1997 年发生了大范围的干旱后,1999—2002 年又连续 4 年少雨干旱,2006 年夏季重庆发生百年一遇特大伏旱,四川遭遇近 50 年最重干旱,2010 年云南等五省区出现大旱。上述地区在降水量减少的同时,降水日数也出现显著的减少。另外,与全球变暖的大背景一致,北方地区在近半个世纪增温显著,气温升高使得土壤表面潜在蒸发力增加,因而加剧了由于降水减少所引起的干旱化趋势。

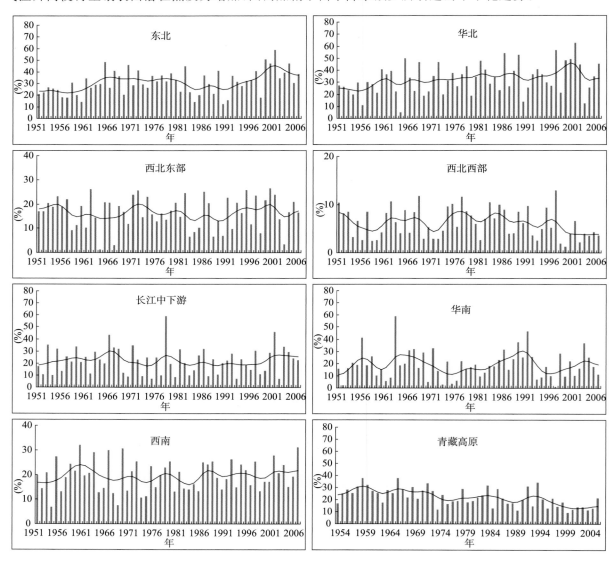

图 2.5　中国各区域年干旱面积百分率历年变化图(1951—2006 年)

(曲线为 11 点二项式滑动。青藏高原地区由于 1950 年代初期站点稀少,从 1954 年开始计算)

2.2.4 热带气旋

1951—2011 年,西北太平洋和南海生成的台风(中心风力≥8 级的热带气旋)频次表现出明显的下降趋势;同时表现出明显的年代际特征,1995 年以来台风活动偏少(图 2.6)。

同期登陆中国的台风频次变化趋势不明显,但年际变化大,1971 年最多,有 12 个,1951 年最少,仅有 3 个。登陆中国台风的比例呈增加趋势,尤其近 10 年最为明显,2010 年台风登陆比例最高,达 50%。

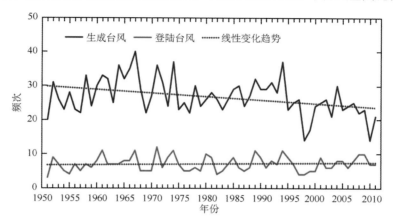

图 2.6 1951—2011 年西北太平洋和南海生成台风以及登陆中国台风频次变化
(中国气象局气候变化中心,中国气候变化监测公报 2011,2012)

2.2.5 沙尘暴

中国北方的典型强沙尘暴事件在近半个世纪呈波动减少趋势,2000 年以后我国沙尘暴天气过程的发生日数呈现小幅波动变化特征(图 2.7)。在个别地区,如青海北部、新疆西部、内蒙古的锡林浩特等地沙尘天气有增加的趋势。风、降水、相对湿度、气温、植被覆盖度等都是影响沙尘暴发生频次的重要影响因子。作为沙尘暴的直接动力条件,风直接影响着沙尘暴的发生。近 50 多年来,北方地区沙尘天气显著减少的直接原因之一是近地面平均风速和大风日数的减少。北方大部分地区沙尘暴发生频次与其降水量和相对湿度呈负相关。前期降水与同期降水一样,通过增加土壤湿度和地表植被覆盖可抑制沙尘暴的发生,统计显示前一年夏季降水的多寡对沙尘暴的发生有重要的影响。

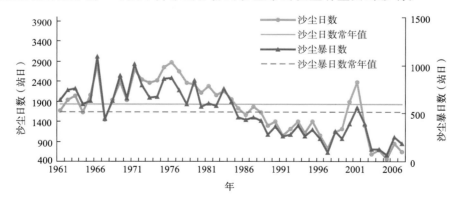

图 2.7 1961—2007 年春季北方地区沙尘(扬沙、沙尘暴、强沙尘暴)日数和沙尘暴(沙尘暴、强沙尘暴)日数历年变化(左轴为沙尘日数,右轴为为沙尘暴日数)(单位:站日)

2.2.6 其他

冰雹。中国冰雹高发期出现在 1960—1980 年代,1990 年代以来明显减少。全国年降雹发生平均每站 2.1 d；1976 年最多，平均每站 2.6 d；2000 年最少，平均每站仅 1.2 d。

大风。近半个世纪中国平均大风日数和极大风速呈减弱趋势。这种下降一方面很大程度上受到全球变暖背景的影响，冷空气势力减弱，导致我国范围内大风减弱。另外一方面可能也与近几十年来大多数气象观测站周边环境发生很大改变，对局地大气风场可能起到了弱化效应影响有关。

雾和霾。近半个世纪我国大部分地区雾日呈减少趋势。我国 12 h 以上的雾区多集中在沿海、华北和陇东—山西地区、四川盆地、云贵地区。但需要指出的是，1957—2005 年间霾导致我国东部平均能见度下降约 10 km，下降速率约为 0.2 km/a，西部能见度下降的幅度和速率约为东部的一半，显示出我国以能见度下降为表征的区域性霾问题日趋严重。

雷电。近几十年来，全国大部分地区雷电日数基本呈下降趋势，其中高原区和南方区的下降趋势明显强于新疆区和北方区。

2.2.7 全球气候变暖与极端天气气候事件的联系

近几十年来随着全球气候变暖，冷的极端事件显著减少，但极端暖事件频率增加。平均气温的变化给极端冷暖事件造成很大的影响。以某一地区为例，在多年的平均条件下地面气温呈现正态分布，即该地区的天气在平均气温处出现的概率最大，偏冷和偏热的天气出现的概率较小，极冷或极热的天气出现的可能性很小甚至没有。但若气候变暖，气温平均值增加，这时异常偏热天气出现的概率将明显增加，甚至原本极少可能出现的极热天气现在也可能出现了；相反，偏冷天气出现的概率显著减少。气候平均状态的明显变化和气候波动的增大，可能导致极端天气气候事件的增多。

气候变化还会改变大尺度环流格局，进而影响不同区域的极端天气气候事件发生规律。而且地面温度的升高会使地表蒸发加剧，使得大气保持水分的能力增强，大气水分含量增加。地面蒸发能力增强，将使干旱更易发生，同时为了与蒸发相平衡，降水也将增长，易于发生洪涝灾害。气候的变化还会通过影响大气中的水分含量，继而影响大气的特性，对中小尺度的极端天气气候事件产生影响。

表 2.1 各种极端天气气候指数定义及全球气候变化背景下其变化趋势

极端天气气候指数		定义	变化趋势
	寒潮	24 h 最低气温下降 10℃以上，最低气温降至 5℃以下的降温天气	寒潮次数减少
	霜冻	因最低气温降到 0℃或 0℃以下而使植物受害的灾害天气	霜冻日数减少
	高温热浪	连续 5 天≥35℃高温	日最高气温≥35℃的日数略趋增多，高温热浪出现次数年代际变化明显
	极端强降水	日降水量超过当地有雨日第 90%分位值得界限	长江及其以南地区趋强、趋多；华北强度减弱，频数明显减少；西北西部趋于频繁
	连阴雨	指初春或深秋时节连续几天甚至经月阴雨连绵、阳光寡照的寒冷天气	连阴雨日数东部显著减少，西部略有增加
	干旱	指某时段内降水偏少、天气干燥、蒸发量增大导致作物生长困难的现象	中国北方干旱加剧
	热带气旋	发生在热带或副热带洋面上，具有有组织的对流和确定气旋性环流低层风速≥10.8 m/s 的非锋面性涡旋	生成和登陆的热带气旋呈减少趋势
	沙尘暴	强风将地面大量沙尘吹起，使大气浑浊，水平能见度小于 1000 m 的灾害性天气	沙尘日数呈减少趋势
	冰雹	出现降雹天气	出现的日数趋于减少
	大风	风速≥17 m/s 风	大风日数趋于减少
	雾	近地面的空气层中悬浮着大量微小水滴（或冰晶），使水平能见度降到 1 km 以下的天气	雾日减少
	霾	近地面的空气中悬浮着大量颗粒，空气的能见度下降到 10 km 以下的天气现象	霾日增多
	雷电	出现闪电天气	雷电日数减少

2.3 冰冻圈和海洋变化

1960 年代以来,中国冰冻圈各分量(主要是冰川、冻土、积雪)的分布及其变化的区域特征是,冰川后退、减薄,多年冻土温度升高、活动层厚度增加,季节冻土面积减小、厚度减薄,积雪面积、日数和厚度变化。中国近海海平面显著上升,海洋温度明显升高。

2.3.1 冰冻圈变化

中国冰冻圈主要组成部分为冰川、冻土和积雪,海冰、河冰和湖冰的规模及影响较小。固态降水既属于冰冻圈范畴,又是灾害天气和气象现象。冰川、多年冻土和稳定积雪面积占中国国土面积一半以上,对水资源和地表水循环、生态环境、气候以及工程建设等有重要影响。

1960—1970 年代以来,中国冰冻圈出现普遍萎缩趋势。冰川面积自小冰期以来缩小了约 20%。目前,中国境内 80% 以上的冰川处于退缩状态,冰川厚度减薄速率多数介于 0.2～0.7 m/a。基于天山乌鲁木齐河源 1 号冰川长期观测资料,通过动力学模型预测该冰川将在 70～90 年后消失,极端升温条件下可能 50 年内消失。经过尺度转化,预测未来 50～70 年间乌河流域内 80% 的冰川将消失。其他区域的冰川将持续退缩的趋势也是可以肯定的,特别是面积小于 1 km² 的冰川在未来几十年面临消失的危险。

青藏高原及其他地区多年冻土活动层增厚,季节冻土深度减小,冻土层温度上升。1960—1980 年代和 1980—2000 年代两个时期青藏高原季节冻土深度平均减小约 10 cm。1960 年代以来青藏高原多年冻土下界升高 20～80 m,活动层厚度增大在不同地区差异很大,有的地点仅数厘米,有的地点达 1 m以上。青藏公路沿线多年冻土 1970—1990 年代升温 0.1～0.5℃。在未来气候情景下,冻土将进一步退化,对高原生态可能产生不利影响。

中国积雪因为受季风气候影响,其变化不同于欧亚大陆整体呈减少的趋势,而是东北地区减少,西北地区增加,且年际波动很大。高原高山积雪监测不同于欧亚大陆其他平原地带相对简单,地面监测覆盖度不足和卫星监测存在的很多误差为积雪数据的权威性带来一定挑战。

河冰、湖冰和海冰的减少也从一个侧面反映了全球和区域变暖的趋势,尽管中国河、湖、海冰的监测和研究还比较薄弱。

国际上关于海平面变化及其影响因素的最新研究结果认为,自 2003 年以来,全球海平面上升量多半来自冰冻圈融化,而山地冰川和冰帽又是冰冻圈中最大的贡献者,尽管格陵兰和南极冰盖的贡献份额在快速上升。分析中国冰冻圈融水总量的估算结果,并粗略估计中国冰川区降水,推断中国冰冻圈对海平面上升的潜在总贡献量为 0.14～0.16 mm/a,其中主要为冰川贡献量,约为 0.12 mm/a。在冰川贡献中,外流河冰川融水补给对海平面的贡献,则仅为 0.07 mm/a,占全球山地冰川和冰帽贡献量的 6.4%。

2.3.2 近海环境和海平面变化

中国近海物理及生物地球化学环境,包括温盐、环流、海平面、海洋生物地球化学过程以及海岸带近几十年来出现显著变化。中国近海整体呈增暖趋势,以陆架海最为显著;渤海盐度显著增加,而其他海域盐度变化趋势不明显;近海整体上风应力呈减弱、热通量以及淡水通量呈减少趋势。近海及西太平洋物理环境的变化对东亚急流、夏季风、北太平洋风暴轴变化、西北太平洋副热带等具有显著影响。

1981—2010 年中国海海平面上升的平均速率为 2.6 mm/a,比全球平均值高出 0.8 mm/a;其中渤海、黄海、东海、南海海平面平均上升速率分别为 2.3 mm/a、2.6 mm/a、2.9 mm/a、2.6 mm/a。预计未来 30 年,中国沿海海平面将继续上升,将比 2008 年升高 80～130 mm。中国近海的入海河口,海湾大多数都呈现富营养化状态,在长江口以及毗邻的近海存在低氧区域,面积有扩大的趋势,在长江口外与毗邻的近海每年夏季的缺氧区域记录到的溶解氧溶度低至 0.5～1.0 mg/L。CO_2 排放的增加也导致中国近海酸化，大部分海域1990年代与工业化前相比，全球海洋水中pH值之差在−0.06左右，处于全球的中值。中国近海岸线、海岸带沉积环境以及海岸带生态系统的变化既受气候变化的影响，也与人类活动有很大关系。

2.4 过去的气候变化

地球气候经历过一系列各种尺度的变化。2002年以后在利用沉积物、冰芯、树轮、珊瑚及历史文献记载等代用记录研究过去13万年、2万年、1万年、2000年和500年间的气候变化规律、特征和成因方面取得新认识。

2.4.1 由古气候代用记录得到的新认识

距今13万年以来是最后一个完整的间冰期—冰期旋回，由甘肃古浪黄土和河南三门峡的黄土记录揭示出末次冰期旋回以来与北大西洋相似的一系列千年尺度气候变化事件。

最近2万年全球经历了末次冰期冰盛期和新仙女木事件。在中国黄土堆积、湖泊沉积、泥炭沉积、洞穴沉积和冰芯等多种气候记录中先后发现了新仙女木事件。北京洞穴石笋δ^{18}O变化记录表明，中国北方在新仙女木事件气候突变模式与格陵兰地区基本一致（图2.8），但发生时间较格陵兰迟约80年。

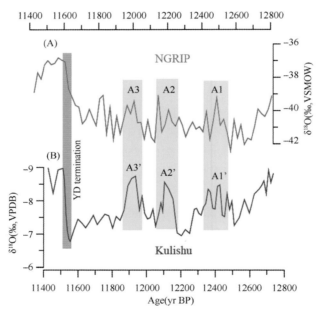

图2.8 北京苦栗树洞石笋氧同位素序列（B）与格
陵兰冰芯NGRIP氧同位素序列（A）对比

近1万年以来是全新世温暖时期。全新世早、中期气温明显高于现今，距今7000～6000年时段是全新世最暖期，平均温度高于现代1.5℃，在距今约5000年前后，开始激烈降温，至近代才又上升。青藏高原普若岗日冰芯中近7000年来δ^{18}O呈线性降低，反映了全新世大暖期以来的逐渐变冷趋势。温暖时期也有冷事件的发生，古里雅冰芯记录表明距今8200年前有一次显著冷事件，并表现出迅速降温、缓慢升温的特征，最冷时降温幅度达7.8～10℃，该事件与同期北大西洋的冰筏事件发生年代相一致。全新世大暖期鼎盛时期是我国原始农业最发达的时期，旱作区和稻作区的北界都较现今偏北2～3个纬度；同期我国北部及新疆、西藏的内陆湖普遍存在湖水淡化和高湖面现象；森林、草原分界线位置向西、向北摆动，沙地和黄土地区普遍发育古土壤

过去2000年间存在百年尺度的冷暖、干湿波动。各种温度序列均显示了中世纪暖期、小冰期的存

在和 20 世纪的气候变暖。中国东部地区有 4 个暖阶段和 3 个冷阶段,中世纪暖期发生于 930—1310 年代,温度距平为 +0.18℃,这期间最暖的 30 年(1230—1250 年代,)距平 0.9℃。小冰期发生于 1320—1910 年代,温度距平为 -0.39℃,其中最冷的 30 年(1650—1670 年代)距平为 -1.1℃,;自 1920 年代以来东部迅速增暖,比过去 2000 年的平均气温高 0.2℃ 以上。西北地区和青藏高原地区也存在相对应的冷、暖阶段,但与东部地区有时间差异,不过都显示 20 世纪的变暖没有中世纪暖期显著。所以至今尚不能充分证明中国的中世纪暖期与 20 世纪何者更为温暖,20 世纪可能只是过去 500 a 的最暖世纪。

过去 2000 a 的干湿变化有明显的区域差异。广大干旱、半干旱地区的湖泊沉积记录的对比显示(图 2.9),最近 2000 a 半干旱区呈现变干的趋势,而干旱区则变湿;半干旱区气候百年尺度变化表现为暖湿、冷干组合,而干旱区呈现冷湿、暖干组合。在东部湿润、半湿润气候区,由历史文献记录重建的干湿气候序列却表明,在整个中世纪温暖期中国东部地区气候并非持续干旱,而是有多个持续数十年的多雨时段与干旱时段相间出现。近 1000 a 间大范围持续干旱事件大多出现在寒冷气候背景下,其严重程度超过迅速增暖的 20 世纪的干旱事件。

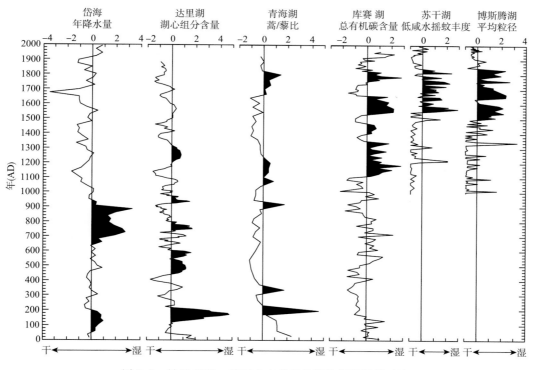

图 2.9 最近 2000 a 我国北方代表性湖泊沉积记录对比

过去 500 a 间,中国北方多雨的降水分布型呈阶段性集中出现的特点,它们在温暖背景下的出现频率高于寒冷背景。对历史极端高温事件的研究指出,1743 年的华北最高气温值高于 20 世纪的夏季极端高温记录。

2.4.2 古气候数值模拟方面取得的新进展

气候数值模式多用于对典型时段和突变气候事件的模拟,探索不同时间尺度上古气候变化的强迫—响应机制,验证各种气候变化理论。

(1)特征时期的东亚古气候模拟

1)末次冰期冰盛期和全新世温暖期的模拟

PMIP2(第二阶段古气候模拟比较计划)对末次冰期气候成因的量化检测显示,东亚夏季风的减弱源于 SST 和海冰变化,冬季风变化则可归因于 SST、海冰、陆地冰盖和地形的变化。植被增多很可能引起中国东部温度和降水的降低,但西部降水可能增加;而高原冰盖的存在导致了东亚区域的变冷进而减弱东亚夏季风。对比分析表明,东亚地区中全新世与21世纪末气候变暖情景下的夏季降水分布型存在相似性,东亚地区全新世暖期夏季降水变化分布在一定程度上可作为未来夏季降水变化的历史相似型。

2)过去1000年气候变化的模拟

小冰期、中世纪暖期温度变化的归因检测指出,太阳活动和火山喷发是引起小冰期和中世纪暖期的主要因素。千年试验模拟的小冰期(1450—1850年)和中世纪暖期(1030—1240年)分别是全球季风降水偏弱和偏强的时期。利用CCSM2进行的模拟和对夏季风降水变化的分析结果显示,东亚降水百年尺度周期变化的根本原因是太阳活动的周期性震荡,而年代和年代际尺度的变化则很可能同气候系统内部反馈相关。

(2)古气候模拟与代用记录对比

采用海气耦合模型(ECHO-G)模拟全国年均温度与1550年以来的集成代用温度、与我国大区域2000a冬温重建,与年分辨率的大区域1000a气温重建进行对比。全球海气耦合气候模式ECHO-G的1000a积分模拟试验结果与中国温度重建序列有一致性(图2.10)。

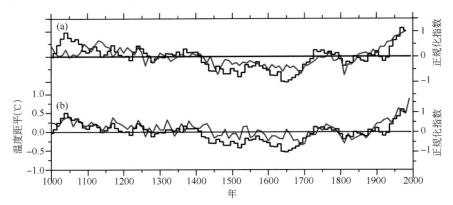

图2.10 近1000a模拟与重建的中国温度距平变化,(a)全球海气耦合气候模式ECHO-G与重建温度对比;(b)3-D气候模型ECBILT-CLIO-VECODE与重建温度对比。其中黑色阶梯状曲线为Yang等重建的温度序列,蓝色直线为GCM模拟的年平均温度距平序列。

2.5 中国气候变化与全球气候变化的联系

中国气候的年代际变化与全球尺度的变化具有密切联系。大气环流遥相关、北极海冰、欧亚大陆积雪以及太平洋、大西洋和印度洋一些关键区域海面温度对中国降水年代际变化具有明显的影响。

2.5.1 与大气遥相关的联系

利用夏季(6—8月)500~200 hPa扰动温度在欧亚大陆中纬度与太平洋到大西洋中纬度之间的反位相关系,定义亚洲—太平洋涛动(APO)指数。APO指数在1975年之前以正位相为主,1975年以后则变为以负位相为主。APO指数的下降指示着亚洲大陆对流层温度的下降及太平洋对流层温度的增加,导致东亚大陆的夏季风环流减弱,使得雨带停滞在长江流域,而中国北方降水减少。APO与西北太平洋热带气旋频数也有显著的正相关,在1975年以前西北太平洋热带气旋发生频数高,而在1975年以后较少。

夏季北极区域海平面气压经验正交函数分析的第二模态(EOF2),呈现出两个相反的异常中心,分别位于加拿大北极地区和波弗特海以及喀拉海和拉普捷夫之间,具有明显的偶极子特征。EOF2的时间系数与中国台站观测的夏季平均降水在中国东北地区呈现出显著的正相关,而在中国南部和东南部则是显著的负相关。夏季北极偶极子异常呈现明显的年代际变化特征,两次明显的年代际变化分别发生在 1970 年代后期和 1980 年代末期,这与中国夏季降水的年代际变化是一致的。

研究显示,太平洋年代际振荡(PDO)与 1970 年代末以后中国夏季降水呈"北旱南涝"年代际转型有关。PDO 暖位相时东亚夏季风减弱,华北降水偏少,而长江中下游和华南降水偏多。北太平洋涛动(NPO)指数与表征东亚冬季风强度的西伯利亚高压指数,在 1957—1975 年的相关系数为 0,而在 1976—2001 年为 0.55,超过了 99% 的置信度,表明 1976 年以后 NPO 与东亚冬季气候的关系变得紧密。北大西洋涛动(NAO)通过北大西洋—乌拉尔—东亚遥相关型(NAULEA),对 1970 年代末以来中国东南晚春降水的减少产生显著影响。

2.5.2　与欧亚大陆积雪的联系

利用奇异值分解(SVD),有研究分析了卫星观测的欧亚大陆春季雪水当量和中国夏季降水之间的耦合关系。对应于 SVD 第一模态的正位相,欧亚大陆大部分地区春季积雪偏少,后期夏季中国南方降水偏多,而长江中、下游流域,黄河流域上游以及中国东北部分地区夏季降水减少。耦合模态在 1979—1987 年间是持续的负位相,在 1980 年代后期出现年代际变化,以正位相为主。近 20 年来(1987 年以后),春季欧亚大陆积雪减少可能是导致中国华北和东北夏季持续干旱以及华南夏季降水增多的原因之一。

欧亚大陆的秋季积雪厚度异常引起的行星波异常,可以造成东亚冬季气候的年代际变化。1976—1987 行星波活动处于低位相,低纬波导异常偏弱,在 40°N 附近的对流层上层有 EP 通量的异常辐散,从而利于副热带急流加速,东亚冬季风偏强;1988—2001 行星波活动处于高位相,低纬波导异常偏强,40°N 附近对流层上层的 EP 通量异常辐合利于副热带急流减速,从而东亚冬季风偏弱。

2.5.3　与海温的联系

观测资料分析和数值模拟结果都表明,当大西洋年代际振荡(AMO)处于正位相时中国气温偏高,东部地区降水偏多,处于负位相时正好相反。由于 AMO 不随季节发生显著变化,其位相在一年四季都基本相同,正位相的 AMO 在各个季节都会导致中国大部分地区冬季偏暖,华南沿海地区少雨。周期为 12 a 左右的梅雨降水量和梅雨期长度的年代际变化,与前冬北大西洋三极型的海面温度(SST)异常有关。

西北太平洋夏季 SST 在 1980 年代末发生了年代际转型,在此之前以负异常为主,之后以正异常为主,并对应着 1980 年代末东亚夏季风的年代际转型。1990—2001 年和 1975—1989 年中国夏季降水差表现出在中国东部 30°N 以南降水明显增加。西北太平洋夏季 SST 的 EOF 第一模态时间系数和降水 5 a 滑动平均后的相关系数在中国东部与降水差值有很相近的分布特征,在中国南方为正相关,即西北太平洋 SST 偏低时中国南方降水偏少,而 SST 偏高时降水偏多,说明 1980 年代末中国夏季气候转型与西北太平洋 SST 的变化密切相关。东亚夏季风年代际转型的一个重要特征是西太平洋副热带高压西伸,通过影响水汽输送进而影响到雨带的位置。利用观测的热带印度洋和西太平洋(IWP)海温驱动 5 个大气环流模式,所有的模式都一致地呈现出副高西伸的特征,意味着 IWP 的增暖是导致副高西伸和东亚夏季风年代际变化的重要因子。

第三章　气候变化归因和不确定性

主　笔：石广玉，罗勇，张小曳，于贵瑞，张人禾，高学杰，董文杰
贡献者：陈兵，王标

提　要

地球气候已经并正在发生变化。造成这种变化的原因可以分为自然因子和人为因子。自然因子包括太阳变化、火山喷发以及气候系统内部的相互作用；人为因子则主要是人类生产和社会活动造成的大气组成变化（包括大气温室气体和气溶胶浓度的增加），以及土地利用与覆盖的变化。最近100多年以来，太阳变化产生的气候变化驱动力（辐射强迫）不足人类活动的十分之一；火山喷发对全球气候具有多方面的影响，其总体效果是使地面温度降低，而且其影响最多持续几年；来自地球内部的能量（地热流），目前大约是人为强迫因子的十八分之一；在年际及年代际的时间尺度上，气候系统内部因子及其相互作用，特别是海—气相互作用可能与全球温度变化存在一定的联系。但是，这种影响存在着周期性，难以确定它对百年以上时间尺度地球气候变化趋势的贡献。因此，最近的全球气候变暖应主要归因于人类活动。当然，在将气候变化进行定量归因和未来预估时，由于观测资料的完整性、对支配气候系统物理过程的科学认知水平以及未来变化的情景预测等，均呈现出明显的不足，因此存在很大的不确定性。

3.1　气候变化的自然原因

3.1.1　太阳变化

由于太阳几乎是驱动地球天气—气候系统这部热机的唯一能源，因此将太阳变化与地球气候联系起来是十分自然的。

在大气顶平均日地距离上，与太阳光线方向垂直的单位面积上所接受到的太阳总辐射能称为太阳常数（太阳总辐射通量密度，TSI），对于气象学和气候学研究来说，它是一个最重要的物理量。TSI的当代卫星（或宇宙飞船）观测，始于1980年左右，至今才有跨越大约3个太阳周期的近30年历史。因此，为了建立一个TSI的完整的资料库，不但必须进行更长时间的观测，还必须对各种星载辐射计进行仔细的交叉标定。尽管如此，近30年来的卫星观测资料所显示出的11年周期太阳辐射能输出变化的基本特征，是确定无疑的。

为了在更长时间尺度上研究太阳变化的气候辐射强迫，必须利用某些代用资料对TSI进行重建。目前太阳活动的地面标示物及历史资料的时间尺度如下：太阳黑子数（资料可以追溯到1610年，下同）；光斑指数（1950年）；10.7 cm射电通量（1947年）以及CaIIK 1A指数（1976年）。其中，太阳黑子数时间序列最长，已有近400年的历史。

卫星观测资料表明，在1978—1990年，即在太阳21周的下降段和22周的上升段，11年周期内TSI的变化小于0.1%（0.08%）；利用太阳黑子数的重建结果则是，从17世纪的蒙德极小期（1645—

1715 年)到现在,TSI 的变化大约是 0.24%。如果将它们换算为辐射通量 ΔF(假定太阳常数 $S_0 = 1370$ W/m²),那么,对于 11 年周期内的变化,$\Delta F = 1370 \times 0.1\% = 1.37$ W/m²;而对于长期变化,$\Delta F = 1370 \times 0.24\% = 3.29$ W/m²。

以上这些数值是由于太阳本身的变化所产生的。换句话说,是到达地外大气顶的总的太阳变化。对于地球气候来说,由于地球表面积与截面积之比为 4,地球行星反照率 α_p 大约为 0.3,因此在计算对地球气候真正具有影响的太阳辐射强迫时,必须把上述数值乘以 $(1-\alpha_p)/4 = 0.7/4 = 0.175$。这就是说,对于 11 年周期内的变化来说,地球气候的太阳强迫将等于 $1.37 \times 0.175 \approx 0.24$ W/m²,但它并不与地球气候的长期变化具有明显的联系。对于包括了 11 年周期在内的 TSI 的长期变化来说,$\Delta F = 3.29 \times 0.175 \approx 0.6$ W/m²。值得注意的是,这是从 17 世纪的蒙德极小期算起的。如果从 19 世纪中叶的 1850 年算起的话,以上数值大致应当减半,即只有 0.3 W/m² 左右。

最近的研究结果表明,按照 11 年平滑的 TSI 时间序列,从 1750 年到现在 TSI 有 0.05% 的净增加,对应的 RF 为 $+0.12$ W/m²。总之,对于自工业革命以来地球气候变化的太阳强迫的估计为 $+0.3 \sim +0.12$ W/m²(IPCC SAR 与 TAR 采用前一数值,AR4 采用了后一数值)。无论如何,它比 1750 年以来的人为辐射强迫 1.6 W/m² 小 5 倍到一个数量级以上。因此,不大可能对地球平均气温记录的解释有重要贡献。

当然,存在其他的可能性。例如,地外的微小太阳辐射通量密度的变化,有可能在到达地气系统的过程中被某种物理的或化学的机制所放大。因此,为了从能量学观点阐明太阳变化与地球气候的关系,可能需要一个“放大器”,其中包括:(1)光化学放大器;(2)宇宙线通量—全球云量放大器;(3)大气电学(或地磁)放大器;(4)物理—化学放大器。但是,这些放大机制,要么“放大倍数”很小,要么缺乏坚实的物理机制,有待进一步研究。

3.1.2 火山喷发

火山活动是除太阳活动外影响地气系统辐射收支,进而影响全球气候的另一个重要的自然因子,它对地球大气和地气系统辐射收支的扰动是多方面的。

火山喷发会将各种颗粒物注入大气,主要成分是岩浆物质,统称为火山灰或火山碎屑。由于它们在地球大气中的滞留时间最多只有几个星期到几个月,故其长期气候效应不大。

在火山喷出的气体中,H_2O 和 CO_2 是重要的温室气体。但是,目前来说,因为这两种气体在地球大气中的浓度已经很高(据估计,火山喷发产生的 CO_2 不足目前大气 CO_2 的百分之一),所以一次火山爆发,即使规模再大,其影响也是可以忽略不计的,不会对增强全球温室效应有重要意义。因此,火山喷发的最重要的气候效应是由其向大气中释放的含硫气体(主要是 SO_2,有时也有 H_2S)并进而形成的硫酸盐气溶胶造成的。

火山喷发所形成的平流层气溶胶,对大气辐射过程的影响是多方面的。在增加行星反照率,减少到达地面的太阳能,对地面产生一种净的冷却效应的同时,由于它对太阳近红外辐射的吸收,导致火山云上部增暖。

在最近 100 年间,仅有 5~6 次大的火山爆发,爆发后 1~2 年内的全球平均气温下降 0.1~0.2℃。据估计,其全球辐射强迫大约是 -0.2 W/m²,北半球平均为 -0.3 W/m²,略小于人为气溶胶释放的辐射强迫。在此必须指出的是,即使是一次很强的火山活动对地面温度的影响也不超过几年,故难以估计其长期气候效应。

3.1.3 地热流

地热可以归类于自然强迫因子。现有的资料显示,海洋和陆地的地热流分别是 0.101 W/m² 和 0.065 W/m²,海陆面积加权的全球平均值为 0.087 W/m²,大约是人为强迫因子的十八分之一。

3.1.4 气候系统内部因子及其相互作用

在年际及年代际的时间尺度上,气候系统内部因子及其相互作用,特别是海气相互作用可能与全球温度变化存在一定的联系。厄尔尼诺与拉尼娜事件对全球温度在年代际尺度上可能造成0.1～0.3℃的影响。

中国气候变化的成因除了外强迫外，也与气候系统多圈层相互作用有关，中国气候的年代际变化在很大程度上受到海洋和陆面过程的影响。热带印度洋和西北太平洋海温具有显著的年代际增暖现象，这种增暖通过影响西北太平洋副热带高压的位置，进而造成中国夏季雨带年代际南移；北太平洋涛动（NPO）与中国冬季风的关系具有明显的年代际变化，是导致冬季风减弱趋势产生的重要原因；大西洋年代际振荡（AMO）的不同位相可以引起中国降水和温度的分布产生明显的差异；春季欧亚大陆积雪的年代际变化通过影响大气环流的变化，可以引起夏季中国东北和华南降水的年代际变化。

3.2 人类活动对气候变化的影响

3.2.1 大气成分的变化

地球大气在其形成之后，已经经历了漫长岁月的演化，目前这一演化过程仍在继续。但是，直到大约250多年以前的工业革命，这种演化主要是由自然原因支配的。自那以后，特别是最近几十年以来，由于人类生产和社会活动的急速发展，地球大气的组成已经发生并正在继续发生引人注目的变化。确定无疑的是，目前的地球大气组成仍然受着地质、生物和化学过程的控制；但是，与过去相比，人为过程的影响愈来愈大。最突出的例子是大气 CO_2 和 CH_4 等温室气体以及硫酸盐气溶胶等的增加。这种变化通过大气辐射过程有可能给未来的地球气候环境造成深刻的影响。

表3.1 受人类活动影响的主要温室气体及其浓度变化（IPCC，2007）

大气气体	CO_2	CH_4	N_2O	CFC-11	CFC-12	HCFC-22	CF_4
工业革命前（1750年）	278 ppmv	715 ppbv	270 ppbv	0	0	0	40
2005年大气含量	379 ppmv	1774 ppbv	319 ppbv	251 pptv	538 pptv	169 pptv	74 pptv
2005—1998年大气含量的变化	13 ppmv	11 ppbv	5 ppbv	−13 pptv	4 pptv	38 pptv	—
大气寿命（a）	50～200*	12	114	45	100	12	50000

* 数据引自IPCC，2001，其余数据引自IPCC，2007。

表3.1列出了受人类活动影响的主要温室气体及其浓度变化。从对地球气候的影响而言，水汽是大气中最重要的温室气体，其含量随地区和季节变化极大。资料显示，自1970年代以来，北半球的许多地区水汽含量有明显增加。在目前的全球气候变化研究中，并不把水汽变化作为一种"直接强迫"对待，而是作为一种"反馈机制"处理。

2009年全球大气 CO_2 平均浓度已增加到386.8 ppm，近10年（1997—2007）年均增长率约2.0 ppm/a。大气中的卤代温室气体[如含氯氟烃（CFCs），加氢氯氟烃（HCFCs），高卤代烃，哈龙，即含溴卤代烃等]，目前大气中的浓度均小于1 ppb，与其他气体相比是很低的。但是，由于它们的环境和气候效应使之成为目前最受关注的大气成分之一。由于1987年9月保护大气臭氧层的蒙特利尔议定书及其以后的《京都议定书》的签订，目前的CFCs浓度增长速度有所减慢，甚至出现下降的趋势。但是，另一方面，作为CFCs代用品的部分HCFCs及HFCs的浓度增长速度却在加快，其中某些物种具有更高的全球增温潜能的问题不容忽视。

2009年中国不同区域大气 CO_2 年均浓度已达387.4～405.3 ppm，其中瓦里关全球本底站（36°17′N，100°54′E）的浓度最低，为387.4 ppm，但仍略高于全球均值。从变化趋势以及年均增幅来说，它与北半球中纬度地区其他一些本底站的同期观测结果大体一致（图3.1）。中国大气 CH_4、N_2O、SF_6 浓度也呈不断上升趋势。

大气卤代温室气体中，CFC-11、CFC-12和HCFC-22是浓度最高的。表3.2是2007年北京上甸子站与南北半球5个典型本底站年均本底浓度的比较，可以看到上甸子站观测到的年均浓度与国外本底站相当，南北半球观测值差异反映出不同纬度带人类活动排放、大气输送及混合的影响。

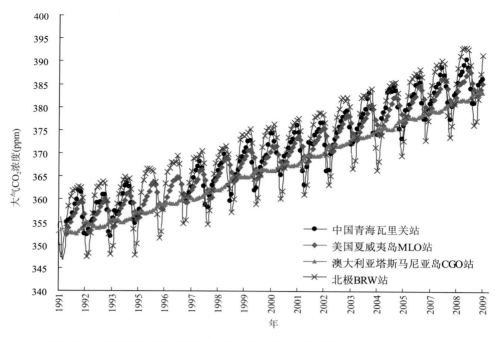

图 3.1　中国瓦里关站与其他 3 个代表性全球本底站大气 CO_2 浓度变化的比较

表 3.2　2007 年不同地区含卤气体年均本底浓度的比较

站名	经度(°E)	纬度(°N)	海拔高度(m)	CFC-11 年均浓度(ppt)	CFC-12 年均浓度(ppt)	HCFC-22 年均浓度(ppt)
爱尔兰 MHD 站	−9.9	53.33	25	246.29	541.02	194.77
美国 THD 站	−124.15	41.05	120	246.44	541.20	195.91
北京上甸子站	117.12	40.65	286.5	245.97	541.26	195.35
巴巴多斯 RPB 站	−59.43	13.17	45	246.18	540.48	189.13
美属萨摩亚 SMO 站	−170.57	−14.24	42	244.86	538.71	176.35
澳大利亚 CGO 站	144.68	−40.68	94	243.84	537.94	173.10

气溶胶通过散射和吸收太阳辐射,改变地—气系统的辐射平衡进而影响气候。除了直接气候效应之外,气溶胶还具有多种影响云的微物理和辐射特性的间接效应。

中国陆地表面小于 10 μm 大气气溶胶中具有光散射效应的组分占绝大部分,其中硫酸盐占 16%、有机碳 15%、硝酸盐 7%、铵盐 5%、矿物气溶胶(在多数情况下具有散射效应)占 35%,在总有机碳气溶胶中二次有机碳约占 55%~60%,显示出中国大气气溶胶散射性强的特点。具有显著吸收效应的元素碳气溶胶只贡献对总气溶胶质量浓度的约 3.5%。

1960 年代以来中国地区大气气溶胶光学厚度总体呈明显增加趋势。图 3.2 表示利用记录长度超过 35 年的能见度资料反演的 1960—2005 年平均气溶胶光学厚度,细分为两个时段:1960—1985 年和 1986—2005 年,它们的线性趋势斜率依次标于各图左上角及右下角。

由图 3.2 可以看到,在 1985 年之前,中国地区大气气溶胶光学厚度呈明显增加趋势,原因很可能是随着中国经济发展和居民生活水平的提高,以煤、石油等化石燃料为主的能源消费不断增加,大城市地区尤甚;之后,随着国民环境意识的提高以及更为严格的国家污染物排放标准的颁布,这种增加趋势有所减缓,特别是大城市地区增幅减小了 1 个数量级。

综合了中国最新的观测资料,估算获得全球各种气溶胶和人为气溶胶的直接辐射强迫分别为 −2.03 W/m² 和 −0.23 W/m²,第一和第二间接效应分别为 −1.14 W/m² 和 −1.03W/m²。中国大气气溶胶没有加剧中国降水的"南涝北旱"现象。北极冰雪表面的黑碳气溶胶浓度自 1990 年以来持续下降,且北极的黑碳不主要来自亚洲。

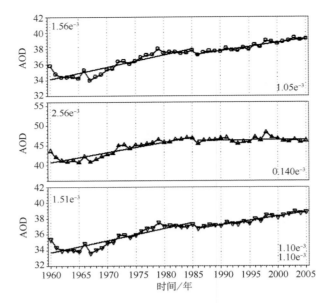

图 3.2 中国地区 1960—2005 年平均气溶胶光学厚度的演变。上部曲
线为全国 639 个站点的逐年平均；中部：同上，但利用 31 个省（区、市）首府站
点资料；下部：同上，但利用其余 608 站点资料。

大气臭氧的最重要变化特征是平流层臭氧的减少与对流层臭氧的增加。与北美和欧洲一些地区一样，中国对流层 O_3 属于北半球高值区。

3.2.2 生物地球化学循环的作用

自工业革命以来，人类活动向大气中释放的 CO_2，主要来自于化石燃料使用和土地利用的变化。前者已经从 1990 年代的 6.4 GtC（23.5 $GtCO_2$）/a 增加到 2000—2005 年间的 7.2 GtC（26.4 $GtCO_2$）/a；后者在 1990 年代的释放量估计为 1.6 GtC（5.9 $GtCO_2$）/a。人类活动释放的 300 亿吨左右 CO_2（假定近年来土地利用变化的释放保持不变或略有减少）将在大气、生态系统和海洋三大碳库之间进行重新分配。这种再分配的结果以及原本存在的各碳库之间的交换作用将决定大气中的 CO_2 浓度，它不但受到地球气候变化的影响，也反过来直接影响地球气候系统。因此，为了理解全球气候变化的过程机制、预测未来的变化趋势，需要细致地刻画全球和区域各种碳库的变化、定量评估各碳库之间的碳交换通量及其平衡关系。

对中国区域的土壤和植被碳库已经开展了许多研究工作。表 3.2 为不同类型的植被碳密度、土壤碳密度、植被碳储量、土壤碳储量和总储量。由表可见，全国土壤碳库储量为 102.96 PgC、植被为 15.97 PgC，两者合计的总碳储量约为 118.93 PgC。

表 3.2 中国不同类型生态系统植被和土壤的碳库储量

生态系统类型	面积（万 km²）	植被碳密度（Mg C/hm²）	土壤碳密度（Mg C/hm²）	植被碳储量（PgC）	土壤碳储量（PgC）	总碳储量（PgC）
森林	142.80	52.28±12.62	156.18±33.29	7.46	22.30	29.76
草地	331.00	7.61±4.29	129.92±16.52	2.52	43.00	45.52
灌丛	178.00	18.37±23.86	78.81±48.14	3.27	14.03	17.30
农田	108.00	18.48±18.12	103.53±23.77	2.00	11.18	13.18
荒漠	128.24	3.71±5.14	61.47±43.52	0.48	7.88	8.36
湿地	11.00	22.20±5.68	415.10±413.19	0.24	4.57	4.81
总计	899.04	—	—	15.97	102.96	118.93

自 1990 年代以来，利用国家 6 次森林清查资料，采用不同的统计方法对中国的森林植被碳储量开

展了评估,但结果之间差异较大,特别是利用第四次清查资料做出的最大和最小的估算值相差近一倍,相对偏差高达 0.82 PgC。目前看来,中国森林植被碳储量为 3.3~6.2 PgC,碳密度变化大致为 3.2~5.7 Pg C/m²。

综合中国陆地生态系统碳循环过程及其区域碳收支评估的各种研究结果,可以认为我国陆地生态系统是一个重要的大气碳汇,在区域碳平衡中发挥了重要作用。1980—2000 年中国各种森林、草地和灌草丛的年均总碳汇分别为 0.075 Pg C,0.007 Pg C 和 0.014~0.024 Pg C,该时段的中国陆地生态系统植被和土壤碳汇总量相当于同期中国工业 CO_2 排放量的 20.8%~26.8%。利用综合多种方法的集成性评估认为,1980—2000 年中国陆地生态系统每年大气 CO_2 净吸收的变化范围为 0.19~0.26 Pg C,耕作土壤的年平均碳汇强度约为 15~20 Pg C,东北温带和南方亚热带的老龄林仍具有较强的碳汇功能。

基于中国陆地生态系统观测研究网络(ChinaFLUX)的连续观测,初步量化了中国主要典型陆地生态系统的碳汇源状况。研究结果表明,我国青藏高原高寒草甸与高寒灌丛草甸具有一定的碳汇功能;高寒草原化草甸和北方温带草原生态系统大多处于碳平衡状态,年净碳交换量受降水的影响,具有较大的年际间波动,在湿润的年份为弱的碳汇,而在干旱年份极易转变为碳源;东部的亚热带天然林与人工林、温带森林生态系统都具有明显的碳汇功能,其碳汇强度受温度和水分条件的限制由南向北降低;不同类型生态系统的净生态系统生产力(NEP)主要是受年降水量(P)和平均温度(T)的共同控制,利用这两个变量可以很好地评价中国区域生态系统净生态系统生产力(NEP)空间格局。

中国海洋面积很大,但是关于海洋 CO_2 汇源的空间分布及其总体的碳吸收能力研究工作较少。部分研究表明,中国渤海、黄海和东海表现为大气 CO_2 的汇,而南海则表现为 CO_2 的源。表 3.3 给出了中国不同海域海洋—大气间的碳交换速率以及源汇强度的各种估计。不难看出,其间存在较大差异。

表 3.3 中国各海区的碳源汇格局

研究区域	交换速率 μmolC/(m² s)	源汇强度(万 t/a)	研究者
渤海	0.097	284	宋金明等,2008
黄海	0.063	896	宋金明等,2008
		600~1200	Kim,1999
东海	0.009	188	宋金明等,2008
	0.033	726	张远辉,1997
		523	张龙军,2003
	0.089	3000(包括黄海)	Tsunogai、Watanabe,1999
		430	胡敦欣、杨作升,2001
南海		1665	韩舞鹰、林洪瑛,1997
	−0.010~−0.016		翟惟东,2003

注:正值表示吸收大气 CO_2,即为大气 CO_2 的汇;负值表示向大气释放 CO_2,即为大气 CO_2 的源。

值得注意的一个重大问题是,地球气候系统具有主要来自海洋的巨大热惯性,海洋是过量热能的主要储库。模式计算结果表明,与地球向外空发射的能量相比,目前的地球多吸收 0.85±0.15 W/m² 从太阳来的能量。1993—2003 年 10 年间海洋热容量增加的精确测量结果证实了这种不平衡。据此可以推断:(1)大气组成即使不再变化(例如完全停止 CO_2 的人为排放),预期也会有额外的 0.6℃ 的全球增暖;(2)气候系统响应强迫的滞后,意味着地面温度需要 25~50 年才能达到其平衡响应的 60%;(3)冰盖瓦解与海平面上升可能会加速。

总体来看,中国现有的陆地和海洋的基础数据还十分匮乏、限制了对区域碳循环过程的机理的理解,还尚难以支持对区域碳收支进行精确评估。进一步增强中国陆地和海洋生态系统的碳循环过程的科学研究,增强陆地—大气以及海洋—大气碳库之间 CO_2 交换通量的综合观测能力,是中国全球变化科学研究和应对气候变化的迫切科技需求。

3.2.3 土地利用与覆盖的变化

土地利用与覆盖的变化（LUCC）首先将改变地表的辐射特性如地表反照率。农田、水面、森林、草原、沙漠等不同地表覆盖的短波反照率是很不相同的，因此 LUCC 将通过改变地表辐射平衡产生重要的气候变化辐射强迫（IPCC，2001）。

直到 20 世纪中叶，中纬度地区的大多数森林面积都在减少；在最近几十年，虽然西欧、北美和亚洲（特别是中国地区）已经开始恢复林地的行动，但热带地区森林的破坏却在加速。

自 IPCC 第三次科学评估报告以来，已经对工业革命以来 LUCC 造成的辐射强迫进行了新的研究。利用重建的 1700 年以来的耕地变化数据，得到的耕地变化引起的全球辐射强迫约为 $-0.15\ W/m^2$。另一方面，牧地变化的历史数据也获得了重建，由此得到的 1750 年以来耕地和牧地变化两者的总辐射强迫约为 $-0.18\ W/m^2$。

一个值得注意的问题是，地表反照率的变化可以影响大气气溶胶的辐射强迫，因此，在估计 LUCC 的地表反照率效应与气溶胶的辐射强迫时，需要将两者综合考虑。

除了反照率效应之外，LUCC 还可以改变地面能量和物质交换，诸如水汽收支、CO_2、甲烷以及生物质燃烧气溶胶和沙尘气溶胶等的排放等，进而对降水、温度和大气环流带来扰动，影响区域和全球气候。全球气温对 LUCC 的响应取决于冬春季节地表反照率增加（降温效应）以及夏季和热带地区蒸发量的减少（增温效应）的相对重要性。目前估算的由过去森林面积减少引起的全球温度响应范围为 $0.01\sim0.25℃$。虽然很多研究都表明，近三百年来 LUCC 使全球温度降低，但是由于近年来热带雨林破坏的加剧，由于蒸发减少造成的增温可能也越来越重要。中国近几十年的现代化进程所带来的 LUCC 变化无论其影响范围和变化速度都是值得重视的。

由于观测资料和模式发展的限制，中国在 LUCC 对气候影响方面的研究与国外相比起步较晚，1990 年代以后中国科学家才开始利用数值模拟对 LUCC 的气候效应进行研究。结果表明，大范围区域植被变化对区域降水、温度的影响非常显著，而气温的变化比降水更显著；植被退化使当地气温明显升高，使中、低层大气变得干燥，近地层风速加大；而植树造林却使当地及周围地区冬偏暖、夏偏凉，大气变得湿润，近地层风速减小，在一定程度上会减少沙尘暴的发生。利用区域气候模式对中国近代历史时期 LUCC 对区域气候影响的模拟结果表明，1700 年以来，LUCC 可能对中国区域降水和温度产生了显著影响，包括造成 1900 年以后尤其是最近 50 年中国大部分区域的平均温度升高，使东亚冬、夏季风环流有所增强，引起年平均降水量在南方增加、北方减少，南方年平均气温显著降低。通过一个中等复杂程度的地球系统模式对近 1000 年来的模拟结果表明，仅考虑反照率效应时，近 300 年来 LUCC 使全球变冷了 $0.09\sim0.16℃$，而北半球年均气温降低了 $0.14\sim0.22℃$。

除了数值模拟研究外，还可以从观测资料出发，研究中国地表气温变化对 LUCC 的敏感性，为有关数值模拟试验研究提供观测事实支持。结果表明，在全球变暖的背景下，沙地、戈壁等未利用地和人类活动较多的区域（如中国东部）地表升温幅度大，而植被覆盖状况好的区域升温趋势则较弱。将观测资料分析和数值模拟结合起来，所得到的中国西北地区在 20 世纪 70 年代与 90 年代的植被改变造成的气候变化与观测到的气候变化特征基本一致。这说明，上述地区上述时段的气温和降水以及相关的大气环流年代际变化很可能受到了当地植被覆盖改变的影响。当然，任何观测到的气候变化特征是由多种因子所决定的，LUCC 的定量影响应当进一步辨识。

3.2.4 气候变化的辐射强迫

辐射强迫是气候变化的驱动力。如上所述，辐射强迫既可来自人类活动的影响（例如，大气温室气体和气溶胶浓度的增加，土地利用与土地覆盖的变化等），亦可来自火山活动与太阳变化等自然因子。不过，入射太阳辐射本身不是辐射强迫，其变化才被看作是辐射强迫。

对 1750 年以来受人类活动影响的不同辐射强迫因子所产生的全球平均辐射强迫的估计及其不确定性范围，目前所得到的最新结果是：长寿命温室气体（包括 CO_2、CH_4、N_2O 和卤代烃）的总辐射强迫为$+2.63[\pm 0.26]$W/m²;平流层O_3、对流层O_3及由CH_4生成的平流层水汽的辐射强迫分别为$-0.05[\pm 0.10]$W/m²、$+0.35[-0.1,+0.3]$W/m²和$+0.07[\pm 0.05]$W/m²;大气气溶胶(包括硫酸盐、硝酸盐、生物质燃烧、有机碳、黑碳以及矿物沙尘)的总的直接辐射强迫和间接辐射强迫(仅包括云反照率效应)分别为$-0.50[0.40]$W/m²和$-0.70[-1.1,+0.4]$W/m²;由土地利用及沉积在雪面上的黑碳气溶胶引起地表反照率变化而产生的辐射强迫分别为$-0.20[\pm 0.20]$W/m²和$+0.10[\pm 0.10]$W/m²;飞机尾流诱发的卷云效应为$0.01[-0.007,+0.02]$W/m²。总的人为强迫数值为$+1.6[-1.0,+0.8]$W/m²。

3.3 气候变化归因与不确定性

3.3.1 观测资料的不确定性

19世纪末以来,人类利用仪器直接观测气候、环境要素变化已取得了长足的进步,特别是在观测项目、观测手段、空间覆盖、多层观测、质量控制等方面。这些观测数据在气候系统与气候变化研究中得到了广泛应用。例如,科学界基本认同20世纪以来中国地表温度升高的总体变化趋势,不同学者仅对变暖的幅度估计有所不同。

器测资料的不确定性主要来自观测时空局限、观测环境变化、仪器更替以及统计手段等因素。举例来说,20世纪前50年中国观测资料的空间代表性不足,后50余年中国城市化发展所带来的热岛效应影响尚难完全剔除。达到100年以上气温仪器观测记录的气象观测站在中国只有71个,均分布在中国东部。观测范围覆盖整个中国的气象观测网建设始于1951年,之后不断完善。目前,拥有50年完整、系统气象观测资料的站点共约2400个,但在中国西部地区台站仍然较为稀少,这为建立一套全国和区域的温度标准序列带来了困难(唐国利等,2009)。

城市化过程对局地气候观测结果的影响主要表现在:一是在城市的新建和扩张过程中,改变了城市下垫面,进而对局地甚至区域气候产生影响;二是有的台站虽然没有迁移,但其观测环境发生了很大变化,从而影响观测站点对周边地区气候的代表性;三是城市温室气体和大气污染物的排放,直接影响局地气候。已有研究认为,中国城市化的影响在不断增强,特别是在中国东部的超大城市及其邻近地区。

另外,目前的研究工作大都未考虑台站迁移和仪器变更的影响。站址迁移对观测数据均一性的影响很大,尤其是对极端气温、雨量、风速等气象要素。我国的许多气象台站都有过一次或多次迁站记录。据统计,1949年后全国约有80%的地面基准站曾迁移过站址,约有70%的地面基本站有过一次以上的迁站记录。观测仪器、安装高度和裸露程度对观测记录的均一性也有较大影响。中国自1949年以来,地面气象观测规范曾作过多次修改,重大变动有5次,在气温、湿度、风向风速、降水等主要气象要素的观测中,观测仪器、仪器安装高度、观测时制、计算方法上都有变化。

3.3.2 模式归因

除了根据驱动力(辐射强迫)进行气候变化的物理归因分析之外,数值模式模拟也是一个重要的工具;前者提供"因",后者提供"果",分析"因""果"之间的关系,将有助于揭示地球气候变化的真实原因。

气候模式建立在公认的物理原理基础上,能够模拟出当代地球气候,并再现过去气候和气候变化的主要特征,是进行气候变化预估的首要工具,可以得到具有重要意义的预估结果,但其中也存在着不确定性。

首先地球气候是一个极其复杂的开放巨系统,涉及不同时间、空间尺度的相互作用,需要大气科学、海洋学、地球物理、化学、生态学及数学和计算科学等多学科的交叉融合。模式对实际地球系统的物理、化学、生物过程及其相互作用表述的不完善,如云、气溶胶、辐射、植被、地球生物化学等,必然造成有关结果的偏差。

目前模式中最不确定的过程主要有:(1)云的参数化。云在地球气候(温度、降水等)中起着极为重要的作用,但对过去和未来的云参数(云量、云高、光学厚度等)要么无从知道,要么知之甚少,因此气候模式中的参数化方案包含很大的主观性和经验性；(2)气溶胶—云—辐射相互作用，特别是在大气气溶胶作为云的凝结核，对云滴大小、云反射率、云的寿命以及降水的影响(气溶胶间接气候效应)方面，由于相应机制的研究和观测资料的不足，严重影响其在气候模式中的参数化；(3)生态系统对气候变化的响应与反馈，影响模拟的水汽与能量交换、植被 VOC 排放和生态系统碳氮源汇的模拟；(4)最后，气候系统的内部变率等，也增加了模式及预估的不确定性。

未来可能的温室气体排放情景，也是气候变化预估的重要不确定性来源，它取决于对人类社会自身发展状况的预估，例如人口数量、能源消费及其结构的变化、温室气体排放量估算、政策因素、温室气体减排和去除技术的进步以及新能源开发等，目前一般只能给出一个可能的范围(如 IPCC SRES 情景，RCP 情景等)。

在区域和局地尺度上，由于模式分辨率、用于评估气候模式的观测资料的缺乏等，气候变化预估的不确定性则更大。

3.3.3 归因的复杂性

如上所述，在研究气候变化的归因时，无论是观测资料还是模式研究，都显示出很大的不确定性。观测资料是模式研究的基础，也是模式结果的最终验证。但是，在众多影响气候的要素中，观测资料本身存在表面上看起来互相矛盾、难以解释因果关系的现象。这里，以中国太阳辐射、云、气溶胶、日照、蒸发量等为例，说明归因的难度与复杂性。

到达地面的太阳总辐射(SSR)是地面辐射平衡进而影响地球气候的一个重要因子。研究发现，无论是在晴空条件下还是在有云状况下，全球 SSR 的变化趋势在 1990 年前后发生转折，从减少变为增加，即所谓从全球变暗(dimming)变成全球变亮(brightening)。其气候含义是，1990 年以前的"变暗"可能对全球变暖有某种"抑制"作用，而其后的"变亮"则可能"加速"变暖趋势。

中国地区的情况与全球类似。图 3.3a 给出了 1960—2008 年 SSR 的变化。可以清楚地看出，从1990 年开始 SSR 明显增加，但 1995 年后却又回到减少趋势。

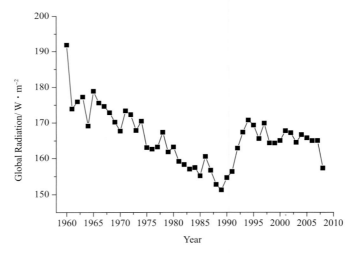

图 3.3a 1960—2008 年中国地面太阳总辐射的变化

耐人寻味的是，大致在同一期间(1956—2002)，中国地区年均日照时数与蒸发量也呈现几乎相同的变化趋势(图 3.3b)。从物理上来说，日照时数与 SSR 以及蒸发量的"同步变化"是易于理解的，但其他气候要素的变化却并非如此。

影响 SSR 的主要因子是云和大气气溶胶。利用 ISCCP 卫星资料反演的中国地区 1984—2000 年的云量变化，如图 3.3c 所示(气象台站资料亦显示类似结果)。可以看到，总云量呈现波动性减少，意味着到达地面的太阳辐射应当增加；由于中、低云云量变化趋势不明显，故总云量的减少主要源于高云量的减少，减少幅度为 2.7%，约占平均高云量的 14.4%。一般认为，高云的"温室效应"超过其"反照率"效应，其云量的减少将对地面产生"增暖效应"。但是，另一方面，中国地区年平均云水路径增加约

18 g/m²,增幅超过 25%。相应地,平均云光学厚度呈显著增加趋势,增幅约为 1。这种增加将减少 SSR 并对地面产生"冷却"效应。

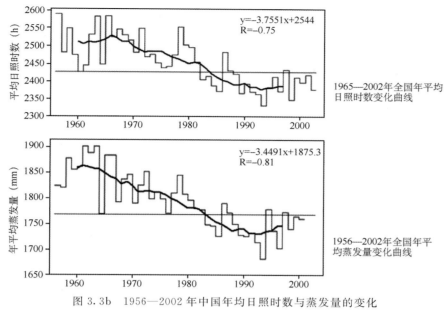

图 3.3b 1956—2002 年中国年均日照时数与蒸发量的变化

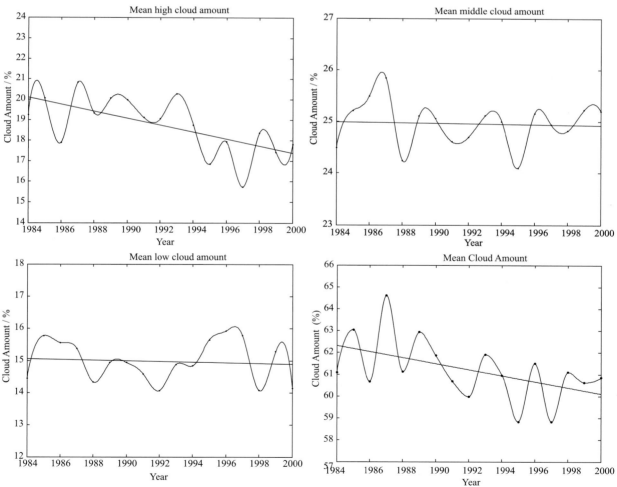

图 3.3c 中国地区 1984—2000 年的云量变化

(从上至下依次为高、中、低和总云量)

大气气溶胶（光学厚度）的增加（图 3.2）将导致 SSR 的减少，但发现气溶胶变化本身并不存在 1990 年前后的转折。

另一个"悖论"来自于中国地表温度的升高与蒸发皿蒸发量的减少。目前认为，其可能原因是近几十年来风速的减弱。

总之，如果从影响气候变化以及受气候变化影响的物理因子来探究气候变化的归因，情景是十分复杂的。

3.3.4　结语

目前，有关全球气候变化的争论焦点并不在于近百年来全球地表温度是否已经升高以及大气 CO_2 的浓度是否已经增加，而在于是否应当将二者紧密联系起来。换句话说，争论的焦点在于归因问题。

归因无论是在自然界和人类社会都是一个非常复杂因而极为困难的问题。就全球气候的长期平均变化而言，"因—果"关系（强迫—地面温度）以及"温室效应"理论，应当不存在太多物理学上的争论空间。

如果将近百年来的"全球变暖"归因于太阳变化和地热流，那么它们对全球气候变化驱动力（辐射强迫）的贡献分别为 $+0.12 \sim +0.3$ W/m² 和 0.087 W/m²，远小于人为因子的总强迫（温室气体、气溶胶与 LUCC）$+1.6$ W/m²。至于火山活动，其全球辐射强迫大约是 -0.2 W/m²，不但其持续时间只有几年，而且是产生一种"冷却"效应。

总之，物理因子以及气候模式的归因分析均表明，20 世纪后 50 年的气候变化几乎不可能用自然原因和气候系统内部因子的变率来解释，人类活动产生的外强迫很可能是造成气候变暖的原因。当然，值得注意的一个问题是，在研究气候变化的归因时必须分清时间尺度。地球气候可以在年际、年代际、百年、千年、万年、几十万年、百万年甚至千万年到亿年的时间尺度上发生变化，而造成有关变化的驱动力（强迫）可能很不相同。

第四章 气候变化对中国自然、经济和社会的影响

主　笔：丁永建，王春乙，吴绍洪，叶柏生，姜彤，吴立新，王根绪，包满珠
贡献者：李茂松，张廷军，王国庆，谢立勇，赵传成

提　要

本章围绕水、陆地生态、陆地环境、农业、人居与健康及其他经济社会领域等六方面，对气候变化已经产生的影响、表现形式、影响程度等进行了综合评估。分析了气候变化对水资源的影响、冰冻圈水文水资源效应及海洋水文变化及影响；综合评估了陆地生态系统、土地覆被、荒漠化及水土流失等受气候变化的影响程度及已经产生的结果，海平面变化对海洋生态及近海环境的影响；系统总结了气候变化对种植业、畜牧业、林业、水产、渔业等领域的影响事实；针对气候变化对我国工业、能源、旅游、城市、重大工程及人居环境、人体健康、传染病和气候灾害等方面的影响，揭示了气候变化对我国社会经济领域已经产生的影响。

4.1 水文水资源

近50年来，中国江河实测径流量总体上呈减少趋势，其中海河、黄河等流域减少明显。现阶段人类经济活动仍是径流变化的主要原因，但气候要素变化对径流量的影响总体呈现增加趋势。伴随着社会经济发展，气候变化加剧了北方干旱地区水资源的供需矛盾，南方湿润地区水质性缺水现象较为突出。近十多年来，由于冰川加速消融，西北高寒山区径流增加显著。极端降水事件频发导致洪涝灾害呈增多增强趋势，干旱范围和强度亦呈增大趋势。海平面上升对沿海地区防洪安全带来严峻挑战。

4.1.1 河川径流及水资源

在全球气候变化背景下，中国主要江河实测径流量发生了相应的变化(图4.1)。长江、黄河、松花江、珠江等近百年的水文观测记录表明，中国主要河流径流量多处于减少趋势，减少幅度介于0.5%/10a～4%/10a。1950—2008年间，中国大江大河的实测径流量总体呈下降趋势，海河、黄河、辽河实测径流量下降明显，特别是海河流域各主要河流实测径流减少约30%～70%(张建云等，2007)。长江中下游、淮河上游、嫩江以及新疆自上世纪80年代以后多年平均径流量增加2%～9%。

河川径流的变化是人类社会经济活动(修建水利工程、城市化等)引起的流域下垫面变化、气候变化和经济社会发展等多种环境要素变化综合作用的结果。总体上，干旱少雨的北方地区，人类社会经济活动对径流影响显著，而降水充沛的南方地区影响有限。以黄河流域为例，人类社会经济活动是1970年以来黄河中游径流量减少的主要因素。气候要素变化对径流量减少的影响总体呈现增加趋势，1980年代以来气候变化和人类社会经济活动对径流的影响分别约占径流减少总量的30%和70%，气候变化在一定程度上加剧了北方干旱地区水资源的供需矛盾。

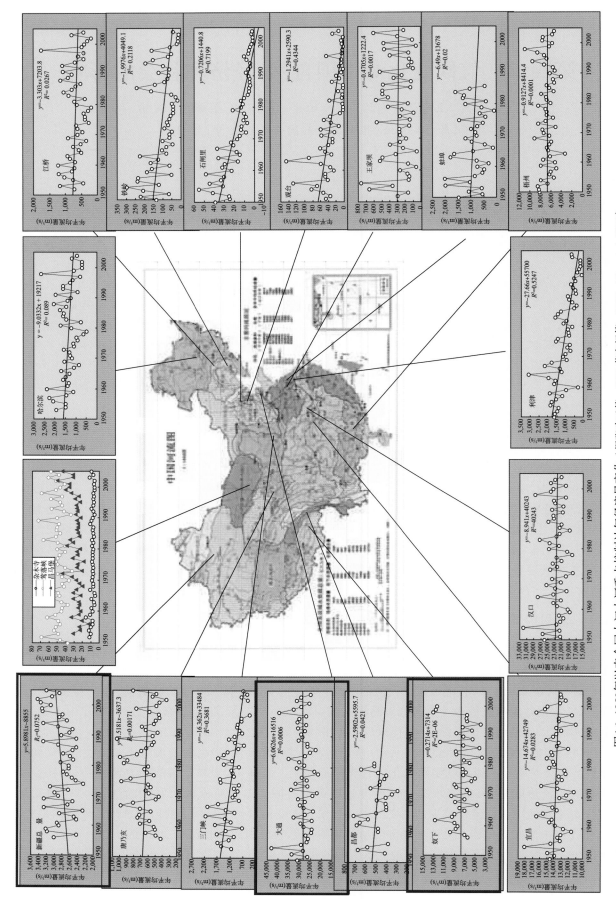

图4.1 1950年以来全国大江大河重点控制站年径流量变化（据张建云等，2007;苏宏超等，2007; Ding et al.,2007）

全国水资源质量在下降,水环境污染呈加重态势。2008 年全国水质监测评价结果显示,45%的断面水质符合和优于地表水Ⅲ类标准,28%的断面属水污染严重的劣Ⅴ类;劣Ⅴ类水河长占 21%,较 2001 年增多 4%。水体质量恶化受区域工农业快速发展的影响显著,同时,气候要素变化也是水环境恶化的原因之一。一方面气温升高对水体生物的生活环境产生影响,水体生物的分布发生变化;水体容易产生蓝藻、富营养化等问题;另一方面降水减少和工农业发展使径流减少,水体的稀释能力变小,自净能力减弱。结果使得南方湿润地区也存在较为突出的水质性缺水现象。

4.1.2 冰冻圈水文

冰冻圈变化对我国西部寒旱区水文和生态的影响日趋显著。冰川径流约占我国西部内陆河流域径流的 22%,冰川的水源、水量及调节作用突出,尤其在干旱区,冰川的水文效应尤为重要。据研究,流域冰川覆盖率超过 5%时,冰川融水就会对流域径流产生较强的调节作用,冰川融水的"削峰填谷"作用对干旱区绿洲的稳定起关键作用。

气候变暖已经导致冰川径流的显著增加,已有的观测和计算结果表明,1961—2000 年间塔里木河及主要支流冰川径流显著增加,河流径流增加量中,至少 1/3 以上来源于冰川径流的增加,而长江源区冰川径流增加减缓了河流径流的减小幅度。冰川的加剧消融和退缩也导致一些冰川补给湖泊面积扩展。近年来,冰川洪水、冰湖溃决洪水的频率也有所增加。鉴于不同流域冰川覆盖率、冰川变化等存在较大的差异性,导致的冰川径流对水资源的影响有待进一步的研究,特别是冰川退缩过程中对冰川径流先增后减过程以及对河流径流的影响研究需要细化。

冻土退化直接影响流域的水循环过程。冻土活动层加厚或冻土消失引起地下水位(冻结层上水水位)持续下降或消失,导致沼泽湿地萎缩、河湖干涸等水环境变异与生态环境持续恶化,同时,强化了流域地下水形成系统,结果使众多有多年冻土分布河流的冬季径流显著增加。

气候变暖使流域融雪过程提前,导致径流年内分配发生变化。1959—2005 年气候变暖已经使阿尔泰山额尔齐斯河支流克兰河流域年内最大月径流(融雪径流)提前 1 个月,径流量增加约 15%,夏季径流减少,融雪径流的这种变化还取决于流域积雪量的变化。

4.1.3 海平面上升

气候变化对我国东部陆架海及南海的温盐与环流产生了深刻影响。1900—2008 年,我国近海整体呈现一致增暖趋势,其中东部陆架海及西北太平洋增暖速率为 1.3±0.30℃/100 年,为全球平均的 2～3 倍,而且这种增暖与黑潮的经向热量输送加强密切相关(Wu 等,2012)。中国近海另一个变化最突出的现象就是渤海盐度的变化。从 1961—1996 全渤海平均盐度升高近 2 Psu(Psu,实用盐度单位,千分之一),渤海湾老黄河口附近海域盐度升高近 10 Psu,除蒸发量增加外,黄河径流量的减少起主导作用(吴德星,2004)。1979—2008 年东海的蒸发明显增加,约为 1.2 cm/a,导致淡水亏损,持续失热,而南海则呈淡水通量减弱,吸热减少趋势。

1981—2010 年中国沿岸海平面上升的平均速率为 2.6 mm/a,比全球平均值 1.8 mm/a 高出 0.8 mm/a。海平面上升导致海岸侵蚀加剧。自 20 世纪 50 年代以来,海岸侵蚀日渐明显,至 70 年代末期除了原有的岸段侵蚀后退之外,不断出现新的侵蚀岸段,总的侵蚀正在不断增加,1976—1982 年,海南岛平均蚀退速率 15～20 m/a。20 世纪 80 年代以来,我国海岸线的迁移方向出现了逆向变化,多数砂岸、泥岸或珊瑚礁海岸由淤进或稳定转为侵蚀,导致岸线后退。海平面上升使得平均海面及各种特征潮位相应增高,水深增大,波浪作用增强,加剧了风暴潮灾害。海平面上升使河口盐水楔上溯,加大了海水入侵强度,使地下水水质盐化加重,这一现象在大江大河三角洲附近尤为明显。我国海水入侵以黄渤海沿岸大城市为最,山东莱州湾地区是我国海水入侵灾害最严重的地区之一,该地区 1976—1979 年海水入侵速度是 46 m/a,1987—1988 年为 404.5 m/a。海平面上升和河流径流量变化是导致河口咸潮入侵的主要因素。对珠江三角洲河口研究显示,海平面上升对咸潮上溯有显著影响,250 mg/L 的咸度线随着上游来水频率的增大,上溯距离明显增大;一定上游来水条件下,随着海平面的上升,咸潮上溯界线向上游方向移动显著(孔兰等,2010)。

4.2   陆地生态系统

越来越多的观测证据表明,气候变化强烈影响着中国陆地生态系统。在过去几十年里,气候变化对生态系统的影响较以往任何时期都要快速和广泛,生态系统在结构、功能和类型等方面发生了显著变化。

4.2.1   森林

气候变化对森林结构、组成和分布、物候、生产力等方面产生了影响。1961～2003 年间大兴安岭的兴安落叶松和小兴安岭及东部山地的云冷杉和红杉等树种的可能分布范围和最适分布范围均发生了北移,兴安落叶松南界向北推移约 1.5°纬距,云冷杉最适分布区北界和南界分别出现向北推移 0.5°和 1.5°纬距,红松最适分布区北界向北推移 0.5°纬距(刘丹等,2007)。东北长白山岳桦种群随着全球气候变暖有一种整体向上迁移的趋势,分布范围从海拔 1900～1950 m 迁移至 2150 m。山西五台山的高山草甸和林线过渡带的某些植物种向上爬升的趋势与同期区域气温升高密切相关。在中国云南干旱河谷地区,因气候变暖而引起灌丛侵入到高山草甸,林线海拔大约每 10 年上移 8.5 m(Moseley,2006)。

20 世纪 80 年代以后,中国春季平均温度每上升 0.5℃,春季物候期平均提前 2 天,春季平均温度每上升 1℃,春季物候期平均提前 3.5 天;而春季平均温度下降 0.5℃,春季物候平均期推迟 4 天,春季平均温度下降 1.0℃,春季物候期则推迟 8.8 天。沈阳 1960—2005 年期间,北京 1950～2004 年观测物候随气温升高而提早。

4.2.2   草地

中国草地退化的面积以每年 200 万公顷的速度发展,北方明显的干旱化趋势是重要的原因之一。特别是对温度升高敏感的青藏高原高寒草地变化最为显著,如极度脆弱的江河源区草地生态系统从 20 世纪 60 年代以来持续退化,高寒草甸和高寒沼泽湿地显著萎缩,中高覆盖度高寒草甸面积减少了 17.7%,高寒沼泽大幅度减少了 25.6%(王根绪等,2009)。同时,高山草甸建群植物的物候随气候变化发生了显著改变,如高寒草甸主要禾本科优势牧草开花期提前 10～14 天,成熟期提前 20～24 天。

在中国大部分地区,水分是草生长发育的主要限制因子,草地生态系统生产力主要受降水的影响,降水增加改善了土壤的水分供给条件,增强了光合速率,从而提高了草地生产力(李刚等,2008)。如受降水增加影响,1982—2005 年间内蒙古草地生长季的 NPP 呈波动中增加趋势,位于中国北方典型农牧交错区域草地气候生产力增加趋势明显。而降水减少则导致草地生产力下降,如中国青南和甘南牧区、宁夏中部、西藏那曲、青海湖环湖地区等地,气温普遍升高、降水减少,水热配合程度减弱,导致牧草产量普遍下降。

4.2.3   内陆湿地

气候变化对湿地生态系统的影响显著,主要体现在湿地水文、生物地球化学过程、植物群落及湿地生态功能等。在青藏高原冰雪冻土湖泊河流这一水文环境系统中,区域湖泊变化是气候变化水热综合影响的结果。青藏、蒙新等西部湖泊的变化在区域上表现出显著的受气候变化影响,气候增暖导致一些湖泊湿地出现扩张现象(丁永建等,2006)。而同期,东北三江平原和青藏高原中北部和东部湿地面积减小迅速,认为气温升高、降水减少是湿地萎缩的主要原因之一,如青藏高原的江河源区和若尔盖湿地面积萎缩均 10%以上,特别是长江源区沼泽湿地退化了将近 29%(王根绪等,2009)。

伴随气候变化,湿地植物组成与结构变化明显,东北三江平原湿地退化中,浅湿和中湿性的小叶樟苔草面积迅速扩张,而原来深水群落毛果苔草等分布面积缩减。萎缩湿地的生物多样性也急剧减少,如白洋淀藻类减少了 15.5%,鱼类种类减少了 44.4%,同时,萎缩湿地的周边生态环境恶化,北方一些湖泊周边沙漠化面积扩张,如呼伦湖周边沙化草地已超过 100 km²,退化草地面积占可利用草场总面积的30%以上。中国湿地土壤碳库约占全国陆地土壤总有机碳库的 1/10～1/8,过去50年间的损失可能达 1.5 PgC。

4.2.4 生物多样性

20世纪的气候变化和人类活动已经对动物分布产生了一定的影响。历史上一些物种因气候变化和人类社会经济活动的影响已经灭绝。例如,中国荒漠区的一些动物(新疆虎、蒙古野马、高鼻羚羊和新疆大头鱼盐桦和三叶甘草)已经野外绝灭。绿孔雀在历史上分布于湖南、湖北、四川、广东、广西和云南,目前仅分布在云南西部、中部和南部。普氏原羚曾分布于内蒙古、青海和甘肃等地区,现在仅分布于青海湖地区(马瑞俊等,2006)。气候变化已经对青海的鸟类物候和分布产生了影响,斑嘴鸭在20世纪90年代以前在渤海地区还是夏候鸟,由于冬季气候变暖,目前已经成为这里的留鸟;近年来青海湖地区气候变化明显,与上世纪中相比较,26种鸟类从湖区消失了,如豆雁、灰头鹀、白头鹞等。

4.3 陆地环境

4.3.1 土地利用与覆盖变化

中国总体的土地利用与覆盖变化呈现出20世纪90年代以来耕地面积持续减少、林地面积持续增加、草地面积动态稳定的基本态势,不同区域存在土地利用与覆盖变化的显著差异。在宏观层面上,土地利用与覆盖变化是气候变化和人类活动共同作用的结果,其中气温升高、特别是北方气温升高幅度较大,对中国水田重心北移、旱地界限北移等起到推动作用,全国新增水田的87%集中在东北地区,新开垦的旱地农田中也有59%分布在东北三省和内蒙古地区。未来如果北方气候持续干旱化,耕地面积将进一步减少,而区域林地和牧草地均保持增长趋势(刘纪远等,2009)。

在1982—2006年间,我国表征植被覆盖状况的植被NDVI指数在大多数地区都呈增加趋势,表明我国的植被活动在增强。其中,植被发生明显增加的区域包括京津冀及其周边地区、青海东南部和北疆中西部,三区增长率均大于1%/10a;而长江以南的大部分区域植被呈减少趋势,减少率超过－1%/10a。东部沿海地区呈下降趋势或变化不明显,西部地区大都呈增加趋势。我国NDVI总体增加的总趋势与气候变化密切相关。生长季节的延长和生长加速是我国NDVI增加的主要原因,而气候变化,尤其是温度上升和夏季降水量的增加可能是NDVI增加的主要驱动因子之一。较降水而言,气温是东北全区植被年最大NDVI的主控影响因子。对于不同植被类型年最大NDVI,受气温影响强度由大到小依次为:森林＞草地＞沼泽湿地＞灌丛＞耕地;全球气候变暖将对我国北方地区植被生长产生显著的影响(毛德华等,2012)。

4.3.2 土地荒漠化

气候变化对沙漠化有显著影响,表4.1是典型区气候要素与土地沙漠化的相关统计。大气降水的增加、平均温度稳定上升对植被生长发育极为有利,风速减小也有利于流动沙丘向半固定和固定沙丘转化,这是一些主要沙区如科尔沁地区沙漠化得以从20世纪80年代以来出现逆转的主要气候原因。尽管北方农牧交错带和主要沙区气温持续升高,但是由于出现90年代长达10年左右的降水增加期以及潜在蒸散发和风速等要素的持续递减,形成了本世纪初期我国大范围荒漠化逆转的总趋势。

气温是青藏高原土地沙漠化最主要的影响因素,近50年来青藏高原持续增温导致冻土退化,使得该区域土地沙漠化持续发展,以至于江河源区、西藏两江地区等成为现阶段我国沙漠化扩张速率最大的地区之一。1961—2006年柴达木盆地气候增暖、大风增加,是该区土地荒漠化的主要因素之一。

表 4.1　典型沙区气候要素与土地沙漠化的相关系数（李兴华等，2009）

	浑善达克沙地			科尔沁沙地		
	气温	降水	风速	气温	降水	风速
流动沙丘	0.761	−0.751	0.833	0.684	−0.312	0.71
半固定沙丘	−0.15	0.829	0.324	−0.653	0.679	0.227
固定沙丘	−0.519	0.139	−0.804	−0.624	0.658	−0.687

＊＊:$P<0.01$；＊:$P<0.05$。浑善达克沙地结果源于 1970—2000 年土地利用类型变化，科尔沁沙地调查样地 31 个。

　　气候变化加剧了区域石漠化的发展，其中气温变化的影响主要是通过改变植被状况的间接影响，降水强度和次降水量对石漠化具有重要的直接影响。表现在：（1）在喀斯特地貌分布区，降水量对石漠化的影响以 >1200 mm 的降水量区最明显，在降水量>1200 mm 的地区，降水量越大，石漠化越严重。西南喀斯特山区的暴雨多集中在春季（约占 40%）和夏季（占 50% 以上），而春季和初夏季节正是大面积坡耕地的中耕播种时期和农作物处于幼苗阶段，因此 1985 年以来，西南喀斯特地区春季和初夏季暴雨增加是加剧土地石漠化发展的重要因素。（2）气候变化导致喀斯特地区的植被退化，在广西北部及云南东部和西南部的大部分地区，近 20 年来伴随气温增加，这些区域植被 NDVI 指数减少，尤其在在广西北部地区年均 NDVI 减少的趋势比较明显。气温与植被指数之间具有显著的负相关关系，尤其是喀斯特地区十分重要的常绿与落叶阔叶混交林的多年平均 NDVI 和多年平均 NPP 呈现明显减少的趋势，认为是除了降水因素以外，导致石漠化的发生与发展的重要原因。

4.3.3　水土流失

　　水土流失是气候条件、地表环境和土壤特性综合影响的产物。黄土高原地区侵蚀强度随年降水量变化具有非线性关系，即随年降水量的增大，侵蚀强度先是增大并达到峰值，然后再减小。黄土高原 115 个水文站的输沙量和 276 个雨量站的降水数据的分析表明，近 50 年来黄土高原输沙强度的时空变化与降水量变化呈现明显的空间一致性，也就是降水量减少越大，输沙量减少幅度也越大（信忠保等，2009）。

　　过去 50 年来，全国平均降水量存在着明显的区域特征，近 50 年黄土高原气候暖干化趋势较为显著，对江河输沙量的减少具有一定影响。但驱动力研究结果表明，至少在黄土高原地区，人类活动的水土保持措施对水土流失的相对贡献量平均为 72.6%，而降水贡献量只有 27.4%（信忠保等，2009）。由此说明，由气候变化所引起的降水变化的确在一定程度上影响了区域水土流失的强度，但其效应相对较小。

4.4　农　林　业

　　气候变化已经对中国农林业产生明显的影响，这些影响集中体现在对农作物生长、发育、产量形成，与此同时，农业气候资源的空间分布也发生变化，积温普遍增加、农作物生长季节延长，为喜温作物向高纬度高寒地区扩种、农作物不同熟制的空间分布变化提供了可能，生产潜力也随之发生变化，农业生物与非生物灾害呈多发重发趋势，农业生产不稳定性增加；畜牧业生产力下降，草地分布区域北移缩小，畜产品品质下降；渔业生态环境恶化、传统渔场消失、鱼类繁殖能力下降；高纬度寒温带森林的结构、组成、功能、生产力等总体向不利方向发展（孙智辉和王春乙，2010）。

4.4.1　种植业

　　气候变化导致的光、热、水等农业气候资源变化对作物产量和品质影响很大。气候变暖可使越冬作物种植北界北移，复种指数提高，喜温作物种植面积增加；作物生长期延长，作物品种的熟性由早熟向中晚熟发展，促进了作物种植结构和品种布局的调整（李祎君和王春乙，2010）。气候变暖导致中纬

度的作物带将北移 $150\sim200$ km,垂直上移 $100\sim200$ m。年平均温度增加 $1℃$ 时,$\geqslant10℃$ 积温的持续日数全国平均可延长 15 天左右。随着温度的升高,积温的增加,从农业气候资源角度推算,1981—2007年间中国一年两熟制、一年三熟制的种植北界都较 1950—1980 年有不同程度北移(图 4.2)。一年二熟制种植界限北移幅度最大的区域是陕西、山西、河北、北京和辽宁五省(市)。一年三熟制种植北界空间位移最大的区域为湖南、湖北、安徽、江苏和浙江五省(杨晓光等,2010)。

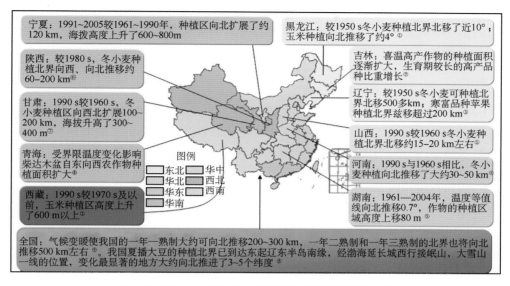

图 4.2　过去 60 年全国一些地区作物种植界线的变化

气候变化对作物生产潜力变化影响显著。日照时数的减少和降水量的减少使生产潜力降低,而气温升高具有增加作用。在光温条件适宜的条件下,水分条件与光温条件协调,有利于作物获得更高产量,相反,作物得不到充分的水分供给,将使作物生长缓慢,作物的气候生产潜力下降。降水量的下降是本世纪以来影响我国作物气候生产潜力的主要因子。气候变暖源于大气中 CO_2 等温室气体浓度增高。作为光合作用的底物,大气中 CO_2 浓度增高会导致作物光合作用增强,利于提高作物产量。但由于植株中含碳量增加,含氮量相对降低,蛋白质也可能降低,作物品质可能下降。CO_2 肥效作用的具体体现还与作物生长环境、种类品种以及管理条件有关。目前研究尚不能完全了解 CO_2 对作物刺激的机制和程度,这方面的研究工作需要进一步加强。

随着气候变化的进一步加剧,使中国的农业生产面临三个突出问题。一是农业生产的不稳定性增加,产量波动增大;二是农业生产布局和结构将出现变动;三是农业生产条件改变,农业成本和投资大幅度增加。因此,需要积极地寻找和采取有针对性的适应措施、发展适应技术以适应气候变化,通过增强适应能力来减轻气候变化的不利影响,促进中国农业的可持续发展。

4.4.2　畜牧业

畜牧区大多分布于干旱半干旱地区或高寒、高纬度地区,对人口增加、土地利用变化、尤其是气候变化等较为敏感。气候变化对畜牧业的影响是十分复杂的。气温升高,降水量不变或减少,致使草地蒸散量增加,使草地生态环境变化得更加脆弱,大风、沙尘暴、干旱等极端天气气候事件更加频繁,影响牧草的生长,导致产量下降。气候变化导致的干旱化趋势,使半干旱地区潜在荒漠化趋势增大,草原界限扩大,草原区干旱出现的几率增大,持续时间加长,土壤肥力进一步降低,高产草地面积减少,牧草覆盖度降低,牧草产量下降,草原承载力和载畜量下降。另一方面,气候变暖,尤其是冷季平均气温升高,有利草地鼠虫害的越冬和繁殖,导致牧区鼠、虫、病害危害加重,使牧畜疫情增加等等。气候变化对牧畜产品的影响有利有弊,但以不利影响为主。冬、春季气温升高,降雪减少,使牧区雪灾趋于减少,对牲畜越冬度春非常有利,牲畜死损率呈明显的下降趋势,幼畜成活率高。但高温会导致多种畜禽的生产性能下降,病毒变异,畜禽疾病增加,草地病虫害加重,牲畜疫情增加。

4.4.3 渔业

气候变化对中国渔业的影响主要有以下几个方面：气候变化破坏了海洋生态系统稳定结构，导致珊瑚礁和红树林等生态系统、鱼类的产卵场的大面积破坏，使渔业资源减少，渔业衰退。气候变暖引起海水温度升高，水温的变化直接影响鱼类的生长、摄食、产卵、洄游、死亡等，影响鱼类种群的变化，并最终影响到渔业资源的数量、质量及其开发利用。由于海冰的减少与消失，导致许多珍稀鱼类无法找到合适的产仔场，必然影响其正常的生产与哺育行为，使其濒危状态雪上加霜。气候变化使鱼群大小与结构、鱼类洄游迁徙路线、时间发生很大变化，导致渔场消失或者渔业功能消失。

4.4.4 林业

森林作为我国林业的主体，也受到气候变化的重要影响。气候变化会影响森林生态系统（尤其是高纬度的寒温带森林）的结构、组成、功能和生产力，也威胁着退化森林生态系统的恢复和重建等。受温度上升影响，我国整体上木本植物春季物候期提前，但空间差异明显。东北、华北及长江下游等地区的物候期提前，而西南东部，长江中游等地区的物候期推迟，物候期随纬度变化的幅度减小；已观测到的研究结果表明，气候变化使北方一些类型的森林分布出现了空间转移，还导致一些地区林线海拔升高；区域气候变化已经导致热带森林生态系统的群落次生演替恢复速度降低，而且增加了次生林演替过程中的树木死亡率；气候变化引起干旱天气的强度和频率增加，森林可燃物积累多，防火期明显延长，早春火和夏季森林火灾多发，林火发生地理分布区扩大，加剧了森林火灾发生的频度和强度。气候变暖和极端气候事件的增加，使我国森林病虫害分布区系向北扩大，森林病虫害发生期提前，世代数增加，发生周期缩短，发生范围和危害程度加大，并促进了外来入侵病虫害的扩展和危害。

4.5 人居环境与人体健康/传染病

4.5.1 人居

全球约有 4 亿人口居住在距海岸线 20 km 以内、海拔 20 m 以下的地方，而且由于沿海地区的经济优势，在发展中国家越来越多的人趋向于到沿海城市定居。全球气候变暖使海平面上升，海平面上升使沿海地区受到威胁，使沿海低地有被淹没的危险。中国是一个海洋大国，大陆海岸线长约 18000 km，有 5000 多个岛屿，而且沿海地区一直是中国经济发达的地区，珠江三角洲、长江三角洲一带属于比较脆弱的区域。

（1）城市热岛效应对人居的影响

城市热岛效应是全球变暖和快速城市化发展所带来的一种特殊城市生态温度增高和异常分布现象。我国许多大中城市均存在城市热岛现象，而且日趋严重，如北京、上海、兰州等城市，近几十年来，市区与郊区的温差呈逐年上升的趋势，且在城市整体气温上升的同时，城市热岛面积也在不断扩大。

根据过去中国 50 年的年平均气温数据研究认为，城市热岛效应影响年平均温度的 3 个方面，包括年平均温度值升高、年际间温度差异下降和气候趋势的改变，全国热岛的平均强度不到 0.06℃，与全球热岛平均温度 0.05℃接近（Li 等，2004）；也有研究认为，从 20 世纪的 70—90 年代的 20 年里热岛强度以每 10 年 0.1℃ 的速度上升，而珠江三角洲都市群热岛强度由 1983 年前的 0.1℃ 上升到 1993 年的 0.5℃；全国主要城市的热岛区域面积也随时间持续增加，如上海城市热岛区域面积由 20 世纪 80 年代的 100 km² 到 90 年代的 800 km²。对 1961—2005 的数据分析表明，长江三角洲地区在 1992—2003 年期间快速城市化使该地区城市带的温度上升明显高于非城市带（0.28～0.44℃/10a），季节强度为夏季＞秋季＞春季＞冬季，热岛效应使得该地区的平均温度在 1961—2005 期间提高了 0.072℃，其中 1991—2005 期间提高了 0.047℃，年最低气温在 1991—2005 期间提高了 0.083℃。

气候变化与热岛效应通过不同的途径直接或间接的影响着人们的居住环境，城市居民的舒适度，影响他们的健康、劳动和业余生活。

气候变化与热岛效应造成城市气候异常,极端天气事件增多,如雷电、暴雨的频率和强度增加,表现为高温热浪的城市热岛效应还容易引发雾岛、雨岛、干岛和混浊岛等多种效应,最终引发城市气象灾害。

(2)农村人居

农业作为我国主要气候脆弱生态系统领域,任何程度的气候变化都会给农业生产及其相关过程带来潜在的或明显的影响,从而影响着农村居民的生活。由于农村主要以农业、林业等气候变化敏感产业为主,因此易受到气候变化的影响,且由于经济条件的限制,农村对气候变化的适应能力有限。贫困地区和贫困人口是气候变化和极端天气事件的弱势群体。

由于气候变暖,我国水土流失加剧,农村地区土地荒漠化问题日益严重。由于气候变暖造成降水量的减少,会使雨养型旱作农业受到影响从而改变一个地区的耕种模式。

气候变化将增加极端异常事件的发生,导致洪涝、干旱灾害的频次和强度增加,而农村基础设施落后,应对极端事件能力不足。气候变化加剧了农村环境问题,而面对暴雨、山洪、雪灾等极端天气,原本脆弱的农村基础设施,无法保障农村居民的正常生活。

4.5.2 生活生产设施及社会服务

由于气候变化造成的极端天气如雷电、暴雨的频率和强度的增加,造成局部地区的水灾及道路破坏、交通阻塞、电力中断等,严重影响城市社会经济正常运转和城市基础设施安全。近些年来,气象灾害如强降雨、雷电、雾、干旱等已经成为威胁城市安全的重点防范对象。

气候变化所造成的影响对社会一些服务行业有着较大的影响,保险业与气候和环境变化息息相关。气候变化导致极端天气和气候会使保险赔付额不断增加,从而加大了风险。我国是世界上遭受自然灾害最为严重的国家之一,随着我国经济持续高速发展,城市化进程加大及人口与财富的增加,我国保险市场事实上面临着远比国际保险市场更为严峻的巨灾风险。但从另一个角度看,气候变化同样给财产保险和医疗健康保险等领域带来了旺盛的需求。适应气候变化使金融部门不仅面临复杂的挑战,而且也具有很多机遇。

4.5.3 城市化

(1)城市规模及形态

气候变化通过改变城市周围的资源态势和生态环境而影响到城市的人口承载力与发展前景,其中最突出的是水资源。海平面上升最直接的影响是海水入侵。由于连年超采地下水与海平面上升的共同作用,北方沿海城市地下水咸化问题日益突出。海平面上升还使沿海潮位升高,咸潮倒灌已严重威胁到许多城市的生态环境和饮水安全。近年来珠江咸潮的咸界范围逐年上升,尤其是2005—2006年枯水期,咸潮强度前所未有,给珠江三角洲城市群的供水安全带来严重威胁。气候变化还导致台风强度增大,对沿海城市居民的生命、财产和城市经济、交通等都带来严重的威胁。

自20世纪80年代以来,华北和东北的气候明显干暖化,加上经济发展与城市的扩展,需水量迅速增加,导致水资源供需缺口越来越大,严重制约许多北方城市的发展。

(2)城市可持续发展

全球气候变暖使极端天气和气候事件变得更为频繁,从而导致多种气象灾害不断加剧,尤其是受气候变化深刻影响的干旱和洪涝灾害会愈演愈烈。据统计20世纪90年代世界范围发生的重大气象灾害(如城市洪涝、高温热浪、城市雾霾、雷电等)比50年代多5倍。由于城市各项功能的运转都要依靠交通、电力、通信、供水、供气、排污等生命线系统的保障,城市气象灾害一旦对生命线系统造成破坏,将使灾害迅速扩大和蔓延到生命线系统所及的广大范围甚至整个城市。

(3)人体健康

全球气候变暖常伴随着热浪发生的频率及强度的增加,热浪导致某些疾病的发病率和病死率的增加是全球气候变暖对人类健康最直接的影响。高温酷热还直接影响人们的心理和情绪,容易使人疲劳、烦躁和发怒,各类事故相对增多,甚至犯罪率也有上升。气温高、气压低时,人的大脑组织和心肌对此最为敏感,容易出现头晕、急躁、易激动等,以致发生一些心理问题(表4.2)。

表 4.2　气候变化对人体健康的已知效应(据曹毅等(2001)修改)

健康影响	气候变化
高温热浪引发的疾病	与心肺有关疾病导致的死亡随着高温或低温而增加;在热浪期间,与热浪有关的疾病和死亡增加
极端天气气候的健康影响	洪水、山崩、滑坡和暴风引起的直接效应(死亡和伤害)和间接效应(传染病、长期的心理病变);干旱引起疾病或营养不良的风险增加
大气污染有关的死亡率和发病率	天气影响大气污染物的浓度; 天气影响气源性致敏源的空间分布、季节性变化与产生
媒介传染病	高温导致病菌在带菌者体内发育的时间,而增加了向人体潜在传播的概率; 带菌者对气候条件(如温度和湿度)有特殊的需要,以维持其疾病的传播
皮肤病和眼科疾病	如果平流层臭氧耗减引起中波紫外线(UV-B)辐射的长期增加,皮肤癌和各种眼科疾病的发病率的发生率也会增加

极端事件如风暴、洪水、干旱、台风等频率和强度的增加,都会通过各种方式对人类健康造成影响。这些自然灾害能够直接造成人员伤亡,也可通过损毁住所、人口迁移、水源污染、粮食减产(导致饥饿和营养不良)等间接影响健康,增加传染病的发病率,而且还会损坏健康服务设施。

(4)气候变化与传染性疾病

许多传染性疾病的病原体、中间媒介、宿主及病原体复制速度都对气候条件敏感。

气候变化对水传播性疾病的影响较为复杂,主要原因为社会经济因素决定着安全用水的供给。极端天气如洪涝和干旱可通过污染水源、贫乏的卫生设施及其他机制增加疾病危险度。

全球气候变暖所引起的温度和降雨变化,势必会影响疟疾、血吸虫病的原有分布格局。气候变化对血吸虫病传播的潜在影响有直接的,也有间接的。当气候变化,如我国北方地区的极端最低温度普遍上升,以及南水北调工程等因素同时存在时,钉螺向北方扩散的可能性明显增加。如果到 2100 年全球平均气温升高 3～5℃,疟疾病人数在热带地区增加 2 倍,而温带超过 10 倍。

登革热主要由伊蚊传播登革病毒所致的一种急性传染病,主要分布于热带和亚热带的国家和地区。易彬樘等研究发现登革热的传播主要受媒介蚊虫密度的影响,而影响蚊虫密度的主要气象因子是气温和湿度,其中气温是决定因子,即气温是登革热传播的决定因素。陈文江等研究表明海南省北部地区的整个冬季(3 个月)的温度不适于登革热的传播,而南部地区的冬季的温度可能适于登革热的传播。当冬季月平均温度升高 1～2℃时,海南省登革热传播的条件有可能发生根本性改变,北部地区可能变为终年均适于登革热传播,而南部地区的传播均处在较高水平,从而有可能使海南登革热的非地方性流行转变为地区性流行,使登革热的潜在危害性更为严重。

不可忽视的是气候变化造成部分旧物种灭绝,同时必然产生出新的物种,物种的变化可能打破病毒、细菌、寄生虫和敏感原的现有格局,产生新的变种。如 2003 年春季,相继在我国广东、北京、山西等地爆发的 SARS 病毒传染病一样,给社会和人民的健康及生命带来极大的危害。SARS 疫情的爆发与天气条件有关,即容易发生在大气出现逆温的天气里,容易出现大气逆温的气候区有助于 SARS 流行。而禽流感多发生在冬、春季节,在 1—2 月是一个高峰,夏、秋天则很少发生。

4.6　其他经济社会领域

4.6.1　工业

气候变化引起自然资源承载力与环境容量及极端天气、气候事件的变化,将影响到某些产业的布局,水资源的减少使高耗水的炼油、化工、化肥、电力、冶金、采矿、纺织等产业运转困难,城市雷电的明显增加对电子信息产业带来许多不利影响。

气候变化将影响人类的消费需求,随着气候变暖,对夏令生活用品、避暑旅游、节水节能产品、防暑降温保健用品、休闲与生态旅游以及文化、信息等的消费将会增加,对冬令商品和高耗能耗水产品的消费需求将会下降。为了减少温室气体排放,对清洁能源的需求进一步增加,由此带来相关新兴产业的发展。

气候变化对交通基础设施和城市基础设施的要求进一步提高,由于极端天气的影响,造成这些设施毁坏的可能性进一步加大,由此带来相关产业的新的增长需求。2008年年初的雪灾波及20省(区),受灾人数过亿;造成十多个机场、众多高速公路关闭,京广铁路主干线和诸多铁路路段及国道停运;由此造成人员和物流阻滞的连锁反应,直接推动物价上涨和其他社会不稳定因素出现。

4.6.2 能源

随着气候的变暖,人类对能源的消耗表现出明显的变化趋势。用于降温的能耗明显增加,用于冬季取暖的能耗有所降低。无论气候变暖或变冷,随着人口、人均住宅建筑面积、城镇家庭空调器拥有比例的不断增长,住宅空调制冷耗能不可避免地在增加。对近40多年来新疆主要城市能源消耗的研究表明,采暖度日数减少、制冷度日数增多的趋势明显。据气候模式预计,21世纪末全球平均气温还将上升$1.4 \sim 5.8$℃。与此相应,新疆的气温尤其是冬季气温将继续升高。在这种升温背景下,未来新疆绝大部分城市热季制冷能源需求可能还会继续增多,冷季采暖能源需求也许会继续减少。

由于极端天气的频繁发生,也增加了能源系统的应急压力,如2008年雪灾时,对南方电力设施造成了严重的损害,湖南郴州停电达10天之久。同时雪灾还对通信行业也造成了严重的损失,据报道因雪灾造成的通信行业直接经济损失已近7亿元人民币,约1420万用户受到影响,累计救灾投入3.5亿元,许多通信站都受到影响。

4.6.3 旅游业

气候变化对旅游业主要的影响表现为对地区旅游业、旅游景观和旅游季节的影响。东部沿海地区是国内旅游业比较发达的地区。一方面气候变暖使一些地区气温超过40℃的天数明显增加,使海滨上空的云层覆盖减少,强烈的紫外线会对海滨日光浴场受到影响;另一方面,中国海平面近50年呈明显上升趋势,近几年上升速率加快,这将使许多沿海地区遭受洪水的风险增大。气候变暖将改变中国植被和野生物种的组成、结构及生物量,使森林分布格局发生变化,生物多样性受损,从而改变一些地区的自然景观与旅游资源,对以生物多样性和自然生态系统为基础的自然保护、风景名胜区和森林公园产生影响。

气候变化改变了旅游和户外休闲活动的营业季节,这对旅游企业来说是利益有关的问题。例如,气候变暖导致一些地区降雪减少和旅游季节缩短,这对经营雪上和冰上项目的冬季休闲度假地会造成一些损失,而气候变暖使得海洋珊瑚资源受到较大影响,进而退化,对当地的旅游资源及旅游业会造成负面影响。极端事件如暴雨、滑坡、泥石流等也会直接危害到旅游交通安全和游客的健康,甚至导致人身伤亡等意外伤害,给地区旅游业带来不利影响。

极端天气事件和传染性疾病等突发事件将减少人们对旅游的心理需求,并影响旅游安全。气候变化带来自然资源、生态环境和人们生活方式的改变,将对某些对气候变化敏感和脆弱的人类非物质文化遗产的保存造成严重威胁。但同时,气候变化带来生物物候、气候景观和人群活动规律的改变,将深刻影响旅游业和服务业的整体结构与布局,也会带来旅游业的商机。避暑旅游、生态旅游、水上活动都会增加,冰雪旅游将向更高纬度与海拔地区转移并给当地带来商机。

4.6.4 重大工程

气候变化不仅影响自然生态系统和人类生存环境,也对人类构筑的大量建设工程产生深刻影响。

三峡工程、南水北调工程、长江口整治工程、青藏铁路、西气东输、中俄输油管线、三北防护林工程等七大工程以及高速公路、高速铁路和南方输电线路等工程，是对我国社会经济发展具有重大影响的重大工程，评估气候变化对其影响，尤其对工程运行安全的可能的威胁，提出气候变化适应措施显得非常必要。

长江三峡水利枢纽，是当今世界上最大的水利枢纽工程，是治理和开发长江的关键性骨干工程，具有防洪、发电、航运等综合效益。受气候变化影响，长江流域降雨径流发生变化，枯水期的干旱与汛期的洪涝发生的概率都加大，水文情势随之变化。同时，由于经济发展带来的用水量的快速增长、水利水电工程的建设、跨流域调水等因素的影响，长江上游的径流量及年内径流过程已经发生了明显的变化。在未来气候变化情景下，三峡库区气候总体有显著变暖、变湿的趋势，上游地区汛期洪涝、干旱等极端事件发生的频率将增加。强降水增加，三峡库区泥石流、滑坡等地质灾害发生概率可能增大，对三峡工程管理、大坝安全以及防洪和抗洪等产生不利影响；枯水期的干旱，将影响三峡工程的蓄水、发电、航运以及水环境。因此，通过加强与上中游干支流水库、中下游分蓄洪区的联合调度，降低汛期防洪和枯水期发电不足的风险，施行流域生态管理和制定远景规划，加强防洪、抗旱、供水等基础设施建设，加强对地质、地震灾害的监测力度，加大库区污水处理措施，及早采取防范措施适应气候变化的影响十分重要。

南水北调工程是解决我国北方地区水资源严重短缺问题的重大战略举措，是关系我国社会经济可持续发展的特大型基础设施项目。气候变化对南水北调东线、中线可调水量的影响不大，对东线水质可能有不利影响。气候变化，特别是降水的变化，对中线工程的库区水资源及生态环境产生不良影响，中线调水还涉及气候变化对南北水系丰枯遭遇频率的影响。气候变化可能导致南水北调水源区无水可调、水无人用、水污染、洪水、地震地质灾害等风险。同时，气候变化不会缓解华北的缺水形势，而南水北调将为受水区的华北地区增加更多的土壤水分，从而有可能导致更加明显的温度、潜热和蒸发变化，可能引起一定程度的局地气候变化。因此，需要采取工程措施和非工程措施来规避可能的工程风险、水文风险、生态与环境风险、经济风险和社会风险等。南水北调的基本出发点应该是在解决黄、淮、海流域水资源短缺燃眉之急的同时，帮助这些区域改善与恢复地表、地下及沿海的水环境及其相关的生态系统；北方流域也应把解决本地区水资源问题的长远立足点放在本流域；应保证长江入海必要的流量；从国家整体社会、经济与生态环境利益出发，协调好地区与地区之间的水资源分配。

长江口整治工程世界上最复杂的河口治理项目、我国最宏伟的水运工程，需要重点评估气候变化引起的航道、入海径流量、海岸带环境等问题。气候变暖使海平面上升，长江口泥沙滞留位置将上溯，航道淤塞加剧，同时风暴潮、洪水、强降雨等极端天气事件对长江口整治工程造成的影响日益凸显。因此，需要采取提高海堤防护标准、综合治理长江口水道、增加海岸带淡水流量和加强长江流域的环境保护等应对措施。

气候变化对青藏铁路重大工程安全将产生较大的影响。青藏铁路沿线气温持续升高，导致活动层厚度增加，多年冻土温度不断升高，这造成青藏铁路沿线多年冻土普遍退化。多年冻土退化、升温和地下冰融化导致青藏铁路一般路基稳定性发生较大的变化。必须关注铁路沿线未来气候变化趋势，采用适应气候变化影响的工程技术措施；构筑环境—健康—安全—运输一体化管理系统，满足适应性管理需求。

生态系统退化导致土壤、植被退化，生物多样性降低，以及风沙危害加剧等环境灾害，直接威胁着西气东输工程；降水的变化除引起洪水频率增加、山区滑坡也是影响管线安全的主要因素；次生灾害如地面塌陷、水土流失、河道泥沙等都将威胁西气东输管道的运行安全。加强工程沿线地温参数设计值的影响研究和防治地质灾害，对于工程设计和未来养护及风险评估都具有重要意义。

中俄输油管线工程受到沿线气温变化和冻土变化的影响，特别是由于气候变化和人为因素的影响导致的地下冰层融化，不仅引起地表沉陷，而且会形成次生不良冻土灾害，影响着管线工程稳定性。需要预先考虑冻融灾害，优化设计，采取适当工程的措施使得管道差异性变形被限制在允许范围之内，同时加强科学监测，确保管道稳定性和安全运营。

气候变化已影响"三北"防护林所在区域植被分布,森林生态系统结构等将改变,因而在气候变化情景下,"三北"防护林单一的林种脆弱性较大,亟待重新修定规划,合理林种结构,提高造林质量,结合当地气候条件,发展乔灌木相结合的格局,增强应对气候变化能力。

高速公路、高速铁路是国家交通运输的大动脉,面临冰雪雨雾高温雷电等恶劣天气的影响,因此,高速公路需要加强气象信息数据检测,及时调整施工和运行方案;高速铁路需要采取应对气候变化措施,对重点地区、重点季节要进行气象灾害的重点防范。南方输电线路在 2008 年的低温雨雪冰冻灾害中受到严重损失,伴随气候极端事件概率的增加,输电线路需要加强冻雨预防和防护工作,通过灾害预警等措施来增强气候变化适应能力。

参考文献

曹毅,常学奇,高增林.2001.未来气候变化对人类健康的潜在影响.环境与健康杂志,**18**(5):321-315.

丁永建,刘时银,叶柏生.2006.近 50 a 中国寒区与旱区湖泊变化的气候因素分析.冰川冻土,**28**(5):623-632.

孔兰,陈晓宏,杜建.2010.基于数学模型的海平面上升对咸潮上溯的影响.自然资源学报,**25**(7):1097-1104.

李刚,周磊,王道龙.2008.内蒙古草地 NPP 变化及其对气候的响应.生态环境,**17**(5):1948-1955.

李兴华,韩芳,张存厚,等.2009.气候变化对内蒙古中东部沙地—湿地镶嵌景观的影响.应用生态学报,**20**(1):105-112.

李祎君,王春乙.2010.气候变化对我国农业种植结构的影响.气候变化研究进展,(6):129-134.

刘丹,那继海,杜春英,等.2007.1961—2003 年黑龙江主要树种的生态地理分布变化.气候变化研究进展,**3**(2):100-105.

刘纪远,张增祥,徐新良,等.2009.21 世纪初中国土地利用变化的空间格局与驱动力分析.地理学报,**64**(12):1411-1420.

马瑞俊,蒋志刚.2006.青海湖流域环境退化对野生陆生脊椎动物的影响,生态学报,**26**(9):3066-3073.

毛德华,王宗明,罗玲,等.2012.基于 MODIS 和 AVHRR 数据源的东北地区植被 NDVI 变化及其与气温和降水间的相关分析.遥感技术与应用,**27**(1):77-85.

苏宏超,沈永平,韩萍,等.2007.新疆降水特征及其对水资源和生态环境的影响.冰川冻土,**29**(3):343-350.

孙智辉,王春乙.2010.气候变化对中国农业的影响.科技导报,**28**(4):110-117.

王根绪,李娜,胡宏昌.2009.气候变化对长江黄河源区生态系统的影响及其水文效应.气候变化研究进展,**5**(4):1673-1719.

吴德星,牟林,李强,鲍献文,万修全.2004.渤海盐度长期变化特征及可能的主导因素.自然科学进展,**14**(2):191-195.

信忠保,许炯心,余新晓.2009.近 50 年黄土高原水土流失的时空变化.生态学报,**29**(3):1129-1139.

杨晓光,刘志娟,陈阜.2010.全球气候变暖对中国种植制度可能影响 I:气候变暖对中国种植制度北界和粮食产量可能影响的分析.中国农业科学,**43**(2):329-336.

张建云,章四龙,王金星,等.2007.近 50a 来我国六大流域年际径流变化趋势研究.水科学进展,**18**(2):230-234.

Ding Y J, Ye B S, Han T D, et al. 2007. Regional difference of annual precipitation and discharge variation over west China during the last 50 years. *Science in China Series D*, **50**(6):936-945.

Li Q, Zhang H, Liu X, et al. 2004. Urban heat island effect on annual mean temperature during the last 50 years in China. *Theoretical and Applied Climatology*, **79**:165-174.

Moseley R K. 2006. Historical landscape change in northwestern Yunnan, China. *Mountain Research and Development*, **26**:214-219.

Wu L X, Cai W J, Zhang L P, et al. 2012. Enhanced warming over the global subtropical western boundary currents. *Nature Climate Change*, **2**:161-166.

第五章　气候变化及其影响的预估

主笔:董文杰,穆　穆,高学杰

贡献者:吴绍洪,叶柏生,丁永建,罗　勇

提　要

　　多 CMIP5 全球模式集合预估中国未来气温升高,降水普遍增加,在 RCP8.5 情景下 21 世纪末期平均增温 5.1℃,降水增加 13.5%。但区域模式的模拟的降水在许多地区将减少。气候变化引起中国区域作物种植带普遍北移,在不考虑 CO_2 施肥效果时,小麦、玉米和水稻都将出现减产。未来各林带北移,青藏高原苔原显著缩小。径流量在大部分地区增加,但总体而言海河、黄河流域的水资源短缺问题难以得到缓解。气候变化以及与过度开采地下水导致的沿海(相对)海平面上升,威胁当地生态和环境。

5.1　气候系统模式研发进展及其模拟能力评估

5.1.1　气候系统模式研发进展

　　在全球气候变暖的情况下,未来的气候将如何演变是科学家和公众以及决策者共同关心的问题,其中几十年到百年时间尺度气候变化的预估与各个国家和地区制定社会经济发展规划息息相关,尤其受到重视。

　　气候系统模式是进行气候变化预估的首要工具,它是气候系统的数学表达,通过程序在大型计算机上运行。其可靠性首先来源于建立在公认的物理定律(如质量、能量和动量的守恒等),以及大量的观测事实基础之上;其次模式的可靠性来自于对当代气候各重要方面的模拟能力,如大尺度的气温、降水、辐射、风、海温、海流、海冰覆盖的分布等,以及其他重要气候系统的演变,如季风、气温的季节变化、风暴路径和雨带,以及赤道外地区半球尺度的涛动等,模式在这些方面的模拟能力,表明它们能够描述气候系统的基本物理过程,从而提供了它们对未来气候变化模拟的可信度;最后模式在模拟和重现古气候以及当代气候变化主要特点方面的能力,也增加了它们在未来气候变化预估方面的可信度。气候变化预估的不确定性因素,包括未来温室气体排放情景的不确定性,气候模式发展水平限制引起的气候系统描述性误差,以及模式和气候系统的内部变率等。

　　气候系统模式与数值天气预报模式相比,更多关注的是气候系统圈层之间的相互作用和人类活动的影响。关键的模式分量有大气、陆面、海洋、海冰、气溶胶、碳循环、植被生态和大气化学等。这些模式分量首先是独立发展和完善,然后耦合在一起,形成气候系统模式。模式的发展水平密切依赖于对控制整个气候系统的物理、化学和生态过程以及它们之间的相互作用的认识和理解程度。计算机运算能力的不断提升为模式发展创造了条件,模式也因此越来越变得庞大和复杂。到现阶段为止,气候系统模式除了大气—陆面—海洋和海冰相互耦合外,还同时耦合了气溶胶和碳循环等过程。动态植被和大气化学过程也陆续耦合到气候系统模式之中。目前支持 IPCC 第五次评估报告(IPCC AR5)的

CMIP5 模式模拟中,特别关注全球碳循环过程对气候变率和气候变化的影响,以便更好地了解陆地和海洋对温室气体的吸收能力以及在未来气候变化中该过程是如何影响和响应气候变化的。

多圈层耦合模式经过 20 多年的发展与改进,已经有了明显的进步,其模拟结果已成为 IPCC 分析评估报告提供气候变化模拟和预估的科学分析基础。IPCC 第一至四次评估报告中,使用的气候模式分别有 11、14、34 和 26 个模式参加了比较,所用模式的物理过程不断完善,分辨率不断提高。

中国有 6 个气候模式参加了第五次耦合模式比较计划(CMIP5),分别为 FGOALS-s2,FGOALS-g2,FGOALS-gl,BCC_CSM1.1,BNU-ESM2.0 和 FIO-ESM,为 IPCC 第五次评估报告提供支持。

其中 FGOAL-s2 由中国科学院大气物理研究所 LASG 国家重点实验室发展,其大气模式分量为有 LASG/IAP 谱大气模式 SAMIL2.0,海洋模式分量为 LICOM2.0,陆面模式分量采用了通用陆面过程模式 CLM3,海冰模式分量为 CSIM4,考虑了海冰的热力学和动力学过程。模式采用耦合器技术(NCAR CPL6),进行"非通量订正"的海洋与大气的直接耦合。

FGOALS-g2 由 LASG 和清华大学地球系统研究中心联合发展,其耦合器、海洋模式、陆面模式分量和 FGOALS-s2 相同,但大气模式分量为 GAMIL2.0、海冰模式分量为 CICE4_LASG。

中国科学院大气物理研究所 LASG 国家重点实验室发展的气候系统模式 FGOALS 的快速耦合版本 FGOALS-gl,参与了 CMIP5 的过去千年气候模拟试验。

BCC_CSM1.1 为国家气候中心发展,其大气模式为 BCC_AGCM2.0.1,陆面过程模式为 BCC_AVIM1.0.1,海洋环流模式和海冰模式分别为 MOM4-L40 和 SISM,模式能够模拟全球碳循环和动态植被过程。

BNU-ESM 模式由北京师范大学发展,在其通用陆面模式 CoLM 的基础上,通过 NCAR 耦合器 CPL6,将大气模式 CAM3.5、海洋模式 MOM4p1(2009)、海冰模式 CICE4.1 与之耦合,并引入陆地碳循环与海洋碳循环过程而成。

此外国家海洋局第一海洋研究所也发展了一个地球系统模式 FIO-ESM。FIO-ESM 是在 CCSM3.0 的基础上,耦合了其所发展的浪流(Wave)模式,并增加了大气、海洋和陆面的碳循环模块而成。

5.1.2 CMIP5 多模式对中国区域模拟能力的评估

本节通过模拟与观测的对比,检验了 CMIP5 试验的"20 世纪气候模拟"中,多个模式集合对中国区域当代气候的模拟能力。当代的时段选择为 1986~2005 年,主要针对年平均气温和降水进行。所使用的模式包括 BCC-CSM1-1(中国,国家气候中心),CanESM2(加拿大),CNRM-CM5(法国),FGOALS-s2(中国,中国科学院大气物理研究所),GISS-E2-R(美国),MIROC5(日本),MIROC-ESM-CHEM(日本),MIROC-ESM(日本),和 NorESM1-M(挪威)等。

气温是反映一个地区气候特征的重要参数,通常可用来表征冷暖程度和热量资源的多少,也是影响或反映生态及环境的一个重要的气候因子。如图 5.1a 所示,中国东部气温呈南高北低的分布,其中华南沿海在 25℃以上,东北地区的北部达到 −5℃以下;西部地区气温随高度变化明显,盆地气温为 10~15℃,青藏高原北部为 −5~−10℃。模式对中国地区气温分布有较好的模拟能力,模拟和观测的空间相关系数为 0.96,区域平均的模拟误差为 −1.0℃。模拟的偏差(图 5.1b)在中国东部除山区外一般±1℃间,在西部偏差较大,其中西北地区一般在山地偏暖,盆地偏低,在青藏高原上则为普遍的冷偏差。这些误差一般是由于模式的水平分辨率较低,不能准确地描述地形分布引起的。

中国地区降水主要特征为南方多,最多在 5 mm/d 以上,向北和西北方向减少,其中西北地区的降水一般在 0.5 mm/d 以下,但在高山地带,降水相对周围偏多(图 5.3c)。全球模式对这一主要空间分布特征有一定的模拟能力,模拟和观测的空间相关系数为 0.81,降水量平均偏多 45%。但由图 5.3 d 可以看到,模式在青藏高原东部模拟出一个较大的虚假降水中心,此外对西北地区的地形降水模拟也存在不足,这和以往的全球模式(如 CMIP3 等)的模拟结果类似,同样是由于模式的水平分辨率不足引起的。同时全球模式模拟的华南地区降水也偏少。

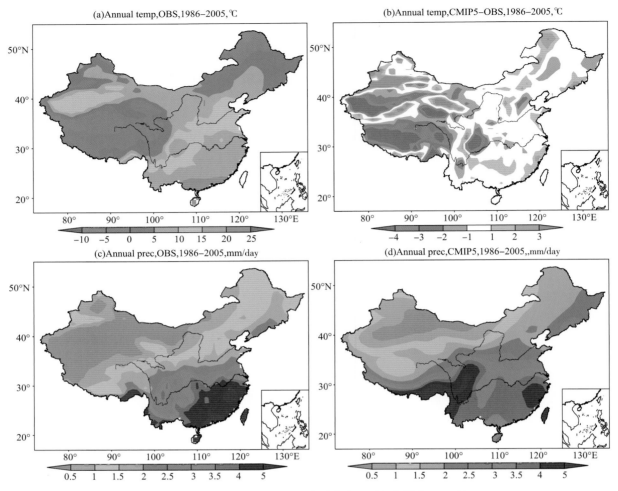

图 5.1　中国区域 1986—2005 年平均气温（℃）与降水（mm/d）
(a)气温观测；(b)气温模拟与观测的差；(c)降水观测；(d)降水模拟与观测的差

　　中国区域平均的观测和多模式模拟的 20 世纪气温和降水变化分别在图 5.2a 和图 5.2b 中给出。由图中可以看到，模式对增温趋势的模拟较好，1961—2005 年间，模拟的中国地区增温趋势为 0.20℃/10a，较观测 0.28℃/10a 略低，两者的相关系数为 0.82。模式对降水演变的模拟较差，观测中降水的线性趋势为一个较弱的增加，数值为 0.65%/10a，而模拟中只有 0.09%/10a，两者的相关系数仅有 −0.13。

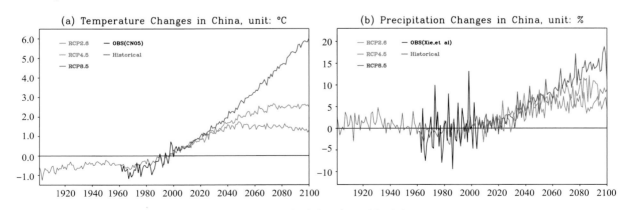

图 5.2　中国区域年平均气温（℃）与降水（%）的时间演变（相对于 1986—2005 年）
(a)气温；(b)降水

（黑色线为观测，紫色为历史模拟，红色、绿色和蓝色分别为 RCP2.6，4.5 和 8.5 情景下的模拟）

5.2　21 世纪中国区域气候变化

5.2.1　CMIP5 多模式的预估

从多模式集合的全球平均气温变化来看,CMIP5 给出的模拟结果与 CMIP3 十分接近,不同模式的一致性也非常高。中国区域未来 RCP2.6,RCP4.5 和 RCP8.5 排放情景下的气温和降水时间演变在图 5.2 中给出,21 世纪 3 个时段(2011—2040,2041—2070 和 2071—2100 年)区域平均的变化值在表 5.1 给出。可以看到 21 世纪前半叶 3 种情景下的增暖幅度接近,后期则表现出与排放路径的一致性,RCP2.6 下在 2050 年以后有所降温,其中增温趋势在 2011—2050 年间为 0.27℃/10a,2051—2100 为 −0.04℃/10a。RCP4.5 情景下增暖持续到 2070 年(0.34℃/10a),其后开始稳定。而 RCP8.5 情况下整个 21 世纪都是持续增温的,至 21 世纪末的 2071—2100 年,区域平均气温将增加 5.1℃。

区域平均的降水在 3 种情景下均为逐渐增加,2011—2100 年,在 RCP2.6、4.5 和 8.5 下的增加趋势分别为 0.5%/10a,1.1%/10a 和 1.8%/10a。在 RCP8.5 下 21 世纪末的降水增加幅度为 13.5%(表 5.1)。

表 5.1　21 世纪不同年代不同排放情景下平均气温和降水的变化

	气温(℃)			降水(%)		
	RCP2.6	RCP4.5	RCP8.5	RCP2.6	RCP4.5	RCP8.5
2011—2040	1.1	1.1	1.2	2.4	2.3	2.3
2041—2070	1.5	2.1	3.0	5.2	6.8	8.1
2071—2100	1.4	2.5	5.1	5.6	8.8	13.5

以 RCP8.5 为例,图 5.3 给出 21 世纪 3 个时段(2011—2040,2041—2070 和 2071—2100 年)年平均气温和降水变化的空间分布,由图中可以看到两者的变化随着时间的演变而加剧,2011—2040 时段,整个中国区域的气温都将增加,其中南方沿海和西南地区增加较少,为 0.5~1℃,其他地区为 1~1.5℃;降水在西北地区增加较多,局地达到 10% 以上,长江以南地区则有一定的减少。2041—2070 年华南地区的升温为 2~2.5℃,中国东部至中部的升温为 2.5~3℃,东北和西北的升温幅度较高,最大出现在青藏高原地区,达到 3.5~4℃;这一时期的降水为全国范围内的普遍增加,其中南方增加较少,在 5% 以下,西北大部和青藏高原中部增加较大,为 15%~20%。2071—2100 年间升温和降水增加的空间分布与 2041—2070 年类似,升温最高在东北和西北北部以及青藏高原,幅度在 5.5℃ 以上;降水增加最多的在西北地区,最大达 50% 以上。

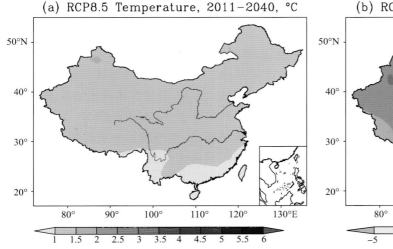

(a) RCP8.5 Temperature, 2011-2040, ℃

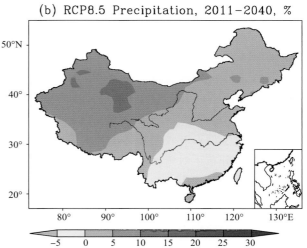

(b) RCP8.5 Precipitation, 2011-2040, %

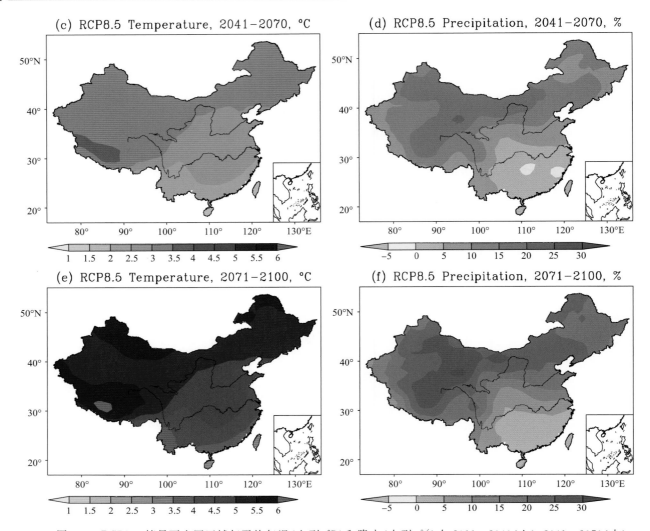

图 5.3　RCP8.5 情景下中国区域年平均气温（左列，℃）和降水（右列，％）在 2011—2040（上），2041—2070（中）和 2071—2100 年（下）的变化（相对于 1986—2005 年）

5.2.2 区域气候模式的预估

全球模式由于其复杂性和需要多世纪时间尺度的长期积分，对计算机资源的要求很大，因此所取分辨率一般较低，如要在更小尺度的区域和局地进行气候变化情景预估，需要通过动力或统计降尺度方法实现。其中动力降尺度是以观测或低分辨率全球模式结果作为初始和边界场驱动条件，使用高分辨率的气候模式（主要为区域气候模式）进行模拟。

中国具有复杂的地形和下垫面特征，又地处东亚季风区，高分辨的区域气候模式对该地区气候的模拟能力较全球模式有较大提高。多年来，研究人员使用这一工具进行了许多中国地区气候变化预估试验，如利用 RegCM3 区域气候模式嵌套 FvGCM/CCM3 全球模式，在 A2 温室气体排放情景下，对当代（1961—1990 年）和未来（2071—2100 年）进行的 20 km 高分辨率模拟（FvGCM-RegCM）。

气温对于地形有较强烈的依赖关系，区域模式对地形更准确的描述，使得它能够更好地模拟地面气温的空间分布。对于降水而言，一般全球模式模拟的夏季和年平均降水高值区位于青藏高原东部，而观测中主要降水中心位于长江以南，FvGCM 的模拟表现出同样特征，而区域模式的模拟改进较大，模拟的主要雨带大都位于长江以南，位于青藏高原东部的虚假降水中心也被消除。此外，区域模式对地形性降水的模拟也较好，如祁连山与邻近的柴达木盆地的降水高低值对比等，与观测吻合（图略）。

区域气候模式所预估的未来气候变化，也往往与用以驱动的全球模式有一定不同，特别是在降水方面。如在 FvGCM-RegCM 模拟中,全球和区域两个模式预估的 21 世纪末期年平均增加值接近,分别为 3.7℃ 和 3.5℃,但在空间分布及年内各月的分布上,则有较大不同。降水的差别则更大,其中 FvGCM 预估的年平均增加值为 11.3%,而 RegCM3 预估的增加值则仅为 5.5%。在空间分布上,两个模式预估的冬季降水变化分布大致相同,但区域模式所预估的减少范围和强度更大一些。而夏季两个模式表现出较大不同(图 5.4a,b)。其中 FvGCM 预估的降水和其他大部分全球模式(如 CMIP5)模式类似,主要以增加为主,RegCM 的预估则在大部分地区是减少的,特别是在黄河中上游、青藏高原以及江南等地,最多减少 25% 以上;分析表明,这种不同主要是由于区域气候模式具有较高分辨率,其更真实的地形强迫对流场和水汽输送的影响不同而引起。

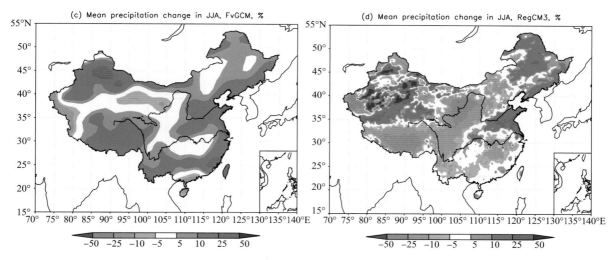

图 5.4　中国地区 2071—2100 年夏季平均降水的变化(相对于 1961—1990 年,%)
(a)全球模式的预估;(b)区域模式的预估

5.3　21 世纪气候变化对中国可能的影响

5.3.1　对区域农业生产的影响

农业作为对气候变化敏感的部门之一,任何程度的气候变化都将给农业生产及其相关过程带来潜在或明显的影响。

(1)农业气候资源

与基准气候时段(1961—1990 年)相比,SRES A2 和 SRES B2 情景下,中国各地日均气温稳定通过 0℃、3℃、5℃、10℃、15℃ 的持续日数、积温、平均无霜期日数、太阳辐射、降水量和潜在蒸散均呈增加趋势,但地区间的差异显著。未来气候变化下农业气候资源的变化必将对农业生产潜力产生显著影响。

(2)作物种植制度

种植制度零级带北界:与 20 世纪 50—80 年代相比,SRES A1B 气候情景下,气候变暖引起的积温增加将使未来中国一年两熟制和一年三熟制的种植北界呈不同程度的北移,内蒙古东部与辽宁接壤的部分一年一熟种植区域将可转变为一年两熟种植区域。

小麦种植北界:SRES A1B 气候情景下,中国北方冬小麦的安全种植北界呈不同程度的北移西扩(杨晓光等,2011)。与 20 世纪 50—80 年代相比,中国冬小麦的种植北界在 2011—2040 年将北移至黑山—鞍山—岫岩—丹东一线;2041—2050 年将进一步北移,在东部地区北移约 200 km、西部地区北移约 110 km(图 5.5)。

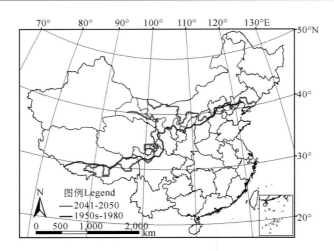

图 5.5　当代和未来 SRES A1B 气候情景下 2041—2050 年中
国冬小麦种植北界变化

玉米种植北界：SRES A2 和 SRES B1 气候情景下，与 1961—1990 年相比，东北三省春玉米早熟、中熟和晚熟品种种植北界将不同程度北移，在种植界限敏感区内中、晚熟品种将替代早熟品种。

（3）作物产量

小麦：SRES A2 和 SRES B2 气候情景下，中国雨养小麦平均减产分别达 21.7% 和 12.9%，灌溉小麦减产分别达 8.9% 和 8.4%；若考虑 CO_2 施肥效应，雨养和灌溉小麦均呈显著增产趋势。

玉米：SRES A2 和 SRES B2 气候情景下，考虑 CO_2 施肥效应，中国雨养玉米增产显著，但对灌溉玉米产量有不利影响。SRES A2 气候情景下，雨养和灌溉玉米单产变化值分别为 +20.3% 和 −23.8%；SRES B2 气候情景下，雨养和灌溉玉米单产变化值分别为 +10.4% 和 −2.2%。

水稻：长江中下游地区，不考虑 CO_2 浓度影响时，与基准气候（1961—1990）相比，SRES A2 和 SRES B2 气候情景下单季稻产量分别减少 15.2% 和 15.0%。考虑 CO_2 施肥效应时，SRES A2 和 SRES B2 气候情景下，水稻平均减产分别达 5.1% 和 5.8%。

5.3.2　对植被的影响

植被分布主要由气候决定。SRES A2 和 B2 气候情景下，中国植被分布将发生显著变化：北方林、温带落叶常绿林和热带森林显著北移，热带干森林/稀树草原大幅扩展，青藏高原苔原显著缩小。气候变化导致的中国植被类型面积变化达 39%～49%，这些区域主要位于中国东北向西南的过渡区，处于东部森林区和西北草原的过渡区。在中国西南部的云南省、四川西部和横断山脉，常绿阔叶林将被热带干森林/稀树草原或旱生性灌木所替代。常绿阔叶林的西部将变得更干，常绿阔叶林分布面积将减少。当前气候下分布着温带落叶林的中国北方大多数区域未来将被暖草/灌木和暖温带常绿阔叶林所替代。在青藏高原，当前气候下苔原分布区的东部和西南部将分别被针叶林和冷草/灌木所替代。华中地区的温带落叶林未来将被常绿阔叶林所替代。中国北方、青藏高原和中国西南（主要有云南省的横断山脉和四川省的西部）是未来气候变化的脆弱区。

SRES A2 和 B2 气候情景下，沿中国东北样带各类型植被的 NPP 均有所增加，其分布仍然是由东部向西部地区逐渐减少，但是其最大、最小值的变化不同，这是由于样带内植被类型与气候变化的综合影响。样带内 NPP 面积最大的类型为新出现的温带落叶阔叶林，其 NPP 为 $393～629\ g/(m^2·a)$。样带植被总 NPP 在 B2 气候情景下增加了 4.6%，植被结构变化和气候变化可分别解释 NPP 变化的 −2.8% 和 7.7%；在 A2 气候情景下增加 12.2%，样带内总植被 NPP 的变化较 SRES B2 气候情景下的变化更为剧烈，植被结构变化与气候变化可分别解释 NPP 变化的 −7.4% 和 19.6%。

5.3.3　对区域水资源的影响

采用 VIC 大尺度水文模型，计算分析了四种排放情景（SRES A1，A2，B1 和 B2）下，未来气候变化对径流量的可能影响。结果表明：全国除宁夏、吉林和海南减少明显，陕西略减少及四川基本不变外，其余各省多年平均径流深均有不同程度的增加，且南方地区以福建为最大，北方地区以新疆为最大。在 A1、A2 情景下，全国未来百年多年平均径流深分别较基准年增多约 9.7%（＋52 mm）和 9%（＋46 mm）；在 B1、B2 情景下，径流深增加幅度略小，分别为 7.5%（＋40 mm）和 8%（＋46 mm）。

就季节分配而言，北方地区 3～6 月径流深呈增加趋势；7～12 月呈减少趋势；而南方地区春季、夏季径流深增加，秋、冬季减少。

未来东北、华北地区夏季增温幅度较大而降水量和径流深减少，其中东北地区夏季减少明显，这些地区夏季高温少雨日可能增多，将出现暖干化趋势；西北地区的新疆西南部（塔里木河流域）以冬、春季降水量和春、夏季径流深增加为主，可能出现湿化趋势；华东地区南部、华中、华南、西南等南方地区夏季降水量和径流深均呈增加趋势，特别是华东南部增加显著，洪涝将加重。最后，南方地区冬季气温增幅较明显而降水量和径流深减少，特别是在华南，这些地区冬季干旱将加重。总体而言，目前海河、黄河流域所面临的水资源短缺问题以及浙闽地区、长江中下游和珠江流域的洪涝问题难以从气候变化的角度得到缓解。

5.3.4 对区域其他方面的影响

气候变化导致海平面的持续上升，加之过度开采地下水等人为活动的影响，沿海地区地面沉降严重，使得相对海平面上升幅度加大，进一步威胁沿海地区的安全。可能导致土地淹没，风暴潮加剧，海岸侵蚀加重。

大片土地被海水淹没是相对海平面上升对沿海地区最直接的影响。中国沿海地区地面高程小于或等于 5 m 的重点脆弱区面积为 14.39 万 km²，约占沿海 11 个省（区、市）面积的 11.3%，占全国陆地国土面积的 1.5%。海平面的上升会淹没大片的良田，使沿海地区的生态环境恶化，更进一步会导致当地产业结构的改变，甚至迫使人口迁移，导致一系列的社会和经济问题。据估计，在现有的防潮和防汛设施情况下，到 2050 年，珠江三角洲、长江三角洲和黄河三角洲三个主要沿海脆弱区的大片和城市将受到很大影响。在珠江三角洲地区，海平面上升 50 cm，广州附近岸段五十年一遇的风暴潮位将变为十年一遇，其他岸段（如中山灯笼山、东莞泗盛围等）百年一遇的风暴潮位有可能变为十年一遇。

由于海平面上升，水深和潮差加大，海浪和潮流作用也会因此加强。根据计算，水深增加一倍，海浪作用强度增加 5.6 倍。潮位上升 1 cm，潮差将增加 0.34～0.69 cm。两者共同作用的结果必然加剧海岸线侵蚀，使高潮滩变窄，沉积物变粗。此外相对海平面的上升，会引起河口海水倒灌，使地表及地下的淡水水源被咸化，一方面加重沿海地区淡水资源的短缺，另一方面也使得土壤的盐渍化程度加重。

参考文献

熊伟,居辉,许吟隆,等.2006.气候变化下中国小麦产量变化区域模拟研究.中国生态农业学报,**14**(2):164-167.

杨沈斌,申双和,赵小艳,等.2010.气候变化对长江中下游稻区水稻产量的影响.作物学报,**36**(9):1519-1528

杨晓光,刘志娟,陈阜.2011.全球气候变暖对中国种植制度可能影响Ⅵ:未来气候变化对中国种植制度北界的可能影响.中国农业科学,**44**(8):1562-1570.

Dong W J, Ren F M, Huang J B, Guo Y. 2012. The Atlas of Climate Change：Based on SEAP-CMIP5. Springer.

Gao X J, Shi Y, Zhang D F, Wu J, Giorgi F, Ji Z M, Wang Y G. 2012. Uncertainties of monsoon precipitation projection over China：Results from two high resolution RCM simulations. *Climate Research*，**52**：213-226.

Weng E S, Zhou G S. 2006. Modeling distribution changes of vegetation in China under future climate change. *Environmental Modeling and Assessment*，**11**：45-58.

Wu T, Yu R, Zhang F, et al. 2009. The Beijing Climate Center atmospheric general circulation model：description and its performance for the present-day climate. *Climate Dynamics*，doi：10.1007/s00382-008-0487-2.

Zhou T J, Wu B, Wen X Y, Li L J, Wang B. 2008. A Fast Version of LASG/IAP Climate System Model and Its 1000-year Control Integration. *Advances in Atmospheric Sciences*，**25**(4)，655-672.

第六章　适应与减缓气候变化的技术与政策选择

主　笔：林而达，姜克隽，胡秀莲，左军成，李茂松，居辉

提　要

　　我国已经在节能、发展可再生能源、核电等能源领域，以及适应气候变化方面采取了大量措施。这些实际行动使得中国在适应和减缓气候变化方面取得了长足的进步和发展，为我国实现低碳发展提供有力支撑。未来全球升温3℃以上的情景下，我国适应行动需要额外的成本投入、加强新技术研发和新政策引导，才能实现抵消负面影响的作用。我国通过加强政策和技术促进，可以在2030年之前，甚至在2025年前后实现CO_2排放峰值，为全球将升温控制在2℃的目标做出贡献。

6.1　近期的适应与减缓行动与政策

6.1.1　近期的适应行动

　　中国近期在农业、水文水水资源、生物多样性、海岸带和人体健康各领域都加强了适应气候变化的行动，开展气候变化科学研究和影响评估，完善法规政策，提高重点领域适应气候变化的能力。一些地区加强了农业基础设施建设，开展了大型灌区续建配套与大型灌溉水泵站更新改造，扩大了农田灌溉面积、提高了灌溉效率和排灌能力，推广了旱作节水技术。加强了大江大河防洪工程建设和山洪灾害防治体系建设并实施了限采地下水的措施。全国继续推进了天然林保护、退耕还林还草、野生动植物自然保护区和湿地保护工程；推进了森林可持续经营和管理，开展了水土保持生态建设，加强了生态脆弱区域、生态系统功能的恢复与重建。在海岸带管理方面，提高了沿海城市和重大工程设施的防护标准；积极开展红树林栽培移种、珊瑚礁移植保护、滨海湿地退养还滩等海洋生态恢复示范工程。开展了风暴潮、海浪、海啸和海冰等海洋灾害的观测预警工作，开展了海平面上升、海岸侵蚀、海水入侵和土壤盐渍化监测、调查和评估工作。人居环境/健康等方面也采取了一系列适应气候变化的措施，建立健全了影响公众健康的疾病监测系统、突发公共卫生应急机制、疾病预防控制体系和卫生监督执法体系等。

　　未来还要继续调整农业结构和种植制度；注重从物质能量的多层次利用与废弃物循环再生等措施，建立农业生态良性循环体系。将气候变化纳入水资源评价和规划体系，以资源承载力为约束，加强水资源综合管理，增进水资源调配能力，加快水资源管理信息系统建设；提高水利工程设计标准。进一步加强植树造林，提高森林火灾、病虫害的预防和控制能力等；调整草场放牧方式和时间，增加草原灌溉和人工草场面积；加强湿地生态保护和河湖污染控制；保护荒漠生物资源、防治荒漠化、加强物种就地保护；建立濒危物种繁育基地，加强珍稀濒危物种繁育工作，增加各种生态系统自然适应能力。提高沿海地区防潮设施的设计标准、加高加固现有的防护设施；兴建海岸防护工程，发展海岸防护林；制定地面沉降观测标准，以及污水回灌的相应标准；制定地下水位观测、地下水水质监测和自来水取水口设

计标准；制定排水口设计标准；逐年分期增加对海堤、江堤建设的投资；优化调整地下水开采布局和层位，充分开发利用浅层地下水；扩大咸水资源改造利用。控制被忽视的热带病；建立和完善气候变化对人体健康影响的监测、预警系统。

6.1.2 近期的减缓行动

中国近期推进了减缓气候变化的政策实施和行动，在转变经济增长方式，大力节约能源、提高能源利用效率、优化能源结构，植树造林等方面实施了一系列政策，促进经济结构调整和产业结构优化升级，发展可再生能源，发展循环经济，减少温室气体排放，控制农业、农村温室气体排放，增强生态系统碳汇能力，加大科学研发力度，科学应对气候变化。

能源领域还要继续大力推进大规模水电、风电建设，推广光伏屋顶系统，建设大型并网太阳能电站示范；积极开展生物质燃烧发电、混烧发电和气化发电等生物质发电。在交通运输、建筑、农业和土地利用、森林、畜牧业等领域强化节能政策措施的实施。

交通运输领域要继续实行燃料经济性标准；制订控制汽车大污染物排放的政策和法规；实施标识制度和改善公众意识；节能和新能源汽车的推广鼓励性政策和财税优惠政策。建筑部门要加强建筑节能政策力度，完成市场机制，提高技术水平，推进一些新兴的、节能强度更高的节能技术和可再生能源技术的使用。农业部门控制温室气体排放主要通过增"汇"、减"源"两种途径，即通过吸收大气 CO_2 储存于土壤，以及通过减少农业活动向大气的 CH_4 和 N_2O 排放。强化森林资源的保护和发展要作为减排和应对气候变化的重要途径和手段，主要通过造林和森林管理活动。畜牧业要继续推广草畜互作，向家畜提供高品质牧草，提高家畜饲料转化率，减少反刍动物的温室气体排放。

中国要继续推进可持续发展政策体系建设，转变经济发展方式；合理规划国土开发空间结构，落实主体功能区规划，调整国土开发空间结构，优化经济布局，促进区域协调发展；尤其是要加强对自然保护区、生态功能脆弱区、湿地等区域的保护和建设；继续实施人口计划生育政策并加强扶贫开发等社会政策的实施；加强能源管理，将能源消耗纳入各地经济、社会发展综合评价和年度考核体系，以降低能耗；积极贯彻执行禁伐天然林、退耕还林还草、植树造林、建设和管理草原、恢复退化土地、防治水土流失以及保护湿地等政策措施，增强吸收汇的能力。

6.2 现有适应与减缓技术

6.2.1 适应技术

在应对气候变化的背景下，中国积极开展减缓与适应气候变化的研究，着力强化适应气候变化的能力建设，开发了一系列有效的适应技术，取得了显著成效。

加强农林业防灾减灾适应气候变化技术，有效提高农林业适应气候变化的能力，突出表现在：

提高生物防灾减灾适应气候变化能力。研发了基于农业重大病虫害监测预警技术、植物病原生物分子检测技术等关键技术，构建了生物灾害检测监测与预警新技术体系，明显提高了预报准确性，平均准确率达到80%以上；研究开发了农业害虫监测系统及灯光诱控技术系统，采集气象参数，对病虫实施远程实时监控，实现全国病虫测报站信息共享。利用现代科技和信息技术，构建了较为完整的水稻病虫害 GIS 监测预警体系，短期预测准确率达到95%以上；研发了面向服务的林业有害生物灾害监测、预警与管理系统，实现了网络可视化的多级林业有害生物灾害管理系统；开放与动态地集成了各种灾害监测服务和模型预测服务，为林业有害生物灾害监测和管理新技术的应用与推广提供良好平台。

农业气象防灾减灾适应气候变化技术。通过选用抗灾品种、高效合理栽培模式、适期播种、建立完善育苗中心、科学施肥、合理排灌、覆盖保护、化学调控、节本增效栽培技术等，对减灾避灾技术措施加以集成、完善，形成不同作物、灾害防御关键技术体系，从而增强作物生产持续减灾避灾能力。

改良农作物品种，调整农作物布局，优化种植结构，适应气候变化。针对不同地区、不同作物，引进新品种，筛选和培育适应性较好的新品种，以实现抗逆、减灾，高产、稳产、优质的目的。在北方干旱与半干旱地区，使80%以上的小麦、玉米、杂粮（谷子、黍稷）具有抗旱节水的能力；培育抗寒、抗冻的品种，提高作物抗寒、抗冻能力，以应对冬季突发的低温冷害、冻害、寒害等，促进地区的稳产。编制甘蔗、木薯、香蕉、荔枝、龙眼等亚热带作物寒害冻害气候风险区划，优化作物布局，减少寒害冻害损失5%以上。采取新的耕作技术手段，实施保护性耕作、旱作农业、高效施肥，使农业稳定发展。根据区域气候、资源、种植制度特点，研发了适宜各区域的保护性耕作技术，如东北玉米宽窄行交替深松种植技术，西北丘陵沟壑区秸秆覆盖留茬保护性耕作技术，沙田保护性耕作关键技术，地表多元覆盖技术等；结合小麦根茬留玉米根茬技术对黄绵土水土保持效应显著。冀北坝上旱砂地农田小南瓜起垄覆膜技术具有良好的抗旱增产效果。

水资源利用及节水灌溉适应气候变化。通过水文水质的监测和相关预警技术，不断完善行政区界水文站网和地下水监测站网建设，加强暴雨洪水预测、预报和预警设施建设，以提高预报的准确率和时效性；开发干旱区绿洲农业节水技术，包括棉花膜下滴灌水肥盐调控技术、成龄果树微灌技术、棉花微咸水灌水技术等，提高了水分利用效率。与此同时，加强推行了林地、林木、野生动植物资源保护技术，继续推进天然林保护、野生动植物自然保护、湿地保护工程，加强生态脆弱区域、生态系统功能的恢复与重建，包括退耕还林工程、"三北"防护林体系建设、京津风沙源治理、长江流域防护林体系建设、海岸防护林体系建设和农田防护林体系建设；森林防火、病虫害防治能力得到明显提高。

6.2.2 减缓技术

温室气体排放与能源消费密切相关。能源消费领域的减缓技术在减缓温室气体排放过程中扮演着重要角色。

在中国能源供应部门实施先进和高效的超（超）临界燃煤发电技术和天然气发电技术；清洁和高效的整体煤气化联合循环（IGCC）技术；先进的核电、水电以及太阳能、风能、地热、和生物能等新能源技术；在燃煤发电设施上尽早利用碳捕获和封存（CCS）技术等，到2020年可实现减排16亿吨CO_2，同时可大幅度减少对高污染煤炭的依赖。从这些技术的减排潜力看，核能、水电技术的减排潜力较大，各占能源供应部门减排总量的1/3左右；其次为风电技术，其减排潜力到2020年可达2.7亿吨，占减排总量的17%；此外，超（超）临界技术带来的减排潜力也将占减排总减排潜力的8%，达到1.3亿吨CO_2。IGCC和CCS技术在近期所能发挥的作用十分有限。

从各种技术的减排成本角度看，在各类技术中，除超（超）临界发电技术和水电技术的减排成本为负以外，绝大部分技术的减排成本处于30～100美元/吨CO_2之间，相对而言，其中的核电、风电和IGCC发电技术的减排成本相对较低，可在近期内重点开发。这表明中国低碳能源技术的应用需要付出较大的经济成本。

超（超）临界发电技术已是成熟技术，与常规的亚临界发电技术相比较，具有明显的效率优势和成本竞争能力。其效率一般可达到39%～45%，发电成本比常规亚临界低13%～15%。整体煤气化联合循环（IGCC）技术是最清洁、高效的煤电技术之一，目前，该系统效率为40%～47%（预计其最高效率可达50%左右），适用于煤炭、石油、焦炭、生物质及城市固体废弃物等所有含碳原料，且具有污染物（包括硫化物、氮氧化物等）排放量低、效率提高潜力大、能有效控制二氧化碳排放等优点。

从经济角度分析，核能具有初始投资高、运行成本低、设计寿命长（40～60年）等特点，目前，第二代、第三代核电厂的初始投资成本约为15000～18000元/kW，投资回收期长达10～15年。由于核电系统的发电成本受负荷因子影响最大，其运行率越高、发电成本越低，因此适合作为基本负荷电源。到2020年，中国核电装机容量可达到7000万～8000万kW。

水电技术是一项成熟的可再生能源发电技术，已经在世界范围内被广泛应用，也是中国最重要的可再生能源资源之一。水电是目前成本最低的发电技术之一，大多数水电系统运行期都较长，

生物质发电通常采用直接燃烧发电、混烧发电和气化发电等技术路径，是现代生物质能利用技术中最成熟和发展规模最大的领域。

2020 年以后,能源供应部门除上述减缓技术外,太阳能热电技术、智能电网、低成本的 CCS 技术、第四代核能等技术将发挥重要作用。特别是临氢气化炉(Hydrogasifier)与燃料电池 FC 发电相组合、把高温的热能和甲烷的化学能直接转化为电力的 IGFC 高效燃煤电厂技术将被应用。IGFC 综合能量转换效率比 IGCC 相对高出 $1/2 \sim 3/4$,能起到大幅度节约煤炭消耗和减少 CO_2 排放的效果,发展前景不可低估。

减缓 CO_2 排放的技术和实践一直在不断的发展中,其中许多技术集中在工业、交通运输和建筑等能源终端利用部门。研究结果表明,这些部门是中国目前和未来减缓 CO_2 排放增长的主要部门,持续推广应用先进、高效、低碳排放和成本有效的 CO_2 捕集和封存技术到 2020 年可实现约 22 亿吨的 CO_2 减排潜力。其中,工业、交通运输和建筑部门技术减排潜力分别占 45%、30% 和 25%。2050 中国能源终端利用部门 CO_2 减排技术潜力约为 48 亿吨。其中,工业、交通运输和建筑部门技术减排潜力分别占 37%、35% 和 28%。

工业部门是中国实现终端能源消费部门 CO_2 技术减排潜力的优先和重点领域。2020 年以前,工业部门实现碳减排潜力的主要减缓技术包括提高能源效率的技术、新工艺和新技术、副产品和废弃物回收利用技术、原料和燃料替代以及 CO_2 捕获和封存技术(CCS)等。对工业部门 2020 年部分 CO_2 减排技术的边际减排成本分析结果显示,成本有效的减排技术占 40% 以上。2020 年以后,除上述技术外,大量的低碳技术将被开发和应用。诸如钢铁工业的低碳炼钢技术、高炉炉顶煤气循环技术(TGRBF)、先进的直接还原工艺(ULCORED)、新型熔融还原工艺(HIsarna)、电解铁矿石工艺、水泥行业的生态水泥生产技术、水泥和化工行业的碳捕集技术等。

交通运输部门是中国技术减排潜力增长最快的终端能源消费部门。2030 年以前,公路运输方式的技术减排潜力占交通运输部门总技术减排潜力的比重高达 85% 左右,到 2050 年该比重下降到 60% 左右。

交通运输部门的主要减排技术措施包括:提高燃料经济性、推广高效汽油内燃机技术、替代燃料技术和高效柴油内燃机技术、推广应用先进的电动汽车、超高效柴油、混合燃料、氢动力、燃料电池、混合动力、先进柴油汽车、开发利用替代材料和替代能源(如材料轻质化)、可再生能源利用技术、非交通运输的替代方式等。其中,高效汽油内燃机技术、替代燃料技术和高效柴油内燃机技术的减排成本在 150 元人民币/吨 CO_2 以下,而充电式混合动力汽车、混合动力汽车、纯电动汽车的减排成本均高于 600 元人民币/吨 CO_2。

建筑部门也是中国实现 CO_2 技术减排潜力的潜在重点领域。由于建筑部门 CO_2 排放源和减排技术种类繁多,在各类减排技术当中,相对减排潜力最大的是节能照明技术,可以比传统照明减排 70% ~ 90% 的温室气体,另外如可再生能源利用技术、新建节能建筑以及建筑围护结构节能技术也可以实现较高的减排潜力。从绝对减排潜力看,建筑围护结构节能技术、采暖系统节能技术、节能照明技术的减排量较高。新建建筑节能设计的减排潜力也很大,但短期看主要来自于新建节能建筑,而被动房屋设计、绿色建筑等的节能潜力将在更长的时期发挥作用。由于受到建筑类型、规模、所处地域、气候、政策等多种因素的影响,建筑部门不同减排技术的 CO_2 减排成本的不确定性很大,如果仅考虑减排技术本身的因素,建筑部门成本有效的减排技术可实现的减排潜力约占总减排潜力 65%。

生物领域固碳技术。除能源、工业的减排技术外,农林业固碳及非 CO_2 温室气体减排技术也得到发展,包括:

农田生态系统固碳减排技术。秸秆还田一直以来是各部门大力倡导的节能减排的主要措施。硝化抑制剂的使用可以抑制旱地农田土壤 N_2O 排放;草炭土改良的有机培肥耕作模式可增加土壤固碳。稻草还田、水肥调控等保护性耕作技术也有利于稻田增碳和温室气体减排。施用生物质炭无论对水稻还是小麦季,都能改善土壤微生物区系的活性和酶活性,增加土壤碳汇。

森林生态系统固碳减排技术。通过开展不同种源、家系人工林植被碳密度和碳贮量变异规律研究,筛选出高固碳能力树种、种源或家系,提高脆弱地区造林及森林管护的固碳能力。

湿地保护固碳减排技术。防止湿地退化,减少土壤有机碳的损失。

草地生态系统固碳技术。围封技术能够显著增加包括黄土高原在内的草地生态系统碳储量、地上活体植物、凋落物/地下活体根系和土壤中碳密度与碳储量。

海洋生态系统固碳减排技术。我国在北方典型的滩涂底播养殖和浅海筏式海域开发了浅海贝类、藻类养殖固碳技术示范。

6.3　未来适应和减缓的展望

6.3.1　中国未来适应的展望

（1）适应任务艰巨

中国是一个发展中国家，人口众多、经济发展水平低、气候条件复杂、生态环境脆弱，极易受气候变化的不利影响。气候变化对中国自然生态系统和经济社会发展带来了现实的威胁，同时，中国正处于经济快速发展阶段，面临着发展经济、消除贫困和保护环境的多重压力，适应气候变化已成为中国发展的现实需要和紧迫任务。

适应气候变化问题不仅是自然科学问题，而且也是社会科学问题，涉及政策、环境和经济等多个环节，适应气候变化本身的复杂性和中国自身的社会经济自然现状，意味着中国在适应气候变化方面将面临诸多的困难。首先，中国正处于工业化阶段，但是已经不具备发达国家崛起时的资源与环境条件。中国气候条件复杂，自然灾害严重，生态环境脆弱，经济发展水平区域间极不均衡，适应气候变化的能力较低且区域差异明显。其次，适应气候变化的基础研究相对薄弱，且中国正处在高速发展的城市化、市场化、工业化进程中，诸多领域面临发展问题，气候变化尚未主流化，公众意识还有待提高和加强。再者，中国目前正处于经济快速发展时期，适应资金保障机制还未完善，而目前的资源与环境容量又不能维持延迟性的适应行动，因此适应面临巨大的挑战。

（2）深化对适应的科学认识

适应气候变化的目的是确保人民的生计、公共和私营企业、资产、社区、基础设施以及经济对气候变化的应对能力。国内外已经积极开展了全球气候变化的相关研究，为应对气候变化提供理论依据。从国际动向看，全球变化的影响与适应研究不仅将成为今后一个时期内科学研究的重点，而且会成为国际社会关注的焦点。

适应气候变化过程中，中国还有诸多的科学问题亟待解决。首先要辨识导致气候变化的各要素动态过程及其形成原因。从本质上来讲，气候变化通过其变化的速率、强度与频率影响社会，环境和经济。气候变化研究必须识别出资源与环境要素的变化及其动态过程，分析其变化特征，确定气候变化对各系统及个体影响的临界值及所可能影响的区域和领域，认识自然和人为因素在气候变化中所占的份额，识别在特定的自然社会经济条件下各领域、各层面等存在的气候风险，并进行科学评估，确定适应目标。

加强科学研究，客观认识人类社会对气候变化的适应过程与行为。人类社会认知气候变化影响的方式与过程的确认，是适应气候变化决策过程与适应方式选择的关键因素。适应措施取舍的原则以及人类适应气候变化影响的时滞性产生的原因及其后果探究，都是适应研究中尚未探明的问题。任何适应行为的选择，均应建立在能够正确判断这种措施成本效益的基础之上。对适应效果的评价，不仅要考虑经济效益，也要考虑生态和社会效益，另外也要考虑到政治因素，因此适应效果的综合评估依然有待发展和深入。

（3）加强政策引导和能力建设

气候变化将对中国的资源和生态、环境系统产生不容忽视的影响，特别是对农业、生态、能源、交通、人体健康等敏感领域的影响，虽然对这些影响的认识在确定性程度上还有待提高，但目前的一些研究结论已比较明确和清晰，应该在现有认识的基础上，选择有利于适应气候变化和有利于促进社会发展的"无悔对策和措施"，并将实施问题纳入到国家社会经济发展规划中，以便未雨绸缪、趋利避害，确保中国社会经济可持续地、健康地发展。

作为发展中国家,中国应以科学理论为指导,加强应对气候变化能力建设。适应气候变化是一个长期的过程而不是一次性的行动,不断变化的气候要求社会和个体调整行为方式,提高气候变化公众意识,以适应气候变化和极端气候事件的影响,其中政策的鼓励和支持会起到积极的引导和促进作用。提高各级决策者对气候变化问题的认识,逐步提升气候变化的行动能力;建立公众广泛参与的激励机制,充分发挥公众监督作用;积极发挥民间社会团体和非政府组织的作用,鼓励社会各界参与气候变化的适应行动。

(4)开展和落实适应行动

通过加强农田基本建设、调整种植制度、选育抗逆品种、开发生物技术等适应性措施,进一步增强农业领域适应气候变化的能力;通过加强天然林资源保护和自然保护区的监管、继续开展生态保护重点工程建设、建立重要生态功能区等措施,保护典型森林生态系统和国家重点野生动植物,治理荒漠化土地,有效改善森林生态系统的适应能力;通过合理开发和优化配置水资源、推行节水措施、提高农田抗旱标准等措施,降低水资源系统对气候变化的脆弱性;通过加强对海平面变化趋势的科学监测、加大对海岸带生态系统的监管、建设沿海防护林体系等措施,使沿海地区抵御气候灾害的能力得到明显提高。

落实重点领域和区域的适应行动。中国在适应气候变化的探索中,农业、水资源、自然生态系统等部门在不同地区均进行了成功的适应气候变化尝试,这些典型案例对中国进一步全面落实重点区域和重点领域的适应行动都具有重要的指导意义。今后要全面实施部门和省级应对气候变化方案,继续组织实施退耕还林还草、提高农业灌溉用水利用效率、推进草地改良、沙化治理、天然林资源保护等项目建设,继续落实应对气候变化国家方案。

(5)适应行动需要增量成本

气候变化对中国农业、水资源、自然生态系统和海岸带影响的综合研究表明:如果21世纪50年代全球(地表)平均温度较工业化革命前升高2℃以内,气候变化对中国的影响正负并存,现有的适应技术可以在一定程度上补偿气候变化的不利影响,并提升有利影响潜力,适应成本投入具有一定的正向收益,当然适应能力和适应程度会因地域和领域而不同;如果升温达到3℃,现有适应技术的趋利避害能力会逐渐减弱,需要在部门或区域通过技术研发、政策规划、能力建设等措施开发新的适应方法,并增加新的额外的成本投入,以充分挖掘适应技术优势,起到积极作用来抵消不利影响;如果全球平均温度升高达到4℃,则目前现有技术的适应能力不足以抵消气候变化的负面影响,中国各个区域和领域适应气候变化的成本将大大增加,即使如此,有些领域和地区的不利影响依然难以得到有效的控制和补偿,适应的难度和资金投入会大幅度提高,其中的适应成本可能会出现负效益。但是必须看到,由于国内外现有气候变化研究,在气候情景预估上,对于不同系统间相互作用的关键因子、驱动因素、作用机理和反馈机制依然存在不确定性。目前气候变化影响预估的结果也并非绝对精确,不同升温情景下气候变化对各生态系统和社会经济部门的影响评估也还存在很多限定因子,由此目前对适应能力和适应投入的相关研究还有待深化。

知识窗6.1:未来气候变化可能给中国造成的损失评估

中国是世界上受气象灾害影响最严重的国家之一,台风、暴雨(雪)、雷电、干旱、大风、冰雹、雾、霾、沙尘暴、高温热浪、低温冻害等灾害时有发生,每年70%以上的国土、50%以上的人口以及80%的工农业生产地区和城市,均不同程度受到气象灾害的影响,由气象灾害引发的滑坡、泥石流、山洪以及农业灾害、海洋灾害、生物灾害、森林草原火灾等相当严重,对经济社会发展、人民群众生活以及生态环境造成了很大影响,所造成的经济损失相当于国内生产总值的1%~3%。

在全球气候变化背景下,自然灾害风险进一步加大,防灾减灾工作形势严峻。干旱、洪涝、台风、低温、冰雪、高温热浪、沙尘暴、病虫害等灾害风险增加,崩塌、滑坡、泥石流、山洪等灾害仍呈高发态势。自然灾害时空分布、损失程度和影响深度广度出现新变化,各类灾害的突发性、异常性、难以预见性日显突出。随着我国工业化和城镇化进程明显加快,城镇人口密度增加,基础设施承载负荷不断加大,自然灾害对城市的影响日趋严重;广大农村尤其是中西部地区,经济社会发展相对滞后,设防水平偏低,农村居民抵御灾害的能力较弱。自然灾害引发次生、衍生灾害的风险仍然很大。当前,有两个问题需要我们高度关注:一是我国是高风险的城市与不设防的农村并存。改革开放以来,城镇化和城市现代化快速发展,年均增加 16 个城市和 1.4％城镇人口。目前我国城镇化率 50％,百万人口以上大城市 118 座。我国的防灾减灾基础薄弱,我国东、中、西的地域差别大,城乡差别大。城市灾害的突发性、复杂性、多样性、连锁性、集中性、严重性、放大性等特点呈现。二是自然灾害与各类突发事件的关联性越来越强,互相影响、互相转化,经常导致次生、衍生事件或成为各种事件的耦合。

6.3.2 中国未来的减缓展望

(1)中国的温室气体排放情景

IPCC 第四次评估报告中给出了未来不同稳定情景的排放目标,第一类的 CO_2 当量浓度为 445～490 ppm,可能的升温在 2.0～2.4℃,2050 年的排放量与 2000 年相比减少 50％到 85％。第二类的 CO_2 当量浓度为 490～535 ppm,可能的升温在 2.4～2.8℃,2050 年的排放量与 2000 年相比减少 30％～60％。第三类的 CO_2 当量浓度为 535～590 ppm,可能的升温为 2.8～3.2℃,2050 年的排放量与 2000 年相比减少 30％到增加 50％。目前国际模型研究组,以及国际合作讨论中,较多地以这三类情景作为减排情景。

根据多种排放分担方法的分析,实现全球的减排目标,对中国压力很大。如果实现 1.5～2℃的升温目标,中国温室气体排放将需要在 2020—2025 年达到峰值,且总量较低,低于 90 亿吨 CO_2。

近期多个模型组的研究结果显示,中国快速经济发展将带来能源明显增长,多种情景表明到 2030 年能源需求会比 2008 年增长 50％～100％,2050 年增长 85％～150％。这也表明,中国有很大的潜力节能,如果节能做得比较好的话(强化节能),2020 年之后中国的能源需求增长会比较平缓,明显改变了目前能源增长的态势。到 2030 年有可能将能源需求控制在 48 亿吨标煤之内,2050 年控制在 55 亿吨标煤之内。

同时,中国的温室气体排放量也将快速上升。图 6.1 给出了近期公布的一些模型组的研究结果。这些结果分布范围很广,对其模型参数分析后可以看出,图中 2030 年排放量大于 110 亿吨 CO_2 是各个模型组的基准情景,2050 年持续上升至 120 亿～170 亿吨,有些情景表明可以在 2040—2050 年达到排放峰值。采取气候变化政策的情景的 CO_2 排放的范围为 85 亿～110 亿吨,2050 年为 50 亿～80 亿吨。其中几个对全球实现 2℃升温目标进行分析的模型结果表明,中国的 CO_2 排放需要在 2025 年之前达到峰值,峰值不超过 90 亿吨 CO_2,到 2050 年下降到 25 亿吨左右。IEA 的 450 情景峰值在 2020 年达到 90 亿吨,但之后快速下降。IPAC 的 2℃情景峰值为 84 亿吨,之后开始下降,与 IEA 情景相比,下降速度相对较缓。尽管到 2011 年中国的 CO_2 排放快速上升,但是 IPAC 模型组进行的减排可行性分析说明 2℃情景仍然是可以实现的。技术的快速进展和政策为实现这样的排放途径提供了强有力的支持。

在这些情景中,政策情景均能够实现国家 2020 年的 CO_2 减排目标,即 2020 年单位 GDP CO_2 排放强度与 2005 年相比下降 40％～45％。较低排放的一组情景则超出国家目标,可以达到 54％。

(2)减排情景中的技术和政策含义

分析各个情景中的政策,可以看出一些共性的地方。在所有的减排情景中,都考虑了可再生能源和核电的发展、节能,以及 CCS 技术的应用等。作为一个发展中大国处于经济起飞的时期,技术对能源节约利用,环境和气候变化是非常重要的。在中国,技术进步将在温室气体减排中扮演一个重要的角色,而大部分的这些技术同时在短期和长期内满足节约能源和保护环境的要求。

为了实现低碳发展路径,很关键的一条就是全面实现低碳技术的普及,这在中国低碳发展情景研究中得到了充分的证明,即一些关键技术对于未来实现低碳和强化低碳情景将发挥很关键的作用。在低碳情景和强化低碳情景中,为了实现未来的低碳发展目标,无论是在能源生产还是在能源消费端,都有不同的技术做出贡献,其中,能源消费端的低碳技术在 2030 年之前的作用更为明显,而在 2030 年之后将更多依赖能源生产端的技术。

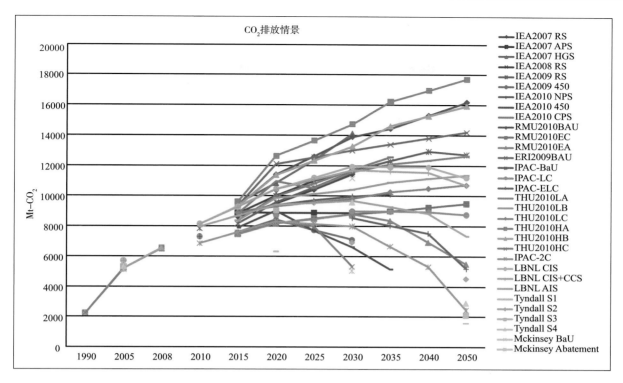

图 6.1　中国能源活动的 CO_2 排放情景

节能技术是当前中国最具市场发展潜力和经济效益的碳减排技术,应借助国家节能减排的有利时机,扩大这些技术在各部门的利用规模。在工业部门,应充分利用当前中国大规模新建基础设施的机会,借助于合理的政策措施,大力推广各种节能技术措施,争取在 2020—2030 年使中国工业用能效率在可比基础上成为当时世界领先。在建筑部门,大力推广节能建筑,在城市实现建筑节能的国家目标,在农村普及各种低成本节能建筑,通过采用更高等级节能建筑标准,力争到 2030 年使建筑能源利用效率和 2010 年相比提高 30%~50%。在交通部门,争取到 2030 年之前,公共交通成为大型城市的主流交通工具,先进低能耗汽车成为标准配置,纯电动汽车有较大幅度的发展。

对于清洁能源技术,要有更强有力的政策给予鼓励和支持,包括政策上的支持鼓励和市场机制的建立和进一步的完善。很多清洁能源技术如陆上风力发电技术等在中国已经具有相当的市场竞争力和发展潜力,如果能够给予足够的政策支持和良好的市场环境,这些技术将能够在近期就发挥明显的作用。对于一些相对新型的技术如混合动力汽车、先进高效柴油汽车等,在发达国家已经获得了相当的市场空间,应该考虑加快这些技术向中国的引进和利用规模的扩大。另外,对一些离网的可再生能源利用技术如户用可再生能源技术(包括户用太阳能热利用技术、户用光伏技术、户用风力技术),也应该加大鼓励力度,力争使它们在 2030 年之前就有规模化的发展。

在情景分析中也发现,中国实现温室气体减排面临着各种挑战。首先中国正处在工业化和城市化进程加速发展的阶段,发达国家工业化进程的经验表明,在此阶段伴随着大量基础设施建设,能源消耗和温室气体排放上升不可避免;其次中国的能源资源禀赋决定着中国能源结构在相当长一段时期内仍将以煤炭为主,为此能源消耗对应的二氧化碳排放强度将高于其他国家;最后目前中国的经济和技术实力还难以支撑大规模的减排,控制排放方面能做出多大贡献取决于中长期内减限排机制的设置,以及通过这些机制能够获得的资金和技术支持。

对中国来讲,气候变化对策可以提供很好的机会实现经济结构转变,促进低能耗、高附加值行业发展。尽管目前我国进行大规模减排还不符合国情,但是结合国内的能源政策、农业发展政策和土地利用政策,可以在一定程度上考虑减排的效果,以及需求,实现国内经济发展模式的转变。

（3）减缓的成本和效益

但是我们也看到，在分析减排情景的时候，大部分的模型组都显示出类似的减排途径，但是几个研究小组的区别是成本。一些结果表明，这样的减排成本并不很高，而另外一些研究的结果则说明减排成本很高。一般来说，成本的结果取决于模型方法和参数设定。技术模型由于主要考虑技术成本，其给出的成本一般都比较低。而宏观经济模型在分析减排的时候，给出的是经济的损失，相对来说都比较高。减排成本在很大程度上取决于假设的温室气体的稳定水平和基准情景。对于相同地区减排成本的估算，由于采用了不同的模型和假设，最后得出的结果也有很大的差异。

对于评估中收集到的报告了成本的情景，具有典型代表意义的是能源所的 IPAC 模型、麦肯锡的模型，以及人民大学的 PENE 模型。IPAC 模型和麦肯锡的模型主要分析了技术减排成本，由于考虑了显著的技术成本的下降，这两个模型组报告的技术成本相对来说比较低。低碳情景和基准情景相比，成本上升不明显，甚至有所降低。额外的投入总量和 GDP 相比也比较低。IPAC 模型低碳情景中的额外投资在 1.5 万亿元/年，占当年 GDP 的 1.2％左右。麦肯锡的研究认为，约 1/3 的投资将产生经济回报；1/3 将产生较低到中等程度的经济成本，还有 1/3 将会产生巨大的经济成本。而人民大学的 PENE 模型则利用经济模型分析了减排成本，以 2005 年为基准年，在控排情景和减排情景下，中国 2050 年相对基准情景的 GDP 损失分别达到 4.6％和 9.9％（相当于 1 万亿美元和 2.3 万亿美元，2005 年不变价，达到 2005 年的 GDP 水平的 46％和 97％），平均每吨 CO_2 对应的 GDP 损失为 158 美元和 210 美元。能源所的 IPAC 模型和麦肯锡德模型没有充分考虑其他的社会成本，而人民大学的模型则对技术进步的作用考虑得较少。不同的模型组会提供不同的成本结果，需要根据其模型方法和参数设定来判别。这样的成本分析可以提供一个成本区间。利用模型进行成本的深入分析也可以提供对成本的更好的认识。

6.4 适应与减缓的实施途径

6.4.1 研究制定《应对气候变化法》

将应对气候变化工作纳入法制化轨道，以法律形式规范全社会广泛参与应对气候变化的责任和义务。构建应对气候变化的国际合作与国内协调两个方面的体制机制。

通过制定《应对气候变化法》，建立公开、透明、有序的信息发布制度，明确应对气候变化的科学评估报告、政策信息的统一发布制度；强化应对气候变化的科学研究。

6.4.2 加强管理与政策激励

将减缓和适应气候变化作为重要内容纳入中国国民经济和社会发展规划中。分解"十二五"规划控制温室气体排放行动目标及地方实施方案也已经明确，进一步完善应对气候变化统计体系、及控制温室气体排放考核方案也在逐步落实中。

组织制定应对气候变化专项规划。中国已经启动制订国家应对气候变化专项规划，提出减缓和适应气候变化、发展低碳技术及国际合作等相关领域的重点工作和主要任务。

全面深入开展低碳试点工作。中国在五省八市启动了低碳试点工作。通过试点加快建立以低碳排放为特征的产业体系、生活方式和消费模式。同时也将结合低碳省区和低碳城市试点，探索开展低碳建筑、低碳交通和地方应对气候变化等专项试点。

积极探索利用市场机制和经济手段控制温室气体排放。中国将继续深入推进清洁发展机制合作，并公布了温室气体自愿减排交易的管理办法，规范自愿减排交易活动，保证市场的公开、公正和透明。此外，结合低碳试点工作，鼓励和支持碳排放权交易试点，研究征收碳税的可行性。

制定低碳认证制度，开展低碳认证试点。制定《中国低碳产品认证管理办法》，开展低碳产品认证试点，鼓励社会公众使用低碳产品，激励企业产品结构升级，控制温室气体排放。

采取积极适应气候变化的政策措施。中国在农、林、水、气等重点领域和海岸带等脆弱地区采取有效措施,趋利避害,最大限度地减轻气候变化对国民经济和社会发展的负面影响,同时加强对各类极端天气与气候事件的监测、预警、预报,及时发布信息,科学防范和应对极端天气与气候灾害及其衍生灾害,增强应对极端天气事件的能力。

采取强制性和激励性机制和政策。中国结合多种手段正在制定清晰的政策目标,促进减缓和适应气候变化,如能源总量控制制度、排放控制标准、准入制度、碳排放强度考核制度等;还探索了激励性机制和政策,如税收政策、碳权与碳市场、碳交易政策、补贴政策;自愿性机制和政策:低碳产品标志认证、低碳消费政策等。

6.4.3 加强资金投入

建立稳定和持续的财政政策和融资机制,支持减缓和适应技术的研发、应用及商业化推广,对中国实现应对气候变化的减缓和适应目标至关重要。

中央和地方政府在加大财政投入的同时,可通过建立各种财政机制拓宽投融资渠道,鼓励社会、企业和私人资金的投入。

6.4.4 加强科学和技术创新

必须加大科学和技术创新宏观管理、政策引导、组织协调和投入力度,加强应对气候变化的基础研究,增强科学判断能力。加快减缓和适应气候变化领域重大技术的研发、示范和推广,特别是对节能和提高能效、气候风险预测预警和适应技术的研发和推广,碳捕集和封存技术、敏感领域适应技术体系的研发和推广,以及减缓和适应气候变化领域先进技术的引进、消化、吸收和再创新。

6.4.5 加强能力建设与提高公众意识

加强气候变化科技领域的人才培养,建立高素质、高水平的人才队伍。

普及节能减排知识,增强公众的节约意识。加强应对气候变化知识的宣传、教育和培训。积极鼓励与支持社会组织和民间团体参与应对气候变化的各项活动,增强公众参与应对气候变化决策和管理监督的积极性。

6.4.6 加强国际合作

中国将继续本着务实态度推动合作与交流,不仅要向发达国家学习经验、引进资金和技术,也要在"南南合作"框架下帮助其他发展中国家,特别是最不发达国家和易受不利影响的国家采取应对气候变化行动。还要继续加强气候变化领域的多边和双边的政策对话和相关合作机制。

第七章　应对气候变化的战略选择

主　笔：潘家华，陈迎，张海滨，包满珠，张坤民

提　要

随着国际气候进程的不断推进，应对气候变化的国际形势已经发生了重要变化。中国在经济的快速增长和国际地位不断提升的同时，温室气体排放总量已位居世界第一。应对气候变化不仅面临严峻的挑战，也存在难得的机遇。减缓和适应气候变化不是受到国际压力的无奈之举，而是符合中国可持续发展内在需求的自主选择。中国必须走一条符合中国具体国情的低碳发展道路，促进绿色低碳转型。

7.1　国际形势的变化与中国面临的挑战和机遇

当前，国际形势正经历着深刻而复杂的变化。世界多极化、经济全球化深入发展，世界经济政治格局出现新变化，科技创新孕育新突破。总体而言，和平、发展、合作仍是当今世界的时代潮流，国际环境有利于我国和平发展。与此同时，国际金融危机影响深远，世界经济增长速度减缓，全球需求结构出现明显变化，围绕市场、资源、人才、技术、标准等的竞争更加激烈；以气候变化为代表的全球性问题更加突出。围绕气候变化问题展开的国际合作与博弈受到空前关注。

气候变化议题的性质已经发生重大变化，不仅是重大的国际环境问题和发展问题，同时也是重大的国际政治和安全问题。气候变化议题正在塑造 21 世纪上半叶的国际政治和经济。

首先，应对气候变化正在催生新一轮的能源和科技革命，使大国之间围绕综合国力的竞争更加激烈；其次，气候变化正在对国际安全构成威胁。气候变化导致海平面上升，直接威胁小岛屿国家的安全，而且还可能通过引发淡水资源短缺、粮食减产、极端气候事件增加和大规模的环境移民，进而削弱国家的治理能力，加剧资源争夺，最后导致国内与国际冲突，威胁国际安全。第三，气候变化对 21 世纪全球治理模式提出严峻挑战。气候变化的全球性和紧迫性能否有效应对气候变化成为判断全球治理是否有效的试金石。

在以上国际大背景下，当前国际气候谈判错综复杂。由于各国的发展水平、政治诉求、地理位置、自然条件、资源构成有很多差异，主张的要求、诉求、谈判目标、立场也大不相同，各方矛盾交错、利益互织。总体来看，主要可划分为发展中国家和发达国家两大阵营，以及欧盟、美国、以中国为代表的发展中国家这三股力量，并表现为诸多的矛盾：南北的矛盾，发达国家和发展中国家的矛盾，发达国家内部的矛盾，发展中国家的矛盾，以及所有的国家，针对排放大国的矛盾。这些矛盾的现在指向是：不管发达国家还是发展中国家，只要排放得多，总量大，就会成为众矢之的。两大阵营之间的矛盾，焦点主要在于历史责任问题、资金和技术转让的问题。而三股力量（欧盟、美国、中国），则主要围绕分担如何减排的义务，谁来减，减多少，什么时候减，怎么减。

2011 年底召开的德班会议，在公约下成立德班增强行动平台特设工作组，以启动一个为期 4 年的

谈判进程,在 2015 年前尽快制定适用于所有缔约方的法律工具或者各方同意的具有法律效力的成果,并力图使其在 2020 年生效。在国际气候制度并轨的前景下,我国正面临着日益强大的国际压力和严峻的挑战。

(1)中国未来的发展空间日益受到挤压。历史上,发达国家在其工业化过程中任意向大气中排放了大量温室气体而没有受到任何约束。但自 20 世纪 90 年代以来,形势发生了重大变化,全球气候治理逐渐强化。1990 年在联合国框架下,国际气候变化谈判启动。其实质是对全球有限的碳排放空间进行分配。这就直接涉及发展中国家的发展空间,事关我国的根本利益。我们不得不面对的一个客观事实是,当今世界将不再具备沿袭发达国家以高能源和高资源消费为支撑的现代化道路的国际环境。随着我国温室气体排放的快速增加(图 7.1),我国面临的国际压力将越来越大,未来的发展空间日益受到挤压。

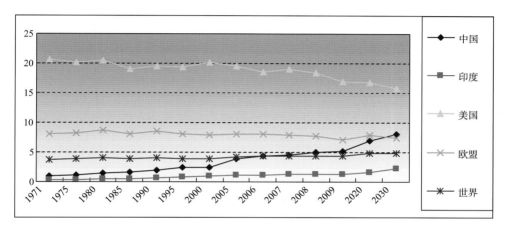

图 7.1 中国人均 CO_2 排放的国际比较趋势图(1971—2030)(单位:吨)

(数据来源:IEA,2008,2009,2011。refers to average numbers for OECD Europe)

(2)中国需要小心权衡维护中国发展权益与展现负责任大国形象双重任务。中国快速经济发展引起的中国国际地位的显著提升和温室气体排放的迅速增加与全球气候治理的日益强化二者叠加,使国际社会要求中国在全球应对气候变化努力中承担更大责任,甚至发挥领导作用的呼声日益高涨,中国面临的国际减排压力陡增。另一方面,中国仍然是一个发展中国家,人口众多,经济发展水平较低,发展任务艰巨;处于工业化发展阶段,能源结构以煤为主,控制温室气体排放任务艰巨;气候条件复杂,生态环境脆弱,适应任务艰巨。因此,如何既有效维护好中国的基本发展权益,又更好地展现中国负责任大国的形象,并实现二者的良性互动,无疑是中国未来进一步参与国际应对气候变化合作的巨大挑战,也是对我国外交理念和智慧的严峻考验。

(3)坚持共同但有区别的责任原则难度增大。历史上和目前全球温室气体排放的最大部分源自发达国家,发展中国家的人均排放仍相对较低,因此,《联合国气候变化框架公约》明确提出,各缔约方应在公平的基础上,根据他们共同但有区别的责任和各自的能力,为人类当代和后代的利益保护气候系统,发达国家缔约方应率先采取行动应对气候变化及其不利影响,并向发展中国家提供资金和技术援助。但令人遗憾的是,自公约生效以来,发达国家向发展中国家提供资金和进行技术转让方面进展甚微。随着中国经济实力的增强和国际地位的提升,对中国承担更多国际义务的期望也提高了。如何推动发达国家实质减排,履行向发展中国家转让低碳技术和资金方面取得实质性成果,也是未来中外气候变化合作面临的一大挑战。

(4)维护和加强发展中国家阵营团结难度加大。在可以预见的将来,南北之间的冲突与合作将依然是国际气候博弈的基本模式。发展中国家内部的团结是推动南北合作的基础和动力。随着国际气候变化谈判的深入,发展中国家内部由于情况不同、地理位置不同、资源不同,应对气候变化的立场存有很大的差异,发展中国家阵营的分化趋势日益严重。在此背景下,如何维护发展中国家的团结,以便在南北合作中争取最大利益,就成为中国未来参与国际气候合作的一大挑战。

(5)如何化解以低碳为名的国际贸易摩擦?近年来,有的发达国家以保护气候为名,主张对进口的高碳产品征收边境调节税,即所谓的碳关税。碳关税的征收将大幅推高发展中国家企业的出口成本,对发展中国家的产品出口和国际贸易体制产生严重的影响。

从国内层面看,我国应对气候变化也面临诸多挑战。

(1)我国减缓气候变化面临经济约束。减缓气候变化,需要采用更加低碳的技术,以及气候友好的发展政策和措施。这些技术与政策的部署和实施都会涉及经济成本以及对原有政策构架、发展模式的调整,这些新的部署与调整必然对实施减缓气候变化的行动构成挑战。因此,减缓潜力必然会受到经济发展的约束,具体表现在减缓的经济成本负担和社会福利损失。IPCC第四次评估报告指出,决定减排总成本的最主要因素是为了达到一个给定的目标而需要减排的量,大气中二氧化碳的浓度稳定在越低的水平,成本就越高,而且不同的基准线对减排的绝对成本有非常大的影响。有关研究表明:中国的碳边际减排成本是相当高的,当减排率为0%~45%时,碳边际减排成本这0~250美元/吨;越早开始实施碳减排约束,在等同的减排量下碳边际减排成本将越高。实施温室气体减排,必然是全方位的,会影响和涉及社会经济体中各个部门,这也必然会导致一些既得福利和福利预期的调整。而调整过程,将对温室气体减排形成约束。

(2)我国减缓气候变化面临国内资源环境约束。我国发展低碳经济先天不足,因为能源结构中以煤为主。在已探明的化石燃料储备中,煤占了96%,相比之下石油和天然气只有4%,2005年,煤炭在中国一次能源消耗总量中占比为62.5%。对煤炭高度依赖的能源结构是中国近年来二氧化碳排放量增加的主要原因,其增速已经超过了能源消费的增长速度。按照IEA的估计,到2015年中国的二氧化碳排放量将比美国高出35%,到2030年将高出66%,中国在全球排放量中所占的比重将由2005年的19%增加到2030年的27%。由于中国以煤炭为主的能源消费结构短期内难以改变,能源结构调整的难度大,中国在向低碳发展模式转变的过程中,将比其他国家受到更多的资金和技术压力,付出更高的代价,面临更大的困难。

(3)我国减缓气候变化面临国内政策障碍。当前,我国在应对气候变化的法律法规、战略规划、政策体系方面等非常不完善,很多领域仍然处于空白状态,在发展低碳经济方面也处于起步阶段,在宏观政策管理方面能力不足,亟须加强和完善。此外,中国发展低碳经济还存在不少制度障碍。例如对低碳产品和技术开发的激励不足,对高碳能源过度补贴等。

与此同时,也应该看到,应对气候变化中国不仅面临重大挑战,也面临难得的机遇。当前和平的国际环境和全球方兴未艾的低碳经济浪潮对中国应对气候变化、向低碳经济转型也意味着重大的机遇。

(1)积极应对气候变化有助于中国调整产业结构、摆脱锁定效应,后来居上,实现经济跨越式发展。气候变化是由于工业化和所谓现代化造成整个社会的碳锁定所导致的结果之一。解除"碳锁定"的根本在于开发和大规模使用替代当前基于化石能源的技术(基于低碳或零碳能源),从能源生产、运输,到使用能源的动力和终端,进而到整个社会的生产消费系统都实现摆脱对化石能源的依赖化。发达国家发展低碳经济,一方面会引领世界的低碳潮流,另一方面也还会加速发展中国家的碳锁定。从某种意义上说,当今发展中国家的工业化,很大程度上也是在重复西方发达国家的"碳锁定"历史过程。在全球化背景下,正在进行一场"碳锁定的全球化"——发达国家的重碳产业和技术通过国际投资与贸易渠道向发展中国家的产业转移(Unruh and Carrillo-Hermosilla,2006)。而以低碳经济为标志的世界经济新潮流,则有利于使得发展中国家避免陷入"碳锁定",甚至及早解锁。换句话说,发展低碳经济,使得发展中国家和发达国家重新站到了同一个起跑线上。在这样一个竞争过程中,中国将更加重视自身的自主创新能力建设,而不再简单模仿西方发达国家的技术,或盲目接受发达国家的产业技术转移,可以避免走上"先污染、后治理"道路。中国还可能发挥后发优势,甚至实现技术跨越,比发达国家更好更快地实现向低碳经济的转型。

(2)应对气候变化有助于中国增强低碳产品在国际市场的竞争力,占领更大的国际市场份额。向低碳经济转型的一个重要目的,是获得低碳产品的新的国际竞争力。而中国有可能成为世界最大的碳交易市场,最大的环保节能市场,最大的低碳商品生产基地和最大的低碳制品出口国。目前,中国在一些低碳产品,比如节能灯、光伏发电设备、风电设备等方面已经具有一定的竞争优势,出口潜力巨大。

(3)全球低碳经济浪潮有助于中国加强国际技术合作,进口或出口更多的低碳技术。低碳技术是发展低碳经济的核心。而核心的低碳技术是买不来的。中国是大国,必须走自主创新的道路,但是作为发展中国家,应抓住时机,力促发达国家更多地转移低碳技术。这有利于中国在低碳经济的发展道路上加快步伐。在未来全球向低碳经济的转型过程中,低碳技术转移是南北甚至南南国家间合作的核心要素之一。中国在国际技术转移中的地位,可能不仅仅是进口大国,也可能是出口大国。中国无论是从能力,还是责任上看,都要承担起向其他发展中国家转移低碳技术的责任。特别是在非洲和拉美等海外地区投资的过程中,中国也会不断被要求积极对外转让低碳技术。

7.2 中国应对气候变化的内在需求

中国应对气候变化不仅是适应国际形势发展的需要,更是国内政治、经济、社会和环境形势发展的要求,是中国可持续发展的内在需求。

(1)中国生态环境脆弱,易受气候变化的不利影响

中国的生态过渡带、农牧交错区、北方森林、高寒牧区、江河源区等区域的生态系统是受未来气候变化影响的较为脆弱的生态系统。

气候变化对森林生态系统的影响主要表现在森林生态系统的结构、组成和分布以及森林植被物候方面;同时,气候变化对森林生产力和碳循环功能产生一定影响,进而影响着整个生物地球化学循环过程;气候变化还会引起生态系统生物多样性减少,许多珍贵的森林树种丧失。此外,极端气候事件的发生强度和频率增加,将增加森林灾害发生的频率和强度。

草原生态系统是陆地生态系统的主体生态类型之一,中国的草原生态系统多处于干旱和半干旱地区,生态环境较为脆弱。气候变化可能导致北方地区更加趋于干旱,有可能进一步加重草地需水的胁迫,使天然草场退化和沙化,草地产草量和质量下降,草场生产能力降低。在农牧交错带边缘和绿洲边缘区,沙漠化土地面积将趋于增加。内蒙古草原地处农牧交错带,在温带草原中具有代表性,是全球变化最为敏感的区域之一,生态环境十分脆弱。青藏高原草原生态系统也是对全球变化较为敏感的生态系统类型之一。

气候变化主要通过对湿地能量和水分收支的影响,改变湿地的水文特征。近几十年来,由于气候变暖,东北地区的湿地正面临着巨大的威胁。三江平原气候变化剧烈,该地区湿地面积减小迅速,湿地的变化与气温变化成负相关,而与降水、湿度变化成正相关。三江源气候变化与大面积湿地的退化或消失密切相关。1990—2004年,黄河源气候变化剧烈,超过全球气候变化速度,该地区湿地呈现持续萎缩的状态;气候变化是导致湿地退化的重要原因之一,湿地萎缩的区域,相应地有植被退化和生态恶化趋势。

荒漠生态系统主要可分为石质或砾质的戈壁和沙质的沙漠,其生物物种极度贫乏,种群密度稀疏,植被丰富度极低,生态系统极度脆弱,直接影响着当地社会经济发展。我国内蒙古毛乌素地区自20世纪50年代以来沙质荒漠化面积不断扩展,其原因正是由于降水量减少,气候干旱频率增加引起(那平山等,1997)。未来气候暖干化将进一步增加荒漠化发生的可能性和潜在危险,导致荒漠生态系统分布范围的扩展。

中国是世界上现代沙漠化土地面积大、分布广、危害重的国家之一,严重的土地沙漠化威胁着生态安全和经济社会的可持续发展。20世纪50年代以来,中国北方沙漠化总体上呈现发展趋势,随着西藏高原的普遍升温、变暖,一方面,冻土全面退化,另一方面,高原各沙漠化区的蒸发量升高,加强了气候的干旱化程度,导致沙漠化发展。气温是青藏高原土地沙漠化最主要的影响因素,近50年来青藏高原持续增温导致冻土退化,使得该区域土地沙漠化持续发展,以至于江河源区、西藏两江地区等成为现阶段我国沙漠化扩张速率最大的地区之一。

截至2005年底,中国的石漠化土地总面积为12.96万 km^2(岩溶地区石漠化状况公报,2008),主

要分布在贵州、云南和广西等省（区），占据全国石漠化土地面积的 67%。据统计，中国石漠化以每年 3%～6% 的速度递增，石漠化演变呈局部好转，总体恶化的趋势。气候变化导致喀斯特地区春夏季暴雨增加，水土流失会明显加剧，进而加快石漠化的发生速率。

中国是世界上山地灾害最为严重的国家之一。由于全球气候的变化，使得中国总体上降雨的日数减少，但降雨的强度增加，降雨总量的变化总体上趋于平稳；由于气温增加，总体上蒸发量增加，天然状态下，土体的含水量降低，在突然的暴雨作用下，土体在含水突然增加过程中，土体收缩湿陷，土体内部孔压增加，强度极易降低，引发滑坡泥石流的可能性增加。

（2）中国工业化和城镇化的发展趋势决定必须走低碳发展的道路

中国正处于工业化中期阶段，2006 年以来，重工业比重约占工业增加值的 70%，近年来也居高不下。钢铁、汽车、造船、机械工业等能源密集型行业加速发展，温室气体排放也迅速增加。而主要西方发达国家都已经进入后工业化阶段，表现为大规模的基础设施建设基本结束，国民经济主要依赖高新技术产业和服务业，能源消耗趋于平稳甚至回落。据权威研究表明，2004 年，中国经济整体进入工业化中期的前半段。而且，在全国各区域工业化水平差距巨大。这表现为：东部地区整体进入工业化后期，东北地区处于工业化中期，而中西部地区整体处于工业化前期的后半阶段，中部崛起和西部大开发的任务十分艰巨（陈佳贵等，2006）。特别值得注意的是，中国当前在取得巨大经济成就的同时，仍然有极端贫困现象存在。推进工业化进程和继续保持经济快速增长是减少贫困人口的主要动力，由此产生的温室气体排放也会继续增长。根据世界工业化国家的经验，人均 GDP 在 1000～3000 美元左右时，国家处于重工业化阶段，能源需求很大。

与工业化进程相伴生的是城镇化进程。截至 2011 年末，中国城镇化率达到 51.2%。据预测，到 2030 年，城镇化率可能达到 65% 以上，城市人口达 10 亿人左右（倪鹏飞，2008）。城镇化的加速发展首先会引起城市基础设施建设的大规模扩张。城市道路、供电、供水、供气、公共交通、市政设施、文化娱乐设施、绿化、环卫等基础设施建设将会对钢铁、水泥等各种重化学工业产品和建筑材料产生巨大需求。城镇化进程意味着现有城市的扩张和新城镇的建立，与此同时还有消费模式的改变，能源消费结构的改变。在现代化过程中，缩小城乡差距是中国的重要任务之一。改善农村基础设施是提高农村生活水平的重要途径，因此农村基础设施投资将会逐渐加快步伐。这必将对重化工产业形成强大的拉动作用。

工业化与城镇化并举，13 亿人口的生活质量提高，都导致能源和资源消耗快速增长，必然导致温室气体的高排放，产生一系列政治、经济、外交、生态等严重后果（冯之浚，金涌，牛文元等，2009）。这些趋势迫切要求中国走低碳经济发展之路。

（3）减缓气候变化与社会经济发展目标具有长期的一致性

减缓气候变化不仅减少气候变化对中国长期社会经济发展的直接影响，而且与中国保护生态环境、保障能源安全等目标是一致的。为减缓气候变化所采取的提高能效和发展可再生能源等措施，一方面会缓解中国能源供给的压力，另一方面，煤炭等化石能源使用量的减少，也将减少二氧化硫（SO_2）和氮氧化物（NO_x）的排放，减轻酸雨、悬浮颗粒物等空气污染。

应对气候变化还有助于中国的技术创新。技术发展和创新是应对气候变化的重要手段。目前先进的能效技术、低碳技术和适应技术主要掌握在发达国家企业和政府手中。中国等发展中国家由于自身经济、技术能力和研发投入等的不足，在能源效率、可再生能源利用和适应气候变化等方面往往都处于落后地位（邹骥等，2009）。应对气候变化的迫切需要，能够促进中国乃至全球低碳技术的研发。借助于国际技术转让并加强自身研发，中国将有可能提高技术研发能力、增强国际竞争力。

应对气候变化有助于中国消费模式的转型。城市居民的日常生活对二氧化碳等温室气体排放"贡献"颇大。据测算，1999—2002 年，我国城镇居民生活用能已占到每年全国能源消费量的大约 26%，二氧化碳排放的 30% 是由居民生活行为及满足这些行为的需求造成的。在美国，交通和生活领域的能耗，约占总能耗的 2/3。应对气候变化，改变传统消费模式同样非常重要。

最后，应对气候变化的行动将带来可观的商业机会，有助于中国的经济转型和提升竞争力。为减缓气候变化,低碳能源技术和其他低碳商品和服务方面将形成新的市场,带来新的经济增长点,创造新的就业机会。据罗兰·贝格公司(Roland-Berger Strategy Consultants)介绍,到2020年全球环境产品与服务市场预计将在目前每年1.37万亿美元的基础上实现翻番,达到2.74万亿美元;其中一半为节能市场;仅仅在欧洲和美国,在建筑物节能方面增加的投资就将新增200万～350万个绿色工作机会;在发展中国家,绿色工作的潜力则更大。汇丰银行的研究显示,2008年全球气候变化行业中的上市企业(包括可再生能源发电、核能、能源管理、水处理和垃圾处理企业)的营业额达到了5340亿美元,超过了航天和国防的营业总额5300亿美元,低碳行业正成为全球经济新的支柱之一(Harvey,2009)。中国建设低碳经济社会更有可能通过促进技术创新和升级,提高"清洁"产品和能源技术的出口等方面的努力,发挥后发优势,走跨越式发展道路,提高未来国际竞争力,改变目标在国际上处于产业链低端的不利地位。

因此从长期和根本上来看,必须高度重视气候变化问题,从国家战略的高度制定和实施应对气候变化的战略和策略。

7.3　中国应对气候变化的战略选择

中国高度重视应对气候变化工作,制定了一系列应对气候变化的战略和政策。中共十七大报告提出,要加快转变发展方式,在优化结构、提高效益、降低消耗、保护环境的基础上,实现人均国内生产总值到2020年比2000年翻两番。《中华人民共和国国民经济和社会发展第十一个五年规划纲要》明确提出,到2010年,单位国内生产总值能源消耗比2005年降低20%左右,主要污染物排放总量减少10%。把建设资源节约型、环境友好型社会作为一项重大的战略任务,把单位GDP能耗作为约束性指标,并建立地方、企业节能减排责任制,逐级进行考核。2007年,中国政府发布《中国应对气候变化国家方案》。这是中国第一部应对气候变化的全面的政策性文件,也是发展中国家颁布的第一部应对气候变化的国家方案。方案明确了到2010年应对气候变化的具体目标、基本原则、重点领域及政策措施。同年,中国政府成立了国家应对气候变化工作领导小组,指导各部门和地方政府开展节能减排工作。在2010年颁布的"十二五"规划纲要中,明确强调要积极应对气候变化,并第一次将单位国内生产总值二氧化碳碳排放指标作为约束性指标写入纲要。

我国应对气候变化工作取得明显成效,但在国际和国内层面都仍然面临巨大挑战。以应对气候变化为重要契机,加快中国经济发展方式的转型,促进绿色低碳转型成为当前和今后工作的一项中心工作。

中国需要寻找符合本国国情的低碳发展道路。发达国家发展低碳经济、建设低碳社会,主要是在维持当前的高经济发展水平和高社会消费水平下,通过技术创新和经济社会发展转型,大幅度降低当前过高的碳排放水平,未来的减排路径应当是绝对减排。而我国由于国情和发展阶段不同,绿色低碳发展的目标是通过能源结构调整,增加新能源供给,减少能源消费,走绿色发展道路,以相对较低的化石能源消耗和碳排放,满足可持续发展和建设现代化国家的需要,实现绿色发展的途径是降低单位GDP碳排放强度,在今后较长时间内是相对减排。为此,促进绿色低碳转型的战略重点包括以下几个方面:

(1)将减缓和适应气候变化纳入可持续发展的总体框架,构建低碳社会。需要综合考虑经济发展水平、资源环境约束、社会进步需要,实现全社会的绿色转型。实际上,能源安全、气候安全、生态保护、经济发展、社会公正,均与减缓和适应气候变化密不可分。只有将减缓和适应气候变化的目标和行动纳入可持续发展的主流,才可能落到实处。

(2)构建低碳型国民经济体系。建立以能源低消耗为特征的低碳型国民经济体系,加快构建低碳型的工业、农业、交通运输业、建筑业和服务业等产业体系,广大企业等生产主体要按照循环经济模式运作,减少单位产出对化石能源的消耗水平,生产符合绿色低碳发展要求的产品。

(3)构建低碳型消费模式。低碳和可持续消费对生产有导向作用,可以直接弱化环境影响。因而,需要建立以绿色低碳消费与生活方式为主流的低碳型消费体系,提倡资源节约型的消费方式,崇尚自然、追求健康、注重环保、节约资源,以资源节约型的绿色产品满足社会公众的需要,实现人与生态和谐、与环境友好。建设具有资源节约理念的社会组织体系,使节约资源成为政府机构、社会团体、企事业单位和家庭等社会主体及全体人民的共同意愿,形成人人崇尚简朴节约的社会风尚。

（4）构建符合绿色发展要求的政府宏观调控体系。形成以绿色发展为重要目标的政府宏观调控体系,促进绿色发展成为政府的重要职能,成为考核各级政府工作的重要指标。需要从战略高度,建立健全法制规章,并且得到认真执行。

（5）推动国际气候合作进程。启动德班平台的谈判,意味着巴厘路线图谈判的基本终结。也就是说,京都议定书第二承诺期的谈判和公约下长远目标的谈判,即使没有完结,也将纳入德班平台的谈判。由于中国在世界经济格局、全球能源消费和温室气体排放地位的变化,中国成为国际社会关注的焦点已经是既定事实。由于国情特点所限,中国必须引领低碳转型、减少脆弱性和适应气候变化的努力,推动全球应对气候变化进程。

总之,中国必须统筹国际、国内两个大局,对外树立负责任大国形象,在国际谈判积极推进全球应对气候变化进程,保障发展需要。而对内必须加紧部署绿色低碳发展战略,加快发展转型,发展低碳能源技术,促进新能源发展,加快构建符合绿色低碳发展要求的国民经济体系、经济运行机制、技术支撑体系、能源保障体系、宏观调控体系和社会消费模式,不断降低单位 GDP 碳排放强度,用最小的化石能源消耗获得最大的经济产出,促进国民经济和社会发展尽快走上绿色低碳发展之路。

第八章 结 语

主 笔：秦大河，罗勇，石广玉，丁永建，董文杰，林而达，潘家华
贡献者：胡秀莲，张小曳，姜克隽，王绍武，高学杰

提 要

本章汇集了《中国气候与环境演变：2012》第一卷"科学基础"、第二卷"影响与脆弱性"和第三卷"减缓气候变化"以及综合卷所包含的关键信息，供决策者、专业人员以及关注中国气候与环境演变相关问题的人士参考。

8.1 主要结论

8.1.1 大量观测事实证实近百年中国气候显著变暖

中国近百年气候变暖是毋庸置疑的。陆地表面平均气温和近海海洋温度同时升高、冰冻圈大范围退化、近海平均海平面逐渐上升等观测事实给出了明显的证据。

1880 年以来的器测资料表明，中国陆地表面平均气温升高明显，升速为 0.5℃/100a 到 0.8℃/100a，1980 年之后尤为显著。2001—2010 年是有仪器观测以来陆地表面平均气温最高的 10 年。1980—2011 年，中国沿海气温和海温均呈上升趋势，升速分别为 0.4℃/10a 和 0.2℃/10a，增暖以陆架海最为显著。

中国平均极端最低气温呈(0.5～0.6)℃/10a 明显上升趋势，与低温相关的极端事件强度(频率)明显减弱(小)，其中 1961—2010 年期间寒潮次数显著减少 0.3 次/10a，1951—2010 年间霜冻日数显著减少 3 d/10a 的。高温天气如热浪等变化则表现出较强的年代际波动特征。

1880 年以来中国降水量无趋势性变化，以 20～30 年的年代际变率为主。1980 年代以来东亚冬季风和夏季风均有减弱的趋势，对中国旱涝的发生有显著影响。从极端强降水变化来看，全国年平均降水强度极端偏强的区域呈现出显著的上升趋势，极端强降水平均强度趋于增强；而连阴雨的雨量和频率却呈现减少趋势。中国干旱变化的区域差异大，华北、东北和西北东部地区干旱化趋势明显。

1951 年以来，台风和温带气旋，沙尘暴、大风、大雾等极端天气现象趋于减少或减弱。影响中国的热带气旋的平均强度变化无明显趋势，但极端强热带气旋强度则表现出显著减弱，登陆中国台风的比例呈增加趋势。冷空气势力减弱，平均风速和大风日数减少，北方地区沙尘天气显著减少。中国大部分地区雾日呈减少趋势，但区域性霾天气趋于增加。

1960 年代以来，中国现代冰川退缩、减薄，多年冻土温度升高、活动层厚度增加，季节冻土面积减小、厚度减薄，积雪面积略减小，积雪日数显著减少。中国沿海平均海平面显著上升，1980—2011 年上升速率为 2.7 mm/a，高于全球平均。全球范围看，中国近海的酸化程度为中等，大部分海域 1990 年代与工业化前相比海洋水中 pH 值减小 0.06 左右。

8.1.2 人类活动很可能是 20 世纪后半叶以来中国气候变暖的主要原因

新的观测数据和气候模式模拟结果表明,造成上世纪中叶以来中国气候变化的原因,很可能归因于全球范围加剧的人类活动,这包括人类生产和社会活动造成的大气成分变化,特别是大气温室气体的增加以及土地利用与覆盖的变化。

目前已知的各种自然因素都无法解释当今中国气候变暖的基本特征和规律。无论是采用严格的统计分析,还是利用气候模式模拟作为分析手段,近百年中国的增暖趋势都不可能归因于已知的其他任何一种自然因子的作用,尤其是 1970 年代末以来的气候增暖。1750 年以来人类活动造成的辐射强迫是 $1.6~W/m^2$。近一百多年以来,太阳变化产生的气候变化驱动力($+0.12~W/m^2$ 辐射强迫)不足人类活动的 1/10。火山喷发对全球气候具有多方面的影响,其总体效果是使地面温度降低,而且其影响最多持续几年。来自地球内部的能量(地热流),目前被认为大约是人为强迫因子的 1/18。在年际及年代际的时间尺度上,气候系统内部因子及其相互作用,特别是海气相互作用可能与全球温度变化存在一定的联系,但是,这种影响存在周期性,尚难确定它对百年以上时间尺度地球气候变化趋势的贡献。

8.1.3 气候变化已经对中国自然环境和社会经济领域产生显著影响

气候变化已经对中国的水、生态、农业、人居与健康及其他经济社会等方面产生了显著影响。

1950 年以来,中国大江大河的实测径流量均发生了不同程度的变化,总体以减少为主,气候变化对径流变化具有主控作用,一些河流的人类活动影响突出;水资源质量下降,水环境污染加重;冰川变化导致干旱区出山径流增加 5%～30%,冻土变化影响到山区径流变化过程,融雪径流提前 1 个月左右;海平面上升已经引起海岸侵蚀加剧,海水入侵。

气候变化对森林的结构、组成和分布、物候、生产力等方面产生了影响;中国草地退化的面积以每年 200 万公顷的速度发展,北方明显的干旱化趋势是重要的原因之一;湿地水文、湖泊水域、植物群落及湿地生态功能等变化显著。

气候变化已经对种植业、畜牧业和渔业产生了不同程度影响;热量资源普遍增加,农业气候带北移、生育期延长,多熟制边界向北向较高海拔区扩展,局部高温干旱危害加重,生物灾害呈高发态势;对牧畜产品的影响有利有弊,但以不利影响为主;气候变化使渔业资源减少,渔业衰退。

高温、极端天气气候对人体健康影响显著。疟疾、血吸虫病的原有分布格局发生了改变。热岛效应已经直接或间接地影响着城市居住环境和市民的生活。气候变化导致交通基础设施(如公路、铁路)和城市基础设施的建设标准提高。随着气候的变暖,与制冷相关的能源消耗增加明显。气候变化对地区旅游业、旅游景观和旅游季节的影响越来越显著。气候变化对三峡工程、南水北调工程、长江口整治工程、青藏铁路、西气东输、中俄输油管线、三北防护林工程等建设工程产生了深刻影响。

气候变化影响的不确定性,主要源于适应行动和非气候驱动因子与气候变化影响交织在一起,很难完全分离出气候变化对经济社会系统和自然环境系统的影响。在区域或者更小的尺度上难以将模拟观测到的温度变化定量地归结为自然或人为原因。很多领域尚未开展气候变化影响与适应研究,或者研究的程度亟待深入。

8.1.4 经济快速发展和在世界经济格局中的地位导致中国温室气体排放较快增加

2000 年以来,伴随经济的快速发展以及在国际经济格局中"世界工厂"地位的逐渐确立,中国温室气体排放呈现出显著上升的趋势。根据荷兰环境评估署和欧盟联合研究所发布的《全球长期 CO_2 排放趋势报告 2011》数据显示,到 2010 年全球能源和水泥生产过程 CO_2 排放量为 330 亿吨,其中中国为 90 亿吨,美国 52 亿吨,欧盟 27 国 40 亿吨,日本 12 亿吨,印度 18 亿吨。同 2003 年相比,中国的能源和水泥生产 CO_2 排放量增加了一倍。

根据多个模型组的情景研究结果,中国未来经济发展将带来能源需求进一步明显增长,CO_2 排放量也将继续上升。多种情景分析表明,到 2030 年中国的能源需求将比 2008 年增长 50%～100%,2050

年将增长 85% 到 150%。2030 年与能源活动相关的 CO_2 排放量将大于 110 亿吨,2050 年将上升至 120 亿～170 亿吨。一些情景分析表明,中国可以在 2040—2050 年达到排放峰值。

模型情景分析也指出,中国具有很大的节能潜力。如果强化节能政策和措施,2020 年之后中国的能源需求增长会比较平缓,可以明显改变目前的能源需求增长态势。到 2030 年有可能将能源需求控制在 48 亿吨标煤之内,2050 年控制在 55 亿吨标煤之内。在采取气候变化政策的情景下,中国的 CO_2 排放可能为 85 亿～110 亿吨,2050 年可能为 50 亿～80 亿吨。这种排放途径的实现,需要可再生能源、核电、能效技术与碳捕获和封存技术的快速发展与应用,以及节能减排、绿色低碳政策的强力保障。

温室气体减排成本估计的不确定性,取决于假设的温室气体稳定水平和基准情景,也来源于模型方法和参数设定。一般来说,由技术模型得出的减排成本较低,而宏观经济模型得出的减排成本较高。

8.1.5 本世纪末之前中国气候仍将继续变暖

近五年来,世界范围的气候模式小组研发出了具有更高分辨率以及对地球物理、化学、生物过程有更好表达的气候系统模式,可提高未来气候变化预估的可信度。国际科学界采用了新的典型浓度路径(RCPs)温室气体排放情景。同时,未来预估中不确定性的评估和定量化方法得到了较大发展。有 5 个中国研发的模式参加了第五阶段全球气候模式比较计划(CMIP5),为 IPCC 第五次评估报告(AR5)提供支持。

最新的 CMIP5 多模式集合所做的未来气候变化预估结果显示,预计在典型浓度路径 RCP2.6 情景下,到 21 世纪末全球平均地表温度将可能比 1986—2005 年平均值升高 0.6℃(−0.1～1.3℃),全球降水将增加 0.06 mm/d(0.04～0.08 mm/d),中国区域温度可能升高 1.4℃,降水增加 5.6%;在典型浓度路径 RCP4.5 情景下,全球平均地表温度将可能升高 1.6℃(0.8～2.5℃),全球降水将增加 0.1 mm/d(0.07～0.14 mm/d),中国区域温度可能升高 2.5℃,降水增加 8.8%;在典型浓度路径 RCP8.5 情景下,全球平均地表温度将可能升高 4.4℃(2.7～5.6℃),全球降水将增加 0.19 mm/d(0.14～0.23 mm/d),中国区域温度可能升高 5.1℃,降水增加 13.5%。与气温预估相比,降水预估的不确定性仍然很大。中国区域的温度升幅比全球平均的增幅大。

气候变化将引起中国区域农业气候资源的变化,作物种植带(小麦、玉米等)会普遍北移,在不考虑 CO_2 施肥效果的情况下,小麦和水稻将出现减产;在考虑 CO_2 施肥效果时,小麦和雨养玉米会增产,水稻的减产幅度有所降低,但灌溉玉米的产量会减少。未来北方林、温带落叶常绿林以及热带森林显著北移,热带干森林/稀树草原大幅扩展,青藏高原苔原显著缩小。气候变化导致的中国植被类型面积变化达 39%～49%,这些区域主要位于中国东北向西南的过渡区,处于东部森林区和西北草原的过渡区。径流量的变化,全国除宁夏、吉林和海南减少明显,陕西略减少及四川基本不变外,其余各省多年平均径流深均有不同程度的增加,且南方地区以福建为最大,北方地区以新疆为最大。但总体而言,由于升温导致的蒸发增加等因素,目前海河、黄河流域所面临的水资源短缺问题以及浙闽地区、长江中下游和珠江流域的洪涝问题难以得到缓解。气候变化导致的海平面上升,加之过度开采地下水等人为活动的影响,使得沿海地区的相对海平面上升幅度加大,会导致土地淹没,风暴潮加剧,海岸侵蚀严重及河口海水倒灌等问题。

多 CMIP5 全球模式集合对中国区域气温有较好的模拟能力,但由于分辨率不足,模拟在地形变化较大地区偏差较大。此外,模拟的青藏高原地区气温偏低。降水在能够模拟出南方多、北方和西北少的基本分布的同时,仍然存在着在青藏高原东部产生虚假降水中心的问题。未来气候变化预估的不确定性主要来自气候模式对云反馈、海洋热吸收、碳循环反馈等过程的描述差别,以及对与温室气体相关的各种政策影响、未来人口增长、经济增长、技术进步、新型能源开发及管理结构变化等影响估算的不确定性。

8.1.6 适应和减缓技术与政策选择是中国应对气候变化行动的关键

(1)适应技术选择

中国应根据气候变化的趋势继续调整农业结构和种植制度,科学防范和应对极端天气气候灾害及其次生、衍生灾害,增强应对极端气候事件的能力;注重从物质能量的多层次利用与废弃物循环再生等角度,进一步完善农业生态良性循环体系。

将应对气候变化纳入水资源评价和规划体系,以资源承载力为约束,加强水资源综合管理,增进水资源调配能力,加快水资源管理信息系统建设。提高水利工程设计标准。

进一步加强植树造林和森林管理,提高对森林火灾、病虫害的预防和控制能力等;调整草场放牧强度,增加草原灌溉和人工草场面积;加强湿地生态保护和河湖污染控制;保护荒漠生物资源、防治荒漠化、加强物种就地保护;建立濒危物种繁育基地,加强珍稀濒危物种繁育工作,增加各种生态系统自然适应能力。

提高沿海地区防潮设施的设计标准,逐年分期增加对海堤、江堤建设的投资,加高加固现有的防护设施;发展海岸防护林,兴建海岸防护工程;改进地面沉降观测标准,以及污水回灌的相应标准;制定考虑气候变化的地下水位观测、地下水水质监测和自来水取水口设计标准;制定排水口设计标准;优化调整地下水开采布局和层位,充分开发利用浅层地下水;扩大咸水资源改造利用。

控制被忽视的热带病;建立和完善气候变化对人体健康影响的监测、预警系统。

（2）减缓技术选择

能源供应领域在近期新建燃煤电厂以（超）临界发电为主流技术的基础上,推进燃煤一体化联合循环发电技术（IGCC）,同时将合理加大开发水电力度,超常规发展核电,全面普及开发风电,大力加快太阳能光伏发电,促进生物质能源发电。IGCC、多联产系统和CO_2捕获和封存技术在中长期具有很好的应用前景。

工业部门推广应用与普及新工艺新技术,持续提高能源利用效率;副产品和废弃物的回收利用、原料和燃料替代技术以及CO_2捕获和封存技术（CCS）在水泥和钢铁生产中的应用技术等均是减少CO_2排放的重要选择。通过提高燃料经济性标准、提高内燃机效率、实现车用动力混合化、使用插电式混合动力电动汽车和燃料电池汽车可在交通运输领域实现深度减排。区域集中供热、高效照明、节能电器、墙体保温和太阳能热利用等技术对建筑领域近期内实现成本有效的减排CO_2至关重要,而从长远来看,需要推广低碳和零碳技术,如热泵、太阳能光热、热电联产、可再生能源就地发电等可高效率减排CO_2的技术。

近期中国的重要减排技术成本均出现较明显的下降,特别是先进燃煤发电技术、陆上和近海风力发电技术、光伏发电技术等。加上原来成本就已经比较低的水电和核电技术,近期这些技术的发展可以为中国CO_2减排提供有力的支持,降低CO_2减排成本。同时中国的CCS技术已经开始进入示范项目阶段,取得了工程验证数据,成本也明显下降。

（3）政策选择

全面构建适应低碳发展的政策框架体系。制定《应对气候变化法》,建立公开、透明、有序的信息发布制度,明确应对气候变化的科学评估报告、政策信息的统一发布制度;强化应对气候变化的科学研究,提高中国应对气候变化的科技实力。

将减缓和适应气候变化作为一项重要内容持续的纳入中国国民经济社会发展规划中,明确不同时期国家温室气体排放和减排目标以及重点任务,并通过建立统计、管理和考核机制,制定和实施专项规划以及开展低碳试点等工作加以落实。

利用市场机制和经济手段,采取强制性和激励性机制和政策控制温室气体排放。要尽早实施碳定价对策,包括碳税和碳交易。制定减排交易机制,规范自愿减排和强制碳贸易活动,进行碳排放权交易试点,适时尽早征收碳税,促进经济结构想低碳发展,制定低碳认证制度,开展低碳认证试点,制定低碳产品和技术标准,实施融资和补贴等政策,激励民众低碳消费和企业产品结构升级,控制温室气体排放。中央和地方政府在财政投入的同时,应通过建立各种财政机制拓宽投融资渠道,鼓励社会、企业和私人资金的投入。

采取积极适应气候变化的政策措施。在农、林、水、气等重点领域和海岸带等脆弱地区加强对各类极端天气与气候事件的监测、预警、预报,及时发布信息,增强应对极端天气事件的能力。

提高技术创新和研发能力。进一步加强与应对气候变化相关的科学研究体系、技术开发体系、科技服务体系建设,调动科技人员从事减缓与适应气候变化领域研究和产业化的积极性和创造性。加快减缓和适应气候变化领域重大技术的研发、示范和推广,注重相关领域重大技术的创新。

应对气候变化需要各国携手合作。中国政府将继续本着务实态度积极参与并推进《联合国气候变化框架公约》框架下的技术转让和国际合作,引进资金和技术。积极开展与发达国家的 CDM(清洁发展机制)项目合作。

8.1.7 转变经济发展方式,走以低碳为重要特征的绿色工业化和新型城市化道路是可持续发展的必然选择

应对气候变化挑战与机遇并存。适应和减缓气候变化是符合中国可持续发展内在需求的自主选择。从长期发展角度看,中国必须走一条符合中国具体国情的低碳发展道路,促进绿色低碳转型,这既是中国应对全球气候变化的需要,也是贯彻落实科学发展观,建设资源节约型和环境友好型社会,实现可持续发展的必然选择。

(1)我们必须有明确的应对气候变化战略目标,从能源安全的视角,从气候安全的视角,确立减缓和适应的目标。(2)减缓和适应气候变化不可能是孤立的,必须纳入可持续发展的总体框架,综合考虑经济发展水平、资源环境约束、社会进步需要,实现全社会的绿色转型。(3)需要加强技术创新,加快先进低碳技术研发和产业化步伐;需要加大投入,加速发展低碳战略性新兴产业,促进传统产业转型升级,实现低碳化发展;(4)中国是世界经济的一部分,应对气候变化需要纳入国际合作的整体进程。(5)需要倡导低碳社会消费观念,改变不可持续的生活方式。(6)需要从战略高度建立健全法制规章,加强体制和机制建设,为低碳发展创造良好的制度环境、政策环境和市场环境。由于国情特点所限,中国必须引领低碳转型、减少脆弱性和适应气候变化的努力,推动全球应对气候变化进程。

8.2 未来的研究重点领域和方向

8.2.1 科学基础

围绕进一步减少气候变化科学认识的关键不确定性,深入开展气候变化的过程与机理、气候变化及其影响的成因以及未来气候变化趋势的科学研究。

(1)气候系统多源数据的综合集成

研究气候系统多圈层关键要素观测数据的采集方法、同化方法、融合与集成技术,包括多源、多尺度数据的综合集成,也包括经济社会相关数据的采集与分析。

(2)高精度的过去气候变化序列重建

发展长序列、高精度过去气候变化重建的新理论、新方法和新技术,研究多种气候变化记录代用资料的集成方法,开展过去气候暖期的比较分析。

(3)全球气候变化的规律与机理

进行全球气候变化事实的诊断、规律与特征分析,研究自然气候变率的变化规律、人类活动影响气候变化的过程与机制,辨识自然因素和人类活动对现代暖期的相对贡献。开展地球工程的相关基础理论探索研究。

(4)地球系统模式的发展和气候变化的模拟与预估

推进气候系统模式的发展与完善,研究关键物理、化学、生物过程的参数化及其不确定性以及不同分量模式的耦合技术,发展计算地球科学,提高数值模拟与预估气候变化的能力。

8.2.2 影响与适应

围绕水资源、农业、林业、海洋、人体健康、生态系统、重大工程、防灾减灾等重点领域,着力提升气

候变化影响的机理与评估方法研究水平,增强适应理论与技术研发能力,开展典型脆弱区域和领域适应示范,积极推进应对气候变化与区域可持续发展综合示范。

（1）气候变化影响的机理与评估方法

加强气候变化及极端气候事件影响机理的实验与综合评估模型研究,开展气候变化影响的脆弱性与风险分析,评估已经发生的气候变化以及全球持续升温情景对各领域和区域的综合影响。

（2）适应理论与技术研发

开展中国部门、行业、区域适应理论与方法学研究,开发适应决策支持系统,评估适应资金与技术需求,研发脆弱领域和针对性强的适应技术,开发极端气候事件的防御及防灾减灾技术,构建适应气候变化的技术体系,制定适应气候变化的相关技术标准,加强适应技术的集成与应用推广。

（3）典型脆弱领域和区域适应示范

围绕农业、林业、水资源、人体健康、生物多样性与生态系统、重大工程、防灾减灾等主要领域和水资源脆弱区、自然灾害频发区、农牧交错带、海岸带及生态脆弱区、青藏高原、黄土高原等典型区域,开展适应对策和措施研究,分析适应措施的成本效益,开展适应气候变化的技术和示范。

（4）适应气候变化与区域可持续发展

开展气候变化影响的重点区域、脆弱人群与适应优先事项研究。加强气候变化适应与区域经济社会发展规划、气候变化适应与超大城市、欠发达地区的经济和社会发展计划与规划的结合研究,开展适应气候变化政策制定和立法研究,以及适应气候变化领域的国际合作研究。

8.2.3　减缓

围绕提高减缓温室气体排放和促进低碳经济的科技支撑能力,推动非化石能源和洁净煤技术的创新和市场化推广,加强工业、建筑和交通领域提高能源效率和先进低碳技术的研究与开发,推进林业碳汇、工业固碳领域关键技术的研发,解决碳捕集、利用与封存等关键技术的成本降低和市场化推广应用等问题,提出减缓领域未来研究的重点领域和方向。

（1）清洁能源和洁净煤技术

以支撑清洁能源低碳和规模化利用,煤炭清洁和高效利用为目标,研究开发高性价比的海上风力发电、太阳能光伏发电、太阳能光热发电、生物质能发电、等再生能源发电技术以及先进的第四代核电技术;以天然气为燃料的分布式冷热电联共系统,IGCC-CCS（新型整体气化联合循环）发电技术,IGFC（采用煤的临氢气化炉（Hydrogasifier）与燃料电池相结合）发电技术;适用于发电行业低成本的CCS技术;智能电网技术、储能技术、页油岩等非常规能源利用技术、脱碳和储碳技术等。

（2）高效、低碳和先进的终端能源利用技术

以提高能源效率,降低碳排放和促进循环经济发展为目标,研究开发适用于工业、交通和建筑等终端能源利用领域的先进技术。主要如:新型熔融还原、电解铁矿石工艺、先进的直接还原等先进低碳的炼钢技术,先进的六段预热干法熟料生产技术和水泥窑脱碳技术,应用于工业部门的CCS技术,工业余能余热梯级综合利用技术等;应用于交通领域的新型燃料汽车、纯电动汽车、燃料电池电动汽车及混合动力汽车等;应用与建筑领域的高效热泵技术,太阳能热系统和使用氢燃料电池的热电联供系统等。

（3）燃料和原料替代技术

以替代燃料、节约原材料、拓展生物质资源利用和降低碳排放为目标,研究开发适用家庭用的固体成型燃料技术、生物质转化为纤维素乙醇等醇类燃料、生物质气化后转化为烃类燃料以及生物油脂转化为生物柴油技术。水泥窑协同处置污泥、生活垃圾和回收利用废塑料等技术。以 CO_2 为气化剂生产高纯 CO 气, CO_2 驱油,超临界液体 CO_2 发泡技术等温室气体资源化利用技术。

8.2.4　对策与战略研究

围绕应对气候变化的重大战略与政策研究,推动中国低碳和可持续发展科技支撑体系建设与综合示范。

（1）国家重大战略与政策

研究建立和完善涉及应对气候变化的相关制度、法律、政策、行动措施和考核体系，研究中国与应对气候变化相适应的国际贸易战略与政策，研究建立中国碳排放权交易市场的技术支撑体系。研究制定气候变化适应战略措施与行动计划，研究提出中国应对气候变化的重大前沿科技发展战略及与区域性气候、资源、环境演变规律和承载能力相协调的区域可持续发展战略。

（2）国际战略与国际合作

研究气候变化背景下的国际政治经济新秩序，分析其对中国经济、贸易、资源、能源和生态安全的影响。研究气候友好技术转移及知识产权保护战略，研究开发气候、经济、社会发展综合分析模型。分析全球及主要国家温室气体长期目标、减排路径、减缓和适应成本及应对气候变化的制度设计，研究与气候变化相关的国际公约的演变和发展趋势，研究完善中国应对气候变化的国际战略，研究气候变化影响下的极地保护与合作战略，积极开展应对气候变化的国际合作研究。

（3）低碳与可持续发展

研究绿色、低碳发展理论，分析中国温室气体减排的潜力、影响与社会经济成本、收益，研究工业化、农业现代化和城镇化进程中的减排策略，提出中国的低碳发展路线图。研究气候变化对社会发展和区域人民生计的影响，开展适应气候变化的区域社会经济布局研究。开展重点领域和区域应对气候变化能力建设与示范，开展基础设施和重大工程适应气候变化的技术和管理研究。开展国家可持续发展实验区应对气候变化的政策、技术综合示范。